Gleißner

Grundlagen des Risikomanagements

Grundlagen des Risikomanagements

Handbuch für ein Management unter Unsicherheit

von

Prof. Dr. Werner Gleißner

4., vollständig überarbeitete und erweiterte Auflage

Verlag Franz Vahlen München

Prof. Dr. Werner Gleißner ist Vorstand der FutureValue Group AG und Honorarprofessor an der Technischen Universität Dresden (Betriebswirtschaftslehre, insb. Risikomanagement) sowie Vorstand der „EACVA" (European Association of Certified Valuators and Analysts) und der Deutschen Gesellschaft für Krisenmanagement (DGfK).

ISBN Print: 978 3 8006 6782 6
ISBN E-Book: 978 3 8006 6783 3

Satz: Fotosatz Buck
Zweikirchener Straße 7, 84036 Kumhausen
Druck und Bindung: Beltz Grafische Betriebe GmbH
Am Fliegerhorst 8, 99947 Bad Langensalza
Umschlagsgestaltung: Ralph Zimmermann – Bureau Parapluie
Bildnachweis: © BiancoBlue – depositphotos.com

CO_2 neutral
vahlen.de/nachhaltig

Gedruckt auf säurefreiem, alterungsbeständigem Papier
(hergestellt aus chlorfrei gebleichtem Zellstoff)

Vorwort und Einleitung

Unternehmerische Entscheidungen wären meist trivial, wenn die Zukunft sicher vorhersehbar wäre – also keine Risiken existieren würden. Der Umgang mit Chancen und Gefahren (Risiken) ist die zentrale Herausforderung für jede Unternehmensführung, insbesondere bei der Vorbereitung unternehmerischer Entscheidungen. Die Idee eines solchen ganzheitlichen Managements von Risiken ist Thema dieses Buches, das mit diesem neuen Konzept mehr ist als ein Fachbuch für die Risikomanagement- und Controllingabteilungen. Bei einer nicht sicher vorhersehbaren Zukunft mit unsicheren Wirkungen der eigenen Aktivitäten sollte jedes Management auch als Risikomanagement verstanden werden. Ein bewusstes Management von Chancen und Gefahren sollte damit im ganzen Unternehmen – bei allen Mitarbeitern – angestrebt werden.

Gerade in den letzten Jahren wurde die Bedeutung eines solchen Risikomanagements besonders deutlich. Unter den diversen politischen und ökonomischen Unsicherheiten ist beispielsweise die durch die COVID-19-Pandemie ausgelöste „Corona-Krise" zu erwähnen. Krisen sind meist das Resultat von Risiken, die eingetreten sind.[1] Auch Unsicherheiten über die Auswirkungen des Klimawandels oder die Digitalisierung von Geschäftsmodellen sowie mit diesen einhergehenden neuen Risiken (wie Cyber-Risiken) führen zu Unsicherheiten, mit der sich Unternehmensführung und Management befassen sollten. Aus der Forderung nach mehr Nachhaltigkeit der Unternehmen folgt, dass auch Risiken zu betrachten sind, die Umwelt und Gesellschaft betreffen.

Risikomanagement hilft der Unternehmensführung bei ihren wesentlichen Entscheidungen die erwarteten Erträge und die mit diesen verbundenen Risiken gegeneinander abzuwägen. Dies ist beispielsweise erforderlich bei Investitionsentscheidungen oder Veränderungen der Unternehmensstrategie, da unterschiedliche Strategien typischerweise mit unterschiedlichen Risiken behaftet sind. Risikomanagementtechniken sind notwendig für die Weiterentwicklung von Controlling und wertorientierten Steuerungssystemen.

Risikomanagement schafft Transparenz über die Planungssicherheit und den Gesamtrisikoumfang eines Unternehmens und zeigt die diesen maßgeblich bestimmenden wichtigsten Einzelrisiken. Es schafft so die Voraussetzungen, um geeignete Risikobewältigungsmaßnahmen zu initiieren, die zu einer Stabilisierung der Erträge (Cashflows) des Unternehmens beitragen und die Wahrscheinlichkeit von Unternehmenskrisen mindern. Es trägt damit entscheidend zur Absicherung des Bestands eines Unternehmens bei.

---

1 Auf die Möglichkeit einer Pandemie mit einer geschätzten Eintrittswahrscheinlichkeit von 0,1–1 % pro Jahr hat die Risikoforschung seit langem hingewiesen, siehe zusammenfassend Gleißner, 2020a und 2021f.

Die Wirtschafts- und Finanzkrise 2008–2010 und die „Corona-Krise" 2020–2022 haben gezeigt, wie potenziell wichtig Risikomanagement als Instrument der Krisenprävention ist – und welche Schwäche die tatsächlich heute implementierten Risikomanagementsysteme noch haben. Speziell makroökonomische Risiken wurden zu wenig beachtet, und viele Unternehmen waren nicht in der Lage, den (aggregierten) Risikoumfang mit dem vorhandenen Risikodeckungspotenzial zu vergleichen. Neben Defiziten bei der Quantifizierung von Risiken hat sich insbesondere gezeigt, dass Risikoinformationen nicht entscheidungsorientiert aufbereitet wurden und insbesondere ein Abwägen erwarteter Erträge und Risiken oft nicht stattgefunden hat. Viele der seit langem bekannten Schwächen von Unternehmen im Umgang mit Risiken wurden in ihrer praktischen Relevanz gerade durch die Wirtschafts- und Finanzkrise aufgedeckt, und diese Schwächen sollten Anlass sein, vorhandene Systeme weiterzuentwickeln. Das Buch soll daher speziell auch Anregungen für die Weiterentwicklung von Controlling und Unternehmensplanung bieten.

Risikomanagement wird in diesem Buch aufgefasst als ein System, das dazu beiträgt, Transparenz über den Risikoumfang im Unternehmen zu schaffen und Entscheidungen unter Unsicherheit durch die Unternehmensführung zu unterstützen. Daher sollen insbesondere die vielfältigen Verknüpfungspunkte zwischen Risikomanagement einerseits und Controlling, Budgetierung, Planung, Unternehmensstrategie und wertorientierten Managementkonzepten sowie Rating andererseits verdeutlicht werden. In diesem Buch wird damit die Konzeption eines unternehmensweiten, integrierten Risikomanagements (embedded risk management) vorgestellt („Corporate Risk Management"). Dies bedeutet, dass

- eine einseitige Schwerpunktsetzung auf ein finanzwirtschaftliches Risikomanagement (mit Risiken aus Zins-, Wechselkurs- und Rohstoffpreis-Veränderungen sowie Kreditrisiken) vermieden wird,
- die strategische Dimension des Risikomanagements besonders beachtet wird, da gerade hier die Ursachen für eine potenzielle Bestandsgefährdung (Insolvenz) des Unternehmens zu finden sind,
- die Möglichkeit der Nutzung bestehender Managementsysteme (z.B. des Controllings) für Risikomanagementfunktionalitäten verdeutlicht wird und
- die Möglichkeiten der Nutzung von (aggregierten) Risikoinformationen für betriebswirtschaftliche Entscheidungen unter Unsicherheit (z.B. Investitionen), Ratingprognosen, Finanzierungsplanung oder eine wertorientierte Unternehmensführung aufgezeigt werden.[2]

Infolge dieser Ausrichtung des Buches werden verschiedene vertiefende Spezialthemen nur gestreift, und es wird auf die entsprechende weiterführende Literatur verwiesen (z.B. bezüglich der Rechenverfahren im Finanzrisikomanagement).

Um Transparenz über die Risiken eines Unternehmens zu erhalten und geeignete Risikobewältigungsmaßnahmen zu initiieren, müssen in einem Unternehmen Fähigkeiten zur Identifikation, Quantifizierung, Aggregation,

[2] Vgl. Laux, 2005.

Überwachung und Steuerung von Risiken entwickelt und ausgebaut werden. Zielsetzung dieses Buches ist es, die hierfür erforderlichen methodischen Grundlagen, Verfahren und Instrumente vorzustellen und Wege zu zeigen, wie das Risikomanagement in einem Unternehmen etabliert werden kann.

Das Buch richtet sich damit an Führungskräfte kapitalmarktorientierter und größerer mittelständischer Unternehmen, die sich mit dem Aus- und Aufbau des Risikomanagementsystems befassen und Risikoinformationen stärker im Rahmen ihrer Entscheidungen berücksichtigen möchten. Es soll Fach- und Führungskräften aus Controlling, Risikomanagement, strategischer Unternehmensplanung sowie Vorständen und Geschäftsführern helfen, die Fähigkeiten im Umgang mit Chancen und Gefahren jeder unternehmerischen Tätigkeit zu verbessern. Dafür wird gezeigt, wie betriebswirtschaftliche Instrumente weiterentwickelt werden können, um Risiken besser erfassen und steuern zu können.

Das Buch basiert auf Forschungsergebnissen, den Inhalten von Vorlesungen, die ich insbesondere an der Technischen Universität Dresden gehalten habe, sowie praktischen Erfahrungen aus Beratungsprojekten. Mit dem Buch habe ich versucht, die unterschiedlichen Erfahrungen der Praxis und Wissenschaft pragmatisch zu verbinden. Ein besonderes Anliegen ist es mir dabei, dass schon bei der Vorbereitung wesentlicher unternehmerischer Entscheidungen die Implikationen für Erträge und Risiken durch eine geeignete Methodik gegeneinander abgewogen werden können – der Unternehmenserfolg ist eben insbesondere das Ergebnis gut fundierter Entscheidungen.

Das Buch ist wie folgt aufgebaut: Im einführenden Kapitel werden zunächst die wesentlichen grundlegenden Begriffe des Risikomanagements erläutert, und es wird aufgezeigt, welchen ökonomischen Mehrwert das Risikomanagement leistet. Dabei wird insbesondere deutlich, dass die Risikoanalyse die Informationen liefert, die für rationale und fundierte Entscheidungen bei Unsicherheit erforderlich sind. Risikomanagement wird damit als ein Instrument zur Verbesserung unternehmerischer Entscheidungen – und deren praktischer Umsetzung – dargestellt. Ergänzend werden die wesentlichen rechtlichen Rahmenbedingungen für das Risikomanagement kurz zusammengefasst.

Thema von Kapitel 2 ist die Risikoanalyse, also die Identifikation von Einzelrisiken und die Verfahren zur quantitativen Beschreibung dieser Risiken durch geeignete Wahrscheinlichkeitsverteilungen. Zudem werden hier die wichtigsten Risikomaße vorgestellt, die einen Vergleich und eine Priorisierung unterschiedlicher Risiken ermöglichen.

Kapitel 3 befasst sich aufbauend darauf mit der Bestimmung des Gesamtrisikoumfangs mittels Risikoaggregation. Hierbei wird die Monte-Carlo-Simulation (Risikosimulation) vorgestellt, die eine Verbindung von Unternehmensplanung und Risikoanalyse ermöglicht. Sie ist die Grundlage, um die Planungssicherheit des Unternehmens einzuschätzen und den Eigenkapitalbedarf zur Risikodeckung zu berechnen, aber auch Basis für die Erstellung von Ratingprognosen oder die Ableitung risikogerechter Kapitalkostensätze für eine wertorientierte Unternehmensführung. Transparenz über die Höhe einzelner Risiken und den Gesamtrisikoumfang ist die notwendige Voraussetzung für eine gezielte

Steuerung des Risikoumfangs des Unternehmens, also die Initiierung von Risikobewältigungsmaßnahmen.

Die Ansatzpunkte für die Optimierung der Risikoposition werden in Kapitel 4 dargestellt, wobei neben klassischen Versicherungen auf eine Vielzahl anderer Instrumente der Risikobewältigung (speziell des Risikotransfers über Kapitalmärkte) eingegangen wird. Einen Schwerpunkt bilden dabei Konzepte für die nachhaltige Zukunftssicherung von Unternehmen. Vorgestellt wird auch das Konzept eines robusten Unternehmens, das neben finanzieller Stärke (Nachhaltigkeit) eine robuste Strategie, eine resiliente Leistungserstellung und hohe Fähigkeiten im Umgang mit Unsicherheit, also Chancen und Gefahren, aufweist. Mit dem Q-Score-Modell wird ein Messkonzept für die Zukunftsfähigkeit und damit Überlebensfähigkeit von Unternehmen vorgestellt.

Auf die Verbindung von Risikoinformationen mit Controlling, Rating und wertorientierter Unternehmensführung wird vertiefend in Kapitel 5 eingegangen. Dabei wird verdeutlicht, dass Risikomanagement eine unabdingbare Voraussetzung für jedes wertorientierte Management darstellt, da im Rahmen von Risikoanalyse und Risikoaggregation die Risikoinformationen aus unternehmensinternen Daten gewonnen werden, die die Ableitung von risikogerechten Kapitalkostensätzen erst ermöglichen – und eine sinnvolle Alternative zu den üblichen Unternehmensbewertungsansätzen auf Grundlage des Capital Asset Pricing Modells (CAPM) darstellen, die lediglich die Einschätzung des Kapitalmarkts hinsichtlich der Risikosituation eines Unternehmens nutzen.

Kapitel 6 hat schließlich die organisatorische Gestaltung des Risikomanagements, insbesondere die Implementierung von Verfahren für eine kontinuierliche Überwachung der sich im Zeitverlauf ändernden Risiken zum Inhalt. In diesem Zusammenhang wird insbesondere aufgezeigt, wie möglichst viele Basisaufgaben des Risikomanagements in bereits vorhandene Managementsysteme (z.B. das Controlling oder das Qualitätsmanagement) integriert werden können, um hocheffizient und unter Vermeidung bürokratischen Aufwands Risikomanagement im Unternehmen zu etablieren. Ergänzend wird dargestellt, wie die konzipierten Risikomanagementprozesse durch geeignete IT-Lösungen unterstützt werden können. Neben grundlegenden Anforderungen an eine Software für Risikomanagement und risikoorientiertes Controlling wird dort die Umsetzung erläutert. Eine uneingeschränkt nutzbare Version des Strategie-Navigators (mit integrierter Unternehmensplanung, Ratingprognose und vielen Funktionalitäten für Risikoanalyse und Risikoüberwachung) finden Sie kostenlos unter https://futurevalue.de/leistungen-produkte/strategienavigator/software-download/.

In der nun hier vorliegenden 4. Auflage von „Grundlagen des Risikomanagements“ wurde die Vielzahl neuer Entwicklungen und auch gesetzlicher Anforderungen seit dem Jahr 2017 berücksichtigt. Viele der Änderungen sind von grundlegender Bedeutung für ein strategisches Management unter Unsicherheit und speziell für die Ausrichtung des Risikomanagements. So wurde schon in den früheren Auflagen dieses Buches die Bedeutung einer „entscheidungsorientierten“ Ausrichtung des Risikomanagements erläutert. Nun wurden diese neuen Paradigmen auch in wichtigen Risikomanagementstandards aufgegriffen (COSO Enterprise Risk Management von 2017 und DIIR Revisionsstandard Nr. 2 von 2018). Dieser Paradigmenwechsel zu einem entscheidungsorientierten Risikomanagement ist wesentlich durch die Präzisierung der Anforderungen aus der Business Judgement Rule (§ 93 im deutschen Aktiengesetz) beeinflusst worden, und die sich hieraus ergebenden Implikationen werden in der aktuellen Neuauflage des Buchs ausführlicher erläutert.

Zudem werden auch Inhalte und wesentliche betriebswirtschaftliche Implikationen anderer Veränderungen im gesetzlichen und regulatorischen Umfeld des Risikomanagements skizziert. Zu nennen ist hier beispielsweise die Überarbeitung des IDW Prüfungsstandards 340 (2020), der z.B. die Bedeutung der Risikoaggregation und der Risikotragfähigkeitskonzepte für das Risikofrüherkennungssystem nun wesentlich deutlicher betont. Auch das am 01.01.2021 in Kraft getretene StaRUG (Unternehmensstabilisierungs- und -restrukturierungsgesetz) erfordert eine Weiterentwicklung des Risikomanagements. Wesentlich ist hier, dass mit dem StaRUG nun alle Kapitalgesellschaften in Deutschland verpflichtet werden, ein Krisen- und Risikofrüherkennungssystem zu etablieren, das in der Lage ist, mögliche „bestandsgefährdenden Entwicklungen" früh zu erkennen. Dies erfordert gerade für kleinere mittelständische Unternehmen effiziente Verfahren für Risikoanalyse und Risikoaggregation, die nun erläutert werden. Der neue § 1 des StaRUG fordert bei einer kritischen Bestandsgefährdung „geeignete Gegenmaßnahmen" zur Krisenprävention zu initiieren.

Ausführlicher als in den früheren Auflagen des Buchs wird die Bedeutung des Risikomanagements für ein strategisches Management von Unsicherheit, einer Kernaufgabe der Geschäftsleitung, thematisiert. Entsprechend wird erläutert, welche Stellung das Risikomanagement in einem umfassenden Konzept zur Verbesserung der Zukunftsfähigkeit und Überlebensfähigkeit eines Unternehmens einnimmt. So wird gezeigt, wie finanzielle Nachhaltigkeit, robuste Unternehmensstrategie und die Fähigkeit im Umgang mit Risiken verbunden werden können, um Existenz und Erfolg eines Unternehmens auch langfristig abzusichern.

Neben vielen Aktualisierungen in Details unter Berücksichtigung aktueller Studien zum Themenfeld wurden in dieser Neuauflage des Buchs auch Risikofelder ausführlicher betrachtet, deren Bedeutung in den letzten Jahren zugenommen hat (z.B. Cyber-Risiken, Nachhaltigkeitsrisiken und Risiken möglicher disruptiver Strategien von Wettbewerbern). Da die Erfahrungen der „COVID-19-Krise" bei vielen Unternehmen Defizite im Umgang mit volkswirtschaftlichen Extremrisiken gezeigt haben, wird auch dieses Risikofeld ausführlicher erläutert.

Erweitert und aktualisiert wurde neben dem eigentlichen Buchtext die Software zum Download, siehe oben. Neben einigen zusätzlichen Materialien und einer aktualisierten Version der Software **„Strategie-Navigator/Risikomanager-Edition"** ist nun auch eine erweiterte PowerPoint-Präsentation zum Risikomanagement enthalten. Damit soll es für die Umsetzung in der Praxis einfacher werden, wesentliche Gedanken des Risikomanagements auch in einem Unternehmen zu kommunizieren.[3]

---

[3] Die entsprechenden PowerPoint-Folien können natürlich unternehmensbezogen modifiziert werden – wobei eine Quellenangabe wünschenswert ist.

Gerade für mittelständische Unternehmen oder Tochtergesellschaften von Konzernen steht in der Zwischenzeit auch der einfach nutzbare „FVG-Risikosimulator" für die Risikoaggregation zur Verfügung. Das kostenlose Tool, auf das im Abschnitt Risikoaggregation auch eingegangen wird, steht zum Download bereit unter: https://futurevalue.de/leistungen-produkte/strategienavigator/software-download/. Die Risikoaggregation dient insbesondere der Früherkennung möglicher „bestandsgefährdender Entwicklungen", die infolge des StaRUG seit 01.01.2021 auch für mittelständische Kapitalgesellschaften vorgeschrieben ist.

Noch zwei praktische Hinweise zur Nutzung: Die oft etwas mathematischen **Exkurse** dienen nur der Vertiefung für besonders an Methodik interessierte Leser und sind für das Verständnis der folgenden Abschnitte nicht erforderlich. Einige Spezialthemen, die vermutlich nur einen Teil der Leser interessieren, habe ich in mehreren **Anhängen** behandelt, um den Lesefluss des Buchs nicht zu stören. Die neuen **Impulsfragen** am Ende eines jeden Kapitels dienen der Wiederholung des Themas und der Reflektion der Situation im eigenen Unternehmen.

Für die Bearbeitung des Manuskripts und die Koordination der dem Buch zugrunde liegenden Fachveröffentlichungen danke ich Tina Dutschmann-Schwarzkopf und Anja Maleta sowie für das Korrekturlesen Prof. Dr. Thomas Berger, Prof. Dr. Thilo Grundmann, Prof. Dr. Robert Rieg, Prof. Dr. Ute Vanini, Prof. Dr. Dr. Dietmar Ernst, Prof. Dr. Jürgen Bischof, Frank Romeike, Cornelius Nickert, Josef Baumüller, Philipp Moecke, Marco Wolfrum und Endre Kamaras.

Sollten Sie Anregungen oder Kritik zu diesem Buch haben oder weiterführende Informationen benötigen, können Sie uns gerne unter buecher@futurevalue.de kontaktieren. Dies gilt natürlich auch, wenn Sie Hinweise zu den Impulsfragen wünschen, die Sie am Ende jedes einzelnen Kapitels finden.

Prof. Dr. Werner Gleißner
Leinfelden-Echterdingen, im April 2022

P.S.: Checklisten, Excel-Tools und Software (z.B. für Risiko-Portfolio, risikogerechte Unternehmensplanung und Rating) finden Sie kostenlos unter

http://vahlen.beckschе.de/dl/gleissner-4a

Ergänzend zu früheren Auflagen ist in den Materialien zudem eine **Sammlung von PowerPoint-Folien** zum Risikomanagement enthalten, die z.B. für unternehmensinterne Schulungen oder Vorträge genutzt werden können.

Die Softwareprodukte Strategie-Navigator und FVG-Risikosimulator sind **kostenlos** verfügbar unter: https://futurevalue.de/leistungen-produkte/strategienavigator/software-download/.

Hinweis für die ganz eiligen Leser, die eine „Einführung" ohne Details und Methodik wünschen: Lesen Sie bitte insbesondere die Abschnitte 1.1, 1.2, 1.3, 1.4, 2.1, 2.2.1, 2.4.4, 2.5, 3.3.1, 3.3.2, 4.1, 4.2, 4.8, 5.3.1, 6.4, und 7.

Inhaltsübersicht

Inhaltsverzeichnis

Symbolverzeichnis

β	Beta (Faktor für das systematische Risiko im CAPM)
BJR	Business Judgement Rule
CAPM	Capital Asset Pricing Model
CE	Capital Employed, betriebsnotwendiges/gebundenes Kapital
CF	Cashflow
CFROCE	Cashflow-Return-on-Capital Employed
CSR	Corporate Social Responsibility
CVaR	Conditional Value at Risk
d	Diversifikationsfaktor
DCF	Discounted Cashflow, Diskontierter Cashflow
DCVaR	Deviation Conditional Value at Risk
DfCF	Discounted free Cashflow
DRS	Deutsche Rechnungslegungsstandards
DVaR	Deviation Value at Risk, Abweichungs-Value at Risk
e	erwartet (z.B. erwarteter EBIT : $EBIT^e$)
E	Ertrag
E(…)	Erwartungswert
EBIT	Earnings before interest and taxes; Betriebsergebnis vor Zinsen und Steuern
EBITDA	Earnings before interest, taxes, depreciation and amortization; Gewinn vor Zinsen, Steuern, Abschreibungen (auf Sachanlagen und auf immaterielle Vermögensgegenstände)
EBITM	EBIT-Marge
EK	Eigenkapital
EKB	Eigenkapitalbedarf
EK^M	Marktwert des Eigenkapitals
EKQ	Eigenkapitalquote
ES	Expected Shortfall
ESG	Economy, Social und Governance
EVA	Economic Value Added, ökonomischer Wertbeitrag
EW	Erwartungswert (auch E(…))
F(…), f(…)	Funktion von
fCF	Free Cashflow, Freier Cashflow
FISG	Finanzmarktintegritätsstärkungsgesetz
FK	Fremdkapital
g	Wachstumsrate (auch: w)
G	Gewinn
GRC	Governance, Risk and Compliance
GuV	Gewinn- und Verlustrechnung
HARA	Hyperbolic Absolute Risk Aversion
I	Investition
IDW	Institut der Deutschen Wirtschaftsprüfer
k	Kapitalkosten(satz)
k_{WACC}	gewichtete Gesamtkapitalkosten (= WACC)
k_{EK}	Eigenkapitalkosten
k_{FK}	Fremdkapitalkosten
k^0_{FK}	vertraglich vereinbarter Fremdkapitalzinssatz
KBV	Kurs-Buchwert-Verhältnis
KGV	Kurs-Gewinn-Verhältnis
KMU	kleine und mittlere Unternehmen

KonTraG	Kontroll- und Transparenzgesetz
λ	Marktpreis des Risikos (z.B. Sharpe Ratio)
LPM	Lower Partial Moments
MRP	Marktrisikoprämie
MVA	Market Value Added
σ	Sigma, Standardabweichung
p.a.	per annum, pro Jahr
p	Insolvenzwahrscheinlichkeit
P	Preis
PD	probability of default oder Insolvenzwahrscheinlichkeit
π	(absolute) Risikoprämie
R(…)	Risikomaß
r_{EK}^{e}	erwartete Eigenkapitalrendite
r_f	risikoloser Zins
r_m^e	erwartete Rendite des Marktportfolios (= $E(\tilde{r}_m)$)
RAC	Risk Adjusted Capital, Eigenkapitalbedarf (EKB), Risikokapital
RAVA	Risk Adjusted Value Added, Wertbeitrag
RLZ	Restlaufzeit
ROCE	Return on Capital Employed, Gesamtkapitalrendite
RORAC	Return on Risk Adjusted Capital (Rendite auf Eigenkapitalbedarf)
RR	Recovery Rate
RTF	Risikotragfähigkeit
s	Steuersatz
S	Simulationslauf 1…n
SÄ	Sicherheitsäquivalent
SE	Shortfall-Erwartungswert
SGE	Strategische Geschäftseinheit
StaRUG	Unternehmensstabilisierungs- und -restrukturierungsgesetz
SV	Shortfall-Varianz
SW	Shortfall-Wahrscheinlichkeit
U	Umsatz
U(…)	Nutzenfunktion
V	Variationskoeffizient
VaR	Value at Risk
VAR	Varianz (σ^2)
w	Wachstumsrate
W	Unternehmenswert/Barwert/Wert
W_0	Sicheres Anfangsvermögen
WACC	Weighted Average Cost of Capital, Durchschnittliche gewichtete risikogerechte Kapitalkosten (= k_{WACC})
WB	Wertbeitrag
X	Menge
$\tilde{Z}$	unsichere Zahlung
ZDQ	Zinsdeckungsquote

1. Unternehmensführung in einer Welt mit Chancen und Gefahren

1.1 Überblick: Bedeutung, Historie und Probleme

1.1.1 Chancen und Gefahren bei der Unternehmensführung

Jede unternehmerische Tätigkeit ist mit Chancen und Gefahren, also Risiken, verbunden. Diese Chancen und Gefahren führen zu einer Unsicherheit über die Zukunftsentwicklung. Der Umgang mit solcher Unsicherheit ist eine zentrale Herausforderung der Unternehmensführung, speziell des strategischen Managements[4]. Unsicherheiten über die Auswirkungen technologischer Entwicklungen, z.B. der Digitalisierung, sind hier ebenso zu beachten wie die Unsicherheit über die Entwicklung der Nachfrage oder des Dollar-Kurses oder auch volkswirtschaftliche Risiken, die zu einer schweren Wirtschaftskrise führen können. Auch die Unsicherheit über die Auswirkungen von Maßnahmen, über die die Geschäftsleitung selbst entscheidet, sind zu beachten. Letztlich geht es darum, die durch Risiken bedingte Unsicherheit über die Zukunftsentwicklung bei den wesentlichen unternehmerischen Entscheidungen zu berücksichtigen und eine ausreichend „robuste" Aufstellung des Unternehmens zu finden. So soll Erfolg und Existenz des Unternehmens nachhaltig gesichert werden. Die Wahrscheinlichkeit einer schweren Krise oder gar Insolvenz soll auf einem akzeptablen, niedrigen Niveau gehalten werden. Ziel ist es dabei nicht etwa den Risikoumfang eines Unternehmens zu minimieren. Ein strategisches Management unter Unsicherheit befasst sich mit Gefahren genauso wie mit Chancen. Angestrebt wird nämlich ein möglichst gutes Ertrag-Risiko-Profil. Für ein strategisches Management bei einer unsicheren Zukunft benötigt man Kompetenzen im Umgang mit Chancen und Gefahren[5]. Man benötigt insbesondere geeignete Verfahren zur Analyse von Risiken, speziell auch der Risiken, die mit anstehenden Entscheidungen verbunden sind. Erfolgsrelevanz und grundlegende Methoden im Umgang mit Risiken werden in diesem Abschnitt einführend skizziert.

---

[4] Siehe Schwenker/Dauner-Lieb, 2017; Gleißner, 2019e.

[5] Zur begrifflichen Einordnung von Unsicherheit einerseits sowie Risiken andererseits sei auf Abschnitt 1.2.1 verwiesen.

1.1.2 Historie, Aufgaben und Bedeutung des Managements von Chancen und Gefahren

Unternehmenserfolg ist das Resultat gut vorbereiteter Entscheidungen durch Vorstand und Geschäftsführung – und natürlich etwas Glück. Da die zukünftigen Entwicklungen nicht sicher vorhergesehen werden können, ist es schon bei der Vorbereitung unternehmerischer Entscheidungen notwendig, die Auswirkungen auf die zukünftig zu erwartenden Erträge und die Risiken fundiert einzuschätzen und abzuwägen. Eine moderne, erfolgs- oder wertorientierte Unternehmensführung ist zugleich „entscheidungsorientiert" und betrachtet immer Chancen und Gefahren (Risiken). Alle Aktivitäten in einem Unternehmen, die sich mit Chancen und Gefahren (Risiken) befassen, sind inhaltlich dem Risikomanagement zuzuordnen – auch wenn die Aktivitäten funktional z.B. Controlling oder operativen Stellen (z.B. in Vertrieb oder Produktion) zugeordnet werden. Bei einer nicht sicher vorhersehbaren Zukunft ist damit jedes Management auch Risikomanagement; insbesondere, weil die Wirkungen fast aller Entscheidungen und Aktivitäten unsicher sind.

Während heute Risikomanagement insbesondere seine Bedeutung hat für Entscheidungsfindung und Krisenabwehr in Unternehmen sowie bei der Planung von Kapitalanlagestrategien, lassen sich die historischen Wurzeln zurückführen auf die Berechnung von Wahrscheinlichkeiten bei Glücksspielen. Schon im 16. Jahrhundert erschienen erste Veröffentlichungen zu Glücksspielen, die auch Wahrscheinlichkeitsrechnungen nutzten, um Risiken bei Glücksspielen zu beurteilen.[6] Die Entwicklung der Wahrscheinlichkeitstheorie geht auf Pascal und Fermat zurück, die mit einem Briefwechsel in 1654 gemeinsam wesentliche Grundlagen dieses neuen Zweigs der Mathematik legten. Noch einmal knapp 100 Jahre später, 1738, entwickelte Jakob Bernoulli mit der Nutzentheorie die theoretische Grundlage für rationale Entscheidungen und damit das Fundament der Wirtschaftswissenschaften. Etwa zur gleichen Zeit, 1733, führte De Moivre die Standardabweichung als Streuungsmaß und die Normalverteilung in die Wahrscheinlichkeitstheorie ein. In der sich entwickelnden Versicherungswirtschaft wird Risiko über Häufigkeit und Höhe von möglichen Schäden erfasst. Von Carl Friedrich Gauß (1777–1855) wurden die Kleinste-Quadrate-Methode für statistische Analysen und die Normalverteilung („Gauß-Verteilung") entwickelt.[7] Das heutige Verständnis von Risiko, Unsicherheit und Ungewissheit ist wesentlich geprägt durch die Arbeit von Knight, „Risk, Uncertainty and Profit", aus dem Jahr 1921, auf deren Risikodefinitionen in Abschnitt 1.2 noch näher eingegangen wird. Etwas später erfolgte durch von Neumann und Morgenstern die Entwicklung der Spieltheorie, die die Konsequenzen des Verhaltens von Wettbewerbern für das eigene Verhalten betrachtet, und die axiomatische Fundierung der auf Bernoulli zurückgehenden Nutzentheorie.

Aber erst 1952 durch Markowitz' Veröffentlichung „Portfolio Selection" im Journal of Finance wird Risiko als wesentlicher Baustein betriebswirtschaftlicher

---

6 Vgl. ergänzend die Darstellung bei Romeike/Hager, 2020.

7 Schon 1730 veröffentlichte Abraham De Moivre eine erste Version des zugrundeliegenden zentralen Grenzwertsatzes.

Entscheidungen etabliert und systematisch hergeleitet, wie Risiken gegen erwartete Erträge bei ökonomischen Entscheidungen abzuwägen sind. Markowitz zeigt die Bedeutung des Diversifikationseffekts und schafft mit seiner Arbeit wesentliche Grundlagen der Kapitalmarkttheorie und der Investitionstheorie, die wiederum die Grundlagen des heutigen Paradigmas einer wertorientierten Unternehmenssteuerung darstellen.[8]

In den Veröffentlichungen von Markowitz (und noch lange danach) wird Risiko im Wesentlichen durch ein bestimmtes Risikomaß gemessen, nämlich die Standardabweichung. Auch wenn in Einzelfällen bereits auf die Bedeutung anderer Risikomaße hingewiesen wurde, unter anderem auch von Markowitz und von Roy (1952) oder Kraus und Litzenberger (1976), gelingt die Etablierung „neuer" Risikomaße erst in den 90-er Jahren des letzten Jahrhunderts. Als wesentlicher Schritt kann hier die Entwicklung des Value at Risk (VaR) durch Morgen Stanley, einer Investmentbank, im Jahr 1994 angesehen werden, der den Weg zur Entwicklung sogenannter „kohärenter" Risikomaße (wie den Conditional Value at Risk) eröffnet. Durch diese die Standardabweichung ergänzenden neuen „Downside-Risikomaße" wird deutlich, dass Risiko zwar die Möglichkeit einer Planabweichung darstellt, in vielen Fällen jedoch gerade sehr negative Abweichungen bzw. Verluste bei Entscheidungen von besonderer Bedeutung sind. Ein derartiges Risikoverständnis – Risiko als Gefahr (und die Vernachlässigung der Chance) – führt zu einer Annäherung der betriebswirtschaftlichen Risikotheorie mit der psychologisch geprägten Theorie der Risikowahrnehmung und den aus der psychologischen Forschung resultierenden „Nicht-Erwartungsnutzentheorien", wie insbesondere der Prospect-Theorie von Kahneman und Tversky.

Am Anfang des 21. Jahrhunderts wird das Risikomanagement als eine Querschnittsfunktion in Unternehmen verstanden, dessen theoretische Grundlagen interdisziplinär in vielen Wissenschaftsbereichen untersucht und weiterentwickelt werden, wobei insbesondere Statistik, Betriebswirtschaftslehre, Simulationsverfahren und Psychologie eine besondere Bedeutung haben.[9] Risikomanagement soll sich sowohl mit extremen negativen Planabweichungen (Krisen) als auch mit den üblichen Ertragsschwankungen befassen und perspektivisch überall im Unternehmen das traditionelle Management ergänzen durch einen bewussten Umgang mit Chancen und Gefahren.

Bei den börsennotierten Unternehmen ist die Notwendigkeit, sich mit Risikomanagement zu befassen, bekannt. Aber das Thema wird oft noch viel zu eng betrachtet und nicht als Querschnittsfunktion verstanden, die speziell eine Verbindung und eventuell eine Neuausrichtung des Controllings erfordert.

Risikomanagement ist aber in der Zwischenzeit nicht mehr nur ein Thema für Großunternehmen, sondern eine Notwendigkeit auch für den Mittelstand und die Familienunternehmen. Schon immer war es, gerade im Mittelstand, den Unternehmern ein Anliegen, Risiken zu vermeiden, die den Bestand eines Unter-

---

[8] Einen Schritt auf dem Weg zur wertorientierten Unternehmensführung stellt die „kapitalmarktorientierte" Unternehmensführung mit dem Capital Asset Pricing Modell (CAPM) von Sharpe, Lindner und Mossin dar.

[9] Weiterführend zur Geschichte des Risikomanagements siehe Bernstein, 1997.

nehmens gefährden könnten. Die Relevanz einer systematischen Identifikation, Quantifizierung und Bewältigung von Risiken hat in den letzten Jahren weiter zugenommen. Zum einen ist der Risikoumfang in vielen Branchen deutlich höher geworden, was sich an schnellen technologischen Veränderungsprozessen, Abhängigkeiten von wenigen Kunden oder ganz neuen Risikokategorien zeigt (z.B. potenzielle neue ausländische Wettbewerber aufgrund der zunehmenden Globalisierung). Zum anderen ist aufgrund des 1998 in Kraft getretenen Kontroll- und Transparenzgesetzes (KonTraG) und seiner „Ausstrahlwirkung" auf mittelständische Unternehmen davon auszugehen, dass das Fehlen eines Risikomanagementsystems bei jeder größeren Kapitalgesellschaft eine persönliche Haftung der Geschäftsführer oder Vorstände mit sich bringen kann.[10] Seit dem 01.01.2021 stellt das StaRUG (Unternehmensstabilisierungs- und -restrukturierungsgesetz) nun auch explizit fest, dass alle haftungsbeschränkten Gesellschaften, speziell auch die GmbHs, ein geeignetes Krisen- und Risikofrüherkennungssystem benötigen. Genau wie im älteren KonTraG wird gefordert, dass mögliche „bestandsgefährdenden Entwicklungen" früh erkannt werden sollen, was eine Risikoanalyse und Risikoaggregation erfordert. Krisen sind nämlich meist das Resultat eingetretener Risiken. Neu ist, dass nun von allen betroffenen Unternehmen gefordert wird, bei Bedarf „geeignete Gegenmaßnahmen" zu initiieren (§ 1 StaRUG).

Gerade die Wirtschafts- und Finanzkrise 2008–2010, die „Corona-Krise" 2020–2022[11] und der Ukraine-Krieg haben verdeutlicht, dass die Fähigkeiten eines Unternehmens bei der Quantifizierung und der Bewältigung von Risiken oft noch ausgebaut werden sollten, um das Risikomanagement zu einem Instrument der Krisenabwehr und Pfeiler für eine wertorientierte Unternehmensführung zu machen. Offensichtlich geworden ist auch die Notwendigkeit einen ganzheitlichen, risikoorientierten Unternehmensführungsansatz zu etablieren, also Risikomanagement und Controlling zu verknüpfen, um so beispielsweise die Planungssicherheit zu verbessern.

Schließlich resultiert auch aus der veränderten Kreditvergabepraxis von Banken und Sparkassen infolge von Basel II und Basel III sowie von Solvency II in Versicherungsunternehmen das Erfordernis, sich konsequenter mit Risiken auseinanderzusetzen. Die Wirkung eingetretener Risiken (z.B. des Verlusts oder Ausfalls eines Großkunden oder Zulieferers oder des unerwarteten Anstiegs von Materialkosten) zeigt sich nämlich immer im Jahresabschluss und den daraus abgeleiteten Finanzkennzahlen (z.B. Eigenkapitalquote oder Gesamtkapitalrendite). Da diese Finanzkennzahlen im Rahmen der neuen Ratingverfahren gerade bei kleinen und mittleren Unternehmen den eingeräumten Kreditrahmen und die Zinskonditionen bestimmen, haben Risiken somit erhebliche Auswirkungen auf die Finanzierung eines Unternehmens. So kann durch eine zufällige Kombination des Eintretens mehrerer Risiken recht schnell eine Situation entstehen, in der die Finanzierung aufgrund eines unbefriedigenden Ratings nicht mehr sichergestellt ist, obwohl das Unternehmen an sich gute

---

10 Vgl. zum Risikomanagement gemäß KonTraG Füser/Gleißner/Meier, 1999 sowie Romeike, 2007.

11 Vgl. Gleißner, 2020a und 2020b.

langfristige Zukunftsperspektiven aufweist. Dieses Problem ist insbesondere bei Unternehmen zu befürchten, die ein niedriges Risikodeckungspotenzial (speziell Eigenkapital und Liquidität) aufweisen.

Als weitere Triebfeder für eine steigende Bedeutung des Risikomanagements ist auch die Konzeption eines „wertorientierten Managements" zu sehen, das auf der Idee basiert den Ertrag und Risiko abzuwägen. Im Kontext solcher Management- und Controlling-Ansätze bestimmt das Risikomanagement Risikomaße, z.B. den Bedarf an Eigenkapital zur Abdeckung möglicher Verluste und die Ertragsvolatilität (Ertragsrisiko), sowie davon abhängige Mindestanforderungen an die erwartete Rendite, also die Kapitalkostensätze. Risikoanalyse und Risikoaggregation machen es damit möglich, die Kapitalkosten direkt mit den Unternehmensrisiken zu verbinden, was die Weiterentwicklung heute noch üblicher „kapitalmarktorientierter" Steuerungsverfahren hin zu einer echten wertorientierten Steuerung mit Betrachtung des Ertrag-Risiko-Profils von Handlungsoptionen und Geschäftsfeldern ermöglicht. Die „Insider-Informationen" der Risikoanalyse helfen, mit der Berechnung der risikogerechten Kapitalkosten als Anforderung an die erwartete Rendite, das Hauptproblem vieler wertorientierter implementierter Steuerungssysteme zu lösen. Kapitalmarktorientierte Verfahren zur Ableitung von Kapitalkosten, wie das Capital Asset Pricing Modell (CAPM), führen nicht zu risikogerechten Kapitalkosten (vgl. Kapitel 5.3 mit einer Vielzahl empirischer Studien als Beleg).

Alle genannten Aspekte machen deutlich, dass die Bedeutung des Risikomanagements im Kontext der Unternehmensführungsaufgaben weiter zunehmen wird. Die Vorteile eines systematischen Risikomanagements, wie

- Transparenz über die Risikosituation,
- Frühaufklärung und Krisenprävention,
- Reduzierung der Risikokosten,
- bessere Informationsgrundlage bei Entscheidungen unter Unsicherheit sowie
- Verbesserung der Robustheit des Unternehmens.

sind offenkundig. Dabei ist eine mögliche Reduzierung der Kosten für die Risikobewältigung – z.B. durch eine Optimierung der Versicherungen – ein nicht zu unterschätzender Vorteil. Vor allem können die Voraussetzungen geschaffen werden, um bestandsgefährdende Entwicklungen zu vermeiden und bei wesentlichen unternehmerischen Entscheidungen (z.B. Investitionen) die dort erwarteten Erträge und die damit verbundenen Risiken gegeneinander abwägen zu können (vgl. Abbildung 1).

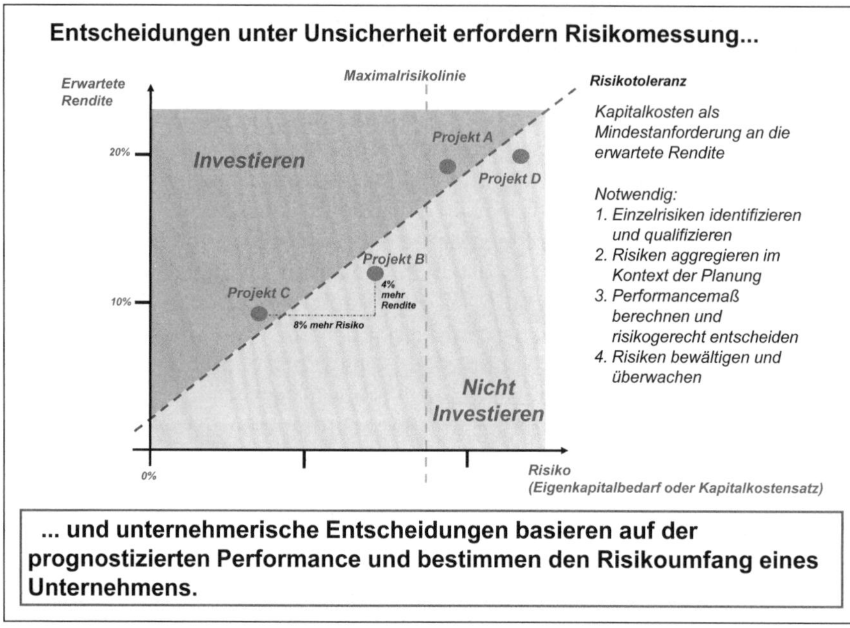

Abbildung 1: Rendite-Risiko-Profil

Der Beitrag des Risikomanagements zum Unternehmenserfolg ist dabei klar erkennbar:[12]

- Die Reduzierung der Schwankungen erhöht die Planbarkeit und Steuerbarkeit eines Unternehmens, was einen positiven Nebeneffekt auf das erwartete Ertragsniveau hat.[13, 14]
- Eine prognostizierbare, stabile Entwicklung der Zahlungsströme reduziert die Wahrscheinlichkeit, unerwartet auf teure externe Finanzierungsquellen zurückgreifen zu müssen. Eigenerwirtschaftete Cashflows bestimmen maßgeblich den realisierbaren Umfang wertsteigernder Investitionen.
- Eine stabile Gewinnentwicklung mit einer hohen Wahrscheinlichkeit für eine ausreichende Kapitaldienstfähigkeit ist im Interesse der Fremdkapitalgeber, was sich in einem guten Rating, einem vergleichsweise hohen Finanzierungsrahmen und günstigen Kreditkonditionen widerspiegelt.
- Eine stabile Gewinnentwicklung reduziert die Wahrscheinlichkeit einer Insolvenz. Dies ist auch im Interesse von Arbeitnehmern, Kunden und Lie-

[12] Froot/Scharfstein/Stein, 1994, Hommel/Pritsch, 1997, Hommel/Pritsch, 2015, Hommel, 2005; Carter/Rogers/Simkins, 2006; Faupel/Michels, 2014; Kürsten, 2006; McShane, 2017; McShane/Nair/Rustambekov, 2011; Smithson/Simkins, 2008; Hoyt/Liebenberg, 2011 und Jin/Jorison, 2006.

[13] Vgl. Amit/Wernerfelt, 1990, siehe jedoch kritischer Kürsten, 2006, der zeigt, dass unter Umständen auch höhere Risiken im Interesse der Eigentümer eines Unternehmens sind, weil sie unbegrenzt an Chancen partizipieren – aber ihre Verluste oft begrenzt sind.

[14] Eine Verminderung der risikobedingten Schwankungsbreite der Zahlungsströme wirkt sich (oft) positiv auf den Unternehmenswert aus.

feranten und erleichtert es, qualifizierte Mitarbeiter zu gewinnen und langfristige Beziehungen zu Kunden und Lieferanten aufzubauen.

- Das Risikomanagement schafft Transparenz über Chancen und Gefahren (Risiken) und erlaubt es bei Entscheidungen, Ertrag und Risiko gegeneinander abzuwägen (bessere Qualität und Fundierung von Entscheidungen).
- Das Wissen über strategische Risiken hilft im strategischen Management bei der Entwicklung „robuster" Strategien.

Der ökonomische Nutzen lässt sich auch empirisch belegen (vgl. weiterführend Kapitel 1.3). Die jüngere empirische Kapitalmarktforschung belegt, dass – entgegen der traditionellen Hypothese vollkommener Kapitalmärkte – gerade Unternehmen mit einem geringen Ertragsrisiko und stabilen Rating sogar eine überdurchschnittliche Rendite am Aktienmarkt erreichen. Die nachfolgende Abbildung aus der Studie von Walkshäusl (2013a)[15] zeigt, dass aus einem Investment von 1 Euro (in 1983) in die deutschen Unternehmen mit dem niedrigsten „Fundamentalrisiko" bis 2011 etwa 20 Euro geworden wären. Bei einem Investment in den breiten Markt (CDAX als empirisches Marktportfolio) hätte sich der Einsatz dagegen nur versiebenfacht. Und bei einem Investment in Hochrisiko-Unternehmen (solche z.B. mit hoher Ertragsvolatilität und hohem Beta) wäre das Resultat noch wesentlich geringer. Die Studie zeigt, dass „robuste Unternehmen", die Investitionen mit einem guten Ertrag-Risiko-Profil tätigen[16], nachhaltig erfolgreich sind und eine attraktive Investition für die Eigentümer darstellen. Ein gutes Ertrag-Risiko-Profil und eine Absicherung eines guten Ratings sind daher wesentliche Aufgaben des Risikomanagements und verdeutlichen die Potenziale, die das Risikomanagement eines Unternehmens hat – wobei hier Risikomanagement im umfassenden Sinn zu verstehen ist, also auch alle Aktivitäten der Unternehmensführung, z.B. zur Absicherung der Unternehmensstrategie und der wesentlichen Erfolgspotenziale, mit einschließt.

Auch in der COVID-19-Krise 2020 hat sich gezeigt, dass Unternehmen mit hoher „finanzieller Nachhaltigkeit" krisenresistenter sind.[17] Unternehmen mit hoher finanzieller Nachhaltigkeit weisen insbesondere ein niedriges Insolvenzrisiko und ein gutes Ertrag-Risiko-Profil auf.[18]

Studien bestätigen tendenziell auch, dass eine Reduzierung der Cashflow-Volatilität die Wahrscheinlichkeit für Krisen reduziert und sich die Möglichkeiten verbessern, wertsteigernde Investitionen durchzuführen (vgl. Abschnitt 1.3).

---

15 Siehe auch ähnliche Studien z.B. von Ang/Chen, 2007; Ang/Chen/Xing, 2006; Ang/Hodrick/Xing/Zhang, 2006; Ang/Hodrick/Xing/Zhang, 2009; Chen/Novy-Marx/Zhang, 2011; Zhang, 2009, Zhang, 2006 sowie die Überlegungen zum „Rendite-Risiko-Paradoxon" von Budd, 1993; Bowman, 1980 und Arrfelt et al, 2018.

16 In der Studie wird dies erfasst über den Variationskoeffizient der Erträge, also das Verhältnis der Standardabweichung zum Erwartungswert.

17 Vgl. Gleißner/Günther/Walkshäusl, 2022.

18 Ausgedrückt durch den Variationskoeffizient der Erträge, siehe dazu Abschnitt 2.4.10.

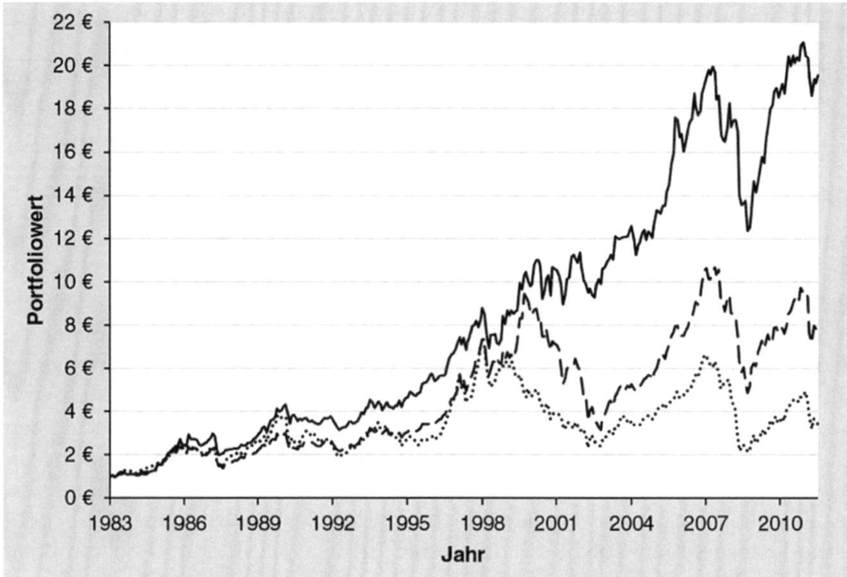

Abbildung 2: Wertentwicklung einer 1 € Investition in drei verschiedene Portfolios. Durchgezogene Linie (–): Portfolio mit niedrigen Fundamentalrisiken, gestrichelte Linie (– – –): CDAX, gepunktete Linie (· · ·): Portfolio mit hohen Fundamentalrisiken (Quelle: Walkshäusl, 2013a, S. 121)

1.1.3 Entwicklungsstufen des Risikomanagements und Weiterentwicklungsperspektiven

Der Stand des Risikomanagements in einzelnen Unternehmen differiert sehr stark. Eine Einschätzung des erreichten Status ist anhand der Charakterisierung der folgenden sechs Stufen bzw. Reifegrade möglich.[19]

Das im Folgenden erläuterte Reifegrad-Modell[20] unterscheidet sechs Reifegrade (siehe Abbildung 3).

1. Auf der niedrigsten Reifegrad-Stufe 1 („Kein Risikomanagement") existieren weder ein ausgeprägtes Risikobewusstsein noch ein formalisiertes System zum Umgang mit Risiken. Eine Berücksichtigung von Risiken findet nur sporadisch statt.

---

[19] In Anlehnung an Gleißner/Mott, 2008. Vgl. auch Gleißner/Stein/Wiedemann, 2021.

[20] Vgl. Gleißner, 2016b; Romeike, 2018; Ulrich, 2019; Schwaiger/Brandstätter, 2020.

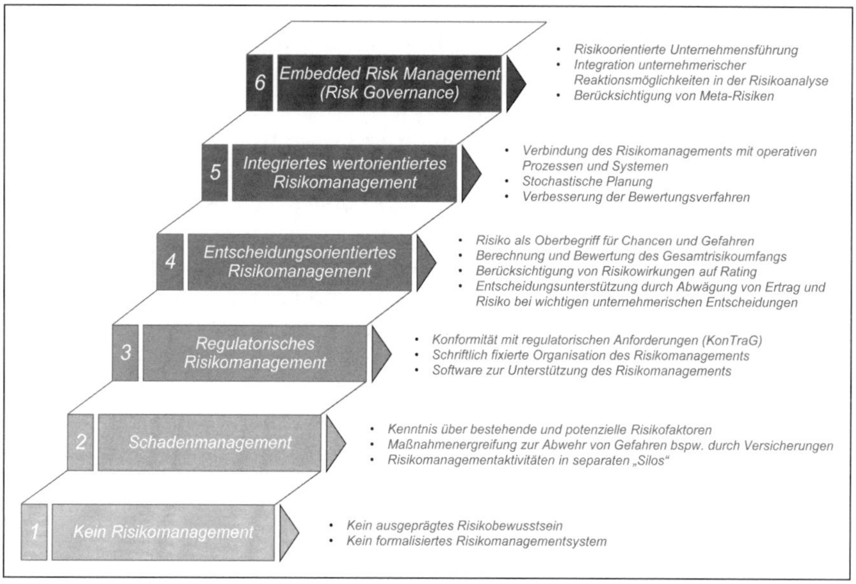

Abbildung 3: Die sechs Entwicklungsstufen des Risikomanagements[21]

2. Die Unternehmensführung ist sich auf der Reifegrad-Stufe 2 („Schadenmanagement“) der Existenz bestimmter Risiken, speziell wesentlicher Gefahren, bewusst und setzt punktuell Maßnahmen zur Abwehr dieser Gefahren ein. Dabei wird auf die Einhaltung gesetzlicher Regelungen wie Umweltschutz und Arbeitsschutz geachtet. Im Rahmen unternehmerischer Entscheidungen wird eine mögliche gravierende Gefahr[22] diskutiert, ohne dass für diese Beurteilung ein spezifisches Instrument eingesetzt wird.
3. Auf der Reifegrad-Stufe 3 („Regulatorisches Risikomanagement“) liegt ein Risikomanagement vor, das den Anforderungen des KonTraG und StaRUG entspricht: Im Unternehmen existiert ein Risikofrüherkennungssystem, das sämtliche wichtigen Risiken kontinuierlich überwacht und in einem Risikoinventar zusammenfasst. Insbesondere Umfang, Verantwortlichkeit und Turnus der Risikoüberwachung sind schriftlich dokumentiert und damit fixiert. Die wesentlichen, insbesondere operativen Risiken werden jeweils separat im Hinblick auf geeignete Risikobewältigungsstrategien diskutiert. Bei bedeutsamen unternehmerischen Entscheidungen wird explizit über die damit verbundenen Risiken nachgedacht und sie werden – allerdings nicht formalisiert und quantifiziert – in betriebliche Entscheidungen (z.B. bei Investitionen) mit einbezogen. Risiken werden oft nur pauschal durch Schadenshöhe und Eintrittswahrscheinlichkeit beschrieben. Eine zumeist einfache Risikoaggregation wird durchgeführt, um zu prüfen, ob aus Kombinationseffekten von Einzelrisiken „bestandsgefährdende Entwicklungen“

[21] In Anlehnung an Gleißner, 2016b.

[22] Zum Begriff der Gefahr auch aus juristischer Perspektive siehe Fischer/Hilgendorf, 2020.

entstehen können (§91 Abs. 2 AktG/§1 StaRUG, wobei die neu geforderten „geeigneten Gegenmaßnahmen" schon den Reifegrad 4 zugeordnet werden).

4. Auf Reifegrad-Stufe 4 („Entscheidungsorientiertes Risikomanagement") wird aus den Einzelrisiken mittels Risikoaggregation unter Bezugnahme auf eine integrierte Unternehmensplanung ein Gesamtrisikoumfang berechnet, aus dem z.B. der Eigenkapitalbedarf zur Deckung möglicher risikobedingter Verluste abgeleitet werden kann.[23] Die Wirkungen auf das zukünftige Rating und bestehende Kreditvereinbarungen (Covenants) werden untersucht und die Risikotragfähigkeit berechnet. Die Risikoinformationen werden in Entscheidungsvorlagen für Vorstand und Aufsichtsrat aufbereitet. Aussagen über die Veränderung des Gesamtrisikoumfangs durch eine Vorstandsentscheidung sind notwendig, um über die vom Gesetz geforderten „angemessenen Informationen" bei Entscheidungsvorlagen verfügen zu können (§93 Abs. 1 Satz 2 AktG). Das entscheidungsorientierte Risikomanagement impliziert, dass Risikoanalysen entsprechend den Vorgaben der Business Judgement Rule in den Entscheidungsvorlagen bei unternehmerischen Entscheidungen enthalten sind.
5. Auf der Reifegrad-Stufe 5 („Integriertes wertorientiertes Risikomanagement") sind die relevanten Managementsysteme, die sich mit Risiken befassen, und die unterstützenden Instrumente wie z.B. die IT mit den operativen Systemen des Unternehmens wie etwa dem Controlling systematisch verknüpft, um ein „robustes Unternehmen" zu realisieren, das sich flexibel und beweglich auch an unvorhergesehene Entwicklungen anpassen kann.[24] Die Planung wird als stochastische Planung mithilfe statistischer Verfahren durchgeführt, indem in Bezug auf jede Planannahme neben dem Erwartungswert des Ergebnisses auch eine Information über die damit verbundenen Risiken hinterlegt wird. Man kann von einem integrativen Risikomanagement sprechen, das auf die Vorbereitung von Managemententscheidungen ausgerichtet ist und Verbindung mit allen Systemen und Stellen des Unternehmens aufweist, die sich auch mit Chancen und Gefahren (Risiken) befassen. Neben Qualitätsmanagement, Compliance und Treasury ist insbesondere eine enge Verknüpfung mit dem Controlling realisiert, weil sich dieses mit unsicheren Planungsannahmen befasst und durch Abweichungsanalysen eingetretene Risiken aufdeckt. Das Risikomanagement ist entscheidungsorientiert (siehe Stufe 4) und bei der Vorbereitung aller wesentlichen Managemententscheidungen involviert. Für die Beurteilung von Handlungsoptionen wird ein Entscheidungskriterium (Performancemaß) als Kennzahl verwendet, die Ertrag und Risiko erfasst. Dies ist üblicherweise ein modellbasiert berechneter Unternehmenswert. Die Auswirkungen von Risiken werden dabei auf den Erwartungswert der Cashflows und den Diskontierungszinssatz ausgedrückt.[25] Der Diskontierungszinssatz drückt eine risikoadäquate Anforderung an die zu erwartende Rendite aus. Die Unternehmensführung orientiert sich damit am Konzept einer wertorientierten

[23] Vgl. Gleißner, 2020c.
[24] Vgl. Gleißner, 2021a.
[25] Vgl. Gleißner, 2019d.

Unternehmensführung und arbeitet aktiv daran das Ertrag-Risiko-Profil des Unternehmens zu verbessern. Chancen und Gefahren (Risiken) werden dabei insbesondere im Rahmen des strategischen Managements berücksichtigt. Angestrebt wird ein „robustes Unternehmen" mit hoher finanzieller Stabilität und optimiertem Ertrag-Risiko-Profil (niedriges Insolvenzrisiko). Die Planung von Risikobewältigungsmaßnahmen orientiert sich an den Risikokosten, die die Auswirkungen von Kosten und Nutzen solcher Maßnahmen für den Unternehmenswert erfassen.

6. Auf der höchsten Reifegrad-Stufe 6 eines „Embedded Risk Management" steht ein das gesamte Unternehmen durchdringender ganzheitlicher und alle Mitarbeiter einbeziehender Risikosteuerungsansatz („Risk Governance").[26] Sämtliche wichtigen strategischen und operativen Entscheidungen werden durch Bewertung am risikogerechten Ertragswert beurteilt, was ein Abwägen von erwartetem Ertrag und Risiko sowie die Optimierung der Planungssicherheit ermöglicht. Das Unternehmen ist robust. Auch die Unsicherheit der Risikoeinschätzung selbst wird in der Entscheidung berücksichtigt („Metarisiken"). Mögliche Reaktionen von Wettbewerbern und andere „Verhaltensrisiken" sowie „Managementrisiken" werden konsequent analysiert und bewältigt. Die Unternehmenskultur und jegliches unternehmerische Denken und Handeln – zentral und dezentral – beachten Ertrag sowie Gefahren und Chancen. Alle Mitarbeiter sind einbezogen, was eine Kultur des offenen Umgangs mit Risiken ermöglicht. Jedes Management wird auch als Risikomanagement verstanden, weil fast alle Aktivitäten unsichere Auswirkungen haben. Ein Rahmen für ein solches Embedded Risk Management, der z.B. eine Risikokultur und Mitverantwortlichkeit fördert, ist das Risk Governance Modell (Stein/Wiedemann, 2016).

Die oben angesprochenen Themen zeigen zusammenfassend, welche zentrale Bedeutung das Risikomanagement potenziell als Funktion und Kompetenzbereich der Unternehmensführung hat. Risikomanagement ist weit mehr als ein formales Organisationssystem, eher ein Kompetenzfaktor und ein Erfolgsfaktor.[27] Es ist derjenige Kompetenzbereich, der – verteilt auf eine Vielzahl von Mitarbeitern und Funktionen – die Unternehmensführung in die Lage versetzt, erwartete Erträge und Risiken gegeneinander abzuwägen – und so die Grundidee eines wertorientierten Managements in der Praxis umzusetzen. Diese Fähigkeit wird aber erst auf der vierten der oben erläuterten Stufen erreicht und auch hier gibt es noch weitere Verbesserungspotenziale.[28] Erst auf Reifegrad-Stufe 5 stehen die quantitativen Bewertungsmethoden zur Verfügung, um Projekte oder strategische Handlungsoptionen risikoadäquat bewerten zu können. Und erst auf Stufe 6, die vermutlich noch kein Unternehmen vollständig erreicht hat, sind die erforderlichen Fähigkeiten im Umgang mit Chancen und Gefahren überall im Unternehmen verankert. Erst auf dieser Stufe eines Embedded Risk Managements wird jedes Management aufgrund der unsicheren Auswirkungen auch als Risikomanagement aufgefasst.

---

[26] Vgl. Gleißner/Stein/Wiedemann, 2021.
[27] Vgl. Romeike/Finke, 2003.
[28] Vgl. Füser/Gleißner, 2013.

Betrachtet man den Status Quo des Risikomanagements in vielen Unternehmen, kann man ergänzend zum oben skizzierten Reifegrad-Modell auch bezüglich abgrenzbarer Aufgaben und struktureller Elemente des Risikomanagements die bestehenden Verbesserungspotenziale aufzeigen (siehe nachfolgenden Unterabschnitt).

1.1.4 Status und Zukunftsbild des Risikomanagements

Ausgehend vom aktuellen Status vieler Risikomanagementsysteme wird nachfolgend anhand von 6 Kriterien gezeigt, wie Risikomanagement in der Zukunft ausgestaltet werden sollte, um einen Beitrag zur Steigerung des Unternehmenserfolgs zu leisten.[29]

1. Risikoidentifikation: Stärkerer Fokus auf strategische und makroökonomische Risiken

Bisher konzentrieren sich viele Unternehmen bei der Risikoanalyse auf interne und eher operative Risiken. Betrachtet werden beispielsweise die Möglichkeiten des Ausfalls kritischer Maschinen oder der IT, Feuer- oder Haftpflichtschäden sowie andere operationelle Risiken. Der Gesamtrisikoumfang eines Unternehmens wird aber wesentlich bestimmt durch sogenannte strategische Risiken und Risiken aus dem makroökonomischen Umfeld.

Zukünftig ist daher anzustreben, dass bei der Risikoanalyse zunächst einmal Geschäftsmodell und Strategie des Unternehmens nach strategischen Risiken untersucht werden. Solche strategischen Risiken ergeben sich z.B. aus der Bedrohung der wesentlichen Erfolgsfaktoren, technologischen Trends oder möglichen, für das eigene Geschäft kritischen, Strategien potenzieller Wettbewerber („disruptive Innovationen“[30]). Gravierende Krisen und gar bestandsgefährdende Entwicklungen sind hingegen oft die Folge makroökonomischer Risiken. Schwere Wirtschaftskrisen, wie die „Corona-Krise“, treten im Durchschnitt etwa einmal im Jahrzehnt auf – seit den beiden Ölkrisen der 1970er Jahre gab es sogar sechs schwere Wirtschaftskrisen. Solche Wirtschaftskrisen sind zu beachten, weil sie die für ein Unternehmen wesentlichen Rahmenbedingungen ganz entscheidend negativ verändern können (z.B. durch einen starken Rückgang der Nachfrage, stark steigende Zinssätze oder Rohstoffpreise). Die Identifikation von Risiken sollte zukünftig alle für das Unternehmen relevanten Risikofelder abdecken, wobei ein Fokus auf Risikofelder mit hoher strategischer Relevanz zu setzen ist.

---

[29] In enger Anlehnung an Gleißner, 2020d, siehe z.B. auch Ulrich, 2019; Köhlbrandt et al., 2020 und Link et al., 2021.

[30] Christensen, 2011 und Gleißner, 2020c.

2. Risikoquantifizierung: Sachgerechte Wahrscheinlichkeitsverteilung statt Eintrittswahrscheinlichkeit und Schadenshöhe

Viele Unternehmen beschreiben Risiken noch durch Eintrittswahrscheinlichkeit und erwartete Schadenshöhe. Dies ist meist nicht sachgerecht. Viele Risiken, wie die Unsicherheit der Nachfrage oder Schwankungen von Rohstoffpreisen und Wechselkursen, lassen sich so nicht beschreiben. Selbst bei sogenannten „ereignisorientierten" Risiken, wie z.B. ein Feuerschaden, ein IT-Ausfall oder eine Betriebsunterbrechung durch Maschinenausfall, ist der Schaden unsicher und damit durch eine Bandbreite zu beschreiben (z.B. durch Angabe von Mindestwert, wahrscheinlichsten Wert und Maximalwert).

Zu empfehlen ist daher, dass Risiken durch adäquate Wahrscheinlichkeitsverteilungen beschrieben werden.[31] Die Risiken, denen ein Unternehmen ausgesetzt ist, sind unterschiedlich und erfordern eine dem Charakter des Risikos entsprechende quantitative Beschreibung (vgl. dazu Kapitel 2).

3. Risikoaggregation: Monte-Carlo-Simulation statt Ignorieren der Kombinationseffekte von Risiken

Empirische Studien zeigen regelmäßig, dass viele Unternehmen keine Risikoaggregation durchführen. Ohne eine Risikoaggregation können aber Kombinationseffekte von Einzelrisiken nicht ausgewertet werden, die in der Regel Krisen und „bestandsgefährdende Entwicklungen" (im Sinne §91 AktG/§1 StaRUG) auslösen. Die Risikoaggregation ist die wichtigste Methode eines Risikofrüherkennungssystems und ohne eine sachgerechte Risikoaggregation unter Einsatz der Monte-Carlo-Simulation sind die gesetzlichen Mindestanforderungen an das Risikomanagement nicht erfüllbar (vgl. dazu Kapitel 3).[32]

Gelegentlich wird zwar behauptet, es gäbe alternative oder vereinfachte heuristische Verfahren der Risikoaggregation. Sieht man einmal von Spezialfällen wie in der Finanzwirtschaft ab, findet man allerdings keinerlei Veröffentlichungen über geeignete alternative Methoden, weil auch keine geeigneten Alternativverfahren existieren, was man sehr leicht zeigen kann. Insbesondere ist es verfehlt, nur die Summe der Schadenserwartungswerte als Gesamtrisiko anzugeben.

Zukünftig sollten alle Unternehmen ihre wesentlichen und quantifizierten Risiken mit Bezug auf die Unternehmensplanung aggregieren. Durch den Einsatz der Monte-Carlo-Simulation kann dann der Grad der Bestandsgefährdung (das Insolvenzrisiko) fundiert beurteilt und eine sogenannte „Bandbreitenplanung" abgeleitet werden. Eine solche Bandbreitenplanung schafft für das Controlling Transparenz über die Planungssicherheit und macht es möglich, z.B. Eigenkapital- und Liquiditätsbedarf des Unternehmens risikogerecht zu berechnen. Sie ist insbesondre eine Grundlage, um bei unternehmerischen Entscheidungen Ertrag und Risiko gegeneinander abzuwägen.

---

31 Siehe Abschnitt 4.2 mit einem Leitfaden.

32 Siehe dazu die Stellungnahme Angermüller et al., 2020 sowie Gleißner, 2017f; Berger et al., 2021b und Schmidt/Henschel, 2021.

4. Entscheidungsorientiertes Risikomanagement: Risikoanalysen für „unternehmerische Entscheidungen" statt lediglich routinemäßiger Risikoreports

Viele Risikomanagementsysteme sind bisher primär darauf ausgerichtet, die bestehenden Risiken eines Unternehmens zu überwachen und die Risikolage in einem Risikoreport für die Unternehmensführung zusammenzufassen. Die Risikoinformationen fließen aber nicht systematisch in unternehmerische Entscheidungen ein, weshalb das Risikomanagement den an sich möglichen ökonomischen Nutzen nicht erreicht.[33] Ein nur auf das Schaffen von Transparenz über die Risiken ausgerichtetes Risikomanagement greift zu kurz.

Zukünftig sollte erreicht werden, dass entsprechend dem neuen Paradigma eines **„entscheidungsorientierten Risikomanagements"**[34] das Risikomanagement einbezogen wird in die Vorbereitung „unternehmerischer Entscheidungen" (§93 AktG, Business Judgement Rule). Ein solches integriertes und entscheidungsorientiertes Risikomanagement[35] schafft ökonomischen Mehrwert. Es ermöglicht nämlich, dass der Unternehmensführung schon vor einer Entscheidung klar ist, wie sich diese auf den Risikoumfang des Unternehmens auswirken wird. Bei einer nicht sicher vorhersehbaren Zukunft sind die Auswirkungen unternehmerischer Entscheidungen unsicher, was im Entscheidungskalkül zu berücksichtigen ist. Die Idee einer entscheidungsorientierten Ausrichtung des Risikomanagements findet man in COSO Enterprise Risk Management[36], im DIIR Revisionsstandard Nr. 2 (von 2018)[37] und sie ergibt sich in Deutschland auch aus den gesetzlichen Anforderungen. Aus der sogenannten Business Judgement Rule (§93 AktG) folgt nämlich, dass bei der Vorbereitung „unternehmerischer Entscheidungen" beweisbar „angemessene Informationen" vorliegen müssen, was insbesondere die Informationen über die mit einer Entscheidung verbundenen Risiken erfordert.[38]

5. Wertbeitrag: Risikoinformationen zur Steuerung der Werttreiber „Kapitalkosten" und „Insolvenzwahrscheinlichkeit" statt Risikominimierung

Bisher werden Risiken oft nicht als Werttreiber verstanden; sie werden ignoriert (vgl. 3.) und/oder es wird versucht „Risiken zu minimieren". Möchte man aber die Risiken gegen null bewegen, steigen die dafür notwendigen Kosten oft gegen unendlich. Wenn ein Unternehmen beispielsweise versuchen wollte, das Ausfallrisiko für sein erfolgskritisches Rechenzentrum auf null zu bekommen, würden selbst mehrere redundante Rechenzentren auf verschiedenen Kontinenten letztlich nicht ausreichen. Es verbliebe ein kleines „Restrisiko".

---

33 Gleißner, 2017b.

34 Siehe Gleißner, 2015d; Gleißner/Kimpel, 2019; Gleißner/Hunziker, 2019 und Vanini, 2019.

35 Gleißner, 2020c.

36 Siehe Hunziker, 2019 zu den entsprechenden Vorstellungen aus COSO Enterprise Risk Management.

37 Siehe Gleißner/Kimpel, 2019; vgl. Abschnitt 1.8.8.

38 Graumann, 2014; Gleißner, 2019c und RMA, 2019.

Gesucht ist immer ein optimales Ertrag-Risiko-Profil, d.h. eines, das den Wert maximiert.

Weiterhin sind in vielen Unternehmen die Themen Risikomanagement, Controlling und wertorientierte Unternehmensführungsansätze weitgehend voneinander getrennt. Unternehmen, die eine ökonomisch sinnvolle wertorientierte Unternehmensführung anstreben, leiten den Werttreiber „Kapitalkosten" (Diskontierungszinssatz) meist basierend auf historischen Aktienrenditeschwankungen ab (z.B. über den Betafaktor des Capital-Asset-Pricing-Modells). Die Konsequenz ist, dass der Unternehmenswert und wertorientierte Performancemaße (wie der Economic Value Added) Veränderungen des Risikoumfangs eines Unternehmens nicht berücksichtigen und damit die Unternehmenssteuerung quasi „risikoblind" ist. Risiken fließen bei diesen „kapitalmarktorientierten" Steuerungssystemen nicht ins Entscheidungskalkül ein (vgl. dazu Kapitel 5).

Zukünftig ist anzustreben, dass die Ergebnisse aus Risikoanalyse und Risikoaggregation genutzt werden, um den Erwartungswert der Erträge und auch den risikoabhängigen Werttreiber „Kapitalkosten" zu berechnen und damit steuerbar zu machen.[39] Das Risikomanagement wird so zum Fundament der wertorientierten Unternehmensführung. Eine Veränderung des aggregierten Risikoumfangs wirkt unmittelbar auf den Kapitalkostensatz: Mehr Ertragsrisiko führt zu höheren Anforderungen an die Rendite und damit höheren Kapitalkosten. Mit dem Unternehmenswert als Ausdruck des Ertrags-Risiko-Profils eines Unternehmens wird es möglich, den Risikoumfang des Unternehmens zu optimieren (und nicht zu minimieren, was auch nicht sinnvoll ist). Auch der bisher oft nicht beachtete Werttreiber „Insolvenzwahrscheinlichkeit", der langfristig quasi wie eine negative Wachstumsrate wirkt, wird so im wertorientierten Unternehmenssteuerungskalkül erfasst.[40] Man kann dabei durchaus als Nebenbedingung einen maximal akzeptieren Gesamtrisikoumfang vorgeben, z.B. ausgedrückt in einer maximal akzeptierten Insolvenzwahrscheinlichkeit (oder Ratingnote). Sie ist dann Ausdruck der gewünschten Bestandsicherheit. Es versteht sich von selbst, dass die Insolvenzwahrscheinlichkeit allerdings nie null sein kann.

6. Organisation des Risikomanagements: Integratives Risikomanagement statt Risikomanagement im „Silo"

Bisher befinden sich viele Risikomanagementsysteme von Unternehmen quasi in einem „Silo". Es fehlt der sinnvolle Informationsaustausch mit anderen Managementsystemen, die mögliche Nutzung von Synergien findet nicht statt.

Dabei sollten die Risikomanagementsysteme der Zukunft „integrativ" sein. Dies erhöht Effizienz und Akzeptanz des Risikomanagements. Insbesondere ist es möglich, wesentliche „Basisaufgaben" für das Risikomanagement in anderen Managementsystemen, wie Controlling oder Qualitätsmanagement, effizient abzudecken (vgl. dazu Kapitel 6). Beispielweise kann bei Planung

---

39 Siehe zur Methodik Gleißner, 2019d und Gleißner, 2014c sowie Abschnitt 1.7.4 und Kapitel 5.

40 Vgl. dazu Abschnitt 5.3.

und Budgetierung unmittelbar eine Identifikation von Risiken vorgenommen werden: Jede unsichere Planannahme stellt nämlich ein Risiko dar. Das Qualitätsmanagement kann leicht Analyse und Überwachung technischer Risiken übernehmen, z.B. mit bewährten Instrumenten wie der FMEA. Und bei einer Balanced Scorecard kann man den einzelnen strategischen Zielen und Kennzahlen die Risiken zuordnen, die dort Planabweichungen auslösen können. Der Verantwortliche für ein strategisches Ziel übernimmt dann die Überwachung der zugeordneten Risiken.

Thema	Status	Zukunftsbild
Risikoidentifikation	Primär operative Risiken	Stärkerer Fokus auf strategische und makroökonomische Risiken
Risiko-quantifizierung	Risiko als Schaden und Eintrittswahrscheinlichkeit	Sachgerechte Wahrscheinlichkeitsverteilung und unsichere Auswirkungen
Risikoaggregation	Fehlende Aggregation oder Schadenserwartungswerte	Monte-Carlo-Simulation und Analyse der Kombinationseffekte von Risiken
Entscheidungs-orientiertes Risikomanagement	Nur Routine-Risikoreports	Risikoanalysen für „unternehmerische Entscheidungen"
Wertbeitrag der Risikosteuerung	Risikominimierung	Optimierung Risikoprofil und Steuerung der Werttreiber „Kapitalkosten" und „Insolvenzwahrscheinlichkeit"
Organisation des Risikomanagements	Risikomanagement im „Silo"	Integratives Risikomanagement

Abbildung 4: Risikomanagement: Status und Zukunftsbild (Gleißner, 2020d. S. 25)

Die heute implementierten Risikomanagementsysteme erfüllen oft die gesetzlichen Mindestanforderungen nicht und schaffen wenig oder gar keinen ökonomischen Mehrwert. Dies liegt an erheblichen methodischen Defiziten, wie z.B. dem Fehlen einer Risikoaggregation und der fehlenden Einbeziehung in die Vorbereitung „unternehmerischer Entscheidungen". Das Risikomanagement der Zukunft sollte (und wird hoffentlich) die hier skizzierten Defizite abstellen und zu einem zentralen Baustein einer risiko- und wertorientierten Unternehmensführung. Bei einer nicht sicher vorhersehbaren Zukunft sind die Fähigkeiten im Umgang mit den unvermeidlichen Chancen und Gefahren (Risiken) für den Unternehmenserfolg wesentlich – und damit gibt es klare Anreize für den Ausbau der Risikomanagementfähigkeiten der Unternehmen.

Langfristig sollte erreicht werden, dass Chancen und Gefahren immer und überall im Unternehmen beachtet werden und das Risikomanagement voll integriert wird. Bei allen wesentlichen Entscheidungen, nicht nur Vorstandsentscheidungen, erfolgt dann ein Abwägen erwarteter Erträge und Risiken bei der Entscheidungsvorbereitung. Sämtliche wichtigen strategischen und operativen Entscheidungen werden dabei am risikogerechten Ertragswert beurteilt. Jedes Management wird wegen der unsicheren Auswirkungen von Entscheidungen und Handlungen auch als Risikomanagement aufgefasst. Eine ausgeprägte Risikokultur führt dazu, dass sich alle Mitarbeiter mit den mit ihrer Arbeit verbundenen Chancen und Gefahren (Risiken) sach- und aufgabengerecht befassen. Letztlich sollte klar sein, dass jedes Management immer auch Risikomanagement sein sollte – weil die Auswirkungen aller Entscheidungen und Handlungen unsicher sind (vgl. Stufe 6 des Reifegradmodells). Die dafür nötigen Methoden werden in den Kapiteln 3 bis 6 im Detail erläutert.

1.1.5 Umsetzungshemmnisse auf dem Weg zu einer risikoorientierten Unternehmensführung

Oft wird Risikomanagement aber immer noch als lästige Pflichtübung verstanden und nicht als Kernaufgabe der Unternehmensführung. Die insbesondere durch den Druck des Kontroll- und Transparenz-Gesetzes (KonTraG)[41] aufgebauten formalen Risikomanagementsysteme haben dabei erhebliche Schwächen, die den bisherigen ökonomischen Nutzen sehr zurückhaltend beurteilen lassen (vgl. Abschnitt 1.1.4).

Das „Grundproblem" in vielen Unternehmen besteht darin, dass noch nicht klar ist, wie konsequent und strukturiert Risikoinformationen bei wesentlichen Entscheidungen der Unternehmensführung einfließen sollen. Es fehlen die Methoden, um bei der Vorbereitung von Entscheidungen (z.B. Investitionen) anzuzeigen, welche Änderungen des Ertrag-Risiko-Profils diese zur Konsequenz hätten – und damit die Nachfrage nach fundierten quantifizierten Risikoanalyseergebnissen durch die Unternehmensführung.

Es gibt viele Gründe dafür, dass die genannten Problembereiche in vielen Unternehmen noch bestehen und am Ausbau des Risikomanagements nur sehr zögerlich mit geringer Priorität gearbeitet wird. Die trotz des offensichtlich ökonomischen Nutzens des Risikomanagements bestehenden Hemmnisse lassen sich in drei Gruppen einteilen:

1. Fachliche Kenntnisdefizite:

Risikomanagement ist heute noch kein Ausbildungsschwerpunkt für potenzielle Manager und hat nur einen vergleichsweise geringen Zeitanteil im Studium der Ökonomen.[42] Dies führt einerseits zu begrifflichen Missverständnissen und andererseits zur Unkenntnis der tatsächlich in diesem Bereich verfügbaren Methoden. Wenn die Verfahren der Risikoquantifizierung oder Risikoaggregation beispielsweise nicht bekannt sind, wundert es nicht, dass die Verfahren

---

[41] Vgl. Abschnitt 1.6.2.
[42] Vgl. Gleißner/Rieg/Vanini, 2021.

in der Praxis auch nicht angewendet werden. Zudem wird die Bedeutung von Risikoinformationen für die Unternehmenssteuerung unterschätzt, wenn unbekannt ist, wie diese beispielsweise für Ratingprognosen (und damit für die Krisenprävention) oder zur Ableitung von Kapitalkostensätzen im Rahmen des wertorientierten Managements genutzt werden können.

2. Psychologische Aspekte:

Die psychologische Forschung zeigt, dass Menschen eine ausgeprägte Aversion gegenüber Risiken und (mehr noch) Verlusten haben und Risiken gern verdrängt werden (vgl. auch Abschnitt 1.6). Aus dem Bedürfnis der Menschen, ihr Umfeld zu kontrollieren und kognitive Dissonanzen zu vermeiden, ergeben sich erhebliche Konsequenzen auch für das unternehmerische Risikomanagement: Vorhandene Risiken werden bewusst oder unbewusst ignoriert, sinnvolle Risikobewältigungsverfahren damit nicht genutzt und eingetretene Planabweichungen im Nachhinein nicht im Hinblick auf die ursächlichen Risiken analysiert. Verstärkt wird dies oft dadurch, dass Risiken mit Managementfehlern verwechselt werden und nicht als zwangsläufige Notwendigkeit jeglicher unternehmerischen Tätigkeit wahrgenommen werden. Darüber hinaus zeigen Befragungen von Managern, dass diese eine erheblich vom wissenschaftlichen Bild abweichende Vorstellung von Risiken haben.[43] Die Risikowahrnehmung und Risikobereitschaft im Management ist stark geprägt durch persönliche Charakteristika und den aktuellen Kontext.[44] So ist die Risikoneigung von Managern in einer wahrgenommenen Verlustsituation (unterhalb einer vorgegebenen Zielgröße) wesentlich ausgeprägter, als wenn sich der Manager in einer Situation sieht, in der er seine Ziele bereits erreicht hat.[45] Insgesamt nehmen Manager Risiko nicht als Wahrscheinlichkeitskonzept wahr, und die Einschätzung eines Risikos ist im Wesentlichen durch die potenzielle Schadenshöhe, nicht durch die Eintrittswahrscheinlichkeit geprägt. Ein Risiko wird als „managebar" aufgefasst, obwohl es eigentlich gerade die nicht vorhersehbaren (zufälligen) Veränderungen in der Zukunft erfasst.[46] Die Probleme im Umgang mit Unsicherheit und Risiko kann man also mehr oder weniger ausgeprägter als „Risikoblindheit"[47] zusammenfassen (vgl. Abschnitt 1.6.2).

3. Persönliche Interessen:

Risikoanalysen schaffen Transparenz über die Risikosituation, was zu einer Verbesserung unternehmerischer Entscheidungen unter Unsicherheit maßgeblich beiträgt. Obwohl dies im Interesse eines Unternehmens und seiner Eigentümer ist, muss die mit der Risikoanalyse einhergehende Transparenz nicht zwangsläufig auch im persönlichen Interesse jedes Managers sein. Transparenz schafft Nachvollziehbarkeit, ermöglicht kritische Diskussionen von Annahmen und ein fundiertes Abwägen prognostizierter Erträge mit den dafür eingegan-

---

43 Siehe z.B. March und Shapira, 1987.
44 Siehe z.B. Slovic, 2000 und Renn, 2014.
45 Siehe hierzu die Prospect-Theorie von Kahneman und Tversky, 1979a.
46 Quelle: Kross, 2006.
47 Vgl. vertiefend Romeike, 2021c.

genen Risiken. Gefordert wird ein Mehr an analytischen Fähigkeiten und eine nachvollziehbare Begründung getroffener Entscheidungen – und zudem wird im Nachhinein eine Überprüfbarkeit der Leistungen (Performancemessung) wesentlich fundierter, weil z.B. eingetretene Planabweichungen auf im Vorhinein genannte Risiken zurückgeführt werden können.

Bei der erstmaligen Einführung oder dem Ausbau eines Risikomanagementsystems sollte man sich der genannten Hemmnisse bewusst sein. Es gilt zunächst, das erforderliche Wissen über die verfügbaren Instrumente zu verbessern, für psychologische Hemmnisse im Umgang mit Risiko und Risikomanagement zu sensibilisieren und die Voraussetzungen dafür zu schaffen, dass die betroffenen Mitarbeiter des Unternehmens durch das Risikomanagement nicht unangemessene persönliche Nachteile vermuten.

Hier einige Ansatzpunkte zum Umgang mit Umsetzungshemmnissen.

Bei einer subjektiven Einschätzung des Risikoumfangs ist es notwendig, dass die befragten Mitarbeiter möglichst korrekte Schätzungen abgeben. Hierzu dienen zunächst methodische Hilfsmittel. So trägt zur Qualitätssteigerung subjektiver Risikoeinschätzungen beispielsweise wesentlich bei, wenn für jede quantitative Risikoeinschätzung eine konkrete Begründung (ein Rechengang) gefordert wird und wenn auf mögliche psychologisch bedingte Quellen für eine Risikofehleinschätzung hingewiesen wird.[48] Darüber hinaus sollte jedoch auch sichergestellt werden, dass die betreffenden Mitarbeiter ein Eigeninteresse an einer korrekten Angabe eines Risikos haben. So sollte beispielsweise der potenzielle Leiter eines Projektes nicht per se ein Eigeninteresse daran haben, die Risiken dieses Projektes zu niedrig darzustellen, um das Projekt zu realisieren. Hier hilft ein sehr einfacher Mechanismus korrigierend: Es gilt klarzustellen (und gegebenenfalls durch das Tantiemensystem abzusichern), dass Risiken genau die Ursachen für potenzielle Planabweichungen sind. Wer bei der Risikoeinschätzung weniger Risiken angibt, hat eine geringere Toleranz (Bandbreite) für zukünftige Abweichungen. Zudem ist es grundsätzlich nicht akzeptabel, wenn im Nachhinein wesentliche Planabweichungen auf Risiken zurückzuführen sind, die im Vorhinein nicht identifiziert wurden. Letztlich ist es im Interesse der Mitarbeiter, Risiken korrekt einzuschätzen. Wer die Risiken zu hoch einschätzt, wird die entsprechenden Projekte und Aktivitäten nicht durchführen können, bzw. keine weiteren Budgets für seinen Tätigkeitsbereich bekommen, da mit der Risikohöhe auch die erwarteten Gewinne steigen müssen. Wer umgekehrt Risiken unterschätzt oder gar verschweigt, legt sich auf eine Planungssicherheit fest, die er nicht gewährleisten kann.

Ausgehend von diesen grundlegenden Überlegungen zum Nutzen des Risikomanagements und bestehender Umsetzungshemmnisse bietet dieses erste Kapitel nachfolgend zunächst eine Übersicht zu den grundlegenden Begriffen (Abschnitt 1.2), bevor im anschließenden Abschnitt 1.3 die verschiedenen Nutzenpotenziale des Risikomanagements näher erläutert werden. Abschnitt 1.4 erläutert speziell die strategische Bedeutung des Risikomanagements zur Absicherung des Unternehmenserfolgs. Da Risikomanagement insbesondere auch

[48] Siehe Gleißner, 2004c.

einen Beitrag leisten kann, dass unternehmerische Entscheidungen unter Unsicherheit in ihrer Qualität verbessert werden, wird anschließend auf die theoretischen Grundlagen der Entscheidungs- und Nutzentheorie eingegangen. In diesem Zusammenhang wird verdeutlicht, wie ein Risiko den (subjektiven) Nutzen einer Entscheidung und den Wert, als vereinfachter monetärer Ausdruck für den Nutzen, beeinflusst (Abschnitt 1.5). Abschnitt 1.6 befasst sich mit der psychologischen Herausforderung einer adäquaten Wahrnehmung und Berücksichtigung von Risiken. Im Abschnitt 1.7 wird schließlich erläutert, dass mit dem Aufbau des Risikomanagements über diesen primär ökonomischen Nutzen hinausgehend auch rechtliche Mindestanforderungen an eine sorgfältige Unternehmensführung erfüllt werden, was persönliche Haftungsrisiken des Managements vermeiden hilft. In diesem Zusammenhang werden die wesentlichen rechtlichen Rahmenbedingungen und Mindestanforderungen an das Risikomanagement, die sich beispielsweise aus dem Kontroll- und Transparenzgesetz (KonTraG), StaRUG und der Business Judgement Rule (§ 93 AktG), zusammenfassend dargestellt. Abschnitt 1.8 erläutert ergänzend wichtige Risikomanagementstandards.

1.2 Grundlegende Begriffe

1.2.1 Unsicherheit, Risiko und Ungewissheit: Abgrenzung und Integration

Unsicherheit beinhaltet als Überbegriff sowohl Risiko als auch Ungewissheit. Bei Entscheidungen unter Risiko sind die Eintrittswahrscheinlichkeiten für die denkbaren zukünftigen Umweltzustände bekannt, während dies bei Entscheidungen unter Ungewissheit nicht der Fall ist.[49]

Gemäß Sinn können die unterschiedlichen Grade von Unsicherheit (Risiko, Ungewissheit)[50] immer auf den Fall einer „sicher bekannten objektiven Wahrscheinlichkeit"[51] zurückgeführt werden, die dann für alle weiteren Analysen und Entscheidungen genutzt werden kann. Aufgrund des Prinzips des unzureichenden Grunds werden z.B. beim Fehlen jeglicher Informationen über Eintrittswahrscheinlichkeiten alle möglichen Situationen gleich wahrscheinlich betrachtet, was einem Entscheidungskriterium basierend auf dem Erwartungswert entspricht (sog. Laplace-Regel). Laut Sinn[52] muss also folglich *„bei völlig unbekannten Wahrscheinlichkeiten für die Zustandsklassen der Welt [Ö] der Entscheidungsträger Ergebnisvektoren so bewerten, (1) als trete jede Zustandsklasse mit der gleichen Wahrscheinlichkeit auf und (2) als sei diese Wahrscheinlichkeit eine mit Sicherheit bekannte objektive Größe"*.

---

49 Vgl. Knight, 1921.

50 Vgl. Sinn, 1980, S. 5–46 sowie weiterführend Holton, 2004 und Gleißner 2019d.

51 Zur Bedeutung subjektiver Schätzungen von Wahrscheinlichkeiten siehe auch Laux et al., 2018.

52 Vgl. Sinn, 1980, S. 36.

Eine ausführliche Unterscheidung der Begriffe Risiko und Unsicherheit ist damit nicht notwendig (und zudem können Wahrscheinlichkeiten auch einfacher subjektiv geschätzt werden (vgl. weiterführend Abschnitt 1.2.3).

1.2.2 Risiko: eine Begriffserklärung

In einer engen Definition beschreibt der Risikobegriff die Möglichkeit einer negativen Abweichung eines tatsächlichen Ergebnisses von einem erwarteten (Verlust- oder Schadensgefahr). Wirtschaftlich dasselbe wird ausgesagt, wenn ein Risiko als die Möglichkeit der Verfehlung eines Ziels definiert wird (mögliche negative Soll-Ist-Abweichung). Im Sinne des KonTraG führt nur die negative Abweichung des tatsächlichen Ergebnisses vom erwarteten Ergebnis zu wirtschaftlichen Gefahren für ein Unternehmen. Ökonomisch sinnvoll ist es, sowohl positive wie auch negative Abweichungen zu berücksichtigen, zumal sich diese durchaus auch gegenseitig kompensieren können, was bei der Risikoaggregation zur Berechnung des Gesamtrisikoumfangs zu berücksichtigen ist. Deshalb definieren wir den Begriff Risiko im Unternehmen wie folgt:

Risiko ist die aus einer nicht sicher vorhersehbaren Zukunft resultierende, durch „zufällige" Störungen verursachte Möglichkeit, von geplanten Zielen abzuweichen.

Man kann Risiko damit auch so darstellen: ein Risiko liegt vor, wenn bei identischen Informationen über die Ausgangssituation unterschiedliche Entwicklungen (Ergebnisse) in der Zukunft möglich sind. Im eigentlichen Sinn kann man Risiken somit nicht vorhersagen. Man kann bestehende Risiken nur identifizieren und quantifizieren. Grundlage dafür ist eine Planung.

Man erkennt, dass durch eine derartige Definition noch keine Aussage über die Kenntnis – oder Unkenntnis – der Eintrittswahrscheinlichkeiten (Wahrscheinlichkeitsverteilung) getroffen wird. Eine derartige, häufig anzutreffende Definition von Risiken im Kontext des Risikomanagements beinhaltet somit aus Sicht der Entscheidungstheorie die gesamte Unsicherheit. Wesentlich ist zudem, dass ein Risiko immer bezüglich vorgegebener Ziele betrachtet wird. Damit basiert Risikomanagement auf einer klaren Zielformulierung bzw. Planung.[53]

Liekweg (2003) definiert in Abhängigkeit des expliziten Wissens über die Ursache-Wirkungs-Beziehungen, auf der grundlegenden Veröffentlichung von Knight[54] aufbauend, fünf Arten von Unsicherheiten, die in folgender Tabelle zusammengefasst sind:

53 Als „Plan-Wert" ist speziell an den mathematischen Erwartungswert zu denken, also die bestmögliche Prognose der zukünftigen Entwicklung, da eine solche Zielformulierung ceteris paribus die Abweichungen minimiert.

54 Vgl. Knight, 1921.

Art der Unsicherheit	Wissen über die Einflussfaktoren (Ursachen)			Wissen über die Auswirkung
	Sind alle wichtigen Faktoren bekannt?	Ist der Einfluss der Faktoren bekannt?	Ist die Verteilung der Faktoren bekannt	
1.	Ja	Ja	Ja (objektiv, empirisch-mathematisch)	Verteilung der Auswirkung kann vollständig quantifiziert werden
2.	Ja	Ja	Ja (subjektive Wahrscheinlichkeiten)	Verteilung der Auswirkung kann vollständig quantifiziert werden
3.	Ja	Ja	nur die maximalen Ausprägungen	Chancen und Risiken können quantifiziert werden
4.	Ja	Ja (zumindest die „Einflussrichtung")	Nein	Einflussfaktoren von Chancen und Risiken können benannt werden
5.	Nein	Nein	Nein	Kein explizites Wissen über Einflussfaktoren und Auswirkungen

Tabelle 1: Arten der Unsicherheit[55]

Die psychologische Forschung zeigt, dass Menschen den Begriff „Risiko" kontextabhängig und differenziert – aber oft nicht im betriebswirtschaftlichen Sinn – interpretieren (vgl. folgende Abbildung und Abschnitt 1.6 zur psychologischen Risikowahrnehmungsforschung).

Risikoklassen	Erklärung	Beispiele
Risiko als unmittelbare Bedrohung	Technische Risiken mit hohem Katastrophenpotenzial und geringer Eintrittswahrscheinlichkeit. Gefühl der Bedrohung durch Zufälligkeit des Gefahreneintritts	Kernkraftwerke, Staudämme, Chemieanlagen, Erdgaslager
Risiko als Schicksalsschlag	Natürliche Gefahren mit geringer Eintrittswahrscheinlichkeit. Wahrnehmung von Gefahrenzyklen (alle 100 Jahre)	Überschwemmungen, Erdbeben, Vulkanausbrüche, Starkregen, Wirbelstürme
Risiko als Herausforderung der eigenen Kräfte	Risiken, die man durch eigenes Verhalten steuern und meistern kann	Extrembergsteigen, gefährliche Sport- und Freizeitaktivitäten

[55] Vgl. Liekweg, 2003, S. 66.

Risikoklassen	Erklärung	Beispiele
Risiko als Glücksspiel	Abwägung von Wahrscheinlichkeiten für Verlust und Gewinn	Lotterien, Pferdewetten, Börsenspekulation, Abschließen von Versicherungen
Risiko als Frühindikator für schleichende Gefahren	Risiken, die man mit den eigenen Sinnesorganen nicht wahrnehmen und bewerten kann. Angewiesenheit auf Vertrauen in Risikoexperten	Lebensmittelzusätze, elektromagnetische Felder, ionisierende Strahlung, Pestizidrückstände, Innenraumbelastung, Feinstaub

Tabelle 2: Semantische Muster der Risikoklassen[56]

1.2.3 Wahrscheinlichkeiten und Wahrscheinlichkeitsrechnung[57]

Der Begriff der Wahrscheinlichkeit

Die Höhe eines Risikos ist abhängig von der Wahrscheinlichkeit, mit der ein bestimmter Zustand (Szenario) eintritt. Der Wahrscheinlichkeitsbegriff bezieht sich auf unsichere Situationen, bei denen nicht mehr eindeutig auf genau ein bestimmtes Ergebnis geschlossen werden kann, sondern nur auf die Menge möglicher Ergebnisse (Ätialprinzip). Nach der statistischen (frequentistischen) Auffassung wird die Wahrscheinlichkeit als empirisch gesicherte Aussage über die relative Häufigkeit des Eintretens eines bestimmten Ergebnisses verstanden, wobei eine ausreichend große Stichprobe und eine zeitstabile Wahrscheinlichkeitsverteilung unterstellt wird (vgl. Anhang 6 zu den mathematischen Grundlagen).[58]

Gemäß der subjektivistischen Wahrscheinlichkeitsauffassung drückt diese im Wesentlichen den Grad des Vertrauens einer Person („Entscheider") bezüglich der möglichen Realisierung eines bestimmten Ereignisses aus. Zwischen der frequentistischen und der subjektiven Auffassung des Wahrscheinlichkeitsbegriffs steht die Ableitung einer Wahrscheinlichkeit über das „Design".[59] Dabei wird die Wahrscheinlichkeit für das Eintreten eines Ereignisses abgeleitet aus bestimmten Basisinformationen (oder Annahmen) über den jeweiligen Sachverhalt. Wenn beispielsweise bekannt ist, dass mit einem „fairen" Würfel[60] gewürfelt wird, dessen sechs Seiten die Zahlen von „1" bis „6" aufweisen, kann die Wahrscheinlichkeit für das Auftreten einer „6" abgeleitet werden, ohne dass gewürfelt wird. Im Beispiel beträgt die Wahrscheinlichkeit ein Sechstel. Ähnlich lässt sich die Wahrscheinlichkeit einer Insolvenz (oder die Erfolgswahrschein-

56 Quelle: Renn, 2014, S. 264, weiterführend zur Risikowahrnehmung im Zeitalter der „reflexiven Modernisierung" siehe Renn, 2014, S. 298–301.

57 Teilweise in Anlehnung an Gleißner, 2014a und 2019d.

58 Zum Problem der Annahme: Taleb, 2008.

59 Siehe Gigerenzer, 2013.

60 Z.B. mit homogener Dichte.

lichkeit einer Sanierungsstrategie) ableiten aus einem auf nachvollziehbaren Annahmen basierenden (strukturellen) Simulationsmodell des Unternehmens durch Anwendung der Monte-Carlo-Simulation.[61]

Bei der traditionellen „frequentistischen" statistischen Auffassung wird die Annahme konstanter Verteilungsparameter (z.B. Standardabweichungen einer Verteilung) getroffen. Meist werden diese als bekannt vorausgesetzt.

Im Gegensatz zu diesen traditionellen Verfahren steht die Bayes'sche Statistik.[62] Hier wird keine Konstanz der Verteilungsparameter vorausgesetzt, sondern eine zeit- und zustandsabhängige Modellierung von Verteilungsparametern bzw. Risiken vorgenommen. Die Parameter der die Risiken beschreibenden Wahrscheinlichkeitsverteilungen selbst werden somit als Zufallsvariablen aufgefasst.[63] Zudem können in der Bayes'schen Statistik sowohl subjektive Einschätzungen als auch objektive, gemessene Daten gleichzeitig berücksichtigt werden.[64] In Anbetracht der häufig unvollständigen und unbefriedigenden historischen Daten, die die Verwendung subjektiver Schätzungen notwendig machen, erscheint der Bayes'sche Ansatz der Statistik als Grundlage für die quantitative Beschreibung von Risiken besser geeignet.[65]

Der Bayes'sche Ansatz unterscheidet zwischen den bereits vorliegenden (z.B. auch einfach subjektiv geschätzten oder aus dem „Design" abgeleiteten) Informationen über eine Wahrscheinlichkeitsverteilung (z.B. die Schätzung einer Eintrittswahrscheinlichkeit), den durch eine neu durchgeführte Erhebung oder ein Experiment neu beschafften Informationen und der sich aus der Verbindung dieser beiden ergebenden (neuen) A-posteriori-Wahrscheinlichkeitsverteilung.

Der Ansatz verdeutlicht und modelliert dabei einen optimalen Lernprozess, bei dem in Abhängigkeit des Vorliegens neuer Informationen (z.B. eines Experiments) die bestehenden Informationen einer Risikoquantifizierung verbessert werden. Der Bayes'sche Ansatz ist damit insbesondere geeignet, den in der Praxis der Unternehmen bei der Risikoquantifizierung erforderlichen Prozess des kontinuierlichen Lernens aufgrund neuer Informationen abzubilden.[66]

1.2.4 Grundlagen der Statistik

1.2.4.1 Die wichtigsten Begriffe

Nachfolgend werden einige Grundbegriffe aus der Statistik, die für die Risikoanalyse wichtig sind, kurz erläutert (vgl. auch Abschnitt 2.4).

---

61 In der Praxis werden aber wiederum einige der zugrundeliegenden Annahmen nur plausibel sein, sodass hier ein gradueller Übergang zu subjektiven Wahrscheinlichkeitskonzepten besteht.

62 Vgl. Wieczorek/Disch, 2020.

63 Grundsätzlich besteht auch die Möglichkeit, eine Unsicherheit bezüglich einer geschätzten Wahrscheinlichkeit im Entscheidungskalkül zu berücksichtigen. Siehe Sinn, 1980; Gleißner, 2009b, S. 14–22 sowie Liekweg, 2003.

64 Siehe Norland/Stabile, 2000, S. 4–5; Koch, 2000, sowie von Metzler, 2004, S. 69.

65 Zum Umgang mit unbefriedigenden Daten bei der Risikoquantifizierung siehe Gleißner/Wolfrum, 2015 und Gleißner/Wolfrum, 2021.

66 Siehe weiterführend Alexander, 2003, S. 129–170.

Ein wichtiges Instrument für die Risikoanalysen aus der Statistik stellen die sogenannten Häufigkeitsverteilungen dar.[67] Die Häufigkeitsverteilung stellt (a) realisierte Ereignisse (z.B. eingetretene Schäden) oder (b) mögliche Szenarien (z.B. Ertragsszenarien eines Unternehmens aus der Monte-Carlo-Simulation) dar.

(1) Relative Häufigkeiten und Häufigkeitsverteilung

Angenommen wird nun, dass Beobachtungswerte einer Zufallsvariable[68] X, die in den vergangenen n Perioden die Werte $x_1 \ldots, x_n$ gezeigt haben, vorliegen. Dabei sei der Wert (das Ereignis) x′ genau m-mal vorgekommen. Man bezeichnet dann den Quotienten aus der Häufigkeit von x′ und der Gesamtzahl der Beobachtungen als relative Häufigkeit von x′ (h_n (x′)).

$$h_n(x') = \frac{m}{n} \tag{1.1}$$

Da eine wirkliche Bestimmung von Wahrscheinlichkeiten eines zufälligen Ereignisses oft nicht möglich ist, wird die relative Häufigkeit als Näherungswert für die Wahrscheinlichkeit herangezogen. Grundvoraussetzung dabei ist, dass man genügend viele Beobachtungswerte vorliegen hat. Aus allen Häufigkeiten (für alle Werte von m) ergibt sich die Häufigkeitsverteilung.

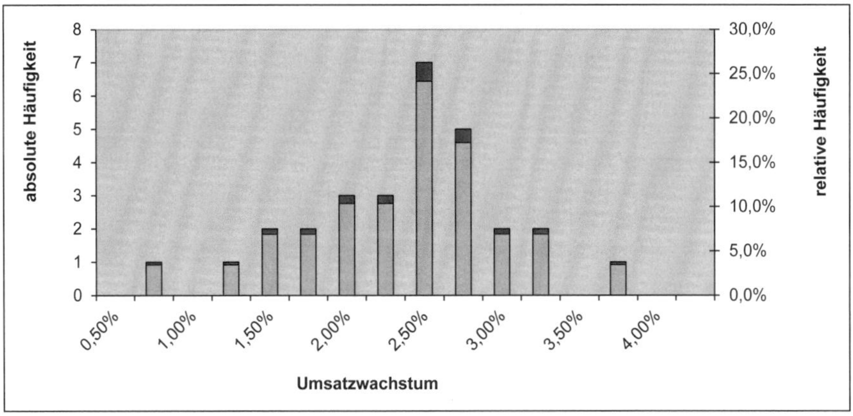

Abbildung 5: Absolute und relative Häufigkeiten

(2) Arithmetisches Mittel, Varianz und Standardabweichung

Welche Ausprägung einer Zufallsvariable „im Durchschnitt" eingetreten ist, drückt der arithmetische Mittelwert aus.

Er berechnet sich wie folgt:

$$\bar{x} = \frac{1}{n}\sum_{i=1}^{n} x_i \tag{1.2}$$

[67] Siehe Bamberg/Baur, 2009.

[68] Eine reelle Variable, die je nach Ausgang eines Versuchs, also in Abhängigkeit vom Zufall, verschiedene Werte annimmt, heißt eine Zufallsvariable.

E(X) ist das Symbol für den Erwartungswert, der oft über das arithmetische Mittel $\overline{x}$ geschätzt wird und ausdrückt, was zukünftig „im Mittel" erwartet wird.

Zur Messung des Risikos und zum „Rechnen mit Risiken" wird eine Kennzahl (Risikomaß) benötigt, die die Intensität der Schwankungen um den Mittelwert misst. Dabei dürfen sich positive und negative Abweichungen nicht gegenseitig kompensieren. Ein statistisches Maß, das diesen Ansprüchen genügt, ist die Varianz. Sie gibt an, wie stark eine Variable um ihren arithmetischen Mittelwert schwankt.

Die Varianz $\sigma^2(X)$ – auch VAR (X) – ist definiert als die Summe der mittleren quadrierten Abweichungen der Beobachtungswerte von ihrem arithmetischen Mittelwert.

$$\sigma^2(X) = \frac{1}{n}\sum_{i=1}^{n}(x_i - \overline{x})^2 \tag{1.3}$$

Aus der Varianz ergibt sich die als Risikomaß häufig gebrauchte Standardabweichung $\sigma(X)$ oder σ_X durch Berechnung der Quadratwurzel

$$\sigma(X) = \sqrt{\sigma_X^2}\,. \tag{1.4}$$

Oft wird die Standardabweichung nicht mit einer absoluten Zahl angegeben, sondern durch die Angabe der prozentualen Standardabweichung. Präziser gesagt, wird in diesen Fällen der sogenannte Variationskoeffizient V berechnet, der die Relation zwischen Standardabweichung und Mittelwert abbildet.

$$V(X) = \frac{\sigma_X}{\overline{x}} \tag{1.5}$$

Standardabweichung und Variationskoeffizient werden häufig als Risikomaße gesehen, wobei diese zwangsläufig keine vollständige Beschreibung der zugrunde liegenden Wahrscheinlichkeitsverteilung liefern. Dafür können weitere Parameter – wie Schiefe oder Wölbung – hilfreich sein.

Auf weitere Risikomaße (wie den Value at Risk) wird in Kapitel 2 eingegangen.

(3) Kovarianz und Korrelation

Statistische Kennzahlen werden auch verwendet, um den Zusammenhang zwischen zwei Variablen auszudrücken. Die Kovarianz σ_{XY}^2[69] ist ein statistisches Maß, das den Grad der linearen Abhängigkeit zwischen zwei Variablen messen kann. Sie wird aus zwei Datenreihen für die Variable X und Y berechnet und ist ähnlich aufgebaut wie die Varianz.

$$\sigma_{XY}^2 = \frac{1}{n}\sum_{i=1}^{n}(x_i - \overline{x})(y_i - \overline{y}) \tag{1.6}$$

Im Gegensatz zur Varianz, die stets positiv ist, kann die Kovarianz sowohl positive als auch negative Werte annehmen.

Die Kovarianz von Null bedeutet aber nicht, dass die Variablen statistisch unabhängig voneinander sind. Dies besagt lediglich, dass zwischen den Variablen kein linearer Zusammenhang besteht.

69 Statt σ_{XY} wird oft $\sigma_{X,Y}$ geschrieben.

Für eine einfache Interpretation der Stärke des (linearen) statistischen Zusammenhangs ist eine Normierung der Kovarianz sinnvoll. Dies geschieht durch die Berechnung des sogenannten Korrelationskoeffizienten ρ_{XY}. Er wird berechnet, indem die Kovarianz mit dem geometrischen Mittel der Varianzen der beiden Variablen normiert wird.

$$\rho_{X,Y} = \frac{\sigma_{XY}^2}{\sqrt{\sigma_X^2 \cdot \sigma_Y^2}} \tag{1.7}$$

Die Division durch die Varianzen bewirkt eine Normierung auf das Intervall [-1, 1]. Eine positive (negative) Korrelation bedeutet, dass sich die Variablen tendenziell gleichgerichtet (gegenläufig) entwickeln. Man kann die Korrelation von X und Y anschaulich interpretieren als Anteil der gemeinsamen Einflüsse auf X und Y.

(4) Verteilung und Quantil

Zufallsvariablen lassen sich in zwei Klassen aufteilen, die diskreten und die stetigen Zufallsvariablen. Eine Zufallsvariable X heißt diskret, wenn sie nur endlich[70] viele Werte ($x_1, \ldots, x_n$) mit den Wahrscheinlichkeiten $p_i = P(X=x_i)$ annehmen kann.

Das Quantil $Q_p(X')$ einer Verteilung drückt aus, welcher Wert x' mit einer Wahrscheinlichkeit von p nicht überschritten wird.

Als Verteilungsfunktion F(X) einer Zufallsvariable X bezeichnet man die Funktion

$$F(x') = P(X \leq x') \tag{1.8}$$

Der Wert einer Verteilungsfunktion an einer Stelle x' ist also gleich der Wahrscheinlichkeit p, dass die Zufallsvariable einen Wert kleiner oder gleich x' annimmt.

1.2.4.2 Exkurs: Etwas mehr Statistik

Eine wichtige diskrete Verteilungsfunktion ist z.B. die Binomialverteilung. Dabei heißt eine Zufallsvariable binomialverteilt mit den Parametern n und p, wenn sie die möglichen Werte 0, 1, …, n mit den Wahrscheinlichkeiten

$$p_k^n = \binom{n}{k} \cdot p^k \cdot (1-p)^{n-k} \text{ für } k = 0,1,\ldots,n \tag{1.9}$$

annimmt.

Dabei ist: $\binom{n}{k} = \frac{n!}{k!(n-k)!}$

Hier ist p die Wahrscheinlichkeit, dass eines der n Elemente einer Menge („Grundgesamtheit") eine interessierende Eigenschaft aufweist. Und $p_k^{(n)}$ ist dann die Wahrscheinlichkeit, dass von den n Elementen gerade k diese Eigenschaft haben.

---

70 Mathematisch korrekt ist es, zu definieren „endlich oder abzählbar unendlich viele".

Stetige Zufallsgrößen können unendlich viele Werte annehmen. Wichtige stetige Verteilungsfunktionen sind die Gleichverteilung (in der Bandbreite von a bis b) und die Normalverteilung (vgl. Abschnitt 2.4). Die Verteilungsfunktion lässt sich in folgender Form angeben

$$F(X) = \int_{-\infty}^{x} f(t)dt. \tag{1.10}$$

Die Funktion f(x) heißt dabei die Dichte der Verteilung. Eine Eigenschaft von stetigen Zufallsgrößen ist, dass die Wahrscheinlichkeit, dass sie genau eine reelle Zahl annehmen, stets 0 ist.

(5) Erwartungswert, Varianz und Standardabweichung einer Verteilung

Erwartungswert und Standardabweichung sind wichtige Kennzahlen („Momente"), die Verteilungsfunktionen (bzw. Häufigkeitsverteilungen) charakterisieren. Der Erwartungswert ist dabei ein Maß für das Zentrum (die „Lage") der Verteilung. Im Falle einer diskreten Zufallsvariablen wird der Erwartungswert (E(X) oder auch μ) berechnet durch

$$E(X) = \sum_i x_i p_i. \tag{1.11}$$

Die Berechnung ist also analog zum arithmetischen Mittel, wenn Beobachtungswerte vorliegen (siehe oben).

Bei stetigen Zufallsvariablen lautet die Berechnungsformel

$$E(X) = \int_{-\infty}^{+\infty} x \cdot f(x)dx. \tag{1.12}$$

Die Varianz – und ebenso die Standardabweichung – ist ein Maß für die Streuung der Verteilung um den Erwartungswert. Bei stetigen Variablen wird die Varianz (VAR (X) oder auch σ_x^2) berechnet durch[71]

$$\sigma^2(X) = VAR(X) = \int_{-\infty}^{+\infty} (x - E(X))^2 \cdot f(x)dx = E(X - E(X))^2 = E(X^2) - E(X)^2. \tag{1.13}$$

Im Falle diskreter Zufallsvariablen ergibt sich folgende Formel:

$$\sigma^2(X) = VAR(X) = \sum_i (x_i - E(X))^2 p_i = E(X - E(X))^2 = E(X^2) - E(X)^2. \tag{1.14}$$

Die Standardabweichung ($\sigma(X) = \sigma_X$) ist sowohl im diskreten als auch im stetigen Fall die Quadratwurzel der Varianz.

$$\sigma_X = \sqrt{\sigma^2(X)}. \tag{1.15}$$

Beispiel: Die oben angegebene Binomialverteilung hat $E(X) = n \cdot p$ und $\sigma(X) = \sqrt{n \cdot p \cdot (1-p)}$.

[71] Es gilt zudem $\sigma(Z) = \sigma(X) + \sigma(Y) + 2 \cdot \rho(X,Y)$ mit $\rho(X,Y)$ als Korrelation von X und Y.

(6) Sensitivität, Spezifität, Prävalenz, Inzidenz und relatives Risiko

Für die Quantifizierung von Risiken basierend auf vorliegenden Daten werden statistische Verfahren eingesetzt. Bedeutend sind hier die verschiedenen statistischen Tests. Für die Beurteilung eines Risikos ist dabei insbesondere die Beurteilung der Güte solcher Tests wichtig. Zur Charakterisierung der Güte eines solchen Tests werden die Kennzahlen Sensitivität und Spezifität genutzt. Sensitivität und Spezifität sind spezielle bedingte Wahrscheinlichkeiten. Sie dienen dazu die Qualität statistischer Tests zu beurteilen. Die Begriffe werden durch folgendes Beispiel erläutert.

Als Prävalenz bezeichnet man die Anzahl der Elemente n zum Zeitpunkt T, die eine bestimmte Eigenschaft aufweisen, im Verhältnis zur Gesamtzahl der betrachteten Elemente (N), also (n/N). Beispielsweise wird die Prävalenz genutzt, um anzugeben, welcher Anteil der Personen einer Bevölkerung zu einem bestimmten Zeitpunkt an einer Krankheit leidet.[72]

Den Anteil dieser beschädigten Teile, das die Testverfahren identifiziert (als positiv erkennt), ist die Sensitivität. Werden also beispielsweise 900 der 1000 beschädigten Teile erkannt, beträgt die Sensitivität 90 %.

Die Spezifität gibt an, welchen Anteilen der nicht beschädigten Teile als solche identifiziert werden (negativer Test). Man erkennt hier bereits die Nähe zu den statistischen Fehlern erster und zweiter Art.

In der Praxis interessiert häufig, mit welcher Wahrscheinlichkeit ein vom Test als „positiv" identifiziertes Teil tatsächlich negativ ist (d.h. der Test ist also „falsch positiv"; positiver prädikativer Wert) bzw. ein nicht positiv identifiziertes Teil tatsächlich unbeschädigt ist (d.h. der Test ist also „falsch negativ"; negativer prädikativer Wert).

Als relatives Risiko (rR) oder Risk Ratio bezeichnet man eine Kennzahl der deskriptiven Statistik, die ausdrückt, um welchen Faktor (z.B. in Prozent) sich das Risiko zwischen zwei Gruppen unterscheidet.

1.2.5 Weitere Grundbegriffe

(1) Risikomanagement

Aufbauend auf dem grundlegenden Begriff „Risiko" kann man Risikomanagement[73] nun wie folgt definiert werden:

„Risikomanagement ist das systematische Denken und Handeln im Umgang mit Chancen und Gefahren (Risiken)."

Dies macht auch deutlich, dass Risikomanagement in die Unternehmensführung und das Controlling einbezogen sein sollte. Risikoanalyse, Risikoaggregation, Risikoüberwachung, Risikobewältigung und die Nutzung von Risikoin-

[72] Die Inzidenz (oder Inzidenzrate) gibt dagegen an, welcher Anteil der Personen aus der betrachteten Grundgesamtheit in einer betrachteten Periode (z.B. von t=1 bis t=2) die betrachtete Eigenschaft neu erworben hatten (also z.B. erkrankt ist).

[73] Vgl. auch Vanini/Rieg, 2021a sowie Romeike/Hager, 2020.

formationen bei unternehmerischen Entscheidungen sind die Teilaufgaben des Risikomanagements – egal an welcher Stelle oder in welchen Unternehmenseinheiten diese Aufgaben übernommen werden. Dabei zielt das Risikomanagement nicht darauf, die Risiken im Unternehmen möglichst klein zu halten oder gar vollständig zu eliminieren. Unternehmerisches Handeln ist ohne das Eingehen von Risiken nicht denkbar – die vollständige Eliminierung aller Risiken würde den Verkauf des Unternehmens und die anschließende Geldanlage in festverzinsliche, (fast) risikolose Bundesanleihen erforderlich machen. Statt Minimierung von Risiken ist es vielmehr die Aufgabe eines Risikomanagementsystems, Transparenz über die Risikosituation im Unternehmen zu schaffen sowie das Chancen-Gefahren-Profil bzw. Ertrag-Risiko-Profil eines Unternehmens zu optimieren. Aus Sicht des strategischen Managements zielt dies auf die Schaffung eines ausreichend „robusten" Unternehmens ab (vgl. Abschnitt 1.4.3 und Kapitel 4). Risiko ist damit im Rahmen der Entscheidungsfindung der Unternehmensführung zu berücksichtigen (z.B. durch eine risikogerechte Bewertung des Ertrag-Risiko-Profils alternativer Handlungsoptionen). Inzwischen wird das Risikomanagement daher auch als wesentlicher Baustein im Kontext des wertorientierten Managements[74] und auch im „Nachhaltigkeitsmanagement"[75] aufgefasst. Risikomanagement ist prinzipiell immer nötig, wenn Chancen und Gefahren bestehen, z.B. weil die Wirkung einer Aktivität unsicher ist.

(2) Risikomanagementsystem

Die Gesamtheit aller Aufgaben, Regelungen und Träger des Risikomanagements wird als Risikomanagementsystem bezeichnet. Ein Risikomanagementsystem zielt folglich darauf ab, durch dokumentierte organisatorische Regelungen sicherzustellen, dass die Risikosituation in regelmäßigen Abständen analysiert wird, die Ergebnisse der Unternehmensführung für eine bessere Fundierung ihrer Entscheidungen (z.B. zu Investition, Versicherungen) kommuniziert und rechtzeitig adäquate Risikobewältigungsmaßnahmen eingeleitet werden.

Das Risikomanagementsystem kann man, wie das Risikomanagement (siehe oben), in einem weiteren oder engeren Sinn interpretieren. Im weiteren Sinn gehören alle Aufgaben, Regelungen und Träger dazu, die explizit oder implizit mit Chancen und Gefahren zu tun haben. Im engeren Sinn wird der Begriff oft nur für die Organisationseinheit und die Reglungen und Aufgaben verwendet, die ausdrücklich als „Risikomanagementsystem" bezeichnet werden (und z.B. dem von der Unternehmensführung benannten Risikomanager oder Chief Risk Officer unterstehen).

Das am 01.07.2021 in Kraft getretene FISG (Gesetz zur Stärkung der Finanzmarktintegrität) fordert von börsennotierten Aktiengesellschaften ein „umfassendes Risikomanagement". Dies ist mehr als ein Risikofrüherkennungssystem, das frühzeitig mögliche „bestandsgefährdende Entwicklungen" anzeigt. Es befasst sich mit allen wesentlichen Chancen und Gefahren (Risiken), schließt

[74] Vgl. Gleißner, 2000b.

[75] Siehe zu den Grundlagen des Nachhaltigkeitsmanagements Hentze/Thies, 2012 und Baumüller/Gleißner, 2020.

die Risikosteuerung ein und gewährleistet, dass bei „unternehmerischen Entscheidungen" (§93 AktG) Risikoanalysen einfließen.

(3) Risikoquantifizierung

Die Risikoquantifizierung ist die Beschreibung von Risiken mittels geeigneten Dichte- oder Verteilungsfunktionen (z.B. Normal- oder Dreiecksverteilung), mit historischen Daten (z.B. Liste der Schadensfälle) oder einer Häufigkeitsverteilung aus einer Monte-Carlo-Simulation. Ebenfalls zur Risikoquantifizierung gehört die Bestimmung der Größe eines Risikos, also der Risikomenge durch Zuordnung von Risikomaßen.[76] Risikomaße helfen den Umfang eines Risikos, die Risikomenge, auszudrücken (siehe (4)).

Möglich ist dabei die Beschreibung eines Risikos durch eine Wahrscheinlichkeitsverteilung, das die Wirkung in einer Periode angibt oder die Erfassung von zwei separaten Wahrscheinlichkeitsverteilungen, z.B. eine für die Häufigkeit und eine für die Schadenshöhe je Schadensfall. Bei der Risikoquantifizierung ist dabei darauf zu achten, dass alle Risiken im Hinblick auf eine einheitliche Zielgröße (z.B. EBIT oder Ertrag) beschrieben werden. Werden in einem Zwischenschritt Risikowirkungen bezüglich mehreren Dimensionen (z.B. Zeit, Qualität und Kosten) erfasst, sollten diese schließlich auf eine Dimension verdichtet werden. Für privatwirtschaftliche Unternehmen ist dies im Allgemeinen die oberste ökonomische Zielgröße, z.B. Gewinn, Ertrag oder Unternehmenswert. Die Quantifizierung von Einzelrisiken ist notwendige Voraussetzung, um mittels Risikoaggregation auch den Gesamtrisikoumfang eines Projekts, eines Geschäftsbereichs oder eines Unternehmens zu bestimmen.

(4) Risikomaße und Risikomenge

Risikomaße sind Kennzahlen für den Umfang des Risikos. Die Risikomenge wird also durch ein Risikomaß ausgedrückt. Sie wandeln eine Wahrscheinlichkeits- oder Häufigkeitsverteilung des Risikos in eine einfacher interpretierbare reelle Zahl um. Die Risikomaße können sich auf Einzelrisiken (z.B. Sachanlageschäden), aber auch auf den Gesamtrisikoumfang (etwa bezogen auf den Gewinn) eines Unternehmens beziehen. Als Risikomaße dienen z.B. die Standardabweichung, die Varianz, die Insolvenzwahrscheinlichkeit, der Value at Risk (VaR), der Conditional Value at Risk (Expected Shortfall) sowie speziell der darauf basierende Eigenkapitalbedarf (Risikokapital, Risk adjusted Capital (RAC)).[77] Eine abgeleitete Kennzahl ist der Variationskoeffizient, der das Verhältnis der Standardabweichung zum Erwartungswert ausdrückt.

(5) Prognosesysteme und Frühaufklärung

Prognosesysteme helfen, durch statistisch aufgedeckte Zusammenhänge zwischen interessierenden Variablen (z.B. Umsatz und Geschäftsklima), möglichst präzise Prognosen zu erstellen. Sie zeigen explizit, welche Einflussfaktoren die

---

[76] Vgl. Gleißner, 2001a.

[77] Siehe vertiefend dazu Abschnitt 3.4 zum Thema Risikomaße.

interessierende Zielgröße des Unternehmens bestimmen und liefern zudem selbst Informationen über die Güte der Prognose (etwa durch das sogenannte Bestimmtheitsmaß R^2), was eine Quantifizierung der verbliebenen Risiken ermöglicht (also der nicht erklärbaren bzw. prognostizierbaren Veränderungen einer Variablen der „Residuen“).

(6) Krisenfrüherkennungssysteme

Krisenfrüherkennungssysteme sind spezielle Frühaufklärungssysteme, die Krisen möglichst früh erkennen sollten.[78] Schwere Krisen bezeichnet man als „bestandsgefährdende Entwicklungen“[79], die dadurch charakterisiert sind, dass die Geschäftsleitung alleine, d.h. ohne Unterstützung von Gesellschaftern oder Gläubigern, eine Insolvenz nicht abwehren kann. Die Früherkennung möglicher bestandsgefährdender Entwicklungen fordert der Gesetzgeber in Deutschland von allen Kapitalgesellschaften (§91 AktG bzw. §1 StaRUG). Da Krisen meist das Resultat eingetretener Risiken sind, sind Risikoanalyse und Risikoaggregation die wesentlichen Elemente eines Krisenfrüherkennungssystems. Die Risikoaggregation ist erforderlich, weil sich bestandsgefährdende Entwicklungen meist aus Kombinationseffekten von Einzelrisiken ergeben.

(7) Wert und Unternehmenswert

Der Wert ist der sichere Geldbetrag, der für einen Entscheider (Bewerter)[80] in einer zu definierenden Weise äquivalent ist zu einer unsicheren Zahlung. Der modellbasiert berechnete Wert entspricht (in einem unvollkommenen Kapitalmarkt) nicht unbedingt dem Preis (Börsenkurs). Er ist ein Erfolgsmaßstab (Performancemaß), der für den Vergleich alternativer unsicherer Zahlungsströme (z.B. aus verschiedenen Unternehmen oder Projekten) geeignet ist. Er ist abhängig von (a) Zeitpunkt, (b) erwarteter Höhe und (c) Risiko der Zahlung, wobei der Risikoumfang meist durch eine Kennzahl, ein Risikomaß, erfasst wird.[81] Für das Risikomanagement ist die Kennzahl Wert (oder speziell Unternehmenswert) wichtig, weil die Erkenntnis der Risikoanalyse (z.B. über einen risikogerechten Diskontierungszinssatz) in diese Kennzahl einfließt, die das Ertrag-Risiko-Profil verdichtet ausdrückt.

(8) Insolvenzrisiko, Insolvenzwahrscheinlichkeit und Rating

Die Ratingnote drückt die Ausfall- bzw. Insolvenzwahrscheinlichkeit eines Unternehmens aus.[82] Sie misst damit den „Grad der Bestandsgefährdung“ und erlaubt eine nachvollziehbare Aussage darüber, ob eine „bestandsgefährdende Entwicklung“ im Sinne §91 Abs. 2 AktG/§1 StaRUG mit einer relevanten Wahrscheinlichkeit vorliegt. Im Gegensatz zum Unternehmenswert, der

---

78 Siehe Gleißner/Haarmeyer, 2019.
79 Gleißner, 2018a.
80 Bewertungssubjekt.
81 Siehe zu den Grundlagen einer risikogerechten Bewertung und der Abgrenzung zu traditionellen „kapitalmarktorientierten“ Bewertungsverfahren Gleißner, 2014c und Gleißner, 2017h.
82 Siehe für eine präzisere Betrachtung Gleißner/Garrn/Nestler, 2014.

hilft, ein Unternehmen aus Perspektive der Eigentümer zu beurteilen, ist das Rating die Beurteilung des Unternehmens aus Perspektive von Gläubigern (Fremdkapitalgeber). Die Insolvenzwahrscheinlichkeit (p) ist abhängig von (a) erwarteter Höhe der Zahlungsüberschüsse des Unternehmens, (b) dem Risikodeckungspotenzial (Eigenkapital- und Liquiditätsausstattung) sowie (c) dem aggregierten Gesamtrisikoumfang (Ertragsrisiko).[83] Vereinfacht wird die Ratingnote durch Kreditinstitute und Ratingagenturen oft primär in Abhängigkeit von Finanzkennzahlen der Jahresabschlussanalyse abgeleitet (z.B. in Abhängigkeit von Eigenkapitalquote, Kapitalrendite oder Zinsdeckungsquote, siehe Abschnitt 5.1). Folgende Tabelle zeigt die Zuordnung von Ratingnoten zur Insolvenzwahrscheinlichkeit im Folgejahr (p):

Rating	Ratingnote	Insolvenzwahrscheinlichkeit (pro Jahr)
AAA/AA	1 bis 1,12	< 0,02 %
AA-	< 1,25	< 0,03 %
A+	< 1,42	< 0,06 %
A	< 1,58	< 0,10 %
A-	< 1,75	< 0,15 %
BBB+	< 2,00	< 0,28 %
BBB	< 2,25	< 0,48 %
BBB-	< 2,50	< 0,78 %
BB+	< 2,83	< 1,37 %
BB	< 3,17	< 2,30 %
BB-	< 3,50	< 3,61 %
B+	< 3,75	< 4,95 %
B	< 4,00	< 6,64 %
B-	< 4,50	< 11,35 %
CCC	4,50 bis 5	> 11,35 %

Tabelle 3: Ratingnote und Insolvenzwahrscheinlichkeit

(9) Gefährdungswahrscheinlichkeit

Die Gefährdungswahrscheinlichkeit ist die Wahrscheinlichkeit für eine „bestandsgefährdende Entwicklung". Eine bestandsgefährdende Entwicklung, also eine schwere Unternehmenskrise, ist wahrscheinlicher als eine Insolvenz. Die Gefährdungswahrscheinlichkeit ist entsprechend die Wahrscheinlichkeit dafür, dass Mindestanforderungen an das Rating oder Kreditvereinbarungen (Covenants) verletzt werden, die zu einer Kreditkündigung führen könnten. Die Gefährdungswahrscheinlichkeit ist damit höher als die Insolvenzwahrscheinlichkeit. Zur Beurteilung des „Grads der Bestandsgefährdung"[84] kann

[83] Siehe zur Herleitung Gleißner, 2002b.
[84] Gleißner, 2018b.

man die Insolvenzwahrscheinlichkeit und/oder die Gefährdungswahrscheinlichkeit angeben.

1.3 Nutzen des Risikomanagements

1.3.1 Nutzenpotenziale und theoretische Fundierung

In manchen Unternehmen wird ein Risikomanagementsystem hauptsächlich implementiert, um die gesetzliche Sorgfaltspflicht der Unternehmensführung zu erfüllen und damit persönliche Haftungsrisiken zu reduzieren. Oft wird sogar nur angestrebt, dass das implementierte Risikomanagementsystem den Anforderungen der Jahresabschlussprüfer genügt, obwohl damit eine Erfüllung der gesetzlichen Mindestanforderungen nicht gewährleistet ist.[85] Die mit dieser Zielsetzung aufgebauten Risikomanagementsysteme schaffen jedoch meist nur wenig ökonomischen Nutzen und finden geringe Akzeptanz im Unternehmen. Das Risikomanagement kann potenziell bei einer nicht sicher vorhersehbaren Zukunft einen ganz erheblichen Beitrag zum Unternehmenserfolg leisten. Nicht alle in der Praxis implementierten Risikomanagementsysteme schaffen dies, aber nachfolgend werden diese Nutzenpotenziale des Risikomanagement zunächst aus wissenschaftlicher Perspektive begründet. Zudem werden konkrete Vorteile einer risikoorientierten Unternehmensführung zusammengefasst.

Worin besteht nun konkret der potenzielle kaufmännische Nutzen des Risikomanagements? In Anlehnung an die Risikodefinition hat ein Unternehmen umso höhere Risiken, je mehr die zukünftigen Ergebnisse unerwartet schwanken. Es ist eine Aufgabe des Risikomanagements, die Streuung bzw. die Schwankungsbreite dieser Ergebnisse zu reduzieren, also die Planungssicherheit zu erhöhen. Hierdurch ergeben sich folgende – teilweise schon erwähnte – Vorteile für das Unternehmen:[86]

1. Die Reduzierung der Schwankungen erhöht die Planbarkeit und Steuerbarkeit eines Unternehmens, was das erwartete Ertragsniveau verbessert.[87]
2. Eine prognostizierbare Entwicklung der Zahlungsströme reduziert die Wahrscheinlichkeit, unerwartet auf teure externe Finanzierungsquellen zurückgreifen zu müssen oder Kreditvereinbarungen (Covenants) zu verletzen.[88]
3. Eine Verminderung der risikobedingten Schwankungsbreite der zukünftigen Zahlungsströme senkt die Kapitalkosten und wirkt sich positiv auf den Unternehmenswert aus.[89]

---

85 Siehe Gleißner, 2020g und 2021g sowie Schmidt/Henschel, 2021.

86 Vgl. Gleißner, 2004c, und Kürsten, 2006 zu den theoretischen Grundlagen sowie Gleißner, 2017b und Gleißner, 2019d.

87 Vgl. Amit/Wernerfelt, 1990 und Baule/Ammann/Tallau, 2006.

88 Pecking-Order-Theorie von Myers/Majluf, 1984.

89 Dies gilt, wenn entweder systematische Risiken (kostengünstig) reduziert werden können oder auch unsystematische (unternehmensspezifische) Risiken bewertungsrelevant sind (siehe Gleißner, 2005a und Abschnitt 5.3).

4. Geringe Ertragsschwankungen sind auch im Interesse der Fremdkapitalgeber, was sich in einem guten Rating[90], einem vergleichsweise hohen Finanzierungsrahmen für Investitionen und günstigen Kreditkonditionen widerspiegelt.
5. Eine stabile Gewinnentwicklung reduziert die Wahrscheinlichkeit einer Insolvenz (Insolvenzrisiko) und damit die Insolvenzkosten und die „kalkulatorischen Eigenkapitalkosten", was ebenfalls positiv auf den Wert wirkt.[91]
6. Eine stabile Gewinnentwicklung sowie eine niedrigere Insolvenzwahrscheinlichkeit sind im Interesse von Arbeitnehmern, Kunden und Lieferanten, was es erleichtert, qualifizierte Mitarbeiter zu gewinnen und langfristige Beziehungen zu Kunden und Lieferanten aufzubauen.
7. Bei einem progressiven Steuertarif haben zudem Unternehmen mit schwankenden Gewinnen Nachteile gegenüber Unternehmen mit kontinuierlicher Gewinnentwicklung.
8. Zudem bietet eine Risikoanalyse die Voraussetzung, bei der Vorbereitung unternehmerischer Entscheidungen Ertrag und Risiko abzuwägen[92] (z.B. über die Berechnung risikogerechter Kapitalkosten als Renditeanforderung) und „erwartungstreue" Planwerte abzuleiten, die „im Mittel" zu realisieren sind (vgl. Fallbeispiel in Abschnitt 1.4.4).
9. Das Wissen speziell über strategische Risiken und Gesamtrisikoumfang des Unternehmens hilft bei der strategischen Unternehmensführung, insbesondere bei der Verbesserung der Robustheit der Strategie.

Die Vorteile des Risikomanagements sind in wissenschaftlichen Studien intensiv betrachtet worden. Die Reduzierung der Volatilität des Cashflows ist eine Aufgabe des Risikomanagements und dient auch zur Erhöhung der Planungssicherheit (Amit und Wernerfelt, 1990). Vorhersagbare Cashflow-Trends reduzieren die Wahrscheinlichkeit, auf teure externe Finanzierungsquellen zurückgreifen zu müssen oder Covenants zu verletzen (Myers und Majluf, 1984; Li und Wu, 2009). Der Wertbeitrag vom Risikomanagement kann aus Kapitalmarktunvollkommenheiten wie Steuern, Finanzierungsrestriktionen (Froot et al., 1993; Chen und King, 2014), Agency-Kosten (Jensen und Meckling, 1976) und Insolvenzkosten (Kraus und Litzenberger, 1973) resultieren. Aufgrund von Unvollkommenheiten auf den Kapitalmärkten und einer unvollkommenen Diversifizierung der Eigentümer von Unternehmen kann eine Reduzierung der unternehmensspezifischen (idiosynkratischen) Risiken Wert schaffen (Pagach und Warr, 2011; Nocco und Stulz, 2006).[93] Insbesondere Unternehmer in kleinen und mittleren Unternehmen, die einen Großteil ihres Vermögens in das eigene Unternehmen investieren, haben durch die Berücksichtigung von unternehmensspezifischen Risiken Vorteile (Kerins et al., 2004; Torous und Brennan, 1999). Die Vorteile des Risikomanagements werden in der wissenschaftlichen Literatur also insbesondere durch die Unvollkommenheit der Kapitalmärkte

---

90 Vgl. den empirischen Beleg bei Schmidt/Obermüller, 2014.
91 Gleißner, 2010b.
92 Vgl. Gleißner, 2015d und 2021b sowie RMA, 2019 und ICV, 2021.
93 Zur Beurteilung der Bedeutung von risikobedingten Cashflow-Unterschreitungen siehe auch Nocco and Stulz, 2006.

erklärt (vgl. Kürsten, 2006). Kürsten[94] verweist jedoch darauf, dass konkrete Handlungsempfehlungen für das Risikomanagement eine präzise Spezifikation der konkreten Marktunvollkommenheiten erfordern.

Die oben genannten Nutzenpotenziale verdeutlichen, dass Risikomanagement nur unter den stark idealisierten, realitätsfernen Annahmen eines vollkommenen Kapitalmarkts keinerlei Bedeutung hat und insbesondere keinen positiven Beitrag zum Unternehmenswert leisten kann. Der Transfer von Risiken (z.B. durch den Kauf von Optionen auf Rohstoffpreise) führt dann nämlich durch die hier eingesetzten Instrumente zu Kosten, die in einem vollkommenen Kapitalmarkt die Vorteile der reduzierten Risiken gerade kompensieren. Gemäß der bekannten Modigliani-Miller-Thesen[95] hat dann auch die Veränderung des Verschuldungsgrades oder der Ausschüttungspolitik (und damit der Risikotragfähigkeit) keine Auswirkungen auf den Unternehmenswert[96], weil jeder beliebige Verschuldungsgrad durch die Eigentümer durch eine teilweise Fremdfinanzierung ihrer Aktien selbst abgebildet werden kann. Die Bedeutung des Risikomanagements ergibt sich erst durch die vielfältigen Marktunvollkommenheiten, also z.B. durch die Existenz von Insolvenzkosten, von Finanzierungsrestriktionen (limitierte Verschuldungsmöglichkeit) und der nicht perfekten Diversifikation der Vermögenspositionen der Menschen, die auch die unternehmensspezifischen Risiken bewertungsrelevant machen. Gerade mittelständische Unternehmer, die den Großteil ihres Vermögens im eigenen Unternehmen investiert haben, erreichen selbstverständlich einen Vorteil durch die Berücksichtigung auch unternehmensspezifischer Risiken.[97] Nur in einer idealen – aber nicht realen – Modellwelt, wie sie in den klassischen Kapitalmarktmodellen (z.B. den Modigliani-Miller-Thesen und dem CAPM) zum Ausdruck kommen, erübrigt sich die Auseinandersetzung mit den unternehmensbezogenen Risiken. In realen Unternehmen, die auf realen Absatz- und Kapitalmärkten agieren, trägt Risikomanagement wesentlich zum Unternehmenserfolg bei, was die oben genannten Vorteile verdeutlichen.

Aus Perspektive des Shareholder-Value-Ansatzes ist zudem zu beachten, dass Wirtschaftssubjekte, die Gesellschafter eines Unternehmens mit beschränkter Haftung sind, sogar eine Präferenz für steigende Risiken haben können.[98] Dies resultiert daher, dass sie aufgrund der Haftungsbeschränkung durch die zusätzlichen Chancen an einer Risikozunahme partizipieren, während ihre Verluste auf die Höhe des Kapitaleinsatzes beschränkt sind (darüber hinaus gehende Verluste tragen die Gläubiger). Das Zahlungsprofil entspricht damit demjenigen einer Kaufoption, deren Wert mit zunehmendem Risiko (Volatilität) auch zunimmt.[99]

---

[94] Vgl. Kürsten, 2006, S. 11–13.
[95] Siehe Modigliani/Miller, 1958.
[96] Wegen angenommener Arbitragefreiheit und dem Fehlen von Transaktionskosten.
[97] Siehe z.B. Kerins/Smith/Smith, 2004; Müller, 2004 und Torous/Brennan, 1999.
[98] Sofern Insolvenzkosten relativ unbedeutend bleiben.
[99] Siehe Hommel/Pritsch, 1997 und Hommel/Pritsch, 2015.

Durch Kapitalmarktunvollkommenheiten, speziell asymmetrisch verteilte Informationen oder eine fehlende Replizierbarkeit von Zahlungsströmen,[100] kann also der Wertbeitrag eines gezielten Risikomanagements bzw. Hedgings gezeigt werden. Der risikogerecht berechnete Unternehmenswert ist ein Erfolgsmaßstab, der erwartete Zahlungen bzw. Erträge und die mit ihnen verbundenen Risiken in einer Kennzahl verbindet. Er ist damit ein für die Unternehmenssteuerung geeignetes Entscheidungskriterium. Allerdings lässt der Unternehmenswert grundsätzlich beliebig hohe Risiken zu, wenn diesen entsprechend hohe Erträge (Zahlungen) entgegenstehen. Die prinzipiell beliebige Austauschbarkeit von erwartetem Ertrag und Risiko entspricht jedoch nicht der Vorstellung speziell mittelständischer Unternehmen. Angestrebt wird vielmehr die Sicherung des Unternehmens, d.h. die Beschränkung der Insolvenzwahrscheinlichkeit – oder eines anderen Risikomaßes – auf ein vorgegebenes Maximalniveau. Damit wird Risiko nicht nur zu einer Determinante des Unternehmenswerts, sondern zu einer Nebenbedingung, die beispielsweise durch Limite operationalisiert werden kann. Die Notwendigkeit zur Begrenzung des Risikoumfangs wird – wie erwähnt – auch durch das Rating (siehe Abschnitt 1.4 und 5.2) betont.

Steuerungsansätze, die den Gesamtrisikoumfang beschränken, werden als Safety-First-Ansätze bezeichnet. Ein Safety-First-Entscheidungskalkül findet man insbesondere bei institutionellen Investoren (z.B. Versicherungsunternehmen oder Pensionsfonds), die ihr Portfolio in einer Weise gestalten, dass in einzelnen Anlageperioden oder auch im gesamten Planungshorizont mit möglichst hoher Wahrscheinlichkeit eine bestimmte vorgegebene Mindestrendite erreicht wird.[101] Die Beschränkung des Gesamtrisikoumfangs, also die Einschränkung bezüglich der Substitution von Risiko gegenüber Rendite, wird durch die Existenz exogener Restriktionen begründet, z.B. aufsichtsrechtliche Anforderungen oder Zahlungsverpflichtungen. Der Safety-First-Ansatz gemäß Roy (1952) zielte darauf, die „Shortfall-Wahrscheinlichkeit", also die Wahrscheinlichkeit der Zielunterschreitung, zu minimieren. Kataoka (1963) geht dagegen von einer maximal akzeptierten Shortfall-Wahrscheinlichkeit (Verlustwahrscheinlichkeit) aus und errechnet diejenige Strategie (bzw. Kapitalanlagestruktur), die die maximal erwartete Rendite aufweist, ohne diese Verlustwahrscheinlichkeit zu überschreiten. Telser (1955) entwickelt einen Safety-First-Ansatz, bei dem sowohl die maximal akzeptierte Verlustwahrscheinlichkeit als auch eine angestrebte Mindestrendite fixiert wird. Unter den Portfolios oder Handlungsalternativen, die beide Anforderungen erfüllen, wird dasjenige mit der höchsten erwarteten Rendite ausgewählt.[102]

Fazit: Der Wertbeitrag des Risikomanagements lässt sich einfach zeigen für nicht perfekt diversifizierte Unternehmer und Investoren, die auch unternehmensspezifische Risiken betreffen (siehe Abschnitt 1.4). Für perfekt diversifizierte Aktionäre ist zur Erklärung des Wertbeitrags die Berücksichtigung von

---

[100] Verletzung der „Spanning-Eigenschaft" des Kapitalmarkts.

[101] Vgl. Albrecht/Maurer/Möller, 1998, S. 258.

[102] Für alle drei Varianten des Safety-First-Ansatzes können auch unter Berücksichtigung der Existenz einer risikolosen Rendite optimale Portfolios abgeleitet werden (siehe hierzu Kaduff, 1996, S. 87–152).

Kapitalmarktunvollkommenheiten (z.B. Insolvenzkosten oder asymmetrisch verteilte Informationen) erforderlich, die über den Umweg der Reaktion der Stakeholder (Kunden, Mitarbeiter und Fremdkapitalgeber) Wirkung auf den Wert des Eigenkapitals haben. Risikomanagement kann die Kapitalkosten senken und den Erwartungswert der zukünftigen Cashflows und Erträge erhöhen. Empirische Studien zeigen, dass Unternehmen mit geringem Ertragsrisiko und gutem Rating sogar überdurchschnittliche Renditen an der Börse generieren (vgl. Abschnitt 1.3.2).[103]

Der Nutzen des Risikomanagements ist besonders ausgeprägt, wenn man dieses versteht als ein umfassendes Konzept des Managements, das sich proaktiv mit den Herausforderungen einer unsicheren Zukunft befasst. Ein solches strategisches Management der Unsicherheit mit den Methoden des Risikomanagements, wie Risikoanalyse und Risikobewältigung, sollte daher insbesondere die Strategieentwicklung beeinflussen. Das strategische Management befasst sich mit der erfolgversprechenden Zukunftsausrichtung des Unternehmens und sollte entsprechend zugleich als strategisches Risikomanagement aufgefasst werden. Eine Leitlinie für eine derartige Herangehensweise ist das Konzept des „robusten Unternehmens“, das im nachfolgenden Abschnitt 1.4 und in Kapitel 4 erläutert wird.

1.3.2 Empirische Studien zum Nutzen des Risikomanagements

Empirische Studien belegen regelmäßig, dass die Fähigkeiten im Umgang mit Chancen und Gefahren für Überlebensfähigkeit und nachhaltigen Erfolg des Unternehmens bedeutend sind; ganz wie die Theorie vorhersagt (vgl. Abschnitt 1.3.1). Unternehmen mit einem besseren Rendite-Risiko-Profil und niedrigeren fundamentalen Risiken tragen niedrigere Insolvenzrisiken und schaffen sogar höhere Aktienrenditen.[104]

Seit Bowman (1980) wird in vielen Studien dieses Rendite-Risiko-Paradoxon belegt.[105] In einer Meta-Studie analysieren Arrfelt et al. (2018) den Zusammenhang zwischen Managemententscheidungen im Zusammenhang mit Risiko (Risk-Taking) einerseits sowie (1) Unternehmensrisiko (Firm Risk) und (2) Performance andererseits.[106] Performance wird dabei differenziert betrachtet. Betrachtet wird die von der Börsenkurs-Entwicklung unabhängige Kapitalrendite[107] und das von der Börsenbewertung abhängige Tobin Q.[108] Ausgehend vom Modell von Marsh (1991), das die Allokation von Ressourcen auf riskante und weniger ris-

---

103 Siehe Walkshäusl, 2012 und 2013a; Walkshäusl, 2017 und Abschnitt 1.3.2.

104 Siehe Ang et al., 2009; Walkshäusl, 2013a. Für den amerikanischen Aktienmarkt von 1992 bis 2003 wiesen z.B. Carter/Rogers/Simkins, 2006 nach, dass die Absicherung von Treibstoffkosten den Wert von US-Fluggesellschaften um 10 % erhöhte.

105 Siehe dazu auch Marsh (1991).

106 „Firm Risk“ ist dabei allerdings nicht das Unternehmensrisiko (Ertragsrisiko), sondern das Risiko der Aktien der Unternehmen gemessen durch (a) Beta-Faktor des CAPM und (b) Varianz der Aktienrenditen.

107 Return on Assets.

108 Tobin Q ist das Verhältnis (Börsenkapitalisierung + Schulden)/(Bilanzwert Eigenkapital + Schulden).

kante Aktivitäten eines Unternehmens betrachtet, beurteilen Arrfelt et al. (2021) verschiedene Handlungsmöglichkeiten bzw. Strategien eines Unternehmens. Die Autoren betrachten dabei speziell Entscheidungen bezüglich (I) Forschung und Entwicklung (Research and Development), (II) Investitionen (Capital Expenditures), (III) Werbeausgaben (Advertising Expenditures) und (IV) die Höhe der Verschuldung. In ihrer Meta-Studie fassen die Autoren 250 Originalstudien zusammen und können so z.B. belegen, dass bestimmte unternehmerische Entscheidungen zu einer höheren Unternehmensrendite führen, ohne den Risikoumfang zu steigern. Es zeigt sich die auch von Bowman aufgezeigte negative Korrelation zwischen Unternehmensrisiko und Kapitalrendite (ROA). Dies bestätigt das Rendite-Risiko-Paradoxon.[109] Die Studienergebnisse führen auch zu einer interessanten weiterführenden Interpretation der Ergebnisse von Bowman (1980, 1984). Interessant ist nämlich, dass die Risikomenge positiv korreliert ist mit „Tobins' Q", einer Kennzahl für die Höhe der Bewertung eines Unternehmens an der Börse. Unternehmen mit einem höheren Risiko haben also, trotz oft schlechterer fundamentaler Performance, eine höhere Marktbewertung. Arrfelt et al. (2018, S. 646–647) sehen darin einen Beleg dafür, dass Aktionäre in Erwartung höherer Erträge von „riskanten" Unternehmen für diese bereit sind höhere Preise zu zahlen (was man als systematische Überbewertung interpretieren kann). Sie erläutern (2018, S. 647):

„The fact that such market expectations of a positive relationship between risk and return may not be justified (given the findings of Bowman and others as well as our ROA results) highlights an interesting case of market bias where the expectations of market participants reflect a relationship between risk and return that ultimately may not be true."

Die obigen Überlegungen deuten darauf hin, dass das Risikomanagement zur Steigerung von Ertrag, Unternehmenserfolg und damit langfristig zum Unternehmenswert entscheidend beitragen kann. Risikomanagement bringt wirtschaftlichen Nutzen, wenn Risiken bei Managemententscheidungen angemessen berücksichtigt werden (risikoorientierte Planungs- und Kontrollpraktiken, siehe Ittner und Keusch, 2017). Daher ist eine Risikoanalyse notwendig, bevor eine unternehmerische Entscheidung getroffen wird, um zu beurteilen, wie sich die Entscheidung auf die erwarteten Cashflows, die Insolvenzwahrscheinlichkeit, die Kapitalkosten und letztendlich den Unternehmenswert auswirken könnte.[110]

Empirische Studien bestätigen also die theoretischen Vorhersagen, dass Unternehmen mit niedrigem Ertrags- und Insolvenzrisiko sowie gutem Rendite-Risiko-Profil nachhaltig erfolgreicher sind.[111] Die Vorteile sind in wirtschaftlich

---

[109] Dies gilt für beide in der Studie betrachteten Risikomaße, also Beta-Faktor und Varianz der Marktrendite und vermutlich auch für das Ertragsrisiko, das jedoch nicht untersucht wurde.

[110] Das traditionelle CAPM ist nicht in der Lage, die Kapitalkosten oder den Unternehmenswert risikoadäquat zu berechnen; dafür sollten Risikoanalyse und Unternehmenswert besser verknüpft werden. Eine alternative Verknüpfung mit dem Risikomanagement ist beschrieben in Gleißner, 2019d (vgl. Kapitel 5 zur Methode).

[111] Siehe z.B. Walkshäusl, 2017; Ang et al., 2009; Zhang, 2006.

schwierigen Zeiten besonders deutlich ausgeprägt, da solche Unternehmen auch in einer Wirtschaftskrise ihre Strategie weiterverfolgen können, und z.B. für die Zukunftsentwicklung wichtige Investitionen nicht abbrechen oder aufschieben müssen.[112] Die Höhe des Ertrags- und Insolvenzrisikos eines Unternehmens sowie des Ertrag-Risiko-Profils sind wesentlich abhängig vom Geschäftsmodell und der strategischen Ausrichtung. Der Risikoumfang eines Unternehmens wird nämlich ganz entscheidend durch die strategischen Grundsatzentscheidungen im Hinblick auf Geschäftsmodell und Strategie bestimmt. Bei diesen strategischen Grundsatzentscheidungen sollten daher die Risiken adäquat berücksichtigt werden (siehe Abschnitt 1.4 und Kapitel 4).

Ein besseres Risikomanagement kann der Unternehmensführung bessere Informationen für Managemententscheidungen zur Verfügung stellen, die helfen das Ertrag-Risiko-Profil zu verbessern und schwere Unternehmenskrisen zu vermeiden. Entsprechend zeigen speziell auch die empirischen Untersuchungen, dass Verbesserungen beim Risikomanagement den Unternehmenserfolg steigern.[113] Für den Unternehmenserfolg wesentlich ist aber nicht das Risikomanagementsystem per se, sondern sein Beitrag für die Verbesserung der Risikoposition des Unternehmens.

Welchen Beitrag speziell das operative Risikomanagementsystem bzw. Enterprise Risk Management (ERM) bei der Optimierung des Ertrag-Risiko-Profils hier leisten kann, wurde auch in verschiedenen Studien untersucht.[114]

Die Studie von Lechner und Gatzert (2018) zeigt auch bei deutschen Unternehmen[115] einen deutlichen und signifikanten positiven Einfluss des Enterprise Risk Managements auf den Unternehmenswert (gemessen über Tobin's Q).[116] Dies bestätigt auch die Studie von Altuntas et al. (2021).[117] Hiebl et al. (2019) finden dagegen keine statistisch signifikante Beziehung zwischen der ERM-Implementierung und der finanziellen Performance von Unternehmen im deutschen Mittelstand. Es ist interessant, dass gerade bei den kleineren mittelständischen Unternehmen Vorteile aus dem Risikomanagement nicht erkennbar sind (obwohl natürlich auch hier ein besseres Ertrag-Risiko-Profil vorteilhaft ist). Möglicherweise zeigt sich hier, dass die Wirksamkeit der implementierten Systeme bei solchen Unternehmen besonders schwach ist (siehe zu den Defiziten des Risikomanagements im Mittelstand z.B. Ulrich, 2019).

Manche Studien zeigen also durchaus abweichende Ergebnisse, was belegt, dass nicht jedes in der Praxis implementierte Risikomanagementsystem den an sich durch das Risikomanagement möglicher Nutzen realisieren kann. Hunziker (2021, S. 64) betont, dass Enterprise Risk Management ein unverzichtbarer Er-

---

112 Siehe Gleißner/Walkshäusl, 2018.

113 Siehe z.B. McShane, 2017.

114 Siehe z.B. Carter/Rogers/Simkins, 2006; Faupel/Michels, 2014; McShane/Nair/Rustambekov, 2011; Smithson/Simkins, 2008; Hoyt/Liebenberg, 2011; Jin/Jorion, 2006.

115 Bei größeren Firmen ist die Implementierung des Risikomanagements dabei in Deutschland weiter fortgeschritten (Hiebl et al., 2019).

116 Siehe dazu McShane, 2017; McShane/Nair/Rustambekov, 2011 sowie Hoyt/Liebenberg, 2011.

117 In der Studie wird auf Vorteile speziell durch Risikodiversifikation verwiesen.

folgsfaktor ist, aber der tatsächlich realisierte Nutzen von der Qualität und Reifegrad der implementierten Systeme und der Nutzung (adäquaten) des verfügbaren Wissens z.B. aus Wahrscheinlichkeitstheorie oder Psychologie abhängt.

Der umfangreiche Literaturüberblick von Krause und Tse (2016), der die Bedeutung des Risikomanagements für den Unternehmenswert untersucht, zeigt aber folgendes:

„Risikomanagement erhöht den Unternehmenswert und die Rendite, während es die Volatilität von Rendite und Cashflow reduziert" (Krause und Tse, 2016, S. 56).[118]

Ittner und Keusch (2017) stellen in ihrer Zusammenfassung ergänzend fest:

„Unsere Ergebnisse unterstreichen den wichtigen Einfluss, den die Wertschöpfung des Risikomanagements auf den Einsatz und den Nutzen von risikofokussierten Planungs- und Kontrollpraktiken haben kann. Organisationen, die sich primär darauf konzentrieren, Risiken innerhalb des Budgets zu minimieren oder die Gesamtkosten von Risiken zu reduzieren, machen tendenziell weniger Gebrauch von diesen Praktiken, haben eine höhere Aktienkursvolatilität und erzielen einen geringeren Unternehmenswert als jene, die größere Schritte unternommen haben, um sowohl die Vor- als auch die Nachteile von Risiken ganzheitlich zu berücksichtigen."

Smithson und Simkins (2008) werten in ihrer Meta-Studie eine Vielzahl empirischer Arbeiten über den Wertbeitrag des Risikomanagements aus, die sich z.B. mit dem Zusammenhang zwischen der Cashflow-Volatilität und dem Unternehmenswert befassen.[119] Die Autoren fassen die Ergebnisse ihrer Meta-Studie wie folgt zusammen (Smithson/Simkins, 2008, S. 251):

„Contrary to the implications of the capital asset pricing model (CAPM), the findings of academic studies suggest that financial price risks can affect the expected returns on stocks and hence stock prices themselves. For example, there is clear evidence that the equity returns of financial institutions are sensitive to interest rate changes. And industrial companies with foreign sales and cash flows exhibit greater sensitivity to foreign exchange rate changes than most wholly domestic firms. ... Is there any direct evidence that risk management increases firm value? The answer is yes, but the evidence is fairly limited as yet."

1.4 Strategisches Risikomanagement und robuste Unternehmen

1.4.1 Einleitung

Der Erfolg eines Unternehmens wird insbesondere bestimmt durch Geschäftsmodell und Unternehmensstrategie und ist damit abhängig von den strategischen Entscheidungen über hier bestehende Handlungsoptionen. Die Sicherung von Zukunfts- und Überlebensfähigkeit eines Unternehmens und die Verbesse-

---

[118] Siehe auch D'Arcy/Brogan, 2001; McShane/Nair/Rustambekov, 2011 und Smithson/Simkins, 2008.

[119] Siehe die Übersicht in Smithson/Simkins, 2008, S. 244 ff.

rung des Ertrag-Risiko-Profils, und damit des Unternehmenswerts, erfordern daher insbesondere die Berücksichtigung von Chancen und Gefahren (Risiken) bei strategischen Entscheidungen. Notwendig ist ein strategisches Management unter Beachtung von Unsicherheit, also von vorhandenen und der durch strategische Handlungsoptionen bedingten Chancen und Gefahren.[120, 121]

Ein „gutes" strategisches Management befasst sich also mit Risiken und umgekehrt ist es die Aufgabe des strategischen Risikomanagements die mit einer Strategie verbundenen Risiken zu analysieren, um diese Information bei strategischen Entscheidungen zu berücksichtigen. Strategisches Management unter Unsicherheit und strategisches Risikomanagement sind also notwendigerweise eng miteinander verknüpft und in Praxis oft weitgehend identisch. In diesem Abschnitt werden die wesentlichen Aspekte eines strategischen Risikomanagements und damit eines strategischen Managements unter Unsicherheit skizziert. Vorgestellt wird dabei das auf allgemeinen Überlegungen zum strategischen Risikomanagement aufbauende Konzept eines „robusten Unternehmens", auf das später in Kapitel 4 noch näher eingegangen wird (wobei hier bewusst bei dieser vertiefenden Darstellung noch einmal einige zentrale Aussagen wiederholt werden).

1.4.2 Grundlegende Fragen des strategischen Risikomanagements

Welche Risiken und risikopolitischen Entscheidungen haben für den Unternehmenserfolg eine besonders große Bedeutung? Mit dieser Fragestellung befasst sich das strategische Risikomanagement.[122] Es umfasst dabei die besonders bedeutsamen unternehmerischen Maßnahmen im Umgang mit Risiken, die auf eine nachhaltige Steigerung des Unternehmenswertes (Erfolgs) abzielen. Das strategische Risikomanagement kann man als Element der strategischen Unternehmensführung[123] auffassen und es ist entsprechend eine nicht-delegierbare Aufgabe für die Unternehmensführung. Die Überlegungen im Rahmen des strategischen Risikomanagements bestimmen wesentlich die Risikopolitik (vgl. Abschnitt 6.2).

Im Kontext eines strategischen Risikomanagements sind insbesondere die folgenden vier Fragen zu beantworten, wobei Probleme bei der Beantwortung dieser Fragen auf grundlegende Schwächen des bestehenden Risikomanagements hinweisen:[124]

---

120 Schwenker/Dauner-Lieb, 2017; Gleißner, 2019e; Gleißner, 2020f und 2021a sowie RMA, 2019 und ICV, 2021.

121 Siehe auch Gleißner/Moecke, 2021.

122 Vgl. Gleißner, 2008b und 2008b.

123 Schwenker/Dauner-Lieb, 2017.

124 In Anlehnung an Gleißner, 2000b.

1. Strategische Risiken: Welche Faktoren bedrohen Erfolg und Erfolgspotenziale?

Genau wie der Erfolg eines Unternehmens mittels steigender Gewinne letztendlich eine notwendige (wenn auch nicht hinreichende) Bedingung für eine günstige Liquiditätsentwicklung ist, sind Erfolgspotenziale, also Kernkompetenzen, interne Stärken und Wettbewerbsvorteile, die Voraussetzung für zukünftige Gewinne bzw. Cashflows. Wenn bekannt ist, welche Faktoren für den Unternehmenserfolg maßgeblich sind, kann man in einem weiteren Schritt die „Strategischen Risiken" ermitteln. Strategische Risiken sind dabei all jene Risiken, die zu einer wesentlichen Beeinträchtigung der Erfolgspotenziale des Unternehmens führen können. Wenn beispielsweise die Marke eines Unternehmens für den Erfolg entscheidend ist, wären Fehler in der Markenpolitik oder eine Imagebeschädigung durch einen öffentlichen Skandal ein solches strategisches Risiko. Diesen Risiken ist aufgrund ihrer Bedeutung für die Zukunftsfähigkeit des Unternehmens eine besondere Aufmerksamkeit zu schenken (vgl. Abschnitt 2.2.3).

2. Welche Kernrisiken soll das Unternehmen selbst tragen?

Um erfolgreich zu sein, sollte ein Unternehmen bestrebt sein, Erfolgspotenziale aufzubauen. Dabei ist es unvermeidlich, dass gewisse Risiken eingegangen werden. Beispielsweise muss ein Unternehmen, dessen Kernkompetenzen aus bestimmten technologischen Fähigkeiten bestehen, Risiken bezüglich Forschungs- und Entwicklungsausgaben eingehen. Diese Risiken, die in unmittelbarem Zusammenhang mit dem Aufbau bzw. der Nutzung von Erfolgspotenzialen stehen und nicht auf andere übertragen werden können, werden als „Kernrisiken" bezeichnet. Bei allen anderen Risiken sollte dagegen geprüft werden, ob diese nicht zu akzeptablen Kosten auf andere Wirtschaftssubjekte übertragen werden können („Risikotransfer"). Neben dem Risikotransfer durch eine Versicherung kann auch der Einsatz von Derivaten auf Währungen, Zinsen oder Rohstoffpreise zum Risikotransfer genutzt werden. Entscheidungsrelevant für den Transfer derartiger Risiken sind die „Risikokosten" der verschiedenen Handlungsalternativen, die die Kosten der Risikobewältigung (z.B. Versicherungsprämie) ebenso umfassen wie den Umfang der selbstzutragenden Schäden und die Eigenkapitalkosten.[125] Ein konsequenter Transfer solcher „peripherer Risiken" bietet den Vorteil, dass mehr Risiken beim Aufbau von Erfolgspotenzialen eingegangen werden können, ohne das Risikodeckungspotenzial des Unternehmens zu überfordern und damit das Rating unangemessen zu gefährden.

3. Welche Eigenkapital- und Liquiditätsausstattung ist als „Risikodeckungspotenzial" nötig?

Die Risikoneigung der Eigentümer oder ihrer Vertreter bestimmt die nötige Liquiditäts- und Eigenkapitalausstattung (Finanzierungsstruktur) und kann

[125] Vgl. Gleißner, 2002a, und Abschnitt 5.3.

einfach durch ein Ziel-Rating ausgedrückt werden, das die angestrebte „Überlebenswahrscheinlichkeit" zeigt (Krisenstabilität).

Die zur Absicherung erforderliche Eigenkapitalausstattung eines Unternehmens ist vom Risikoumfang abhängig. Das Eigenkapital (und die Liquiditätsreserve) ist letztlich das Risikodeckungspotenzial eines Unternehmens, das die (aggregierten) Auswirkungen aller Risiken zu tragen hat. Für eine fundierte Beantwortung der Frage nach der angemessenen Liquiditäts- und Eigenkapitalausstattung ist eine quantitative Risikoanalyse unumgänglich, die neben Markt- und Leistungsrisiken auch die Kostenstruktur betrachtet und alle Risiken aggregiert (vgl. Kapitel 3). Da Eigenkapital knapper und teurer als Fremdkapital ist, sollte auch eine unnötig hohe Ausstattung des Unternehmens mit Eigenkapital vermieden werden.

Zu beachten ist, dass das Verhältnis des aggregierten Risikoumfangs zum Risikodeckungspotenzial die Wahrscheinlichkeit von Überschuldung und Illiquidität bestimmt und somit das Rating eines Unternehmens maßgeblich beeinflusst („Risikotragfähigkeit"). Eine gemessen an der erwarteten Ertragskraft und den Risiken ausreichende Eigenkapitalausstattung ist somit notwendig, damit die Unternehmen den notwendigen Finanzierungsspielraum zu akzeptablen Zinskonditionen erhalten (vgl. Kapitel 5.2).

4. Welcher risikoadjustierte Erfolgsmaßstab ist Zielgröße der Unternehmenssteuerung?

Damit eine Risikobewältigungsmaßnahme oder eine Investition einen positiven Beitrag zum Unternehmenswert leistet, ist es erforderlich, dass seine erwartete Rendite über dem risikoabhängigen Kapitalkostensatz liegt (siehe dazu vertiefend Kapitel 5.3). Für die Unternehmenssteuerung müssen geeignete Erfolgsgrößen (Performancemaße)[126] definiert werden, mittels derer Ertrag und Risiko gegeneinander abgewogen werden können.[127] Zu den Erfolgsmaßstäben gehören Unternehmenswert (Kapitalwert), Wertbeitrag, RORAC[128], RAVA, RAVA+[129] oder auch das Sharpe Ratio (SR).[130] Hilfreich ist es, meist den Risikoumfang auch in Form einer Anforderung an die erwartete Rendite, also einen Kapitalkostensatz, auszudrücken.

Im Rahmen des strategischen Risikomanagements werden die Unternehmensstrategie und die diese tragenden Erfolgspotenziale kritisch unter Beachtung der Risiken analysiert. Notwendige Voraussetzung hierfür ist es zunächst die Strategie zu präzisieren, also insbesondere die Kernkompetenzen, die Geschäftsfelder und Wettbewerbsvorteile sowie die grundlegende Gestaltung der Wertschöpfungskette des Unternehmens klar zu beschreiben.[131] Im Kontext der Beschreibungen der Strategie werden dabei insbesondere die wesentlichen

---

126 Vgl. Gleich, 2021, S. 33 ff. zu risikoadäquaten Performancemaßen.
127 Siehe Sarin/Weber, 1993.
128 RORAC: Return on Risk Adjusted Capital. Das Verhältnis von Ertrag (abzüglich risikoloser Verzinsung) zu Eigenkapitalbedarf bzw. Risikokapital (als Risikomaß).
129 RAVA, Risk Adjusted Value Added, vgl. Abschnitt 3.4.10.
130 Vgl. Abschnitt 2.4.13 zu Performancemaße.
131 Siehe hierzu Gleißner, 2004c.

Erfolgspotenziale des Unternehmens, also die Kernkompetenzen, die internen Stärken und die für den Kunden wahrnehmbaren Wettbewerbsvorteile, zu nennen sein (vgl. Abschnitt 2.3). Bedrohungen dieser Erfolgspotenziale sind – wie oben erläutert – neben grundlegenden Veränderungen des Umfelds (z.B. technologischen Umbrüchen) als wesentliche strategische Risiken einzuschätzen, die auch bei der Weiterentwicklung der Strategie selbst (und der Beurteilung strategischer Handlungsalternativen) zu berücksichtigen sind (vgl. vertiefend Abschnitt 2.2.3 und 2.3.2).

1.4.3 Robuste Unternehmen zur Zukunftssicherung

Der langfristige Erfolg eines Unternehmens erfordert ein strategisches Management unter Beachtung von Unsicherheit, die sich aus Chancen und Gefahren (Risiken) der zukünftigen Entwicklung ergibt. Die Methoden des Risikomanagements sind wichtig, aber sie sollten in einem größeren Kontext gesehen werden. Das Konzept des robusten Unternehmens ist eine umfassendere Leitlinie für ein strategisches Management unter Unsicherheit. Robuste Unternehmen „überstehen" schwere Wirtschaftskrisen und weisen folgende Charakteristika auf (vgl. ausführlicher zur Zukunftssicherung und dem strategischen Risikomanagement Abschnitt 4.2):

a) hohe finanzielle Nachhaltigkeit (stabiles Rating, niedriges Ertragsrisiko),
b) eine robuste Strategie mit stabilen strategischen Erfolgspotenzialen als Treiber der zukünftigen finanziellen Leistungsfähigkeit,
c) eine hohe Kompetenz im Umgang mit Chancen und Risiken, speziell bei der Vorbereitung „unternehmerischer Entscheidungen" (zur Absicherung von a und b).

Hohe finanzielle Nachhaltigkeit ist gegeben, wenn[132]

1. ein Unternehmen langfristig (zumindest) real nicht schrumpft,
2. die risikoabhängige Insolvenzwahrscheinlichkeit (p) niedrig ist (z.B. $< 1\,\%$),
3. das Ertragsrisiko, z.B. ausgedrückt durch den Variationskoeffizient V der Gewinne niedrig und für die Eigentümer „akzeptabel" ist (z.B. $V < 40\,\%$) und
4. die Kapitalrendite des Unternehmens höher ist als die risikoabhängigen Kapitalkosten.[133]

Hohe finanzielle Nachhaltigkeit bedeutet also, dass das Unternehmen ein niedriges Insolvenzrisiko aufweist und insgesamt eine günstige Risikoposition besitzt, d.h. der durch die Risikoaggregation berechnete Gesamtrisikoumfang wird durch das Risikodeckungspotenzial (Eigenkapitalbedarf und Liquiditätsreserven) gedeckt. Eine hohe finanzielle Nachhaltigkeit kann als Nebenbedingung von Eigentümern gesehen werden, die ihre unternehmerischen Risiken begrenzen möchten.

---

132 Vgl. Gleißner/Günther/Walkshäusl, 2022.
133 Vgl. zur Berechnung Gleißner, 2019d und Abschnitt 5.3.4.

Auch in der COVID-19-Krise hat sich empirisch bestätigt, dass Unternehmen mit hoher finanzieller Nachhaltigkeit krisenresistent sind.[134]

Die Sicherung der finanziellen Nachhaltigkeit[135] erfordert eine robuste Strategie.[136] Eine robuste Strategie basiert auf Kernkompetenzen, die langfristig wertvoll, schwierig kopierbar und vielfältig nutzbar sind.[137] Diese Kernkompetenzen ermöglichen es – orientiert an den Kundenwünschen – Wettbewerbsvorteile aufzubauen, die zu einer Differenzierung von Wettbewerbern und zur langfristigen Bindung von Kunden beitragen. Wichtig sind hier die Verfügbarkeit einer starken Marke, herausragende Technologie (Patente), eine „kritische Masse" mit Netzwerk- oder Kostendegressionseffekten oder gut abgesicherte Kundenbeziehungen (hohe Wechselkosten).[138] Dies führt zu „Preissetzungsmacht" und zur Möglichkeit, Kostenschwankungen auf Geschäftspartner zu übertragen. Unattraktive Tätigkeitsfelder oder Kundengruppen werden gemieden, ebenso kritische Abhängigkeiten (z.B. durch Diversifikation). Die Wertschöpfungskette ist so gestaltet, dass nur Aktivitäten im Unternehmen erbracht werden, die nicht besser zugekauft werden können. Zudem sichern Redundanzen und Reserven die organisatorische Resilienz.[139]

Ergänzend zur robusten Strategie ist ein leistungsfähiges Risikofrüherkennungssystem nötig, das speziell strategische Risiken – wie Bedrohungen der Erfolgspotenziale – früh erkennt (vgl. Kapitel 2 und 3) und systematisch bewältigt (vgl. Kapitel 4). Zudem ist es notwendig bei unternehmerischen Entscheidungen die mit diesen verbundenen Risiken zu berücksichtigen, um Krisen durch übersehene Risiken zu vermeiden (vgl. Kapitel 5).[140]

1.4.4 Erwartungstreue Planwerte und transparente Planungssicherheit (Fallbeispiel einer Investition)

Wie gezeigt, hat ein strategisches Risikomanagement große Bedeutung für die Weiterentwicklung der Unternehmensstrategie und die nachhaltige Sicherung des Unternehmenserfolgs. Die Methoden des Risikomanagements sind aber auch wichtig für die Weiterentwicklung von Controlling und operativer Unternehmensplanung, was nachfolgend erläutert wird.

---

134 Siehe dazu Behringer, 2020; Günther/Günther, 2017; Walkshäusl, 2013b und die empirische Studie bei Günther/Gleißner/Walkshäusl, 2020. Die langfristige, positive Wachstumsrate stellt sicher, dass das Unternehmen sich nicht auflöst. Mittelfristig soll die Eigenkapitalrendite zudem über der Wachstumsrate liegen, damit die Eigenkapitalquote nicht sinkt.

135 Schäffer, 2020a.

136 Warren Buffet spricht hier von einem „Burggraben".

137 Vgl. Gleißner, 2019e.

138 Vgl. ausführlicher Gleißner, 2021a.

139 Schäffer, 2020a; Duchek, 2020 sowie Honold, 2020 zur Bedeutung der Führung.

140 Vgl. RMA, 2019 und ICV, 2021.

Zukunftsorientierung erfordert Planung und impliziert Risiko.[141] Die Risikoanalyse identifiziert und quantifiziert Risiken. Dies schafft die notwendige Voraussetzung[142] für die Ableitung „erwartungstreuer Planwerte“ und die Beurteilung der Planungssicherheit als Umfang möglicher Planabweichungen. Erwartungstreue Planwerte treten „im Mittel“ über alle risikobedingt möglichen Zukunftsszenarien ein und ihre Berechnung erfordert eine Risikoanalyse. Nur „erwartungstreue Planwerte“ sind eine Grundlage für unternehmerische Entscheidungen, was nachfolgend verdeutlicht wird.

Die Anforderung an erwartungstreue Planwerte (Schätzungen) bedeutet, dass mit Hilfe geeigneter Planungs- und Prognosesysteme bestmögliche und unverzerrte Vorhersagen getroffen werden und sich diese im Mittel aus vielen Planungsfällen und Planungsperioden als richtig herausstellen. In der Praxis zeigt sich jedoch, dass Planwerte vielfach weder erwartungstreu sind, noch will man manchmal überhaupt erwartungstreue Planwerte erzeugen. Dies liegt nicht nur an methodischen Defiziten, sondern an einem Denkfehler. Häufig wird absichtlich eine „konservative Planung“ erstellt, deren Planwerte mit hoher Wahrscheinlichkeit zumindest erreicht werden. Umgekehrt findet man oft „anspruchsvolle“ oder „fordernde“ Planungen, bei denen ambitionierte Planwerte als Ziele vorgeben werden, die nur bei größter Anstrengung und günstigen Rahmenbedingungen erreichbar sind.[143] Ebenfalls sehr häufig sind Kombinationen beider Verfahren in unterschiedlichen Ebenen oder in unterschiedlichen Bereichen des gleichen Unternehmens mangels einheitlicher und/oder eindeutiger Vorgaben bei der Unternehmensplanung bzw. im Controlling (Planungshandbuch, Controllinghandbuch). Alle genannten Planungsansätze erlauben keinerlei Prognose über die tatsächlich zu erwartende Entwicklung des Unternehmens, die jedoch maßgebliche Grundlage für unternehmerische Entscheidungen (z.B. in der Investitionsrechnung) sein muss. Nur der Erwartungswert zeigt, was „im Mittel“ passieren wird. Sowohl konservative wie auch ambitionierte Planungen führen zudem zu einer erhöhten Risikoposition, weil der Umfang von Planabweichungen (Prognoseresiduen) zunimmt (siehe Abbildung 6).

---

[141] Entwicklungen und Ereignisse, die in der Vergangenheit stattgefunden haben, sind niemals unsicher – was natürlich nicht ausschließt, dass deren Ergebnisse einem Entscheider (noch) unbekannt sind.

[142] Vgl. Gleißner/Presber, 2010 zu den „Grundsätzen ordnungsgemäßer Planung“ sowie Gleißner, 2008d und Gleißner/Rieg/Gleich, 2022.

[143] Vgl. Behringer/Gleißner, 2018.

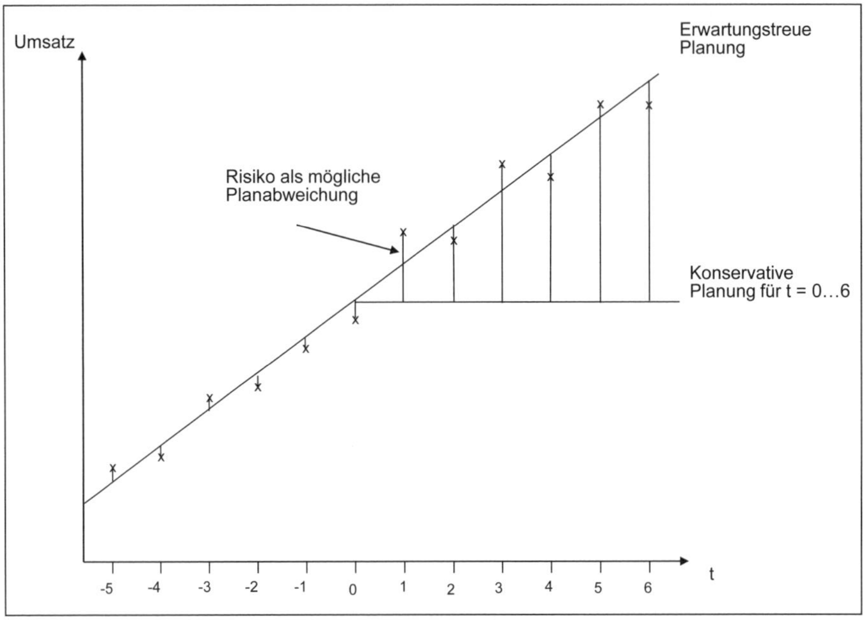

Abbildung 6: Quantifizierung eines Risikos auf Basis von Residuen einer Regression[144]

Die (erwartungstreuen) Planwerte, die die zu erwartende Entwicklung eines Unternehmens beschreiben, unterscheiden sich deutlich von den (oft auch als Planwerte bezeichneten) Zielwerten (für Unternehmenssteuerung und eventuell auch für Entlohnungssysteme). In Planung und Controlling ist es gefährlich, wenn man diesen Unterschied nicht kennt, nicht wahrnimmt und nicht nachvollziehen kann, ob Planwerte tatsächlich (zumindest intendiert) erwartungstreu sind. Um die einzelnen Planinformationen interpretieren zu können, muss ausdrücklich angegeben werden, wie die Planwerte zu interpretieren sind. Wenn eine erwartungstreue Planung gefordert wird, sollten Planüber- und Planunterschreitungen in etwa gleichem Umfang auftreten. Für eine fordernde Unternehmenssteuerung, die die Potenziale des Unternehmens möglichst gut ausschöpft, müssten demzufolge neben den erwartungstreuen Planwerten zusätzlich anspruchsvollere Zielwerte vorgegeben werden.

Den Unterschied zwischen „traditionellem Planwert", oft verstanden als wahrscheinlichster Wert, und Erwartungswert zeigt folgendes einfache **Fallbeispiel**:[145]

Die Geschäftsführung möchte über die wirtschaftliche Sinnhaftigkeit einer Investition entscheiden, die mit einem sicheren Investitionsvolumen von 10 Mio. Euro verbunden ist. Die Beurteilung mit Hilfe der Investitionsrechenverfahren (Barwertmethode) erfordert einen risikogerechten Diskontierungszinssatz (Kapitalkostensatz), der hier zunächst mit 10 % angenommen wird. Die

[144] Quelle: Gleißner, 2008d, S. 83.
[145] Vgl. für ein ausführliches Beispiel Gleißner/Meyer/Spitzner, 2021.

Verantwortlichen für die Projektplanung halten es für am wahrscheinlichsten, dass am Projektende, hier nach einem Jahr, eine Rückzahlung in Höhe von 12 Mio. Euro erfolgt und setzen diese als Planwert an. Damit führen sie folgende einfache Rechnung durch:

$$\begin{aligned} \text{Netto-Barwert} &= -\text{Investition} + \frac{\text{Plan-Rückzahlung}}{(1+\text{Diskontierungszins})} \\ &= -10 \text{ Mio. €} + \frac{12 \text{ Mio. €}}{1+10\ \%} \\ &= 0{,}9 \text{ Mio. €} \geq 0 \end{aligned} \tag{1.16}$$

Die Investitionsrechnung zeigt, dass ein positiver Barwert von ca. 0,9 Mio. Euro auftritt. Das Projekt ist also wirtschaftlich und wird durchgeführt. Für eine fundierte Investitionsentscheidung ist es allerdings notwendig, sich bewusst zu machen, dass jede Prognose in die Zukunft unsicher ist und entsprechend Planabweichungen auftreten können. Mit einer Risikobeurteilung kann man beispielsweise zu dem Resultat kommen, dass zwar 12 Mio. Euro Rückfluss der wahrscheinlichste Wert ist (Eintrittswahrscheinlichkeit 60 %), aber mit 20 %iger Wahrscheinlichkeit sogar 13 Mio. Euro bei günstigem Konjunkturverlauf zu erlösen sind (Chance), schlimmstenfalls aber das Projekt auch komplett scheitert und der Rückfluss lediglich 1 Mio. Euro beträgt (Gefahr). Für die Investitionsentscheidung ist der Erwartungswert („erwartete Rückzahlung") relevant, der sich aus den drei genannten Szenarien der Risikoanalyse leicht ermitteln lässt:[146]

$$\begin{aligned} \text{Erwartete Rückzahlung} &= 60\ \% \cdot 12 \text{ Mio. €} + 20\ \% \cdot 13 \text{ Mio. €} + 20\ \% \cdot 1 \text{ Mio. €} \\ &= 10{,}0 \text{ Mio. €} \end{aligned} \tag{1.17}$$

Die korrekte Berechnung des Investitionswerts beträgt entsprechend:

$$\begin{aligned} \text{Netto-Barwert} &= -\text{Investition} + \frac{\text{erwartete Rückzahlung}}{(1+\text{ Diskontierungszinssatz})} \\ &= -10 \text{ Mio. €} + \frac{10 \text{ Mio. €}}{(1+10\ \%)} = -0{,}9 \text{ Mio. €} \end{aligned} \tag{1.18}$$

Hier ist bei korrekter Berücksichtigung des Erwartungswerts die Investition nicht sinnvoll, da der Barwert kleiner null ist. Zudem ist auch der Diskontierungszinssatz risikoabhängig anzupassen (siehe Abschnitt 1.5.3 und 5.3).

Fazit: Bei der Unternehmensplanung (hier Investitionsplanung) müssen grundsätzlich die für Entscheidungen relevanten Planwerte demzufolge Erwartungswerte (arithmetische Mittelwerte) sein – und eben nicht die wahrscheinlichsten Werte oder gar Zielwerte, wie dies bis heute oft der Fall zu sein scheint. Die potenziellen Chancen und Gefahren müssen bei der Berechnung der Planwerte berücksichtigt werden, da ansonsten – wie das Beispiel zeigt – leicht

[146] Liegen keine Informationen über die Wahrscheinlichkeiten der Szenarien vor, wird der Erwartungswert berechnet als

$$EW' = \frac{13 \text{Mio.€} + 12 \text{Mio.€} + 1 \text{Mio.€}}{3} = 8{,}67 \text{Mio.€}.$$

Fehlentscheidungen auftreten können.[147] Damit benötigt man zwingend eine Risikoanalyse.

Es sei schon hier ergänzend darauf hingewiesen, dass auch der oben lediglich angenommene risikogerechte Diskontierungszinssatz, im Beispiel 10 %, basierend auf den Erkenntnissen über den Projektrisikoumfang berechnet werden kann.[148, 149] Es gilt folgender einfacher Zusammenhang: ein zunehmender Risikoumfang (mögliche negative Planabweichungen) erfordert mehr (teureres) Eigenkapital für die Finanzierung der Investition, was höhere Kapitalkosten zur Konsequenz hat.[150] Alternativ kann bei der Bewertung von Investitionen ein risikogerechter Abschlag vom Erwartungswert vorgenommen werden:[151]

$$\begin{aligned}\text{Netto-Barwert} &= -\text{ Investition} + \frac{\text{erwartete Rückzahlung} - \text{Risikoprämie} \cdot \text{realistische Planabweichung}}{(1 + \text{risikoloser Zinssatz})} \\ &= -10\text{ Mio. €} + \frac{10\text{ Mio. €} - 6\,\% \cdot 9\text{ Mio. €}}{(1 + 4\,\%)} \\ &= -0{,}9\text{ Mio. €}\end{aligned} \tag{1.19}$$

Der Umfang der „realistischen Planabweichung“ ist gerade das Risikomaß, also die Differenz vom Erwartungswert und dem „realistischen Worst-Case“, hier also 10 Mio. Euro abzüglich 1 Mio. Euro. Die Risikoprämie ist die Differenz der erwarteten Rendite der risikoabhängigen Eigenkapitalanlage (z.B. Aktienindex) und risikolosem Zinssatz (Staatsanleihe), hier im Beispiel also 10 % – 4 % = 6 %.[152]

Es ist festzuhalten, dass die alleinige Angabe der erwarteten Höhe einer Plangröße nur ein Teil der Information ist, die den Entscheider interessieren sollte. Ebenso wichtig sollte ihm das Wissen über ihre Schwankungsbreite bzw. Bandbreite sein, in der sich mit einer gewissen Wahrscheinlichkeit die tatsächlichen zukünftigen Werte der Plangröße bewegen werden. So ist es für die Unternehmenssteuerung sehr nützlich zu wissen, ob eine Planzahl zufallsbedingt um ±4 % oder um ±40 % abweichen kann. Sofern derartige Risikoinformationen im Unternehmen überhaupt ermittelt werden (intuitiv waren sie schon immer „irgendwie“ vorhanden), sind sie aber nach der bisherigen Praxis in aller Regel

---

147 Dies fordern auch die „Grundsätze ordnungsgemäßer Planung“ des BDU (www.bdu.de) seit der Variante 2.1 von Dezember 2009 (GoP 2.1).

148 Vgl. Gleißner, 2005a und Gleißner, 2014c.

149 Beachten wir eine Struktur der Rückflüsse mit 60 %iger Wahrscheinlichkeit für 12 Mio. Euro sowie je 20 % für 14 Mio. Euro und 0 Mio. Euro. Der Erwartungswert ist identisch (10 Mio. Euro), aber das Risiko hat zugenommen, was einen höheren Diskontierungszinssatz nahelegt (falls die Risiken nicht diversifiziert werden können).

150 Hier ist speziell der sogenannte „Risikodeckungsansatz“ dargestellt (vgl. Gleißner, 2005a und Abschnitt 5.3) bei dem gilt:

$$\begin{aligned}&\text{Kapitalkosten} \approx \text{Diskontierungszins} \\ &= \text{Eigenkapitalkosten} \cdot \frac{\text{Eigenkapitalbedarf}}{\text{Gesamtkapital}} + \text{Fremdkapitalkosten} \cdot \frac{\text{Gesamtkapital} - \text{Eigenkapitalbedarf}}{\text{Gesamtkapital}}\end{aligned}$$

Eigenkapitalkosten und Eigenkapitalbedarf sind dabei vom Ziel-Rating abhängig (vgl. weiterführend Abschnitt 5.3).

151 Vgl. Abschnitt 1.5 und vertiefend Gleißner, 2005a und 2011a.

152 Vgl. weiterführend Abschnitt 5.3.6 mit einer exakten Herleitung und präziseren Erläuterung.

eben nicht mit der Unternehmensplanung verbunden und finden entsprechend keine Berücksichtigung bei unternehmerischen Entscheidungen.

Dies ist eigentlich verwunderlich, weil gerade dieser Informationsgewinn oftmals die Erfüllung eines seit langem bestehenden Wunsches darstellt, denn es dürfte fast kein Unternehmen geben, das nicht schon durch unerwartet hohe Abweichungen der Istwerte von den Planwerten böse überrascht wurde – und dann oftmals noch im Nachhinein mit erheblichem Aufwand im Controllingbereich versucht hat, die Gründe für diese Abweichungen aufzudecken.

Die Erhöhung der Transparenz über die Planungssicherheit sowie die Reduzierung des Umfangs von Planabweichungen durch geeignete Risikobewältigungsmaßnahmen bietet für die Unternehmensführung auch erhebliche Vorteile in der Kommunikation mit Kreditinstituten, Finanzanalysten und dem eigenen Aufsichtsrat. Schon mit der Übermittlung von Plandaten ist es möglich, auf den „üblichen" (zufallsbedingten) Umfang von Planabweichungen hinzuweisen und mögliche Abweichungsursachen (z.B. Veränderung der Wechselkurse) explizit zu nennen. Später tatsächlich eingetretene Planabweichungen lösen dann nicht mehr eine negative Überraschung aus und können unter Bezugnahme auf die bereits genannten Risiken erklärt werden. Eine realistische Einschätzung der Planungssicherheit hilft speziell auch dabei, eine oft unnötige Diskussion über „Fehler des Managements", die Planabweichungen verursacht haben, zu vermeiden.

Es ist empfehlenswert, einen überschaubaren Aufwand vorab zu investieren, um die Risikosituation des Unternehmens transparent zu machen, anstatt hinterher in langwierigen Analysen zu ergründen, warum das tatsächliche Jahresergebnis vom geplanten mehr oder weniger stark abweicht. Um diese Transparenz zu erreichen, ist es erforderlich, dass sich das Unternehmen mit seinen individuellen Risiken auseinandersetzt.

Ein Grund für die bisher nur geringe Verbreitung derartiger „risikoorientierter" Planungsmethodiken dürfte darin zu finden sein, dass nicht wenige Praktiker im Controlling noch der Meinung sind, die hierfür notwendigen Verfahren seien zu aufwändig, bzw. zu teuer. Hierbei wird fälschlicherweise oft angenommen, es sei notwendig, die bisherigen Planungssysteme „abzuschaffen" und vollständig zu erneuern. In Wirklichkeit kann der gewünschte Informationsgewinn bereits mit einer sehr kostengünstigen, gezielten „Aufrüstung" der bewährten Planungssysteme erreicht werden, sodass die entsprechenden Risikovariablen schrittweise integriert werden können („stochastische Planung"). Die Risiken zeigen die Ursachen möglicher zukünftiger Planabweichungen an.

Letztendlich schafft Risikomanagement damit das, was sich jeder Unternehmer, Geschäftsführer oder Vorstand wünscht, nämlich mehr Klarheit herzustellen über die in Zukunft zu erwartende Lage des Unternehmens. Dabei wird keine unrealistische „Punkt-Prognose" angestrebt, sondern ein realistischer Entwicklungskorridor aufgezeigt. Es soll sichergestellt werden, dass die sich ständig wandelnde Risikosituation in regelmäßigen Abständen neu bewertet wird, die Ergebnisse der Unternehmensführung kommuniziert werden und Gegenmaßnahmen eingeleitet werden können.

1.5 Entscheidungen bei Unsicherheit und Risiko: Nutzen und Wert

1.5.1 Einleitung, Grundidee und Überblick

Praktisch alle Entscheidungen von Menschen sind Entscheidungen unter Unsicherheit, d.h. das Ergebnis ist abhängig von Einflussfaktoren (Umweltzuständen), deren Eintreten nicht sicher vorhergesehen werden kann. Ohne Risiken wären die meisten Entscheidungen recht trivial und damit ist gerade der Umgang mit Risiken die wesentliche Herausforderung bei der Entscheidungsvorbereitung.

In der Ökonomie sind die relevanten Ergebnisse letztlich durchweg Zahlungen (Geldflüsse), die sich beispielsweise durch Investitionen, Strategiewechsel oder Übernahmen generieren lassen. Um die „beste" Entscheidung zu treffen, ist ein Vergleich der alternativ realisierbaren unsicheren Zahlungsreihen (beispielsweise von Sachinvestitionen) erforderlich. Die Risikoanalyse trägt wesentlich zur Verbesserung von Entscheidungen unter Unsicherheit bei.

Das Risikomanagement eines Unternehmens kann als Funktion aufgefasst werden, die durch die Informationsaufbereitung bei der Vorbereitung von Entscheidungen unter Unsicherheit[153] hilft und die Umsetzung der getroffenen Entscheidung unterstützt. Es liefert speziell den „Input" für die Bewertungsverfahren, die bei der Entscheidungsvorbereitung helfen, Ertrag und Risiko abzuwägen.

Erforderlich ist ein einheitlicher Vergleichsmaßstab, der beliebige unterschiedliche, unsichere Zahlungsreihen vergleichbar macht.

Einfache Regeln für Entscheidungen unter Unsicherheit sind die Maximin-Regel, die Hurwicz-Regel und die Laplace-Regel, die unterschiedliche Vergleichsmaßstäbe nutzen. Bei diesen Regeln erfolgt eine Beurteilung bestehender Handlungsalternativen unter Berücksichtigung der unsicheren denkbaren Auswirkungen (Umfeld-Szenarien), wie in der nachfolgenden Tabelle dargestellt. Bei beiden Entscheidungsregeln ist eine Bestimmung der geeigneten Handlungsalternative ohne Kenntnis der Eintrittswahrscheinlichkeit der Szenarien möglich. Die Maximin-Regel ist für besonders risikoaverse Entscheider geeignet, da hier die Handlungsoption gewählt wird, die das beste Ergebnis im ungünstigsten möglichen Szenario zeigt. Um dieses Szenario zu bestimmen, benötigt man keine Informationen über die Eintrittswahrscheinlichkeit der Szenarien. Die Laplace-Regel basiert auf dem Prinzip des unzureichenden Grunds und geht mangels anderer Informationen über die Eintrittswahrscheinlichkeit davon aus, dass diese in allen möglichen Zukunftsszenarien identisch ist (technisch also eine Gleichverteilung besteht). Damit wird für jede Handlungsoption (H) der Mittelwert der Ergebnisse über alle möglichen Szenarien (S) gebildet und aufgrund dieses Mittelwerts die Entscheidung für eine Handlungsalter-

[153] Zu den Grundlagen der Entscheidung unter Unsicherheit siehe auch Mißler-Behr und Rosenkranz, 2015 sowie Göbel, 2014 zu den Grundlagen der Entscheidungstheorie.

native abgeleitet. Das Hurwicz-Prinzip ist einfacher, weil nur das beste und das schlechteste Szenario betrachtet werden, wobei das schlechteste mit λ und das beste mit 1 – λ gewichtet werden (0 ≤ λ ≤ 1).

		Handlungsoption			
		H_1	H_2	H_3	H_4
Risiko-Szenario	S_1	10	20	0	15
	S_2	20	30	5	10
	S_3	30	70	40	41
Maximin-Regel		(30)	70	40	41
Erwartungswert		20	40	(15)	22
Hurwicz-Regel (λ = 0,75)		(25)	57,5	30	34,5

Tabelle 4: Schäden bei Entscheidungen unter Unsicherheit mit der Maximin-, der Hurwicz- und Laplace-Regel

Ein theoretisch vorteilhafter Vergleichsmaßstab für Handlungsoptionen mit unsicheren Auswirkungen ist dabei der subjektive Nutzen, also der Grad der Bedürfnisbefriedigung des jeweiligen Entscheiders. Mit der Erwartungsnutzentheorie, die auf Basis der Idee von Bernoulli durch von Neumann und Morgenstern (1947) in der heutigen (axiomatischen) Struktur entwickelt wurde, existiert eine theoretische Grundlage, die in Abhängigkeit der Charakteristika (Verteilungsfunktion) der Zahlungen $\tilde{Z}$ und der individuellen Nutzenfunktion $U(\tilde{Z})$ einen Vergleich von Entscheidungsalternativen ermöglicht.[154] Als Vergleichsmaßstab für unsichere Zahlungen dient der sog. „Erwartungsnutzen“ (vgl. Exkurs in Abschnitt 1.5.2). In der Praxis existiert aber das Problem, dass die Nutzenfunktion unbekannt und damit der Erwartungsnutzen nicht berechenbar ist. Man benötigt andere Bewertungsverfahren, die das Ertrag-Risiko-Profil auf eine Kennzahl verdichten, anhand derer Handlungsmöglichkeiten oder ganze Unternehmen verglichen werden können (vgl. Abschnitt 1.5.3).

Wie man mit „Risiken rechnet“ und damit die Voraussetzungen für eine wertorientierte Unternehmensführung schaffen kann, wird zusammen mit der Darstellung der Bewertungsverfahren in den Grundzügen in Abschnitt 1.5.3 erläutert.

[154] Eine wichtige Weiterentwicklung, die psychologische Kenntnisse über tatsächliche Entscheidungen von Menschen berücksichtigt, ist die Prospect-Theorie von Kahneman und Tversky, 1979a sowie Kahneman et al., 2021. Sie greift z.B. durch eine „gewichtete Wahrscheinlichkeit“ und eine Wertefunktion viele Kritikpunkte an der Erwartungsnutzentheorie auf (vgl. Abschnitt 6.3).

1.5.2 Exkurs: Erwartungsnutzentheorie

Entscheidungsmaßstab der Erwartungsnutzentheorie ist der Erwartungsnutzen EU:

$$EU\left(\tilde{Z}\right)=E\left(U(\tilde{Z})\right)=\sum_{n=1}^{N}p\left(\tilde{Z}_n\right)\cdot U\left(\tilde{Z}_n\right) \quad (1.20)$$

Der entscheidungsrelevante Erwartungsnutzen $EU=E\left(U(\tilde{Z})\right)$[155] ist der mit der jeweiligen Eintrittswahrscheinlichkeit p gewichtete Nutzen der Zahlung in den einzelnen möglichen Umweltzuständen (n = 1,…,N). Dieser verbindet dabei eine individuelle (subjektive) Nutzenfunktion mit den objektiven (oder subjektiv geschätzten) Charakteristika der Zahlungsreihe. Ein explizites Risikomaß ist nicht erforderlich. Es ist speziell Aufgabe der Risikoanalyse, z.B. mittels statistischer Verfahren, die Wahrscheinlichkeitsverteilung einer unsicheren Zahlung $\tilde{Z}$ zu bestimmen und damit das Risiko zu quantifizieren. Intuitiv kann man sich den Erwartungsnutzen vorstellen als zu erwartenden Grad der Bedürfnisbefriedigung durch den wahrgenommenen Nutzen der möglichen Zukunftsszenarien und der Wahrscheinlichkeit, dass ein bestimmtes Zukunftsszenario eintritt.

Viele Nutzenfunktionen lassen sich als Spezialfall der HARA[156]-Funktion interpretieren. Häufig werden die exponentielle Nutzenfunktion (1.21), die logarithmische Nutzenfunktion (1.22) und die Potenzfunktion (1.23) verwendet:

$$U\left(\tilde{Z}\right)=\alpha-\beta e^{-CA\cdot\tilde{Z}} \quad (1.21)$$

$$U\left(\tilde{Z}\right)=\beta\cdot\ln\left(\tilde{Z}\right) \quad (1.22)$$

$$U\left(\tilde{Z}\right)=\alpha-\beta\tilde{Z}^{(1-CR)} \quad (1.23)$$

Die Parameter CA und CR erfassen die Risikoneigung des Bewertenden („Bewertungssubjekt").

Den wahrgenommenen (bewerteten) Risikoumfang kann man durch einen „Sicherheitsabschlag" vom im Mittel erwarteten Ergebnis $E(\tilde{Z})$ ausdrücken, der als (absolute) Risikoprämie bezeichnet wird:

$$E\left(U\left(W_0+\tilde{Z}\right)\right)=U\left(W_0+E(\tilde{Z})-\pi\right) \quad (1.24)$$

U: Nutzenfunktion

W_0: Sicheres Anfangsvermögen

$\tilde{Z}$: unsicherer Ertrag (Zahlung)

π: (absolute) Risikoprämie

---

155 E (…) ist das Symbol für den Erwartungswert.

156 HARA ist die Abkürzung für Hyperbolic Absolute Risk Aversion, siehe Kruschwitz, 1999, S. 113.

Den Ausdruck $E(\tilde{Z}) - \pi$ bezeichnet man dabei als Sicherheitsäquivalent (SÄ).[157] Das Sicherheitsäquivalent ist der sichere Betrag, der den gleichen Nutzen stiftet wie die unsichere Zahlung $\tilde{Z}$. Die Risikoprämie (π) verbindet dabei den objektiven Risikoumfang (von $\tilde{Z}$) mit der subjektiven Risikoaversion, die implizit (verbunden mit der Höhenpräferenz) in der Funktion $U(\tilde{Z})$ enthalten ist. In dem von Arrow und Pratt speziell analysierten Fall „neutraler Lotterien", also unsicheren Zahlungen mit $E(\tilde{Z}) = 0$, erhält man folgende Abschätzung für die (absolute) Risikoprämie:

$$\pi \approx \frac{1}{2}\sigma^2(\tilde{Z}) \cdot \gamma \tag{1.25}$$

wobei:

$\sigma^2(\tilde{Z})$: Varianz der Ergebnisse bzw. Zahlungen (das in der „Lotterie" objektiv enthaltene Risiko)

$\gamma = \frac{U''(W_0)}{U'(W_0)}$: absolute Risikoaversion (ARA).[158]

Die Kennzahl $ARA(W_0)$, die den subjektiven Grad der Risikoabneigung darstellt, wird auch als Arrow-Pratt-Maß bezeichnet.

Um Änderungen der Risikoaversion in Abhängigkeit des Vermögens zu analysieren, kann man das Maß für die absolute Risikoaversion (ARA) nach dem Vermögen (W_0) ableiten. Bei einer konstanten absoluten Risikoaversion (CARA) ist diese Ableitung gleich Null.

Es ist plausibel, dass z.B. normale Kapitalanleger sich durch abnehmende absolute Risikoaversion (ARA) auszeichnen. Schließlich kann man als Vermögender leichter ein riskantes Investment für 10.000 € eingehen. Speziell exponentielle Nutzenfunktionen sind daher plausibel, da bei ihnen die absolute Risikoaversion mit sich veränderndem Wohlstand gleichbleibt (CARA) oder sinkt.[159] Alternativ wird oft eine konstante relative Risikoaversion (CRRA)[160] angenommen, d.h. die Risikostruktur der Anlagen (Portfolio) eines Menschen ändert sich mit der Höhe des Vermögens nicht. Diese Eigenschaft haben z.B. die logarithmische Nutzenfunktion und die Potenzfunktion.

Zur Ermittlung von Nutzenfunktionen können sehr unterschiedliche Methoden genutzt werden, wie zum Beispiel die Halbierungsmethode, die Fraktil-Methode oder die Lotterievergleichsmethode.[161] Die Vorgehensweise der Lotterievergleichsmethode verdeutlicht die folgende Abbildung:

---

157 Die unmittelbare Verbindung zwischen Nutzen und Unternehmenswert wird über die Sicherheitsäquivalente $S\ddot{A}(Z)$ bzw. die (absolute) Risikoprämie π erkennbar. Aus der Nutzenfunktion lässt sich unmittelbar das Sicherheitsäquivalent einer Zahlung bestimmen:

$$U(S\ddot{A}(\tilde{Z})) = U(E(\tilde{Z}) - \pi) = E(U(\tilde{Z})),$$

$$\Rightarrow S\ddot{A}(\tilde{Z}) = U^{-1}(E(U(\tilde{Z})))$$ wobei $U^{-1}(\ldots)$ die Umkehrfunktion von $U(\ldots)$ darstellt.

158 Bei einem Vermögen von W_0. $U'(\ldots)$ und $U''(\ldots)$ sind die erste und zweite Ableitung.

159 Vgl. Kruschwitz, 1999, S. 112.

160 $ARA \cdot W_0$.

161 Von Nitzsch, 2002b, S. 172–179.

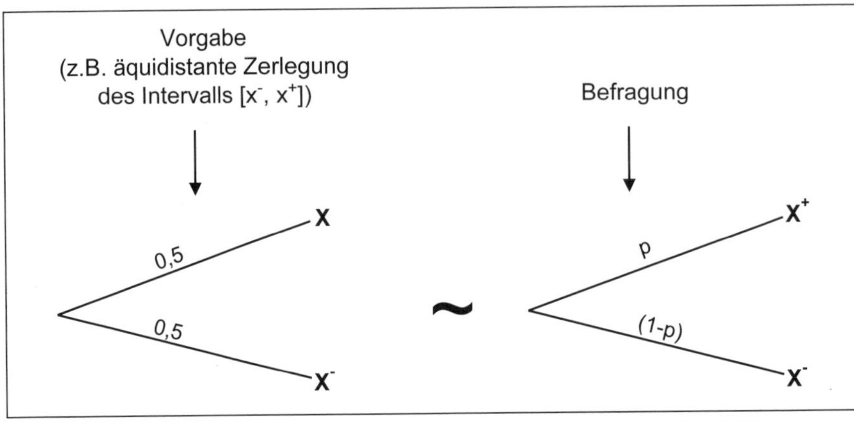

Abbildung 7: Grundkonzept der Lotterievergleichsmethode[162]

Bei diesem Verfahren wird die Indifferenzwahrscheinlichkeit p abgefragt, für die die beiden betrachteten Lotterien für den Bewerter (Entscheider) gleichwertig sind. Dieses Verfahren kann für verschiedene Stützstellen wiederholt werden, sodass aus dem Ergebnis die komplette Nutzenfunktion konstruiert werden kann.[163]

Möchte man nicht komplette Nutzenfunktionen bestimmen, kann man zum Beispiel durch Paarvergleiche verschiedene Anlagealternativen mit unterschiedlichen Ausprägungen der erwarteten Rendite und des Risikos in eine Rangfolge bringen lassen.[164]

Fazit: Rationalität bei Entscheidungen unter Risiko wird in der normativen Entscheidungstheorie oft durch die hier skizzierte Erwartungsnutzentheorie (Bernoulli-Prinzip) vorgegeben. Demzufolge ist das maßgebliche Entscheidungskriterium für die Auswahl von risikobehafteten Alternativen der erwartete Nutzen, der von der individuellen Nutzenfunktion des Entscheiders abhängt. Hilfreich wäre es, eine Entscheidungsregel zu finden, die – ohne Kenntnis der

162 Quelle: von Nitzsch, 2002b, S. 174.

163 Gemäß von Nitzsch, 2002a hat dabei die Vorgabe einer Nutzenfunktion große Vorteile, wobei häufig die exponentielle Nutzenfunktion verwendet wird. Für das Intervall der Ergebnisse von $[x^-, x^+]$ mit $U(x) = 0$ und $U(x^+) = 1$ ergibt sich die folgende normierte Darstellung für die exponentielle Nutzenfunktion

$$U(x) = \frac{1 - e^{-c\frac{x-x^-}{x^+-x^-}}}{1 - e^{-c}},$$

bei der der Parameter c die Risikoaversion des Entscheiders zeigt. Der Parameter c lässt sich unmittelbar aus der Indifferenzwahrscheinlichkeit p ableiten als

$$c = -2\ln\left(\frac{1}{p} - 1\right),$$

wobei der Entscheider nach einem p gefragt wird, für das die in Abbildung 7 abgebildete Lotterie den gleichen Nutzen aufweist, wie eine sichere Zahlung gerade in der Höhe des Erwartungswerts von x, d.h. $(x^+ + x^-) / 2$. Für $p = 0$ ergibt sich als Ausnahmefall $c = 0$.

164 In Anlehnung an Gleißner, 2018c; vgl. auch Gleißner, 2017h.

individuellen Risikonutzenfunktion – für eine große Menge von Nutzenfunktionen Entscheidungen im Sinne des Bernoulli-Prinzips ermöglichen würde. Erforderlich ist dabei insbesondere die Definition eines geeigneten Risikomaßes, das bei identischen Erwartungswerten der Alternativen zu einer alternativen Wahl führt, die der Maximierung des Erwartungsnutzens entspricht.[165]

1.5.3 Wie rechnet man mit Risiko? Wert und risikogerechte Bewertung

Bei der Vorbereitung wesentlicher unternehmerischer Entscheidungen (wie z.B. Investitionen oder Akquisitionen) ist die Anwendung der Erwartungsnutzentheorie für die Bewertung unsicherer Zahlungen ($\tilde{Z}$) kaum möglich. Es gibt nämlich typischerweise keine bekannte Nutzenfunktion des Entscheiders (Bewertungssubjekt) und keine Aggregationsregel, mit der man z.B. unterschiedliche Nutzenfunktionen verschiedener Gesellschafter zusammenfassen könnte. Für die Praxis notwendig sind damit Alternativen zur „nutzenbezogenen" Bewertung[166], die ausgehend auch von der unsicheren Zahlung eine risikogerechte Bewertung ohne Kenntnis einer Nutzenfunktion ermöglichen. Eingesetzt werden können hier verschiedene Bewertungsverfahren, die einen unsicheren Zahlungsstrom $\tilde{Z}$ in einen Wert „umrechnen" und dabei auf Erwartungswert $E(\tilde{Z})$ und Risikomaß $R(\tilde{Z})$ aufbauen.

Der Wert wird verstanden als sicherer Geldbetrag, der dem Entscheider (Bewertungssubjekt) in einer zu definierenden Weise äquivalent ist zu den unsicheren Zahlungen. Der Entscheider ist also im Vergleich gerade indifferent zwischen einem sicheren Geldbetrag in Höhe des Werts der Zahlung einerseits und der unsicheren Zahlung selbst andererseits.

Im Gegensatz zum abstrakten Nutzen wird der Wert unmittelbar in Geldeinheiten, also Euro oder Dollar, ausgedrückt. Wie der Erwartungsnutzen ist auch der Wert (Barwert oder – allgemein – Zukunftserfolgswert) abhängig von der erwarteten Höhe und den Risiken der zukünftigen unsicheren Zahlungen (und dem Zeitpunkt). Der Wert ist Erfolgsmaßstab und Entscheidungskriterium („wertorientierte Unternehmensführung", vgl. Günther, 1997).

Die Grundidee zeigt folgendes einfaches **Fallbeispiel**. Es wird gezeigt, wie die Ergebnisse einer Risikoanalyse – die geschätzte Bandbreite des Ertrags aus einem Projekt – für eine risikogerechte Bewertung dieses Projektes und die

---

165 Das ergänzende Konzept der stochastischen Dominanz spielt in der Literatur zur Entscheidung unter Unsicherheit eine bedeutende Rolle. Durch Restriktionen hinsichtlich der Nutzenfunktionen, die aus gängigen ökonomischen Verhalten abgeleitet werden, werden zulässige Mengen von Entscheidungen bestimmt. Diese zulässigen Mengen sind für eine Vielzahl von individuellen Entscheidungsträgern nützlich, und die für einen Einzelnen optimale Entscheidung kann aus der – im Vergleich zu der Gesamtzahl an möglichen Entscheidungen – kleineren Menge der zulässigen Entscheidungen bestimmt werden. Es wurden verschiedene Kriterien der stochastischen Dominanz unter verschiedenen Restriktionen an die Nutzenfunktionen abgeleitet (vgl. z.B. Laux, 2005).

166 Siehe z.B. Schosser/Grottke, 2013 und Bamberg/Dorfleitner/Krapp, 2006 sowie Laux/Schabel, 2009.

Ableitung von Kapitalkosten, als Anforderung an die Rendite, genutzt werden können.

Angenommen für ein Projekt müssen sicher 5 Mio. Euro investiert werden. Aufgrund der unsicheren Erlös- und Kostenentwicklung wird nach einem Jahr mit einem Rückfluss von mindestens 2 Mio. Euro und höchstens 12 Mio. Euro gerechnet.

Aus der angegebenen Bandbreite der Rückflüsse ergibt sich zunächst ein Erwartungswert von (12+2) : 2 = 7 Millionen Euro.[167] Er drückt aus, welcher Rückfluss „im Mittel" zu erwarten ist.

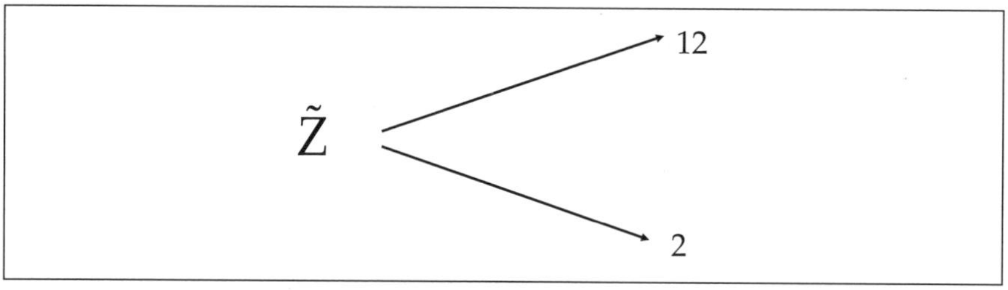

Abbildung 8: Unsichere Zahlung mit zwei Zuständen (Szenarien)

Für eine risikogerechte Bewertung benötigt man ein Risikomaß, das den Risikoumfang durch eine Zahl ausdrückt. Als einfaches Risikomaß wird hier die „maximal mögliche negative Planabweichung" (Abweichung vom Erwartungswert) verwendet. Für eine risikogerechte Bewertung benötigt man zudem eine Information über die Risikoaversion des Bewertenden, z.B. ausgedrückt durch die relative Bedeutung von Ertrag und Risiko. Die Risikoaversion bzw. der „Marktpreis des Risikos" wird im Fallbeispiel mit $\lambda = 0{,}25$ angesetzt.[168] Dies bedeutet, dass der Bewerter einen zusätzlichen Ertrag von (im Mittel) 0,25 Euro fordert, wenn er einen Euro Risiko mehr eingehen soll (ausgedrückt durch das Risikomaß, z.B. Standardabweichung des Ertrags).

Das Risikomaß ist damit als Differenz zwischen Erwartungswert und dem (realistischen) Worst Case Szenario leicht zu berechnen:[169]

$$R(\tilde{Z}) = 7 - 2 = 5 \tag{1.26}$$

Damit ist der risikogerechte Wert gerade der Erwartungswert abzüglich eines Risikoabschlags, der vom Risikomaß abhängt:

[167] Mangels zusätzlicher Informationen über die Wahrscheinlichkeitsverteilung wird basierend auf dem „Prinzip des unzureichenden Grunds" bei der Berechnung eine Gleichverteilung angenommen. Zu dem berechneten Erwartungswert käme man auch, wenn man gerade die beiden betrachteten Szenarien mit der identischen Wahrscheinlichkeit von 50 % ansetzen würde.

[168] Risikodiversifikationseffekte werden vernachlässigt. D.h. es wird mit einem Risikodiversifikationsgrad von d = 1 gerechnet (vgl. weiterführend Abschnitt 5.3).

[169] Nur ein klein wenig aufwändiger ist die Bestimmung des bei Unternehmensbewertung typischerweise angesetzten Risikomaßes Standardabweichung. Für den Fall von zwei Szenarien mit identischer Wahrscheinlichkeitsverteilung ergibt sich

$$R(\tilde{Z}) = \sigma(\tilde{Z}) = \sqrt{0{,}5 \cdot (12-7)^2 + 0{,}5 \cdot (2-7)^2} = \sqrt{25} = 5.$$

$$W(\tilde{Z}) = E(\tilde{Z}) - \lambda \cdot R(\tilde{Z}) = 7 - 0{,}25 \cdot 5 = 5{,}75. \quad (1.27)$$[170]

Der Wert ist höher als die Investitionssumme von 5 Mio. Euro und damit hat das Projekt ein attraktives Ertrag-Risiko-Profil. Durch die Investition entsteht ein Vermögenszuwachs[171] von 0,75 Mio. Euro (Wert abzüglich Startinvestition).[172] Den berechneten Wert kann man auch in eine risikogerechte Anforderung an die Rendite (Kapitalkostensatz, k) umrechnen:

$$k = \frac{E(\tilde{Z})}{W(\tilde{Z})} - 1 = \frac{7}{5{,}75} - 1 = 21{,}7\ \% \quad (1.28)$$

Die Interpretation ist einfach: Wer bereit ist einen maximalen Preis[173] (also Wert) von 5,75 zu zahlen, um „im Mittel" 7 zu erhalten, erwartet eine risikogerechte Rendite von 21,7 %.

Ist das Risikoprofil der Zahlung (und damit der Erwartungswert) repräsentativ für die gesamte (unendliche) Zukunft, so ist der Wert W* der gesamten Zahlungsreihe[174] wie folgt zu berechnen:[175]

$$W^* = \frac{E(Z)}{k} = \frac{7}{21{,}7\ \%} = 32{,}3 \quad (1.29)$$

Die Grundidee des Fallbeispiels kann man auf die Bewertung beliebiger unsicherer Zahlungen und die Unternehmens- oder Strategiebewertung übertragen.

Der Unternehmenswert lässt sich grundsätzlich in Abhängigkeit des Sicherheitsäquivalents der Zahlungen darstellen, d.h. als Erwartungswert abzüglich eines Risikoabschlags. Man kann zeigen, dass Risiken entweder durch einen Zinszuschlag auf den Zins einer risikolosen Anlage (r_f) im Diskontierungssatz der Zahlungen oder durch einen Risikoabschlag ($\pi = \lambda \cdot R(\tilde{Z})$) vom Erwartungswert der Zahlung $E(\tilde{Z})$ selbst berücksichtigt werden können.[176] Die grundlegende Annahme der Herleitung von Bewertungsgleichungen, die Ertrag und Risiko abwägen helfen, ist auch einfach: Gleicher Erwartungswert zweier Zahlungen (zum gleichen Zeitpunkt) und gleiches Risikomaß führen zu gleichem Wert.[177] Man spricht von einem (μ,R)-Präferenzfunktional bzw. einem Risiko-Wert-Modell.[178]

Speziell lassen sich so z.B. die Kapitalkosten in Abhängigkeit von risikolosem Zinssatz (r_f) sowie Erwartungswert $E(\tilde{Z})$ und Standardabweichung $\sigma(\tilde{Z})$ von Ertrag oder Cashflow ableiten. Die Ergebnisse aus der Risikoanalyse werden

---

170 Hier wird vereinfachend und um die Wirkung der Risiken plastischer zu zeigen auf die zeitliche Diskontierung – was normalerweise durch den risikolosen Zins erfolgt – verzichtet.

171 Netto-Kapitalwert (Net Present Value).

172 Wenn die Zahlung $\tilde{Z}$ in der Zukunft liegt, ist das hier berechnete Sicherheitsäquivalent noch mit dem risikolosen Zinssatz (r_f) auf die Gegenwart abzuzinsen.

173 Grenzpreis.

174 Zu den impliziten Annahmen über die zeitliche Entwicklung der Risiken für die (übliche) Verwendung konstanter Kapitalkosten siehe z.B. Schwetzler, 2000.

175 Vgl. Dorfleitner/Gleißner, 2018 zu den Annahmen.

176 $SA(\tilde{Z}) = E(\tilde{Z}) - \pi$.

177 Siehe Dorfleitner/Gleißner, 2018 und Gleißner/Ernst, 2019.

178 μ ist ein Symbol für $E(\tilde{Z})$. Vgl. Gleißner, 2019d sowie Kapitel 5.3 für eine genaue Betrachtung.

so in Kapitalkostensatz k und in den Unternehmenswert als Erfolgsmaßstab umgerechnet[179] (vgl. Abschnitt 5.3)[180]:

$$k = \frac{1 + r_f}{1 - \lambda \cdot \frac{\sigma(\tilde{Z})}{E(\tilde{Z})} \cdot d} - 1 \tag{1.30}$$

$$\approx r_f + \lambda \cdot V \cdot d$$

$$\text{mit } \lambda = \frac{r_m^e - r_f}{\sigma_{r_m}} \text{ und } V = \frac{\sigma(\tilde{Z})}{E(\tilde{Z})}. \tag{1.31}$$

Hier ist d der sogenannte Risikodiversifikationsfaktor, der zeigt, welchen Anteil der Risiken eines Unternehmens oder Projekts der Eigentümer zu tragen hat (unter Berücksichtigung von Risikodiversifikationseffekten in seinem Portfolio). Die Größe λ ist der „Marktpreis des Risikos" und drückt die Risikoaversion aus. Er kann aus dem Rendite-Risiko-Profil der alternativen Investitionsmöglichkeiten abgeleitet werden.

Der hier dargestellte Zusammenhang zwischen Risiko und den Anforderungen an eine risikogerechte Rendite, also die Kapitalkosten, erscheint möglicherweise auf den ersten Blick etwas schwierig. Die Zusammenhänge werden jedoch später ausführlicher diskutiert und die Formel wird schrittweise hergeleitet (Abschnitt 5.3). Die Grundidee ist jedoch recht einfach. Eine Zunahme des aggregierten Ertragsrisikos (Schwankungsbreite der Erträge) führt zu höheren Renditeanforderungen.

Das „Rechnen mit Risiken" ist so nicht schwierig, wie folgendes kleines **Fallbeispiel** zeigt. Angenommen ein Unternehmen habe einen an die Eigentümer ausschüttbaren Ertrag von im Mittel 100 Millionen Euro (Erwartungswert). Dieser Ertrag ist aber natürlich unsicher, d.h. in jedem einzelnen Jahr werden Abweichungen vom Erwartungswert eintreten. Angenommen sei nun, dass durch eine Risikoanalyse eine „übliche Schwankungsbreite" des Ertrags von 30 Millionen Euro ermittelt wurde.[181] Daraus ergibt sich zunächst unmittelbar der Variationskoeffizient des Ertrags als V = 30 Millionen : 100 Millionen = 30 %.

Unterstellt man, dass der Eigentümer keine Diversifikationsmöglichkeiten nutzen kann und so den Gesamtrisikoumfang seines Unternehmens komplett zu tragen hat (d = 1), einen risikolosen Zinssatz von $r_f = 3\,\%$ und einen „üblichen" Marktpreis des Risikos (λ) von 0,25[182], führt die Näherungsformel (1.31) zu folgender Schätzung für die Kapitalkosten:[183]

$$k \approx r_f + \lambda \cdot V \cdot d = 3\% + 0{,}25 \cdot 0{,}3 \cdot 1 = 10{,}5\% \tag{1.32}$$

---

179 Hier ist r_f der Zinssatz einer risikolosen Anlage, r_m^e der Erwartungswert der Rendite eines „empirischen" Marktportfolios (Aktienindex) und σ_m deren Standardabweichung.

180 Vgl. zur Herleitung Gleißner, 2017h und 2014c sowie Abschnitt 5.3.

181 Standardabweichung des Ertrags, also 30 Millionen.

182 Was etwa die mittlere Risikoaversion der Menschen darstellt. Siehe zur Herleitung Abschnitt 5.3.

183 Der genaue Wert gemäß (1.30) beträgt k = 11,4 %.

Dies ist der risikogerechte Diskontierungszinssatz, mit dem die zukünftig erwarteten Erträge des Unternehmens zu diskontieren sind. Die ca. 11 % entsprechen also der für diesen Risikoumfang angemessenen Rendite.

1.5.4 Exkurs: Wert als sichere Zahl und Wertänderungsrisiken

Ergänzend soll nun noch die obige Darstellung des Werts $W(\tilde{Z})$ als sichere Zahl und seine Herleitung etwas näher betrachtet werden. Wie erläutert, ist der Wert einer unsicheren Zahlungsreihe gerade der sichere Geldbetrag, der äquivalent ist (den gleichen Nutzen bietet) zur bewerteten unsicheren Zahlungsreihe. Der Wert ist deshalb sicher, weil er sich gerade durch eine Unsicherheitstransformation ergibt. Dies schließt jedoch nicht aus, dass auch Wertschwankungsrisiken auftreten können.[184] Zu beachten ist nämlich, dass der Wert nur bezogen auf die Gegenwart (t=0) und den aktuell verfügbaren Informationsstand sicher ist. Aus Sicht von t=0 ist jedoch der Wert, den eine unsichere Zahlungsreihe in der Zukunft (z.B. in t=1) haben wird, unsicher, weil heute noch unbekannt ist, welche bewertungsrelevanten Informationen in Zukunft verfügbar sein werden. Wenn der heutige Wert sicher ist, ist der zukünftige Wert damit unsicher, also eine Wahrscheinlichkeitsverteilung. Wertänderungsrisiken ergeben sich damit im Zeitverlauf durch neue, bewertungsrelevante Informationen.[185]

Für eine risikogerechte Bewertung existieren verschiedene Verfahrensweisen: Zunächst kann eine Bewertung unmittelbar anhand einer Nutzenfunktion erfolgen, die implizit die Präferenz bezüglich des Risikos enthält.[186] Dieser Weg wird insbesondere repräsentiert durch die schon vorgestellte Erwartungsnutzentheorie von von Neumann und Morgenstern (1947), der zufolge der „Erwartungsnutzen" bei Entscheidungen zu maximieren ist (das sogenannte Bernoulli-Prinzip aus dem Exkurs in 1.5.2). Eine andere Möglichkeit besteht in der vollkommenen Replikation einer zu bewertenden unsicheren Zahlung durch andere Zahlungsreihen, die an einem vollkommenen und speziell arbitragefreien Kapitalmarkt gehandelt werden und deren Werte damit bekannt sind.[187] Bei beiden Verfahrensweisen ist keine explizite Messung des Risikoumfangs einer unsicheren Zahlung (etwa einer Investition) erforderlich. Das dritte Verfahren, das in der Bewertungspraxis dominiert, basiert auf der separaten Beurteilung der erwarteten Höhe einer Zahlung und des Risikos der Zahlung, was ein geeignetes Risikomaß erfordert, aber – zumindest bei den verteilungsbasierten (präferenzunabhängigen) Risikomaßen – im Gegensatz zur Erwartungsnutzentheorie keine Informationen über die Nutzenfunktion der bewertenden Menschen („Risiko-Wert-Modelle", vgl. Abschnitt 1.5.3). Wie

184 Vgl. Hering, 2021 mit der alternativen Vorstellung von „Wertbandbreite". Fama, 1977 zeigt, dass zur Berechnung eines sicheren Werts nur Unsicherheit bezüglich der Zahlungen zulässig ist (d.h. insbesondere z.B. nicht bezüglich Parameter wie den risikolosen Zinssatz).

185 Vgl. Gleißner, 2007a und Gleißner/Garrn/Nestler, 2014.

186 In enger Anlehnung an Gleißner, 2006b.

187 Vgl. zu den Verfahren einer sogenannten risikoneutralen Bewertung und der Replikation, beispielsweise Kruschwitz/Löffler, 2005 und Spremann, 2004, S. 272 ff.

oben erwähnt, können mit dieser Methode durch eine „unvollkommene" Replikation basierend auf dem gewählten Risikomaß, Bewertungsgleichungen abgeleitet werden. Die Herleitung findet man in Abschnitt 5.3.

1.5.5 Risiko, Rating und Unternehmenswert: eine erste Übersicht zu den Zusammenhängen

Nach dem Leitbild der wertorientierten Unternehmensführung ist es das Ziel jedes Unternehmens, das Vermögen der Gesellschafter nachhaltig zu erhöhen (Friedman, 1970). Für börsennotierte Unternehmen liegt dies schon allein aufgrund des Zwangs zur Kapitalbeschaffung am anonymen Kapitalmarkt auf der Hand, während diese Zielsetzung für eigentümergeführte Unternehmen weniger strikt zu greifen scheint.

Unabhängig von einer Verkaufsabsicht oder einer Börsennotierung hat sich international in der Betriebswirtschaftslehre die Erkenntnis durchgesetzt, dass der Unternehmenswert ein sinnvoller Erfolgsmaßstab bei der Führung jedes Unternehmens ist, und zwar unabhängig von der Unternehmensgröße.[188] Der Unternehmenswert ist zukunftsorientiert und erlaubt ein Abwägen von erwarteten Erträgen und Risiken, da beide Informationen in dieser Kennzahl erfasst werden (vgl. Kapitel 5). Er lässt sich als betriebswirtschaftliche Variante des „subjektiven Nutzens" auffassen (vgl. dazu Abschnitt 1.5.2). Eine Ausrichtung an den Interessen der Eigentümer gilt heute als wesentlicher Aspekt einer guten Corporate Governance; dies gilt selbst dann, wenn „Nachhaltigkeit" bei der Unternehmensführung berücksichtigt werden soll.[189]

Ein geeigneter Erfolgsmaßstab bzw. ein geeignetes Performancemaß ist der Unternehmenswert allerdings nur dann, wenn z.B. über den Diskontierungszinssatz (Kapitalkostensatz) auch die Ertragsrisiken des Unternehmens erfasst werden – und nicht etwa nur historische Aktienrenditeschwankungen (wie meist über den Beta-Faktor des Capital Asset Pricing Modells (CAPM)). Zudem ist es notwendig, dass auch die Wirkung des vom Risikoumfang des Unternehmens abhängigen Werttreibers „Rating" berücksichtigt wird, der die Insolvenzwahrscheinlichkeit beschreibt. Beide Aspekte werden bei den heute in der Praxis noch verbreiteten „kapitalmarktorientierten" (finanzierungstheoretischen) Methoden zur Unternehmensbewertung ignoriert, womit eine adäquate Erfassung der erwarteten Erträge und der Risiken bei der Vorbereitung unternehmerischer Entscheidungen nicht gewährleistet ist (vgl. Abschnitt 5.3 zu risikogerechten Bewertungsverfahren im Rahmen einer risiko- und wertorientierten Unternehmensführung).[190]

---

[188] Vgl. z.B. Günther, 1997; Hachmeister, 2000; Baum/Coenenberg/Günther, 2013 und Ballwieser, 2009 mit Verweis auf diverse Probleme der Rechtfertigung speziell des kapitalmarktorientierten „Shareholder-Value-Ansatzes".

[189] Vgl. Gleißner, 2021i und Velte/Weber, 2021 sowie Abschnitt 2.3.9.

[190] Vgl. zur Kritik an kapitalmarktorientierten Bewertungsverfahren z.B. Dempsey, 2013; Hering, 2021; Dirrigl, 2009; Rossi, 2016 sowie Gleißner, 2014 mit einer Übersicht und der Alternative der „semi-investitionstheoretischen" Bewertungsansätze, die Erkenntnisse von Risikoanalysen auswerten und die in Kapitel 5.3 erläutert werden.

Es sind aber nicht nur die Unternehmer und Gesellschafter (Eigentümer), also die Eigenkapitalgeber, die mehr Informationen über die Unternehmensrisiken wünschen, sondern im Zuge der Basel-II- und III-Anforderungen auch die Banken als Fremdkapitalgeber, die Ratings erstellen. Ziel dieser Ratings ist es, den Kreditinstituten in einem standardisierten Verfahren die vermutete Insolvenzwahrscheinlichkeit (Insolvenzwahrscheinlichkeit) eines Kreditnehmers anzuzeigen. Die Wahrscheinlichkeit, dass ein Kreditnehmer ausfällt, hängt aber unmittelbar mit den Risiken zusammen, denen er ausgesetzt ist. Hierdurch wird klar, dass Risikomanagement im Zuge der Herstellung von Transparenz nicht nur einen direkten Nutzen für das Unternehmen generiert, sondern auch – über die Möglichkeit, den Kreditgebern die Risikosituation plausibel darlegen zu können – einen indirekten Vorteil bringt. Das Unternehmen wird im Rahmen des Rating-Prozesses ein besseres Bild abgeben, als dies ohne ein Risikomanagement der Fall wäre – und zwar aus zwei Gründen: Erstens macht das Unternehmen damit deutlich, dass es sich intensiv mit seinen Risiken auseinandersetzt, wodurch die Gefahr zukünftiger Misserfolge reduziert wird. Zweitens steht ein Unternehmen, das bereits einige Zeit erfolgreich Risikomanagement praktiziert, in aller Regel finanziell deutlich besser da, als wenn es dies unterlassen hätte, weil manche Risiken frühzeitig und effizient abgewendet werden konnten. In den Finanzkennzahlen eines Unternehmens, die das Rating maßgeblich bestimmen, zeigen sich nur die Risiken, die zuletzt wirksam geworden sind. Auf diesen beiden Wegen hilft Risikomanagement dem Unternehmen, auch in Zukunft ausreichenden Zugang zu Fremdkapital mit günstigen Konditionen zu erhalten.[191]

Schon Basel II hat im Wesentlichen dazu geführt, dass Kreditkonditionen risikoadäquat festgelegt werden. Allerdings kann die höhere Transparenz über die Risikosituation von Firmenkunden zwangsläufig zu einer Verschärfung des Wettbewerbs um das knappe Kapital führen. Aus Sicht der Firmenkunden sind die Konsequenzen durch Basel II und Basel III somit ambivalent: Kunden „guter" Bonität haben Vorteile, während andere Unternehmen durchaus mit Nachteilen rechnen müssen. Um in diesem Wettbewerb auf dem Kapitalmarkt bestehen zu können, ist es daher sinnvoll, dass die Unternehmen sich gegenüber den Kreditinstituten in einer Weise präsentieren, die zu einer günstigen Beurteilung der Bonität führt.

Nur durch eine Analyse der Einzelrisiken und eine Berechnung des Gesamtrisikoumfangs mittels Risikoaggregation kann der Bedarf eines Unternehmens an Eigenkapital und Liquidität und damit die angemessene Eigenkapitalquote (Finanzierungsstruktur) fundiert beurteilt werden. Eigenkapital ist letztlich nichts anderes als das Risikodeckungspotenzial eines Unternehmens, und die Höhe der Risiken bestimmt den Umfang möglicher Verluste und damit den Eigenkapitalbedarf zu deren Abdeckung. Der Eigenkapitalbedarf ist zudem vom angestrebten Rating abhängig (vgl. vertiefend Kapitel 3): Bei einem angestrebten besseren Rating muss das Unternehmen mehr Eigenkapital (und Liquidität) aufweisen, um risikobedingt mögliche Verluste zu tragen.

191 Vgl. Schmidt/Obermüller, 2014, die die Bedeutung des Ertragsrisikos als Determinante der Ratingnote empirisch belegen.

1.6 Psychologie, Risiko und Risikoblindheit

1.6.1 Entscheidungen unter Unsicherheit: die psychologische Perspektive

Empirische Untersuchungen zeigen, dass den meisten Personen beim Handeln in komplexen Situationen – unabhängig von der fachlichen Kompetenz und der Intelligenz – viele schwerwiegende, systematische Fehler unterlaufen. Besondere Probleme haben sie dabei bei der korrekten Berücksichtigung von bestehenden Risiken in ihren Entscheidungen.[192] Speziell auch in der betrieblichen Praxis lässt sich feststellen, dass selbst wenn die Manager im Sinne des Unternehmens entscheiden wollen – oder die Eigentümer (der „Unternehmer") selber die Entscheidungen treffen – häufig psychologisch bedingt Fehlentscheidungen auftreten, die in vielen Fällen prinzipiell vermieden werden könnten. Oft werden speziell auch hier Risiken nicht adäquat berücksichtigt. Als eine Fehlentscheidung gilt dabei nur, wenn man mit den zum Entscheidungszeitpunkt verfügbaren Informationen eine andere Entscheidung hätte treffen müssen. Für die Beurteilung einer Entscheidung ist nicht der letztlich eingetretene Erfolg maßgeblich, da dieser auch von Faktoren abhängt, die zum Entscheidungszeitpunkt nicht bekannt waren. Es ist hilfreich, diese Schwächen von Menschen, Risiken intuitiv richtig einzuschätzen, zu bedenken, um den Nutzen formaler Risikomanagementtechniken zu würdigen.

Menschen neigen beispielsweise dazu, sich vor einer Entscheidung über das eigentliche anzustrebende Ziel überhaupt keine ausreichende Klarheit zu verschaffen, d.h. die Zielvariable wird nicht klar operationalisiert.[193] Auch wegen der zwangsläufig begrenzten kognitiven Fähigkeiten jedes Menschen wird bei der eigentlichen Entscheidungsfindung zudem auf „bewährte Faustregeln" (Heuristiken) zurückgegriffen, ohne den Anwendungsbereich jeweils kritisch zu prüfen. Insbesondere bei einem hohen Maß an Erfahrung und Selbstvertrauen des Entscheiders werden zudem an sich entscheidungsrelevante Informationen nicht betrachtet, mögliche Neben- und Fernwirkungen der getroffenen Entscheidungen vernachlässigt und Risiken ignoriert. Vor allem Informationen, die der bisherigen Situationseinschätzung widersprechen, werden dabei gezielt ignoriert (selektive Informationsaufnahme zur Vermeidung einer „kognitiven Dissonanz"). Nach Fehlschlägen durch die bisherigen Entscheidungen neigen die meisten Manager dazu, nunmehr höhere Risiken einzugehen, um eingetretene Verluste zu kompensieren.[194] Risiken werden dabei im Allgemeinen verzerrt wahrgenommen und bei den Entscheidungen nur unzureichend berücksichtigt. Zur Vermeidung „kognitiver Dissonanzen" neigen manche Manager zudem zu einem „Ballistischen Entscheidungsverhalten", d.h. man vermeidet eine nachvollziehbare Analyse der durch die Entscheidung eingetretenen Kon-

---

[192] In Anlehnung an Gleißner, 2010.

[193] Vgl. Dörner, 2003.

[194] Siehe die Prospect-Theorie von Kahneman/Tversky, 1979a sowie die entsprechenden empirischen Untersuchungen, z.B. von March/Shapira, 1987.

sequenzen.[195] Um weder gegenüber Dritten – noch gegenüber sich selbst – eine Fehlentscheidung eingestehen zu müssen, ist es ein probates Mittel, möglichst auf eine exakte Formulierung der angestrebten Ziele, eine konkrete Messung des Zielerreichungsgrades und eine Überprüfung der Ergebnisse zu verzichten – was natürlich ein Lernen aus vergangenen Fehlschlägen erschwert. Als letztes Mittel, um eine eigene Fehlentscheidung im Nachhinein zu rechtfertigen, kann schließlich das ursprünglich angestrebte (Unternehmens-)Ziel umdefiniert werden: eigentlich wollte man ja genau das erreichen, was tatsächlich durch die (eigentliche) Fehlentscheidung eingetreten ist.

1.6.2 Das Problem der Risikoblindheit

Unternehmerische Tätigkeit ist immer mit Risiken verbunden. Es ist die zentrale Aufgabe der Unternehmensführung die Unsicherheit der Zukunft insbesondere bei der Strategieentwicklung zu berücksichtigen, um ein Unternehmen nachhaltig erfolgreich führen zu können.[196] In der Unternehmenspraxis sieht man allerdings, dass Risiken offenbar oft nicht richtig eingeschätzt wurden.[197] Gescheiterte Akquisitionen und Investitionen, ignorierte makroökonomische Risiken, wie die COVID-19-Pandemie oder auch spektakuläre Insolvenzfälle[198] haben eine Gemeinsamkeit: Sie sind das Resultat von Risiken, und oft wurden diese Risiken zunächst ignoriert.

Studien zeigen, dass die Fähigkeiten im Umgang mit Chancen und Gefahren (Risiken) in Unternehmen unterentwickelt sind.[199] Das liegt sicherlich zum einen daran, dass Menschen Risiken gern verdrängen (Kontrollillusion) und die Risiken, die plastisch vorstellbar sind, falsch einschätzen.[200] Dazu kommt das Problem, dass die in Deutschland seit 1998 infolge des Kontroll- und Transparenzgesetzes (KonTraG) aufgebauten formalen Risikomanagementsysteme – eigentlich eine direkte Reaktion auf die Schwächen der Menschen im Umgang mit Risiken – kaum entscheidungsrelevante Informationen liefern (vgl. Abschnitt 1.7). Meist werden lediglich Einzelrisiken identifiziert und sich daraus ergebende Kombinationseffekte, die zu „bestandsgefährdenden Entwicklungen" führen können, gar nicht ausgewertet.

Zudem fließen Erkenntnisse aus der Risikoanalyse nicht adäquat bei wesentlichen strategischen Entscheidungen wie Investitionen, Akquisitionen und Strategieveränderungen ein. Aber dies ist notwendig, um gesetzlichen Anforderungen im Hinblick auf angemessene Informationen bei der Vorbereitung

---

195 Siehe z.B. Dörner, 2003 und Schaub, 1993. Vgl. auch Gigerenzer, 2013, der ähnliche Schwächen von Menschen im Umgang mit Wahrscheinlichkeiten und Risiko zeigt, aber auf den Nutzen von Heuristiken bei manchen Entscheidungen unter Unsicherheit verweist.

196 Siehe Schwenker/Dauner-Lieb, 2017.

197 In enger Anlehnung an Gleißner, 2020e.

198 Z.B. Euromicron (Wolfrum, 2020); Gerry Weber (Gleißner/Hofmann, 2020) und Wirecard (Gleißner/Hofmann, 2022).

199 Siehe Köhlbrandt/Gleißner/Günther, 2020.

200 Siehe Renn, 2014 und Gigerenzer, 2013.

unternehmerischer Entscheidungen des Vorstands gerecht zu werden (§93 AktG).[201] Unabhängig von gesetzlichen Anforderungen wäre es aber natürlich offensichtlich ökonomisch rational, schon vor der Entscheidung zu wissen, welche Chancen und Gefahren mit ihr verbunden sind und welche Auswirkungen sie auf das Ertrag-Risiko-Profil des Unternehmens hat.

Die Implikationen einer solchen „Risikoblindheit" zeigen sich gerade in Krisensituationen wie der Corona-Krise (2020/2021). Obwohl eine Pandemie ein bekanntes Extremrisiko[202] darstellt, haben sich viele Unternehmen mit dem Risiko überhaupt nicht befasst. Aber auch die Verantwortlichen in der Regierung haben sich trotz vorliegender Studien über die potenziell katastrophalen Auswirkungen einer Corona-Pandemie nicht darauf vorbereitet.[203]

Die angesprochenen Beispiele zeigen, wie wenig ausgeprägt das Interesse in vielen Unternehmensführungen ist, sich mit Risiko und Risikomanagement zu befassen. Spricht man das Thema Risikomanagement an, sehen sich viele Vorstände und Geschäftsführer gar nicht persönlich zuständig oder geben viele unzutreffende Argumente dafür an, warum eine Intensivierung des Risikomanagements nicht erforderlich sei (siehe Abbildung 9).

Die Defizite im Risikomanagement kann man letztlich nur damit erklären, dass Menschen die Herausforderungen durch die Unsicherheit der Zukunft gern ignorieren. Menschen neigen dazu, Risiken zu verdrängen und haben zudem gravierende Defizite bei der Risikowahrnehmung. So werden vergleichsweise unbedeutende Risiken als bedrohlich wahrgenommen und tatsächlich bedrohliche Risiken weitgehend ignoriert.[204] Auch ein Blick in die Risikoinventare deutscher Unternehmen zeigt zudem, dass Risiken oft völlig falsch eingeschätzt werden.

Oft wird schon der Begriff Risiko missverstanden und die Existenz eines Risikos als ein Fehler interpretiert, obwohl Unternehmertum ohne das Eingehen von Risiken bekanntlich unmöglich ist. Der Risikobegriff wird zudem auf die Möglichkeit einer negativen Planabweichung – also eine Gefahr – eingeengt und damit unangemessen negativ besetzt. Grundsätzlich ist ein Risiko nichts anderes als die Möglichkeit einer Planabweichung, was Chancen und Gefahren einschließt.

---

201 Vgl. RMA, 2019.

202 Vgl. z.B. Gleißner, 2019f und 2020a sowie Romeike 2021c.

203 Vgl. Blum/Gleißner, 2021 und Gleißner/Follert, 2021.

204 Überschätzt werden etwa die Risiken durch Flugzeugabsturz, Wetter, Terroranschlag oder Krieg. Unterschätzt werden dagegen insbesondere die Risiken aus Infektionen und speziell Pandemien.

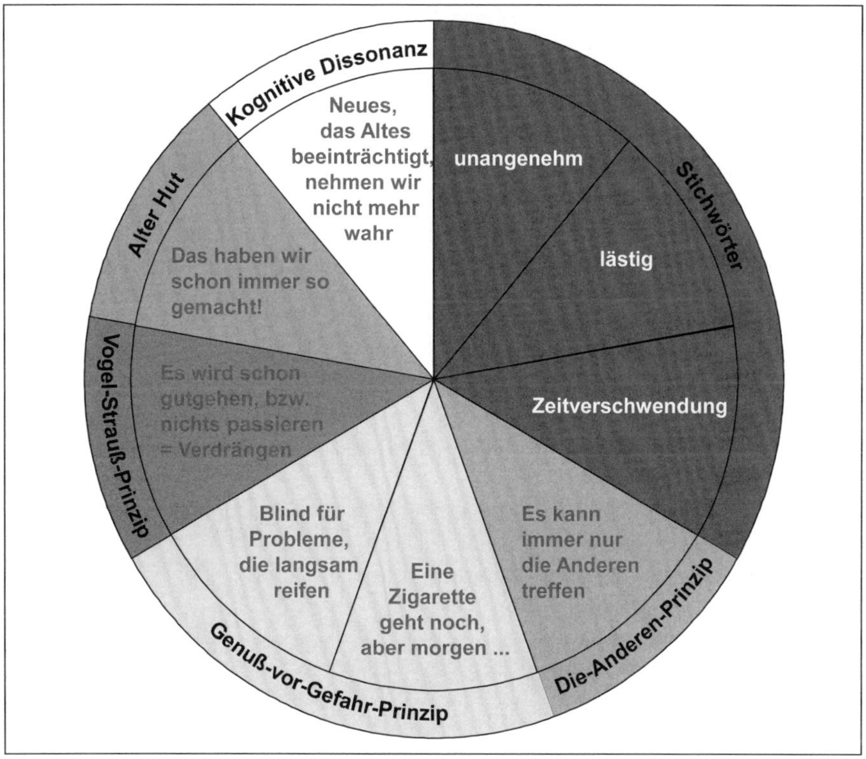

Abbildung 9: „Schein-Argumente" gegen den Ausbau des Risikomanagements[205]

Für die oben kurz skizzierte, weit verbreitete Risikoblindheit findet man in Unternehmen viele Indizien.[206] Hier eine Übersicht:

- Die offene Diskussion über Risiken wird vermieden, weil ein bestehendes Risiko als Fehler interpretiert wird.
- Risiko wird noch nicht verstanden als Überbegriff für mögliche positive und negative Planabweichungen (Chancen und Gefahren).
- Die verzerrte Risikowahrnehmung und fehlende Risikokompetenz der Menschen führt dazu, dass zum einen plakative, aber unbedeutende Risiken Angst auslösen, zum anderen wichtige, aber abstrakte Risiken ignoriert werden.
- Die ökonomisch wichtige Risikoaggregation zur frühen Erkennung bestandsgefährdender Entwicklungen aus Kombinationseffekten von Einzelrisiken ist in Unternehmen noch immer oft nicht etabliert.
- Entgegen ökonomischer Vernunft und gesetzlicher Vorgaben (§93 Aktiengesetz, Business Judgement Rule) findet man bei den geforderten angemessenen Informationen in Entscheidungsvorlagen eines Vorstands oft nicht die Erkenntnisse einer vorgelagerten Risikoanalyse.

---

[205] Günter Meier, RMCE.

[206] Vgl. weiterführend Gleißner/Rieg/Vanini, 2021.

- Die Mitarbeiter haben keine Zeit für Risikoanalyse und auch keine Hilfsmittel – speziell nicht vor wichtigen Entscheidungen, die immer mit Risiken verbunden sind.
- Die sogenannten „wertorientierten Unternehmenssteuerungssysteme" sind risikoblind und nur kapitalmarktorientiert, weil der Werttreiber „Kapitalkosten" und die Planwerte nicht von aggregierten Ertragsrisiken abhängig berechnet wird.[207]
- Bei Unternehmenssteuerung und Unternehmensbewertung wird der gerade vom Risiko abhängige Werttreiber „Insolvenzwahrscheinlichkeit" (Insolvenzrisiko, Rating) ignoriert und die ewig sichere Existenz des Unternehmens angenommen.
- Obwohl Unternehmen mit niedrigem Fundamentalrisiko (Ertragsschwankungen) einen weit überdurchschnittlichen Erfolg an den Aktienbörsen zeigen, spielt das Thema Risiko in der Strategieentwicklung eine untergeordnete Rolle und die Verbesserung von Resilienz und Robustheit der Strategien ist damit kein zentrales Thema.
- Es fehlt das Verständnis, dass bei einer nicht sicher vorhersehbaren Zukunft letztlich jedes Management auch Risikomanagement sein sollte, weil die Wirkungen der initiierten Maßnahmen unsicher sind.

Risikoblindheit zu bekämpfen ist schwierig, weil sie zum Teil auf sehr tiefe psychologische Ursachen zurückzuführen ist. Die psychologische Forschung zeigt nämlich, dass Menschen eine ausgeprägte Aversion gegenüber Risiken und – mehr noch – gegenüber Verlusten haben. Aus dem Bedürfnis der Menschen, ihr Umfeld zu kontrollieren und kognitive Dissonanzen zu vermeiden, ergeben sich Konsequenzen für den Umgang mit Risiken: Vorhandene Risiken werden bewusst oder unbewusst ignoriert, sinnvolle Risikobewältigungsverfahren damit nicht genutzt und eingetretene Planabweichungen im Nachhinein nicht im Hinblick auf die ursächlichen Risiken analysiert. Das Controlling stellt zwar Planabweichungen fest, fragt aber oft nicht, inwieweit diese auf bekannte oder unbekannte Risiken zurückzuführen sind. Zudem werden Risiken mit Managementfehlern verwechselt und nicht als Teil jeglicher unternehmerischen Tätigkeit wahrgenommen. Daher werden bestehende Risiken oft absichtlich nicht transparent analysiert.

Zudem zeigen Befragungen von Managern, dass sie oft eine erheblich vom wissenschaftlichen Bild abweichende Vorstellung von Risiken haben. Die Risikowahrnehmung und Risikobereitschaft im Management ist stark geprägt durch persönliche Charakteristika, Erfahrungen und den aktuellen Kontext.[208] So ist die Risikoneigung von Managern in einer wahrgenommenen Verlustsituation – unterhalb einer vorgegebenen Zielgröße – wesentlich höher, als wenn sich der Manager in einer Situation sieht, in der er seine Ziele bereits erreicht hat. Zudem nehmen viele Manager ein Risiko gar nicht als Wahrscheinlichkeitskonzept wahr, und es wird nicht über Bandbreiten zur Zukunftsentwicklung nachgedacht. Die Einschätzung eines Risikos ist im Wesentlichen durch die potenzielle Schadenshöhe und nicht auch durch die Eintrittswahrscheinlichkeit

[207] Siehe Gleißner, 2019d zu den Methoden der Analyse von Extremrisiken.
[208] Siehe Renn, 2014.

geprägt. Ein Risiko wird als managebar aufgefasst, obwohl es eigentlich gerade die nicht vorhersehbaren Veränderungen in der Zukunft erfasst.

Heuristiken wie die Verfügbarkeitsheuristik von Kahneman und Tversky[209] können zu einer massiven Fehleinschätzung der Wahrscheinlichkeit zukünftiger Ereignisse führen und damit speziell zu einer verzerrten Einschätzung der Risiken (vgl. weiterführend Abschnitt 1.6.3). Risiken werden beispielsweise überschätzt, wenn sie gut bildlich als Katastrophe vorstellbar sind, wenn man oft von ihnen gehört oder Risikoauswirkungen schon einmal erlebt hat. Renn verweist darauf, dass bei der Beurteilung möglicher Schäden (Risiken) die Komplexität der Sachverhalte, die Unsicherheit über das Eintreiben der vermuteten Folgen und die Ambiguität bei der Bewertung dieser Folgen bedeutsam sind.[210]

Damit ist Folgendes festzuhalten: Es ist ein grundlegendes Problem von Menschen, Risiken adäquat einzuschätzen und in den Entscheidungen zu erfassen. Verdrängung von Risiken, verzerrte Risikowahrnehmung und Fehler im Umgang mit Risiken sind völlig normal, wenn man nicht konsequent Gegenmaßnahmen ergreift. Und die Betrachtung mehrerer Risiken – die Risikoaggregation – liegt außerhalb des Bereichs der kognitiven Fähigkeiten von Menschen. Risikoblindheit ist damit ein sehr grundlegendes Problem. Man kann und sollte Menschen für dieses Problem, das zu Fehlentscheidungen in Unternehmen führt, sensibilisieren. Eine Lösung erfordert aber mehr: Notwendig ist der Aufbau eines betriebswirtschaftlichen Instrumentariums, das insbesondere darauf auszurichten ist, Risikoblindheit entgegenzuwirken. Man benötigt speziell die Instrumente des Risikomanagements, weil die Intuition zu oft bei risikobehafteten Entscheidungen in komplexen Situationen versagt.

1.6.3 Exkurs: Risikowahrnehmung, Noise, Bias und Prospect-Theorie

Aufbauend auf den oben genannten Erläuterungen zu allgemeinen Problemen von Menschen in komplexen Entscheidungssituationen soll im Folgenden der Umgang mit Risiken noch etwas näher betrachtet werden. Entscheidungen und die daraus abgeleiteten Handlungen können offensichtlich nur die Zukunft beeinflussen. Wesentliche Zukunftsentwicklungen sind aber nicht sicher vorhersehbar und damit ist auch das Ergebnis der gewählten Handlungsalternative nicht sicher. Die Entscheidung zwischen denkbaren Handlungsalternativen sollte auf einer fundierten und nachvollziehbaren Planung basieren und die Risiken berücksichtigen. Bei der Wahrnehmung von und dem Umgang mit Risiken zeigt die psychologische Forschung viele menschliche Schwächen, die auch unternehmerische Fehlentscheidungen erklären können. Vanini und Rieg (2021) zeigen beispielsweise, dass gerade risikofreudige Entscheider für Investitionsentscheidungen weniger oft nicht unbedingt die entscheidungs-

[209] Siehe Tversky/Kahneman, 1974.
[210] Siehe Renn, 2014, S. 40.

relevanten Infos nachfragen, was in der Unternehmenspraxis insbesondere in Krisensituationen problematisch ist.[211]

Bei der Beurteilung der Qualität von Entscheidungen oder Prognosen sollten zwei Gruppen von Fehlerquellen unterschieden werden. Von einer Verzerrung (Bias) spricht man, wenn die Entscheidungen bzw. Prognosen in systematischer Weise vom „optimalen Ergebnis" abweichen. Von einer Streuung oder „Noise" spricht man, wenn Entscheidungen oder Prognosen zufällige und damit unsystematische Abweichungen aufweisen.

Eine Vielzahl von empirischen Studien belegt die breite Streuung von Prognosen und Entscheidungen, die zu erheblichen ökonomischen Schäden und Ungerechtigkeit führen.[212] So haben Studien schon seit den 1970er Jahren belegt, dass z.B. Richter in den USA bei völlig identischer Datenlage extrem unterschiedliche Strafmaße festlegen. Eine Studie[213] für eine Versicherungsgesellschaft hat gezeigt, dass für die Prämienkalkulation zuständige Underwriter bei identischer Datenlage aus ihrer Sicht angemessene Versicherungsprämien festlegen, die um mehr als 40 % um den Mittelwert streuen. Dies ist natürlich ökonomisch nachteilig, weil

- zu niedrige Prämien bezogen auf das versicherte Risiko zu Verlusten/entgangenen Gewinnen führen und
- zu hohe Versicherungsprämien die Wahrscheinlichkeit erhöhen, dass der (potenzielle) Kunde eine Versicherungspolice von einem Wettbewerber erhält.

Um systematische Verzerrungen (Biases) erkennen zu können, benötigt man Wissen über das optimale Ergebnis. Noise kann man auch ohne diese Informationen erkennen. Noise liegt nämlich dann vor, wenn es bei gleicher Ausprägung der relevanten Informationen zu unterschiedlichen Prognosen und damit Entscheidungen kommt.[214] Diese Streuung ist dabei auch nicht auf bestehende Risiken zurückzuführen, da eine identische Informationslage vorliegt.

Die störenden Verzerrungen ergeben sich dadurch, dass die Personen, die Entscheidungen treffen oder Prognosen erstellen, identische Informationen unterschiedlich auswerten und damit zu unterschiedlichen Ergebnissen kommen. Noise lässt sich jedoch auch feststellen, wenn eine Person auf Grundlage identischer Informationen zu unterschiedlichen Zeitpunkten Prognosen oder Entscheidungen trifft. Die Zufallsstreuung von Entscheidungen (Noise) lässt sich also aufspalten in

a) die Zufallsstreuung zwischen verschiedenen Personen (z.B. wegen unterschiedlicher Erfahrungen) und
b) die Zufallsstreuung der Beurteilung durch eine Person, die z.B. abhängig ist von der aktuellen Stimmungslage oder anderen Zufallseinflüssen.[215]

---

211 Siehe Vanini/Rieg, 2021b.

212 Siehe Kahneman et al, 2021 und Meehl, 1954.

213 Von Kahneman et al, 2021.

214 Siehe Kahneman et al., 2021

215 Kahneman et al., 2021 unterscheiden drei Arten von Noise: (1) „level noise", (2) „pattern noise" und (3) „occasion noise". Level noise bedeutet z.B., dass bestimmte Richter systematisch höhere Strafen vergeben als andere. Pattern noise bedeutet dagegen,

In der Forschung wurden zunächst die systematischen Verzerrungen (Bias) intensiver betrachtet, die bei einer Vielzahl von Menschen in ähnlicher Weise festzustellen sind.[216]

Die Prospect-Theorie[217] ist ein Modell für die Beschreibung von Entscheidungen unter Unsicherheit und ist damit insbesondere als eine Alternative zur subjektiven Erwartungsnutzentheorie[218] aufzufassen und gehört wie diese zu den „integrierenden Modellen" zur Beschreibung und Erklärung des Entscheidungsverhaltens von Menschen.[219] Anders als bei den „heuristischen Modellen", die stärker auf eine realitätsnahe Beschreibung der eigentlichen kognitiven Prozesse abzielen, werden dabei grundsätzlich alle verfügbaren Informationen berücksichtigt. Bei dem heuristischen Modell erfolgt keine integrative Betrachtung aller verfügbaren Informationen, sondern eine Entscheidungsfindung ausgehend von nur einer Teilmenge der verfügbaren Daten.[220] Damit werden die begrenzten kognitiven Fähigkeiten von Menschen berücksichtigt und es wird angestrebt eine realitätsnähere Beschreibung der kognitiven Prozesse bei Entscheidungen unter Unsicherheit zu erreichen. Solche heuristischen Modelle basieren nicht auf dem Prinzip der Optimierung, sondern unterstellen ein „Satisficing Behaviour".[221] Es werden also nur wenige als besonders wichtig erscheinende Informationen nacheinander ausgewertet, um aus den vorliegenden Handlungsalternativen die beste auszuwählen. Ein Beispiel ist die sogenannte Priority-Heuristik.

Bei diesem Verfahren werden nacheinander verschiedene wichtig erscheinende Informationen über die Handlungsalternativen betrachtet. Wichtigstes Kriterium ist dabei zunächst der „minimale Gewinn" jeder Handlungsalternative, was die Risikoaversion des Entscheiders ausdrückt. Als zweites Kriterium berücksichtigt wird die „Wahrscheinlichkeit für den minimalen Gewinn" und schließlich erst der „maximale Gewinn". Wenn mit einem Kriterium bereits eine eindeutige Entscheidung möglich ist, wird der Prozess der Entscheidungsfindung abgebrochen. Sind allerdings die Ausprägungen der Entscheidungsalternativen bei einem betrachteten Kriterium sehr ähnlich, erfolgt eine Betrachtung des nächsten Kriteriums.[222]

---

dass unabhängig davon Einzelfälle unterschiedlich beurteilt werden, weil die Richter den einzelnen Aspekten eines Falls unterschiedliche Bedeutung beimessen. Somit erfassen (1) und (2) Zufallsstreuungen, die von der Person, die entscheidet, abhängen.

216 Weiterführend zur Psychologie zur Entscheidung unter Unsicherheit siehe Pfister et al., 2017.

217 Die Prospect-Theorie ist dabei als eine „As-if-Theorie" aufzufassen, die viele in empirischen psychologischen Studien gezeigte Phänomene gut beschreiben kann, aber keine konkreten Aussagen trifft über die kognitiven Abläufe, die zu diesen Ergebnissen führen (siehe Pfister et al., 2017).

218 SEU-Theorie.

219 Siehe dazu Pfister et al., 2017, insbesondere Abschnitt 6.5 und 6.6.

220 Siehe dazu Pfister et al., 2017, insbesondere Abschnitt 6.5 und 6.6.

221 Im Sinne von Simon, 1956. Siehe zum entsprechend zugrundeliegenden Fast-and-Frugal-Ansatz, Gigerenzer, 2013.

222 Als sehr ähnlich gilt z.B. 10 % des Maximalgewinns bzw. ein Unterschied bei den Wahrscheinlichkeiten von 10 % oder weniger.

Für eine Beschreibung und Erklärung der Entscheidungen von Menschen werden unter anderem die erwähnte (Cumulative) Prospect Theory und das Forschungsprogramm zu „Heuristics and Biases" der Psychologen Kahneman und Tversky herangezogen.[223] Die Prospect Theory postuliert eine Wertfunktion als „empirisch abgeleitete Nutzenfunktion" (U), welche im (referenzpunktabhängigen) Gewinnbereich konkav und relativ flach, im Verlustbereich aber konvex und relativ steil verläuft, sowie eine Wahrscheinlichkeitsgewichtungsfunktion, welche die kognitive Transformation beziehungsweise „Verzerrung" mathematischer Wahrscheinlichkeiten modelliert.[224]

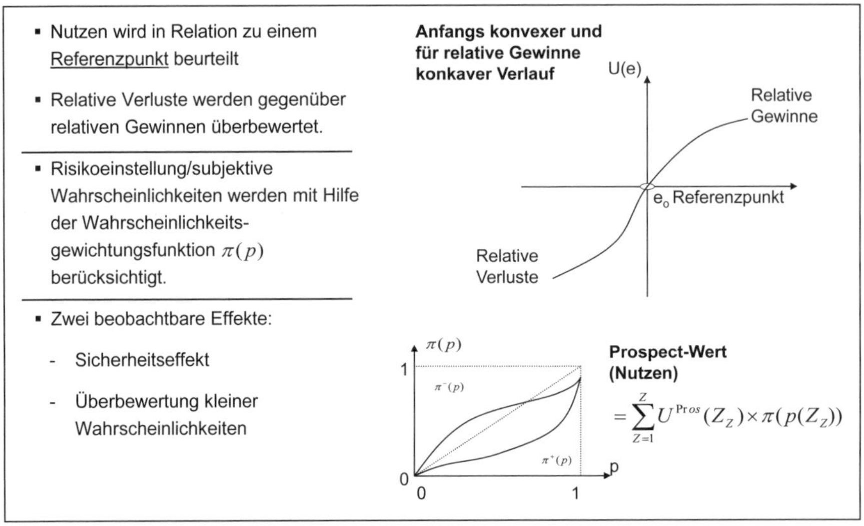

Abbildung 10: Prospect-Theorie als Alternative zur Erwartungsnutzentheorie

Mithilfe der Prospect-Theorie kann damit modelliert werden, dass häufig

- in wahrgenommenen Gewinnsituationen Risiko gescheut wird, in Verlustsituationen hingegen aber ein risikofreudiges Verhalten festzustellen ist,
- kleinen Wahrscheinlichkeiten ein überproportional hohes Gewicht beigemessen wird und
- eine Verlustaversion besteht (sichere positive Ergebnisse werden unsicheren Ergebnissen vorgezogen, bei sicheren Verlusten ist dies umgekehrt).

Darüber hinaus beeinflusst die Darstellung eines Sachverhalts beziehungsweise die Beschreibung eines Entscheidungsproblems das Verhalten der Entscheider (Framing) – zum Beispiel über eine Beeinflussung des gewählten Referenzpunkts und die hieraus resultierende „Kodierung" von Ergebnissen als Ge-

[223] In Anlehnung an Gleißner, 2018c; Gleißner/Winter, 2008 und Gleißner/Romeike, 2012c sowie weiterführend Tversky/Kahneman, 1974; Kahneman/Tversky, 1979b; Kahneman/Slovic/Tversky, 1982; Tversky/Kahneman, 1992; Gilovich/Griffin/Kahneman, 2002 sowie Slovic, 2000.

[224] Für eine übersichtsartige Darstellung der Prospect-Theorie und deren Erweiterungen vgl. zum Beispiel Jungermann/Pfister/Fischer, 1998 und Eisenführ/Weber/Langer, 2010, S. 417 ff.

winne oder Verluste. Bei Kapitalanlagen ist der Referenzpunkt in der Regel der Kaufpreis. Entsprechend sind Anleger risikoavers, wenn der aktuelle Kurs über dem Kaufpreis liegt, und neigen hier oft zu vorzeitigen Gewinnrealisierungen. Bei Kursen unterhalb des Kaufpreises, bei Verlusten, werden sie dagegen risikofreudig und neigen unabhängig von möglicherweise sehr negativen neuen Informationen dazu, eine Anlage „durchzuhalten“ oder gar nachzukaufen. Auch der Besitztumseffekt, demzufolge Menschen dazu neigen, für ein Gut einen deutlich höheren Verkaufspreis zu verlangen, als sie für dieses Gut zu zahlen bereit wären, lässt sich anhand der Wertfunktion der Prospect-Theorie erklären.[225]

Gemäß dem Modell des „Mental Accounting“ ist die Wertfunktion keine Funktion, die sich auf das Gesamtvermögen des Entscheiders bezieht, sondern eine, die sich immer nur auf ein spezielles Entscheidungsfeld bezieht. Je nach Grad an persönlicher Bindung (Commitment) werden, gemessen am Gesamtvermögen, auch vergleichsweise geringe Verluste als gravierend wahrgenommen, weil sie als „störend“ wahrgenommen werden (höhere Dissonanz).

Eine inhaltliche Erklärung der Verlustaversion, die die Prospect-Theorie darstellt, ergibt sich durch die Verbindung der Theorie des Mental Accountings mit der Dissonanztheorie.[226] Die Dissonanztheorie erklärt, wie Menschen mit „unangenehmen“ Informationen, z.B. zu Risiken, umgehen (vgl. Tabelle 5).

Bezeichnung	Erklärung
Ignorieren	Unsere Selektions- und Aufmerksamkeitsfilter lassen erst gar keine Informationen passieren, die unsere vorgefassten Positionen und Einstellungen gefährden könnten.
Abwehr	Unsere Aufmerksamkeitsfilter lassen nicht zu, dass Informationen im Gedächtnis abgespeichert werden, die unsere vorgefassten Positionen und Einstellungen gefährden könnten.
Unterstützung	Wir suchen aktiv nach Informationen, die unsere vorgefassten Positionen und Einstellungen unterstützen und dafür Belege aufführen.
Relativierung der Glaubwürdigkeit	Die Quelle für dissonante Informationen wird entweder in ihrer Glaubwürdigkeit herabgestuft oder in ihrer Kompetenz für den Inhalt dieser Informationen in Frage gestellt.

Tabelle 5: Ausgewählte Mechanismen der Reduktion von kognitiver Dissonanz[227]

Im engen Zusammenhang mit der dargestellten Prospect Theorie stehen die sogenannten kognitiven Heuristiken, die Menschen bei ihren Entscheidungen unter Risiko maßgeblich beeinflussen.

Kognitive Heuristiken bezeichnen intuitive Urteilsregeln beziehungsweise „Daumenregeln“, die auf gut verfügbare Informationen (Hinweise bzw. cues) zurückgreifen und dem Urteilenden erlauben, mit geringem kognitiven und zeitlichen Aufwand zu einer oft aber eben nicht immer ausreichend genauen

225 Weber, 1993.
226 Siehe zum Beispiel von Nitzsch, 2002b, S. 106.
227 Quelle: Renn, 2014, S. 214.

Einschätzung über einen (komplexen) Sachverhalt zu gelangen. Menschen neigen dazu eine komplexe Aufgabe durch eine einfachere zu ersetzen. Die – unter Umständen unbeabsichtigte – Anwendung dieser Faustregeln kann jedoch unter bestimmten Umständen zu systematisch verzerrten Urteilen beziehungsweise Fehlurteilen (biases) führen; gerade bei komplexen Entscheidungen.[228]

Die Verfügbarkeitsheuristik beschreibt eine intuitive Urteilsregel, nach der die Häufigkeit beziehungsweise Wahrscheinlichkeit eines Sachverhalts auf der Grundlage der Schwierigkeit beziehungsweise Leichtigkeit (kognitive Verfügbarkeit) beurteilt wird, mit der korrespondierende Informationen (i.d.R. ähnliche Sachverhalte) erinnert beziehungsweise vorgestellt werden können. Die Regel kann wie folgt beschrieben werden: Wenn etwas leicht erinnert beziehungsweise vorgestellt werden kann, dann tritt es vermutlich häufig auf. Diese erfahrungsbasierte Vorgehensweise kann zu Fehleinschätzungen führen, wenn andere Einflussfaktoren, die wenig oder nichts mit der erlebten Häufigkeit zu tun haben, die (gefühlte) Leichtigkeit des Erinnerns beeinflussen, wie zum Beispiel eine lebhafte oder dramatische Darstellung oder ausgeprägte Medienberichterstattung.

Bei Verwendung der Repräsentativitätsheuristik wird die Wahrscheinlichkeit, dass ein bestimmter Sachverhalt zu einer spezifischen Klasse beziehungsweise Kategorie von Sachverhalten gehört, auf der Grundlage des Grads der Übereinstimmung des betrachteten Falls mit dem „typischen" Fall einer Kategorie beurteilt. Je größer die Übereinstimmung des konkreten Falls mit dem typischen Fall beziehungsweise Modell, desto größer wird die Wahrscheinlichkeit eingeschätzt, dass dieser zur fraglichen Kategorie gehört. Diese Urteilsheuristik kann zu Urteilen führen, welche den Grundregeln der Wahrscheinlichkeitsrechnung und der Statistik widersprechen. Beobachtete Fehlurteile lassen sich darauf zurückführen, dass Basisraten[229] ungenügend berücksichtigt, kleine Stichproben (z.B. die wenigen eigenen Erfahrungen) als repräsentativ eingeschätzt und die Wahrscheinlichkeit von Konjunktionen („oder"-Verknüpfungen) überschätzt werden.

Die Urteilsankerheuristik (Verankerung und Anpassung) beschreibt einen Urteilsprozess, bei dem eine Einschätzung ausgehend von einem grob gewählten Startwert (Anker) erfolgt, der im Verlauf der Urteilsbildung angepasst wird, um schließlich zum Endurteil zu gelangen. Häufig erfolgt eine unzureichende Anpassung des Urteils, sodass das Endurteil in Richtung des Startwerts verzerrt ist.

Renn (2014, S. 147–220) erläutert mit vielen Beispielen und Forschungsergebnissen, warum die Menschen Risiken falsch einschätzen, sich also vor dem Falschen fürchten. Er verweist z.B. auf die verschiedenen Heuristiken einer intuitiven Risikowahrnehmung, die Menschen aufgrund ihrer begrenzten kognitiven Fähigkeiten nutzen (siehe folgende Abbildung).

---

[228] Für einen guten Überblick über Urteilsheuristiken vgl. Jungermann/Pfister/Fischer, 1998.

[229] Die A-priori-Wahrscheinlichkeiten in Abschnitt 1.2 zum Bayes-Ansatz.

Heurismen	Wirkungsweise
Gedanken-analyse	Eine Information wird überbewertet oder die darin enthaltene Aussage als wichtiger oder wahrscheinlicher eingestuft, je mehr Anknüpfungspunkte an bereits im Gedächtnis verankerte Assoziationen mit dieser Information vorliegen.
Verfügbar-keit	Eine Information wird überbewertet oder die darin enthaltene Aussage als wichtiger oder wahrscheinlicher eingestuft, je eher der Inhalt dieser Information mental verfügbar ist, d.h. bereits früher im Gedächtnis abgespeichert wurde.
Repräsentationsschluss	Informationen zu Häufigkeiten und Wahrscheinlichkeiten werden auch dann zu allgemeinen Schlussfolgerungen genutzt, a) wenn viel zu wenig Einzelfälle vorliegen, b) wenn redundante Informationen als unabhängig voneinander gewertet werden, c) wenn man von sich erwartet, dass man schnell und kompetent Schlüsse ziehen kann (ungerechtfertigte Sicherheit) und d) wenn Informationen den schon eingenommenen Standpunkt verstärken (Status-quo-Erhalt).
Affektheu-rismus	Eine Information wird überbewertet oder die darin enthaltene Aussage als wichtiger oder wahrscheinlicher eingestuft, je mehr emotionale Anknüpfungspunkte mit dieser Information verbunden sind.

Tabelle 6: Faustregel der intuitiven Risikowahrnehmung (Überblick)[230]

Heuristiken können also zu einer Fehleinschätzung der Wahrscheinlichkeit zukünftiger Ereignisse führen und damit speziell zu einer verzerrten Einschätzung der erwarteten Ergebnisse und Risiken. Renn (2014, S. 40) verweist darauf, dass bei der Beurteilung möglicher Schäden (Risiken) die Komplexität der Sachverhalte, die Unsicherheit über das Eintreiben der vermuteten Folgen und die Ambiguität bei der Bewertung dieser Folgen bedeutsam sind. Das individuell wahrgenommene Risiko hängt unter anderem von den folgenden Faktoren ab:[231]

- Bewusst oder unbewusst angewandte kognitive Prozesse (Informationsverarbeitung),
- Einschätzungen über das Ausmaß drohender Verluste oder Schäden und deren Bewertung (Schrecklichkeit, Katastrophenpotenzial),
- situative Merkmale des einzuschätzenden Sachverhalts, wie Freiwilligkeit der Risikoaussetzung und wahrgenommene Beherrschbarkeit der Risikosituation,
- Art der Quellen oder Ursachen des Risikos,
- Glaubwürdigkeit von und Vertrauen in Institutionen, die mit der Handhabung etwaiger Risiken betraut sind,
- Reaktionen des sozialen Umfelds auf das Risiko (Medienberichterstattung, Risikokommunikation etc.),
- Einschätzungen durch andere Personen (Referenzgruppen) und

[230] Quelle: Renn, 2014, S. 180.
[231] Vgl. Renn, 1990, S. 4 und weiterführend Renn, 2014.

- persönliche Erfahrungen mit dem Risiko (Vertrautheit und Wissen).[232]

Interessanterweise haben Menschen trotz der möglichen Fehlurteile bei der Einschätzung von Häufigkeiten und Wahrscheinlichkeiten ein recht hohes Vertrauen in die Zuverlässigkeit ihrer Einschätzungen.[233, 234]

Betrachtet man die Anzahl und Ursachen von Todesfällen, fällt insgesamt auf, dass gerade diejenigen Risiken, bei denen viele Menschen sich besonders fürchten, keine große und sogar tendenziell sinkende Bedeutung haben. So sind insbesondere Risiken aus Terrorismus, Krieg und Bürgerkrieg, Naturkatastrophen[235], Flugzeugabstürzen oder gar durch „gefährliche Tiere“ (wie Schlangen) vernachlässigbar (siehe Tabelle 7). Entgegen dem Eindruck ist auch das Risiko, Opfer von Naturkatastrophen[236] oder Kriminalität zu werden, gegenüber dem Niveau in früheren Jahrzehnten oder Jahrhunderten stark gesunken und auf einem Tiefststand (Pinker, 2011).

Die gravierenden „Lebensrisiken“ für die Menschen sind dagegen Erkrankungen, wie Krebs, Herz-Kreislauf-Erkrankungen (die stark vom eigenen Lebenswandel abhängig sind), sowie – weiterhin – Infektionen (z.B. Malaria, Tuberkolose, Hepatitis oder Lungenentzündung) inkl. einer möglichen Pandemie. Die von den Menschen gemachten Lebensrisiken im Bereich Umwelt dominieren klar die Todesfälle durch Luftverschmutzung, und hier insbesondere die Wirkung von Feinstaub – weit vor Wirkungen durch den Temperaturanstieg in Folge des Klimawandels.[237]

---

[232] In Anlehnung an Gleißner, 2018c.

[233] Vgl. Slovic/Fischhoff/Lichtenstein, 1985, S. 241–278.

[234] Renn (2014) verweist auf die Relevanz von „Plausibilität“ und „Glaubwürdigkeit“ der Informationsquelle für die Beurteilung einer Information, die jedoch leicht in die Irre führen.

[235] Weiterführend zu „Climate Desaster Risks“ siehe Mittnik/Semmler/Haider, 2020.

[236] Vgl. Lomborg, 2022.

[237] Eine detaillierte Analyse der WHO (2021) für den Zeitraum von 2030 bis 2050 prognostiziert einen Anstieg der Todesfälle, die durch Temperaurerhöhung in Folge des Klimawandels bedingt sind (vgl. auch Zhao et al., 2021 und Lomborg, 2020 und 2022). Betrachtet werden dabei zusätzliche Todesfälle z.B. durch Malaria, Dengue-Fieber, Durchfallerkrankungen, Hitzewellen und Klimawandel-bedingte negative Auswirkungen auf die Ernährungslage (Undernutrition). Die Gesamtzahl der zusätzlichen Todesfälle liegt bei knapp 250.000 pro Jahr im Zeitraum 2030 bis 2050, wobei die Auswirkungen durch mehr Unterernährung mit rund 100.000 am stärksten ausgeprägt sind. Die Unsicherheitsbandbreite ist aber sehr groß, nämlich von -120.000 bis +310.000. Auch die oben genannte Zahl von 250.000 zusätzlichen Todesfällen ist im Vergleich zur Gesamtzahl jährlicher Todesfälle oder auch nur bedeutender Krankheiten – wie z.B. Malaria – niedrig. Eine explizite Analyse positiver Auswirkungen, z.B. Reduzierung der Anzahl von Kältetoten, findet nicht statt.
Zum Vergleich: Die WHO sieht beispielsweise ein gesundheitliches Risiko von bis zu 10 Millionen Toten pro Jahr (im Jahr 2015 ff.) infolge multiresistenter Bakterien (siehe Zusammenfassung Charlton, 2020).

RANG	RISIKO	ZAHL VERSTORBENER MENSCHEN (pro Jahr)
1 	Flugzeugabstürze	200
2 	Terroranschläge	20.000* (in EU vernachlässigbar)
3 	Naturkatastrophen	60.000** (in 2020: ca. 8.000 p.a.)
4 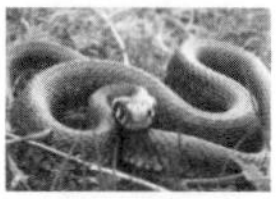	Schlangen	75.000***
5 	(Bürger-)Krieg	130.000
6 	Verkehrsunfälle (Straße)	1.300.000
7 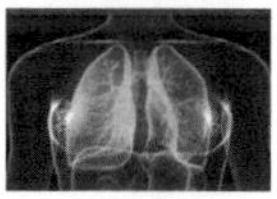	Lungenentzündung	3.500.000****
8 	Rauchen	7.200.000*****

Tabelle 7: Beispielhafte Lebensrisiken[238] (Quelle: Gleißner, 2019j)

Es ist speziell interessant, dass gerade Naturkatastrophen und Krieg bzw. Bürgerkrieg sowie Terror, die die Medienberichterstattung dominieren, auch in der Summe im Vergleich z.B. zu der Anzahl der Toten durch Verkehrsunfälle oder Infektionen vernachlässigbar sind.[239] Die Risikowahrnehmung der Menschen

[238] * Davon > 90 % in wenigen Ländern (wie Afghanistan, Irak, Nigeria, Somalia, usw.) // 10-Jahres-Mittel. Zuletzt 2017: 35.000.
** 2019: 9.000 und 2020: 8.200, weil es keine größeren Erdbeben gab.
*** Quelle: 20 Tiere, die die meisten Menschen töten; abgerufen über https://www.hftg.me/die-gefaehrlichsten-tiere/ (Stand: 23.03.2020), + diverse Quellen (insb. WHO).
**** in D: 16.000-40.000; weltweit ca. 770.000 Kinder unter 2 Jahren (wegen Armut/Hunger/Antibiotikamangel).
***** Überschneidungen mit Herz-/Kreislauf- sowie Krebserkrankungen (Deutschland: 75.000; zum Vergleich: multiresistente Bakterien im Krankenhaus: 20.000).

[239] Es sei erwähnt, dass auch insgesamt die Probleme der Menschen durch Umweltver-

wird durch das geprägt, was man regelmäßig hört, und sich gut bildlich – als Katastrophe – vorstellen kann.[240, 241]

Wie weit wahrgenommene und tatsächliche Höhen eines Risikos auseinanderfallen, zeigt auch Renn (2014) anhand vieler Beispiele zu gesundheitlichen Risiken, die von den Menschen völlig falsch eingeschätzt werden.

Krankheiten	absolut	relativ	pro 100.000
Herz-Kreislauf-Erkrankungen	358.684	43,4 %	437
Krebs	211.665	25,6 %	258
Krankheiten des Verdauungssystems	42.163	5,1 %	51
Untere Atemwege	25.792	3,1 %	31
Grippe	21.883	2,6 %	27
Diabetes	21.871	2,6 %	27
Nervenkrankheiten	18.264	2,2 %	22
Krankheiten des Urogenitalsystems	16.624	2,0 %	20
Psychische und Verhaltensstörungen mit Todesfolge	15.460	1,9 %	19
Infektionskrankheiten (...)	13.890	1,7 %	17
Unfallverletzungen	12.652	1,5 %	15
Suizide	9.402	1,1 %	12
Lungenerkrankungen, exogene Ursachen	5.190	0,6 %	6
Überernährung (Übergewicht)	1.561	0,2 %	2
Erbkrankheiten	1.451	0,2 %	2

Tabelle 8: Todesursachen in Deutschland 2008[242]

Relativ gefährlich, und damit häufig die Ursache von Todesfällen, sind primär Ernährung, Rauchen, Übergewicht und Bewegungsmangel – also Risiken, die durchaus von den Menschen im Wesentlichen selber beeinflusst werden können. Dagegen spielen Themen wie BSE, Pestizide in Lebensmitteln, genetisch veränderte Pflanzen, Terroranschläge oder die Strahlenbelastung durch Nuklearkraftwerke keine Rolle. Auch wenn gemäß Umfrage viele Deutsche Naturkatastrophen als besonders bedrohlich ansehen, sind diese weder in Deutschland noch in der Welt im Allgemeinen eine wesentliche Bedrohung (Renn, 2014, S. 114–121).[243] Auch die Häufigkeit von Unfällen ist in den letzten

schmutzung nicht einfach durchweg zunehmen, sondern viele Aspekte der Umweltqualität sich in den letzten Jahren verbessert haben.

240 Siehe zum Problem der verzerrten Risikowahrnehmung auch Renn, 1989.

241 Zum Zusammenhang zwischen Risiko, Volkswirtschaft und Wohlstand, Gleißner, 2018, und Tversky/Kahneman, 1979, zur Repräsentativitäts- und Verfügbarkeitsheuristik bei der Risikowahrnehmung.

242 Quelle: Renn, 2014, S. 55.

243 Die Ursachen für den frühzeitigen Tod eines Menschen kann man im Grundsatz in vier Ursachengruppen aufteilen: genetische Disposition, Umwelteinflüsse, die eige-

Jahrzehnten (in Deutschland) deutlich zurückgegangen und heute sind Unfälle in Haushalt und Freizeit wesentlich wahrscheinlicher als solche in den Bereichen Verkehr und Arbeit.

Lebensbereich	Unfallverletzte	Tödliche Unfälle
Arbeit	1,14 Mio.	525
Verkehr	0,37 Mio.	3.834
Schule	1,38 Mio.	12
Hausbereich	2,73 Mio.	7.533
Freizeit	2,62 Mio.	7.238
Sonstige	n.b.	1.101

Tabelle 9: Unfalltote und Unfallverletzte 2010 in Deutschland[244]

Fazit: Im Ergebnis zeigt sich, dass – entgegen dem Eindruck vieler Menschen – nahezu alle wesentlichen Risiken, die das Leben der Menschen bedrohen, sich in den letzten Jahrzehnten erheblich reduziert haben.[245] Das Umfeld des Menschen ist wesentlich sicherer geworden und dies drückt sich darin aus, dass in den letzten Jahrzehnten die Lebenserwartung der Menschen in fast allen Staaten der Erde erheblich gestiegen ist (vgl. Tabelle 10 und Abbildung 11).[246]

Durchschnitt der Lebenserwartung in Ländern mit:	1990	2009
Minimaler Lebenserwartung	36	47
Mittlerer Lebenserwartung (Median)	68	72
Maximaler Lebenserwartung	79	83
Anzahl der Personen pro 10.000, die zwischen dem 15. und 60. Lebensjahr sterben; männlich (weiblich in Klammern)		
Länder mit der höchsten Lebenserwartung	800 (400)	570 (410)
Median	2.570 (1.480)	2.170 (1.190)
Länder mit der geringsten Lebenserwartung	9.200 (4.670)	6.910 (5.740)

Tabelle 10: Trendentwicklung der Lebenserwartung weltweit zwischen 1990 und 2009[247]

nen Lebensverhältnisse und das individuelle Verhalten. In der Zwischenzeit ist der letztgenannte Ursachenbereich von überwiegender Relevanz (Renn, 2014, S. 129).

244 Renn, 2014, S. 104, mit Bezug zur Bundesanstalt für Arbeitsschutz und Arbeitsmedizin, 2010.

245 Pinker, 2011 zeigt ergänzend, dass ebenfalls entgegen der Wahrnehmung vieler Menschen der Umfang der Gewalt (z.B. ausgedrückt durch die Anzahl der Toten bei Kriegen oder durch Verbrechen) in Bezug auf die Bevölkerungsgröße schon seit Jahrhunderten rückläufig ist.

246 Und auch das Minimum der Lebenserwartungen in den Ländern hat sich erhöht, siehe Renn, 2014, S. 51, mit Bezug auf die WHO, 2012.

247 Quelle: Renn, 2014, S. 51, mit Bezug auf die WHO, 2012.

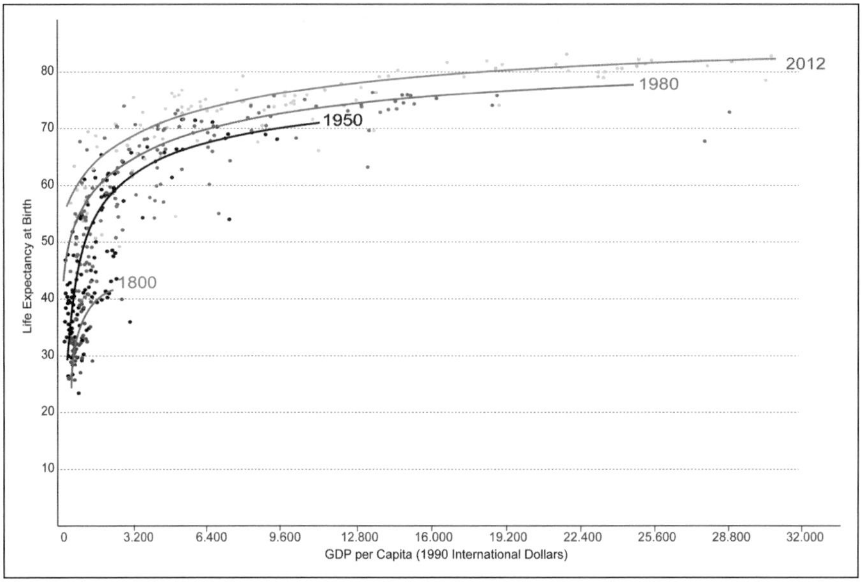

Abbildung 11: Lebenserwartung in Abhängigkeit vom Pro-Kopf-BIP von 1800, 1950, 1980 und 2012[248]

Renn (2014, S. 142) fasst die verschiedenen aufgezeigten Statistiken wie folgt zusammen:

„Die Vorstellung, dass unsere Welt, vor allem unsere Lebensumstände hier in Deutschland, immer riskanter und gefährlicher werden, lässt sich durch die wissenschaftliche Analyse und die statistische Überprüfung der Daten nicht bestätigen. Gerade die Risikobereiche, in denen die meisten Menschen besonders hohe Sensibilität ausgebildet haben und ein entsprechendes Gefahrenpotenzial assoziieren, sind in der Statistik der schweren Erkrankungen und Todesfälle unterrepräsentiert. Dagegen zeigen die Untersuchungen auf, dass sich die Zahl der durch das eigene Verhalten beeinflussbaren Krankheiten im Verlaufe des letzten Jahrhunderts stark erhöht hat."

Zur möglicherweise zunehmend verzerrten Risikowahrnehmung trägt maßgeblich bei, dass bei den „traditionellen" Risiken der vorindustriellen Zeit ein Lernen des Risikoumfangs durch Erfahrungen leichter möglich war, während heute (insbesondere bei „schleichenden Risiken") die Menschen auf statistische Verfahren – oder Expertenwissen von Dritten – angewiesen sind. Dazu führt Renn (2014, S. 307) aus:

„Von daher ist die Nutzung von Faustregeln bei der Bewältigung von Alltagsproblemen unumgänglich. Gerd Gigerenzer weist zu Recht darauf hin, dass sich diese Faustregeln in der Evolution bewährt haben und bei vielen Alltagssituationen, aber auch bei schwierigen Entscheidungssituationen, in denen hohe Unsicherheit herrscht, den komplizierten Modellen von Experten überlegen sein können. Aus meiner Sicht führen uns diese Faustregeln aber dann in die falsche Richtung, wenn sie für die Erfassung

[248] Quelle: Roser/Ortiz-Ospina/Ritchie, 2019, https://ourworldindata.org/life-expectancy (abgerufen am 29.04.2022).

und Lösung komplexer Probleme angewandt werden. Denn dafür sind diese Faustregeln gerade nicht geschaffen. Es geht bei ihnen um Schnelligkeit und rasche, eindeutige Entscheidungsfähigkeit. Im Konflikt zwischen Komplexität und Handlungsfähigkeit steht bei den Faustregeln die Handlungsfähigkeit im Vordergrund."

1.6.4 Der Umgang von Menschen mit Risiko: eine Zusammenfassung

Die folgende checklistenartige Übersicht fasst wesentliche Erkenntnisse der Entscheidungspsychologie (als Teil der kognitiven Psychologie) zusammen, die in Zusammenhang mit der Risikowahrnehmung stehen:

(A) Die Einschätzung von Wahrscheinlichkeiten

1. Aufgrund der „kognitiven Heuristiken" (Repräsentativität und Verfügbarkeit) werden die Wahrscheinlichkeiten für Ereignisse umso größer eingeschätzt, je repräsentativer das Ereignis für die zugrundeliegende Grundgesamtheit erscheint und je leichter bzw. schneller Menschen in der Lage sind, sich (plastische) Beispiele für das Ereignis vorzustellen bzw. in Erinnerung zu rufen.[249]
2. Menschen machen fast durchgängig gravierende Fehler bei der Beurteilung „bedingter Wahrscheinlichkeiten" (vgl. Bayes-Theorem).[250] Insbesondere berücksichtigen Menschen dabei sogenannte A-priori-Wahrscheinlichkeiten (Basisrate) nicht.[251]
3. Die Interpretation verbaler Häufigkeits- oder Wahrscheinlichkeitsausdrücke (wie z.B. „selten") hängt stark vom Kontext ab.
4. Menschen neigen dazu, einer präziseren Aussage (geringerer Zahlenintervall, also z.B. „Schaden liegt zwischen 98 und 102 T€") eher zu glauben, als einer vageren Aussage („Schaden liegt zwischen 50 und 200 T€") und ihr damit eine höhere Wahrscheinlichkeit zuzuordnen.[252]
5. Ein einmal getroffenes Urteil hinsichtlich der Wahrscheinlichkeit eines Ereignisses wird auch bei Vorliegen neuer und valider statistischer Informationen nur mehr unzureichend korrigiert. Dabei nutzen die Entscheider nicht explizit genannte (aber durchaus herleitbare) Informationen wesentlich schwächer als die explizit genannten Informationen.
6. Menschen, die Informationen über die mathematische Verteilungsfunktion des Risikos erhalten, überschätzen das Risiko dabei tendenziell, während diejenigen, die historische Daten zum gleichen Risiko (Auswirkungen, „Schäden") vorgelegt bekommen, dieses tendenziell unterschätzen.[253]

---

[249] Vgl. Tversky/Kahneman, 1992.

[250] Bayes, 1763 und Abschnitt 1.2.

[251] Aufgrund des sogenannten „Konversionsfehlers" verwechseln Menschen zudem häufig die Aussagen „alle A sind in der Menge B" und „alle B sind in der Menge A" und setzen die entsprechenden Wahrscheinlichkeiten (fälschlich) gleich.

[252] Vgl. Teigen, 1990.

[253] Dabei zeigt sich auch, dass Menschen die Zuverlässigkeit kleiner Stichproben (beispielsweise der eigenen Erfahrung) massiv überschätzen, ebenso wie extreme Ausgänge von Zufallsprozessen (also die sogenannte „Regression zur Mitte" vernachlässigen), siehe hierzu Siebenmorgen/Weber, 1999.

7. Menschen überschätzen die Wahrscheinlichkeit angenehmer und unterschätzen die Wahrscheinlichkeit unangenehmer Ereignisse. Dagegen überschätzen sie ihren eigenen Einfluss auf das Eintreten bestimmter Ereignisse, die auch durch zufällige exogene Größen beeinflusst werden (sogenannte „Kontrollillusion").

(B) Die Bewertung von Handlungsalternativen bei Entscheidungen mit Risiko („Nutzen")

1. Wenn Menschen ein Ereignis überhaupt nur einmal erwarten (z.B. ein Spiel nur einmal spielen), werden die Konsequenzen des Spiels nicht hinsichtlich des Erwartungswerts, sondern des tendenziell am häufigsten zu erwartende Ergebnis (Median oder eventuell Modalwert) beurteilt.[254]
2. Menschen messen einem Gegenstand, den sie schon besitzen, einen deutlich höheren Wert (Nutzen) zu, als sie für den Kauf des gleichen Gegenstands zu zahlen bereit wären („Endowment-Effekt").[255]
3. Aufgrund des sogenannten „Sunk-costs-Effects" sind Menschen umso mehr bereit, in eine Sache zukünftig zu investieren oder an einer getroffenen Entscheidung festzuhalten, je mehr sie bereits dafür an Zeit und Geld ausgegeben haben (vgl. Prospect-Theorie).[256]
4. Unterschiedliche Konsequenzen von Handlungen werden von Menschen oft getrennt bewertet, was Abweichungen gegenüber zusammenfassenden Bewertungen zur Folge hat, weil zunehmende Geldbeträge einen immer geringer werdenden Nutzenzuwachs empfinden lassen (Abnahme des Grenznutzens).[257]
5. Eine Reduzierung der Eintrittswahrscheinlichkeit eines (unangenehmen) Ereignisses von einem sehr geringen Wert auf Null wird von den meisten Menschen als wesentlich bedeutsamer eingeschätzt, als eine vergleichbare Reduktion der Wahrscheinlichkeit ausgehend von einem höheren Niveau.
6. Der wahrgenommene Nutzen einer Entscheidung hängt neben der tatsächlich realisierten Konsequenz (Ergebnis) auch von der Abweichung zwischen dem tatsächlich eingetretenen Ergebnis und dem erwarteten Ergebnis ab. Eine hohe Erwartung führt damit tendenziell zu Enttäuschungen.
7. Neben dem unmittelbaren persönlichen Nutzen aus einer Entscheidung berücksichtigen Menschen auch weitere Aspekte (z.B. moralische). Sie verhalten sich beispielsweise in Spiel- oder Wettbewerbssituationen (vgl. das sogenannte Gefangenen-Dilemma) auch dann häufiger kooperativ (als bei strikter Rationalität zu erwarten), weil diese als gesellschaftlich gefordert erscheint. Dabei wird umso weniger kooperativ gehandelt, je größer die Personengruppe ist, je weniger kooperativ die anderen agieren, und je weniger Kommunikation zwischen den Menschen besteht.

---

[254] Vgl. Lopes, 1981, S. 377–385.
[255] Vgl. Thaler, 1980, S. 39–60.
[256] Vgl. Kahneman/Tversky, 1979a, S. 280–284.
[257] Deshalb wird beispielsweise die Kombination aus den Kosten einer Versicherung und eines Rabatts auf die Versicherungsprämie (zwei einzeln bewertete Konsequenzen) tendenziell besser bewertet als eine Versicherung, bei der der Rabatt in der Prämie sofort berücksichtigt wird.

8. Bei der Beurteilung zukünftiger Ereignisse zeigen Menschen oft eine sehr starke Abzinsung (Diskontierung) zukünftiger Ergebnisse. Untersuchungen zeigen, dass ein solcher individueller Diskontierungsfaktor durchaus bei 25 % pro Jahr liegen kann, was eine extrem hohe Gewichtung aktueller Konsequenzen gegenüber zukünftigen Auswirkungen mit sich bringt.
9. Grundsätzlich gibt es eine Präferenz der Menschen, Entscheidungen eher zu unterlassen, weil sich Menschen eher für das verantwortlich fühlen, was sie getan haben, als für das, was durch das Nicht-Tätigwerden ausgelöst wird.[258]

(C) Risikobereitschaft

1. Sieht sich ein Mensch in einer „Gewinnsituation" (bezogen auf einen vorgegebenen Referenzpunkt, häufig den Status quo), handelt er tendenziell risikoavers. Sieht er sich dagegen in einer „Verlustsituation", wird er risikofreudig (vgl. Prospect-Theorie). Man kann also sagen, dass das Risikoverhalten der meisten Menschen geprägt ist von dem psychologischen Prinzip der Gewinnsicherung und der Verlustreparation.[259]
2. Die Risikobereitschaft von Managern ist gemäß empirischen Untersuchungen weitgehend unabhängig von der Risikotragfähigkeit des Unternehmens und wird wesentlich durch das persönlich verfügbare Budget bestimmt.[260]
3. Menschen haben eine Aversion gegen „Ambiguität", also das Gefühl von Unsicherheit über die Höhe der bestehenden Risiken. Zur Reduzierung der Ambiguität suchen deshalb Menschen nach zusätzlichen Informationen insbesondere dann, wenn sie Gewinne, die mit hoher Wahrscheinlichkeit zu erwarten sind, oder Verluste, die mit geringer Wahrscheinlichkeit zu erwarten sind, in Aussicht gestellt bekommen.[261]
4. Empirische Studien zeigen, dass Risikopräferenz und kognitive Fähigkeiten von Menschen (Cognitive Ability) stark korreliert sind. Solche Studien[262] zeigen eine deutliche Abnahme der Risikoaversion bei Zunahme der kognitiven Fähigkeiten (wie Intelligenz, und insbesondere mathematische Fähigkeiten). Man kann die Studienlage so interpretieren, dass Menschen mit ausgeprägteren kognitiven Fähigkeiten speziell auch bessere Fähigkeiten bei der Entscheidungsfindung unter Risiko und Unsicherheit haben. Sie akzeptieren mehr Risiken, wenn adäquate Erträge zu erwarten sind.[263] Unterschiede

---

[258] Allerdings gibt es hier einige Ausnahmen, die vor allen Dingen dann auftreten, wenn man das Handeln bzw. Tätigwerden von einer bestimmten Personengruppe (z.B. Politiker oder Manager) quasi normativ erwartet.

[259] Vgl. March/Shapira, 1987 sowie Günther/Detzner, 2008, die ermitteln, dass dies nur für einen Teil der Menschen gilt.

[260] Vgl. Swalm, 1966.

[261] Menschen überschätzen zudem die Güte ihres eigenen Wissens, wenn sie nicht häufig mit einer bestimmten Art von „Wissensfragen" konfrontiert werden. Sie haben zudem erhebliche Schwierigkeiten, zwischen einer alleine statistisch gegebenen Korrelation und einer kausalbedingten Ursache-Wirkungs-Beziehung zu unterscheiden.

[262] Siehe zusammenfassend Dohmen et al., 2018.

[263] Die positiven Auswirkungen höherer kognitiver Fähigkeiten für Entscheidungen unter Unsicherheit zeigen sich auch in verschiedenen Studien. Dohmen et al., 2018, S. 116 erläutern z.B.: *„One pattern that emerges frequently in these studies is that cognitive ability tends to be positively correlated with avoidance of harmful risky situations, but it tends*

des wirtschaftlichen Erfolgs von Menschen sind damit auch erklärbar über unterschiedliche Fähigkeiten im Umgang mit Risiko.[264, 265] Die deutliche Abhängigkeit der Risikoaversion von den kognitiven Fähigkeiten scheint auch den empirisch regelmäßig bestätigten Zusammenhang zwischen Risikoaversion und Alter der Menschen maßgeblich zu bestimmen (siehe Mata/Josef/Hertwig, 2016).[266, 267]

1.6.5 Fazit: Risikomanagement und Risikoblindheit

Zusammenfassend ist festzuhalten, dass gerade die Bewertung und der Umgang mit Risiken in einem erheblichen Umfang durch psychologisch bedingte Phänomene beeinflusst werden, die bis zu einer mehr oder weniger ausgeprägten „Risikoblindheit" führen. Risiken werden tendenziell verdrängt, weil sich Menschen nicht mit diesen beschäftigen möchten, die Risikowahrnehmung ist stark verzerrt und Risiken fließen nicht adäquat bei Entscheidungen ein. Und es ist den Menschen meist nicht bewusst, wie stark Entscheidungen durch Zufallseinflüsse beeinflusst und verzerrt werden (Kahneman et al., 2021 sprechen von „Noise"). Es ist wichtig, sich der Gefahr einer systematischen Fehleinschätzung von Risiken bewusst zu sein und gezielt formale Verfahren (z.B. Risikoquantifizierungs- und Simulationsmodelle) umzusetzen, die diesen entgegenwirken. Unternehmen benötigen gerade formale Methoden für die Risikoanalyse und Vorbereitung von Entscheidungen, weil Menschen mit Risiken „intuitiv" nicht gut umgehen können.

1.7 Die rechtlichen Rahmenbedingungen des Risikomanagements

1.7.1 Überblick

Das Risikomanagement in deutschen Unternehmen muss bestimmte regulatorische Mindestanforderungen erfüllen, um z.B. persönliche Haftungsrisiken

to be negatively correlated with risk aversion in advantageous situations. This suggests that the relationship between cognitive ability and risk taking has a reinforcing effect on economic outcomes."

264 Siehe zu Entscheidungen im Finanzbereich z.B. Lusardi/Mitchell, 2014 sowie Grinblatt/Keloharju/Linnainmaa, 2011.

265 Siehe hierzu z.B. auch die Studien Dohmen et al., 2010 und Andersson/Holm/Tyran/Wengström, 2016.

266 Unter Berücksichtigung der kognitiven Fähigkeiten ist die Abhängigkeit der Risikoaversion vom Alter nämlich in der Regel statistisch nicht mehr signifikant. Ursächlich ist, dass insbesondere die Lernfähigkeit als wesentlicher Aspekt der kognitiven Fähigkeiten mit zunehmendem Alter nachlässt.

267 Auch länderübergreifend zeigt sich, dass die für die ökonomische Entwicklung wichtige Bereitschaft zur Risikoübernahme korreliert ist mit „Numeracy" und „Literacy", siehe Dohmen et al., 2018, S. 127.

der Mitglieder der Geschäftsleitung zu vermeiden. Im Folgenden sollen einige wesentliche Regelungen im Bereich des Corporate Governance und angrenzender rechtlicher Anforderungen[268] zusammengefasst werden, die Rahmenbedingungen und Anforderungen des Risikomanagements definieren. Startpunkt der Darstellung ist dabei das Kontroll- und Transparenzgesetz (KonTraG), das die wichtigsten Anstöße für den Ausbau von Risikomanagementsystemen in deutschen Unternehmen gegeben hat.[269] Wesentliche ergänzende Anforderungen ergaben sich seit 2021 durch StaRUG (Unternehmensstabilisierungs- und -restrukturierungsgesetz) und FISG (Finanzmarktintegritätsstärkungsgesetz).

Die Abbildung 12 fasst zunächst die „Rechtshistorie" des Risikomanagements in Deutschland zusammen.[270]

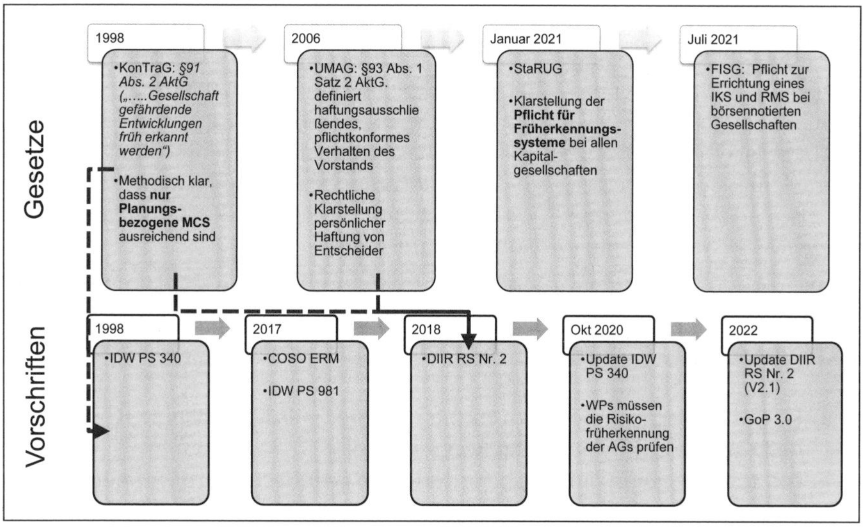

Abbildung 12: Entwicklung der Gesetze, Standards und Normen im Zusammenhang mit Risikomanagement bis 2022 (eigene Darstellung)

1.7.2 Das Kontroll- und Transparenzgesetz (KonTraG, § 91 Abs. 2 AktG)

Das Gesetz zur Kontrolle und Transparenz im Unternehmensbereich (KonTraG) wurde am 6. März 1998 vom Deutschen Bundestag verabschiedet und trat am 1. Mai 1998 in Kraft. Zentraler Bestandteil des KonTraG und Katalysator für das Risikomanagement ist der § 91 Abs. 2 AktG. Dieser fordert die Einrichtung eines Überwachungssystems und regelt die Organisationspflicht des Vorstandes.[271]

[268] Zu den rechtlichen Grundlagen des Risikomanagements in Deutschland siehe auch Münzenberg/Rückert, 2015 sowie Erben, 2015 mit einem Überblick zu Normen und Standards im Risikomanagement.

[269] Vgl. Romeike,2008.

[270] Weiterführend zum rechtlichen Risikomanagement siehe Bora, 1999.

[271] Vgl. Füser/Gleißner/Meier, 1999 und Gleißner, 2017a.

„Der Vorstand hat geeignete Maßnahmen zu treffen, insbesondere ein Überwachungssystem einzurichten, damit den Fortbestand der Gesellschaft gefährdende Entwicklungen früh erkannt werden."

In der Begründung des Deutschen Bundestages zum §91 Abs. 2 AktG heißt es, dass diese Verpflichtung des Vorstandes durch das Gesetz besonders hervorgehoben werden soll. Diese Verpflichtung umfasst dabei die Einrichtung eines angemessenen Risikomanagements, einer angemessenen internen Revision bzw. internen Überwachung (dies schließt auch das Controlling mit ein).[272] Mit dem §91 Abs. 2 AktG sollen somit bestandsgefährdende Entwicklungen früh erkannt werden. Die den Fortbestand der Gesellschaft gefährdenden Entwicklungen umfassen wesentlich mehr als bestandsgefährdende Einzelrisiken. Insbesondere ergeben sich bestandsgefährdende Entwicklungen aus Kombinationseffekten von Einzelrisiken, was eine Betrachtung des Gesamtrisikoumfangs erfordert (Risikoaggregation).[273]

Allgemein ist von einer bestandsgefährdenden Entwicklung auszugehen, wenn die Geschäftsleitung – Vorstand bzw. Geschäftsführer – nicht mehr alleine in der Lage ist eine Insolvenz zu vermeiden, also auf eine vertraglich nicht zugesicherte Unterstützung z.B. durch die Eigentümer oder Gläubiger angewiesen ist. Eine bestandsgefährdende Entwicklung ist eine schwere Krise, die aber nicht notwendigerweise zu einer Insolvenz führen muss.

Von einer „bestandsgefährdenden Entwicklung" ist speziell auszugehen, wenn[274]

1. das Eigenkapital verzehrt wird (Überschuldung), oder
2. eine Illiquidität droht, weil z.B.
   a) Kreditvereinbarungen (Covenants) verletzt werden, die eine Kündigung der Kredite zur Folge haben können, oder
   b) die für die Finanzierung erforderlichen Mindestanforderungen an das Rating nicht mehr gewährleistet sind (Unterschreiten eines z.B. B-Ratings).

Eine bestandsgefährdende Entwicklung kann sich auch ergeben, wenn der verfügbare Kreditrahmen nicht ausreicht, um einen unerwarteten Anstieg des Kapitalbedarfs zu decken (beispielsweise starken Anstieg von Vorräten oder Forderungen aus Lieferungen und Leistungen). Auch eine gescheiterte Refinanzierung von auslaufenden Kreditverträgen oder Anleihen, kann zu einer bestandsgefährdenden Entwicklung führen.

Bestandsgefährdende Entwicklungen sind also nicht etwa bestandsgefährdende Risiken, sondern im Allgemeinen Zukunftsszenarien, bei denen irgendeine Kombination bestehender Risiken zur Verletzung von Covenants oder Mindestanforderungen an das Rating führt. Die Früherkennung bestandsgefährdender Entwicklungen erfordert die Identifikation seltener Extremrisiken (vgl. Kapitel 2) und aufgrund der Nichtaddierbarkeit von Risiken eine Risikoaggregation (mittels Monte-Carlo-Simulation, vgl. Kapitel 3).

---

[272] Vgl. Sassen, 2012.
[273] Berger et al., 2021b.
[274] Vgl. Gleißner, 2017f.

Das KonTraG formuliert nur Anforderungen an das „Risikofrüherkennungssystem" als den Teil des Risikomanagements, der dazu dient, die Unternehmensführung über Risiken zu informieren – und zwar frühzeitig: Insbesondere soll damit vor einer unternehmerischen Entscheidung (z.B. bezüglich einer Investition) klar sein, welche Implikationen diese für den zukünftigen Risikoumfang hätte, um damit eine mögliche bestandsgefährdende Entwicklung durch diese zu erkennen.[275] Wie die Unternehmensführung mit den Risiken umgeht (Risikobewältigung) und unter Berücksichtigung der Risiken entscheidet, wird nicht durch KonTraG vorgegeben.

Eine Verletzung der Sorgfaltspflichten durch den Vorstand kann zum Schadensersatz führen, stellt also ein persönliches Haftungsrisiko dar.

Das KonTraG betrifft nicht nur Aktiengesellschaften. Es wurde schon 1998 von einer Ausstrahlungswirkung auf andere Rechtsformen, vor allem auf größere GmbHs, ausgegangen.[276] Die Frage, ab welcher Unternehmensgröße man von einer solchen Verpflichtung ausgehen muss, ist von den Umständen des konkreten Einzelfalls abhängig.

Erst mit dem am 01.01.2021 in Kraft getretenen StaRUG (Unternehmensstabilisierungs- und -restrukturierungsgesetz) wird gesetzlich eindeutig klargestellt, dass die Früherkennung möglicher „bestandsgefährdender Entwicklungen" zu den Sorgfaltspflichten der Geschäftsleiter aller Kapitalgesellschaften, speziell auch aller GmbHs, gehört (siehe Abschnitt 1.7.5 zu StaRUG).

1.7.3 Entwicklungen der rechtlichen Anforderungen nach 1998

In Deutschland wurde die Entwicklung des Risikomanagements wesentlich geprägt durch das oben erläuterte Gesetz zur Kontrolle und Transparenz im Unternehmensbereich (KonTraG) aus dem Jahr 1998 und dem darauf aufbauenden IDW Prüfungsstandard.[277] In den letzten 20 Jahren ergaben sich basierend auf dieser Anforderung insbesondere die folgenden wesentlichen Entwicklungen:[278]

---

275 Gleißner, 2017a.

276 Diese Rechtsauffassung lehnt sich an die im Kapitalgesellschaften- und Co-Richtlinie-Gesetz (KapCoRiLiG) bzw. im §267 Abs. 1 HGB festgelegten Kriterien an, die weite Teile des Mittelstands mit einschließen (zwei der drei folgenden Kriterien müssen mindestens erfüllt sein): Bilanzsumme > 6 Mio. €; Umsatz > 12 Mio. €; Mitarbeiterzahl > 50. Das OLG Düsseldorf verurteilte z.B. einen GmbH-Geschäftsführer letztlich deshalb zur Zahlung von Schadensersatz, weil er entgegen der gesetzlichen Verpflichtung aus §43 Abs. 1 GmbHG („Sorgfalt eines ordentlichen Geschäftsmannes") kein Risikomanagementsystem eingerichtet hatte. Vgl. Urteil vom 26.4.2001, Az. 6 U 94/00. Eine Revision vor dem BGH wurde nicht angenommen. Ein Urteil des Landgerichts München vom 5. April 2007 (Az.: 5 HK O 15964/06) unterstreicht noch einmal die Relevanz eines funktionierenden Risikomanagementsystems sowie die adäquate Dokumentation der Risikomanagement-Prozesse und Verantwortlichkeiten. So mangelte es in diesem speziellen Fall eines Münchener Unternehmens unter anderem an der schriftlichen Dokumentation des Risikomanagements.

277 Vgl. Füser/Gleißner/Meier, 1999; Romeike, 2008 sowie Gleißner, 2017a.

278 In enger Anlehnung an Gleißner, 2018a.

1. Seit Basel II und insbesondere der Wirtschafts- und Finanzkrise 2008–2010 wurde deutlich, dass sich die im KonTraG angesprochenen „bestandsgefährdenden Entwicklungen" primär aus einer möglichen (drohenden) Illiquidität ergeben (und nicht etwa aus Überschuldung).
2. Die Risikoaggregationsmodelle zur Erkennung möglicher „bestandsgefährdender Entwicklungen", auch aus Kombinationseffekten von Einzelrisiken, sollen um Konzepte zur Messung von Risikotragfähigkeit und Risikotoleranz ergänzt werden (IDW PS 981, DIIR RS Nr. 2 und IDW PS 340 n.F. (2020)).
3. Betrachtet werden sollen im Risikomanagement nun mögliche positive und mögliche negative Planabweichungen (Chancen und Gefahren, also "Risiken im weiteren Sinn"; vgl. ISO 9001:2015; COSO Enterprise Risk Management, DIIR RS Nr. 2 und IDW PS 981).
4. Neben der Transparenz über bestehende Risiken sind entscheidungsvorbereitende Risikoanalysen notwendig, um den Anforderungen aus § 93 AktG im Hinblick auf die dort geforderten „angemessenen Informationen" gerecht zu werden. Das Risikomanagement ist also „entscheidungsorientiert" auszurichten (COSO Enterprise Risk Management von 2017 und DIIR RS Nr. 2) und wird zum Fundament des „wertorientierten Managements", vgl. Abschnitt 1.7.4.[279]
5. Risikomanagement wird nun verstanden als Teil integrierter Managementsysteme[280] (vgl. COSO Enterprise Risk Management, Risk Governance[281] und den GRC-Ansatz[282]) und auch nichtfinanzielle Risiken werden betrachtet und dargestellt.[283]
6. Mit dem StaRUG (Unternehmensstabilisierungs- und -restrukturierungsgesetz) werden seit dem 01.01.2021 alle Kapitalgesellschaften, also auch die GmbHs, verpflichtet mögliche „bestandsgefährdenden Entwicklungen" früh erkennen zu können. Erstmalig wird nun gefordert bei Bedarf „geeignete Gegenmaßnahmen" zur Krisenabwehr zu initiieren (§ 1 StaRUG, vgl. Abschnitt 1.7.5).
7. Mit dem FISG (Gesetz zur Stärkung der Finanzmarktintegrität) werden ab Juli 2021 die kapitalmarktorientierten Aktiengesellschaften verpflichtet ein geeignetes internes Kontrollsystem und ein „angemessenes" und „wirksames" Risikomanagement zu etablieren, das mehr leistet als die Früherkennung möglicher „bestandsgefährdender Entwicklungen" (Risikofrüherkennungssystem). Neben der Stärkung der Stellung des Risikomanagements erfolgt auch eine Stärkung des Aufsichtsrats und damit seiner Position als „Last Line of Defense", vgl. Abschnitt 1.7.7.[284]

---

279 Vgl. Gleißner, 2019d.
280 Vgl. Gleißner, 2020c.
281 Vgl. Stein/Wiedemann, 2017.
282 Governance, Risk und Compliance.
283 Siehe Kajüter, 2017 zum CSR-Richtlinie-Umsetzungsgesetz sowie Baumüller/Gleißner, 2020 und Velte, 2021b.
284 Vgl. Gleißner/Theisen, 2016.

1.7.4 § 93 AktG und Business Judgement Rule

Mit dem Gesetz zur **Unternehmensintegrität und Modernisierung des Anfechtungsrechts** (UMAG) führt der Gesetzgeber am 01.11.2005 erstmals ein Haftungsprivileg ein, um zu vermeiden, dass unternehmerische Entscheidungsfreiheit durch unangemessene persönliche Haftungsrisiken beschränkt wird. Die aus dem § 93 Absatz 1 Satz 1 AktG abgeleitete „Business Judgement Rule" (BJR) regelt schadensersatzträchtige Pflichtversetzungen des Vorstands oder Aufsichtsrats (siehe auch § 116 AktG).[285] Grundsätzlich liegt eine derartige Pflichtverletzung von Vorstand oder Aufsichtsrat dann nicht vor, wenn das Organ *„bei einer unternehmerischen Entscheidung vernünftigerweise annehmen durfte, auf der Grundlage angemessener Information zum Wohle der Gesellschaft zu handeln."*[286]

Keine Pflichtverletzung gemäß § 93 Abs. 1 Satz 2 AktG liegt bei unternehmerischen Entscheidungen vor, wenn

- bei einer rechtlich nicht gebundenen, unternehmerischen Entscheidung
- diese getroffen wurde auf Grundlage angemessener Informationen (Präzisierung in Gesetzeserläuterung und Rechtsprechungen)
- und Annahme vernünftig ist, dass Handeln zum Wohle des Unternehmens geschieht.

Voraussetzung der Anwendung der „Business Judgement Rule" ist, dass überhaupt eine unternehmerische Entscheidung vorliegt – also ein bewusster, zielgerichteter Entschluss zu handeln oder nicht zu handeln. Inaktivität als Pflichtversäumnis ist keine Entscheidung und somit nicht mit Bezug auf § 93 Absatz 1 Satz 2 AktG zu rechtfertigen. Damit also die Business Judgement Rule greift, muss im Rahmen einer Entscheidung zwischen alternativen Handlungsmöglichkeiten gewählt werden und die Entscheidung bestimmte Eigenschaften aufweisen:

„Dazu gehören nach Auffassung des BGH geeignete Ziele sowie das Abwägen der Vor- und Nachteile der in Betracht kommenden Handlungsmöglichkeiten. Letzteres erfordert Prognosen, wie sich die Handlungsmöglichkeiten auswirken, und dass die damit verbundenen Risiken gemessen und beurteilt werden …"[287]

und weiter:

„Überließe man Entscheidungen der Intuition, würden diese zu einer Art Black Box und damit nicht nachvollziehbar werden. Dies ließe sich jedoch nicht mit dem Zweck des Gesetzes vereinbaren, der dem Schutz des Gesellschaftsvermögens und der Interessen der Gesellschafter am Bestand des Unternehmens dient …"

Graumann (2014, S. 317) erläutert zur Angemessenheit der Informationsgrundlage bei Entscheidungen:

„Nach dem in § 93 Abs. 1 neu eingefügten Satz 2 liegt keine Pflichtverletzung vor, wenn das Vorstandsmitglied bei einer rechtlich nicht gebundenen, unternehmerischen Entscheidung vernünftigerweise annehmen durfte, auf der Grundlage angemessener

---

[285] Vgl. auch § 43 GmbHG.
[286] § 93 Abs. 1 Satz 2 AktG.
[287] Vgl. Graumann, 2014, S. 319 und RMA, 2019.

Information zum Wohle des Unternehmens zu handeln. Da die Innenhaftung bei Aktiengesetz, GmbH-Gesetz und Genossenschaftsgesetz ähnlich gestaltet ist, gilt die Vorschrift sinngemäß für alle anderen Kapitalgesellschaften sowie für Genossenschaften."

Es ist die zentrale Intention des Gesetzgebers, mit der BJR klarzustellen, dass kein Geschäftsführer oder Vorstand für Pech haftet. Unternehmertum und unternehmerische Entscheidungen sind unvermeidlich mit Chancen und Gefahren (Risiken) verbunden. Mit jeder unternehmerischen Entscheidung, z.B. einer großen Investition, Akquisition oder Produktneuentwicklung, geht das Unternehmen Risiken ein. Risiken, die z.B. ein Geschäftsführer mit seiner Entscheidung eingeht, können natürlich auch einmal eintreten und schwere negative Planabweichungen, Verluste oder schlimmstenfalls sogar eine Insolvenz auslösen. Ob sich ein Risiko realisiert, ist Zufall, also eine Frage von Glück oder Pech. Es ist nicht vertretbar einen Entscheider zu verurteilen, wenn er einfach Pech hatte (also ein an sich bekanntes Risiko in einem erwartbaren Umfang eingetreten ist). Genau so ist auch die BJR nach §93 AktG zu verstehen: Kein Entscheider haftet für das Pech, dass sich ein eingegangenes Risiko realisiert.

Statt einer Haftung für das Ergebnis einer Entscheidung steht eine Sorgfaltspflicht für die Entscheidungsvorbereitung und Entscheidungsvorlage. Welche Informationen „angemessen" sind, wurde in der Rechtsprechung präzisiert, insbesondere mit Verweisen auf die betriebswirtschaftlichen Methoden zur Vorbereitung von Entscheidungen unter Risiko. Damit kann ein Vorstand oder Geschäftsführer nicht nach Belieben festlegen, was er als „angemessen" ansieht (sonst wäre das Gesetz auch wirkungslos).[288]

Grundsätzlich fordert der Gesetzgeber, dass „unternehmerische Entscheidungen" auf Grundlage „angemessener Informationen" zu treffen sind und natürlich dem Wohl der Gesellschaft dienen sollen (siehe dazu Graumann, 2014). Die Beweislast dafür liegt beim Vorstand bzw. Geschäftsführer (§93 Abs. 2 AktG). Ein Vorstand kann sich dabei seinen Sorgfaltspflichtanforderungen (und Haftungsrisiken) auch nicht entledigen, wenn er die Zustimmung des Aufsichtsrats einholt. Auch wenn der Aufsichtsrat einer unternehmerischen Entscheidung zugestimmt hat, bleibt die Verantwortung für eine ordnungsgemäße Vorbereitung und eine adäquate Entscheidungsvorlage beim Vorstand bzw. Geschäftsführer.

Bei einer Entscheidung unter Unsicherheit sind es insbesondere die Risikoinformationen, die bei der Entscheidungsvorbereitung besonders zu beachten sind und Vorstand bzw. Geschäftsführer zur Verfügung gestellt werden sollten, damit dieser über „angemessene Informationen" verfügt. Die Konsequenz ist eine engere Verknüpfung von Controlling und Risikomanagement für die Entscheidungsvorbereitung („entscheidungsorientiertes Risikomanagement").[289] Aus §93 AktG ergeben sich so auch Anforderungen für das Risikomanagement.[290]

Graumann[291] fordert ausgehend von der Rechtsprechung insbesondere die Beantwortung folgender Fragen bei der Vorbereitung solcher Entscheidungen:

---

288 Vgl. die Zusammenfassung bei RMA, 2019.
289 Vgl. Vanini, 2017 und 2018 sowie Gleißner/Kalwait, 2017 und Gleißner, 2020c.
290 Vgl. Gleißner, 2017a, 2018a und 2020b und RMA, 2019.
291 Vgl. Graumann, 2014 und Graumann et al., 2009.

- Welche Ziele werden bei der Entscheidung verfolgt?
- Welche Handlungsmöglichkeiten stehen zur Verfügung?
- Wie wirken sich die Handlungsmöglichkeiten auf die Ziele aus?
- Wie sind die prognostizierten Wirkungen im Hinblick auf Nutzen und Risiko zu bewerten?"

Die Inhalte von Entscheidungsvorlagen zur Erfüllung der Anforderungen der Business Judgement Rule werden in Abschnitt 6.5.4 näher erläutert.[292] Die genannten inhaltlichen Anforderungen sind speziell zu beachten bei Entscheidungen über:

- Änderungen der Unternehmensstrategie
- Jahresplanung (Jahresbudget)
- Akquisitionen und größere Investitionen
- Änderung beim Versicherungsschutz oder wesentlichen Risikobewältigungsmaßnahmen (wie z.B. Hedging von Wechselkursrisiken)
- Finanzierungsentscheidungen (speziell mit Kreditvereinbarungen/Covenants)
- Großprojekte (mit Kunden oder im Bereich Forschung und Entwicklung)

Es soll insbesondere durch Risikoanalyse aufzeigen, welche Auswirkungen eine Entscheidung auf den Risikoumfang des Unternehmens hätte.

1.7.5 Gesetz über den Stabilisierungs- und Restrukturierungsrahmen für Unternehmen (StaRUG)

Mit dem StaRUG (Gesetz über den Stabilisierungs- und Restrukturierungsrahmen für Unternehmen)[293] gibt es seit dem 01.01.2021 neben neuen Möglichkeiten zur Restrukturierung von Unternehmen auch eine Präzisierung und Ausweitung der Anforderungen an die Krisen- und Risikofrüherkennung.

StaRUG[294] gilt grundsätzlich für alle haftungsbeschränkten Unternehmen, speziell auch mittelständische GmbHs. Ziel des Gesetzes ist es durch ein erweitertes Instrumentarium, speziell mit einem Restrukturierungsplan, Insolvenzen zu vermeiden. Das Gesetz ist aber nicht nur für „Krisenunternehmen" mit bereits bestehenden Restrukturierungs- und Sanierungsbedarf relevant, sondern grundsätzlich für fast alle Unternehmen, speziell auch mittelständische GmbHs. Dies liegt daran, dass insbesondere in § 1 StaRUG Mindestanforderungen an Krisenfrüherkennung und Krisenprävention präzisiert und erweitert werden.[295] Dort liest man zu Krisenfrüherkennung und Krisenmanagement bei haftungsbeschränkten Unternehmensträgern:

„(1) Die Mitglieder des zur Geschäftsführung berufenen Organs einer juristischen Person (Geschäftsleiter) wachen fortlaufend über Entwicklungen, welche den Fortbestand der juristischen Person gefährden können. Erkennen sie solche Entwicklungen,

[292] Siehe auch Gleißner, 2021b; RMA, 2019 und ICV, 2021.
[293] Vgl. Braun, 2021; Weitzmann, 2021 und Pannen et al., 2021.
[294] Vgl. Kühne/Lienhard, 2020 und Gleißner/Haarmeyer, 2019.
[295] Vgl. auch Gleißner/Lienhard/Kühne, 2021; Kühne/Lienhard, 2020; Nickert/Nickert, 2021 und Weitzmann, 2021.

ergreifen sie geeignete Gegenmaßnahmen und erstatten den zur Überwachung der Geschäftsleitung berufenen Organen (Überwachungsorganen) unverzüglich Bericht. Berühren die zu ergreifenden Maßnahmen die Zuständigkeiten anderer Organe, wirken die Geschäftsleiter unverzüglich auf deren Befassung hin."

Aus § 1 StaRUG ergeben sich insbesondere folgende Implikationen:

1. Die Geschäftsleitung (Vorstand oder Geschäftsführung) sind verpflichtet durch geeignete Systeme mögliche „bestandsgefährdende Entwicklungen" früh zu erkennen. Der Text entspricht weitgehend dem älteren § 91 AktG (Kontroll- und Transparenzgesetz) von 1998.[296]
2. Über die gesetzliche Anforderung der Krisenfrüherkennung hinaus wird nun erstmalig gefordert, dass bei einer sich abzeichnenden Krise, also oberhalb eines kritischen „Grads der Bestandsgefährdung", *„geeignete Gegenmaßnahmen"* initiiert werden sollen. Zudem soll in einem solchen Fall das Überwachungsgremium, also bei einer Aktiengesellschaft der Aufsichtsrat, informiert werden.

Eine solche Verpflichtung sich mit einer drohenden Krise aktiv auseinanderzusetzen, gegebenenfalls einen im Gesetz näher erläuterten Restrukturierungsplan zu initiieren, ist bisher auch im Aktiengesetz nicht zu finden. Hier gilt StaRUG über KonTraG hinaus. Erreicht werden soll so, dass das Risikomanagement auch praktische Wirkung zeigt. Aus § 14 StaRUG ergibt sich zudem, dass die Wirksamkeit der initiierten Maßnahmen zur Krisenabwehr zu beurteilen ist. Dabei muss sich die Geschäftsleitung auch an der Interessenslage der Gläubiger orientieren.[297] Die Entscheidung über Maßnahmen der Krisenabwehr ist zudem im Allgemeinen als eine „unternehmerische Entscheidung" (im Sinne Business Judgement Rule, § 93 AktG) aufzufassen (vgl. Abschnitt 1.7.4).[298]

Die Früherkennung möglicher „bestandsgefährdender Entwicklungen" erfordert ein Risikofrüherkennungssystem, weil Krisen das Resultat sind von Risiken, die einzeln oder in Kombination eintreten. Schon mit dem KonTraG (1998), den darauf basierenden wissenschaftlichen Veröffentlichungen[299] und dem auf dem Gesetz basierenden Standards wurde auf die Notwendigkeit eines adäquaten Risikofrüherkennungssystems mit Risikoanalyse und Risikoaggregation verwiesen.

Durch Risikomanagement-Standards wie z.B. dem DIIR RS Nr. 2 (Deutsches Institut für interne Revision) und dem IDW PS 340 n.F.[300] sind damit die betriebswirtschaftlichen Implikationen der § 1 StaRUG-Anforderungen klar: Für eine adäquate Krisenfrüherkennung benötigen Unternehmen Methoden für eine systematische Identifikation, sachgerechte Quantifizierung und Aggregation von Risiken. Die Aggregation von Risiken hat dabei eine zentrale Bedeutung, weil in der Regel nicht Einzelrisiken, sondern Kombinationseffekte von Einzelrisiken Krisen oder Insolvenzen auslösen[301]. Es ist entscheidend, dass ein

[296] Füser/Gleißner/Meier 1999.
[297] § 43 StaRUG Abs. 1 Satz 1, siehe Braun, 2021, S. 171 ff.
[298] Siehe dazu Gleißner, 2021b und RMA, 2019.
[299] Z.B. Gleißner, 2017c und 2018a und Angermüller et al., 2020.
[300] Ursprünglich von 1998, zuletzt aktualisiert 2020.
[301] Siehe Gleißner, 2017c; Angermüller et al., 2020 und Füser/Gleißner/Meier, 1999.

sachgerechtes Risikofrüherkennungssystem notwendige Grundlage ist für eine Risikofrüherkennung und entsprechend der quasi zum § 91 AktG identischen Formulierung in § 1 StaRUG auch mittelständische Unternehmen sich damit an den in den Standards bereits präzisierten Vorgaben orientieren sollten.[302]

Auch die Implikationen aus der Business Judgement Rule (§ 93 AktG), demzufolge Risikoanalysen bei der Vorbereitung „unternehmerischer Entscheidungen" durchzuführen sind, sind hier zu beachten.[303] Eine unternehmerische Entscheidung steht nämlich spätestens dann an, wenn sich eine Krise abzeichnet und eben eine Entscheidung der Geschäftsleitung über „Gegenmaßnahmen" erforderlich ist. Dann ist nämlich zu zeigen, welche Handlungsoptionen bestehen und wie sich dies auf die Zukunftsprognose, speziell der Liquiditätsentwicklung, und eben den Risikoumfang, speziell das Insolvenzrisiko, auswirken.[304]

Um rechtzeitig die gesetzlich gebotenen „geeigneten Gegenmaßnahmen" initiieren und das Überwachungsgremium informieren zu können, benötigt man ein Messkonzept für die Bestandsgefährdung (eine Kennzahl). Es empfiehlt sich den Schwellenwert dieser Kennzahl, ab dem Gegenmaßnahmen und Informationen der Aufsichtsgremien erforderlich sind, in Abstimmung zwischen Geschäftsleitung und Überwachungsgremium festzulegen (solche Messkonzepte nennt man Risikotragfähigkeitskonzepte, siehe dazu Abschnitt 3.4).

Für die Beurteilung der Wirksamkeit von Gegenmaßnahmen, speziell Restrukturierungsplänen, im Sinne § 14 InsO kann man sich orientieren an Vorgaben für insolvenzenrechtliche Prognosen mit ihrer Beurteilung der Bestandsgefährdung[305]. Für die Prognose benötigt man unter Berücksichtigung der Risiken bestimmte Erwartungswerte der Liquiditätsentwicklung und den Umfang möglicher Abweichungen von diesen Erwartungswerten.[306] Nach § 14 Abs. 1 StaRUG benötigt man für jeden Restrukturierungsplan eine begründete Erklärung zu den Aussichten, dass die drohende Zahlungsunfähigkeit des Unternehmens durch diesen Plan beseitigt <u>und</u> die „Bestandsfähigkeit des Schuldners" sicher- oder wiederhergestellt wird.[307] Dabei sind Prognosen für die Beurteilung der Bestandsgefährdungen notwendig und die Unsicherheit der Prognose ist bei der Beurteilung eines Sanierungsplans, speziell aus Perspektive der Gläubiger, zu würdigen.[308]

---

302 Siehe zu den rechtlichen Grundlagen des Risikomanagements auch Romeike, 2008.

303 Gleißner, 2020c und RMA, 2019.

304 Nickert/Nickert, 2021 und Nickert/Nickert/Kühne, 2019.

305 Nickert, 2021.

306 Siehe Nickert/Nickert/Kühne, 2019 und grundlegend Gleißner, 2017c. Die häufig angesprochene Forderung nach einer Zahlungsfähigkeit mit „überwiegender Wahrscheinlichkeit" ist dabei eine notwendige, aber keinesfalls eine hinreichende Bedingung. Für die Zukunftsfähigkeit und die Vermeidung der Überschuldung, siehe Nickert, 2021, S. 185.

307 Nickert, 2021 und Pannen et al., 2021, S. 70–75 und S. 193–198.

308 Möglich ist dies durch einen vom aggregierten Risikoumfang abhängigen Abschlag vom Erwartungswert, was zur Berechnung eines Sicherheitsäquivalents führt (also quasi zur Berücksichtigung eines Sicherheitspuffers). Siehe dazu Nickert, 2021 mit Verweis auf die weiterführende Literatur z.B. Gleißner, 2017a und 2014c zur Risikoadjustierung mittels Risikoabschlag. Grundlage für die Berechnung solcher risikoadjustierten Prognosen für die Beurteilung der Bestandsgefährdung – bzw. der

Das Gesetz richtet sich an alle „haftungsbeschränkten Unternehmensträger" und folglich auch an Tochtergesellschaften von Konzernen. Die Geschäftsführung von GmbHs in einem Konzern, z.B. einer Aktiengesellschaft, haben nun eine gesetzliche Eigenverantwortung für die Früherkennung von „bestandsgefährdenden Entwicklungen", und der einer solche potenziell auslösenden Risiken. Mit §1 StaRUG ist damit eine konsequente Verankerung des Risikomanagementsystems in Konzernen über die Geschäftsführung der Tochtergesellschaften erforderlich. Dies trägt auch dazu bei, dass bessere Daten über die Risikolage der Tochtergesellschaft für die Beurteilung der Gesamtrisikolage eines Konzerns bereitgestellt werden können. Die Geschäftsführer der Tochtergesellschaften haben nämlich nun Eigeninteresse (und eine gesetzliche Verpflichtung) die in ihrer Gesellschaft auftretenden Risiken zu analysieren und im Hinblick auf die Möglichkeit von bestandsgefährdenden Entwicklungen auszuwerten. StaRUG fordert damit die Verankerung des Risikomanagements in Konzernen.

1.7.6 Bilanzrechtsreformgesetz und DRS

Ergänzende Anforderungen an das Risikomanagement ergeben sich auch durch das **Bilanzrechtsreformgesetz** (BilReG), das insbesondere die Prognoseberichterstattungspflicht regelt. Kapitalgesellschaften müssen nunmehr die voraussichtliche Entwicklung des Unternehmens mit ihren wesentlichen Chancen und Risiken (im Sinne von Gefahren) beurteilen und erläutern (§289 Abs. 1, Satz 4 HGB). In diesen zukunftsbezogenen Berichterstattungen sind die zu Grunde liegenden Annahmen der Planung zu erläutern, um den Eigentümern ex post auch Soll-Ist-Vergleiche zu ermöglichen (vgl. Abschnitt 1.7.4 zum UMAG). Diese Anforderungen an den Prognosebericht betreffen alle Geschäftsjahre, die nach dem 31. Dezember 2004 beginnen.[309] Besonders wesentlich an den rechtlichen Veränderungen ist, dass seit 2005 auch Informationen über positive mögliche Planabweichungen, also Chancen, darzustellen sind. Durch die zusätzlich vorgesehene Darstellung der wesentlichen Planannahmen wird zudem ein größeres Maß an Transparenz und Nachvollziehbarkeit der Zukunftsplanung erreicht. Naheliegend erscheint es hier, dass durch das Aufzeigen unsicherer Planannahmen zugleich eine Verbindung zu den Chancen und Gefahren (Risiken) hergestellt wird. Im Gegensatz zu den Regelungen des KonTraG wird die Unternehmensleitung jedoch nicht verpflichtet, ein Organisationssystem für die Erkennung und Nutzung von Chancen einzurichten.[310] Dennoch ist es natürlich naheliegend, bereits vorhandene Risikomanagementsysteme von Unternehmen so zu erweitern, dass neben den (bisher verpflichtenden) Gefahren nunmehr

Auswirkungen des Restrukturierungsplans auf diese – erfordern eine quantitative Risikoanalyse und Risikoaggregation mittels Monte-Carlo-Simulation. Nickert, 2021, S. 223 schlägt als Risikomaß speziell den Expected Shortfall, als „Erwartungswert der Unterdeckung" vor und interpretiert den daraus unter Berücksichtigung der Wahrscheinlichkeit abgeleiteten Sicherheitsabschlag als „hypothetische Versicherungsprämie").

309 Siehe vertiefend Kaiser, 2005.

310 Siehe Kaiser, 2005, S. 345.

auch die Chancen miterfasst werden können. Damit fördert das BilReG die Entwicklung der Unternehmenssteuerungssysteme hin zu integrierten Risikomanagementsystemen (integriertes Chancen- und Risikomanagement), was Grundvoraussetzung für eine wertorientierte Unternehmensführung ist – also gerade eben das Abwägen von Chancen und Gefahren (Risiken) bei unternehmerischen Entscheidungen ermöglicht.

Die vorliegenden gesetzlichen Regelungen wurden 2000 im Deutschen Rechnungslegungs-Standard (DRS) Nr. 5 (DRS 5) in den sogenannten „konkreten Grundsätzen für die Aufstellung einer Risikoberichterstattung" aufgegriffen, bzw. im DRS 15 zum Lagebericht, der den Risikobericht miteinschließt. Durch den § 342 Abs. 2 HGB werden die DRS legitimiert und sollen so die Grundsätze der ordnungsgemäßen Buchführung wahren.

Der jüngere DRS 20, verabschiedet am 04.12.2012, regelt verbindlich die Konzernlage-Berichterstattung (Konzernlagebericht) für die Muttergesellschaften deutscher Konzerne.[311] Der DRS 20 fordert umfangreiche Verbesserungen in der Prognoseberichterstattung. Notwendig ist es beispielsweise, einen Vergleich zwischen dem prognostizierten und dem tatsächlich eingetretenen Geschäftsverlauf vorzunehmen. Dies führt zu einem unmittelbaren Bezug auf das Risikomanagement, der im DRS 20 allerdings nicht so deutlich aufgezeigt wird. Ursachen eingetretener Planabweichungen können nur realisierte Chancen oder Gefahren (Risiken) sein, die im Rahmen der Darstellung der wesentlichen Risiken auch genannt sein müssten.[312] Zu diesen Risiken gehören speziell auch die unsicheren Annahmen der Unternehmensplanung, die gemäß den DRS-20-Anforderungen auch zu erläutern sind. Wesentliche (unsichere) Annahmen kann man dabei im Wesentlichen als exogene Einflussfaktoren auf das Ergebnis und damit exogene Risikofaktoren auffassen.

Bei der Umsetzung der Anforderung der DRS 20 ist es also zu empfehlen, (1) Erläuterungen zu den wesentlichen Annahmen, (2) Angaben zu den quantifizierten Risiken und (3) Erklärung eingetretener Planabweichungen miteinander zu verknüpfen und unmittelbare Bezüge herzustellen.

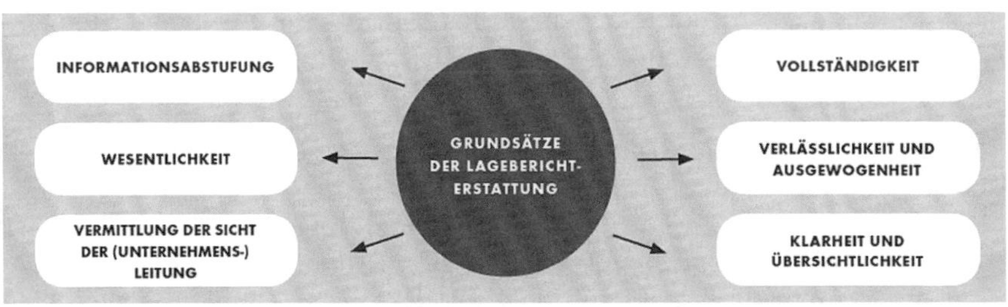

Abbildung 13: Grundsätze der Lageberichterstattung[313]

[311] Der DRSC – Deutsches Rechnungslegungs Standards Committee e.V. (DRSC) empfiehlt diese Regelungen auch für Lageberichte gemäß § 289 HGB anzuwenden.

[312] Sofern man einmal von schlichten „Rechenfehlern" absieht.

[313] Quelle: Curacon GmbH, 2013.

Grundsätzlich soll die Risikoberichterstattung Angaben zum Risikomanagementsystem und den wesentlichen Einzelrisiken umfassen sowie eine zusammenfassende Darstellung für Risikolage. Entsprechend den Anforderungen aus Kontroll- und Transparenzgesetz (KonTraG) sind bestandsgefährdende Risiken anzugeben, aber darüber hinaus auch weitere „wesentliche Risiken" (vgl. dazu das spätere FISG in Abschnitt 1.7.8). Die dargestellten Risiken sind zu quantifizieren, wenn dies auch zur internen Steuerung quantifiziert wurde. Da gemäß den Anforderungen aus KonTraG gerade für die interne Steuerung – speziell das frühe Erkennen bestandsgefährdender Entwicklungen – alle wesentlichen Risiken für die interne Steuerung zu quantifizieren sind, entspricht dies einem weitgehenden Quantifizierungsgebot. Das ist auch sinnvoll. Allein durch qualitative Risikoinformationen kann ein Außenstehender nicht beurteilen, welche Implikationen die Risiken z.B. für das Rating (und damit den Bestand) eines Unternehmens haben. Da es im Allgemeinen gerade die Kombinationseffekte eingetretener Risiken sind, die Krisen und Insolvenzen auslösen, sollte man die DRS-20-Anforderungen der Darstellung *„eines Gesamtbilds der Risikolage des Konzerns"* so interpretieren wie die Anforderung der Risikoaggregation im IDW Prüfungsstandard 340, insbesondere in der aktualisierten Version von 2020.[314] Der DRS 20 verweist darauf, dass Risikodiversifikationseffekte berücksichtigt werden können. Faktisch ist dies (wie auch die Berücksichtigung der Chancen) jedoch immer sinnvoll und geboten, um ein tatsächliches Bild der Risikolage abzugeben. Würde man nämlich unterstellen, dass sämtliche wesentliche Risiken gemeinsam eintreten, wäre der Bestand nahezu jedes Unternehmens gefährdet – was jedoch ein Szenario mit Wahrscheinlichkeit von praktisch Null ist.

Sofern die Veröffentlichung von „quantitativen Risikoinformationen" für das Unternehmen nachteilig ist, erscheint es angemessen – z.B. nach Diskussion mit dem Wirtschaftsprüfer – diese im Risikobericht nicht anzugeben (ggf. mit Begründung).

In vielerlei Hinsicht ist die nochmalige Betonung der Bedeutung quantifizierter Risiken (auf der Linie des KonTraG) hilfreich, um mehr Transparenz zu schaffen über den tatsächlichen Risikoumfang von Unternehmen (und die Risikomanagementfähigkeiten) und ein potenzieller Anstoß, die Risikomanagementsysteme in dieser Linie weiterzuentwickeln.

1.7.7 BilMoG und die Rolle des Aufsichtsrats

Mit dem am 29.05.2009 in Kraft getretenen **Bilanzrechtsmodernisierungsgesetz** (BilMoG) wird das Zusammenspiel zwischen Risikomanagement, internem Kontrollsystem und Interner Revision sowie der Überwachung dieser Systeme durch den Aufsichtsrat präzisiert. Mit der Überarbeitung des § 107 Abs. 3 Satz 2 des AktG werden die Aufgaben des Aufsichtsrats im Kontext speziell auch des Risikomanagements konkretisiert und die Einrichtung eines Prüfungsaus-

[314] Bekanntlich können nur mittels Simulationsverfahren (Monte Carlo Simulation) Aussagen über den aggregierten Gesamtrisikoumfang (z.B. Eigenkapitalbedarf) abgeleitet werden, vgl. Kapitel 3.

schusses empfohlen, der die wesentlichen Überwachungsaufgaben wahrnimmt. Die Überwachung betrifft dabei die Wirksamkeit des Risikomanagements, aber auch des internen Kontrollsystems und der Internen Revision. Mit dem BilMoG wird als Weiterentwicklung des Kontroll- und Transparenzgesetzes (speziell auch den Aussagen gemäß §91 Abs. 2 AktG) deutlich, dass von kapitalmarktorientierten Unternehmen nicht nur ein Risikofrüherkennungssystem, sondern ein umfassenderes Risikomanagementsystem gefordert wird.[315]

Konkret formuliert §171 Abs. 1 Satz 2 AkG zu den Aufgaben des Aufsichtsrats:

„Aufsichtsrat und Prüfungsausschuss prüfungspflichtiger Unternehmen haben sich außerdem in ihrer Bilanzsitzung vom Abschlussprüfer insbesondere über wesentliche Schwächen des internen Kontroll- und Risikomanagementsystems bezogen auf den Rechnungslegungsprozess berichten zu lassen".

Zentral ist hier das Wort „insbesondere". Dies sollte so interpretiert werden, dass in besonderer Weise auf das Thema „Bilanzierung" eingegangen werden muss – aber natürlich sind auch andere Schwächen des internen Kontroll- und Risikomanagementsystems zu thematisieren.[316]

In §107 Abs. 3 Satz 1 AkG liest man:

„Der Aufsichtsrat kann aus seiner Mitte ein oder mehrere Ausschüsse bestellen, namentlich, um seine Verhandlungen und Beschlüsse vorzubereiten oder die Ausführung seiner Beschlüsse zu wahren. Er kann insbesondere einen Prüfungsausschuss bestellen, der sich mit der Überwachung des Rechnungslegungsprozesses, der Wirksamkeit des internen Kontrollsystems, des Risikomanagementsystems und des internen Revisionssystems sowie der Abschlussprüfung, hier insbesondere der Unabhängigkeit des Abschlussprüfers und der vom Abschlussprüfer zusätzlich erbrachten Leistungen, befasst."

Es ist zu erwähnen, dass mit dem FISG (Gesetz zur Stärkung der Finanzmarktintegrität – Finanzmarktintegritätsstär-kungsgesetz) seit dem 01.07.2021 diese Regelungen modifiziert und die Möglichkeiten des Informationsaustauschs zwischen dem Aufsichtsrat und dem Risikomanagement verbessert wurden (siehe dazu Abschnitt 1.7.8).

Diese Punkte umfassen Zukunftsthemen wie die künftige Geschäftspolitik (Strategie) und die Planung, Informationen über in der Vergangenheit Erreichtes (Lage der Gesellschaft und Rentabilität) – und nicht Erreichtes –, sowie Informationen über risikoreiche Geschäfte, also Ursachen für mögliche zukünftige Planabweichungen. Besonders wesentlich ist die kritische Prüfung von Entscheidungsvorlagen des Vorstands – gerade im Hinblick auf unsichere Annahmen – und Risiken durch die Fundiertheit der Ableitung von Schlussfolgerungen.[317] Für die bedeutsamen Risiken aus strategischen Planungen bzw. Entscheidungen des Vorstands ist eine gesonderte Kontrolle durch den Aufsichtsrat sinnvoll.

---

[315] Siehe auch Hommelhoff/Mattheus, 2007, S. 2789 und die diesbezügliche Interpretation von Schulten, 2010, S. 234.

[316] Auf das interne Kontrollsystem wird seit dem BilMoG explizit in §107 AktG hingewiesen.

[317] Vgl. Gleißner, 2017j.

1.7.8 Das FISG (Finanzmarktintegritätsstärkungsgesetz)

Das FISG ist die Folge des Betrugsfalls, der zur Wirecard-Insolvenz geführt hat.[318] Mit dem FISG ergeben sich neue Anforderungen an die Abschlussprüfung, z.B. im Hinblick auf die Prüferrotation, und den Aufsichtsrat (z.B. Velte, 2021a). § 100 Abs. 2 AktG fordert zudem nun zwei Finanzexperten im Aufsichtsrat bzw. dessen Prüfungssauschluss bei Unternehmen von öffentlichem Interesse, insbesondere also den großen kapitalmarktorientierten Unternehmen/Aktiengesellschaften.

Für das Risikomanagement wesentlich ist die Verpflichtung zur Einrichtung eines angemessenen und wirksamen internen Kontrollsystems und eines entsprechenden Risikomanagementsystems (nun im neuen Absatz 3 des § 91 AktG zu finden):

„Der Vorstand einer börsennotierten Gesellschaft hat darüber hinaus ein im Hinblick auf den Umfang der Geschäftstätigkeit und die Risikolage des Unternehmens angemessenes und wirksames internes Kontrollsystem und Risikomanagementsystem einzurichten."

Das Risikomanagement erfährt damit eine hervorgehobene Positionierung unter den Managementsystemen, weil nach der Diskussion über die Gesetzesvorlagen z.B. andere wesentliche Managementsysteme – wie das Compliance-Management oder das Controlling – im Gesetz nicht genannt werden.

Mit dem FISG werden speziell börsennotierte Aktiengesellschaften zukünftig verpflichtet, ein „umfassendes" Risikomanagementsystem einzurichten, das „angemessen" auszugestalten ist.[319] Das Risikofrüherkennungssystem gemäß § 1 StaRUG, als Teil eines umfassenden Risikomanagements, ist für alle Aktiengesellschaften verpflichtend (und gemäß § 1 StaRUG auch für alle anderen haftungsbeschränkten Unternehmen). Die Verpflichtung nach einem „umfassenden" Risikomanagement betrifft die börsennotierten Gesellschaften (geregelt im neuen § 91 Abs. 3 AktG). Die Parallelität von Abs. 2 AktG und Abs. 3 AktG führt zu Auslegungs- und Abgrenzungsproblemen (Velte, 2021). Aus ökonomischer Perspektive ist ein „umfassendes Risikomanagement" zunächst ein System, das alle Managementsysteme und Aktivitäten einbezieht, die sich mit Risiken befassen. Neben der Risikofrüherkennung zum Zweck der Identifikation möglicher „bestandsgefährdender Entwicklungen" schließt ein solches die Risikobewältigung ein[320] und auch die Berücksichtigung von Risikoinformationen bei „unternehmerischen Entscheidungen" (§ 93 AktG, vgl. Gleißner, 2018a).[321, 322]

[318] Zu weiteren Aspekten des FISG siehe Velte, 2020 sowie die Stellungnahme von Berger et al., 2021a.

[319] Velte, 2021 und Velte/Eulerich, 2021.

[320] Siehe analog § 1 StaRUG mit der Forderung nach „geeigneten Gegenmaßnahmen".

[321] Siehe dazu Berger et al., 2021a, wo aus betriebswirtschaftlicher Sicht diese Position zum FISG verdeutlicht wird.

[322] § 100 Abs. 2 AktG fordert nun zwei Finanzexperten im Aufsichtsrat bzw. dessen Prüfungssauschluss bei Unternehmen von öffentlichem Interesse, insbesondere also den großen kapitalmarktorientierten Unternehmen/Aktiengesellschaften.

Als wirksam wird ein Risikomanagementsystem angesehen, wenn es zur Identifikation und Bewältigung aller wesentlichen Risiken geeignet ist. Damit ergeben sich zwei Implikationen:

1. Durch die intensivere Beschäftigung mit Risiken stehen bessere Informationen zur Verfügung, um mögliche „bestandsgefährdende Entwicklungen" (§91 Absatz 2 AktG[323]/§1 StaRUG) aus Einzelrisiken oder den Kombinationseffekten früh zu erkennen.
2. Der umfassendere Begriff des Risikomanagements impliziert, dass neben Risikofrüherkennung nun auch Risikosteuerung und Risikobewältigung durch geeignete Systeme zu unterstützen sind. Dies ist ganz auf der Linie aus §1 StaRUG, demzufolge nach Erkennen einer möglichen „bestandsgefährdenden Entwicklung" auch „geeignete Gegenmaßnahmen", speziell damit auch geeignete Risikobewältigungsmaßnahmen, initiiert werden müssen.

Diese Anforderungen präzisieren und erweitern die Sorgfaltspflichten nach §93 Abs. 1 AktG.[324]

Gemäß §107 AktG ist nun auch eine direkte Kommunikation zwischen dem Aufsichtsrat (Prüfungsausschuss) einerseits und dem Risikomanagement (sowie interner Revision und internem Kontrollsystem) andererseits vorgesehen. Zielsetzung ist es sicherzustellen, dass der Aufsichtsrat ein eigenständiges – auch vom Vorstand möglichst wenig beeinflusstes – Bild von Risikolage und Qualität des Risikomanagementsystems erhält.

Aufgrund der zentralen Positionierung des Risikomanagements in §91 Abs. 3 AktG und der direkten Kommunikationsverbindung mit dem Aufsichtsrat ist es zu empfehlen das Risikomanagementsystem in direkter Verantwortung dem Vorstand zuzuordnen (und damit den Leiter Risikomanagement oder Chief Risk Officer mit direktem Zugang zum Vorstand auf der zweiten Hierarchie-Ebene des Unternehmens anzusiedeln).

1.7.9 Nichtfinanzielle Berichterstattung und Nachhaltigkeitsrisiken

Für Geschäftsjahre seit 2017 sind bestimmte Unternehmen verpflichtet, auch nichtfinanzielle Informationen im jährlichen Lagebericht oder einem gesonderten Bericht zu veröffentlichen. Diese Verpflichtung ergibt sich aus dem Corporate Social Responsibility (CSR)-Richtlinie-Umsetzungsgesetz (CSR-RUG), das die Umsetzung der EU-CSR-Richtlinie in Deutschland regelt.[325] Betroffen sind Kreditinstitute, Versicherungsgesellschaften sowie alle anderen großen Kapitalgesellschaften, die eine Bilanzsumme von über 20 Millionen bzw. Um-

---

[323] Zu erwähnen ist, dass die betriebswirtschaftliche Interpretation die Anforderungen aus §91 Abs. 2 AktG schon bisher weiter gefasst ist, als dies in Teilen des rechtswissenschaftlichen Schrifttums zu erkennen war; siehe dazu Velte, 2021a.

[324] Zusätzliche Anforderungen im Hinblick auf die Richtung eines Compliance-Management-Systems sind im Gesetz nicht enthalten.

[325] Mit dem CSR-RUG wird §289 HGB um die Abschnitte §289b bis e ergänzt, vgl. Sopp/Baumüller/Scheid, 2021 und Baumüller/Follert, 2020.

satz über 40 Millionen Euro aufweisen und daneben im Jahresdurchschnitt die Zahl von 500 Arbeitnehmer überschreiten. Als weiteres Kriterium für die Berichtspflicht gilt, für Kapitalgesellschaften die Kapitalmarktorientierung, also dass sich Unternehmen am Kapitalmarkt über Anleihen finanzieren oder dort gehandelte Aktien ausgegeben haben.[326] Die CSR-Berichterstattung soll auch über nichtfinanzielle Leistungsindikatoren informieren sowie über Risiken, die (auch) nichtfinanzielle Auswirkungen haben.

Ausgehend von einer Beschreibung des Geschäftsmodells des Unternehmens und einer Darstellung der Wertschöpfungskette sind im nichtfinanziellen Bericht gemäß § 289c Abs. 2 HGB Aussagen zu folgenden Aspekten gefordert:[327]

1. Umweltbelange, also Erläuterungen zu den Auswirkungen der Geschäftstätigkeit eines Unternehmens auf die Umwelt (wie Luftverschmutzung, Wasserverbrauch oder Treibhausgas-Emissionen sowie die Nutzung von Energiequellen)
2. Arbeitnehmerbelange, also z.B. Aussagen zu Gesundheitsschutz und Sicherheit am Arbeitsplatz, Arbeitsbedingungen und Aspekten der Gleichberechtigung (wie z.B. Geschlechterverteilung im Unternehmen)
3. Sozialbelange, also Aussagen zum Umgang mit Kunden (Beschwerdeverfahren) und Lieferanten sowie Kommunikationsaktivitäten auf kommunaler und regionaler Ebene
4. Achtung der Menschenrechte, wobei zu erläutern ist, wie das Unternehmen die Rechte von Stakeholder schützen und insbesondre Menschenrechtsverletzungen vermeiden möchte.
5. Bekämpfung von Korruption, insbesondere Erläuterungen zu den Aktivitäten, die helfen sollen, Korruption und Bestechung zu vermeiden.

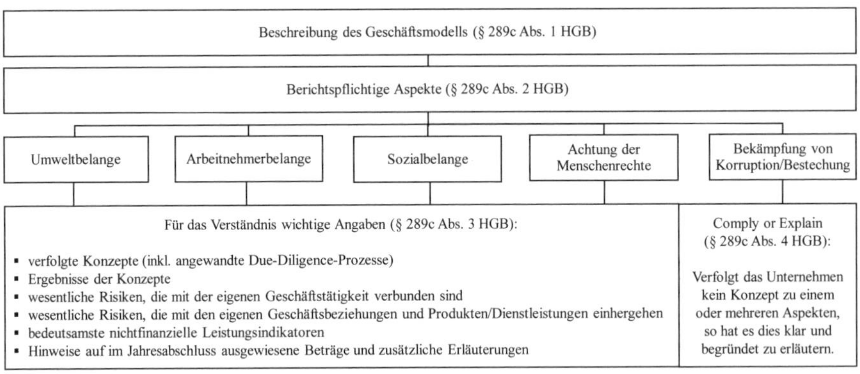

Abbildung 14: Der Inhalt der nichtfinanziellen Erklärung (Quelle: Waschbusch et al., 2021, S. 71)

[326] Für die Nachhaltigkeitsberichterstattung empfiehlt sich eine Orientierung an hier bestehenden Rahmenwerken, wie den GRI-Standard (Global Reporting Initiative-Standard), den ISO 26000-Leitfaden oder den deutschen Nachhaltigkeitskodex.

[327] Siehe Brunner, 2020, S. 1024.

Betrachtet werden hier auch die sogenannten „Nachhaltigkeitsrisiken“[328], die (negative) Auswirkungen auf einen oder mehrere der oben genannten fünf Aspekte haben können (vgl. dazu Abschnitt 2.4.9). Damit erweitern sich auch die Aufgaben und Möglichkeiten des Risikomanagements[329], da nun explizit eine systematische Analyse von Risiken aus den oben genannten Bereichen erforderlich ist.[330] Davon profitiert das Risikomanagement durch eine Verbesserung der Datenqualität. Bei all den genannten Nachhaltigkeitsrisiken, die auch nichtfinanzielle Auswirkungen, z.B. auf Umwelt oder Arbeitnehmer haben, ist nämlich grundsätzlich auch zu analysieren, welche finanziellen Auswirkungen sich durch diese ergeben.[331] Die finanziellen Auswirkungen von Nachhaltigkeitsrisiken sind entsprechend den üblichen Anforderungen an ein finanzielles Risikomanagement bei der quantitativen Risikoanalyse und Risikoaggregation zu berücksichtigen, um den Gesamtrisikoumfang und die Wahrscheinlichkeit einer „bestandsgefährdenden Entwicklung“ (§1 StaRUG) ermitteln zu können.[332] Für das Risikomanagement bedeutet dies, dass bisher oft nicht oder wenig beachtete Risikofelder (siehe oben) systematisch im Hinblick auf dort bestehende Risiken für das Unternehmen – und andere Stakeholder – zu analysieren sind.

1.8 Standards für das Risikomanagement

1.8.1 Einführung

Die bisher erläuterten gesetzlichen Vorgaben führen zu Mindestanforderungen an das Risikomanagement. Im Wesentlichen wird dabei festgehalten, welche Fähigkeiten von den Managementsystemen eines Unternehmens zu erwarten sind – z.B. eben die Fähigkeit mögliche „bestandsgefährdende Entwicklungen“ früh zu erkennen. Um die praktischen Implikationen solcher Anforderungen an das Risikomanagement aufzuzeigen, wurden in den letzten Jahren eine Reihe von Risikomanagement-Standards entwickelt. Diese konkretisieren die Anforderungen und ihre betriebswirtschaftlich methodischen Implikationen. Einige Standards, wie der deutsche Corporate Governance Kodex, befassen sich mit einer Vielzahl von Themen und sprechen das Risikomanagement als einen Teilaspekt mit an. Andere, wie der Prüfungsstandard 340 des Instituts

[328] Die europäische Union definiert „Nachhaltigkeitsrisiko“ wie folgt:
„Ein Ereignis oder eine Bedingung in den Bereichen Umwelt, Soziales oder Unternehmensführung, dessen bzw. deren Eintreten tatsächlich oder potenziell wesentliche negative Auswirkungen auf den Wert der Investition haben könnte.“
Siehe Amtsblatt der Europäischen Union, Verordnung (EU) 2019/2088 des europäischen Parlaments und des Rates vom 27.11.2019 über nachhaltigkeitsbezogene Offenlegungspflichten im Finanzdienstleistungssektor.

[329] Siehe Brunner, 2020, S. 1027.

[330] Vgl. Abschnitt 2.4.9.

[331] Siehe weiterführend zu Umgang und Quantifizierung von Nachhaltigkeitsrisiken Abschnitt 2.4.9.

[332] Siehe Baumüller/Gleißner, 2020.

der deutschen Wirtschaftsprüfer (IDW PS 340) betrachten nur Teilaspekte des Risikomanagements, nämlich in diesem Fall das Risikofrüherkennungssystem gemäß §91 Abs. 2 AktG. Manche Standards berücksichtigen dabei explizit die deutsche Rechtslage (wie der DIIR RS Nr. 2), andere sollen unabhängig von landesspezifischen Gesetzen, Orientierung bieten (wie COSO Enterprise Risk Management). Im nachfolgenden Abschnitt werden die für deutsche Unternehmen besonders wesentlichen Standards knapp zusammengefasst.

1.8.2 Der Deutsche Corporate Governance Kodex[333]

Die Bedeutung von Corporate Governance als Ordnungsrahmen für eine „gute Unternehmensführung" und die Einhaltung von Gesetzen und sonstigen Regelungen hat in den letzten Jahren an Stellenwert gewonnen.[334]

Corporate Governance oder „Grundsätze der Unternehmensführung" bezeichnet den Ordnungsrahmen für Leitung, Steuerung und Überwachung eines Unternehmens (vgl. Freidank, 2019). Corporate Governance zielt auf eine „gute Unternehmensführung".[335] Von der Oelsnitz (2012) nennt folgende Kennzeichen guter Corporate Governance:[336]

- *„eine funktionsfähige Unternehmensleitung,*
- *die systematische Ausbalancierung von Gruppeninteressen,*
- *eine transparente Unternehmenskommunikation,*
- *der angemessene Umgang mit Risiken sowie*
- *an langfristigen Zielen ausgerichtete Management-Entscheidungen."*

Die nachfolgende Abbildung zeigt im Überblick die Elemente des Corporate Governance-Systems deutscher börsennotierter Gesellschaften.

Der deutsche Corporate Governance Kodex (DCGK) wurde am 26. Februar 2002 verabschiedet und unterliegt einer jährlichen Aktualisierungsprüfung. Ziel des Kodexes ist die Transparenz des deutschen Corporate Governance Systems und die Förderung des Vertrauens der Stakeholder in die Leitung und Überwachung deutscher börsennotierter Aktiengesellschaften.[337] Er regelt vor allem Rechte und Pflichten der Aktionäre, des Aufsichtsrats und des Vorstands. Der Kodex besteht aus Muss-Bestimmungen, die geltendes Gesetzesrecht darstellen, Empfehlungen, die eingehalten werden sollten, und aus Anregungen. Jede Abweichung von Empfehlungen, sogenannten Soll-Bestimmungen, muss dargelegt werden. Es wird z.B. empfohlen, dass bei Abschluss einer D&O-Versicherung[338] ein angemessener Selbstbehalt vereinbart wird (DCGK 3.8) und dass der Vorstand aus mehreren Personen bestehen soll (DCGK 4.2.1). Anregungen

---

[333] Download unter: https://www.dcgk.de//files/dcgk/usercontent/de/download/kodex/191216_Deutscher_Corporate_Governance_Kodex.pdf (abgerufen am: 29.04.2022). Siehe auch Dörrwächter, 2020.

[334] Vgl. Steger/Amann, 2009 mit einer Übersicht.

[335] Vgl. Jensen/Meckling, 1976 zum Interessenkonflikt zwischen Eigentümer und Management.

[336] Siehe von der Oelsnitz, 2012, S. 525. Vgl. auch Ulrich, 2011.

[337] Zu den Entwicklungen und Problemen des DCGK siehe Theisen, 2014.

[338] „Directors & Officers"-Versicherung.

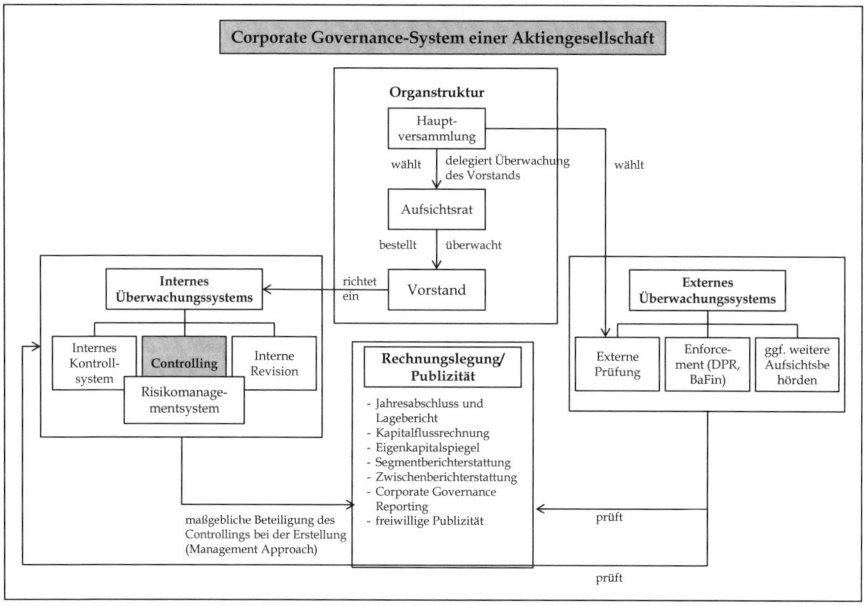

Abbildung 15: Corporate Governance-System einer Aktiengesellschaft (Quelle: Sassen, 2012, S. 327)

sind z.B., dass das Unternehmen den Gesellschaftern die Verfolgung der Hauptversammlung über moderne Kommunikationsmedien ermöglicht (DCGK 2.3.3).

Der Vorstand hat für ein angemessenes Risikomanagement und Risikocontrolling zu sorgen (DCGK 4.1.4). Damit ist das Risikomanagement ein Kernbestandteil guter Unternehmensführung geworden.[339] Auch der Aufsichtsrat muss sich gemäß deutschem Corporate Governance Kodex intensiv mit dem Risikomanagement befassen. So wird bereits 2002 angeführt (DCGK, 2019, S. 11):

„Der Aufsichtsratsvorsitzende soll zwischen den Sitzungen mit dem Vorstand, insbesondere mit dem Vorsitzenden bzw. Sprecher des Vorstands, regelmäßig Kontakt halten und mit ihm Fragen der Strategie, der Planung, der Geschäftsentwicklung, der Risikolage, des Risikomanagements und der Compliance des Unternehmens beraten."

Informationen des Risikomanagements sind für Vorstand und auch Aufsichtsrat darüber hinaus grundsätzlich erforderlich, wenn es um wesentliche Entscheidungen geht. Die Mitwirkung bei wesentlichen Entscheidungen wird im Corporate Governance Kodex schon als erste Aufgabe des Aufsichtsrats genannt (DCGK 5.1). Grundlage einer fundierten Entscheidung müssen Informationen über die erwarteten Auswirkungen und damit verbundene Chancen und Gefahren (Risiken) sein. Vorstand und Aufsichtsrat müssen sich gemäß deutschem Corporate Governance Kodex also intensiv mit dem Risikomanagement bzw. Risikocontrolling befassen und insbesondere die Informationen der dort erstellten Risikoanalysen im Rahmen ihrer Entscheidungen nachvollziehbar heranziehen.

339 Vgl. Romeike, 2005.

Es ist zu beachten, dass damit risikogerechte Bewertungsverfahren im Rahmen einer „guten" Corporate Governance empfehlenswert sind, um zu gewährleisten, dass bei der Entscheidungsfindung der Unternehmensführung eine Orientierung an den Interessen der Eigentümer, erfasst durch den Unternehmenswert als Zielgröße, erfolgt.[340]

Durch das Transparenz- und Publizitätsgesetz (TransPuG) vom 19. Juli 2002 wird u.a. der DCGK per 1. Januar 2003 im Gesetz (hier vor allem HGB und AktG) verankert. Börsennotierte Unternehmen müssen erklären, ob sie den Empfehlungen des Deutschen Corporate Governance Kodexes nachkommen und welchen Empfehlungen sie keine Beachtung schenken. Das TransPuG sorgt für eine Aufwertung der Empfehlungen und weitere Transparenz im Unternehmensbereich.

Die letzte vollständige Neufassung des DCGK wurde im Mai 2019 beschlossen und eine Aktualisierung im Jahr 2022 liegt im Entwurf vor. Die Gliederung des DCGK zeigt in der Version 2020/7 aufgabenorientierte Abschnitte, nämlich:

a) Leitung und Überwachung
b) Besetzung des Vorstands
c) Zusammensetzung des Aufsichtsrats
d) Arbeitsweise des Aufsichtsrats
e) Interessenkonflikte
f) Transparenz und externe Berichterstattung
g) Vergütung von Vorstand und Aufsichtsrat

Viele schon in früheren Versionen angesprochene Aspekte wurden akzentuiert dargestellt, so z.B. die Empfehlung zur Selbstbeurteilung der Wirksamkeit des Aufsichtsrats (Effizienzprüfung). Die zentralen Anforderungen an das Risikomanagement im Deutschen Corporate Governance Kodex von 2019, S. 4 sind die folgenden:

„Grundsatz 4: Für einen verantwortungsvollen Umgang mit den Risiken der Geschäftstätigkeit bedarf es eines geeigneten und wirksamen internen Kontroll- und Risikomanagementsystems."[341]

„Grundsatz 5: Der Vorstand hat für die Einhaltung der gesetzlichen Bestimmungen und der internen Richtlinien zu sorgen und wirkt auf deren Beachtung im Unternehmen hin (Compliance)."[342]

„Grundsatz 6: Der Aufsichtsrat bestellt und entlässt die Mitglieder des Vorstands, überwacht und berät den Vorstand bei der Leitung des Unternehmens und ist in Entscheidungen von grundlegender Bedeutung für das Unternehmen einzubinden. Für

---

340 Vgl. Abschnitt 5.3 und z.B. Ballwieser, 2009 zu einer kritischen Betrachtung des Shareholder-Value-Ansatzes als „kapitalmarktorientierte" Variante der wertorientierten Unternehmensführung.

341 Im Entwurf DCGK (2022) steht zusätzlich: *„Das interne Kontroll- und Risikomanagementsystem umfasst auch ein an der Risikolage des Unternehmens ausgerichtetes Compliance Management System."*

342 Der Satz ist im Entwurf DCGK (2022) nicht mehr enthalten.

Geschäfte von grundlegender Bedeutung legen die Satzung und/oder der Aufsichtsrat Zustimmungsvorbehalte fest."[343]

1.8.3 Sarbanes Oxley Act

International bestehen ebenfalls Bestrebungen, das Risikomanagement besser in Unternehmen zu verankern. In den USA wurde am 30. Juli 2002 der Sarbanes Oxley Act (SOA oder auch SOX) unterzeichnet. Der SOX hat hierzulande direkte Gültigkeit für alle US-notierten deutschen Unternehmen und die Tochtergesellschaften aller an amerikanischen Börsen gehandelten Unternehmen. Auslöser für den SOX waren zahlreiche Bilanzskandale und Unternehmenszusammenbrüche. Zwei Punkte des SOX sind von besonderer Bedeutung. Zum einen müssen gemäß Section 302 die CFOs und CEOs die Richtigkeit der quartalsweisen und jährlichen Berichterstattung beeiden. Sie haften persönlich auch mit strafrechtlichen Folgen für die Richtigkeit ihrer Aussage (Section 906). Zum anderen fordert die Section 404 die Einrichtung eines internen Kontrollsystems (IKS) und dessen Dokumentation. Gegenstand dieses IKS sind alle internen Kontrollen zur Rechnungslegung. Die Unternehmensleitung schätzt die Zweckmäßigkeit ein, und der Wirtschaftsprüfer bestätigt diese. Das IKS kann als Teil eines Risikomanagementsystems angesehen werden. Für alle nicht-amerikanischen Unternehmen gilt der SOX für Jahresabschlüsse ab dem 15. April 2005.

1.8.4 Risikoberichterstattung gemäß IFRS (International Financial Reporting Standards)

Um die außenstehenden Adressaten über Risiken zu informieren, verlangen die nationalen und internationalen Standards seit einiger Zeit ein umfangreiches Risikoreporting als Teil der externen Unternehmensberichterstattung. Dabei besteht weitgehende Einigkeit, dass Risikoreporting einerseits in den Rechnungsteil des Abschlusses in Form von außerplanmäßigen Abschreibungen (Impairments) oder Rückstellungen einfließt, andererseits durch verbale Informationen in Anhang und Lagebericht vermittelt werden soll.

Die Anhang-Angaben betreffend das Risiko aus Finanzinstrumenten enthalten nach IFRS 7 in Verbindung mit IAS 32 und IFRS 9 einige punktuelle Risikoberichtsinhalte, so zum Beispiel Informationen zum Betrag, zur zeitlichen Struktur und zur Wahrscheinlichkeit der aus den Finanzinstrumenten resultierenden künftigen Cashflows (vgl. Abbildung 24). Dabei geht es um Angaben

- zur Risikopolitik,
- zum Zins(änderungs)risiko,
- zum Ausfallrisiko,
- zum beizulegenden Zeitwert und den Methoden seiner Ermittlung und

[343] Im Entwurf DCGK (2022) steht zusätzlich: *„Geschäfte mit nahestehenden Personen (im Sinne von §111a Absatz 1 Satz 2 des Aktiengesetzes) bedürfen darüber hinaus unter Umständen von Gesetzes wegen der vorherigen Zustimmung des Aufsichtsrats."*

- zu Wertansätzen oberhalb des beizulegenden Zeitwertes, d.h. zu unterlassenen Impairments, also außerplanmäßigen Abschreibungen.

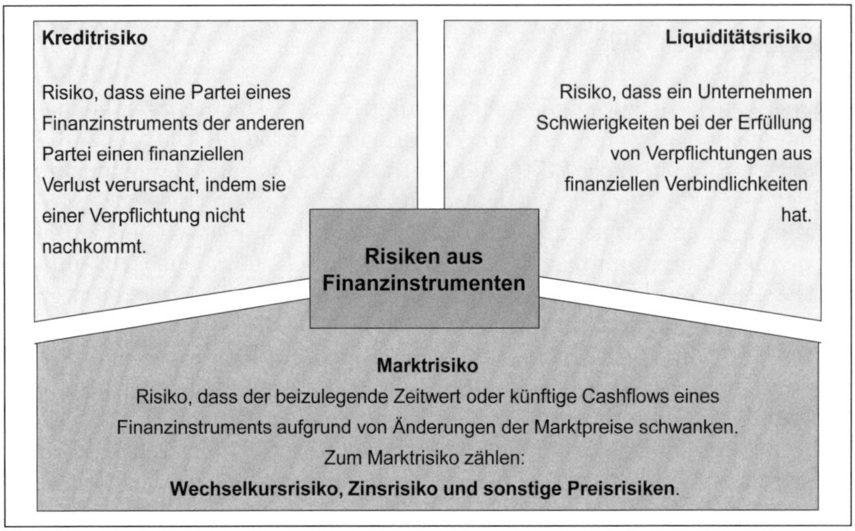

Abbildung 16: Risikodefinition nach IFRS 7[344]

IFRS 7 verfolgt das Ziel, die Adressaten in die Lage zu versetzen, den Einfluss von Finanzinstrumenten auf die Vermögens-, Finanz- und Ertragslage abzuschätzen. IFRS 7 fordert darüber hinaus Informationen über Finanzrisiken sowie Informationen über den Umgang des Unternehmens mit Finanzrisiken. So sind anzugeben

- Art und Ausmaß der Risiken aus der Nutzung von Finanzinstrumenten,
- Kreditausfall-, Liquiditäts- und Marktrisiko mit quantitativen und qualitativen Angaben,
- eine Einschätzung des unternehmensindividuellen Risikomanagementsystems,
- Mindestanforderungen an eine quantitative Berichterstattung,
- ein Risikobericht als Teil des „Management Commentary“,
- qualitative Angaben für jede Risikoart, vor allem inwieweit das Unternehmen betroffen ist und wie das Risiko entstanden ist, sowie
- Ziele, Methoden und Prozesse für das Management und die Messung der Risiken einschließlich Veränderungen gegenüber dem Vorjahr.

Zum Ausfallrisiko speziell werden Angaben gefordert zu den

- Bonitätsrisiken der einzelnen Finanzinstrumente,
- Bruttobuchwerten, Wertminderungen und Saldierungen,
- unwiderruflichen Kreditzusagen, Bürgschaften und Garantien,
- wertberichtigten und zahlungsverzögerten Finanzinstrumenten sowie
- Kriterien zur Ermittlung des Wertminderungsbedarfs.

344 Quelle: Heyd, 2015.

Schließlich sind die „Fair Values" von Sicherheiten bei Finanzinstrumenten anzugeben.

Zum Liquiditätsrisiko sind anzugeben

- die Restlaufzeiten der Verbindlichkeiten,
- Laufzeitbänder sowie
- vertraglich vereinbarte Bruttobeträge und zwischenzeitlich erfolgte Tilgungen.

Die Risikoberichterstattung nach IFRS 7 in Bezug auf die Risiken, die sich aus Finanzinstrumenten ergeben, umfasst qualitative und quantitative Angaben. Besondere Angabe-Pflichten ergeben sich für das Ausfallrisiko in Bezug auf den Anwendungsbereich der Wertminderungsvorschriften nach IFRS 9, die Ausfallrisikosteuerungspraktiken sowie zur Höhe der erwarteten Kreditverluste. Beim Ausfallrisiko sind die Angaben auf jede Ausfallrisiko-Ratingklasse zu beziehen; außerdem ist über erhaltene Sicherheiten zu berichten.

Besonders zu erwähnen ist die durch die IFRS verlangte Fair-Value-Bewertung, z.B. bei der Erst- und Folgebewertung von Finanzinstrumenten und beim Impairmenttest. Mit Fair Value bezeichnet man nach IFRS 10.9 den Preis, der in einem geordneten Geschäftsvorfall zwischen Marktteilnehmern am Bemessungsstichtag für den Verkauf eines Vermögenswerts eingenommen bzw. für die Übertragung einer Schuld bezahlt wird. Da künftige Zahlungsvorgänge mit Unsicherheit behaftet sind, wird es in den Fällen, in denen zeitnahe und aussagefähige Marktdaten nicht zur Verfügung stehen, sinnvoll sein, unternehmensinterne Risikoinformationen für die Ableitung risikogerechtet Kapitalkosten („angemessener Zinssatz") zur Fair-Value-Bestimmung mittels anerkannter Methoden und Modelle heranzuziehen.

1.8.5 COSO Enterprise Risk Management

Im Jahr 1985 als privatwirtschaftliche Organisation gegründet, erstellt **COSO**[345] auf Basis wissenschaftlicher Forschung Regelwerke und Richtlinien, um die Finanzberichterstattung durch ethisches Handeln, wirksame Kontrollen und gute Unternehmensführung qualitativ zu verbessern.[346]

COSO I wurde 1992 veröffentlicht, um Unternehmen bei der Bewertung und Verbesserung ihrer internen Kontrollsysteme zu unterstützen. Ein weitergehendes, ergänzendes Rahmenwerk wurde 2004 unter dem Namen „COSO II" oder „COSO ERM"[347] veröffentlicht. Der modulartig aufgebaute Leitfaden orientiert sich an den Komponenten des Risikomanagementsystems („COSO-Würfel").[348]

---

345 COSO = Committee of Sponsoring Organizations of the Treadway Commission.
346 Vgl. Brühwiler/Romeike, 2010.
347 ERM = Enterprise Risk Management.
348 Vgl. „COSO Revisited" in Committee of Sponsoring Organizations of the Treadway Commission (COSO), 2017.

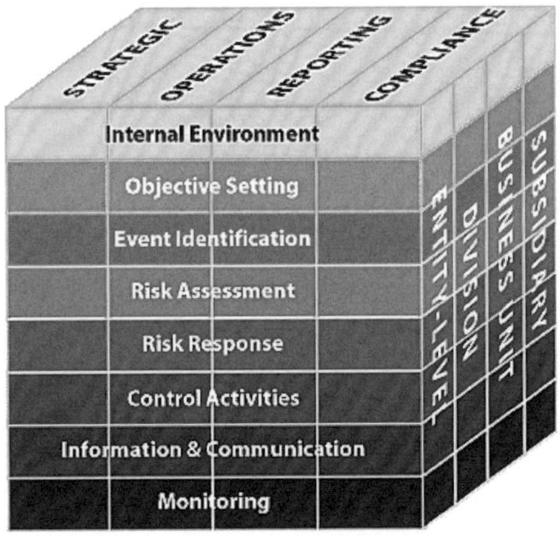

Abbildung 17: Der „alte" COSO-Würfel (Committee of Sponsoring Organizations of the Treadway Commission, Enterprise Risk Management – Integrated Framework, S. 5)

Jede Komponente des COSO-Würfels besteht aus einem theoretisch orientierten Teil („Framework") und einem praktisch orientierten Teil („Application Techniques"). Der Würfel visualisiert die Elemente eines Risikomanagementsystems (Vorderseite), die Betrachtungsweise (Oberseite) sowie die organisatorische Einbindung (rechte Seite). COSO ERM[349] unterstützt die Erreichung der Unternehmensziele in vier Kategorien: Übergeordnete Ziele, die auf die Mission abgestimmt sind (strategic), effektiver und effizienter Umgang mit Ressourcen (operations), Zuverlässigkeit der Berichterstattung (reporting) sowie die Einhaltung der Gesetze und Vorschriften (compliance). Organisatorische Aspekte können als weitere Gliederungsebene hinzugezogen werden (z.B. Gesamtsicht, Divisionsebene, Business Units, Niederlassungsebene). Risikomanagement wird anhand acht verknüpfter Komponenten mit folgenden Kernthemen betrachtet:

- Internes Umfeld: Beschreibt die Kultur eines Unternehmens und die Implikationen für den Umgang mit Risiko (Risikophilosophie, Risikobereitschaft)
- Zielfestlegung: Risikomanagement ist Teil des Zielsetzungsprozesses und beeinflusst u.a. die Risikoneigung bezüglich der Zielerreichung
- Ereignisidentifikation: Interne und externe Ereignisse (Chancen und Risiken) beeinflussen Ziele der Organisation
- Risikobeurteilung: Beinhaltet die Forderung, Risiken unter Berücksichtigung von Auswirkung und Eintrittswahrscheinlichkeit zu bewerten
- Kontrollaktivitäten: Anforderungen an Vorschriften und Verfahren für die Überwachung
- Information und Kommunikation: der Informationsprozess muss in der Lage sein, Informationen in Wissen zu transformieren
- Überwachung: Forderung zur Überwachung der Funktionsfähigkeit und Effektivität des Risikomanagementprozesses

---

349 Siehe ergänzend allgemein zum Enterprise Risk Management (ERM) Hunziker, 2019 und McShane, 2017.

COSO ERM als Rahmenwerk ermöglicht eine gemeinsame Sichtweise durch Dokumentation und Verbreitung der Begriffe Ziele, Prozesse, Methoden und der Organisation und bietet darüber hinaus eine Fülle an Instrumenten zur wert- und risikoorientierten Unternehmenssteuerung. Eine Empfehlung bezüglich der „passenden" Instrumente ist nur ansatzweise zu finden, da zugunsten der breiten Anwendbarkeit auf eine Konkretisierung hinsichtlich von Branchen und Unternehmen verzichtet worden ist.

Auch die neue COSO ERM von 2017 sieht sich als praxisorientierte Leitlinie und betont nun – stärker als die ältere Version von 2004 – die enge Verknüpfung von Risikomanagement mit Strategie sowie den Beitrag des Risikomanagements für den Unternehmenserfolg. Die nun in zwanzig Prinzipien aufgeteilten fünf zentralen Komponenten werden anstelle des bekannten COSO-Würfels nun durch die nachfolgende Abbildung verdeutlicht:

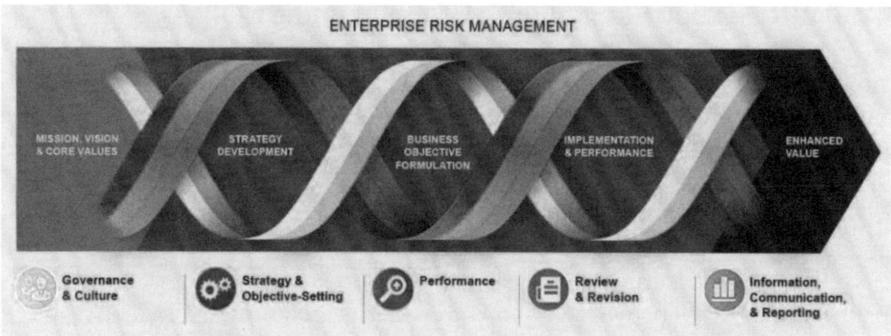

Abbildung 18: COSO ERM 2017 in neuer grafischer Darstellung[350]

Die Grafik soll die enge Verknüpfung des Risikomanagements mit der gesamten Unternehmensentwicklung und Unternehmensführung verdeutlichen. Ganz auf der Linie neuer wert- und entscheidungsorientierter Risikomanagement-Konzepte[351] wird nun eine Integration des Risikomanagements in die Entscheidungsprozesse und damit die Vorbereitung unternehmerischer Entscheidungen gefordert[352]. Dies ist notwendig, weil z.B. unterschiedliche strategische Handlungsoptionen offensichtlich unterschiedliche Risikohaltigkeit aufweisen. Dies zeigt die Nähe zu einem risiko- und wertorientierten Controlling.

COSO ERM fordert nun auch eine Konkretisierung von Risikoappetit und Risikokapazität, wobei sich die Begriffsinhalte etwas von Risikotragfähigkeit und Risikotoleranz unterscheiden[353]. Der Risikoappetit wird nicht unbedingt als messbare Größe aufgefasst, wie an der Zusammenfassung von Hunziker (2018, S. 167) deutlich wird:

350 Quelle: Hunziker, 2018, S. 164, vgl. COSO (2017), Enterprise Risk Management – Integrating with Strategy and Performance, Jersey City, NJ: AICPA, S. 21.

351 Siehe auch die Einordnung bei Knoll/Braunschmidt/Trageser, 2017.

352 Siehe die entsprechende Betonung dieses Sachverhalts auch bei Hunziker, 2018, S. 164–165.

353 Siehe Gleißner/Wolfrum, 2017.

„Der Risikoappetit ist eine konkrete Aussage darüber, welche Arten von Risiken ein Unternehmen in welchem Ausmaß und zu welcher Eintrittswahrscheinlichkeit bewusst akzeptiert, um die Unternehmensziele erreichen zu können."

Diese sehr „offene" Formulierung zeigt, dass es hier nicht (nur) um eine konkrete Kennzahl geht, sondern eine allgemeine Aussage über „gewünschte" und „ungewünschte" Risiken, wie man sie sinnvollerweise in der Risikopolitik formuliert[354]. Problematisch erscheint, dass die für ein entscheidungsorientiertes Risikomanagement zwangsläufig notwendigen Techniken, nämlich Risikoaggregation und risikogerechte Bewertung, nicht erläutert werden[355].

Die wesentlichen thematischen Schwerpunkte – Komponenten und Prinzipien – fasst Hunziker (2018, S. 165) zusammen, der auch auf bestehende Unklarheiten verweist (Hunziker, 2018, S. 167).[356]

1.8.6 DIN ISO 9001 & 31000, ONR 49000 und ÖNORM

Die ISO 9001 ist die international wichtigste Norm für Qualitätsmanagementsysteme und Grundlage für die Zertifizierung solcher Systeme.[357] Die Norm formuliert Anforderungen für die Sicherung der Qualität von Produkten und Dienstleistungen sowie für die Prozesse, die erforderlich sind diese Produktqualität sicherzustellen. Die ISO 31000 ist dabei kundenorientiert, weil Qualität (auch) aus Perspektive der Kunden und ihrer Anforderungen definiert wird. Zielsetzung ist die Initiierung eines permanenten Verbesserungsprozesses, was insbesondere erreicht werden soll durch den sogenannten PDCA-Zyklus[358], also einem Prozess mit den Phasen „Plan", „Do", „Check" und „Act". Zentrale Gedanken der ISO 31000 sind beispielsweise die Forderungen zur klaren Formulierung der zu erfüllenden Aufgabe sowie die Zuordnung von Verantwortlichkeiten für Aufgaben und für die Aufgabenerfüllung notwendiger Ressourcen. Da die Möglichkeit der Abweichung von vorgegebenen Qualitätsanforderungen – als Planabweichung – grundsätzlich ein Risiko darstellt, sind bei einem ISO 31000-konformen Qualitätsmanagement solche Chancen und Gefahren (Risiken) zu anaylsieren und zu steuern.

Die Version der ISO 9001 von 2015 brachte eine Vielzahl wesentlicher Neuerungen[359] und insbesondere eine weitere Annäherung von Qualitäts- und Risikomanagement. Risiko wird nun verstanden als „Auswirkung von Ungewissheit auf erwartete Ereignisse"[360], womit ausdrücklich mögliche positive und mögliche negative Abweichungen betrachtet werden (also Chancen und

[354] Siehe Gleißner, 2000b.
[355] Worauf z.B. auch Hunziker, 2018 in seiner Kritik verweist.
[356] Siehe auch Vanini/Hunziker, 2020.
[357] Vgl. Brugger-Gebhardt, 2016.
[358] Oder Demming-Kreis.
[359] So ist beispielsweise die Erstellung von Qualitätsmanagement-Handbüchern und die Ernennung von Qualitätsmanagement-Beauftragten nicht mehr vorgeschrieben, was die Entwicklung integrierter Managementsysteme erleichtert.
[360] Siehe Erben/Vogel, 2016 zur weiteren Erläuterung.

Gefahren). Erben/Vogel (2016) führen zur Intension der ISO 9001 im Hinblick auf Risiken aus:

„Risiken und Chancen sollen betrachtet werden, um die beabsichtigten Ergebnisse des Qualitätsmanagements zu erzielen, unerwünschte Auswirkungen zu verhindern und eine fortlaufende Verbesserung zu erzielen."

Der ISO 9001 fordert dabei allerdings kein formales und dokumentiertes Risikomanagementsystem, was sich jedoch implizit durch den Bezug auf den nachfolgend erläuterten ISO 31000 ergibt.

Der Standard **ISO 31000** wurde von der International Organization for Standardization (ISO) 2009 veröffentlicht und 2018 aktualisiert. Ziel war die Erstellung einer allgemeinen, unverbindlichen Norm mit Leitfadencharakter. Aufgrund von Widerständen[361] dient der neue Standard nicht als Grundlage für eine Zertifizierung. Der ISO 31000 ist somit relativ allgemein gehalten. ISO 31000 von 2009 war in sechs Abschnitte gegliedert:

- Einleitung
- Definitionen
- Grundsätze des Risikomanagements
- Organisatorischer Rahmen des Risikomanagements
- Risikomanagementprozess
- Anhang mit Darstellung von Attributen eines fortschrittlichen Risikomanagements

Risiko wird dort als „effect of uncertainty on objectives"[362] definiert und berücksichtigt somit auch Chancen. Kapitel 4 der Standards beschäftigt sich mit den 11 Grundsätzen des Risikomanagements.

Risikomanagement wird als integraler Bestandteil jeglicher Prozesse aufgefasst. Kapitel 5 beschreibt den organisatorischen Rahmen des Risikomanagements, das sogenannte „Framework". Die oberste Leitungsebene einer Organisation übernimmt die Verantwortung für das Risikomanagement, d.h. sie hat die Aufgabe das gesamte Risikomanagement zu planen, zu implementieren, zu überwachen und regelmäßig zu verbessern. Kernelement des Risikomanagement-Prozesses (Kapitel 6 des ISO-Standards) ist das „Risk Assessment", welches sich in die Teilbereiche Risikoidentifikation, Risikobewertung und Risikobeurteilung untergliedert.

Insgesamt kann man die ISO 31010 als „Werkzeugkasten" für ein Risikomanagement auffassen, das sich an der Qualitätsmanagement-Norm ISO 9001 orientiert.[363] Entsprechend findet man in der Norm erläutert nützliche Hilfsmittel wie die FMEA[364] oder die „Structured What If Technique" (SWIFT-Analyse), bei der Prozesse in kleinere Aktivitäten untergliedert und beschrieben werden, die

---

361 Risikomanagement sei Bestandteil der Management-Praxis und diese sei nicht standardisierbar. Siehe z.B. die Aussagen der Federation of European Risk Management Associations (Ferma).

362 Standard ISO/IEC CD 2 Guide 73, Nr. 3.1.

363 Siehe Erben, 2015.

364 Failure Mode and Effects Analysis.

dann im Hinblick auf mögliche Abweichungen von den gewünschten Prozessschritten untersucht werden (mit „Was-wäre-wenn-Fragen").

Die ISO 31000 wurde zuletzt im Jahr 2018 aktualisiert (siehe dazu z.B. auch Romeike/Hager, 2020, S. 179). Sie basiert auf den drei Säulen Grundsätze, Rahmenwerk und Prozess (vgl. Baumann, 2020, S. 27).

Im Vergleich zur früheren Version (von 2009) wurden einige wesentliche Ergänzungen vorgenommen und andere wesentliche Aspekte noch stärker betont. Zu erwähnen sind hier insbesondere:

- Analog ISO 9001 (von 2015) wird Risiko als „Auswirkung von Unsicherheit auf Ziele" interpretiert, also als Überbegriff von Chance und Gefahr.
- Bei ISO 31000 erkennt man strategisch orientierten Ansatz eines Top-Down-Ansatzes, der eine Fokussierung auf wesentliche (strategische) Risiken fördert und insbesondere die Bedeutung der Unternehmensführung als wichtigsten Stakeholder für das Risikomanagement betont.
- ISO 31000 vertritt – ähnlich auch COSO ERM von 2017 – einen integrativen, funktionenübergreifenden Ansatz, der insgesamt auf eine Verbesserung der gesamten Managementsysteme unter Beachtung der zentralen Bedeutung von Risiken zielt (wobei hier auch menschliche Faktoren und kulturelle Faktoren Berücksichtigung finden sollen).

Das Rahmenwerk umfasst dabei die Komponenten des Risikomanagements Integration, Gestaltung, Implementierung, Bewertung[365] und Verbesserung.[366] – die in ISO 31000 formulierten Grundsätze sollten dazu dienen, dass das Risikomanagement seinen zentralen Zweck – Werte zu schaffen und zu bewahren – erreichen kann (man sieht eine wertorientierte Ausrichtung).

Der ISO 31000 verweist auf die zentrale Bedeutung der Ausformulierung einer Risikopolitik (Risikostrategie) und empfiehlt einen Top-Down-Ansatz für das Risikomanagement; also eine Fokussierung zunächst auf besonders wesentliche Risiken. Risikomanagement soll als Führungsaufgabe verstanden werden. Deutlicher als bisher betont die neue Fassung das primäre Ziel des Risikomanagements, nämlich die Schaffung und den Schutz von Werten. Obligatorische Elemente für ein normenkonformes Risikomanagement sind die folgenden acht Konzepte: Integration, Strukturiertheit, maßgeschneiderte Lösungen, Einbeziehung der Mitarbeiter, Dynamik, Informationen, menschliche und kulturelle Faktoren (Risikokultur) sowie der Anspruch auf eine permanente Weiterentwicklung und Optimierung. Stärker noch als bisher wird die zentrale Rolle des operativen Managements im Risikomanagement betont. Das Risikomanagement wird wie auch im COSO Enterprise Risk Management Framework als integrativer Bestandteil des Managements aufgefasst. Die Bedeutung des Risikomanagements für die Vorbereitung von Managemententscheidungen wird betont („entscheidungsorientiertes Risikomanagement"). Speziell sind also bei Entscheidungen über Maßnahmen deren Implikationen für den Risikoumfang

[365] Im Sinne von Quantifizierung.

[366] In Bezug auf Bewertung ist hier insbesondere allerdings die regelmäßige Beurteilung des Risikomanagements selbst zu verstehen, um Verbesserungen – siehe nachfolgenden Aspekt – realisieren zu können.

zu beachten. Die Auswirkungen von Maßnahmen und speziell mögliche Planabweichungen sollen dabei überwacht und damit das Risiko im Sinne eines Steuerungskreises mit Abweichungsanalysen und bei Bedarf Anpassung von Maßnahmen ausgerichtet werden.

Die nachfolgende Abbildung zeigt den Risikomanagement-Prozess nach ISO 31000 zusammenfassend.[367, 368, 369]

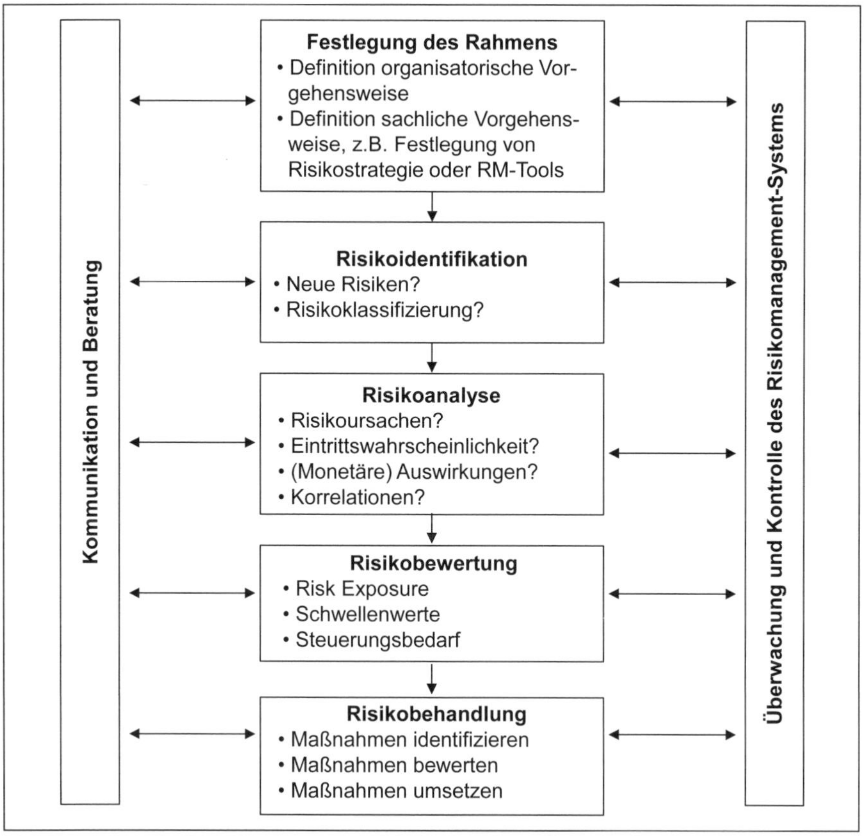

Abbildung 19: Risikomanagement-Prozess nach ISO 31000 (Quelle: Vanini/Rieg, 2021a, S. 157)

Interessanterweise wurde in Österreich, in dem im Gegensatz zu Deutschland keine vergleichbare gesetzliche Verpflichtung zur Einrichtung eines Risikomanagementsystems besteht, mit dem ONR[370] 49000 ff. früh ein Standard für

---

[367] Aus Vanini/Rieg, 2021a, S. 157.

[368] Siehe weiterführend Erben/Vogel, 2016.

[369] Weiterführend zu Ansätzen und auch Problemen des strategischen Risikomanagements siehe Vanini/Rieg, 2021a, S. 161–198.

[370] Österreichisches Normungsinstituts Regeln.

den Aufbau integrativer Risikomanagementsysteme entwickelt, der wichtige Konzepte der ISO-Normen aufgegriffen hat.[371, 372]

Die österreichische Norm wird als praktischer Leitfaden aufgefasst und dient folgenden Zielen:

- einen praxisbezogenen Rahmen für das Risikomanagement bieten,
- ein einheitliches Verständnis für Begriffe und Grundlagen des Risikomanagements schaffen,
- Risikomanagement und Risikomanagement-Prozess als Grundlage für wirksame Risikobeurteilung darstellen,
- die Möglichkeiten der Einbettung des Risikomanagements in ein vorhandenes Qualitätsmanagementsystem aufzeigen und
- Grundlage für die Ausbildung und Zertifizierung des Risikomanagers bilden.

Eine Aktualisierung der ONR 49000[373] stammt aus dem Jahr 2014. Die grundsätzliche Ausrichtung der Norm wurde dabei nicht verändert und insbesondere ist auch im jüngsten Update der skizzierte integrative Ansatz klar erkennbar.

Als wesentliche Änderungen angesehen werden z.B. die folgenden Punkte:

1. Der Risikobegriff wird nun weiter gefasst und als Möglichkeit der Abweichung von Zielen aufgefasst.
2. Es wird ausdrücklich betont, dass auch durch Experten als möglich erachtete, aber noch nie eingetretene Risiken zu beachten sind („Credible Worst Case").
2. Stärker betont wird die Bedeutung der Integration des Risikomanagements in den Prozess von Unternehmenssteuerung und Unternehmensführung.
3. Empfohlen wird ein integratives Risikomanagement, z.B. durch Verknüpfung mit dem internen Kontrollsystem (IKS) und Compliance.

Inzwischen wurde die österreichische ONR-Norm durch die ÖNORM D 4901 ersetzt, die sich wiederum an der (neuen) ISO 31000 orientiert (siehe Abbildung 20).

Der integrative Charakter der Vorgängernorm soll dabei beibehalten werden. Kritisiert wird die Norm aber wegen unklarer Anforderungen bezüglich Risikoquantifizierung und Risikoaggregation. So fehlt die zentrale Forderung nach einer Risikoaggregation zur Beurteilung der Kombinationseffekte von Einzelrisiken völlig und Aussagen zur Risikoquantifizierung sind teilweise (zumindest) unpräzise oder irreführend (Beispielsweise Erläuterung zum Erwartungswert).

Ergänzend ist zu erwähnen, dass es über die hier genannten Normen hinausgehend eine Reihe branchen- und geschäftsinhaltsspezifischer Anforderungen an das Risikomanagement gibt. Zu nennen sind hier beispielhaft die spezifischen Anforderungen zum Gesundheitswesen, die Basel-Regelungen und MaRisk

---

371 Siehe z.B. Winter, 2007, S. 144–151 und Brühwiler/Romeike, 2010.

372 Anforderungen an ein Risikomanagement und Risikoberichterstattung ergeben sich aus den §§91 und 92 im österreichischen AktG bzw. §§22 und 28 GmbHG. Implikationen im Hinblick auf die Früherkennung möglicher „bestandsgefährdender Entwicklungen" oder „geeignete Gegenmaßnahmen", wie in §1 im deutschem StaRUG, kann man höchstens als implizit gegeben ansehen.

373 Präziser ONR 49000ff., also auch die ergänzende 49001, 49002, 49003

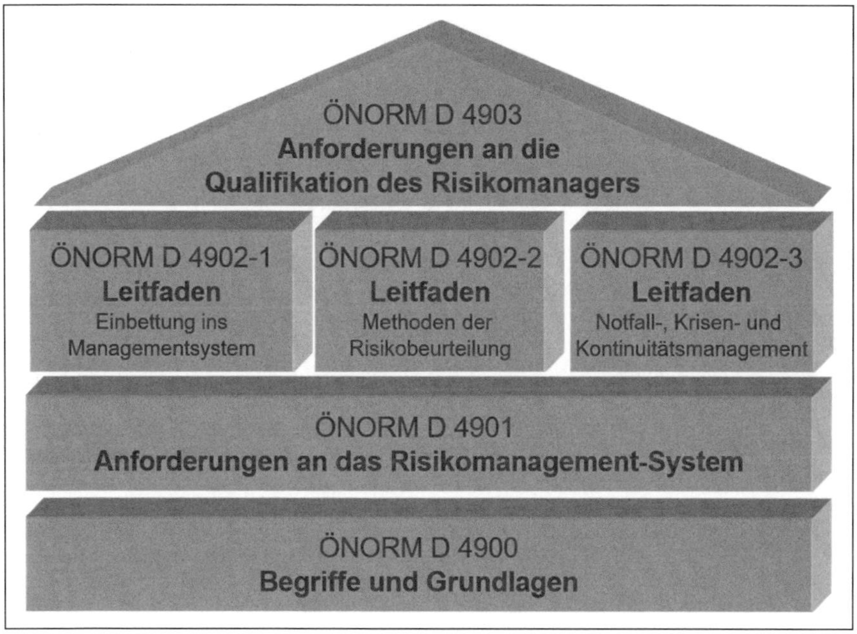

Abbildung 20: Die ÖNORM

der Banken[374] sowie die Solvency-Regelungen für die Versicherungswirtschaft. Ebenfalls erwähnenswert sind die verschiedenen Regelungen zu Arbeitsschutz, Umweltschutzbestimmungen sowie technische Anforderungen, die oft durch internationale Normen (DIN-ISO-Richtlinien) ausgedrückt werden.

1.8.7 Prüfung des Risikomanagementsystems durch den Abschlussprüfer

Bei börsennotierten Unternehmen ist i.d.R. die Prüfung des Risikomanagementsystems durch einen Wirtschaftsprüfer erforderlich (§317 Abs.4 HGB). Der Prüfungsstandard 340 des Institutes der Wirtschaftsprüfer (IDW) konkretisiert die Anforderungen an ein Risikofrüherkennungssystem für die Erteilung eines Testates.[375] Erstmalig beschlossen wurde der Prüfungsstandard am 25. Juni 1999 als Folge des KonTraG. Obwohl die Prüfungsstandards keinen gesetzlichen Charakter haben, bestimmen sie häufig die unternehmerische Praxis. Eine fehlende oder unvollständige Dokumentation führt zu Zweifeln an der dauerhaften Funktionsfähigkeit der getroffenen Maßnahmen (vgl. vertiefend Abschnitt 6.3).

---

374 Siehe z.B. Becker/Gruber/Heuter, 2018 sowie Füser/Weber, 2005.

375 Mit der freiwilligen Prüfung des Risikomanagements (inkl. Risikosteuerung) befasst sich der neue IDW PS 981 (von 2017), der nun klar mögliche positive und negative Zielabweichungen als Risiko definiert.

Zusammenfassend stellt die folgende Grafik[376] den Prüfungsumfang bezüglich des Risikomanagementsystems gemäß § 317 Abs. 4 HGB dar. Wesentlich ist, dass die Risikobewältigung kein verpflichtender Prüfgegenstand darstellt; betrachtet wird das Risikofrüherkennungs- und Risikoüberwachungssystem.

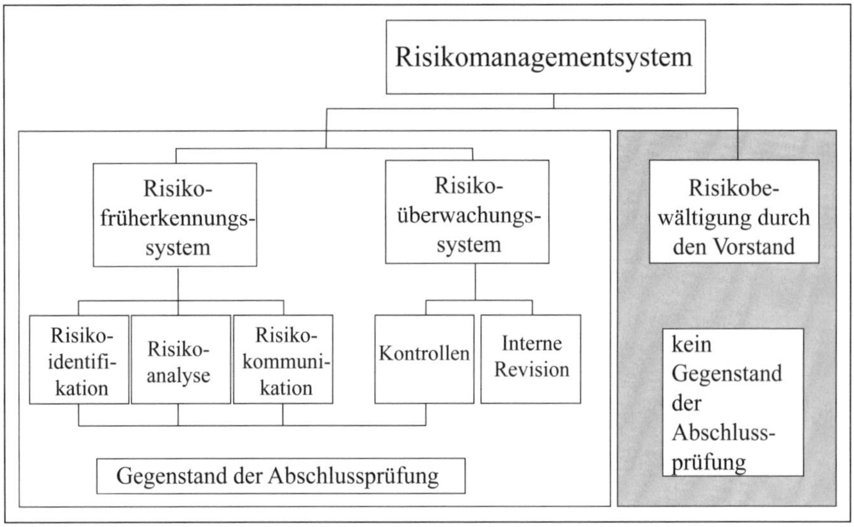

Abbildung 21: Der Prüfungsumfang des Risikomanagementsystems nach § 317 Abs. 4 HGB[377]

Die wesentlichen Inhalte des IDW PS 340 basieren direkt auf KonTraG (siehe Abschnitt 1.7.2). Ein Vorgehen zur Prüfung von Risikomanagementsystemen und die Inhalte des IDW PS 340 werden in Abschnitt 6.3 detailliert erläutert[378], weil sie die wichtigste Grundlage für die Organisation von Risikomanagementsystemen darstellen. Die wichtigsten Anforderungen an ein Risikofrüherkennungssystem im 2020 aktualisierten IDW PS 340 seien daher hier nur ganz knapp zusammengefasst.[379]

Der Prüfungsstandard fordert eine systematische und nachvollziehbare Identifikation aller wesentlichen Risiken aus sämtlichen Risikofeldern. Risiken sind also zu erfassen, unabhängig davon, ob sie vom Unternehmen beeinflusst werden können oder nicht. Alle wesentlichen Risiken sind dabei zu quantifi-

376 Vgl. Emmerich, 1999.

377 Übernommen aus Stroeder, 2007, S. 176, übernommen mit Modifikationen aus Eggemann/Konradt, 2000, S. 506. Vgl. auch Gleißner/Sassen/Behrmann, 2019.

378 Ergänzend zu erwähnen ist der IDW Prüfungsstandard 270 (IDW PS 270), der sich mit der Einschätzung der „Fortführung der Unternehmenstätigkeit" eines Unternehmens befasst. Im IDW PS 240 werden beispielhaft bestandsgefährdende Risiken genannt, die zu Zweifeln am Fortbestand des Unternehmens führen (vgl. dazu § 321 HGB zum Prüfbericht).

379 Vgl. Schmidt/Henschel, 2021 und Berger et al., 2021b.

zieren[380] und zu aggregieren, um auch potenziell bestandsgefährdende Kombinationseffekte der Einzelrisiken beurteilen zu können.[381]

Gefordert wird nun auch eine Beurteilung der Risikotragfähigkeit.[382] Durch eine klare Beschreibung der Arbeitsprozesse, insbesondere für die Überwachung der bekannten Risiken, sowie die Zuordnung der Verantwortlichkeiten im Risikomanagement soll für einen außenstehenden Dritten nachvollziehbar sein, wie die Unternehmensführung frühzeitig über Veränderungen bei Einzelrisiken oder dem aggregierten Gesamtrisikoumfang informiert wird. Das gesamte Risikofrüherkennungssystem ist dabei so zu dokumentieren, dass es für einen neutralen Dritten (z.B. einen Wirtschaftsprüfer) nachvollziehbar ist. Die Dokumentation umfasst dabei die Organisation des Risikomanagements (inklusive der Berichtsregel) und auch die Ergebnisse aus Risikoanalyse und Risikoaggregation. Das gesamte Risikomanagementsystem soll gemäß IDW PS 340 regelmäßig durch eine neutrale Stelle (z.B. die Interne Revision) überprüft werden.

Eine ausführliche Erläuterung der Anforderungen aus dem IDW PS 340 n.F. (2020) mit einer Erläuterung der Implikationen für die Organisation von Risikomanagementsystemen findet man in Abschnitt 6.3.2.

In der Praxis zeigt sich, dass fast alle börsennotierten Unternehmen, deren Risikomanagement basierend auf dem IDW PS 340 durch den Wirtschaftsprüfer geprüft werden soll, ein Testat erhalten. Aus diesem Sachverhalt darf man jedoch nicht schließen, dass die Unternehmen tatsächlich alle wesentlichen Anforderungen dieses Prüfungsstandards erfüllen. So zeigen Studien und eine Vielzahl von vertiefenden Analysen der in der Praxis etablierten Risikomanagementsysteme durch Experten, dass nahezu durchgängig wesentliche Anforderungen nicht umgesetzt sind. Es sind so schwerwiegende Abweichungen feststellbar, dass die Funktionsfähigkeit des Risikomanagements in Frage zu stellen ist.[383] Beispielhaft sei erwähnt, dass entgegen der klar formulierten Anforderungen des Prüfungsstandards, die für die Früherkennung einer möglichen bestandsgefährdenden Entwicklung zwingend notwendige Risikoaggregation oft noch nicht durchgeführt wird.[384] In RZ 11 liest man dazu:[385]

---

380 IDW PS 340 (2020) führt hierzu in RZ A17 an:
„Die Risikobewertung berücksichtigt die Auswirkungen der eingeleiteten oder durchgeführten Maßnahmen des Vorstands zur Risikosteuerung. Sie umfasst des Weiteren die Einschätzung, ob Risiken, die isoliert betrachtet von nachrangiger Bedeutung sind, vor dem Hintergrund der Risikotragfähigkeit der Gesellschaft in ihrem Zusammenwirken im Zeitablauf zu einer bestandsgefährdenden Entwicklung führen können (Risikoaggregation).“

381 Zum Begriff der Bestandsgefährdung führt IDW PS 340 (2020) in Anhang A4 aus:
„Bestandsgefährdende i.S. des § 91 Abs. 2 AktG ist eine Entwicklung, die sich in wesentlicher Weise nachteilig auf die Vermögens-, Finanz- und Ertragslage der Gesellschaft auswirken kann. Hierzu gehören insb. solche Entwicklungen, die eine Insolvenz zur Folge haben können (Überschuldung, (drohende) Zahlungsunfähigkeit).“

382 Siehe dazu Gleißner, 2013e.

383 Siehe zur Prüfung und Leistungsfähigkeit von Risikomanagementsystemen und entsprechende Studien Kapitel 6.

384 Gleißner, 2020g und 2021g.

385 Unter Definitionen findet man im IDW PS 340 (2020) unter RZ 8 c. folgenden Hinweis:
„Risikotragfähigkeit – Maximales Risikoausmaß, welches das Unternehmen ohne Gefährdung seines Fortbestands tragen kann (vgl. Tz. A5 f.).“

„Bestandsgefährdende Entwicklungen können auch aus dem Zusammenwirken mehrerer Risiken resultieren, die bei isolierter Betrachtung an sich nicht bestandsgefährdend sind. Bei der Beurteilung, ob eine bestandsgefährdende Entwicklung vorliegt, ist daher eine Aggregation der Risiken vorzunehmen (vgl. Tz. 18)."

und weiter in RZ 18

„Identifizierte Risiken werden vor dem Hintergrund der Risikotragfähigkeit des Unternehmens im Hinblick auf deren Eintrittswahrscheinlichkeit und mögliche Auswirkungen systematisch bewertet. Bewertungsverfahren und -kriterien sind eindeutig definiert. Risiken werden systematisch aggregiert. Interdependenzen werden analysiert und berücksichtigt (vgl. Tz. A17 ff.)."

Es gibt eine Reihe von Ursachen, die erklären helfen, warum auch schwerwiegende Verstöße gegenüber gesetzlichen Anforderungen an das Risikomanagement nicht zu einer Verweigerung des Testats führen: Neben Beschränkungen bei Prüfungsauftrag und Prüfungsbudget[386] ist zu vermuten, dass Wirtschaftsprüfer teilweise auch Konflikte mit dem Mandanten zu vermeiden suchen.

Schmidt und Henschel (2021, S. 191) fassen ihre Beurteilung des IDW PS 340 (2020) wie folgt zusammen:[387]

„Die derzeitige Prüferpraxis anhand des IDW PS 340 a.F. in Bezug auf das Risikomanagement zeigt, dass die Prüfung grundsätzlich nicht dazu geeignet ist, den geprüften Unternehmen ein funktionierendes und somit den gesetzlichen Anforderungen entsprechenden Risikomanagementsystem positiv zu attestieren."

Und weiter

„Die Neufassung des IDW PS 340 sollte hier Abhilfe schaffen, jedoch wurden die mit der Neugestaltung des IDW PS 340 angestrebten Verbesserungen, wie festgestellt, aufgrund etwaiger Defizite nicht umgesetzt."

Und schließlich

„Aufgrund der nicht umgesetzten Vorschläge und Forderungen, zum Beispiel das Erfordernis einer quantitativen Risikoaggregationen, in der beschlossenen Neufassung des IDW PS 340 vom 27. Mai 2020, ist damit zu rechnen, dass bei künftigen Prüfungen ebensolche Ergebnisse wie in der bisherigen Praxis erzielt werden. Weiterhin wird auch zukünftig die Anwendung qualitativer Risikobewertungen bei der Prüfung akzeptiert, welche, wie dargelegt, ungeeignet sind, eine adäquate Risikotragfähigkeit zu ermitteln und bestandsgefährdende Entwicklungen in Unternehmen erkennen zu können. Anzunehmen ist, dass die gesetzlichen Anforderungen des § 91 II AktG aufgrund dessen auch in Zukunft nicht umgesetzt und erfüllt werden und die Prüfungen weiterhin vergangenheitsorientiert sowie mit Fokus auf die Organisation und Dokumentation der Risikomanagementsysteme durchgeführt werden."

386 So wird meist z.B. gar nicht ausdrücklich formuliert, dass z.B. die „kritische" Risikoaggregationsmethodik geprüft werden soll. Und daher werden im Rahmen einer schwerpunktmäßigen Prüfung gerade solche anspruchsvollen Prüfungsgegenstände systematisch ignoriert.

387 Vgl. Berger et al., 2021b.

1.8.8 Die Prüfung des Risikomanagements und die Interne Revision (DIIR Revisionsstandard Nr. 2)

Die unabhängige Prüfung des Risikomanagements wird in der Unternehmenspraxis oft zunächst intern von der Internen Revision wahrgenommen,[388] sodass das Deutsche Institut für Interne Revision e.V. (DIIR) für diese Prüfung im Jahr 2014 den DIIR Revisionsstandard Nr. 2 erstellt hat, der zuletzt 2022 aktualisiert wurde.[389] Die Aufgaben des Risikomanagements und der Internen Revision sollten dabei klar abgegrenzt werden, wenn gleich Synergien[390] nutzbar sind (vgl. Tabelle 11):

Aufgaben des Risikomanagements	Aufgaben der Internen Revision
• Schaffung eines unternehmensweiten Risikobewusstseins	• Prüfung der Konzeption und Organisation des Risikomanagementsystems
• Schaffung von Transparenz über die bestehenden Risiken	• Prüfung der vollständigen Erfassung und Identifikation aller Risiken
• Systematischer und kontinuierlicher Umgang mit den unternehmerischen Risiken	• Prüfung der Risikoanalyse und Risikobewertung
• Aufbau und Integration einer Risikomanagement-Organisation	• Prüfung der Realisierung und Zweckmäßigkeit der Maßnahmen zur Risikosteuerung und der Einhaltung der integrierten Kontrollen
• Anpassung des Risikomanagementsystems an sich verändernde Rahmenbedingungen	• Prüfung der Kommunikation von Risiken

Tabelle 11: Abgrenzung der Aufgaben von Risikomanagement und Interner Revision[391]

Mit dem *DIIR* Revisionsstandard Nr. 2 des *Deutschen Instituts für Interne Revision* liegt somit erstmalig ein Standard vor, der die Anforderungen aus § 91 und § 93 AktG gemeinsam berücksichtigt und damit einen Rahmen für ein integratives Risikomanagement darstellt. Der *IDW* PS 340 befasst sich nur mit § 91 Abs. 2 AktG (vgl. Angermüller et al., 2020 und Berger et al., 2021b).[392] Die bereits erläuterten zentralen rechtlichen und ökonomischen Anforderungen an das Risikomanagement waren die Grundlage für die Entwicklung des neuen DIIR Revisionsstandards Nr. 2 von 2018. Es ist der erste Prüfungsansatz, der die Vielzahl neuer Entwicklungen im Risikomanagement aufgreift und in einem Prüfungsstandard integriert, der klar auf die Erfüllung aller zentralen gesetzlichen Anforderungen – auch den Implikationen von § 93 AktG – ausgerichtet

[388] Zum Verhältnis zwischen Controlling, interner Revision und Risikofrüherkennung siehe auch Berens/Schmitting, 2004.

[389] Vgl. DIIR, 2014 sowie DIIR- und RMA-Arbeitskreis „Interne Revision und Risikomanagement“, 2022.

[390] Vgl. Eulerich, 2021.

[391] Quelle: Diederichs, 2012, S. 162.

[392] In enger Anlehnung an Gleißner/Kimpel, 2019.

ist. Er hat in dieser Hinsicht sehr ausgeprägte Vorteile gegenüber der vorherigen Version und auch gegenüber den Prüfungsstandards des IDW (PS 340 und PS 981), die zum Beispiel auf die Implikationen aus § 93 AktG nicht eingehen (und sich entsprechend nicht mit der Frage befassen, ob und inwieweit Risikoanalysen auch bei wesentlichen unternehmerischen Entscheidungen einbezogen werden).

Der DIIR Revisionsstandard Nr. 2 empfiehlt eine Prüfung der wichtigsten Elemente eines Risikomanagementsystems entsprechend eines Phasenmodells (siehe Abbildung 22).

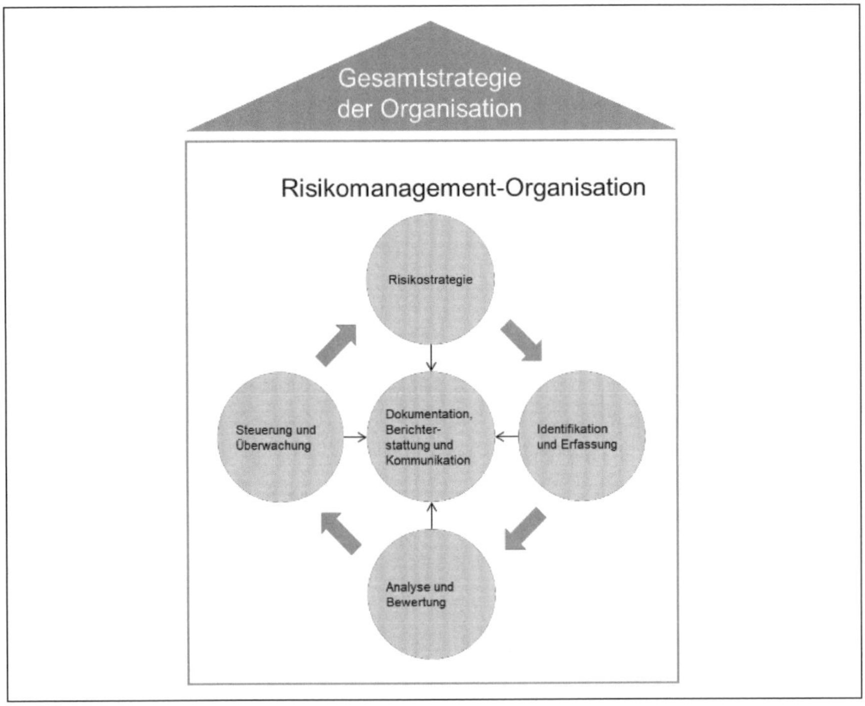

Abbildung 22: Phasenmodell des Risikomanagements (Quelle: Deutsches Institut für Interne Revision, DIIR)

Die Interne Revision hat Angemessenheit und Wirksamkeit der Maßnahmen und Kontrollen zur internen Risikosteuerung zu beurteilen.[393] Hervorzuheben ist zunächst, dass der neue DIIR Revisionsstandard Nr. 2 nun erstmals zwei große Prüfungsfelder deutlich getrennt aufzeigt:

1. Die Prüfung von Organisation und Prozessen im Risikomanagement.
2. Die Prüfung der im Risikomanagement eingesetzten betriebswirtschaftlichen Methoden (zum Beispiel zur Risikoquantifizierung und Risikoaggregation).

[393] Siehe DIIR Revisionsstandard Nr. 2 (2018), RZ 64.

Ein in vielen Studien zum Risikomanagement aufgezeigtes Problem besteht bisher darin, dass die Prüfung des Risikomanagements bisher primär auf Organisation und Prozesse ausgerichtet war (zum Beispiel die Prozesse für Risikoanalyse, Risikoüberwachung oder Risikoreporting). Ob die hier genutzten Methoden aber überhaupt geeignet sind, um den (gesetzlichen) Zielen des Risikomanagements gerecht zu werden, wurde mit deutlich weniger Intensität betrachtet. Eine Konsequenz ist, dass in vielen Unternehmen trotz oft scheinbar ordentlichen Risikomanagementprozessen und einer sachgemäßen Organisation zugleich gravierende methodische Defizite bestehen, beispielsweise weil durch das Fehlen einer adäquaten Methode für die Risikoaggregation gar nicht beurteilt werden kann, ob bestandsgefährdende Entwicklungen aus Kombinationseffekten von Einzelrisiken auftreten können.

Eine aktualisierte Version des DIIR RS Nr. 2 unter Beachtung der neuen Anforderungen aus § 1 StaRUG und FISG wurde 2022 veröffentlich.[394] Entsprechend § 1 StaRUG ist zu prüfen, inwieweit bei Erkennen einer relevanten Bestandsgefährdung „geeignete Gegenmaßnahmen“ initiiert werden. Die Kennzahlen zur Messung der Risikotragfähigkeit können genutzt werden, um anzuzeigen, wann Gegenmaßnahmen, bis hin zu einem Restrukturierungsplan, erforderlich werden.[395]

Eine ausführlichere Erläuterung der Inhalte des DIIR RS Nr. 2 mit den Implikationen für die Organisation des Risikomanagements findet man in Abschnitt 6.3.2. Checklisten mit Orientierungsfragen für die Prüfung eines Risikomanagements nach DIIR RS Nr. 2 findet man in Abschnitt 6.7.

Es ist festzuhalten, dass der neue *DIIR* RS Nr. 2 durch seine Orientierung sowohl am § 91 wie auch am § 93 AktG den Rahmen für einen integrativen Risikomanagementansatz aufzeigt. Das Risikomanagement soll bei der Vorbereitung unternehmerischer Entscheidungen mitwirken, was zur Integration in den Prozess der Entscheidungsvorbereitung führt (und damit auch zu einem engen Zusammenspiel mit dem Controlling). Im Hinblick auf weitere organisatorische Integrationsmöglichkeiten bleibt der Standard offen. Die genaue Art des Zusammenspiels z.B. zwischen Risikomanagement und Controlling und der Umfang der Nutzung gemeinsamer Ressourcen, kann unternehmensindividuell geregelt werden.

1.9 Impulsfragen

a) Was versteht man aus betriebswirtschaftlicher Perspektive unter einem Risiko? Und in welchem Zusammenhang steht der Begriff mit dem der Chance und der Gefahr?
b) Welchen ökonomischen Mehrwert kann man durch eine risiko- und wertorientierte Unternehmensführung im Allgemeinen und durch das Risikomanagement im Besonderen erwarten?

---

[394] Vgl. DIIR- und RMA-Arbeitskreis „Interne Revision und Risikomanagement“, 2022.
[395] Gleißner, 2021c.

c) Was versteht man unter „Risikoblindheit"?
d) Was ist eine unsichere Zahlung wert, bei der in einem Jahr entweder 5000 Euro oder 10000 Euro zu erwarten sind? Erläutern Sie ein praxistaugliches Vorgehen für eine risikogerechte Bewertung!
e) Welches sind die wichtigsten rechtlichen Grundlagen für die Gestaltung der Risikomanagementsysteme deutscher Kapitalgesellschaften?
f) Was versteht man unter einem strategischen Risiko?
g) Welche Eigenschaften sind typisch für „robuste Unternehmen"?
h) Welche neuen Anforderungen an das Risikomanagement ergeben sich seit 01.01.2021 durch §1 StaRUG?
i) Was unterscheidet den IDW PS 340 besonders deutlich vom DIIR Revisionsstandard Nr. 2?

2. Risikoanalyse

2.1 Einleitung und Überblick zu den Risikofeldern

Bei der Risikoanalyse werden die auf das Unternehmen einwirkenden Einzelrisiken systematisch identifiziert und anschließend hinsichtlich ihrer Eintrittswahrscheinlichkeit und quantitativen Auswirkungen bewertet.[396] Der Begriff „quantitative Auswirkungen" darf dabei nicht als „Schadenshöhe" missverstanden werden. Quantitative Auswirkungen sind meist nur in einer „Bandbreite" angebbar und durch eine geeignete Verteilungsfunktion zu beschreiben, die auch Chancen zeigen kann. Es sollten grundsätzlich alle Risikofelder bei einer Risikoanalyse betrachtet werden:

- strategische Risiken, z.B. die akute Gefährdung wichtiger Wettbewerbsvorteile,
- Marktrisiken, z.B. konjunkturelle Absatzmengenschwankungen,
- Finanzmarktrisiken, z.B. Zins- und Währungsveränderungen,
- rechtliche und politische Risiken, z.B. Änderungen der Steuergesetze,
- Risiken aus Corporate Governance und Organisation, z.B. Schäden durch unklare Aufgaben- und Kompetenzregelungen, sowie
- Leistungsrisiken der primären Wertschöpfungskette und der Unterstützungsfunktionen, wie beispielsweise Maschinenschäden oder Ausfall der IT durch eine Cyberattacke.

Die Relevanz einzelner Risiken und ganzer Risikofelder ist sehr unternehmensspezifisch. Die Bedeutung von Risiken und Risikofeldern ändert sich auch im Zeitverlauf. So haben in den letzten Jahren beispielsweise die Risiken durch die Digitalisierung (wie Cyber-Risiken) oder Nachhaltigkeitsrisiken[397] an Relevanz zugenommen. Diese Nachhaltigkeitsrisiken, die Auswirkungen der Unternehmensaktivitäten z.B. auf Umwelt und Gesellschaft ausdrücken, werden auch als nichtfinanzielle Risiken bezeichnet. Tatsächlich sind es Risiken mit finanziellen <u>und</u> nichtfinanziellen Auswirkungen, die sich meist aus der Leistungserstellung (Produktion) ergeben und daher als Unterkategorie im Feld „Leistungsrisiken" später betrachtet werden.

---

396 Zu erwähnen ist hier ergänzend, dass im Bereich des technischen Risikomanagements, speziell also bei Ingenieuren und Technikern, hier teilweise eine etwas andere Begriffsbelegung verwendet wird. Mit dem Begriff der „Risikoanalyse" wird hier lediglich die quantitative Beschreibung eines Risikos sowie das Aufzeigen der Risikoursachen sowie der Wirkungsbeziehung verstanden. Dagegen wird als „Risikobewertung" die Beurteilung eines Risikos speziell unter Bezugnahme auf die unternehmensspezifische Risikoakzeptanz (die Limite) bezeichnet.

397 Die Begriffe CSR-Risiken (Corporate Social Responsibility) und ESG-Risiken (Economy, Social und Governance) werden nachfolgend vereinfachend als Synonyme verwendet.

Grundsätzlich empfehlenswert ist die Festlegung eines systematischen Prozesses für die Identifikation von Risiken. Je nach Charakter des Risikos sind dabei unterschiedliche Methoden sinnvoll.[398] Die nachfolgende Abbildung zeigt fünf Hauptkategorien von Risiken, innerhalb derer zur Identifikation von Risiken unterschiedliche Verfahren empfehlenswert sind. Viele Unternehmen beschäftigen sich zunächst eher mit den operativen Risiken, wenngleich oft gerade die sogenannten Planungsrisiken und insbesondere die strategischen Risiken größte Bedeutung haben (vgl. Abschnitt 2.3 zu Risikofelder).

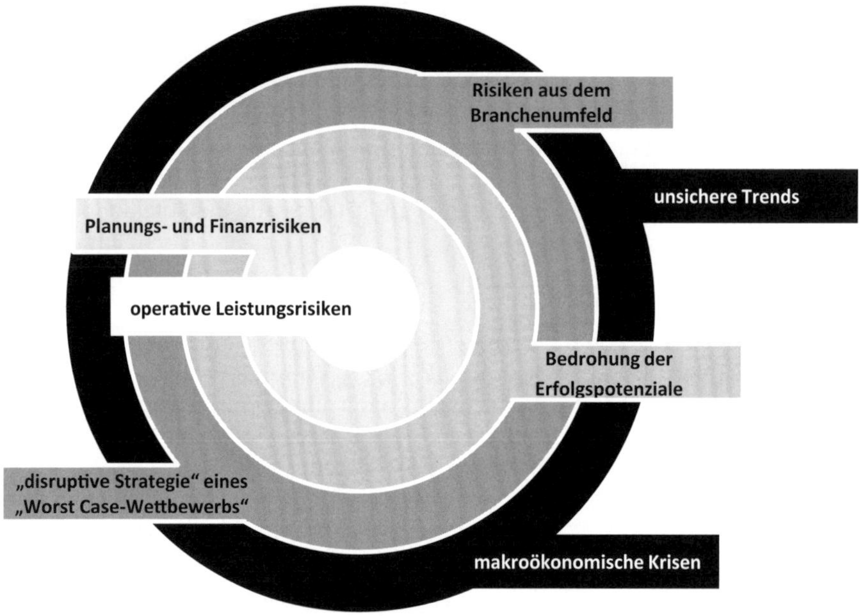

Abbildung 23: Fokussierte Risikoanalyse – von strategischen Risiken zu unsicheren Planannahmen

Operative Risiken sind Risiken der Leistungserstellung und der Unterstützungsprozesse. Zu diesen Risiken gehören insbesondere Ereignisse, die zu einer Störung der Leistungserstellung oder der Unterstützungsprozesse führen. In diese Kategorie von Risiken gehören entsprechend z.B. der mögliche Ausfall der Produktion durch einen Maschinenschaden, Feuer in der Fertigung, Cyber-Angriffe auf die IT, Betrugsfälle (Fraud) und Haftpflichtfälle, z.B. infolge der Auslieferung schadhafter Produkte.

Die zweite Kategorie von Risiken bezeichnet man als Planungs- und Finanzrisiken. Im Gegensatz zur ersten Gruppe sind diese im Allgemeinen keine Einzelrisiken mit Eintrittswahrscheinlichkeit und einer unsicheren Auswirkung. Planungs- und Finanzrisiken ergeben sich infolge unsicherer Annahmen der

---

398 Siehe weiterführend zu Risikofeldern und den Methoden für Risikoidentifikation und Risikoquantifizierung Romeike/Hager, 2020 und Vanini/Rieg, 2021a sowie Kaplan/Mikes, 2016.

Unternehmensplanung und können sich durch mögliche positive oder negative Abweichungen von einem Planwert auswirken (sind also in der Regel zugleich Chance und Gefahr). Diese Risiken lassen sich systematisch durch eine Erfassung aller unsicheren Annahmen der Unternehmensplanung (Planungsprämissen) erfassen. In diese Risikokategorie gehören z.B. Unsicherheit über die Nachfragewachstumsrate, Unsicherheit über Instandhaltungskosten oder die Tariflohnsteigerungsrate sowie Rohstoffpreis-, Wechselkurs- und Zinsänderungsrisiken.

Die drei verbliebenen Kategorien von Risiken befassen sich mit drei unterschiedlichen Arten strategischer Risiken. Im mittleren (dritten) Ring angesiedelt sind strategische Risiken, die sich unmittelbar aus der eigenen Unternehmensstrategie und den wesentlichen Erfolgspotenzialen selbst ergeben. Solche Risiken gefährden den langfristigen Erfolg des Unternehmens, weil sie insbesondere wichtige Erfolgspotenziale – wie Kernkompetenzen oder Wettbewerbsvorteile – bedrohen. In diese Risikokategorien gehören also beispielsweise Risiken wie der mögliche Verlust einer herausragenden Kernkompetenz im Bereich Forschung und Entwicklung (z.B. durch Ausfall der Schlüsselpersonen) oder der mögliche Verlust der Preissetzungsmacht, falls die positive Wahrnehmung der eigenen Marke verloren geht.

Die vierte Gruppe von Risiken (zweiter Ring von außen) umfasst Risiken, die aus dem Branchenumfeld kommen. Eine Analyse dieser Gruppe strategischer Risiken ist möglich mit industrieökonomischen Ansätzen, wie z.B. dem 5-Wettbewerbskräfte-Schema von Porter (1980). Betrachtet werden hier Risiken durch die Konkurrenz von Wettbewerbern und auch Risiken entlang der Wertschöpfungskette (Supply Chain). Zu den Risiken dieser Gruppe gehören beispielsweise kritische Abhängigkeiten von einzelnen Kunden und Lieferanten, der mögliche Markteintritt neuer Wettbewerber oder gravierende Umsatzverluste durch mögliche Substitutionsprodukte. Auch mögliche „disruptive“ Strategien und innovative Geschäftsmodelle von Wettbewerbern infolge neuer Technologien sowie Risiken durch ungünstigere Rahmenbedingungen in der Branche (z.B. nachlassende Nachfrage und Verlust an Differenzierungsfähigkeiten) gehören in dieses Risikofeld.

Der äußere Ring erfasst schließlich Risiken, die branchenübergreifend sind und erhebliche Auswirkungen für sehr viele Unternehmen der Volkswirtschaft haben. Solche Risiken ergeben sich z.B. aus technologischen Trends (wie Digitalisierung). Bedeutend sind hier auch makroökonomische Risiken, die zu schweren Krisen führen können.[399] Neben Pandemien zählen hierzu ein möglicher „Blackout“ mit einer möglichen Währungskrise oder eine Inflations- und Zinskrise oder ein Krieg mit seinen negativen wirtschaftlichen Auswirkungen (z.B. Sanktionen).

Die Identifikation aller wesentlichen Risiken ist durch einen einfachen „Brainstorming-Ansatz“ nicht möglich. Wie die obige Strukturierung von Risikokategorien zeigt, sind für einzelne Risikokategorien ganz unterschiedliche Risikoidentifikationsverfahren sinnvoll. Operative Leistungsrisiken erfordern beispielsweise eine Analyse der Wertschöpfungskette. Strategische Risiken

[399] Siehe dazu Gleißner/Kamaras, 2020a und b und Blum/Gleißner/Kamaras, 2021.

durch die Bedrohung der Erfolgspotenziale kann man nur erkennen, wenn man zunächst einmal die wesentlichen Erfolgspotenziale und damit die Kernaussagen der Strategie aufzeigt und dann systematisch nach Bedrohungen sucht. Planungs- und Finanzrisiken werden identifiziert, indem man systematische unsichere Planungsprämissen sucht. Eine vollständige Risikoanalyse erfordert die Betrachtung aller in Abbildung 23 genannten Risikokategorien und den Einsatz geeigneter Methoden für die Identifikation, die in diesem Abschnitt erläutert werden. Aus der Identifikation der Risiken und einer ersten Priorisierung in einem Risikoinventar ergibt sich dann, welche Risiken so bedeutend sind, dass hier eine sachgerechte quantitative Beschreibung erforderlich ist, wobei neben der Eintrittswahrscheinlichkeit i.d.R. eine Bandbreite möglicher Auswirkungen anzugeben ist (und kein „sicherer" Schaden).[400] Dies wiederum ist Voraussetzung für eine Aggregation der Risiken mit Bezug auf die Unternehmensplanung, um dann Aussagen über den Gesamtrisikoumfang des Unternehmens abzuleiten (also insbesondere den Eigenkapital- und Liquiditätsbedarf).[401] Identifikation, Quantifizierung und Aggregation von Risiken sind zudem notwendig, um die gesetzlichen Mindestanforderungen an ein Risikomanagement zu erfüllen. Nur wenn alle drei zentralen Aufgaben des Risikomanagements erfüllt werden, kann die Bestandsgefährdung des Unternehmens beurteilt werden (§1 StaRUG/§91 Abs. 2 AktG).[402]

Unabhängig von der Strukturierung der Risikofelder ist es wichtig, dass bei einer Risikoanalyse alle wesentlichen Risiken betrachtet werden.

Eine fundierte Risikoanalyse geht also durch den Einsatz systematischer und fokussierter Analysemethoden in den einzelnen Risikofeldern über ein unstrukturiertes Sammeln bekannter Risiken hinaus und sichert so die vorhandenen Risikobetrachtungen im Unternehmen ab. Die Risikoanalyse-Methoden sollten z.B. auch sicherstellen, dass auch seltene, potenziell aber sehr schwerwiegende „Extremrisiken" erfasst werden können. Bei einem Unternehmen mit einem mittleren oder guten Rating ist nämlich zu erwarten, dass potenziell „bestandsgefährdende" Risiken im Sinne des KonTraG/StaRUG Eintrittswahrscheinlichkeiten von 2% oder deutlich weniger haben müssen. Bei einem Unternehmen mit z.B. einem „BB-Rating" liegt nämlich die gesamte Insolvenzwahrscheinlichkeit nur bei ca. 1% und damit ist im Allgemeinen nicht zu erwarten, dass man bestandsgefährdende Risiken mit einer Wahrscheinlichkeit von 5 oder 10% oder mehr findet. Selbst wenn das Risikomanagement nur mögliche bestandsgefährdende Entwicklungen im Sinne des §91 Absatz 2 AktG (KonTraG) und §1 StaRUG frühzeitig erkennen soll, darf sich die Risikoanalyse aber nicht auf bestandsgefährdende Einzelrisiken beschränken. Auch andere „schwerwiegende" Risiken sind systematisch zu identifizieren und zu quantifizieren, weil normalerweise nicht Einzelrisiken, sondern die Kombination mehrerer Einzelrisiken, zu einer Krise oder Insolvenz eines Unternehmens führen (Kombinationseffekte der Risiken). Um genau solche Kombinationseffekte aus dem Eintreten mehrerer Einzelrisiken zu beurteilen, wird die im folgenden Kapitel 3

[400] Siehe dazu Gleißner, 2019a und b.
[401] Vgl. Gleißner, 2017c und 2019d sowie Berger/Kamaras, 2020.
[402] Siehe Weitzmann, 2021.

betrachtete Risikoaggregation erforderlich, die konsequenterweise auch im IDW Prüfungsstandard 340 zu Risikomanagementsystemen gefordert wird.[403]

Dieses zweite Kapitel zur Risikoanalyse ist wie folgt gegliedert: In Abschnitt 2.2 werden die wichtigsten Methoden zur Identifikation von Risiken vorgestellt. Ein Schwerpunkt wird dabei auf die Identifikation von strategischen Risiken gesetzt, also insbesondere der Bedrohung zentraler Erfolgspotenziale des Unternehmens. In diesem Zusammenhang wird auch aufgezeigt, dass es, bei Kenntnis bestimmter Charakteristika des Unternehmens oder seines Umfelds, möglich ist, hoch effizient diejenigen Risiken abzuleiten, die hier mit überdurchschnittlicher Wahrscheinlichkeit anzutreffen sind. Näher betrachtet wird auch ein wichtiges Risikoidentifikationsverfahren bei dem systematisch unsichere Plannahmen erfasst werden, die jeweils ein Risiko zeigen. Abschnitt 2.3 erläutert die wichtigsten Risikofelder, wie Leistungsrisiken oder finanzwirtschaftliche Risiken. Aufbauend auf der Identifikation von Risiken sind diese zu quantifizieren, also zu bewerten. In Abschnitt 2.4 wird dabei zunächst erläutert, wie ein Risiko quantitativ zu beschreiben ist, also durch eine Wahrscheinlichkeitsverteilung modelliert wird. Dabei wird neben der noch immer häufig zu findenden Beschreibung mittels Eintrittswahrscheinlichkeit und Schadenshöhe (Binomialverteilung) auch auf andere Verteilungen eingegangen, die oft sachgerechter sind. Zu erwähnen sind hier insbesondere die Normalverteilung und die Dreiecksverteilung, die eine vergleichsweise einfache Beschreibung von Risiken durch einen Mindestwert, einen wahrscheinlichsten Wert und einen Maximalwert zulassen und sich dabei an die Szenariotechnik anlehnen. Um Risiken zu vergleichen, zu priorisieren und den Gesamtrisikoumfang eines Unternehmens einfach zu beschreiben, werden Risikomaße verwendet. Diese erfassen das Risiko durch eine reelle Zahl. Ebenfalls in Abschnitt 2.4 werden daher die wichtigsten Risikomaße wie Standardabweichung, Variationskoeffizient, Value at Risk und Eigenkapitalbedarf vorgestellt. Die Zusammenfassung der bewerteten Risiken geschieht durch Risikoinventare oder Risiko-Portfolios. Diese Instrumente werden im letzten Teil dieses Kapitels (in Abschnitt 2.5) – vor den ergänzenden Fallbeispielen – vorgestellt.

2.2 Risikoidentifikation

2.2.1 Methoden im Überblick

Die erste Aufgabe des Risikomanagements ist eine systematische, strukturierte und auf die wesentlichen Aspekte fokussierte Identifikation der für das Unter-

[403] Institut der Wirtschaftsprüfer (IDW) Prüfungsstandard 340, S. 3 (IDW PS 340): *„Die Risikoanalyse beinhaltet eine Beurteilung der Tragweite der erkannten Risiken in Bezug auf Eintrittswahrscheinlichkeit und quantitative Auswirkungen. Hierzu gehört auch die Einschätzung, ob Einzelrisiken, die isoliert betrachtet von nachrangiger Bedeutung sind, sich in ihrem Zusammenwirken oder durch Kumulation im Zeitablauf zu einem bestandsgefährdenden Risiko aggregieren können." (IDW PS 340 von 1998)* Die genannte Risikoaggregation wird eigenständig in Kapitel 3 betrachtet.

nehmen relevanten Risiken. Dabei empfiehlt es sich schon zwei Teilaufgaben gedanklich zu unterscheiden:

1. Die Festlegung der geeigneten Verfahren für eine strukturierte Risikoidentifikation und
2. die Anwendung dieser Verfahren, also die eigentliche Risikoidentifikation.

Es ist zu empfehlen zunächst geeignete Verfahren der Risikoidentifikation festzulegen. Bei einer einfachen Risikoidentifikation, z.B. nur durch Befragung von Mitarbeitern (Risk Assessments) oder Brainstorming, ist es nämlich sehr wahrscheinlich, dass gravierende Risiken übersehen werden. Die psychologische Forschung zeigt, dass Menschen zunächst an Risiken denken, die besonders plakativ oder gerade eingetreten sind. Andere, potenziell sehr relevante Risiken werden übersehen. Die Festlegung der Methoden für eine strukturierte Risikoidentifikation und die systematische Anwendung dieser Verfahren hilft keine wesentlichen Risiken zu übersehen.

Für die Identifikation der Risiken können Arbeitsprozessanalysen, formalisierte Gefährdungsanalysen, Systemanalysen, Workshops, Benchmarks oder Checklisten genutzt werden.[404] In der Praxis haben sich insbesondere folgende Methoden für die Identifikation von Risiken als nützlich herausgestellt,[405] von denen die wichtigsten im Folgenden erläutert werden:

- Analyse der Strategie und der strategischen Planung (Abschnitt 2.2.2)
- Risikoworkshops (Abschnitt 2.2.3)
- Annahmenanalyse bei Controlling, operativer Planung und Budgetierung (Abschnitt 2.2.4)
- Risiko-Checklisten
- Experten- und Mitarbeiterbefragungen (auch Delphi-Panels)
- What-If-Analysen
- Human-Error-Analysen
- Sicherheitsüberprüfungen (wie beim TÜV)
- FMEA (Abschnitt 2.2.6)[406]
- Fehlerbaumanalysen und Ursachenbaumanalysen („Root-Cause-Analysen") (Abschnitt 2.2.7)
- Statistische Datenanalyse und künstliche Intelligenz (KI) (Abschnitt 2.2.8)
- Benchmarking-Analysen
- Brainstorming
- Mitarbeiter- und Entscheidungsträger-Motivationsanalysen
- Korrelations- und Zeitreihenanalysen, Trendanalysen, Regressionsanalysen
- „Hazard and Operability"-Studien (HAZOP)[407]
- Failure-Mode-Effect-Criticality-Analysen.[408]
- Besichtigungen

---

[404] Für einen Überblick siehe Vanini, 2014 sowie Vanini/Rieg, 2021a.
[405] Vgl. ergänzend auch Romeike, 2005 und Romeike/Hager, 2020.
[406] Fehler-Möglichkeits-Einfluss-Analysen.
[407] Vgl. Kross, 2006.
[408] Vgl. Kross, 2006.

Einige Verfahren zur Risikoidentifikation sind so wesentlich und produktiv, dass sie fast immer genutzt werden sollten. Dies gilt beispielsweise für eine statistische Analyse, wenn Daten über historische Risikoauswirkungen vorliegen (sei es mit traditionellen statistischen Verfahren, oder mit durch die Mustererkennung künstlicher Intelligenz).

Immer empfehlenswert sind eine strategische Risikoanalyse und die Analyse der Planung im Hinblick auf unsichere Planannahmen (Planungsprämissen). Mit der strategischen Risikoanalyse werden nämlich diejenigen Risiken aufgedeckt, die die zentralen, für den Erfolg eines Unternehmens, Geschäftsbereichs oder Projektes, Erfolgsfaktoren gefährden (siehe Abschnitt 2.2.2). Zudem sollte man die Prämissen einer Planung betrachten. Risiken sind mögliche Planabweichungen und damit sind unsichere Planungsprämissen immer zugleich Risiken (Chance und/oder Gefahr). Meist sind zudem Analysen der Arbeitsprozesse und Unterstützungsprozesse sinnvoll. Checklisten sind nur ausnahmsweise ein Instrument der primären Risikoidentifikation. Die Aufgabe von Checklisten ist eher darin zu sehen, eine bereits durchgeführte systematische Risikoanalyse kritisch zu prüfen, um sicherzugehen, dass bei dieser typische und bekannte Risken nicht übersehen wurden.

2.2.2 Risikoanalyse der Unternehmensstrategie

2.2.2.1 Grundidee

Im Kontext der strategischen Unternehmensplanung sollte sich ein Unternehmen über seine maßgeblichen Erfolgspotenziale (Kernkompetenzen, interne Stärken und für den Kunden wahrnehmbare Wettbewerbsvorteile) Klarheit verschaffen, um diese gezielt auszubauen und so die Zukunft des Unternehmens sichern zu können. Die wichtigen „strategischen Risiken" lassen sich – wie erwähnt – identifizieren, indem die für das Unternehmen bzw. seine Ziele wichtigsten Erfolgspotenziale systematisch dahingehend untersucht werden, welchen Bedrohungen diese ausgesetzt sind. Ist beispielsweise die Forschungs- und Entwicklungskompetenz ein zentrales Erfolgspotenzial, so wäre der Verlust der Schlüsselpersonen in diesem Bereich als strategisches Risiko zu betrachten. Zudem werden Risiken aus den Branchenumfeld analysiert sowie solche durch unsichere Zukunftstrends und volkswirtschaftliche Risiken, die zu Krisen führen können (vgl. zu typischen strategischen Risiken Abschnitt 2.3.2).

2.2.2.2 Grundlagen der Unternehmensstrategie

Das strategische Risikomanagement beschäftigt sich mit der Frage, von welchen Faktoren der langfristige Erfolg des Unternehmens („Erfolgsfaktoren") abhängig ist und welchen Bedrohungen diese Faktoren ausgesetzt sind.

Schwenker/Dauner-Lieb (2017, S. 20) beschreiben „Strategie" wie folgt:

„Strategie ist erstens eine besondere Art zu denken: zielorientiert, auf die Zukunft gerichtet, fokussiert, ganzheitlich, unkonventionell. Und zweitens: Strategie bedeutet, sich zu entscheiden – eine bewusste Auswahl zu treffen unter mehreren Optionen. Derartige 'strategische' Entscheidungen

- *legen die grundlegende Ausrichtung eines Unternehmens (oder einer Institution) fest;*
- *versuchen, in der Zukunft liegende Ereignisse zu antizipieren;*
- *sichern Erfolg, das heißt, sie schaffen nachhaltig Wettbewerbsvorteile;*
- *bestimmen Positionierung, Ressourcenzugang und Ressourcenallokation (also die eingangs genannte große Zahl);*
- *definieren die fundamentalen Unternehmensstrukturen (zentral/dezentral, global/regional et cetera).*

Mit anderen Worten […]: Strategie ist das planvolle Streben nach Zielerreichung, ausgerichtet an potenziellen Marktchancen und verfügbaren Ressourcen, die kreativ in Wettbewerbsvorteile umgesetzt werden und so zu strategischem Erfolg führen."

Schwenker/Dauner-Lieb (2017, S. 21) nennen z.B. folgende Anforderungen an eine „gute Strategie":

- Der Strategie muss ein klares Zukunftsbild zugrunde liegen.
- Die Verfügbarkeit der notwendigen Ressourcen (Menschen, Kapital) muss gewährleistet sein und
- die durch diese Strategie erforderlichen strategischen Maßnahmen sind geeignet relevante Vorteile (bei Marktpositionierung oder Ressourcenallokation) aufzubauen.
- Die Strategie ist tatsächlich implementierbar und in der Unternehmenspraxis umsetzbar und
- es gelingt die Mitarbeiter des Unternehmens für diese Strategie zu begeistern, um die Umsetzung zu ermöglichen.

Die strategische Managementforschung hat sich intensiv mit der Frage befasst, was gute Strategien auszeichnet.

Der sogenannte „Ressource-Based View" des strategischen Managements betont, dass die Verfügbarkeit wesentlicher Ressourcen (Erfolgspotenziale, speziell Kernkompetenzen) für den Unternehmenserfolg von besonderer Bedeutung ist. Die industrieökonomische Richtung des strategischen Managements verweist dagegen insbesondere auf die Bedeutung bestimmter Marktcharakteristika, wie Nachfragewachstum und Differenzierungsmöglichkeiten, als maßgebliche Determinanten des Unternehmenserfolgs.[409]

Eine Ergänzung und Weiterentwicklung stellt der ab 1997 entwickelte „Capability-Based View" dar.[410] Dieser Capability-Based View[411] kann als eine relativ junge Erweiterung der Theorie des strategischen Managements angesehen werden, die sich insbesondere mit spezifischen Kernkompetenzen befasst.[412] Der Capability-Based View befasst sich mit der Frage, durch welche Eigenschaften und Fähigkeiten manche Unternehmen langfristig überleben (während andere insolvent werden). Aus einer strategischen Perspektive werden hier also

[409] Siehe hierzu beispielhaft den Porter-Ansatz der fünf Wettbewerbskräfte, Porter, 2013 sowie weiterführend Eschenbach/Kunesch, 1996; Gleißner/Helm/Kreiter, 2013 und Serfas, 2014.

[410] Siehe Fainshmidt et al., 2016 und zusammenfassend Richter, 2019.

[411] Siehe zur Grundidee Teece et al., 1997.

[412] Siehe auch Zollo/Winter, 2002 sowie zusammenfassend Richter, 2019.

Ursachen für „finanzielle Nachhaltigkeit"[413], die Robustheit[414] und das Insolvenzrisiko von Unternehmen betrachtet. Die Überlegungen sind damit speziell auch für das strategische Risikomanagement von Bedeutung, zumal in besonderer Weise (exogene) Risiken durch Veränderungen der Umwelt thematisiert werden. In Fortführung des Ressource-Based View werden dabei zunächst die sogenannten „gewöhnlichen Fähigkeiten" und die „dynamischen Fähigkeiten" des Unternehmens unterschieden (die jeweils bei besonders positiver Ausprägung den Charakter von Kernkompetenzen aufweisen können). Die gewöhnlichen Fähigkeiten eines Unternehmens dienen dazu, die üblichen Aufgaben einer Unternehmung, also z.B. Vertrieb, Produktion und Beschaffung, möglichst effizient erfüllen zu können. Die dynamischen Fähigkeiten sind hingegen genau die Fähigkeiten, die für die Anpassung des Unternehmens (speziell der gewöhnlichen Fähigkeiten) in Reaktion auf neue Anforderungen der Umwelt erforderlich sind (was den direkten Bezug zum Konzept der Kernkompetenzen verdeutlicht).[415]

Bei den dynamischen Fähigkeiten werden Sensing, Seizing and Reconfiguring unterschieden. Sensing umfasst die Fähigkeiten, die erforderlich sind, um Veränderungen des Umfelds (z.B. der Technologien oder Kundenwünsche) zu erkennen. Aus Risikomanagementperspektive kann man hier ergänzen, dass dies insbesondere auch die Fähigkeit zur frühen Identifikation strategischer Chancen und Gefahren (Risiken) umfasst. Seizing sind die Fähigkeiten, um vorhandene und benötigte neue Ressourcen beurteilen und beschaffen zu können (was auch finanzielle Mittel voraussetzt). Reconfiguring sind schließlich die Fähigkeiten, das Unternehmen (inklusive der Organisationsstruktur) unter Beachtung bestehender Chancen und Gefahren durch Umfeldveränderungen adäquat anpassen zu können. Empirische Studien zeigen, dass die dynamischen Fähigkeiten die finanziellen Ergebnisse und die Überlebensfähigkeit von Unternehmen positiv beeinflussen.[416]

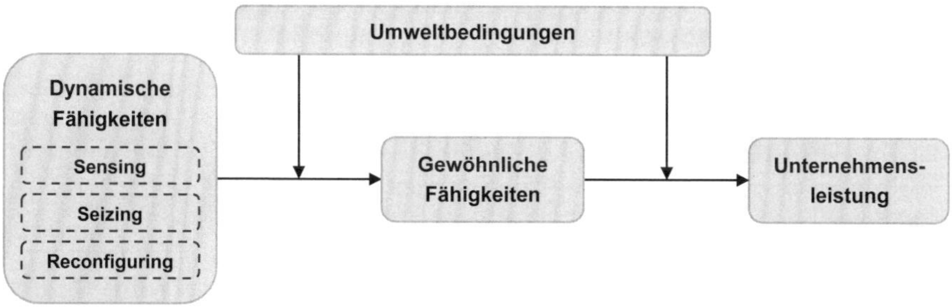

Abbildung 24: Schematische Zusammenhänge des Capability-Based View (Quelle: Richter, 2019, S. 43)

[413] Siehe Gleißner/Günther/Walkshäusl, 2022.
[414] Siehe Gleißner, 2017d.
[415] Siehe dazu auch Helfat, 2007, S. 1.
[416] Siehe z.B. Fainshmidt et al., 2016 sowie Karna et al., 2016.

Typischerweise werden vier Phasen des Strategieprozesses unterschieden[417], nämlich (1) strategische Analysen, (2) Strategieentwicklung (mit (2a) Konzipierung und (2b) Strategiebewertung), (3) Strategie-Implementierung und (4) strategisches Controlling.[418]

Der durch die Harvard Business School beschriebene Planungsansatz ist als das Idealbild zu interpretieren, das bis heute seine Bedeutung hat. Auch empirische Untersuchungen seit den 70er Jahren belegen, dass eine an diesem Ansatz angelehnte strategische Planung mehrheitlich als erfolgssteigernd betrachtet wird.[419]

Unsicherheit und Risiko wurden aber erst relativ spät im strategischen Management zu einem Hauptthema, was auch auf die recht späte Entwicklung von Methoden für Risikoanalyse, Risikoaggregation und risikogerechter Bewertung (im Rahmen des Risikomanagements) zurückzuführen ist.[420] Als wesentliche Herausforderung bei der Entwicklung und Implementierung einer erfolgversprechenden Strategie sehen auch Schwenker/Dauner-Lieb (2017, S. 23–26) den Umgang mit einer nicht sicher vorhersehbaren Zukunft – die Autoren sprechen hier von Ungewissheit. Entsprechend formulieren sie (S. 23):

„Trotz aller Vorteile, die sich mit Strategien verbindet, bleibt ein Unbehagen: Für jede gute Strategie müssen Annahmen über zukünftige Entwicklungen getroffen werden."

Und diese Annahmen sind unsicher, was die Existenz von Risiken impliziert. Ein strategisches Management unter Beachtung von Unsicherheit fängt bei einer Analyse der wesentlichen Risiken, speziell der strategischen Risiken, an.

Startpunkt der Identifikation strategischer Risiken ist eine strukturierte Beschreibung der Strategie mit ihren wesentlichen Erfolgsfaktoren. Bewährt hat sich dabei eine Unterscheidung in Portfoliostrategie und Geschäftsstrategie.

2.2.2.3 Risikoanalyse auf Portfolioebene

Im Rahmen der Portfoliostrategie werden strategische Geschäftseinheiten (SGEs) im Hinblick auf Marktattraktivität und Stärke der Ausprägung von Erfolgspotenzialen im Vergleich zu den Wettbewerbern[421] beurteilt (siehe folgende Abbildung 25).

Eine strategische Geschäftseinheit ist dabei ein Bereich eines Unternehmens, der im Wesentlichen über eigenständige Ressourcen verfügt und eine von anderen strategischen Geschäftseinheiten des Unternehmens weitgehend unabhängige eigene Strategie verfolgen kann. Es ist damit insbesondere möglich eine solche SGE auch aufzugeben, ohne dass damit die Ausrichtung anderer strategischer Geschäftseinheiten grundsätzlich in Frage gestellt wird.

Im Rahmen der Portfolio-Analyse wird zunächst hochaggregiert beurteilt, ob in Anbetracht der Rahmenbedingungen der Marktattraktivität der Branche und der Erfolgspotenziale des eigenen Unternehmens (insbesondere der Wett-

[417] Siehe z.B. auch Schwenker/Dauner-Lieb (2017), S. 20–21 und Gleißner, 2019e.
[418] Vgl. Hinterhuber (2015) zur strategischen Unternehmensführung.
[419] Siehe Müller-Stewens/Lechner, 2011.
[420] Vgl. z.B. Gleißner (2017d) mit einem Überblick.
[421] Kurz: Wettbewerbsvorteile.

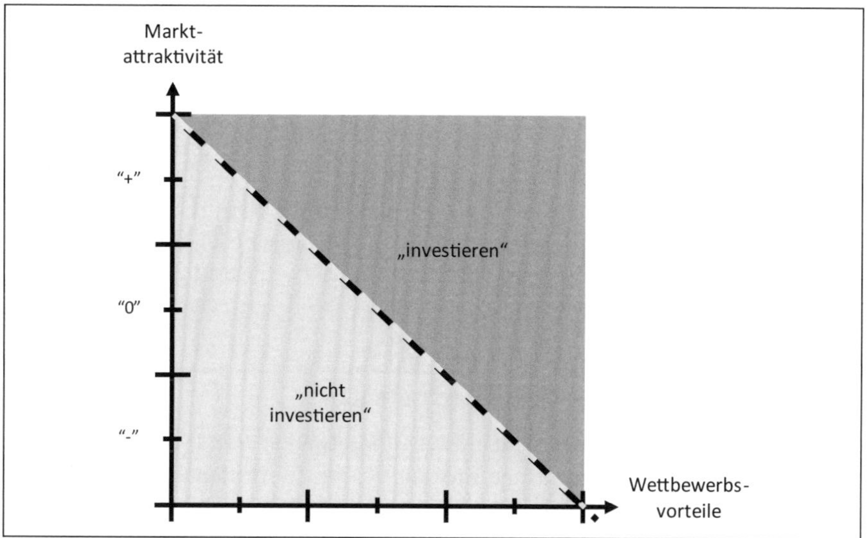

Abbildung 25: Marktattraktivität und Wettbewerbsvorteil

bewerbsvorteile) eine SGE nachhaltig erfolgversprechend erscheint.[422] Eine Einschätzung, ob eine solche SGE langfristig eine Rendite oberhalb risikoadäquater Kapitalkostensätze erwarten lässt. Ohne jedoch erwartete zukünftige Rendite und Kapitalkosten explizit zu berechnen, erfolgt zunächst eine vereinfachte qualitative Beurteilung. Man geht davon aus, dass eine ausreichend hohe Marktattraktivität und/oder ausgeprägte Erfolgspotenziale notwendig sind, damit eine SGE langfristig erfolgreich sein wird. Je höher die Marktattraktivität, desto niedriger die Anforderungen an die Erfolgspotenziale (und umgekehrt). Die Marktattraktivität ist dabei abhängig vom Nachfragewachstum, dem Umfang kritischer Abhängigkeiten von Kunden und Lieferanten sowie den Möglichkeiten, sich von Wettbewerbern zu differenzieren und so Preissetzungsspielräume zu erhalten (z.B. über eine Marke). Überdurchschnittliche Erfolgspotenziale erfordern Wettbewerbsvorteile bezüglich der für die Kunden wesentlichen Kaufkriterien, die auch nachhaltig zu verteidigen sind (z.B. durch Kernkompetenzen und eine hohe operative Effizienz, die niedrige Kosten ermöglicht).

Von einem hohen strategischen Risiko des Scheiterns einer SGE ist also auszugehen, wenn eine strategische Geschäftseinheit ein ungünstiges Verhältnis von Marktattraktivität und Wettbewerbsvorteilen aufweist (siehe obige Abbildung).

Für eine erste Beurteilung der Zukunftsfähigkeit einer Unternehmensstrategie und Ausgangspunkt der späteren strategischen Risikoanalyse kann man die nachfolgenden Fragen betrachten:

1. Gibt es für die vom Unternehmen angebotenen Leistungen eine (wachsende) Nachfrage?
2. Verfügt das Unternehmen über die notwendigen Kompetenzen und sonstigen Ressourcen, um die Leistung erstellen zu können?

422 Siehe Gleißner/Helm/Kreiter, 2013.

3. Kann sich das Unternehmen mit seinen Leistungen durch relevante Wettbewerbsvorteile von seinen Wettbewerbern abheben, insbesondere im Hinblick auf, für die Kunden der Zielgruppe, wesentliche Kaufkriterien (Differenzierung)?

Wenn eine oder gar mehrere dieser Fragen mit „nein" beantwortet werden, zeigt dies ein so gravierendes strategisches Risiko, dass eine Bestandsgefährdung möglich scheint. Ausgehend von diesen Fragen kann betrachtet werden, inwieweit einzelne Geschäftsaktivitäten – strategische Geschäftseinheiten (SGEs) – unter Berücksichtigung von Marktattraktivität und Ausprägung der Erfolgspotenziale (Wettbewerbsvorteile) prinzipiell wirtschaftlich aussichtsreich erscheinen.

2.2.2.4 Risikoanalyse der Geschäftsstrategien

Jede strategische Geschäftseinheit eines Unternehmens verfolgt eine Geschäftsstrategie (wenn ein Unternehmen nur aus einer SGE besteht, gibt es entsprechend auch nur eine Geschäftsstrategie).[423]

Für eine differenziertere Betrachtung sollte man sich in einem zweiten Schritt genauer mit den Inhalten der Geschäftsstrategie des Unternehmens befassen.

Notwendig ist hier zunächst eine präzise Beschreibung der jeweiligen Geschäftsstrategie, insbesondere der zentralen Aussagen über das Geschäftsmodell. Im Rahmen der strategischen Risikoanalyse ist dabei eine Fokussierung auf die besonders zentralen Aspekte einer Strategie, die im Geschäftsmodell erfasst werden, wie z.B. die Erfolgsfaktoren und ihre Abhängigkeiten, sinnvoll.[424] Das Konzept der Geschäftsmodelle ähnelt dem der „Strategy Maps" von Kaplan und Norton. Dies wird deutlich durch folgende Definition des Geschäftsmodells (Business Model) gemäß Wirtz (2013, S. 73):

„Ein Business Model stellt eine stark vereinfachte und aggregierte Abbildung der relevanten Aktivitäten einer Unternehmung dar. Es erklärt wie durch die Wertschöpfungskomponente einer Unternehmung vermarktungsfähige Informationen, Produkte und/ oder Dienstleistungen entstehen. Neben der Architektur der Wertschöpfung werden die strategische sowie die Kunden- und Marktkomponente berücksichtigt, um das übergeordnete Ziel der Generierung bzw. Sicherung des Wettbewerbsvorteils zu realisieren."

Für jede strategische Geschäftseinheit (SGE) sollte man jeweils die wesentlichen Inhalte der Geschäftsstrategie strukturiert beschreiben, um insbesondere die für die strategische Risikoanalyse wesentlichen Erfolgspotenziale erkennen zu können. Die nachfolgende Abbildung 26 zeigt diese inhaltlichen Kernbereiche einer Unternehmensstrategie bzw. Geschäftsstrategie einer SGE. Diese Kernbereiche sind insbesondere:[425]

- Erfolgspotenziale des Unternehmens (speziell Kernkompetenzen)
- Geschäftsfeldstruktur mit den Wettbewerbsvorteilen in den einzelnen Geschäftsfeldern

[423] Siehe weiterführend Gleißner, 2004c; Gleißner, 2019e.
[424] Vgl. Gleißner, 2004c.
[425] Vgl. weiterführend Gleißner, 2019e und Schwenker/Dauner-Lieb, 2017.

- Gestaltung der Wertschöpfungskette
- Strategische Stoßrichtung, also die primär geplanten Änderungen (wie Wachstum oder Rentabilitätssteigerung)

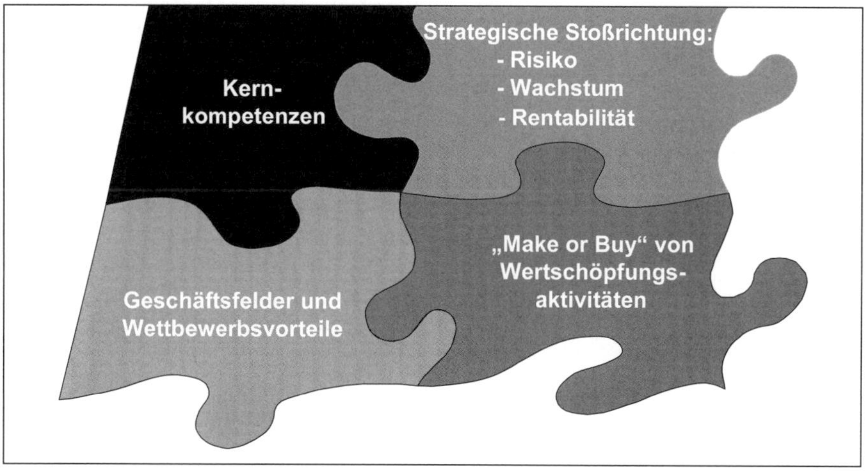

Abbildung 26: Kernbereiche der Unternehmensstrategie (Geschäftsstrategie)

Notwendig für eine strategische Risikoanalyse ist das Verständnis der im relevanten Umfeld maßgeblichen Erfolgsfaktoren von Unternehmen, also von (1) Kernkompetenzen, (2) internen Stärken und (3) Wettbewerbsvorteilen (im Hinblick auf die für den Kunden wesentlichen Kaufkriterien).

Zur Präzisierung von Unternehmensstrategie oder Geschäftsstrategie der einzelnen SGEs kann man die Orientierungsfrage in der nachfolgenden Abbildung betrachten:

Kernkompetenzen	Strategische Stoßrichtung
• Welche Kompetenz und Ressourcen haben wir? • Welche Kompetenz und Ressourcen benötigen wir? • Was macht unsere Kernkompetenz skalierbar? • Was sichert unsere Kernkompetenz ab?	• Welche primäre Zielen haben wir? • Welche Nebenbedingungen (z.B. bezgl. Rating und Eigenfinanzierung) sollten beachtet werden? • Welche Werttreiber – Wachstum, Rendite, Risiko – sollten wie geändert werden? • Was sind unsere Wachstumstreiber? • Was sind unsere Renditetreiber? • Was sind unsere Risikotreiber?

Geschäftsfelder (GF) und Wettbewerbsvorteile	Wertschöpfungskette
• Welche GF (Produkt-Zielgruppe-Region) bestehen, die (a) attraktiv sind und (b) zu unserer Kernkompetenz passen? • Welche Bedürfnisse und Kaufkriterien haben die Kunden in den GF? • Welchen Nutzen/Problemlösung bieten wir (Value Proposition) ? • Bezüglich welcher Kaufkriterien besitzen wir belegbare Wettbewerbsvorteile? • Wofür soll der Kunde wie bezahlen (Erlösmodell)?	• Welche Wertschöpfungsaktivitäten werden im Unternehmen abgedeckt? • Welche Investments sowie variable und fixe Kosten entstehen durch diese? • Wie erreichen wir die Kunden der Zielgruppe? • Welche Schlüssellieferanten (und Partner) decken die anderen Wertschöpfungsaktivitäten ab?

Abbildung 27: Orientierungsfragen zu einer Geschäftsfeldstrategie (Quelle: Gleißner, 2021a, S. 35)

Um die wesentlichen Inhalte, die eine Strategie bzw. ein Business Model charakterisieren, für die Risikoanalyse noch präziser erfassen zu können, kann eine noch feinere strukturierte Beschreibung hilfreich sein (siehe die folgende Abbildung).

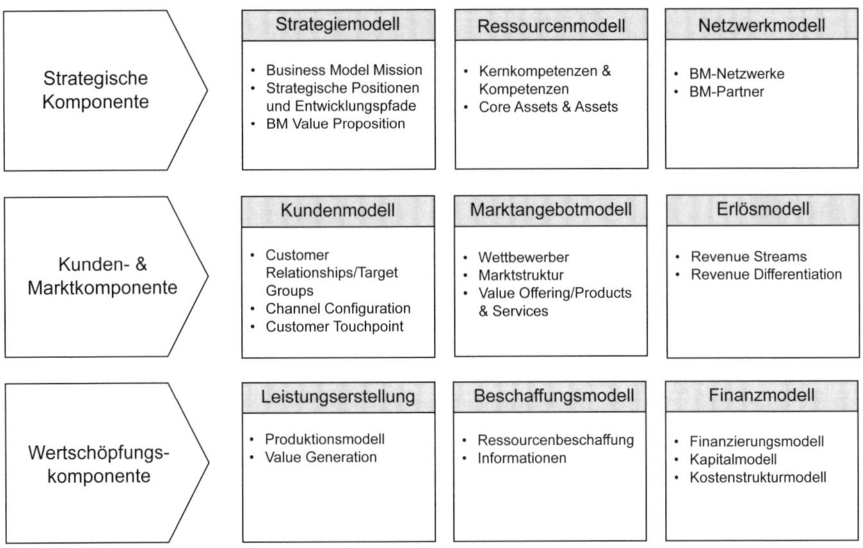

Abbildung 28: Komponenten und Teilmodelle eines Business Models[426]

Eine präzisere Beschreibung des aktuellen Geschäftsmodells des eigenen Unternehmens, eines möglichen zukünftigen Geschäftsmodells und auch der Geschäftsmodelle der Wettbewerber gelingt auch durch den mehrdimensionalen Ansatz der „strategischen Positionierung“ (Gleißner, 2020f). Mit diesem Inst-

[426] Quelle: Wirtz, 2013, S. 124.

rument können neben einem Vergleich von Geschäftsmodellen insbesondere auch strukturiert strategische Handlungsoptionen, und damit neue Geschäftsmodelle, aufgezeigt und später beurteilt werden (vgl. dazu Abschnitt 4.2.4 mit einer Darstellung der Dimensionen im Kontext Verbesserung der Robustheit von Strategien).

Unter den Erfolgspotenzialen eines Unternehmens sind die Ressourcen und Fähigkeiten zu verstehen, die maßgeblich für die zukünftigen Erträge bzw. Cashflows verantwortlich sind. Erfolgspotenziale können einerseits vom Kunden wahrnehmbare Wettbewerbsvorteile (z.B. Servicequalität) oder andererseits besondere interne Stärken im Vergleich zu den Wettbewerbern (z.B. effiziente Arbeitsprozesse) sein. Eine besondere Stellung unter den Erfolgspotenzialen haben aber die langfristig wirksamen Kernkompetenzen, weil diese die Voraussetzung für die Generierung von Wettbewerbsvorteilen oder internen Stärken sind.

Die Strategie sollte daher auf den Ausbau langfristig wirksamer Kernkompetenzen ausgerichtet sein, die es immer wieder auf das Neue erlauben, die entscheidenden Wertschöpfungsaktivitäten besser als die Wettbewerber auszuführen. Eine Kernkompetenz muss damit folgende Eigenschaften besitzen:

- Sie muss einen erheblichen Beitrag zum Kundennutzen bieten.
- Sie sollte für eine Vielzahl von Märkten/Geschäftsfeldern bedeutsam sein.
- Sie ist sehr selten und von Wettbewerbern nur schwierig zu kopieren, was insbesondere impliziert, dass sie nicht (wie z.B. eine Maschine) am Markt käuflich ist.[427]

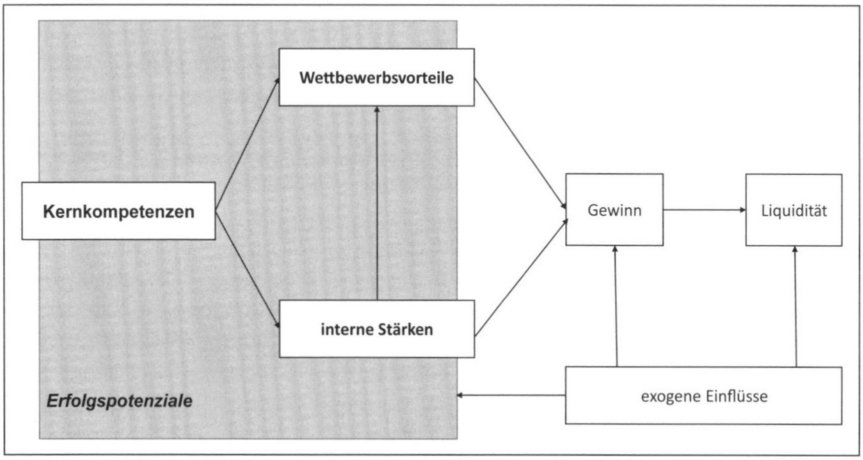

Abbildung 29: Kernkompetenzen als Erfolgspotenziale

Unternehmen sollten also Kernkompetenzen aufbauen, mit denen sie in verschiedenen Märkten neue Wettbewerbsvorteile erringen können, denn Wettbewerbsvorteile erklären nur den heutigen, Kernkompetenzen aber den zu-

[427] Vgl. Gleißner, 2004c, 2020f und 2019e.

künftigen Markterfolg. Auch die Preissetzungsmacht eines Unternehmens ist das Resultat der Wettbewerbsvorteile.

Kernkompetenzen entstehen meist aus der Verbindung von technologisch hochstehendem, möglicherweise patentgeschütztem Wissen sowie den besonderen Fähigkeiten und Erfahrungen einer eingespielten Gruppe von Mitarbeitern des Unternehmens.

Es ist also offensichtlich, dass der Auf- und Ausbau von Kernkompetenzen eine zentrale Aufgabe der strategischen Unternehmensführung ist.[428] Ebenso offensichtlich ist, dass eine Gefährdung der Erfolgspotenziale im Allgemeinen und der Kernkompetenzen im Besonderen außerordentlich kritisch für den langfristigen Unternehmenserfolg ist und damit ein strategisches Risiko darstellt.

Die Kompetenzstruktur der Wertschöpfungskette kann unter Risikogesichtspunkten insbesondere dann als stabil bezeichnet werden, wenn sie in möglichst mehr als einem Bereich zentrale Kernkompetenzen aufweist, also z.B. sowohl im Bereich Produktion wie auch im Bereich „Forschung und Entwicklung". Bei solchen „mehrgipfligen" Kompetenzprofilen sind nämlich gleichzeitige Bedrohungen mehrerer unterschiedlicher Kompetenzbereiche eher unwahrscheinlich.

In Anbetracht der schnellen Veränderung der Umfeldbedingungen in vielen Branchen haben inzwischen die (dynamischen) Fähigkeiten zur Anpassung des Unternehmens an neue Gegebenheiten große Bedeutung für den nachhaltigen Erfolg (vgl. oben die Erläuterung zu Capability-Based View in Abschnitt 2.2.2.2).

Auch geplante Änderungen eines Geschäftsmodells sollten bei einer strategischen Risikoanalyse betrachtet werden. Bei der Beurteilung solcher „Business Model Innovationen" und ihrer Risiken – strategischer Handlungsoptionen – betrachtet man, ob die Änderung des Geschäftsmodells

- die Value Constellation (Wertschöpfungsmodel),
- die Value Proposition (Wertversprechen gegenüber dem Kunden) oder
- beides

betrifft.[429]

Als nächstes ist die Geschäftsfeldstruktur mitsamt den aktuellen Wettbewerbsvorteilen in den einzelnen Geschäftsfeldern zu überprüfen. Das strukturelle Risiko der einzelnen Geschäftsfelder ist dabei von Marktcharakteristika abhängig, wie sie insbesondere durch die fünf Wettbewerbskräfte von Porter beschrieben werden.[430] Auf Ebene der einzelnen Geschäftsfelder einer SGE kann also die gleiche Methode eingesetzt werden wie für die SGE als Ganzes (vgl. Abschnitt 2.2.2.3). Die auch im Rahmen der strategischen Risikoanalyse der Geschäftsfelderstruktur nutzbaren Instrumente werden in Abschnitt 2.3.3 im Bereich der Absatz- und Beschaffungsmarktrisiken noch näher betrachtet.[431]

[428] Vgl. dazu vertiefend Gleißner, 2004c.
[429] Vgl. Wirtz/Göttel, 2014, S. 531.
[430] Siehe Budd, 1993.
[431] Vertiefend zu den Instrumenten des strategischen Risikomanagements, wie beispielsweise die Analyse der Kompetenzstruktur von Unternehmen unter Risikogesichtspunkten oder einer detaillierten Analyse von Trends, siehe Gleißner, 2007.

Im Rahmen der Strategieentwicklung ist auch die Gestaltung der Wertschöpfungskette festzulegen. Hier muss entschieden werden, welche Teilleistungen das Unternehmen selbst erbringen und welche es am Markt erwerben möchte. Grundsätzlich sind dabei alle Wertschöpfungsteile, die im engen Zusammenhang mit den Kernkompetenzen stehen, selbst zu erstellen, weil das Unternehmen sonst die entscheidenden Faktoren für den zukünftigen Unternehmenserfolg aus der Hand geben und somit auf längere Sicht seine eigene Existenz massiv gefährden würde. Demgegenüber kommen prinzipiell alle Wertschöpfungsteile, die nicht von Kernkompetenzen des Unternehmens abgedeckt sind, für eine Fremdvergabe an Dritte in Betracht. Diese Fremdvergabe bringt grundsätzlich den Vorteil, dass dabei fixe durch zumindest teilweise variable Kosten ersetzt werden, was tendenziell die Risiken durch Nachfrageschwankungen senkt, wenn nicht zugleich durch die entstehenden Schnittstellen zusätzliche Risiken (z.B. bzgl. Lieferzuverlässigkeit) entstehen.

Welche Kompetenzen und weiteren Erfolgsfaktoren bei Unternehmen besonders häufig auftreten und im Rahmen der strategischen Risikoanalyse zu berücksichtigen sind, zeigt die empirische Erfolgsfaktorenforschung[432]. So zeigt beispielsweise die bekannte PIMS-Studie, dass gerade Nachfragewachstum, Marktanteil und Produktqualität sowie Mitarbeiterproduktivität und Innovationsfähigkeit branchenübergreifend zu den wesentlichen Erfolgsfaktoren gehören, die statistisch belegbar die Unterschiede in der Kapitalrentabilität von Unternehmen erklären können.[433]

Empirische Untersuchungen zeigen, dass in Abhängigkeit bestimmter Unternehmens- und Umfeldcharakteristika durchaus sehr unterschiedliche Erfolgsfaktoren besonders bedeutsam sind. Aufbauend auf dieser Überlegung lassen sich Erfolgspotenziale für verschiedene Unternehmens- und Umfeldsituationen angeben und in einem nächsten Schritt im Hinblick auf die hier besonders häufig zu erwartenden (und dann besonders relevanten) strategischen Risiken untersuchen. Auf genau eine derartige Risikoanalysemethode wird im folgenden Unterabschnitt näher eingegangen.

2.2.3 Identifikation strategischer Risiken: ein beispielhafter Ablaufplan

Strategischen Risiken ergeben sich meist durch

1. eine Bedrohung einzelner Erfolgspotenziale oder der Geschäftsstrategie als Ganzes,
2. eine Veränderung der Wettbewerbskräfte im Branchenumfeld (z.B. Wegfall von Markteintrittshemmnissen, zunehmende Abhängigkeit von Kunden oder Lieferanten, durch Substitutionsprodukte oder „disruptive Strategien“, z.B. durch Digitalisierung) sowie

---

[432] Siehe z.B. Buzzell/Gale, 1989; Jenner, 1999 und Daschmann, 1994 sowie zusammenfassend Gleißner, 2004c.

[433] Siehe Buzzell/Gale, 1989.

3. schwere Wirtschaftskrisen, ausgelöst durch volkswirtschaftliche Risiken (z.B. Finanzmarkt-, Staatsschulden- oder Versorgungskrisen, zu denen auch eine Pandemie gehört).

Diese genannten Hauptfelder der strategischen Risiken sollten also nacheinander strukturiert analysiert werden (vgl. auch Abschnitt 2.3.2 zu diesen Risikoarten).

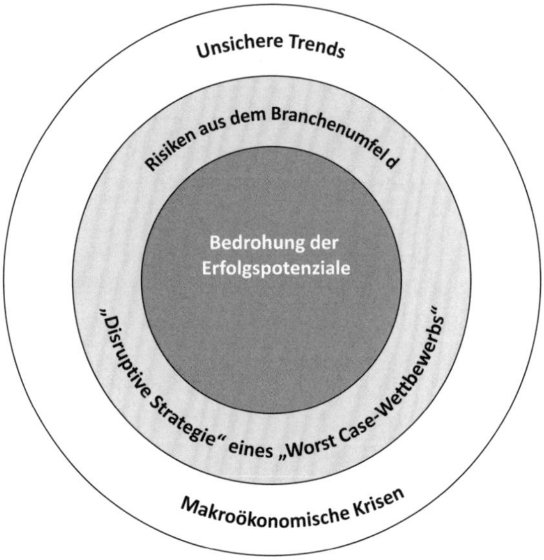

Abbildung 30: Die Identifikation strategischer Risiken

Die Identifikation strategischer Risiken geschieht im Allgemeinen im Rahmen eines Workshops, an dem die Unternehmensführung teilnehmen sollte. Auch die Teilnahme des Risikomanagers sowie der Verantwortlichen aus Controlling und Unternehmensplanung, sofern es diese im Unternehmen gibt, ist sinnvoll. Aufgrund der Heterogenität der Kenntnisse im Zusammenhang mit dem Thema Risikomanagement werden zunächst in einer Einführung zentrale Grundbegriffe – wie Risiko, strategische Risiken und Risikomanagement – erläutert und auf den Nutzen der Analyse und gegebenenfalls Bewältigung strategischer Risiken, z.B. im Rahmen der Weiterentwicklung der Unternehmensstrategie, hingewiesen.

Vor der eigentlichen Ableitung strategischer Risiken ist es dann sinnvoll zunächst die Unternehmensstrategie mit ihren Kerninhalten (siehe letzten Abschnitt) und speziell die die Unternehmensstrategie maßgeblich bestimmenden Erfolgsfaktoren des Unternehmens schriftlich festzuhalten. Dies ist auch dann sinnvoll, wenn es im Unternehmen an sich eine beschriebene und dokumentierte Strategie gibt, da die Diskussion über die Kernaspekte der Strategie oft doch unterschiedliche Vorstellungen oder Präzisierungsbedarf aufdeckt. Festzuhalten sind entsprechend insbesondere Kernkompetenzen, Geschäftsfelder und Wettbewerbsvorteile des Unternehmens sowie die Gestaltung der Wertschöpfungskette (mit ihren internen Stärken). Auch auf die Abhängigkeit der Erfolgspotenziale – und möglicherweise stabilisierende Effekte – sollte eingegangen werden (siehe „Geschäftslogik"). Zur Präzisierung und Vervollständigung der Strategie kann eine Beschreibung anhand der kurz erläuterten Strategiedimensionen vorgenommen werden, wobei hier auch aufzuzeigen ist, welche Veränderung der strategischen Positionierung, z.B. infolge von erwarteten Veränderungen des Umfelds, für die Zukunft vorgesehen ist.

Die so beschriebene Gesamtsituation des Unternehmens in seinem Umfeld kann dann zunächst insgesamt auf Plausibilität, logische Konsistenz und nachhaltige Zukunftsfähigkeit beurteilt werden. Anschließend sollten alle Erfolgspotenziale einzeln betrachtet werden. Strategische Risiken werden identifiziert, indem aufgezeigt wird, welchen Veränderungen – speziell Bedrohungen – diese in der Zukunft ausgesetzt sein könnten. Solche Bedrohungen können dabei resultieren aus internen Risiken (z.B. Schlüsselpersonenrisiko), Entwicklungen im Umfeld (Trends) oder auch dem Verhalten von Wettbewerbern (z.B. die Entwicklung neuer Technologien oder Geschäftsmodelle). Dabei sollte man auch die (unsicheren) Zukunftstrends noch einmal im Hinblick auf ihre unsicheren Implikationen betrachten, um aus diesen und den zugrundeliegenden (unsicheren) Annahmen weitere strategische Risiken abzuleiten. Die Bedrohung der Erfolgspotenziale durch die bestehenden Wettbewerbskräfte (siehe Porter-Ansatz) und mögliche zukünftige Veränderungen der Struktur der Wettbewerbskräfte sollten in diesem Zusammenhang auch diskutiert werden.

Üblicherweise beginnt die eigentliche strategische Risikoanalyse mit der Diskussion der Erfolgspotenziale und der hier bestehenden Chancen und Gefahren. Nach der Betrachtung des eigenen Unternehmens mit den zentralen Erfolgspotenzialen der Strategie sowie deren Bedrohungen folgt im zweiten Schritt der strategischen Risikoanalyse eine Betrachtung von Risiken aus dem Branchenumfeld. Orientieren kann man sich dabei z.B. am Konzept der „fünf Wettbewerbskräfte" von Porter (1980). Mit dieser Methode kann man die Unterschiede der Rentabilität von Unternehmen verschiedener Branchen einschätzen und zugleich auf branchenspezifische Risiken schließen (Budd, 1993).[434] Ungünstig für Rentabilität und Risikosituationen sind beispielsweise Konstellationen mit

- starken Abhängigkeiten von wenigen Kunden und Lieferanten
- intensiven Wettbewerb (z.B. durch geringe Möglichkeit der Differenzierung bezüglich Kaufkriterien)
- Gefährdung durch Substitutionsprodukte und niedrige Markteintrittshemmnisse für neue Wettbewerber.[435]

Zumindest wenn einige klar umreißbare „Gegenspieler" (wie Wettbewerber oder Schlüsselkunde) mit ihrem Verhalten bei der Einschätzung der (unsicheren) Konsequenzen eigener Entscheidungen und der zugehörigen Risikoanalyse zu berücksichtigen sind, bietet sich der Einsatz auch von Techniken der Spiel-

[434] Siehe vertiefend Abschnitt 2.3.2.

[435] Vgl. vertiefend Abschnitt 2.3.3 zu Absatzmarktrisiken.

theorie für die Analyse strategischer Risiken an.[436] Strategische Entscheidungen, die im Rahmen der Spieltheorie betrachtet werden, zeichnen sich durch folgende Charakteristika aus:[437]

- Es sind mindestens zwei „Spieler“ involviert, die ihre eigenen Ziele verfolgen.
- Die Zielerreichung ist abhängig von den eigenen Handlungen (und damit den eigenen Handlungsalternativen) und den Handlungen der anderen Spieler (und damit deren Informationsstand).

Ein wichtiges spieltheoretisches „Konzept“ ist das des sogenannten „Nash-Gleichgewichts“, demzufolge ein rationaler Spieler eine Strategie wählt, die die optimale Reaktion ist auf die gewählte beste Strategie des jeweiligen Gegenspielers. Spieltheoretische Entscheidungssituationen kann man darstellen als Matrix oder Baum (siehe nachfolgende Abbildung zum Gefangenendilemma).

	Spieler 2	
Spieler 1	gestehen	nicht gestehen
gestehen	8 | 8	1 | 10
nicht gestehen	10 | 1	3 | 3

Tabelle 12: Auszahlungsmatrix beim Gefangenendilemma in der Normalform[438]

Szenarioanalysen und „Wargaming“ helfen bei der Analyse solcher strategischen Risken.[439]

Zu beachten ist bei der strategischen Risikoanalyse, dass sich natürlich auch die in einer Branche gültigen Wettbewerbskräfte und die relative Wettbewerbsposition des eigenen Unternehmens und seiner Geschäftsfelder im Zeitverlauf verändern. Um derartige Veränderungen einschätzen zu können, werden im Rahmen der strategischen Risikoanalyse häufig Zukunftstrends betrachtet und im Hinblick auf die Konsequenzen für die Branche und die Wettbewerbsvorteile der einzelnen Unternehmen eingeschätzt.[440] Analysiert werden können so beispielsweise die Konsequenzen sinkender Transaktionskosten und des Bedeutungszuwachses der Emerging Markets, die Konsequenzen der demographischen Verschiebungen in Deutschland oder technologische Trends, wie „Digitalisierung“ (Industrie 4.0), „Big Data“ oder „Internet der Dinge“. Da sowohl der betrachtete Trend an sich als auch seine Auswirkungen auf seine Branche und die einzelnen Unternehmen nicht sicher sind, ist die Betrachtung solcher (unsicherer) „Mega-Trends“ dem strategischen Risikomanagement zuzuordnen.

Für die Identifikation strategischer Risiken hilfreich sind auch „Reverse Stresstests“ (Premortem-Technik). Dabei stellt man sich die Frage: Was sind denkbare Ursachen für ein (hypothetisches) Ereignis, speziell den Verlust eines Erfolgs-

436 Siehe z.B. die Übersicht von Horsch/Morscher, 2014 sowie Dixit/Nalebuff, 2000 zu den Grundlagen.
437 Vgl. Horsch/Morscher, 2014, S. 620.
438 Quelle: Horsch/Morscher, 2014, S. 621.
439 Vgl. Romeike/Spitzner, 2013.
440 Siehe hierzu z.B. Blum/Gleißner, 2001a.

potenzials bzw. das komplette Scheitern eines Geschäftsmodells? Hilfreich ist es hier, wenn eine solche Analyse möglicher Ursachen für ein Scheitern unter Einbeziehung möglichst neutralen Personen vorgenommen wird, die z.B. die Rolle eines Advocatus Diaboli oder eines (hypothetischen) Wettbewerbers einnehmen.

Bei der Identifikation strategischer Risiken sollte man auch über die möglichen Wirkungen makroökonomischer Risiken und Krisen nachdenken (vgl. Abschnitt 2.3.2.5 zu typischen makroökonomischen Krisen). Deflation, ein starker Zinsanstieg oder Finanzierungsprobleme der hoch verschuldeten Staaten können erhebliche Auswirkungen auf Unternehmen haben. Die Finanzmarktkrise 2008 und die durch die COVID-19-Pandemie (2020/2021) ausgelöste Wirtschaftskrise sind weitere Beispiele.[441]

Sämtliche identifizierten strategischen Risiken, die z.B. Kernkompetenzen, Wettbewerbsvorteile oder die (relative) Kostenposition beeinflussen können, sollten am Ende der Phase der Risikoidentifikation strukturiert[442] zusammengefasst und in einem ersten „Inventar der strategischen Risiken" dargestellt werden. Es ist dabei kein Problem, wenn bei der Diskussion über die Strategie auch ganz übliche „operative Risiken" mit identifiziert und betrachtet werden (z.B. konjunkturelle Absatzmengenschwankungen, Zinsänderungsrisiken bei einem stark verschuldeten Unternehmen oder Rohstoffpreisschwankungen). Diese eher operativen Risiken, die quasi „nebenher" identifiziert werden, können später im Rahmen der Risikoanalyse wieder aufgegriffen werden. Alle identifizierten Risiken sollten anschließend im Hinblick auf ihre Relevanz grob eingeschätzt werden, wobei eine Begründung der Relevanzeinschätzung sinnvoll ist (zur Relevanzeinschätzung siehe Abschnitt 2.2.5). Vor einer ersten Priorisierung der strategischen Risiken hat es sich bewährt, die im Workshop abgeleitete Liste dahingehend zu prüfen, ob auch die Risiken noch einmal im Hinblick auf „typische Risiken", die in Anbetracht der spezifischen Unternehmens- und Umfeldsituation (Charakteristika) des eigenen Unternehmens mit besonderer Häufigkeit auftreten, enthalten sind (sofern zutreffend). Eine Checkliste über solche „typischen Risiken" findet man in Abschnitt 2.3.11.

2.2.4 Identifikation von Planungsrisiken

Nach der Analyse der strategischen Risiken folgt eine Analyse der Risiken, die sich unmittelbar aus der operativen Unternehmensplanung und der Budgetierung ableiten lassen. So können sehr strukturiert und effizient sogenannte „Planungsrisiken" identifiziert werden. Unsichere Planannahmen zeigen nämlich immer Risiken an.

Im Rahmen von Controlling, Unternehmensplanung oder Budgetierung werden bestimmte Annahmen getroffen (z.B. bezüglich Konjunktur, Rohstoffpreise, Wechselkurse und Erfolgen bei Vertriebsaktivitäten). Alle wesentlichen Annahmen der Planung, die Planungsprämissen sollten zunächst systematisch erfasst werden, um Planungstransparenz zu erzielen. Alle unsicheren Planannahmen

---

[441] Vgl. Gleißner/Kamaras, 2020a und Blum/Gleißner/Kamaras, 2021.

[442] Z.B. anhand von Ursache- und Wirkungsbeziehung.

zeigen ein Risiko, weil hier Planabweichungen auftreten können. Ohne Planvorgabe (d.h. ohne ein klares Ziel) ist eine Planabweichung – logischerweise – nicht möglich.

Jede fundierte Planung sollte also Transparenz über die zugrunde liegenden Annahmen und Überlegungen gewährleisten. So ist beispielsweise bei der Umsatzplanung natürlich zu zeigen, welche Preise das Unternehmen selber setzt, welche Annahmen über die Preissetzung der Wettbewerber getroffen werden, welche Gesamtnachfrage (Konjunktur) unterstellt wird und wie sich dies auf den Umsatz auswirkt. Beim Umrechnen in Fremdwährungen müssen zudem Annahmen über die relevanten Wechselkurse getroffen werden. Manche der hier angesprochenen Annahmen (z.B. die eigenen Preise) können (wenn sie z.B. über den Planungszeitraum fixiert werden) als risikolos angesehen werden. Viele Planannahmen (etwa über die Konjunktur oder die Wechselkurse) sind nicht sicher. Sie stellen risikobehaftete Annahmen dar. Immer, wenn im Controlling- oder Planungsprozess eine risikobehaftete Planannahme auftaucht, ist ein Risiko identifiziert worden. Controlling und Unternehmensplanung können damit wesentliche Teilaufgaben des Risikomanagements allein schon dadurch abdecken, dass sie sämtliche risikobehafteten Planannahmen (z.B. bei der Budgetierung) strukturiert zusammenfassen (z.B. in einem Risikoinventar).

Das folgende einfache **Fallbeispiel** zeigt die Vorgehensweise bei der „Planannahmenanalyse". Betrachtet wird ein Unternehmen, das im letzten Geschäftsjahr 1.000 produzierte Maschinen zum Preis von (durchschnittlich) 40.000 Euro abgesetzt hat. Die Quote der variablen Materialkosten belief sich auf gerade 50 %. Mit diesen Angaben folgt ein Umsatz von 40 Millionen Euro und ein Deckungsbeitrag von 20 Millionen (Umsatz x (1 – Materialkostenquote)). Für das Jahr 2023 plant das Unternehmen nun ein Absatzmengen-Wachstum von 10 %, eine durchschnittliche Erhöhung der Absatzpreise von 5 % sowie eine leichte Reduzierung der Materialkostenquote auf 49 % ein. Genau diese drei Größen sind zukunftsbezogene Schätzungen, die aufgrund ihres Zukunftsbezugs risikobehaftet sind. Aus ihnen ergibt sich ein für das Folgejahr geplanter Deckungsbeitrag von 23,6 Millionen Euro. Wenn man nun diese Planung und die drei zugrundeliegenden Annahmen nachvollzieht, hat man durch das Aufzeigen der „unsicheren Planannahmen" gerade die der Planung zugrundeliegenden Risiken identifiziert. Im Fallbeispiel könnte man dies wie folgt bezeichnen: (1) Unsichere Absatzmengen-Wachstumsrate, (2) unsichere Preiserhöhungsrate sowie (3) Unsicherheit bezüglich der Materialkostenquote. Meist ist es hilfreich, die identifizierten Risiken noch näher zu betrachten. Zunächst ist es sinnvoll die „tieferen" Ursachen zu verstehen (z.B. resultiert ein Risiko aus der unsicheren Preisentwicklung eines wichtigen Rohstoffs oder Unsicherheit über das Wettbewerbsverhalten oder Unsicherheit über die Entwicklung der konjunkturabhängigen Gesamtnachfrage). Ausgehend von einer Beschreibung des Risikos, inklusive seiner Ursachen, hat man die wesentlichen Voraussetzungen geschaffen, um den Umfang des jeweiligen Risikos später zu quantifizieren, also z.B. die unsichere Planannahme durch eine „Bandbreite" zu beschreiben (Mindestwert, wahrscheinlichster Wert und Maximalwert).[443]

[443] Vgl. Rieg/Ulrich, 2019.

Eines der wesentlichen Instrumente des Controllings sind die Abweichungsanalysen[444], bei denen die Ursachen für eingetretene Planabweichungen untersucht werden, um geeignete gegensteuernde Maßnahmen zu initiieren. Basis für den Aufbau von Abweichungsanalysen ist ein sogenannter Plan- oder Soll-Wert, mit dem die tatsächliche Ausprägung („Ist") eines zu analysierenden Sachverhalts verglichen wird. Die Abweichungsanalyse soll insbesondere die Ursachen für Abweichungen zwischen den geplanten und den tatsächlichen Kosten bzw. Erlösen feststellen. Mit Abweichungsanalysen, also speziell Ist-Plan-Vergleichen, können Risiken identifiziert werden. Wird beispielsweise eine eingetretene Planabweichung beim Umsatz komplett durch eine falsche Einschätzung der risikobehafteten Planannahmen erklärt (vgl. oben), so wird diese Planabweichung damit auf Grundlage des Wirksamwerdens bereits bekannter Risiken zu interpretieren sein. Daraus entstehen höchstens neue Informationen für die Quantifizierung dieses Risikos. Können jedoch Planabweichungen nicht vollständig unter Bezugnahme auf die bisher erkannten risikobehafteten Planannahmen erklärt werden, so gilt es, diejenigen – bisher in der Planung nicht berücksichtigten – Einflussfaktoren zu finden, die für die eingetretene Planabweichung tatsächlich maßgeblich waren. Offensichtlich gab es hier einen (risikobehafteten) Einflussfaktor, der im Rahmen des Planungsprozesses und bei der Risikobeurteilung (risikobehaftete Annahmen) nicht berücksichtigt war. Eine derartige Größe stellt ein neu identifiziertes Risiko dar, das in das Risikoinventar einzustellen ist.

2.2.5 Risikoworkshops (Risk Assessments) zu Leistungsrisiken

Bestimmte Arten von Risiken lassen sich am besten im Rahmen eines Workshops durch strukturierte Diskussionen erfassen. Hierzu gehören insbesondere die Risiken aus den Leistungserstellungsprozessen (operative Risiken), rechtliche und politische Risiken sowie Risiken aus Unterstützungsprozessen (z.B. IT). Im Folgenden wird das Vorgehen für die Identifikation von Leistungsrisiken durch Risikoworkshops noch etwas genauer erläutert.

(1) Organisation und Vorbereitung der Workshops

Zunächst werden die Abteilungen, Funktionen oder Prozesse sowie die zu betrachtenden Risikofelder festgelegt, die in die Risikoanalyse einzubeziehen sind. In der Regel sind dies die Kernprozesse des Unternehmens (die unmittelbar an der Wertschöpfung beteiligt sind), die wichtigsten Unterstützungsprozesse (z.B. IT, Personal, Recht, Finanzen/Rechnungswesen) sowie die sonstigen Bereiche, aus denen bedeutende Risiken erwartet werden, was die Betrachtung der gesamten Wertschöpfungskette vom Zulieferer bis zum Endkunden implizieren kann („Supply Chain"). Danach werden die Workshop-Teams zusammengesetzt. Für einen Workshop sind ein bis zwei Arbeitstage einzuplanen, wobei die Anzahl der Workshops zu operativen Risiken von der

[444] Siehe ein Beispiel zur Abweichungsanalyse im Rahmen der Bandbreitenplanung in Rieg, 2020, insb. S. 297 und 328.

Größe des Unternehmens und dem Umfang der Funktionen, Abteilungen und Wertschöpfungsprozesse abhängt. Als Anhaltspunkt gilt, dass es in jedem Fall einen Workshop für die wichtigsten Wertschöpfungsprozesse und einen Workshop für die Unterstützungsprozesse geben sollte. Sofern es darüber hinaus einzelne Bereiche oder Prozesse gibt, aus denen wesentliche Risiken vermutet werden (z.B. Finanzen, Forschung und Entwicklung oder Projektkalkulation[445]), können weitere „Spezial-Workshops" das Vorgehen abrunden. In der Regel ist zumindest noch ein Workshop zu den finanziellen Risiken sinnvoll.

(2) Auftaktveranstaltung („Kick-Off") als Vorbereitung aller Workshops

Nach Auswahl der Beobachtungsbereiche (Abteilungen, Funktionen, Prozesse etc.) und Zusammensetzung der Workshop-Teams sind die in das Risikoanalyseprojekt eingebundenen Mitarbeiter in einer gemeinsamen Auftaktveranstaltung mit Informationen über das Projekt zu versorgen. Empfehlenswert ist es, schon bei der Einladung zum Auftakt ausreichend Informationen über das Risikomanagementprojekt zu geben (Intention, geplantes Vorgehen, Ziele, Projektaufbau und -leitung), damit sich die Teilnehmer für die Veranstaltung vorbereiten können.

Wichtig ist, dass schon in dieser Auftaktveranstaltung verdeutlicht wird, dass Risikomanagement einen ökonomischen Nutzen für das Unternehmen – und alle Mitarbeiter – erbringt und nicht nur eine gesetzliche „Pflichtübung" darstellt. Eines der häufigsten Probleme (wie bei anderen Projekten auch) ist, dass die Mitarbeiter, die für das Projekt und den Projekterfolg tätig werden sollen, nicht oder unzureichend mit Vorabinformationen versorgt werden und in die Workshops gehen, ohne zu wissen, was auf sie zukommt. In solchen Situationen muss dann in den eigentlichen Arbeitsterminen erst einmal Überzeugungsarbeit für das Projekt geleistet werden, was zu Lasten der verfügbaren Zeit und den erwarteten Ergebnissen gehen kann.

(3) Einstieg in den Workshop

Nach diesem Auftakt können die einzelnen Workshops zur Risikoanalyse durchgeführt werden. Trotz der Informationen aus der Auftaktveranstaltung empfiehlt es sich, zu Beginn des eigentlichen Risikoanalyseworkshops nochmals kurz auf die Intention des Projekts, den Inhalt des durchzuführenden Workshops, dessen geplanten Ablauf sowie die erwarteten Ergebnisse einzugehen. Die dafür aufzuwendenden vielleicht 30 Minuten sind in jedem Fall gut investiert. Nach der allgemeinen Einführung in das Projekt werden im zweiten Schritt die Grundlagen des Risikomanagements erläutert und die anzuwendenden Begriffe definiert (Was heißt „Risiko"? Wie sind Risiken zu quantifizieren? usw.).

---

445 Vgl. Oepen et al., 2011.

(4) Risikoidentifikation im Workshop

Zur Identifikation der operativen Risiken der Wertschöpfungskette bietet es sich an, die Arbeitsprozesse zunächst (einschließlich der wesentlichen Schnittstellen) zu beschreiben und anschließend Schritt für Schritt zu überprüfen, durch welche Risiken eine Abweichung des tatsächlichen Prozessablaufes vom geplanten Prozessablauf eintreten kann, die Auswirkungen auf die Unternehmensziele (das Ergebnis) hat (vgl. Abbildung 31). Gerade hier können viele Arbeiten und Instrumente (z.B. FMEA) des Qualitätsmanagements genutzt werden, weil erhebliche Teile davon auch als Management technischer Risiken interpretiert werden können, sodass hier Synergien genutzt werden können.

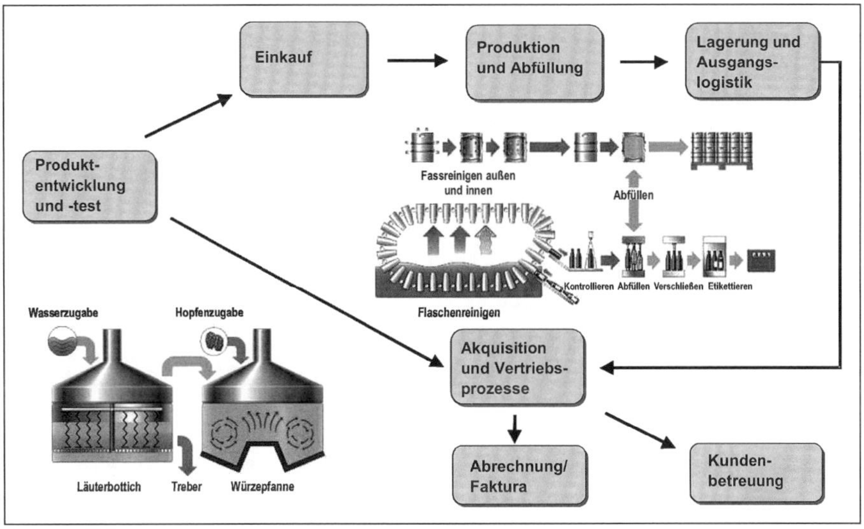

Abbildung 31: Prozessbeschreibung aus einem Workshop (aus einem Beratungsprojekt)

Eine ergänzende Methode zur Identifikation der Risiken basiert auf der Strukturierung der Risikofelder, die dann in Vorbereitung auf das Projekt zwischen der Unternehmens- und Projektleitung festgelegt wird. Sie dient als eine abgespeckte „Checkliste" für die Beantwortung der Frage, aus welchen dieser Beobachtungsbereiche Risiken resultieren können.

Die eigentlichen Risiken sind in dieser Art „Checkliste" nicht aufgeführt. Die Verwendung komplexer vorgefertigter Risikochecklisten ist – zumindest allein – nicht zielführend. Tendenziell neigen Menschen dazu, sich aus dem, was angeboten wird (z.B. den Risiken in einer Checkliste), zu bedienen, ohne darüber hinaus genügend weitere Überlegungen anzustellen. Aber auch ein unstrukturiertes Brainstorming an dieser Stelle sollte vermieden werden. Die Gefahr dieser Methode liegt darin, dass voraussichtlich nur die Faktoren identifiziert werden, die den Mitarbeitern schon bekannt oder gerade aktuell sind.

Nachfolgend ist die Risikofeldermatrix der FutureValue Group AG abgebildet (vgl. Abbildung 32).

Strategische Risiken	Marktrisiken	Finanzmarkt-risiken	Risiken aus Compliance & Corporate Governance	Supply Chain Risiken/ Leistungsrisiken	Außerordentliche und spezielle operationelle Risiken
1. Geschäftsfelderstruktur und Portfoliorisiken	1. Markttrends	1. Zinsrisiken	1. Rechnungslegung: Vollständigkeit und Einhaltung von Standards	1. Akquisition und Vertrieb	1. Kalkulationsrisiken bei Projekten und langen Vertragslaufzeiten
2. Unsichere Prämissen und Konsistenz der Strategie	2. Struktur der Wettbewerbskräfte	2. Währungsrisiken	2. Internes Kontrollsystem und Umsetzung der Compliance	2. Angebote, Kalkulation, Preissetzung	2. Ausfall zentraler Produktionskomponenten
3. Bedrohung kritischer Erfolgsfaktoren und strategischer Ziele	3. Substitutionsrisiken (z.B. neue Produkte)	3. Wertschwankungen bei Wertpapieren (UV)	3. Unternehmenskultur und Risikokommunikation	3. Einkaufs- und Eingangslogistik, Lieferantenwahl	3. Schwankungen der sonstigen Kosten
4. Finanzstruktur (insbes. Eigenkapitalquote und Kostenstruktur)	4. Abhängigkeit von einzelnen Kunden	4. Risiken aus Einsatz von Derivaten	4. Investor Relationship und Public Relationship	4. Auftragsplanung	4. Schwankung der Personalkosten
5. M&A-Risiken/Beteiligungswerte	5. Abhängigkeit von Lieferanten	5. Forderungsausfälle	5. Entlohnungs- und Anreizsysteme	5. Service und Lieferfähigkeit	5. Ausfall Schlüsselpersonen
6. Megatrends und Trendrisiken: Chancen und Gefahren	6. Bedrohung von Marktposition und Wettbewerbsvorteilen	6. Wertschwankungen von Beteiligungen, Impairmentrisiko	6. Zielkongruenz ökonomischer Entscheidungsregeln	6. Ausgangslogistik	6. Sachanlageschäden (z.B. durch Feuer)
7. Managementrisiken/ Entscheidungsrisiken	7. Markteintritt neuer Wettbewerber	7. Immobilien und sonstige Asset-Klassen	7. Führungsstil, Betriebsklima und Motivation	7. Abrechnung/Faktura	7. Markenrisiken/ Imagerisiken/Reputationsrisiken
	8. Absatzmengenschwankungen	8. Finanzielle Stabilität, Rating und Liquidität (Kreditlinie, Covenants)	8. Rechtliches und politisches Umfeld	8. Lieferantenausfall	8. Werkschutz, exogene kriminelle Aktivitäten

Strategische Risiken	Marktrisiken	Finanzmarktrisiken	Risiken aus Compliance & Corporate Governance	Supply Chain Risiken/ Leistungsrisiken	Außerordentliche und spezielle operationelle Risiken
	9. Absatzpreisschwankungen	9. Pensionsrückstellungsrisiken	9. Sonstige organisatorische Risiken (Strukturen, Prozesse)	9. Spezielle Projektrisiken	9. Planungs-, Prognose- und Frühwarnsysteme
	10. Beschaffungsmarktrisiken (Materialkosten, Rohstoffpreise)		10. Konventionalstrafen, Bürgschaften oder andere Vertragsrisiken	10. Nachhaltigkeitsrisiken	10. FuE-Risiken und technologische Risiken
					11. Datensicherheit und Cyber-Risiken
					12. IT-Verfügbarkeit
					13. Arbeitssicherheit
					14. Umweltrisiken
					15. Vorteilsnahme, Untreue und Betrug
					16. Allgemeine Haftpflicht
					17. Produkthaftung

Abbildung 32: Risikofeldermatrix

Der DRS schlägt alternativ beispielsweise die Risikokategorisierung vor, die man in Abbildung 33 sieht.

Die Struktur der Risikofelder als Orientierungsraster erweitert in jedem Fall den Blickwinkel bei der Identifikation der Risiken auf alle potenziell relevanten internen Bereiche und die externe Umwelt des Unternehmens, sodass diese in den Workshops hinterfragt werden. Sie bildet auch das spätere Dokumentationsraster und gewährleistet, dass kein wichtiges Risikofeld unberücksichtigt geblieben ist. Wichtig sind natürlich auch Abhängigkeiten zwischen den einzelnen Teilaspekten innerhalb der Risikofelder bzw. zwischen den Feldern zu erfassen.

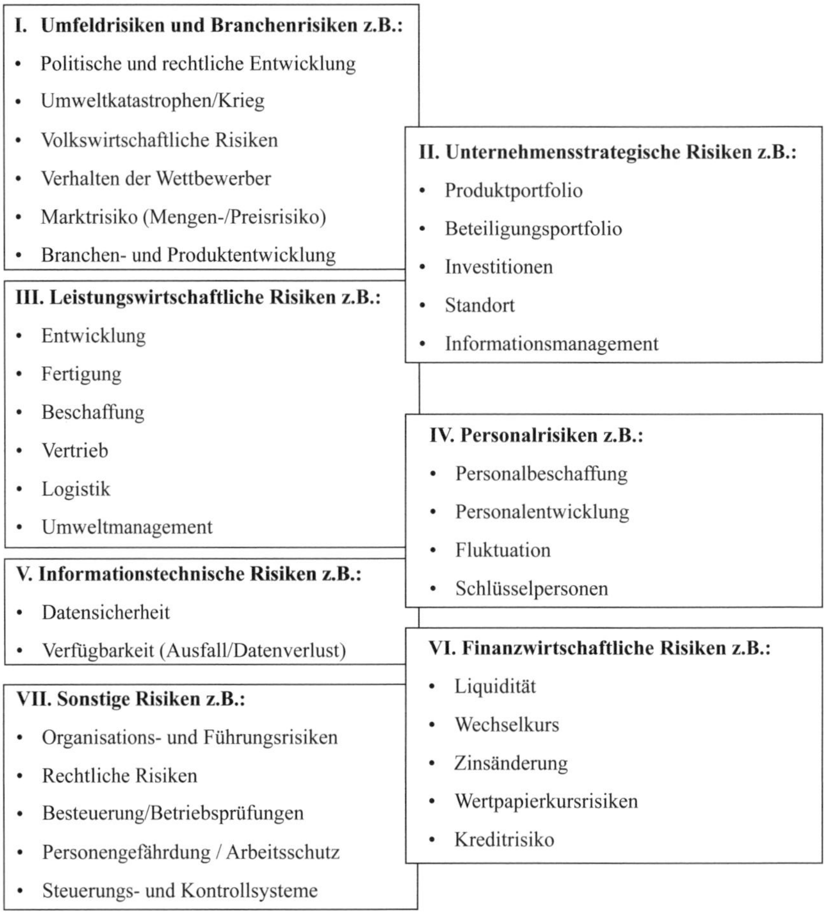

Abbildung 33: Beispielhafte Risikokategorisierung nach dem „alten" DRS 5[446]

Die Digitalisierung von Geschäftsmodellen spielt heute eine große Rolle[447]. Dennoch enthält die Risikofeldermatrix kein Risikofeld „Digitalisierungsrisiken". Dies liegt daran, dass mit der Digitalisierung der Wirtschaft völlig unterschiedliche Chancen und Gefahren (Risiken) verbunden sind, die unterschiedliche Risikofelder betreffen.[448] Durch unternehmensinterne Projekte zur Digitalisierung der Produktion im Kontext „Industrie 4.0" ergeben sich beispielsweise verschiedene Projektrisiken; von der Möglichkeit der Kostenabweichung bis zur ungeplanten Betriebsunterbrechung. Digitalisierung ermöglicht neue digitale Geschäftsmodelle von Wettbewerbern, die möglicherweise Geschäftsfelder eines Unternehmens unattraktiv machen. Dies ist ein strategisches Risiko. Und natürlich sind auch die zunehmenden Risiken durch Cyber-Angriffe, die zu

[446] Übernommen aus Stroeder, 2007, S. 211 (Anmerkung: inzwischen gibt es den DRS 20).
[447] Vgl. Abschnitt 2.3.2.4.
[448] Weiterführend zum Thema Digitalisierung und durch die Digitalisierung verursachte Risiken siehe Abschnitt 2.3.8.

einem Ausfall der eigenen IT führen können, durch die Digitalisierung bedingt (Cyber-Risiken). Es empfiehlt sich die Implikationen der Digitalisierung für die Risikolandkarte des Unternehmens primär als Teilaspekt der Risikoidentifikation in den skizzierten Risikofeldern aufzufassen.

Auch Nachhaltigkeitsrisiken werden nicht als eigenständiges Risikofeld betrachtet (vgl. dazu Abschnitt 2.3.9).

(5) Erste Relevanzabschätzung der Risiken

Aus den so gesammelten, aber noch nicht weiter bearbeiteten Risiken, sind nun diejenigen zu selektieren, die aus Sicht der Teilnehmer und/oder des Moderators für eine weitergehende Bearbeitung relevant sind.[449] Aus Gründen der Vollständigkeit sind bei der späteren Dokumentation des Workshops jedoch alle identifizierten Risiken aufzuführen. Zu Risiken, die nicht weiterbearbeitet werden, ist anzugeben, weshalb dies nicht erforderlich war, z.B.:

- Risiko X wurde identifiziert, die Auswirkungen aber als nicht erheblich eingestuft,
- Risiko X wurde in diesem Workshop identifiziert, ist aber inhaltlich einem anderen Bereich zuzuordnen und wird in dem zugehörigen Workshop weiterbearbeitet, oder
- Risiko X ist ein Teilaspekt des schon näher analysierten Risikos Y.
- Die Eintrittswahrscheinlichkeit liegt deutlich unter einer vorgegebenen Relevanzgrenze (z.B. 0,1 % pro Jahr).[450]

Nachdem die Risiken eines Risikofelds identifiziert wurden, findet noch in der Phase der Risikoidentifikation eine erste quantitative Abschätzung der Bedeutung der einzelnen Risiken statt (Relevanzeinschätzung). Dabei werden die Risiken miteinander verglichen und anhand einer einheitlichen Skala (Relevanzskala) bewertet, die beispielsweise Werte von „1" (unbedeutend) bis „5" (bestandsgefährdend) aufweisen kann (siehe nachfolgende Tabelle 13 für ein beispielhaftes Risikoinventar).

Die Risikowirkung sollte dabei einheitlich auf die oberste ökonomische Zielgröße des Unternehmens oder eine mit ihr eng korrelierte Kennzahl, wie z.B. EBIT oder Gewinn, bezogen werden.[451]

---

[449] Die Einschätzung wird anhand der vermuteten Bedeutung für das Unternehmen oder den Unternehmensbereich vorgenommen.

[450] Übernommen aus Stroeder, 2007, S. 211 (Anmerkung: inzwischen gibt es den DRS 20).

[451] Wenn in einem Zwischenschritt Risikowirkungen bezogen auf mehrere Einzeldimensionen, z.B. Kostenwirkung und Reputationswirkung, erfasst werden, müssen diese auf eine Zielgröße verdichtet werden. Für Unternehmen ist dies letztlich fast immer der Unternehmenswert oder der Gewinn. Meistens sind auch Reputationswirkungen nur deshalb von Bedeutung, weil die Reputation maßgeblich für die zukünftigen Umsätze und damit die zukünftigen Gewinne ist. Jedoch sind durchaus auch Ausnahmen denkbar. So sind beispielsweise im Gesundheitswesen u.U. Risiken nur dann akzeptabel, wenn sie sowohl in ihren finanziellen Auswirkungen als auch in Hinsicht auf die Gefährdung von Menschenleben jeweils getrennt betrachtet als akzeptabel eingestuft werden.

Relevanzskala			
Relevanzklasse	**Bedeutung**	**Geschätzte Wirkung in % auf EBIT**	**Erläuterung**
1	Unbedeutendes Risiko	< 3 %	Unbedeutende Risiken, die weder Jahresüberschuss noch Unternehmenswert spürbar beeinflussen.
2	Mittleres Risiko	< 20 %	Mittlere Risiken, die eine spürbare Beeinträchtigung des Jahresüberschusses bewirken.
3	Bedeutendes Risiko	< 100 %	Bedeutende Risiken, die den Jahresüberschuss stark beeinflussen oder zu einer spürbaren Reduzierung des Unternehmenswertes führen.
4	Schwerwiegendes Risiko	≥ 100 %	Schwerwiegende Risiken, die zu einem Jahresfehlbetrag führen und den Unternehmenswert erheblich reduzieren.
5	Bestandsgefährdendes Risiko	> 500 %	Bestandsgefährdende Risiken, die mit einer wesentlichen Wahrscheinlichkeit den Fortbestand des Unternehmens gefährden.

Tabelle 13: Relevanzskala

Die Ersteinschätzung dient insbesondere dazu, diejenigen Risiken auszuwählen, für die sich der größere Aufwand einer exakteren Quantifizierung (Beschreibung durch eine adäquate Wahrscheinlichkeitsverteilung) lohnt (siehe Abschnitt 2.4). Auch wenn eine wirklich exakte quantitative Beurteilung im Rahmen eines Workshops kaum möglich ist, sollte auch schon bei dieser Ersteinschätzung eine möglichst fundierte Beurteilung vorgenommen werden. Dazu sollten die möglichen Auswirkungen des Risikos nachvollziehbar (!) abgeschätzt werden. In der Praxis hat es sich dabei bewährt, die Beurteilung der Relevanz zunächst einmal im Wesentlichen an den Risikowirkungen zu orientieren, also beispielsweise „realistische Höchstschadenswerte"[452] abzuschätzen und die Eintrittswahrscheinlichkeit nur im Sinne einer Nebenbedingung zu betrachten. So können beispielsweise vorab alle Risiken ausgeschlossen (bzw. mit einer reduzierten Relevanz bewertet) werden, deren Eintrittswahrscheinlichkeit im Rahmen des Workshops als unterhalb einer vorgegebenen Schwelle liegend eingeschätzt wird.[453]

[452] Präziser: Ein Schaden, der mit einer vorgegebenen Wahrscheinlichkeit (z.B. 99 %) nicht überschritten wird (Value at Risk).

[453] Ein möglicher Schwellenwert beträgt dabei in Anlehnung an die gewünschte Ratingstufe des Unternehmens z.B. 1 % oder auch 0,1 %. Anstelle des kompletten Ausschlusses eines Risikos, dessen Eintrittswahrscheinlichkeit unter der vorgegebenen Wahrscheinlichkeitsschwelle liegt, kann für diese auch eine Reduzierung der Relevanz um 1 oder 2 Stufen vorgenommen werden.

2.2.6 FMEA

Die FMEA[454] (Fehlermöglichkeits- und Einflussanalyse) ist eine systematische, halbquantitative oder quantitative Risikoanalysemethode. Sie wurde ursprünglich zur Analyse von Schwachstellen und Risiken technischer und militärischer Systeme und Prozesse entwickelt. Bereits im Jahr 1949 wurde sie erstmalig unter der Bezeichnung „Military Specification MIL-P-1629" vom US-Militär entwickelt und eingesetzt. Später wurde eine erweiterte Version, die FMECA (Failure Mode, Effects, and Criticality Analysis) im Jahr 1963 von der US-Bundesbehörde für Raumfahrt und Flugwissenschaft, der National Aeronautics and Space Administration (NASA), für die Untersuchung der technischen Risiken beim Apollo-Projekt angewendet. In der Automobilbranche wurde die FMEA erstmalig im Jahr 1977 durch Ford Motor Co. eingeführt.[455]

Heute empfehlen diverse Qualitätsmanagementstandards die FMEA. Die Kernidee der FMEA basiert auf dem frühzeitigen Erkennen und Verhindern von potenziellen Fehlern sowie ihren Auswirkungen. Sie bewertet Risiken bzgl. Auftreten, Bedeutung und der Möglichkeit, diese zu entdecken. Dabei können folgende Arten von FMEA unterschieden werden:

- System-FMEA mit Fokus auf die einzelnen Systemkomponenten und dem Beitrag zum Gesamtrisiko,
- Konstruktions-FMEA mit dem Schwerpunkt auf dem fehlerfreien Funktionieren der Produktkomponenten während der Produktentwicklungsphase sowie
- Prozess-FMEA mit Fokus auf den Herstellungsprozess.

Die System-FMEA verbindet Produkt und Prozess. Ursache-Wirkungs-Beziehungen sind damit darstellbar. Im ersten Schritt wird das Unternehmen als intaktes und störungsfreies System beschrieben und abgegrenzt. Zweiter Schritt ist die Zerlegung des Gesamtsystems in unterschiedliche Funktionsbereiche. Im dritten Schritt werden sodann potenzielle Störungszustände der einzelnen Komponenten als auch systemübergreifende Störungen untersucht. In der abschließenden vierten Stufe werden Auswirkungen auf das Gesamtsystem abgeleitet. Arbeitsblätter enthalten bei der Analyse die mögliche Fehlerursache, die Fehlerwirkung, die bedrohten Objekte sowie eine Risikobewertung hinsichtlich Eintrittswahrscheinlichkeit und Schadenshöhe. In der Praxis beobachtet man manchmal eine Herangehensweise, in der die FMEA-Matrizen für jede Konsequenzen-Dimension separat erstellt, analysiert, bewertet und erst anschließend zusammengeführt werden. Dadurch wird ein feingliedrigerer Abgleich mit firmenpolitischen und regulatorischen Leitsätzen ermöglicht. Außerdem ist in der Praxis auch die Verwendung eines sogenannten „Criticality Index" zu beobachten, durch den einzelne Effekte gegenüber anderen hervorgehoben werden. Diese Technik wird auch Failure Mode Effect Criticalty Analyse (FMECA) genannt.[456] Kritik an der FMEA kann geübt werden, da Interdependenzen zwi-

[454] In Anlehnung an Gleißner/Romeike, 2005b, vgl. weiterführend Romeike/Hager, 2020 sowie Romeike, 2018b und Werdich, 2012.

[455] Vgl. Romeike, 2018b.

[456] Kross, 2006.

schen den einzelnen Systemkomponenten nicht ausreichend analysiert werden. Neuerungen in der FMEA mindern dieses Manko.[457]

2.2.7 Fehlerbaumanalyse

Die Fehlerbaumanalyse (FTA, Fault-Tree-Analysis) nimmt im Gegensatz zur FMEA nicht eine einzelne Systemkomponente, sondern das Gesamtsystem als Ausgangspunkt. Sie gehört zu den „Top-Down"-Analysemethoden. In einem ersten Schritt wird daher das Gesamtsystem detailliert beschrieben. Darauf aufbauend wird analysiert, welche primären Störungen eine Störung des Gesamtsystems verursachen oder dazu beitragen können. Der nächste Schritt gliedert die sekundären Störungsursachen weiter auf, bis schließlich keine weitere Differenzierung der Störungen mehr möglich oder sinnvoll ist. Der Fehlerbaum stellt damit alle Basisereignisse dar, die zu einem interessierenden Top-Ereignis führen können.

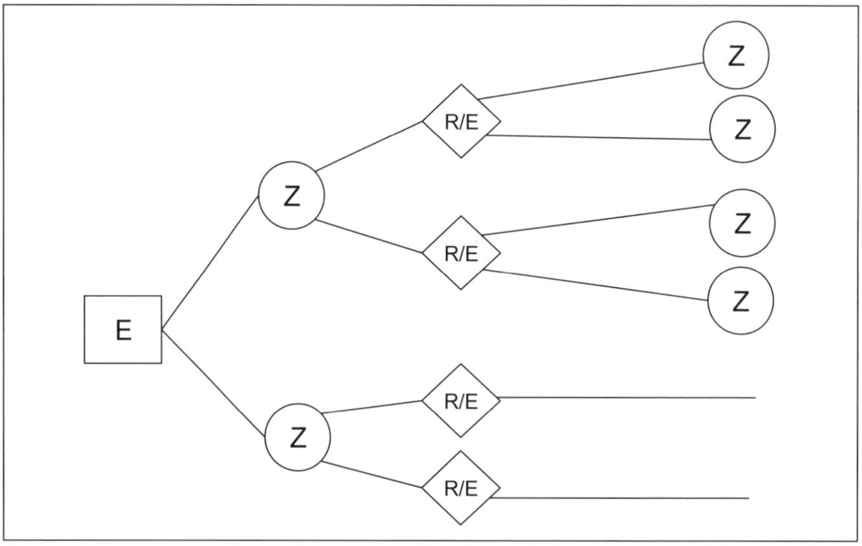

Abbildung 34: Entscheidungsbaum[458]

Als Basis der Fehlerbaumanalyse dient der Entscheidungsbaum. Der Entscheidungsbaum zeigt alle relevanten Entscheidungsfolgen. In der einfachsten Form besteht er aus folgenden Elementen: Entscheidungsknoten (E), die Entscheidungen kennzeichnen, Zufallsknoten (Z), die den Eintritt eines zufälligen Ereignisses (Risiko) darstellen sowie aus Ergebnisknoten (R), die das Ergebnis von Entscheidungen oder Ereignissen darstellen. Zwischen diesen Elementen befinden sich Verbindungslinien.

[457] Siehe z.B. zur Risikoprozesszahl (RPZ) Werdich (2019).
[458] Quelle: Wala/Messner, 2006, S. 64.

Komplexe Fehlerereignisse werden mittels logischer Verknüpfung weiter in einfachere Ereignisse aufgeteilt. Verknüpfungen lassen sich grundlegend in zwei Kategorien einteilen: in „Oder-Verknüpfungen“, bei denen der Fehler auftritt, falls eines der Ereignisse auftritt, sowie in „Und-Verknüpfungen“, bei denen der Fehler nur auftritt, falls alle Ereignisse auftreten. In der Praxis wird der Einsatz von Fehlerbaum-Techniken oft auch gemeinsam mit Szenariotechniken und mit Ereignisbaum-Techniken genutzt. Letzterer Ansatz beobachtet all diejenigen Faktoren, die zu einem Störfall führen können. Die Darstellung erfolgt ebenfalls als Baum.[459]

2.2.8 Statistische Datenanalyse und künstliche Intelligenz

Liegen aus dem Unternehmen genügend historische Daten über einen Sachverhalt vor, kann eine Risikoanalyse durch statistische Verfahren vorgenommen werden. So kann im einfachsten Fall zunächst mittels multipler Regressionsanalyse[460] die interessierende Größe Z in Abhängigkeit der Einflussfaktoren X und Y erklärt werden (vgl. weiterführend Anhang 1 und 2):

$$Z = \alpha_0 + \alpha_1 \cdot X + \alpha_2 \cdot Y + \varepsilon \tag{2.1}$$

X und Y sind dabei Einflussfaktoren, von denen aufgrund der Theorie ein Einfluss auf Z erwartet wird. So könnten X und Y beispielsweise „Volkseinkommen“ und „Zinssatz“ sein, wenn damit der Umsatz Z eines Unternehmens erklärt werden soll, das langlebige Konsumgüter produziert. Die statistische Analyse erlaubt mit der bekannten Methode der „Kleinsten Quadrate-Schätzung“[461] die Parameter α_0, α_1 und α_2 so zu bestimmen, dass die interessierende Zielgröße Z möglichst gut erklärt wird, d.h. die durch das Modell nicht erklärbare Komponente ε, die sogenannten „Residuen“, möglichst klein werden.

Erster Schritt der quantitativen Risikoanalyse ist also die Entwicklung eines quantitativen Prognosemodells.[462] Erst wenn man über das Prognosemodell die „vorhersehbare“ Veränderung der Zielgröße, hier des Umsatzes Z, ermittelt hat, kann man das bestehende „Umsatzrisiko“ quantifizieren. Das Risiko ist per Definition nur die unvorhersehbare Veränderung, die gerade durch die Regressions-Residuen ε ausgedrückt wird. Aus der statistischen Analyse von Vergangenheitsdaten sind also für die Risikoquantifizierung insbesondere die Residuen (ε) interessant und man kann den Risikoumfang ausdrücken z.B. in der Standardabweichung von ε (σ_ε). Sofern man sich bei längerfristigen Prognosen aber auch über unsichere zukünftige Entwicklung von X und Y Gedanken machen möchte, erlaubt die statistische Analyse auch einen Hinweis darauf, welche „exogenen Risikofaktoren“ aufgrund ihres in der Vergangenheit gezeigten Einflusses auf für das Unternehmen wesentliche Größen (wie Umsatz oder Ertrag) für das Risikomanagement bedeutsam sind. Damit hilft die statistische Datenanalyse bei der Risikoidentifikation.

---

459 Vgl. vertiefend Romeike 2019b.
460 Siehe Dreger/Kosfeld/Eckey, 2014.
461 Oder einer Maximum-Likelihood-Schätzung. Vgl. auch Anhang 2.
462 Siehe Gleißner/Füser, 2000.

Statistische Risikoanalysen werden traditionell von Mitarbeitern mit Kompetenz in Statistik, Zeitreihenanalyse und Ökonometrie durchgeführt. In den letzten Jahren wurde begonnen die für solche Analysen zugänglichen Datenbestände deutlich zu erweitern („Big Data"). Neben einer Vergrößerung der Datenbestände über die Finanzlage des eigenen Unternehmens und die Fertigung wird angestrebt mehr Daten über potenzielle Kunden zu erhalten (z.B. aus den Social Media). Grundsätzlich ist die Gesamtheit aller im Unternehmen verfügbaren Daten Basis für eine statistische Risikoanalyse. Die Anwendungsmöglichkeiten sind vielfältig: Neben der Quantifizierung von Risiken in der Fertigung lassen sich beispielsweise auch die Risiken durch Forderungsausfälle so analysieren. Mit der zunehmenden Verfügbarkeit von Daten, höherer Rechengeschwindigkeit und neuen Algorhythmen ergeben sich immer mehr Möglichkeiten für den Einsatz von Computern bei der statistischen Risikoanalyse. Verfahren der Business Analytics und Künstlichen Intelligenz werden dabei bisher primär genutzt für Mustererkennung und darauf aufbauenden Prognosen.

Die Verfahren sind aber grundsätzlich auch geeignet für Risikoidentifikation und sogar die Risikoquantifizierung (siehe Abschnitt 6.5.5).[463] Ähnlich wie bei den traditionellen statistischen Verfahren kann man auch bei einem KI-basierten Prognosesystem z.B. aus der Prognosegüte unmittelbar auch den Umfang bestehender Risiken ableiten. Hohe Prognoseunsicherheiten sind nichts anderes als hohe Risiken.

2.2.9 Weitere Methoden zur Risikoidentifikation

Es gibt diverse weitere Methoden zur Risikoidentifikation, z.B. die folgenden:[464]

(1) Besichtigungen

Durch Besichtigungen und Begehungen werden risikobedrohte Objekte vor Ort inspiziert und visuell schnell erfassbare Risiken identifiziert. Besichtigungen können zu einem Gesamtüberblick über die Gegebenheiten vor Ort und zur Aufdeckung konkreter Risiken führen, aber auch der Beschaffung ergänzender Informationen an Ort und Stelle dienen.[465] Sie eigenen sich vor allem bei technischen Risiken.

(2) Brainstorming

Beim Brainstorming handelt es sich um spontane Aussagen im Rahmen einer moderierten Gruppe, etwa in Workshops, wodurch die Kreativität angeregt und die uneingeschränkte Aufzählung verschiedenster Risiken angestrebt wird. Es soll also eine möglichst vollständige Erfassung aller Risiken ohne Vorgabe einer methodischen oder systematischen Vorgehensweise erreicht werden.

---

[463] Siehe Oehler, 2019.
[464] Vgl. auch Romeike/Hager, 2020 und Vanini/Rieg, 2021a.
[465] Vgl. vertiefend Gutmannsthal-Krizanits, 1994, S. 295.

Eine Diskussion, Sortierung und Strukturierung dieser Vorschläge erfolgt erst nach deren Erfassung. Brainstorming beruht überwiegend auf Erfahrung und Intuition. Deshalb ist es empfehlenswert, diese Methode mit anderen zu kombinieren, um nicht überbordende und unstrukturierte Risikolisten zu bekommen oder durch die Schwächen in der Risikowahrnehmung der Menschen bedeutende Risiken zu übersehen.

(3) Experten- und Mitarbeiterbefragungen

Expertenmeinungen können bei der Identifizierung unternehmensexterner und -interner Risiken helfen, oftmals im Rahmen von Risikoworkshops (vgl. 2.2.4). Bei der Delphi-Technik wird beispielsweise ein mehrstufiges Verfahren der Expertenschätzung mit einer Vielzahl von Experten durchgeführt. Die Ergebnisse einer ersten Befragungsrunde fließen in weitere Befragungsrunden ein und führen so zu einer verbesserten Abschätzung der zu erwartenden Risiken. Der Einsatz derartiger Verfahren erfordert umfangreiche Planungen sowie eine offene Risiko- bzw. Unternehmenskultur.

Die Mitarbeiterbefragung trägt vor allem zur Erfassung interner Risiken bei. Sie beschränkt sich nicht auf leitende Mitarbeiter; vielmehr werden grundsätzlich alle befragt, die wichtige Informationen liefern können. Die Informationen können im Rahmen eines Interviews oder mittels einer schriftlichen Befragung eingeholt werden. Als Vorteil wird oft genannt, dass die Mitarbeiter fachkundig seien, da diese sich an der Basis befänden und deshalb täglich mit Risiken konfrontiert werden. Es muss jedoch darauf hingewiesen werden, dass häufig eine große Menge oft nicht relevanter Informationen produziert wird und eine fast unüberschaubare Anzahl an identifizierten Risiken entsteht. Der Grund dafür ist, dass gerade aktuell erscheinende, und eben nicht die wirklich wichtigen Risiken diskutiert werden, oder dass viele ähnliche Risiken unterschiedlich benannt werden. Eine allgemeine Mitarbeiterbefragung ist deshalb meist für die Risikoanalyse nicht zu empfehlen; eine breite Meinungsbasis kann auch durch eine Expertenbefragung eingeholt werden„

(4) Risiko-Checklisten

Checklisten sind standardisierte Fragebögen zur systematischen Erfassung von Risiken und können offene oder geschlossene Fragen enthalten. Geschlossene Fragen eignen sich i.d.R. besser für die Erkennung von Risiken, da die Auswertung der Antworten einfacher ist und damit schneller zu konkreten Ergebnissen führt. Diese Checklisten werden in der Praxis oft an die verschiedenen Organisationseinheiten und Tochtergesellschaften verteilt und im Rahmen von Einzelbefragungen oder zur Vorbereitung auf Risikoworkshops eingesetzt. Checklisten sind daher generell besonders für Routinetätigkeiten geeignet.[466] Nachteilig ist hier, dass der Blick auf diese Checklisten auf die dort genannten Bereiche fokussiert ist und deshalb andere Bereiche und mögliche Risiken eventuell nicht mehr erfasst werden. Dies gilt vor allem dann, wenn neue Risikobereiche entstehen, die bislang nicht durch Checklisten erfasst sind.

466 Siehe Gutmannsthal-Krizanits, 1994, S. 299 f.

Außerdem sind die Abhängigkeiten zwischen den einzelnen Risikofaktoren meist nicht adäquat berücksichtigt.„

2.3 Die Risikofelder im Einzelnen

2.3.1 Überblick

Im Folgenden werden nun die wichtigsten Risikofelder im Einzelnen betrachtet. Dabei werden einerseits weitere spezielle Verfahren vorgestellt, wie in den jeweiligen Risikofeldern systematisch Risiken identifiziert werden können. Die wichtigsten und am häufigsten vorkommenden Risiken der jeweiligen Risikofelder werden dabei vorgestellt und erläutert, um für potenziell auch im eigenen Unternehmen maßgebliche und relevante Risiken zu sensibilisieren. Es ist zu beachten, dass es dabei durchaus zu Überschneidungen kommen kann, weil man manche Risiken – je nach Relevanz und Charakteristika eines Unternehmens – durchaus unterschiedlichen Risikofeldern zuordnen kann.

Ein Schwerpunkt wird dabei auf die im Unterabschnitt 2.3.2 betrachteten strategischen Risiken gelegt, da diese oft für die zukünftigen Erfolge des Unternehmens ausschlaggebend sind – und häufig Krisen- oder Insolvenzursache werden. Betrachtet werden hier Bedrohungen von Erfolgspotenzialen, Risiken aus den Branchencharakteristika, Risiken aus technologischen Veränderungen (wie Digitalisierung) und volkswirtschaftliche Risiken, die zu Wirtschaftskrisen führen können.

Nach den strategischen Risiken werden in Abschnitt 2.3.3 die Risiken des Absatz- und Beschaffungsmarktes erläutert. Diese Risikofelder befassen sich insbesondere mit den kurz- bis mittelfristigen Ursachen von Umsatz- und Materialkostenschwankungen, wenngleich auch hier (überschneidend zu den strategischen Risiken) strukturelle Marktrisikofaktoren betrachtet werden.

Abschnitt 2.3.4 befasst sich dann mit den finanzwirtschaftlichen Risiken, also z.B. Risiken aus Veränderungen von Zins und Währungen sowie Kreditrisiken. Aufgrund der in diesem Spezialgebiet verfügbaren umfangreichen Vertiefungsliteratur (speziell auch bezüglich der Quantifizierung) wird dieses Themenfeld vergleichsweise kompakt behandelt, zumal die Gesamtrisikoposition eines Unternehmens – ganz im Gegensatz zur gelegentlich zu sehenden Priorisierung in Unternehmen – eher durch die strategischen Risiken sowie die Absatz- und Beschaffungsmarktrisiken geprägt wird.

In den folgenden Abschnitten werden schließlich auch Risiken aus den Bereichen Corporate Governance und Organisation, sowie die verschiedenen Leistungsrisiken (operative Risiken) aus der Wertschöpfungskette und den Unterstützungsprozessen betrachtet. Ergänzend wird z.B. auch auf Cyber-Risiken, volkswirtschaftlichen Risiken und Nachhaltigkeitsrisiken eingegangen (vgl. nachfolgende Abbildung 35 und Abschnitt 2.1).

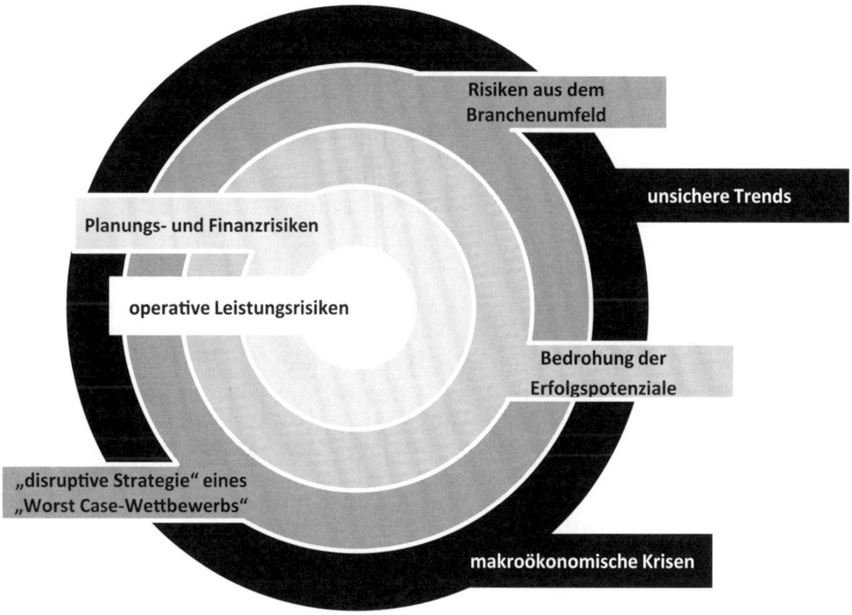

Abbildung 35: Fünf Risikokategorien

2.3.2 Strategische Risiken

2.3.2.1 Bedrohung von Erfolgspotenzialen

Die strategischen Risiken eines Unternehmens ergeben sich unmittelbar aus Geschäftsmodell und Strategie sowie den Rahmenbedingungen und Entwicklungstrends im für das Unternehmen maßgeblichen Umfeld. Das Profil der strategischen Risiken eines Unternehmens ist damit so individuell wie die Unternehmensstrategien und das relevante Umfeld. Die nachfolgenden Erläuterungen zu strategischen Risiken können damit nur exemplarischen Charakter haben. Sie zeigen aber, über welche Aspekte man bei der Identifikation strategischer Risiken nachdenken sollte:

Grundsätzlich sind natürlich – wie schon ausgeführt – alle erkennbaren Bedrohungen von Kernkompetenzen, internen Stärken und der Wettbewerbsvorteile bezogen auf die für die Kunden wichtigen Kaufkriterien bedeutende strategische Risiken. Unternehmen, deren Markterfolg also z.B. insbesondere von einer bekannten und positiv besetzten Marke abhängt, haben strategische Risiken durch alle Ursachen, die (mit einer relevanten Wahrscheinlichkeit) das Image der Marke beschädigen könnten.[467] Neben Fehlern in der Markenpolitik ist hier natürlich an jede Art von „Störfällen" zu denken. Unternehmen, deren wesentlicher Erfolgsfaktor eine Kernkompetenz im Bereich Forschung und Entwicklung ist, können strategischen Risiken ausgesetzt sein z.B. durch

[467] Vgl. zu Reputationsrisiken Erben, 2007 und Pontzen/Romeike, 2015.

- den Verlust der Kompetenzträger in Forschung und Entwicklung (Schlüsselpersonen-Risiko),
- das Scheitern wesentlicher F&E-Projekte oder
- technologische Entwicklung bei (potenziellen) Wettbewerbern, die die bisherige eigene technologische Führerschaft beseitigen.

Selbst bei der Verteidigung einer Qualitäts- oder Technologie-Führerschaft der eigenen Produkte können sich bisher oft noch unterschätzte strategische Risiken ergeben. Die kontinuierliche Verbesserung der Produkteigenschaften, der Qualität oder der Technologie sind für Kunden nur dann ein relevantes Kaufkriterium, solange diese dadurch noch einen erkennbaren Vorteil haben.[468] Wenn das von den Kunden gewünschte Leistungslevel einmal erreicht wird und die Kunden keinen Vorteil mehr durch die Weiterentwicklung verspüren, wird ein „Technologieführer" auch mit neuen Wettbewerbern konfrontiert werden, die nicht die gleiche Produktqualität schaffen, aber irgendwann auch alle relevanten Kundenwünsche erfüllen können („Good enough is just enough"). Selbst wenn also eine technologische Führung oder Qualitätsführerschaft verteidigt wird, ergibt sich hier ein strategisches Risiko.

Auch Reputationsrisiken können strategische Risiken sein, wenn Reputation einen wichtigen Erfolgsfaktor darstellt. Reputationsrisiken sind für Unternehmen, insbesondere aber die Unternehmensführungen, unerfreulich. Die tatsächlichen finanziellen Auswirkungen werden aber oft auch überschätzt. Für die Quantifizierung des Reputationsrisikos ist zu betrachten, welche Auswirkungen sich durch dieses ergeben, z.B. für (1) Akquisitionserfolgswahrscheinlichkeit und (2) Kundentreue. Zu betrachten sind die Dauer dieser Auswirkungen und die unmittelbaren Zusatzausgaben, z.B. für PR-Maßnahmen zur Wiederherstellung der Reputationen.

Besonders hohe strategische Risiken haben oft Unternehmen, deren Erfolgspotenziale im Wesentlichen „exogen" und damit nicht steuerbar sind. Wenn z.B. der Erfolg eines Unternehmens insbesondere das Resultat einer aktuell hohen Nachfrage-Wachstumsrate ist, führt dies unmittelbar zu einem großen strategischen Risiko. Solange die Nachfrage stark wächst, können (fast) alle Unternehmen auskömmliche Preise erwirtschaften, weil die Wachstumsrate des Angebots marktbestimmend ist. Sobald aber das Nachfragewachstum nachlässt, stellt sich die Frage, welche „internen Erfolgspotenziale" (z.B. technische Qualität, Serviceleistungen oder Marke) in der Zukunft den Markterfolg gewährleisten sollen.

2.3.2.2 Strategische Risiken durch Wettbewerbskräfte und deren Veränderung

Aktueller Status und zukünftig mögliche Änderungen der Marktattraktivität und der maßgeblichen Wettbewerbskräfte[469] führen ebenfalls zu strategischen Risiken, z.B. durch:

- zunehmende Abhängigkeit von wenigen Kunden oder Lieferanten,

---

[468] Siehe Christensen/Raynor, 2003.

[469] Vgl. Abschnitt 2.3.3 zum Porter-Ansatz.

- der Entstehung von Substitutionsprodukten aufgrund neuer Technologie,
- der Reduzierung von Markteintrittshemmnissen, z.B. durch Abbau regulatorischer Schranken, sinkende Transaktionskosten oder neue Technologien oder
- eine Verschärfung des Wettbewerbs durch aus Kundenperspektive immer stärker austauschbare Produkte, was den Preis zum dominierenden Kaufkriterium werden lässt.

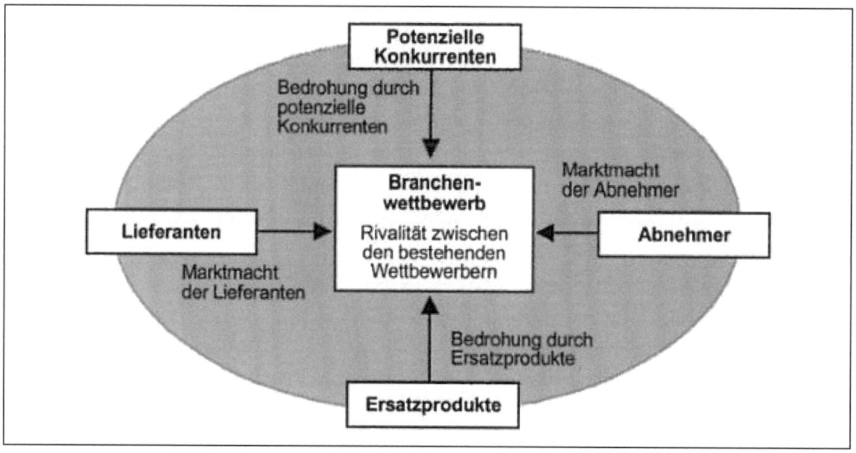

Abbildung 36: Branchenstruktur-Modell nach Porter

Veränderungen der Wettbewerbsstruktur und damit der strategischen Risiken aus dem Wettbewerbsumfeld ergeben sich oft durch neue Kundenwünsche oder durch technologische Veränderungen. Erhebliche Veränderungen von Branchenattraktivität und Umfang strategischer Risiken in einer Branche ergeben sich beispielsweise durch die zunehmende Digitalisierung der Wirtschaft. Die Digitalisierung reduziert z.B. Markteintrittshemmnisse für neue Wettbewerber, auch aus anderen Branchen, was das (Umsatz-) Risiko für die bereits etablierten Unternehmen einer Branche erhöht. Die zunehmende Verfügbarkeit von Daten über Kunden ermöglicht das Angebot stärker kundenspezifisch angepasster Lösungen, was zu erheblichen strategischen Risiken für diejenigen Unternehmen führt, die bisher primär standardisierte Produkte für einen anonymen Massenmarkt anbieten. Die wenig kapitalintensiven und skalierbaren Geschäftsmodelle, die die Digitalisierung möglich macht, erlauben hohe Wachstumsraten und schnelle Umbrüche in Branchen, was ebenfalls die strategischen Risiken erhöht. Oft entstehen durch Digitalisierung auch neue Abhängigkeiten, weil Unternehmen z.B. beim Vertrieb ihrer Produkte auf wenige dominierende Anbieter digitaler Plattformen, über die die Kundenkontakte laufen, angewiesen sind. Schließlich ergeben sich durch Digitalisierung oft auch gravierende strategische Risiken in Folge neuer Substitutionsprodukte: Neue digitale Produkte verdrängen traditionelle physische Produkte, was oft sogar ein bestandsgefährdendes Risiko für etablierte Unternehmen darstellt, die nicht mit einer Digitalisierung ihres Produktangebots oder Geschäftsmodells schnell genug reagieren können (vgl. vertiefend Abschnitt 2.3.2.3 und 2.3.2.4).

Auf die oft besonders bedeutsamen „strategischen Absatzmarktrisiken" wird in Abschnitt 2.3.3 näher eingegangen. Sie liegen in der Schnittmenge der strategischen Risiken und der Absatzmarktrisiken.

2.3.2.3 Revolutionäre Strategien von Wettbewerbern und „disruptive" Strategien durch Digitalisierung

Strategische Risiken eines Unternehmens sind auch die Folge von zukünftig bestehenden strategischen Handlungsoptionen von (potenziellen) Wettbewerbern, die die Erfolgsaussichten der eigenen Strategie reduzieren oder zunichte machen können. Risiken ergeben sich insbesondere aus möglichen „revolutionären Veränderungen" von Unternehmensstrategien und Geschäftsmodellen in der Branche. Hamel (1996, S. 69–82) nennt hier insbesondere die folgenden Ansatzpunkte:

- Massive Verbesserung des Preis-Leistungs-Verhältnisses eines Produkts,
- Separierung der gewünschten „Funktion" vom bisher dafür genutzten „Medium",
- Schaffen von Vergnügen an der Nutzung eines Produkts,
- Erweiterung des Einsatzspektrums eines Produkts durch eine wesentlich größere Universalität,
- Kundenspezifische Individualisierung von Produkten,
- Erweiterung der zeitlichen und örtlichen Verfügbarkeit von Produkten,
- Initiierung eines starken Konzentrationsprozesses in der Branche durch Nutzung von Größenregressions- und Verbundvorteilen,
- Eliminierung ganzer Abschnitte der Wertschöpfungskette oder
- Verschmelzen der eigenen Branche mit Nachbarbranchen, die ähnliche Fähigkeiten (Kernkompetenzen) erfordern.

Zeigen sich bei der Analyse des Umfelds Indizien, dass potenzielle Wettbewerber eine derartige revolutionäre Veränderung der Geschäftsmodelle einer Branche erreichen können, impliziert das für das eigene Unternehmen bedeutsame strategische Risiken. Aber auch strategische Chancen können so erkannt werden.

Gravierende strategische Risiken infolge revolutionäre Strategieveränderungen sind in den letzten Jahren häufiger geworden. Dies liegt insbesondere daran, dass durch die neuen technologischen Möglichkeiten der Digitalisierung sich eine Vielzahl neuer strategischer Handlungsoptionen ergeben haben (vgl. Abschnitt 2.3.2.4). Statt revolutionärer Strategien verwendet man in diesem Zusammenhang meist den Begriff der „disruptiven Strategie"[470]. Disruptive Strategien haben das Potenzial die Existenz von Unternehmen zu gefährden, z.B. durch überlegene digitale Produkte oder digitale Geschäftsmodelle.

[470] Siehe Christensen, 2011 und Weissman/Barreuther, 2022.

2.3.2.4 Strategische Risiken durch Digitalisierung und andere Zukunftstrends

Die Unternehmensstrategie und die diese tragenden Erfolgspotenziale eines Unternehmens können grundsätzlich in Frage gestellt werden, wenn sich die Rahmenbedingungen des Umfelds verändern. Strategische Risiken ergeben sich damit aus den unsicheren Auswirkungen der ebenfalls unsicheren Entwicklung wesentlicher Zukunftstrends in Demografie, Technologie sowie gesellschaftlichen und politischen Rahmenbedingungen.[471] Technologische Entwicklungen sind schwer prognostizierbar, haben aber gravierende Auswirkungen auf die Unternehmen und das Leben der Menschen. Denkbare (aber unsichere) technologische Entwicklungen und Innovationen können erhebliche strategische Risiken für Unternehmen implizieren. Technologische Entwicklungen bieten meist Chancen und Gefahren.

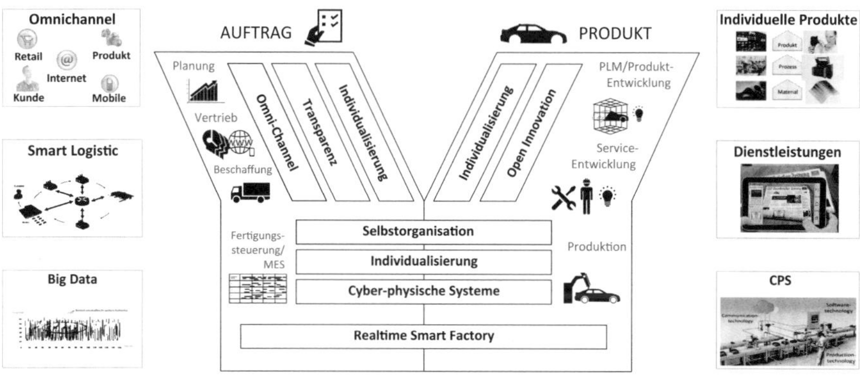

Abbildung 37: Industrie 4.0: The Big Change[472]

Besonders bedeutend ist seit ca. 2010 die zunehmende Digitalisierung der Wirtschaft.[473] Aus ihr ergeben sich neue strategische Chancen und Gefahren (Risiken), auf die teilweise schon hingewiesen wurde. Die Vorteile der Digitalisierung beschränken sich dabei nicht nur auf mehr Komfort, Kosteneffizienz und Beschleunigung. Entscheidend ist der Zugewinn an Daten, die Lern- und Anpassungsprozesse und die Bereitstellung kundenindividueller (digitaler) Produkte und ganzer digitaler Geschäftsmodelle ermöglichen (Grundlage ist „Big Data").

Im Bereich Digitalisierung lassen sich vier große Handlungsfelder unterscheiden, die zu Chancen und Gefahren führen können:[474]

1) Digitalisierung der internen Prozesse und der Leistungserstellung (z.B. Automatisierung von Fertigungs- und Verkaufsprozessen, primär mit dem Ziel der Optimierung von Kosten, Qualität und Zeit).

---

471 Vgl. z.B. Gleißner, 2004c, S. 67–80 und Blum/Gleißner, 2001b.
472 Quelle: Scheer, 2015, S. 443.
473 Vgl. auch Lucks, 2020.
474 Siehe Ricken/Wüthrich/Matt, 2021.

2) Digitalisierung der Beziehung zu den Kunden (mit dem Ziel der Beschaffung von Kundendaten und der Verbesserung der Kundenbindung werden Apps, Service-Portale oder Social Media-Seiten für die eigenen Produkte geschaffen).
3) Entwicklung digitaler Produkte und Geschäftsfelder (z.B. durch Substitution eines materiellen durch ein immaterielles Produkt, den Aufbau digitaler Marktplätze oder von „Pay-Per-Use"-Geschäftsmodellen).
4) Ausbau der digitalen Infrastruktur und Kompetenzen (z.B. in den Bereichen IT, Data Analytics und Cyber Risk Management zur Unterstützung der Handlungsfelder gemäß 1), 2) und 3)).

Die wesentlichen Schritte eines Vorgehens-Modells zur digitalen Transformation von Geschäftsmodellen sind dabei

- Beurteilung der Ausgangssituation („Digitale Realität")
- Festlegung der Ziele im Hinblick auf die digitale Transformation („Digitale Ambition")
- Identifikation der Digitalisierungspotenziale im Geschäftsmodell („Digitale Potenziale")
- Erarbeitung und Beurteilung von Gestaltungsvarianten für eine digitales Geschäftsmodell („Digitaler Fit") und
- Implementierung des neuen Geschäftsmodells.[475]

Bei der Weiterentwicklung einer Unternehmensstrategie unter Berücksichtigung der technologischen Potenziale durch die Digitalisierung, speziell einer digitalen Transformation von Geschäftsmodellen, ergeben sich verschiedene Handlungsoptionen, deren Chancen und Gefahren adäquat zu bewerten sind (siehe Schallmo/Rusnjak, 2021, insbesondere S. 15 und S. 25).

In vielen Wirtschaftsbereichen ergeben sich besonders wesentliche strategische Chancen und Gefahren durch Big Data und Industrie 4.0[476], einer der wichtigen Facetten der Digitalisierung.[477] Es wird erwartet, dass die Fabriksteuerung weiter dezentralisiert wird und alle Maschinen und Werkstücke selbst relevante Informationen erfassen, speichern und weitergeben können (Chips und Sensoren). Die zunehmende Datenverfügbarkeit (Big Data) erlaubt z.B. die präzisere Beurteilung der Leistungsfähigkeit von Lieferanten und soll höhere Produktqualitäten, geringere Durchlaufzeiten und geringere Kosten realisieren helfen (wobei tendenziell durch die neuen Technologien variable Kosten durch Fixkosten substituiert werden).[478, 479] Man erwartet mit den neuen Techniken und

---

[475] In Anlehnung an Schallmo/Rusnjak, 2021, S. 32.

[476] Als besonders wichtige Potenziale von Industrie 4.0 werden genannt (Arlinghaus et al., 2021, S. 24): Echtzeitinformationen über operative Prozesse, Flexibilität/Losgröße, Automatisierung/Skaleneffekte, allgemeine Prozessoptimierung, Fehlerreduktion sowie vorbeugende Instandhaltung/Wartung.

[477] Siehe zur Übersicht Scheer, 2015; Schlüchtermann/Siebert, 2015; Lucks, 2020 und Rogers, 2017.

[478] Scheer, 2015, erläutert die Bedeutung von Industrie 4.0 und den zugrundeliegenden Cyber-Physical Systems (CPS) sowie der Radio-Frequency Identification (RFID) für die Weiterentwicklung von Fabriken, Logistikketten für neue Geschäftsmodelle und die sich daraus ergebenden Implikationen für das Controlling.

[479] Die zunehmende Verfügbarkeit von Daten und deren statistischer Auswertung führt dazu, dass viele Entscheidungen, die bisher als Entscheidung unter Unsicherheit

den zunehmenden Informationen über die Bedürfnisse der Kunden auch eine zunehmende Integration der Wertschöpfungskette und die Möglichkeit kostengünstig auch kundenindividuelle Lösungen anbieten zu können („Losgröße 1"). Aufgrund der Bedeutung aussagefähiger Daten auch über den Kunden wird ein „Bezahlen mit Daten" zunehmend bedeutsamer. Die Verfügbarkeit und intelligente Auswertung von Daten (speziell über Kunden) schafft auch neue Chancen, z.B. durch intelligente Kundenbindung (zu denken ist hier an die Geschäftsmodelle z.B. von Google, Amazon oder Facebook). Blockchain-Techniken[480] sind die Basis weiterer neuer digitaler Geschäftsmodelle. Den Potenzialen stehen aber auch neue Risiken gegenüber, in der die jeweilige Relevanz stark abhängig ist von den genutzten „Kerntechnologien".[481] Die Risiken stammen dabei potenziell aus sehr unterschiedlichen Risikofeldern. Zu nennen sind beispielsweise Fehlentscheidungen aufgrund unzureichendem technologischem Know-how, Investitionsrisiken, (arbeits-) rechtliche Risiken sowie in der Folge diverse organisatorische und technische Risiken.

Im Vergleich zur zukünftigen Entwicklung der Technologien lassen sich demografische Trends, z.B. die Verschiebungen der Altersstruktur, gut prognostizieren. Da die Auswirkungen eines solchen (relativ sicheren) Trends für die Unternehmen aber wiederum unsicher sind, ergeben sich auch hier potenziell strategische Risiken (z.B. durch die Änderung der Nachfragestruktur und der relativen Bedeutung von Kaufkriterien).

Der schon seit langer Zeit die Wirtschafts- und Gesellschaftsentwicklung maßgeblich bestimmende Trend zu „sinkenden Transaktionskosten" führt zur Individualisierung und Atomisierung von Märkten sowie einem zunehmenden Wettbewerb auch über bisher bestehende regionale oder branchenbezogene Grenzen hinweg. Für die Identifikation von strategischen Risiken aus der Reduzierung von Transportkosten, Informations-, Übertragungs- und Speicherungskosten sowie der Kosten der Wissensreproduktion kann man sich z.B. an folgenden Fragen orientieren:[482]

- Welche Leistung kann das Unternehmen überhaupt zukünftig noch effizient intern erbringen, und welche sollte es zukaufen?
- An welchen Standorten kann eine bestimmte Leistung effizient erbracht werden?
- Welche Risiken entstehen durch zunehmende Abhängigkeiten von (ausländischen) Lieferanten in der Wertschöpfungskette (Supply Chain)? Und wie sollte man mit diesen umgehen?
- Wie können die Kosten für die dafür nötigen Transaktionen gesenkt werden?

---

angesehen wurden, nun auf eine besser fundierte (Risiko-)Quantifizierung gestützt werden können (Entscheidung unter Risiko). Es ist allerdings bei den automatisierten statistischen Analysen zu beachten, dass aus einer festgestellten statistischen Korrelation noch nicht auf eine Kausalität geschlossen werden kann, siehe dazu Granger, 1969, 1980 und 1983, sowie für einen Überblick Gleißner, 1999, und Hillmer, 1993.

[480] Siehe Waschbusch/Kiszka/Merz, 2021.

[481] Siehe Arlinghaus et al., 2021, S. 38–39 mit einer Übersicht.

[482] Siehe Gleißner, 2000a, S. 19 und Gleißner, 2004c, S. 70–71.

- Wie kann der abnehmenden Bindung von Kunden an ein Unternehmen begegnet werden?
- Wie können wichtige Mitarbeiter an das Unternehmen gebunden werden und durch geeignete Anreizsysteme zu eigenverantwortlicher Tätigkeit im Interesse der Unternehmensziele bewogen werden?

Eine wesentliche Entwicklung, auch wegen sinkenden Transaktionskosten, mit oft erheblichen strategischen Risiken ist die seit Jahren tendenziell voranschreitende Globalisierung der Märkte. Sinkende Transaktionskosten führen dazu, dass Markteintrittshemmnisse schwinden und Unternehmen potenziell mit Wettbewerb aus jedem anderen Land der Welt rechnen müssen – und möglicherweise zunehmend auch aus anderen Branchen. Man denke beispielsweise an potenzielle neue Wettbewerber für Automobilhersteller. Sofern Größendegressionsvorteile existieren, bedeutet ein globaler Wettbewerb einen hohen Kapitalbedarf, um die Produktionskapazitäten zu erreichen, die für einen auch im globalen Maßstab ausreichenden Marktanteil notwendig sind. Die in der Zwischenzeit erreichte hohe Mobilität von Informationen und Kapital bringen vielfältige neue Herausforderungen und strategische Risiken. Aber auch strategische Risiken sind nicht zwingend nur Gefahren – im Sinne der Bedrohung von Erfolgspotenzialen. Aber auch ein möglicher, eventuell temporärer Rückgang der Intensität des internationalen Handels ist mit Risiken verbunden – eine mögliche „Deglobalisierung" wäre sogar ein sehr großes Risiko.

2.3.2.5 Volkswirtschaftliche Risiken und Krisen

Strategische Risiken ergeben sich oft auch aus möglichen makroökonomischen Krisen, wie eine extreme Erhöhung der Zinssätze, der Marktrisikoprämie (wegen Unsicherheit) oder extreme Kursverluste an der Börse (vgl. dazu die Abbildungen 38 und 39 zur „Krisenampel").

Die Empirik zeigt, dass die in den letzten zwei Jahrhunderten zu beobachtenden schweren makroökonomischen Krisen auf eine überschaubare Anzahl von „Standard-Krisentypen" und zugehörigen volkswirtschaftlichen Risiken zurückgeführt werden können.[483] Dabei sind je nach Krisentyp verschiedene volkswirtschaftliche Größen – wie z.B. Volkseinkommen (BIP) oder Zinsen – (direkt) betroffen (siehe Gleißner/Kamaras, 2020b und Blum/Gleißner/Kamaras, 2021).

Die wichtigsten Krisentypen sind die folgenden:

1. Zinskrise
2. Währungskrise
3. Staatsschuldenkrise
4. Vertrauens- und Bonitätskrise im Finanzsystem (Bankenkrise)
5. Versorgungskrise[484]
6. Inflationskrise[485]
7. Asset Price-Krise

---

[483] In enger Anlehnung Gleißner/Kamaras, 2020a.
[484] Angebotsinflation/Produktionsausfall.
[485] Beispiel: Lohn-Preis-Spirale.

8. Deflationskrise
9. Ertragserwartungskrise
10. Sonstige politische Krisen (z.B. Kriege)
11. Naturkatastrophe
12. Transport- und Handelskrise

Dabei handelt es sich um eine idealtypische Einteilung der Krisentypen und der verursachenden volkswirtschaftlichen Risiken. Diese rekurriert auf bislang ablesbare Muster, die sich immer wieder erkennen lassen und in ähnlicher Form wiederholen. In der Zukunft denkbare „Spezialfälle" dieser Krisentypen sind z.B. Cyberangriffe mit der Konsequenz des großflächigen Ausfalls der Stromversorgung, die Ablösung des Euros durch nationale Währung, ein Krieg in Osteuropa, eine Klimakatastrophe durch einen gravierenden Vulkanausbruch[486] oder ein massives gegen Deutschland oder die Europäische Union gerichtetes Handelsembargo anderer Staaten.[487]

Krisentyp	Keine Krise	Drohende Krise	Akute Krise	Notizen
Realzinskrise	●○○			Geldpolitik der EZB festigt Niedrigzinsumfeld weiter
Währungskrise	●○○			Schwächerer, aber nicht bodenloser Euro-Dollar
Staatsschuldenkrise		○●○		Griechenland wie gehabt, Euro-Zone leicht besser
Vertrauens- und Bonitätskrise im Finanzsystem (Bankenkrise)	●○○			Nach über drei Jahren zunächst Entwarnung
Versorgungs-/Rohstoffpreiskrise (Angebotsinflationskrise)	●○○			Rohstoffpreise weiter in starker Abwärtsbewegung
Nachfrageinflationskrise (Beispiel: Lohn-Preis-Spirale)	●○○			Preisauftrieb auch hier derzeit nicht erkennbar
Asset Price Bubble		○●○		Noch immer vor allem Anleihe- und teilweise Immobilienmärkte
Deflationskrise		○●○		Inflation und Erwartungen noch immer niedrig
Ertragserwartungskrise/Depression	●○○			Konjunkturperspektiven EU eher wieder günstig
Sonstige politische (Staats-)Krise (z. B. Krieg)		○●○		Konflikte, Kriege und Flüchtlingszustrom
Umweltkatastrophe	●○○			Derzeit keine Krisenfälle absehbar
Transport- und Handelskrise		○●○		Globaler Handel kann unter politischen Krisen leiden

Abbildung 38: Makroökonomische Krisenampel (von Quirin Bank und FutureValue Group AG)

Die einzelnen Krisen können grundsätzlich durch einen exogenen oder endogenen Faktor ausgelöst werden.[488] Bei einer Krise durch exogene Faktoren liegt der Verursacher außerhalb des (Wirtschafts-)Systems und tritt überraschend auf[489] – und die Auswirkungen können katastrophal sein. Bei endogenen Krisen liegt der Auslöser innerhalb des Systems und wird durch (plötzliche) Änderung des Verhaltens der Wirtschaftsakteure ohne systemexterne Einflüsse aktiviert. Bei allen schwerwiegenden Krisen – auch bei den exogen verursach-

[486] Siehe Ausbruch des Tambora, 1815.
[487] Es gibt hier eine Vielzahl kritischer Abhängigkeiten, die die „Robustheit" Deutschlands erheblich einschränken, siehe Gleißner, 2020i und Blum/Gleißner, 2021 sowie Blum/Gleißner/Kamaras, 2021.
[488] Danielsson/Shin, 2002.
[489] Danielsson et al., 2020.

ten Krisen – wird jedoch die Dynamik durch die endogenen Reaktionen der Marktteilnehmer beeinflusst und Folgekrisen können auftreten. Der Schaden in jeder schwerwiegenden Krise in der Geschichte wird auch durch endogene Risikoverstärkung verursacht, auch wenn der Auslöser ein exogener Schock sein kann (vgl. Abbildung 39).[490]

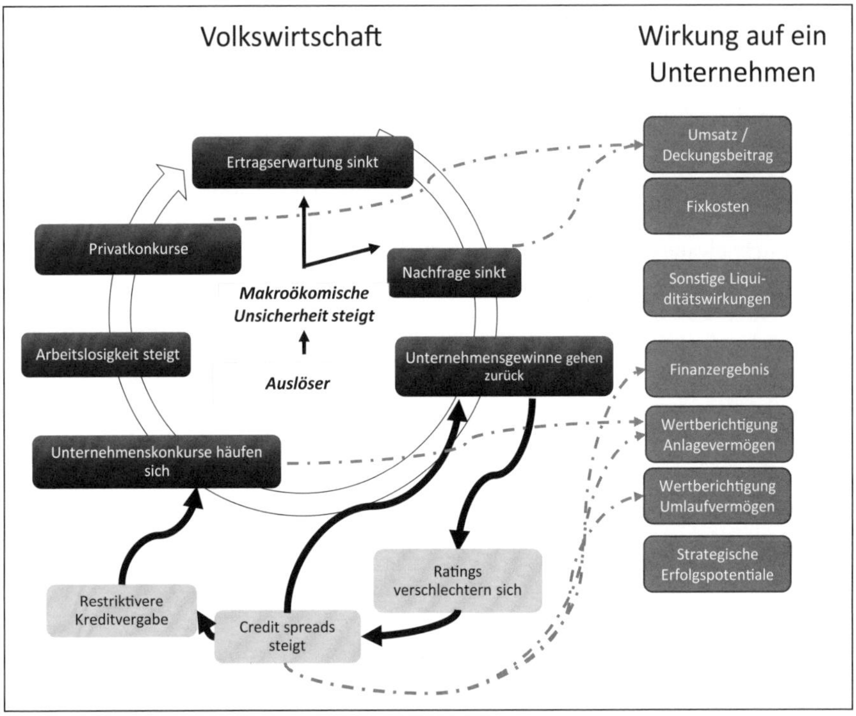

Abbildung 39: Beispielhafter volkswirtschaftlicher Krisenkreislauf mit Wirkung auf ein Unternehmen (Quelle: Gleißner/Kamaras, 2020a, S. 1694)

Wie historische Analysen zeigen, haben schwerste Krisen in den OECD-Ländern eine Wahrscheinlichkeit von nur etwa 2 % pro Jahr, d.h. es gibt im Mittel 2 in einem Jahrhundert. Jedoch wenn sie eintreten, ist der Schaden enorm. Als Faustregel gilt, dass eine systemische Krise mehr als ein Zehntel des BIPs kosten wird.[491] Global werden in den letzten 50 Jahren oft 6 gravierende Krisen genannt: zwei Ölpreiskrisen der 1970er Jahre, die Inflations- und Realzinskrise 1981, die Dotcom-Krise[492], die Finanz- und Wirtschaftskrise 2008–2010 und die COVID-19-Pandemie 2020/2021; der Ukraine-Krieg 2022 hat ein ähnliches Krisenpotenzial. Schwerwiegende Krisen zeichnen sich dabei in der Regel gerade

[490] Danielsson et al., 2020.
[491] Durchschnittlich 1-mal innerhalb 43 Jahren, siehe Danielsson et al., 2020.
[492] Eine Asset Price-Krise.

dadurch aus, dass zwei oder gar mehr der oben genannten Krisentypen gleichzeitig oder in unmittelbarer Abfolge eingetreten sind.[493]

Bei allen Krisentypen sind – neben dem „krisenfreien" Basisszenario – zwei Krisenstadien zu unterscheiden. Es gibt „drohende" und „akute" Krisen. Z.B. ist eine extreme Überbewertung am Aktienmarkt (z.B. gemessen mit dem Shiller-KGV)[494] zunächst nur ein Indikator für eine drohende „Krise durch eine geplatzte Asset Price Bubble".[495] Die eigentliche „akute" Krise tritt dann ein, wenn das Bewertungsniveau – und damit die Aktienkurse – schnell und stark rückläufig sind; wie z.B. 1929 bis 1934, 2000 bis 2003 und 2007 bis 2009. Da in der „akuten" Krise meist nur wenige Reaktionsmöglichkeiten gegeben sind, ist es anzustreben, bereits eine „drohende" Krise eindeutig erkennen zu können und so eine geeignete „Absicherung" vorzunehmen. Beispielsweise ist die im Jahr 2021 nach Ende der „akuten" Phase erwartungsgemäß stark gestiegene Inflationsrate ein Frühwarnindikator für eine mögliche länger anhaltende Inflationskrise und eine folgende Zinskrise (vgl. Gleißner, 2020a). Ähnlich gilt das für Unternehmen und Staaten. Krisenpräventionsmaßnahmen sind vor der akuten Krise nötig, da der Handlungsspielraum während dieser Krise durch die Vorbereitung bestimmt wird.

Exkurs: Historische Krisen als Beispiele – Ölkrisen (1973, 1979), Realzinskrise der USA (1981), Zinskrise (2008) und Corona-Krise (2020/2021)

Zur Verdeutlichung werden nachfolgend drei Krisentypen, für die es bekannte historische Beispiele gibt, erläutert.

Gravierende volkswirtschaftliche Krisen in der zweiten Hälfte des 20. Jahrhunderts[496] sind die Ölpreiskrisen in den 70er Jahren und die Realzinskrisen Anfang der 80er Jahre. Diese Krisen waren eng verbunden. Der Auslöser der Ölkrise 1973 war eine politische Krise. Das Ölembargo der arabischen Ölexport-Länder richtete sich gegen Staaten, von denen vermutet wurde, dass sie Israel im Jom-Kippur-Krieg unterstützen würden. Die Ölkrise selbst war jedoch eine Versorgungskrise, weil ein für die Wirtschaft essenzieller Rohstoff – das Rohöl – nicht mehr im erforderlichen Umfang zur Verfügung stand. Infolge dieses negativen Angebotsschocks, des Öl-Embargos, kam es zu einem extremen Anstieg des Preises des nun sehr knappen Rohöls und zugleich zu Produktionseinschränkungen und einem schweren Einbruch beim Volkseinkommen (BIP). Nach dem „Öl-Schock" wurde eine Preis-Lohn-Spirale in Gang gesetzt in deren Folge hohe Inflation bei gleichzeitig niedrigem Wirtschaftswachstum auftrat.[497]

---

493 Die hier dargestellten Krisentypen sind angelehnt an die Krisentypen aus Blum/Gleißner, Makroökonomische Krisentypen (Forschungsbericht). Als zusätzliche hier nicht dargestellte Krise könnte die „demographische Krise" mit einbezogen werden. Im Gegensatz zu den anderen betrachteten Krisentypen eher langfristiger denn akuter Natur. Weiterhin wurden sowohl die Reihenfolge als auch bestimmte Bezeichnungen angepasst.

494 http://www.econ.yale.edu/~shiller/data/ie_data.xls (abgerufen am 07.02.2022).

495 Vgl. Gleißner, 2019i.

496 In Anlehnung an Gleißner/Kamaras, 2020.

497 Vgl. Spahn, Streit um die Makroökonomie: Theoriegeschichtliche Debatten von Wicksell bis Woodford, Metropolis.

Zunächst wurden kaum wirtschaftspolitische Maßnahmen unternommen, um die Inflation zu bremsen. Die Federal Reserve (FED) – die US-Notenbank – hat die Politik des lockeren Geldes und hoher Inflationszielen weiterbetrieben. Das durch die Versorgungskrise begrenzte Angebot ist also auf weiterhin steigende Geldmenge getroffen. Eine weitere drastische Ölpreissteigerung fand 1979/1980 statt (zweite Ölkrise)[498], wodurch der Angebotsschock (Versorgungskrise) erneut auftrat und die Inflation – die nach dem Ende des Ölembargos zeitweise zurückging – mit 12,4% in 1980 nochmal stark anstieg. Hohe Inflationsraten gingen weiterhin mit einem schwachen Wirtschaftswachstum und steigender Arbeitslosigkeit einher. Um die stark gestiegene Inflation einzudämmen, erhöhte die amerikanische Zentralbank Anfang der 1980er Jahre die Leitzinsen stark und nahm dabei auch einen Einbruch der Nachfrage in Kauf („Zinskrise"). Die massive Erhöhung der Nominal- und auch Realzinsen – mit Spitzenwerten von über 19 % in 1981 (USA) – führte zunächst zu einem scharfen Einbruch des BIPs, einer Realzinskrise, in deren Folge aber eine deutlich rückläufige Inflationsrate festzustellen war. Die Realzinskrise war also eine Folgekrise[499], deren Ursachen in einer politischen Krise und daraus folgender Versorgungskrise sowie Reaktionen der Wirtschaftsakteure (insbesondere der Zentralbank) zu sehen sind. Ein weiteres Beispiel ist die Wirtschafts- und Finanzkrise 2008–2010. Diese hatte auch deshalb eine so schwerwiegende Wirkung, weil zwei Krisentypen gleichzeitig eingetreten sind: Eine geplatzte Asset Preis-Blase, also ein Preisverfall zuvor überteuerter Vermögenswerte am amerikanischen Immobilienmarkt bzw. bei Subprime-Krediten in Verbindung mit einer „Finanzmarkt-Vertrauenskrise" (insbesondere durch die Insolvenz von Lehman Brothers). Die Angst vor einer möglichen Insolvenz von Gläubigern in der Finanzkrise 2008, inkl. Banken, führte zu einem Kollaps des Kreditangebots und der Geldmärkte. Die Ursache lag innerhalb des Finanzsystems selbst und die Krise war somit eine endogene Krise.

Die „Corona-Krise" 2020/2021 zeigt beispielhaft den Zusammenhang zwischen Versorgungskrise, Ertragserwartungskrise, Staatsschuldenkrise und Inflationskrise. Durch die COVID-19-Pandemie waren Einschränkungen der Produktion nötig, um die Ausbreitung der Infektion zu verhindern („Angebotskrise"). Eine solche Versorgungskrise führt meist direkt zu einer Ertragserwartungskrise. Unsicherheit und schlechte Zukunftsaussichten führen zu rückläufiger Nachfrage.[500] Sowohl Versorgungskrise als auch Ertragserwartungskrise erhöht die Wahrscheinlichkeit einer Staatsschuldenkrise, da einerseits Steuereinnahmen wegbrechen, andererseits die Kosten zur Stützung der Wirtschaft (z.B. Kurzarbeitergeld) sich stark erhöhen können. Daher weitet die Zentralbank die Geldmenge stark aus. Am Ende der „akuten" Pandemie führen aufgestaute Nachfrage und

---

[498] Ausgelöst wurde sie im Wesentlichen durch Förderungsausfälle und Verunsicherung während des ersten Golfkriegs zwischen Iran und Irak.

[499] Die schon erwähnte Dynamik durch die – endogenen – Reaktionen der Marktteilnehmer.

[500] Ein wichtiger Unterschied zwischen einer Ertragserwartungskrise und einer Versorgungskrise besteht darin, dass bei einer Versorgungskrise eine Reduzierung der Produktionsmöglichkeiten vorliegt (Angebotsschock), die bei einer Ertragserwartungskrise nicht eintritt.

krisenbedingt reduzierte Angebotskapazität zu einem Preisanstieg, also Inflation. Aber auch die zusätzlichen – politisch gewollten – Staatshilfen für Stabilisierung der Wirtschaft haben Folgewirkungen und führen tendenziell zu mehr Inflation. Um die Staatsschuld abzutragen, ist c.p. eine höhere Inflation – und damit verbundene niedrige oder sogar negative Realzinsen – hilfreich. Entsprechend besteht vonseiten des Staates der Druck höhere Inflation zu erzeugen oder zumindest zuzulassen und zugleich durch den Ankauf von Staatsanleihen die Zinsen niedrig zu halten, um so faktisch eine Staatsfinanzierung durch die Zentralbank zu erreichen. Somit droht bei nachhaltig steigender Inflationserwartung und dauerhaft zu hoher Inflation ein Zinsanstieg, also eine Zinskrise, wie auch bei der letzten Versorgungskrise, der Ölkrise. Diese Entwicklung wird durch den Rohstoff- und Ölpreisanstieg nach dem Angriff Russlands auf die Ukraine (2022) verstärkt.

Beispielhaft werden nachfolgend vier „drohende" Krisen betrachtet, die bei einer Risikoanalyse einer Betrachtung wert erscheinen.

(1) Die Zinskrise

Unmittelbare Folgen der Corona-Pandemie waren ein Wirtschaftseinbruch und steigende Staatsschulden (vgl. oben). Zur Stabilisierung der Unternehmen und der staatlichen Schuldner wurde zu Beginn der Krise eine extrem expansive Geldpolitik realisiert, wodurch sich die Inflationsrisiken am Ende dieser „akuten" Gesundheitskrise verschärfen. Inflationäre Tendenzen infolge aufgestauter Nachfrage und eines umgekehrt reduzierten Angebots, auch in Folge von Lieferkettenproblemen, sind am Ende einer solchen Krise, wie die Zahlen aus dem Jahr 2021 zeigen, sowieso zu erwarten.[501]

Sollte sich die erhöhte Inflation in Anbetracht einer stark expandierten Geldmenge in nachhaltig höhere Inflationserwartungen und dann auch steigende Löhne umsetzen, kommt es zu nachhaltig höheren Inflationsraten. Dieser Fall trat nach dem Ölpreisschock in den 1970er Jahren ein, der letzten großen Versorgungskrise. Wird eine solche erhöhte Inflationsrate nicht dauerhaft seitens der Zentralbanken akzeptiert, sind Zinserhöhungen das „klassische" Gegenmittel (wie zuletzt massiv im Jahr 1981).

Das Ergebnis ist eine „Zinskrise" mit hohen nominalen und wohl auch realen Zinssätzen. Sie führt zu einem scharfen Einbruch der Nachfrage, insbesondere nach langlebigen Konsum- und Investitionsgütern. Zudem erfolgt eine Abwertung von Unternehmensbeteiligungen und Immobilien und die Finanzierungskosten erhöhen sich massiv, was insbesondere höher verschuldete Unternehmen hart trifft. Die Konsequenz sind z.B. Wertberichtigungen bei Unternehmensbeteiligungen (Impairmenttest), Insolvenzen, steigende Arbeitslosigkeit und natürlich ein starker Nachfrageeinbruch.

(2) Die Blackout-Krise

Die Blackout-Krise ist, wie auch die Pandemie, eine spezifische Variante einer „Versorgungskrise". Sie ist dadurch charakterisiert, dass für die Menschen und

[501] Vgl. Gleißner, 2020a.

Unternehmen essentielle Angebote der Infrastruktur nicht verfügbar sind. Es handelt sich dabei speziell um einen möglichen längerfristigen und großflächigen Ausfall der Stromversorgung und/oder des Internets.[502] Das Risiko für ein solches Szenario hat sich in den letzten Jahren deutlich erhöht, nicht nur in Deutschland. So nimmt die Abhängigkeit der gesamten Gesellschaft von Stromversorgung und Verfügbarkeit des Internets immer weiter zu. Auch die Corona-Pandemie hat zu einer verstärkten Digitalisierung beigetragen und damit die Abhängigkeit von digitalen Lösungen und dem Internet noch weiter erhöht.

Die zunehmende Substitution fossiler Energieträger durch Strom, wie auch immer bereitgestellt, erhöht die Empfindlichkeit gegenüber einem Stromausfall, der selbst wiederum einen Zusammenbruch der Kommunikationssysteme, vor allem des Internets, zur Folge hat. Experten erscheinen Szenarien denkbar, bei denen beispielsweise der Strom und/oder das Internet in großen Teilen Europas für eine Woche oder länger ausfallen könnte.[503] Eine solche Krise könnte beispielsweise durch Nebenwirkungen der Energiewende in Deutschland oder Cyberattacken ausgelöst werden.

(3) Politische Krise mit Handelsembargo und Kriege

Massive politische Krisen treten oft ohne Vorwarnung auf. Problematisch sind diese beispielsweise dann, wenn sich daraus ein gravierender Handelskonflikt mit Embargo ergibt. So wurde z.B. schon Anfang 2021 eine erhebliche Belastung der Supply Chain vieler Unternehmen deutlich mit Lieferengpässen, die Produktionsausfälle zur Konsequenz hatten. Der Ukraine-Krieg verschärft diese und zeigt die kritische Abhängigkeit Deutschlands vom russischen Gas.

Ganz andere Dimensionen hätte eine massive politische Krise, bei der beispielsweise China in einem Konflikt – potenziell z.B. mit Bezug zu Taiwan – aktiv über Wochen oder Monate sämtliche Exporte nach Europa und in die USA unterbindet. Die dadurch ausgelösten wirtschaftlichen Schäden wären viel größer als die Probleme in China selbst – was den Einsatz dieser ökonomischen Waffe bei einem schweren Konflikt durchaus erwägenswert macht (siehe Blum, 2020). Wie auch gegenüber vielen anderen Krisen wäre Deutschland hier sehr verwundbar (siehe Blum/Gleißner, 2021).

(4) Gravierende Naturkatastrophe

Eine Naturkatastrophe ist dann ökonomisch gravierend, wenn sie weltweit wesentliche wirtschaftliche Auswirkungen hat. Eine solche würde über das letzte schwere Erdbeben in Japan weit hinausgehen, welches bereits globale Lieferengpässe zur Folge hatte. Man denke hier beispielsweise an ein katastrophales Erdbeben in Kalifornien, welches die Wirtschaft dieses US-Bundesstaates weitgehend zerstört oder zumindest nachhaltig lähmt. Die Auswirkungen wären von der Art her grundsätzlich ähnlich wie bei der politischen Krise (vgl. (3)). Sie hätten vermutlich nicht die ganz gleichen Dimensionen, aber wären dafür eben nicht durch ein „Entgegenkommen" in einem politischen Konflikt beendbar.

[502] Siehe dazu auch z.B. Saurugg/John, 2017.
[503] Man siehe zu einer literarischen Umsetzung das Buch Elsberg, 2012.

Den hier beispielhaft genannten volkswirtschaftlichen Risiken, die potenziell schwere Krisen auslösen können, kann ein einzelnes Unternehmen nur sehr begrenzt begegnen. Auch Staaten sind nicht in der Lage, solche Risiken komplett zu beseitigen. Aber durch eine geeignete Politik im Sinne eines staatlichen Risikomanagements[504] können solche volkswirtschaftlichen Risiken in ihrer Eintrittswahrscheinlichkeit und ihren Auswirkungen durchaus beeinflusst werden.

Empfehlenswert ist hierbei – ähnlich wie bei Unternehmen – zunächst eine nationale Risikoanalyse, um die wesentlichen Risiken priorisiert aufzuzeigen. Um der Vielzahl der bestehenden, im Einzelnen vielleicht noch nicht einmal erkannten Risiken begegnen zu können, sollte ein Staat bestimmte Eigenschaften und Fähigkeiten aufweisen. Man spricht hier vom Konzept eines „robusten Staats".[505] Charakteristisch für einen robusten Staat ist beispielsweise, dass er[506]

- ordnungspolitische Rahmenbedingungen für eine leistungsfähige Wirtschaft setzt und aufgrund moderater Verschuldung und hoher Bonität einen großen finanziellen Spielraum für eine Krise hat,
- systematisch „kritische Abhängigkeiten" identifiziert und zu vermeiden versucht (z.B. Abhängigkeiten von nur einem Lieferanten im Ausland),
- ausreichend Vorräte an denjenigen Gütern vorhält, die in einer Krise besonders benötigt werden und dann nicht mehr in ausreichender Menge hergestellt werden können (von Energieträgern bis hin zu Ge- und Verbrauchsgütern des Gesundheitswesens),
- Bürgschaftsverbunde und Haftungsrisiken aus Dritt-Staaten eher vermeidet,
- sich durch quantitative Risikoanalysen und Krisen- bzw. Notfallpläne auf Extremrisiken und daraus folgende Krisen vorbereitet – von Pandemien über Lieferembargos bis hin zum Ausfall kritischer Infrastruktur wie Blackouts z.B. infolge von Cyberangriffen – und
- für die Krisenbewältigung notwendige, möglichst universell einsetzbare Ressourcen in angemessenem Umfang vorhält (wie z.B. im Gesundheitswesen und beim Militär).[507]

Bei der Risikoanalyse eines Unternehmens sollte auch die Robustheit der Staaten betrachtet werden, da diese die Risikosituation aller ansässigen Unternehmen maßgeblich beeinflusst.

2.3.2.6 Managementrisiken als spezielle strategische Risiken

Eine besondere Risikokategorie sind sogenannte „Verhaltensrisiken", deren Umfang vom Verhalten der Menschen (und anderen Anreizen) abhängt, was die Nähe zur Spieltheorie zeigt.[508] Eine wichtige Untergruppe der strategischen

---

504 Siehe ausführlicher Gleißner, 2020j.
505 Siehe weiterführend zu makroökonomischer und globaler Resilienz Brunnermeier, 2021.
506 Siehe auch Gleißner, 2020a.
507 Inklusive mobilisierbare Reserven, aufgrund des recht flexiblen Fähigkeitsprofils, z.B. im Bereich Sicherheit, Transport, Gesundheitswesen etc.
508 Vgl. Bieta/Milde, 2009.

Risiken, die inzwischen oft eigenständig betrachtet wird, sind die sogenannten „Managementrisiken". Lück (2000, S. 1477) definiert wie folgt:

„Managementrisiken können definiert werden als die Möglichkeit, dass das tatsächliche Ergebnis einer unternehmerischen Aktivität, die vom Management zu verantworten ist, von dem erwarteten Ergebnis abweicht. […] Entsprechend dem gewählten institutionellen und funktionalen Fokus ergeben sich unterschiedliche Managementrisiko-Kategorien: Von vorsätzlich kriminellen Aktivitäten und Verletzungen der allgemeinen Sorgfaltspflichten über Risiken im Willensbildungsprozess und Willensdurchsetzungsprozess bis hin zu Risiken im Bereich der Mitarbeiterführung."

Entscheidend ist, dass Managementrisiken sich ergeben aus möglichen Planabweichungen[509], die tatsächlich vom Management zu verantworten sind – also nicht aus exogenen Einflüssen resultieren. Managementrisiken entstehen damit zunächst im Bereich der Vorbereitung von Managemententscheidungen – aber, wie insbesondere Lück (2000) betont, auch in der Umsetzung der mit der Entscheidung verbundenen Maßnahmen.

Im Weiteren gehören zu Managementrisiken die Risiken, die daraus resultieren, dass durch (a) persönliche Interessen oder (b) methodische Defizite der betriebswirtschaftlichen Entscheidungsvorbereitung[510] Entscheidungen getroffen werden, die nicht im Interesse der Eigentümer des Unternehmens sind. Corporate Governance[511] als Ordnungsrahmen der Unternehmensführung soll Managementrisiken reduzieren. Auch wertorientierte Steuerungssysteme und Qualitätssicherungssysteme für Entscheidungsvorlagen sollen gewährleisten, dass Entscheidungen und Handlungen des Top-Managements an den Zielen der Eigentümer ausgerichtet sind (z.B. Steigerung des Unternehmenswerts). Hohe Managementrisiken ergeben sich, wenn Transparenz fehlt oder Boni-Systeme dazu führen, dass das Management Risiken eingeht, die es bei Betrachtung der Ziele der Eigentümer nicht eingehen sollte.

Schließlich ergeben sich Managementrisiken aus der Möglichkeit psychologisch bedingter Fehlentscheidungen. Das Risiko besteht also darin, dass das Management, insbesondere bei einer wichtigen unternehmerischen Entscheidung, die vorhandenen Informationen nicht sachgerecht auswertet und so zu einer Fehlentscheidung kommt. Eine Ursache liegt häufig in einer nicht sachgerechten Entscheidungsvorbereitung.[512] Die psychologische Forschung zeigt, dass gerade Risiken bei Entscheidungen nicht adäquat beachtet werden.[513] In der Forschung unterschieden werden bei der Erklärung von Fehlentscheidungen systematische Fehler (Bias)[514] und Zufallsabweichungen, die man als „Noise" bezeichnet.[515]

[509] Die mögliche Manipulation der Planwerte selbst ist auch ein Managementrisiko.

[510] Vgl. dazu Abschnitt 5.2 und Gleißner, 2015d, insbesondere zu Methoden, um Ertrag und Risiko bei der Vorbereitung von unternehmerischen Entscheidungen adäquat abzuwägen (d.h. risikogerecht zu bewerten).

[511] Vgl. Steger/Amann, 2009 und Jensen/Meckling, 1976.

[512] Siehe ICV, 2021 und Abschnitt 6.4.

[513] Siehe Abschnitt 1.6.2 zu „Risikoblindheit".

[514] Siehe Abschnitt 1.6.3 speziell mit Prospect Theorie.

[515] Vgl. Kahneman et al., 2021 sowie Abschnitt 1.6.3.

Menschen nehmen häufig Risiken stark verzerrt wahr und berücksichtigen diese nicht adäquat bei ihren Entscheidungen. Aber auch unabhängig von Schwächen im Umgang mit Risiken gibt es eine Vielzahl von in der psychologischen Forschung betrachteten Ursachen für Fehlentscheidungen. Hohe Managementrisiken ergeben sich, wenn z.B. bei identischer Informationslage eine getroffene Entscheidung stark davon abhängt, welche Person zu welchem Zeitpunkt die Entscheidung (zufällig) trifft. Solche unerwünschten zufälligen Streuungen von Entscheidungen bei gleichem Informationsstand, sind nicht nur bei Top-Managemententscheidungen, z.B. über die Strategie, relevant, sondern auch bei Entscheidungen über Projekte, Investitionen oder die Einstellung oder Beförderung von Mitarbeitern. Gerade bei Entscheidungen über die Einstellung neuer Mitarbeiter zeigen Studien extrem hohe Level an „Noise": Die Beurteilung von Bewerbern durch unterschiedliche Mitarbeiter der Personalabteilung mit Verantwortung für Einstellung differiert also ganz erheblich. Zudem zeigt sich auch nur eine geringe Korrelation zwischen der Beurteilung eines neuen Mitarbeiters bei der Einstellung und dem späteren Erfolg im Unternehmen.[516] Auch bei strategischen Managemententscheidungen ist „Noise" ein wesentlicher Aspekt des Managementrisikos.

Bei der Beurteilung der Qualität von Entscheidungen oder Prognosen sollten dabei also zwei Gruppen von Fehlerquellen unterschieden werden. Von einer Verzerrung (Bias) spricht man, wenn die Entscheidungen bzw. Prognosen in systematischer Weise vom „optimalen Ergebnis" abweichen. Von einer Streuung oder „Noise" spricht man, wenn Entscheidungen oder Prognosen zufällige und damit unsystematische Abweichungen aufweisen.

Kahneman et al. (2021) zeigen, dass sich der Umfang von Noise – und damit auch von Managementrisiken – durch eine systematische Entscheidungsvorbereitung reduzieren lässt.[517, 518] Für die Verbesserung der Qualität von Entscheidungen (und damit die Reduzierung von Managementrisiken) lassen sich aus den Forschungsergebnissen folgende Empfehlungen ableiten[519]

1) Grundsätzlich sollten zunächst **Methode und Prozess für Entscheidungsvorbereitung** und Entscheidungsfindung festgelegt werden.
2) Die für die Entscheidung relevanten **Einzelkriterien** sollten systematisch abgeleitet und dokumentiert werden („Zerlegung"); möglichst basierend auf ein klares Verständnis des Oberziels.
3) Die für die Entscheidung maßgeblichen Einzelkriterien (2.) sollten möglichst nachvollziehbar und unabhängig voneinander beurteilt werden.[520] Wichtig ist dabei, eine klar definierte Skala für die Beurteilung der Ausprägung der Kriterien festzulegen; idealerweise unterstützt durch Beispiele.[521] Bei wichti-

[516] Vgl. Kahneman et al., 2021.
[517] Siehe dazu die Anforderungen aus der Business Judgement Rule in Abschnitt 1.7.4.
[518] Sie sprechen hier von „Entscheidungshygiene" und empfehlen ein „strukturiertes Entscheiderprotokoll".
[519] In Anlehnung an Kahneman et al., 2021; vgl. auch Gleißner, 2003b.
[520] Nach Möglichkeit sollte dabei auf ein frühes intuitives Gesamturteil, also eine „Vorentscheidung" verzichtet werden, da dieses die Beurteilung der Einzelkriterien verzerrt (der sogenannte Halo-Effekt).
[521] Wobei je nach Fragestellung eine relative oder absolute Skala zu verwenden ist.

gen Entscheidungen ist dabei eine unabhängige Beurteilung durch mehrere Personen empfehlenswert, deren Einschätzungen danach zusammengefasst werden.[522, 523]

4) Erst am Ende des Prozesses der Informationsaufnahme erfolgt durch die Entscheider eine zunächst unabhängige Beurteilung und anschließende Diskussion[524] der für die Gesamtbewertung relevanten Einzelkriterien und ganz zum Schluss eine Gesamtbeurteilung.[525]

Auch wenn nur eine singuläre Entscheidung getroffen werden soll, sollte man ein Verfahren für die Entscheidungsfindung nutzen, das zu möglichst geringen Abweichungen vom optimalen Ergebnis führen würde, wenn eine Vielzahl vergleichbarer Entscheidungen durchgeführt wird. Unabhängig wie oft eine Entscheidung getroffen wird, ist es entsprechend sinnvoll, ein möglichst geeignetes Entscheidungsverfahren zu nutzen.[526]

Für die Beurteilung der Höhe der Managementrisiken sollte untersucht werden, wie gut die Qualität der Entscheidungsvorbereitung in einem Unternehmen ist (vgl. dazu auch ICV, 2021).

2.3.2.7 Spezielle strategische Risiken nach Unternehmenstyp und Umfeldsituation

Erfolg und Misserfolg von Unternehmen sind nach empirischen Befunden aus dem Bereich der Erfolgsfaktorenforschung auch abhängig von zentralen Strukturmerkmalen des Unternehmens sowie seines Umfelds. Die folgenden Ausführungen zu Unternehmens- und Umfeldtypen basieren auf einer Studie im Auftrag des Rationalisierungs-Kuratoriums der Deutschen Wirtschaft (RKW) e.V., die vom Institut für Produktionswirtschaft und Controlling an der Ludwig-Maximilian-Universität München durchgeführt wurde.[527] Durch eine von der WIMA GmbH 1997 durchgeführte Studie wurden diesen Unternehmens- und Situationstypen die jeweils wichtigsten (strategischen) Risiken zugeordnet, sodass der Strukturierungsansatz von Küpper, Bronner und Daschmann (1994) unmittelbar auch für die Risikoidentifikation genutzt werden kann.

---

[522] Wesentlich ist, dass die Beurteilung durch die einzelnen Personen dabei unabhängig voneinander ist, da bei einer gemeinsamen Erarbeitung durch den Wunsch nach Harmonie und der Orientierung an der Einschätzung anderer Personen systematische Verzerrungen entstehen.

[523] Die Menschen streben hier ein kohärentes Gesamtbild der zu beurteilenden Situation an und zugleich möglichst Konsens mit anderen Menschen, an deren Einschätzung man sich orientiert.

[524] Siehe Delphi-Verfahren.

[525] Menschen sind dabei besser in der Lage durch Vergleiche Rangfolgen von Entscheidungsalternativen, als absolute Bewertungen der Handlungs- und Entscheidungsoptionen zu erstellen.

[526] Siehe Kahneman et al., 2021.

[527] Vgl. Küpper/Bronner/Daschmann, 1994. Aus dieser Studie wurden die Beschreibungen von Unternehmenstypen und Umfeldsituationen – teilweise etwas modifiziert, in aller Regel aber sehr eng angelehnt – übernommen.

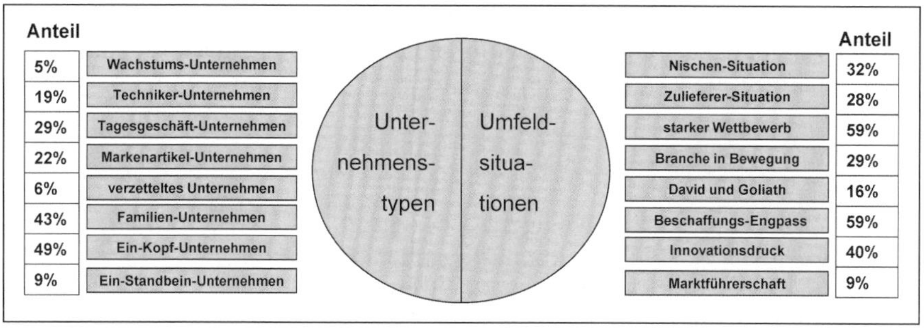

Abbildung 40: Unternehmenstypen und Umfeldsituationen im Mittelstand

Eine Erläuterung solcher typischen strategischen Risiken und bestehender strategischer Ansatzpunkte für die Risikobewältigung findet man in Abschnitt 4.2.7.

2.3.3 Risiken des Absatz- und Beschaffungsmarktes („Marktrisiken")

2.3.3.1 Absatzmarktrisiken

Fragt man einen Vorstand oder Geschäftsführer, was aus seiner Sicht das wichtigste Einzelrisiko sei, dem sein Unternehmen ausgesetzt ist, so wird oft das Risiko des Absatzmarktes genannt. Dieses besteht darin, dass die zukünftigen Umsätze nicht bekannt sind und möglicherweise stark von den geplanten Erlösen abweichen. Das Marktrisiko ist damit also umso höher, je schwieriger die zukünftigen Umsätze prognostizierbar sind, bzw. je unsicherer diese Prognose ist.

Im Zusammenspiel mit anderen Strukturmerkmalen eines Unternehmens – wie z.B. bei einer Kostenstruktur mit hohem Fixkostenanteil – können sich starke Einbrüche bei den Umsätzen auch bestandsgefährdend auswirken.[528] Diese naheliegende Erkenntnis wird auch durch einen Blick in die Insolvenzstatistik untermauert, die als eine zentrale Ursache für Unternehmensinsolvenzen den Wegfall von Absatzmärkten bzw. Umsatzerlösen aufzeigt.

Die Unsicherheit zukünftiger Umsätze ist i.d.R. umso größer, je stärker diese schon in der Vergangenheit unerwartete Schwankungen gezeigt haben. Allerdings können auch Unternehmen, die bisher eine stabile Umsatzentwicklung vorweisen konnten, von derartigen Schwankungen in Zukunft betroffen sein.

Von konjunkturellen oder saisonalen Schwankungen der Absatzmengen (und auch der Preise) sind jene Marktrisiken zu unterscheiden, die sich aus Änderungen der Markttrends ergeben, sei es durch veränderte Kundenwünsche oder durch technologisch bedingten Wandel. Die Bedeutung dieses Risikos ist dann besonders groß, wenn sich durch diesen neuen Trend gleichzeitig eine Entwer-

528 Zu den unterschiedlichen Reaktionen der operativen Kosten auf Umsatzanstieg und Umsatzrückgang siehe auch Graßmann/Fuhrmann/Günther, 2021.

tung der bisherigen Wettbewerbsvorteile des Unternehmens ergibt. Folgende Indikatoren signalisieren zusammenfassend ein erhöhtes Marktrisiko:[529]

- niedrige Anteile von Stammkunden am Umsatz und keine langfristigen Lieferverträge,
- Produkte und Leistungen, die sich nicht wesentlich von denen der Wettbewerber unterscheiden,
- starke Abhängigkeit von wenigen Kunden,
- ausgeprägte saisonale oder konjunkturelle Schwankungen,
- schrumpfende oder stagnierende Nachfrage,
- niedrige Markteintrittsschranken,
- hohe Wettbewerbsintensität sowie
- technologisch bedingte Umbrüche bei den Geschäftsmodellen (z.B. durch das Entstehen von „Plattform-Ökonomien"[530] oder anderer digitaler Geschäftsmodelle).

Riskanter sind damit speziell Märkte mit einer hohen Preiselastizität der Nachfrage, da in diesen kleine Preisveränderungen zu hohen Nachfrage-Schwankungen führen (siehe nachfolgende Abbildung 41).

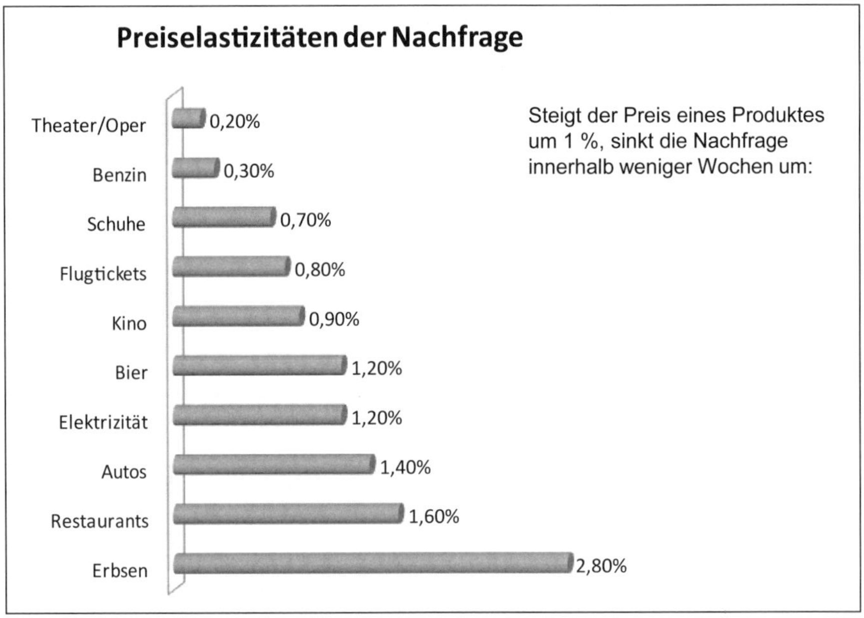

Abbildung 41: Beispiele für Preiselastizitäten der Nachfrage[531]

[529] Zum Begriff des „Marktrisikos" ist zu beachten, dass sich in der Finanzdienstleistungsbranche (speziell bei Banken und Versicherungen) der Begriff Marktrisiko nur auf die Finanzmärkte bezieht, also speziell Risiken durch Wertpapierkursschwankungen, Zinsänderungsrisiken oder Währungsrisiken umfasst.

[530] Siehe Richter, 2021; Heinemann, 2020 sowie Haberstock, 2018.

[531] Quelle: Romeike/Hager, 2020, S. 291, basierend auf einer Studie von FAZ/MC Dowell u.a., Principles of Economics.

Das Risikogehalt eines Marktes lässt sich direkt aus seinen Strukturmerkmalen, insbesondere den Wettbewerbskräften, ableiten. Diese Wettbewerbskräfte werden hierbei mit einer risikoorientierten Variante des erläuterten Porter'schen Ansatzes der „Fünf Wettbewerbskräfte" analysiert.[532] Zu diesen Kräften, die die oben genannten Risiken bedingen, gehören insbesondere:[533]

- Nachfragewachstumsrate des Gesamtmarktes,
- Differenzierungsmöglichkeiten zwischen den Anbietern,
- Substituierbarkeit des eigenen Produktes,
- Wettbewerb zwischen den heute etablierten Anbietern,
- Markteintrittshemmnisse für neue Anbieter sowie
- Machtverteilung zwischen den Anbietern und ihren Kunden und Lieferanten.

Diese Faktoren beeinflussen nicht nur das Branchenrisiko, sondern auch die Branchenrentabilität. Eine hohe Marktattraktivität hat nicht nur positive Wirkungen auf die Rendite, sondern wirkt zugleich risikoreduzierend. Typische Risiken aufgrund geringer Marktattraktivität sind damit vor allem:

- ruinöser Verdrängungswettbewerb aufgrund niedriger Marktwachstumsraten oder gar rückgängiger Marktvolumina,
- Preiswettbewerb zwischen den Anbietern aufgrund geringer Differenzierungsmöglichkeiten,
- leichte Ersetzbarkeit der eigenen Produkte aufgrund geringer Kundenbindung,
- Markteintritt neuer Wettbewerber (insbesondere bei bisher attraktiven Märkten) aufgrund niedriger Markteintrittsbarrieren, sowie
- Abhängigkeit von wenigen Kunden und/oder Lieferanten.

Je ungünstiger die Risikostruktur eines Marktes ist, desto eher ist mit hohen Absatzmengen- und Absatzpreisschwankungen, instabilen Marktanteilen und einer Gefährdung der eigenen Ertragssituation durch die Geschäftspartner (Kunden wie Lieferanten) zu rechnen. Man sieht, dass Marktattraktivität und Marktrisiken von Absatz- und Beschaffungsmarkt bestimmt werden, sodass beide Märkte gemeinsam betrachtet werden sollten (also die gesamte Supply Chain, vgl. Abschnitt 2.3.3.2).

Das Marktrisiko eines Unternehmens ist also abhängig von der Marktstruktur und der Positionierung des Unternehmens im Markt. Hohe Marktrisiken ergeben sich z.B., wenn ein Unternehmen bezüglich der für die Kunden wesentlichen Kaufkriterien Schwächen aufweist. Diese führen nämlich zu einer schwachen und unsicheren Umsatzentwicklung, z.B. weil weniger zufriedene Kunden eine geringere Kundentreue aufweisen. Eine bezüglich der Kaufkriterien sehr gute Marktposition schafft umgekehrt Preissetzungsmacht mit der Konsequenz, dass beispielsweise Kostenveränderungen auf die Preise überwälzt werden können, was risikoreduzierend wirkt.

Veränderungen bei Marktattraktivität, Absatzmarktrisiken und relativer Wettbewerbsposition einzelner Unternehmen ergeben sich durch strukturelle Ver-

[532] Vgl. Porter, 2013; Serfas, 2014 und Budd, 1993.
[533] Vgl. zur vereinfachten Messung Gleißner/Helm/Kreiter, 2013.

änderungen eines Marktes. Solche strukturellen Veränderungen sind beispielsweise eine Konsequenz der zunehmenden Digitalisierung der Wirtschaft (siehe Erläuterungen in Abschnitt 2.3.2.4). Digitale Geschäftsmodelle haben aus Sicht etablierter Unternehmen oft „disruptiven" Charakter und neue digitale Produkte ersetzen traditionelle physische Produkte. Ein derartiger Prozess führt bei etablierten Anbietern oft zu rückläufigen Umsätzen und zugleich zu einer erhöhten Unsicherheit bei der Absatzmenge. Die Digitalisierung in einer Branche führt zu erhöhten Absatzmarktrisiken, z.B. durch die oft sehr hohe Wachstumsrate bei neuen digitalen Produkten, die wenig kapitalintensiv und gut skalierbar sind. Besondere Absatzmarktrisiken ergeben sich in Märkten mit einer „Plattform-Ökonomie". Ein Großteil der Gewinne einer Wertschöpfungskette entfällt hier auf Unternehmen, die die Plattform bereitstellen (siehe z.B. Amazon im Bereich E-Commerce). Neben einer Verschiebung von Gewinnen zum Plattform-Anbieter entstehen für andere Unternehmen zusätzliche Risiken: Sie werden abhängig vom Plattform-Anbieter und verlieren zudem möglicherweise den Zugang zu ihren Kunden (und deren Daten). Märkte mit einer Plattform-Ökonomie sind aber auch für die Anbieter der Plattformen selbst riskant, weil oft nur wenige oder gar nur eine Plattform langfristig wettbewerbsfähig ist. Dies liegt daran, dass der Nutzen jedes einzelnen Nutzers mit der Nutzerzahl zunimmt. Entsprechend profitieren die größten Plattformen. Ein großes Risiko besteht entsprechend darin, dass ein Unternehmen zu langsam wächst und damit nicht die notwendige „kritische Masse" für eine nachhaltig erfolgreiche Plattform erreicht. Umgekehrt haben Unternehmen, die eine dominierende Plattform anbieten, vergleichsweise geringe Marktrisiken; aber möglicherweise kartellrechtliche Risiken.

Schon bei der Identifikation (und später bei der Quantifizierung) von Marktrisiken sollte explizit unterschieden werden zwischen „Preisrisiken" und „Mengenrisiken". Unvorhergesehene Abweichungen vom geplanten Umsatz können nämlich sowohl resultieren aus unvorhergesehenen Abweichungen bei den Preisen wie auch den Mengen – und Entsprechendes gilt auch für die Materialkosten. In der Praxis sind dabei in der Regel die unvorhersehbaren Absatzmengenschwankungen wesentlich ausgeprägter als die Absatzpreisschwankungen (bzw. Margenschwankungen).[534] Allerdings ist hierbei zu beachten, dass die Wirkung von unerwarteten Preisabweichungen auf der Absatzseite wesentlich gravierender ist als die Wirkung von Absatzmengenschwankungen, da Absatzmengenschwankungen gleich gerichtete (und damit kompensierende) Veränderungen der variablen Kosten zur Konsequenz haben. Für ein adäquates Verständnis der Absatzpreisrisiken sollten zudem auch die Konsequenzen von geplanten (oder späteren ungeplanten) Preisänderungen für die Absatzmenge berücksichtigt werden (vgl. Abbildung 41). Neben den Konsequenzen der eigenen Absatzpreise sind zudem auch die Konsequenzen (unerwarteter) Änderungen der Absatzpreise der Wettbewerber für die eigenen Absatzmengen zu berücksichtigen, die durch eine sogenannte „Kreuzpreiselastizität" beschreibbar sind. Eine ausgeprägte „Kreuzpreiselastizität" zeigt dabei tendenziell ein

[534] Siehe z.B. Gleißner/Grundmann, 2008. Eine Ausnahme ist z.B. die Rohstoffbranche.

höheres Absatzmarktrisiko, weil die eigenen Umsätze stärker vom Verhalten der Wettbewerber abhängen, was insbesondere bei transparenten Märkten mit geringen Differenzierungsmöglichkeiten der einzelnen Produkte der Fall ist.

Das Absatzmarktrisiko (Umsatzrisiko) ist damit zusammenfassend bestimmt durch das Absatzmengenrisiko und das Absatzpreisrisiko, die multiplikativ miteinander verknüpft sind. Zudem ist das Absatzmengenrisiko selbst wiederum abhängig vom Absatzpreisrisiko und den Preisen der Wettbewerber, was eine insgesamt komplexe Abhängigkeitsstruktur dieser Risiken verdeutlicht. Bei der Betrachtung des Materialkostenrisikos (Beschaffungsmarkt) ist entsprechend zu berücksichtigen, dass dieses sich aus einer Beschaffungsmenge und einem Beschaffungspreis zusammensetzt. Die Beschaffungsmenge ist dabei wiederum abhängig von der Absatzmenge. Für eine präzise Beschreibung und Abgrenzung der Marktrisiken sollten diese Wechselbeziehungen betrachtet und im Hinblick auf ihre relative Bedeutung (grob) eingeschätzt werden. Später im Rahmen der Risikoquantifizierung müssen die verschiedenen Teilaspekte möglichst exakt getrennt werden, was mit Methoden der Zeitreihenanalyse bzw. Regressionsanalyse möglich ist.

2.3.3.2 Beschaffungsmarktrisiken

Ein Unternehmen sollte neben dem Absatzmarkt auch den oben schon angesprochenen Beschaffungsmarkt bei der Risikoidentifikation betrachten (Supply Chain-Perspektive). Im günstigsten Fall ist dieser durch eine ausreichende Verfügbarkeit der vom Unternehmen benötigten Güter zu angemessenen und gleichbleibenden Preisen weitgehend risikofrei. Allerdings können je nach Branche insbesondere durch starke Preis- oder Qualitätsschwankungen bei wesentlichen Rohstoffen oder Zulieferprodukten sowie durch deren eingeschränkte Verfügbarkeit erhebliche Risiken entstehen.

Dabei kann man folgende Indikatoren für tendenziell hohe Beschaffungsmarktrisiken zusammenfassen:

- Hoher Anteil der Energie-, Material- und Fremdleistungskosten an den Gesamtkosten,
- hohe Abhängigkeit von einzelnen Materialien mit hoher Volatilität der Preise,
- intransparente Beschaffungsmärkte,
- geringe Möglichkeit der Überwälzung von Beschaffungspreisänderungen auf die Kunden (z.B. wegen vertraglicher Verkaufspreisfixierung) sowie
- hohe Preiselastizität der Nachfrage der Kunden.

Grundsätzlich lassen sich Beschaffungsrisiken in zwei Arten einteilen, nämlich die strategischen und die operativen, die im Folgenden näher erläutert werden.

I. Strategische Beschaffungsrisiken und Supply Chain-Risiken

Zu den strategischen Beschaffungsrisiken zählen alle, die aufgrund der Positionierung des Unternehmens dazu führen, dass die langfristigen Erfolgsperspektiven durch Abhängigkeit oder Probleme auf der Einkaufsseite wesentlich beeinträchtigt werden könnten.

In Anbetracht der starken Vernetzung von Unternehmen mit dessen Kunden und Lieferanten sollte die Analyse von Beschaffungsrisiken im Rahmen eines integrativen Ansatzes vorgenommen werden. Man spricht hier auch von einer Supply Chain-Risikoanalyse.[535] Wesentlich ist es dabei, auch kritische Abhängigkeiten der Kunden und der Lieferanten eines Unternehmens mit zu betrachten. Wenn nämlich beispielsweise der Schlüssellieferant eines Unternehmens selbst die für seine Produktion erforderlichen Vorprodukte nicht erhält, wird sich dieses Problem auf alle Unternehmen auf den folgenden Stufen der Wertschöpfungskette auswirken. Ein Unternehmen ist umgekehrt auch von Beschaffungsengpässe bei seinen eigenen Kunden betroffen. Wenn ein wichtiger Kunde, die für seine Produktion erforderlichen Vorprodukte nicht erhält, wird er weniger produzieren und damit geht auch die Nachfrage all seiner Zulieferer zurück. Bei einer Analyse von Beschaffungsrisiken sind daher immer auch Beschaffungsrisiken von Kunden und Lieferanten zu berücksichtigen, was letztlich eine umfassende Betrachtung der Supply Chain erforderlich macht.

Wichtigstes Beispiel der strategischen Beschaffungsrisiken sind Abhängigkeiten von den Lieferanten, also eine „Machtverteilung" entlang der Wertschöpfungskette zugunsten der Lieferanten des eigenen Unternehmens. Bekanntermaßen lässt sich der Umfang strategischer Marktrisiken (dies schließt Einkaufs- und Absatzmarkt gleichermaßen mit ein) mit Hilfe des erläuterten industrieökonomischen Ansatzes von Porter analysieren („Fünf Wettbewerbskräfte").

Gemäß diesem Ansatz hängt die Rentabilität, aber auch das Risiko der Unternehmen einer Branche insgesamt, maßgeblich davon ab, wie stark ausgeprägt aufgrund bestimmter Charakteristika der Branche (z.B. Wachstumsrate, Markteintrittsbarrieren oder Differenzierungsmöglichkeiten) die Intensität des Wettbewerbs ist. Darüber hinaus sind jedoch die Abhängigkeit von Lieferanten und Kunden sowie das Risiko des Markteintritts neuer Wettbewerber oder das Risiko der Substitution eigener Leistungen ebenso maßgeblich. Für die Analyse der strategischen Beschaffungsrisiken ist insbesondere die Abhängigkeit von Lieferanten zu bewerten. Die in der folgenden Abbildung zusammengefassten Indizien sprechen für eine relativ starke Position der Lieferanten im Vergleich zum eigenen Unternehmen und damit für einen hohen Umfang strategischer Beschaffungsrisiken.

Der hohe Umfang strategischer Beschaffungsrisiken durch Lieferantenabhängigkeiten führt – neben einem meist grundsätzlich geschmälerten Rentabilitätsniveau – zu erhöhten Risiken, weil das eigene Unternehmen in erheblichem Umfang von der selbst nicht wesentlich beeinflussbaren Aktivität Dritter, nämlich der Lieferanten, abhängt. Mächtige Lieferanten sind damit in der Lage, Gewinne auf die eigene Wertschöpfungsstufe zu verschieben. Probleme und Risiken (z.B. konjunkturelle) der Lieferanten schlagen damit unmittelbar auf Kosten des eigenen Unternehmens durch.

[535] Siehe Huth/Romeike, 2016 und Romeike/Hager, 2020, S. 353–385.

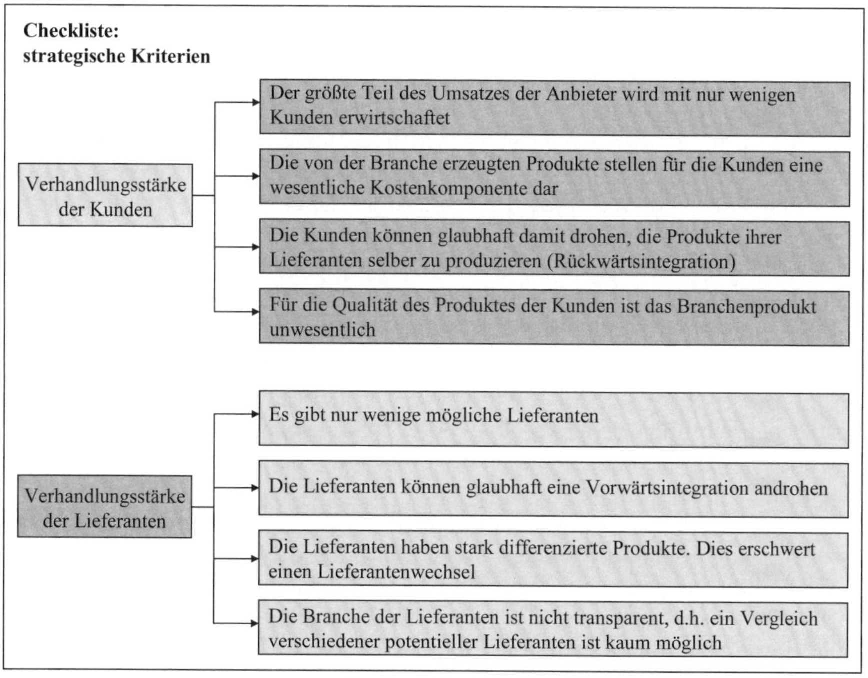

Abbildung 42: Indizien für hohe strategische Marktrisiken

II. Operative Beschaffungsrisiken

Während strategische Beschaffungsrisiken oft für alle Unternehmen der Branche relativ ähnlich vorliegen, sind operative Risiken sehr viel unternehmensspezifischer und lassen sich zudem durch Instrumente des Risikomanagements auch meist einfacher beeinflussen. Nachfolgend werden – ohne Anspruch auf Vollständigkeit – die wesentlichen operativen Risiken der Beschaffung bzw. des Einkaufs kurz skizziert:

(1) Beschaffungspreisrisiken

Unter Beschaffungsmarktrisiken im weiteren Sinn versteht man alle Risiken durch unerwartete Schwankungen der Rahmenbedingungen auf den Beschaffungsmärkten, insbesondere also der Preise, der verfügbaren Mengen und der angebotenen Qualität.[536] Im engeren Sinn betrachtet man hier meist nur die Preisrisiken (zu den anderen Themen siehe unten die Punkte (2) bis (6)). Da die Beschaffungskosten für Material und Fremdleistungen einen relativ hohen Anteil der Gesamtkosten eines Unternehmens ausmachen, haben Schwankungen der Preise auf den Beschaffungsmärkten hohe Bedeutung für die Gesamtkostenposition und damit die Ertragslage des Unternehmens. Um die Relevanz solcher Beschaffungspreisrisiken einschätzen zu können, ist eine detailliertere

[536] Vgl. auch Romeike, 2017.

Betrachtung der Einkaufssituation erforderlich. Zunächst ist zu untersuchen, inwieweit eine Abhängigkeit von einzelnen Materialien oder Fremdleistungen besteht. Unternehmen, die ein sehr breites Spektrum unterschiedlichster Güter beziehen, haben aufgrund des Diversifikations-Effektes (Portfolio-Effekt), also des natürlichen Ausgleichs zwischen verschiedenen zufälligen (wenig korrelierten) Preisschwankungen, naheliegenderweise ein niedrigeres Gesamteinkaufsrisiko. Zudem sind die Preisvolatilität der einzelnen Güter und deren stochastische Abhängigkeiten (Korrelationen) zu beachten. Für eine quantitative Abschätzung des Gesamtrisikos eines Unternehmens durch Beschaffungsmarktrisiken kann das traditionelle Instrumentarium des Portfolio-Managements – mit kleinen Modifikationen – eingesetzt werden (z.B. Priermeier, 2005). Hohe Abhängigkeiten von wenigen und volatilen Zulieferprodukten führen tendenziell zu hohen operativen Einkaufsmarktrisiken.

Bei der Betrachtung solcher Preisrisiken sind zwei Fälle zu unterscheiden. Zum einen gibt es Situationen, in denen die Preise der zugekauften Materialien auf einem mehr oder weniger transparenten Markt bestimmt werden. Derartige Situationen findet man besonders beim Zukauf von Rohstoffen (Commodities). Beschaffungsmarktrisiken entstehen dabei durch Veränderungen der Marktbedingungen (also des Verhältnisses von Angebot und Nachfrage). Diese Marktpreisschwankungen[537] treffen alle Unternehmen, die entsprechende Güter beziehen wollen, prinzipiell in gleicher Weise. Durch unterschiedliche vertragliche Regelungen (fixierte Einkaufspreise) können temporär aber Änderungen der relativen Wettbewerbsposition eintreten.

Auf der anderen Seite kaufen Unternehmen natürlich auch Materialien und Dienstleistungen zu, für die es keinen organisierten Markt gibt. Mengen, Qualität und eben auch Preise werden durch individuelle Verhandlungen mit den Lieferanten bestimmt, was insbesondere bei individuellem Bedarf zwangsläufig der Fall ist. In derartigen Situationen ergeben sich die Beschaffungspreisrisiken nicht durch eine allgemeine Marktpreisschwankung, sondern durch „Schwankungen der Verhandlungsqualität“ mit den Lieferanten. Das Risiko besteht hier also darin, dass aufgrund der Intransparenz der Einkaufssituation nicht richtig eingeschätzt wird, welche Konditionen für die einzukaufenden Güter bei den alternativen Lieferanten zu bekommen wären, bzw. welche Gewinnmargen der angefragte Lieferant noch hat. Derartige „verhandlungsorientierte“ Beschaffungsrisiken nehmen also mit der Intransparenz der Einkaufssituation ebenso zu wie mit der Unerfahrenheit der Einkäufer.

Bei einer strukturierten Betrachtung der Beschaffungsmarktrisiken bietet es sich damit an, zu unterscheiden, ob eine Schwankung der Preise bzw. Kosten der eingekauften Güter lediglich ein Unternehmen oder die Branche als Ganzes trifft. Typischerweise sind die „verhandlungsorientierten Beschaffungspreisrisiken“ eher unternehmensindividuell, während Zukäufe auf transparenten Märkten eher allgemeinen Beschaffungspreisrisiken unterliegen. Grundsätzlich sind individuelle Beschaffungspreisrisiken für ein Unternehmen wesentlich gravierender, weil sie die relativen Kosten und damit die Wettbewerbsposition

[537] Vgl. Auer, 2014, zur Modellierung.

beeinträchtigen. Im Allgemeinen verändern Preiserhöhungen von Rohstoffen, die alle Unternehmen der Branche betreffen, dagegen nur geringfügig die relative Wettbewerbsposition. Unter Umständen können steigende Beschaffungspreise, die alle Unternehmen der Branche betreffen, aber auch ein nicht unerhebliches Risiko darstellen. Es besteht nämlich durchaus die Gefahr, dass die gestiegenen Produktionskosten nicht oder nicht in vollem Umfang an die eigenen Kunden weitergegeben werden können, was insbesondere bei vertraglich fixierten Verkaufspreisen oder hoher Wettbewerbsintensität der Fall ist.[538] Selbst wenn es gelingt, gestiegene Beschaffungskosten an die Kunden in vollem Umfang weiterzugeben, kann noch ein durchaus relevantes Ertragsrisiko verbleiben. Denkbar ist nämlich, dass die Kunden mit steigenden Preisen die nachgefragten Mengen reduzieren (vgl. übliche Preisabsatzfunktionen), was offensichtlich ebenfalls zu einer Beeinträchtigung der Ertragssituation der Unternehmen der Branche führt. Dieser Effekt ist besonders dann relevant, wenn die Preiselastizität der Nachfrage (also die Empfindlichkeit der Nachfrage bezüglich Preisänderungen) sehr hoch ist.

(2) Risiken der Lieferantenauswahl

Ein der eigentlichen Entscheidung über die Beschaffung von Gütern vorgelagertes Problem ist die Auswahl geeigneter Lieferanten. Wie bereits erwähnt, stellen erhebliche Abhängigkeiten der Machtverteilung zugunsten der Lieferanten strategische Beschaffungsrisiken dar. Daneben bestehen hier aber durchaus auch operative Risiken, nämlich die Möglichkeit, dass bei (gegebenem Informationsstand) falsche Lieferanten ausgewählt werden. Für die Entscheidung bezüglich eines Lieferanten[539] sind naturgemäß zunächst produktspezifische Indikatoren maßgeblich, wie z.B. Qualität oder Preise. Darüber hinaus spielen die Termintreue und die Lieferzuverlässigkeit eine erhebliche Rolle. Schließlich hat auch die finanzielle Stabilität (das Rating) der Lieferanten eine hohe Bedeutung[540], wenn es für ein Unternehmen nicht möglich ist, kurzfristig auf einen anderen Lieferanten auszuweichen. Risiken aus der Lieferantenauswahl bestehen darin, dass aufgrund einer fehlenden Transparenz über die Beschaffungsmärkte grundsätzlich aussichtsreiche Lieferanten komplett übersehen werden, bzw. durch methodische Fehler der Lieferantenauswahl eine suboptimale Entscheidung getroffen wird. Weiterhin fallen in die Kategorie der operativen Fehler bei der Lieferantenauswahl Situationen, in denen unnötige Abhängigkeiten von einzelnen Lieferanten akzeptiert werden, obwohl – ohne wesentliche Beeinträchtigungen der Rentabilität – auch eine Verteilung auf mehrere Lieferanten möglich wäre.[541]

[538] Vgl. zur Wirkung von Rohstoffpreisänderungen auf verschiedene Branchen Grundmann, 2006 und Gleißner/Grundmann, 2008.
[539] Vgl. Gleißner, 2015b.
[540] Vgl. Gleißner/ Kamáras/Wolfrum, 2021.
[541] Hier ist zu beachten, dass mit der zunehmenden Anzahl der Lieferanten die Komplexitätskosten des Einkaufs zunehmen und möglicherweise weniger günstige Einkaufskonditionen erreicht werden.

(3) Vertragsrisiken im Einkauf

Zur langfristigen Absicherung benötigter Materialien und Fremdleistungen werden oft langfristige Beschaffungsverträge abgeschlossen. Diese Verträge stellen grundsätzlich dann ein relativ hohes Risiko dar, wenn feste Zusagen bezüglich der zu beziehenden Mengen gemacht werden, sofern nicht völlig sicher ist, dass der entsprechende Bedarf auch besteht. Für die Risikobewertung von Beschaffungsverträgen sind darüber hinaus auch die in Verträgen häufig anzutreffenden Optionsklauseln (Kündigungsmöglichkeiten) und Indexierungen (z.B. Inflations-Indexierung, Rohstoffpreis-Indexierung) zu analysieren. Neben diesen primär eher ökonomischen Aspekten sind natürlich vielfältige, originär juristische Aspekte in der Vertragsgestaltung möglicherweise risikobehaftet.

Zu beachten ist, dass neben den unmittelbaren Schwankungen der Beschaffungspreise in vielen Märkten Währungsschwankungen (insbesondere Dollar) die Beschaffungspreisrisiken erhöhen (vgl. Abschnitt 2.3.4.5).

(4) Verfügbarkeitsrisiken des Einkaufs

Unter dem Verfügbarkeitsrisiko des Einkaufs versteht man die Möglichkeit, dass erforderliche Materialien oder Fremdleistungen nicht termingerecht für die eigene Leistungserstellung zur Verfügung stehen. Ursache hierfür könnte sein, dass schlicht nicht rechtzeitig bestellt wurde. Darüber hinaus besteht natürlich das Problem, dass bei manchen Materialien und Fremdleistungen – selbst bei einer an sich rechtzeitigen Bestellung – aufgrund von Angebots- und Nachfrageveränderung die erforderlichen Güter am Markt prinzipiell (zeitweise) nicht verfügbar sind. Schließlich sind auch Verfügbarkeitsrisiken zu beachten, die dadurch entstehen, dass die Lieferanten – entgegen vertraglichen Zusagen – nicht termingerecht liefern. Der Umfang dieser Risiken ist abhängig von der Zuverlässigkeit der Lieferanten, der Möglichkeit, auf Alternativlieferanten auszuweichen, bzw. ein bestimmtes Beschaffungsprodukt zu substituieren, und den vorhandenen eigenen Vorräten (in Relation zum Bedarf).[542] Kritische Abhängigkeiten von wenigen Lieferanten im Ausland haben mit der Globalisierung in den letzten Jahren deutlich zugenommen.

(5) Qualitätsrisiken des Einkaufs

In diese Teilkategorie der Beschaffungsrisiken gehören alle Risiken, die sich aus Abweichungen der erforderlichen von der erhaltenen Qualität der Einkaufsmaterialien und Fremdleistung ergeben. Solche Qualitätsrisiken werden insbesondere im Rahmen von Qualitätsmanagementsystemen betrachtet. Qualitätsrisiken können dadurch entstehen, dass die qualitativen Anforderungen an die zu beschaffenden Güter falsch spezifiziert werden. Häufig sind hierfür Kommunikationsprobleme zwischen Einkauf und Produktion bzw. Forschung und Entwicklung maßgeblich. Auch Kommunikationsprobleme mit dem Lieferanten können hier Probleme auslösen.

542 Für eine quantitative Analyse von Verfügbarkeitsrisiken kann das Instrumentarium der traditionellen betriebswirtschaftlichen Bestellmengenpolitik angewandt werden.

Darüber hinaus gibt es jedoch auch Qualitätsrisiken dadurch, dass es effektiv zu einer Abweichung zwischen der georderten und der erhaltenen Qualität der Güter kommt, was oft erst bei Wareneingangskontrollen aufgedeckt wird. Diese Qualitätsrisiken sind immer dann besonders groß, wenn das eigene Unternehmen und der Lieferant nicht über leistungsfähige (evtl. zertifizierte) Qualitätsmanagementsysteme verfügen. Ebenfalls steigt der Umfang von Qualitätsrisiken dann, wenn die Lieferanten noch nicht über ausreichende Produktionserfahrung bezüglich der bestellten Produkte verfügen. Schließlich gibt es bei bestimmten Produkten – insbesondere Naturprodukten – zufallsbedingte Qualitätsschwankungen, die nie völlig ausgeschlossen werden können.

(6) Personenbezogene Beschaffungsrisiken

Die personenbezogenen Beschaffungsrisiken umfassen ein weites Spektrum, speziell aber den möglichen Ausfall von Schlüsselpersonen, der insbesondere bei wenig transparenten Märkten zu betrachten ist. In Situationen, in denen das persönliche Verhältnis, das Vertrauen zwischen Einkäufer und Verkäufer eine hohe Bedeutung hat, sind Schlüsselpersonenrisiken im Einkauf nicht zu unterschätzen.

Personenbezogene Beschaffungsrisiken entstehen jedoch auch durch die Möglichkeit der Untreue durch die Einkäufer („Fraud"). In Anbetracht der hohen zu verantwortenden Kosten einerseits und der beträchtlichen Wettbewerbsintensität auf Seiten der Lieferanten in vielen Branchen andererseits besteht eine nicht unerhebliche Gefahr darin, dass Verkäufer versuchen, Einkäufer durch Bestechung – Seitenzahlungen – zu einem Verhalten zu bewegen, das nicht im Interesse des eigenen Unternehmens ist. Gerade in wenig transparenten Märkten lässt sich ein derartiges Verhalten nur relativ schwer nachweisen. Der Umfang solcher Risiken ist zudem maßgeblich von der Qualität des internen Kontrollsystems eines Unternehmens abhängig, beispielsweise von der Festlegung eines Vieraugenprinzips für alle Einkaufsverträge.

2.3.4 Finanzwirtschaftliche Risiken

2.3.4.1 Zahlungsfähigkeit, Covenants, Liquiditätsrisiken und Refinanzierungsrisiken

Allgemein gilt, dass sich Liquiditätsrisiken aus jeder für das Unternehmen unerwarteten (negativen) Veränderung der geplanten Liquiditätszu- und -abflüsse ergeben, sei es, dass sich die Zahlungen in ihren Zeitpunkten verschieben, sei es, dass sie betragsmäßig abweichen oder gar vollständig ungeplant waren.

Die Bedrohung der Liquidität und der finanziellen Stabilität ist als das potenziell bestandsgefährdende (interne)[543] finanzwirtschaftliche Risiko anzusehen.

[543] Die finanzwirtschaftlichen Risiken können eingeteilt werden in interne und externe Risiken. Interne Risiken sind diejenigen, die ihre Ursachen im Unternehmen selbst haben. Unter externen Risiken dagegen sind diejenigen zu verstehen, die von den Finanzmärkten in das Unternehmen hineingetragen werden.

Einer der Eröffnungsgründe für das Insolvenzverfahren ist gemäß § 17 Abs. 1 InsO die Zahlungsunfähigkeit eines Unternehmens, welche gemäß § 17 Abs. 2 InsO vorliegt, wenn der Schuldner nicht mehr in der Lage ist, die fälligen Zahlungsverpflichtungen zu erfüllen.[544] Dies ist natürlich ein bestandsgefährdendes Risiko im Sinne von § 91 Abs. 2 AktG bzw. § 1 StaRUG. Darüber hinaus fordert § 18 Insolvenzordnung, dass ein Unternehmen in der Lage sein soll, mit überwiegender Wahrscheinlichkeit den Liquiditätsbedarf der nächsten 24 Monate zu decken.[545] Allerdings muss man in diesem Zusammenhang betonen, dass der finanzwirtschaftliche Bereich nicht losgelöst von den übrigen Risiken betrachtet werden kann, sondern dass in ihm die Wirkungen aller betrieblichen Geschehnisse sichtbar werden. Insofern sind die sich im Finanzbereich ergebenden Resultate immer in Zusammenhang mit dem eigentlichen Unternehmensgeschehen zu sehen. So wird z.B. das erwähnte Absatzmarktrisiko einen unter Umständen ruinösen Verdrängungskampf auslösen, in dem die Unternehmen über einen längeren Zeitraum ihre Preise bis auf die Höhe der variablen Kosten absenken, wodurch natürlich die fixen Kosten nicht mehr erwirtschaftet werden können, was in letzter Konsequenz die finanziellen Ressourcen der meisten beteiligten Unternehmen bis zur Zahlungsunfähigkeit aufzehren wird.

Illiquidität als häufigste Insolvenzursache und maßgeblicher Treiber der Insolvenzwahrscheinlichkeit eines Unternehmens ist eng verknüpft mit dem Refinanzierungsrisiko. Von einem Refinanzierungsrisiko[546] ist zu sprechen, wenn die Möglichkeit der Fremdfinanzierung eines Unternehmens sich (unerwartet) verschlechtert – nicht dagegen, wenn Liquiditätsprobleme auftreten, weil der Liquiditätsbedarf unerwartet zunimmt (etwa durch eine stärkere Kapitalbindung im Working Capital oder die Notwendigkeit, operative Verluste zu finanzieren).

Quantifizieren lässt sich das Refinanzierungsrisiko entsprechend beispielsweise über die Wahrscheinlichkeit, dass der verfügbare Fremdfinanzierungsrahmen unter ein vorgegebenes (betrieblich notwendiges) Niveau absinkt. Refinanzierungsrisiken entstehen damit insbesondere aus zwei Sachverhalten. Einerseits besteht ein Refinanzierungsrisiko, wenn ein vorhandener (langfristiger, endfälliger) Kredit ausläuft und zu ersetzen ist bzw. eine emittierte Anleihe am Ende der Laufzeit zurückgezahlt werden muss. Dies macht eine Refinanzierung erforderlich, die jedoch nicht per se sofort zur Verfügung steht oder durch ein Ausschöpfen freier Kontokorrent-Linien erreicht werden kann. Der zweite Aspekt der Refinanzierungsrisiken ergibt sich aus einer (unsicheren) Veränderung des künftigen Fremdfinanzierungsrahmens durch geänderte Rahmenbedingungen, und zwar:

- der Ertragskraft und Sicherheiten des Unternehmens selbst (interner Faktor) sowie
- der Kreditvergabepolitik und Refinanzierungsmöglichkeiten der Banken, also speziell der Höhe der Zinsen am Kapitalmarkt (externer Faktor).

---

544 Vgl. Nickert, 2021 sowie Nickert/Kühne, 2016 und Nickert/Nickert, 2021.

545 *„Daher muss ein Unternehmen eine integrierte Unternehmensplanung vorhalten, die für jeweils mindestens 24 Monate die Liquiditätsentwicklung planerisch aufzeigt“* (§ 18 InsO, vgl. auch Nickert/Nickert, 2021, S. 410).

546 Vgl. Gleißner, 2013a.

Insbesondere aufgrund der Unsicherheit bezüglich der zukünftigen Erträge und Cashflows (Ertragslage) eines Unternehmens folgt eine Unsicherheit bezüglich des zukünftigen Kreditrahmens, wobei auch die Lieferantenkreditrahmen zu betrachten sind. Es ist das unsichere künftige Ertragsniveau (in Verbindung mit den verfügbaren Sicherheiten), das die zukünftige Fremdfinanzierungsmöglichkeit und damit das zukünftige Rating und das Refinanzierungsrisiko bestimmt. Neben anderen Kennzahlen (wie Eigenkapitalquote) sind es gerade die Ertragskraft und die daraus abgeleiteten Kennzahlen (wie Gesamtkapitalrendite), die die geschätzte Insolvenzwahrscheinlichkeit und das Rating und damit die Finanzierungskonditionen eines Unternehmens bestimmen (vgl. Abschnitt 5.2).

Es wird jedoch oft gerade von mittelständischen Unternehmen[547] nicht ausreichend beachtet, dass die Risiken (mögliche Schwankungen) der zukünftigen Erträge auch gleichgerichtete Veränderungen des zukünftigen Kreditrahmens zur Konsequenz haben. Eine potenzielle Krise oder Bestandsbedrohung des Unternehmens wird oft übersehen, wenn im Rahmen der Prognose- und Risikofrühwarnsysteme nur analysiert wird, ob ein (risikobedingt möglicher) Verlust in Anbetracht der gegenwärtigen Liquiditäts- und Eigenkapitalreserven zu verkraften wäre. Tatsächlich ist jedoch relevant, dass z.B. bei einem möglichen Verlust im Jahr 2022 der Kreditrahmen in 2023 eingeschränkt wird und damit eben ein Refinanzierungsrisiko besteht (und die Tragfähigkeit für weitere Verluste in 2023 sich reduziert). Das Refinanzierungsrisiko ist ein Folgerisiko vieler operativer Ertragsrisiken.

Zu beachten ist hier, dass aufgrund der bestehenden Informationsasymmetrie zwischen Unternehmen und Kreditinstitut schon alleine eine Erhöhung des durch die Bank wahrgenommenen Risikos eines Unternehmens zu einer Verschlechterung des Ratings und damit einem erhöhten Zinsaufwand führen kann – unabhängig davon, ob sich tatsächlich eine Verschlechterung der Unternehmenssituation ergeben hat (vgl. Abschnitt 5.2).

Eine besondere Facette der Refinanzierungsrisiken ergibt sich, wenn – wie in der Zwischenzeit oft – Covenants vereinbart wurden. Die Verletzung der Covenants führt im Allgemeinen nämlich nicht nur zu höheren Kosten, sondern auch zu einem niedrigeren (oder vertraglich gar nicht mehr gesicherten) Kreditrahmen. Bei der Betrachtung der Refinanzierungsrisiken und ihrer Quantifizierung ist damit insbesondere die Wahrscheinlichkeit, dass vereinbarte Covenants verletzt werden, ein wesentlicher Krisenfrühwarnindikator. Eine Beurteilung der Wahrscheinlichkeit, dass Covenants reißen oder Refinanzierungsprobleme auftreten, ermöglicht die mittlerweile einfach umsetzbare Monte-Carlo-Simulation. Diese Risikosimulationsverfahren dienen der Risikoaggregation (Bestimmung des Gesamtrisikoumfangs) und berechnen eine große repräsentative Anzahl risikobedingt möglicher Zukunftsszenarien (vgl. Kapitel 3). Neben einer realistischen Bandbreite der zukünftig erwarteten Erträge oder Cashflows kann hier auch unmittelbar abgeleitet werden, in wie viel Prozent aller Szenarien

[547] Und wohl auch von den Ratingagenturen.

Covenants verletzt werden oder Refinanzierungsprobleme auftreten.[548] Und im Gegensatz zu einfachen „Stresstests" erlaubt die Risikosimulation auch die Berücksichtigung bestehender Wechselwirkungen durch die Verknüpfung von operativer Planung mit den Risiken, die Planabweichungen auslösen können.[549]

Eine Sonderform des Illiquiditätsrisikos, dessen Relevanz durch die Wirtschafts- und Finanzkrise 2008–2010 besonders deutlich wurde, ist die mögliche Illiquidität von Märkten. Diese wird beispielsweise verursacht durch Finanzierungsrestriktionen oder deutlich unterschiedliche Informationen (oder Vorstellungen) von potenziellen Käufern und Verkäufern hinsichtlich wichtiger Eigenschaften (Qualität) der betrachteten Assets. Illiquide Märkte mit geringen Handelsvolumina führen dazu, dass insbesondere (potenzielle) Verkäufer keine Preise realisieren können, die in Anbetracht des fundamentalen Werts angemessen erscheinen. Im schlimmsten Fall ist ein Verkauf von Assets temporär überhaupt nicht möglich, sodass das Unternehmen keine Möglichkeit mehr hat, sich durch deren Verkauf benötigte liquide Mittel zu verschaffen. Die Möglichkeit der Illiquidität von Märkten erhöht das Illiquiditätsrisiko von Unternehmen.[550]

2.3.4.2 Kapitalmarktrisiken, Bewertungsrisiken und das Impairmentrisiko

Die Wertschwankung bzw. Preisschwankung[551], speziell von Aktien und bei unternehmerischen Beteiligungen, können resultieren aus Veränderungen des makroökonomischen Umfelds oder der Kapitalmarktbedingung (z.B. bezüglich der Bewertungs-Multiples[552], wie dem Kurs-Gewinn-Verhältnis (KGV)) oder in Veränderungen bezüglich Ertragsniveau und Ertragsaussichten der Beteiligung selbst. Schwankungen des Gesamtmarktes (Marktportfolio) werden wiederum verursacht durch Veränderung makroökonomischer Größen (z.B. Zins, Inflation, Währung und Wirtschaftswachstum). Sie hängen aber auch ab von weltpolitischen Ereignissen, Veränderungen der Risikoneigung der Investoren und (wenig rationalen) psychologischen Faktoren.

Das „Wertänderungsrisiko" (Bewertungsrisiko) ist nicht zu verwechseln mit dem operativen Risiko der Erträge und Cashflows des Bewertungsobjekts. Das Wertänderungsrisiko[553] quantifiziert den möglichen Umfang (negativer) Wertänderungen in einer Betrachtungsperiode[554] und ist Grundlage für die Bestimmung des risikobedingten Eigenkapitalbedarfs (Bedarf an Risikotrag-

[548] Zur Methodik siehe Abschnitt 5.2 und Gleißner/Füser, 2014.

[549] Zu beachten ist somit, dass es keine „exogene" – d.h. vom Verhalten der Kreditinstitute und Ratingagenturen unabhängige – Insolvenzwahrscheinlichkeit gibt und damit auch kein unabhängiges Rating. Änderungen der Ratingnote und der Kreditvergabepolitik beeinflussen die Insolvenzwahrscheinlichkeit, und damit ist eine „restriktive" Kreditvergabepolitik durchaus nicht automatisch geeignet, Kreditrisiken zu reduzieren.

[550] Vgl. Zeranski, 2010 und Zeranski/Ahrens-Freudenberg, 2015.

[551] Vgl. Hammer/Schwetzler/Lahmann, 2020.

[552] Vgl. zur Unterscheidung Gleißner, 2014c sowie Gleißner, 2019i.

[553] Z.B. in Form eines „Beteiligungsrisikos" oder „Immobilienwert-Änderungsrisikos".

[554] Siehe weiterführend Gleißner/Garrn/Nestler, 2014 und Gleißner/Leibbrand, 2008.

fähigkeit) bzw. Risikokapital eines Investments. Es lässt sich operationalisieren als Wertänderung, die mit einer vorgegebenen Wahrscheinlichkeit (z.B. 99 %) innerhalb einer Planungsperiode nicht überschritten wird – und stellt also einen Anwendungsfall des Risikomaßes Value at Risk dar.[555] Das Wertänderungsrisiko entsteht infolge neuer Informationen über die zukünftig zu erwartenden Erträge oder Risiken des Bewertungsobjektes sowie aus Änderungen des Umfelds, z.B. der risikolosen Zinsen oder der Bewertungsmultiples (vgl. Anhang 6 mit einer näheren Erläuterung).

Natürlich bestimmen die Risiken (Bandbreiten) des zukünftigen Cashflows eines Unternehmens – neben anderen Faktoren – die Wertänderungsrisiken. Allerdings kann nur unter speziellen Annahmen (z.B. vollkommener Kapitalmärkte) vereinfacht von einer perfekten Korrelation beider Größen ausgegangen werden.[556]

Eine Sonderform des Bewertungsrisikos ist das sogenannte „Impairmentrisiko". Im Rahmen der Rechnungslegung wird für die Erstellung des Jahresabschlusses mit einem Impairmenttest untersucht, inwieweit ein in der Bilanz angesetzter Wert eines immateriellen Vermögensgegenstands noch vorhanden ist.[557] Wichtig sind Impairmenttests nach IAS 36 insbesondere bei der Beurteilung der Werthaltigkeit des sogenannten Goodwills aus der Übernahme eines anderen Unternehmens (Mergers & Akquisition). Der Goodwill ist die Differenz zwischen dem bezahlten Kaufpreis einerseits sowie andererseits dem bilanziellen Eigenkapital des gekauften Unternehmens und anderer immaterieller Vermögensgegenstände (wie Marken). Ein solcher Goodwill wird nicht mehr planmäßig abgeschrieben, sondern es wird ausgehend von Prognosen der zukünftigen Erträge deren Wert bestimmt. Entspricht der berechnete Wert nicht mehr mindestens dem bilanziellen Goodwill, ist eine Abschreibung erforderlich, die das Eigenkapital des Unternehmens reduziert. Die Möglichkeit einer solchen Abschreibung bei immateriellen Vermögensgegenständen, speziell des Goodwills aus Akquisition, bezeichnet man als Impairmentrisiko. Das Impairmentrisiko hat keine unmittelbaren Cashflow-Auswirkungen, aber potenziell indirekt erhebliche negative Wirkungen auf das Unternehmen, weil sich Eigenkapital und Eigenkapitalquote des Unternehmens reduzieren. Durch die Verschlechterung der Eigenkapitalquote kann es zu einer Verschlechterung des Ratings und damit einem Anstieg der zukünftigen Fremdkapitalkosten kommen. Möglich ist sogar, dass Mindestanforderungen an das Rating oder Kreditvereinbarungen (Covenants) verletzt werden, die eine Kreditkündigung zur Folge haben können. In solchen Fällen kann das Impairmentrisiko sogar bestandsgefährdend werden. Das Impairmentrisiko ist hoch, wenn der bisher berechnete Wert des Goodwills nicht mehr wesentlich höher ist als der Bilanzwert. Das Impairment-risiko nimmt zu, wenn

- sich die Ertragsprognosen am Kapitalmarkt verschlechtern und/oder

---

555 Wobei die akzeptierte Wahrscheinlichkeit einer darüber hinausgehenden (negativen) Wertänderung gerade wieder über ein Ziel-Rating ableitbar ist (also z.B. für ein angestrebtes „BB"-Rating gilt etwa p = 1 %, siehe Tabelle in Abschnitt 1.2.5).

556 Siehe hierzu Mai, 2006 und Gleißner, 2011a.

557 Siehe auch Gleißner/Heyd, 2006.

- risikoloser Basiszinssatz am Kapitalmarkt und/oder
- Marktrisikoprämie ansteigen.

Gerade ein sehr niedriges Niveau des Kapitalmarktzinses (Basiszinses) führt tendenziell zu hohen Impairmentrisiken. Unter sonst gleichen Bedingungen wird nämlich ein möglicher Anstieg von Inflation und Zinsniveau zu einer stärkeren Diskontierung von zukünftigen Erträgen und damit einem niedrigeren Wert von Goodwill führen. Eine umgekehrte Wirkung ergibt sich beim Wert von Pensionsrückstellungen.

Die Quantifizierung von Wertänderungsrisiken erlaubt im Kontext der internen Steuerung die Durchführung risikoadäquater Impairmenttests und die Bestimmung des Beteiligungsrisikos im Kontext des Beteiligungs-Controllings.[558]

Exkurs: Quantifizierung von Bewertungsrisiken

Unvollkommene Kapitalmärkte führen zu Abweichungen von Preis und Wert, die durch Arbitrageprozesse nicht verhindert werden können. Gerade sehr niedrige Zinssätze führen zu Fehlbewertungen (Vermögenspreisblasen), die viele Investoren übersehen, weil lediglich Preise (und nicht Werte) betrachtet werden („Vermögensillusion").[559] Das Bewertungsrisiko R_t ist abhängig vom Verhältnis des aktuellen Preises (P) zum fundamentalen Wert (W).

$$R_t = \frac{P/W_t - (P/W)^{\min}}{P/W_t} \tag{2.2}$$

Der fundamentale Ertragswert (W) eines Vermögensgegenstands (Asset) ist abhängig von (1) erwarteter Höhe, (2) Zeitpunkt und (3) Risiko der durch diese dem Bewertungssubjekt (Eigentümer) zufließenden unsichere Zahlung (Cashflows oder Erträge, also das Ertragsrisiko), vgl. Abschnitt 5.3.4 zur Berechnung.

Beispiel: Geht man von Schwankungen von P/W am Aktienmarkt z.B. in der Bandbreite von $P/W^{min} = 0{,}5$ bis $P/W^{max} = 2$ aus, ist das Downside-Risiko R bei aktuellem $P/W = 1{,}5$ gerade:

$$R_t = \frac{1{,}5 - 0{,}5}{1{,}5} = 67\,\% \tag{2.3}$$

Das Downside-Risiko (R) beträgt also 67 %. Blasen, also hohe Werte von P/W, implizieren auch hohe (Downside-)Risiken.

2.3.4.3 Kreditrisiken und Adressausfallrisiken

Auch den finanzwirtschaftlichen Risiken zuzuordnen sind Kreditrisiken bzw. Adressausfallrisiken.[560] Unter Adressausfallrisiken versteht man allgemein alle Risiken, die sich mit den Auswirkungen des möglichen Ausfalls eines Vertragspartners des Unternehmens ergeben. Einen besonderen Stellenwert haben hier oft die Kreditrisiken, im Fall von Industrie- und Handelsunternehmen im Wesentlichen also die Forderungsausfallrisiken, die sich aus der

[558] Siehe Dreher, 2010 und Gleißner/Lenz/Tilch, 2011.
[559] Vgl. Gleißner, 2019i.
[560] Vgl. Höse/Huschens, 2015; Priermeier, 2005.

möglichen Insolvenz eines Kunden ergeben. Die Höhe der Kreditrisiken lässt sich beurteilen durch die Höhe der Forderungsaußenstände (mit dem jeweiligen Kunden, natürlich unter Berücksichtigung der aus Sicherheiten realisierbaren Teilforderungen) und der Insolvenzwahrscheinlichkeit, die vom Rating des Kunden abhängig ist. Unterschieden werden sollte hierbei das Risiko von „Großkunden-Insolvenzen", die jeweils als eigenständiges durch Schadenshöhe und Eintrittswahrscheinlichkeit zu beschreibendes (ereignisorientiertes) Risiko beschreibbar sind und „Schwankungen der Forderungsausfallquote bei der Gesamtheit der Kleinkunden".

Die Insolvenzwahrscheinlichkeit (p) eines einzelnen Kunden oder Lieferanten kann man grob abschätzen mit nur zwei Bilanzkennzahlen, nämlich der Eigenkapitalquote (EKQ) und der Gesamtkapitalrendite (ROCE):[561]

$$p = \frac{0{,}265}{1+e^{-0{,}41+7{,}42\cdot EKQ+11{,}2\cdot ROCE}}.^{562} \tag{2.4}$$

Die folgende Grafik veranschaulicht diese Formel des sogenannten „Mini-Ratings".

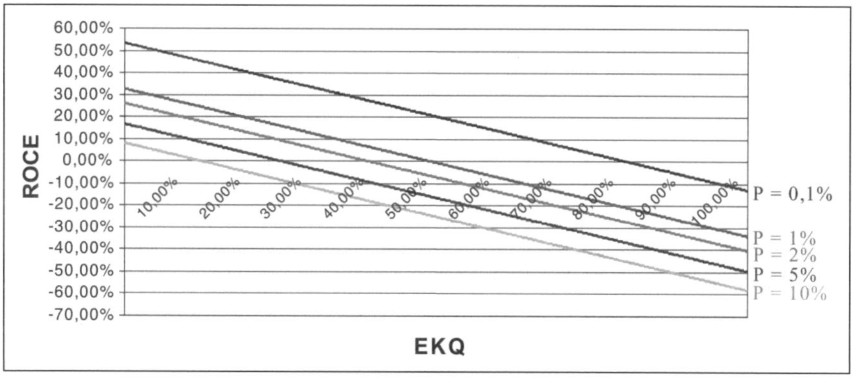

Abbildung 43: Anforderung eines Ziel-Ratings an Rendite (ROCE) und Eigenkapitalquote (EKQ)

In einer Krise besteht bei allen Bonitätseinschätzungen, die auf historischen Daten basieren, wie z.B. dem letzten Jahresabschluss, ein grundlegendes Problem: die Vergangenheit ist nicht mehr repräsentativ für die Zukunft. Bedingt durch die Auswirkungen einer schweren Wirtschaftskrise, insbesondere bezüglich der Nachfrage, werden die zukünftigen Finanzkennzahlen für ein Geschäftsjahr deutlich schlechter und entsprechend die Insolvenzwahrscheinlichkeit deutlich höher sein. Man benötigt daher zukunftsorientierte Ratingprognoseverfahren. Grundsätzlich kann die Leistungsfähigkeit von Ratingverfahren verbessert werden, wenn neben Finanzkennzahlen, die im Grundsatz Ertrags-

[561] Vgl. Abschnitt 5.2 sowie Gleißner/Füser, 2014, S. 214 und Blum/Gleißner/Leibbrand, 2005, zum zugrundeliegenden Rating-Forschungsprojekt.

[562] Dieses (und weitere Versionen des Miniratings) finden Sie auch unter https://futurevalue.de/leistungen-produkte/strategienavigator/web-tool-pd-abschaetzung-durch-minirating/.

kraft und Risikodeckungspotenzial beschreiben, mittels simulationsbasierter Ratingprognoseverfahren die zukünftigen Risiken explizit mit einbezogen werden (vgl. Tabelle 14).[563] In einer schweren Wirtschaftskrise, wie der „Corona-Krise" 2020/2021, ist es notwendig, den (unsicheren) Krisenverlauf und die Auswirkungen der Krise auf ein Unternehmen, einen Kunden oder einen Lieferanten zu berücksichtigen. Ausgehend von der Schätzung der zukünftigen Insolvenzwahrscheinlichkeit von Kunden und Lieferanten ist im nächsten Schritt eine Schätzung der Auswirkungen erforderlich. Hier unterscheidet sich die Betrachtung von Schlüsselkunden und Schlüssellieferanten. Bei Schlüsselkunden ist abzuschätzen, welche Forderungsverluste im Falle einer Insolvenz auftreten würden und wie die weiteren Auswirkungen, insbesondere bezüglich der Umsatzverluste, sein werden. Bei Lieferanten ist zu beurteilen, welche Zusatzkosten bei einer Insolvenz eines Lieferanten auftreten würden (z.B. durch die Suche nach einem Ersatzlieferanten) und gegebenenfalls ergänzend auch, welche Umsatzauswirkungen dadurch entstehen, dass bestimmte Leistungsangebote so nicht mehr möglich sind. Im Ergebnis hat man eine Beurteilung der Insolvenzwahrscheinlichkeit und der negativen monetären Auswirkungen einer möglichen Insolvenz für Kunden und/oder Lieferanten.

Unternehmen	2019					2020						Beurteilung
						Basisszenario (Umsatzrückgang 10%)			Stressszenario (Umsatzrückgang 20%)			
	Umsatz	Anteil Variable Kosten	EBITM	EKQ	PD	EBITM	EKQ	PD	EBITM	EKQ	PD	
U1	80.895	80,0%	-0,5%	19,0%	**4,2%**	-2,8%	17,2%	**5,7%**	-5,6%	15,4%	7,9%	
U2	181.206	35,0%	4,7%	34,1%	**0,6%**	-2,0%	27,7%	**1,9%**	-10,4%	21,2%	**6,1%**	
U3	251.334	10,0%	5,1%	24,0%	**1,8%**	-4,4%	17,9%	**5,8%**	-16,2%	11,8%	16,9%	
U4	65.144	52,0%	4,6%	30,3%	**0,9%**	-0,2%	26,9%	**1,8%**	-6,2%	23,6%	**3,8%**	
U5	186.464	52,0%	3,3%	28,7%	**1,2%**	-1,7%	26,0%	**2,3%**	-7,9%	23,2%	**4,4%**	
U6	138.967	79,0%	20,3%	26,2%	**0,5%**	20,2%	25,0%	**0,6%**	20,2%	23,9%	**0,7%**	
U7	257.166	30,0%	24,9%	5,5%	**3,3%**	19,9%	-0,1%	7,5%	13,6%	-5,8%	15,7%	
U8	309.622	55,0%	12,2%	12,0%	**3,8%**	8,5%	8,9%	**6,3%**	3,9%	5,8%	10,5%	

Tabelle 14: Wirkung des Umsatzrückganges auf die Insolvenzwahrscheinlichkeit (PD) (Beispiel) (Quelle: Gleißner/Kamaras/Wolfrum, 2021, S. 35)

2.3.4.4 Zinsänderungsrisiken bei Finanzverbindlichkeiten und Pensionsrückstellungen

Ein weiteres Finanzrisiko besteht in einer Konditionenverschlechterung für benötigtes Fremdkapital aufgrund von Schwankungen der Kapitalmarktzinsen. Dieses Risiko hat aufgrund der starken Fremdkapitalabhängigkeit vieler Unternehmen oft einen relevanten Anteil an der Gesamtrisikoposition dieser Unternehmen. Dieses externe Risiko ist vom o.g. internen Risiko der durch ein unvorteilhaftes Rating verursachten Konditionenverschlechterung zu trennen:

[563] Siehe Gleißner/Wingenroth, 2015b und Gleißner/Füser, 2014.

Unabhängig von etwaigen Schwankungen der Kapitalmarktzinsen werden sich die Zinskonditionen aufgrund des schlechten Ratings verschlechtern (vgl. Abschnitt 5.2 und Gleißner/Füser, 2014).

Bei einer genaueren Beschreibung und Strukturierung des Zinsänderungsrisikos sollte beachtet werden, dass Zinsveränderungen grundsätzlich alle für ein Unternehmen relevanten Währungen betreffen können und sich zudem auch Zinsveränderungen für verschiedene Laufzeiten von Krediten (bzw. Anleihen) unterscheiden. Ein Zinsänderungsrisiko ist abhängig von der mit den Gläubigern vereinbarten Zinsbindungsdauer (bzw. der Laufzeit von Anleihen oder Schuldscheindarlehen). Bei der Erfassung (und späteren Quantifizierung) von Zinsänderungsrisiken ist besonders zu beachten, dass sich diese sehr unterschiedlich darstellen, je nachdem, ob das Risiko betrachtet wird im Hinblick auf

- Ertrag oder Cashflow bzw.
- Marktwert des Kredits.[564]

Ein Anstieg der Kapitalmarktzinsen führt bei einem Kredit mit festgeschriebener Laufzeit (und Zinsbindung) zu einem sinkenden Marktwert, und damit einer positiven Wirkung für das Eigenkapital (bei Fair-Value-Bilanzierung). Aufgrund der unterstellten Zinsbindung ist die Auswirkung auf den Ertrag und den Cashflow des Unternehmens jedoch Null. Genau umgekehrt stellt sich die Situation für einen Kredit dar, der keine Zinsbindung aufweist. In diesem Fall führt der Zinsanstieg (sobald die Kreditinstitute diesen umsetzen) zu einem Anstieg des Zinsaufwands, also zu einer Belastung von Cashflow und Ergebnis. Dagegen tritt keine Veränderung des Marktwerts der Verbindlichkeit ein. Je nach betrachteter Zielgröße – Cashflow/Ertrag oder Wert – kann eine Zinsänderung damit entweder als positiv oder negativ beurteilt werden.[565]

Unerwartete Zinsänderungen, also Zinsänderungsrisiken, ergeben sich aus drei möglichen Ursachen:

1. Änderung des risikolosen Zinssatzes (Basiszins, z.B. Zins deutscher Staatsanleihen),
2. Änderung des Zinszuschlags zur Kompensation der Insolvenzwahrscheinlichkeit des Unternehmens (Risiken durch Änderung des Ratings, vgl. Abschnitt 5.2 und 5.3),
3. Änderungen des Credit Spreads – der Zuschlag auf den risikolosen Zinssatz – durch Änderungen der Marktbedingungen, wie Risikoaversion am Kreditmarkt (die nicht aus Änderungen des Ratings resultieren).[566][567]

Erhebliche Risiken ergeben sich potenziell auch aus Pensionsverpflichtungen bzw. Pensionsrückstellungen. Neben Rechtsänderungsrisiken bestehen insbesondere Bewertungsrisiken durch Zinsänderungen.[568] Eine Reduzierung des

[564] Siehe z.B. Priermeier, 2005.

[565] Die Veränderung des Marktwerts einer Verbindlichkeit (in Prozent des Ausgangswerts) lässt sich abschätzen als Produkt von Zinsänderungen (in Prozent), Wert der Verbindlichkeit und Duration, als mittlerer Zinsbindungsdauer (vgl. hierzu Priermeier, 2005).

[566] Vgl. Wingenroth, 2004.

[567] Quelle: Almeida und Phillippon, 2007, S. 2568.

[568] Siehe Nguyen, 2011.

Kapitalanlagezinssatzes führt zu einem Anstieg der nötigen Pensionsrückstellungen und hat damit negative Auswirkungen auf das Eigenkapital (Risikodeckungspotenzial). Unsicherheiten der Pensionsrückstellungen („Pensionsrückstellungsrisiko") sind damit negativ korreliert mit dem Zinsänderungsrisiko.

2.3.4.5 Währungsrisiken

Als finanzwirtschaftliche Risiken mit erheblichen realwirtschaftlichen Konsequenzen sind bei oftmals stark export- oder importabhängigen[569] Unternehmen Währungsrisiken zu nennen. Diese können einerseits als Transaktionswährungsrisiken, andererseits als ökonomische Währungsrisiken auftreten. Ergänzend zu erwähnen sind hier auch noch Translationsrisiken, die sich in Konzernen bei der Konsolidierung aus der Umrechnung von Positionen der Erfolgsrechnung und der Bilanz zwischen verschiedenen Währungen ergeben.

Transaktionswährungsrisiken können in der eher kurzfristigen Betrachtung durch Schwankungen der Wechselkurse auftreten und wirken sich direkt auf den Wert von bestehenden Forderungen und Verbindlichkeiten aus.

Ökonomische Währungsrisiken dagegen werden durch nachhaltige Wechselkursveränderungen erst auf längere Sicht deutlich und beeinflussen die Wettbewerbsfähigkeit eines Unternehmens.

Beim Wechselkursrisiko werden somit drei Varianten („Exposure-Arten")[570] unterschieden:

- Das Translationsexposure ergibt sich aus der Umrechnung von Bilanzpositionen ausländischer Töchter in die Währung der Konzernmutter.
- Das Transaktionsexposure existiert bei vertraglich festgelegten Zahlungen in Fremdwährung, wenn zwischen Zahlungszeitpunkt und Leistungsvereinbarung Wechselkursveränderungen auftreten können.
- Das Economic Exposure erfasst zukünftige (unsichere und nicht vertraglich fixierte) Zahlungsströme, die beispielsweise durch die wechselkursabhängige internationale Wettbewerbsfähigkeit der Unternehmen beeinflusst werden.

Während transaktionsbedingten Wechselkursrisiken (Transaktionsexposure) durch Instrumente des Financial Risk Managements (Treasury) begegnet werden kann, sind ökonomische Wechselkursrisiken im Wesentlichen nur durch realwirtschaftliche Risikobewältigungsmaßnahmen, speziell eine strategische Risikobewältigung, zu steuern. Hier sind folgende Aspekte schon bei der Analyse zu beachten:

- Synchronisation der Währungsstruktur von Umsätzen und Kosten (Nutzung von Natural Hedge),
- Regionale Diversifikation, um die Abhängigkeit von der Veränderung einzelner Währungen zu reduzieren,

---

[569] Währungsrisiken können in spiegelverkehrter Wirkungsweise natürlich genauso bei importabhängigen Unternehmen auftreten. Die Spiegelverkehrtheit der Wirkungsweisen hat im Übrigen durch entsprechende kompensatorische Effekte nachhaltige Wirkungen auf die Risikoaggregation (siehe Kapitel 3).

[570] Vgl. Bleuel, 2006.

- Produktdifferenzierung, um Preissetzungsspielräume zu schaffen und sich so gegenüber wechselkursinduzierten Preisentwicklungen immunisieren zu können.

Gelegentlich wird behauptet, man könne das Währungsrisiko dadurch ausschließen, dass man im Rahmen der Vertragsverhandlungen eine Fakturierung in der eigenen Währung, also in Euro, vereinbart. Diese Vorgehensweise – sofern sie überhaupt durchsetzbar ist – kann allerdings nur als kurzfristig tauglich angesehen werden: Die Transaktionswährungsrisiken für den aktuell zu verhandelnden Vertrag werden transferiert (weil diese jetzt der Vertragspartner trägt). Langfristig wähnt sich das Unternehmen aber in einer Scheinsicherheit, da die ökonomischen Risiken auch weiterhin bestehen, und zwar nicht mehr als Währungsrisiken im eigentlichen Sinne, sondern als Absatzmarktrisiken, weil Nachfrage wegfallen könnte.

Eine weitere Form eines ökonomischen Währungsrisikos ist vielen Unternehmen, die davon betroffen sind, gar nicht bewusst. Dies liegt an seiner nur indirekt erkennbaren Wirkung: Unternehmen, die in einem erheblichen Umfang von Rohstoffen (z.B. Erdöl) abhängig sind, welche auf dem Weltmarkt in Fremdwährung (also insbesondere in US-Dollar) gehandelt werden, beziehen ihre Einsatzgüter oftmals von Zwischenlieferanten, die ihre Lieferungen in Euro fakturieren. Dadurch wird diesen Unternehmen nicht selten der Blick für ihre ökonomischen Währungsrisiken verstellt.

Eine Sonderform des Währungsrisikos ist der mögliche Zerfall einer Währung. Dieses Währungsrisiko ist ein volkswirtschaftliches Risiko, das zu einer schweren volkswirtschaftlichen Krise führen kann. Das wirtschaftliche Ungleichgewicht im Euro-Raum führt zu einem Risiko des Zerfalls des Euro in eine mehr oder weniger große Anzahl neuer nationaler Währungen, die bei wirtschaftlich starken Ländern deutlich auf-, bei wirtschaftlich schwachen Ländern deutlich abwerten würden.

2.3.5 Politische, rechtliche und gesellschaftliche Risiken sowie Steuerrisiken

Hier ist zunächst an Risiken zu denken, die sich durch (unsichere) Veränderungen gesellschaftlicher Einstellungen ergeben. Diese können die Absatzsituation eines Unternehmens langfristig massiv beeinflussen, wenn die Produkte nicht mehr als zeitgemäß angesehen werden. Erinnert sei in diesem Zusammenhang an die zunehmende Umweltorientierung der Bevölkerung oder speziell die Diskussion zum Klimawandel (vgl. auch Abschnitt 2.3.2.4 zu Risiken aus Trends). Diese führte dazu, dass einige Industriezweige wie z.B. die Automobilindustrie ihre Produkte umstellen muss und sich weitgehend auf E-Mobility ausrichten, um eine größere Umweltverträglichkeit zu erreichen (vgl. auch Abschnitt 2.3.9 zu Nachhaltigkeitsrisiken).

Zu betrachten sind hier Risiken aus möglichen Verstößen gegen Gesetze und andere Regelungen (Compliance-Risiken). Besonders gravierende Risiken ergeben sich potenziell aus Verstößen gegen Gesetze, die hohe Strafzahlungen zur Folge haben können. Gesetzesverstöße können zu Strafzahlungen führen und selbst öffentlich diskutierte Schwächen in diesem Bereich, die keine Gesetzesverstöße darstellen, sind potenziell mit negativen finanziellen Auswirkungen verbunden (vgl. Abschnitt 2.3.9). Durch ein Unternehmen ausgelöste Umweltschäden, schlechte Arbeitsbedingungen für die Mitarbeiter oder Kinderarbeit bei Zulieferern haben negative Auswirkungen auf die Reputation[571], die z.B. die Akquisition neuer Kunden erschweren und die Kundentreue beeinträchtigen kann (siehe 2.3.2.1 zum Reputationsrisiko). Solche rechtlichen Risiken können sehr unterschiedlicher Natur sein. Hier ist zu denken an den Bereich der Produkthaftung und die Umweltschutzgesetzgebung oder das Kartellrecht (§ 81 GWB). Die vom deutschen Gesetzgeber eingeführte Beweislastumkehr birgt für die Unternehmen zum Teil gewichtige Risiken, da sie im Schadensfall belegen müssen, dass ihnen keine Schuld zukommt – wobei die hieraus in Deutschland resultierenden Konsequenzen im Vergleich zu den USA mit den dort üblichen, aus deutschem Rechtsverständnis heraus oft überzogenen Schadensersatzansprüchen noch vergleichsweise überschaubar sind.

Bedeutend sind hier die gesetzlichen Forderungen nach mehr Nachhaltigkeit und einer ausführlicheren Nachhaltigkeitsberichtserstattung[572] sowie das 2021 verabschiedete und 2023 inkrafttretende Lieferkettensorgfaltspflichtengesetz.[573] Das Gesetz tritt am 01.01.2023 in Kraft und betrifft Unternehmen mit mehr als 3000 Mitarbeiter (bzw. auch 2024 schon ab 1000 Mitarbeiter). Mit dem Gesetz soll erreicht werden, dass in Lieferketten Menschen- und Umweltrechte beachtet werden. Dies erfordert eine Risikoanalyse mit diesem Fokus.[574]

Ein Sonderfall rechtlicher Risiken stellen die Steuerrisiken dar, die aber auch den Finanz- und Planungsrisiken zugeordnet werden können. Sie ergeben sich aus einer Unsicherheit über zukünftige Steuerzahlungen bzw. Steuersätze. Diese Unsicherheit kann sich ergeben durch die Möglichkeit von Gesetzesänderungen und/oder eine unklare Interpretation der aktuellen Steuerrechtslage, deren Klärung möglicherweise erst durch einen gerichtlichen Entscheid erfolgt.

Des Weiteren sind allgemeine Haftpflichtrisiken zu beachten, die aus einem möglichen Schaden resultieren, den das Unternehmen bzw. einer seiner Mitarbeiter Dritten zufügt.

Ein relevantes Risikofeld besteht in unklaren Vertragsvereinbarungen. Hier ist auch an die nicht selten einseitig zugunsten des Unternehmens formulierten Allgemeinen Geschäftsbedingungen zu denken. Diese bergen das Risiko, dass eine streitige Klausel vor Gericht keinen Bestand hat und damit eine in aller

---

571 Siehe Pontzen/Romeike, 2015 zum Reputationsrisiko.

572 Siehe Velte, 2021b und Velte/Weber, 2021 zu einem Konzept zur Einordnung von Nachhaltigkeit in Corporate Governance. Vgl. auch Abschnitt 2.3.9.

573 Erwähnenswert ist, dass z.B. auch im neuen Lieferkettensorgfaltspflichtengesetz (LkSG) ein adäquates Risikomanagement gefordert wird (siehe § 4 LkSG), siehe dazu auch Hembach, 2022 sowie Huth/Romeike, 2021.

574 Siehe auch Bergstein, 2022 sowie Schönfelder/Neitzel, 2022.

Regel verbraucherfreundliche juristische Regelung zum Einsatz kommt, die durch die Formulierung der AGB gerade umgangen werden sollte.

Zudem ist zu beachten, dass das gesamte Rechtssystem nicht statisch ist, sondern einer fortwährenden Entwicklung unterliegt, die einerseits durch Richterrecht erfolgt, andererseits durch politische Willensbildung, die dann per Gesetz zu einer veränderten Rechtslage führt. Insoweit besteht hier auch ein Zusammenhang mit den eingangs erwähnten gesellschaftlichen Entwicklungen, die ja oftmals ein Vorläufer für spätere rechtliche Veränderungen sind.[575] In diesem Zusammenhang sind auch staatliche Regulierungsmaßnahmen der Märkte zu nennen (z.B. auch durch das Steuerrecht), die im Zeitablauf immer wieder mehr oder weniger starken Veränderungen unterliegen, wodurch sich für die Unternehmen Chancen und Gefahren ergeben können. So sind beispielsweise unsichere Steuersätze in der Zukunft ein relevantes Risiko.

2.3.6 Länderrisiken

Schließlich existieren auch sogenannte „Länderrisiken"[576], die oft als spezielle rechtlich-politische Risiken aufgefasst werden.[577] Sie sind relevant, wenn ein Unternehmen wesentliche Geschäftsaktivitäten mit Ländern aufweist, die ökonomisch oder politisch instabil sind. Zu betrachten sind hier Auswirkungen von möglichen ökonomischen oder politischen Problemen eines Landes auf wichtige Beteiligungen in diesem Land; aber auch auf wichtige Kunden oder Lieferanten, die in einem solchen Land ansässig sind.

Die Höhe des wahrgenommenen Länderrisikos durch den Kapitalmarkt zeigt sich dabei im Zinsspread, also der Differenz der Rendite der Staatsanleihen eines Landes zur Rendite von Staatsanleihen eines Landes mit einem AAA-Rating (z.B. Deutschland). Als Komponenten der Länderrisiken gelten dabei insbesondere das Wechselkursrisiko, politische Risiken (z.B. durch Enteignung oder Bürgerkrieg) sowie besonders Markt- und Geschäftsrisiken der im Land tätigen Unternehmen.[578] Wechselkursrisiken werden aber oft getrennt von den „sonstigen Länderrisiken" analysiert. In den Emerging Markets ist die Informationseffizienz der Märkte im Allgemeinen geringer,[579] was zu Risiken und

---

[575] Letztendlich soll das Rechtssystem auch die gesellschaftlichen Überzeugungen und Werte widerspiegeln. So war es nicht überraschend, dass im Zuge des verstärkten Umweltbewusstseins schärfere Emissionsvorschriften erlassen wurden (z.B. Einbau geregelter Katalysatoren in Kraftfahrzeuge). Unternehmen, die diese Entwicklungen frühzeitig erkennen, können somit überproportional von einer späteren zwangsweise steigenden Nachfrage profitieren.

[576] Eine geringe Liberalisierung des Kapitalmarkts gilt als Indiz für hohe Länderrisikoprämien.

[577] Siehe Grundmann, 2015; Ernst/Gleißner, 2012a und Gleißner, 2019l, speziell zu „Länderrisikoprämien".

[578] Siehe Hofbauer, 2011, S. 35 und die dort genannte weiterführende Literatur.

[579] z.B. Hofbauer, 2011, S. 149.

potenziell auch zu einer bewertungsrelevanten „Informationsunsicherheit" führt.[580, 581]

Länderrisiken werden oft zunächst vereinfacht über eine „Länderrisikoprämie" pauschal eingeschätzt. Die (originäre) Länderrisikoprämie eines Staats c_l wird also oft zunächst aus Perspektive eines Fremdkapitalgebers (Rating-Perspektive) spezifiziert, nämlich als Zinsaufschlag der Anleihe eines Landes in Relation zu einem als näherungsweise risikofrei eingeschätzten Staat (wie z.B. Deutschland) – gleiche Währung vorausgesetzt.[582] Sie werden oft über Länderratings geschätzt und auch als Determinante einer „lokalen Marktrisikoprämie" interpretiert. Als lokale Marktrisikoprämie wird oft die Marktrisikoprämie eines entwickelten Landes (wie z.B. Deutschland) plus eine Länderrisikoprämie des Landes verstanden.[583] Typische Risiken, deren Umfang davon abhängig ist, in welchem Land (Staat) ein Unternehmen ansässig (oder tätig) ist, sind z.B. die Rechtsunsicherheit, mögliche Verstaatlichung, Risiken aus Beschränkungen des Kapitaltransfers, Risiken aus schwachem Produkt- und Markenschutz, die hohe Volatilität makroökonomischer Größen (wie Inflation und Volkseinkommen) und mögliche Bedrohungen durch innere Unruhen oder Krieg. Inwieweit solche, in einem speziellen betrachteten Land identifizierbare Risiken aber tatsächlich ein Unternehmen betreffen, ist unternehmensindividuell zu untersuchen. Damit ergibt sich ein prinzipiell unternehmensindividuelles Länderrisiko des Unternehmens i im Land j. Relevante Länderrisiken sind damit abhängig von (a) den Charakteristika des Unternehmens und (b) dem betrachteten Land. Informationen über Risiken, die das Länderrating bestimmen, bieten aber Ansatzpunkte für die Identifikation und Quantifizierung landesbezogener Risiken, die ein Unternehmen beeinflussen, also die Höhe und die Volatilität seiner Erträge bzw. Cashflows. Eine Berücksichtigung solcher landesbezogener „Zusatzrisiken" erscheint naheliegend, wenn sie – im Vergleich zu dem impliziten „landesrisikofreien" Referenzfall (z.B. eines in Deutschland ansässigen und primär in Deutschland tätigen Unternehmens) – erhöht erscheinen.[584]

2.3.7 Risiken aus Corporate Governance, Organisation und Rechnungslegung

In den Bereich der Risiken aus Corporate Governance fallen alle Risiken, die mit der internen Organisation und der Führung des Unternehmens in Zusammenhang stehen. Diese resultieren z.B. aus unklaren Aufgaben- und Kompetenzverteilungen, falschen Anreizen sowie fehlenden fachlichen Qualifikationen der

---

580 Siehe Stotz, 2008.

581 Erste Anhaltspunkte für das „mittlere" Risiko, dem Unternehmen in einem Land ausgesetzt sind, geben Länderratings, die Höhe der währungs- oder inflationsbereinigten Credit Spreads der jeweiligen Staatsanleihen, die Volatilität der Aktienmarktrenditen und die Höhe der Dividendenrendite, die z.B. von Baekert/Harvey, 2000 sogar als Maß der Kapitalkosten in einem Land verwendet werden.

582 Vgl. Ernst et al., 2012, S. 226–229 mit einer Übersicht in Anlehnung an Damodaran.

583 z.B. Daten bei Ernst et al., 2012, S. 236–241.

584 Vgl. Kruchwitz/Löffler/Mandl, 2011; Ernst/Gleißner, 2012a und Gleißner, 2019l.

Mitarbeiter. Es ist nahe liegend, dass beim Vorhandensein solcher Umstände die Wahrscheinlichkeit für ein Verfehlen des geplanten Ertrags und der Unternehmensziele ansteigt. Dies ist auch zu befürchten, wenn der Führungsstil im Unternehmen ungeeignet ist oder allgemein das Betriebsklima als kritisch einzustufen ist. Beides wird zu einem Absinken der Motivation der Mitarbeiter führen, was sich wiederum als höhere Unsicherheit bezüglich der erreichbaren Arbeitsergebnisse auswirken wird.

In den letzten Jahren wurden Entlohnungs- und Anreizsysteme eingeführt, bei denen zumindest ein Teil des Gehalts an das Erreichen bestimmter Ziele geknüpft ist. Dieser vom Ansatz her richtige Gedanke wird allerdings dann zum Risiko für das Unternehmen, wenn die als Steuerungsgröße verwendete Kennzahl (z.B. die Umsatzrendite) nicht vollständig die Unternehmensziele beschreibt. Gute Steuerungssysteme bringen Bedürfnisse und Ziele der Mitarbeiter mit einem bestmöglichen Erreichen der Unternehmensziele in Einklang.

Grundsätzlich muss auch in Erwägung gezogen werden, dass einige Mitarbeiter auch mit gesetzwidrigen Handlungen versuchen, persönliche Interessen zu Lasten des Unternehmens durchzusetzen, was sich durch Untreue („Fraud") zeigt. Auch Managementrisiken könnte man hier zuordnen.[585]

Zudem sollte gerade im Zusammenhang mit Risikomanagementsystemen erwähnt werden, dass eine fehlende oder unzureichende Risikokultur im Unternehmen selbst zu einem Risiko werden kann. Hierunter ist zu verstehen, dass Mitarbeiter sich gar nicht bewusst sind, wenn sie besonders risikohaltige Tätigkeiten verrichten und Risiken verdrängen. Kritisch ist es, wenn die Bedeutung von Unternehmensrisiken nicht erkannt wird oder es den Mitarbeitern egal ist, wenn Risiken den Unternehmenserfolg gefährden.[586]

Schließlich werden Risiken aus dem Bereich der Rechnungslegung meist diesem Risikofeld zugeordnet. Zu diesem gehören gravierende Buchungsfehler ebenso wie die unsachgemäße Nutzung von Bewertungsspielräumen.

2.3.8 Leistungsrisiken

Die Identifikation von Leistungsrisiken unterscheidet oft die drei folgenden Risikofelder:

- Leistungsrisiken der primären Wertschöpfungskette bzw. Supply Chain[587] (Einkauf, Produktion, Verkauf)
- Leistungsrisiken der Unterstützungsprozesse wie Personal, Controlling, IT usw.
- Spezielle Risiken wie Schlüsselpersonenrisiko, Betrug, Arbeitsunfälle, usw.

Bei Banken und Versicherungen wird anstelle des Begriffs Leistungsrisiken häufig auch von operationellen Risiken gesprochen. Nach einer üblichen De-

585 Vgl. Abschnitt 2.3.2 mit der Zuordnung zu strategischen Risiken.
586 Siehe weiterführend Berger/Gleißner, 2007 sowie Hoitsch/Winter/Bechle, 2005.
587 Siehe weiterführend zum Risikomanagement in Logistik und Supply Chain Romeike/Hager, 2020, S. 353–385.

finition ist das operationale Risiko die Gefahr von Verlusten als Folge der Unangemessenheit bzw. des Versagens von Mitarbeitern, internen Prozessen oder Systemen sowie aufgrund externer Ereignisse.[588] Die Begriffe „Leistungsrisiken" und „operationelle Risiken" weisen somit erhebliche Überschneidungen auf, wenngleich der Begriff Leistungsrisiken stärker verdeutlicht, dass es sich hierbei um Risiken handelt, die sich auf Abweichungen von der vorgesehenen Leistung im Bereich der primären Wertschöpfungskette oder der Unterstützungsprozesse beziehen.

Die Risiken der Wertschöpfungskette lassen sich identifizieren, indem mögliche Abweichungen von den geplanten Arbeitsergebnissen erarbeitet werden. Dabei geht es im Zweifelsfall um die Wahrnehmung der internen und externen Kunden. Arbeitsprozesse sind von Unternehmen zu Unternehmen recht unterschiedlich, weshalb in einem ersten Schritt der Risikoidentifikation die Wertschöpfungskette in ihre Hauptschritte unterteilt werden muss.

Zur Kategorie der Leistungsrisiken aus der Wertschöpfungskette gehört eine große Anzahl von Risiken, die zum Teil Überschneidungen mit Risiken aus anderen Risikofeldern ausweisen:

- Mögliche Fehler bei der Kalkulation und bei der Umsetzung von Projekten,
- Risiken durch einen nicht termingerechten Einkauf oder nicht termingetreue Lieferung,
- fehlerhafte Informationsübermittlung zwischen Stellen,
- Risiken durch den Ausfall von Maschinen und Infrastruktur,
- Risiken aus Unfällen und Katastrophenfällen (z.B. Feuer), Überschwemmung sowie
- Risiken, die sich aus einer Nichteinhaltung dem Kunden vertraglich zugesicherter Eigenschaften der Produkte ergeben.

Aufgrund der starken Verknüpfung der Wertschöpfungskette eines Unternehmens mit derjenigen von Lieferanten und Kunden spricht man in Erweiterung zu Leistungsrisiken der (eigenen) Wertschöpfungskette in der Zwischenzeit auch von Supply-Chain-Risiken, die die gesamten Wertschöpfungs- und Logistikprozesse des eigenen Unternehmens sowie der vor- und nachgelagerten Wertschöpfungsstufen umfassen. Im Rahmen eines umfassenden Supply-Chain-Risiko-Management-Ansatzes[589] sind damit auch einzelne Risiken speziell der (einzelnen) Lieferanten zu betrachten und nicht mehr lediglich ein pauschaliertes Risiko „Lieferantenausfall". Dies setzt detaillierte Kenntnisse über die gesamte Wertschöpfungskette und die Wertschöpfungsaktivitäten der Lieferanten voraus (vgl. auch Abschnitt 2.3.3).

Neben der primären Wertschöpfungskette hat jedes Unternehmen auch Unterstützungsprozesse (sekundäre Prozesse). Zu nennen sind hier z.B. Management des Unternehmens, IT, Personalwesen, Rechnungswesen und Controlling. Durch sie kann die Leistungsfähigkeit der Primärprozesse der Wertschöpfungskette sichergestellt werden. Auch hier gibt es Risiken, wie z.B.:

---

588 Siehe weiterführend Kross, 2006 und 2015.

589 Vgl. Huth/Romeike, 2016.

- Ausfall der IT-Systeme[590],
- Datenverlust infolge mangelnder Datensicherheit,
- Cyber-Risiken, wie Datenabfluss an Wettbewerber,
- Ausfall von Schlüsselpersonen sowie
- Fehlentscheidungen aufgrund mangelhafter Datenqualität.

Die nachfolgende Tabelle zeigt beispielhaft Unterkategorien im Risikofeld der IT-Risiken.[591]

Risikokategorien im Bereich Informations- und Kommunikationstechnologie			
Mensch	**Technologie**	**Prozesse**	**Externe Einflüsse**
Gesetzeswidrige Handlungen, Betrug (intern) Unautorisierte Handlungen Fehlerhafte Transaktionen Know-how-Verlust, Humankapital Strategische Fehlentscheidungen	Systemsicherheit Softwarefehler Hardwarefehler Infrastruktur (Gebäude, Anlagen)	Management-, Kontroll- und Prozessschwächen Projektmanagement	Gesetzeswidrige Handlungen, Betrug (extern) Politische Risiken Externe Dienstleister Supply-Chain-Risiken Infrastruktur extern (Strom, Netzinfrastruktur etc.) Naturkatastrophen Sonstige Katastrophen Rechtliche Entwicklungen/Compliance

Tabelle 15: Risiken in der Informations- und Kommunikationstechnologie (Quelle: Romeike/Hager, 2020, S. 489)

Zunehmende Relevanz zeigen im Bereich Cyber-Risiken beispielsweise die folgenden in ihrer Bedeutung stark steigenden Einzelrisiken:[592]

- Hackerangriffe unterschiedlicher Art zum Ausspähen geheimer Informationen, z.B. aus der Produktentwicklung (F&E), nehmen weiter zu.
- Cyber-Angriffe durch „Ransomware"[593] führen zu Einschränkungen der Leistungserstellung eines Unternehmens und meist zugleich Reputationsschäden. (Mit der zunehmend häufigeren „Lösegeldzahlung" der Unternehmen zur Beseitigung von Ransomware wird das Geschäftsmodell „Cyberattacken mit Ransomware" für die Hacker zunehmend attraktiver.)

---

590 Weiterführend zum Risikomanagement im Bereich Informations- und Kommunikationstechnologie siehe Romeike/Hager, 2020, S. 479–520.

591 Romeike/Hager, 2020, S. 489.

592 Siehe zusammenfassend RiskNET, 2021c.

593 Schadprogramme, die den Zugriff auf die eigenen Daten bzw. Produktions- und IT-Systeme eines Unternehmens einschränken oder verhindern.

- Selbst die Möglichkeit der Schädigung der Produktion durch Cyber-Angriffe (ausländischer Wettberber) ist in der Zwischenzeit in Erwägung zu ziehen.[594]

Weitere spezielle Risiken sind Leistungsrisiken, die nicht unmittelbar primären und sekundären Prozessen zugeordnet sind, wie beispielsweise:

- Untreue und Betrug, Vorteilsnahme („Fraud"),
- Imageschäden, z.B. durch Störfälle oder Pannen bei der Krisenkommunikation[595] oder der Investor-Relations-Politik (Reputationsrisiko),
- Arbeitsunfälle infolge von Mängeln in der Arbeitssicherheit,
- Haftpflichtschäden,
- Versagen der Sicherheitsorganisation und Sabotage,
- Umweltschäden durch die Fertigung (vgl. dazu Abschnitt 2.3.9).

2.3.9 Nichtfinanzielle Risiken, Nachhaltigkeitsrisiken und ESG-Risiken

Infolge des CSR-Richtlinien-Umsetzungsgesetzes[596] enthalten die Lageberichte der Unternehmen seit 2017 auch eine Nachhaltigkeitsberichterstattung[597], vgl. Abschnitt 1.7.9.[598] Eine Beziehung zum Risikomanagement ergibt sich dadurch, dass hier auch auf wesentliche nichtfinanzielle Risiken einzugehen ist. Anzugeben sind im Geschäftsbericht allerdings nur Risiken, die – unter Berücksichtigung von Risikobewältigungsmaßnahmen – sehr wahrscheinlich sind und schwerwiegende negative Auswirkungen haben (auf die im Gesetz angeführten nichtfinanziellen Belange, also z.B. Mitarbeiter, Kunden, Natur oder die Gesellschaft). Daneben müssen diese Risiken als weiteres Kriterium aber auch mit wesentlichen negativen Auswirkungen auf das Unternehmen selbst einhergehen.[599] Die Wesentlichkeitsschwelle ist also hoch. Dennoch sind „intern" auch diese CSR-Risiken ein Thema für das Risikomanagement.[600]

Nachhaltigkeit ist also für Unternehmen ein zunehmend wichtiges Thema und damit werden auch Nachhaltigkeitsrisiken wichtiger für das Risikomanagement.

---

594 Angriffe z.B. auf Speicher programmierbare Steuerungen (SPS).

595 Siehe Roselieb, 2002.

596 Zur Global Reporting Initiative (GRI) vgl. Sopp/Baumüller/Scheid, 2021.

597 Corporate Social Responsibility, CSR.

598 Die 2019 verabschiedete Offenlegungs-Verordnung (Verordnung (EU) 2019/2088) sieht ebenso ausgeweitete Angabepflichten zu solchen Risiken vor. ErwGr 14 fuhr aus: *„Als Nachhaltigkeitsrisiko wird ein Ereignis oder eine Bedingung im Bereich Umwelt, Soziales oder Unternehmensführung bezeichnet, dessen beziehungsweise deren Eintreten erhebliche negative Auswirkungen auf den Wert der Investition haben könnte […]."*
Auf die hier durchklingende Vermengung der Begrifflichkeiten nichtfinanzielles Risiko, Nachhaltigkeitsrisiko und ESG-Risiko wird nicht weiter eingegangen.

599 Dazu liest man im Erwägungsgrund (ErwGr) 8 der Richtlinie:
„Die dieser Richtlinie unterliegenden Unternehmen sollten angemessene Informationen zu Belangen bereitstellen, die sich dadurch auszeichnen, dass sie sehr wahrscheinlich zur Verwirklichung wesentlicher Risiken mit schwerwiegenden Auswirkungen führen werden oder zum Eintritt solcher Risiken geführt haben."

600 Siehe dazu weiterführend auch Lins et al., 2017; Pastor et al., 2021 und El Ghoul et al., 2011.

Typische Nachhaltigkeitsrisiken sind beispielsweise die folgenden:

- Mögliche Schädigungen der Umwelt mit der Konsequenz von Strafzahlungen und negativen Auswirkungen auf die Reputation (und damit Umsatzverlusten).
- Hohe und unsichere zukünftige Kosten der Emissionen von Kohlendioxid (CO_2) mit der Konsequenz hoher CO_2-Emissionskosten-Risiken (durch die Notwendigkeit des Kaufs von CO_2-Zertifikaten).[601]
- Die Möglichkeit von Korruption oder Kartellabsprachen.

Speziell die durch die CO_2-Emission der Geschäftstätigkeit verursachten „Klimarisiken" haben in manchen Branchen gravierende Auswirkungen auf die zukünftig erwarteten Erträge und auch den Wert von Vermögensgegenständen (Beispiel: Energie- und Versorgungsbranche, Reisebranche).[602]

Bei solchen Risiken sind die finanziellen Auswirkungen für das Unternehmen und die nichtfinanziellen Auswirkungen für Dritte (z.B. die Umwelt) zu quantifizieren (vgl. dazu Abschnitt 2.4.9).

Im Schrifttum werden zwei Sichtweisen auf nichtfinanzielle Risiken unterschieden. Für die erste Sichtweise hat sich die Bezeichnung „Inside-out-Risikobetrachtung" etabliert, für die zweite „Outside-in-Risikobetrachtung". Die erste Sichtweise auf nichtfinanzielle Risiken befasst sich mit den Abweichungen von erwartbaren Auswirkungen, die durch die Unternehmenstätigkeit für Dritte, also in den „nichtfinanziellen Aspekten", wie der Umwelt, verursacht werden. Maßstab für die Beurteilung dieser Abweichungen stellen die Erwartungen der Stakeholder dar.[603] Die Schwere der möglichen Auswirkungen ist anhand der beiden Kriterien „Ausmaß" und „Intensität" zu beurteilen.[604] Die zweite Sichtweise betrachtet die Auswirkungen auf das Unternehmen selbst, also auf seine Vermögens-, Finanz- und Ertragslage. Ein Abweichen von erwarteten Ergebnissen bedeutet ein Abweichen von erwarteten finanziellen Ergebnissen.

Betz et al. (2019) sehen folgende Handlungsbedarfe im Bereich Nachhaltigkeitsrisiken:

- *„Unternehmensspezifische Definition und Abgrenzung von Nachhaltigkeitsrisiken (Taxonomie);*
- *Ergänzung bestehender Strategie- und Planungsprozesse um Nachhaltigkeitsaspekte;*
- *Kritische Überprüfung des Produkt- und Kundenportfolios und ggf. Anpassung des Prozesses für neue Kunden und neue Märkte;*
- *Sensibilisierung aller Mitarbeiter, um das Thema in der Unternehmens- und Risikokultur zu verankern;*
- *Anpassung der Prozesslandschaft und Methoden der Datenverarbeitung, inklusive Definition der benötigten Daten;*
- *Festlegung klarer Strukturen und Verantwortlichkeiten (Governance);*
- *Sicherstellung einer angemessenen Ressourcenausstattung mit entsprechendem Expertenwissen;*

---

601 Siehe Gleißner/Romeike, 2020b.
602 Siehe dazu TU München, 2021 und Oertel/Kovaleva/Gleißner/Bienert, 2022.
603 Z.B. Rauch/Weigt, 2018.
604 Baumüller/Gleißner, 2020.

- *Berücksichtigung von Nachhaltigkeitsrisiken im Rahmen der Geschäftsanbahnung und Portfoliosteuerung;*
- *Festlegung zielgerichteter Kennziffern und (Früh-) Warnindikatoren auch hinsichtlich der Überwachung der finanziellen Performance von Investitionen und Projekten;*
- *Überarbeitung der bestehenden Risikomodelllandschaft und Integration von* Nachhaltigkeitsrisiken *(inkl. Aufbau geeigneter Methoden und Verfahren zum Abbilden langfristiger Szenarien);*
- *Festlegung von internen Risikominderungsmaßnahmen und Handlungsalternativen im Rahmen aller Geschäftsbeziehungen;*
- *Sicherstellung einer konsistenten Anwendung von Gruppenvorgaben in Tochterunternehmen."*

2.3.10 Ergebnis der Risikoidentifikation: Das Risikoinventar

Als Ergebnis der Risikoidentifikation liegt eine Auflistung der erkannten Risiken vor, das sogenannte Risikoinventar. Hierbei sollte neben der verbalen Bezeichnung der jeweiligen Risiken auch bereits eine erste grobe Einschätzung ihrer Auswirkungen auf das Unternehmen festgehalten werden, z.B. mittels Relevanz-Schätzung.

Risikoübersicht (kompakt)			
Nr.	**Kategorie**	**Risikobezeichnung**	**Relevanz**
1	Marktrisiken	Risiken durch Absatzmengenschwankungen (konjunkturell)	4
7c	Marktrisiken	Risiken durch Abhängigkeit von einem Schlüssellieferanten	3
7b	Marktrisiken	Risiken durch Abhängigkeit von Großkunden	3
7d	Finanzrisiken	Pensionsrückstellungsrisiken	3
7f.	Risiken aus Corporate Governance	Organisatorische Risiken	3
7e	Marktrisiken	Risiken durch den Markteintritt neuer Wettbewerber	3
2	Marktrisiken	Risiken durch Absatzpreisschwankungen	3
3	Marktrisiken	Beschaffungsmarktrisiken (Preis), Materialkostenschwankungen	3
7	Strategische Risiken	Bedrohung von Kernkompetenzen	3
8a	Finanzmarktrisiken	Währungsrisiken	2
8b	Finanzmarktrisiken	Risiken durch Forderungsausfälle	2
8d	Leistungsrisiken	Verfügbarkeitsrisiken durch Ausfall zentraler Produktionskomponenten	2
8c	Leistungsrisiken	Risiko durch Ausfall von Schlüsselpersonen (Vertrieb)	2

Risikoübersicht (kompakt)			
Nr.	**Kategorie**	**Risikobezeichnung**	**Relevanz**
5	Leistungsrisiken	Schwankungen der sonstigen Kosten	2
6	Leistungsrisiken	Personalkostenschwankungen	2
9	Politisch/rechtliche und gesellschaftliche Risiken	Risiken aus Produkthaftung	1
4	Finanzmarktrisiken	Zinsänderungsrisiken	1

Tabelle 16: Beispielhaftes Risikoinventar[605]

Die Vorgehensweise zur Ermittlung der Einschätzung in Bezug auf die Relevanz der einzelnen Risiken wird im nächsten Abschnitt 2.4.3 erläutert. Vertiefend wird auf ein überarbeitetes Risikoinventar – nach einer gründlichen Risikoquantifizierung – in Abschnitt 2.4 eingegangen.

Mit Hilfe von Relevanzklassen erfolgt ein einfaches (und dennoch fundiertes) erstes Ranking der Risiken. Diese können z.B. in einer Skala mit Werten von „1" (unbedeutend) bis „5" (bestandsgefährdend) abgebildet werden (siehe Tabelle 13).

Bei der kritischen Prüfung des Risikoinventars sollte zunächst darauf geachtet werden, dass nicht nur „übliche Planabweichungen" erfasst werden, sondern auch meist allein „bestandgefährdende" Extremrisiken mit geringer Eintrittswahrscheinlichkeit. Bei einem Unternehmen mit z.B. BB-Rating sind keine bestandsgefährdenden Risiken im Sinne von KonTraG und StaRUG mit Eintrittswahrscheinlichkeit > 1 % zu erwarten. Ausgeschlossen werden können Risiken mit einer, gemessen am Rating des Unternehmens, sehr niedrigen Eintrittswahrscheinlichkeit (z.B. < 0,1 % p.a.).

2.3.11 Checkliste der wichtigsten Unternehmensrisiken

Zur Plausibilisierung und Prüfung der Vollständigkeit eines systematisch erarbeiteten Risikoinventars kann die im Folgenden aufgeführte Checkliste dienen. Allerdings können je nach Beschaffenheit des Unternehmens und seines Umfeldes auch noch weitere Risiken entscheidende Bedeutung besitzen, weshalb die hier genannten Punkte nicht als abschließend zu betrachten sind (Studie FutureValue Group AG; Analysestand: 2021).

1. Bedrohung von (Kern-)Kompetenzen oder Wettbewerbsvorteilen (z.B. Preissetzungsmacht durch Marken).
2. Managementrisiken (z.B. Fehlentscheidungen aus Sicht der Eigentümer durch (a) persönliche Interessen der Unternehmensführung oder (b) unzureichende Methode der Entscheidungsvorbereitung).

605 Entnommen aus der Software „Strategie-Navigator" (www.strategienavigator.net/Software).

3. Konjunkturelle Nachfrageschwankungen (Absatzmengenschwankungen; Wirtschaftskrise).
4. Absatzpreisschwankungen.
5. Strukturelle Risiken der Märkte infolge ungünstiger Struktur der Wettbewerbskräfte, z.B.
   - geringe Differenzierungsmöglichkeiten in stagnierenden Märkten,
   - niedrige Markteintrittshemmnisse oder
   - erhebliche Substitutionsgefahr.
6. Markteintritt neuer Wettbewerber.
7. Starke Abhängigkeiten von wenigen Kunden oder wenigen Lieferanten (oder risikobehafteten Staaten).
8. Mögliches Scheitern von wichtigen Projekten (z.B. F&E, Investitionen).
9. Beschaffungsrisiken (Preis, Qualität, Verfügbarkeit).
10. Währungsrisiken (bezüglich laufender Transaktionen, Forderungen bzw. Verbindlichkeiten und/oder die Wettbewerbsposition).
11. Zinsänderungs- und Inflationsrisiko.
12. Adressausfallrisiken, insbesondere Insolvenz von Kunden.
13. Impairmentrisiken und Wertschwankungen von Beteiligungen oder Wertpapieren.
14. Risiken aus dem Einsatz von Derivaten.
15. Organisatorische Risiken durch fehlende bzw. unklare Aufgaben- und Kompetenzregelung.
16. Risiken durch den Ausfall von Schlüsselpersonen.
17. Haftpflichtschäden oder Produkthaftpflichtfälle.
18. Beeinträchtigung der Lieferfähigkeit durch den Ausfall zentraler Komponenten der Produktion (z.B. Maschinenschäden).
19. Sachanlageschäden, z.B. infolge von Feuer.
20. Personalkostenrisiken.
21. Kalkulationsrisiken, insbesondere bei langfristigen Verträgen und im Projektgeschäft („Projektrisiko").
22. Risiken durch unzureichende Frühaufklärung (z.B. bzgl. technologischer Trends oder Aktivitäten der Wettbewerber).
23. Ausfall von IT, Datenverlust und Cyber-Risiken.
24. Untreue, Betrug.
25. Pensionsrückstellungsrisiko.
26. Refinanzierungsrisiko (Anleihe oder Großkredit oder Covenants) oder Finanzierungsrisiko[606].
27. Mögliche Verstöße gegen Gesetze und Regelungen (Rechts- und Compliance-Risiken).[607]
28. Risiken durch Gesetzesänderungen (inkl. Steuerrecht) bzw. unklarer Interpretation von Gesetzen („regulatorische Risiken").
29. Nachhaltigkeitsrisiken (z.B. durch CO_2-Emission).
30. Schwankungen des Werts von Vorräten.

---

[606] Wegen schwachem Rating, Eigenkapitalmangel oder Wachstumsrate > Eigenkapitalrendite.

[607] Z.B. wegen Schwächen des internen Kontrollsystems.

Ergänzend zu diesen typischen Unternehmensrisiken kann man eine Liste der volkswirtschaftlichen Risiken betrachten, die mit geringer bis sehr geringer Eintrittswahrscheinlichkeit sehr hohe negative Auswirkungen auf eine Vielzahl von Unternehmen haben können (siehe Abschnitt 2.3.2). Aus den erläuterten volkswirtschaftlichen „Standard-Krisentypen" lassen sich so beispielsweise ergänzend folgende konkrete mögliche Krisenszenarien ableiten:[608]

1. großflächiger Ausfall kritischer Infrastruktur (wie Blackout des Stromsystems oder der Wasserversorgung, beispielsweise ausgelöst durch einen massiven Cyber-Angriff oder einen hybriden Angriff),
2. Krieg (inkl. Cyber-Angriff),
3. Gesundheitskrisen, wie Epidemie bzw. Pandemie oder das massive Auftreten multiresistenter Bakterien,
4. Anschläge mit ABC-Massenvernichtungswaffen (durch staatlichen oder nichtstaatlichen Terrorismus),
5. schwere Naturkatastrophen, beispielsweise durch Erdbeben, durch Vulkanausbruch mit globalem Temperaturrückgang[609, 610] sowie Klimawandel[611],
6. Lieferembargo bezüglich eines oder mehrerer essenzieller Rohstoffe oder Güter,
7. Zerstörung der Finanzwirtschaft durch „Kernschmelze"[612] oder Hyperinflation,
8. Zerstörung der Realwirtschaft durch eine Depression (als extreme Form ökonomischer Krisen wie Ertragserwartungskrise, Stagflationskrise, etc.)[613],

Die Wahrscheinlichkeit des Eintretens eines solchen Risikos und der damit entsprechenden Krise liegt zum Teil unter 1 %. Vor der COVID-19-Pandemie 2020/2021 wurde beispielsweise in Studien die Wahrscheinlichkeit einer schweren Pandemie mit einer Wahrscheinlichkeit von 0,1 bis 1 % pro Jahr geschätzt.[614] Auch die Beschäftigung mit solchen Krisen ist aber durchaus für Unternehmen mit anspruchsvollen Sicherheitszielen (z.B. angestrebter Investmentgrade) sinnvoll. Die Wahrscheinlichkeit dafür, dass irgendeine dieser Krisen eintritt, liegt bei etwa 10 % pro Jahr, d.h. man kann von einer schweren Krise pro Jahrzehnt ausgehen.

---

608 Vgl. Blum/Gleißner, 2021, S. 251.

609 Von z.B. 2 Grad, siehe Ausbruch des Tambora 1815.

610 Aufgrund der Wahrscheinlichkeit unterhalb 0,1 % pro Jahr wird der Einschlag eines für die Menschheit gefährlichen Asteroiden nicht betrachtet.

611 Steigende Temperaturen mit Folgen für die Niederschlagsverteilung und die Häufigkeit von Extremwetterereignisse.

612 Wie ansatzweise in der Wirtschafts- und Finanzkrise 2008–2010 erreicht; siehe Finanzmarkt-Vertrauenskrise; Bankenkollaps.

613 Auch denkbar sind:
(a) Zerstörung der freiheitlich-demokratischen Grundordnung oder
(b) Zerstörung der kapitalistisch-marktwirtschaftlichen Ordnung (mit gesicherten Eigentumsrechten, Vertragsfreiheit, Wettbewerb; siehe dazu Eucken, 1952 und Blum, 2016).

614 Siehe Gleißner, 2020a; Deutscher Bundestag, 2013.

2.3.12 Exkurs: Studie zu Risiken mittelständischer Unternehmen

Risikoprofile großer Konzerne und mittelständischer Unternehmen unterscheiden sich oft deutlich. Die Metastudie von Buchner et al. (2021) bestätigt, dass Familienunternehmen im Vergleich zu ähnlich großen Nicht-Familienunternehmen tendenziell eine höhere Resilienz gegenüber Krisen aufweisen.[615] Neben der Unterstützung durch die Unternehmerfamilie sind es insbesondere die langfristige Orientierung, die höhere Flexibilität und die Mitarbeiter-Orientierung, die hilft auch schwierigere Krisen zu meistern und zu einer höheren Überlebensfähigkeit führen. Infolge der langfristigen Orientierung von Familienunternehmen neigen diese ceteris paribus weniger dazu in einer Krise wichtige Mitarbeiter freizusetzen. Wichtige Mitarbeiterkompetenzen bleiben so auch in der Krise dem Unternehmen erhalten.[616] Hilfreich ist hier auch, dass Fremdkapitalgeber die Langfrist-Orientierung von Familienunternehmen und das Engagement der Familiengesellschafter schätzen, und so Familienunternehmen als weniger risikoreich einschätzen.[617]

Kleinere Unternehmen können aber bestimmte Risiken weniger gut bewältigen und haben oft insgesamt eine höhere Insolvenzwahrscheinlichkeit als große Unternehmen. Kleine mittelständische Unternehmen zeigen zudem eine anderes Risikoprofil als große Konzerne. Im Rahmen eines Forschungsprojekts zum Thema Rating und Basel II, das das IAWW (Institut für angewandte Wirtschaftsforschung und Wirtschaftsberatung), die TU Dresden, die WIMA GmbH und die FutureValue Group AG für das Land Sachsen durchgeführt haben, wurden die Risikoeinschätzungen von rund 150 mittelständischen Unternehmen erfasst.[618]

Der im Rahmen des Projekts entwickelte Rating-Ansatz zeichnet sich speziell dadurch aus, dass die einzelnen Risiken der Unternehmen, die die Insolvenzwahrscheinlichkeit maßgeblich beeinflussen, explizit erhoben werden. Zudem wurde im Rahmen des Forschungsprojekts erstmals auf eine größere Anzahl von Unternehmen die Methodik der Ratingprognosen angewendet, die im Gegensatz zu den vergangenheitsbasierten Jahresabschlussanalysen (Finanzrating) in Abhängigkeit von Unternehmensplanung und Risiken Vorhersagen über die zukünftige Rating-Entwicklung ableiten lässt.[619]

Aus Sicht des Risikomanagements hat das Projekt interessante Erkenntnisse über die (wahrgenommene) Risikosituation von mittelständischen Unternehmen erbracht, die im Folgenden dargestellt werden.

---

615 Vgl. Gleißner/Weissman, 2021.

616 Buchner et al., 2021, verweisen darauf, dass bei der Betrachtung allein von Finanzkennzahlen übersehen wird, dass engagierte Mitarbeiter durch eine Steigerung ihrer Leistung – und damit des Outputs – wesentlich zur Krisenbewältigung beitragen können.

617 Siehe Buchner et al., 2021, S. 248.

618 In enger Anlehnung an Blum/Gleißner/Leibbrand, 2004 und 2005.

619 Das insgesamt eingesetzte Rating-Verfahren ähnelt der in Gleißner/Füser, 2014, beschriebenen Methodik. Detaillierte methodische Informationen findet man bei Blum/Gleißner/Leibbrand, 2005, sowie Abschnitt 5.2.

Die Einschätzung der Relevanz der Risiken konnte von den Unternehmen auf einer fünfstufigen Skala von „unbedeutend" (Schulnote 1) bis „bestandsgefährdend" (Schulnote 5) erfolgen. Die folgende Grafik stellt die Anzahl der Nennungen der Risiken in den verschiedenen Gruppen dar, die allerdings nicht unabhängig voneinander sind. Die Reihenfolge der Risiken in der folgenden Grafik orientiert sich an der Anzahl der Nennungen unter der Rubrik „bestandsgefährdendes Risiko".

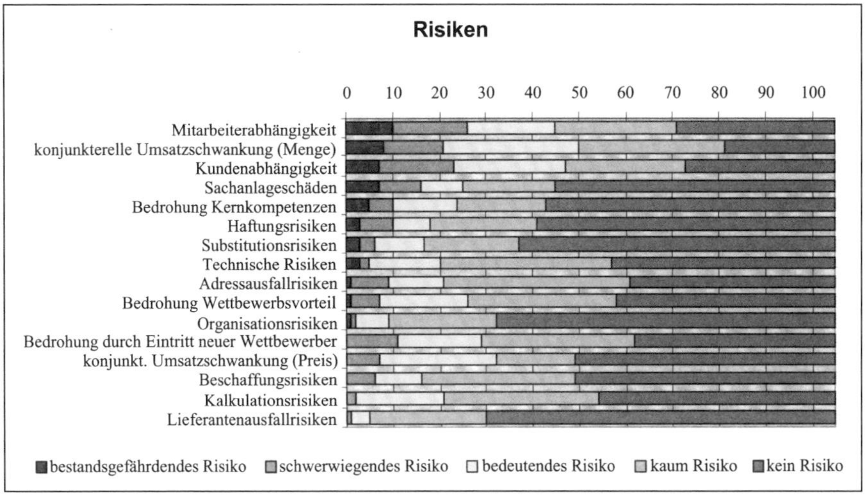

Abbildung 44: Risiken nach Relevanzgruppen

Aus den abgefragten Risikorelevanz-Einschätzungen wird die Insolvenzwahrscheinlichkeit des Unternehmens durch alle Risiken abgeschätzt.[620] Die nachfolgende Grafik stellt die von den befragten Unternehmen empfundene durchschnittliche Bedrohung durch verschiedene Risiken dar, wobei für jedes Risiko die Wahrscheinlichkeit angegeben wird, dass dieses die primäre Ursache einer Insolvenz wird.

[620] Vgl. Bemmann/Gleißner/Leibbrand, 2006.

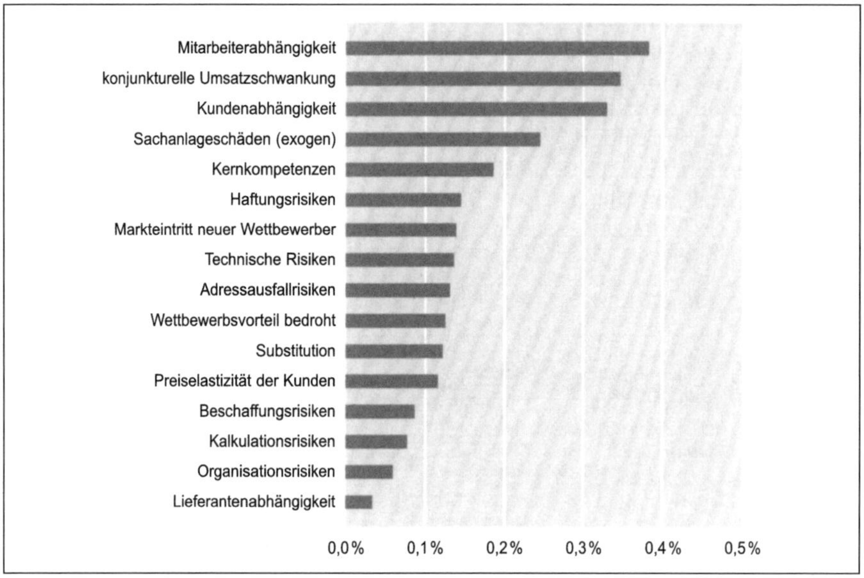

Abbildung 45: Durchschnittlicher Beitrag zur Insolvenzwahrscheinlichkeit aufgrund von Risiken

Die Unternehmen stuften die „Mitarbeiterabhängigkeit" (Schlüsselpersonenrisiko) sogar als größtes Risiko ein; auch „konjunkturelle Umsatzschwankungen" (Menge) und die „Kundenabhängigkeit" sind von hoher Relevanz. Rund 10% der Unternehmen stuften die „Mitarbeiterabhängigkeit" als „bestandsgefährdendes Risiko" ein, was ein mittelstandstypisches Problem zeigt (speziell die Abhängigkeit vom Unternehmer selbst). Weitere 15% der Unternehmen haben dieses zumindest als schwerwiegendes Risiko wahrgenommen. Zusammenfassend werden bei den Risikogruppen Leistungserstellung und Unterstützungsprozesse – gefolgt von Marktrisiken und strategischen Risiken – die größten Risiken gesehen.

Die hier zusammengefassten Risikoinformationen können als Orientierungswerte für individuelle Risikoinventare eines Unternehmens dienen. Ein Vergleich mit der oben dargestellten durchschnittlichen Risikostruktur eines Unternehmens bietet insbesondere einen Benchmark, der die Besonderheiten des Risikoprofils des eigenen Unternehmens verdeutlicht.

2.4 Risikoquantifizierung

2.4.1 Notwendigkeit und Nutzen der Risikoquantifizierung

Risikoquantifizierung bzw. Risikobewertung umfasst zwei Teilaufgaben, nämlich die quantitative Beschreibung eines Risikos (durch eine geeignete Wahrscheinlichkeitsverteilung) und die Umrechnung dieser in eine reelle Zahl, das

Risikomaß.[621] Das Risikomaß erlaubt den Vergleich und die Priorisierung von Risiken, die durch unterschiedliche Wahrscheinlichkeitsverteilungen beschrieben werden, und ein einfaches „Rechnen mit Risiken". Falls Risiken außerdem in mehreren Wirkungs-Dimensionen gemessen werden, muss eine Verrechnung zwischen den Dimensionen erfolgen (Zeit, Geld, Reputation, menschliche Gesundheit etc.). Erst dann ist der Vergleich möglich. Bei Unternehmen zählt letztlich die Wirkung auf Gewinn, Ertrag, Cashflow bzw. Unternehmenswert.

Die Risikoquantifizierung kann als ein recht unpopulärer Tätigkeitsbereich im Rahmen des Risikomanagements angesehen werden, weil offenbar viele Menschen erhebliche Schwierigkeiten damit haben, sich bezüglich der Höhe eines Risikos eindeutig quantitativ festzulegen. Dies liegt zum einen möglicherweise auch an Kenntnisdefiziten hinsichtlich der Methoden der Risikoquantifizierung; zum anderen spielen psychologische Aspekte eine Rolle – und zudem ist die durch die Quantifizierung erreichte Transparenz nicht immer im Interesse der für die Quantifizierung zuständigen Mitarbeiter. Teilweise werden Risiken gar als nicht quantifizierbar eingeschätzt.

Im Folgenden wird kurz erläutert, warum die in diesem Kapitel beschriebenen Verfahren der Risikoquantifizierung von so zentraler Bedeutung sind, und welcher Nutzen durch die Risikoquantifizierung (und nur durch diese) zu erreichen ist. Zudem wird aufgezeigt, dass es zur Quantifizierung von Risiken letztlich keine sinnvolle Alternative gibt.

Die Risikoquantifizierung ist aus folgenden Gründen notwendig:

(1) Die Quantifizierung einzelner Risiken ermöglicht deren Priorisierung und den Vergleich mit anderen Risiken eines Unternehmens. Hierzu ist es notwendig, ein Risikomaß zu definieren und/oder die Konsequenz eines Risikos für den Erfolgsmaßstab des Unternehmens (oberstes Ziel, z.B. Unternehmenswert) zu berechnen.

(2) Die quantitative Beschreibung von Einzelrisiken ist zudem eine unverzichtbare Grundlage, um anschließend mittels einer Risikoaggregation den Gesamtrisikoumfang zu berechnen. Nur durch die Quantifizierung der Einzelrisiken kann bestimmt werden mit welcher Wahrscheinlichkeit „bestandsgefährdende Entwicklungen" im Sinne § 91 AktG und § 1 StaRUG durch Kombinationseffekte von Einzelrisiken auftreten. Die Insolvenz- oder Gefährdungswahrscheinlichkeit eines Unternehmens sind Kennzahlen, deren Berechnung die Quantifizierung der diesen zugrundeliegenden Risiken voraussetzt.

(3) Nur mit einer solchen Risikoaggregation sind Aussagen hinsichtlich der nötigen Bemessung von Eigenkapital (Eigenkapitalbedarf) oder Liquiditätsreserven möglich. Die Quantifizierung von Einzelrisiken ist damit die Grundlage für die Finanzierungspolitik, insbesondere also für die adäquate Dimensionierung des Risikodeckungspotenzials.

[621] Im weiteren Sinn zur Risikobewertung zu zählen ist zudem die Beurteilung, ob ein Risiko für ein Unternehmen akzeptabel ist, was vom Risikodeckungspotenzial des Unternehmens und der Risikoneigung der Unternehmensführung abhängt.

(4) Quantifizierung und Aggregation der Risiken sind auch erforderlich, um risikoadäquate Kapitalkosten zu berechnen (siehe Kapitel 5.3). Solche risikoadäquaten Kapitalkosten sind wiederum erforderlich, um bei unternehmerischen Entscheidungen Ertrag und Risiko gegeneinander abwägen zu können (z.B. bei einer Investitionsbewertung).

(5) Erst durch die Risikoquantifizierung kann das Risikomanagement in den Kontext von Planung und Controlling gestellt werden, um die Planungssicherheit zu beurteilen.

(6) Die Quantifizierung von Risiken ist auch notwendig, um die Angemessenheit der Kosten von Risikobewältigungsmaßnahmen zu beurteilen. Man muss die Veränderung des Risikoumfangs z.B. durch eine Versicherungspolice in Zahlen ausdrücken, um diese mit den Kosten der Versicherung, der Versicherungsprämie, vergleichen zu können.

Im Ergebnis sieht man, dass der betriebswirtschaftliche Nutzen von Risikomanagement nur erreichbar ist, wenn die Größe von Einzelrisiken und der Gesamtrisikoumfang durch adäquate Zahlen ausgedrückt werden. Letztlich geht es immer um vom Risikoumfang abhängige Zahlen, wie der angemessenen Höhe der Versicherungsprämie, dem Eigenkapital- oder Liquiditätsbedarf, der Insolvenzwahrscheinlichkeit als Maß der Bestandsgefährdung oder der risikoadäquaten Mindestanforderungen an die Rendite von Investitionen (Kapitalkosten). Ohne eine sachgerechte Quantifizierung der Risiken ist ein leistungsfähiges Risikomanagement nicht etablierbar. Dies liegt insbesondere daran, dass nur über eine Abbildung von Risiken auf Kennzahlen Veränderungen des Risikoumfangs bei unternehmerischen Entscheidungen (§ 93 AktG) angemessen berücksichtigt werden können.[622] Und sämtliche Aktivitäten im Bereich Risikomanagement bringen offensichtlich keinen ökonomischen Mehrwert, wenn die Risikoinformationen nicht bei Entscheidungen berücksichtigt werden und damit nicht zu Maßnahmen und konkreten Handlungen führen. Die Brücke zwischen der Identifikation von Einzelrisiken zu konkreten Maßnahmen der Verbesserung der Risikoposition des Unternehmens geht über Risikoquantifizierung und die im nachfolgenden Kapitel betrachtete Risikoaggregation.

Auch im Risikomanagement gilt also – wie obige Beispiele zeigen – der bekannte Grundsatz ***„If you can meassure it, you can manage it“***[623]. Dass Risiken dennoch häufig nicht quantifiziert werden, hat verschiedene Ursachen. Zu nennen sind insbesondere Probleme mit verfügbaren Daten über Risiken, Kenntnisdefizite hinsichtlich der Methodik zur Risikoquantifizierung und die

[622] Siehe Gleißner/Günther, 2022.

[623] In Anlehnung an Gleißner, 2006a. Die Notwendigkeit einer klaren quantitativen Beschreibung von Risiken wird daran deutlich, dass eine alleinige verbale Umschreibung ein sehr breites Interpretationsspektrum zur Folge hat (Hillson, 2005). Einer Befragung zufolge hat beispielsweise die Wahrscheinlichkeitsaussage „almost certain" eine korrespondierende Eintrittswahrscheinlichkeit von knapp 80 %. „likely" liegt bei rund 60 %, und „impossible" bei immer noch 8 %. Auffällig ist, dass die meisten verbalen Wahrscheinlichkeitsangaben zwischen den Befragten eine Spannweite der zuordenbaren Wahrscheinlichkeiten von 10 % und mehr aufweisen. Die Interpretation einer verbalen Wahrscheinlichkeitsaussage ist zudem stark kontextabhängig (siehe auch Berger, 2018).

Aversion vieler Menschen, mit Zahlen und Mathematik umzugehen (und sich damit nachvollziehbar und klar festzulegen).[624] Als häufigste Begründung hört man in Unternehmen, dass auf eine quantitative Beschreibung des Risikos verzichtet wird, weil über die quantitativen Auswirkungen und die Eintrittswahrscheinlichkeit eines Risikos keine adäquaten (historischen) Daten vorlägen. Das Risiko wird dann nicht quantifiziert und nur als „verbale Merkposition" im Risikomanagement verwaltet. Es fließt entsprechend nicht ein in die Beurteilung der Bestandsgefährdung des Unternehmens, in die Berechnung des Eigenkapitalbedarfs mittels Risikoaggregation oder in die Ableitung risikogerechter Kapitalkostensätze für die Unternehmenssteuerung.

Rechtfertigt eine schlechte Datenqualität einen derartigen Umgang mit einem Risiko? Sicher nicht (vgl. Abschnitt 2.4.8 zum Umgang mit Datenqualitätsproblemen). Entscheidend ist vor allem, dass mit der hier beschriebenen Vernachlässigung eines Risikos eine „Nicht-Quantifizierung" überhaupt nicht erreicht wird. Tatsächlich wird das Risiko in allen genannten Berechnungen nicht berücksichtigt, d.h., es wurde faktisch mit Null quantifiziert (d.h. null Eintrittswahrscheinlichkeit oder null Schadenshöhe). Man sieht: Eine Nicht-Quantifizierung von Risiken gibt es nicht; Nicht-Quantifizierung bedeutet Quantifizierung mit Null. Und dies ist sicherlich häufig nicht die beste Abschätzung eines Risikos. Statt einer derartigen „Null-Quantifizierung" eines Risikos bietet es sich naheliegenderweise an, eine Quantifizierung mit den besten verfügbaren Informationen vorzunehmen und dies können – wenn weder historische Daten noch Vergleichswerte oder andere Informationen vorliegen – selbst subjektive Schätzungen der quantitativen Höhe des Risikos durch Experten des Unternehmens sein (vgl. Abschnitt 2.4.8). Eine akzeptable Qualität solcher Schätzungen lässt sich durch geeignete Verfahren, z.B. eine Verpflichtung zu einer nachvollziehbaren Herleitung, durchaus sicherstellen. Auch die Verwendung subjektiv geschätzter Risiken und deren Verwendung im Risikomanagement ist methodisch zulässig und notwendig, was Sinn 1980 in seiner Arbeit „Ökonomische Entscheidungen bei Unsicherheit" aufgezeigt hat. Auch subjektiv geschätzte Risiken können genauso verarbeitet werden, wie (vermeintlich) objektiv quantifizierte. Man muss sich hier immer über die Alternativen klar sein: Die quantitativen Auswirkungen eines Risikos mit den besten verfügbaren Kenntnissen (notfalls subjektiv) zu schätzen, oder die quantitativen Auswirkungen implizit auf Null zu setzen und damit den Risikoumfang zu unterschätzen. Insgesamt ist damit klar: Nur die Quantifizierung von Risiken schafft einen erheblichen Teil des ökonomischen Nutzens des Risikomanagements zur Unterstützung von Entscheidungen unter Unsicherheit. Die scheinbare Alternative einer Nicht-Quantifizierung von Risiken existiert – wie schon erwähnt – nicht, da nicht quantifizierte Risiken nichts anderes sind als mit Null quantifizierte Risiken.

Fazit: Nach der Identifikation sind alle wesentlichen Unternehmensrisiken also zu quantifizieren. Nur mit quantifizierten Risiken kann man rechnen, sie vergleichen, und z.B. im Hinblick auf die Konsequenzen für Rating oder Unter-

624 Siehe hierzu die empirischen Untersuchungen zur Risikoeinstellung von Managern bei March/Shapira, 1987; Kesten, 2007 und Günther/Detzner, 2008.

nehmenswert beurteilen. Die Risikobewertung umfasst – wie erwähnt – die quantitative Beschreibung eines Risikos durch eine geeignete Wahrscheinlichkeitsverteilung und die Berechnung von Risikomaßen. Da die Bestimmung einer geeigneten quantitativen Beschreibung für ein Risiko durchaus mit erheblichem Arbeitsaufwand, beispielsweise statistischen Analysen, verbunden sein kann, wird man sich hier in der Praxis meist nur auf die für das Unternehmen wichtigen Risiken beschränken. Um eine derartige Fokussierung vornehmen zu können, ist jedoch zumindest eine Grobeinschätzung der quantitativen Höhe eines Risikos erforderlich.

2.4.2 Neustrukturierung von Risiken

Bevor man eine quantitative Beschreibung eines Risikos vornimmt, ist es oft notwendig, die verschiedenen Teilaspekte eines wichtigen und komplexen Risikos, wie z.B. „Risiko Projekt X", adäquat zu strukturieren, d.h., insbesondere sich der oft impliziten Abhängigkeit zwischen den „Teil-Risiken" bewusst zu werden.[625] Auch für eine möglichst überschneidungsfreie und sachgerechte Zusammenfassung der Risiken im Risikoinventar ist fast immer eine Neustrukturierung der zunächst identifizierten und im (ersten) Risikoinventar erfassten Risiken sinnvoll. Schon vor der ersten quantitativen Beschreibung von Risiken durch Wahrscheinlichkeitsverteilungen kann es hilfreich sein, identifizierte Risiken neu zu strukturieren (z.B. also zwei Risiken zusammenzufassen). Dazu gibt es einige einfache (heuristische) Regeln, die für die spätere Risikoaggregation wichtig sind:

1. **Wirkungsaggregation**: Haben zwei Risiken die gleiche Auswirkung, aggregiere die Wahrscheinlichkeiten der Ursachen, beispielsweise im einfachsten Fall durch eine Addition der Eintrittswahrscheinlichkeiten (bei unabhängigen Risiken mit kleiner Eintrittswahrscheinlichkeit).
2. **Ursachenaggregation**: Wenn zwei (oder mehr) Risiken die gleiche Ursache haben, fasse sie zu einem Risiko zusammen und aggregiere die Wirkung, beispielsweise durch die Addition der Schäden (unabhängige Einzelrisiken).
3. **Ausschlussregel**: Wenn beim Eintritt eines bestimmten Risikos ein weiteres Risiko nicht zusätzlich eintreten kann, dann lasse nicht beide Risiken bei der Aggregation gleichzeitig zu (d.h. nicht in gleichen Szenarien).

Diese heuristischen Daumenregeln helfen schon für eine erste Strukturierung. Es ist allerdings zu beachten, dass es grundsätzlich empfehlenswert ist, die tatsächliche stochastische Abhängigkeit auf der Ursachen- und Wirkungsebene verschiedener Risiken beziehungsweise Facetten eines Risikos zu verstehen und dann Risiken zu strukturieren und daraufhin eine (simulationsbasierte) Risikoaggregation vorzunehmen, die eben diese stochastischen Abhängigkeiten adäquat berücksichtigt (vgl. Kapitel 3). Notwendig ist immer ein tieferes Verständnis der Ursachen und Wirkungen aller Chancen und Gefahren (Risiken), die Planabweichungen auslösen können. Die Grundlage ist die Entwicklung eines

[625] Vgl. auch Gleißner, 2001a, zur Strukturierung von Risiken.

„stochastischen Modells", das die bestehenden (stochastischen) Zusammenhänge, wie Abhängigkeiten oder auch Verstärkungseffekte, adäquat beschreibt.

In Abschnitt 2.6.2 wird die hier skizzierte Vorgehensweise an einem Fallbeispiel verdeutlicht.

Mit Hilfe des System-Dynamics-Ansatzes[626] können ergänzend Ursache-Wirkungs-Beziehungen abgebildet und dann computerbasiert simuliert werden, um das Verhalten komplexer Systeme analysieren und denkbare Handlungsalternativen beurteilen zu können.[627] So können auch Abhängigkeit zwischen Risiken dargestellt werden. Die Entwicklung eines Modells für die Entscheidungsgrundlage basierend auf dem System-Dynamics-Prozess verdeutlicht Abbildung 46.[628]

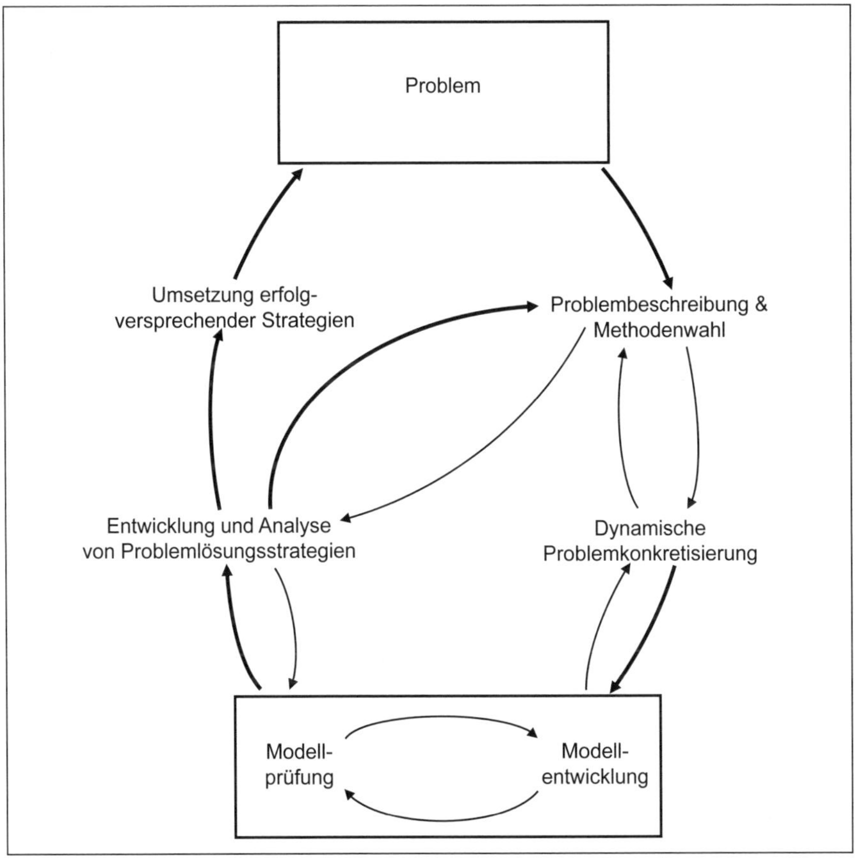

Abbildung 46: Überblick über den System-Dynamics-Prozess[629]

[626] Und damit Instrumente der Kausalanalyse bzw. Kovarianzstrukturanalyse, z.B. bei Gleißner, 1997 und Hillmer, 1993.

[627] Siehe z.B. Strohhecker, 2009 und Strohhecker/Sehnert, 2008 sowie Romeike/Spitzer, 2013.

[628] Quelle: Strohhecker, 2009, S. 10.

[629] Quelle: Strohhecker, 2009, S. 10.

Abbildung 47 zeigt in einem mit diesem Verfahren abgeleiteten Diagramm speziell die Ursache-Wirkungs-Zusammenhänge der Bankenkrise von 2008 und damit ein Beispiel für ein volkswirtschaftliches Modell.

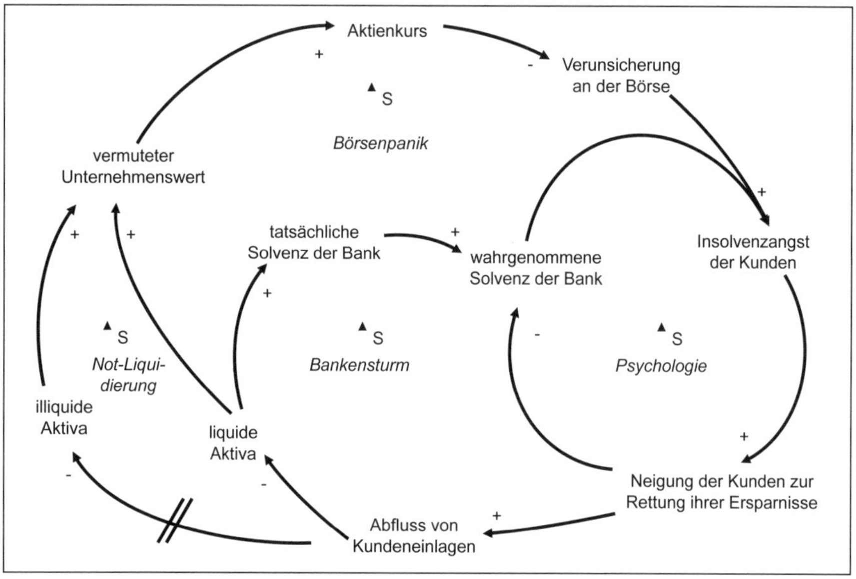

Abbildung 47: Feedback-Diagramm einer akuten Bankenkrise[630]

Auch Unternehmensstrategien und die Zusammenhänge der für sie maßgeblichen Erfolgsfaktoren (einschließlich der Verknüpfung mit operativen Planvariablen) lassen sich auf diese Weise modellieren, und damit sind derartige Kausal-strukturnetze eine sinnvolle Ergänzung zu traditionellen (Finanz-) Planmodellen mit Erfolgsrechnung und Bilanz.

2.4.3 Relevanzeinschätzung und Szenariotechnik

Als Einstieg in die Risikoquantifizierung erfolgt meist begleitend zur Risikoidentifikation eine „grobe" Ersteinstufung des Risikos mit Hilfe der Relevanz, wie bereits in Kapitel 2.3.10 einführend erläutert.

Die Relevanz ist ein Ausdruck für die Gesamtbedeutung des Risikos für das Unternehmen. Sie ist vor allem abhängig von folgenden Charakteristika eines Risikos: mittlere Ertragsbelastung (Erwartungswert), realistischer Höchstschaden (oder besser Value at Risk[631]) und Wirkungsdauer. In der Praxis wird bei einer Ersteinschätzung des Risikos die Relevanz durch kompetente Mitarbeiter des Unternehmens geschätzt, die sich hierbei für alle Risiken mit einer bestimmten Mindesteintrittswahrscheinlichkeit (z.B. 1 %) vor allem am realistischen Höchstschaden orientieren.

[630] Quelle: Strohhecker, 2009, S. 12.
[631] Vgl. Abschnitt 3.4.4.

Mit Hilfe von Relevanzklassen erfolgt ein einfaches (und dennoch fundiertes) erstes Ranking der Risiken. Diese können z.B. in einer Skala mit Werten von „1“ (unbedeutend) bis „5“ (existenzgefährdend) wie folgt abgebildet werden:

Relevanzskala			
Relevanz-klasse	**Bedeutung**	**Geschätzte Wirkung in % auf EBIT**	**Erläuterung**
1	Unbedeutendes Risiko	< 1 %	Unbedeutende Risiken, die weder Jahresüberschuss noch Unternehmenswert spürbar beeinflussen.
2	Mittleres Risiko	< 10 %	Mittlere Risiken, die eine spürbare Beeinträchtigung des Jahresüberschusses bewirken.
3	Bedeutendes Risiko	< 100 %	Bedeutende Risiken, die den Jahresüberschuss stark beeinflussen oder zu einer spürbaren Reduzierung des Unternehmenswertes führen.
4	Schwerwiegendes Risiko	≥ 100 %	Schwerwiegende Risiken, die zu einem Jahresfehlbetrag führen und den Unternehmenswert erheblich reduzieren.
5	Bestandsgefährdendes Risiko	> 400 %	Bestandsgefährdende Risiken, die mit einer wesentlichen Wahrscheinlichkeit den Fortbestand des Unternehmens gefährden.

Tabelle 17: Relevanzskala

Die Festlegung der Relevanz stellt einen Ansatz zur vereinfachenden Verdichtung vieler Aspekte eines Risikos dar und reduziert somit die Komplexität der realen Gegebenheiten.[632] Vorsicht ist allerdings geboten, falls sich einzelne Risiken gegenseitig beeinflussen, vielleicht sogar verstärken. Eine abschließende Bewertung der Relevanz eines Risikos ist damit erst nach der Risikoaggregation möglich (vgl. Kapitel 3).

Die Relevanzbewertung dient daher zunächst als „Abbruchkriterium“ für eine vertiefende quantitative Analyse. Dadurch wird verhindert, dass zu viel Aufwand für relativ nebensächliche Sachverhalte verwendet wird. Was unbedeutend ist, kann mit geringerem Aufwand abgehandelt werden. Oft werden zunächst nur Risiken intensiver untersucht und präziser quantifiziert, die Relevanzen von 3, 4 oder 5 aufweisen. Grundsätzlich ist auch die Einbeziehung von Risiken aus Relevanzklasse 2 wünschenswert.

[632] Als Hilfsmittel und Vorbereitung für die Risikoquantifizierung existieren eine Vielzahl von Methoden, wie z.B. analytische Hierarchie und Hierarchisierungsverfahren, Kosteneffizienzanalysen, Prozessanalysen etc.

Damit sind bereits drei wichtige Funktionen der Relevanz genannt worden:

- Die Relevanz als „Abbruchkriterium" spielt eine wichtige Rolle als Filter, um zu unterscheiden, welche Risiken überhaupt im Rahmen des Risikomanagements Berücksichtigung finden (Komplexitätsreduktion der Risikoanalyse).
- Die Relevanz als Ordnungskriterium ermöglicht ein erstes Ranking von Risiken im Risikoinventar.
- Die Relevanz dient als Schätzung für die Wirkung eines Risikos auf den Unternehmenswert (als Erfolgsmaßstab des Unternehmens).

Darüber hinaus erfüllt die Relevanz noch weitere Funktionen: Die Relevanzeinstufung erleichtert auch die Kommunikation, da sie Informationen komprimiert darstellt. Eine Relevanzskala ist viel anschaulicher als eine mathematische Verteilungsfunktion. Die Kommunikation relevanter Risikoinformationen ist eine wesentliche Aufgabe des Risikomanagements (vgl. Kapitel 6). Zur Vermeidung einer Überlastung der Berichtsempfänger sollte bei der Berichterstattung eine Abstufung nach der Relevanz der Risiken erfolgen. Über weniger relevant erscheinende Risiken sollte weniger häufig berichtet werden als über bedeutende. Auch bei der Risikobewältigung sollten die Schwerpunkte so gesetzt werden, dass die Handhabung eines Risikos in Relation zu der Relevanz steht. Dies sollte sich z.B. bei der Intensität von Überwachung, Dokumentation und Berichterstattung niederschlagen.

Nach einer präziseren Risikoquantifizierung, wie sie in den folgenden Abschnitten erläutert wird, ist auch eine exakte Berechnung der Relevanz möglich. Daher wird später noch deutlich, dass die Relevanz gerade den Wertbeitrag eines Risikos zeigt (Abschnitt 2.4.12).

Eine ergänzend oft nützliche „halb-quantitative" Methode der Beurteilung von Risiken stellt die Szenariotechnik dar, bei der schon verschiedene „Einzelrisiken" verdichtet werden können.[633]

Als Szenario wird die Zusammenfassung aller verfügbaren Informationen bezüglich einer zukünftigen Entwicklung für einen Prognosegegenstand bezeichnet. Oft werden drei Szenarien betrachtet:

- best case: Die günstigste realistische Entwicklungschance wird dargestellt
- worst case: Das pessimistischste realistische Szenario wird gezeigt.
- Basisszenario: wahrscheinlichste oder – besser – „im Mittel" zu erwartende Entwicklung auf Basis existierender Erfahrungswerte („Trendszenario")

Die Szenariotechnik wird oft in folgenden Schritten durchgeführt:

1. Schritt: Strukturierung und Definition des Untersuchungsfeldes (speziell der exogenen Risikofaktoren).
2. Schritt: Identifizierung und Strukturierung der wichtigsten Einflussfaktoren auf das Untersuchungsfeld (Umfeld).
3. Schritt: Ermittlung von Entwicklungstendenzen und kritischer Kenngrößen des Umfelds („exogene Risikofaktoren").

[633] In enger Anlehnung an Schmitz/Wehrheim, 2006, S. 74 f.

4. Schritt: Bildung und Auswahl alternativer und konsistenter Annahmebündel bezüglich der Zukunftsentwicklung (Fragestellung und Zielgröße).
5. Schritt: Interpretation der ausgewählten Umfeldszenarien.
6. Schritt: Analyse der Auswirkungen signifikanter Störereignisse (Einzelrisiken oder exogener Risikofaktoren).
7. Schritt: Ausarbeitung der Szenarien bzw. Ableitung von Konsequenzen für das Untersuchungsfeld (Zielgrößen).
8. Schritt: Ableiten der sinnvollen Maßnahmen.

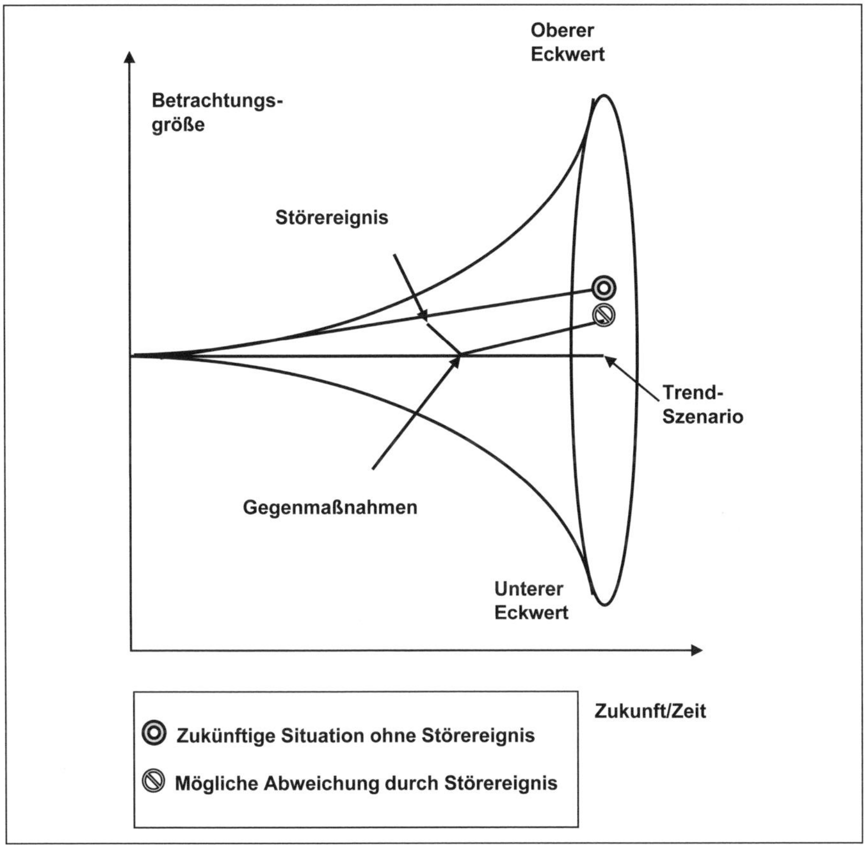

Abbildung 48: Szenariotechnik[634]

Die Szenariotechnik kann für die Vorbereitung der eigentlichen Risikoquantifizierung, die im Folgenden betrachtet wird, eine nützliche Strukturierungshilfe sein.

[634] Quelle: Schmitz/Wehrheim, 2006.

2.4.4 Quantitative Beschreibung von Risiken mit Wahrscheinlichkeitsverteilungen

2.4.4.1 Grundlagen und Grundregeln

Für die wesentlichen Risiken gemäß Relevanzeinschätzung ist eine präzisere Quantifizierung notwendig. Dabei sollte ein Risiko zunächst durch eine geeignete (mathematische) Verteilungsfunktion beschrieben werden. Häufig werden Risiken dabei durch Eintrittswahrscheinlichkeit und (sichere) Schadenshöhe quantifiziert, was einem Spezialfall der sogenannten Binomialverteilung[635] („digitale Verteilung") entspricht. Viele Risiken, wie Abweichung bei Umsatzwachstum, Instandhaltungskosten oder Zinsaufwendungen, die mit unterschiedlicher Wahrscheinlichkeit verschiedene Höhen erreichen können, werden dagegen durch andere Verteilungsfunktionen (z.B. eine Normalverteilung mit Erwartungswert und Standardabweichung) beschrieben.

In der Regel werden – außer im Kontext von Versicherungen (vgl. Abschnitt 4.5) – Risiken durch eine Verteilung beschrieben. Diese Verteilung beschreibt dann die monetären Auswirkungen des Risikos in einem Jahr und damit integriert Häufigkeit des Eintretens und Höhe der Auswirkungen des Risikos. Eine differenziertere Betrachtung ist möglich, wenn ein Risiko durch zwei Wahrscheinlichkeitsverteilungen beschrieben wird, die dann erst wieder im zweiten Rechenschritt auf eine Wahrscheinlichkeitsverteilung der Ergebniswirkung, z.B. eines Jahres, verdichtet werden.[636] Dabei beschreibt man das Risiko durch (1) eine Verteilung für die Häufigkeit des Risikoeintritts in einer Periode und (2) eine Wahrscheinlichkeitsverteilung für die Schadenshöhe je eingetretenem Risikofall.

Die nachfolgende Abbildung 49 zeigt wie sich ableiten lässt, ob bei der Quantifizierung eines Risikos von einer Bandbreite um einen Planwert („Volatilität") oder einem ereignisorientierten Risiko auszugehen ist. Bei ereignisorientierten Risiken ist zu unterscheiden zwischen der Angabe (1) einer Eintrittswahrscheinlichkeit in einer Periode und (2) einer Verteilung für die Häufigkeit des Eintritts in einer Periode (wie speziell die Poisson-Verteilung). Zu beachten ist, dass man bei ereignisorientierten Risiken auch noch eine zweite Wahrscheinlichkeitsverteilung für die Auswirkung benötigt.

---

635 Bernoulli-Verteilung.

636 Ergänzend zu erwähnen sind hier die sogenannten Compound-Verteilungen, die durch die Aggregation (Faltung) mehrerer Wahrscheinlichkeitsverteilungen entstehen und die zwischen diesen bestehenden Abhängigkeiten berücksichtigen (siehe Vanini/Rieg, 2021a, S. 112 ff.).

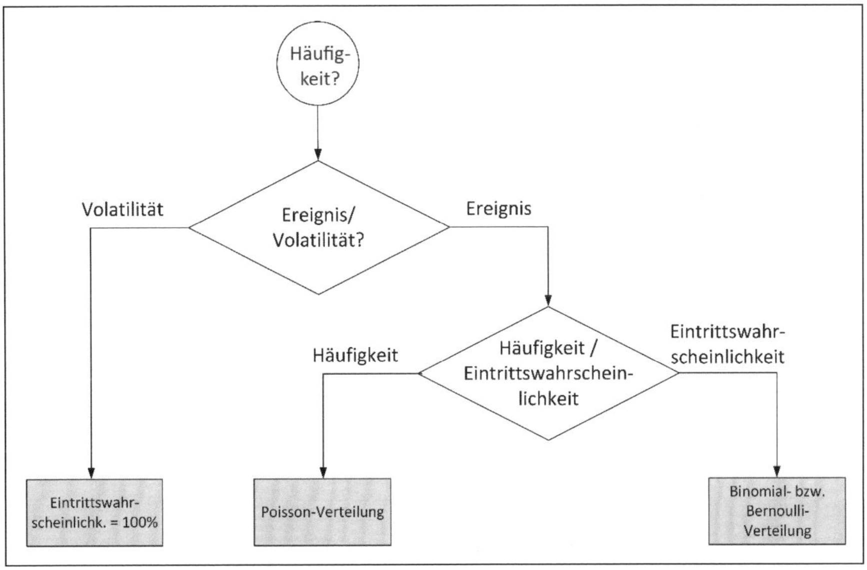

Abbildung 49: Entscheidungsbaum zur Bestimmung der Verteilung für Eintrittswahrscheinlichkeit bzw. Häufigkeit (Quelle: Romeike/Stallinger, 2021, S. 160)

Die wichtigsten Verteilungsfunktionen im Rahmen des Risikomanagements sind Binomialverteilung, Normalverteilung und Dreiecksverteilung.[637]

Grundsätzlich kann und sollte bei der quantitativen Beschreibung eines Risikos diejenige Wahrscheinlichkeitsverteilung genutzt werden, die dem Charakter des Risikos möglichst gut entspricht.[638] Die Festlegung auf genau eine Art von Wahrscheinlichkeitsverteilung für alle Risiken – z.B. die Binomialverteilung mit Schadenshöhe und Eintrittswahrscheinlichkeit – ist nicht sachgerecht und nicht nötig, weil durch den Einsatz adäquater Methoden auch unterschiedliche Wahrscheinlichkeitsverteilungen zur Berechnung des Gesamtrisikoumfangs aggregiert werden können (siehe zum Einsatz der Monte-Carlo-Simulation Kapitel 3).

Der größte Teil aller Risiken wird in der Praxis von Industrie- und Handelsunternehmen nur durch die drei genannten Wahrscheinlichkeitsverteilungen beschrieben (vgl. folgende Abbildung 50 mit einigen typischen Verteilungen).

637 Vgl. Gleißner/Romeike, 2005b, S. 211 ff. und Albrecht/Maurer, 2016.
638 Vgl. z.B. Strobel, 2012 mit Erläuterungen zur Bestimmung passender Verteilungen sowie Cottin/Döhler, 2009 und Vose, 2008.

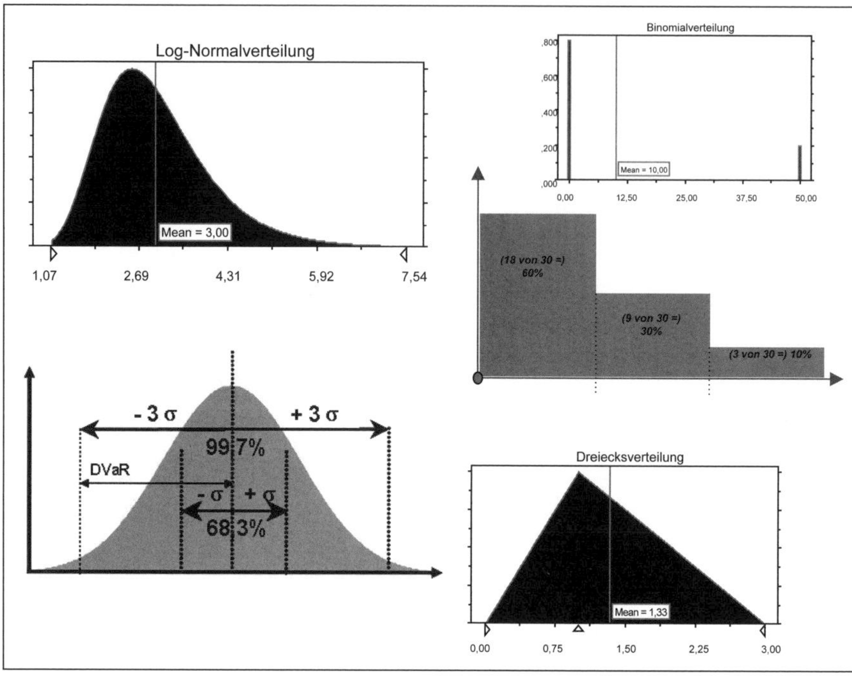

Abbildung 50: Wahrscheinlichkeitsverteilungen

Traditionell Verwendung findet die **Binomialverteilung**, die ein Risiko nur durch **Schadenshöhe** und **Eintrittswahrscheinlichkeit** beschreibt.[639] Diese ist angemessen, wenn man sogenannte „ereignisorientierte Risiken" betrachtet. Bei diesen kann man näherungsweise davon ausgehen, dass das entsprechende Risiko genau einmal in einem Jahr mit der Wahrscheinlichkeit p eintritt und dann eine bestimmte monetäre Auswirkung (z.B. Schaden) zur Konsequenz hat. Typische Anwendungsfälle sind der Verlust eines Schlüsselkunden, der Brand in einer Fabrik, die Änderungen eines relevanten Gesetzes oder der Ausfall einer kritischen Maschine. Ereignisorientierte Risiken sind damit entweder „Chance" oder „Gefahr" – aber nicht beides zugleich.[640]

Risiken, die Chance und Gefahr zugleich darstellen, kann man z.B. durch die **Normalverteilung** – die bekannte Gauss'sche Glockenkurve – beschreiben. Für ihre Spezifikation benötigt man den Erwartungswert, der aussagt, was „im Mittel" passiert, und eine „Bandbreite" (Standardabweichung), die den Umfang „üblicher" positiver oder negativer Abweichungen spezifiziert. Die Normalverteilung ist symmetrisch, d.h. positive und negative Abweichungen sind gleich wahrscheinlich und gleich stark ausgeprägt. Die Normalverteilung findet insbesondere zur Beschreibung von Risiken Anwendung, die man als Verdichtung

---

[639] Damit legt man sich auf eine spezielle Binominalverteilung fest, bei der ein Ereignis in einer Periode nur genau n = 1 mal eintreten kann.

[640] Kann ein Ereignis mehr als einmal innerhalb eines Jahres eintreten, benötigt man dagegen die Poissonverteilung oder eine allgemeine Binomialverteilung (n > 1), vgl. Abschnitt 2.4.4.2.

vieler einzelner kleiner (und unabhängiger) Einzelereignisse auffassen kann. So ist die Normalverteilung näherungsweise gut geeignet für die quantitative Beschreibung von Nachfrageschwankungen, Umsatzschwankungen, Zinsänderungs- und Währungsrisiken, Aktienrenditen sowie Rohstoffpreisänderungen (speziell also für „marktbezogene" Risiken).[641]

Für die Beschreibung von Risiken, die entweder einen Chancen- oder einen Gefahrenüberhang aufweisen, kann man im einfachsten Fall die sogenannte **Dreiecksverteilung** verwenden. Bei dieser wird eine betrachtete risikobehaftete Größe (z.B. die Kosten eines Projektes) beschrieben durch (a) Mindestwert, (b) wahrscheinlichsten Wert und (c) Maximalwert.[642] Die Dreiecksverteilung dient insbesondere zur Beschreibung asymmetrischer, „planungsbezogener" Risiken. Beispiele: risikobedingt mögliche Bandbreite des Marktanteils, der Personalkosten oder der Höhe der Investitionen in einem Projekt.

Die drei genannten Verteilungen stellen im Allgemeinen den notwendigen Mindestumfang des mathematisch-statistischen Instrumentariums für eine sachgerechte Quantifizierung von Risiken dar.[643] Im nachfolgenden Exkurs werden die hier erläuterten Verteilungen noch etwas formaler beschrieben und es werden ergänzend einige weitere nützliche Wahrscheinlichkeitsverteilungen vorgestellt.

Selbst wenn man sich nur auf die erläuterten drei Wahrscheinlichkeitsverteilungen bei der Risikoquantifizierung beschränken möchte, sollte man bedenken, dass diese oft nur „kombiniert" eine adäquate Beschreibung eines Risikos zulassen. Man denke z.B. an den Fall, dass zwar einem ereignisorientierten Risiko eine bestimmte Eintrittswahrscheinlichkeit zugeordnet werden kann – aber die Schadenshöhe selbst unsicher ist. Oft ist es daher sachgerecht, z.B. Binomial- und Dreiecksverteilung zu kombinieren.

Beispiel: Der Schaden S tritt z.B. mit $p = 10\,\%$iger Wahrscheinlichkeit ein und der unsichere Schaden ist dann durch 10 (Mindestwert), 20 (wahrscheinlichster Wert) und 60 (Maximalwert) charakterisiert (Dreiecksverteilung, vgl. folgende Abbildung).

641 Es ist anzumerken, dass zur Beschreibung der Extrem-Ereignisse an einem Kapitalmarkt – einem Crash – ergänzend zur Normalverteilung andere Quantifizierungstechniken notwendig sind, wie z.B. die Pareto-Verteilung.

642 Mit den gleichen Parametern kann man als eine „geschwungene" Variante zur Dreiecksverteilung eine Beta-Verteilung bzw. konkret „BetaPert-Verteilung" verwenden.

643 Vgl. auch Strobel, 2012, für die Auswahl geeigneter Wahrscheinlichkeitsverteilungen sowie Klein, 2011.

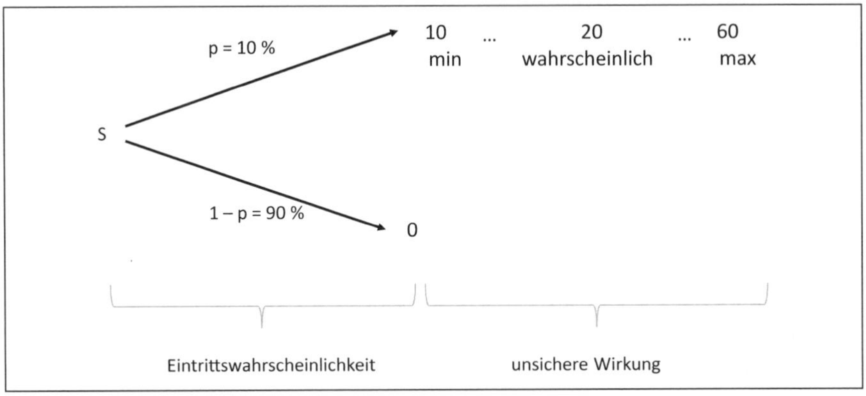

Abbildung 51: „ereignisorientierte" Risiken mit unsicherer Wirkung

Eine sachgerechte Quantifizierung auch ereignisorientierter Risiken fordert die hier skizzierte Quantifizierung der Unsicherheit der Auswirkungen, also z.B. der Unsicherheit des Schadens. Ignoriert man die Unsicherheit über die Schadenshöhe, wird ein Risiko unterschätzt. Gibt man also beispielsweise nur die wahrscheinliche oder erwartete Schadenshöhe an, fehlen die besonders wichtigen Informationen über mögliche negative Extremausprägungen des Risikos. Damit ignoriert man genau die Informationen, die zu betrachten sind, wenn man mögliche „bestandsgefährdende Entwicklungen" erkennen möchte. Die gesetzlichen Mindestanforderungen an das Risikomanagement aus § 91 AktG und § 1 StaRUG lassen sich so nicht erfüllen.

Gibt man stattdessen nur einen „realistischen Maximalschaden" an, wird der Risikoumfang überschätzt. Man kombiniert dann nämlich die Wahrscheinlichkeit, dass das Risiko überhaupt eintritt, mit der – wesentlich geringeren – Wahrscheinlichkeit, dass es zu einem Maximalschaden kommt.

Eine sachgerechte Quantifizierung ist also nur möglich, wenn man bei unsicheren Schadensauswirkungen diese Unsicherheit auch durch die Angabe einer entsprechenden Bandbreite (Wahrscheinlichkeitsverteilung) ausdrückt. Die Angabe von Eintrittswahrscheinlichkeit und (sicherer) Schadenshöhe ist nahezu immer falsch und die Quantifizierung von Risiken mit dieser Methode zeigt einen schwerwiegenden Mangel im Risikomanagement.

Für die Quantifizierung eines Risikos kann man sich an tatsächlich in der Vergangenheit eingetretenen Risikowirkungen (Schäden), an Benchmarkwerten aus der Branche oder an selbst erstellten (realistischen) Schadensszenarien orientieren, die dann präzise zu beschreiben und hinsichtlich einer möglichen quantitativen Auswirkung auf das Unternehmensergebnis zu erläutern sind.[644]

Bei der Risikoquantifizierung ist zudem wichtig, explizit zwischen „Bruttowirkungen" und „Nettowirkungen" eines Risikos zu unterscheiden.[645] Für die

644 Die Wahrscheinlichkeitstheorie ist die mathematische Basis für die Kombination subjektiver und objektiv ermittelter Daten: Probability = degree of believe (vgl. Sinn, 1980 und Abschnitt 1.3 zum Wahrscheinlichkeitsbegriff).

645 Hierbei sind grundsätzlich auch die Konsequenzen für die Umsatz- und die Kostenentwicklung zu betrachten, um Ergebniswirkungen zu vergleichen.

Risikoquantifizierung sind letztlich die Nettowirkungen relevant, bei denen sämtliche momentan realisierten Risikobewältigungsverfahren (z.B. Versicherungen) bereits berücksichtigt sind. Für die Herleitung der Nettorisiken kann es jedoch sinnvoll sein, zunächst die Bruttorisiken aufzuzeigen, also eine Risikoquantifizierung ohne Berücksichtigung von Risikobewältigungsmaßnahmen durchzuführen. Dies ist insbesondere sinnvoll und möglich, wenn klar abgrenzbare Risikobewältigungsverfahren betrachtet werden (z.B. Versicherungen). In vielen Fällen ist eine Berechnung der Bruttorisiken jedoch kaum möglich, da es weitgehend willkürlich ist, welche Arten von Risikobewältigung „herausgerechnet" werden sollen.[646]

Ebenfalls ist es für die Risikoquantifizierung wichtig, grundsätzlich lediglich unvorhersehbare Veränderungen oder Planabweichungen bei der Berechnung zu berücksichtigen. Wenn die Erstellung der Planwerte auf einem quantitativen Prognosemodell, beispielsweise einer Regressionsgleichung, basiert, sind die notwendigen Input-Daten für die Schätzung der Wahrscheinlichkeitsverteilung genau die Prognose-Residuen, also der Anteil der Veränderung, der nicht prognostizierbar war.[647]

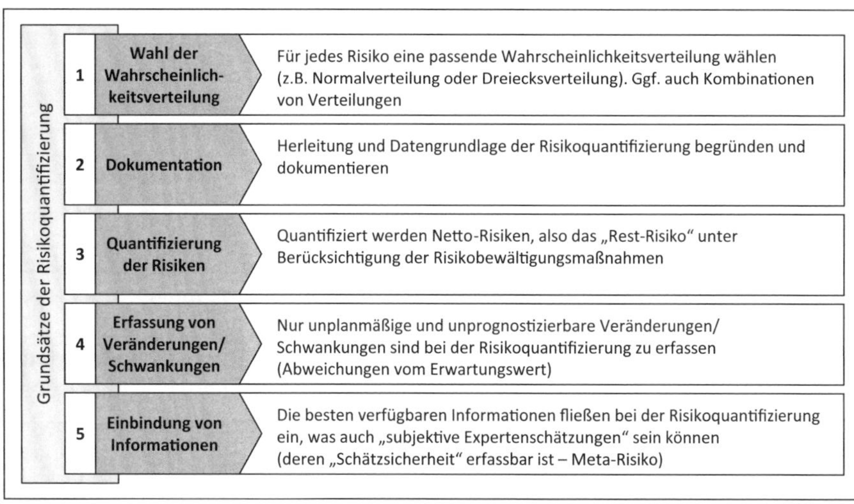

Abbildung 52: Grundsätze der Risikoquantifizierung

Mit den oben erläuterten Überlegungen kann man in vielen Fällen schon recht einfach festlegen, welche Art von Wahrscheinlichkeitsverteilung für die quantitative Beschreibung eines Risikos geeignet ist. Wird ein Risiko neu identifiziert, für das eine geeignete Wahrscheinlichkeitsverteilung festzulegen ist, kann man auch noch ein wesentlich feineres Kriteriensystem aufbauen, um ein Risiko

---

646 Soll z.B. die adäquate Ausbildung der Mitarbeiter bei der Quantifizierung von technischen Risiken vernachlässigt werden?

647 Vgl. Gleißner, 2001a und Gleißner/Füser, 2000.

sachgerecht zu quantifizieren (vgl. Abschnitt 2.4.7 mit einem Leitfaden zur Risikoquantifizierung).[648]

Die folgenden Abbildungen nennen einige typische Charakteristika von Verteilungen und erläutern, welche Modellierung in Anbetracht bestimmter Charakteristika angemessen erscheint. So kann eine als geeignet erscheinende Verteilung ausgewählt werden. Wenn ausreichend Daten zur Verfügung stehen, sollte diese Vorauswahl natürlich mit einem statistischen Anpassungstest untermauert werden.

Man kann die gesuchte Verteilungsfunktion mit bestimmten Adjektiven, die ihren Verlauf charakterisieren, verbinden. o = nicht entscheidbar

Verteilung / Adjektiv	Dreieck	Trapez	Normal	LogNormal	Laplace
beschränkt	++	++	–	–	–
unbeschränkt	--	--	++	++	++
symmetrisch	o	o	++	--	++
schief	+	–	--	++	--
gleichverteilt	–	++	–	–	--
gebremst abfallend	--	--	-	o	++
beschleunigt abfallend	--	--	++	o	--
gleichmäßig abfallend	++	++	--	--	--

Abbildung 53: Charakteristika von Verteilungsfunktionen[649]

Liegen für ein Risiko genügend historische Daten vor, z.B. Schadensdaten oder Umsätze oder Materialpreise, kann mittels statistischer Hypothesentests auch geprüft werden, ob die angenommene Wahrscheinlichkeitsverteilung in Anbetracht der vorhandenen Daten „passt". Bei derartigen Tests wird von der (Null-)Hypothese ausgegangen, dass die gewählte Wahrscheinlichkeitsverteilung vorliegt, und es wird geprüft, ob diese anhand der vorliegenden Daten zu einem vorgegebenen Wahrscheinlichkeitsniveau (oft 5 %) zu verwerfen ist. Die grundsätzliche Vorgehensweise für den statistischen Test einer Wahrscheinlichkeitsverteilung wird anhand des einfachen Chi-Quadrat-Tests z.B. bei Bamberg/Baur, 2009 erläutert.[650]

[648] Siehe z.B. Klein, 2011.

[649] Quelle: Strobel, 2012, S. 52.

[650] Für weiterführende Erläuterungen und spezielle Tests zu einzelnen Wahrscheinlichkeitsverteilungen (z.B. den Kolmogorow-Smirnow-Test oder den Shapiro-Wilk-Test für die Normalverteilung) sei auf die weiterführende Literatur verwiesen (z.B. Bamberg/Baur, 2009).

Zum Ermitteln einer Verteilung kann dann der folgende Fragenkatalog benutzt werden.

Adjektiv	Fragestellung
beschränkt	Kann der Erwartungsbereich konkret eingeschränkt werden?
unbeschränkt	Kann der Erwartungsbereich in keine Richtung eingeschränkt werden?
symmetrisch	Ist die Schwankungswahrscheinlichkeit in beide Richtungen gleich?
schief	Ist eine Abweichung vom wahrscheinlichsten Wert in eine bestimmte Richtung wahrscheinlicher?
gleichverteilt	Ist die Schwankungswahrscheinlichkeit in einem gewissen Bereich gleich und fällt außerhalb dieses Bereichs ab?
abgebremst abfallend	Fällt die Wahrscheinlichkeit mit steigendem Abstand zum wahrscheinlichsten Wert langsamer?
beschleunigt abfallend	Fällt die Wahrscheinlichkeit mit steigendem Abstand zum Mode schneller?
gleichmäßig abfallend	Fällt die Wahrscheinlichkeit mit steigendem Abstand zum wahrscheinlichsten Wert gleichmäßig in der jeweiligen Richtung?

Abbildung 54: Fragestellungen zur Bestimmung der Verteilungsfunktion[651]

2.4.4.2 Exkurs: Die wichtigsten Wahrscheinlichkeitsverteilungen näher betrachtet

(1) Binomialverteilung

Die Binomialverteilung (auch binomische Verteilung genannt) beschreibt die Wahrscheinlichkeit, dass bei n-maliger Wiederholung eines sogenannten Bernoulli-Experiments das Ereignis A genau k-mal eintritt. Ein Bernoulli-Experiment ist dadurch gekennzeichnet, dass genau zwei Ereignisse A_1 und A_2 mit der Wahrscheinlichkeit p bzw. 1 – p auftreten, diese Wahrscheinlichkeiten sich bei den Versuchswiederholungen nicht verändern und die einzelnen Versuche sich nicht gegenseitig beeinflussen, also unabhängig voneinander sind. Man kann sich dies vorstellen als das Ziehen von verschiedenfarbigen Kugeln aus einer Urne mit Zurücklegen. Ein Beispiel für das Auftreten dieser Wahrscheinlichkeitsverteilung ist das mehrmalige Werfen einer Münze (vgl. Formel (1.9) in Abschnitt 1.2.4.2).

Ein oft in der Praxis des Risikomanagements verwendeter Spezialfall der Binomialverteilung ist die „digitale Verteilung" (auch Bernoulli-Verteilung genannt). Hier bestehen die zwei möglichen Ereignisse aus den Werten Null und Eins, d.h. „trifft ein" bzw. „trifft nicht ein" (n = 1). Der Erwartungswert einer Binomialverteilung (für n = 1) mit Schadenshöhe SH und Eintrittswahrscheinlichkeit p beträgt

$$E(X) = p \cdot SH \tag{2.4}$$

die Standardabweichung[652]

$$\sigma(X) = \mathrm{SH} \cdot \sqrt{(1-\mathrm{p}) \cdot \mathrm{p}} \tag{2.5}$$

[651] Quelle: Strobel, 2012, S. 52.

[652] Allgemein gilt $E(X) = n \cdot p \cdot SH$ und $\sigma = SH \cdot \sqrt{n \cdot (1-p) \cdot p}$.

(2) Poissonverteilung

Die Poissonverteilung kann verwendet werden für die Quantifizierung des Auftretens seltener Ereignisse (z.B. Schadensereignisse). Die Poissonverteilung wird immer dann eingesetzt, wenn nur die Häufigkeit oder der Durchschnitt von Häufigkeiten für das Eintreten eines Ereignisses während einer bestimmten Zeitspanne bekannt sind.[653] Unbekannt ist dann, wie häufig pro Zeiteinheit ein Ereignis nicht auftritt. Ein Anwendungsbeispiel ist das Auftreten von Schadensfällen bei einer Versicherung innerhalb eines Jahres.

Die Poissonverteilung ist eine diskrete Wahrscheinlichkeitsverteilung, die positiven reellen Zahlen folgende Wahrscheinlichkeiten zuordnet.

$$P_{\lambda}(x) = \frac{\lambda^{x}}{x!} e^{-\lambda} \qquad (2.6)$$

Die Verteilungsfunktion der Poissonverteilung lautet:[654]

$$F_{\lambda}(x) = \sum_{k=0}^{x} P_{\lambda}(k) = e^{-\lambda} \sum_{k=0}^{x} \frac{\lambda^{k}}{k!} \qquad (2.7)$$

Die Poissonverteilung hat den Vorteil, dass sie durch die Angabe lediglich eines Parameters λ exakt beschrieben wird, der sowohl den Erwartungswert als auch die Varianz repräsentiert.

$$E(X) = VAR(X) = \lambda$$
$$\text{und damit } \sigma(X) = \sqrt{\lambda}. \qquad (2.8)$$

Der Variationskoeffizient beträgt damit $\frac{1}{\sqrt{\lambda}}$.

Die Poissonverteilung weist die sogenannte Reproduktivitätseigenschaft auf, d.h., die Summe von poissonverteilten unabhängigen Zufallsvariablen mit Parametern λ_i ist wiederum poissonverteilt mit Parameter $\sum \lambda_i$.

---

653 Wenn das zeitliche Eintreffen seltener Ereignisse einen Poisson-Prozess bildet, folgen die Zeitintervalle zwischen den Ereignissen einer Exponentialverteilung (vgl. (6)).

654 Für große n und kleine p kann die Binomialverteilung durch die Poissonverteilung (mit $\lambda = n \cdot p$) angenähert werden. Als Faustregel gilt, dass die Näherung bei $n > 50$, $p < 0{,}1$ und $n \cdot p < 5$ hinreichend gut ist. Für große λ wiederum kann die Poissonverteilung durch eine Normalverteilung mit Erwartungswert λ und Standardabweichung $\sqrt{\lambda}$ approximiert werden. Eine Alternative zur Poissonverteilung für Daten, bei denen $E(X) = VAR(X)$ nicht gegeben ist, stellt die negative Binomialverteilung dar.

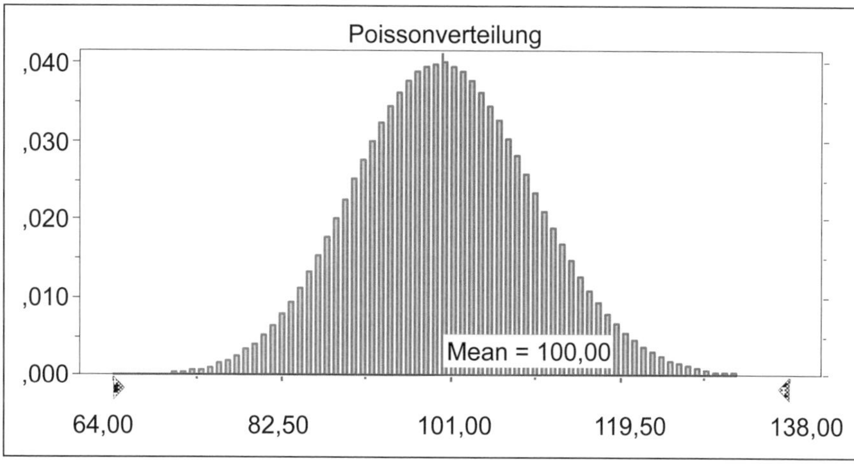

Abbildung 55: Poissonverteilung mit λ = 100

(3) Normalverteilung und Lognormalverteilung

Die Normalverteilung ist die wichtigste (symmetrische) Wahrscheinlichkeitsverteilung. Sie kommt in der Praxis häufig vor. Dies ergibt sich aus dem sogenannten zentralen Grenzwertsatz. Dieser besagt, dass eine Zufallsvariable annähernd normalverteilt ist, wenn diese als Summe einer großen Anzahl voneinander unabhängiger Summanden aufgefasst werden kann, von denen jeder zur Summe nur einen unbedeutenden Beitrag liefert. Hat ein Unternehmen beispielsweise eine Vielzahl von etwa gleichbedeutenden Kunden, deren Kaufverhalten nicht voneinander abhängig ist, kann man annehmen, dass (Mengen-) Abweichungen vom geplanten Umsatz annähernd normalverteilt sein werden. Es ist in einem solchen Fall also unnötig, jeden Kunden einzeln zu betrachten, sondern es kann der Gesamtumsatz analysiert werden.

Die Normalverteilung $N(\mu,\sigma)$ wird durch den Erwartungswert $E(X) = \mu$, der dem Risiko zugrunde liegenden Zufallsvariablen X und der Standardabweichung σ, als Streuungsmaß, charakterisiert. Die Wahrscheinlichkeitsdichte f wird beschrieben durch

$$f_N(x) = \frac{1}{\sqrt{2\pi} \cdot \sigma} \cdot e^{-\frac{(x-\mu)^2}{2\sigma^2}} \quad (2.9)$$

Eine wichtige Eigenschaft der Normalverteilung ist die Stabilität bei Addition, d.h., die Summe unabhängiger normal-verteilter Zufallsvariablen ist wieder normalverteilt. Speziell gilt für n unabhängige Zufallsvariablen X_i, die normalverteilt sind mit $N(\mu,\sigma)$, dass ihr arithmetisches Mittel wiederum normalverteilt ist mit gleichem Erwartungswert μ und neuer Varianz σ^2/n bzw. Standardabweichung $\sigma / \sqrt{n}$.

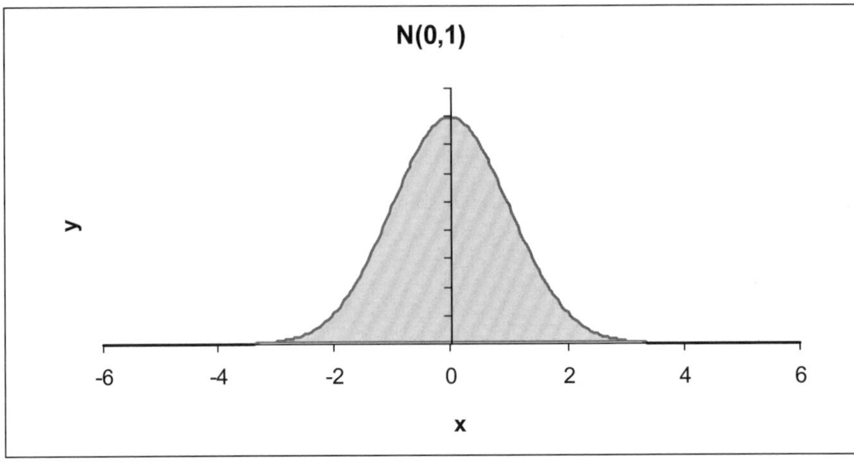

Abbildung 56: Dichtefunktion der Standardnormalverteilung

Die folgende Tabelle zeigt wichtige Quantile der Standardnormalverteilung (N (0,1)). Man kann aus der Tabelle z.B. ableiten, dass mit einer Wahrscheinlichkeit von p=1 % eine Abweichung von mehr als 2,32-mal der Standardabweichung (σ) auftritt.

Wahrscheinlichkeit p	Quantil q_p	Quantil q_{1-p}
10,00 %	-1,28	1,28
5,00 %	-1,64	1,64
2,50 %	-1,96	1,96
1,00 %	-2,32	2,32
0,50 %	-2,50	2,50
0,20 %	-2,88	2,88
0,10 %	-3,09	3,09

Tabelle 18: Standardnormalverteilung

Eng mit der Normalverteilung verwandt ist die Lognormalverteilung. Der Logarithmus einer lognormalverteilten Zufallsvariable ist gerade normalverteilt. Wenn der natürliche Logarithmus einer Zufallsvariablen X normalverteilt ist[655], so heißt X daher lognormalverteilt.[656] Lognormalverteilte Zufallsvariablen er-

[655] Also $\ln(X) := Y \sim N(\mu, \sigma^2)$, wobei „ln" den natürlichen Logarithmus darstellt. Zur Erinnerung: $ln(e^x) = x$.

[656] Neben der zweiparametrigen Lognormalverteilung $\Lambda(\mu;\sigma^2)$ existiert noch eine dreiparametrige Variante $\Lambda(\lambda;\mu;\sigma^2)$. Zusätzlich zum Skalenparameter μ und zum Formparameter σ für die Streuung tritt der Lageparameter λ hinzu. Man spricht von einer dreiparametrig lognormalverteilten Zufallsvariablen X, wenn die Zufallsvariable $Y = \ln(X - \lambda)$ normalverteilt ist gemäß $N(\mu;\sigma^2)$. Die zweiparametrige Version ist ein Spezialfall der dreiparametrigen (mit $\lambda = 0$).

2.4.11 Risikomaße

2.4.10.1 Grundlagen

Die Berechnung von Risikomaßen[735] ist neben der quantitativen Beschreibung von Risiken eine weitere Teilaufgabe bei der Risikoquantifizierung. Risikomaße sind Kennzahlen, die den Risikoumfang als reale Zahl ausdrücken (z.B. durch die Standardabweichung). Die Risikomaße können sich auf Einzelrisiken (z.B. Sachanlageschäden), aber auch auf den Gesamtrisikoumfang (etwa des Gewinns) eines Unternehmens beziehen. Ein Risikomaß bildet eine Häufigkeits- oder Wahrscheinlichkeitsverteilung auf eine reelle Zahl ab. Damit kann die Risikomenge von Risiken verglichen werden, die durch unterschiedliche Häufigkeits- oder Wahrscheinlichkeitsverteilungen beschrieben werden.

Risikomaße sind insbesondere notwendig, um einfach und mit bekannten mathematischen Verfahren ein „Rechnen mit Risiken" zu ermöglichen. Die Risikomaße dienen der Risiko- bzw. Unsicherheitstransformation. Ein Risikomaß drückt den Risikoumfang einer Verteilung aus in einer Zahl, die dann für weitere, betriebswirtschaftliche und anwendungsorientierte Berechnungen genutzt werden kann. Die Verdichtung auf eine Zahl ist immer mit einem, meist problemlos akzeptierbaren Informationsverlust verbunden. Ein Risikomaß wie z.B. der sogenannte „Value at Risk" dient in der Unternehmenspraxis beispielsweise dazu, den risikogerechten Eigenkapitalbedarf eines Unternehmens auszudrücken. Die Standardabweichung bzw. der Variationskoeffizient der Erträge, zwei Risikomaße, die nachfolgend auch noch erläutert werden, können in einen Kapitalkostensatz oder Unternehmenswert umgerechnet werden.[736] Risikomaße sind damit die „Brücke" zwischen Risikoanalyse (und Risikoaggregation) einerseits und der traditionellen, deterministischen (einwertigen) Zahlenwelt der Unternehmen andererseits.

Als Instrument für die Entscheidungsunterstützung haben Risikomaße laut Laas[737] (2004) folgende fünf Aufgaben:

- Risikomaße ermöglichen den Vergleich von Risiken.
- Sie ermöglichen die Risikokapitalallokation.[738]
- Mit Hilfe des Risikomaßes können Nebenbedingungen für Investitionsentscheidungen formuliert werden, die ergänzend zum Kapitalwert als Zielgröße bei der Entscheidung hinsichtlich der Durchführung von Investitionen Verwendung finden (Limite).
- Risikomaße ermöglichen die Lokalisierung von Risiken unter Berücksichtigung aggregierter Wechselwirkungen zwischen Einzelrisiken.

---

735 Vgl. Gleißner, 2006a sowie vertiefend Albrecht, 2001; Artzner et al., 1999; Pedersen/Satchell, 1998; Albrecht/Maurer, 2016 und Brandtner, 2012.

736 Gleißner, 2019d.

737 Laas 2004, S. 42 mit Bezugnahme auf Wilson, 1998, S. 62–64.

738 Als Risikokapital wird hier das „Mindest-Eigenkapital" verstanden, mit dem eine Investition ausgestattet werden muss, um die potenziellen Verluste auffangen zu können.

- Durch den Einsatz von Risikomaßen kann die Beurteilung des Projekterfolgs mit Hilfe risikoadjustierter Kennzahlen vorgenommen werden (Leistungsbewertung mittels Performancemaßen).

Oft erfolgt in den Unternehmen die Quantifizierung der Risiken noch anhand von Eintrittswahrscheinlichkeit (p) und Schadenshöhe (SH).[739] Die mittlere Ergebnisbelastung aus einem Risiko der Zahlung, der Erwartungswert E(X), berechnet sich als Produkt dieser beiden Parameter:

$$E(X) = SH \cdot p. \tag{2.34}$$

Häufig wird dieser „Schaden-Erwartungswert" als Maßstab für die Bedeutung eines Risikos verwendet und die beiden Parameter in sogenannten „Risiko-Portfolios" bzw. „Risk-Maps" gegeneinander abgetragen. Dieses Vorgehen ist jedoch – wie bereits erwähnt – sehr kritisch zu betrachten. Risiken sind bekanntlich mögliche Planabweichungen. Der Erwartungswert zeigt jedoch gerade was „im Mittel" passiert und ist somit oft kein aussagekräftiges Risikomaß. Der Erwartungswert zeigt den Umfang der im Mittel zu erwartenden Planabweichung. Über die Bedeutung eines Einzelrisikos für ein Unternehmen informiert er nur dann, wenn das betrachtete Risiko aus Sicht eines Unternehmens oder zu beurteilenden Projektes verschwindend klein ist und damit die „echten" Risikomaße nicht spürbar beeinflusst.

Im Folgenden werden die wichtigsten Risikomaße, beginnend mit der Standardabweichung, vorgestellt. Vorab ist jedoch darauf hinzuweisen, dass es zwei Hauptkriterien gibt, hinsichtlich derer sich Risikomaße einteilen lassen.

Unterschieden wird zunächst zwischen lageabhängigen und lageunabhängigen Risikomaßen.[740] Die lageunabhängigen Risikomaße beschreiben dabei gerade den Umfang von Planabweichungen und werden deshalb auch als Abweichungsmaße bezeichnet. Lageunabhängige Risikomaße (wie beispielsweise die Standardabweichung) quantifizieren das Risiko als Ausmaß der Abweichungen von einer Zielgröße. Lageabhängige Risikomaße hingegen, wie beispielsweise der Value at Risk (oder Eigenkapitalbedarf), sind von der Höhe des Erwartungswertes abhängig. Häufig kann ein solches Risikomaß als „notwendiges Eigenkapital" bzw. „notwendige Prämie" zur Risikodeckung angesehen werden. Da in die Berechnung von lageabhängigen Risikomaßen auch die Höhe des Erwartungswertes E(X) einfließt, können diese auch als eine Art risikoadjustierte Performancemaße interpretiert werden. Dabei können die beiden Arten von Risikomaßen teilweise ineinander umgeformt werden. Wendet man bspw. ein lageabhängiges Risikomaß nicht auf eine Zufallsgröße X, sondern auf eine zentrierte Zufallsgröße X – E(X) an, so ergibt sich ein lageunabhängiges Risikomaß.[741]

Zum anderen wird unterschieden in einseitige und zweiseitige Risikomaße. Wie die Bezeichnung bereits ausdrückt, berücksichtigen zweiseitige Risiko-

[739] Dies ist eine Festlegung auf eine bestimmte Verteilungsart, nämlich eine Binomialverteilung („digitale Verteilung").

[740] Siehe z.B. Albrecht, 2001.

[741] Vgl. Pedersen/Satchell, 1998.

maße Abweichungen vom Plan- bzw. Erwartungswert in beide Richtungen, also Chancen und Gefahren. Die einseitigen Risikomaße berücksichtigen nur mögliche Abweichungen in eine Richtung, in der Regel mögliche negative Planabweichungen, also Gefahren. Diese Risikomaße bezeichnet man auch als Downside-Risikomaße.

Risikomaße lassen sich auf verschiedene Art und Weise weiter klassifizieren. Zum einen nach der Lageabhängigkeit.[742] Lageunabhängige Risikomaße (wie bspw. die Standardabweichung) quantifizieren das Risiko als Ausmaß der Abweichungen von einer Zielgröße. Lageabhängige Risikomaße wie beispielsweise der Value at Risk hingegen sind von der Höhe des Erwartungswerts abhängig. Häufig kann ein solches Risikomaß als „notwendiges Eigenkapital" beziehungsweise „notwendige Prämie" zur Risikodeckung angesehen werden.

Anstelle von lageunabhängig spricht man auch von positionsinvariant bei lageabhängig von translationsinvariant.

Welche Eigenschaften sollte ein Risikomaß (insbesondere basierend auf dem Verständnis von Risiko) erfüllen? Es wurden hierzu verschiedene Anforderungskataloge (Axiomensysteme) an Risikomaße definiert.[743]

Ein Axiomensystem, das in der Literatur starke Beachtung findet, wurde von Artzner/Delbaen/Eber/Heath (1999) aufgestellt. Es stellt vier Anforderungen:

(K1) Translationsinvarianz: $R(X+c)=R(X)-c$ für alle c

(K2) Subadditivität: $R(X+Y)\leq R(X)+R(Y)$ für alle X und Y

(K3) Positive Homogenität: $R(cX)=cR(X)$ für alle c>0

(K4) Monotonie[744]: $X\geq Y\Rightarrow R(X)\leq R(Y)$.

Ein Risikomaß, das diesen Anforderungen genügt, wird kohärentes Risikomaß genannt.

Das Axiomensystem von Pedersen/Satchell (1998) gibt auch vier Anforderungen vor:

(PS 1) Nichtnegativität: $R(X)\geq 0$

(PS 2) Positive Homogenität: $R(cX)=cR(X)$ für c>0

(PS 3) Subadditivität: $R(X+Y)\leq R(X)+R(Y)$ für alle X und Y

(PS 4) Positionsinvarianz: $R(X+c)=R(X)$ für alle c

Risiko wird dabei von Pedersen/Satchell grundsätzlich als Abweichung von einem Lagemaß, wie den Erwartungswert, verstanden.[745]

---

742 Vgl. hierzu die beiden Risikokonzeptualisierungen (Typ 1 und Typ 2) bei Albrecht (2003).

743 Vgl. z.B. Axiomensystem von Artzner/Delbaen/Eber/Heath (1999) und Axiomensystem von Pedersen/Satchell (1998). c ist eine reelle (sichere) Zahl.

744 Ein äquivalentes Axiomensystem erhält man, in dem man die Monotonie durch die Nichtnegativität ersetzt:
$X \geq 0 \Rightarrow R(X) \leq 0$.

745 Dieses Axiomensystem wurde von Rockafellar/Uryasev/Zabarankin (2002) leicht verschärft. Sie stellten ein zweites Axiomensystem für Risiken im Sinne von notwendigem Risikokapital auf (erwartungswertbegrenzte Risikomaße).

Risikomaße, die diesen Anforderungen genügen, werden von den Autoren als Abweichungsmaße (Deviation Measures) bezeichnet, wobei präziser (zweiseitige) Risikomaße relativ zur Zielgröße Erwartungswert gemeint sind. Aus den Axiomen folgt insbesondere R(X) = R(X – E(X)), das heißt das Risikomaß ist lageunabhängig.

Es gibt nun verschiedene mögliche Risikomaße. Am bekanntesten dürfte die Standardabweichung sein, breite Verwendung findet inzwischen auch der Value at Risk. Auch die Relevanz, die im Kontext der Risikoidentifikation kurz skizziert wurde, ist ein Risikomaß.

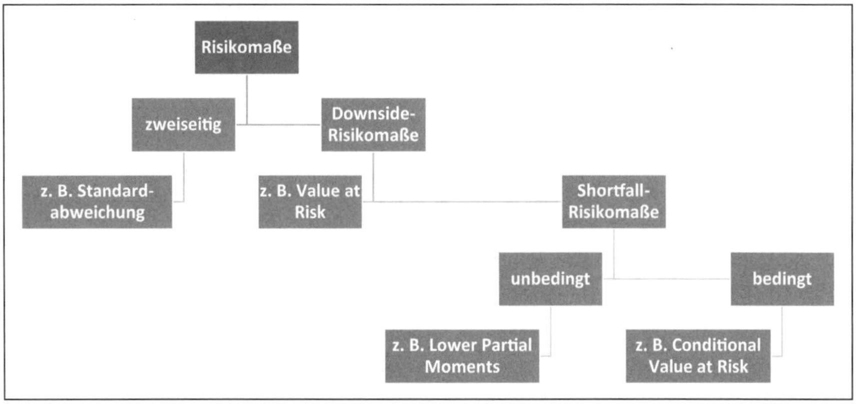

Abbildung 67: Überblick über gebräuchliche Risikomaße

Welches Risikomaß verwendet werden sollte, hängt maßgeblich von der Risikoeinstellung des Unternehmens ab (präziser der Eigentümer des Unternehmens). Im Folgenden werden verschiedene, in der Praxis gebräuchliche Risikomaße kurz vorgestellt und dabei auch auf deren zugrunde liegenden Annahmen, was die Risikoeinstellung angeht, eingegangen.

2.4.10.2 Wichtige Risikomaße

Die nun zunächst vorgestellte Standardabweichung ist ein zweiseitiges, lageunabhängiges Risikomaß. Es ist also positionsinvariant und zudem homogen. Mit dem Value at Risk, dem Eigenkapitalbedarf als Spezialfall des Value at Risk, den LPM-Risikomaßen und dem Conditional Value at Risk werden anschließend mehrere lageabhängige und einseitige Risikomaße, also Downside-Risikomaße, vorgestellt. Zudem wird aufgezeigt, dass es für den Value at Risk und den Conditional Value at Risk jeweils auch eine lageunabhängige Variante gibt, die dann DVaR (Deviation Value at Risk) und DCVaR (Deviation Conditional Value at Risk) genannt werden.

(1) Standardabweichung und Variationskoeffizient

Die Standardabweichung $\sigma(X)$ als Risikomaß für eine unsichere Zahlung (X) mit Erwartungswert E(X) berechnet sich als

$$\sigma(X) = \sqrt{E\left((X - E(X))^2\right)} \tag{2.37}$$

und erfasst positive wie negative Abweichungen vom Erwartungswert E(X) gleichermaßen. Die (scheinbare) Symmetrie und identische Bedeutung von Chancen und Gefahren bei der Risikomessung ist allerdings oft keine adäquate Risikoerfassung. Sie scheint auch der Intuition und der Risikowahrnehmung der meisten Menschen zu widersprechen, die Gefahren (mögliche negative Planabweichungen) und Verluste wesentlich höher bewerten als gleichhohe Chancen.

Aus der Standardabweichung abgeleitet ist der **Variationskoeffizient** V(X), das Verhältnis der Standardabweichung zum Erwartungswert der Zahlung (für $E(X) \neq 0$):

$$V(X) = \frac{\sigma(X)}{E(X)}. \tag{2.38}$$

Er zeigt das „relative" Risiko von Schwankungen um den Erwartungswert, was man z.B. als Maß für die Planungssicherheit interpretieren kann.

(2) Value at Risk (VaR) und relativer VaR (DVaR)

Insbesondere im Bank- und Versicherungswesen findet der Value at Risk (VaR) als Downside-Risikomaß häufig Verwendung. Es ist aber auch bei Industrie- und Handelsunternehmen nützlich, wenn man Risiko primär über den Umfang möglicher Verluste messen möchte. Der VaR berücksichtigt explizit die – für KonTraG und StaRUG relevanten – Konsequenzen einer besonders ungünstigen Entwicklung für das Unternehmen. Der VaR ist dabei definiert als Schadenshöhe, die in einem bestimmten Zeitraum mit einer festgelegten Wahrscheinlichkeit p („Konfidenzniveau" $\alpha = 1 - p$, etwa 95 %) nicht überschritten wird. Formal gesehen ist ein VaR das (negative) Quantil einer Verteilung. Das x%-Quantil zu einer Verteilung gibt den Schwellenwert an, bis zu dem x Prozent aller möglichen Werte liegen. Bei einer Normalverteilung mit Erwartungswert E(X) und einer Standardabweichung $\sigma(X)$ berechnet sich der VaR wie folgt:[746]

$$\text{VaR}_\alpha(X) = -\left(E(X) + q_{1-\alpha}\sigma(X)\right). \tag{2.39}$$

Oft wird mit Bezug auf die im Rating erfasste Insolvenzwahrscheinlichkeit p der VaR_p genannt. Dieser entspricht $\text{VaR}_{1-\alpha}$ mit $p = 1 - \alpha$. Er dient zur Messung des Eigenkapitalbedarfs.

Bezieht sich der VaR nicht auf einen „Wert", sondern z.B. auf den Cashflow, spricht man gelegentlich auch von „Cashflow-at-Risk" oder „Earning-at-Risk", was jedoch das gleiche Risikomaß meint.

[746] $q_{1-\alpha}$ ist das aus einer Tabelle ablesbare Quantil der Standardnormalverteilung zum Wahrscheinlichkeitsniveau $p=1-\alpha$.

Der VaR ist nicht nur bei einer Normalverteilung berechenbar, sondern für beliebige Verteilungen.

Häufig wird der VaR auf eine Verteilung von Schäden oder Planabweichungen angewandt, also auf eine Zufallsvariable S = E(X) – X.

Der VaR kann auch als lageunabhängiges Abweichungsmaß verwendet werden, wobei dies als DVaR (Deviation-Value at Risk) oder „relativer VaR" bezeichnet wird. Dieses lageunabhängige Risikomaß ist damit eine Kennzahl, die den Umfang möglicher (negative) Planabweichungen zeigt.

Der **Eigenkapitalbedarf** (EKB) als Spezialfall des Risikokapitals ist also ein mit dem VaR eng verwandtes, lageabhängiges Risikomaß, das sich explizit auf den Unternehmensertrag (Gewinn) bezieht. Er drückt aus, wie viel Eigenkapital nötig ist, um realistische risikobedingte Verluste einer Periode zu tragen.[747]

Der Eigenkapitalbedarf ist somit ebenso wie der VaR ein Risikomaß, das nicht die gesamten Informationen der Wahrscheinlichkeitsverteilung berücksichtigt. Welchen Verlauf diese unterhalb des gesuchten Quantils ($EKB_p = VaR_p$) nimmt, also im Bereich der Extremwirkungen (Schäden), ist für den Eigenkapitalbedarf unerheblich. Damit werden aber Informationen vernachlässigt, die für einen Entscheider von Bedeutung sein können, wenn er z.B. das Risiko einer Investition oder eines Unternehmens messen will. Im Gegensatz dazu berücksichtigen die Shortfall-Risikomaße – und insbesondere die sogenannten Lower Partial Moments – gerade eben die oft zur Risikobeurteilung interessanten Teile der Wahrscheinlichkeitsdichte von minus unendlich bis zu einer gegebenen Zielgröße c (Schranke).

(3) Lower Partial Moments

Unter den Lower Partial Moments (untere partielle Momente; LPM_m-Maße) versteht man Risikomaße, die sich als Downside-Risikomaß nur auf einen Teil der gesamten Wahrscheinlichkeitsdichte beziehen. Sie erfassen nur die negativen Abweichungen von einer Schranke c (Zielgröße), werten hier aber die gesamten Informationen der Wahrscheinlichkeitsverteilung aus (bis zum theoretisch möglichen Maximalschaden). Üblicherweise werden in der Praxis drei Spezialfälle betrachtet:

- die Shortfall-Wahrscheinlichkeit (Insolvenzwahrscheinlichkeit), d.h. m = 0
$$SW(c;X) = LPM_0(c;X) = P(X < c) \tag{2.40}$$
- der Shortfall-Erwartungswert, d.h. m = 1
$$SE(c;X) = LPM_1(c;X) = E(\max(c - X, 0)) \tag{2.41}$$
- die Shortfall-Varianz, d.h. m = 2
$$SV(c;X) = LPM_2(c;X) = E\left(\max(c - X, 0)^2\right) \tag{2.42}$$

---

747 Analog ergibt sich der **Liquiditätsbedarf**. Eine Operationalisierung von Eigenkapital- oder Liquiditätsbedarf über den später erläuterten Conditional Vale-at-Risk (vgl. (4)) ist ebenso möglich.

Das Ausmaß der Gefahr der Unterschreitung der Zielgröße c wird dabei in verschiedener Weise berücksichtigt. Bei der Shortfall-Wahrscheinlichkeit spielt nur die Wahrscheinlichkeit p der Unterschreitung eine Rolle. Beim Shortfall-Erwartungswert wird dagegen die mittlere Unterschreitungshöhe[748] berücksichtigt und bei der Shortfall-Varianz die mittlere quadrierte Unterschreitungshöhe.

(4) Conditional Value at Risk und Expected Shortfall

Der Conditional Value at Risk (CVaR)[749] findet als „kohärentes" Risikomaß immer häufiger als Alternative zum VaR Beachtung. Er entspricht dem Erwartungswert der Realisationen einer risikobehafteten Größe, die unterhalb des Quantils zum Niveau $p = 1 - \alpha$ liegt. Der CVaR gibt an, welche Abweichung bei Eintritt des Extremfalls, d.h. bei Überschreitung des VaR, zu erwarten ist. Der CVaR berücksichtigt somit nicht nur die Wahrscheinlichkeit einer „großen" Abweichung (Extremwerte), sondern auch die Höhe der darüberhinausgehenden Abweichung. Formal gilt also:

$$\text{CVaR}_\alpha(X) = -E\big(X \mid X < -\text{VaR}_\alpha(X)\big). \tag{2.43}$$

Der Conditional Value at Risk kann als „Quantils-Reserve (VaR) plus eine Exzess-Reserve" interpretiert werden; formal bedeutet dies:

$$\text{CVaR}_\alpha(X) = \underbrace{\text{VaR}_\alpha(X)}_{\substack{100(1-\alpha)\%-\\ \text{Maximalverlust}}} + \underbrace{E\big[-X - \text{VaR}_\alpha(X) \mid X < -\text{VaR}_\alpha(X)\big]}_{\substack{\text{mittlere Überschreitung im Überschreitungsfall}\\ \text{(mittlere bedingte Überschreitung)}}}. \tag{2.44}$$

Der CVaR ist immer höher als der VaR.

Bei einer Normalverteilung mit Erwartungswert E(X) und Standardabweichung $\sigma(X)$ berechnet sich der CVaR zum Konfidenzniveau α wie folgt:[750]

$$\text{CVaR}_\alpha(X) = -\left(E(X) + \frac{q_{1-\alpha}}{\alpha} \cdot \sigma(X)\right). \tag{2.45}$$

(5) Range Value at Risk

Eine robustere Alternative zum Expected Shortfall stellt der Range Value at Risk (RVaR) dar, der weniger durch extreme Ausreißer beeinflusst wird.[751] Er ist definiert als

$$RVaR_{\alpha,\beta}(X) = \frac{1}{\beta - \alpha} \int_\alpha^\beta VaR_u(X)du. \tag{2.46}$$

Der RVaR ist der Erwartungswert aller Ausprägungen, die den VaR übersteigen, jedoch innerhalb des durch die Parameter α und β definierten Bereichs der

---

748 D.h. der Erwartungswert.

749 Das Risikomaß entspricht weitgehend dem Expected Shortfall, siehe Brandtner, 2012.

750 $q_{1-\alpha}$ ist das aus einer Tabelle ablesbare Quantil der Standardnormalverteilung zum Wahrscheinlichkeitsniveau $p = 1 - \alpha$.

751 Siehe Shkel, 2021.

Wahrscheinlichkeitsverteilung liegen. Für den Spezialfall von α = β entspricht er gerade dem Value at Risk, also

$$RVaR_{\alpha,\alpha}(X) = VaR_{\alpha}(X). \tag{2.47}$$

Im Spezialfall β = 1 entspricht der RVaR dem Expected Shortfall (ES). Da der RVaR VaR und ES als Spezialfälle einschließt, kann er als Verallgemeinerung beider Risikomaße aufgefasst werden.[752]

(6) Kovarianz und Korrelation

Auch Kennzahlen zur Beschreibung der stochastischen Abhängigkeit zwischen zwei Kenngrößen (Zufallsvariablen), wie die Kovarianz oder die Korrelation, kann man als Risikomaße auffassen. Ihre Berechnung erfordert aber neben Kenntnis über die Wahrscheinlichkeits- oder Häufigkeitsverteilung der betrachteten Ergebnisgrößen (Ertrag) zusätzlich Kenntnis über eine Bezugsgröße (z.B. Volkseinkommen). Die bekanntesten Kennzahlen zur Beschreibung stochastischer Abhängigkeiten sind die Kovarianz und die Korrelation, die eben aber nur den Grad der „linearen Abhängigkeit" zwischen zwei Kennzahlen erfassen können.[753]

Als Maß für den linearen statistischen Zusammenhang zwischen zwei Zufallsvariablen (Risiken) dient meist der Korrelationskoeffizient. Der Korrelationskoeffizient lässt sich für zwei Variablen (X und Y) berechnen als

$$\rho_{XY} = \frac{\mathrm{Cov}(X,Y)}{\sigma(X)\cdot\sigma(Y)}. \tag{2.48}$$

Hierbei bezeichnet Cov(X,Y) die Kovarianz zwischen den beiden Zufallsvariablen X und Y und σ wieder deren Standardabweichung. Diese kann ermittelt werden durch

$$Cov(X,Y) = E\Big(\big(X - E(X)\big)\big(Y - E(Y)\big)\Big). \tag{2.49}$$

(7) Exkurs: Modifizierte Standardabweichung

Bei Verwendung der Standardabweichung als Risikomaß fließen grundsätzlich alle risikobedingt möglichen Ausprägungen ein, d.h. speziell (a) alle in der Historie realisierten Risiken bzw. (b) alle Szenarien aus der mittels Risikosimulation bestimmten Häufigkeitsverteilung. Durch die Quadrierung der Abweichung vom Mittelwert bei der Berechnung haben dabei mögliche „Ausreißer" ein hohes Gewicht. Bei der Ableitung von Kapitalkosten als Anforderung an die risikogerecht erwartete Rendite ist zu diskutieren, ob und inwieweit Modifikationen dieses Risikomaßes sinnvoll sind (vgl. Abschnitt 5.3). So ist beispielsweise zu klären, ob die Renditeerwartung durch extrem unwahrscheinliche Zukunftsszenarien beeinflusst wird. Bei Verwendung des Risikomaßes Value at

752 Ein kohärentes Risikomaß ist er allerdings nur für β = 1.

753 Aus einer Kovarianz oder Korrelation = 0 kann also nicht geschlossen werden, dass die zwei betrachteten Größen voneinander unabhängig sind. Denkbar ist eine nicht lineare Abhängigkeit, die durch diese Kennzahl nicht erfasst wird.

Risk (VaR_{1-p}), beim vorgegebenen Wahrscheinlichkeitsniveau p, ist es bekanntlich so, dass Extremszenarien bei der Bestimmung des Risikomaßes und damit der Ableitung von Renditeanforderungen (Kapitalkosten) ignoriert werden.[754] Würde man analog dem Verständnis beim VaR_{1-p}, bei dem die p % extremsten und unwahrscheinlichsten Szenarien ignoriert werden, vorgehen, käme man zur Berechnung einer „modifizierten Standardabweichung" (σ_p). Extrem unwahrscheinliche Ereignisse, die z.B. weniger als einmal in einem Jahrhundert eintreten, würden dann aus der Betrachtung ausgeschlossen. Ökonomisch bedeutet eine solche Herangehensweise, dass bezüglich extrem unwahrscheinlicher Ereignisse das Bewertungssubjekt „risikoneutral" wäre. Man kann sich dies bei einem extrem niedrigen Wahrscheinlichkeitsniveau auch leicht vorstellen: beispielsweise einen Supervulkanausbruch, der einen Großteil der Erde zerstören würde, aber nur eine Eintrittswahrscheinlichkeit von weniger als 1 zu 100.000 aufweist, wird man in einem Bewertungskalkül nicht berücksichtigen. Offensichtlich gibt es also eine „Mindesteintrittswahrscheinlichkeit" für bewertungsrelevante Risiken.

Auch bei Aktienanalysen, als Grundlage für die Unternehmensbewertung, werden Extremereignisse als „Ausreißer" ausgeschlossen. Grundsätzlich ist plausibel, dass in einem historischen Analysezeitraum von z.B. fünf oder zehn Jahren in der Regel keine Extremereignisse mit einer Eintrittswahrscheinlichkeit von 1 % oder weniger auftreten. Sollten diese zufälligerweise doch enthalten sein, interpretiert man sie als „Ausreißer", und bereinigt die Daten um diese. Im Ergebnis bedeutet dies, dass auch Risikoeinschätzungen und damit Risikomaße faktisch eher nur die „üblichen" Schwankungen von Cashflows und Erträge erfassen – nicht aber mögliche Extremereignisse.

Wenn also sehr seltene Extremereignisse am Kapitalmarkt ignoriert würden – und damit nicht relevant sind für Bewertung und Bestimmung von Kapitalkosten – wäre die Verwendung der erwähnten „bereinigten Standardabweichungen" für die Ableitung von Kapitalkosten sachgerecht (auch bei einer simulationsbasierten Bewertung).[755] Auf diese Weise erfolgt auch eine Annäherung der Risikomaße Standardabweichung und Value at Risk, weil bei beiden dann extrem unwahrscheinliche mögliche Zukunftsszenarien in den extremen Quantilen ignoriert würden.

2.4.12 Risikowertbeitrag und Berechnung der Relevanz

Bisher wurden „echte" Risikomaße betrachtet. Um die Gesamtbedeutung eines Risikos für das Unternehmen darzustellen, wurde bereits auf die sogenannte Relevanz hingewiesen. Die Relevanz ist ein Beurteilungsmaßstab für ein Risiko, der die eigentliche Risikowirkung ebenso wie die erwartete Ergebnisauswirkung in einer Zahl verbindet, und damit als Performancemaß[756] interpretiert

[754] Beim Risikomaß Expected Shortfall fließen dagegen alle Szenarien mit ein.

[755] Das für die Berechnung der bereinigten Standardabweichung vorzugebende Wahrscheinlichkeitsniveau könnte analog der Festsetzung des Value at Risk als Risikomaß vorgenommen werden.

[756] Was formal einem lageabhängigen Risikomaß ähnelt.

werden kann (siehe Exkurs zu Performancemaßen in Abschnitt 2.4.14. Während die Relevanz zunächst nur eine ordinale Beurteilung zulässt, also Risiken in fünf Relevanzklassen einteilt, ist der im Folgenden erläuterte Risikowertbeitrag eine (kardinale) Kennzahl, die basierend auf der gleichen Grundidee die Gesamtbedeutung eines Risikos für das Unternehmen (bzw. den Unternehmenswert) beschreibt.

Die Relevanz ist ein Ausdruck für die Gesamtbedeutung des Risikos für das Unternehmen und wird unter Berücksichtigung der mittleren Ertragsbelastung (Erwartungswert, EW = E(X)) sowie des Value at Risk (oder CVaR) als Risikomaß ermittelt. Ist der Value at Risk (noch) nicht bestimmt, kann näherungsweise auf den größten denkbaren Schaden des Risikos zurückgegriffen werden, der mit einer noch relevanten Wahrscheinlichkeit p (z.B. 1 %) eintreten könnte.

Der Erwartungswert des Risikos drückt dabei die mittlere Ergebnisbelastung aus, während der geschätzte Höchstschadenswert (ohne Berücksichtigung von Diversifikationseffekten) eine Vorstellung über den risikobedingten Bedarf an (zu verzinsendem) Eigenkapital gibt. Die Relevanz wird damit zum Schätzer für die Wirkung eines Risikos auf den Unternehmenswert, denn der Unternehmenswert ändert sich durch die Veränderung bzw. den Wegfall eines Risikos. Die Wirkung eines Risikos auf den Unternehmenswert (ΔW) innerhalb eines Jahres kann nach der folgenden Formel abgeschätzt werden[757]:

$$\Delta W = -\left(EW + r_z \cdot VaR_{1-p}\right) \approx -\left(VaR_{1-p} \cdot p + r_z \cdot VaR_{1-p}\right) = -VaR_{1-p}\left(p + r_z\right) \qquad (2.50)$$

Die Variable p drückt hier wieder das Konfidenzniveau zum VaR aus (p = 1 – α) und damit die bei der Berechnung des VaR, bzw. Eigenkapitalbedarfs, akzeptierte Insolvenzwahrscheinlichkeit. P und damit VaR_p sind damit vom Ziel-Rating des Unternehmens abhängig.[758]

Zudem bezeichnet r_z den Risikozuschlag für das Eigenkapital und EW = E(X) den Erwartungswert des Risikos. Der Risikozuschlag (r_z) entspricht dabei der Differenz der erwarteten Rendite eines Eigenkapitalinvestments (in das Marktportfolio oder näherungsweise einen breiten Aktienindex) gegenüber der Rendite einer risikolosen Anlage (r_f).[759] Die Verwendung des Risikozuschlags (Risikoprämie) bei der Berechnung des Wertbeitrags eines Risikos unterstellt, dass durch ein zusätzliches Risiko Fremdkapital durch Eigenkapital zu substi-

---

[757] Unter Vernachlässigung von Diversifikationseffekten und Änderungen der Insolvenzwahrscheinlichkeit; vgl. Gleißner, 2019h.

[758] Es ist zu beachten, dass mit Absinken der akzeptierten Insolvenzwahrscheinlichkeit p die Größe VaR_{1-p} steigt. Betrachtet man nämlich eine geringere „Restwahrscheinlichkeit" p, sind auch größere risikobedingt mögliche Verluste möglich. Der Vorteil des Wertbeitrags gegenüber der alleinigen Betrachtung des Risikomaßes VaR besteht darin, dass dieser die Implikationen des gewählten Ziel-Ratings, ausgedrückt durch die Insolvenzwahrscheinlichkeit p, erfasst und im Rahmen eines wertorientierten Unternehmensführungsansatzes unmittelbar interpretierbar ist als (negativer) Beitrag eines Risikos zum Unternehmenswert (vgl. Abschnitt 5.3.5).

[759] Vgl. Gleißner, 2011b und Gleißner/Knoll, 2011 sowie Abschnitt 5.3 zur Berechnung „ratingabhängiger Eigenkapitalkosten" und Risikozuschläge (r_z).

tuieren wäre, um das Risikodeckungspotenzial eines Unternehmens entsprechend anzupassen.[760]

Der so abgeschätzten Auswirkung eines Risikos auf den Unternehmenswert kann nun mit Hilfe einer Relevanzskala eine Relevanz-Note zugeordnet werden. Normalerweise wird bei einer Risikoanalyse dem Risiko zunächst nur aufgrund eines abgeschätzten Höchstschadenswerts – ohne Berücksichtigung von Wahrscheinlichkeiten – eine Relevanz zugeordnet. Hierzu wird eine Relevanzskala festgelegt, die auf (realistischen) Höchstschadenswerten basiert.

Für die Ermittlung einer Relevanzskala, basierend auf den Auswirkungen auf den Unternehmenswert, wird nun vereinfachend ein Benchmark-Risiko betrachtet mit nur einer sicheren Schadenshöhe (diese entspricht dem Höchstschadenswert) und einer zugehörigen Eintrittswahrscheinlichkeit (Binomialverteilung). Es wird nun für die Höchstschadenswerte, die die Grenzen der Relevanzskala darstellen, ermittelt, welche Auswirkungen ein Risiko mit einer entsprechenden Schadenshöhe und der Benchmark-Eintrittswahrscheinlichkeit auf den Unternehmenswert hat, wobei Diversifikationseffekte vernachlässigt werden.

Im Folgenden wird beispielhaft von einer (hohen) Risikoprämie des Eigenkapitals von 10 % ausgegangen. Die Eintrittswahrscheinlichkeit des Benchmark-Risikos wird mit 5 % beziffert. Damit ergibt sich die Auswirkung auf den Unternehmenswert für ein Risiko mit einer fixen Schadenshöhe von 50 – also der Grenze zwischen den Relevanzen eins und zwei – zu:

$$\Delta W = -\left(EW + r_z \cdot VaR_{1-p}\right) = -\left(50 \cdot 5\ \% + 10\ \% \cdot 50\right) = -7{,}5 \qquad (2.51)$$

Die Existenz dieses Risikos reduziert also den Wert des Unternehmens um 7,5 (pro Jahr).

Analog ergeben sich die weiteren Grenzen für die Relevanzskala basierend auf den (negativen) Auswirkungen auf den Unternehmenswert. Beide Skalen sind natürlich somit ineinander umwandelbar; sie helfen aber bei der Risikozuordnung (vgl. Tabelle 20).

Die so erweiterte Relevanzskala erlaubt eine wesentlich differenziertere Beurteilung von Risiken, weil auch die Eintrittswahrscheinlichkeit eines Risikos – neben der quantitativen Höhe – berücksichtigt wird. Im Gegensatz zum Erwartungswert des Risikos, der nur bei einer perfekten Diversifikation[761] im Unternehmen allein aussagefähig ist, hat hier aber die mögliche Schadenshöhe (besser der Value at Risk) einen starken Einfluss.

---

760 Alternativ lässt sich auch annehmen, dass die zusätzliche Hereinnahme des betrachteten Risikos zu einer Ausweitung der Bilanzsumme durch eine Eigenkapitalerhöhung (gegen liquide Mittel) führt. Bei dieser Betrachtung wäre entsprechend an Stelle des Risikozuschlags die erwartete Rendite des Eigenkapitals zu setzen.

761 Und ohne „systematische Risiken“ im Sinne von β des CAPM.

Relevanz	Ausprägung	Höchstschadenwert		ΔUnternehmenswert	
		von	bis	von	bis
1	Unbedeutende Risiken, die weder Jahresüberschuss noch Unternehmenswert spürbar beeinflussen	0	≤ 50	0	≤ 7,5
2	Mittlere Risiken, die eine spürbare Beeinträchtigung des Jahresüberschusses bewirken	50	≤ 200	7,5	≤ 30
3	Bedeutende Risiken, die den Jahresüberschuss stark beeinflussen oder zu einer spürbaren Reduzierung des Unternehmenswertes führen	200	≤ 500	30	≤ 75
4	Schwerwiegende Risiken, die zu einem Jahresfehlbetrag führen und den Unternehmenswert erheblich reduzieren	500	≤ 1000	75	≤ 150
5	Bestandsgefährdende Risiken, die mit einer wesentlichen Wahrscheinlichkeit den Fortbestand des Unternehmens gefährden	1000	unendlich	150	unendlich

Tabelle 20: Relevanzskala und Unternehmenswert

Auch nicht berücksichtigt werden hier mögliche Veränderungen der Insolvenzwahrscheinlichkeit, die auch den Unternehmenswert beeinflussen.[762]

Bei dieser einfachen Betrachtung wird also von Diversifikationseffekten abgesehen. Das Risiko wird also nicht als Komponente des (diversifizierten) Gesamtrisikoumfangs des Unternehmens aufgefasst, sondern allein betrachtet. Eine Berücksichtigung der Diversifikationseffekte im Unternehmen ist jedoch im Rahmen eines Aggregationsmodells (siehe Kapitel 3) möglich. Das Risikomaß eines Einzelrisikos im Kontext des Unternehmens (Portfoliozusammenhang) kann beispielsweise ermittelt werden, indem die aggregierte Risikoposition des Unternehmens einmal mit und einmal ohne das Risiko berechnet wird.[763] Aus der Differenz der beiden Simulationen ergibt sich die Risikomenge unter Berücksichtigung der Risikodiversifikationseffekte. Bei einer solchen simulationsbasierten Analyse kann der Wertbeitrag eines Risikos auch unter Beachtung von Veränderungen des Insolvenzrisikos (der Insolvenzwahrscheinlichkeit) berechnet werden.[764]

[762] Gleißner, 2019h und Abschnitt 5.3.

[763] Sogenannte „Inkrementale Risikokapitalallokation", siehe weiterführend z.B. Tillmann, 2006.

[764] Die Insolvenzwahrscheinlichkeit wirkt langfristig quasi wie eine negative Wachstumsrate der Erträge und beeinflusst so den Unternehmenswert (siehe dazu Abschnitt 5.3).

2.4.13 Exkurs: Cornish-Fisher-Ansatz und die Tschebyscheff-Ungleichung

Bei der Berechnung von Risikomaßen, wie dem VaR, benötigt man Kenntnis über die Quantile einer Häufigkeitsverteilung, die man aus einer stochastischen Analyse, z.B. von Schadensdaten, oder aus Simulationsergebnissen ableiten kann (Monte-Carlo-Simulation, vgl. Kapitel 3).

Mit der Cornish-Fisher-Abschätzung kann das Quantil einer schiefen Verteilung auch abgeschätzt werden auf Basis der ersten vier Momente (Erwartungswert, Standardabweichung, Schiefe und Kurtosis (Wölbung)).[765]

Basis ist die Bestimmung eines Quantils Q einer Normalverteilung (Q_p). Im Falle einer Normalverteilung können die Quantile der Verteilung (d.h., die Verteilungsfunktion) dargestellt werden als

$$Q_p(X) = F_x^{-1}(p) = E(X) + q_p\sigma(X). \tag{2.52}$$

Hierbei ist der Faktor q_p nur vom betrachteten Quantil p abhängig und entspricht dem Wert der invertierten Verteilungsfunktion F der Standardnormalverteilung an der Stelle p.

Die Cornish-Fisher-Erweiterung berücksichtigt nun die Schiefe γ und die Wölbung δ einer Verteilung, womit sich natürlich andere Quantile als bei der Normalverteilung ergeben, deren Schiefe 0 und deren Wölbung 3 beträgt. Hierbei wird der Faktor q_p angepasst mittels

$$z_p = q_p + \frac{1}{6}\left(q_p^2 - 1\right)\cdot\gamma + \frac{1}{24}\left(q_p^3 - 3q_p\right)\cdot(\delta - 3) - \frac{1}{36}\left(2q_p^3 - 5q_p\right)\cdot\gamma^2. \tag{2.53}$$

Schiefe (γ) und Wölbung (σ) entsprechen dem dritten bzw. vierten zentralen Moment. Sie sind definiert durch

$$\gamma = \frac{E\left(X - E(X)\right)^3}{\sigma(X)^3} \text{ bzw. } \delta = \frac{E\left(X - E(X)\right)^4}{\sigma(X)^4}.$$

Die Berechnung des Quantils zur Wahrscheinlichkeit p lautet damit

$$Q_p(X) = E(X) + z_p\sigma(X). \tag{2.54}$$

Ohne Kenntnis über die Art der Wahrscheinlichkeitsverteilung ist es mit der Tschebyscheff-Ungleichung möglich, eine Art „Worst-Case-Schätzung" für Wahrscheinlichkeiten abzuleiten, wann man z.B. nur Erwartungswert und Standardabweichung schätzen konnte. Die Wahrscheinlichkeit p, dass X in mehr als k vom Erwartungswert abweicht, lässt sich mit Hilfe der Tschebyscheff-Ungleichung abschätzen.[766] Es gilt:

$$p(X - E(X) \geq k) \leq \frac{\sigma^2}{k^2}. \tag{2.55}$$

[765] Siehe Favre/Galeano, 2002, S. 24 und Gregoriou/Gueyie, 2003, S. 81.

[766] Vgl. Bamberg/Baur/Krapp, 2009, S. 117.

2.4.14 Exkurs: Performancemaße[767]

2.4.10.1 Grundlagen

Die Risikomaße sind ein wichtiger Baustein der Performance- oder Erfolgsmessung. In diesem Exkurs werden Performancemaße – als Ergänzung zu den Risikomaßen – kurz vorgestellt.

Performancemaße sind sowohl Erfolgsmaßstab als auch Steuerungsgröße; beide Begriffe können weitgehend synonym verwendet werden.[768] Der Begriff „Performance" wird dabei in der Literatur durchaus unterschiedlich definiert. Gemeinsam ist den Definitionen in der Regel, dass mit Performance eine Art „Mehrwert" gegenüber einem vorgegebenen Benchmark gemeint ist, der unter Bezugnahme auf Verfahren der Unternehmensbewertung abgeleitet wird. Zu den Konzepten einer „wertorientierten Performancemessung", die im Folgenden betrachtet werden, gehören sowohl Ansätze, die sich direkt auf den Unternehmenswert beziehen, als auch solche, die einen Residualgewinn (Übergewinngröße) bestimmen. Grundsätzlich lassen sich unterschiedliche Möglichkeiten realisieren, Barwerte (Unternehmenswerte) mit Referenzgrößen (ein Benchmark als Bestandsgröße) zu vergleichen, um daraus Performancemaße abzuleiten. Wertorientierte Performancemaße können dabei neben der Wertdifferenz ($W_t - W_{t-1}$) auch noch andere (periodenbezogene) Erfolgsgrößen als Determinanten aufweisen, wie den Gewinn, den Cashflow oder eine (kalkulatorische) Verzinsung des eingesetzten Kapitals (des Referenzwertes). Letzteres wird beispielsweise beim Ansatz des Economic Value Added (EVA) genutzt.[769]

$$EVA = CE \cdot (ROCE - k_{WACC}) = EBIT - CE \cdot k_{WACC} \quad (2.56)$$

Geeignete Performancemaße sollten in der Lage sein, mehrere Zwecke zu erfüllen:

- Ex ante Unterscheidungsunterstützung:
  Zur Vorbereitung zum Beispiel geplanter Investitionsentscheidungen soll unter Berücksichtigung erwarteter Erträge und Risiken abgeleitet werden, welche Wertzuwächse für die Unternehmung zu erwarten sind.
- Kontinuierliche Performanceüberwachung:
  Durch eine (fortlaufende ex ante) Überwachung soll festgestellt werden, welche aktuelle Rendite-Risiko-Position existierende Projekte, Geschäftsbereiche sowie das Gesamtunternehmen aufweisen.
- Performanceanalyse:
  Durch eine (ex post) Auswertung historischer Daten wird die in der Vergangenheit erzielte Performance bestimmt.

---

[767] In enger Anlehnung an Gleißner/Wolfrum, 2009. Vgl. weiterführend Gleich, 2021, S. 33 ff.

[768] Zu Performancemaßen siehe insbesondere Coenenberg, 2009; Huther, 2003; Schultze/Hirsch, 2005 und Gleich, 2021, S. 33 ff.

[769] Mit CE als betriebsnotwendiges Kapital, ROCE als Kapitalrendite (vor Steuer) und k als Kapitalkostensatz. Statt EBIT wird oft auch NOPAT, Net Operating Profit After Taxes, als Ergebnisgröße genutzt.

- Abweichungsanalyse:
  Hier wird (ex post) aufgezeigt, welche Abweichungen von der Planung tatsächlich eingetreten sind, unter expliziter Berücksichtigung der tatsächlichen Entwicklung wesentlicher Umfeldfaktoren (zum Beispiel der Konjunktur).

Aufbauend auf „einfachen" Abweichungsanalysen werden Verfahren der Performanceattribution entwickelt, die eine detaillierte Analyse der Ursachen einer realisierten Performance bieten und insbesondere helfen (1) Anstrengungen und Fähigkeiten (Skill) von (2) Zufall (Glück und Pech) zu trennen. Entwickelt und in Praxis eingesetzt werden solche Verfahren bisher primär in der Finanzwirtschaft, speziell wenn es um die Beurteilung der Leistung von Kapitalanlagestrategien, Portfolien oder Portfolio-Manager geht.

Um die sich aus diesen Zielen ergebenden Aufgaben zu erfüllen, lassen sich verschiedene Anforderungen formulieren, die auch für die Bewertung alternativer Performancemaße und Kennzahlensysteme für die Unternehmenssteuerung genutzt werden können. Ein zentraler Aspekt hierbei ist die Berücksichtigung von Risikoinformationen.

<table>
<tr><th colspan="4">Anforderungen an Steuerungsgrößen</th></tr>
<tr><td rowspan="2">Entscheidungsrelevanz</td><td colspan="2">Zukunftsorientierung</td><td>• zukunftsbezogene Informationen
• Berücksichtigung von Periodeninterdependenzen des Zeitwertes des Geldes</td></tr>
<tr><td colspan="2">Risikoorientierung</td><td>• Berücksichtigung
– Unternehmensinterner Risiken
– Extern begründeter Risiken</td></tr>
<tr><td rowspan="4">Kontrollrelevanz</td><td rowspan="2">Anreizverträglichkeit</td><td>Zielkongruenz</td><td>• Steuerungsgröße spiegelt die Zielstruktur des Gesamt-unternehmens wider</td></tr>
<tr><td>Maßgenauigkeit</td><td>• Manipulationsresistenz
• Keine Ermessens- oder Interpretationsspielräume</td></tr>
<tr><td rowspan="2">Kommunikationsfähigkeit</td><td>Analysefähigkeit</td><td>• Identifikation der wesentlichen Einflussgrößen
• Aussagekräftige Ursachenanalyse möglich</td></tr>
<tr><td>Verständlichkeit</td><td>• Einfache und nachvollziehbare Ausgestaltung</td></tr>
<tr><td colspan="3">Wirtschaftlichkeit</td><td>• Nutzen des Systems übersteigt dessen Kosten</td></tr>
</table>

Tabelle 21: Anforderungsprofil für Steuerungsgrößen (Performancemaße)[770]

[770] Vgl. Schultze/Hirsch, 2005, S. 32.

Ergänzend ist darauf hinzuweisen, dass in der Praxis scheinbar in vielen Fällen wertorientierter Performancemaße Veränderungen des Risikos meist gar nicht explizit berücksichtigt werden und die Kapitalkosten (k), in denen sich der Risikoumfang widerspiegeln soll, konstant gehalten werden.

2.4.10.2 Wichtige Performancemaße

Eine Performancemessung kann wie erwähnt ex ante oder ex post durchgeführt werden. Ein ex ante Performancemaß dient dabei als prognostizierter Erfolgsmaßstab der Unterstützung von Managemententscheidungen für oder gegen eine unternehmerische Aktivität, zum Beispiel eine Investition. Dabei wird der Unsicherheit jeder Zukunftsprognose (über eine Zielgröße X), die Grundlage der ökonomischen Entscheidung ist, explizit Rechnung getragen. Ex ante Performancemaße sind daher Kennzahlen, die sich aus der Kombination (operationalisiert durch eine Funktion f) des prognostizierten Ergebnisses (zum Beispiel erwarteter Gewinn oder erwarteter Übergewinn) in der Regel gemessen durch den Erwartungswert E(X) mit einem geeigneten Risikomaß R(X) wie Standardabweichung, Value at Risk oder LPM-Maße ergeben. Das Risikomaß zeigt dabei den Umfang möglicher Planabweichungen.

$$P(X)=f(E(X),R(X)) \tag{2.57}$$

Oft nimmt man eine lineare Beziehung an

$$P(X)=E(X)-\lambda\cdot R(X), \tag{2.58}$$

was zu Sicherheitsäquivalente und Wert führt (vgl. Abschnitt 5.3). Das Ertrag-Risiko-Profil wird so auf eine Kennzahl verdichtet, was die Priorisierung von Handlungsmöglichkeiten bei der Entscheidungsvorbereitung vereinfacht.

Zu den Erfolgsmaßstäben gehören Unternehmenswert (Kapitalwert), Wertbeitrag (EVA) und RORAC[771] oder auch das Sharpe Ratio (SR).[772]

$$SR_A=\frac{E(r_A)-r_f}{\sigma(r_A)} \tag{2.59}$$

mit

r_A : Rendite von A

r_f : risikoloser Zinssatz

$\sigma(r_A)$: Standardabweichung der Rendite von A als Risikomaß

Als Alternative zum Sharpe Ratio sind Performancemaße anzusehen, bei denen Überschussrenditen (im Bezug zur risikolosen Anlage) ins Verhältnis gesetzt

[771] Beim RORAC wird der erwartete Gewinn (oder Übergewinn) ins Verhältnis gesetzt zu einem ratingabhängigen Risikomaß wie VaR, CVaR oder DVaR. Üblicherweise wird auf den Eigenkapitalbedarf (und damit den VaR) zurück gegriffen:

$$RoRAC=\frac{E(X)}{VaR_{1-p}(X)}.$$

[772] Vgl. auch das oft vorteilhaftere M^2-Performancemaß (Modigliani/Modigliani, 1997).

wird zu LPM-Risikomaßen. Derartige Performancemaße werden als Return to Shortfall (RTS) Kennzahlen bezeichnet.[773]

$$RTS_1 = \frac{E(r_A) - r_f}{LPM_1(r_A)},\ RTS_2 = \frac{E(r_A) - r_f}{\sqrt{LPM_2(r_A)}} \qquad (2.60)$$

RTS_1[774] bezieht dabei die Überschussrendite (oder Überschussertrag) auf den durchschnittlichen Verlust, während RTS_2[775] diese auf die Volatilität des Verlusts bezogen auf die Zielrendite (Schranke c) bezieht.[776]

Wertorientierte Performancemaße stehen in engem Zusammenhang mit dem risikogerechten Unternehmenswert, der später noch genauer betrachtet wird (Abschnitt 5.3).

Entgegen der bisherigen Praxis in vielen Unternehmen ist sicherzustellen, dass der den Unternehmenswert oder Economic Value Added beeinflussende „Werttreiber Kapitalkosten", also die risikogerechten Mindestanforderungen an die Renditeerwartung, tatsächlich vom „Ertragsrisiko" (Unsicherheit der Gewinne oder Cashflows) – also einem R(X) mit X als Ertragsgröße – abhängt. Die Auswirkung von Risiken auf den Erwartungswert und die Schwankung um diesen, gemessen durch ein Risikomaß, sind also zu berücksichtigen. Aus historischen Aktienkursschwankungen (via Beta-Faktor) kann man nicht auf die entscheidungs- und bewertungsrelevanten zukünftigen Risiken von Cashflows oder Erträge schließen (vgl. Studie in Abschnitt 5.3).

Zu beachten ist schließlich, dass Veränderungen des Risikoumfangs auch zu Veränderungen des (zukünftigen) Ratings (Insolvenzwahrscheinlichkeit) führen und auch das Rating einen „Werttreiber" darstellt. Die Insolvenzwahrscheinlichkeit wirkt nämlich wie eine „negative Wachstumsrate" der Erträge und beeinflusst in erheblichem Umfang den Wert des Unternehmens. Noch immer wird bei Unternehmensbewertung und wertorientierter Steuerung fälschlicherweise ignoriert, dass Unternehmen nicht „ewig" existieren.

Zu beurteilende Handlungsoptionen haben also potenziell Wirkung auf (1) erwartete Erträge, (2) aggregiertes Ertragsrisiko und gegebenenfalls auch (3) Risikodeckungspotenzial (Eigenkapital- und Liquiditätsreserven) – und damit insgesamt auf Rating (Gläubiger-Perspektive) und Wert (Eigentümer-Perspektive).

Ein Performancemaß, das alle diese Aspekte berüksichtigt ist RAVA.[777] RAVA steht für „Risk Adjusted Value Added". Im Gegensatz zu den heute noch üblichen Performancemaßen wird bei RAVA tatsächlich eine adäquate planungskonsistente Risikoadjustierung vorgenommen durch einen Risikoabschlag $\lambda \cdot R(X)$.[778]

---

773 Vgl. Uhlmann, 2008, S. 84 und Schuhmacher/Auer, 2014 zu Omega-, Sortino- und Kappa3-Ratio.

774 Omega-Ratio.

775 Sortino-Ratio.

776 Siehe hierzu auch Zimmermann, 1992.

777 Man kann diese auch als lageunabhängiges Risikomaß auffassen. Vgl. Gleißner/Wolfrum, 2009.

778 r_f ist der Zinssatz risikoloser Anlagen und λ der „Marktpreis des Risikos" (vgl. Abschnitt 5.3).

$$RAVA = E(X) - r_f \cdot CE - \lambda \cdot R(X) \tag{2.61}$$

Der Term $r_f \cdot CE$ erfasst die Verzinsung des Kapitaleinsatzes (CE) mit dem risikolosen Zinssatz. Die Risikoadjustierung ist abhängig vom Risikoumfang gemessen durch das Risikomaß R. Als Risikomaß wird hier üblicherweise der Eigenkapitalbedarf herangezogen (Value at Risk). Setzt man den Eigenkapitalbedarf aus der Risikoaggregation als Risikomaß R(X) kann man $\lambda \cdot EKB$ als kalkulatorische Zusatzkosten des Eigenkapitals zur Risikodeckung interpretieren (kalkulatorische Eigenkapitalkosten). Das Performancemaß RAVA berücksichtigt mögliche Veränderungen der Insolvenzwahrscheinlichkeit durch die Existenz eines Risikos nicht. Eine zusätzliche Adjustierung um Veränderungen der Insolvenzwahrscheinlichkeit ist aber möglich (RAVA+).[779]

2.5 Erweitertes Risikoinventar, Risk-Maps und Risiko-Portfolios

2.5.1 Das quantifizierte Risikoinventar mit Risikowertbeitrag

Die wesentlichen Risiken werden in einem Risikoinventar, einer Art Hitliste der Risiken, zusammengefasst. Schon in Abschnitt 2.4 im Kontext der Risikoidentifikation wurde das Risikoinventar erstmalig vorgestellt. Da zu diesem Zeitpunkt noch keine quantitativen Informationen über das Risiko vorlagen, wurden die Risiken nur nach einer zunächst groben (weitgehend subjektiven) Ersteinschätzung der Relevanz der Risiken sortiert. Nach der Quantifizierung der Risiken kann das Risikoinventar überarbeitet werden, wobei nunmehr eine Sortierung der Risiken anhand eines gewählten Risikomaßes (z.B. dem VaR oder CVaR) möglich ist, oder eine Sortierung bezüglich des Risikowertbeitrags, der – wie erläutert – für eine Präzisierung der Relevanzskala genutzt werden kann. Ein um den Risikowertbeitrag ergänztes Risikoinventar zeigt die Tabelle 22 auf der nächsten Seite.

Hier wurde der Risikowertbeitrag als Maßstab der Relevanz verwandt. Dabei sind Risiken mit Schäden, also negativen Wertbeiträgen,

- bis < 10.000 € der Relevanz 1,
- von 10.000 € bis < 30.000 € der Relevanz 2,
- von 30.000 € bis < 100.000 € der Relevanz 3,
- von 100.000 € bis < 350.000 € der Relevanz 4 und
- ab 350.000 € der Relevanz 5

zugeordnet worden.

Die Risikowertbeitrag (WB) wird ausgehend vom Erwartungswert (EW) und dem VaR_{1-p} bestimmt als

$$WB = EW + r_z \cdot VaR_{1-p}. \tag{2.62}$$

[779] Siehe Gleißner, 2022.

Beispiel:

Der mögliche Ausfall einer Maschine (Wahrscheinlichkeit: 5 %) würde einen Schaden von 1000 verursachen.[780] Bei einem Risikozuschlag von 10 %[781] ergibt sich

$$WB = -(5\ \% \cdot 1000 + 10\ \% \cdot 1000) = -150. \tag{2.63}$$

Kategorie	Risikobezeichnung	Risikowert-beitrag	Rele-vanz
Marktrisiken	Beschaffungsmarktrisiken (Preis), Materialkostenschwankungen	–399.891,00	5
Marktrisiken	Risiken durch Absatzmengenschwankungen	–392.194,00	5
Politische/rechtliche und gesellschaftliche Risiken	Risiken aus Konventionalstrafen	–245.657,00	4
Leistungsrisiken	Verfügbarkeitsrisiken durch Ausfall zentraler Produktionskomponente	–171.110,00	4
Marktrisiken	Risiken durch Absatzpreisschwankungen	–153.695,00	4
Marktrisiken	Risiken durch den Markteintritt neuer Wettbewerber	–54.835,00	3
Risiken aus Corporate Governance	Organisatorisches Risiko	–53.549,00	3
Leistungsrisiken	Feuerschaden beim Ausbau der Produktion	–52.006,00	3
Leistungsrisiken	Risiko durch Ausfall von Schlüsselpersonen	–48.790,00	3
Leistungsrisiken	Schwankungen der sonstigen Kosten	–45.096,00	3
Leistungsrisiken	Personalkostenschwankungen	–36.389,00	3
Strategische Risiken	Markteintritt eines Wettbewerbers	–35.980,00	3
Marktrisiken	Risiken durch Abhängigkeit von einzelnen Lieferanten	–29.968,00	2
Marktrisiken	Risiken durch Abhängigkeit von einzelnen Kunden	–28.786,00	2
Marktrisiken	Risiken durch ungünstige Struktur der Wettbewerbskräfte	–24.879,00	2
Finanzmarktrisiken	Währungsrisiken	–15.200,00	2
Finanzmarktrisiken	Risiken durch Forderungsausfälle	–10.400,00	2
Finanzmarktrisiken	Zinsänderungsrisiken	–4.197,00	1

Tabelle 22: Beispiel eines Risikoinventars[782]

780 Genauer: ein Schaden von 1000 wird mit 95 %iger Sicherheit nicht überschritten.
781 Zusatzkosten für Eigenkapital, um möglichen Verlust zu tragen.
782 Das Risikoinventar wurde der Software „Strategie-Navigator" entnommen und beruht auf einem fiktiven Beispiel. Dieser steht kostenlos unter: https://futurevalue.de/leistungen-produkte/strategienavigator/software-download/ zum Download zur Verfügung.

Nachdem die Risiken identifiziert und quantifiziert wurden, sind nun die Ursachen zu beschreiben, die zu diesem Risiko führen können. Dabei ist darauf zu achten, dass die Ursachen ausführlich dargestellt werden. Je ausführlicher die Ursachenforschung durchgeführt wird, desto gezielter ist es später möglich, geeignete Handlungsalternativen für deren Bewältigung zu finden (vgl. Kapitel 4). Auch Annahmen sollten vollständig dokumentiert werden.

2.5.2 Aufbau und Probleme von Risk-Maps

Risikoinventare stellen Risiken in einer einfachen hierarchischen Liste, also eindimensional, dar. Sie erlauben eine vergleichsweise einfache, schnelle Aufbereitung der Risikolandschaft eines Unternehmens und verdeutlichen die Priorität der Risiken durch ihre Rangfolge im Risikoinventar. Für eine differenziertere Betrachtung von Risiken werden oft Risk-Maps eingesetzt. Im Gegensatz zum Risikoinventar erlauben diese eine zweidimensionale Darstellung.

Die Risk-Map, manchmal auch als Risiko-Portfolio bezeichnet, gehört zum Standard-Instrumentarium des Risikomanagements. Zur vergleichenden Darstellung und Priorisierung von Risiken werden diese in einer Risk-Map oft positioniert im Hinblick auf

- Eintrittswahrscheinlichkeit (p) und
- Schadenshöhe (SH).

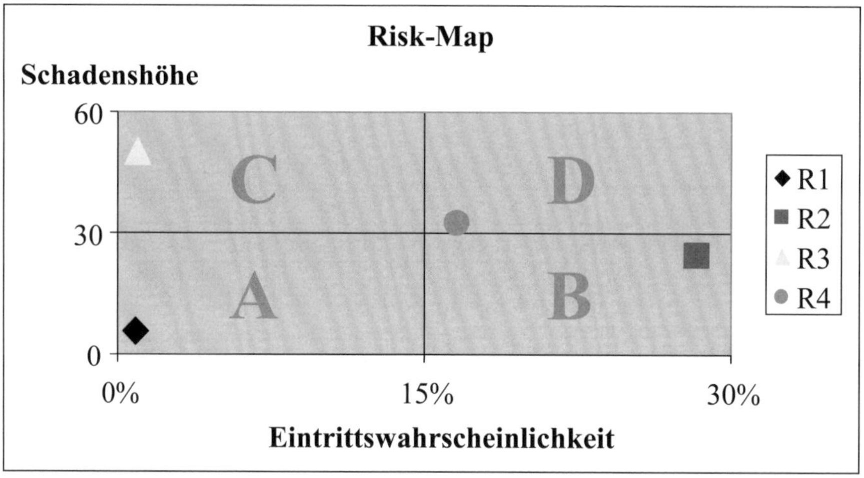

Abbildung 68: Risk-Map

In Abhängigkeit der Positionierung in den Feldern A, B, C oder D wird dann z.B. eine Priorisierung von Risikobewältigungsmaßnahmen abgeleitet. So wird beispielsweise gefolgert, dass das Risiko R4 im Segment D mit dem höchsten Handlungsbedarf verbunden ist. Risk-Maps dieses Typs haben sich in der Literatur – und auch in der Praxis der Unternehmen – schon seit Jahren so verbreitet, dass ihre Sinnhaftigkeit meist nicht mehr kritisch hinterfragt wird.

Tatsächlich weisen die oben beschriebenen, in der Praxis üblichen, Risk-Maps eine Vielzahl methodischer Probleme und Schwächen auf, die ihren praktischen Nutzen erheblich in Frage stellen.

(1) Erstes Problem: Die Positionierung der Linien und Felder

Die in den Risk-Maps oft vorzufindenden senkrechten und waagerechten Linien, die die Felder A, B, C und D abgrenzen, sind kaum sinnvoll zu interpretieren. Will man nämlich beispielsweise erreichen, dass zwei Risiken mit gleichem Erwartungswert auf einer Linie liegen, ergeben sich zwangsläufig Hyperbeln. Diese Hyperbeln sind damit als „Iso-Erwartungswert-Kurven" zu interpretieren.

Da gilt,

$$\text{Erwartungswert} = \text{Schadenshöhe} \cdot \text{Eintrittswahrscheinlichkeit}$$

folgt daraus:

$$\text{Schadenshöhe} = \frac{\text{Erwartungswert}}{\text{Eintrittswahrscheinlichkeit}}, \tag{2.64}$$

also ein hyperbolischer und nicht linearer Zusammenhang. Falls die Linien einen komplexeren Bewertungsmaßstab für ein Risiko darstellen sollen, wie beispielsweise deren Wertbeitrag, ergeben sich etwas andere – allerdings wieder nichtlineare – Verläufe.

Man erkennt am korrigierten Diagramm in Abbildung 68 zudem, dass nunmehr nicht das Risiko R4, sondern R2 den höchsten Erwartungswert hat und – gemessen an diesem Kriterium – den höchsten Handlungsbedarf auslösen würde.[783]

Ob der Erwartungswert eines Risikos allerdings überhaupt, wie häufig in der Literatur zu finden, ein geeigneter Maßstab für die Relevanz eines Risikos darstellt, muss sehr kritisch betrachtet werden.[784]

[783] Um die Positionierung eines Risikos in der Risk-Map überhaupt als Priorisierung für einen Handlungsbedarf interpretieren zu können, muss unterstellt werden, dass diese Risiken alle in etwa gleich einfach verändert werden können. Für ein exogen gegebenes, völlig unveränderliches Risiko ist selbst bei einer Positionierung rechts oben im Portfolio offensichtlich der tatsächliche Handlungsbedarf exakt Null.

[784] Vgl. Gleißner/Romeike, 2011.

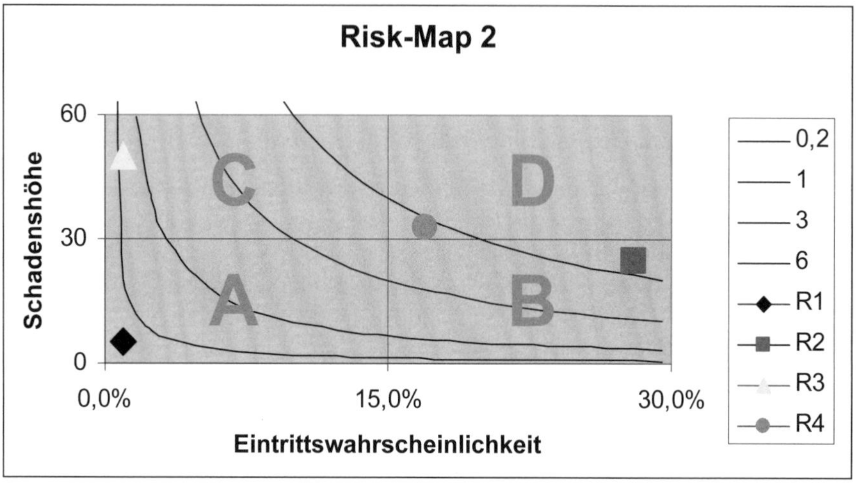

Abbildung 69: Risk-Map 2

Der Erwartungswert drückt nämlich gerade aus, was „im Mittel" passieren wird. Für das Risikomanagement bedeutsam ist aber zudem der Umfang möglicher Planabweichungen (Chancen und Gefahren), der durch die Kennzahl nicht erfasst wird.

(2) Zweites Problem: Die Beschränkung der darstellbaren Risiken

Bei der Anwendung der Risk-Maps wird implizit davon ausgegangen, dass ein Risiko überhaupt sinnvoll durch Schadenshöhe und Eintrittswahrscheinlichkeit beschrieben werden kann. Dies gilt jedoch offensichtlich nur dann, wenn diese – und genau diese – Parameter eine adäquate (möglichst vollständige) Beschreibung eines Risikos ermöglichen. Dies trifft speziell jedoch nur für einen bestimmten Verteilungstyp von Risiken zu, nämlich für binomialverteilte Risiken, die genau einmal in einem Jahr eintreten können.[785] Derartige binomialverteilte Risiken weisen genau zwei Zustände auf, entweder das Risiko tritt ein (dann tritt ein Schaden mit bekannter Höhe ein), oder es tritt nicht ein. Tatsächlich ist jedoch der Großteil aller Risiken eines Unternehmens so nicht sinnvoll zu beschreiben. Für Zinsänderungen, Ölpreisschwankungen oder konjunkturelle Umsatzschwankungen ist sicherlich eine Normalverteilung eine sinnvollere Beschreibung des Risikos als eine Binomialverteilung. Bei Währungskursveränderungen ist die Wahrscheinlichkeit ihres Eintretens offensichtlich praktisch 100 %. Prinzipiell ist bei diesem Risiko jede beliebige Veränderung des Wechselkurses möglich, jeweils jedoch mit unterschiedli-

[785] Allerdings lassen sich durchaus weitere Verteilungen in einer Weise transformieren, dass sie in ähnlicher Form darstellbar sind. In diesen Fällen wird meist die (sichere) Schadenshöhe durch einen Schätzer des Erwartungswerts ersetzt. Grundsätzlich kann in einer zweidimensionalen Darstellung natürlich jede Wahrscheinlichkeitsverteilung beschrieben werden, die durch zwei Parameter charakterisiert ist. Problematisch ist es jedoch grundsätzlich, wenn Risiken dargestellt werden sollen, die durch unterschiedliche Wahrscheinlichkeitsverteilungen beschrieben werden.

cher Wahrscheinlichkeit und Wirkung (Schaden). Eine sinnvolle Abbildung von normalverteilten Risiken – oder der bei versicherbaren Schäden häufig vorzufindenden lognormalverteilten Risiken – ist hier nicht möglich. Selbst ereignisorientierte Risiken mit Eintrittswahrscheinlichkeit p und unsichere Auswirkungen lassen sich nicht adäquat abbilden. Grundsätzlich soll jedoch in einem Risk-Map sinnvoller Weise jede Art von Risiko abbildbar sein.[786]

Fazit: Zusammenfassend lässt sich festhalten, dass es sicherlich wünschenswert wäre, sämtliche Arten von Risiken in einer Risk-Map sinnvoll abbilden zu können. Insbesondere sollte es möglich sein, die normalverteilten Risiken zu erfassen. Gerade normalverteilte Risiken sind in der Praxis sehr häufig zu finden, weil – wie der zentrale Grenzwertsatz erkennen lässt – Risiken, die sich aus einer Vielzahl von kleinen einzelnen Einflüssen durch deren Summation ergeben, näherungsweise als normalverteilt anzusehen sind. Diese Charakterisierung trifft offenkundig auf viele Risiken zu.

Im Folgenden wird eine modifizierte Form des Risiko-Portfolios vorgestellt, welche die oben beschriebenen Probleme vermeidet.[787]

(3) Lösungsweg: Risiko-Portfolios mit Risikomaß und Erwartungswert

Mit Hilfe der kostenlos verfügbaren Excel-basierten Software „Risiko-Portfolio" oder dem „Strategie-Navigator"[788] können quantifizierte Einzelrisiken in einem Portfolio graphisch dargestellt werden. Nach Angaben zu Schadensverteilungen werden zu jedem Risiko ein (Schadens-)Erwartungswert (Lagemaß) und ein Risikomaß ermittelt.

Der Erwartungswert für jedes Risiko wird auf der x-Achse dargestellt. Das Risikomaß auf der y-Achse wird durch den Value at Risk (VaR) als „realistischer Höchstschaden" angegeben.[789] Bei dieser Risiko-Darstellung wird berücksichtigt, dass der Erwartungswert eines Risikos die im Durchschnitt aller Jahre anfallende mittlere Ergebnisbelastung darstellt. Der Value at Risk stellt einen realistischen Höchstschaden dar, dessen entsprechende Verluste (unter Vernachlässigung von Diversifikationseffekten) durch Eigenkapital abgesichert werden müssen. Die somit zu berücksichtigenden kalkulatorischen Eigenkapitalkosten ergeben sich aus der Multiplikation des Value at Risk mit der Risikoprämie (oder dem Eigenkapitalkostensatz) des Eigenkapitals gegenüber Fremdkapital (vgl. Abschnitt 2.4.14 zum Risikowertbeitrag).

---

786 Theoretisch ist es möglich, ein normalverteiltes Risiko durch seinen Value at Risk als „realistischen Höchstschaden" und das Konfidenzniveau als zugehörige Wahrscheinlichkeit zu beschreiben. Dies erfordert jedoch eine Umformung der Normalverteilung und ist zudem mit dem Problem behaftet, dass man für ein solches normalverteiltes Risiko prinzipiell – je nach vorgegebener Wahrscheinlichkeit – völlig unterschiedliche Punkte in der Risk-Map angeben kann.

787 Vgl. hierzu z.B. Gleißner, 2001 und Gleißner/Wolfrum, 2006.

788 Kostenlos verfügbar ist eine Excel-Version von der FutureValue Group AG. die kostenlos unter: https://futurevalue.de/leistungen-produkte/strategienavigator/software-download/ zum Download zur Verfügung steht.

789 Denkbar ist auch eine Verwendung des CVaR als Risikomaß.

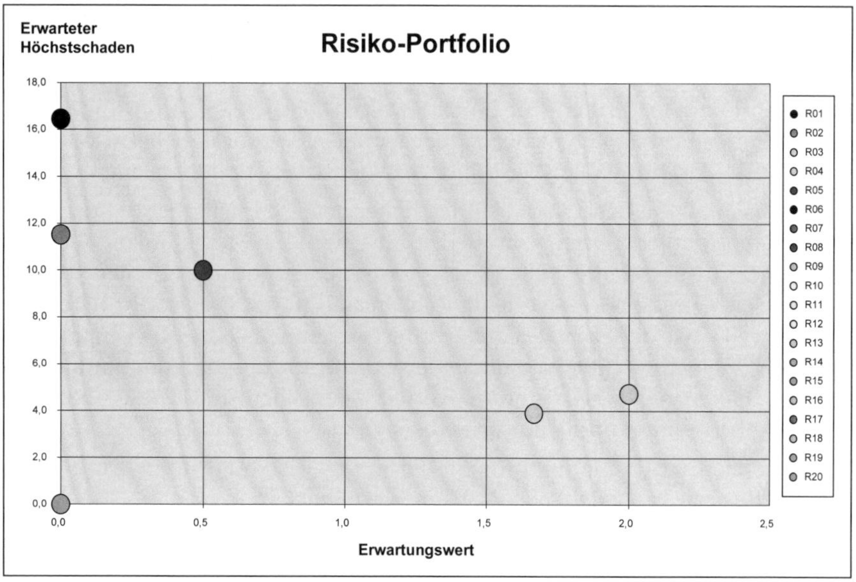

Abbildung 70: Modifiziertes Risiko-Portfolio

Zur Erfassung eines einzelnen Risikos im Risiko-Portfolio wird zunächst die Art der Verteilung ausgewählt (z.B. Binomialverteilung, Normalverteilung oder Dreiecksverteilung).

Im Ergebnis ist festzuhalten, dass die hier vorgeschlagene Variante der Risk-Maps gegenüber der traditionellen Version mit Schadenshöhe und Eintrittswahrscheinlichkeit deutlich Vorteile aufweist. So können auch Risiken sinnvoll und eindeutig dargestellt werden, die nicht durch Schadenshöhe und Eintrittswahrscheinlichkeit adäquat zu beschreiben sind. Die Positionierung drückt das Ertrag-Risiko-Profil bezogen auf ein Einzelrisiko aus (Erwartungswert des Risikos versus eines Risikomaßes, wie den Value at Risk). Auch hier muss aber die Positionierung im Risiko-Portfolio interpretiert werden. Eine Möglichkeit der Verdichtung der zweidimensionalen Darstellung auf eine Kennzahl, die unmittelbar eine einfache Priorisierung von Risiken ermöglicht, bieten die Bewertungsmethoden (siehe Abschnitt 5.3). Bewertungsmethoden erlauben es, das Ertrag-Risiko-Profil auf eine Kennzahl zu verdichten, den Wert bzw. Wertbeitrag.

2.6 Quantitative Risikoanalyse: Fallbeispiele

2.6.1 Einfache Fallbeispiele zur Risikoanalyse

In diesem letzten Abschnitt von Kapitel 2 werden die erläuterten Methoden der Risikoanalyse auf mehrere Fallbeispiele angewendet. In diesem Abschnitt 2.6.1 werden drei bereits abgegrenzte Einzelrisiken quantitativ beschrieben. Im anschließenden Abschnitt 2.6.2 erfolgt die Quantifizierung eines komplexen Projektrisikos. Bei diesem Fallbeispiel besteht die Herausforderung darin, dass bei der Risikoidentifikation bestimmte Teilrisiken noch nicht sauber abgegrenzt sind und damit vor der eigentlichen quantitativen Beschreibung der Risiken eine Neustrukturierung erforderlich ist. Schließlich wird der Einsatz statistischer Analysemethoden am Beispiel demonstriert.

In den Fallbeispielen wird man, genau wie in der Realität der Unternehmen, keinen perfekten Informationsstand über die Risiken vorfinden. Dies ist, wie erläutert, aber auch kein Problem. Es ist gerade eine Aufgabe der Risikoanalyse mit unvollkommenen Informationen umzugehen. Wesentlich ist, dass für eine Risikoquantifizierung nie unrealistische Anforderungen an den Informationsstand gestellt werden. Die Quantifizierung der Risiken sollte die bestverfügbaren Informationen nachvollziehbar auswerten. Wenn also über ein Risiko keine umfangreichen Studienergebnisse oder historische Daten zur Verfügung stehen, ist auch eine subjektive Expertenschätzung sachgerecht. Auch eine solche Expertenschätzung kann eine gute Qualität erreichen, wenn der Experte die Herleitung seiner Ergebnisse erläutern kann (und diese dokumentiert). Die nachfolgenden Beispiele zeigen, wie wichtige Arten von Risiken quantifiziert werden können:

Beispiel 1: Unsichere Entwicklung der Nachfrage

Bei den meisten Unternehmen ergibt sich ein ganz erhebliches Risiko in der Unsicherheit über die Nachfrage z.B. im nächsten Geschäftsjahr.

Angenommen die Beispiel GmbH plant für das neue Jahr 2022 ein Nachfrage-Wachstum von 10 % ein, das Grundlage ist für die eigene Umsatzschätzung. Klar ist die Nachfrage-Wachstumsrate unsicher, es besteht also ein Risiko. Dabei sind Abweichungen in beide Richtungen von der geplanten Wachstumsrate möglich, es gibt also Chancen und Gefahren. Wie bei vielen hochaggregierten marktbezogenen Größen ist zur quantitativen Beschreibung dieses Risikos – ähnlich wie auch bei Währungs- und Rohstoffpreis-Risiken – die Normalverteilung angemessen. Bei dieser wird die im Mittel zu erwartende Wachstumsrate angegeben – hier 10 % – und eine typische Schwankungsbreite, die Standardabweichung von z.B. 5 %. Die Standardabweichung kann dabei abgeschätzt werden aus historischen Nachfrageschwankungen, Expertenschätzungen oder auch aus veröffentlichten Branchen-Benchmark-Werten.[790]

Beispiel 2: Unsichere Instandhaltungskosten

Im Jahresbudget 2022 plant die Beispiel GmbH Instandhaltungskosten für einen Abschnitt der Fertigung ein. Gemäß Planung sollen 800.000 Euro Kosten anfallen. Es gibt hier zwar eine konkrete Projektkalkulation, aber offensichtlich ist, dass die späteren Projektkosten durchaus von den Plankosten abweichen könnten. Der von der Geschäftsführung benannte und fachkompetente Projektleiter hält die 800.000 für den wahrscheinlichsten Wert. Bei einer Rückfrage, und

[790] Gleißner/Grundmann, 2008.

dem Durchdenken hier bestehender Chancen und Gefahren, gibt er an, dass er mehrere Gründe dafür sieht, dass man auch mit Kosten von 700.000 Euro auskommen könnte. Er sieht allerdings auch einige noch nicht genau beurteilbare Gefahren, die zu deutlichen Mehrkosten führen können. Sollten sich diese realisieren, geht er im schlimmsten Fall von Kosten bis zu 1,2 Millionen aus. Im Gegensatz zum Nachfrage-Risiko (Beispiel 1) gibt es hier also einen Überhang der Gefahr gegenüber der Chance. Die einfachste Möglichkeit solche „asymmetrischen" Risiken, also solche mit Überhang von Chancen oder Gefahren, zu beschreiben, ist die sogenannte Dreiecksverteilung (eine Alternative ist die BetaPert-Verteilung). Angegeben werden der Mindestwert, der wahrscheinlichste Werte und der Maximalwert. Im Beispiel also 700.000, 800.000 und 1,2 Millionen Euro. Es ist zu beachten, dass damit alle Werte in dieser Bandbreite möglich sind – und nicht etwa nur diese drei Werte.

Die mittleren Instandhaltungskosten sind hier (700.000 + 800.000 + 1.200.000) : 3 = 900.0000 (Erwartungswert).

Beispiel 3: Gerichtsprozess

Die Risiken aus den Beispielen 1 und 2 treten quasi sicher ein. Unsicher ist allerdings die Auswirkung. Eine derartige Konstellation sieht man bei vielen Risiken. Deshalb ist es meist nicht sachgerecht, Risiken durch Schadenshöhe und Eintrittswahrscheinlichkeit zu beschreiben.

Bei den sogenannten „ereignisorientierten Risiken" ist man tatsächlich in einer Konstellation, bei der zunächst einmal das Risiko überhaupt nur mit einer bestimmten Wahrscheinlichkeit im betrachteten Planungszeitraum eintritt. Die Wahrscheinlichkeit ist p, und kann aus historischen Erfahrungen oder auch aus Expertenschätzungen abgeleitet werden (auch die Angabe der Eintrittswahrscheinlichkeit in einer Bandbreite ist möglich). Aber auch bei solchen ereignisorientierten Risiken ist im Allgemeinen die Auswirkung unsicher. Die Unsicherheit der Auswirkungen zu erfassen ist wesentlich, um ein Risiko nicht zu unterschätzen.

Im Fall unserer Muster GmbH ist bei der Risikoidentifikation unmittelbar aufgefallen, dass ein Rechtsstreit mit einem früheren Kunden anhängig ist. Nach Rücksprache mit den das Unternehmen begleitenden Anwälten wird davon ausgegangen, dass man aufgrund der guten Rechtsposition nur mit einer Wahrscheinlichkeit von $p = 10\,\%$ davon ausgehen muss, dass man den Prozess verliert. Sollte man den Prozess verlieren, schätzen die mit der Sachlage vertrauten Anwälte, dass die Strafe mindestens 100.000 Euro betragen wird, wahrscheinlich 200.000 Euro und im schlimmsten Fall gar die vom Prozessgegner geforderten 600.000 Euro fällig werden könnten. Die unsichere Auswirkung wird also wieder durch die oben bereits verwendete Dreiecksverteilung beschrieben (siehe nachfolgende Abbildung).

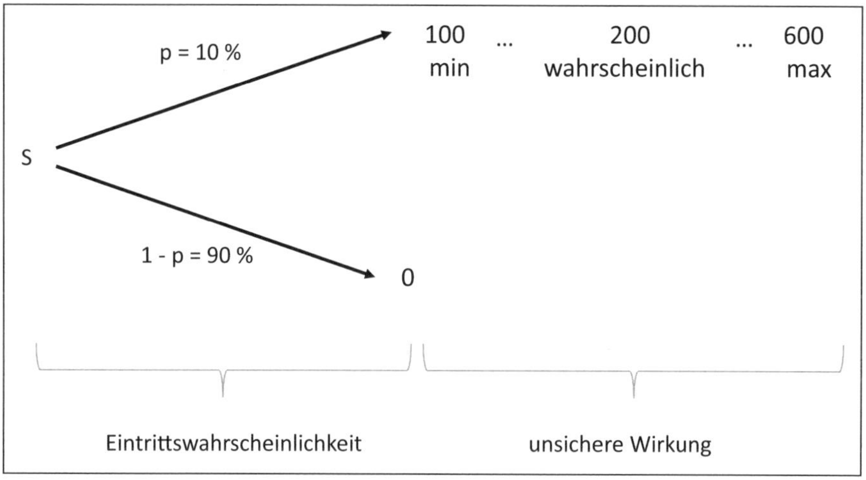

Abbildung 71: Risiko mit unsicherer Wirkung (in TEuro)

2.6.2 Neustrukturierung und Quantifizierung komplexer Projektrisiken[791]

2.6.1.1 Einführung

Von den vielfältigen Problemen und Verbesserungspotenzialen bei der Risikoquantifizierung soll in diesem Fallbeispiel ein bisher oft vernachlässigter Aspekt herausgegriffen werden, nämlich die strukturierte Beschreibung komplexer, aus mehreren Teilaspekten bestehender Risiken.[792] Fehler bei der Risikoquantifizierung ergeben sich, wenn miteinander verknüpfte Aspekte eines Risikos einzeln betrachtet und bestehende Abhängigkeiten nicht adäquat berücksichtigt werden. Bei einer unzureichenden Strukturierung der Risiken führt weder eine Priorisierung noch eine Risikoaggregation (mittels Monte-Carlo-Simulation, vgl. Abschnitt 3.3) zu korrekten Ergebnissen.

Hinweis: In diesem Fallbeispiel wird für die Risikoquantifizierung die Monte-Carlo-Simulation verwendet, die erst später in diesem Buch ausführlicher vorgestellt wird (vgl. Abschnitt 3.3). Die zentralen Überlegungen zu einer sachgerechten Strukturierung der Risiken eines Risikoinventars sind auch ohne Kenntnis von Simulationsverfahren nachvollziehbar.

Zur Verdeutlichung wird dabei nachfolgend in diesem Fallbeispiel auf Projektrisiken eingegangen, einer wichtigen Risikokategorie, die auch insgesamt noch zu wenig Beachtung in der Unternehmenspraxis findet.

[791] In enger Anlehnung an Gleißner, 2014b.

[792] Zu anderen wesentlichen Herausforderungen, wie dem Umgang mit schlechter Datenqualität, siehe Abschnitt 2.4.8.

2.6.1.2 Das Fallbeispiel: ein komplexes Projektrisiko

Die Probleme einer adäquaten Strukturierung der Einzelrisiken – und die Lösungsstrategie – kann anhand eines kleinen (didaktischen) Fallbeispiels erläutert werden. Nehmen wir an, das Unternehmen erstellt regelmäßig ein Risikoinventar und bezogen auf ein großes Projekt, den Ausbau des Fertigungswerks in China, findet man Informationen über die folgenden Risiken:

a) Verweigerung der Genehmigung durch die lokale Behörde: Wahrscheinlichkeit 20 %, Schadenshöhe 10 Mio. € (bisherige Vorlaufkosten).
b) Mögliche Projektverzögerung von sechs Monaten durch verspätete Fertigstellung der Infrastruktur (zusätzliche Kanäle etc.): Wahrscheinlichkeit 20 %, Schadenshöhe 5 Mio. €.
c) Mögliche verzögerte Projektfertigstellung um sechs Monate durch Lieferverzögerung des Schlüssellieferanten Chen-Wang: Wahrscheinlichkeit 10 %, Schadenshöhe 5 Mio. €.
d) Abweichung von den geplanten Investitionskosten: Wahrscheinlichkeit 50 %, Schadenshöhe 8 Mio. €.
e) Projekt unrealisierbar wegen Scheitern der Vertragsverhandlungen mit dem Joint-Venture-Partner: Wahrscheinlichkeit 10 %, Schadenshöhe 10 Mio. € (bisherige Vorlaufkosten).
f) Notwendigkeit der Umrüstung im zweiten Produktionsabschnitt wegen technischer Probleme mit der Alpha-Omega-Steuerungselektronik: Wahrscheinlichkeit 10 %, Schadenshöhe 2 Mio. €.
g) Zusatzkosten für Mitarbeitereinsatz bei möglichen Problemen mit der Alpha-Omega-Steuerungstechnik (Produktionsabschnitt 2): Wahrscheinlichkeit 10 %, Schadenshöhe 3 Mio. €.

Man sieht zunächst, dass hier verschiedene, einzeln identifizierte und beschriebene Risiken vorliegen, die sich alle auf das gleiche Projekt beziehen. Fasst man diese „Risikoaspekte" sinnvollerweise zusammen, ergibt sich ein Gesamtprojektrisiko (aggregiertes Projektrisiko), das man als „komplexes Risiko" charakterisieren kann, eben weil es aus verschiedenen originären Einzelrisiken „zusammengesetzt" ist. Für viele praktische Fragestellungen ist auch das Gesamtprojektrisiko maßgeblich, beispielsweise wenn man, ausgehend vom aggregierten Projektrisikoumfang, auf den Eigenkapitalbedarf des Projektes (für die Projektfinanzierung), auf ein Projektrating oder einen risikogerechten Kapitalkostensatz für die Projektbewertung schließen möchte.[793] Die „Detailinformationen" bleiben in der Risikobeschreibung erhalten, weil sie beispielsweise zur Initiierung von Risikobewältigungsmaßnahmen nützlich sein können.

Die Bestimmung eines solchen aggregierten Projektrisikoumfangs erfordert – wie die Bestimmung des aggregierten Gesamtrisikoumfangs eines Unterneh-

[793] Siehe zu den Techniken der Nutzung von aggregierten Risikoinformationen für Projektratings oder eine risikogerechte Projektbewertung, bei dem der Diskontierungszinssatz unmittelbar aus dem aggregierten Ertragsrisiko und nicht aus Kapitalmarktdaten abgeleitet wird, beispielsweise Gleißner, 2011a sowie Gleißner, 2013b, und Gleißner/Garrn, 2012, zur Risikoanalyse, Rating und die Bewertung speziell von Projekten im Bereich Erneuerbarer Energie.

mens – den Einsatz der Monte-Carlo-Simulation, auf die erst später in Kapitel 3 noch intensiver eingegangen wird.

Betrachten wir nun die oben genannten Teilrisiken und führen eine erste simple Risikoaggregation ohne Neustrukturierung der Risiken durch. Noch immer sieht man Risikoanalysen, bei denen Schadenshöhe und Eintrittswahrscheinlichkeit zum Schadenserwartungswert der einzelnen Risiken ausmultipliziert und das Ergebnis aufaddiert wird. Der Gesamtschadenserwartungswert über die oben genannten sieben Risiken beträgt 9 Mio. €.

Diese Zahl drückt jedoch kein sinnvolles Risikomaß aus, sondern verdeutlicht bestenfalls, welcher Umfang an Planabweichungen durch die Gesamtheit der Risiken „im Mittel" zu erwarten ist. Im Kontext des Risikomanagements, das speziell auch bestandsgefährdende Risiken erfassen möchte, geht es jedoch um schwerwiegende (negative) Abweichungen, beispielsweise ausgedrückt durch den Value at Risk oder den Expected Shortfall (Conditional Value at Risk). Ein besserer Weg ist daher die Durchführung einer Monte-Carlo-Simulation, die die realistische Bandbreite der kumulierten Schäden aus den Einzelrisiken zeigt und zunächst den Schadenserwartungswert von 9 Mio. € bestätigt. Aus der Simulation kann zudem abgeleitet werden, dass die Standardabweichung der Schäden bei rund 6,9 Mio. € liegt und ein „realistischer Worst Case" (Value at Risk) bei immerhin 28 Mio. €.

Präziser formuliert: Mit 99 %iger Sicherheit wird ein Schaden von 28 Mio. € nicht überschritten.[794] Bei Durchführung des Projektes und bei Gültigkeit der Annahmen über die Risiken, speziell auch über ihre stochastische Unabhängigkeit, kann man diese Zahl als Eigenkapitalbedarf des Projektes für den Betrachtungszeitraum interpretieren, der im Fallbeispiel den gesamten Zeitraum bis zur Inbetriebnahme des neuen Werks umfasst (das heißt spätere Risiken aus Unsicherheit der Umsatz- und Kostenentwicklung werden hier nicht betrachtet).

Es stellt sich die Frage, ob die hier berichteten Ergebnisse korrekt sind. Nachfolgend wird primär diskutiert, wie sich die Abhängigkeitsstruktur der „Teil-Risiken" auswirkt. Die quantitativen Einschätzungen selber werden vereinfachend (weitgehend) unverändert belassen.

2.6.1.3 Regeln für die Neustrukturierung der (Teil-)Risiken

Bevor man eine Risikosimulation durchführt, ist es notwendig, die verschiedenen Teilaspekte eines wichtigen und komplexen Risikos, wie z.B. „Risiko Projekt X", adäquat zu strukturieren, d.h., sich insbesondere der oft impliziten Abhängigkeit zwischen den „Teil-Risiken" bewusst zu werden (vgl. Abschnitt 2.4.2, der hier z.T. wiederholt wird).[795] Darüber hinaus sollte man in diesem Fall, wie grundsätzlich bei der Betrachtung von quantifizierten Risiken, natürlich auch überlegen, ob die genutzte Wahrscheinlichkeitsverteilung eine adäquate Beschreibung der Charakteristika des Risikos darstellt. Im Fallbeispiel wurden

[794] Das Wahrscheinlichkeitsniveau wird aus dem Ziel-Rating des Unternehmens oder der Projektfinanzierung abgeleitet, siehe Gleißner/Füser, 2014 sowie Gleißner/Alfen/Riemann, 2011 und Oepen/Gleißner/Heine/Kölzer/Wieczorek, 2011.

[795] Vgl. auch Gleißner, 2001a, zur Strukturierung von Risiken.

alle Risiken einheitlich durch Schadenshöhe und Eintrittswahrscheinlichkeit, also eine digitale Verteilung (Binomialverteilung), beschrieben, was in der Regel nur für sogenannte „ereignisorientierte" Risiken angemessen ist. Und selbst bei diesen stellt sich die Frage, ob im Falle des Eintritts eines Risikos tatsächlich von einer sicheren Wirkung (Schadenshöhe) ausgegangen werden kann, oder ob nicht diese zur Vermeidung von Scheingenauigkeiten besser durch eine Bandbreite beschrieben werden sollte (beispielsweise eben wieder durch die Angabe von Mindestwert, wahrscheinlichstem Wert und Maximalwert).

Betrachten wir nun die oben genannten „Risikofacetten" des komplexen Risikos „Ergebnisabweichung beim Projekt Werksausbau China". Im ersten Schritt ist es meist hilfreich zu überlegen, ob nicht einzelne Facetten schlicht zusammengefasst werden können. Dazu gibt es einige einfache (heuristische) Regeln:

1. **Ausschlussregel**: Wenn beim Eintritt eines bestimmten Risikos ein weiteres Risiko nicht zusätzlich eintreten kann, dann lasse nicht beide Risiken bei der Quantifizierung gleichzeitig zu.
2. **Wirkungsaggregation**: Haben zwei Risiken die gleiche Auswirkung, aggregiere die Wahrscheinlichkeiten der Ursachen, beispielsweise im einfachsten Fall durch eine Addition der Eintrittswahrscheinlichkeiten (bei unabhängigen Risiken mit kleiner Eintrittswahrscheinlichkeit).
3. **Ursachenaggregation**: Wenn zwei (oder mehr) Risiken die gleiche Ursache haben, fasse sie zu einem Risiko zusammen und aggregiere die Wirkung, beispielsweise durch die Addition der Schäden (unabhängige Einzelrisiken).

Diese heuristischen Daumenregeln helfen schon für eine erste Strukturierung. Es ist allerdings zu beachten, dass es grundsätzlich empfehlenswert ist, die tatsächliche stochastische Abhängigkeit auf der Ursachen- und Wirkungsebene verschiedener Risiken beziehungsweise Facetten eines Risikos zu verstehen und dann eine (simulationsbasierte) Risikoaggregation vorzunehmen, die eben diese stochastischen Abhängigkeiten adäquat berücksichtigt. Notwendig ist immer ein tieferes Verständnis der Ursachen und Wirkungen aller Chancen und Gefahren (Risiken), die Planabweichungen auslösen können. Die Grundlage ist die Entwicklung eines „stochastischen Modells", das die bestehenden (stochastischen) Zusammenhänge, wie Abhängigkeiten oder auch Verstärkungseffekte, adäquat beschreibt. Eine geschichtete Strukturierung der Risiken reduziert zudem Abhängigkeit zwischen diesen, was später die Risikoaggregation vereinfacht (vgl. Abschnitt 3.3.5 „Risikofaktormodelle", die gemeinsame Ursachen zeigen). Von den vielfältig möglichen Aspekten für eine sachgerechte quantitative Beschreibung eines Risikos sollen nachfolgend nur einige relativ einfache, aber in der Praxis durchaus besonders bedeutende, am Fallbeispiel etwas genauer betrachtet werden.

2.6.1.4 Neustrukturierung des komplexen Projektrisikos im Fallbeispiel

Betrachtet man die oben genannten Projektrisiken im Einzelnen, fällt zunächst auf, dass beim Risiko a) und e) – fehlender Genehmigung und fehlender Vertragsabschluss – das Gesamtprojekt scheitern wird. Sollte sich also eines dieser beiden Risiken realisieren, wird das Projekt überhaupt nicht mehr durchgeführt und die bisherigen Vorinvestitionen verfallen. Die Schadenshöhe beträgt 10 Mio. €. Es gibt also zwei Ursachen für das Scheitern des Projekts. Entsprechend Regel 2) können zunächst diese beiden Aspekte zusammengefasst werden. Nimmt man an (was hier plausibel ist), dass auf der Ursachenebene keine stochastischen Abhängigkeiten bestehen, kann nun ein neues Risiko „Projektabbruch durch fehlenden Vertrag oder fehlende Genehmigung" benannt werden. Die Wahrscheinlichkeit, dass entweder die eine oder die andere Ursache eintritt, beträgt 1 – (1 – 20 %) · (1 – 10 %) = 28 % (nicht 30 %).

Die bisher betrachteten beiden Teilrisiken haben die gleiche Wirkung, aber unterschiedliche Ursachen. Man findet im obigen Risikoinventar aber auch den Fall, in dem für eine Ursache zwei unterschiedliche Auswirkungen angegeben sind. Die gemeinsame Ursache von zwei Risiken, nämlich f) und g), ist die technische Nichtrealisierbarkeit der Alpha-Omega-Steuerungstechnik. Sollte sich diese Risikoursache realisieren, sind immer zwei Auswirkungen zu erwarten, nämlich Zusatzkosten durch (a) mehr Personal und (b) höhere Sachkosten (Umrüstung eines Fertigungsabschnitts). Auch hier ist es sachgerecht, die beiden Teilaspekte zu einem Risiko zusammenzufassen, beispielsweise „Zusatzkosten durch technische Probleme der Alpha-Omega-Steuerungstechnik". Die Wahrscheinlichkeit für dieses Risiko beträgt 10 %, was bei beiden Teilaspekten auch jeweils korrekt (und konsistent) angegeben wurde. Die Schadenshöhe ist hier einfach, die Summe von 2 und 3 Mio. €, also 5 Mio. €.

Im Risikoinventar sieht man darüber hinaus zwei Risiken, die sich jeweils in einer Projektverzögerung manifestieren, die jeweils sechs Monate beträgt und damit auch jeweils die gleichen Kosten von 5 Mio. € auslöst. Die Ursachen und Eintrittswahrscheinlichkeiten für die Projektverzögerung unterscheiden sich bei den Risiken b) und c). Die Verbindung dieser beiden Risiken ist dennoch nicht ganz einfach, wenn man sich nicht die zugrundeliegenden Sachverhalte verdeutlicht. Ist es sachgerecht anzunehmen, dass bei der Quantifizierung eines (kombinierten) „Verzögerungsrisikos" mit einer Schadenshöhe von 10 Mio. €, entsprechend einer Verzögerungszeit von zwölf Monaten, zu rechnen ist? Dies trifft nicht zu. Dieses „Worst-Case-Szenario" wäre nur dann anzunehmen, wenn zunächst aufgrund von Risiko b) eine Verzögerung von sechs Monaten eintritt und gerade wenn dies beendet ist, aufgrund von Risiko c) eine weitere Verzögerung von sechs Monaten eintritt. Denkbar wäre es allerdings auch, dass die beiden Verzögerungsursachen sich gleichzeitig realisieren und damit die Verzögerungszeit insgesamt nur sechs Monate beträgt – beide Verzögerungen werden sozusagen gleichzeitig „abgearbeitet". Ohne zusätzliche Informationen muss man bei der Quantifizierung der Risikoauswirkung also annehmen, dass die Schadenshöhe des „Verzögerungsrisikos" zwischen 5 und 10 Mio. € liegt. Und die angemessene quantitative Beschreibung (ohne weitere Informationen) ist eine Gleichverteilung.[796] Die Wahrscheinlichkeit, dass entweder die eine oder die andere Verzögerungsursache eintritt, kann mit 28 % angegeben werden (die gewählte Modellierung ist sehr vereinfacht und approximativ, und man kann durchaus über kompliziertere Varianten nachdenken). Die Wahrscheinlichkeit,

[796] Siehe zur Anwendung des „Prinzips des unzureichenden Grunds" bei der Risikoquantifizierung Abschnitt 1.5.1 und weiterführend Sinn, 1980.

dass keine Verzögerung auftritt, kann wie folgt abgeschätzt werden: (1 – 20 %) · (1 – 10 %) = 72 %. Und damit ist die Wahrscheinlichkeit für den Eintritt des Risikos, nämlich dass eine Verzögerung auftritt, gerade die erwähnten 28 %.

Das letzte Risiko d) ist eine Sammelposition für alle möglichen Kostenabweichungen. Bei diesem muss man sicherlich feststellen, dass – bei aller möglichen Kritik auch an den bisher betrachteten Risiken – hier die gewählte Form der quantitativen Beschreibung des Risikos sicherlich ungeeignet ist. Risiko ist die Möglichkeit einer Planabweichung und niemand wird ernsthaft bestreiten, dass eine zumindest minimale Planabweichung – und sei es 1 € – bei jedem Projekt eigentlich sicher ist. Die Frage ist nur, mit welcher Wahrscheinlichkeit welche Planabweichungen, Kostenüber- und Kostenunterschreitungen, eintreten. Hier ist eine genauere Betrachtung notwendig. Und nachfolgend sei angenommen, dass man nach Rücksprache mit dem Projektplaner zu folgender Risikoeinschätzung kommt: Die Einhaltung des Planwerts des Projektbudgets erscheint als das wahrscheinlichste Szenario. Im günstigsten Fall werden die Projektkosten um 5 Mio. € unterschritten. Hier gibt es also eine Chance. Im ungünstigsten Fall wird das Budget um 20 Mio. € überschritten. Nimmt man nun eine Dreiecksverteilung an, kann man den so beschriebenen Risikoumfang auch in den weiteren Berechnungen berücksichtigen (und der Erwartungswert ist eine Kostenüberschreitung von (–5 + 0 + 20) : 3 = 5 Mio. €). Hier ist also nun der Erwartungswert etwas höher als bisher.

2.6.1.5 Quantifizierung des Projektrisikos durch Monte-Carlo-Simulation

Mit den bisherigen Schritten konnte die quantitative Beschreibung und vor allen Dingen die Strukturierung des komplexen Risikos „Großprojekt" schon deutlich verbessert werden. Neben einer Verdichtung der Risiken ist schon deutlich geworden, dass diese auch noch voneinander abhängig sind. Wie bereits erwähnt, können manche Risiken eben nicht mehr eintreten, wenn das Projekt an fehlenden Verträgen oder Genehmigungen scheitert. Will man nun das neu strukturierte komplexe Risiko zusammenfassend quantifizieren, also den Gesamtrisikoumfang ausdrücken, benötigt man die Monte-Carlo-Simulation. Schon mit Excel und einer Simulationssoftware (wie etwa Risk Kit, @Risk oder Crystal Ball) können die oben erläuterten Zusammenhänge einfach abgebildet werden. Nützlich sind dabei gerade die in Excel verfügbaren Regeln, wie die „Wenn-Regeln": „Wenn entweder kein Vertrag oder keine Genehmigung, dann Schaden 10 Mio. €, sonst […]".

Vor der eigentlichen Risikosimulation kann die vorhandene Risikoquantifizierung auch noch einmal überarbeitet werden, um Scheingenauigkeiten zu vermeiden. So ist es problemlos möglich, die (meist subjektiv geschätzten) Eintrittswahrscheinlichkeiten durch eine Bandbreite und beispielsweise die Schadenshöhe im Falle des Eintretens eines Risikos durch eine Dreiecksverteilung zu beschreiben. Beispiel: „Die Wahrscheinlichkeit für die technische Nichtrealisierbarkeit der Alpha-Omega-Steuerungstechnik liegt zwischen 5 und 15 %. Und im Falle des Eintritts dieses Risikos ist mit Zusatzkosten von (a) mindestens 1 Mio. €, (b) am wahrscheinlichsten von 2 Mio. € und (c) maximal von 5 Mio. € zu rechnen."

Es ist ein zentrales Anliegen des Risikomanagements, Scheingenauigkeiten zu vermeiden. Zur Sicherstellung einer hohen Qualität des Dateninputs sind auch bei subjektiven Schätzungen die Herleitungen der Risikoquantifizierung (beispielsweise auch die genutzten Benchmarkwerte) ausführlich zu begründen. Eine Verbesserung der Quantifizierung ist meist durch die Einbeziehung und Aggregation der Schätzungen mehrere Experten möglich.[797] Falls eine bestimmte Zahl – Wahrscheinlichkeit oder Schadenshöhe – nicht sicher ermittelt werden kann, ist es grundsätzlich sachgerecht auch hier eine adäquate Wahrscheinlichkeitsverteilung anzugeben.

Bei unserem Fallbeispiel bleiben wir nun vereinfachend – bis auf die Präzisierung der Risikofacette d) – bei den oben genannten Werten. Will man nun den Gesamtrisikoumfang bestimmen, ist, wie erwähnt, eine Monte-Carlo-Simulation durchzuführen. Mit den oben genannten Daten kommt man zur aggregierten Häufigkeitsverteilung.

Die im Mittel zu erwartenden Kosten liegen bei 8,3 Mio. €, das heißt niedriger als bisher angenommen, obwohl ein Risiko an Relevanz gewonnen hat. Den aggregierten Gesamtrisikoumfang kann man nun leicht durch geeignete Risikomaße ausdrücken. Die Standardabweichung der Kosten liegt bei ca. 5,7 Mio. € und mit einer Wahrscheinlichkeit von 99 Prozent wird ein Schaden von rund 23,5 Mio. € nicht überschritten (Value at Risk). Die zuletzt genannte Zahl ist ökonomisch der für die Projektfinanzierung wichtige Eigenkapitalbedarf (für ein Ziel-Rating von „BB", weil dieses eine akzeptierte Insolvenzwahrscheinlichkeit von 1 % = 1 – 99 % ausdrückt).

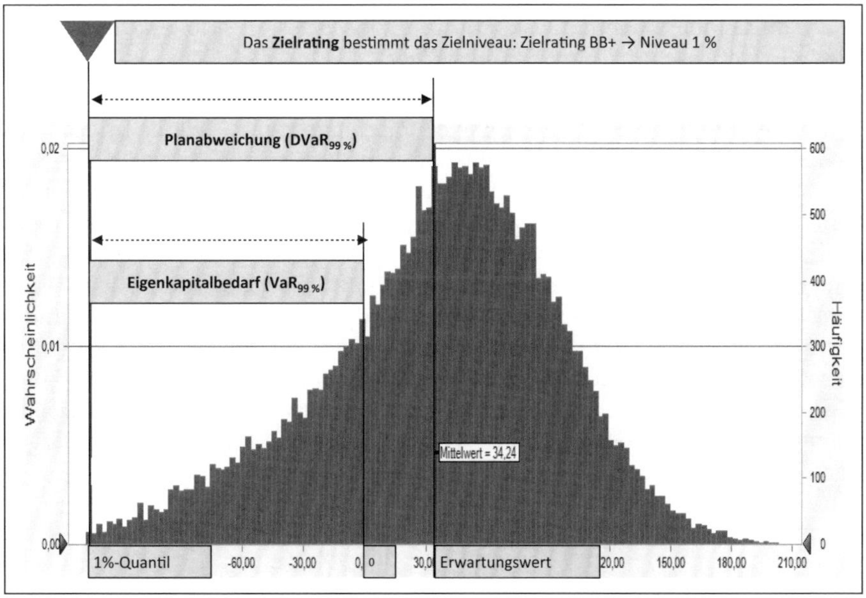

Abbildung 72: Häufigkeitsverteilung des Projektrisikos

[797] Siehe beispielsweise Gleißner, 2008d.

Oft hört man, dass durch die Berücksichtigung stochastischer Abhängigkeiten (wie Korrelation) der aggregierte Risikoumfang zunimmt. In unserem Fallbeispiel ist der aggregierte Risikoumfang tatsächlich gefallen. Der Eigenkapitalbedarf (Value at Risk) sinkt von 28 auf ca. 23,5 Mio. €. Und dies, obwohl bei der präziseren Quantifizierung des Risikos d), mögliche Kostenabweichungen, durch die Angabe einer relativ großen Bandbreite (von –5 bis +20 Mio. €) ein Einzelrisiko deutlich erhöht wurde.

Weder der aggregierte Gesamtrisikoumfang noch seine inkrementale Veränderung durch ein Projekt lässt sich intuitiv durch Experten („aus dem Bauch") abschätzen. Die Risikoaggregationsverfahren sind zwingend erforderlich und werden deshalb im folgenden Kapitel 3 ausführlich betrachtet. Mit Hilfe der Monte-Carlo-Simulation zieht man die bestmögliche Schlussfolgerung aus den Daten der Risikoanalyse. Aber um die Aussagefähigkeit der Risikoanalyse insgesamt zu verbessern, muss man an einer adäquaten Strukturierung und Quantifizierung der Einzelrisiken oder der Facetten eines komplexen Einzelrisikos ansetzen.

2.6.1.6 Ausblick: risikogerechte Bewertung und Projektrisiko im Kontext des Risikomanagements

Eine fundierte Risikoanalyse und Risikoaggregation sowie die Verknüpfung mit der Projektplanung (Finanzplanung des Projekts) erlaubt auch die Ableitung eines risikogerechten Diskontierungszinssatzes und damit eine risikogerechte Projektbewertung: Ein höherer Umfang an aggregierten Risiken führt zu höheren möglichen Planabweichungen bzw. einem höheren Eigenkapitalbedarf und damit einem höheren Diskontierungszinssatz oder Kapitalkostensatz.[798] Dies wird in Abschnitt 5.3 näher betrachtet.

Die Risikoaggregationsergebnisse zeigen den aggregierten Risikoumfang des komplexen Projektrisikos. Im Prinzip benötigt man keine weiteren Informationen. So sind beispielsweise im Kontext der Projektbewertung erwartete Erträge und Risiken gegeneinander abzuwägen. Die aggregierten Risikoinformationen können also entscheidungsorientiert aufbereitet werden. Hiermit zeigt sich speziell, wie im Fall der Entscheidung für ein Projekt das Risikodeckungspotenzial (und das Rating) des Unternehmens zusätzlich belasten würden. So lässt sich vor der Entscheidung erkennen, ob die Risiken eines Projektes eine Bestandsgefährdung (§ 1 StaRUG) auslösen können. Das Risikomanagement muss daher diese Information vor der Entscheidung über ein Projekt bereitstellen und damit in die Projektplanung einbezogen werden.[799] Es reicht nicht, wenn das Risikomanagement erst informiert wird, wenn die Entscheidung für ein wichtiges und potenziell „riskantes" Projekt bereits getroffen wurde.

---

[798] Zu den Vorteilen gegenüber einer traditionellen „kapitalmarktorientierten" Bewertung auf Grundlage des CAPM siehe Gleißner 2014c und Abschnitt 5.3.

[799] Vgl. Gleißner, 2015d und Abschnitt 5.3.

2.6.3 Statistische Analyse von Maschinenschäden

Im Folgenden wird nun ein Beispiel vorgestellt, bei dem das Problem besteht, dass ein Risiko durch zwei verschiedene Wahrscheinlichkeitsverteilungen zu beschreiben ist. In diesem Fallbeispiel liegen Informationen über historische Schäden vor, und diese sollen benutzt werden für die Risikoquantifizierung und die Optimierung einer Versicherungslösung, speziell die Optimierung des Selbstbehalts.

Die Aufgabe besteht darin, für ein Unternehmen eine quantitative Beschreibung für ein operatives Leistungsrisiko, dem möglichen Ausfall des „Simplex-Konverters", einer kritischen Komponente der Produktionsanlagen, anzugeben. Aus den letzten 20 Perioden[800] sind folgende Schäden (in T€) ermittelt worden:

Periode	**1**	**2**	**3**	**4**	**5**	**6**	**7**	**8**	**9**	**10**
Schaden	1067	0	1424	0	299	1451	0	767	689	0
Periode	**11**	**12**	**13**	**14**	**15**	**16**	**17**	**18**	**19**	**20**
Schaden	1737	643	871	0	1277	1333	1605	837	0	1914

Tabelle 23: Schäden durch Maschinenausfall (je Periode)

Durch welche Wahrscheinlichkeitsverteilung ist nun eine adäquate Beschreibung dieses Risikos möglich? Offensichtlich treten Schäden nicht in allen Perioden auf. Wenn Schäden auftreten, haben diese dann eine unsichere Schadenshöhe. Damit sollte dieses Risiko durch zwei verbundene Verteilungen charakterisiert werden. Zum einen durch eine Binomialverteilung, die angibt, wie groß die Wahrscheinlichkeit p eines Schadens S in einer Periode ist. Die Höhe eines Schadens kann dann durch eine Normalverteilung abgeschätzt werden.

Die Binomialverteilung (Schaden tritt ein bzw. tritt nicht ein) wird durch die Angabe der Wahrscheinlichkeit des Schadenseintritts charakterisiert. In dem Fallbeispiel beträgt diese Eintrittswahrscheinlichkeit ca. 70 % (=14/20), da in 6 von betrachteten 20 Perioden kein Schaden zu verzeichnen war.

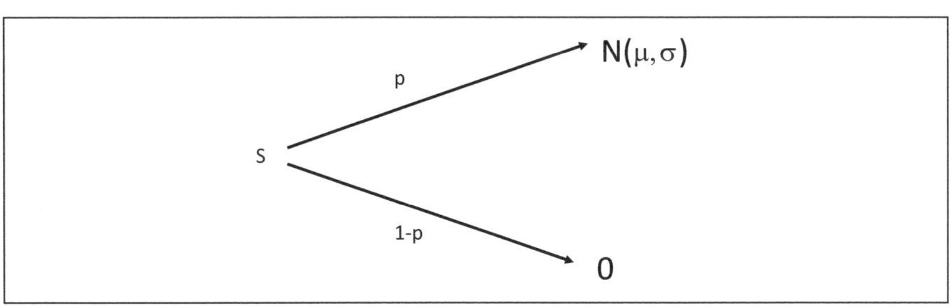

Abbildung 73: Unsicherer Schaden

[800] Diese werden als repräsentativ für die Zukunft angesehen und „Meta-Risiken" vernachlässigt.

Die Normalverteilung zur Beschreibung der Schadenshöhe (S) wird charakterisiert durch den Erwartungswert und die Standardabweichung.[801] Diese können abgeschätzt werden durch den empirischen Mittelwert und die empirische Standardabweichung, basierend auf den in der Vergangenheit aufgetretenen Schäden. Es lässt sich hier ein Erwartungswert von $E(S) = \mu = 1136{,}71$ T€ und eine Standardabweichung von $\sigma(S) = 496{,}97$ T€ ermitteln (vgl. Abschnitt 1.2.4 und 1.2.5 zu den Formeln für Erwartungswert und Standardabweichung).

Aus diesen Angaben lassen sich wiederum die Quantile der Verteilung abschätzen. Für das 90%-Quantil[802] ergibt sich beispielsweise für die angenommene Normalverteilung:

$$Q_{90\%}(S) = E(S) + q_{90\%}\sigma(S) = 1136{,}71 + 1{,}28 \cdot 496{,}97 = 1773 \quad (2.65)$$

Mit einer Wahrscheinlichkeit von 90% wird der Schaden (wenn er denn eintritt) nicht größer sein als 1739 T€. Da hier eine Schadensvariable betrachtet wird, also höhere Werte ein größeres Risiko darstellen, entspricht dies auch dem Value at Risk (VaR) zum 90%-Konfidenzniveau für die Schadenshöhe.

$$VaR_{90\%}(S) = Q_{90\%}(S) = 1773 \quad (2.66)$$

Der relative Value at Risk (DVaR) ergibt sich bei der Betrachtung einer Schadensvariable als die Differenz von Value at Risk und Erwartungswert

$$DVaR_{\alpha}(S) = VaR_{\alpha}(S - E(S)) = Q_{\alpha}(S - E(S)) = Q_{\alpha}(S) - E(S) \quad (2.67)$$

$$DVaR_{90\%}(S) = Q_{90\%}(S) - E(S) = 1773 - 1136{,}71 = 636{,}12 \quad (2.68)$$

Im Fallbeispiel ergibt sich der DVaR somit zu 636,12 T€.

2.6.4 Statistische Analyse zur Quantifizierung des Umsatzrisikos

2.6.4.1 Grundlagen

Aufbauend auf den bisherigen Darstellungen soll nachfolgend mit einem weiteren einfachen Fallbeispiel die Quantifizierung eines Risikos, basierend auf historischen Daten, erläutert werden. Hierbei werden insbesondere die grundlegenden statistischen Verfahren kurz dargestellt, wobei hier für eine tiefer gehende Betrachtung auf die entsprechende Fachliteratur verwiesen wird.[803]

Einige grundsätzliche Anmerkungen zur Risikoquantifizierung auf Grundlage von historischen Vergangenheitsdaten sollen jedoch vorangestellt werden. Zunächst sollte man sich bei der Quantifizierung eines Risikos, basierend auf Vergangenheitsdaten, darüber Gedanken machen, ob diese Daten überhaupt genau ein Risiko beschreiben, also eines, das durch eine einfache Wahrscheinlichkeitsverteilung (z.B. Normalverteilung oder Binomialverteilung) zu beschreiben ist. Häufiger findet man in der Praxis „zusammengesetzte Wahrscheinlichkeitsver-

[801] Vgl. z.B. Schuhmacher/Auer, 2012 zum statistischen Test der Hypothese des Vorliegens einer Normalverteilung.
[802] Vgl. Abschnitt 2.4.4 mit den Quantilen q_p der Normalverteilung.
[803] Z.B. Backhaus/Erichson/Plinke/Weiber, 2006 oder Bamberg/Baur/Krapp, 2006.

teilungen". So ist es beispielsweise denkbar, dass ein zunächst identifiziertes Risiko „Ausfall von Kundenforderungen" sinnvollerweise in zwei Teilrisiken zerlegt werden sollte, die separat durch Wahrscheinlichkeitsverteilungen zu beschreiben sind, nämlich

- möglicher Ausfall eines dominierenden Großkunden (binomialverteilt, also zu spezifizieren durch Schadenshöhe und Eintrittswahrscheinlichkeit) und
- Schwankungen der Forderungsausfallquote bei Kleinkunden (z.B. zu beschreiben durch eine (abgeschnittene) Normalverteilung).[804]

Als Nächstes sollte man bedenken, dass bei der Risikoquantifizierung immer nur unvorhersehbare Veränderungen maßgeblich sind. Bei der Betrachtung von Vergangenheitsdaten muss daher zunächst getrennt werden zwischen

- vorhersehbaren Veränderungen und
- unvorhersehbaren Veränderungen bzw. Abweichungen der eingetretenen Werte von den Planwerten (Prognosewerten).

Sofern die vorliegenden Ist-Werte mit den historischen Planwerten (Erwartungswerten) verglichen werden können, ist dies relativ einfach. Nur die (unvorhersehbaren) Abweichungen sind Grundlage für die Quantifizierung der Risiken. Wenn jedoch keine historischen Planwerte existieren, können die Abweichungen nicht direkt ermittelt werden. In diesen Fällen ist es erforderlich, im Nachhinein Schätzer für die Planwerte zu bestimmen.[805] Berechnet man mit einer Regressionsschätzung den Zusammenhang zwischen der interessierenden risikobehafteten Zielvariable ($\tilde{y}_t$) und den erklärenden (exogenen) Einflussfaktoren (Risikofaktoren), so sind gerade die sich bei dieser Regressionsrechnung ergebenden Residuen, also durch die Gleichung nicht erklärten Veränderungen, die Grundlage für die quantitative Beschreibung des Risikos (als Wahrscheinlichkeitsverteilung der Residuen) und im nächsten Schritt Basis für die Berechnung von Risikomaßen (siehe Abbildung 77).

Nach der Trennung von vorhersehbaren und nicht vorhersehbaren Komponenten der Veränderungen einer Zeitreihe sollte im nächsten Schritt kritisch überprüft werden, ob die betrachteten Vergangenheitsdaten auch repräsentativ für die Zukunft sind. Für unternehmerische Entscheidungen maßgeblich ist immer nur der zukünftige Risikoumfang.

---

[804] Siehe zu einem entsprechenden Beispiel Gleißner/Romeike, 2005b.

[805] Z.B. durch die Vorgabe einer Prognosegleichung, im einfachsten Fall einfach eine Trendgerade (Regressionsgleichung) oder ein Zeitreihenmodell (ARIMA).

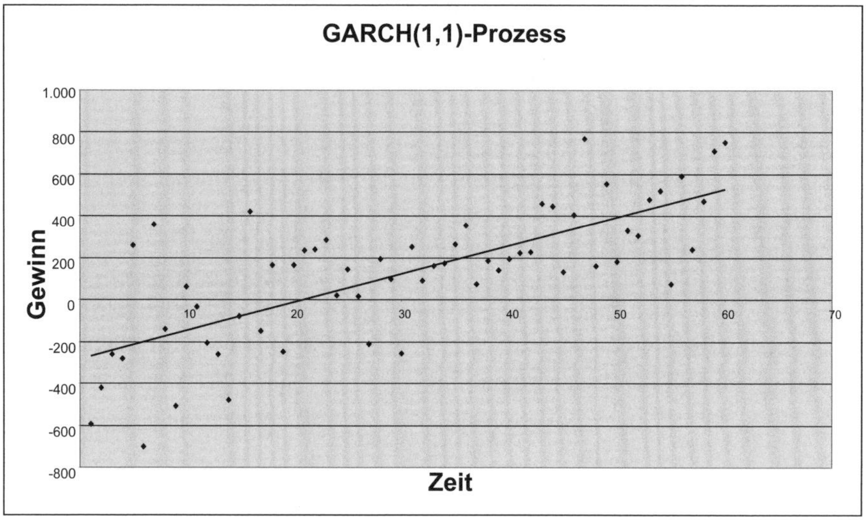

Abbildung 74: Prognose zur Risikoquantifizierung[806]

2.6.4.2 Das Fallbeispiel

Nach diesen Vorüberlegungen soll im Folgenden ein sehr einfaches Fallbeispiel dargestellt werden, bei dem auf Grundlage von historischen Daten, die als repräsentativ für die Zukunft angesehen werden, die Standardabweichung des Umsatzes als Risikomaß berechnet wird.

Ideale Voraussetzung für die Quantifizierung ist das Vorliegen von repräsentativen Vergangenheitsdaten, denn es ist das Ziel, durch die Auswertung möglichst objektiver Daten eine geeignete Verteilungsfunktion (bzw. Dichtefunktion) für das Risiko zu bestimmen.

Das nachfolgende **Fallbeispiel** zeigt nun, wie schon mit recht einfachen statistischen Verfahren eine Prognose und zugehörige Risikoquantifizierung erstellt werden kann. Betrachtet werden dabei zunächst die letzten Quartalsumsätze der (fiktiven) Königstädter Automotive AG. Die in der nachfolgenden Tabelle gezeigten Quartalsumsätze sind bereits saisonbereinigt.

[806] GARCH-Modelle (Generalized AutoRegressive Conditional Heteroscedascity) versuchen zeitliche Muster bei der Bestimmung von Volatilitäten (Risiken) zu berücksichtigen. Die Volatilitäten in den verschiedenen Zeitpunkten werden dabei als abhängig voneinander angenommen. Damit können zeit- und zustandsabhängige (bedingte) Risiken durch GARCH-Modelle beschrieben werden (Bollerslev, 1986). Bei derartigen Ansätzen ergibt sich die Prognose des zukünftigen Risikos (der Varianz) in Abhängigkeit der letzten tatsächlich eingetretenen Prognosefehler (Planabweichungen) (vgl. Anhang 1).

Umsätze (in Mio.) in der Vergangenheit										
Periode	**1**	**2**	**3**	**4**	**5**	**6**	**7**	**8**	**9**	**10**
Umsatz	100	104,2	103,8	107,5	113,0	120,6	122,8	137,3	127,6	125,7
Periode	**11**	**12**	**13**	**14**	**15**	**16**	**17**	**18**	**19**	**20**
Umsatz	127,2	123,3	122,0	119,1	120,8	122,8	113,6	120,1	128,2	133,7

Tabelle 24: Umsätze in den letzten Perioden (IST-Zahlen)

Im ersten Schritt werden die Umsatzzahlen in Wachstumsraten umgerechnet (siehe nachfolgende Tabelle), weil trendbehaftete Größen eine sachgerechte Anwendung üblicher statistischer Prognoseverfahren, wie speziell die Kleinste-Quadrate-Schätzung zur Ableitung von Prognosegleichungen, verhindern.[807]

Umsatzwachstum (x) in der Vergangenheit										
Periode	**1**	**2**	**3**	**4**	**5**	**6**	**7**	**8**	**9**	**10**
Wachstum		4,2 %	−0,4 %	3,5 %	5,1 %	6,7 %	1,8 %	11,8 %	−7,1 %	−1,4 %
Periode	**11**	**12**	**13**	**14**	**15**	**16**	**17**	**18**	**19**	**20**
Wachstum	1,1 %	−3,1 %	−1,0 %	−2,4 %	1,5 %	1,6 %	−7,4 %	5,7 %	6,7 %	4,3 %

Tabelle 25: Wachstumsrate des Umsatzes (gegen Vorperiode)

Aus den in der Tabelle angegebenen Wachstumsraten (x) kann man nun unmittelbar die mittlere Wachstumsrate als Schätzung für den Erwartungswert der zukünftigen Umsatzwachstumsrate ableiten ($\sum$ bedeutet wieder „summieren" aller n-Werte).

Die Formel für den Mittelwert lautet: $\overline{x} = \frac{1}{n}\sum_{i=1}^{n} x_i$. (2.69)

Im Beispiel berechnet sich eine mittlere Wachstumsrate von $\mu = \overline{x} = 1{,}6\ \%$ pro Quartal. Die Quantifizierung des Risikos erfolgt über die Standardabweichung als Risikomaß. Die Standardabweichung zeigt den „üblichen" Umfang von Schwankungen des tatsächlich realisierten Umsatzwachstums um den berechneten Mittelwert. Die Standardabweichung ist die Wurzel der Varianz. Die Varianz (σ^2) ist die mittlere quadratische Abweichung der Daten (x_i) von dem Mittelwert ($\overline{x}$).

$$\sigma^2(x) = \frac{1}{n}\sum_{i=1}^{n}(x_i - \overline{x})^2 \qquad (2.70)$$

Berechnet man nun die Wurzel der Varianz, erhält man die Standardabweichung (σ), das gesuchte Risikomaß.

$$\sigma(x) = \sqrt{\sigma_x^{\ 2}} \qquad (2.71)$$

Im Fallbeispiel berechnet man (z.B. mit Excel) leicht die Standardabweichung von $\sigma = 4{,}7\,\%$.

807 Um die Anwendungsvoraussetzungen der Kleinsten-Quadrate-Schätzung zu erfüllen, sind stationäre Zeitreihen zu empfehlen, siehe dazu Anhang 2.

Mit den berechneten Informationen kann man nun Prognosen erstellen und auch das zugehörige „Umsatzrisiko", also den Umfang möglicher Abweichungen und Prognosen, einschätzen. Die Prognose für das nächste Quartal ist einfach. Ausgehend vom zuletzt realisierten Umsatz U_{t-1}[808] ergibt sich folgende Prognose für den Umsatz des folgenden Quartals

$$\hat{U}_t = U_{t-1} \cdot (1+\overline{x}) = 133{,}7 \cdot (1+0{,}016) = 135{,}8 \text{ Mio. Euro.} \quad (2.72)$$

Das Umsatzrisiko kann man einfach wie folgt abschätzen

$$\sigma_t^{Umsatz} = \hat{U}_t \cdot \sigma = 135{,}8 \cdot 0{,}047 = 6{,}4 \text{ Mio. Euro.} \quad (2.73)$$

Wenn die Umsatzschwankungen etwa normalverteilt sind, kann man folgende Folgerungen ableiten:[809]

- mit ca. 68 %iger Wahrscheinlichkeit wird der Umsatz im Bereich $+/-\sigma$ um den Prognosewert $\hat{U}_t$ liegen (also zwischen 129,4 und 142,2).
- bzw. im Bereich zwischen 123 und 148,6 Mio. Euro mit einer Wahrscheinlichkeit von ca. 95,5 %.

Mit den verfügbaren Informationen allein über das vergangene Umsatzwachstum ist also eine Risikoquantifizierung bereits möglich. Bei diesem einfachen Ansatz wurden keine weiteren Informationen über mögliche Einflüsse auf die Umsatzwachstumsrate berücksichtigt. Eine Verbesserung der Prognosegüter und zugleich eine Reduzierung der zufallsbedingten Schwankungen um den Prognosewert – also des Risikos – ist möglich, wenn man die Prognose durch die Einbeziehung weiterer Einflussfaktoren verbessert. So könnte der Umsatz der Königstädter Automotive AG beispielsweise abhängen von der Wachstumsrate der Vorperiode oder vom Geschäftsklima-Index des Vorquartals (G_{t-1}). Ob ein solcher Zusammenhang besteht, und wie stark die Auswirkungen des Geschäftsklima-Index ist, wird mit Hilfe multipler Regressionsmodelle auf Basis der „Methode der kleinsten Quadrate" bestimmt.[810] Unter Berücksichtigung des Geschäftsklima-Index entstehen dann Prognosegleichungen für den Umsatz in Periode t. $\overline{G}$ ist der mittlere Geschäftsklima-Index.

$$\hat{U}_t = (1+\overline{x}) \cdot U_{t-1} + \alpha \cdot (G_{t-1} - \overline{G}) \cdot U_{t-1} + \varepsilon \quad (2.74)$$

Die Standardabweichung von ε, also $\sigma(\varepsilon)$, zeigt die Zufallsschwankungen um die prognostizierte Umsatzentwicklung und ist entsprechend eine Quantifizierung des Umsatzrisikos. Man erkennt, dass mit der Erstellung quantitativer Prognosemodelle immer auch klar wird, welcher Anteil der Schwankungen der betrachteten Größe, wie des Umsatzes, nicht erklärbar ist. Damit erfolgt mit der Erstellung des Prognosemodells zugleich eine Quantifizierung des Risikos.

---

808 Oder $\hat{U}_{t-1}$.

809 Man kann die Normalverteilungseigenschaft testen, siehe dazu z.B. den einfach nutzbaren Kolmogorov-Smirnov-Test.

810 Siehe dazu Anhang 2 und Abschnitt 6.5.5 zu Prognosesystemen.

2.7 Literatur zu Spezialaspekten der Risikoanalyse

Aufgrund der Fülle dieses Themas kann im Rahmen dieses Buches nicht auf alle Spezialfelder der Risikoanalyse eingegangen werden. Im Folgenden daher einige Literaturhinweise bezüglich vertiefender Spezialaspekte:

- Albrecht, P./Huggenberger, M. (2015): Finanzrisikomanagement, Schäffer-Poeschel Verlag, Stuttgart
- Albrecht, P./Maurer, R. (2016): Investment- und Risikomanagement. Modelle, Methoden, Anwendungen, 4. Aufl., Schäffer-Poeschel Verlag, Stuttgart
- Bieta, V./Kirchhoff, J./Milde, H./Siebe, W. (2004): Szenarienplanung im Risikomanagement – Mit der Spieltheorie die Risiken der Zukunft erfolgreich steuern, Weinheim
- Bloss, M./Eil, N./Ernst, D./Fritsche, H./Häcker, J. (2009): Währungsderivate: Praxisleitfaden für ein effizientes Management von Währungsrisiken, Oldenbourg München.
- Borkovec, M./Klüppelberg, C. (2000): Extremwerttheorie für Finanzzeitreihen – ein unverzichtbares Werkzeug im Risikomanagement, in: Johanning/Rudolph (Hrsg): Handbuch Risikomanagement, Band 1, Bad Soden, S. 219–244
- Cottin, C./Döhler, S. (2009): Risikoanalyse, Vieweg + Teubner, Wiesbaden
- Dannenberg, H. (2006): Erkennen und Bewerten von Mitarbeiterrisiken – Entwicklung einer Verteilungsfunktion des Mitarbeiterrisikos, in: RISIKO MANAGER, 23/2006, S. 1 und S. 4–7
- Dannenberg, H. (2009): Berücksichtigung von Schätzunsicherheit bei der Kreditrisikobewertung: Vergleich des Value at Risk der Verlustverteilung des Kreditrisikos bei Verwendung von Bootstrapping und einem asymptotischen Ansatz, in: IWH-Diskussionspapiere, 3/2009
- Dobler, M./Lajili, K./Zéghal, D. (2014): Environmental Performance, Environmental Risk and Risk Management, in: Business Strategy and the Environment, 23 / 2014, S. 1–17
- Egner, Th./Henselmann, K. (2015): Steuerliches Risikomanagement, in: Gleißner, W./Romeike, F. (Hrsg): Praxishandbuch Risikomanagement, Berlin, S. 457–476
- Erben, R. (2000): Fuzzy-Logic-basiertes Risikomanagement-Anwendungsmöglichkeiten der Theorie unscharfer Mengen im Rahmen des Risikomanagements von Industriebetrieben, Aachen, Dissertation
- Embrechts, P./Klüppelberg, C./Mikosch, T. (2003): Modelling Extremal Events for Insurance and Finance, Berlin
- Eyerer, P./Schöch, H./Betz, M. (2000): Umweltrisiken, in: Dörner/Horváth/Kagermann (Hrsg.): Praxis des Risikomanagements – Grundlagen, Kategorien, branchenspezifische und strukturelle Aspekte, Stuttgart, S. 415–444
- Freidank, C.H. (2000): Die Risiken in Produktion, Logistik, Forschung und Entwicklung, in: Dörner/Horváth/Kagermann (Hrsg.): Praxis des Risikomanagements – Grundlagen, Kategorien, branchenspezifische und strukturelle Aspekte, Stuttgart, S. 345–378

- Fuchs, J. (2018): Quantifizierung von schwankungsbehafteten Sachverhalten im Risikomanagement, in: Controller Magazin, Heft 2 (März/April 2018), S. 66–73
- Gleißner, W. (2015): Strategische Risiken, in: Gleißner, W./Romeike, F. (Hrsg): Praxishandbuch Risikomanagement, Berlin, S. 445–455
- Gleißner, W. (2021): Leitfaden zur quantitativen Beschreibung von Risiken: 12 Prüffragen, in: Risk Management & Rating Association e.V. (RMA) (Hrsg.): Risikoquantifizierung. Grundlagen, Werkzeuge, Praxisbeispiele, Band 6, Erich Schmidt Verlag, Berlin, S. 197–207
- Gleißner, W./Romeike, F. (2020): ESG-Risiken und ihre Quantifizierung, in: Everling, O. (Hrsg.): Social Credit Rating, SpringerGabler, Wiesbaden, S. 391–433
- Grundmann, Th. (2015): Management von Währungsrisiken in Unternehmen, in: Gleißner, W./Romeike, F. (Hrsg): Praxishandbuch Risikomanagement, Berlin, S. 349–381
- Helten, E./Hartung, T. (2002): Instrumente und Modelle zur Bewertung industrieller Risiken, in: Hölscher/Elfgen (Hrsg.): Herausforderungen Risikomanagement – Identifikation, Bewertung und Steuerung industrieller Risiken, Wiesbaden, S. 255–272
- Henking, A./Bluhm, Ch./Fahrmeir, L. (2006): Kreditrisikomessung. Statistische Grundlagen, Methoden und Modellierung, Sprin-ger-Verlag Berlin Heidelberg
- Höse, S./Huschens, S. (2015): Kreditausfallrisiko, in: Gleißner, W./Romeike, F. (Hrsg): Praxishandbuch Risikomanagement, Berlin, S. 305–324
- Huschens, S. (2000): Verfahren zur Value at Risk-Berechnung im Marktrisikobereich, in: Johanning/Rudolph (Hrsg.): Handbuch Risikomanagement, Bad Soden, S. 181–218
- Klein, M. (2011): Monte-Carlo-Simulation und Fuzzyfizierung qualitativer Informationen bei der Unternehmensbewertung, Dissertation, Universität Erlangen-Nürnberg
- Königs, H.-P. (2017): IT-Risikomanagement mit System. Praxisorientiertes Management von Informationssicherheits-, IT- und Cyber-Risiken, 5. Aufl., Springer Vieweg Wiesbaden
- Kropp, M./Schubert, D. (2000): Value at Risk für Rohstoffpreisrisiken, in: Johanning/Rudolph (Hrsg): Handbuch Risikomanagement, Band 2, Bad Soden, S. 1239–1266
- Kross, W. K. (2015): Operationelle Risiken und Projektrisiken, in: Gleißner, W./Romeike, F. (Hrsg): Praxishandbuch Risikomanagement, Berlin, S. 425–443
- Lambertz, Ch. (2012): Währungsrisiken in der Unternehmung: Analysieren, Quantifizieren, Steuern, Akademikerverlag
- Lück, W. (2000): Managementrisiken, in: Dörner/Horváth/Kagermann (Hrsg.): Praxis des Risikomanagements – Grundlagen, Kategorien, branchenspezifische und strukturelle Aspekte, Stuttgart, S. 311–344
- Meyding, T./Fabian, C.P. (2000): Rechtliche Risiken, in: Dörner/Horváth/Kagermann (Hrsg.): Praxis des Risikomanagements – Grundlagen, Kategorien, branchenspezifische und strukturelle Aspekte, Stuttgart, S. 283–310

- Oehler, A./Unser, M. (2013): Finanzwirtschaftliches Risikomanagement, 2. Aufl., Springer Verlag Berlin
- Padberg, T. (2007): Indikatoren und Erfassungsmodelle für Länderrisiken, in: Risiko Manager, 7/2007, S. 16–23
- Pontzen, H./Romeike, F. (2015): Reputationsrisiko: Die vernachlässigte Risikokategorie, in: Gleißner, W./Romeike, F. (Hrsg): Praxishandbuch Risikomanagement, ESV Berlin, S. 403–414
- Priermeier, T. (2005): Finanzrisikomanagement im Unternehmen – Ein Praxishandbuch, München
- Romeike, F./Eicher, S. (2015): Cybersicherheit im Bankenumfeld, in: FIRM Jahrbuch 2015, Frankfurt/Main 2015, S. 185–187
- Rosenkranz, F./Missler-Behr, M. (2005): Unternehmensrisiken erkennen und managen – Einführung in die quantitative Planung, Berlin
- Schuler, A./Specht, H. (2021): Strategisches Risikomanagement in der Praxis, in: Controller Magazin, Heft 6 (November/Dezember 2021), S. 63–69
- Strobel, S. (2012): Unternehmensplanung im Spannungsfeld von Ratingnote, Liquidität und Steuerbelastung, Friedrich-Alexander-Universität Erlangen-Nürnberg
- Strohhecker, J. (2009): System Dynamics als Werkzeug für das Risikomanagement, in: Risiko Manager, 22/2009, S. 8–15
- van den Brink, G. (2005): Quantifizierung operationeller Risiken – Ein Weg zur Einbettung in den Management-Zyklus, in: Romeike, F. (Hrsg): Modernes Risikomanagement, Weinheim, 2005, S. 255–268
- Vanini, U. (2014): Instrumente für eine systematische Identifikation von Risiken, in: Controller Magazin, 4/2014, S. 65–70
- Vose, D. (2008), Risk Analysis: A Quantitative Guide, 3rd ed., John Wiley and Sons, Hoboken, NJ.
- Werners, B./Kanacher, J./Bonnermann, K. (2010): Zahlungsorientierte Großprojektplanung mittels Simulation, in: WiSt, 5/2010, S. 218–223
- Wiedemann, A./Drosdzol, A./Reiss, R.D./Thomas, M. (2005): Statistische Modellierung des Zinsänderungsrisikos – Teil 1: Univariate Verteilungen und Teil 2: Multivariate Verteilungen, in: Romeike, F. (Hrsg): Modernes Risikomanagement, Weinheim, 2005, S. 57–70 und 71–84
- Wieske, D. (2006): Risikoanalyse in Industrieunternehmen, Saarbrücken
- Wittstock, M./Dahrenmöller, A. (2001): Finanzierung und Risikoabsicherung des Exports mittelständischer Unternehmen – Schriften zur Mittelstandsforschung, Stuttgart
- Zeder, M. (2007): Extreme Value Theory im Risikomanagement, Versus Verlag, Zürich
- Zeranski, S./Ahrens-Freudenberg, H. (2015): Liquiditätsrisiken: Zahlungsstromanalyse für das Cash Management in Unternehmen, in: Gleißner, W./Romeike, F. (Hrsg): Praxishandbuch Risikomanagement, Berlin, S. 325–347

2.8 Impulsfragen

a) Was versteht man unter einem „strategischen Risiko“ und wie werden strategische Risiken identifiziert?
b) Wie kann man ausgehend von der operativen Unternehmensplanung systematisch Risiken identifizieren?
c) Welches sind die wichtigsten Techniken und für die quantitative Beschreibung von Risiken?
d) Wozu benötigt man Risikomaße?
e) Was unterscheidet den Value at Risk vom Conditional Value at Risk (Expected Shortfall)?
f) Welche Besonderheit ist bei der Quantifizierung von „Nachhaltigkeitsrisiken“ zu beachten?
g) Ein Unternehmen möchte das bestehende Risiko aus einem Gerichtsverfahren quantitativ beschreiben, bei dem das Unternehmen wegen eines Haftpflichtfalls verklagt wurde. Die Anwälte schätzen, dass der Prozess mit einer Wahrscheinlichkeit von 20 bis 30 % verloren wird. Im Falle einer Verurteilung geben die Experten nachvollziehbar eine Bandbreite für den Schaden an von (a) 1 Mio. Minimum, (b) 2 Mio. als wahrscheinlichsten Wert und (c) 5 Mio. in einem (realistischen) „Worst Case“.
Wie hoch ist der erwartete Schaden? Ist die Bildung einer Rückstellung erforderlich? Welchen „Eigenkapitalbedarf“ sollte man diesem Risiko zuordnen, wenn Risikodiversifikationseffekte im Gesamtunternehmen vernachlässigt werden? Sollte das Unternehmen für das Risiko eine Rückstellung in Höhe des erwarteten Schadens bilden, so ergibt sich aus diesem Sachverhalt eine Chance – wie ist dies zu erklären?
h) Gewährleisten **Ihre** Managementsysteme, dass systematisch und regelmäßig alle für das Unternehmen wesentlichen Chancen und Gefahren (Risiken) über den gesamten Planungshorizont identifiziert werden?
i) Werden bei **Ihnen** alle wesentlichen Risiken durch adäquate Wahrscheinlichkeitsverteilungen quantitativ beschrieben (z.B. durch (a) Mindestwert, (b) wahrscheinlichsten Wert und (c) Maximalwert)?

3. Risikoaggregation, Gesamtrisikoumfang und stochastische Planung

3.1 Einführung: Risikoaggregation als Schlüsseltechnologie

Aus dem Risikoinventar kann nur abgeleitet werden, welche Risiken für sich alleine den Bestand eines Unternehmens gefährden. Es sind meist aber gerade die Kombinationseffekte mehrerer Einzelrisiken, die Unternehmenskrisen oder sogar eine Insolvenz auslösen. Um eine bestandsgefährdende Entwicklung im Sinne des Kontroll- und Transparenzgesetzes (KonTraG, § 91 Abs. 2 AktG) und § 1 StaRUG zu erkennen, nutzt es daher wenig, festzustellen, dass es keine bestandsgefährdenden Einzelrisiken gibt. Um zu beurteilen, wie groß der Gesamtrisikoumfang ist (und damit die Wahrscheinlichkeit der Bestandsgefährdung durch die Kombinationseffekte aller Risiken), wird eine Risikoaggregation erforderlich. Die Risikoaggregation bestimmt den Gesamtrisikoumfang basierend auf den „Netto-Risiken", also den Einzelrisiken, unter Berücksichtigung der Risikobewältigungsmaßnahmen.[811] Die Bedeutung zeigt folgendes einfaches Beispiel:

Beispiel: Der Vorstand entscheidet sich mit Zustimmung des Aufsichtsrats für eine Großinvestition, weil keine bestandsgefährdenden Einzelrisiken gesehen werden. Diese Beurteilung der Risikolage ist korrekt. Dennoch entstehen später Schäden durch eine existenzbedrohende Krise, weil zwei der Risiken (1) Konjunktureinbruch und (2) Scheitern des Investitionsprojekts gemeinsam eintreten. Hätte man die Kombinationseffekte und ihre Implikationen für das Rating vor der Entscheidung ausgewertet, hätte man die sich durch die Entscheidung ergebende „Bedrohungslage" erkannt und im Rahmen der Entscheidungsfindung gewürdigt (und das Projekt z.B. verschoben, das Eigenkapital erhöht o.ä.).

Der Sachverhalt, dass nicht identifizierte Einzelrisiken, sondern der aggregierte Gesamtrisikoumfang für die Beurteilung der (freien) Risikotragfähigkeit und den Grad der Bestandsbedrohung eines Unternehmens maßgeblich ist, war schon 1998 mit der Inkraftsetzung des KonTraG bekannt. Entsprechend findet man eben im auf dem KonTraG aufbauenden Prüfungsstandard 340 des Instituts der deutschen Wirtschaftsprüfer folgende zentrale Anforderung an ein leistungsfähiges Risikoüberwachungssystem:

---

[811] Der IDW PS 340 (2020) führt hierzu in RZ A17 an:
„Die Risikobewertung berücksichtigt die Auswirkungen der eingeleiteten oder durchgeführten Maßnahmen des Vorstands zur Risikosteuerung. Sie umfasst des Weiteren die Einschätzung, ob Risiken, die isoliert betrachtet von nachrangiger Bedeutung sind, vor dem Hintergrund der Risikotragfähigkeit der Gesellschaft in ihrem Zusammenwirken im Zeitablauf zu einer bestandsgefährdenden Entwicklung führen können (Risikoaggregation)."

„Die Risikoanalyse beinhaltet eine Beurteilung der Tragweite der erkannten Risiken in Bezug auf Eintrittswahrscheinlichkeit und quantitative Auswirkungen. Hierzu gehört auch die Einschätzung, ob Einzelrisiken, die isoliert betrachtet von nachrangiger Bedeutung sind, sich in ihrem Zusammenwirken oder durch Kumulation im Zeitablauf zu einem bestandsgefährdenden Risiko aggregieren können."

Gefordert wird also die Aggregation aller (wesentlichen) Risiken über alle Risikoarten und auch über die Zeit.[812] Da nur quantifizierte Risiken auch aggregiert werden können, ist das Gebot der Quantifizierung sämtlicher Risiken nur konsequent. Durch eine Aggregation der quantifizierten Risiken im Kontext der Planung – Chancen und Risiken als Ursache möglicher Planabweichungen – muss untersucht werden, welche Auswirkungen diese auf den zukünftigen Ertrag, die wesentlichen Finanzkennzahlen, Kreditvereinbarungen (Covenants) und das Rating haben. So ist beispielsweise zu untersuchen, mit welcher Wahrscheinlichkeit durch den Eintritt bestehender Risiken (z.B. Konjunktureinbruch in Verbindung mit einem gescheiterten Investitionsprojekt), das durch Finanzkennzahlen abschätzbare zukünftige Rating des Unternehmens unter ein für die Kapitaldienstfähigkeit notwendiges Niveau (B-Rating) abfallen könnte.[813] Gerade die aus der Risikoaggregation ableitbaren Ratingprognosen verknüpfen Unternehmensplanung und Risikoanalyse und stellen so den wichtigsten Krisenfrühwarnindikator dar.[814]

Die oben zitierte Forderung zur Risikoaggregation aus dem IDW PS 340 von 1998 wurde bei der Überarbeitung des Standards im Jahr 2020 erweitert und präzisiert. Wie auch schon im DIIR Revisionsstandard Nr. 2 von 2018 wird insbesondere klargestellt, dass bei der Risikoaggregation die Kombinationseffekte der Einzelrisiken auszuwerten sind (siehe RZ 19).[815] Explizit angesprochen wird nun auch, dass die Auswirkungen der Risiken auf Rating und Kreditvereinbarungen (Covenants) untersucht werden müssen, da Verletzungen von Mindestanforderungen die Finanzierungsmöglichkeiten des Unternehmens einschränken und zur Insolvenz durch Illiquidität führen können. Bestandsgefährdende Entwicklungen ergeben sich meist nicht durch Überschuldung, sondern durch eine (drohende) Illiquidität.[816]

Im IDW PS 340 n.F. (2020) RZ 11 liest man entsprechend zur Risikoaggregation:

„Bestandsgefährdende Entwicklungen können auch aus dem Zusammenwirken mehrerer Risiken resultieren, die bei isolierter Betrachtung an sich nicht bestandsgefährdend sind. Bei der Beurteilung, ob eine bestandsgefährdende Entwicklung vorliegt, ist daher eine Aggregation der Risiken vorzunehmen (vgl. Tz. 18)."

und weiter in RZ 18:

---

[812] Siehe dazu Füser/Gleißner/Meier, 1999.

[813] Siehe zur praktischen Umsetzung und den Schwierigkeiten, die die nicht adäquate Nutzung des hier beschriebenen betriebswirtschaftlichen Instrumentariums hat, Gleißner, 2019l.

[814] Dies wird später in Abschnitt 6.1 noch genauer betrachtet.

[815] Siehe dazu auch Angermüller et al, 2020; Berger et al., 2021b zu einer wissenschaftlichen Einordnung.

[816] Siehe dazu Kühne/Nickert, 2014.

„Identifizierte Risiken werden vor dem Hintergrund der Risikotragfähigkeit des Unternehmens im Hinblick auf deren Eintrittswahrscheinlichkeit und mögliche Auswirkungen systematisch bewertet. Bewertungsverfahren und -kriterien sind eindeutig definiert. Risiken werden systematisch aggregiert. Interdependenzen werden analysiert und berücksichtigt (vgl. Tz. A17ff.).“

Die Risikoaggregation dient also zunächst dazu, die Wahrscheinlichkeit einer „bestandsgefährdenden Entwicklung“ und/oder die Insolvenzwahrscheinlichkeit zu bestimmen. Dabei ist mit Bezug auf die Unternehmensplanung zu analysieren, durch welche risikobedingt möglichen Zukunftsszenarien es zu einer Überschuldung oder einer (drohenden) Illiquidität kommt, beispielsweise durch die Verletzung von Mindestanforderungen an das Rating. Mit der Risikoaggregation wird also das Insolvenzrisiko eines Unternehmens beurteilt, um so eine Krisenfrüherkennung zu ermöglichen. Da sich Krisen meist aus Kombinationseffekten von Einzelrisiken ergeben, ist die Risikoaggregation zur Erfüllung der gesetzlichen Mindestanforderungen an ein Krisenfrüherkennungssystem notwendig.[817] In den Risikomanagementstandards[818] wird entsprechend eine Risikoaggregation und darauf aufbauend ein Konzept für die Beurteilung der Risikotragfähigkeit gefordert, das hilft durch geeignete Kennzahlen den „Sicherheitsabstand“ des Unternehmens zu einer bestandsgefährdenden Entwicklung zu beurteilen.

Nach der Risikoaggregation kann zudem der Gesamtrisikoumfang eines Unternehmens berechnet und durch verschiedene Kennzahlen, also alternative Risikomaße, ausgedrückt werden. So lässt sich beispielsweise der risikoabhängige Bedarf an Eigenkapital und Liquidität zur Abdeckung risikobedingt möglicher Verluste berechnen (als Value at Risk oder Expected Shortfall). Mit der Risikoaggregation lässt sich auch die Planungssicherheit bzw. der übliche Umfang von Planabweichungen berechnen (Variationskoeffizient des Gewinns). Der nach einer Risikoaggregation mögliche Vergleich des Gesamtrisikoumfangs verschiedener unternehmerischer Handlungsoptionen ist zudem notwendige Grundlage für die Vorbereitung „unternehmerischer Entscheidungen“.[819] Bei einer nicht sicher vorhersehbaren Zukunft ist ein Abwägen von Ertrag und Risiko bei unternehmerischen Entscheidungen ökonomisch sinnvoll, und gesetzlich geboten (§93 AktG).

Zur Risikoaggregation benötigt man in der Praxis eine Monte-Carlo-Simulation, die eine Aggregation der Risiken mit Bezug auf die Unternehmensplanung ermöglicht (vgl. Abschnitt 3.3). Lediglich in einigen wenigen Spezialfällen sind (ergänzend) andere Risikoaggregationsverfahren gebräuchlich. Zu nennen ist hier insbesondere die Risikoaggregation bei Banken und Versicherungen[820] mit den dort dominierenden finanzwirtschaftlichen Risiken.

Als Risikoaggregationsverfahren für finanzwirtschaftliche Risiken werden oft analytische Verfahren genutzt, wie der sogenannte Varianz-Kovarianz-An-

---

817 Siehe Angermüller et al., 2020; Gleißner, 2018a und 2020g; RiskNET, 2021a sowie Schmidt/Henschel, 2021.

818 DIIR RS Nr. 2 von 2018 und 2022 sowie den IDW PS 340 von 2020.

819 Siehe Gleißner, 2015d; RMA, 2019; ICV 2021.

820 Siehe dazu Hannemann/Steinbrecher/Weigl, 2019 zu den MaRisk.

satz.[821] Unter der Annahme, dass alle Risiken durch eine Normalverteilung beschreibbar und additiv sind, können Risiken (unter Berücksichtigung ihrer Korrelationen) zu einer das Gesamtrisiko beschreibenden Wahrscheinlichkeitsverteilung aggregiert werden. Für ein unternehmensweites integriertes Risikomanagement unter Bezugnahme auf die Unternehmensplanung spielen derartige Verfahren jedoch keine Rolle.[822] Die Bedeutung der analytischen Aggregationsverfahren im Risikomanagement ist außerhalb der Finanzbranche niedrig, weil

- beim umfassenden Risikomanagementansatz Risiken zu aggregieren sind, die nicht alle durch eine Normalverteilung beschrieben werden (z.B. wenn Risiken durch unsichere Schadenshöhe und Eintrittswahrscheinlichkeit oder eine Dreiecksverteilung quantifiziert werden),
- die analytischen Verfahren keinen Bezug zur Unternehmensplanung mit ihrer Planungslogik[823] herstellen und damit weder die dort abgebildeten (nichtlinearen) Abhängigkeiten (z.B. zwischen Absatzmengen, Absatzpreisen und Materialkosten) berücksichtigen können, noch eine Beurteilung der Gesamtplanungssicherheit möglich ist und
- nichtlineare (nicht-additive) Abhängigkeiten, wie z.B. die multiplikative Verknüpfung zwischen Absatzmengen und Absatzpreisrisiken, nicht erfasst werden können.[824]

Die genannten Anforderungen erfüllt nur die stochastische Risikosimulation (Monte-Carlo-Simulation), die deshalb in Abschnitt 3.3 ausführlich dargestellt wird. Aufgrund der heute verfügbaren Rechenleistungen sind nahezu beliebig komplexe Planungsmodelle mit der gewünschten Exaktheit mit Hilfe dieses Risikoaggregationsverfahrens bearbeitbar. Die Risikoaggregation mit Monte-Carlo-Simulation kann im Kern als Analyse einer großen repräsentativen Stichprobe risikobedingt möglicher Zukunftsszenarien eines Unternehmens aufgefasst werden. Dabei werden die Wirkungen einer Vielzahl von Kombinationen einzelner Chancen und Gefahren in den Auswirkungen z.B. auf die zukünftigen Erträge berechnet. Sie basiert möglichst auf der Verknüpfung von Planung und Risikoanalyse in sogenannten „stochastischen Planungsmodellen".

Ohne stochastische Simulationen gibt es nur eine einzige alternative Möglichkeit, ein Problem mit dem Computer zu berechnen: Man benötigt eine Lösung der zugrunde liegenden Theorie (oder zumindest eine Näherungslösung), d.h. eine Formel.[825] Eine solche gibt es aber in der Regel bei einer realitätsnahen Modellierung von Planung und Risiken nicht.

---

821 Siehe Hager, 2004; Priermeier, 2005; Wolke, 2015 und Romeike/Hager, 2020.

822 Sie sind höchstens geeignet, eine Teilgruppe der Risiken – eben speziell die finanzwirtschaftlichen Risiken – in einem Zwischenrechenschritt erst einmal auf eine Position zu verdichten. Selbst hier ergeben sich jedoch erhebliche Probleme, weil der Bezug zur Planung fehlt und typischerweise bestehende nicht additive Wechselwirkungen nicht berücksichtigt werden können.

823 Mit Aussagen zum zukünftigen Risikodeckungspotenzial.

824 Siehe zu diesen Problemen der Verknüpfung von Absatzmengen und Absatzpreisrisiken z.B. Wolke, 2015, der dort selbst für dieses einfache Problem keine sinnvoll handhabbare Lösung mehr anbieten kann.

825 Wie bereits in der Einleitung zu diesem Kapitel erwähnt, sind für komplexere Unter-

Es ist nicht übertrieben zu behaupten, dass das Risikomanagement ohne simulationsbasierte Risikoaggregation wenig nutzt.

Natürlich ist auch Risikoanalyse und Risikoüberwachung wichtig und notwendig, aber eben nicht hinreichend, um durch eine risikoorientierte Unternehmensführung mögliche bestandsgefährdende Krisen frühzeitig zu erkennen oder risikogerecht Handlungsoptionen (Maßnahmen) zu bewerten und zu entscheiden.[826]

Die Grundidee der später in Abschnitt 3.3 näher erläuterten Risikoaggregation mittels Monte-Carlo-Simulation soll an dieser Stelle schon ganz knapp skizziert werden: Die Risikoaggregation mittels Monte-Carlo-Simulation kann man als Weiterentwicklung der Szenario-Analyse vorstellen. Ausgehend von der Unternehmensplanung wird dabei eine große repräsentative Anzahl von Zukunftsszenarien berechnet und analysiert, die sich durch die Auswirkungen von Chancen oder Gefahren (Risiken) ergeben können. Durch die Berechnung einer sehr großen Anzahl von solchen Zukunftsszenarien kann man eine Bandbreite der interessierenden Planungsgrößen, wie Cashflow oder Gewinn, angeben. Bei dieser Berechnung werden die Kombinationseffekte der Einzelrisiken berücksichtigt. Auch berücksichtigt werden bestehende Abhängigkeiten. Solche Abhängigkeiten sind nicht notwendigerweise Korrelationen zwischen Einzelrisiken. Wichtige Abhängigkeiten ergeben sich z.B. durch die Planungslogik, z.B. weil die variablen Kosten (Materialkosten) vom Umsatz abhängig sind und damit Risikoauswirkungen auf den Umsatz auch Implikationen für die Materialkosten haben.

Aus den Bandbreiten der Zukunftsentwicklung lässt sich insbesondere ableiten, wie groß der aggregierte Gesamtrisikoumfang ist und mit welcher Wahrscheinlichkeit es zu einer Bestandsgefährdung des Unternehmens kommt (welcher Anteil der berechneten Zukunftsszenarien also bestandsgefährdend ist).

Bevor jedoch die Monte-Carlo-Simulation vorgestellt wird, wird im nächsten Abschnitt aufgezeigt, welche grundlegenden Probleme bei heute noch in der Praxis oft angewendeten Verfahren der Risikoanalyse oder Risikoaggregation zu erwarten sind, beispielsweise bei der Verdichtung von Risiken auf Erwartungswerte.

3.2 Kritik an traditionellen Verfahren – ein Fallbeispiel[827]

3.2.1 Kennzahlen und Risikoinventar der Stuttgarter Maschinen AG

Für die Darstellung der Aggregationsverfahren wird ein stark vereinfachtes Fallbeispiel, die Risikosituation der Stuttgarter Maschinen AG, verwendet.[828] Dabei werden nur Wirkungen auf das Eigenkapital betrachtet.

---

nehmensmodelle mit Risiken, die durch unterschiedliche Typen von Wahrscheinlichkeitsverteilungen beschrieben werden, keine analytischen Lösungen bekannt.

826 Vgl. RiskNET, 2021b.

827 In Anlehnung an: Gleißner, 2004c, S. 350–359.

828 In Anlehnung an: Gleißner/Meier, 1999, S. 926–929 sowie Gleißner, 2004c.

a) Eckdaten der Stuttgarter Maschinen AG:

Umsatz:	3,0 Mrd. €
davon (deutlich) größter Einzelkunde:	0,6 Mrd. €[829]
Variable Kosten:	50 % des Umsatzes
Erwarteter Gewinn:	0,1 Mrd. €
Bilanzsumme:	2,0 Mrd. €
Eigenkapital:	0,4 Mrd. €

b) Identifizierte (binomialverteilte) Risiken im Risikoinventar:

Risiko	Wahrschein-lichkeit	Schadenshöhe (Ertrag)
1. Umsatzverlust (insb. durch Großkundenverlust)	5 %	300 Mio. €
2. Haftpflichtschaden	10 %	130 Mio. €
3. Zusatzkosten durch Maschinenausfall	25 %	80 Mio. €

c) Skala der Risikobewertung (Relevanzskala):

Schadensstufe		Schadenshöhe
1	„gering"	0–10 Mio. €
2	„mittel"	10–40 Mio. €
3	„hoch"	40–150 Mio. €
4	„existenzgefährdend"	150–400 Mio. €
5	„tödlich"	≥ 400 Mio. €

Nachfolgend werden nun basierend auf dieser Ausgangssituation drei „traditionelle" Risikoanalysemethoden und ihre wesentlichen Probleme dargestellt.

3.2.2 Risikoanalyse mit Schadensklassen oder Relevanzwerten

Bei diesem Verfahren werden Risiken hinsichtlich ihres möglichen Schadens nicht in Geldeinheiten (bzw. in €) bewertet, sondern nur in „Schadensstufen" oder „Schadensklassen" eingeteilt. In unserem Beispiel gibt es die Schadensstufen von „gering" bis „tödlich". Bei der Aggregation von Risiken wird gelegentlich mit diesen Schadensklassen weitergerechnet. Beispielsweise werden zur Beurteilung der Gesamtwirkung zweier Risiken (Aggregation) deren Schadensklassen addiert.

Ergebnis im Fallbeispiel:

1. Das Unternehmen weist ein „existenzgefährdendes" Einzelrisiko (Schadensstufe = 4) auf, nämlich den möglichen Umsatzverlust (durch Großkundenverlust).

[829] Und übliche Schwankungsbreite des Umsatzes, Absatzmenge: 4 % (Variationskoeffizient).

2. Die Summe der Relevanzwerte der Risiken liegt weit im „tödlichen“ Bereich: $\sum \text{Schadenklassen} = 4 + 3 + 3 = 10$
3. Auch das gemeinsame Eintreten von „Maschinenausfall“ und „Haftpflichtschaden“ mit einer Summe der Schadensklassen von 6 ist alleine schon weit im „tödlichen“ Bereich.

Beurteilung:

Die oben angeführten Ergebnisse 2. und 3. sind beide falsch und resultieren aus einer methodisch fehlerhaften Risikoaggregation. Schadensklassen stellen ordinale Skalen dar und können daher nicht addiert werden. Beispielsweise führt das gemeinsame Eintreten von „Maschinenausfall“ und „Haftpflichtschaden“ mit einem Schaden von 210 Mio. € nur zu einer aggregierten Schadensklasse von „4“ und nicht – wie eine Addition der Schadensklassen vermuten würde – zu einer Schadensklasse von 5 (oder gar 6). Insgesamt ist festzuhalten, dass Schadensklassen nur für eine einfache Beurteilung von Einzelrisiken sinnvoll sind. Eine Aggregation von Risiken, die (nur) mittels Schadensklassen bewertet sind, ist im Allgemeinen nicht möglich.

3.2.3 Risikoanalyse mit Höchstschadenswerten (Worst-Case-Analyse)

Bei der „Risikoanalyse mit Höchstschadenswerten“ wird die Bedeutung eines Risikos anhand der maximalen Höhe der möglichen Schäden beurteilt. Teilweise sieht man zudem, dass die Schadenshöhen einzelner Risiken zur Beurteilung des Gesamtumfangs des Risikos eines Unternehmens addiert werden.

Risiko	Wahrscheinlichkeit	Schadenshöhe (Ertrag)
Umsatzverlust (insb. durch Großkundenverlust)	**5 %**	**300 Mio. €**
Haftpflichtschaden	10 %	130 Mio. €
Zusatzkosten durch Maschinenausfall	25 %	80 Mio. €
Summe	0,125 %[830]	510 Mio. €

Ergebnis im Fallbeispiel:

1. Das Unternehmen ist existenzgefährdet; das Eigenkapital (400 Mio. €) kann die Summe der Schäden aus den betrachteten Risiken, also 510 Mio. €, nicht abdecken.
2. Besondere Beachtung verdient das Risiko „Umsatzverlust/Großkundenverlust“, weil es die höchste Schadenshöhe aufweist.

[830] Unter der Annahme der Unabhängigkeit der Risiken ergibt sich die hier angegebene Summe der Risikowirkung gerade mit einer Wahrscheinlichkeit, die dem Produkt der Wahrscheinlichkeiten der drei betrachteten Einzelrisiken entspricht.

Beurteilung:

Dieses Verfahren vernachlässigt die Wahrscheinlichkeit des Eintretens eines Schadens. Oft ist hier überhaupt nicht klar, welche Eintrittswahrscheinlichkeit ein Risiko hat. Völlig irreführend ist die Addition der Schadenswerte, weil diese Summe eine deutliche Überschätzung der tatsächlichen Risikolage darstellt. Die Summe der Schäden zeigt die Situation, in der alle Risiken im gleichen Jahr wirksam werden, was praktisch auszuschließen ist. Die Wahrscheinlichkeit, dass die drei Risiken des Beispiels gleichzeitig – und damit der Schaden von 510 Mio. € – eintreten, beträgt lediglich 0,125 %, also 5 % · 10 % · 25 %.[831] Bei einer größeren Zahl von Risiken geht diese Wahrscheinlichkeit gegen Null; der betrachtete Fall (Worst-Case) ist damit praktisch irrelevant.

3.2.4 Risikoanalyse mit Schadenserwartungswert

Die „Risikoanalyse mit Schadenserwartungswert" berechnet den Schaden, der durchschnittlich innerhalb eines Jahres in Folge eines Risikos zu erwarten ist. Dazu werden Schadenshöhe und Eintrittswahrscheinlichkeit eines Risikos miteinander multipliziert. Grundsätzlich ist dabei zu beachten, dass in Risikoerwartungswerte nur unplanmäßige Faktoren einfließen (Abweichungen vom Planwert), und dass alle Risiken einheitlich als Wirkung auf die Erträge bewertet werden (nicht teilweise Umsatz). Als besonders relevant werden bei diesem Verfahren Risiken mit einem hohen erwarteten Schaden eingeschätzt.

Risiko	Rechnung	Erwartungswert
Umsatzverlust (insb. durch Großkundenverlust)	5 % · 300 Mio. €	15 Mio. €
Haftpflichtschaden	10 % · 130 Mio. €	13 Mio. €
Zusatzkosten durch Maschinenausfall	**25 % · 80 Mio. €**	**20 Mio. €**
Summe		48 Mio. €

Ergebnis im Fallbeispiel:

1. Das Unternehmen muss mit einer risikobedingten Ergebnisbelastung von durchschnittlich 48 Mio. € rechnen. Dies kann durch das Eigenkapital problemlos getragen werden; eine Existenzgefährdung ist (scheinbar) nicht gegeben.
2. Besondere Beachtung verdient das Risiko „Zusatzkosten durch Maschinenausfall", weil es den höchsten Erwartungswert aufweist.

Beurteilung:

Zweifellos ist die Kenntnis über einen durchschnittlich aus einem Risiko zu erwartenden Schaden – also z.B. die mittlere Belastung des Unternehmensergebnisses – eine für betriebliche Entscheidungen wesentliche Information. Anzumerken ist, dass eine erwartungstreue Planung zu einem Erwartungswert

[831] Bei Annahme der Unabhängigkeit der Risiken.

der Risiken von Null führen würde, da sich in so einer Planung Chancen und Gefahren „im Mittel" ausgleichen.

Ein schwerwiegender Schwachpunkt des alleinigen Einsatzes dieses Verfahrens besteht darin, dass man aus dem Erwartungswert nicht mehr ableiten kann, welche Konsequenzen das Eintreten eines Risikos – also des Schadensfalles – hat. Seltene, aber dann schwerwiegende Risiken, werden bei dieser Sichtweise unterschätzt. So lässt sich offensichtlich insbesondere nicht mehr erkennen, ob ein Risiko bestandsgefährdende Schäden bewirken kann. Angenommen das Eigenkapital des Unternehmens wäre 100 Mio. Euro, dann wäre der berechnete Schadenserwartungswert von 48 Mio. Euro kleiner. Scheinbar gäbe es keine gravierende Bestandsgefährdung. Tatsächlich würde schon eine der beiden Risiken, wenn es sich realisiert, allein zur Überschuldung führen.

Ergänzend sei darauf hingewiesen, dass es durchaus eine sinnvolle Weiterentwicklung des hier betrachteten Ansatzes der Risikoaggregation mit Schadenserwartungswerten gibt. Diese basiert auf der Berechnung der Risikowertbeiträge gemäß Abschnitt 3.4.8. Die folgende Tabelle zeigt die Berechnung der Risikowertbeiträge[832] für die drei genannten Risiken und die Gesamtsumme, die auch als Gesamtrisikokosten (Total Cost-of-Risk) aufgefasst werden kann (siehe hierzu vertiefend Abschnitt 5.3).[833]

Risiko	Rechnung	Risikowert-beitrag
Umsatzverlust (insb. durch Großkundenverlust)	(5 % + 10 %) · 300 Mio. €	45 Mio. €
Haftpflichtschaden	(10 % + 10 %) · 130 Mio. €	26 Mio. €
Zusatzkosten durch Maschinenausfall	(25 % + 10 %) · 80 Mio. €	28 Mio. €
Summe		99 Mio. €

Der Risikowertbeitrag erlaubt eine Priorisierung. Aber die Beurteilung einer möglichen bestandsgefährdenden Entwicklung durch die mögliche Kombination mehrerer Einzelrisiken ist so nicht möglich.

Fazit: Die vorgestellten „traditionellen" Verfahren der Risikoaggregation sind unzureichend; eine Monte-Carlo-Simulation ist notwendig, um Risiken zu aggregieren und „bestandsgefährdende Entwicklungen" zu erkennen.

[832] Bei einem Risikozuschlag r_z von 10 %, der für die Berechnung der „kalkulatorischen Eigenkapitalkosten" eines Risikos genutzt wird.

[833] Der Value at Risk (VaR) als Risikomaß wird hier zur Operationalisierung des Begriffs „Höchstschaden" verwendet.

3.3 Risikoaggregation mit der Monte-Carlo-Simulation

3.3.1 Risikoaggregation: Gesamtrisikoumfang und Kombinationseffekte von Einzelrisiken

Zielsetzung der Risikoaggregation ist die Bestimmung der Gesamtrisikomenge eines Unternehmens, die Beurteilung des Grads der Bestandsgefährdung sowie die Ermittlung der relativen Bedeutung der Einzelrisiken unter Berücksichtigung von Wechselwirkungen, wie z.B. Korrelationen zwischen diesen.[834] Ohne die gemeinsame Betrachtung der verschiedenen Unternehmensrisiken, also der Risikoaggregation, sowie deren Implikationen für das zukünftige Rating ist eine mögliche Bestandsgefährdung des Unternehmens im Sinne § 91 Absatz 2 AktG und § 1 StaRUG meist nicht erkennbar.

Die Aggregation von Risiken im Kontext der Unternehmensplanung erfordert zwingend den Einsatz von Szenario-Simulationsverfahren (Monte-Carlo-Simulation[835]), weil Risiken – anders als Kosten und Umsätze – nicht addierbar sind. Diese Simulationsverfahren sind die Weiterentwicklung bekannter Szenario-Analyse-Techniken. Mittels Computersimulation wird bei der Risikoaggregation eine große repräsentative Anzahl risikobedingt möglicher Zukunftsszenarien (Planungsszenarien) berechnet und analysiert. Auf diese Weise wird eine realistische Bandbreite der zukünftigen Erträge und der Liquiditätsentwicklung aufgezeigt, also die Planungssicherheit bzw. Umfang möglicher negativer Planabweichungen dargestellt. Unmittelbar ableiten kann man die Wahrscheinlichkeit, dass Covenants verletzt oder ein notwendiges Ziel-Rating zukünftig nicht mehr erreicht werden. Auch die weiterführende Ableitung risikogerechter Kapitalkostensätze als Anforderung an die Rendite einzelner Projekte und Geschäftsfelder ist möglich, ohne dass man auf historische Kapitalmarktdaten (wie beim Beta-Faktor des Capital Asset Pricing Modell, CAPM) zurückgreifen müsste (vgl. die diesbezügliche Erläuterung in Abschnitt 5.3).

In manchen Unternehmen werden Risk Maps als Risikoaggregationsverfahren angesehen.[836] Diese sind aber keine Risikoaggregationsverfahren, die in der Lage wären, den Gesamtrisikoumfang oder mögliche „bestandsgefährdende Entwicklungen" aus Kombinationseffekten von Einzelrisiken zu bestimmen.[837] Risk Maps sind nicht mehr als eine grafische Zusammenfassung von Risiken,

[834] Beispielhaft erläutern Steinke und Löhr (2014) die Möglichkeiten der praktischen Umsetzung von stochastischen Planungsmodellen und der Monte-Carlo-Simulation für die „Bandbreiten-Planung" der Deutschen Lufthansa AG (vgl. Abschnitt 3.5 zu weiteren Fallbeispielen).

[835] Vereinfachend wird hier nicht unterschieden im Hinblick auf verschiedene Methoden zur Generierung der großen repräsentativen Anzahl von Zukunftsszenarien. Neben der recht leicht implementierbaren und in Praxis üblichen Monte-Carlo-Simulation im engeren Sinn ist eine solche Szenario-Generierung auch durch andere mathematische Verfahren, wie der Latin-Hypercube-Methode, möglich.

[836] Siehe dazu ausführlicher Abschnitt 3.3.

[837] Seit 2020 wird auch im IDW PS 340 klargestellt, dass durch die Risikoaggregation Kombinationseffekte von Einzelrisiken auszuwerten sind, um sich durch diese möglicherweise ergebende bestandsgefährdende Entwicklungen früh zu erkennen.

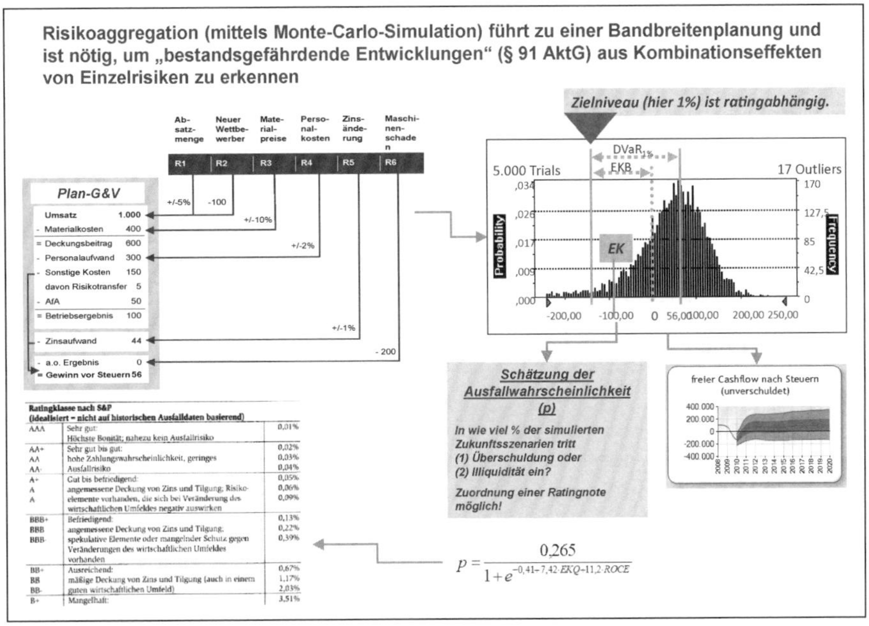

Abbildung 75: Risikoanalyse und Risikoaggregation (inkl. Ratingprognose)

die meist auf einer Verdichtung von Risiken aus verschiedenen Hierarchie-Ebenen eines Unternehmens basiert. Risk Maps ersetzen keine Risikoaggregation und sind allein nicht geeignet, die gesetzlichen Mindestanforderungen an ein Risikofrüherkennungssystem zu erfüllen.

In manchen Unternehmen wird auch versucht, statt einer echten, simulationsbasierten Risikoaggregation ausgehend von Risikoinventar oder Risk-Map die Ergebnis-Auswirkungen wichtiger Risiken in zwei oder drei Einzelszenarien, inklusive eines sogenannten „Worst Case-Szenarios", abzuschätzen. Dieses Vorgehen ist nahezu nutzlos. Das sogenannte „Worst-Case-Szenario" ist weitgehend willkürlich konstruiert, und die Wahrscheinlichkeit, dass dieses oder ein „schlimmeres" Szenario eintritt, unbestimmt. Ein echtes „Worst-Case-Szenario" wird dabei auch gar nicht betrachtet, was sowieso wenig hilfreich wäre: Im Worst Case, bei Eintreten sämtlicher Risiken, ist jedes Unternehmen insolvent. Ob die lediglich betrachteten zwei oder drei von unendlich risikobedingt möglichen Zukunftsszenarien tatsächlich in irgendeiner Weise hilfreich sind, muss bezweifelt werden. Bei einer Monte-Carlo-Simulation als Risikoaggregationsverfahren werden z.B. repräsentativ ausgewählte 100.000 Szenarien betrachtet und auf dieser Grundlage wird abgeleitet, welcher Anteil dieser Szenarien kritisch oder bestandsgefährdend ist. Man gibt also nicht weitgehend willkürlich Szenarien vor, sondern analysiert Häufigkeit – und gegebenenfalls Charakteristika – der kritischen Szenarien. So kann man beispielsweise herausfinden, welche Kombinationen von Risiken (mit welcher Ausprägung) für das Unternehmen und sein Rating problematisch sind, um geeignete Risikobewältigungsmaßnahmen zu initiieren oder die Strategie „robuster" zu gestalten.

Andere betriebswirtschaftliche Instrumente können diese Aufgabe der Risikoaggregation nicht erfüllen. Unternehmensplanung, Prognose- und Frühwarnsystem befassen sich primär mit der zu erwartenden, planmäßigen Entwicklung, aber nicht mit negativen Szenarien in Folge des Eintretens mehrerer Risiken. Das primär durch historische Finanzkennzahlen beeinflusste aktuelle Rating des Unternehmens hilft auch nur wenig. Es zeigt primär Ertragskraft und das Risikodeckungspotenzial und (leider noch) nicht den Risikoumfang (Ertragsvolatilität). Im aktuellen Rating zeigen sich nur die Risiken, die sich im letzten Geschäftsjahr realisiert, also den Ertrag beeinflusst haben – nicht aber die zukünftigen Risiken und mögliche Kombinationseffekte. Die in Abschnitt 3.2 kritisierten Verfahren, z.B. die Berechnung eines Schadenserwartungswerts helfen nicht weiter. Zu einer „echten" Risikoaggregation gibt es also keine Alternative.

Wie erläutert, ist für die Aggregation von Risiken mit Bezug auf die Unternehmensplanung eine Monte-Carlo-Simulation erforderlich. Die Durchführung einer Monte-Carlo-Simulation ist heute bei kleinen und sogar bei mittleren Unternehmen mit kostenlos verfügbaren Tools einfach möglich.[838] Die Anwendung vereinfachender heuristischer Verfahren zur Beurteilung des Gesamtrisikoumfangs und des Grads der Bestandsgefährdung, die für diesen Zweck mit Inkrafttreten des KonTraG 1998 entwickelt wurden, sind daher selbst bei kleineren Unternehmen heute nicht mehr erforderlich[839].

Im nächsten Abschnitt wird entsprechend die Monte-Carlo-Simulation als Verfahren für die Risikoaggregation näher erläutert, weil (nur) mit der Methode einer stochastischen Simulation eine große Anzahl von Zukunftsszenarien, der Gesamtrisikoumfang und der Grad der Bestandsgefährdung, unter Beachtung von Unternehmensplanung und damit Risikodeckungspotenzial, beurteilt werden kann.

3.3.2 Die Monte-Carlo-Simulation

Bei der Monte-Carlo-Simulation werden die durch Wahrscheinlichkeitsverteilungen beschriebenen Risiken in den Kontext der Planung gestellt, also meist der Unternehmensplanung (bzw. der Projektplanung bei der Beurteilung einzelner Projekte), d.h., es wird jeweils aufgezeigt, welches Risiko an welcher Position der Planung (Erfolgsplanung) zu Abweichungen führen kann. Grundlage sollte eine integrierte Unternehmensplanung sein, deren Planungslogik bei der Simulation von Risikoauswirkungen berücksichtigt wird. So können beispielsweise die Auswirkungen eines Risikos, das zu einem Umsatzverlust führt, unter Beachtung der Variabilität der Materialkosten auf den Gewinn, aber auch auf die Forderungen aus Lieferung und Leistung, konsistent berechnet werden. Anschließend kann dann – wie erwähnt – eine große repräsentative Anzahl möglicher risikobedingter Zukunftsszenarien berechnet und analysiert werden.

---

[838] Siehe Gleißner/Kamaras, 2021 mit einem Fallbeispiel.

[839] Siehe zur Abschätzung des Gesamtrisikoumfangs z.B. mit Hilfe der „Fundamentalgleichung" Gleißner, 2000a.

Damit sind Rückschlüsse auf den Gesamtrisikoumfang, die Planungssicherung und eine realistische Bandbreite aller relevanter Positionen, z.B. des Unternehmensergebnisses, möglich. Technisch gesehen wird mittels der Risikoaggregation die Häufigkeitsverteilung der zu betrachtenden Position, wie dasUnternehmensergebnis, der einzelnen Planperioden berechnet. Auf dieser Grundlage werden Risikomaße abgeleitet, die für unternehmerische Entscheidungen nötig sind. Aus der ermittelten risikobedingten Bandbreite des Ergebnisses kann z.B. unmittelbar auf die Höhe möglicher risikobedingter Verluste und damit den Bedarf an Eigenkapital zur Risikodeckung geschlossen werden, was wiederum Rückschlüsse auf das angemessene Rating zulässt. Auf diese Weise können auch Kennzahlen wie die Eigenkapitaldeckung bestimmt werden, die das Verhältnis des verfügbaren Eigenkapitals zum Eigenkapitalbedarf anzeigt.

Notwendig für die Bestimmung des Gesamtrisikoumfangs mittels Risikoaggregation ist also zunächst die Verbindung von Risiken und Planung. Jedes Risiko wirkt somit auf (mindestens) eine Position der Plan-Erfolgsrechnung (GuV) oder Plan-Bilanz und kann dort Planabweichungen verursachen. Alternativ (bzw. ergänzend) zur Zuordnung von Risiken[840] zu den Positionen der Planung kann man natürlich auch die einzelnen Planungspositionen (z.B. Kostenposition) selbst als Zufallsvariablen auffassen und durch eine Wahrscheinlichkeitsverteilung beschreiben. Ein derartiges Vorgehen bezeichnet man als eine „stochastische Planung" („mehrwertige Planung"). Dabei können Risiken beispielsweise als Schwankungsbreite um einen Planwert modelliert werden. Beispielsweise kann man ausgehend von der Risikoanalyse angeben, dass der Umsatz bzw. die Absatzmenge mit einer Standardabweichung von 10 % um den Planwert schwankt (normalverteilt). Oder man quantifiziert das Risiko der Materialkostenschwankung durch Angabe von (a) Mindestwert, (b) wahrscheinlichsten Wert und (c) Maximalwert der Materialkostenquote (Materialkosten bezogen auf Umsatz). Zudem können auch „ereignisorientierte Risiken" (wie z.B. eine Betriebsunterbrechung durch Feuer) einbezogen werden, die in das außerordentliche Ergebnis einfließen und durch Schadenshöhe und Eintrittswahrscheinlichkeit beschrieben werden.[841]

Mit der heute erreichten Leistungsfähigkeit von Computern ist es möglich, risikobedingt mögliche Zukunftsszenarien mit dem Computer zahlreich und billig zu simulieren. Da der Kern einer solchen Simulation das Erzeugen von „Zufall" ist, hat sich der Name Monte-Carlo-Simulation eingebürgert. Die allgemeine Vorgehensweise zur Durchführung einer Monte-Carlo-Simulation lässt sich wie folgt beschreiben:[842]

1. Erzeugen der für die Monte-Carlo-Simulation benötigten Zufallszahlen.

[840] D.h. Zufallsvariablen, durch die eine adäquate Wahrscheinlichkeitsverteilung beschrieben wird.

[841] Ergänzend dazu können auch sogenannte Risikofaktorenmodelle entwickelt werden. Neben der Unternehmensplanung wird dabei ein Modell der Unternehmensumwelt mit den für das Unternehmen interessanten Variablen aufgebaut (siehe Abschnitt 4.3.5).

[842] In Anlehnung an Gleißner, 2001a, siehe auch Deutsch, 1998; Hoitsch/Winter, 2004; Hempel/Offerhaus, 2008; Gleißner/Wolfrum, 2019a; Daume/Ernst, 2022 und Priske, 2015.

2. Umwandeln der Zufallszahlen in die benötigte Verteilung (z.B. Normalverteilung oder Binomialverteilung mit Schadenshöhe und Eintrittswahrscheinlichkeit).
3. Berechnung eines Szenarios der Monte-Carlo-Simulation gemäß den gezogenen Zufallszahlen und der dahinterliegenden Verteilung.
4. Wiederholen der Schritte 1, 2 und 3, bis eine ausreichende Anzahl von Simulationen (z.B. 100.000) generiert wurde, um hieraus stabile Häufigkeitsverteilungen und Risikomaße abzuleiten.
5. Auswertung: Berechnung von Mittelwert, Standardabweichung oder Quantilen, bzw. des Value at Risk der insgesamt simulierten Szenarien etc.

Ein Blick auf die verschiedenen Simulationsläufe (S_1 bis S_n der folgenden Abbildung 79) veranschaulicht, dass sich bei jedem Simulationslauf (Szenario) andere Kombinationen von Risikoausprägungen ergeben. Damit erhält man jeweils (unter Berücksichtigung von Wechselwirkungen und stochastischen Abhängigkeiten zwischen den Risiken)[843] einen zufällig erzeugten Wert für die betrachtete Zielgröße (z.B. Gewinn oder Cashflow), der in diesem Beispiel in Abbildung 79 zwischen –330 (sprich: einen Verlust i.H.v. 330) und 160 (sprich: einem Gewinn i.H.v. 160) liegt. Man erkennt hier deutlich, dass der Verlust in Szenario S_2 vom Verlust des Großkunden und dem Haftpflichtschaden getrieben wird, während der simulierte Gewinn im Szenario S_3 mit 160 über dem geplanten Gewinn von 100 liegt, weil der Umsatz höher ausfiel als geplant.

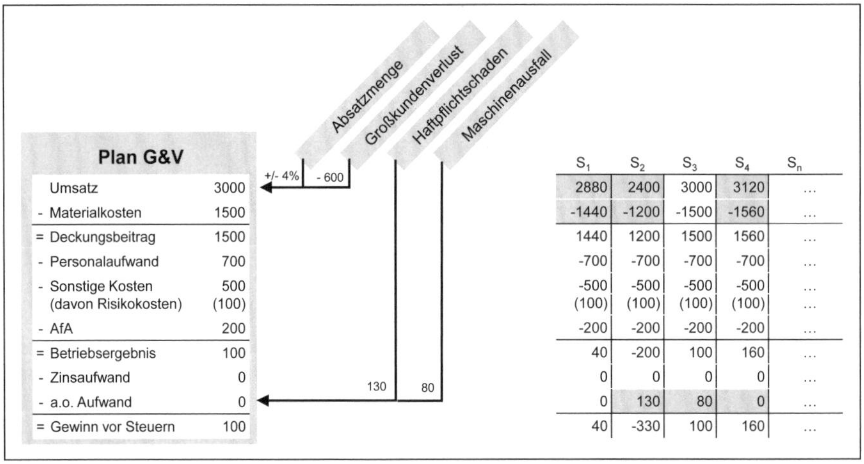

Abbildung 76: Integration der Risiken in die Unternehmensplanung

Die Menge aller Simulationsläufe liefert die gesuchte „repräsentative Stichprobe" aller möglichen risikobedingten Zukunftsszenarien des Unternehmens, die dann analysiert wird. Aus den ermittelten Realisationen der Zielgröße (z.B. Gewinn) ergeben sich aggregierte Häufigkeitsverteilungen.[844] Zunächst kann man

[843] Korrelation und Kovarianz erfassen nur lineare Abhängigkeiten.

[844] Im Unterschied zur Kapitalmarkttheorie für vollkommene Märkte (z.B. CAPM) sind hier auch systematische und nicht-diversifizierte unsystematische Risiken relevant,

den Durchschnittswert der simulierten Risikoszenarien ausrechnen lassen, um eine Schätzung für die Erwartungswerte zu erhalten. Der Erwartungswert des Gewinns vor Steuern beträgt laut Planung 100 Mio. €, aber unter Einbezug der Risiken nur etwa 52 Mio. €. Im Mittel wird der Gewinn also im Beispiel deutlich unter dem Plan-Wert liegen, weil ein Überhang der Gefahren gegenüber Chancen besteht, was die Monte-Carlo-Simulation aufdeckt. Man erkennt eine vorhersehbare negative Planabweichung.

Aus den Simulationsergebnissen lässt sich darüber hinaus ableiten mit welcher Wahrscheinlichkeit es zu einer „bestandsgefährdenden Entwicklung“ oder Insolvenz kommt. Diese Wahrscheinlichkeit wird ermittelt durch die Häufigkeit von Szenarien, die zu einer Bestandsgefährdung führen.[845] Es wird also insbesondere geprüft, bei vielen risikobedingt möglichen Szenarien

- das Eigenkapital durch risikobedingte Verluste negativ wird (Überschuldung) oder
- Kreditvereinbarungen (Covenants) verletzt werden, die zu einer Kreditkündigung führen[846] oder
- Mindestanforderungen an das Rating nicht mehr erfüllt sind, was Kreditwürdigkeit und Liquidität eines Unternehmens gravierend gefährdet.[847]

Ausgehend von der durch die Risikoaggregation ermittelten Häufigkeitsverteilung der Zielgrößen (wie Gewinne und Cashflows) kann man auch auf die Risikomaße zur Beschreibung des Gesamtrisikoumfangs, wie z.B. den Eigenkapitalbedarf (RAC) des Unternehmens, schließen.[848] Zur Vermeidung einer Überschuldung wird nämlich, wie erwähnt, zumindest so viel Eigenkapital benötigt, wie auch Verluste auftreten können, die dieses aufzehren. Es kann davon ausgegangen werden, dass im nächsten Jahr mit einer Wahrscheinlichkeit von 99 % ein Verlust von nicht mehr als 285 Mio. € zu erwarten ist (RAC 99 %).[849] Mit einer Wahrscheinlichkeit von 95 % wird ein Verlust von 156 Mio. € nicht überschritten. Analog lässt sich auch der Bedarf an Liquiditätsreserven unter Nutzung der simulierten Verteilung der Zahlungsflüsse (freie Cashflows) ermitteln.

Außer dem Eigenkapitalbedarf als Value at Risk-Variante lassen sich natürlich auch weitere Risikomaße berechnen, wie der Variationskoeffizient des Ertrags. Ergänzend können Kennzahlen wie die Eigenkapitaldeckung, also das Verhältnis von verfügbarem Eigenkapital zu risikobedingtem Eigenkapitalbedarf,

---

was z.B. durch Insolvenzkosten zu begründen ist; vgl. auch z.B. Amit/Wernerfelt, 1990, und Baule/Ammann/Tallau, 2006.

845 Siehe Gleißner, 2017f zum Begriff der bestandsgefährdenden Entwicklung.

846 Dabei werden die den Kreditvereinbarungen zugrundeliegenden Kennzahlen, wie z.B. Eigenkapitalquote oder Zinsdeckungsquote, analysiert.

847 Das zukünftige Rating eines Unternehmens bzw. das durch diese ausgedrückte Insolvenzwahrscheinlichkeit ist abhängig von Finanzkennzahlen, wie Gesamtkapitalrendite und Eigenkapitalquote, die entsprechend in jedem Simulationslauf berechnet werden müssen, siehe dazu das „Mini-Rating“ in Abschnitt 5.2.2.2.

848 Der Eigenkapitalbedarf ist abhängig von einem vorgegebenen Konfidenzniveau, das sich aus der angestrebten Ratingstufe ergibt und konsistent zum verwendeten Eigenkapitalkostensatz zu wählen ist.

849 Quantil bzw. Value at Risk.

abgeleitet werden. Man kann hier aus der Grafik entnehmen, dass das vorhandene Eigenkapital i.H.v. 400 Mio. € ausreicht, um sowohl 95 % als auch 99 % der Risikoszenarien abzudecken.

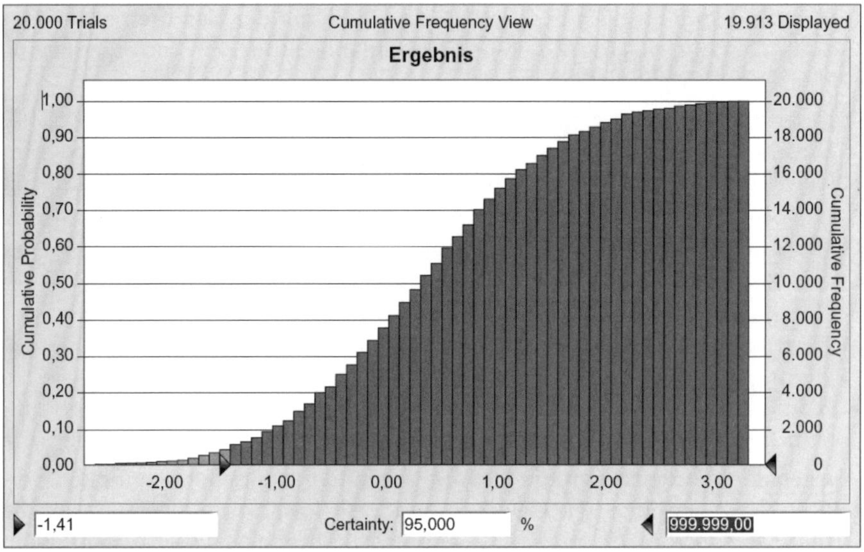

Abbildung 77: Kumulative Häufigkeitsverteilung des Gewinnes

Das Eigenkapital und die Liquiditätsreserven sind das Risikodeckungspotenzial eines Unternehmens, weil sie sämtliche risikobedingten Verluste zu tragen haben (vgl. weiterführend Abschnitt 3.4). Der Eigenkapitalbedarf und der Variationskoeffizient der Erträge stehen zudem als Kennzahl (Risikomaß) für die Ableitung von Kapitalkostensätzen und anderen wertorientierten Kennzahlen zur Verfügung (siehe Kapitel 5). Die Risikoaggregation kann für verschiedene Strategievarianten (Handlungsoptionen) eines Unternehmens durchgeführt werden, um diese zu vergleichen und zu bewerten. Risikogerechte Bewertung bedeutet damit einen Vergleich der Risikoprofile verschiedener Handlungsoptionen (Strategien).

Die Risikoaggregation erfolgt für mehrere Jahre[850], wobei in den einzelnen Szenarien jeweils die gesamte betrachtete Zukunft zu simulieren ist („Pfadsimulation"). Dabei sind die Verknüpfungen von Jahr zu Jahr abzubilden; eine separate Monte-Carlo-Simulation der einzelnen Jahre und eine anschließende Addition der Jahresergebnisse greift zu kurz. So ist z.B. der simulierte Dollarkurs Ende 2022 der Startpunkt für den Dollarkurs 2023. Wenn bereits 2022 in einem simulierten Szenario Verluste aufgetreten sind, reduziert dies Eigenkapital und Kreditrahmen für 2023, also das Risikodeckungspotenzial. Dies ist wichtig, um „bestandsgefährdende Entwicklungen" im Sinne § 91 Abs. 2 AktG und § 1 StaRUG zu erkennen. Diese sind nämlich oft das Resultat schwer negativer Risikoauswirkungen in zwei oder drei Folgejahren. Die Aggregation

[850] Vgl. die diesbezügliche Forderung im IDW PS 340 und im DIIR RS Nr. 2.

der Risiken auch über die Zeit führt zu einer „Bandbreitenplanung" wie in der folgenden Abbildung dargestellt.

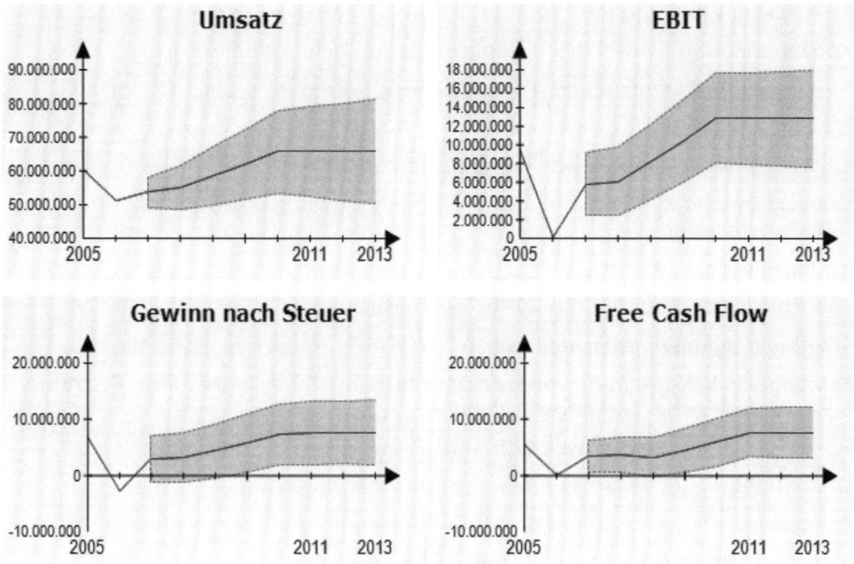

Abbildung 78: Bandbreiten aus der Simulation mehrerer Jahre

3.3.3 Konzipierung eines Risikoaggregationsmodells

Bei der Entwicklung von Risikoaggregationsmodellen empfiehlt es sich zunächst die wesentlichen Anforderungen und Eckpunkte festzuhalten. Im Allgemeinen ist es dabei sinnvoll zunächst ein eher „kompaktes" Modell zu entwickeln, das später ausgebaut wird. Im ersten Schritt damit vorhandene Einschränkungen und wesentliche (restriktive) Annahmen sollten entsprechend dokumentiert werden. Bei der Gestaltung eines Risikoaggregationsmodells benötigt man insbesondere Festlegungen bezüglich

- Struktur und Komplexität des zugrundeliegenden Planungsmodells,
- Art und Quantifizierungsmethode der einzubeziehenden Risiken und
- Gewünschte Auswertungen (Output).

Die nachfolgende Übersicht fasst typische zur Charakterisierung eines Risikoaggregationsmodells geeigneter Faktoren sowie hier mögliche Ausprägungen zusammen.

1. Planungsmodell
Ertragsrechnung (GuV) und Planbilanz
2. Struktur der Einheiten
Konzernplanung (konsolidiert); zunächst keine Tochtergesellschaft
3. Länge des Planungs- und Aggregationszeitraums
fünf Jahre
4. Beschreibung der Risiken (Planungsunsicherheiten)
Dreiecksverteilung, Gleichverteilung, Normalverteilung und Szenarioverteilung (Gleichverteilung)
5. Einzelrisiken
Zunächst werden nur die Top-20-Risiken betrachtet
6. Abhängigkeiten zwischen Risiken
Planungslogik, Korrelation volkswirtschaftlicher Größen, einheitliche Beschreibung nach Ursache-Wirkungs-Beziehung
7. Trigger einer „bestandsgefährdende Entwicklung"
Überschuldung, Covenants und Rating-Anforderungen
8. Output
Eigenkapitalbedarf und Insolvenzwahrscheinlichkeit; später risikogerechte Kapitalkosten

Abbildung 79: Risikoaggregationsmodell: Übersicht der Eckpunkte (Beispiel)

3.3.4 Risikoaggregation mit Benchmarkwerten für Einzelrisiken

Im Allgemeinen werden die wesentlichen Input-Informationen für die Monte-Carlo-Simulation – speziell also die Wahrscheinlichkeitsverteilungen der betrachteten Risiken – im Rahmen der Risikoquantifizierung ermittelt, wobei zum einen hierzu statistische Analysen von Vergangenheitsdaten (Zeitreihen) genutzt werden, zum anderen aber oft auch Expertenschätzungen notwendig (und auch zulässig) sind. Als Orientierungswerte für typische Schwankungen der wichtigsten GuV-Positionen in verschiedenen deutschen Branchen kann man Benchmarkwerte aus einer Auswertung von Bundesbankdaten des Zeitraums von 1971 bis 2004 nutzen.[851]

[851] Siehe Gleißner/Grundmann, 2008 und die Aktualisierung in Gleißner/Kamaras, 2022. Vgl. auch Deutsche Bundesbank, 2014 mit Daten zu Krisenunternehmen.

3.3.5 Stochastische Abhängigkeiten, Risikofaktorenmodelle und Abweichungsanalyse

3.3.5.1 Abhängigkeiten zwischen Risiken

Bei der Risikoaggregation sind grundsätzlich auch bestehende Abhängigkeiten zwischen den Risiken zu berücksichtigen. Solche Abhängigkeiten sind nicht notwendigerweise durch Korrelationen zwischen den Risiken zu beschreiben, die nur lineare Abhängigkeiten erfassen können. Zudem besteht das Problem, dass Korrelationen keine Erklärung über einen bestehenden Zusammenhang bieten, sie also insbesondere nicht als kausale Abhängigkeit aufgefasst werden dürfen. Korrelationen zwischen Einzelrisiken sollten also nur dann angegeben werden, wenn diese statistisch belegbar sind, aber kein kausales Erklärungsmodell gefunden wird. Grundsätzlich empfiehlt sich bei der Spezifikation eines Risikoaggregationsmodells drei Arten von Abhängigkeiten zu unterscheiden (und bei Bedarf zu modellieren):

1. Abhängigkeiten durch die Planungslogik:
   Abhängigkeiten zwischen Risiken ergeben sich durch die Planungslogik in der Unternehmensplanung. Entsprechend ist es wichtig, solche Abhängigkeiten im Risikoaggregationsmodell auch zu berücksichtigen. So sind beispielsweise die Materialkosten und die Forderungen aus Lieferungen und Leistungen abhängig von der Umsatzentwicklung. Die Wirkungen eines Risikos auf die Umsatzmenge hat entsprechend auch eine Folgewirkung auf die Materialkosten. Die Schwankungen der Materialkosten sind entsprechend beispielsweise abhängig von Umsatzschwankungen einerseits und den Schwankungen der Materialkostenquote andererseits.
2. Mehrfachauswirkungen eines Risikos:
   Insbesondere die exogenen Risiken, die also aus dem Unternehmensumfeld kommen, haben oft Auswirkungen auf mehrere Positionen der Unternehmensplanung. So führt beispielsweise der unsichere Dollarkurs zu Auswirkungen auf den Umsatz und die Materialkosten. Dadurch entsteht eine Korrelation zwischen Umsatz und Materialkosten. Mit sogenannten Risikofaktormodellen, die nachfolgend noch näher erläutert werden, werden die wesentlichen Risiken des Unternehmensumfelds und ihre Abhängigkeiten beschrieben und es wird dann gezeigt, an welchen Stellen der Planung sie zu Planabweichungen führen können. Wichtige exogene Risikofaktoren sind das Wirtschafts- bzw. Nachfragewachstum, Wechselkurse, Rohstoffpreise, Inflation und Zinssätze.
3. Unerklärte stochastische Abhängigkeiten:
   Nur wenn zwischen Risiken oder risikobehafteten Planungspositionen keine kausale Abhängigkeit bekannt ist, bleibt nur die Modellierung einer stochastischen Beziehung. Im einfachsten Fall bedeutet dies die Berücksichtigung einer empirisch gemessenen Korrelation zwischen zwei Risiken im Risikoaggregationsmodell. Komplexere, speziell auch nicht lineare stochastische Abhängigkeiten kann man mittels sogenannter Copula modellieren.

Die nachfolgende Abbildung zeigt zusammenfassend die verschiedenen wesentlichen Varianten stochastischer Abhängigkeiten zwischen Risiken.

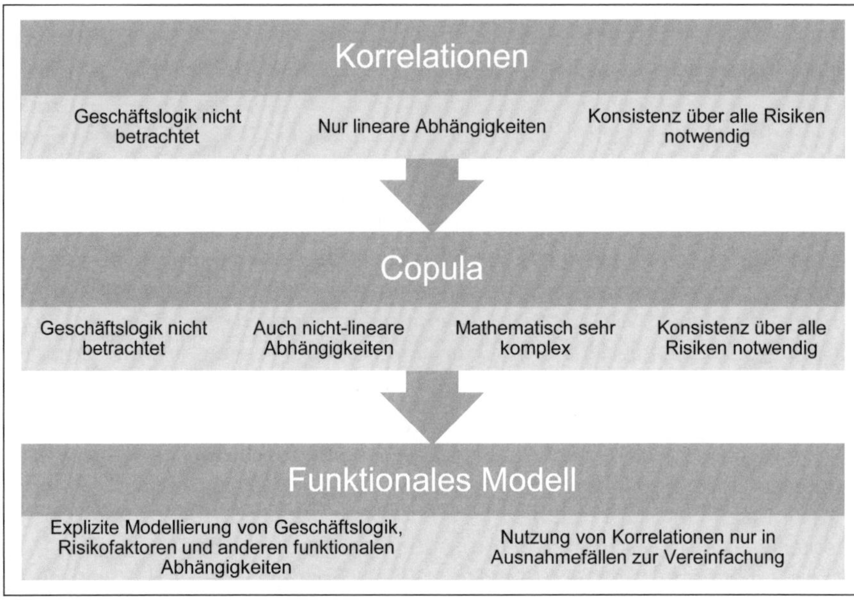

Abbildung 80: Modellierung von Anhängigkeiten[852]

Ein einfaches Beispiel für ein Modell mit funktionalen Abhängigkeiten und Korrelationen zeigt die folgende Abbildung 81.

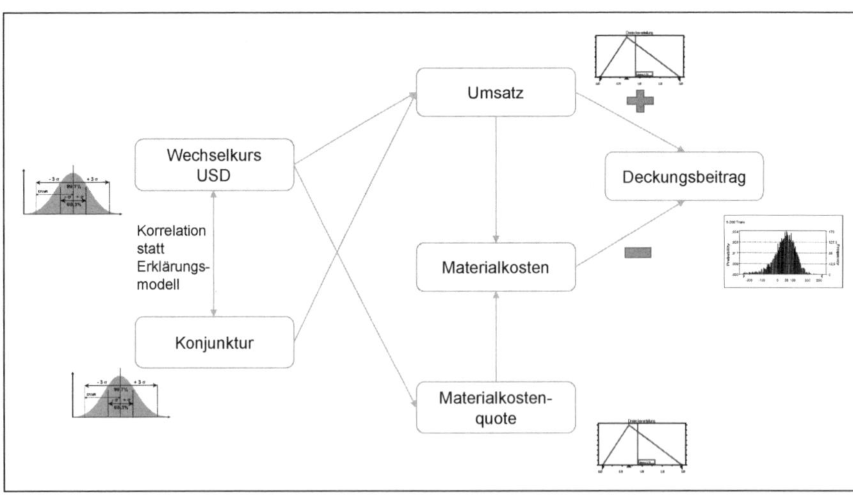

Abbildung 81: Beispiel für funktionales Modell von Abhängigkeiten

[852] Vgl. auch die Compound-Funktionen in Vanini/Rieg, 2021, S. 112 ff.

Würde man diese Abhängigkeit in Abbildung 81 ignorieren, würde man in diesem Fallbeispiel den Risikoumfang deutlich überschätzen, was die beiden Häufigkeitsverteilungen in Abbildung 82 zeigen.

Planung	
Umsatz	1000
Material	600
Sonstiges	200
Gewinn	200

Absatzmengenrisiko
- Normalverteilt
- Erwartungswert = 0%
- Standardabweichung 10%

Materialpreisrisiko
- Normalverteilt
- Erwartungswert = 0%
- Standardabweichung 5%

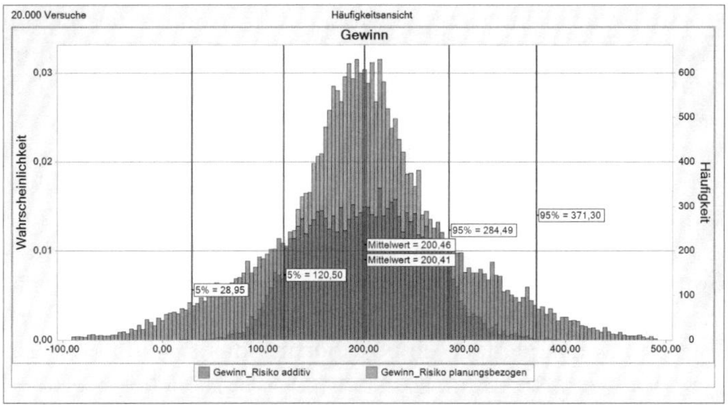

➔ Ohne Planungsbezug wird das Gesamtrisiko deutlich überschätzt!

Abbildung 82: Beispiel für vernachlässigte nicht-lineare Abhängigkeiten ohne eine Risikoaggregation mit Planungsbezug

3.3.5.2 Risikofaktormodelle

Nachfolgend werden die hier skizzierten Überlegungen zur Abhängigkeit von Risiken noch vertiefend betrachtet, wobei von den schon angesprochenen Arten der Erfassung von Risiken im Risikoaggregationsmodell ausgegangen wird.[853]

Beim bisher beschriebenen Vorgehen zur Entwicklung von Risikoaggregationsmodellen wird zunächst von der Unternehmensplanung ausgegangen. Dabei existieren, wie erwähnt, zwei (kombinierbare) Varianten, nämlich

[853] Eine Möglichkeit zur Modellierung einer stochastischen Abhängigkeit, die graduell zwischen den Extremfällen „vollständiger Abhängigkeit" und „vollständiger Unabhängigkeit" liegt, ist die Gumbel-Copula. Zu statistischen Methoden der Schätzung von Verteilungsparametern siehe z.B. Cottin/Döhler, 2009, S. 292–300, die insbesondere die Maximum-Likelihood-Methode und die Momentum-Methode erläutern. Siehe als Übersicht zur Theorie der Copula Cottin/Döhler, 2009, S. 264–271. Es ist zu beachten, dass Korrelationen zwischen den meist im Risikoaggregationsmodell betrachteten Größen nicht eigenständig ermittelt bzw. „vorgegeben" werden müssen. Korrelationen (und auch nicht lineare stochastische Abhängigkeiten) sind nämlich oft einfach das Resultat des Sachverhalts, dass zwei betrachtete Größen – z.B. Umsatz und Materialkosten – gemeinsam von bestimmten (exogenen) Faktoren abhängen (wie z.B. dem Dollarkurs oder Rohstoffpreisen).

- die unmittelbare Berücksichtigung der Planungsunsicherheit zu den einzelnen Planungspositionen (d.h. das Beschreiben einer Planungsposition durch eine Verteilung, z.B. eine Normalverteilung) oder
- die separate quantitative Beschreibung eines Risikos durch eine geeignete Verteilungsfunktion (z.B. durch unsichere Schadenshöhe und Eintrittswahrscheinlichkeit bei ereignisorientierten Risiken) und die Zuordnung dieser Risiken in einem zweiten Schritt zu den Planungspositionen, wo sie Planabweichungen auslösen können.

Mit dem „Risikofaktorenansatz" gibt es eine weitere, ebenfalls kombinierbare Variante zur Berücksichtigung von Risiken im Kontext der Planung. Neben der Unternehmensplanung wird dabei ein Modell der Unternehmensumwelt mit den für das Unternehmen interessanten Variablen aufgebaut (z.B. Bartram, 1999). Die Unternehmensumwelt wird dabei beispielsweise durch exogene Faktoren beschrieben wie Wechselkurse, Zinssätze (für verschiedene Währungen und Laufzeiten), Rohstoffpreise, Konjunktur (z.B. mittels Produktionsindizes zur Beschreibung der Nachfrage), Tariflohnindizes etc. Für alle diese exogenen Faktoren des Unternehmensumfeldes werden Prognosen erstellt, sodass ein „Plan-Umfeldszenario" entsteht. Die Abhängigkeit der Planvariablen des Unternehmens von exogenen Faktoren wird z.B. durch Elastizitäten[854] erfasst. Diese zeigen, welche Konsequenzen eine Änderung des Risikofaktors für die Plan-Variable (z.B. Umsatz) hat. Eine Weiterentwicklung solcher Ansätze, bei der ein Unternehmen auch prozessnah in die Umwelt eingebunden wird und die Ergebnisse formalisierter Gefährdungsanalysen einbezogen werden, ist denkbar.

Die Verwendung eines Risikofaktorenmodells bringt gleich mehrere Vorteile. Zum einen vereinfacht sie wesentlich die oft schwierige Schätzung der Korrelationen (statistischen Abhängigkeiten) zwischen den betrachteten unsicheren (risikobehafteten) Planungsvariablen der Erfolgsrechnung eines Unternehmens. Wenn nämlich beispielsweise zwei unsichere Kostenarten, $\widetilde{K}_1$ und $\widetilde{K}_2$, jeweils (mit unterschiedlicher Elastizität) von gemeinsamen (exogenen) Risikofaktoren, z.B. $\widetilde{R}_1$ und $\widetilde{R}_2$, abhängen, sind diese beiden Kostengrößen damit auch korreliert. Korrelationen zwischen einzelnen Risiken bzw. risikobehafteten Planungspositionen ergeben sich damit zu einem erheblichen Teil implizit durch die Beschreibung der Abhängigkeit von exogenen Risikofaktoren des Unternehmensumfelds, wie z.B. Konjunktur, Wechselkurse und Rohstoffpreise. Um die Risikofaktoren in der Monte-Carlo-Simulaton verarbeiten zu können, werden diese durch Wahrscheinlichkeitsverteilungen (oft Normalverteilung) oder stochastische Prozesse beschrieben.

Aus der Darstellung der Ursache-Wirkungs-Beziehung in einem Risikoaggregationsmodell ergeben sich implizit stochastische Abhängigkeiten, die z.B. durch einen Korrelationskoeffizienten gemessen werden können. Viele gemeinsame Abhängigkeiten (mit gleicher Wirkungsrichtung) führen tendenziell zu einer höheren Korrelation. Für die Konstruktion von Risikoaggregationsmodellen ist es jedoch wichtig zu beachten, dass grundsätzlich die Abhängigkeitsstruktur

[854] Die Elastizität der Zielgröße Z bezüglich des exogenen Einflussfaktors X drückt aus, wie viel Prozent sich Z verändert, wenn X um 1 % verändert wird.

der wesentlichen Faktoren explizit beschrieben und begründet werden sollte. Dieser Sachverhalt wird in Abschnitt 3.3.6 – Fallbeispiel Risikofaktor-Modelle – noch näher erläutert. Schon an dieser Stelle ist festzuhalten: Das häufig vermutete Problem der Spezifikation von Korrelationen bei der Risikoaggregation wird überschätzt. Ein Großteil aller Korrelationen im Modell ist das Resultat von gemeinsamen Erklärungsfaktoren (z.B. die Wirkung von Wechselkursen und Rohstoffpreisen sowohl auf Umsatz als auch auf Kosten). Bei vielen Risiken ist zudem schon aus theoretischen Gründen eine Korrelation von Null angemessen (z.B. gibt es kaum einen Zusammenhang zwischen technischen Risiken einerseits und Markt- bzw. Kapitalmarktrisiken andererseits). Korrelationen sind in der Regel nur notwendig, wo man vereinfachend auf eine explizite Beschreibung der Ursache-Wirkungs-Beziehungen (Kausalmodell) verzichten möchte. Daher werden Korrelationen oft gerade genutzt bei der Beschreibung der Abhängigkeit zwischen exogenen Größen (wie z.B. Inflation, Zins, Nachfrage-Wachstum) also Größen des Unternehmensfelds, für die im Allgemeinen aber eine sehr gute Datengrundlage für die Berechnung der Korrelationen vorliegt.[855]

Eine Unabhängigkeit zwischen verschiedenen Risikofaktoren oder Risiken verschiedener Geschäftsbereiche ist häufig nicht gegeben. Gibt es z.B. einen gemeinsamen Einflussfaktor (F), wie bspw. konjunkturelle Einflüsse, der die Umsatzschwankungen aller Geschäftsbereiche beeinflusst, so kann dies mit einem so genannten Ein-Faktor-Modell berücksichtigt werden. Es wird dann die risikobehaftete Planungsgröße[856] X_i, also z.B. die risikobehaftete Umsatzwachstumsrate, beschrieben durch

$$X_i = \sqrt{\rho_i} \cdot F + \sqrt{1-\rho_i} \cdot U_i$$

U_i bezeichnet hierbei die jeweiligen unsystematischen Risiken im Geschäftsbereich X_i. Damit gilt

$$X_{gesamt} = \sum_{i=1}^{n} a_i \cdot X_i = \sum_{i=1}^{n} a_i \cdot \left(\sqrt{\rho_i} \cdot F + \sqrt{1-\rho_i} \cdot U_i\right) = F \cdot \sum_{i=1}^{n} a_i \cdot \left(\sqrt{\rho_i}\right) + \sum_{i=1}^{n} a_i \cdot \left(\sqrt{1-\rho_i} \cdot U_i\right).$$

Hierbei bezeichnen die a_i die Umsatzanteile der Bereiche i.

3.3.5.3 Abweichungsanalyse

Durch die Erfassung von Risikofaktoren schafft man auch die Möglichkeit einer fundierten Abweichungsanalyse. Bei der Analyse der Abweichungen, z.B. zwischen geplanten Werten des Gewinns und dem tatsächlich eingetretenen Gewinn, kann nämlich aufgezeigt werden, welcher Teil dieser Abweichungen auf eine unvorhergesehene Entwicklung des (exogenen) Risikofaktors zurückzuführen ist, und welcher Teil durch andere Faktoren bestimmt wird – beispielsweise durch eine überplanmäßige oder unterplanmäßige Leistung (Performance) des für die entsprechenden Kennzahlen verantwortlichen Managers.

---

[855] Ergänzend sei anzumerken, dass natürlich auch Korrelationen – wie alle Modellparameter – geschätzte Größen sind und damit auch ein „Schätzrisiko" erfasst werden kann (Parameterunsicherheit).

[856] Die Zufallsvariable.

Die Möglichkeit einer derartigen Abweichungsanalyse auf Grundlage von den Risikofaktorenmodellen wird im Folgenden anhand eines **Beispiels** verdeutlicht.

Im einfachen Beispiel kann die von einem Unternehmen geplante Zahlung Z (Zahlungsüberschuss) als additiv abhängig von zwei exogenen Risikofaktoren X_1 und X_2 und einem Restglied e angenommen werden. Dieses Restglied soll als ein vom Unternehmen bzw. der Führungskraft beeinflussbarer endogener Faktor angenommen werden. Damit ergibt sich die Zahlung definitorisch aus den drei betrachteten Faktoren, d.h., Abweichungen sind auch nur bei diesen drei Faktoren möglich. In der ex-ante-Betrachtung ergibt sich damit der risikobehaftete Planwert zu

$$Z^{Plan} = 2 \cdot X_1^{Plan} + X_2^{Plan} + e^{Plan} \tag{4.1}$$

Als Planwerte sollen beispielsweise $X_1^{Plan} = 250$, $X_2^{Plan} = 350$ und $e^{Plan} = 150$ angenommen werden. Z^{Plan} ergibt sich somit zu 1000.

In der ex-post-Betrachtung am Ende der Plan-Periode sind nun Ist-Werte bekannt. Es wird ein quasi risikoloser Zustand betrachtet, bei dem nur noch Abweichungen von Interesse sind.

$$Z^{Ist} = 2 \cdot X_1^{Ist} + X_2^{Ist} + e^{Ist} \tag{4.2}$$

Als Ist-Werte sollen sich ergeben haben $X_1^{Ist} = 225$, $X_2^{Ist} = 370$ und $Z^{Ist} = 990$. Die beeinflussbare Komponente e^{Ist} ergibt sich somit zu 170. Die Abweichung des Ist-Wertes vom Planwert der beeinflussbaren Größe beträgt somit +20. Entgegen des ersten Eindrucks einer negativen Planabweichung ist also eine überplanmäßige Leistung durch die Analyse festzustellen.

Eine Abweichungsanalyse insbesondere zur (ex post) Performance-Beurteilung des Unternehmens / der Führungskraft darf nun nur die beeinflussbaren Faktoren heranziehen, also nicht die Abweichungen, die sich aus den exogenen Faktoren ergeben. Aus den tatsächlichen Ausprägungen der exogenen Faktoren und Planwert für den endogenen Faktor kann auch ein Sollwert für die Zielgröße, also hier die Zahlung Z, bestimmt werden.

$$Z^{Soll} = 2 \cdot X_1^{Ist} + X_2^{Ist} + e^{Plan} \tag{4.3}$$

Der Sollwert für die Zahlung ergibt sich somit zu 970. Die Abweichung des Ist-Wertes vom Sollwert beträgt somit +20 bzw. +2 % des Sollwertes. Die Abweichung des Sollwerts von Planwert in Höhe von –30 stand nicht im Einflussbereich des Unternehmens bzw. der Führungskraft und darf somit auch nicht in die Performance-Beurteilung einfließen.

Zusammenfassend sind Risikofaktorenmodelle geeignet, ex ante (also zu Beginn der Planungsperiode) die Planungssicherheit einzuschätzen und auf die möglichen Faktoren von Planabweichungen hinzuweisen. Am Ende der Planperiode besteht dann (ex post) die Möglichkeit, tatsächlich eingetretene Planabweichungen auf ihre Ursachen zurückzuführen und so eine faire Unterscheidung von Planabweichungen vorzunehmen, die vom Management zu verantworten sind und solchen, die auf unerwartete Veränderungen der nicht beeinflussbaren (exogenen) Risikofaktoren zurückzuführen sind.

3.3.6 Fallbeispiel: Planungsmodell mit externen Risikofaktoren[857]

Das Fallbeispiel basiert auf Daten einer Fluggesellschaft. Grundlage der Risikoaggregation mittels Monte-Carlo-Simulation ist eine (angenommene) Plan-Erfolgsrechnung (sowie die im Fallbeispiel nicht explizit betrachtete Planbilanz). Aus einer strukturierten Risikoanalyse haben sich neben einer ganzen Reihe „interner" Risiken, die hier nicht näher betrachtet werden, diverse Abhängigkeiten von exogenen Risikofaktoren ergeben. Diese exogenen Risikofaktoren beschreiben in einem einfachen Modell das für das Unternehmen besonders maßgebliche Umfeld, speziell die makroökonomischen Rahmenbedingungen. Keiner dieser exogenen Risikofaktoren kann von der Fluggesellschaft wesentlich beeinflusst werden, aber sie haben Einfluss auf die Ergebnisgrößen, implizieren also Chancen und Gefahren (Risiken).

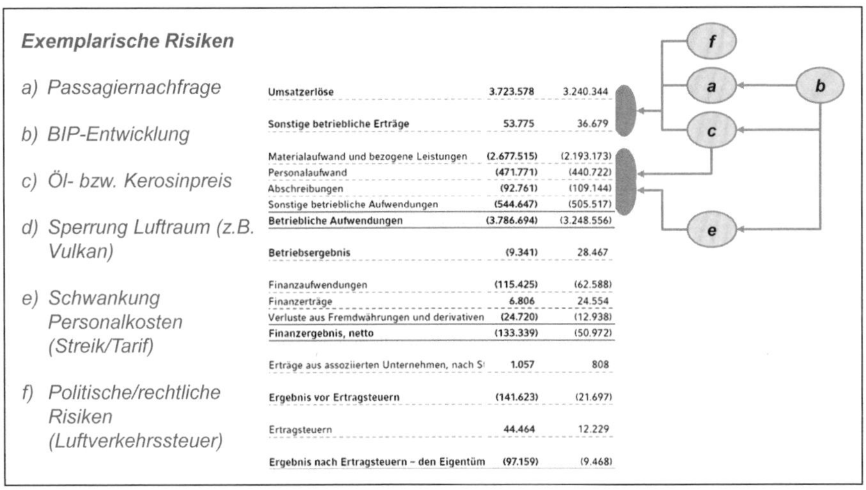

Abbildung 83: Risikofaktormodelle, stochastische Abhängigkeiten und Simulation

In dem in Abbildung 83 gezeigten einfachen „Umfeldmodell" der exogenen Faktoren erkennt man zunächst, dass die „Passagiernachfrage", aber auch rechtlich politische Risiken (die Veränderung bei der Luftverkehrssteuer sowie des Ölpreises (Kerosinpreis)), die Umsatzerlöse beeinflussen. Ein hier nicht abgebildetes „internes" Risiko ergibt sich z.B. aus Schwankungen des Marktanteils, der selbst wiederum abhängig ist z.B. von der Kundenzufriedenheit. Zu beachten ist, dass die drei genannten exogenen Risikofaktoren Auswirkungen auf beide Komponenten des Umsatzes – Menge und Preis – haben können. Auch die Abhängigkeit zwischen Absatzmengen (Passagierzahl) und Preisen sind zu berücksichtigen und zu modellieren. Ein Anstieg der Preise durch die Überwälzung gestiegener Kerosinpreise infolge höherer Ölpreise, führt ceteris

[857] Der Autor hat keinerlei Geschäftsbeziehung zu dieser Fluggesellschaft und lediglich öffentlich verfügbare Daten und persönliche Einschätzungen als Grundlage für das Modell verwendet.

paribus zu sinkenden Passagierzahlen.[858] Die Passagierzahl beeinflusst natürlich die variablen Materialkosten, speziell die Kerosinkosten. Der Zusammenhang ist dabei nicht ganz trivial (und nicht linear), da z.B. ein Flug mit 50% weniger Passagieren eben nicht unmittelbar 50% weniger Kerosinverbrauch zur Folge hat. Der exogene Risikofaktor „Öl- bzw. Kerosinpreis" wirkt also auf durchaus komplexe Weise auf verschiedene Positionen der Planung und kann dort Planabweichungen auslösen, insbesondere bei Umsatzerlösen und den Kosten. Dieser gemeinsame Einfluss führt bereits zu einer stochastischen Abhängigkeit zwischen Umsatz und Kosten, die jedoch aufgrund ihrer nicht linearen Struktur nicht vollständig durch den einfachen Korrelationskoeffizienten erfasst werden kann.

In dem in Abbildung 83 erkennbaren „Wirkungsnetz", das die kausalen Abhängigkeiten der Risikofaktoren beschreibt, erkennt man mit dem BIP-Wachstum (Wirtschaftswachstum) einen exogenen Risikofaktor, der überhaupt keine direkte Wirkung auf die Plan-Erfolgsrechnung hat, aber dennoch bedeutsam ist. Verschiedene andere exogene Risikofaktoren sind nämlich vom BIP-Wachstum abhängig. Die Gesamtpassagier-Nachfrage, die Personalkostenentwicklung und auch die Ölpreis-Entwicklung[859] sind vom (realen) Wachstum des Bruttoinlandsproduktes (BIP) abhängig. Auch der (Real-)Zinssatz ist vom Wirtschaftswachstum abhängig.[860]

Man erkennt insgesamt ein schon in diesem Beispiel durchaus facettenreiches Wirkungsnetz, dessen Erarbeitung allerdings einen tiefen Einblick in die für das Unternehmen maßgeblichen Wechselwirkungen und Abhängigkeiten vom makroökonomischen Umfeld bietet.[861] Das Verständnis des Geschäftsmodells und der unsicheren Plan-Annahmen ist nötig, um eine adäquate Grundlage für die Risikoaggregation durch Monte-Carlo-Simulation zu erreichen.

3.3.7 Fallbeispiel: Risikoaggregation mit Excel und Simulationssoftware „Crystal Ball"

Die Vorgehensweise zur Aggregation von Risiken eines Unternehmens soll nun anhand eines weiteren, einfachen Fallbeispiels unter Verwendung von Excel und der Simulationssoftware Crystal Ball verdeutlicht werden.[862] Es wird nachfolgend insbesondere gezeigt, dass auch schon mit sehr wenigen wesentlichen Informationen über das Unternehmen und seine Risiken in kurzer Zeit

[858] Siehe Preiselastizität der Nachfrage.

[859] Weil das deutsche Wirtschaftswachstum wiederum stochastisch abhängig ist vom globalen Wirtschaftswachstum, das den Ölpreis beeinflusst.

[860] Der Real- und Nominalzins ist zudem von der Inflationsrate abhängig (vgl. Taylor, 1998 und Gleißner, 1998).

[861] Es ist zu beachten, dass der Begriff „exogen" hier im Sinne von „durch das Unternehmen nicht wesentlich beeinflussbar" verwendet wird. Eine vollständige Exogenität gegenüber allen Modellvariablen ist hier nicht gemeint. Siehe zu den verschiedenen Exogenitätskonzepten Geweke, 1984 sowie zusammenfassend und in einer Anwendung im Rahmen eines volkswirtschaftlichen Kausalmodells, Gleißner, 1999.

[862] Zur Verwendung der Programmiersprache „R" siehe Romeike/Stallinger, 2021.

eine Abschätzung des aggregierten Gesamtrisikoumfangs möglich ist, die „aus dem Bauch" nicht abgeleitet werden kann.[863]

Die Stetten Chemie AG plant für 2016 einen Umsatz von 1.000 Mio. Euro. Bei einer angenommenen Quote der variablen (umsatzabhängigen) Materialkosten von 50 % und geplanten fixen sonstigen Kosten von 425 Mio. ergibt sich ein Plangewinn von 75 Mio. Euro. Die Risikoanalyse, insbesondere die Betrachtung der wesentlichen Planannahmen, führt zur Identifikation der folgenden Hauptrisiken:

- Risiko „Umsatzmengenschwankung" (konjunkturell), als Resultat von Konjunktur und der Unsicherheit über den zukünftigen Marktanteil.[864]
- Risiko „Unsichere Materialkostenquote", insbesondere durch unerwartete Veränderungen bei den Rohstoffpreisen, quantifiziert durch die Angabe der Bandbreite für die Kostenquoten (Dreiecksverteilung).
- Fixkosten-Risiko, das quantifiziert wird durch die Angabe einer realistischen Bandbreite für die Fixkosten über (a) Mindestwert, (b) wahrscheinlichster Wert und (c) Maximalwert.

Auch außerordentliche, ereignisorientierte Risiken werden berücksichtigt, nämlich die Möglichkeit des Verlusts des Großkunden und Forderungsausfälle.

Die folgende Abbildung zeigt das einfache „Excel-Modell" der Planung und die drei Risiken.

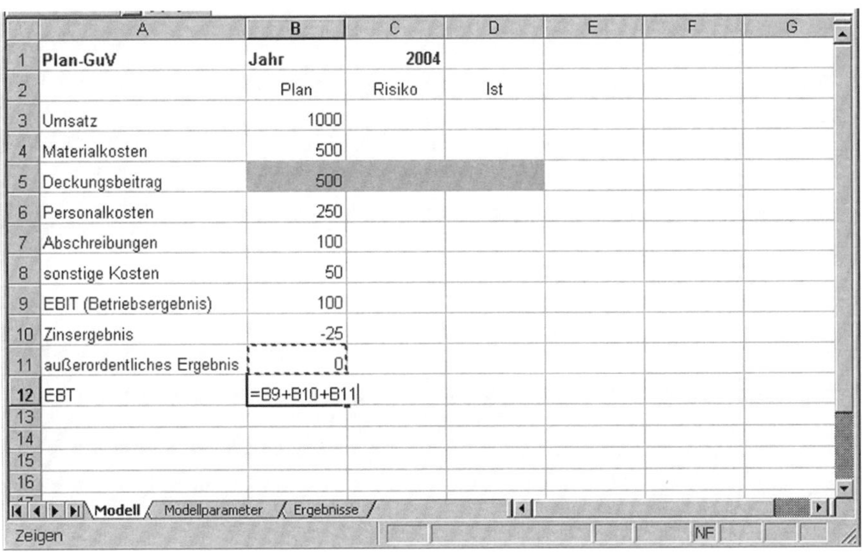

	A	B	C	D	E	F	G
1	**Plan-GuV**	**Jahr**	**2004**				
2		Plan	Risiko	Ist			
3	Umsatz	1000					
4	Materialkosten	500					
5	Deckungsbeitrag	500					
6	Personalkosten	250					
7	Abschreibungen	100					
8	sonstige Kosten	50					
9	EBIT (Betriebsergebnis)	100					
10	Zinsergebnis	-25					
11	außerordentliches Ergebnis	0					
12	EBT	=B9+B10+B11					
13							
14							
15							
16							

Abbildung 84: Beispiel einer vereinfachten GuV

[863] Vgl. die ausführliche Darstellung bei Gleißner/Wolfrum, 2019a.

[864] Diese ist im Beispiel durch eine Dreiecksverteilung beschrieben. Sinnvoller ist aber oft eine Normalverteilung.

In der Spalte „Plan" stehen die Planwerte, in „Risiko" die möglichen Wirkungen der Risiken, die Planabweichungen auslösen können. Spalte „Ist" zeigt die Simulationsergebnisse, also Plan + Risiko. Bestimmt werden soll die Bandbreite des Ergebnisses vor Steuern (EBT) und darüber der Eigenkapitalbedarf (Zelle D12).

Crystal Ball bietet auch die Möglichkeit, die Simulationsergebnisse der Häufigkeitsverteilungen grafisch anzuzeigen und die wichtigste Kennzahl anzugeben (vgl. Abbildung 85). Beides ist durch einen schon vorgegebenen Standardreport möglich. Im Beispiel zeigt sich ein erwartetes Ergebnis (EBT) von nur 29,46 („Mean"); deutlich weniger als der Planwert (75), was den Gefahrenüberhang zeigt. Die Standardabweichung von EBT beträgt 72 und der Variationskoeffizient damit 2,8 bzw. 280 %. Der Eigenkapitalbedarf lässt sich für jedes vom Zielrating abhängige Wahrscheinlichkeitsniveau p auch unmittelbar aus der in Abbildung 85 gezeigten Häufigkeitsverteilung ableiten.

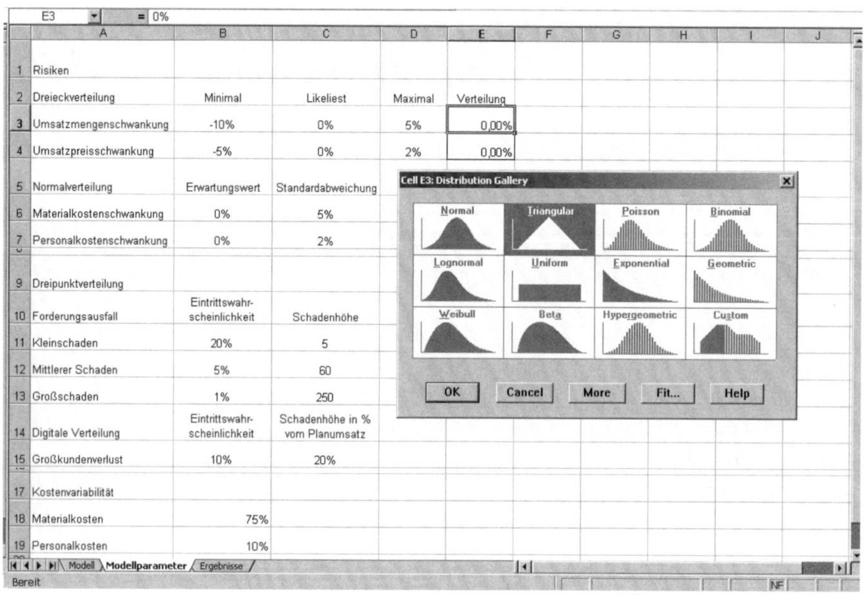

Abbildung 85: Anlegen einer Verteilungsfunktion zu den Risiken mit Crystal Ball (CB)

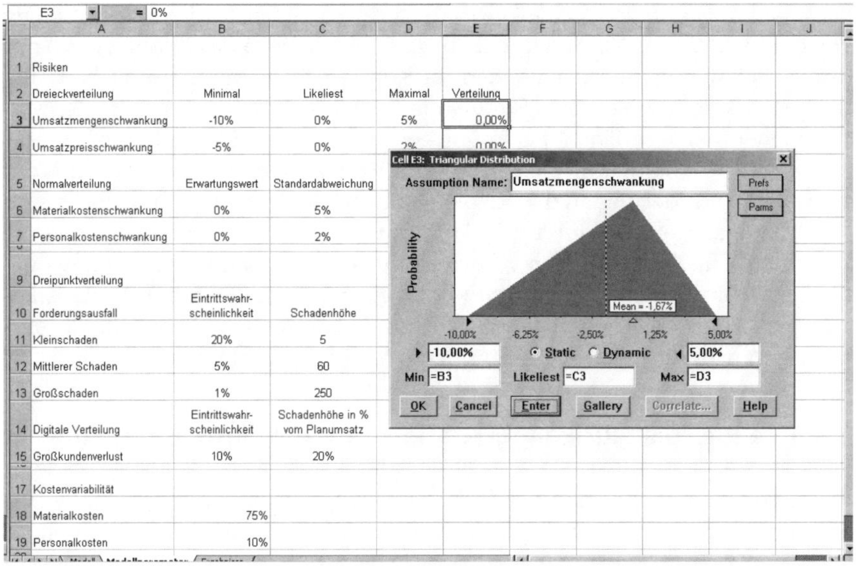

Abbildung 86: Eingabe der Parameter der Dreiecksverteilung „Umsatzmengenschwankung"

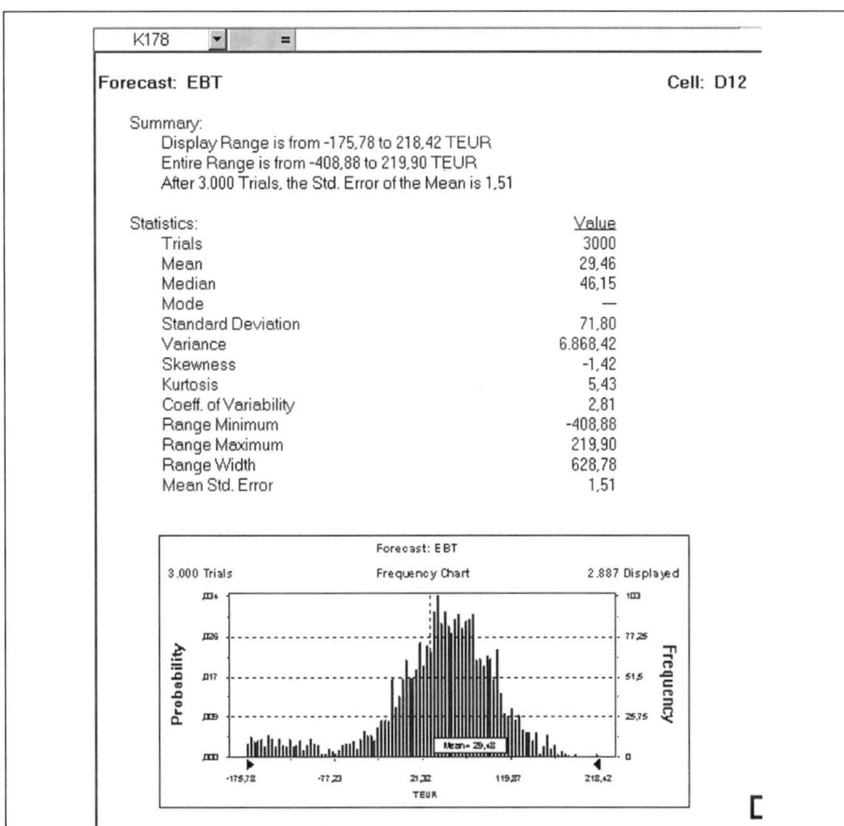

Abbildung 87: Beispiel eines Reports aus Crystal Ball

Die Qualität der Ergebnisse einer Risikoaggregation ist natürlich auch abhängig von der Qualität des Risikoaggregationsmodells selbst. Wie erwähnt, kann nur durch die Aggregation der Risiken im Kontext der Planung, unter Nutzung der Technik der Monte-Carlo-Simulation, auch den Kombinationseffekten verschiedener Risiken adäquat Rechnung getragen werden. Ein nachvollziehbares Modell der Risikoquantifizierung und Risikoaggregation trägt zudem der zentralen Anforderung an das Risikomanagement Rechnung: Transparenz zu schaffen, insbesondere durch die Aufdeckung der Annahmen (was bei einer „Aus-dem-Bauch-Einschätzung" des aggregierten Gesamtrisikoumfangs natürlich nicht möglich ist). Die grundsätzlichen Vorteile transparenter Risikoaggregationsmodelle können ausgebaut werden, wenn man deren Qualität systematisch prüft und sich auch hier mit möglichen „Modellrisiken"[865] befasst.[866]

3.3.8 Fallbeispiel: Risikoaggregation mit dem „Risikosimulator"

Für eine auf die Risikoanalyse folgende Risikoaggregation mittels Monte-Carlo-Simulation stehen in der Zwischenzeit einfach nutzbare und *kostenlose* Simulationstools speziell für mittelständische Unternehmen zur Verfügung.[867] Auch kleinere Unternehmen können also eine Risikoaggregation in wenigen Arbeitsstunden umsetzen. Der **„FVG-Risikosimulator"** der FutureValue Group AG kann man *kostenlos* auf der Webseite www.strategienavigator.net herunterladen.

Abbildung 88 zeigt beispielhaft eine Risikoaggregation mit dem „Risikosimulator". Erfasst werden zunächst die wesentlichen Planungspositionen der Gewinn- und Verlustrechnung, wie Umsatzerlöse und die wichtigsten Kostenarten, z.B. Material und Personalkosten. Zur Erfassung der Planungsunsicherheit können die einzelnen Planungspositionen durch eine Wahrscheinlichkeitsverteilung beschrieben werden, z.B. im einfachsten Fall durch Mindestwert, wahrscheinlichsten Wert oder Maximalwert einer Dreiecksverteilung oder einer Normalverteilung (durch die Angabe von Mittelwert und Standardabweichung).

Zusätzlich können ereignisorientierte Risiken angegeben werden. Möglich ist dies durch Angabe der Eintrittswahrscheinlichkeit und einer Bandbreite für die unsicheren Auswirkungen, ausgedrückt durch Mindestwert, wahrscheinlichsten Wert und Maximalwert der Schäden (Dreiecksverteilung). Durch diese Angaben sind planungsbezogene und ereignisorientierte Risiken mit der Unternehmensplanung verknüpft und es kann eine Risikoaggregation mittels Monte-Carlo-Simulation vorgenommen werden. Durch die Monte-Carlo-Simulation wird die Bandbreite von EBIT und dem Gewinn berechnet. So lässt sich zunächst unmittelbar der Umfang an Verlusten ableiten, der mit 95 %iger Sicherheit nicht überschritten wird und damit den Eigenkapitalbedarf (eines Jahres) beschreibt.

---

[865] Zu den Modellrisiken bei der Risikoaggregation siehe Wieczorek/Karakidis, 2022.
[866] Zur Modellvalidierung siehe Martin/Quell/Wehn, 2013.
[867] In Anlehnung an Gleißner/Lienhard/Kühne, 2021 und Gleißner/Kamaras, 2021.

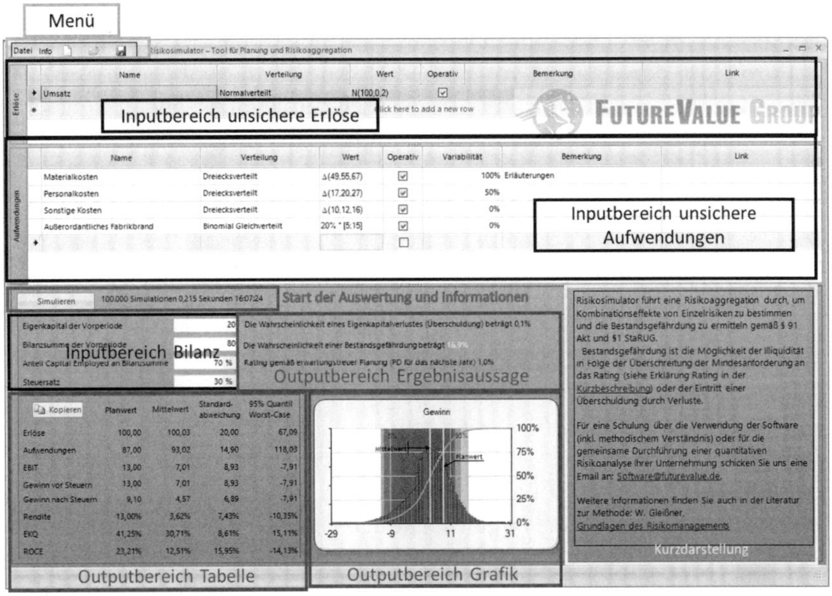

Abbildung 88: Risikoaggregation mit dem Risikosimulator (Quelle: Gleißner/ Kamaras, 2021, S. 101)

Neben dieser Kennzahl für den Gesamtrisikoumfang wird berechnet mit welcher Wahrscheinlichkeit eine „bestandsgefährdende Entwicklung" im Sinne §1 StaRUG durch die Verletzung von Mindestanforderungen an das Rating auftritt. Unter Berücksichtigung des Risikodeckungspotenzials (Eigenkapital) werden dabei die Auswirkungen der Risiken auf ein Finanzkennzahlenrating und das durch diese ausgedrückte Insolvenzwahrscheinlichkeit berechnet.[868] Angegeben wird die Insolvenzwahrscheinlichkeit, die man auch als Ratingnote ausdrücken kann. Zusätzlich berechnet wird, mit welcher Wahrscheinlichkeit eine für die Liquiditätssicherung notwendige Mindestgüte des Ratings (ein B-Rating, entsprechend einer maximalen Ausfallwahrscheinlichkeit von 10%) verfehlt wird. Zur Beurteilung des „Grads der Bestandsgefährdung" wird dabei abgezählt, bei welchem Anteil der risikobedingt möglichen Szenarien es durch die Verletzung von Ratinganforderungen zu einer (drohenden) Illiquidität kommt.

Die kompakte Risikoaggregationsmethode erfasst alle wesentlichen Informationen auf der in Abbildung 88 gezeigten Seite und stellt alle wesentlichen Ausgaben dar. Wenn die wesentlichen ereignisorientierten Risiken bekannt sind, ist die Durchführung der Risikoaggregation mit dem „Risikosimulator" selbst schon bei der ersten Anwendung in wenigen Arbeitsstunden auch bei einem mittelständischen Unternehmen problemlos realisierbar.

[868] Siehe zum sogenannten Mini-Rating basierend auf Eigenkapitalquote und Gesamtkapitalrendite (ROCE) Gleichung (2) und Abschnitt 5.2.

Das Beispiel in Abbildung 88 zeigt die Risikoaggregation der Rüsselsheimer Automotive GmbH. Das Unternehmen plant einen Umsatz von 100 Millionen Euro. Aus der eigenen Vergangenheit und Branchenbenchmarks wird abgeschätzt, dass die bestehende Unsicherheit durch eine Schwankungsbreite von 2 % (Variationskoeffizient) beschrieben werden kann. Für die quantitative Beschreibung des Risikos wird eine Normalverteilung gewählt. Die einfache Unternehmensplanung berücksichtigt drei Kostenarten, die jeweils unsicher sind. Alle drei in der GuV erfassten Kostenarten werden durch die Angabe von Mindestwert, wahrscheinlichsten Wert und Maximalwert einer Dreiecksverteilung beschrieben. In Abbildung 88 sieht man konkret folgende Angaben:

- Materialkosten: Mindestwert 49 Millionen, wahrscheinlichster Wert 55 Millionen, Maximalwert 67 Millionen Euro.
- Personalkosten: Mindestwert 17 Millionen, wahrscheinlichster Wert 20 Millionen, Maximalwert 27 Millionen Euro.
- Sonstige Kosten: Mindestwert 10 Millionen, wahrscheinlichster Wert 12 Millionen, Maximalwert 16 Millionen Euro.

Um die Auswirkungen von Planabweichungen beim Umsatz für die Kosten zu erfassen, wird für jede Kostenart deren Variabilität, also Umsatzabhängigkeit angegeben. Bei der Rüsselsheimer Automotive AG sind 100 % der Materialkosten und 50 % der Personalkosten variabel.

Im Fallbeispiel wird zudem ein ereignisorientiertes Risiko betrachtet (in Praxis sind es meist mehrere). Die GmbH führt einen Rechtsstreit, bei dem die Geschäftsleitung nach Rücksprache mit den Anwälten davon ausgeht, dass sie diesen mit einer Wahrscheinlichkeit von 20 % verlieren wird. Die unsichere Schadenshöhe im Falle eines Verlusts des Gerichtsprozesses liegt in der Bandbreite zwischen 5 Million Euro und 15 Millionen Euro (gleichverteilt).

Um die Wahrscheinlichkeit einer Insolvenz und einer „bestandsgefährdenden Entwicklung" (Gefährdungswahrscheinlichkeit) angeben zu können, sind Informationen aus der Bilanz erforderlich. Zur Berechnung der Eigenkapitalquote wird die Bilanzsumme (80 Millionen) und das Eigenkapital (20 Millionen) benötigt. Der betriebsnotwendige Anteil der Bilanzsumme beträgt 70 %, was zu einem Capital Employed von 80 Millionen x 0,7 = 56 Millionen führt.

Mit den vorliegenden Angaben kann nun die Monte-Carlo-Simulation zur Risikoaggregation durchgeführt werden. Ziel ist es zu untersuchen, mit welcher Wahrscheinlichkeit eine „bestandsgefährdende Entwicklung" auftritt. Von einer bestandsgefährdenden Entwicklung wird im FVG-Risikosimulator[869] ausgegangen, wenn die mit dem „Mini-Rating" berechnete Ratingnote schlechter wird als B, also die Insolvenzwahrscheinlichkeit der Folgeperioden bedingt durch Risiken über 10 % ansteigt.

Aus der Monte-Carlo-Simulation ergibt sich im Fallbeispiel eine mittlere Gesamtkapitalrendite (ROCE) von 12,5 % und eine mittlere Eigenkapitalquote von 30,7 %. Damit berechnet sich mit dem „Mini-Rating"[870] basierend auf die-

[869] Als „Default" (d.h. vorgegebene Grundeinstellung).

[870] Siehe $p = \frac{0{,}265}{1+e^{-0{,}41+7{,}42 \cdot EKQ+11{,}2 \cdot ROCE}}$ in Abschnitt 5.2.2.2.

sen erwartungstreuen Planwerten eine Insolvenzwahrscheinlichkeit von p = 1,0 % und liegt damit im guten Bereich. Jedoch beträgt die „**Gefährdungswahrscheinlichkeit**" 16,9 %. Diese Gefährdungswahrscheinlichkeit wird bereits als „kritisch" angesehen (gelbe Warnlampe) und es empfiehlt sich bereits über „geeignete Gegenmaßnahmen" im Sinne von § 1 StaRUG nachzudenken. Die hier berechnete Gefährdungswahrscheinlichkeit ist zugleich eine Kennzahl für die Risikotragfähigkeit (siehe dazu Abschnitt 3.4).

Neben der Bestimmung des Grads der Bestandsgefährdung im Sinne § 1 StaRUG ergeben sich aus der Risikoaggregation noch einige zusätzliche nützliche Informationen. So berechnet die Software den Eigenkapitalbedarf zur Risikoabdeckung und den Erwartungswert des Gewinns. Im Fallbeispiel sieht man, dass der erwartete Gewinn mit 4,6 Millionen Euro durch die bestehenden Gefahrenüberhänge bei den Kosten deutlich vom ambitionierteren Plangewinn abweicht. Eine Planabweichung wird also vorhergesagt.

3.4 Risikodeckungspotenzial, Risikotragfähigkeit und Risikotoleranz

Viele Unternehmen versuchen Risikodeckungspotenzial und/oder Risikotragfähigkeit als Kennzahlen anzugeben, um im Reporting nachvollziehbar zeigen zu können, ob eine „bestandsgefährdende Entwicklung" vorliegt oder nicht. Zur Bestandsgefährdung führt IDW PS 340 (2020) in Anhang A4 aus:

„Bestandsgefährdende i.S. des § 91 Abs. 2 AktG ist eine Entwicklung, die sich in wesentlicher Weise nachteilig auf die Vermögens-, Finanz- und Ertragslage der Gesellschaft auswirken kann. Hierzu gehören insb. solche Entwicklungen, die eine Insolvenz zur Folge haben können (Überschuldung, (drohende) Zahlungsunfähigkeit)."[871]

Unter Definitionen findet man im IDW PS 340 (2020) unter RZ 8 c. folgenden Hinweis:[872]

„Risikotragfähigkeit – Maximales Risikoausmaß, welches das Unternehmen ohne Gefährdung seines Fortbestands tragen kann (vgl. Tz. A5 f.)."

Die zentrale Anforderung an das Risikomanagement eines Unternehmens besteht darin, dass bestandsgefährdende Entwicklungen (§ 91 Abs. 2 AktG und § 1 StaRUG) früh erkannt werden. Da es im Allgemeinen nicht Einzelrisiken sind, die bestandsgefährdende Entwicklungen auslösen, sind hier insbesondere auch Kombinationseffekte von Risiken im Rahmen der Risikoaggregation (Monte-Carlo-Simulation) zu analysieren. Für die Unternehmenssteuerung (und eine adäquate Früherkennung potenziell kritischer Entwicklungen) ist es allerdings unzureichend alleine auf die Möglichkeit bestandsgefährdender Entwicklungen hinzuweisen. Offensichtlich notwendig ist eine Kennzahl, die Bestandsgefährdung, also z.B. den – wie auch immer zu beschreibenden – Ab-

---

[871] In diesem Abschnitt wird Bezug genommen auf die Gefährdung infolge einer Herabsetzung des Ratings oder der Verletzungen von Kreditklauseln („Covenants").

[872] Siehe Berger et al., 2021b.

stand zwischen der aktuellen Situation des Unternehmens und eine „bestandsgefährdende Entwicklung", ausdrückt als Maß für die Bestandsgefährdung. Dieses Maß soll durch ein Risikotragfähigkeitskonzept bestimmt werden, das auch im IDW PS 981 (2017), im DIIR RS Nr. 2 (2018) und IDW PS 340 n.F. (2020) als wichtiger Baustein eines Risikomanagementsystems genannt ist. Das Risikotragfähigkeitskonzept basiert auf der Risikoaggregation und berücksichtigt das aktuelle und zukünftige Risikodeckungspotenzial eines Unternehmens, das durch die Unternehmensplanung abgebildet wird.

Eng verwandt mit der Risikotragfähigkeit sind Risikotoleranz und Risikoappetit. Der IDW PS 981 unterscheidet:

- Risikoappetit: grundsätzliche Bereitschaft, zur Erreichung angestrebter Ziele und Wertsteigerungen damit verbundene Risiken einzugehen.
- Risikotoleranz: maximal tolerierte Abweichung in Bezug auf die angestrebte Zielsetzung
- Risikotragfähigkeit: maximales Risikoausmaß, welches das Unternehmen ohne Gefährdung seines Fortbestands tragen kann.

Man erkennt aus der Definition, dass man den Risikoappetit auch anders interpretieren kann als eine „einfache" Version der Risikotragfähigkeit. Risikoappetit bezieht sich offenbar auf die Bereitschaft für einen gegebenen Ertrag Risiken einzugehen, also auch die Beurteilung des Ertrag-Risiko-Verhältnisses, und damit für eine risikogerechte Bewertung (wertorientierte Steuerung, vgl. Abschnitt 5.3)).

Im DIIR RS Nr. 2[873] von 2022 liest man:

„23 Die Risikotragfähigkeit ergibt sich aus dem Risikodeckungspotenzial und dem aggregierten Gesamtrisikoumfang. Kennzahlen für die Risikotragfähigkeit beurteilen den Grad der Bestandsgefährdung bzw. die Wahrscheinlichkeit für eine bestandsgefährdende Entwicklung (vergleiche 25).

24 Während sich die Risikotragfähigkeit damit auf eine bestandsgefährdende Entwicklung bezieht, stellt die Risikotoleranz auf ein vorsichtigeres, von der Unternehmensführung festgelegtes Sicherheitsziel ab. Für die Beurteilung der Risikotoleranz ist die Angabe vergleichbarer Kennzahlen zu empfehlen, wie sie für die Beurteilung der Risikotragfähigkeit verwendet werden (z.B. die Wahrscheinlichkeit, das festgelegte Sicherheitsziel zu verletzen)."

Für das grundlegende Verständnis des Begriffs Risikotragfähigkeit ist es hilfreich sich dieses als Differenz von Risikodeckungspotenzial und aggregierten Gesamtrisikoumfang vorzustellen (siehe Abbildung 89).

---

[873] Version 2.1 von 2022 (vgl. DIIR- und RMA-Arbeitskreis „Interne Revision und Risikomanagement", 2022).

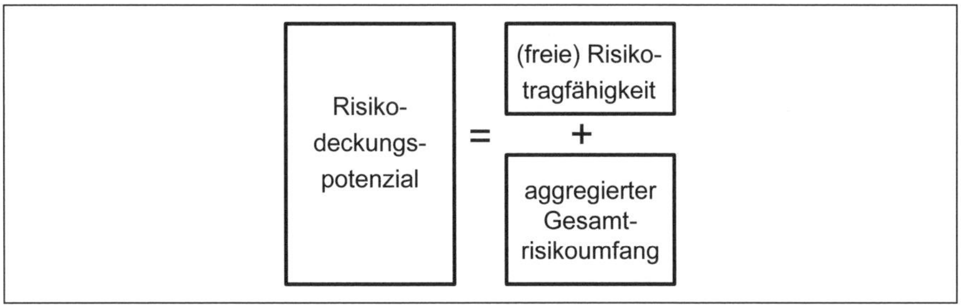

Abbildung 89: Risikodeckungspotenzial und Risikotragfähigkeit

Eine derartige Sichtweise findet man bei Banken und Versicherungen. Das Risikodeckungspotenzial wird dabei aus dem ggf. etwas modifizierte Eigenkapital abgeleitet, welches das Risikodeckungspotenzial charakterisiert. Wenn Eigenkapital (Risikodeckungspotenzial) und aggregierter Gesamtrisikoumfang in Geldeinheiten ausgedrückt werden, wird die Risikotragfähigkeit ebenfalls in Geldeinheiten gemessen. Die Limitierung dieses Konzepts besteht aber darin, dass die Risikotragfähigkeit eben nur vom Eigenkapital abhängt, während jedoch eine Messung des Risikodeckungspotenzials mit Bezug auf alle hier möglichen „bestandsgefährdenden Entwicklungen" erforderlich ist. Wie ausgeführt, ergeben sich bestandsgefährdende Entwicklungen im Allgemeinen nicht erst durch Überschuldung, also Verzehr des Eigenkapitals infolge risikobedingt möglicher Verluste. Bestandsgefährdende Entwicklungen ergeben sich meist durch eine (drohende) Illiquidität, z.B. durch die Verletzung von Mindestanforderungen an das Rating und von Kreditvereinbarungen, die zu einer Kreditkündigung führen können. Diesem Sachverhalt sollte das Risikotragfähigkeitskonzept Rechnung tragen. Es sollte entsprechend den „Sicherheitsabstand" bis zu einer solchen bestandsgefährdenden Entwicklung ausdrücken, was die Berücksichtigung von Covenants und Rating erfordert. Das zukünftige Rating eines Unternehmens hängt nämlich nicht nur vom Eigenkapital (Eigenkapitalquote) ab, sondern z.B. auch von der Gesamtkapitalrendite oder dem Verhältnis der Verschuldung zum operativen Ergebnis (EBITDA). Moderne und den gesetzlichen Anforderungen genügende Risikotragfähigkeitskonzepte berücksichtigen diesen Sachverhalt und messen die Risikotragfähigkeit mit Bezug auf ein Rating. Sie beurteilen dabei diesen Sicherheitsabstand sowohl in Geldeinheiten (Euros) als auch durch die Angabe einer Wahrscheinlichkeit; nämlich der Wahrscheinlichkeit für eine bestandsgefährdende Entwicklung (Gefährdungswahrscheinlichkeit bzw. die Wahrscheinlichkeit, dass ein gewisses Mindestrating nicht gehalten werden kann) oder der Insolvenzwahrscheinlichkeit. Die alleinige Angabe z.B. eines Euro-Wertes als möglichen (liquiditätswirksamen) Verlust, der zur Verletzung von Mindestanforderungen an das Rating (B-Rating) führen würde, ist nämlich unzureichend. Dies liegt daran, dass eine derartige Kennzahl den tatsächlichen Risikoumfang des Unternehmens gar nicht berücksichtigt und es völlig offenbleibt, ob bzw. mit welcher Wahrscheinlichkeit ein derartiger Verlust durch Einzelrisiken oder deren Kombinationseffekte im analysierten Unternehmen auftreten kann.

Die Messung der Risikotragfähigkeit erfordert also eine Bezugnahme auf das Rating und die Angabe einer Wahrscheinlichkeit für eine bestandsgefährdende Entwicklung, die wiederum aus der Risikoaggregation ableitbar ist. Analog gilt dies für die Messung der Risikotoleranz. Der Unterschied zur Messung der Risikotragfähigkeit besteht darin, dass hier nicht Bezug genommen wird auf eine bestandsgefährdende Entwicklung, sondern ein grundsätzlich von der Unternehmensleitung selbst festlegbares ambitionierteres Sicherheitsziel, meist operationalisiert über ein angestrebtes Mindestrating (z.B. BB-Rating oder Investmentgrade-Rating/BBB-Rating).

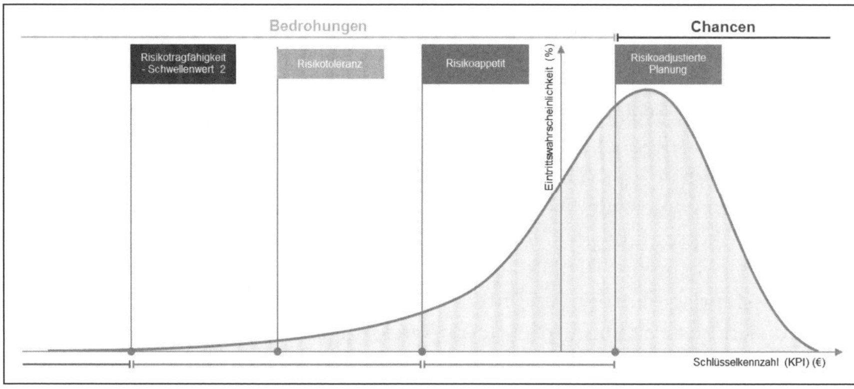

Abbildung 90: Risikotragfähigkeit und Risikotoleranz

Abbildung 90 zeigt „Risikotragfähigkeit" und „Risikotoleranz" im Kontext. Risikotragfähigkeit korrespondiert dabei unmittelbar mit der gesetzlichen Anforderung „bestandsgefährdender Entwicklungen" früh zu erkennen (§ 91 Abs. 2 AktG und § 1 StaRUG). Die Risikotragfähigkeit drückt entsprechend den „Abstand" zwischen der aktuellen Situation und den Punkt aus, bei dem man von einer Bestandsgefährdung ausgehen muss (in Euro oder alternativ auch/ergänzend z.B. in Prozent des EBITDA). Von einer „bestandsgefährdenden Entwicklung" ist, wie bereits erläutert, insbesondere[874] auszugehen, wenn

- das Eigenkapital verzehrt wird (Überschuldung)
- Kreditvereinbarungen (Covenants) verletzt werden, die eine Kündigung der Kredite zur Folge haben, oder
- für die Sicherstellung der Liquidität erforderlichen Mindestanforderungen an das Rating nicht mehr gewährleistet sind (Unterschreiten eines B-Ratings).

Viele Unternehmen hoher Bonität haben einen so hohen Abstand zu dem „kritischen Punkt" der Bestandsgefährdung, dass diese für die Unternehmenssteuerung ergänzend einen zweiten Schwellenwert betrachten, bezüglich dessen die Risikotoleranz gemessen wird. Für manche große Unternehmen bester Bonität ist diese Schwelle z.B. der Investmentgrade. Untersucht wird entsprechend, welcher maximale liquiditätswirksame „EBIT-Schaden" maximal zu verkraf-

[874] Auch weitere Unsicherheiten sind potenziell möglich, z.B. die fehlende Fähigkeit zur Refinanzierung eines auslaufenden Kredits oder einer Anleihe.

ten wäre (durch Risiken) bevor der Investmentgrade verloren geht. Für ein typisches mittelständisches Unternehmen mag dagegen die Risikotoleranz in Bezug auf die Schwelle des „BB-Rating" geschätzt werden.

Zusammenfassend kann man damit folgende Begriffsverständnisse festhalten:

1. Die Risikotragfähigkeit misst den Abstand des aktuellen „Status quo" zu dem Punkt, der als „bestandsgefährdende Entwicklung" im Sinne § 91 Ab. 2 AktG und § 1 StaRUG angesehen werden muss (z.B. also bis zum Verlust eines B-Ratings oder der Verletzung von Covenants).
2. Die Risikotoleranz misst entsprechend den Abstand von „Status quo" zu (anspruchsvolleren) Anforderungen an ein von dem Unternehmen gewünschtes Mindestrating, z.B. „Sicherung des Investmentgrades" (BBB-).
3. Der Risikoappetit misst den Umfang möglicher (negativer) Planabweichungen, die im üblichen Geschäftsablauf als akzeptabel angesehen werden (und z.B. innerhalb von 5 Jahren höchstens einmal überschritten werden) – wobei bei derartigen Planabweichungen nicht einmal unbedingt Verluste auftreten müssen.

Wie oben ausgeführt, ist für eine konkrete Operationalisierung dieser Konstrukte ein konkretes Messkonzept erforderlich, für das geeignete Kennzahlen zu berechnen sind.

Für die Messung der Risikotragfähigkeit (bzw. Risikotoleranz) empfehlen sich dabei folgende zwei Kennzahlen zu beachten (vgl. Abschnitt 3.4):

a) Der **Risikotragfähigkeitswert**: Welcher (liquiditätswirksame) Verlust kann maximal verkraftet werden, bis eine „bestandsgefährdende Entwicklung" auftritt?
b) Die **Risikotragfähigkeitswahrscheinlichkeit**[875]: Mit welcher Wahrscheinlichkeit ergibt sich aus der Gesamtheit der Risiken eine „bestandsgefährdende Entwicklung" (oder Insolvenz)?

	Status quo		Status quo plus geplante Maßnahme	
	Risikotragfähigkeitswert	Gefährdungswahrscheinlichkeit	Risikotragfähigkeitswert	Gefährdungswahrscheinlichkeit
Risikotragfähigkeit	500 Mio. €	1 %	350 Mio. €	2,5 %
Risikotoleranz	80 Mio. €	8 %	40 Mio. €	10 %

Tabelle 26: Beispielhafte Auswertung zu Risikotragfähigkeit und Risikotoleranz[876]

In dem vorliegenden Beispiel in Tabelle 26 würde sich das Unternehmen einen „Risikoeinschlag" bis zu 80 Mio. EUR erlauben können, ohne das gesteckte Risikotoleranz-Ziel zu verletzen. Die Wahrscheinlichkeit, dies zu überschreiten, liegt bei 8 %. Um in eine bestandsbedrohende Entwicklung zu geraten, also die Risikotragfähigkeit zu überschreiten, müsste schon ein Risikoeinschlag von

[875] Meist die Gefährdungswahrscheinlichkeit (siehe nächste Seite).
[876] Quelle: ICV, 2021, S. 44.

über 500 Mio. EUR kommen. Die Wahrscheinlichkeit hierfür – bestimmt mit Hilfe einer Simulation – liegt bei lediglich 1 %.

In Tabelle 26 ist auch bereits dargestellt, dass sich durch unternehmerische Entscheidungen der Unternehmensführung diese Werte natürlich ändern können. Inklusive einer untersuchten Maßnahme, bspw. ein zusätzliches Projekt, sinken sowohl Risikotragfähigkeit als auch Risikotoleranz spürbar ab auf 350 Mio. EUR bzw. 40 Mio. EUR, und die Wahrscheinlichkeiten, diese Schwellen zu überschreiten, liegen dann bei 2,5 % bzw. 10 %. Durch die Maßnahme erhöht sich also das Gesamtrisiko. Daraus kann aber noch keine Schlussfolgerung gezogen werden, ob die Maßnahme sinnvoll ist oder nicht. Hierzu würde auch noch die Information gehören, welcher Ertrag denn mit und ohne Maßnahme zu erwarten ist.

Folgende Aspekte sind also bei der Umsetzung eines Konzepts für die Risikotragfähigkeitsmessung zu beachten:

1. Die Berechnung der Kennzahlen setzt eine adäquate Operationalisierung der „bestandsgefährdenden Entwicklung" voraus.
2. Der Risikotragfähigkeitswert alleine ist nur begrenzt aussagefähig, weil er unabhängig ist von den tatsächlich im Unternehmen schon vorhandenen Risiken. Auch die Wahrscheinlichkeit, dass die Risikotragfähigkeit ausgeschöpft wird (Risikotragfähigkeitswahrscheinlichkeit) muss bestimmt werden.
3. Die Bestimmung der Risikotragfähigkeitswahrscheinlichkeit basiert auf einer Risikoaggregation (mit Bezug auf die Unternehmensplanung).
4. Veränderung der Risikotragfähigkeitskennzahlen sind wesentliche Informationen in Vorlagen für „unternehmerische Entscheidungen" (§ 93 AktG), vgl. Abschnitt 5.3.

Wie bereits erwähnt, benötigt man für die Berechnung der Kennzahlen für die Früherkennung „bestandsgefährdender Entwicklungen" eine Risikoanalyse und eine Risikoaggregation.

Den „Grad der Bestandsgefährdung", die Risikotragfähigkeitswahrscheinlichkeit, kann man durch zwei Kennzahlen messen:

(1) die **Insolvenzwahrscheinlichkeit** (p_1) und/oder
(2) die **Gefährdungswahrscheinlichkeit** (p_2), d.h. die „Wahrscheinlichkeit einer bestandsgefährdenden Entwicklung".[877]

Empfehlenswert ist die Verwendung *beider* Kennzahlen.[878] Die Wahrscheinlichkeit einer bestandsgefährdenden Entwicklung ist immer höher als die Insolvenzwahrscheinlichkeit.

[877] Siehe dazu Gleißner (2018b).

[878] Auch im Rating wird zwischen Ausfall- und Insolvenzwahrscheinlichkeit unterschieden. Die Wahrscheinlichkeit einer bestandsgefährdenden Entwicklung ist höher als die Wahrscheinlichkeit einer Insolvenz. Die Insolvenzwahrscheinlichkeit kann als Indikator für die Wahrscheinlichkeit von bestandsgefährdenden Entwicklungen verwendet werden, weil beide hochkorreliert sind. Eine differenziertere Analyse mit zwei Kennzahlen ist zur Präzisierung der Logik der „Krisen-Ampel", wie oben erläutert, aber nützlich.

Aus den bekannten Insolvenzwahrscheinlichkeiten der einzelnen Ratingnotenklassen kann man einfach einen Zusammenhang zwischen Gefährdungswahrscheinlichkeit und Insolvenzwahrscheinlichkeit abschätzen. Bei einer bestandsgefährdenden Entwicklung geht man davon aus, dass das Rating schlechter wird als eine B-Ratingnote und damit die Insolvenzwahrscheinlichkeit über 10 % ansteigt. Bestandsgefährdend sind also alle Szenarien, deren Insolvenzwahrscheinlichkeit über 10 % liegen (schlechter als ein B-Rating). Geht man nun beispielsweise als vereinfachende Annahme davon aus, dass die tatsächliche Insolvenzwahrscheinlichkeit damit Mindest- und wahrscheinlichsten Wert von 10 % und Maximalwert von 100 % aufweist, so ergibt sich, für eine vereinfachend angenommene BetaPert-Verteilung, eine mittlere Insolvenzwahrscheinlichkeit von 25 %.[879] Dies ist allerdings die bedingte Insolvenzwahrscheinlichkeit, also die Insolvenzwahrscheinlichkeit in den Szenarien, in der es zu einer „bestandsgefährdenden Entwicklung" kommt. Die Wahrscheinlichkeit dafür ist genau die Gefährdungswahrscheinlichkeit. Hat also ein Unternehmen z.B. eine Gefährdungswahrscheinlichkeit p_2 = 12 % („gelber Bereich"), ergibt sich damit ohne nähere Information über die bestandsgefährdenden Szenarien ein Schätzer für die Insolvenzwahrscheinlichkeit p_1:

$$p_1 = p_2 \cdot 0{,}25 = 0{,}12 \cdot 0{,}25 = 3\ \%.$$

Die so ermittelte Insolvenzwahrscheinlichkeit selbst entspricht wiederum etwa einem B-Rating. Sollte das aus Finanzkennzahlen abgeleitete Rating eine niedrigere Insolvenzwahrscheinlichkeit anzeigen, bedeutet dies umgekehrt tendenziell, dass das Unternehmen ein für diese Ratingklasse überdurchschnittliche Höhe von Ertragsrisiken aufweist. Diese führen dazu, dass mit überdurchschnittlicher Wahrscheinlichkeit eine bestandsgefährdende Entwicklung und infolgedessen eine Insolvenz auftritt.

3.5 Literatur zur Risikoaggregation

Aufgrund der Fülle dieses Themas kann im Rahmen dieses Buches nicht auf alle Spezialfelder der Risikoaggregation eingegangen werden. Im Folgenden daher einige Literaturhinweise bezüglich vertiefender Spezialaspekte:

- Berger, Th./Kamaras, E. (2020): Ableitung eines Ratings mit Hilfe der Risikoaggregation – Ein Fallbeispiel, in: Controller Magazin, Heft 5, September/Oktober 2020, S. 29–34
- Bier, S./Roßmeißl, E. (2021): Case Study: WITTENSTEIN SE – Pragmatische Anwendungsmöglichkeiten der Risikoaggregation, Risk Management & Rating Association e.V. (RMA) (Hrsg.): Risikoquantifizierung. Grundlagen, Werkzeuge, Praxisbeispiele, Band 6, Erich Schmidt Verlag, Berlin, S. 174–184

879 $\frac{10\ \% + 10\ \% + 100\ \%}{3} = 40\ \%$ bei Dreiecksverteilung bzw. $\frac{10\ \% + 4 \cdot 10\ \% + 100\ \%}{6} = 25\ \%$ bei BetaPert-Verteilung.

- Bohmfalk, T.-B. (2016): Möglichkeiten der stochastischen Szenarioanalyse für die Unternehmensplanung, in: Controller Magazin, Ausgabe 1, Jan./Feb. 2016, S. 41–45
- Bohmfalk, T.-B./Romeike, F. (2018): Stochastische Szenarioanalyse bei der CCC AG, in: GRC aktuell, 1. Jg., Heft 2, S. 87–92
- Daume, R./Ernst, D. (2022): Monte-Carlo-Simulation im Risiko-Controlling. Am Beispiel eines Financial Models in Excel, UVK Verlag, München
- Deutsch, H.P. (1998): Monte-Carlo-Simulationen in der Finanzwelt, in: Eller R. (Hrsg.): Handbuch des Risikomanagements – Analyse, Quantifizierung und Steuerung von Marktrisiken in Banken und Sparkassen, Stuttgart, S. 259–313
- Ernst, D./Häcker, J. (2021): Risikomanagement im Unternehmen Schritt für Schritt: Professionelle Excel-Modelle leicht erklärt, UVK Verlag, München
- Flath, Th./Biederstedt, L./Herlitz, A. (2015): Mit Simulationen Mehrwerte schaffen, in: Controlling & Management Review, 59. Jg., Heft 1, März 2015, S. 82–89
- Gleißner, W. (2001): Identifikation, Messung und Aggregation von Risiken, in: Gleißner, W./Meier, G. (Hrsg.): Wertorientiertes Risiko-Management für Industrie und Handel, Wiesbaden, S. 111–137
- Gleißner, W. (2004): Die Aggregation von Risiken im Kontext der Unternehmensplanung, in: ZfCM – Zeitschrift für Controlling & Management, Heft 5/2004, S. 350–359
- Gleißner, W. (2016): Bandbreitenplanung, Planungssicherheit und Monte-Carlo-Simulation mehrerer Planjahre, in: Controller Magazin, Ausgabe 4, Juli/August 2016, S. 16–23
- Gleißner, W. (2017): Risikoanalyse, Risikoquantifizierung und Risikoaggregation, in: WiSt, Heft 9/2017, S. 4–11
- Gleißner, W./Jussel, P./Wolfrum, M. (2015): Risikoaggregationsmodell bei einer Matrixorganisation – am Beispiel der Hilti AG, in: Gleißner, W./Romeike, F. (Hrsg): Praxishandbuch Risikomanagement, Berlin, S. 869–876
- Gleißner, W./Meier, G. (1999): Risikoaggregation mittels Monte-Carlo-Simulation, in: Versicherungswirtschaft, Heft 13, S. 926–929
- Gleißner, W./Wolfrum, M. (2011): Szenario-Analyse und Simulation: ein Fallbeispiel mit Excel und Crystal Ball, in: Challenge Controlling 2015, Trends und Tendenzen, Haufe, S. 241–264
- Gleißner, W./Wolfrum, M. (2019): Risikoaggregation und Monte-Carlo-Simulation. Schlüsseltechnologie für Risikomanagement und Controlling, in der Reihe essentials erschienen, Springer Fachmedien Verlag, Wiesbaden
- Hempel, M./Offerhaus, J. (2008): Risikoaggregation als wichtiger Aspekt des Risikomanagements, in: Deutsche Gesellschaft für Risikomanagement e.V. (Hrsg.): Risikoaggregation in der Praxis. Beispiele und Verfahren aus dem Risikomanagement von Unternehmen, Springer-Verlag Berlin, Heidelberg, S. 3–13
- Klein, M. (2011): Monte-Carlo-Simulation und Fuzzyfizierung qualitativer Informationen bei der Unternehmensbewertung, Dissertation, Universität Erlangen-Nürnberg

- Mayer, Ch. (2021): Risikoaggregation, in: Risk Management & Rating Association e.V. (RMA)(Hrsg.): Risikoquantifizierung. Grundlagen, Werkzeuge, Praxisbeispiele, Band 6, Erich Schmidt Verlag, Berlin, S. 62–81
- Metzger, D. (2008): Die Aggregation von Risiken bei der SAP AG, in: Deutsche Gesellschaft für Risikomanagement e.V. (Hrsg.): Risikoaggregation in der Praxis. Beispiele und Verfahren aus dem Risikomanagement von Unternehmen, Springer-Verlag Berlin, Heidelberg, S. 51–76
- Offerhaus, J./Hempel, M. (2008): Best practise und Entwicklungswege bei der Aggregation von Risiken, in: Deutsche Gesellschaft für Risikomanagement e.V. (Hrsg.): Risikoaggregation in der Praxis. Beispiele und Verfahren aus dem Risikomanagement von Unternehmen, Springer-Verlag Berlin, Heidelberg, S. 215–229
- Radinger, G./Moecke, Ph./Gleißner, W. (2022): Fallbeispiel zur Bandbreitenplanung. Risikoanalyse im Rahmen der Finanzplanung, in: Controller Magazin, Heft 2 (März/April 2022), S. 25 ff.
- Romeike, F. (2021): Stochastische Szenariosimulation (Toolbox), in: GRC aktuell, 4. Jg., Heft 2, S. 51–60
- Romeike, F./Stallinger, M. (2012): Bandbreiten- bzw. Korridorplanung – Integration von Risikomanagement und Unternehmensplanung, in: Risk, Compliance & Audit (RC&A), Heft 06/2012, S. 12–21
- Romeike, F./Stallinger, M. (2021): Stochastische Szenariosimulation in der Unternehmenspraxis – Risikomodellierung, Fallstudien, Umsetzung in R, Springer Verlag, Wiesbaden
- Schöll, S./Eichhorn, D./Gleißner, W. (2019): Monte-Carlo-Simulationen im Risikomanagement des Flughafens München, in: Controller Magazin, Heft 5 (September/Oktober 2019), S. 28–33
- Semmler, H. (2001): Risikoaggregation als Voraussetzung für eine wertorientierte Unternehmensführung bei der Vossloh AG, in: Gleißner/Meier (Hrsg.) Wertorientiertes Risikomanagement für Industrie und Handel, Gabler Verlag, 2001, S. 447–455
- Steinke, K.-H./Löhr, B. W. (2014): Bandbreitenplanung als Instrument des Risikocontrollings: ein Beispiel aus der Praxis bei der Deutschen Lufthansa AG, in: Controlling, Vol. 26.2014, S. 616–623
- von Metzler, L. (2004): Risikoaggregation im industriellen Controlling, Köln

3.6 Impulsfragen

a) Weshalb benötigt man eine Risikoaggregation zur Erfüllung der gesetzlichen Anforderungen zur Früherkennung möglicher „bestandsgefährdender Entwicklungen" (§ 91 AktG und § 1 StaRUG)?
b) Was sagen die Standards IDW PS 340 n.F. (2020) und DIIR RS Nr. 2 zur Risikoaggregation?
c) Warum ist der Einsatz der Monte-Carlo-Simulation basierend auf der Unternehmensplanung für die Bestimmung des aggregierten Gesamtrisikoumfangs, z.B. ausgedrückt durch den Eigenkapitalbedarf, erforderlich?

d) Erläutern Sie kurz die Grundidee der Monte-Carlo-Simulation!
e) Wieso ist der Eigenkapitalbedarf des Unternehmens neben dem aggregierten Risikoumfang auch vom Ziel-Rating abhängig? Wie ändert sich der Eigenkapitalbedarf, wenn die Unternehmensführung im Rahmen ihrer Risikopolitik vom bisherigen Zielrating „BB" auf ein Ziel-Rating von „BBB" modifiziert?
f) Durch welche Kennzahlen kann man die Risikotragfähigkeit messen?
g) Wird **bei Ihnen** der aggregierte Gesamtrisikoumfang bzw. Umfang möglicher Planabweichungen des Gesamtunternehmens, eines Geschäftsbereichs oder eines wesentlichen Projekts berechnet?
h) Wird **bei Ihnen** die Risikoaggregation genutzt, um „erwartungstreue" Planwerte zu bestimmen, d.h. Planwerte, die das Mittel aller risikobedingt möglichen Szenarien ausdrücken?
i) Wird **bei Ihnen** der aggregierte Gesamtrisikoumfang, z.B. ausgedrückt durch den Eigenkapitalbedarf (bzw. Value at Risk) bei der Festlegung der notwendigen Eigenkapitalausstattung des Unternehmens (Finanzierungsstruktur) berücksichtigt?
j) Ist **Ihnen** die Wahrscheinlichkeit bekannt, dass ein Zielrating oder vereinbarte Covenants verletzt werden, um den „Grad der Bestandsgefährdung" im Sinne § 91 Abs. 2 AktG / § 1 StaRUG zu bestimmen?

4. Risikosteuerung, Risikobewältigung und Zukunftssicherung

4.1 Einführung

Fähigkeiten und Maßnahmen im Umgang mit Chancen und Gefahren (Risiken), die mit jeder unternehmerischen Tätigkeit verbunden sind, dienen letztlich der Absicherung des Unternehmens und sollen helfen das Ertrag-Risiko-Profil, und damit den Unternehmenswert, zu steigern. Mit Risikoanalyse und Risikoaggregation wird zunächst Transparenz über den Gesamtrisikoumfang und die relative Bedeutung von Einzelrisiken geschaffen. Nützlich sind solche Informationen nur, wenn diese unternehmerischen Entscheidungen beeinflussen und zu Maßnahmen führen, die die Risikoposition des Unternehmens verbessern. Handlungsbedarf besteht insbesondere, falls die Risikoaggregation auf eine zu hohe Wahrscheinlichkeit für eine „bestandsgefährdende Entwicklung" hingewiesen hat. In solchen Fällen sind auf jeden Fall „geeignete Gegenmaßnahmen" (§ 1 StaRUG) erforderlich. Aber auch ohne eine derartig kritische Bedrohungslage sollte es immer ein Anliegen der Unternehmensführung sein, eine Verbesserung des Ertrag-Risiko-Profils anzustreben. Neben der Begrenzung des Insolvenzrisikos ist dabei die Verbesserung des Ertrag-Risiko-Profils und damit des zu erwartenden Unternehmenserfolgs sinnvoll (siehe dazu noch einmal Abbildung 1 in Abschnitt 1.1.2, das Ertrag-Risiko-Diagramm).

Die Steuerung des Ertrag-Risiko-Profils, oder kurz Risikosteuerung, bedeutet nicht notwendigerweise die Initiierung von Maßnahmen der Risikoreduzierung. Keinesfalls sinnvoll ist eine Risikominimierung, da ohne Risiken auch keine Chancen, keine Erträge und letztlich keine Unternehmen existieren. Maßnahmen zur Risikosteuerung können also durchaus auch bewusst den Risikoumfang erhöhen, wenn dies durch einen deutlichen Anstieg der Cashflows und Erträge gerechtfertigt erscheint (zur Berechnung siehe später Abschnitt 5.3). Natürlich sind dennoch oft auch gezielt Maßnahmen zur Risikoreduzierung, also zur Risikobewältigung, sinnvoll. Für Möglichkeiten zur Risikosteuerung eines Unternehmens sollte man zwei sich ergänzende Perspektiven betrachten:

1. Die strategische Perspektive: Wie kann man die Strategie eines Unternehmens anpassen, um das Ertrag-Risiko-Profil des Unternehmens nachhaltig zu verbessern?
2. Die Operative Perspektive: Durch welche gezielten Maßnahmen bezüglich bestehender Einzelrisiken lässt sich das Risikoprofil optimieren (Risikobewältigung)?

Grundsätzliche Veränderungen der Risikopositionen und des Ertrag-Risiko-Profils eines Unternehmens erfordern Maßnahmen auf der strategischen Ebene, was sich aus der zentralen Bedeutung strategischer Risiken ergibt. Die strategische Perspektive auf die Risikosteuerung ermöglicht einen ganzheitlichen Blick mit einem klaren Fokus auf nachhaltigen Unternehmenserfolg und Zukunftsfähigkeit. Auch bei den operativen Risikobewältigungsmaßnahmen ist eine ganzheitliche Betrachtung empfehlenswert, speziell die Betrachtung von Einzelrisiken in Relation zum aggregierten Gesamtrisikoumfang.

Der traditionelle Fokus des Risikomanagements eines Unternehmens, nämlich sich neben Risikoanalyse und Risikoüberwachung mit Maßnahmen zur Bewältigung vorhandener Risiken zu befassen, greift aber zu kurz. Risikobewältigungsmaßnahmen stellen – naheliegenderweise – vorhandene Risiken in den Fokus. Die Maßnahmen sind auf die Veränderungen des aktuellen Risikoumfangs ausgerichtet. Die Risikobewältigung basiert auf Versicherungen (Risikotransfer) sowie diversen Strategien zur Risikovermeidung, Risikoverminderung oder Risikobegrenzung. Es ist immer zu beachten, dass der Risikoumfang eines Unternehmens stark durch die unternehmerischen Entscheidungen zu Strategie oder Investitionen geprägt wird. Grundsätzlich sollte das Risikomanagement eines Unternehmens sich jedoch mit allen geplanten Handlungsmöglichkeiten der Unternehmensführung befassen, und zwar bevor die Entscheidungen für solche Handlungsoptionen getroffen werden. Prinzipiell können nämlich alle Handlungsoptionen und Maßnahmen, wie z.B. Investitionen, Akquisitionen, Strategieveränderungen oder Großprojekte, Ertrag und Risiko eines Unternehmens beeinflussen.

Die Steigerung der Zukunfts- und Überlebensfähigkeit des Unternehmens ist der zentrale Gegenstand des strategischen Risikomanagements, welches als der Teil des strategischen Managements verstanden werden kann, der sich explizit mit Risiken befasst. Der Risikoumfang eines Unternehmens wird wesentlich durch die strategischen Grundsatzentscheidungen über Geschäftsmodell und Unternehmensstrategie bestimmt. Daher ist die intensive Beschäftigung mit Chancen und Gefahren (Risiken) ein wesentlicher Teil der strategischen Unternehmensführung.

In diesem Kapitel wird zunächst in Abschnitt 4.2 auf die strategische Perspektive der Risikosteuerung eingegangen. Es wird gezeigt, wie die Robustheit eines Unternehmens beurteilt und durch geeignete strategische Maßnahmen verbessert werden kann. Robuste Unternehmen besitzen eine robuste Strategie, die die hohe finanzielle Nachhaltigkeit – und damit Bonität und gutes Rating – auch zukünftig absichert. Darüber hinaus haben sie adäquate Fähigkeiten im Umgang mit Chancen und Gefahren (Risiken), um zu verhindern, dass durch übersehene Risiken die Geschäftsstrategie gefährdet wird oder durch Fehlentscheidungen bei „unternehmerischen Entscheidungen", deren Risiken falsch eingeschätzt wurden, es zu einer Krise oder gar einer Insolvenz kommt.

In den nachfolgenden Abschnitten werden dann Maßnahmen zur Bewältigung von Einzelrisiken erläutert, wie z.B. Möglichkeiten zur Reduzierung des Umfangs eines Risikos über die Verringerung der Eintrittswahrscheinlichkeit oder eines Transfers an Dritte. Ergänzend dazu wird gezeigt, wie solche Risikobewältigungsmaßnahmen bewertet werden können (Risikokosten). Auch bei operativen Maßnahmen der Risikobewältigung sind Ertrag und Kosten abzuwägen, nämlich deren Wirkung auf die Reduzierung des Risikoumfangs mit den damit verbundenen Kosten.

Auf einen wichtigen Teilaspekt der Risikosteuerung, nämlich Krisenfrüherkennung und Krisenprävention durch eine Ratingstrategie, wird später in Abschnitt 5.2 vertiefend eingegangen. In Abschnitt 5.3 wird anschließend erläutert, wie Entscheidungen über die Veränderung des Risikoumfangs eines Unternehmens vorbereitet und die bestehenden Handlungsoptionen risikoadäquat bewertet werden können. Wesentlich ist zu beachten, dass Veränderungen des Ertrag-Risiko-Profils sich nicht nur durch Maßnahmen ergeben, die speziell auf die Risikobewältigung zielen. Praktisch alle Managemententscheidungen, vor allem die strategischen Entscheidungen, beeinflussen die zukünftig erwarteten Erträge und den Risikoumfang. Daher ist es bei allen unternehmerischen Entscheidungen wichtig, die Implikationen auch für den Risikoumfang zu betrachten und damit letztlich alle wesentlichen Maßnahmen im Unternehmen auch als Maßnahmen der Risikosteuerung aufzufassen.

4.2 Zukunftssicherung und Robuste Unternehmen

4.2.1 Strategisches Management bei unsicherer Zukunft[880]

Eigentümer wünschen sich einen nachhaltig steigenden Erfolg ihres Unternehmens. Die mit jeder unternehmerischen Tätigkeit verbundenen Risiken können jedoch zu Krisen führen, die den Erfolg beeinträchtigen oder schlimmstenfalls eine Insolvenz zur Folge haben. Viele Menschen beschäftigen sich aber nicht gerne mit Unsicherheit und Risiko, weshalb man teilweise sogar von einer „Risikoblindheit" auch in der (strategischen) Unternehmensführung sprechen kann.[881] Zu empfehlen ist ein strategisches Management der Unsicherheit. Es geht hier um ein Kernthema der Unternehmensführung und damit um die primären Aufgaben für Vorstand oder Geschäftsführer. Notwendig ist eine strategische Risikoanalyse und darauf aufbauend eine Weiterentwicklung der Unternehmensstrategie unter Berücksichtigung der bestehenden Chancen und Gefahren (Risiken), auch der volkswirtschaftlichen Extremrisiken. Eine grundsätzliche Verbesserung der Stabilität eines Unternehmens und damit eine Reduzierung des Insolvenzrisikos gehen nur durch eine Anpassung der Strategie. Ziel sollte eine systematische Erhöhung der Robustheit von Geschäftsmodell und Strategie sowie der Resilienz[882] der Leistungserstellung sein. Dabei geht es nicht um eine Vermeidung sämtlicher Risiken, sondern um eine Optimierung des Ertrag-Risiko-Profils unter Berücksichtigung vorgegebener Sicherheitsziele (als Nebenbedingungen für den akzeptablen Risikoumfang). Eine hohe Überlebenssicherheit – und damit ein stabiles Rating – resultiert primär aus einer „robusten" Unternehmensstrategie in Verbindung mit einem ausreichend hohen Risikodeckungspotenzial (Liquiditäts- und Eigenkapitalausstattung).

880 In Anlehnung an Gleißner, 2021a.
881 Vgl. Schwenker/Dauner-Lieb, 2017.
882 Vgl. Brunnermeier, 2021 und Schäffer, 2021a.

In diesem Abschnitt wird die Idee eines „robusten Unternehmens“ erläutert. Mit dem Q-Score und einem einfachen „Robustheitsindikator“ werden Messinstrumente angeboten, das eigene Unternehmen im Hinblick auf die nachhaltige Bestandssicherheit zu beurteilen. Das Leitbild des robusten Unternehmens[883] wird eingeordnet in die Konzeption eines „strategischen Risikomanagements“ (vgl. Abschnitt 1.4.2 zu den Grundlagen).

Eine Grundidee des Ansatzes besteht darin, dass ein Unternehmen gegen möglichst viele, zum Teil trotz sorgfältiger Risikoanalyse gar nicht erkannte Risiken abgesichert sein sollte. Ergänzend zur Bewältigung von Einzelrisiken ist daher eine strategische Aufstellung des Unternehmens anzustreben, die dieses möglichst gut gegen die vielfältigen Risiken absichert – möglichst sogar gegen unerkannte Risiken und die sehr seltenen „Black Swans“.

Das Konzept des robusten Unternehmens ist eine Leitlinie für ein strategisches Management unter Unsicherheit. Robuste Unternehmen weisen somit die drei nachfolgenden zentralen Charakteristika auf (vgl. Abbildung 91):

a) hohe finanzielle Nachhaltigkeit (stabiles Rating, niedriges Ertragsrisiko),
b) eine robuste Strategie mit stabilen strategischen Erfolgspotenzialen als Treiber der zukünftigen finanziellen Leistungsfähigkeit und des Werts sowie
c) eine hohe Kompetenz im Umgang mit Chancen und Gefahren (Risiken), speziell bei der Vorbereitung „unternehmerischer Entscheidungen“ (zur Absicherung von a und b).

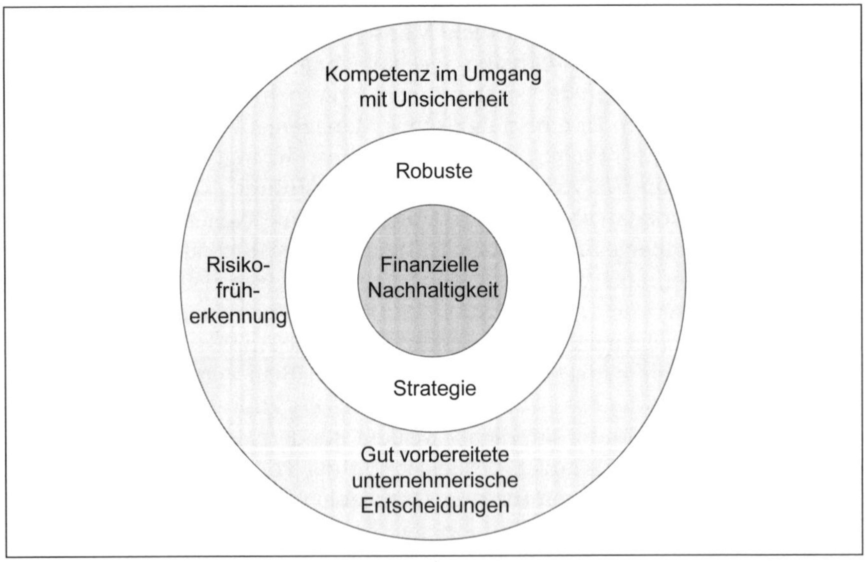

Abbildung 91: Eigenschaften eines robusten Unternehmens (Quelle: Gleißner, 2021a, S. 40)

Die robuste Unternehmensstrategie ist die Grundlage für die finanzielle Nachhaltigkeit des Unternehmens und ein stabiles Rating, akzeptable Ertragsrisiken

[883] Vgl. Gleißner, 2000, 2019e und 2021a.

und eine Kapitalrendite oberhalb der risikoabhängigen Kapitalkosten. Ein leistungsfähiges Risikomanagement stellt schließlich sicher, dass potenziell das Unternehmen gefährdende (strategische) Risiken frühzeitig erkannt und Risiken bei unternehmerischen Entscheidungen, z.B. über Investitionen, adäquat berücksichtigt werden. Die genannten Eckpunkte sind die Charakteristika des Leitbilds eines „Robusten Unternehmens", das nachfolgend noch näher erläutert wird. Es ist in der Lage in einer Welt mit einer Vielzahl von Risiken nachhaltig zu überleben und erfolgreich zu bleiben.

Robustheit und Resilienz weisen eine enge Beziehung zum Thema Nachhaltigkeit auf (vgl. Abschnitt 4.2.5). Brunnermeier (2021, S. 29–30) sieht Resilienz als eine notwendige, aber nicht hinreichende Bedingung für Nachhaltigkeit. Resilienz bedeutet nämlich, dass ein System – wie ein Unternehmen – nach einem negativen Schock wieder auf das Ausgangsniveau vor dem Schock (z.B. der Cashflows) zurückfindet. Eine nachhaltige Entwicklung ist aber nur dann als solche anzusehen, wenn sie langfristig beibehalten werden kann.[884] Neben der Fähigkeit, negative Schocks, also Risikoauswirkungen, zu überstehen, ist daher zusätzlich notwendig, dass kein langfristiger negativer Trend besteht, der irgendwann die Existenz des Systems beendet (z.B. durch eine Insolvenz).

Resilienz und Robustheit haben dabei auch nach Einschätzung von Brunnermeier (2021) viele Gemeinsamkeiten, wie z.B. die Notwendigkeit von Redundanzen und Sicherheitspuffer im System.

Brunnermeier geht aber von einem engeren Verständnis des Begriffs Robustheit aus und grenzt ihn wie folgt von Resilienz ab[885]:

„Geht es bei der Resilienz darum, nach Schocks zurückzufedern, beschreibt der Begriff der Robustheit ein Standhalten ohne Anpassung. Es ist die Fähigkeit zu widerstehen."

Nachfolgend wird der Begriff der Robustheit etwas weiter gefasst: Robustheit ist die Fähigkeit eines Systems, negative Schocks zu überleben und dabei ein zu definierendes Mindestlevel an Leistungsfähigkeit bzw. Erfolg beizubehalten. Solche Schocks sind das Resultat bestehender Risiken, die sich zu einem zufallsabhängigen Zeitpunkt und in einer zufälligen (unsicheren) Höhe negativ oder positiv auswirken.

4.2.2 Finanzielle Nachhaltigkeit

Robuste Unternehmen weisen eine hohe finanzielle Nachhaltigkeit auf.[886] Finanzielle Nachhaltigkeit bedeutet, dass durch ein adäquates Risikodeckungspotenzial die mit jeder unternehmerischen Tätigkeit verbundenen Risiken abgedeckt werden können.[887] Das robuste Unternehmen weist deshalb, auch in

[884] Gleißner/Günther/Walkshäusl, 2022 und Günther/Günther, 2017.

[885] Brunnermeier, 2021, S. 28–29.

[886] Vgl. zum Begriff Günther/Günther, 2017 und zum Messkonzept Gleißner/Günther/Walkshäusl, 2022.

[887] Vgl. weiterführend zum Thema Nachhaltigkeit Abschnitt 4.2.5 und 2.3.9 sowie 2.4.9 zu Nachhaltigkeitsrisiken.

risikobedingt möglichen Stressszenarien[888], ein gutes und stabiles Rating und damit eine niedrige Insolvenzwahrscheinlichkeit auf. Es hat darüber hinaus ein attraktives Ertrag-Risiko-Profil, so dass es für die Eigentümer auch ein attraktives Investment darstellt. Finanzielle Nachhaltigkeit[889] ist ein Teil der Governance-Komponente im ESG-Modell (Economic, Social, Governance). Hohe finanzielle Nachhaltigkeit ist gegeben, wenn

1. ein Unternehmen langfristig real nicht schrumpft (Wachstumsrate $w \geq$ Inflationsrate) und die Eigenkapitalrendite langfristig über der Wachstumsrate liegt,[890]
2. die risikoabhängige Insolvenzwahrscheinlichkeit (p) niedrig ist (z.B. $< 1\,\%$),
3. das Ertragsrisiko, z.B. ausgedrückt durch den Variationskoeffizient (V) der Gewinne, für die Eigentümer „akzeptabel" und niedrig ist (z.B. $V < 40\,\%$) und
4. die Kapitalrendite des Unternehmens höher als die risikoabhängigen Kapitalkosten ist.[891]

Hohe finanzielle Nachhaltigkeit bedeutet also, dass das Unternehmen ein niedriges Insolvenzrisiko aufweist und insgesamt eine günstige Risikoposition besitzt. Die Sicherstellung einer hohen finanziellen Nachhaltigkeit kann als Nebenbedingung von Eigentümern gesehen werden, die ihre unternehmerischen Risiken begrenzen möchten („Safety-First-Konzept"). Die Berechnung des Variationskoeffizienten als Maß für das Ertragsrisiko und des von diesem abgeleiteten Kapitalkostensatzes setzt eine Risikoanalyse und Risikoaggregation voraus.[892] Eine fundierte Beurteilung der Insolvenzwahrscheinlichkeit wird über die Bestimmung eines indikativen Ratings möglich (vgl. dazu Abschnitt 5.1).

Empirisch lässt sich zeigen, dass Unternehmen mit hoher finanzieller Nachhaltigkeit auch an den Aktienbörsen hohe risikoadjustierte Überrenditen generieren.[893]

---

[888] Vgl. dazu Abschnitt 5.1.

[889] Vgl. dazu Günther/Gleißner/Walkshäusl, 2020 und Gleißner/Günther/Walkshäusl, 2022, wo eine Überrendite finanziell nachhaltiger Unternehmen von 5 % p.a. belegt wird.

[890] Dies ist notwendig, damit die Eigenkapitalquote im Zeitverlauf nicht sinkt.

[891] Vgl. zur Berechnung Gleißner, 2019d und Kapitel 5.

[892] Wenn Insider-Informationen über die Risiken nicht zur Verfügung stehen, ist eine Abschätzung basierend auf öffentlich verfügbaren Daten denkbar, z.B. durch die Berechnung des Variationskoeffizienten des Gewinns aus den Gewinnschwankungen der letzten Jahre (siehe beispielhaft für DAX- und M-DAX-Unternehmen Gleißner, 2016e).

[893] Vgl. Günther/Gleißner/Walkshäusl, 2020.

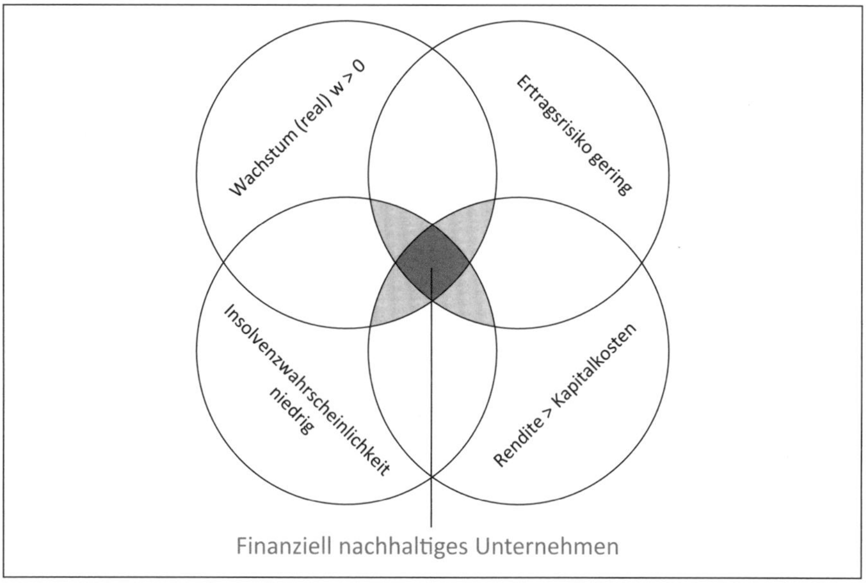

Abbildung 92: Kennzahlen der finanziellen Nachhaltigkeit (Quelle: Gleißner/ Weissman, 2021, S. 38)

Ein robustes Unternehmen ist jedoch mehr als ein finanziell nachhaltiges Unternehmen. Die durch Finanzkennzahlen gemessene finanzielle Nachhaltigkeit ist primär das Abbild der finanziellen Auswirkungen der Unternehmensstrategie. Zur dauerhaften Absicherung der finanziellen Lage weisen robuste Unternehmen daher eine robuste Unternehmensstrategie auf.[894]

4.2.3 Robuste Strategien, Resilienz und robuste Unternehmen

Auf Dauer kann nur die richtige, konsequent umgesetzte Strategie den Erfolg sichern bzw. den Unternehmenswert erhöhen. Im Rahmen der Unternehmensstrategie werden die Grundaussagen zur langfristigen Ausrichtung und Erfolgssicherung des Unternehmens fixiert, die als Leitlinie für die zukünftige Entwicklung des Unternehmens dienen.

Im Rahmen der Portfoliostrategie wird zunächst entschieden, in welchen strategischen Geschäftseinheiten (SGE) ein Unternehmen grundsätzlich erfolgsversprechend tätig werden kann. Beurteilt wird dies anhand der Marktattraktivität sowie der in diesem für das eigene Unternehmen erreichbaren Erfolgspotenziale (Wettbewerbsvorteile) relativ zu den Wettbewerbern (vgl. Abschnitte 2.2.2 und 2.3.2). Für die strategischen Geschäftsfelder, in denen ein Unternehmen tätig ist oder tätig werden will, wird anschließend eine Geschäftsstrategie erarbeitet. Sie trifft Aussagen zu den Kernkompetenzen, den Wettbewerbsvorteilen in den einzelnen Geschäftsfeldern innerhalb der SGE sowie der Gestaltung der

[894] Vgl. auch Behringer, 2020.

Wertschöpfungskette (vgl. Gleißner, 2019e). Außerdem gibt sie die strategische Stoßrichtung an, also durch welche Veränderungen der Werttreiber das Unternehmen erfolgreicher und damit wertvoller werden kann (vgl. Abbildung 93 und Abschnitt 2.3.9).

Kernkompetenzen	Strategische Stoßrichtung
• Welche Kompetenz und Ressourcen haben wir? • Welche Kompetenz und Ressourcen benötigen wir? • Was macht unsere Kernkompetenz skalierbar? • Was sichert unsere Kernkompetenz ab?	• Welche primäre Zielen haben wir? • Welche Nebenbedingungen (z.B. bezgl. Rating und Eigenfinanzierung) sollten beachtet werden? • Welche Werttreiber – Wachstum, Rendite, Risiko – sollten wie geändert werden? • Was sind unsere Wachstumstreiber? • Was sind unsere Renditetreiber? • Was sind unsere Risikotreiber?
Geschäftsfelder (GF) und Wettbewerbsvorteile	**Wertschöpfungskette**
• Welche GF (Produkt-Zielgruppe-Region) bestehen, die (a) attraktiv sind und (b) zu unserer Kernkompetenz passen? • Welche Bedürfnisse und Kaufkriterien haben die Kunden in den GF? • Welchen Nutzen/Problemlösung bieten wir (Value Proposition) ? • Bezüglich welcher Kaufkriterien besitzen wir belegbare Wettbewerbsvorteile? • Wofür soll der Kunde wie bezahlen (Erlösmodell)?	• Welche Wertschöpfungsaktivitäten werden im Unternehmen abgedeckt? • Welche Investments sowie variable und fixe Kosten entstehen durch diese? • Wie erreichen wir die Kunden der Zielgruppe? • Welche Schlüssellieferanten (und Partner) decken die anderen Wertschöpfungsaktivitäten ab?

Abbildung 93: Beschreibung einer Geschäftsfeldstrategie (Geschäftsmodell) (Quelle: Gleißner, 2021a, S. 35)

Ziel ist es, die strategische Positionierung derart zu wählen, dass damit einem breiten Feld möglicher Risiken begegnet werden kann. Gut verteidigbare Kernkompetenzen und hohes Risikodeckungspotenzial (Eigenkapital und Liquiditätsreserve) sind beispielsweise „passive" Elemente einer Risikobewältigung, die gegen eine Vielzahl, nicht mal notwendigerweise im Einzelnen vorab bekannter Risiken wirksam sind.

Ein robustes Unternehmen ist so flexibel und beweglich, um sich auch an unvorhergesehene Entwicklungen anpassen zu können. Ein robustes Unternehmen verfolgt somit eine Strategie, die – auch in Anbetracht der im Detail nicht vorhersehbaren Zukunft – mit hoher Wahrscheinlichkeit zumindest ein ausreichendes Mindestrating gewährleistet. Seine (quantifizierten) Risiken werden von Eigenkapital und Liquidität als Risikodeckungspotenzial abgesichert, damit ein angemessenes Rating gesichert ist, auch wenn schwerwiegende Risiken eintreten. Die Beurteilung von möglichen Veränderungen des Risikos geschieht über den Unternehmenswert als Erfolgsmaßstab, wobei das Risikomanagement insbesondere die Werttreiber Kapitalkosten und Insolvenzwahrscheinlichkeit beeinflusst.[895]

Ein robustes Unternehmen konzentriert sich auf Kernkompetenzen[896], die langfristig wertvoll, schwierig kopierbar und vielfältig nutzbar sind. Solche Kernkompetenzen erlauben auch die Realisierung neuer Geschäftsmodelle, speziell also disruptive Innovationen abzuwehren oder solche selbst zu realisieren. Es baut auf dieser Grundlage – orientiert an den Kundenwünschen – Wettbewerbsvorteile auf, die zu einer Differenzierung von Wettbewerbern und zur langfristigen Bindung von Kunden beitragen. Dies führt zu „Preissetzungsmacht" und der Möglichkeit, Kostenschwankungen überzuwälzen. Wichtig sind hier z.B.

- einzigartige technologische Kompetenzen,
- eine sehr starke Marke, die Preissetzungsmacht schafft,
- eine klare Marktführerschaft, die zu Größendegressions- und damit Kostenvorteilen führt.[897]

Unattraktive Tätigkeitsfelder oder Kundengruppen werden gemieden, ebenso wie aber auch kritische Abhängigkeiten. Die Wertschöpfungskette ist so gestaltet, dass nur Aktivitäten im Unternehmen erbracht werden, die nicht besser zugekauft werden können. Das Unternehmen gestaltet seine Arbeitsabläufe möglichst unkompliziert unter gleichzeitiger Berücksichtigung von Kosten-, Risiko-, Geschwindigkeits- und Qualitätsaspekten. Redundanzen und Reserven sichern organisatorische Resilienz und damit insbesondere die Fähigkeit zur Leistungserstellung. Hillmann und Günther (2021) definieren solche organisatorische Resilienz wie folgt:[898]

„Organizational resilience is the ability of an organization to maintain functions and recover fast from adversity by mobilizing and accessing the resources needed. An organization's resilient behaviour, resilience resources and resilience capabilities enable and determine organizational resilience. The result of an organization's response to adversity is growth and learning."

Robuste Unternehmen bieten Rahmenbedingungen für Selbstorganisation und Strukturen, die den Mitarbeitern Freiräume und Anreize für flexibles und eigenverantwortliches Handeln bieten. Durch eine ausreichend breite Diversifikation sowie Verlust- und Haftungsbeschränkung sollte sichergestellt werden, dass auch durch unerwartete negative Extremereignisse nicht der Wohlstand der Eigentümer gefährdet wird.

---

[895] Vgl. Gleißner, 2017d.
[896] Vgl. Gleißner, 2019e und 2017d.
[897] Oder Nutzen-Vorteile für die Kunden, z.B. bei einer Plattform im Internet.
[898] Hillmann/Günther, 2021. Vgl. auch Behringer, 2020 und Schäffer, 2020a.

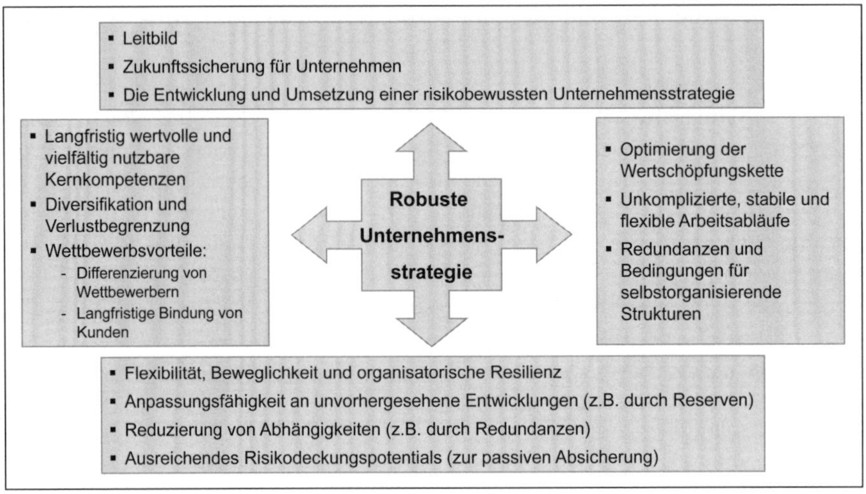

Abbildung 94: Robuste Unternehmensstrategien (Beispiel) (Quelle: Gleißner, 2021a, S. 36)

Eine besondere Herausforderung bei der Weiterentwicklung der Unternehmensstrategie auf dem Weg zu mehr Robustheit besteht darin, dass die eigene Strategie oft lediglich auf Plausibilität geprüft wird, ohne systematisch über mögliche Strategievarianten nachgedacht zu haben. Ein Instrument, das eine strukturierte Beschreibung der eigenen Unternehmensstrategie und einen Vergleich dieser Strategie mit alternativen Strategievarianten (auch derjenigen der Wettbewerber) ermöglicht, stellt die Methodik der strategischen Positionierung mit ihren „Strategiedimension" dar (vgl. Abbildung 95).

Bei der strategischen Positionierung werden basierend auf 20 vorgegebenen Strategiedimensionen alternative Gestaltungsvarianten einer Unternehmensstrategie betrachtet. Dabei wird zunächst beurteilt, welche Ausprägung die aktuelle Strategie aufweist. Ausgehend von einer Betrachtung der Positionierung der Wettbewerber sowie Veränderungen im Umfeld – z.B. bei Technologie und Kundenanforderungen – wird dann diskutiert und entschieden, welche zukünftige strategische Positionierung in den 20 Dimensionen erfolgversprechend erscheint. Die strukturierte Herangehensweise gewährleistet, dass alle wesentlichen Aspekte einer Unternehmensstrategie betrachtet wurden.

Für die Verbesserung der Robustheit eines Unternehmens kann man mehrere grundlegende strategische Stoßrichtungen unterscheiden:

1. Eine Weiterentwicklung der Strategie mit dem Ziel der höheren Robustheit des Unternehmens durch eine Verbesserung des Ertrag-Risiko-Profils:
   Der Ausbau von Kernkompetenzen und Wettbewerbsvorteilen oder die Reduzierung kritischer Abhängigkeiten führen oft zugleich zu höheren erwarteten Erträgen und niedrigerem Ertragsrisiko (z.B. durch die ausgeprägte Preissetzungsmacht), was den Gesamtrisikoumfang mindert (niedrigerer Variationskoeffizient der Erträge und niedrigerer Eigenkapitalbedarf).

Strategiedimension	Bedeutung	Individuelle Ausprägung			Handlungsbedarf
Kernkompetenzen					
Standardisierung	○ ○ ⊗	Standardisierung		Individualität	○ ○ ⊗
Innovationsorientierung	○ ⊗ ○	Imitation		Innovation	○ ⊗ ○
Kostenorientierung	○ ⊗ ○	Kostenorientierung		Qualitätsorientierung	⊗ ○ ○
Strategische/operative Kompetenz	⊗ ○ ○	Strategische Kompetenz		Operative Kompetenz	⊗ ○ ○
Digitalisierungsanstrengung	○ ○ ⊗	gering		hoch	○ ○ ⊗
Strategische Stoßrichtung					
Shareholder/Stakeholder	⊗ ○ ○	Shareholder		Stakeholder	⊗ ○ ○
Wertebasis	○ ⊗ ○	materielle Werte		immaterielle Werte	○ ⊗ ○
Wachstumsorientierung	○ ⊗ ○	Wachstum		Konsolidierung	○ ⊗ ○
Risiko-Rendite-Profil	○ ○ ⊗	risikovermindernd		renditesteigernd	⊗ ○ ○
Finanzierungsstrategie	○ ⊗ ○	Innenfinanzierung		Außenfinanzierung	⊗ ○ ○
Geschäftsfelder / Wettbewerbsvorteile					
Produktangebot	○ ⊗ ○	materiell		immateriell	○ ⊗ ⊗
Erlösmodell	○ ⊗ ○	Einzelprojekte		kontinuierliche Zahlungsströme	○ ○ ⊗
Leistungsbreite	○ ⊗ ○	Fokussierung		Diversifikation	⊗ ○ ○
Wettbewerbsverhalten	⊗ ○ ○	defensiv		offensiv	⊗ ○ ○
Preisorientierung	○ ⊗ ○	Preisführerschaft		Differenzierung	○ ⊗ ○
Wertschöpfungskette					
Spezialisierungsgrad	⊗ ○ ○	Spezialisierte Ressourcen		Universelle Ressourcen	⊗ ○ ○
Wertschöpfungstiefe	○ ⊗ ○	Wertschöpfungsautarkie		Wertschöpfungsverbund	○ ⊗ ○
Kundenansprache	○ ○ ⊗	direkt		Online-Plattform	○ ⊗ ⊗
Vertriebsansatz	○ ⊗ ○	Vertriebsorientierung		Produktorientierung	○ ⊗ ○
Kostenstrategie	○ ⊗ ○	Null-Fixkosten		Null-Grenzkosten	○ ⊗ ○

Abbildung 95: Die Änderung der strategischen Positionen in Folge „Digitalisierung" (Beispiel) (Quelle: Gleißner, 2021a, S. 37)

2. Die Stärkung des Risikodeckungspotenzials:
   Die finanzielle Nachhaltigkeit und speziell das Insolvenzrisiko werden durch eine Verbesserung der Eigenkapitalausstattung (durch eine Kapitalerhöhung oder – langsamer – eine verstärkte Thesaurierung von Gewinnen) verbessert.
3. Erweiterung von Maßnahmen zur Bewältigung wesentlicher (strategischer) Risiken:
   Anders als bei 1. und 2. werden hier auf ausgewählte wesentliche Einzelrisiken wirkende Maßnahmen der Risikobewältigung initiiert (siehe dazu Abschnitte 4.2.5 und 4.2.6).

Die hier folgenden Orientierungsfragen helfen, mit einem „**Robustheits-Indikator**" eine schnelle Ersteinschätzung der Robustheit und bestehender Verbesserungspotenziale zu erhalten.

	Fragen	Antwortmöglichkeiten		
		Nein (=0)	teilweise (=1)	Ja (=2)
1	Verfügt das Unternehmen über klar ausgeprägte, nachhaltig gesicherte und schwer kopierbare Kernkompetenzen, aus denen sich auch in der Zukunft für Kunden wahrnehmbare Wettbewerbsvorteile ableiten lassen?			
2	Können die Kernkompetenzen auf unterschiedlichen Geschäftsfeldern eingesetzt werden?			
3	Verfügt das Unternehmen über wesentliche Stärken in mehr als einem der primären Abschnitte der Wertschöpfungskette – Forschung und Entwicklung, Leistungserstellung, Marketing und Vertrieb?			
4	Verfügt das Unternehmen in Relation zum (aggregierten) Risikoumfang über eine hohe Eigenkapital- und Liquiditätsausstattung (Risikotragfähigkeit)?			
5	Können Abhängigkeiten von wesentlichen Kunden vermieden werden?			
6	Können Abhängigkeiten von wesentlichen Schlüssellieferanten vermieden werden?			
7	Im Rahmen der strategischen Risikoanalyse wurden keine akuten Bedrohungen der wesentlichen Erfolgspotenziale (Kernkompetenzen, Wettbewerbsvorteile, interne Stärken) festgestellt?			
8	Weisen die wesentlichen personellen und materiellen Ressourcen des Unternehmens ein hohes Maß von Flexibilität auf, und können sie damit auch für unterschiedliche Aufgabenstellungen genutzt werden?			
9	Kann aufgrund für den Kunden wahrnehmbarer Wettbewerbsvorteile (z.B. bezüglich Qualität) ein Preiswettbewerb weitgehend vermieden werden und besteht Preissetzungsmacht?			
10	Ist eine schwerwiegende Bedrohung des Geschäftsmodells durch potenzielle neue Wettbewerber (aus anderen Regionen oder Branchen) oder durch Substitutionsprodukte weitgehend auszuschließen?			
11	Existiert im Hinblick auf Produkte, Regionen und Zielgruppen eine breite Diversifikation und damit keine ausgeprägte Abhängigkeit von einzelnen Geschäftsaktivitäten?			
12	Wird z.B. durch Reserven und Redundanzen eine hohe Resilienz der Leistungserstellung erreicht?			

	Fragen	Antwortmöglichkeiten		
		Nein (=0)	teilweise (=1)	Ja (=2)
Klasse	Punktzahl	Ihre Unternehmensrobustheit		
I	0 bis 5	... steht noch ganz am Anfang.		
II	6 bis 10	... ist noch verbesserungsbedürftig.		
III	11 bis 15	... ist guter Durchschnitt.		
IV	16 bis 20	... ist klar überdurchschnittlich.		
V	21 bis 24	... ist hervorragend.		

Tabelle 27: Robustheitsindikator (Quelle: Gleißner, 2021a, S. 41)

4.2.4 Strategisches Risikomanagement und der Umgang mit Unsicherheit

Die Absicherung des Unternehmens erfordert es, sich mit bestehenden Chancen und Gefahren (Risiken) systematisch zu befassen. Die Anforderungen an ein solches strategisches Risikomanagement sind die Leitlinie für das vorliegende Buch.

Risiken führen zu negativen Planabweichungen, die die finanzielle Stabilität – speziell das Rating – eines Unternehmens gefährden und Krisen auslösen können. Die strategischen Risiken bedrohen die Erfolgspotenziale und damit die Strategie des Unternehmens als Ganzes. Ein robustes Unternehmen benötigt daher neben finanzieller Stabilität und einer robusten Strategie ausgeprägte Kompetenzen im Umgang mit Chancen und Gefahren. Erforderlich sind dabei insbesondere Fähigkeiten, um

1. bestehende Chancen und Risiken systematisch zu identifizieren und zu aggregieren,
2. adäquate Risikobewältigungsmaßnahmen frühzeitig zu initiieren und
3. die mit jeder unternehmerischen Entscheidung, z.B. bezüglich einer Investition, verbundenen Risiken sachgerecht im Entscheidungskalkül zu berücksichtigen (vgl. § 93 AktG und RMA, 2019, sowie Gleißner, 2021b).

Das Unternehmen benötigt damit ein leistungsfähiges, strategisch orientiertes Risikomanagement, das – wie in diesem Buch erläutert – neben Krisenprävention auf die Vorbereitung von Managemententscheidungen unter Beachtung von Risiken ausgerichtet ist. Zunächst sind Verfahren für die Risikoanalyse erforderlich.[899] Neben unsicheren Prämissen der operativen Planung, die immer Risiken darstellen, ist hier eine Analyse speziell der strategischen Risiken, aber auch von „Nachhaltigkeitsrisiken" erforderlich. Solche strategischen Risiken ergeben sich durch Bedrohungen von Erfolgspotenzialen (vgl. vertiefend Abschnitt 2.2.5). Man kann sie wie folgt zusammenfassen:

[899] Vgl. Vanini/Rieg, 2021a.

1. Bedrohung einzelner Erfolgspotenziale oder der Geschäftsstrategie als Ganzes.
2. Veränderung der Wettbewerbskräfte im Branchenumfeld (z.B. Wegfall von Markteintrittshemmnissen, zunehmende Abhängigkeit von Kunden oder Lieferanten, Substitutionsprodukte oder „disruptive Strategien" z.B. durch Digitalisierung).
3. Schwere Wirtschaftskrisen ausgelöst durch volkswirtschaftliche Risiken (z.B. Finanzmarktkrise, Staatsschuldenkrise oder Versorgungskrisen, zu denen auch eine Pandemie gehört).

Das erläuterte Gesetz über den Stabilisierungs- und Restrukturierungsrahmen für Unternehmen (StaRUG) verpflichtet auch mittelständische Unternehmen zur Implementierung eines Krisenfrühwarnsystems, das insbesondere die Risiken analysieren und aggregieren muss.[900] Erst mit den Ergebnissen der Risikoaggregation ist eine fundierte Beurteilung der finanziellen Nachhaltigkeit, des Bedarfs an Eigenkapital und Liquidität und insgesamt damit der Bedrohungslage des Unternehmens möglich (vgl. Kapitel 3). Die Fähigkeit von robusten Unternehmen im Umgang mit Unsicherheit erfordert eine Risikoanalyse und Risikoaggregation.

Risikoanalyse und Risikoaggregation schaffen Transparenz über die Risiken. Im Rahmen des (strategischen) Managements soll ausgehend von diesen Informationen das Ertrag-Risiko-Profil verbessert und das Unternehmen robuster gemacht werden. Grundsätzlich gibt es mehrere Strategien zur Risikobewältigung (vgl. vertiefend Abschnitt 4.2.7):

- Risikovermeidung (z.B. Ausstieg aus „gefährlichem" Geschäftsfeld).
- Risikoreduzierung durch
  - ursachenorientierte Minderung der Eintrittswahrscheinlichkeit (z.B. redundante Auslegung wichtiger Maschinen) oder eine
  - wirkungsorientierte Minderung der Schadenshöhe (z.B. Substitution fixer durch variable Kosten, Outsourcing).
- Überwälzen von Risiken (z.B. durch Versicherungen, geeignete Verträge mit Lieferanten, Absicherung von Zinsänderungen durch Derivate).
- Risiko selbst tragen (und Schaffung eines adäquaten Risikodeckungspotentials, i.d.R. in Form von Eigenkapital- und Liquiditätsreserven).

Ein wichtiger Ansatzpunkt für die Reduzierung strategischer Risiken ist z.B. die Reduzierung von kritischen Abhängigkeiten (vgl. auch Abschnitt 4.2.7).

Die verschiedenen Möglichkeiten der strategischen Risikobewältigung zeigt sich beispielhaft bei Währungsrisiken: Während transaktionsbedingte Wechselkursrisiken (Transaction exposure) im Wesentlichen durch Instrumente des Finanzrisikomanagements (Treasury) begegnet werden kann, sind ökonomische Wechselkursrisiken im Wesentlichen nur durch realwirtschaftliche Risikobewältigungsmaßnahmen, speziell eine Anpassung der Strategie, zu steuern. Hier sind folgende Ansatzpunkte denkbar:

[900] Vgl. Kühne/Lienhard, 2020 und Nickert/Nickert, 2021.

1. Weitgehende Synchronisation der Währungsstruktur von Umsätzen und Kosten (Nutzung von Natural Hedge).
2. Regionale Diversifikation, um die Abhängigkeit von der Veränderung einzelner Währungen zu reduzieren.
3. Ausgeprägte Produktdifferenzierung, um Preissetzungsspielräume zu schaffen und sich gegenüber wechselkursinduzierten Preisentwicklungen immunisieren zu können.

Im Allgemeinen erfordert strategisches Risikomanagement damit eine Anpassung der Unternehmensstrategie und ist somit integraler Bestandteil der Strategieentwicklung (vgl. Abschnitt 4.2.3).

Schließlich ist eine adäquate Berücksichtigung der Chancen und Gefahren (Risiken) bei einer Vorbereitung von unternehmerischen Entscheidungen, die Vorstand oder Geschäftsführung erhalten, notwendig, fordert § 93 AktG. Das Gesetz fordert bei allen Vorstandsentscheidungen (bzw. Geschäftsführer-Entscheidungen) „angemessene Informationen", was bei einer Entscheidung bei Unsicherheit über die Zukunft speziell Risikoinformationen bedeutet. Damit ist eine dokumentierte entscheidungsvorbereitende Risikoanalyse und Risikoaggregation notwendig. Vorstände bzw. Geschäftsführer von Unternehmen sollten beweisen können, dass sie vor einer unternehmerischen Entscheidung – z.B. bezüglich der Weiterentwicklung der Unternehmensstrategie – die mit der Entscheidung verbundenen Risiken analysiert und gewürdigt haben.[901] Die für die Weiterentwicklung der Unternehmensstrategie erforderlichen strategischen Entscheidungen sind grundsätzlich unternehmerische Entscheidungen und erfordern damit Entscheidungsvorlagen, mit denen Veränderungen des Ertrag-Risiko-Profils beurteilt werden können (Was-wäre-wenn-Analysen zur Strategiebewertung).[902]

4.2.5 Nachhaltigkeit: Strategie und strategisches Risikomanagement

Zukunftssicherung erfordert zunehmend eine Beschäftigung mit dem Thema „Nachhaltigkeit". Mit dem Begriff der „Nachhaltigen Entwicklung"[903] wird die Idee ausgedrückt, dass durch das Verhalten der Menschen in der Gegenwart gewährleistet sein soll, dass sich die Lebensbedingungen zukünftiger Generationen nicht verschlechtern.[904] Die Bedürfnisse[905] der zukünftigen Generationen

---

901 Vgl. RMA, 2019.
902 Vgl. Gleißner, 2019e und Abschnitt 5.3.
903 Sustainable Development.
904 Siehe den „Brundtland-Bericht zur „nachhaltigen Entwicklung" der UNO, 1987. Die Grundidee eines solchen nachhaltigen Verhaltens geht auf die Forstwirtschaft des 18. Jahrhunderts und Versorgungskrisen beim damals wichtigsten Rohstoff – Holz – zurück (siehe von Carlowitz, 1645 – 1714). Insbesondere von Carlowitz betonte, dass bei der Bewirtschaftung von Wäldern in jedem Jahr nicht mehr Holz entnommen werden darf als wieder nachwächst.
905 Vgl. Wellbrock et al., 2020, S. 6.

sollen also berücksichtigt werden. Die aus diesem „allgemeinen" Nachhaltigkeitsverständnis abgeleiteten 17 „UNO-Ziele" zeigt die folgende Abbildung.

Abbildung 96: Die 17 globalen Ziele für nachhaltige Entwicklung der Agenda 2030, die Sustainable Development Goals (SDGs) (Quelle: Bundesregierung, 2021)

In Anbetracht der zunehmenden gesellschaftlichen Bedeutung des Themas Nachhaltigkeit entwickeln viele Unternehmen Nachhaltigkeitsstrategien, deren Maßnahmen dazu beitragen sollen, speziell die ESG-Kriterien besser zu erfüllen, insbesondere also z.B. die Umwelt weniger zu schädigen (z.B. durch die Reduzierung der CO_2-Emission). Für die Beurteilung der Nachhaltigkeit eines Unternehmens werden dabei entsprechend auch die Kriterien des sogenannten ESG-Modells verwendet, wobei neben **Umwelt (E)** und **Gesellschaft (S)** eine gute **Governance (G)** – oft primär im Sinne der Einhaltung vorgegebener Gesetze und Regelungen (Compliance) – betrachtet werden.

International interpretiert man die Konzeption einer nachhaltigen Unternehmensführung oft als Corporate Social Responsibility (CSR).[906] Diese gründet sich auf Verantwortung der Unternehmen für Dritte, die man aus unterschiedlichen Quellen ableiten kann:[907]

- die rechtliche Verantwortung basierend auf Gesetzen (Liability),
- die ethische Verantwortung einer moralischen Pflichterfüllung (Responsibility) und
- die soziale Verantwortung durch persönliche Überzeugung (Accountability).

Ein zentraler Gedanke der nachhaltigen Unternehmensführung besteht darin, dass bei den Entscheidungen der Unternehmensführung neben „traditionellen" finanziellen Größen des Unternehmens auch deren Auswirkungen für andere Stakeholder zu betrachten sind. Speziell werden seine Auswirkungen auf **Um-**

[906] Vgl. Velte/Weber, 2021.
[907] Siehe Fahr/Foit, 2021 mit Bezug auf Heidbrink, 2011.

welt (E) und **Gesellschaft (S)** betrachtet (insbesondere die „nichtfinanziellen" Risiken, die auf Umwelt und Gesellschaft Auswirkungen haben).[908]

Es ist eben nicht Zielsetzung eines Unternehmens geplante Aktivitäten und Maßnahmen nur unter dem Aspekt Umwelt oder gesellschaftlichen Auswirkungen zu optimieren. Nachhaltige Unternehmensführung berücksichtigt neben Umwelt und Gesellschaft ausdrücklich immer auch die Ökonomie, also speziell den wirtschaftlichen Erfolg des Unternehmens, was im Drei-Säulen-Modell[909] der Nachhaltigkeit besonders deutlich wird, das auf der Forderung einer generationenübergreifenden Sicherung der Bedürfnisse der Menschen basiert.[910]

Somit bedeutet Nachhaltigkeit weit mehr als keinen Schaden für Umwelt oder Gesellschaft auszulösen. Nachhaltige Unternehmen sind zunächst einmal überlebensfähig und weisen hier insbesondere hohe finanzielle Nachhaltigkeit und eine robuste Strategie auf (vgl. Abschnitt 4.2.2 und 4.2.3). Ihre Leistungen tragen zudem zur Befriedigung wesentlicher Bedürfnisse ihrer Kunden bei, was sich an Wettbewerbsvorteilen bezüglich zentraler Kaufkriterien festmachen lässt. Erst ergänzend zu diesen beiden ersten Aspekten der Nachhaltigkeit, finanzieller Nachhaltigkeit und Kundenorientierung, geht es um Auswirkungen auf Gesellschaft und Umwelt (siehe Abbildung 97).[911]

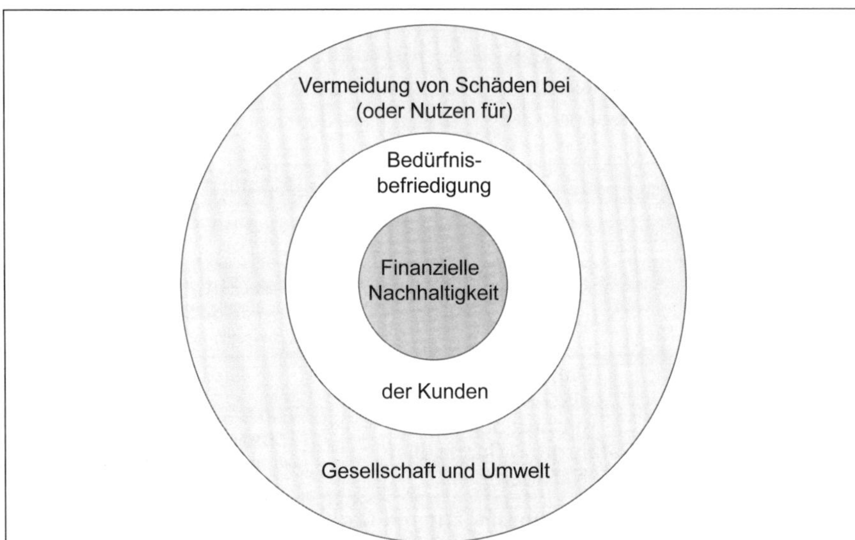

Abbildung 97: Nachhaltigkeit auf drei Ebenen (Quelle: Gleißner, 2021i)

908 Siehe Baumüller/Gleißner, 2020.

909 Der „Triple-Bottom-Line-Ansatz" der 1992 bei der UNO-Konferenz für Umwelt und Entwicklung in Rio de Janeiro vorgestellt wurde. Nachfolgende Erläuterung in enger Anlehnung an Gleißner, 2021i.

910 In Anlehnung an Gleißner, 2021i.

911 Vgl. auch Velte/Weber, 2021 und Dyckhoff/Souren, 2008. Die Substitution von „Ökonomie" durch den Begriff Governance im ESG-Rahmen führt oft dazu, dass ökonomische Aspekte von Nachhaltigkeit ignoriert werden.

Bei der Weiterentwicklung der Strategie auf dem Weg zu mehr Robustheit ist das Abwägen der anderen Auswirkungen komplizierter, also speziell z.B. Auswirkungen auf Umwelt und Gesellschaft. Fahr und Foit (2021, S. 282) sehen bei der Beurteilung von CSR (bzw. ESG) eine Grundfrage, deren Beantwortung alle Entscheidungen wesentlich beeinflusst:

„Dabei geht es um die ***Grundfrage****, ob und inwieweit Unternehmen Verantwortung tragen, die über die gesetzlichen Regelungen hinausgeht. Aus ethischer Sicht wird gefragt, ob allein die* ***Handlungsfolgen*** *(Nutzen) als moralischer Maßstab herangezogen werden* ***(konsequentialistische Ethik)****, oder ob auch die* ***Handlung als solche*** *bewertet wird* ***(deontologische Ethik)****."*[912]

Am einfachsten ist eine fundierte Entscheidungsfindung, wenn die Unternehmensführung einen klar wertorientierten Unternehmenssteuerungsansatz verfolgt (vgl. Kapitel 5).[913] In diesem Fall sind nämlich alle Investments im Kontext Nachhaltigkeit aus Perspektive der Eigentümer (Shareholder) zu beurteilen. Speziell gilt dies für die strategischen Entscheidungen zur Verbesserung der Robustheit des Unternehmens und damit zur Zukunftssicherung. Investitionen zur Verbesserung der Nachhaltigkeit in den Dimensionen Umwelt und Gesellschaft werden also genau dann durchgeführt, wenn dies die Zukunftsfähigkeit des Unternehmens nicht gefährdet und auch zu einer Steigerung des Unternehmenswerts und damit des Vermögens der Eigentümer führt. Der Unternehmenswert ist Entscheidungskriterium und Zielgröße, die maximiert werden soll. Er ist eine Kennzahl für das Ertrag-Risiko-Profil und berücksichtigt damit (1) erwartete Höhe, (2) Risiko und (3) Zeitpunkt zukünftiger Zahlungen (Cashflows) (vgl. dazu Kapitel 5).

		Präferenz der Eigentümer	
		Sozial	**Individualistisch**
Präferenz der anderen Stakeholder	**Sozial**	**Gemeinnützige ESG-Strategie** mit Werteinbußen	**Wertmaximierung unter Beachtung von ESG** → Anforderungen von Kunden & Mitarbeitern
	Individualistisch	**Gemeinnützige ESG-Strategie** mit potenzieller Gefährdung finanzieller Nachhaltigkeit	**Wertmaximierung ohne Beachtung von ESG**

Abbildung 98: Strategien im Umgang mit Nachhaltigkeit (speziell ESG)[914]

Bei einem derartigen Ansatz werden Umwelt, Gesellschaft und Erwartungen der Beschäftigten keinesfalls ignoriert. Die Unternehmensführung orientiert sich an den durch das jeweilige Verhalten ausgedrückten Präferenzen wichtiger

[912] Die klassische ökonomische Sichtweise fordert die Einhaltung von Gesetzen und darüber hinaus die Optimierung des nachhaltigen Gewinns (Werts), siehe Friedman, 1970.

[913] Siehe Friedman, 1970 und Gleißner, 2019e.

[914] In Anlehnung an: Fahr/Foit, 2021.

Stakeholder, wie Kunden oder (potenzielle) Mitarbeiter, denen eine „soziale" Präferenz unterstellt wird (vgl. Abbildung 98). Wenn also beispielsweise die Kunden eine auch über die gesetzlichen Mindestanforderungen hinausgehende umweltschonende Produktion oder ein besonders gesellschaftliches Engagement honorieren, ist es für die Unternehmensführung rational – und wertsteigernd – dies zu beachten. So führen beispielsweise umweltfreundlichere Produkte zu höheren realisierbaren Absatzpreisen (und Margen), einer höheren Kundentreue oder einer besseren Weiterempfehlungsrate.

Aktivitäten zur Verbesserung der Nachhaltigkeit sind dabei für den Unternehmenswert genau dann förderlich, wenn diese von den Stakeholdern auch gewürdigt werden. Bei einer solchen wertorientierten Führung ist aber die Verbesserung der Nachhaltigkeit, genau wie z.B. auch die Digitalisierung, letztlich Mittel zum Zweck (Modell einer **„wertorientierten Nachhaltigkeitsstrategie")**.[915] Dieses darf nicht missverstanden werden als ein Modell, bei dem Umwelt und Gesellschaft – E und S – ignoriert werden. Neben der selbstverständlichen Einhaltung von Gesetzen (Compliance als Teil von Governance, G) wird aber klargestellt, dass die Eigentümer – und nicht die Geschäftsleitung – das Recht hat zu entscheiden, wo sie einen Beitrag zur Verbesserung von Nachhaltigkeit, z.B. in den Komponenten Gesellschaft oder Umwelt, leisten mögen.

Die Herangehensweise ist dabei im Gegensatz zu vielen „Multikriteriensystemen" weitgehend willkürfrei, weil die Unternehmensführung (als Agent der Eigentümer) hier kein Mandat hat, einfach nach eigenem Ermessen „irgendwelche" Aktivitäten zur Förderung von Umwelt oder zur Bekämpfung der Armut in Afrika vorzunehmen.[916] Ganz im Sinne der Idee einer wertorientierten Unternehmensführung gemäß Friedman (1970) besteht die Aufgabe der Unternehmensführung darin, Gewinne und Unternehmenswert nachhaltig zu steigern und es den Eigentümern zu überlassen, wie sie die ihnen zufließenden Erträge nutzen – also für persönlichen Konsum oder eben auch Investments in die Verbesserung von Umweltschutz oder zur Reduzierung von Armut. Multikriterien-Stakeholder-Modelle[917] gewährleisten dies ebenso wenig wie sie eine transparente Grundlage für unternehmerische Entscheidungen bieten würden (und ignorieren, dass Eigentümer – anders als Kunden und Mitarbeiter – keine vertraglich gesicherten Leistungen erhalten).

Entscheidungen über Maßnahmen oder Projekte zur Verbesserung der Nachhaltigkeit eines Unternehmens sollten im strategischen Gesamtkontext gesehen und als „unternehmerische Entscheidung" im Sinne der Business Judgement Rule (§ 93 AktG)[918] aufgefasst werden. Dies bedeutet, dass ausgehend von klar formulierten Zielen die bestehenden Handlungsoptionen im Hinblick auf ihre erwarteten Auswirkungen und die damit verbundenen Chancen und Gefahren (Risiken) nachvollziehbar beurteilt werden. Auch die Nachhaltigkeitsrisiken werden hier berücksichtigt. Die Vermeidung „bestandsgefährdender Entwicklungen" ist auch Aufgabe des Risikomanagements, was seit 1.1.2021 von allen

915 Vgl. Gleißner, 2021i.
916 Wenn der Eigentümer selbst Geschäftsleiter ist, gibt es hier keinen Zielkonflikt.
917 Vgl. Freeman, 1984 und Velte/Weber, 2021.
918 ICV, 2021.

Kapitalgesellschaften gefordert wird (§1 StaRUG). Eine mehr oder weniger willkürliche oder nicht nachvollziehbare Auswahl von Maßnahmen basierend auf einer Vielzahl unabgewogener Einzelkriterien erfüllt die Sorgfaltspflichtsanforderungen nicht.

Ein von den Prinzipien einer wertorientierten Unternehmensführung ausgehende „wertorientiertes Nachhaltigkeitsstrategie" hat wesentliche Vorteile. Es gibt eine klare Zielvorgabe für die Unternehmensführung; und alle Aktivitäten, auch im Bereich Nachhaltigkeit, werden letztlich (auch) in den finanziellen Auswirkungen abgebildet.[919] In den Handlungen werden entsprechend die Auswirkungen der unternehmerischen Tätigkeit auf Umwelt und Gesellschaft berücksichtigt, die – neben bestehenden Gesetzen – z.B. für Kunden und Mitarbeiter tatsächlich wesentlich sind (und z.B. das Kaufverhalten mitbestimmen). Es bleibt dann im Ermessen der Eigentümer, wie sie den ihnen zustehenden Gewinn verwenden – z.B. diesen auf Spenden zur Förderung der Krebsforschung oder für den Tierschutz aufteilen.

Vor allem wird so sichergestellt, dass Anforderungen aus dem Kontext Nachhaltigkeit konsequent auch vor dem Hintergrund der Sicherung von Robustheit und Zukunftsfähigkeit des Unternehmens betrachtet werden. Ein adäquater Umgang mit Anforderungen der Stakeholder an die Nachhaltigkeit eines Unternehmens und die davon bestimmten Nachhaltigkeitsrisiken[920] sind damit von Relevanz für Strategieentwicklung und strategisches Risikomanagement.

4.2.6 Der Q-Score als Maß für Zukunftsfähigkeit und Überlebensfähigkeit

Die Zukunftsfähigkeit von Unternehmen – und damit speziell auch die Überlebensfähigkeit – lässt sich fundiert beurteilen. Besonders hohe Zukunftsfähigkeit weisen robuste Unternehmen aus, die durch den sog. Q-Score messbar ist.[921] Diese wiederum sind – wie erläutert – charakterisiert durch finanzielle Nachhaltigkeit, eine robuste Strategie und ausgeprägte Fähigkeit im Umgang mit Chancen und Gefahren (Risiken), die mit jeder unternehmerischen Tätigkeit verbunden sind. Zur Spitzengruppe der zukunftsfähigen Unternehmen gehören die „kapitalmarktfähigen Familienunternehmen", die die besten Eigenschaften von langfristig orientierten Familienunternehmen verbinden mit denen leistungsfähiger börsennotierter Aktiengesellschaften, die im Hinblick auf Unternehmensplanung, Rechnungslegung und Corporate Governance höchste Standards erfüllen.

Zur Beurteilung der Zukunftsfähigkeit dient der Q-Score, der basierend auf zehn Einzeldimensionen und einer Vielzahl von Einzelkriterien bestimmt wird (vgl. Tabelle 28).[922] Unternehmen mit herausragenden Werten des Q-Scores,

---

[919] Vgl. Gleißner, 2021i und Kapitel 5 zur Methode.
[920] Vgl. Abschnitt 2.3.9.
[921] Vgl. Gleißner/Wolfrum/Weissman, 2021.
[922] Siehe dazu Gleißner, 2021a; Gleißner/Wolfrum/Weissman, 2021 und Gleißner/Weissman, 2021.

speziell die kapitalmarktfähigen Familienunternehmen, kann man zusammenfassend wie folgt charakterisieren. Sie weisen zunächst eine hohe finanzielle Nachhaltigkeit auf[923] und würden daher als börsennotierte Gesellschaft als „Qualitätsunternehmen"[924] bezeichnet werden. Sie weisen entsprechend ein überdurchschnittliches reales Umsatzwachstum auf und können dabei ihren Marktanteil mindestens halten. Die Cashflow- und Ertragsvolatilität, das Ertragsrisiko, ist gering. Dadurch ergeben sich unterdurchschnittliche Anforderungen an die risikogerechte Rendite, also niedrige Kapitalkosten. Die Unternehmen sind sehr rentabel und schaffen damit Unternehmenswert, weil die Kapitalrendite deutlich über den risikoabhängigen Kapitalkosten liegt. Die durch eine Ratingnote ausdrückbare Insolvenzwahrscheinlichkeit (das Insolvenzrisiko) ist sehr niedrig; idealerweise im Bereich eines Investmentgrade-Ratings. Das Unternehmen verfügt zudem über eine robuste Strategie, die durch Kernkompetenzen abgesichert ist. Bezüglich für die Kunden wesentlicher Kaufkriterien entstehen so nachhaltig gesicherte Wettbewerbsvorteile, die Preissetzungsmacht bieten. Die Leistungserstellung zeichnet sich durch eine hohe operative Effizienz aus, die durch eine effiziente und agile Organisation sowie die Verfügbarkeit aller für die Leistungserstellung erforderlichen Ressourcen ermöglicht wird. Das Unternehmen weist darüber hinaus professionelle Strukturen im Bereich strategischer und operativer Planung, Rechnungslegung und Corporate Governance[925] auf. Die Eigentümer verfolgen das Ziel der nachhaltigen generationenübergreifenden Sicherung des Unternehmens (in Vision und Leitbild festgehalten) und haben die dafür notwendigen Voraussetzungen geschaffen (wie Nachfolgeregelungen). Das Unternehmen orientiert sich am Konzept einer langfristig orientierten, wertorientierten Unternehmensführung und es kann durch sein Geschäftsmodell darüber hinaus auch nachhaltigen Mehrwert für die Kunden und die Gesellschaft schaffen („Purpose"). Das Unternehmen ist attraktiv für kompetente Mitarbeiter und es gelingt diesen im Hinblick auf die Erfüllung der Unternehmensziele zu motivieren und zu führen. Zur nachhaltigen Absicherung des Unternehmens verfügt man über ausgeprägte Fähigkeiten im Umgang mit Unsicherheit, also mit Chancen und Risiken. Das Unternehmen ist insbesondere in der Lage, rechtzeitig neue Chancen und Gefahren (Risiken) zu identifizieren und speziell mögliche bestandsgefährdende Entwicklungen zu erkennen und zu bewältigen. So werden gravierende bestandsgefährdende, speziell strategische Risiken, wie Bedrohung von Erfolgspotenzialen oder kritischer Abhängigkeiten von Kunden und Lieferanten, vermieden. Durch geeignete Regelungen wird zudem sichergestellt, dass bei allen strategischen unternehmerischen Entscheidungen eine sachgerechte Entscheidungsvorbereitung stattfindet und insbesondere die mit allen Entscheidungen verbundenen Risiken gegen die erwarteten Erträge abgewogen werden. So werden mögliche Fehlentscheidungen, die den Bestand des Unternehmens gefährden können, weitgehend ausgeschlossen.

---

923 Siehe Günther/Gleißner/Walkshäusl, 2020.

924 Siehe Piotroski, 2000; Kyosev, et al., 2020 und Walkshäusl, 2013b und 2020.

925 Inklusive Family Governance bei Familienunternehmen, vgl. Ulrich, 2011.

Unternehmen, die diese Charakteristika aufweisen, gehören zu den leistungsfähigsten der Welt und erfüllen alle Voraussetzungen für dauerhafte Unabhängigkeit und nachhaltigen Erfolg.

Die Zukunftsfähigkeit eines Unternehmens und damit den erreichten Grad der Robustheit kann man messen. Ein Mess- und Steuerungskonzept ist das Q-Score-Modell. Neben der Robustheit des Unternehmens werden hier noch ergänzende Kriterien betrachtet, die sich auf die „Kapitalmarktfähigkeit" beziehen. Es lässt sich nämlich belegen, dass gerade „kapitalmarktfähige Familienunternehmen"[926] langfristig besonders erfolgreich sind. Solche Unternehmen sind im oben beschriebenen Sinn „robust" und darüber hinaus aufgrund ihrer Größe und Struktur in der Lage, sich bei Bedarf über den Kapitalmarkt zu finanzieren. Sie verbinden damit die Vorteile von langfristig orientierten Familienunternehmen mit denen der meist größeren börsennotierten Aktiengesellschaften, die „professionelle" Strukturen z.B. im Bereich Planung und Corporate Governance aufweisen. Die Möglichkeiten der Finanzierung über den Kapitalmarkt erhöht die Flexibilität und potenziell gefährliche Abhängigkeiten können vermieden werden. Kapitalmarktfähigkeit verbessert die finanzielle Unabhängigkeit und reduziert so das Unternehmensrisiko.

In der nachfolgenden Tabelle 28 werden die 10 Q-Score-Kriterien knapp zusammengefasst.

		–	-	0	+	++
1	**Reales Wachstum:** Das Unternehmen weist ein nachhaltiges positiv reales Wachstum auf. Der Marktanteil sinkt nicht, und die Eigenkapitalrendite liegt mittelfristig über der Wachstumsrate.					
2	**Finanzielle Stabilität und Bonität:** Die durch das Rating ausgedrückte Insolvenzwahrscheinlichkeit liegt bei unter 2 % pro Jahr (ca. ein BB-Rating) und bleibt auch in risikobedingt möglichen Stressszenarien auf einem Niveau, das die Finanzierung des Unternehmens nicht gefährdet.					
3	**Geringes Unternehmensrisiko:** Das Unternehmen weist keine existenzgefährdenden strategischen Risiken (speziell Bedrohung der Erfolgspotenziale) sowie ein unterdurchschnittliches Ertragsrisiko auf – und damit hohe Planungssicherheit.					
4	**Rentabilität und Wertgenerierung (Rendite > Kapitalkosten):** Das Unternehmen schafft nachhaltig Wert – d.h. die Kapitalrendite liegt über dem risikoabhängigen Kapitalkostensatz.					

926 Vgl. Gleißner/Weissman, 2020 und 2021.

		–	-	0	+	++
5	**Kultur, Leitbild und Mitarbeiter:** Das Unternehmen weist ein zukunftsorientiertes Leitbild und eine gewachsene Unternehmenskultur auf. Insbesondere orientiert es sich an den Prinzipien einer wertorientierten Unternehmensführung und verfügt über kompetente, engagierte Mitarbeiter.					
6	**Robuste Strategie:** Das Unternehmen hat eine erfolgversprechende und robuste Strategie mit langfristig tragfähigen Erfolgspotenzialen, insbesondere Wettbewerbsvorteile (wie einer Marke).					
7	**Leistungserstellung, Organisation und Ressourcen:** Die Leistungserstellung des Unternehmens ist effizient, resilient, strategiekonform organisiert und bindet die Mitarbeiter adäquat ein.					
8	**Rechnungslegung, Planung und Governance:** Rechnungslegung und Unternehmensplanung entsprechen den Anforderungen an kapitalmarktorientierte Unternehmen. Strukturen und Regelungen sichern eine „gute Unternehmensführung" (Corporate Governance).					
9	**Risikomanagement:** Das Unternehmen verfügt über ein Risikomanagement, das allen gesetzlichen Anforderungen gerecht wird, insbesondere mögliche „bestandsgefährdende Entwicklungen" durch Einzelrisiken oder Kombinationseffekte durch Risikoanalyse und Risikoaggregation früh erkennt und bewältigt (§ 91 AktG und § 1 StaRUG).					
10	**Fundierte Vorbereitung „unternehmerischer Entscheidungen":** Unternehmerische Entscheidungen basieren auf „angemessenen Informationen" (§ 93 AktG), insbesondere einer Risikoanalyse, und orientieren sich am Unternehmenswert als Erfolgsmaßstab (Performancemaß und Kennzahl des Ertrag-Risiko-Profils).					

Tabelle 28: Checkliste Q-Score für „Kapitalmarktfähige Familienunternehmen" (Quelle: Gleißner/Weissman, 2021, S. 41)

4.2.7 Bewältigung spezieller strategischer Risiken

Die Bewältigung strategischer Risiken erfordert meist eine Anpassung der Unternehmensstrategie, deren tragende Erfolgspotenziale sie bedrohen. Ergänzend wird im Folgenden auf Bewältigungsstrategien zu den speziellen Risikosituationen, in Abhängigkeit von Unternehmenstyp und Umfeldsituation, eingegangen.[927]

927 In Anlehnung an Gleißner/Lienhard/Stroeder, 2004. Siehe weiterführend auch Stroeder, 2007.

(1) Unternehmenstypen

Im Folgenden werden tabellarisch zunächst typische strategische Risiken zusammengefasst und damit Ansatzpunkte zur Bewältigung dieser spezifischen Risiken beschrieben, die in Tabelle 7 zusammengefasst sind.[928]

Wachstums-Unternehmen • Leistungsbedingter Eigenkapitalmangel • Fehlende Verfügbarkeit erforderlicher Ressourcen (z.B. Mitarbeiter) • Reorganisationsbedingte Risiken (z.B. Schwächen in der Aufgaben- und Kompetenzzuordnung oder beim internen Kontrollsystem)	**Markenartikel-Unternehmen** • Beeinträchtigung der Marke durch Störfälle (z.B. Gesundheits- oder Umweltschäden) • Fehler bei der Markenpolitik (z.B. Nichterkennung von Veränderungen der Kundenwünsche oder anderer Umwelttrends) • Hohe sunk costs im Bereich „Marketing" (Markenaufbau)
Techniker-Unternehmen • Abhängigkeit von einzelnen technologischen Lösungen oder Patenten • Vernachlässigung der Marktorientierung und mangelnde Erkennung von Änderungen der Kundenwünsche • Defizite in der Fachkompetenz der Bereiche Marketing und „allgemeine Betriebswirtschaft" (Finanzen) infolge der stark ausgeprägten Besetzung von Führungspositionen mit Naturwissenschaftlern und Technikern	**Das Familienunternehmen** • Nachfolgerisiko • Erbschaftssteuerrisiko • Mögliche Handlungsunfähigkeit bei Streit im Gesellschafterkreis
Tagesgeschäft-Unternehmen • Vernachlässigung langfristiger, strategischer Planung • Überlastung der Unternehmensführung oft in Verbindung mit Schlüsselpersonenproblemen • Ineffiziente Abläufe, langsame Entscheidungen mit hohen Risiken sowie mangelnde Eigenverantwortung der Mitarbeiter	**Ein-Kopf-Unternehmen** • Ausfall der Schlüsselpersonen führt zu kaum überbrückbaren Schwierigkeiten in der Unternehmensführung, in Forschung und Entwicklung oder in Bezug auf die Kundenbeziehungen • Einzelne Personen bauen im Unternehmen eine unangemessen hohe Machtposition aufgrund ihrer Unersetzlichkeit auf

[928] Diese Angaben basieren wie auch bereits die Ausführungen in Kapitel 2.3 im Wesentlichen auf der genannten Studie im Auftrag des Rationalisierungs-Kuratoriums der Deutschen Wirtschaft (RKW) e.V., die vom Institut für Produktionswirtschaft und Controlling an der Ludwig-Maximilian-Universität München durchgeführt wurde, vgl. Küpper/Bronner/Daschmann, 1994.

Verzetteltes Unternehmen	Ein-Standbein-Unternehmen
• Erhöhte Kosten durch zu hohe Komplexität • Fehlende Spezialisierungsvorteile und Wettbewerbsvorteile durch viele Produkte bzw. Leistungen, für die keine adäquaten Kompetenzen verfügbar sind • Nicht erkannte Quersubventionierung zwischen Produkten oder Leistungen, die durch unterlassene Ersatz- und Erweiterungsinvestitionen langfristig zu einer Schwächung auch der leistungsfähigen Produktbereiche und Geschäftsfelder führen kann	• Plötzlicher Ausfall des einzigen Standbeins (der begrenzten Absatzregion, der wenigen Kunden oder Lieferanten bzw. Produkten) führt zu einer Existenzgefährdung des Unternehmens • Schleichende Alterung des einzigen Standbeins (Verfall von Preis- und/oder Absatzmengen) wird aufgrund mangelhafter Informations- und Frühklärungssysteme im Unternehmen nicht rechtzeitig wahrgenommen oder fehlinterpretiert als „vorübergehende Schwäche"

Tabelle 29: Typische Risikoprofile pro Unternehmenstyp

1. Das Wachstums-Unternehmen

Da ein wachsendes Unternehmen verstärkt Finanzmittel braucht, muss die Liquidität immer im Auge behalten werden und eine Finanzierungs- und Ratingstrategie haben hohe Bedeutung (vgl. Abschnitt 5.2). Die Eigenkapitalrendite sollte möglichst die Höhe der Wachstumsrate erreichen, um die Eigenkapitalquote nicht sinken zu lassen. Die Finanzierung des Kapitalbedarfs der nächsten Jahre sollte frühzeitig gesichert und ein stabiles Rating von „BB" oder besser angestrebt werden. Investitionen sind auch zu beurteilen für ein Szenario mit deutlich weniger als dem geplanten Nachfragewachstum. In diesem Zusammenhang ist auch eine Anpassung der Rechtsform zu überdenken, um leichter innovative Möglichkeiten der Kapitalbeschaffung nutzen zu können (z.B. durch Börsengang). Für das Wachstum nötiges Eigenkapital sollte frühzeitig gesichert werden.

Des Weiteren ist der gestiegenen Komplexität nicht nur durch eine Erweiterung der „Führungsmannschaft" und Veränderungen des Führungsstils Rechnung zu tragen, sondern auch durch eine Anpassung der Aufbauorganisation (hierarchische Struktur, Abteilungsbildung) und der Ablauforganisation (Informations- und Kommunikationskanäle). Hierzu gehört auch die Etablierung einer leistungsfähigen Controlling-Funktion im Unternehmen, um der Geschäftsleitung bzw. den Vorstand die nun mehr und mehr erforderlichen präzisen und aktuellen Informationen als Entscheidungsgrundlage zur Verfügung zu stellen.

Zudem sollten die sich mit dem Wachstum ergebenden Möglichkeiten für Kostensenkungen konsequent und kontinuierlich genutzt werden. Zu nennen sind hier bspw. Rabatte aufgrund größerer Beschaffungsmengen, „Lerneffekte" in der Fertigung, ein mögliches Umsteigen auf modernere und rationellere Fertigungstechniken sowie größere Macht und Durchsetzungskraft auf den Absatzmärkten.

2. Das Techniker-Unternehmen

Die entscheidenden strategischen Risiken des Techniker-Unternehmens liegen in seiner zu einseitigen Technik-Orientierung, bei der betriebswirtschaftliche und marktliche Gegebenheiten oft nur am Rande wahrgenommen werden. Um dies zu verändern, muss die Geschäftsleitung eine klare Fokussierung insbesondere auf die Anforderungen des Marktes vorantreiben. Hierzu gehört – neben der eigentlichen Marktforschung zur Ermittlung der entscheidenden Kundenwünsche – auch die Erarbeitung eines in sich geschlossenen Marketing- und Vertriebskonzepts und dessen Umsetzung.

Des Weiteren ist die Unternehmensführung gefordert, ihre oftmals bestehenden Schwächen im betriebswirtschaftlichen Bereich auszugleichen – sei es durch die Etablierung einer entsprechenden Controlling-Funktion im Unternehmen, sei es durch gezielte und intensive persönliche Weiterbildung in wichtigen kaufmännischen Kompetenzfeldern.

3. Das Tagesgeschäft-Unternehmen

Um die typischen Risiken eines Tagesgeschäft-Unternehmens zu vermeiden, muss die Unternehmensführung letztendlich bereit sein, einen Teil ihrer bisherigen operativen Aufgaben „loszulassen". Dies kann insbesondere durch Delegation weniger wichtiger Aufgaben auf geeignete Mitarbeiter erfolgen – was auch meist einen sehr positiven Nebeneffekt auf die Motivation dieser Mitarbeiter hat. Unabdingbare Voraussetzung für eine erfolgreiche Aufgabendelegation ist natürlich die Einräumung einer gewissen Entscheidungsfreiheit für die Mitarbeiter. Aufgaben und Kompetenzen müssen abgestimmt sein.

Durch die frei werdende Zeit ergeben sich für die Geschäftsleitung mindestens zwei positive Effekte: Zum einen besteht nun die Möglichkeit, sich mehr mit strategischen Überlegungen zur langfristigen Unternehmensentwicklung zu beschäftigen, um das Unternehmen auch langfristig mit dem nötigen strategischen Weitblick führen zu können. Zum anderen bewirkt die Entlastung vom oft sehr „stressintensiven" Tagesgeschäft eine Reduktion der mentalen und physischen Belastung des Unternehmers.

Ein probates, ergänzendes Mittel kann auch die Einrichtung eines Beirats oder Aufsichtsrats sein, mit dem sich der Unternehmer bezüglich wichtiger langfristiger Fragestellungen austauschen kann.

Sollte eine Befreiung vom Tagesgeschäft aufgrund mangelnder Delegationsbereitschaft oder auch -möglichkeit nicht gelingen, muss sich der Unternehmer zumindest intensiv mit Fragen der Vertretung (im Falle eines plötzlichen Ausfalls) und der Nachfolge (zur langfristigen Kontinuität in der Unternehmensführung) beschäftigen.

4. Das Markenartikel-Unternehmen

Entwicklungen und Trends in der Branche und bei Einstellung und Wünschen der Kunden haben entscheidende Bedeutung für das Markenprodukt, weshalb die Schaffung eines geeigneten Informations- und Planungssystems für das

Unternehmen sehr wichtig ist. Hierzu gehört auch die ständige Aktualisierung der Preisinformationen auch bezüglich wenig bekannter Konkurrenzprodukte: Wird der Preisabstand zwischen Markenartikel und „no-name"-Produkt aus Sicht der Abnehmer zu groß, steigt die Bereitschaft zum Wechsel des Anbieters stark an. Im Bereich der Planung sind i.d.R. insbesondere die Werbeaktivitäten bedeutsam, da erfahrungsgemäß hohe Werbeausgaben nötig sind, um den ausgeprägten Bekanntheitsgrad bei den Abnehmern und das gute Image des Produkts zu behalten bzw. auszubauen.

Ferner darf die Ausrichtung auf wichtige interne Aspekte nicht vernachlässigt werden: Da in aller Regel bestimmte Produkteigenschaften, wie zum Beispiel Produktqualität, -design, -verpackung und -variation, entscheidende „Kaufargumente" aus Sicht der Kunden darstellen, müssen diese Faktoren sowohl bei der Produktpolitik als auch im Rahmen der Fertigung durch ausgeprägtes Qualitätsdenken und die Bereitschaft zu ständigen Verbesserungen berücksichtigt werden.

Entscheidend ist also letztendlich immer, dass das Markenprodukt seinen Differenzierungsvorteil beibehält und sich von den Konkurrenzangeboten deutlich abhebt. Das Management der Reputation und Reputationsrisiken sind dabei wesentlich.

5. Das verzettelte Unternehmen

Das typischerweise sehr „breite" Produktprogramm ermöglicht zwar, viele spezifische Kundenwünsche zu befriedigen. Auf der anderen Seite kann das Bereinigen dieses Produktprogramms, also eine Beschränkung auf die gängigsten Produktarten und -variationen, enorme Ersparnisse bei den komplexitätsbedingten Kosten im Einkaufs-, Fertigungs- und Lagerbereich bewirken. In diesem Zusammenhang sollte das Unternehmen sein Augenmerk auch auf die „Tiefe" der Fertigungsstruktur richten: Fremdaufträge sind bei solchen Fertigungsschritten sinnvoll, die aufgrund fehlender Spezialisierungsvorteile nicht wirtschaftlich im eigenen Unternehmen erledigt werden können und die auch nicht das Kerngeschäft betreffen.

Um überhaupt eine Entscheidung über die Bereinigung des zu breiten Produktprogramms treffen zu können, sind zunächst detaillierte Informationen über die Gewinnbeiträge einzelner Produkte, Kundengruppen etc. notwendig. Es ist aber gerade ein typisches Kennzeichen des verzettelten Unternehmens, dass es hierüber aufgrund mangelhafter Informationssysteme keine fundierten Aussagen treffen kann. Insofern kommt dem Auf- und Ausbau eines qualitativ hochwertigen Controllingsystems eine wichtige Bedeutung zu. Noch wichtiger ist es, zu prüfen, ob die angebotenen Produkte wirklich alle zum Kompetenzprofil des Unternehmens passen.

Ganz allgemein ist die Wahrscheinlichkeit bei einem Unternehmen dieses Typs recht hoch, dass eine eindeutig festgelegte Marketing- und Vertriebsstrategie nicht vorhanden ist und entwickelt werden muss.

6. *Das Familienunternehmen*

Gerade in typischen Familienunternehmen droht die Gefahr, dass Konflikte zwischen Gesellschaftern oder Geschäftsführern das Unternehmen zerrütten. Um dies zu vermeiden, sind klare Regelungen im Gesellschaftervertrag bezüglich Gewinnentnahme und Geschäftsführung anzustreben.[929] Auch sind Fragen der Unternehmensnachfolge frühzeitig und einvernehmlich unter fairer Berücksichtigung der unterschiedlichen Interessen einzelner Familienmitglieder zu behandeln („Family Governance").

Entscheidende Erfolgsfaktoren mittelständischer Familienunternehmen sind oftmals die guten persönlichen Beziehungen der Geschäftsleitung sowohl zu den Mitarbeitern als auch zu den Kunden. Diese gilt es in jedem Fall zu erhalten, was sowohl die Anpassung des internen Führungsstils an gewandelte Mitarbeiterbedürfnisse als auch einen angemessenen Unternehmensauftritt nach außen gegenüber den Kunden erfordert.

Den letztgenannten Punkten kann allerdings das oft anzutreffende starke Festhalten an Traditionen und festgefahrenen Strukturen entgegenstehen. Diese sollten daher mit Augenmaß betrachtet und gegebenenfalls auch aufgebrochen werden, falls dies für den Unternehmenserfolg bei objektiver Betrachtung nötig erscheint. Besonders geeignet ist hierzu die Einrichtung (und passende Besetzung) eines Beirats als Beratungs- und Kontrollgremium. Auch die Etablierung strategischer Planungsinstrumente (z.B. einer Balanced Scorecard) kann beim Überdenken festgefahrener Strukturen bzw. einer strategischen Neuausrichtung wertvolle Dienste leisten.[930]

7. *Das Ein-Kopf-Unternehmen*

Der starke Einfluss des entscheidenden „Kopfes" für den Unternehmenserfolg ist für das Unternehmen eine Gefahr (Schlüsselpersonenrisiko). Da es sich hierbei meist um den Unternehmer selbst handelt, formen sein starker Einfluss und der Vorbildcharakter sehr stark die Ausprägung der Erfolgspotenziale, wie z.B. eine hohe Produktqualität oder ein gutes und persönlich geprägtes Betriebsklima. Diesen positiven Einfluss gilt es einerseits zu erhalten; andererseits sollte aber der langfristige Unternehmenserfolg allmählich auf mehrere „Schultern" verteilt werden (z.B. durch zunehmende Integration talentierter Mitarbeiter oder auch evtl. vorhandener Nachkommen des Unternehmers in die Entscheidungsfindung). Diese zunehmende Einbindung und auch Delegation bestimmter Entscheidungen kann helfen zu verhindern, dass die Mitarbeiter von der bisher allgegenwärtigen Dominanz des Unternehmers „erdrückt" werden.

Sollte es sich bei dem entscheidenden Kopf nicht um den Unternehmer persönlich, sondern um einen Mitarbeiter (z.B. Leiter der Produktentwicklung oder des Vertriebs) handeln, besteht das entscheidende Risiko natürlich im Ausfall oder Weggang dieses Mitarbeiters. Dem ist sowohl durch eine gezielte Mitarbeiterbindung mit Hilfe entsprechender Anreize (wie z.B. Bezahlung, Titel, Stellung

---

[929] Vgl. Mai, 2008.

[930] Vgl. Küpper/Bronner/Daschmann, 1994, S. 85.

im Unternehmen, Lob, Beteiligung) als auch durch allmähliches Verteilen seiner Kenntnisse und Befugnisse auch auf andere Mitarbeiter zu begegnen.

8. Das Ein-Standbein-Unternehmen

Ein Unternehmen, bei dem ein wesentlicher Teil des Unternehmenserfolgs nur auf einem Standbein (z.B. ein Hauptprodukt oder ein zentral wichtiger Kunde) beruht, sollte natürlich vorrangig bemüht sein, seine Abhängigkeit von diesem Standbein zu reduzieren. Dies könnte z.B. durch die Erweiterung der Produktpalette, durch die Gewinnung neuer Kunden auf den bestehenden Märkten, durch eine Neuerschließung weiterer regionaler Märkte oder eine Intensivierung des Exportgeschäfts erfolgen.

Sollte eine solche Abhängigkeitsreduzierung kurzfristig nicht möglich sein, ist es nötig, die entscheidenden Erfolgsfaktoren dieses einen Standbeins genau im Auge zu behalten. Um den Absatz zu sichern, sind in aller Regel Produkteigenschaften wie Funktionalität, Design, Preis und Qualität entscheidend. Auch eine möglichst weitgehende Variabilisierung der Kosten ist meist sinnvoll.[931]

(2) Umfeldsituationen

Nachfolgend werden Ansatzpunkte zur Bewältigung weiterer typischer strategischer Risiken zusammengefasst.

Die „Branche-in-Bewegung"-Situation	Die „David-und-Golitath"-Situation
• Hohe Risiken in notwendigen Entwicklungsprojekten. • Fehleinschätzungen insbesondere technologischer Entwicklungen mit der Konsequenz von Marktanteilsverlusten.	• Verlust der typischen und notwendigen Vorteile eines kleineren Unternehmens, wie z.B. persönlich geprägte, enge Beziehungen zu den Kunden oder flexible Reaktionsfähigkeit auf Marktveränderungen. • Verlust der preislichen Wettbewerbsfähigkeit gegenüber dem Großunternehmen wegen dessen Größendegressionseffekten.
Die „Zulieferer"-Situation	**Die „Nischen"-Situation**
• Verschlechterungen der Beziehungen zu den wenigen Abnehmer-Unternehmen mit der Folge von z.B. extremen Preisdruck. • Beeinträchtigung oder gar Ausfall der Lieferfähigkeit (Zeit, Qualität, Menge und/oder Preis) durch eingetretene Leistungsrisiken mit der Folge eines schnellen und möglicherweise irreversiblen Verlusts der Abnehmer (Abwanderung zur Konkurrenz). • Risiken durch Insolvenz der Hauptkunden.	• Eindringung neuer Wettbewerber in die bislang lohnende Nische mit der Folge verstärkten Margendrucks. • Nichterkennung von Wandlungen in den sehr spezifischen Kundenbedürfnissen. • Reduzierung der Markteintrittsbarrieren und Auflösen der Nische.

931 Vgl. Küpper/Bronner/Daschmann, 1994, S. 89.

Der „starke Wettbewerb“	Der „Innovationsdruck“
• Verschlechterung der Position des Unternehmens im Markt durch Verlust von Marktanteilen (geringe Unternehmensgröße führt zu Kostennachteilen und damit zu geringerem preispolitischem Spielraum). • Verlust von Differenzierungsmöglichkeiten durch Nachahmerprodukte und damit verschärfter Preiswettbewerb. • Möglichkeit stark sinkender Preise und Verdrängungswettbewerb.	• Verschlechterung der Innovationsfähigkeit des Unternehmens, z.B. durch Abwandern wichtiger Mitarbeiter aus dem F&E-Bereich zur Konkurrenz. • Zu starke Orientierung auf das technisch Machbare ohne ausreichende Berücksichtigung der Wünsche des Marktes (Folge: Marktanteilsverluste). • Risiko von Fehlschlägen im Forschungsbereich.
Der „Beschaffungs-Engpass“ • Risiko der Lieferunterbrechung und damit Ausfall der eigenen Produktion. • Machtkonzentration auf Seite der Lieferanten mit der Folge steigender Beschaffungspreise. • Erfolgreiche Integrationsstrategie eines Wettbewerbers, der einen wichtigen Lieferanten zur Integration in seine eigene Prozesskette aufkauft.	**Der „Marktführer“** • Schleichender Verlust der Marktführerschaft durch aktive und ehrgeizige Wettbewerber, die die Kundenwünsche besser erkennen und umsetzen, mit der Folge eines Verlusts der bisher (aufgrund hoher Produktionsmengen) günstigen Kostenposition. • Negative Auswirkungen des hohen Bekanntheitsgrades, wie z.B. schneller Imageverlust bei Qualitätsproblemen oder Umweltschäden. • Unzureichende kundenindividuelle Lösung durch den Versuch, allen Kundengruppen gerecht zu werden.

Tabelle 30: Risikoprofile verschiedener Umfeldsituationstypen

1. Die „Nischen“-Situation

Bei einer Nischen-Situation geht es letztlich darum, diese „Insel des Erfolgs“ zu erhalten – sowohl durch herausragende Zufriedenheit der (zahlenmäßig relativ begrenzten) Kunden, als auch durch Vermeidung von Markteintritten neuer Wettbewerber.

Daher sind Informationen über die speziellen Kundenwünsche, Entwicklungen in der Nische und Aktivitäten der Konkurrenz (auch potenzielle Markteintrittsabsichten) von entscheidender Bedeutung. Das Unternehmen muss also ein entsprechendes Informationssystem etablieren, das ihm diese Daten sehr schnell und hinreichend genau liefern kann. Allerdings sollte das Unternehmen sich nicht nur auf zwar schnelles und flexibles, dennoch aber passives Reagieren beschränken, sondern auch aktiv Einfluss nehmen auf Entwicklungen in der Nische. Hierzu gehört auch die Weiterentwicklung der Produktqualität, da diese als wichtiges Differenzierungskriterium und auch als Markteintrittsbarriere wirkt. Alle Maßnahmen zur Verstärkung der Markteintrittsbarrieren sind potenziell nützlich.

Eine besondere Bedeutung kommt der Pflege der Kundenbeziehungen zu: Gerade in einer Nischen-Situation ergeben sich oft entsprechende Möglichkeiten, um über den Aufbau enger Kundenbeziehungen eine erhebliche Markteintrittsbarriere für potenzielle Konkurrenten zu schaffen. Hierzu können auch Umstellungskosten gehören, die den bisherigen Kunden beim Wechsel des Anbieters zwangsläufig entstehen würden.

2. Die „Zulieferer"-Situation

Da die „Zulieferer"-Situation sehr stark von Abhängigkeiten gegenüber den oft sehr wenigen Abnehmern geprägt ist, gilt es, diese deutlich zu reduzieren, zum einen durch eine direkte Verminderung der eigenen Abhängigkeiten, zum anderen durch eine aktive Schaffung von Abhängigkeiten bei den Kunden.

Zur Reduzierung der Abhängigkeit von den bisher wenigen Kunden sollten weitere Vermarktungsmöglichkeiten gefunden werden (neue Abnehmer, neue Produkte, neue Länder). Auch sollte gerade bei der Annahme sog. „Großaufträge" darauf geachtet werden, dass das Unternehmen bestimmte Umsatzanteile mit einzelnen Kunden nicht überschreiten sollte.

Auf der anderen Seite kann das Unternehmen auch aktiv die Bindung der eigenen Kunden betreiben, sodass die „Erpressbarkeit" insbesondere in Bezug auf Preisforderungen reduziert wird. Hierzu gehört nicht nur die Gestaltung der persönlichen Beziehungen zu den Entscheidern bei den Kunden, sondern auch eine herausragende Positionierung bezüglich der Qualität der eigenen Produkte oder sogar eine Schaffung von Standards. Für Kunden sollte der Wechsel zu einem Wettbewerber möglichst „mühsam" sein, was z.B. durch stark individualisierte Leistungen erreicht werden kann. Hierbei kann es auch wichtig sein, möglichst frühzeitig Entwicklungen in der Branche zu registrieren, um das eigene Produktprogramm so früh wie möglich anzupassen; deshalb kommt einem gut ausgebauten Früherkennungssystem für Trends eine hohe Bedeutung zu.

3. Der „starke Wettbewerb"

In der heute aufgrund von gesättigten Märkten vielfach anzutreffenden Situation des „starken Wettbewerbs" hat ein Unternehmen hauptsächlich zwei Möglichkeiten, seine Ertragskraft trotz des schwierigen Umfelds positiv zu erhalten, nämlich Kosteneffizienz und Produktdifferenzierung. Gelegentlich ist auch eine „Nischenstrategie" sinnvoll.

Insbesondere bei einem hohen Marktanteil im Vergleich zu den anderen Anbietern existieren i.d.R. Unternehmen mit einer relativ günstigeren Kostenposition. Als Folge einer solchen günstigeren Kostenposition ergibt sich für das Unternehmen ein größerer preispolitischer Spielraum als bei der Konkurrenz. Derartige Kostenvorteile müssen natürlich erhalten bleiben, weshalb einem leistungsfähigen Kostenrechnungssystem und Kostenmanagement eine hohe Bedeutung zukommt. Ferner sollten alle Möglichkeiten zur Rationalisierung und ggf. Digitalisierung genutzt werden.

Sollten dagegen Kostenvorteile der Konkurrenz uneinholbar erscheinen, kann das Unternehmen versuchen, dem Preiswettbewerb durch deutlichere Produktdifferenzierung zu entgehen. Neben der Entwicklung neuer Produkte können hierzu auch die Produktqualität, Informationen über den Kunden zur Individualisierung des Leistungsangebots oder der Service einen wichtigen Beitrag leisten. Auch die gesamte Darstellung der Produkte am Markt ist wichtig, weshalb gezielte Werbung eingesetzt werden sollte, was bis zum Auf- und Ausbau einer eigenen Marke mit unverwechselbaren Profil führen kann.

4. Die „Branche-in-Bewegung"-Situation

Bei einer Situation, in der entscheidende Faktoren – wie Technologie oder rechtlicher Rahmen – in ständiger Bewegung sind, kommt es natürlich zunächst auf ein frühzeitiges Erahnen von Entwicklungen und strategischen Trends in der Branche und damit auf ein entsprechend ausgerichtetes Frühaufklärungssystem an. Ferner sollte das Unternehmen für den Fall, dass Entwicklungen nicht frühzeitig erkannt werden, von vornherein auf hohe Flexibilität ausgerichtet werden, um sehr schnell die gewünschten Produkte bereitstellen zu können.

Des Weiteren sollte ein Unternehmen in einer solchen Situation auch bestrebt sein, seine Risiken durch den Ausbau von Geschäftsbereichen in Produktprogramme, die weniger starken Marktveränderungen unterworfen sind, zu vermindern.

5. Die „David-und-Goliath"-Situation

Um nicht mit dem (oder den) Großunternehmen über den Preis zu konkurrieren, ist eine Differenzierung der Leistungen entscheidend: Das angebotene Produkt muss sich als einzigartig von den übrigen Konkurrenzprodukten abheben (USP: Unique Selling Proposition). Eine solche Differenzierung kann erreicht werden über Produktqualität, Service, Flexibilität, Lieferservice, Marke, persönliche Kundenbeziehungen oder die frühzeitige Umsetzung technischer Innovationen. Zunehmend wichtiger wird die Verfügbarkeit von Informationen über jeden Kunden, um das Leistungsangebot individuell gestalten zu können.

Gerade die Kundennähe sollte in einer solchen Situation als typisch mittelständischer Vorteil verstanden werden. Diese kann sich äußern in persönlich geprägten Beziehungen mit den Kunden, die wichtige Dinge mit dem Chef direkt verhandeln können, in der unbürokratischen Berücksichtigung individueller Kundenwünsche oder auch in der Art der Reaktion auf Beanstandungen (Kundenservice auch nach dem Kauf). Gerade die begrenzte Betriebsgröße trägt über die leichte Durchsetzbarkeit von Entscheidungen zum schnellen Reagieren und Agieren am Markt bei.

Im Übrigen sollte ein solches Unternehmen auch die Möglichkeit in Betracht ziehen, vor dem Großunternehmen auszuweichen und in eine Marktnische abzuwandern (Nischenstrategie), um der Aufmerksamkeit oder dem Interesse des Konkurrenten zu entgehen. Auch ein konsequentes Outsourcing kann helfen, Kostennachteile zu reduzieren.

6. Der „Beschaffungs-Engpass"

Die Anzahl der Lieferanten und auch das Verhältnis zu ihnen bestimmen die Abhängigkeit im Beschaffungsbereich. Die Beschaffungsabteilung sollte daher durch ein „Beschaffungsmarketing" eine gezielte Lieferantenauswahl betreiben. Ferner sollte der Einkauf nach „Substituten" für kritische Zulieferprodukte suchen, die in der Lage sind, das knappe Einsatzgut zu ersetzen. Ebenso könnte das Unternehmen durch Umstellungen im Fertigungsprozess möglicherweise der Abhängigkeit entgehen (z.B. Umsteigen auf einen anderen Rohstoff). Sollte die Situation in einem Facharbeitermangel begründet sein, sollte die Attraktivität des Unternehmens für Mitarbeiter gesteigert werden.

Auch sollte daran gedacht werden, verstärkt Produkte in das Produktportfolio aufzunehmen, die weniger stark oder überhaupt nicht von einem Beschaffungsengpass betroffen sind. Dies trägt insgesamt zum Risikoausgleich innerhalb des Produktprogramms bei. Schließlich ist an eine „Rückwärtsintegration" zu denken, also den Kauf eines Zulieferers.

7. Der „Innovationsdruck"

In einer solchen Situation kommt es auf zahlreiche Produktinnovationen und das Anstreben der Technologieführerschaft an, wobei ein gesundes Verhältnis zwischen „Bewährtem und Neuem" wichtig ist. Auch die Imitation von gut gehenden Produktneuheiten der Konkurrenten kann hier eine zweckmäßige Vorgehensweise sein.

Um überhaupt zu Produktinnovationen zu kommen, sind große Anstrengungen im F&E-Bereich erforderlich; dabei dürfen gleichzeitig Prozessinnovationen (z.B. Verbesserungen bei den Fertigungsverfahren) nicht vernachlässigt werden. Eine kritische Analyse der Ertragserwartungen und der Risiken, speziell der F&E-Projekte, ist zu organisieren (Projektrisikomanagement). Die Mitarbeiter mit ihrem technischen bzw. wissenschaftlichen Sachverstand stellen daher ein wichtiges Ideenpotenzial für neue Produkte dar, das beispielsweise durch Qualitätszirkel oder ein systematisches Ideen- und Innovationsmanagement (das betriebliche Vorschlagswesen) aktiviert werden kann. Zudem ist zu beachten, dass Innovationen nur Erträge versprechen, wenn ein ausreichender Marktzugang besteht.

Bei aller Innovationsfähigkeit dürfen aber niemals die Bedürfnisse der potenziellen Kunden aus den Augen verloren werden: Starke Kunden- und Marktnähe müssen der Gefahr entgegenwirken, neue Produkte am Markt vorbei zu entwickeln, um nicht Produktinnovationen auf den Markt zu bringen, an denen der Kunde nicht interessiert ist (oder für die die Zeit noch nicht gekommen ist). Im Umkehrschluss heißt dies natürlich auch, dass das Unternehmen gerade von seinen Kunden wertvolle Hinweise auf Erfolg versprechende Innovationen erhalten kann.

8. Der „Marktführer"

Die Marktführerschaft bringt dem Unternehmen durch den hohen Marktanteil Kostensenkungspotenziale, die durch Lerneffekte, Know-how und stärkere Einkaufsmacht auf den Beschaffungsmärkten möglich werden. Um also die eigene Marktposition zu verteidigen und um mögliche neue Anbieter von einem Markteintritt abzuhalten, hat der Aufbau von Markteintrittsbarrieren, z.B. durch eine aggressive Preispolitik, hohe Investitionen in effiziente Fertigungsverfahren oder hohe Kundenloyalität, eine entscheidende Bedeutung. Gerade dem Marktführer ist durch seine beherrschende Stellung und den hohen Bekanntheitsgrad in seinem Marktsegment die Schaffung von Industriestandards oder Normen möglich, die letztendlich Wettbewerbsvorteile darstellen. Ferner sollte sich der Marktführer nicht scheuen, seine hohe Marktmacht auch bezüglich der eigenen Lieferantenbeziehungen einzusetzen, wobei eine faire Kooperation mit Zukunftsperspektiven angestrebt werden sollte.

Da ein hoher Bekanntheitsgrad für den Fall negativer Ereignisse zum „Bumerang" für das Unternehmen werden kann, ist die Schaffung und Aufrechterhaltung eines guten Unternehmensrufs, der Reputation sowie eines funktionierenden Krisenmanagements für den „Fall der Fälle" von hoher Bedeutung.

4.2.8 Zusammenfassung und Fazit

Zusammengefasst bedeutet Zukunftssicherung für Unternehmen zu einem erheblichen Teil die Entwicklung und Umsetzung einer robusten Unternehmensstrategie. Mit dieser werden z.B. kritische Abhängigkeiten möglichst vermieden und z.B. eine nachhaltige Differenzierung über Preis, Produktqualität, Service oder Marke angestrebt. Jede nachhaltige Differenzierung sollte dabei auf verteidigungsfähige Kernkompetenzen abgestützt sein. Organisatorische Resilienz trägt zur Robustheit des Unternehmens bei. Mit einer quantitativen Risikoanalyse und simulationsbasierten Risikoaggregation wird der Bedarf an Risikodeckungspotenzial – Eigenkapital und Liquidität – bestimmt. Die robuste Unternehmensstrategie ist Grundlage, damit die finanzielle Nachhaltigkeit des Unternehmens dauerhaft gewährleistet ist und ein stabiles Rating, akzeptable Ertragsrisiken und eine Kapitalrendite oberhalb der risikoabhängigen Kapitalkosten erreicht werden. Ein leistungsfähiges Risikomanagement stellt schließlich sicher, dass potenziell das Unternehmen gefährdende (strategische) Risiken frühzeitig erkannt und Risiken bei unternehmerischen Entscheidungen, z.B. über Investitionen, adäquat berücksichtigt werden.

Empfehlenswert ist es, alle wesentlichen Regelungen der nachhaltigen Zukunftssicherung und zur Verbesserung der Robustheit des Unternehmens in der Unternehmensstrategie zu dokumentieren. Dabei sollten insbesondere auch die Vorgaben zum Umgang mit bei jeder unternehmerischen Tätigkeit unvermeidlichen Chancen und Gefahren (Risiken) und für die Eigentümer maximal akzeptablen Risikoumfang, z.B. ausgedrückt in einer Obergrenze für die Insolvenzwahrscheinlichkeit, festgehalten werden. Dieser „risikospezifische" Teil der Unternehmensstrategie wird als Risikopolitik oder Risikostrategie bezeichnet und gibt, in den strategischen Gesamtkontext eingeordnet, den Rahmen für das Risikomanagement vor (siehe Abschnitt 6.3 zur Risikopolitik). Die strategischen Vorgaben sollten möglichst durch messbare Ziele und Kennzahlen ausgedrückt werden, denen konkrete Maßnahmen, Budgets und Verantwortlichkeiten zugeordnet werden.[932] Die Maßnahmen zur Verbesserung der Robustheit der Strategie können dabei sehr vielfältig sein und reichen von Aktivitäten zur Verstärkung der Kompetenz im Bereich Digitalisierung bis hin zu strategisch wichtigen Maßnahmen der Risikobewältigung.

4.3 Risikobewältigung: Steuerung von Einzelrisiken

4.3.1 Brutto- und Netto-Risiken

Risikobewältigungsmaßnahmen zielen auf die negativen Wirkungen von Risiken, also mögliche Schäden (Risiko als Gefahr) und sind wichtig für die Risikosteuerung. Sie können sowohl auf das Vermeiden von Risiken als auch auf die Begrenzung der Schadenshöhe oder die Verminderung der Eintrittswahrscheinlichkeit abzielen. Möglich ist zudem der Risikotransfer auf Dritte, mit dem wichtigen Spezialfall der Versicherung gegenüber den Auswirkungen bestimmter Risiken. Kosten und risikoreduzierte Wirkung von Risikobewältigungsmaßnahmen sind abzuwägen. Die Risikoposition eines Unternehmens ist wesentlich bestimmt durch Geschäftsmodell und Strategie. Grundsätzliche Veränderungen von Ertrags- und Insolvenzrisiko erfordern in der Regel Veränderungen der Robustheit der Strategie und/oder des Risikodeckungspotenzials (Eigenkapitalausstattung). Aber auch die Intensivierung von Maßnahmen zur Bewältigung von Einzelrisiken, die in diesem Abschnitt betrachtet werden, hat Einfluss auf die Risikoposition.

Um die verschiedenen Herausforderungen im Risikomanagement und die Stellung der Risikobewältigung präzise herauszuarbeiten, ist es hilfreich, nochmals verschiedene Risikokategorien zu unterscheiden.[933] Diese zeigt die Abbildung 99 schematisch:

[932] Siehe Abschnitt 6.5.2 zur Verknüpfung von Risikomanagement und Balanced Scorecard.

[933] In Anlehnung an Gleißner/Leibbrand, 2010.

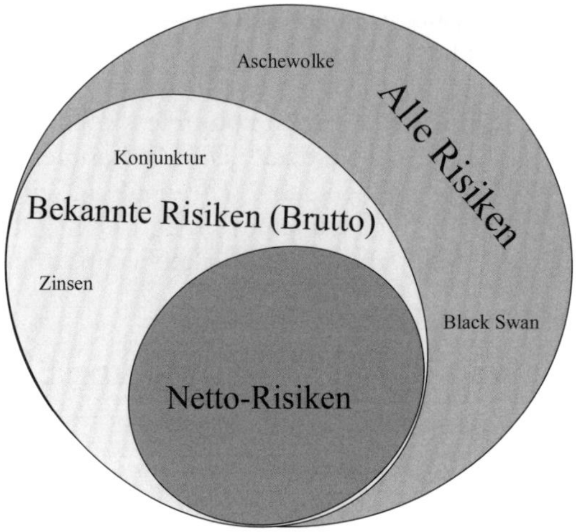

Abbildung 99: Das Universum der Risiken

Die äußere (umfassendste) Menge zeigt dabei schematisch alle Risiken, denen ein Unternehmen ausgesetzt ist. Da nicht alle (wesentlichen) Risiken selbst bei einem sehr systematischen Prozess der Risikoidentifikation aufgedeckt werden können, muss die Menge der „bekannten Risiken (brutto)" als Untermenge angesehen werden.[934] Nun initiieren Unternehmen eine Vielzahl von Risikobewältigungsmaßnahmen, um sich gegenüber diesen Risiken zu wappnen. Mit Hilfe von präventiven Maßnahmen wird versucht, den Eintritt eines Risikos weniger wahrscheinlich zu machen – z.B. durch das redundante Auslegen wichtiger Maschinen und damit der Reduzierung der Wahrscheinlichkeit, dass ein Produktionsstillstand eintritt. Dazu gesellen sich reaktive Maßnahmen, die dann initiiert werden, wenn ein Risiko eingetreten ist. Gerade bei diesen (oft improvisierten) reaktiven Risikobewältigungen zeigt sich die Fähigkeit eines Unternehmens, mit Risiken umzugehen. Wenn beispielsweise in einem Projekt durch ein exogenes Risiko eine Verzögerung einzutreten droht, die eine Pönale nach sich ziehen kann, initiiert der Projektmanager adäquate Gegenmaßnahmen. Wenn ein wesentlicher Kunde ausfällt, wird der Vertriebsleiter zusätzliche Aktivitäten der Kundengewinnung initiieren, um den geplanten Umsatz zu erreichen. Tritt ein versicherter Sachschaden ein, werden die Schäden durch eine Versicherung übernommen.

Unter Berücksichtigung aller präventiven und reaktiven Risikobewältigungsmaßnahmen ergeben sich die (bekannten) Netto-Risiken, was auch in Abbildung 99 zu erkennen ist.[935] Zwischen den bekannten Risiken und den bekannten Netto-Risiken gibt es zwei Unterschiede:

---

[934] Statt der Aufteilung in Brutto- und Netto-Risiken (siehe z.B. IDW PS 340, 2020) findet man in COSO ERM (2017) eine Unterscheidung zwischen Inherent Risk, Target Residual Risk and Actual Residual Risk.

[935] IDW PS 340 n.F. fordert seit 2020 explizit die Betrachtung der Netto-Risiken (vgl. Link et al., 2021).

- Einige der bekannten Risiken können völlig eliminiert werden und entfallen somit.
- Bei den meisten Risiken werden durch Maßnahmen jedoch nur die Eintrittswahrscheinlichkeit und/oder die Höhe der potenziellen unsicheren Auswirkung (Schaden) beeinflusst.

Auch die möglichen Konsequenzen der eigenen Maßnahmen für das Verhalten Dritter (z.B. Wettbewerber, anderer Mitarbeiter) sind zu berücksichtigen.[936] Die Gesamtheit aller präventiven und reaktiven risikobewältigenden Maßnahmen verursacht Kosten (Kosten der Risikobewältigung), die im Rahmen von Planung und Budgetierung (und speziell der Kalkulation von Projekten) berücksichtigt werden müssen.

Die wahrgenommene Stärke im Risikomanagement vieler Unternehmen resultiert daraus, dass diese über vielfältige Fähigkeiten verfügen (und auch bereits unter Beweis gestellt haben), wie durch vorab durchdachte mögliche Maßnahmen und auch ein situationsspezifisches Improvisieren (mögliche) negative Planabweichungen und Schäden durch das Wirksamwerden von Risiken doch noch verhindert werden können.

Bei einer korrekten Beurteilung der verbleibenden Netto-Risiken sollten alle diese Risikobewältigungsmaßnahmen bereits berücksichtigt werden. Hier beginnt die zweite Teilaufgabe im Risikomanagement, nämlich die Voraussetzungen für risikogerechte Entscheidungen zu schaffen. Möchte man unter Abwägen von erwarteten Erträgen und Risiken betriebswirtschaftlich rational entscheiden, ob beispielsweise ein bestimmtes Projekt realisiert werden soll, sind gerade die verbleibenden, bewusst eingegangenen Netto-Risiken relevant (vgl. Kapitel 5 zur risikogerechten Bewertung).

Gerade hier zeigen sich oft methodische Schwächen vieler Unternehmen. Unabhängig von der Qualität der Risikobewältigung benötigen Unternehmen adäquate risikoorientierte Entscheidungsverfahren, die dieses Abwägen der erwarteten Erträge mit den verbliebenen Netto-Risiken ermöglichen. Während die erwarteten Kosten der Risikobewältigungsmaßnahmen (z.B. auch eine Versicherungsprämie) im Projektbudget (den Projektkosten) erfasst werden, bleiben mögliche Verluste aus den verbliebenen Netto-Risiken in der Projektkalkulation unberücksichtigt, belasten jedoch sehr wohl das Eigenkapital bei Eintritt des Risikos. Ein höherer Umfang an (nicht bewältigten) Netto-Risiken führt zu einem höheren Umfang möglicher Verluste, was einen höheren Bedarf an „teurerem" und oft knappem Eigenkapital zur Risikodeckung erfordert. Will man dies als Kosten erfassen, kann man natürlich kalkulatorische Eigenkapitalkosten oder kalkulatorische Wagniskosten ableiten und im Rahmen der Projektkalkulation berücksichtigen.[937]

Insgesamt ist dabei aber immer zu bedenken, dass die Qualität des Risikomanagements eines Unternehmens von mehreren Faktoren abhängt. Entscheidend ist zunächst einmal, dass alle maßgeblichen Risiken identifiziert und quantifiziert werden. Darüber hinaus ist die Fähigkeit entscheidend, durch geeignete

936 Zu den sog. „Verhaltensrisiken" siehe Bieta/Broll/Milde/Siebe, 2006.
937 Siehe z.B. Gleißner/Mott/Schenk, 2007 und Oepen et al., 2011.

präventive oder reaktive Risikobewältigungsmaßnahmen den Gesamtrisikoumfang, den Bruttorisikoumfang, möglichst kosteneffizient zu einem „Netto-Risikoumfang" reduzieren zu können. Diese Fähigkeit der Risikobewältigung wird in vielen Unternehmen als recht gut eingeschätzt.

Erforderlich ist darüber hinaus jedoch noch eine weitere Fähigkeit: Es geht darum (beispielsweise mit Hilfe simulationsbasierter Risikoaggregationsmodelle) den verbliebenen Netto-Risikoumfang korrekt einzuschätzen. Gerade dieser Netto-Risikoumfang ist für die Entscheidung zur Durchführung eines Projekts oder einer Investition relevant. Die erwarteten Erträge aus einem Projekt oder einer Investition (nach Abzug der erwarteten Risikobewältigungskosten) müssen abgewogen werden gegenüber den verbleibenden Netto-Risiken, die auch unter Berücksichtigung der Risikobewältigungsmaßnahmen Planabweichungen oder Verluste auslösen können.

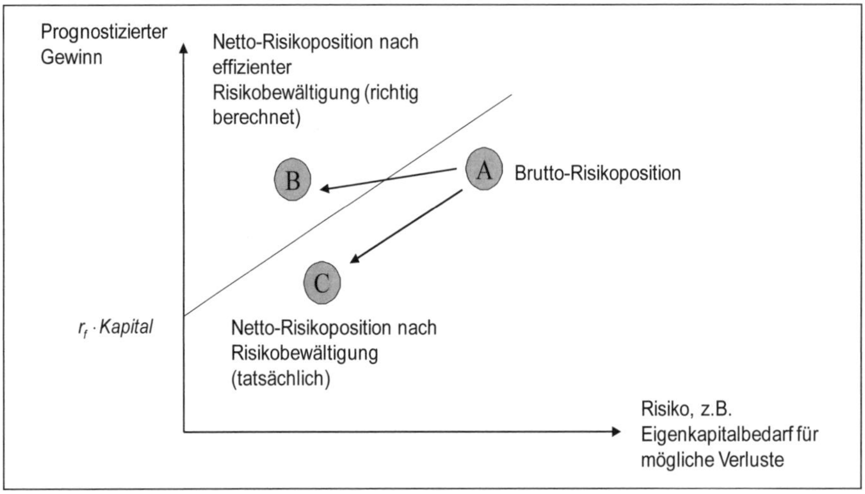

Abbildung 100: Fehlentscheidung durch falsche Risikoquantifizierung

Fazit: Die wahrgenommenen Stärken im praktischen Risikomanagement vieler Unternehmen dürften oft durchaus der Realität entsprechen, aber sich nahezu ausschließlich auf die Fähigkeit der Risikobewältigung beziehen. Für die Optimierung der Risikoposition und eine adäquate Qualifizierung der Netto-Risiken muss man die Risikobewältigungsmaßnahmen (und ihre Wirkung) betrachten. Die Schwäche vieler Unternehmen besteht jedoch darin, dass die auch unter Berücksichtigung der möglichen Risikobewältigungsmaßnahmen verbleibenden Netto-Risiken nicht adäquat quantifiziert und nicht korrekt im Rahmen unternehmerischer Entscheidungen berücksichtigt werden. In der Konsequenz führt dies dazu, dass zu oft Investitionen oder Projekte durchgeführt werden, deren erwartete Erträge oder Cashflows in Anbetracht der eingegangenen Risiken zu gering sind. Das Problem einer „zu optimistischen" Planung hat oftmals seinen Ursprung in einer unzulänglichen Risikobeurteilung.

4.3.2 Risikobewältigungsstrategien im Überblick

Zielsetzung der Risikobewältigungsaktivitäten eines Unternehmens ist es, durch geeignete Maßnahmen

- eine (z.B. für den Wert als Erfolgsmaßstab) optimale Risikoposition zu erreichen und/oder
- eine vorgegebene Obergrenze für den Gesamtrisikoumfang bzw. Insolvenzwahrscheinlichkeit nicht zu überschreiten (Nebenbedingung im Sinne eines Safety-First-Ansatzes).

Eine Erhöhung der Intensität der Risikobewältigung, und damit des Grads an Sicherheit, führt zu zunehmenden Kosten der Prävention bei zugleich abnehmenden Kosten der risikobedingten Schäden. Durch diesen gegenläufigen Verlauf ergibt sich ein optimaler Grad der Risikobewältigung, der oft auch als optimaler Sicherheitsgrad bezeichnet wird:

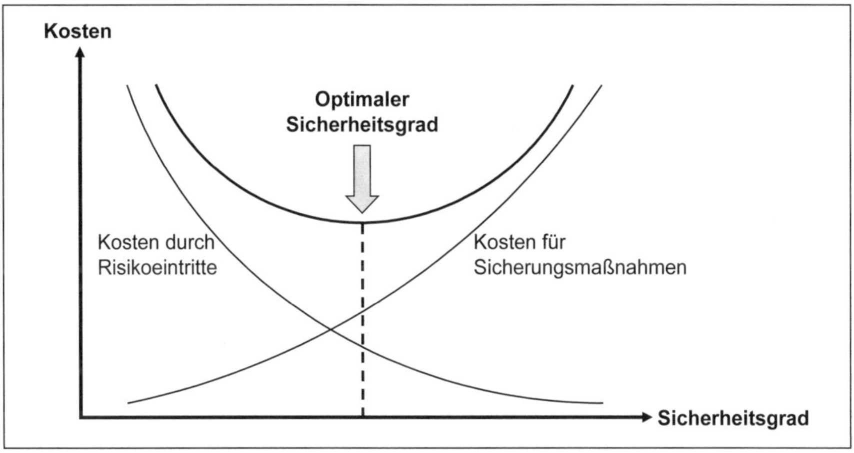

Abbildung 101: Der wirtschaftliche optimale Sicherheitsgrad[938]

Grundsätzlich sollten neben den Kosten des Schadenseintritts aber auch die kalkulatorischen Eigenkapitalkosten betrachtet werden: Für risikobedingt mögliche Verluste ist nämlich teures Eigenkapital vorzuhalten (vgl. Abschnitt 5.3 zur Berechnung der Risikokosten).

Bedeutsam ist primär der aggregierte Gesamtrisikoumfang, der den Bedarf an Risikodeckungspotenzial, das zukünftige Rating und die Kapitalkosten bestimmt. Die Risikobewältigung setzt aber meist an Einzelrisiken oder einer Gruppe von Einzelrisiken an.

Im Umgang mit Risiken gibt es dabei mehrere grundlegende Strategien, insbesondere

- Risiken vermeiden
- Risiken reduzieren

---

[938] Hölscher, 2000, S. 315.

- Risiken transferieren
- Risiken selbst tragen.

Risikovermeidung könnte beispielsweise den Ausstieg aus einem als gefährlich identifizierten Projekt oder Geschäftsfeld bedeuten. Dieser Weg ist umso eher zu gehen, je geringer die Risikotragfähigkeit des Unternehmens ist. Meist gehen mit Risikovermeidung aber auch Erträge verloren.

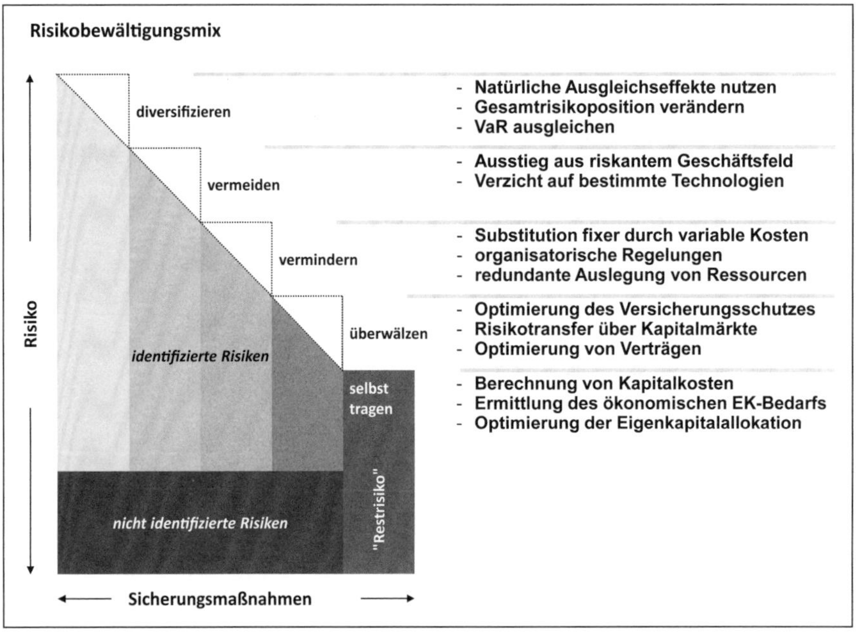

Abbildung 102: Risikobewältigungsstrategien

Sofern diese Maßnahme nicht erwünscht oder nicht sinnvoll ist, kann als nächstmilderes Mittel die **Risikoreduzierung** in Betracht gezogen werden. Diese lässt sich einteilen in eine ursachenorientierte Minderung der Eintrittswahrscheinlichkeit und eine wirkungsorientierte Minderung der Wirkung, z.B. der Bandbreite der möglichen Schadenshöhe. Bei der ursachenorientierten Minderung wäre beispielsweise zu denken an eine verstärkte Wartung wichtiger IT-Systeme zur Vermeidung von Ausfällen, während die wirkungsorientierte Minderung z.B. eine Reduzierung des Anteils fixer Kosten („Outsourcing") bedeuten könnte. Diese Maßnahme kann nämlich die Folgewirkungen eines unerwarteten Umsatzrückgangs reduzieren.

Das **Transferieren** von Risiken kann über geeignete Versicherungen[939] und Instrumente des Finanzmarkts (z.B. Absicherung von Zinsänderungen mit Derivaten) geschehen. Aber auch die Möglichkeiten der Vertragsgestaltung mit Kunden und Lieferanten bietet Möglichkeiten für einen Risikotransfer. Über

[939] Historisch hat sich das Risikomanagement zu einem wesentlichen Teil aus dem Versicherungsmanagement (Insurance-Management) der Unternehmen heraus entwickelt (Winter, 2007, S. 12).

den Kapitalmarkt kann man Währungs- oder Rohstoffpreisrisiken transferieren. Zudem gibt es im Rahmen des sogenannten „alternativen Risikotransfers" inzwischen versicherungsorientierte Lösungen, mit denen beispielsweise im Sinne eines Bilanzschutzes verschiedene Risiken – z.B. Naturkatastrophen und Währungsschwankungen – unter Ausnutzung ihrer Korrelationsstruktur gemeinsam und über einen Mehrjahreszeitraum abgesichert werden können („Multi-Line-/Multi-Year-Lösungen"), was Kostenvorteile bringen kann. Es sollte grundsätzlich bedacht werden, dass sich ein risikosenkender Diversifikationseffekt für ein Unternehmen ergibt, wenn Aktivitäten oder Vermögensgegenstände zusammengefasst werden, die nicht vollständig voneinander abhängig sind, die also eine Korrelation von kleiner als eins aufweisen.

Nun lassen sich nicht alle Risiken sinnvoll eliminieren, ohne schwerwiegende Einbußen bei der Ertragskraft zu verursachen. Ein Teil der Risiken muss also – als letzte Möglichkeit des Risikobewältigungsmix – **selbst getragen** werden. Dies gilt speziell für die „Kernrisiken" eines Unternehmens, also die Risiken, die in unmittelbarem Zusammenhang mit dem Aufbau und der Nutzung seiner Erfolgspotenziale stehen. Es macht nicht nur keinen Sinn, diese Risiken auf Dritte zu übertragen, es ist meist gar nicht möglich. Damit ist offensichtlich, dass eine Trennung von Kern- und Randrisiken nützlich ist, weil sonst nicht systematisch erarbeitet werden kann, welche Risiken das Unternehmen überhaupt selbst tragen soll.[940] Alle Risiken, die nicht zu den Kernrisiken zu zählen sind – also eben die „peripheren Risiken" oder Randrisiken – sollten bei akzeptablen Kosten auf andere Marktteilnehmer übertragen werden. Durch diesen Risikotransfer hat ein Unternehmen den Vorteil, dass es mehr Risiken beim Aufbau von Erfolgspotenzialen eingehen kann, ohne das Risikodeckungspotenzial zu überziehen.

Obige Kategorisierung von Risikobewältigungsstrategien zeigt jedoch nur ein grobes Raster der Ansatzpunkte zur Risikobewältigung. Risiken lassen sich beispielsweise reduzieren, indem die Prognostizierbarkeit der Zukunft durch geeignete Verfahren verbessert wird und das Unternehmen auf eine vorhergesagte Störung durch gezielte Gegenmaßnahmen reagiert (technokratischer Ansatz). Beispielsweise könnte man durch Messungen einen Maschinenausfall vorhersagen. Anders als mit einer gezielten Reaktion auf prognostizierte Störungen könnte man die Struktur eines Unternehmens oder Unternehmensteils auch so ändern, dass eine beliebige, nicht vorhergesehene exogene Störung ohne schwerwiegende Folgen bleibt (flexibler Ansatz). Wenn man im genannten Beispiel den Ausfall einer Maschine nicht vorhersagen kann, könnte man einfach eine zweite Maschine (redundantes System) dazustellen, die im Störungsfall aktiviert wird. Denkbar ist zudem, gezielt Gegenpositionen zu bestimmten Risiken aufzubauen (Hedging), die bewirken, dass genau beim Eintreten eines Risikos (z.B. Rohstoffpreisrisiken) an anderer Stelle Gewinne erzielt werden (z.B. Wertzuwachs einer Option). In einigen Fällen ist es schließlich möglich, durch das Ausüben von Macht eine bisher als zufällig bzw. exogen erscheinende Störung selbst beherrschbar zu machen, d.h. zu „endogenisieren". Preisset-

[940] Vgl. Gleißner, 2000b und Kaplan/Mikes, 2012 und 2016.

zungsmacht bei außergewöhnlich hoher Produktqualität (aus Sicht der Kunden) erlaubt z.B. das Überwälzen von gestiegenen Kosten.

	Strategische Risiken	Marktrisiken	Finanz-risiken	Rechtliche Risiken	Leistungs-risiken
vermeiden	Ausstieg aus Geschäftsfeld		Derivate vermeiden		Outsourcing
vermindern	Kernkompe-tenzen aus-bauen	Neue Ge-schäftsfelder		Verträge optimieren	Maschinen redundant auslegen
begrenzen			Zinscap		Revisionspro-zesse definieren
transferieren		Rohstoffpreise absichern	Währungsswap	Haftpflichtver-sicherung	BU-Versiche-rung
selbst tragen	Eigenkapital erhöhen		Ratingstrategien entwickeln		

Abbildung 103: Risikobewältigungsmatrix

Letztendlich erfolgt die Optimierung der Risikoposition immer vor dem Hintergrund der Eigenkapital- und Liquiditätsausstattung des Unternehmens, die bekanntlich das Risikodeckungspotenzial darstellen und die (freie) Risikotragfähigkeit mitbestimmen (vgl. Abschnitt 3.4). Die Optimierung der Risikoposition führt entweder zu einer Veränderung in der erforderlichen Eigenkapital- und Liquiditätsausstattung – oder es können mit dem vorhandenen Risikodeckungspotenzial mehr Kernrisiken als bisher eingegangen werden, was dem Ausbau der strategischen Erfolgspotenziale des Unternehmens zugutekommt. Die Risikooptimierung kann also durchaus auch die Empfehlung beinhalten, zusätzliche Risiken einzugehen, z.B. durch die Erhöhung der Selbstbehalte von Versicherungen.

Grundsätzliche Veränderungen der Risikoposition fordern im Allgemeinen Anpassungen der Unternehmensstrategie (siehe Abschnitt 4.2). Gerade die strategischen Risiken sind nämlich unmittelbar von der Strategie abhängig und meist nur durch Veränderungen der Strategie zu beeinflussen. Das schon vorgestellte Leitbild des sog. „robusten Unternehmens“[941] zeigt ein Unternehmen, das sich strategisch bewusst auf ein risikobehaftetes Umfeld einstellt und die Voraussetzungen dafür schafft, auch bei einer in den Details nicht vorhersehbaren Zukunft erfolgreich zu sein.

Die Auswirkungen von Risikobewältigungsmaßnahmen lassen sich an der folgenden vereinfachten Abbildung erkennen: Durch die Kosten der Risikobewältigung wurde der im Mittel zu erwartende Gewinn zwar etwas geringer,

[941] Siehe Gleißner, 2000b und Abschnitt 2.2.

aber gleichzeitig wurde die Schwankungsbreite des zu erwartenden Gewinns deutlich reduziert, insbesondere wurden die bestandsgefährdenden Spitzenrisiken eliminiert und damit der Eigenkapital- und Liquiditätsbedarf reduziert. Dies trägt potenziell bei zur Stabilisierung des Ratings und der Reduzierung von Kapitalkosten (vgl. Kapitel 5).

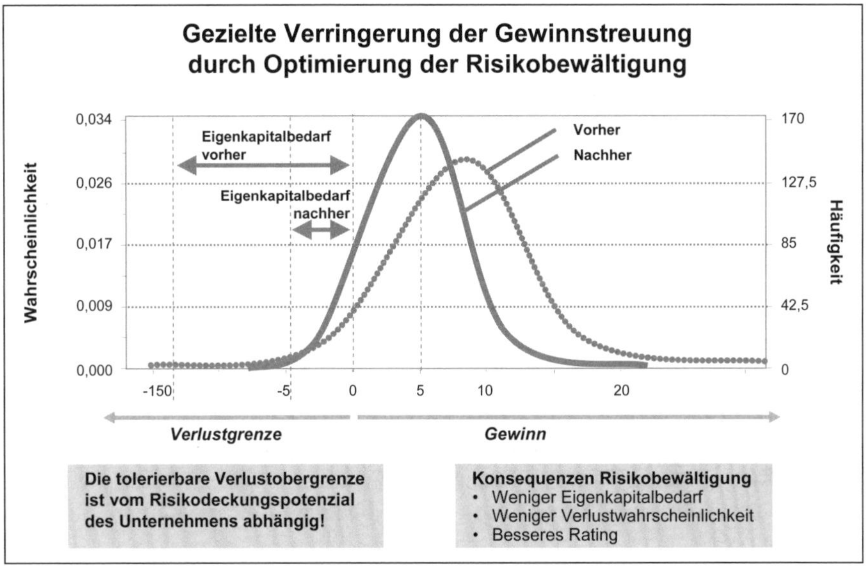

Abbildung 104: Gegenüberstellung der Gewinnverteilung vor und nach Risikobewältigung

Für die Beurteilung der Wirksamkeit von Risikobewältigungsmaßnahmen wird der Wertbeitrag für die betroffene Einheit (Investition, Strategische Geschäftseinheit oder das Unternehmen) berechnet und den Kosten für die Risikobewältigung gegenübergestellt (vgl. Abschnitt 4.7 und 5.3 zur risikogerechten Bewertung).

In Abbildung 103 sieht man z.B. wie durch den Risikotransfer Eigenkapitalbedarf und Kapitalkosten reduziert werden. Die Wirkung der Kosten des Risikotransfers mit dem Vorteil des reduzierten Eigenkapitalbedarfs sind abzuwägen.

Im Rahmen dieses Buches soll nachfolgend beispielhaft der Bereich des Risikotransfers etwas näher betrachtet werden. Es wird aufgezeigt, wie durch einen innovativen und integrierten Ansatz des Risikotransfers ein wesentlicher Beitrag zur Unternehmenswertsteigerung geleistet werden kann.[942] Dabei wird gezeigt, wie, speziell mit Finanzinstrumenten und Versicherungen, Risiken bewältigt werden können. In Abschnitt 4.6 werden Methoden für die Optimierung der Risikokosten vorgestellt, die auch dazu dienen, Risikobewältigungsmaßnahmen, wie z.B. Versicherungen, zu beurteilen. Weitere Instrumente zur Risikobewältigung werden knapp in Abschnitt 4.7 zusammengefasst.

[942] In Anlehnung an Gleißner, 2001c.

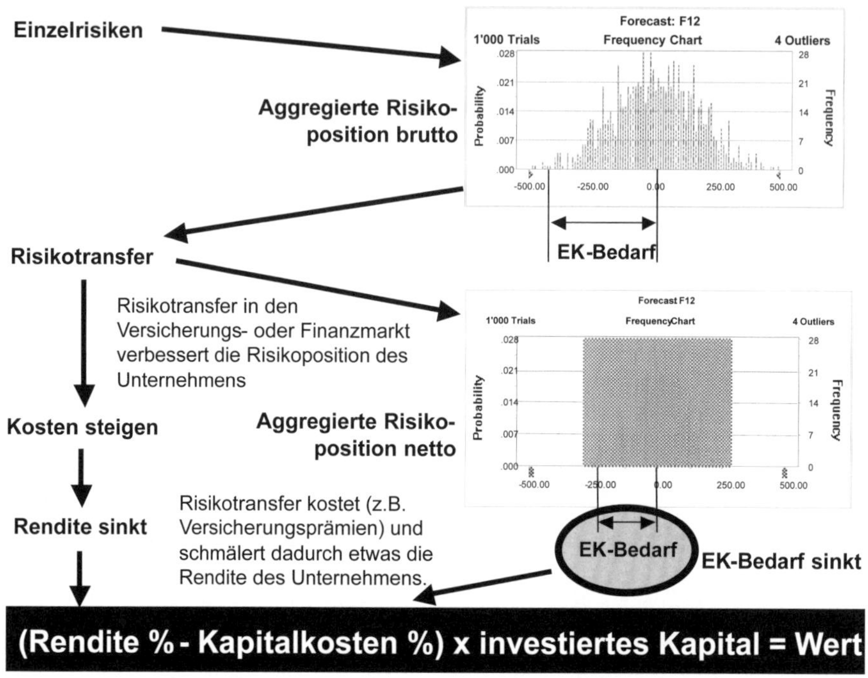

Abbildung 105: Bewertung von Risikobewältigungsstrategien

4.4 Risikotransfer und Versicherungsschutz

4.4.1 Versicherungsschutz von Unternehmen und Grenzen der Versicherbarkeit

Unter Risikotransfer versteht man alle Maßnahmen, um Risiken von einem Unternehmen auf Dritte zu übertragen. Dies umfasst traditionelle Versicherungslösungen ebenso wie die Optimierung von Verträgen mit Lieferanten oder Kunden. Auch zum Bereich des Risikotransfers gehören alle Arten der Absicherungen über die Kapitalmärkte, durch die bspw. Rohstoffpreis-, Währungs- oder Zinsänderungsrisiken an andere Marktteilnehmer übertragen werden (vgl. Abschnitt 4.5).

Eine wichtige Gruppe der Risikotransferinstrumente, insbesondere im Bereich der Leistungsrisiken, sind Versicherungslösungen, von denen viele typische in folgender Tabelle zusammengefasst sind:

Versicherungssparte	Versicherung
Sachversicherungen	• Feuerversicherung • Extended Coverage • Allgefahren-Sachversicherung • Einbruchdiebstahl/Raub • Leitungswasser • Sturm, Hagel • Glas • Mietverlust
Betriebsunterbrechungs-versicherungen (BU)	• Feuer-BU • Allgefahren-BU • Einbruchdiebstahl-BU
Technische Versicherungen	• Elektronik • Maschinen • Maschinen-Betriebsunterbrechung/Mehrkosten • Bauleistung • Montage • Baugeräte
Transport-versicherungen	• Warenversicherung • Frachtführerhaftungsversicherung • Kollektiv-Reisegepäck • Werksverkehrs-Versicherung • Ausstellungsversicherung • Autoinhaltsversicherung • Reisewarenlager- & Musterkollektionsversicherung
Haftpflicht-versicherungen	• Betriebs- & Produkthaftpflicht • Umwelthaftpflicht • Bodenkasko • Rückrufkostendeckung • Produktschutz-Deckungen • Vermögensschadenshaftpflicht • Directors & Officers-Versicherungen (D&O)
Rechtsschutz-versicherungen	• Industrie-Rechtsschutz • Topmanager-Rechtsschutz • Spezielle Rahmenvereinbarungen
Unfallversicherungen	• Unfallversicherung • Mitarbeiter-Unfallversicherung
Kfz-Versicherungen	• Kraftfahrt • Kfz-Rechtsschutz/Firmen-Rechtsschutz
Sonstige Versicherungen	• Warenkreditversicherung • Ausfuhrkreditversicherung • Investitionsgüterkreditversicherung • Vertrauensschadensversicherung • Computer-Missbrauch • Cyber-Risiko-Versicherung • Kaution, Bürgschaft • Lebensversicherung • Private Haftpflichtversicherung

Tabelle 31: Versicherungslösungen

Bei einer Versicherung handelt es sich grundsätzlich um eine vertragliche Vereinbarung zwischen einem oder mehreren Versicherungsnehmern und einem Versicherungsgeber (Versicherungsunternehmen), durch die gegen Zahlung einer Versicherungsprämie an den Versicherungsgeber dieser im Versicherungsfall (Schaden) eine vereinbarte Versicherungsleistung an den Versicherungsnehmer leistet.

Bei freiwilliger Entscheidung für einen solchen Risikotransfer, wird von Individualversicherung (Privat- bzw. Vertragsversicherung) gesprochen. Diesen Versicherungen liegt das sogenannte Äquivalenzprinzip zugrunde, wonach sich der Versicherungsbeitrag nach der Art und Größe des Risikos und/oder der entsprechenden Risikogruppe bemisst.

Das versicherte Risiko ist der Gegenstand des Versicherungsvertrages, beschrieben durch das versicherte Subjekt/Objekt, die Gefahren (die nachteilig auf das Objekt einwirken können) sowie den Versicherungsumfang. Unter Risiko wird hier die Gefahr verstanden, die zum Eintritt des Schadens führen kann. Im Sachbereich wird hierfür auch der Begriff „versicherte Gefahr" verwendet.

Eine private Versicherung wird dann angeboten, wenn (1) ausreichend viele potenzielle Versicherungsnehmer durch gleichartige, aber unkorrelierte Risiken bedroht sind (Gesetz der großen Zahl) und (2) das Ausmaß des (möglichen) Maximalschadens kalkulierbar und tragbar ist.[943]

Wenn diese Bedingungen erfüllt sind, können sich risikoaverse Individuen zu einer „Risikogemeinschaft" zusammenschließen und ihre Risiken in einer risikoneutralen Versicherung poolen. In diesem Fall ergibt sich ein gesamtgesellschaftlicher Wohlfahrtsgewinn durch den „Ausgleich zum Kollektiv".[944]

Da diese Bedingungen speziell bei Naturkatastrophen nicht immer erfüllt sind, kann in diesem Fall eine Rechtfertigung für einen Staatseingriff gesehen werden, wobei jedoch auf Anreizkompatibilität zu achten ist.[945]

Die (traditionellen) Versicherungen lassen sich grob in vier Versicherungssparten einteilen:

- Die **Sachversicherung** schützt z.B. Gebäude, Einrichtungen und Vorräte gegen Brandschäden, Wasser etc. sowie gegen deren wirtschaftliche Folgen.
- Die **Haftpflichtversicherung** schützt Unternehmen vor finanziellen Belastungen, wenn Dritte (z.B. Kunden, Besucher oder Weiterverarbeiter) Schadenersatz für einen erlittenen Personen- oder Sachschaden verlangen.[946]
- Die **Technischen Versicherungen** decken die Risiken während der Errichtung technischer Anlagen und Bauwerke ab. Weiterhin können alle Arten techni-

[943] Vgl. von Weizsäcker/Süßmuth/Veilcke, 2006, S. 1112. Zu einer Theorie bezüglich der Versicherungsnachfrage vgl. auch Sinn, 1980, S. 310–349.

[944] Arrow, 1996, S. 103–111.

[945] Möglich ist hier beispielsweise eine Pflichtversicherung mit risikoabhängig differenzierten Versicherungsprämien, die eine glaubwürdige Alternative zur staatlichen ad hoc-Hilfe im Schadensfall darstellt; siehe von Weizsäcker/Süßmuth/Veilcke, 2006, S. 1116.

[946] Unternehmen können sich weiterhin gegen Risiken unerlaubter Handlungen von Mitarbeitern versichern, wie beispielsweise Diebstahl durch Angestellte.

scher Betriebseinrichtungen einschließlich der wirtschaftlichen Risiken bei deren Ausfall versichert werden.

- In der **Transportversicherung** werden alle Gefahren versichert, denen die Waren während des Transportes ausgesetzt sind.

Grundsätzlich versucht der Versicherungsnehmer, z.B. ein Unternehmen, durch die optimale Festlegung der Schadensverhütungsaktivitäten (Risikobewältigung), die Summe der Kosten der Risikobewältigungsmaßnahmen und der sich damit ergebenden erwarteten Verluste aus Schäden zu minimieren, siehe Abbildung 101.

Um den Erwartungswert der Schadensbelastung bestimmen zu können, wird das (versicherbare) Risiko beschrieben durch eine Wahrscheinlichkeitsverteilung für die Häufigkeit von Schäden pro Periode (z.B. Poissonverteilung oder Negativbinomial-Verteilung) und eine für die Schadenshöhe je Schadensfall (z.B. Lognormal-, Pareto- oder Gammaverteilung).

Für die Beurteilung der aktuellen Schadenssituation eines Unternehmens, also der Wirkung eingetretener Risiken, können beispielsweise die folgenden Kennzahlen verwendet werden:[947]

Risiken und Kennzahlen (Risiko ist hier gleich Schaden)

(1) Gesamtschaden = Summe der Schadenshöhen

(2) Schadensdurchschnitt $= \dfrac{\text{Gesamtschaden}}{\text{Schadenszahl}}$

(3) Schadenshäufigkeit $= \dfrac{\text{Schadenszahl}}{\text{Zahl risikotechn. Einheiten}}$

(4) Schadensbedarf $= \dfrac{\text{Gesamtschaden}}{\text{Zahl risikotechn. Einheiten}} = (2) \times (3)$

Schadensbedarf pro Versicherungssumme $= \dfrac{\text{Schadenszahl}}{\text{Zahl Einheiten}} \times \dfrac{\text{Schadensdurchschnitt}}{\text{Versicherungssumme}} = (3) \times (6)$

(5) Schadensquote $= \dfrac{\text{Gesamtschaden}}{\text{Prämien}}$

(6) Schadensgrad $= \dfrac{\text{Schadensdurchschnitt}}{\text{Versicherungssumme}}$

(7) Schadenssatz $= \dfrac{\text{Gesamtschaden}}{\text{Versicherungssumme}}$

Abbildung 106: Verwendung von Kennzahlen für die Risikobeurteilung[948]

[947] Vgl. Rosenkranz/Missler-Behr, 2005, S. 157.
[948] Quelle: Rosenkranz/Missler-Behr, 2005, S. 157.

Das versicherungstechnische Risiko, das die Versicherungsgesellschaft übernimmt, lässt sich aufteilen in Zufallsrisiko, Änderungsrisiko, Irrtumsrisiko und Risiko aufgrund asymmetrischer Informationsverteilung.

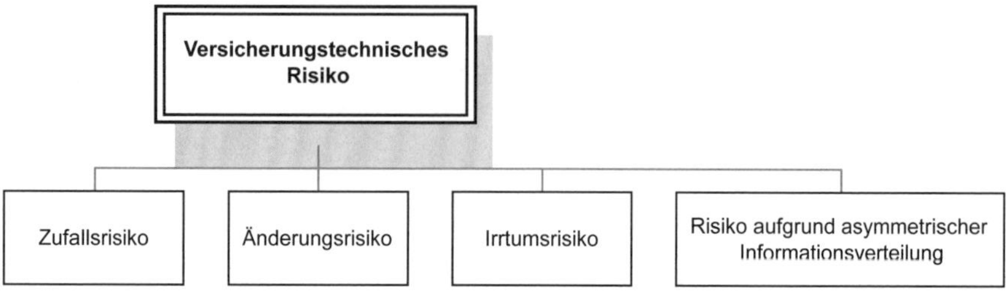

Abbildung 107: Zerlegung eines versicherungstechnischen Risikos

Durch das Zufallsrisiko wird die zufällige (stochastische) Schwankung von Schäden im Bestand eines Versicherungsunternehmens erfasst.[949] Als Änderungsrisiko bezeichnet man die Möglichkeit, dass sich die Annahmen bei Abschluss des Versicherungsvertrages im Zeitablauf ändern, ohne dass dies vom Versicherer wahrgenommen wird oder er darauf reagieren kann.

Als Irrtumsrisiko betrachtet man ein spezielles „Metarisiko", nämlich die Unkenntnis des Versicherers über das adäquate Modell zur quantitativen Beschreibung des zu versichernden Risikos bzw. die Unsicherheit über die verwendeten Modellparameter.

4.4.2 Exkurs: Grenzen der Versicherbarkeit

In diesem Exkurs wird ausgehend von einer Einführung in versicherungstechnische Grundlagen erläutert, warum nicht alle Risiken eines Unternehmens versicherbar sind und wo die Grenze der Versicherbarkeit liegt.

Marktversagen auf den Versicherungsmärkten kann vor allem durch „moral hazard" und/oder „adverse Selektion" entstehen.

Risiko aufgrund asymmetrischer Informationsverteilung führt zu „moral hazard" und „adverser Selektion" und resultiert daher, dass Versicherungsnehmer über ihr Risiko besser informiert sind als der Versicherungsgeber.[950]

Von moral hazard (moralisches Risiko) auf Versicherungsmärkten wird gesprochen, wenn aufgrund des Abschließens einer Versicherung der Versicherungsnehmer eigene Maßnahmen zur Reduzierung des Risikos vernachlässigt.[951] Der Versicherungsvertrag reduziert also die Anreize der Schadensabsicherung, wobei zwei Arten des moral hazards zu unterscheiden sind, nämlich

[949] Zufallsrisiko kann weiter unterteilt werden in Kumulrisiko, Ansteckungsrisiko und Katastrophenrisiko.

[950] Ein Grundmodell zur Beschreibung einer Versicherungslösung erläutert Nguyen, 2007, S. 16–33; vgl. auch Schmidt, 2009.

[951] Arrow, 1971.

- risikoerhöhender moral hazard: durch die Reduzierung der Risikobewältigung ergibt sich eine für den Versicherungsgeber nicht beobachtbare Erhöhung der Schadenswahrscheinlichkeit (asymmetrische Informationsverteilung).[952]
- mengenerhöhendes moral hazard: liegt vor, wenn die Höhe des Schadens L vom Umfang der Schadensverhütungsmaßnahmen abhängt, deren genauer Umfang jedoch vom Versicherungsgeber nicht beobachtet werden kann.

Der Umfang von moral hazard lässt sich durch staatliche Regelungen reduzieren.[953] So kann beispielsweise der Staat selbst als Versicherer auftreten (monopolistische Anbieter) und ggf. dann das Angebot an Versicherungsschutz rationieren. Durch die Besteuerung von Versicherungsprämien kann er zudem die Nachfrage nach Versicherungen reduzieren und damit die Attraktivität von Risikobewältigungsmaßnahmen auf Ebene der Individuen (Unternehmen) fördern. Entsprechend wirken fiskalische Begünstigungen für Schadensverhütungs- bzw. Risikobewältigungsaktivitäten im Unternehmen. Schließlich kann der Staat Mindeststandards setzen bezüglich Schadensverhütungs- und Risikobewältigungsaktivitäten.

Eine weitere Folge der asymmetrischen Informationsverteilung zwischen Versicherungsnehmer und Versicherungsgeber ist die oben erwähnte adverse Selektion. Eine solche „negative Risikoselektion", entsteht, weil der Versicherungsnehmer besser über seine eigene Schadenswahrscheinlichkeit informiert ist als der Versicherer. Im Gegensatz zum moral hazard tritt das Problem der adversen Selektion bereits vor Abschluss eines Versicherungsvertrages auf. Adverse Selektion führt dazu, dass sich tendenziell genau die Individuen versichern lassen, deren Risiko gemessen am Kollektiv überdurchschnittlich hoch ist, was eine zunehmende Tendenz der Versicherer zur Erhöhung der Prämien verursachen und letztlich zum Zusammenbruch des Marktes führen kann.[954]

Auch adverser Selektion lässt sich durch staatliche Reglementierungen begegnen, wie beispielsweise durch staatliche Monopolversicherung, die Besteuerung von Versicherungsprämien oder staatliche Regulierung, bestimmte versicherungsrelevante Informationen offen zu legen. Schließlich ist auch eine Versicherungspflicht ein Instrument zur Vermeidung der adversen Selektion.

Damit ein Risiko überhaupt (privat) versicherbar ist, müssen bestimmte Kriterien erfüllt sein, die Nguyen[955] wie folgt zusammenfasst:

[952] Die Nichtbeobachtbarkeit von Schadensverhütungsmaßnahmen führt zu einer Fehlallokation von knappen Ressourcen, da Versicherungen als Instrument der Risikobewältigung in zu großem Umfang und Schadensverhütungsaktivitäten in zu geringem Umfang eingesetzt werden. Das Bereicherungsverbot stellt sicher, dass der Versicherte im Schadensfall nicht besser gestellt werden kann als im Nicht-Schadensfall.

[953] Nguyen, 2007, S. 46–47.

[954] Siehe Akerlof und Yellen, 1987.

[955] Nguyen, 2007, S. 87 in Anlehnung an Berliner, 1982.

	Kategorie	Kriterium	Eigenschaft
(1)	Versicherungs-mathematisch	Risiko/Ungewissheit	Messbar
(2)		Schadensereignisse	Unabhängig
(3)		Höchstschaden	Beherrschbar
(4)		Durchschnittsschaden	Moderat
(5)		Schadenhäufigkeit	Hoch
(6)		Moral Hazard, Adverse Selection	Nicht ausgeprägt
(7)	Marktbedingt	Versicherungsprämie	Angemessen
(8)		Deckungsgrenzen	Akzeptabel
(9)		Branchenkapazität	Ausreichend
(11)	Gesellschaftlich	Moralische Werteordnung	Versicherung
(12)		Rechtssystem	Zulässig

Tabelle 32: Kriterien für versicherbare Risiken

Offensichtlich muss ein Risiko messbar sein, d.h., seine Eintrittswahrscheinlichkeit muss bekannt (oder abschätzbar) sein, ebenso wie die potenzielle Schadenshöhe, um risikogerechte Prämien kalkulieren zu können. Auch muss das Risiko zufällig sein, d.h., der Versicherer muss in der Lage sein, alle Schadensfälle auszuschließen, die vom Versicherten selbst herbeigeführt werden.[956] Zudem sollten die einzelnen Risiken im Portfolio des Versicherers nicht zu eng miteinander korreliert sein („unabhängige Schadensereignisse"), um einen Ausgleich der Risiken im Kollektiv zu erreichen. Schließlich muss das Gesamtschadenspotenzial bei Risikoeintritt für den Versicherer beherrschbar sein, d.h., die höchstmögliche Schadenssumme muss durch die vorhandene Risikotragfähigkeit (Eigenkapital) abgedeckt sein („beherrschbarer Gesamtschaden"). Tendenziell sind damit Risiken besser versicherbar, je kleiner die (maximale) Schadenshöhe und je höher die Schadensfrequenz ist, was sich aus dem Gesetz der großen Zahl unmittelbar ableiten lässt.[957]

Unter den „marktbedingten" Kriterien ist zunächst hervorzuheben, dass die risikogerechte Versicherungsprämie (unter Berücksichtigung der Versicherungskosten und Zuschläge für Metarisiken) „bezahlbar" für den Versicherungsnehmer bleiben muss. Darüber hinaus muss die Gesamtdeckungskapazität (Zeichnungskapazität) der Branche ausreichen, den „größtmöglichen Schaden" abzufangen. Und zudem ist ein Risiko nur versicherbar, wenn dessen Deckung mit gesellschaftlichen Werten und kulturellen Vorstellungen übereinstimmt.

[956] Gerade infolge der asymmetrischen Informationsverteilung sollten zudem Risiken und Schadenseintritte nur eine geringe Manipulierbarkeit durch den Versicherungsnehmer aufweisen.

[957] In der Versicherungsmathematik wird dabei oft auf den Grundsatz des Risikoausgleichs Bezug genommen, also: *„Der Ausgleich über die Menge (Anzahl gleichartiger Risiken) ist gleich dem Ausgleich über die Zeit."* Siehe Nguyen, 2007, S. 91 mit Bezug auf Berliner, 1982, S. 54–55. Es gilt also beispielsweise, dass der Ausgleich von 1.000 Risiken über ein Jahr dem Ausgleich von 100 Risiken über 10 Jahre oder von 10 Risiken über 100 Jahre entspricht.

Die betrachteten Kriterien für die (private) Versicherbarkeit zeigen deutlich, dass es gerade bei Katastrophenrisiken hier erhebliche Schwierigkeiten gibt. So können gerade bei Katastrophenrisiken Fehleinschätzungen des Erwartungswerts der Schadenshöhe und der Eintrittswahrscheinlichkeit („Zufallsrisiko") von so großer Bedeutung sein, dass damit die Existenz des Versicherungsunternehmens gefährdet wird. Gerade aufgrund der Seltenheit derartiger Ereignisse ist es schwer, adäquate mathematische Modelle zu finden und die Modellparameter mit der notwendigen Sicherheit einzuschätzen. Zudem ist bei extremen Schadensszenarien fraglich, ob in der Versicherungsbranche die notwendige Deckungskapazität zur Verfügung steht. Die „Messbarkeit" des Risikos und die Beherrschbarkeit des Höchstschadens sind damit die wesentlichen Herausforderungen bei der Versicherung von Katastrophenrisiken.

Um Katastrophenrisiken überhaupt absichern zu können, sollten neben den „traditionellen Ansätzen" zum Transfer von Versicherungsrisiken, wie die übliche (proportionale) Rückversicherung, auch „moderne Deckungskonzepte" genutzt werden (vgl. Abbildung 108).[958, 959, 960]

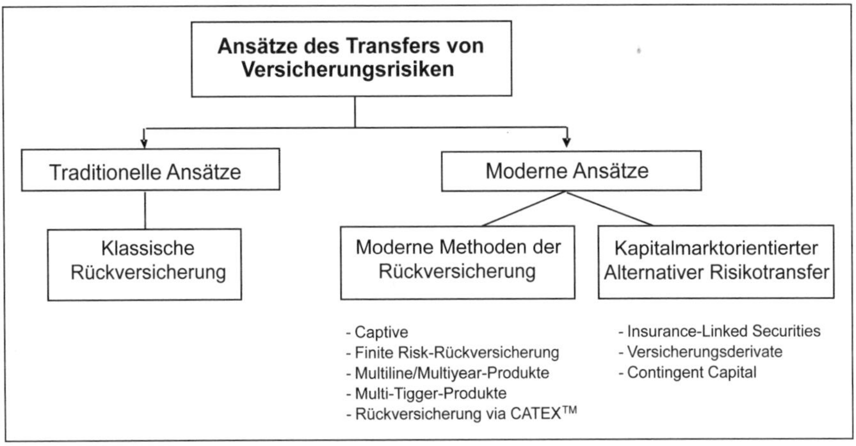

Abbildung 108: Ansätze des Transfers von Versicherungsrisiken

Fazit: Versicherungslösungen sind wesentliche Elemente der Risikobewältigungsstrategie – aber nicht alle Risiken sind versicherbar (z.B. wegen „moral

958 Zur Darstellung der einzelnen Verfahren siehe Nguyen, 2007, S. 156–233.

959 Bei kritischer Würdigung der möglichen Transferstrategien ist festzuhalten, dass auch die einfachen proportionalen Rückversicherungsformen keinen adäquaten Schutz gegen Großschadensereignisse bieten. Sinnvoll erscheinen dagegen nicht-proportionale Rückversicherungen. Zu denken ist hier beispielsweise an Einzelschadensexzedenten für extreme Schäden oder eine „Stop Loss"-Versicherung für den Erstversicherer, welche alle über den „Stop Loss" (SL) hinausgehende Schäden von der Rückversicherung übernehmen lässt. Ergänzend sind Insurance-Linked-Securities und Versicherungsderivate, die eine Verbriefung (Sekurisation) von Katastrophenrisiken nutzen, sinnvoll, da damit die Gesamtkapazität des Kapitalmarkts für die Katastrophenabsicherung genutzt werden kann. Beispielhaft zur Beurteilung alternativer Trigger-Events für Cat-Bonds siehe Nguyen, 2007, S. 257–258.

960 Noch sind auch nicht alle Risiken über Märkte zu transferieren, vgl. Shiller, 2003.

hazard"-Problemen). Ist ein Risiko prinzipiell versicherbar, muss entschieden werden, ob der Versicherungsschutz ökonomisch sinnvoll ist. Dabei ist zu beachten, dass die Kosten des Risikotransfers abhängig sind vom historischen Schadensverlauf im Unternehmen, der jedoch nicht unbedingt repräsentativ ist für die Zukunft, was bei der Verhandlung über Versicherungsprämien zu beachten ist.[961]

4.5 Finanzrisikomanagement und Hedging

Zur Steuerung und Reduzierung von Finanzrisiken[962] werden Termingeschäfte genutzt. Bei einem Termingeschäft wird eine Vereinbarung mit dem Kauf oder Verkauf eines Guts (Basiswert) in der Zukunft getroffen, wobei aber bereits heute der Kauf- bzw. Verkaufspreis festgelegt ist. Damit werden Unsicherheiten über die zukünftige Preisentwicklung beseitigt. Diese Form der Absicherung nennt man „Hedging".

Solche Termingeschäfte sind insbesondere geeignet das Risiko aus unsicheren zukünftigen Preisen bei

- Rohstoffen (Rohöl, Metalle oder Agrarrohstoffe),
- Wertpapieren (z.B. Aktien),
- Währungen und
- Zinsen

abzusichern. Auch eine Absicherung gegenüber Kreditausfällen, Naturkatastrophen und Wetter ist möglich. Der Wert eines Termingeschäfts ist abhängig von der Preisentwicklung des betrachteten Basiswerts, also z.B. eines Rohstoffs oder der Aktien eines Unternehmens.[963] Gewinne aus dem Termingeschäft sollen Verluste aus einer möglichen ungünstigen Preisentwicklung gerade kompensierend so Preisrisiken beseitigen.

Für diesen Risikotransfer auf Dritte können verschiedene Instrumente genutzt werden. Unterschieden wird hierbei insbesondere zwischen unbedingten Termingeschäften (wie Futures, Forwards und Swaps) und bedingten Termingeschäften, den Optionen (siehe die nachfolgende Tabelle 33).

[961] Vgl. den folgenden Abschnitt 4.6 und Gleißner/Nguyen, 2013.
[962] Marktpreisrisiken.
[963] Man spricht deshalb auch von Derivaten.

Kriterium	Ausprägungen		
Basiswert	Handelswaren (Agrarprodukte, Metalle, Rohöl)	Finanzinstrumente (Wertpapiere, Zinssätze, Devisen, Indices)	sonstige Basiswerte (Katastrophen-, Wetter-, Kreditderivate)
Erfüllungspflicht	unbedingte Termingeschäfte (Futures, Forwards, Swaps)	bedingte Termingeschäfte (Optionen)	
Handelsplatz	börslich gehandelte Termingeschäfte	außerbörsliche (OTC) Termingeschäfte	

Tabelle 33: Systematisierung von Termingeschäften (Quelle: Vanini/Rieg, 2021a, S. 330)

Die bedingten Termingeschäfte, die Optionen, bieten gegen Zahlung einer Optionsprämie einseitig die Möglichkeit die vereinbarte Menge des Basispreises zu einem festgelegten Preis kaufen oder verkaufen zu können. Hier besteht ein Recht, aber keine Pflicht. Bei den Futures als unbedingten Termingeschäften verpflichten sich dagegen beide Partner zur Ausübung. Der Verkäufer des Basiswertes ist verpflichtet die vereinbarte Menge des Basiswerts (Underlying) zum vereinbarten Zeitpunkt und dem vereinbarten Preis (Kurs) zu verkaufen. Der Käufer verpflichtet sich umgekehrt diese Menge zum vereinbarten Preis zu kaufen.

Die Hedginginstrumente beziehen sich immer auf einen bestimmten Zeitpunkt beziehungsweise auf einen bestimmten Zeithorizont in der Zukunft. Daher werden sie auch Termingeschäfte genannt. Die folgende Abbildung gibt einen Überblick über verschiedene Termingeschäfte und die möglichen Hedginginstrumente.

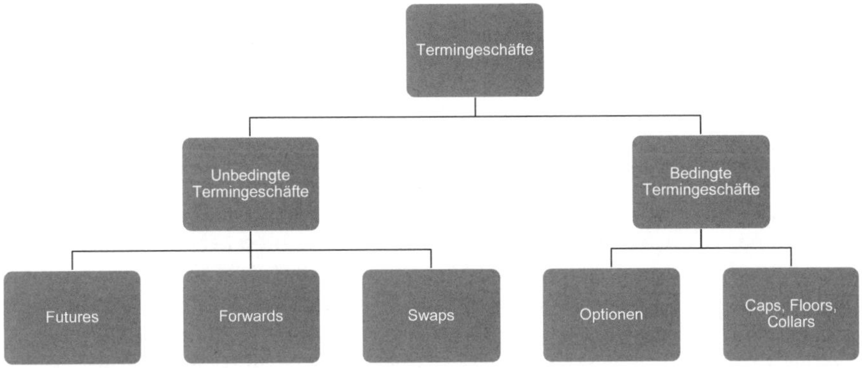

Abbildung 109: Überblick über verschiedene Termingeschäfte und die möglichen Hedginginstrumente

Unbedingte Termingeschäfte beinhalten für Käufer und Verkäufer symmetrische Rechte und Pflichten. Das bedeutet, dass beide Vertragsparteien bei Fälligkeit zur Erfüllung des Geschäfts verpflichtet sind. Es bedarf also keiner weiteren Willenserklärung, ob eine Ausführung stattfindet oder nicht. Es gibt kein Wahlrecht. Zu den unbedingten Termingeschäften zählen Futures, Forwards und Swaps.

Bei einem **bedingten Termingeschäft** besteht ein Wahlrecht für den Käufer, bei Fälligkeit oder gegebenenfalls davor das Geschäft auszuüben oder nicht. Der Käufer bestimmt, ob er das Geschäft durchführt oder verfallen lässt (von der Ausübung keinen Gebrauch macht). Zu den bedingten Termingeschäften zählen Optionen sowie Caps, Floors und Collars.

Beispiel: Währungsswap zur Absicherung von Wechselkursrisiken

Zum Hedgen von Währungsrisiken eignet sich z.B. ein Währungsswap. Bei einem Währungsswap werden Nominalbeträge in verschiedenen Währungen zu Beginn und am Ende der Laufzeit des Swaps ausgetauscht. Die vereinbarten Zinszahlungen in unterschiedlichen Währungen werden normalerweise während der Laufzeit des Swaps untereinander ausgetauscht.[964]

Ein Währungsswap wird eingesetzt, um eine Absicherung in einer benötigten Währung durchzuführen. Unternehmen, die Tochtergesellschaften im Ausland besitzen oder Direktinvestitionen im Ausland durchführen (z.B. Erstellung eines Produktionswerks), müssen häufig wiederkehrende Zahlungen in Fremdwährungen leisten (z.B. Mietzahlungen, Lizenzgebühren, Kreditzinsen oder die Finanzierung eines langfristigen Projekts). Hierbei besteht ein hohes Wechselkursrisiko. Sobald das Volumen und die benötigte Zeitspanne für das erforderliche Kapital feststehen, können Unternehmen mithilfe eines Währungsswaps bereits heute Zahlungsströme in Fremdwährung für zukünftige Transaktionen in der heimischen Währung festschreiben und sich somit eine sichere Planungsgrundlage schaffen. Ein Währungsswap kann beispielsweise mit einer Bank oder mit einem anderen Unternehmen als Swappartner abgeschlossen werden. Das folgende Beispiel verdeutlicht die Anwendungsmöglichkeiten eines Währungsswaps.

Ausgangslage: Ein deutsches Unternehmen möchte eine Investition einer Tochtergesellschaft in US-Dollar finanzieren. Das Unternehmen kann einen entsprechenden Betrag in Euro bereitstellen, der durch einen inländischen Kredit refinanziert wird.

Hedgingstrategie: Das Unternehmen hat nun die Möglichkeit, Euro auf dem Devisenmarkt in US-Dollar zu tauschen, um der Tochtergesellschaft einen US-Dollar-Kredit zu gewähren. Da die Muttergesellschaft in Euro bilanziert, geht sie aber mit der Gewährung des US-Dollar-Kredits ein Wechselkursrisiko in Bezug auf alle Zinszahlungen und Tilgungen ein, da diese in US-Dollar zurückfließen. Um dieses Wechselkursrisiko abzusichern, könnte das Unternehmen einen Währungsswap abschließen.[965]

Ergebnis: In unserem Beispiel nimmt das Unternehmen einen Euro-Kredit zu 7 % mit einer Laufzeit von fünf Jahren auf. Es tauscht den Euro-Kreditbetrag in

[964] Vgl. weiterführend Ernst/Häcker, 2021 und Romeike/Hager, 2020.
[965] Vgl. Schäfer (2011), S. 68.

US-Dollar um und gibt in Höhe des umgetauschten Betrags dem Tochterunternehmen einen US-Dollar-Kredit mit ebenfalls einer Laufzeit von fünf Jahren zu einem Zinssatz von 9%.

Bei einem Währungsswap mit einer Bank wäre die Bank bereit, US-Dollar zu einem bestimmten Swap-Satz entgegenzunehmen und dafür Euros zu zahlen. Der Swap-Satz ist dabei die Differenz zwischen dem Devisenterminkurs und dem Devisenkassakurs. Beträgt der Swapsatz 1,5%, würde das Unternehmen einen Zinsertrag von 9% in US-Dollar erwirtschaften und in einen Zinsertrag von 7,5% in Euro tauschen (9% – 1,5% = 7,5%). Damit wäre die Fristenkongruenz hergestellt und das Wechselkursrisiko abgesichert.

In der Hedgingpraxis gibt es viele Möglichkeiten zur Formulierung eines Swaps. Variablen sind dabei die beteiligten Parteien, Laufzeit, Nominalbetrag, Zinsbasis, Zahlungsdaten sowie Berechnungsmethode.

Zur Absicherung gegen Risiken aus Preisschwankungen können auch Optionen genutzt werden. Die nachfolgende Abbildung zeigt das Gewinn- und Verlustprofil einer Kaufoption („Call").

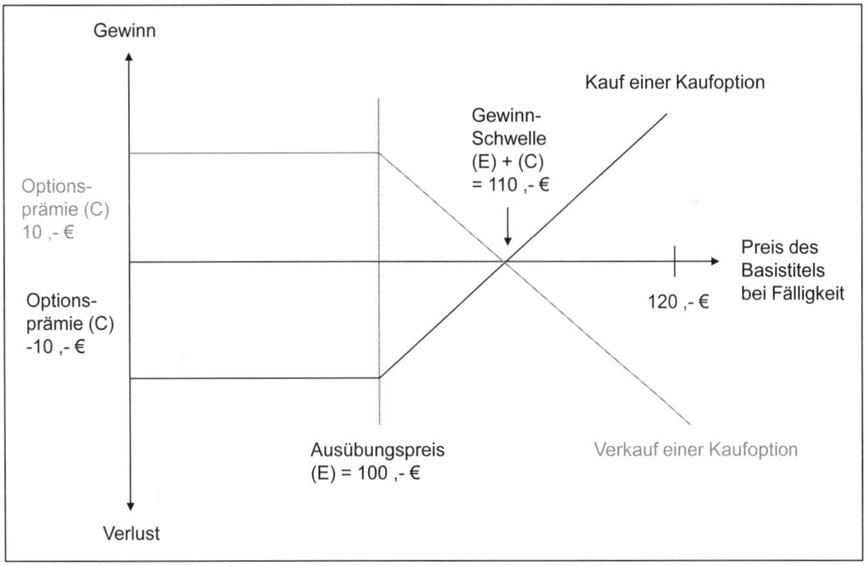

Abbildung 110: Gewinn- und Verlustprofil einer Kaufoption (Quelle: Vanini/Rieg, 2021a, S. 332)

Bei einer Kaufoption hat beispielsweise der Käufer das Recht einen Basiswert (z.B. Rohöl) in einem festgelegten Zeitrahmen zu einem vorgegebenen Ausübungspreis (a) zu kaufen. Damit wird das Risiko der unsicheren Entwicklung des Preises des Basiswerts, hier also Öl, abgesichert. Bei einem Preisanstieg des Basiswerts werden dann nämlich damit einhergehende zusätzliche Kosten für den Erwerb ausgeglichen durch Gewinne infolge des steigenden Werts der Kaufoption. So ist es möglich sich gegen Zahlungen des Optionspreises (C) für die Kaufoption gegen das Risiko möglicher Zusatzkosten infolge eines Anstiegs des Preises für eine benötigten Rohstoff abzusichern.

Das Zahlungsprofil einer Verkaufsoption (Put) ist genau umgekehrt. Man erwirbt gegen Zahlungen der Optionsprämie das Recht die festgelegte Menge des Basiswerts in einer festgelegten Periode zum Ausübungspreis verkaufen zu können. Damit ist eine Absicherung gegen einen Preisrückgang des Basiswerts möglich. So ist es beispielsweise möglich, dass ein Agrarbetrieb sich schon vor der Ernte absichert gegenüber einer für ihn möglicherweise negativen Preisentwicklung seiner Produkte, wie z.B. Weizen oder Mais.

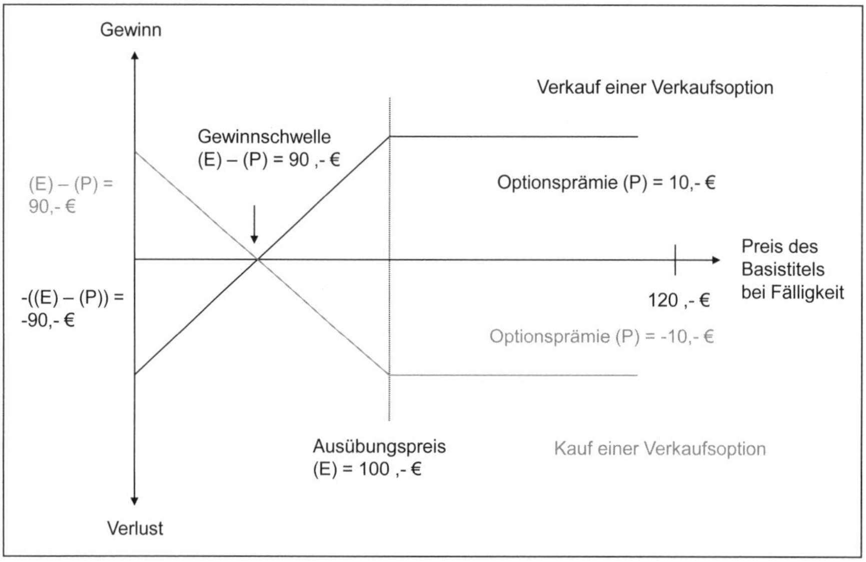

Abbildung 111: Gewinn- und Verlustprofil einer Verkaufsoption (Quelle: Vanini/ Rieg, 2021a, S. 333)

Der Optionspreis ist abhängig vom aktuellen Preis und Basispreis (Ausübungspreis), der Laufzeit, dem Zinssatz und der Preisvolatilität (zur Berechnung siehe die Modelle von Black-Scholes (1973) und Cox-Ross-Rubinstein (1979).

4.6 Optimierung der Risikokosten

4.6.1 Grundlagen

Die optimale Lösung für die Risikobewältigung eines Unternehmens lässt sich nur entwickeln, wenn sämtliche Unternehmensrisiken im Kontext der Planung des Unternehmens betrachtet werden, um bestehende Diversifikationseffekte und das verfügbare Risikodeckungspotenzial angemessen berücksichtigen zu können.[966] Bei jeder separierenden Bewältigung von Einzelrisiken gehen Informationen verloren, und es besteht die Möglichkeit, dass suboptimale Lösungen gewählt werden. Bei der Berechnung und dem Vergleich des Wertbeitrags alternativer Bewältigungsmöglichkeiten bietet es sich daher an, diese Alternativen im Rahmen der Risikoaggregation für das Gesamtunternehmen zu vergleichen, d.h. die Risikoaggregation einmal mit und einmal ohne die geplante Versicherungslösung durchzuführen.[967]

Trotz dieser Vorteile integrierter unternehmensweiter Risikomanagementsysteme (und speziell der Integration von Risikomanagement und Versicherungswirtschaft) werden in der Praxis häufig noch immer separierende Teillösungen berechnet, um die Komplexität zu beschränken. Einen in der Praxis bewährten (wenn auch nicht optimalen) Ansatz stellt die Optimierung (eines Teils) der Risikokosten dar. Die Verfahren zur Optimierung der Risikokosten werden im Folgenden erläutert. Sie gehen von der grundsätzlichen Überlegung aus, dass nur ein definierter Teil der Risiken betrachtet und die auf diese zielenden Risikobewältigungslösungen optimiert werden sollen. Dabei wird quasi eine Art „virtuelles Captiv" der betrachteten Risiken optimiert und mit der erforderlichen Menge an Eigenkapital unterlegt. Die unter Berücksichtigung der entsprechenden Eigenkapitalkosten berechneten Risikokosten (Total Cost of Risk (TCR)) sind die Zielgröße, die bei derartigen Ansätzen minimiert wird. Die Risikokosten entsprechen gerade dem (negativen) Risikowertbeitrag, wie er in Abschnitt 2.4.14 vorgestellt wurde.

Die Höhe der Risikokosten hängt davon ab:

- welche Risiken in die Betrachtung mit einbezogen sind und
- welche mit diesen Risiken in Verbindung stehenden Kosten berücksichtigt werden sollen.

Bei einer Optimierung des Wertbeitrags des Risikotransfers sind zunächst diejenigen Risiken zu betrachten, die grundsätzlich disponibel, also auf Dritte übertragbar sind, wie z.B.:

- Sach- und Betriebsunterbrechungsrisiken,
- Haftpflicht- und Rückrufrisiken,
- Technische Risiken sowie
- Transport-Risiken.

Wenn dies gewünscht ist, kann der Fokus um weitere transferierbare Risiken wie Zins- und Währungsrisiken sowie Rohstoffpreisrisiken erweitert werden.

Als Kosten, die mit den einzelnen Risiken in Verbindung stehen, können die folgenden berücksichtigt werden:

- Kosten für die Organisation des Risikomanagements (insbesondere für präventive und reaktive Maßnahmen, wie z.B. Brandschutz und Notfallorganisation).

---

[966] Vgl. Gleißner, 2002a; Gleißner/Löffler, 2007; Gleißner, 2017b und Gleißner, 2008a.
[967] Siehe Gleißner, 2002a und Gleißner, 2008d.

- Kosten für Risikotransfer und externe Dienstleistungen (z.B. Kosten der Finanzderivate und Versicherungsprämien inkl. Versicherungssteuer und Entgelte für etwaige Service-Provider).
- Kosten der eigenen Administration zur Schadensabwicklung (Personal- und Sachaufwendungen für ggf. vorhandenes eigenes Personal).
- Kosten der selbst getragenen Schäden (bspw. aus in Anspruch genommenen Eigenbehalten, nicht ausreichenden Deckungssummen, bewusst nicht versicherten Gefahren etc.) und variable Kosten der Schadensabwicklung.
- (Kalkulatorische) Kosten des Eigenkapitals, das zur Abdeckung möglicher risikobedingter Verluste erforderlich ist.

Die Berücksichtigung der Eigenkapitalkosten ist notwendig, weil das Eigenkapital eines Unternehmens in erster Linie zur Risikodeckung dient. Wenn nämlich keine risikobedingten Verluste auftreten können, benötigt ein Unternehmen eigentlich auch kein (teures) Eigenkapital. Risikotransferinstrumente im Allgemeinen bzw. Versicherungslösungen im Speziellen helfen somit Eigenkapital einzusparen – mit positiven Konsequenzen für das zukünftige Rating, weil Risikowirkungen, die negative Änderungen von Kennzahlen des Finanzratings auslösen können, abgefangen werden.

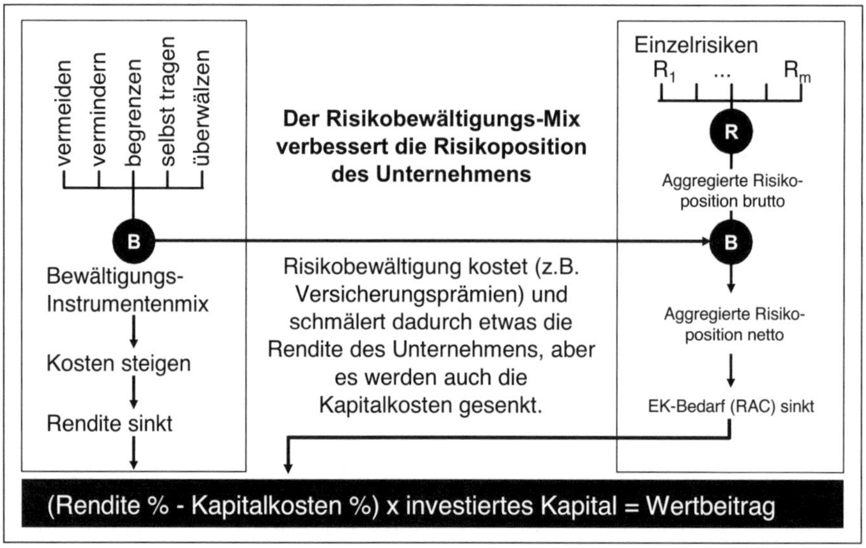

Abbildung 112: Umsetzung des TCR-Ansatzes[968]: Berechnung des Wertbeitrags

Nach der Erfassung der aktuellen Höhe der Risikokosten (TCR) gilt es, eine oder auch mehrere alternative Risikobewältigungsstrategien zu erarbeiten, die eine Reduzierung der Risikokosten erwarten lassen. Das Spektrum möglicher Handlungsalternativen ist groß. Denkbar sind z.B. folgende Möglichkeiten:[969]

[968] Vgl. Gleißner, 2002a.
[969] Siehe Gleißner, 2000b.

- Aufgabe von Versicherungsschutz zugunsten der Eigentragung für bestimmte kleinere und mittlere Risiken,
- Veränderungen der Selbstbehalte von Versicherungslösungen,
- Wechsel von Versicherungsgesellschaften zur Sicherung höherer Versicherungskapazitäten bzw. günstigerer Konditionen,
- Verbindung verschiedener versicherungstechnischer Risiken in einer Versicherungslösung (Multi-Line-Multi-Year) zur Nutzung von Diversifikationseffekten,
- Substitution klassischer Versicherungslösungen durch ART-Ansätze etc.,
- Investition in Risikoprävention bzw. Schadensverhütung oder
- Outsourcing der eigenen Versicherungs- und Schadensadministration an einen externen Service-Provider (Effizienzsteigerung der Schadensabwicklung).

4.6.2 Das Total Cost of Risk-Verfahren

Nachfolgend wird erläutert, wie ein Risikotransferprojekt (TCR-Projekt) in einem Unternehmen durchgeführt werden kann, das den oben genannten Anforderungen entspricht. Grundsätzlich empfiehlt sich eine Vorgehensweise nach den folgenden Phasen:

1. Phase: Risikoanalyse und Risikoaggregation

Im Rahmen der Risikoanalyse werden zunächst alle für das Unternehmen maßgeblichen Risiken identifiziert und quantifiziert. Bereits hier bietet es sich an aufzuzeigen, welche Wirkungen sie für die Zielgrößen des Unternehmens (z.B. Cashflow und Unternehmenswert) haben. Auf dieser Grundlage ist es dann möglich, mittels Risikoaggregation den Gesamtumfang der Risiken, also z.B. die dadurch erforderliche Eigenkapitalausstattung des Unternehmens (VaR als Risikomaß), zu bestimmen.

2. Phase: Inventar der Risikobewältigungsinstrumente

Als nächstes sollten alle im Unternehmen bisher eingesetzten Risikobewältigungsverfahren erhoben und systematisiert werden. Insbesondere ist für jedes Transferinstrument festzuhalten, welche Risiken transferiert werden und wie hoch die Selbstbehalte und die Kosten sind.

3. Phase: Strukturierung der Risiken

Nach der Inventarisierung von Risiken und Risikobewältigungsmaßnahmen geht es zunächst darum, zu entscheiden, welche Risiken ein Unternehmen grundsätzlich selbst tragen muss. Basierend auf der Unternehmensstrategie und den dort angestrebten Erfolgspotenzialen werden dabei die „Kernrisiken“ identifiziert. Für alle verbleibenden Risiken wird zunächst festgehalten, über welche alternativen Risikotransferstrategien (z.B. Versicherungen, Swaps, Vertragsoptimierung etc.) ein Risiko grundsätzlich bewältigt bzw. transferiert werden kann.

4. Phase: Festlegung eines Bewertungsmaßstabs

Um alternative Strategien und Instrumente des Risikotransfers sinnvoll vergleichen und bewerten zu können, muss zunächst ein objektiv nachvollziehbarer Bewertungsmaßstab (Performancemaß) gewählt werden. Dieser sollte sowohl unterschiedliche Kosten als auch den unterschiedlichen Umfang von Restrisiken – und damit den Eigenkapitalbedarf – erfassen können. Hierzu bieten sich Bewertungsmaßstäbe an, die in engem Zusammenhang mit dem Unternehmenswert stehen, wie z.B. „Wertbeitrag" oder RAVA+.[970] Zudem können Mindestanforderungen z.B. an das Rating, d.h. eine Obergrenze des Gesamtrisikoumfangs, formuliert werden.

Wie oben erwähnt, kann man dabei in einer vereinfachten Herangehensweise nur die gesamten Risikokosten als Bewertungsmaßstab nutzen. Man verzichtet also auf die Betrachtung sämtlicher Risiken des Unternehmens und eine risikogerechte Unternehmensbewertung (wie später in Abschnitt 5.3 erläutert). Stattdessen berechnet man nur die Risikokosten der betrachteten Risiken und der ihnen zugeordneten Risikobewältigungsmaßnahmen (Risikotransferinstrumente). Die so bestimmten Risikokosten zeigen näherungsweise die negative Auswirkung der Existenz dieser Risiken auf den Unternehmenswert (Risikowertbeitrag); aber unter Vernachlässigung von Diversifikationseffekten mit den hier nicht betrachteten sonstigen Risiken (z.B. Umsatz- und Materialkostenschwankungen).

Die Berechnung der gesamten Risikokosten (Total Cost of Risk) entspricht gerade der Berechnung des Risikowertbeitrags gemäß Abschnitt 2.4.14. Die Gesamtrisikokosten ergeben sich als Summe von:

- Kosten des Risikotransfers (insbesondere Versicherungsprämie),
- Arbeitskosten der Risikobewältigung und Schadensabwicklung,
- erwarteter Höhe der selbst zu tragenden Schäden (in Abhängigkeit gewählter Selbstbehalte und Deckungsgrenzen),
- kalkulatorischen Eigenkapitalkosten, also das Produkt von Risikoprämien[971] und Eigenkapitalbedarf[972].

5. Phase: Beurteilung alternativer Risikotransferstrategien

Auf Grundlage der Kenntnis der vorhandenen Risiken und alternativer Risikotransfermöglichkeiten ist es möglich, die verschiedenen Varianten des Risikotransfers anhand des Bewertungsmaßstabes (vgl. Phase 4) zu messen und zu vergleichen.

Wie oben ausgeführt, können vereinfachend die bestehende und die alternativ denkbaren Risikobewältigungsstrategien (z.B. alternative Versicherungspro-

[970] Vgl. vertiefend Kapitel 5.4.5.4.
[971] Oder Eigenkapitalkostensatz, vgl. Abschnitt 5.3.5.3.
[972] Value at Risk der Schadensverteilung zum gewählten (Ziel-Rating-abhängigen) Wahrscheinlichkeitsniveau.

gramme) anhand der Risikokosten verglichen werden. Für jede betrachtete Absicherungsstrategie sind dabei deren Kosten (Versicherungsprämien) sowie die im Mittel erwartete Höhe der selbst zu tragenden Schäden zu bestimmen. Neben der mittleren Schadensbelastung muss der Umfang der Verluste, der z.B. mit 99 %iger Sicherheit nicht überschritten wird, berechnet werden, um so den Eigenkapitalbedarf für die betrachteten Risiken bei der jeweils betrachteten Risikobewältigungslösung abzuleiten. Multipliziert man den Eigenkapitalbedarf mit dem Eigenkapitalkostensatz[973] ergeben sich die Eigenkapitalkosten („Wagniskosten").

Dabei ist für den Vergleich von Risikotransferlösungen die Monte-Carlo-Simulation erforderlich, um den Eigenkapitalbedarf und damit die Risikokosten zu berechnen. Damit können die Auswirkungen verschiedener Transfermaßnahmen simuliert und verglichen werden. Die Abbildung 113 zeigt beispielhaft den Vergleich der Gesamtrisikokosten mehrerer alternativer Versicherungslösungen. Das TCR-Verfahren wurde hier insbesondere genutzt, um den optimalen Selbstbehalt zu berechnen.

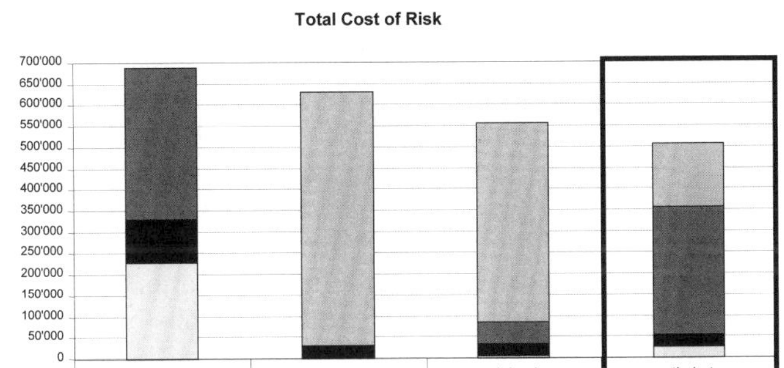

	Ohne Versicherung	Vollversicherung	minimale Selbstbeteiligung	optimierte Selbstbeteiligung
Transferkosten		700'000	600'000	300'000
Selbstbehalte	410'000		55'000	200'000
Kosten Risiko-Management	100'000	30'000	30'000	30'000
Eigenkapitalkosten	230'000		5'000	25'000
Total Cost of Risk	**740'000**	**730'000**	**690'000**	**555'000**

Abbildung 113: Kostenvergleich (Total Cost of Risk)

Zur Verdeutlichung kann man das Fallbeispiel gemäß Abbildung 113 ansehen. Das Unternehmen hat in der Ausgangssituation noch keine Versicherung für die betrachteten Risiken – Haftpflicht- und Sachschadensrisiken – abgeschlossen. Die quantitative Risikoanalyse führt zu einer Schätzung der Schäden in Höhe von 410 T€ „im Mittel" der Jahre. Beim ungünstigen Schadensverlauf erscheinen jedoch Schäden von bis zu 2,3 Mio. € möglich.[974] Unter Vernachlässigung von Diversifikationseffekten mit anderen Risiken ist diesen Risiken

973 Siehe zur Herleitung in Abhängigkeit des Ziel-Ratings Abschnitt 5.3.5.3.

974 Dies ist der Value at Risk der Schadensverteilung und zeigt, welcher Schaden mit 99 %iger Sicherheit nicht überschritten wird.

entsprechend ein Eigenkapitalbedarf von 2,3 Mio. € zuzuordnen und damit ergeben sich kalkulatorische Eigenkapitalkosten von 230 T€ (bei 10% Eigenkapitalkostensatz). Berücksichtigt man zusätzlich 100 T€ für die Organisation des relevanten Teils des Risikomanagementsystems und die Behandlung von Schadensfällen, ergeben sich für den Status quo „keine Versicherung" Risikokosten in Höhe von 410 T€ + 230 T€ + 100 T€ = 740 T€.

Die Anfrage beim Versicherungsmakler führt zum Vorschlag einer vollständigen Absicherung der beiden betrachteten Risiken mit einem Selbstbehalt von Null, d.h., selbst Kleinschäden werden von der Versicherung übernommen. Makler bzw. Versicherer würden in diesem Fall auch die Behandlung der Schadensfälle übernehmen. Die Abbildung zeigt, dass bei dieser Handlungsoption die Risikokosten mit 730 T€ nur geringfügig niedriger sind. Zwar reduzieren sich die internen Kosten und die kalkulatorischen Eigenkapitalkosten, weil für mögliche extreme Schadensereignisse keine Vorsorge mehr zu treffen ist. Dafür ist nun allerdings eine Versicherungsprämie in Höhe von 700 T€ fällig, die deutlich über dem Schadenserwartungswert liegt.[975] Der Vorteil ist also gering.

Der Versicherungsmakler schlägt aufgrund der geringen Einsparungen bei den Risikokosten durch eine vollständige Versicherung nun eine Versicherungslösung mit einem signifikanten Selbstbehalt vor. Dabei werden durch den Selbstbehalt die relativ häufigen Bagatellschäden durch die Unternehmen getragen und die Behandlung der Schadensfälle über den Versicherungsmakler abgewickelt. Auf die Versicherungsgesellschaft transferiert werden damit im Wesentlichen die Großschäden. Dies erlaubt eine deutlich niedrigere Versicherungsprämie (300 T€ im Vergleich zu 700 T€). Bei dem gewählten Selbstbehalt ist innerhalb eines Jahres der kumulierte Gesamtschaden auf 200 T€ reduziert. Im Mittel muss das Unternehmen durch die Selbstbehalte Schäden in Höhe von 200 T€ tragen. Die mittlere Schadensbelastung kann bei der gewählten Vertragsstruktur um maximal 250 T€ überschritten werden (Eigenkapitalbedarf), woraus sich kalkulatorische Eigenkapitalkosten von 25 T€ ergeben. Für den optimierten Selbstbehalt ergeben sich die niedrigsten Risikokosten (555 T€).[976]

6. Phase: Umsetzung der Risikotransferstrategie

Bei der in der Regel zunächst nur grob umrissenen Risikotransferstrategie wird es nun darum gehen, die Details auszuarbeiten. Hierzu werden Gespräche mit den verschiedenen Anbietern von Risikotransferlösungen – Versicherungsgesellschaften und Banken – geführt. Selbstverständlich mag vorab auch zu betrachten sein, dass strategische oder operative Veränderungen sinnvoll sein können. Die einzelnen Anbieter für solche Instrumente (Risikoträger) werden dabei als „Teilelieferanten" im Rahmen einer vorherbestimmten Systemlösung eines optimierten Risikotransfers verstanden.

[975] Die Versicherungsgesellschaft muss die eigenen Kosten abdecken; sie will Gewinne erwirtschaften und zudem ist die Versicherungssteuer zu berücksichtigen.
[976] Ein Fallbeispiel wird in Abschnitt 6.4.5.5 berechnet.

7. Phase: Überwachung der Risikokosten und Abwehr unangemessener Erhöhung von Versicherungsprämien

Die Entwicklung der Risikokosten sollte regelmäßig überwacht werden, um gegebenenfalls notwendige Maßnahmen zur Reduzierung in die Wege zu leiten. Besonders wesentlich ist hier meist die regelmäßige Überprüfung, ob vereinbarte Versicherungsprämien in Anbetracht von Schadensverlauf und aktuellen Bedingungen am Versicherungsmarkt noch angemessen sind. Eine Herausforderung besteht darin, einer unangemessenen Erhöhung der Versicherungsprämien infolge eines ungünstigen Schadensverlaufs zu begegnen. Ein eingetretener Schaden kann nämlich nur ein unglücklicher Zufall sein, was nicht unbedingt eine Erhöhung der Prämie rechtfertigt.

In der Zwischenzeit gibt es Methoden, um „angemessene" und „unangemessene" Erhöhungen der Versicherungsprämie zu trennen.[977] Bei der Bestimmung der „risikogerechten" Versicherungsprämien besteht regelmäßig das Problem, dass die entsprechenden Wahrscheinlichkeitsverteilungen über Schadenhäufigkeit und Schadenhöhe nicht sicher bekannt sind. Rein zufallsbedingte Abweichungen der Schadenbelastung in einer Periode vom Erwartungswert rechtfertigen keine Prämienerhöhung. Um Versicherungsnehmer mit einem temporär ungünstigen Schadenverlauf vor unangemessenen Erhöhungen der Versicherungsprämien zu schützen, ist es notwendig, zufallsbedingte und sonstige Abweichungen der erwarteten von den eingetretenen Schadenfällen zu trennen.

Für die Anpassung von Verträgen speziell von Schadens-/Unfallversicherungen bei Vorliegen neuer Informationen gibt es prinzipiell drei Strategien. Zum einen kann die bisherige Versicherungsprämie ignoriert werden und unter Berücksichtigung des größeren Datensamples eine Neukalkulation stattfinden. Eine Alternative dazu ist ein bayesianischer Lernprozess, bei dem ausgehend von der ursprünglich vereinbarten Versicherungsprämie und der Berücksichtigung der neuen Informationen eine Adjustierung der bisherigen Versicherungsprämie vorgenommen wird. Die dritte Methode orientiert sich an einem statistischen Hypothesentest. Hierbei wird eine Versicherungsprämie nur angepasst, wenn aufgrund der neuen Informationen die Annahmen über die Schadenverteilung statistisch verworfen werden können. Angesichts der Vertragssicherheit und der sicheren Kalkulationsgrundlagen spricht viel für den statistischen Hypothesentest. Die stringente Anwendung dieser Methode kann eine fundierte Grundlage für Verhandlungen zwischen Versicherungsnehmer und Versicherungsgeber darstellen.[978] Bei Gleißner/Nguyen (2013) wird gezeigt, wie diese Methode in der Praxis genutzt werden kann, um unangemessene Erhöhungen der Versicherungsprämien und damit der Risikokosten zu vermeiden.

[977] Vgl. zur Methodik den wissenschaftlichen Grundlagenartikel von Gleißner/Nguyen, 2013.

[978] Zur Methode der Unterscheidung angemessener und unangemessener Erhöhungen von Versicherungsprämien vgl. auch Gleißner/Nguyen, 2013.

4.6.3 Fazit

Hohe Risiken erhöhen das Insolvenzrisiko und reduzieren i.d.R. den Unternehmenswert. Daher sollten insbesondere Risikotransferstrategien erarbeitet werden, die den Gesamtrisikoumfang reduzieren. Für einen fundierten Vergleich alternativer Strategien bieten sich nicht die traditionell betrachteten Selbstbehalte und Versicherungsprämien an. Einzig sinnvolle Zielgröße ist letztendlich der Unternehmenswert. Hier lässt sich aufzeigen, welchen Beitrag zum Unternehmenswert einzelne Risikotransferlösungen leisten. Versicherungen und andere Risikotransferlösungen sollten daher nicht mehr als Kostenposition verstanden werden, sondern als Instrumente, die über eine Reduzierung des Risikoumfangs und damit des Eigenkapitalbedarfs (und damit der Kapitalkosten) einen positiven Beitrag zum Unternehmenswert leisten. Eine Optimierung der Risikoposition des Unternehmens durch einen geeigneten Einsatz von Risikotransferinstrumenten erlaubt es, dass sich Unternehmen auf diejenigen Risiken konzentrieren können, die für den Aufbau von Erfolgspotenzialen und Kernkompetenzen erforderlich sind. Durch den Transfer strategisch nicht notwendigerweise zu tragender „Randrisiken" nimmt die Fähigkeit des Unternehmens zu, Risiken in den strategisch wichtigen Bereichen, wie z.B. im Bereich der Forschung und Entwicklung, einzugehen. Eine Optimierung der Risikoposition durch eine geeignete Risikobewältigungs- und Risikotransferstrategie erlaubt den weiteren Aufbau von Erfolgspotenzialen, sichert so die Wettbewerbsposition des Unternehmens und schafft einen wesentlichen Mehrwert für die Gesellschafter.

4.7 Bewältigung ausgewählter Risiken

4.7.1 Überblick

Bisher wurden nur strategische und transferierbare Risiken betrachtet. Im Folgenden werden die anderen Risikofelder, die in Abschnitt 2.2 (Risikoidentifikation) betrachtet wurden, aufgegriffen und Ansatzpunkte zur Bewältigung möglicher Risiken aufgezeigt. Mit kurzen checklistenartigen Übersichten (Tabellen) werden ergänzend für die wichtigsten Risiken aus den Risikofeldern Marktrisiken, Leistungsrisiken, Risiken aus Corporate Governance und Organisation etc. typische Risikobewältigungsmethoden angegeben.

Wie erläutert, gibt es vielfältige Ansatzpunkte für die Risikosteuerung, speziell die Bewältigung von Einzelrisiken. In den nachfolgenden Unterabschnitten kann daher nur checklistenartig für einige typische Risiken aufgezeigt werden, welche „typischen" Risikobewältigungsmaßnahmen hier betrachtet werden können.

4.7.2 Risiken des Absatz- und Beschaffungsmarktes (Marktrisiken)

Im Folgenden sind Beispiele für Marktrisiken mit möglichen Bewältigungsmaßnahmen aufgelistet.[979] Diese sind nur als Anregungen aufzufassen, sodass auf eine detaillierte Erläuterung – speziell der Vor- und Nachteile – verzichtet wird.

Risiko	Risikobewältigungsmaßnahmen
Verpassen von Markttrends	• regelmäßig Marktrecherchen durchführen • Kundenbefragungen
Verdrängungswettbewerb	• Auf- und Ausbau von Wettbewerbsvorteilen (Service, Marke, Produktqualität) • Suchen nach neuen Märkten
Abhängigkeit von Lieferanten und Zulieferern	• Ausbau von Alternativlieferanten • Vertragliche Bindung von Lieferanten • Lieferantenbeobachtung, Lieferantenrating erstellen • Rückwärtsintegration
Abhängigkeit von Großkunden	• Vertragliche Bindung • Ausbau von mittleren Kunden und Kleinkunden • „Monitoring" und Rating von Kunden
Absatzmengen- und Absatzpreisschwankungen	• Stärkere Diversifikation des Absatzes • Vertragliche Vereinbarungen mit „Key Accounts" • Preis- und Rabattpolitik im Kontext der Planungsrechnung erarbeiten • Reduktion von Fixkosten, um flexibel auf Umsatzschwankungen reagieren zu können • Ausbau Preissetzungsmacht durch stärkere Differenzierung
Beschaffungspreisrisiken	• Vertragliche Preisfixierung • Preisgleitklauseln in Verträgen mit Kunden • Derivate, z.B. Öl-Preis-Call

4.7.3 Finanzwirtschaftliche Risiken

Im Folgenden sind Beispiele für finanzwirtschaftliche Risiken mit möglichen Bewältigungsmaßnahmen aufgelistet (vgl. auch Abschnitt 4.5).

Risiko	Risikobewältigungsmaßnahmen
Finanzielle Instabilität und Liquiditätsengpässe	• Kreditlinie von Banken sichern und Liquiditätsreserve vorhalten • Bedingte Kapitalerhöhungen vorsehen • Ratingstrategie entwickeln (vgl. Abschnitt 6.2) • Freisetzung nicht betriebsnotwendigen Vermögens beim Abbau von Forderungen und Vorräten • Covenants möglichst vermeiden

[979] Vgl. Gleißner/Lienhard/Stroeder, 2004.

Risiko	Risikobewältigungsmaßnahmen
Zins- und Währungsschwankungen	• Natürliche Gegenpositionen im Unternehmen nutzen (z.B. Einkauf im Fremdwährungsmarkt) • Währungs-Swaps oder Futures • Zins-Obergrenze vereinbaren (Caps)
Wertpapierrisiken	• Portfolio-Management (Diversifikation) • Absicherungsinstrumente (z.B. Put-Optionen)
Bonitäts- und Adressausfälle (Forderungsverluste)	• Forderungsabtretung/Factoring • Rating von Hauptkunden erstellen und überwachen • Kreditversicherung
Beteiligungsrisiken und M&A	• Beteiligungskäufe nur nach Due Dilligence, quantitativer Risikoanalyse und risikogerechter Bewertung (vgl. Abschnitt 5.3 zur Methode) • Beteiligungscontrolling mit regelmäßiger Risikoanalyse
Risiken bei Unternehmenskäufen	• Integration der Unternehmen in das Risikomanagementsystem • Versicherungen, z.B. für Steuerrisiken oder mögliche Umweltschäden bei Käufen
Risiken aus Immobilien	• Investitionsentscheidung basierend auf Risikoanalyse[980] • Outsourcing an Servicepartner (z.B. Sales and lease back)
Investitions- und Finanzierungsrisiken	• Investitions- und Finanzierungsrechnungen unter Berücksichtigung der Risiken durchführen (vgl. Abschnitt 5.3)

4.7.4 Politische, rechtliche und gesellschaftliche Risiken

Im Folgenden sind Beispiele für Umfeldrisiken mit möglichen Bewältigungsmaßnahmen aufgelistet.

Risiko	Risikobewältigungsmaßnahmen
Gesetzesänderungen und politische Unsicherheiten	• Informationsdienste nutzen • Mitgliedschaft in Verbänden („Lobbying")
Risiken aus gesellschaftlichen Trends	• „Monitoring" der relevanten gesellschaftlichen Trends • Berücksichtigung in Umfeld- und Unternehmensanalysen
Allgemeine Haftpflichtrisiken	• Versicherungslösungen • Vertragliche Gestaltung von AGB und sonstigen Verträgen

980 Vgl. Gleißner/Oertel, 2020.

Risiko	Risikobewältigungsmaßnahmen
Produkthaftung	• Versicherungslösung • Qualitätskontrolle/QMS • Vertragliche Gestaltung von AGB und sonstigen Verträgen • Ausstieg aus Märkten mit unüberschaubaren Haftungsrisiken (z.B. USA)
Vertragsunsicherheiten und Mängel in AGB	• Regelmäßige juristische Prüfung von AGB • Klare interne Regelungen bei der Vertragsgestaltung

4.7.5 Risiken aus Corporate Governance und Organisation

Im Folgenden sind Beispiele für Risiken aus Corporate Governance mit möglichen Bewältigungsmaßnahmen aufgelistet.

Risiko	Risikobewältigungsmaßnahmen
Risiken aus der Organisationsstruktur	• Regelmäßige Überprüfung der Organisationsstruktur („structure follows strategy")
Risiken aus Betriebsklima und Führungsstil, Demotivation	• Mitarbeiterbefragungen durchführen • Kenngrößen erarbeiten und beobachten (Frühwarnsystem) • Leitbild und Unternehmenskultur weiterentwickeln
Unzureichende Entlohnungs- und Anreizsysteme	• Anreizsysteme prüfen • Balanced Scorecard zur Strategieumsetzung aufbauen
Untreue/Fraud	• Interne Kontrollsysteme ausbauen
Verstöße gegen Gesetze	• Verstärkung Compliance-System • Whistleblower-Ansatz

4.7.6 Leistungsrisiken

Im Folgenden sind Beispiele für Leistungsrisiken mit möglichen Bewältigungsmaßnahmen aufgelistet.

Risiko	Risikobewältigungsmaßnahmen
Sachanlageschaden, z.B. infolge Feuer	• Präventive Feuerschutzmaßnahmen • Sprinkleranlagen, Trennwände • Ausreichende Lagerhaltung • Feuerversicherung / Betriebsunterbrechungsversicherung

Risiko	Risikobewältigungsmaßnahmen
Betriebsunterbrechung durch Maschinenausfall	• Wartung, frühzeitige Ersatzinvestitionen • Redundante Auslegung von Maschinen • Alternativproduzenten, Lagerhaltung • Betriebsunterbrechungs-Versicherung
Ausfall von Schlüsselpersonen	• Dokumentation • Know-how-Transfer, Stellvertretung • Notfallplan erarbeiten
Gewährleistungsrisiken	• Qualitätssicherung, Ausbildung • Risikoorientierte Kalkulation • Rückrufaktionen planen • Vertragliche Gestaltung von Verträgen, AGB
Ausfall von Lieferanten	• Lagerhaltung • Lieferantenrating • Lieferantenpanel vorsehen, bei Schlüsselprodukten Zweitlieferanten • Vertragliche Bindung zur Sicherstellung von Alternativlieferanten • Rückwärtsintegration
IT-Risiken	• „Moderne" IT • Redundante Auslegung wichtiger Teile, Backup-Systeme
Arbeitsunfälle	• Ausbildung, Prävention • Sanitätsdienst • Unfallversicherung
Kalkulationsrisiken	• Qualitätssicherung und -prüfung („Vier-Augen-Prinzip") • risikoorientierte Projektkalkulation[981] • Vertragsgestaltung
Risiken in der Datensicherheit und Cyber-Risiken	• Datenschutzkonzept, Datenbeauftragter • Notfallplan erarbeiten • Redundanzen • Abwehrkonzept gegen Cyper-Risiken[982] • Cyber-Risiko-Versicherung

4.8 Impulsfragen

a) Was charakterisiert ein „robustes Unternehmen"?
b) Welche Indizien sprechen gegen eine robuste Unternehmensstrategie?
c) Welche Kennzahlen sind für die Beschreibung der finanziellen Nachhaltigkeit notwendig?
d) Welches sind übliche Ansatzpunkte für die Bewältigung eines Risikos?
e) Unter welchen Bedingungen sind Risiken praktisch nicht versicherbar?

[981] Vgl. Gleißner/Mott/Schenk, 2007 und Oepen et al., 2011.
[982] Vgl. Hodson, 2019; Königs, 2017 und RiskNET, 2021c.

f) Was versteht man unter den Risikokosten (Total Cost of Risk) und in welchem Verhältnis stehen diese zum Begriff des „Wertbeitrags"?
g) Wie kann man zeigen, ob eine Risikobewältigungsmaßnahme ökonomisch sinnvoll ist?
h) Erfolgt **bei Ihnen** die Bestimmung geeigneter Risikotransfermaßnahmen (wie Versicherung) unter Nutzung von Informationen der Risikoanalyse?
i) Welche Ansatzpunkte könnten bei **Ihrem** Unternehmen die Robustheit verbessern?

5. Risiko bei unternehmerischen Entscheidungen: Controlling, Rating und wertorientierte Unternehmensführung

5.1 Einführung

In den Kapiteln 2 und 3 wurde erläutert, wie durch Risikoanalyse und Risikoaggregation Transparenz über den Gesamtrisikoumfang eines Unternehmens sowie die relative Bedeutung von Einzelrisiken geschaffen werden kann. Darauf aufbauend wurde in Kapitel 4 erläutert, wie durch Anpassung der Unternehmensstrategie und operative Risikobewältigungsmaßnahmen Gesamtrisikoumfang und Ertrag-Risiko-Profil eines Unternehmens verändert werden können. Bedeutende operative Maßnahmen der Risikobewältigung und sämtliche Veränderungen der Strategie erfordern Entscheidungen. Meist sind dies „unternehmerische Entscheidungen" (§93 AktG), die im Sinne der Business Judgement Rule nur von der Geschäftsleitung – Vorstand bzw. Geschäftsführung – getroffen werden können. Nahezu alle unternehmerischen Entscheidungen haben auch Auswirkungen auf den Risikoumfang, auch wenn diese nicht primär der Risikobewältigung dienen. In diesem Kapitel werden die grundlegenden Methoden für die Vorbereitung solcher unternehmerischen Entscheidungen erläutert. Insbesondere wird gezeigt, wie man bestehende Handlungsoptionen risikoadäquat bewertet, also Risiko und Ertrag gegeneinander abwägt. Die erläuterten Verfahren sind insbesondere wichtig für die Verknüpfung von Controlling und Risikomanagement und die Weiterentwicklung des Controllings, das sich auch mit Chancen und Gefahren (Risiken) befassen sollte.

Der Gesetzgeber fordert speziell unternehmerische Entscheidungen über „geeignete Gegenmaßnahmen" der Krisenbewältigung, wenn eine für die Unternehmenszukunft kritische „bestandsgefährdende Entwicklung" festgestellt wird (§1 StaRUG). In Abschnitt 5.2 wird deshalb zunächst ein für die Initiierung solcher Maßnahmen geeignetes Krisenfrüherkennungs- und Krisenabwehrsystem vorgestellt, das auf dem Risikomanagement aufbaut. Abschnitt 5.3 befasst sich dann mit Methoden für die Weiterentwicklung von Controlling und wertorientierter Unternehmensführung unter Beachtung von Risiken. Dabei wird eingangs Bezug genommen auf die wesentlichen Anforderungen an Entscheidungsvorlagen, die bei anstehenden „unternehmerischen Entscheidungen" (§93 AktG) meist durch das Controlling in Zusammenarbeit mit dem Risikomanagement erstellt werden. Speziell wird gezeigt, wie eine simulationsbasierte Unternehmensstrategie und Investitionsbewertung ein- und umgesetzt werden kann.

5.2 Krisenfrüherkennung, Insolvenzrisiko und Rating

5.2.1 Grundlagen

Das Rating drückt die Insolvenzwahrscheinlichkeit eines Unternehmens aus und ist damit ein Maßstab für den „Grad der Bestandsgefährdung". Es ist damit auch ein Maß für das Insolvenzrisiko.[983] Risiko und Risikomanagement spielen auch beim Rating[984] eine sehr große Rolle, weil die Risiken eines Unternehmens offensichtlich die Insolvenzwahrscheinlichkeit maßgeblich mitbestimmen.

Ganzheitliche Risikobewältigungsstrategien zielen auf die Absicherung der Liquidität des Unternehmens, da die Illiquidität die häufigste Insolvenzursache darstellt. Die Absicherung der Kapitaldienstfähigkeit eines Unternehmens, die „Bewältigung des Liquiditätsrisikos", wird oft im Zusammenspiel von Risikomanagement und Treasury im Rahmen der Entwicklung einer „Ratingstrategie" durch einen integrierten Ansatz angestrebt. Bei der Absicherung des zukünftigen Unternehmensratings werden auch traditionelle Risikobewältigungsmaßnahmen, wie z.B. Versicherungen, einbezogen (siehe Kapitel 4). Ratingstrategien gehen aber wesentlich darüber hinaus und interpretieren die Absicherung des Ratings als eine Aufgabe im Rahmen der strategischen Unternehmensführung speziell des strategischen Risikomanagements.[985]

Ob eine Bestandsgefährdung im Sinne des KonTraG (§91 Abs. 2 AktG und §1 StaRUG) vorliegt, kann man meistens nur beurteilen, wenn man die möglichen Auswirkungen auf das zukünftige Rating des Unternehmens betrachtet.[986] Eine potenziell „bestandsgefährdende Entwicklung" ist nämlich zu erwarten, wenn beim möglichen Eintritt eines Einzelrisikos oder der Kombination mehrerer Risiken durch risikobedingte Auswirkungen auf die zukünftigen Finanzkennzahlen nicht mehr eine Ratingnote erreicht wird, die die Finanzierung des Unternehmens (Liquidität) sicherstellt („B"-Ratingnote). Ratingprognosen für Basis- und risikobedingte Stressszenarien helfen also, potenziell bestandsgefährdende Entwicklungen aufzuzeigen. Auch Risiken, deren Auswirkungen nicht zur Überschuldung des Unternehmens führen, sind potenziell bestandsgefährdend, wenn sie das Rating (oder Covenants) des Unternehmens erheblich bedrohen. Ratingprognosen sind also ein wichtiges Instrument für das Risikomanagement, weil sie helfen die Bedrohung des Unternehmens durch Einzelrisiken oder die Kombination mehrerer Risiken überhaupt erst fundiert einzuschätzen.

Die Erkenntnisse aus Risikoanalyse und Risikoaggregation helfen zudem, die traditionell stark auf (historischen) Finanzkennzahlen basierenden Ratingnoten durch Banken und die von diesen maßgeblich abhängigen Kreditkonditionen kritisch zu hinterfragen. Seit dem sogenannten „Basel-II-Akkord" müssen Ban-

[983] Vgl. Gleißner, 2019h sowie Deutsche Bundesbank Monatsbericht März 2014, S. 55 ff.
[984] Zur Bedeutung von Ratings in der Betriebswirtschaft siehe Gleißner/Schneck, 2020.
[985] Siehe die Verknüpfung von Rating und Bewertung auch schon im Rahmen der Risikopolitik, Abschnitt 6.2.
[986] Vgl. Gleißner, 2021c.

ken und Sparkassen für ihre Kredite je nach Risikogehalt des jeweiligen Engagements unterschiedlich viel Eigenkapital vorhalten. Die Banken erstellen daher Ratings, die die Risiken (erwartete Insolvenzwahrscheinlichkeit) beschreiben und sollten dabei – stärker als die früheren Kreditwürdigkeitsprüfungen – die langfristigen strategischen Zukunftsperspektiven eines Unternehmens berücksichtigen. Vor allem sind die Ratings objektiver geworden, was durch eine stärkere Gewichtung (historischer) Finanzkennzahlen erreicht wurde. Unternehmen mit „schlechtem" Rating werden schlechtere Kreditkonditionen erhalten und u.U. auch einen geringeren Kreditrahmen zur Verfügung gestellt bekommen.[987] Die eingehendere Beschäftigung der Kreditinstitute mit den – insbesondere im Jahresabschluss sichtbaren – Risiken ihrer Kreditnehmer hat bereits den Druck auch auf die mittelständische Wirtschaft erhöht, sich präventiv ebenfalls intensiver mit den eigenen Risiken auseinanderzusetzen und frühzeitig „Ratingstrategien" zu entwickeln, die auch zukünftig einen adäquaten Kreditrahmen zu wettbewerbsfähigen Konditionen gewährleisten. Durch die Umsetzung von „Basel III" ab 2025 wird dies noch wichtiger.

Das Rating ist dabei abhängig von[988]

- dem im Mittel erwarteten Ertragsniveau,
- den Risiken, also den möglichen Abweichungen vom erwarteten Ertragsniveau,
- dem Risikodeckungspotenzial (Eigenkapital und Liquiditätsreserven) sowie
- der Transparenz und der Glaubwürdigkeit des Unternehmens aus Sicht der Kreditinstitute.

Das Rating eines Unternehmens beschreibt aus der Perspektive eines Gläubigers die Insolvenzwahrscheinlichkeit (Probability of Default, PD), die näherungsweise[989] mit der Insolvenzwahrscheinlichkeit (Wahrscheinlichkeit für Überschuldung[990] oder Illiquidität, p) übereinstimmt (vgl. folgende Tabelle 34 zu den globalen Ausfallwahrscheinlichkeiten in Anhängigkeit der Ratingnote).

---

987 Drobetz/Heller, 2014 und Heller, 2015 belegen die Bedeutung von Finanzierungsrestriktionen für das Kapitalstrukturmanagement deutscher Unternehmen. Sie zeigen insbesondere, dass Unternehmen mit einem spekulativen Ratinggrad (BB+ oder schlechter) umfangreiche Anstrengungen unternehmen, um deren Kapitalstruktur (Risikotragfähigkeit) zu verbessern, also eine Rating-Verschlechterung zu vermeiden. Siehe auch die Resultate von Kisgen, 2006 und 2009, für den amerikanischen Markt.

988 Herleitung in Gleißner, 2002. Vernachlässigt man die Möglichkeit der Illiquidität, ist die Insolvenzwahrscheinlichkeit gerade die Wahrscheinlichkeit, dass der Wert des Unternehmens kleiner wird als der (Nominal-)Wert des Fremdkapitals, die beide auch wieder vom Risiko abhängen (vgl. Merton, 1973; Hammer/Schwetzler/Lahmann, 2020 sowie Lahmann/Schreiter/Schwetzler, 2018).

989 Als Default wird auch eine zeitweise Zahlungsstörung gewertet.

990 Diese spielt in Anbetracht der Fortführungsphase gemäß deutschem Insolvenzrecht aber nun eine geringe Rolle.

Rating	Jahre							
	1	2	3	4	5	6	7	8
AAA	0,00	0,03	0,13	0,24	0,34	0,45	0,51	0,59
AA	0,02	0,06	0,11	0,21	0,30	0,41	0,49	0,56
A	0,05	0,13	0,22	0,33	0,46	0,60	0,76	0,90
BBB	0,16	0,43	0,75	1,14	1,54	1,94	2,27	2,61
BB	0,63	1,93	3,46	4,99	6,43	7,75	8,89	9,90
B	3,34	7,80	11,75	14,89	17,35	19,36	20,99	22,31
CCC/C	28,30	38,33	43,42	46,36	48,58	49,61	50,75	51,49
Rating	Jahre							
	9	10	11	12	13	14	15	
AAA	0,64	0,70	0,72	0,75	0,78	0,84	0,90	
AA	0,63	0,70	0,76	0,82	0,88	0,93	0,99	
A	1,05	1,20	1,34	1,46	1,59	1,71	1,84	
BBB	2,93	3,24	3,55	3,80	4,03	4,28	4,54	
BB	10,82	11,64	12,33	12,99	13,59	14,09	14,65	
B	23,50	24,62	25,58	26,31	26,99	27,63	28,24	
CCC/C	52,16	52,76	53,21	53,68	54,23	54,69	54,76	

Tabelle 34: Kumulierte historische Insolvenzwahrscheinlichkeiten nach Ratingklassen (global, Durchschnitt 1981–2020 in %) nach Standard & Poor's

Rating	Jahre							
	1	2	3	4	5	6	7	8
AAA	0,00	0,02	0,04	0,06	0,07	0,08	0,07	0,07
AA	0,02	0,03	0,04	0,05	0,06	0,07	0,07	0,07
A	0,05	0,07	0,07	0,08	0,09	0,10	0,11	0,11
BBB	0,16	0,22	0,25	0,29	0,31	0,33	0,33	0,33
BB	0,63	0,97	1,17	1,27	1,32	1,34	1,32	1,29
B	3,34	3,98	4,08	3,95	3,74	3,52	3,31	3,11
CCC/C	28,30	21,47	17,29	14,42	12,46	10,79	9,62	8,65
Rating	Jahre							
	9	10	11	12	13	14	15	
AAA	0,07	0,07	0,07	0,06	0,06	0,06	0,06	
AA	0,07	0,07	0,07	0,07	0,07	0,07	0,07	
A	0,12	0,12	0,12	0,12	0,12	0,12	0,12	
BBB	0,33	0,33	0,33	0,32	0,32	0,31	0,31	
BB	1,26	1,23	1,19	1,15	1,12	1,08	1,05	
B	2,93	2,79	2,65	2,51	2,39	2,28	2,19	
CCC/C	7,87	7,22	6,67	6,21	5,83	5,50	5,15	

Tabelle 35: Durchschnittliche Insolvenzwahrscheinlichkeit p.a. nach Ratingklassen (auf der Basis von Tabelle 34 in %)

Die Ratingnote mittelständischer Unternehmen, die Kreditinstitute erstellen, ist im Wesentlichen bestimmt durch quantitative Faktoren.[991] Mit etwa 60 bis 80 % haben insbesondere die Finanzkennzahlen die größte Bedeutung für die Ratingnote. Das überrascht, weil durch das Rating die Wahrscheinlichkeit für die Überschuldung oder die Illiquidität eines Unternehmens ausgedrückt wird. Beide Insolvenzgründe lassen sich fast vollständig auf das Wirksamwerden von Risiken zurückführen (z.B. Großkundenverlust, Fehlinvestitionen, Rohstoffpreiserhöhungen). In den heute hauptsächlich angewendeten Ratingverfahren spielen jedoch diese originären Unternehmensrisiken – und auch das Risikomanagementsystem eines Unternehmens – im Vergleich zu anderen Kriterien (noch immer) eine untergeordnete Rolle.

Wie lässt sich dieser (scheinbare) Widerspruch erklären? Um dies zu beantworten, muss man zunächst einmal die drei primären Determinanten der Insolvenzwahrscheinlichkeit betrachten. Diese sind die Ertragskraft, das Risikodeckungspotenzial (Eigenkapital und Liquiditätsreserve) und eben die Risiken, die Abweichungen vom erwarteten Ertragsniveau auslösen können.[992] Die heute üblichen Ratingverfahren beurteilen im Wesentlichen nur die Ertragskraft (z.B. durch die Gesamtkapitalrendite) und das Risikodeckungspotenzial (z.B. durch die Eigenkapitalquote) eines Unternehmens – und unterstellen implizit einen (branchen-)durchschnittlichen Risikoumfang. Die daraus abgeleitete Folgerung, erhöhte Ertragskraft oder erhöhtes Risikodeckungspotenzial führen tendenziell zu einer niedrigeren Insolvenzwahrscheinlichkeit (besserem Rating), ist natürlich richtig – aber nur in der Tendenz (ceteris paribus). Unternehmen mit vergleichsweise niedrigem aggregierten Risikoumfang erhalten bei den heutigen Verfahren tendenziell zu schlechte Ratings im Vergleich zu Unternehmen mit einem überdurchschnittlichen Risikoumfang.[993]

Kann ein Unternehmen unter diesen Bedingungen durch den Ausbau des Risikomanagements eine Verbesserung seines Ratings erwarten? Kurzfristig nicht – langfristig aber sehr wohl. Tatsächlich zeigen sich bestimmte Risiken implizit doch im klassischen Finanzrating. Die Finanzkennzahlen und damit das Rating werden nämlich genau durch diejenigen Risiken maßgeblich bestimmt, die im letzten Geschäftsjahr wirksam geworden sind und entsprechend die Finanzkennzahlen (negativ) beeinflusst haben. Unternehmen, die im letzten

---

[991] Vgl. zu den Methoden Füser/Gleißner/Leibbrand, 2007; Schneck, 2008; Gleißner/Wingenroth, 2015 und Berger/Kamaras, 2020.

[992] Vgl. Gleißner, 2002.

[993] So ist bei den Krisenunternehmen das Umsatzrisiko mit 18 % klar höher als im Durchschnitt aller Unternehmen (16 %) (vgl. Deutsche Bundesbank, 2014). Wie theoretisch vorhergesagt, haben die „Krisenunternehmen" einen höheren Fixkostenanteil, der die Wirkungen von Umsatzschwankungen verstärkt. Alle Fixkosten-Arten sind überdurchschnittlich hoch (bei den Personalkosten 31,5 % zu 24 %, bei den Abschreibungen 3,6 % zu 2,2 % und beim sonstigen betrieblichen Aufwand 19 % zu 14,7 %). Sowohl das „finanzwirtschaftliche Risiko" (bzw. Risikodeckungspotenzial) als auch das „leistungswirtschaftliche Risiko" sind bei den Krisenunternehmen ungünstiger ausgeprägt. So ist z.B. die Eigenkapitalquote der Krisenunternehmen mit 17,3 % deutlich niedriger als die 28,1 % bei den anderen Unternehmen. Entsprechend höher sind die Bankverbindlichkeiten-Quote und die Zinsaufwands-Quote (1,6 % im Vergleich zu 0,8 %).

Jahr „Glück hatten", erhalten damit tendenziell zu gute Ratings, diejenigen, die „Pech hatten", zu schlechte, weil durch das Finanzrating die zufällig im letzten Jahr eingetretenen Risiken (oft unangebracht) in die Zukunft fortgeschrieben werden. Risikobewältigung trägt damit dazu bei, die zukünftigen Auswirkungen von Risiken zu reduzieren, was zu einer Stabilisierung des Ratings und damit letztlich zur Absicherung des Finanzierungsspielraum und der Kreditkonditionen beiträgt.

Zusammenfassend wird damit klar: Der Risikoumfang ist tatsächlich – neben Ertragskraft und Risikodeckungspotenzial – zentrale Determinante der Insolvenzwahrscheinlichkeit von Unternehmen („Insolvenzrisiko"). Im aktuell vorliegenden Rating durch ein Kreditinstitut erkennt man aber nur diejenigen Risiken, die zufälligerweise im letzten Jahr eingetreten sind. Für die nachhaltige, zukünftige Stabilisierung des zukünftigen Ratings hat die Risikobewältigung jedoch eine große Bedeutung.

Im Folgenden werden daher die Bedeutung von Risiken und Risikomanagementaktivitäten für das Rating eines Unternehmens, und damit die Finanzierungskonditionen, noch etwas genauer erläutert.

Während traditionelle Ratingverfahren beispielsweise mit Hilfe der Jahresabschlussanalyse auf Basis historischer Daten („Finanzrating") indirekt auf Insolvenzwahrscheinlichkeit und Rating schließen, bieten Ratingsimulationen und die Risikoaggregation ergänzend die Möglichkeit der direkten Ableitung von Ratings.[994] Die Risikoaggregation berechnet, in wie viel Prozent aller analysierten risikobedingten Zukunftsszenarien des Unternehmens durch risikobedingte Verluste Überschuldung oder Illiquidität eintritt. Diese Information lässt sich also unmittelbar in eine Insolvenzwahrscheinlichkeit und damit in eine Ratingstufe umsetzen. Ergänzend zu traditionellen Ratingmethoden lässt sich somit eine zusätzliche Fundierung des Ratings erreichen, die die Grundlage für Gespräche mit dem Kreditinstitut und die Entwicklung einer Ratingstrategie bietet. Der Vorteil der direkten Ableitung eines Ratings gegenüber den vergangenheitsorientierten Jahresabschlussanalysen besteht darin, dass bei der Risikosimulation unmittelbar Bezug genommen wird auf die Unternehmensplanung (also die Zukunft) und diejenigen Risiken, die Planabweichungen auslösen können. Im klassischen Finanzrating (Bilanzrating) sieht man – wie erwähnt – nur (implizit) die Risiken, die zufällig im letzten Jahr eingetreten sind.

Notwendig sind derartige zukunftsorientierte „Ratingprognosen" offensichtlich immer dann, wenn die im letzten Jahresabschluss ausgedrückte Historie eines Unternehmens deutlich von der Zukunftsplanung abweicht (z.B. wegen geplanter Großinvestitionen). Zu unterscheiden sind dabei (1) „deterministische Ratingprognosen", bei denen aufgrund der Unternehmensplanung auf das zukünftig zu erwartende Rating geschlossen wird (indem aus der Unternehmensplanung Finanzkennzahlen abgeleitet werden, die das Rating bestimmen) und (2) „stochastische Ratingprognosen", welche zusätzliche Risiken berücksichtigen und damit auch Bandbreiten für die Entwicklung des zukünftigen Ratings

[994] Vgl. Gleißner, 2002; Blum/Gleißner/Leibbrand, 2005 und Gleißner/Bemmann, 2008.

mit prognostizieren.[995] Letztere können Finanzkennzahlen basiert sein und/oder „direkt" die Häufigkeit der Szenarien einer Risikoaggregation bestimmen, die zu Überschuldung oder Illiquidität[996] führen. Gerade aus Sicht des Risikomanagements empfehlen sich Ratingprognosen auf Basis einer Monte-Carlo-Simulation der Risiken mit Bezug auf die Planung, um eine mögliche kritische Entwicklung des Ratings in der Zukunft vorherzusehen. Auf diese Weise wird die Unternehmensführung in die Lage versetzt, das zukünftig zu erwartende Rating gezielt zu steuern – es ist nicht notwendig, zu warten, bis Probleme (durch das Wirksamwerden von Risiken) tatsächlich eingetreten sind und für die Banken im Kreditrating auch erkennbar werden. Speziell kann ermittelt werden, welche Bedeutung zusätzliche Aktivitäten der Risikobewältigung zur Stabilisierung des Ratings haben.

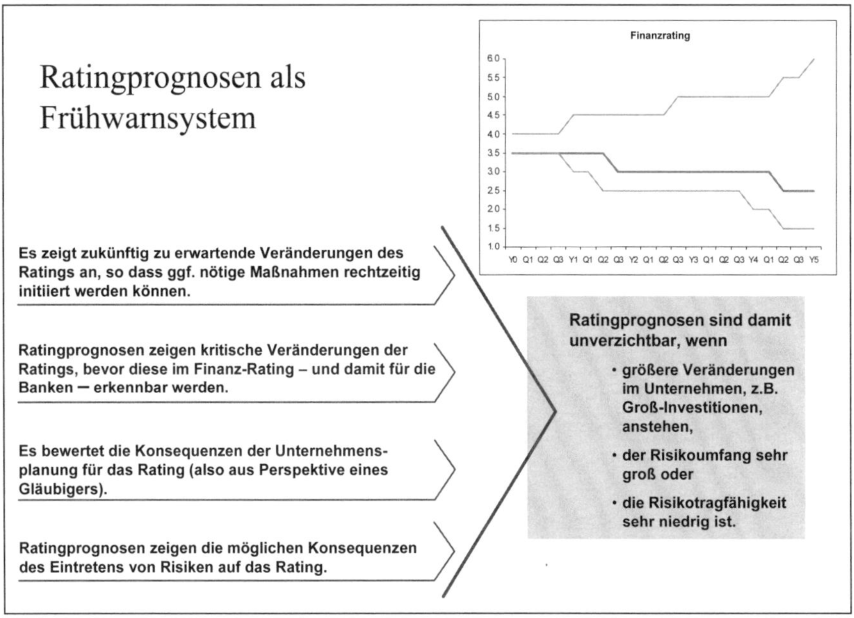

Abbildung 114: Ratingprognosen zeigen Konsequenzen der Unternehmensplanung[997]

Wegen der hohen Bedeutung in der Ratingpraxis kann zunächst eine Ersteinschätzung der zu erwartenden Rating-Einstufung des Unternehmens („indikatives Rating") gestützt nur auf Finanzkennzahlen durchgeführt werden. Die nachfolgende Tabelle 36 zeigt typische Kennzahlen eines Finanzratings, die auch im internen Kennzahlensystem des Controllings verankert werden sollen.

Die oben dargestellten Kennzahlen zeigen insgesamt ein Rating zwischen „B" (= schlechte Bonität, hohes Risiko) und „BB" (= vertretbare Bonität, erhöhtes

[995] Zur Methodik vgl. Gleißner/Füser, 2014 und vertiefend Gleißner/Leibbrand, 2004.
[996] Die verfügbare Liquidität ist abhängig vom (unsicheren) Kreditrahmen, der selbst wieder von Ertragskraft und Sicherheiten abhängt.
[997] Quelle: Strategie-Navigator der FutureValue Group AG.

Risiko). Das Finanzrating zeigt besondere Schwachpunkte beim dynamischen Verschuldungsgrad, bei der Liquidität (Quick Ratio) und bei der Ertragskraft (EBIT-Marge) auf. Um eine mögliche Bestandsbedrohung zu erkennen, führt man nun einen Stresstest durch, d.h., man simuliert die Auswirkungen von Risiken, was nachfolgend erläutert wird.

5.2.2 Finanzkennzahlenrating als Grundlage für Stresstests und Simulation

5.2.2.1 Ein Finanzkennzahlensystem für das Rating

Um die Wirkung von Risiken für das Unternehmensrating zu bestimmen, kann man im einfachsten Fall ein Finanzkennzahlenrating nutzen. Ein solches wird nachfolgend vorgestellt und kann Grundlage sein für die oben erläuterten Ratingprognosen und Stresstests. Ratingprognosen für Stresstests und – besser – im Rahmen der Risikoaggregation ermöglichen es, den Grad der Bestandsbedrohung eines Unternehmens im Sinne des §91 Abs. 2 AktG (und §1 StaRUG) überhaupt erst transparent und quantitativ zu beurteilen.

Für das Finanzkennzahlenrating des Unternehmens sind verschiedene Kennzahlen aus Jahresabschluss (IST) bzw. Unternehmensplanung (Ratingprognose) zu berechnen:[998]

		1	2	3	4	5
1. Eigenkapitalquote						
2. Dynamischer Verschuldungsgrad						
3. Zinsdeckungsquote (1)						
4. EBIT-Marge						
5. Kapitalrückflussquote						
6. Quick-Ratio						
7. Gesamtkapitalrendite (ROCE)						
8. Verbindlichkeitenrückflussquote						
Anzahl der Antworten:		1 ...	2 ...	3 ...	4 ...	5 ...
Durchschnittsnote						

Tabelle 36: Finanzkennzahlen für das Rating

Die Ausprägung der Kennzahlen kann man zunächst in „Schulnoten" der finanziellen Stabilität umrechnen (vgl. Tabelle 36), die später auf Ratingnote und Insolvenzwahrscheinlichkeit (p) schließen lassen.

[998] Entnommen aus Gleißner/Füser, 2014, S. 211; siehe z.B. auch Altman, 2000; Weber/Krahnen/Voßmann, 1998; Krotter/Schüler, 2013 und Heller, 2015 zu Finanzkennzahlenratings.

(1) $\text{Eigenkapitalquote} = \frac{\text{Eigenkapitel}}{\text{Bilanzsumme}}$

Eigenkapitalquote	> 60 %	> 35 %	> 20 %	> 10 %	≤ 10 %
Note	= 1	= 2	= 3	= 4	= 5

(2) $\text{Dynamischer Verschuldungsgrad} = \frac{\text{Verbindlichkeiten} - \text{liquide Mittel}}{\text{Cashflow}}$[999]

Dyn. Verschuldungsgrad	0	< 1	< 4	< 8	≥ 8
Note	= 1	= 2	= 3	= 4	= 5

(3) $\text{Zinsdeckungsquote} = \frac{\text{EBIT}}{\text{Zinsaufwand}}$

Zinsdeckungsquote	> 9	> 4	> 2,5	> 1,0	≤ 1,0
Note	= 1	= 2	= 3	= 4	= 5

(4) $\text{EBIT} - \text{Marge} = \frac{\text{EBIT}}{\text{Umsatz}}$

EBIT-Marge	> 15 %	> 10 %	> 5 %	> 0 %	≤ 0 %
Note	= 1	= 2	= 3	= 4	= 5

(5) $\text{Kapitalrückflussquote} = \frac{\text{EBITDA}}{\text{Bilanzsumme}}$[1000]

Kapitalrückflussquote	> 25 %	> 10 %	> 5 %	> 0 %	≤ 0 %
Note	= 1	= 2	= 3	= 4	= 5

(6) $\text{ROCE} = \frac{\text{EBIT}}{\text{Bilanzsumme}}$

ROCE	> 20 %	> 10 %	> 5 %	≥ 0 %	< 0 %
Note	= 1	= 2	= 3	= 4	= 5

(7) $\text{Quick Ratio} = \frac{\text{liquide Mittel} + \text{Wertpapiere} + \text{Forderungen aus Lieferung und Leistungen}}{\text{kurzfristige Bankverbindlichkeiten} + \text{Verbindlichkeiten aus Lieferung und Leistungen}}$

Quick Ratio	> 200 %	> 140 %	> 90 %	> 60 %	≤ 60 %
Note	= 1	= 2	= 3	= 4	= 5

[999] Negativer Cashflow führt zu Note „5“.

[1000] EBITDA = Jahresüberschuss + Steuern + Finanzergebnis + Abschreibungen (ggf. bereinigt um das außerordentliche Ergebnis).

$$(8)\quad \text{Verbindlichkeitenrückflussquote} = \frac{\text{free Cashflow}}{\text{Verbindlichkeiten}}$$

Verbindlichkeitenrückfluss-quote	> 20 %	> 10 %	> 0 %	> –10 %	≤ –10 %
Note	= 1	= 2	= 3	= 4	= 5

Die Durchschnittsnote aus den Kennzahlen kann man in einer Ratingnote oder Insolvenzwahrscheinlichkeit (PD) umrechnen.

Rating	Ratingnote (Durchschnitt)	Grenze der Insolvenzwahrscheinlichkeit
AAA/AA	< 1,12	< 0,02 %
AA-	< 1,25	< 0,03 %
A+	< 1,42	< 0,06 %
A	< 1,58	< 0,10 %
A-	< 1,75	< 0,15 %
BBB+	< 2,00	< 0,28 %
BBB	< 2,25	< 0,48 %
BBB-	< 2,50	< 0,78 %
BB+	< 2,83	< 1,37 %
BB	< 3,17	< 2,30 %
BB-	< 3,50	< 3,61 %
B+	< 3,75	< 4,95 %
B	< 4,00	< 6,64 %
B-	< 4,50	< 11,35 %
CCC	≥ 4,50	≥ 11,35 %

Tabelle 37: Ratingnote und Insolvenzwahrscheinlichkeit (langfristig)

Die Berechnung der Finanzkennzahlen basiert zunächst meist auf dem letzten Jahresabschluss. Wenn man eine mögliche Bedrohung des Unternehmens durch bestehende Risiken mittels Stresstest feststellen möchte, muss man zudem eine Erfolgs- und Bilanz-Planrechnung erstellen und aus dieser die oben genannten Finanzkennzahlen ableiten (Ratingprognose), wenn man die planmäßige Entwicklung des Ratings beurteilen möchte. Für die Erstellung von Ratingprognosen (für das Stressszenario) berechnet man die Auswirkung des Eintritts eines oder mehrerer schwerer Risiken auf die Plan-Finanzkennzahlen. Die Berechnungen mit dem hier dargestellten Finanzkennzahlensystem können durchgeführt werden mit der Software „Strategie-Navigator", der kostenlos unter: https://futurevalue.de/leistungen-produkte/strategienavigator/software-download/ zum Download bereitsteht. Dort erfolgen eine etwas präzisere Kennzahlenberechnung mit Bereinigungen und eine kontextabhängige Kennzahlengewichtung.

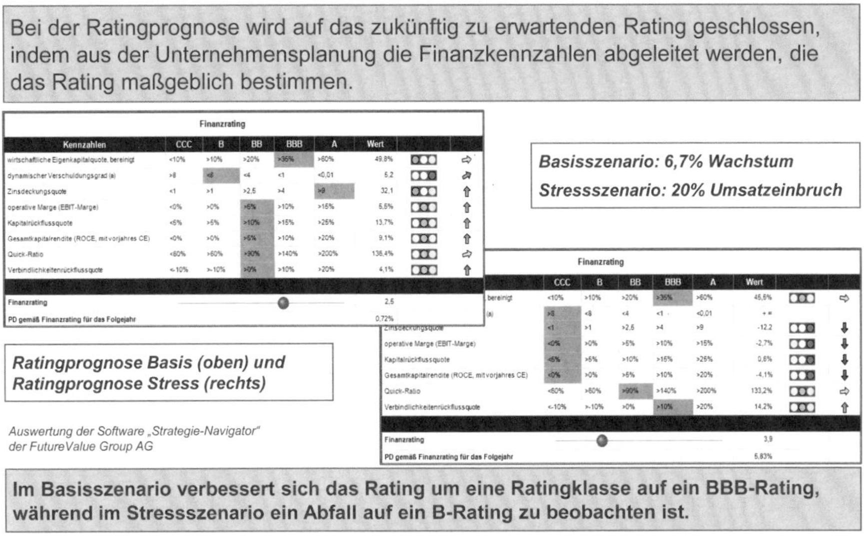

Abbildung 115: Ratingprognose für Stressszenario (Beispiel)

Die für das Finanzkennzahlenrating verwendeten Kennzahlen seien hier nur ganz kurz erläutert.[1001]

Die **Eigenkapitalquote** ist die klassische Kennzahl zur Beurteilung des Risikodeckungspotenzials in Bezug zur Unternehmensgröße. Dabei wird das Eigenkapital (Risikodeckungspotenzial) in Relation gesetzt zur Bilanzsumme, also der Summe aller Aktiva des Unternehmens. Eine höhere Eigenkapitalquote impliziert ceteris paribus eine niedrigere Insolvenzwahrscheinlichkeit. Eigenkapital[1002] und auch die Bilanzsumme sind aber durch bilanzpolitische Maßnahmen beeinflussbar.

Mit dem **dynamischen Verschuldungsgrad** wird im Kennzahlensystem eine Kennzahl erfasst, die wesentlich weniger durch bilanzpolitische Maßnahmen beeinflussbar ist und sich stärker an den „Zahlungsströmen" orientiert. Der dynamische Verschuldungsgrad entspricht den Nettoverbindlichkeiten geteilt durch die Cashflows. Er drückt damit aus, wieviel Jahre die gesamten Cashflows des Unternehmens (vor Investitionsausgaben) nötig sind, um die Verbindlichkeiten zurückzuzahlen. Die Kennzahl berücksichtigt allerdings nicht die Höhe der (selbst vom Rating abhängigen) Zinssätze, mit denen die Verbindlichkeiten verzinst werden müssen.

Dies leistet die **Zinsdeckungsquote**. Sie stellt das Verhältnis dar zwischen dem Betriebsergebnis (EBIT)[1003] und dem Zinsaufwand, der sich aus der Höhe der Verbindlichkeiten und eben deren mittleren Zinssatz ergibt.[1004] Zur Abdeckung

---

[1001] Siehe weiterführend z.B. Reichmann, 2011.

[1002] Wird oft nach Abzug des „Goodwill" berechnet, zumindest wenn dieser nicht prinzipiell adäquat verkaufbaren Tochtergesellschaften zuordenbar ist.

[1003] Gewinn vor Zinsaufwand und Steuern.

[1004] Die Zinsdeckungsquote wird oft auch basierend auf dem EBITDA anstelle EBIT berechnet.

des Zinsaufwands ist es notwendig, dass mindestens ein Betriebsergebnis (EBIT) in gleicher Höhe vorliegt. Um dies zu gewährleisten, ist eine Zinsdeckungsquote (ZDQ) von mindestens 1 erforderlich.

Die Kennzahl **EBIT-Marge** drückt das Verhältnis zwischen Betriebsergebnis (EBIT) und Umsatz aus. Diese Rentabilitätskennzahl zeigt also, welcher Anteil des Umsatzes dem Unternehmen nach Abzug der operativ nötigen Kosten verbleibt. Die Kennzahl ist dabei unabhängig von der Finanzierung des Unternehmens und erlaubt so den Vergleich der Marktposition verschiedener Unternehmen einer Branche unabhängig von deren Finanzierungsstruktur (Eigenkapitalquote); anders als z.B. die Umsatzrendite.

Die **Kapitalrückflussquote** drückt aus, wieviel Prozent des im Unternehmen gebundenen Kapitals (Bilanzsumme, Summe aller Aktiva) innerhalb eines Jahres an Liquidität (EBITDA) zurückfließt, wobei allerdings notwendige Investitionsauszahlungen (anders als beim Free Cashflow) nicht betrachtet werden. Die Kapitalrückflussquote kann als Kennzahl für die finanzielle Flexibilität interpretiert werden.

Die zweite Rentabilitätskennzahl neben der EBIT-Marge ist die **Gesamtkapitalrendite** (ROCE). Sie ist definiert als Verhältnis des Betriebsergebnisses (EBIT) zum betriebsnotwendigen Kapital[1005] oder der Bilanzsumme. Sie drückt damit die Rendite auf das eingesetzte Kapital aus (und ist entsprechend mit den Gesamtkapitalkosten, WACC, zu vergleichen). Da neben dem Risikodeckungspotenzial gerade die (erwartete) Rendite eines Unternehmens für die Insolvenzwahrscheinlichkeit maßgeblich ist, ist die Berücksichtigung von Rentabilitätskennzahlen im Rating naheliegend.

Das **Quick Ratio** ist eine Kennzahl für die kurzfristige verfügbare Liquidität. Sie stellt die Relation der kurzfristig verfügbaren liquiden Mittel, inklusive Wertpapiere und Forderungen aus Lieferung und Leistung, zu den kurzfristigen Verbindlichkeiten dar. Hohe Werte des Quick Ratios zeigen also, dass ein Unternehmen kurzfristig über die liquiden Mittel verfügt, um Verbindlichkeiten abzudecken, die kurzfristig fällig werden (könnten).

Die letzte Kennzahl, die **Verbindlichkeiten-Rückflussquote**, ist die Relation des freien Cashflows zu den Gesamtverbindlichkeiten. Der freie Cashflow drückt die liquiden Mittel aus, die insgesamt für die Bedienung von Eigentümern und Gläubigern zur Verfügung stehen. Im Gegensatz zum Cashflow wird bei der Berechnung des freien Cashflows der Geldabfluss durch Investitionen in Sachanlagen und die Erhöhung des Umlaufvermögens (Forderungen aus Lieferung und Leistung und Vorräte) abgezogen. Positive Ausprägungen der Kennzahl zeigen damit, dass mit den Finanzmittel-Überschüssen (nach Investitionen) Verbindlichkeiten getilgt werden. Umgekehrt bedeutet eine negative Verbindlichkeiten-Rückflussquote, dass das Unternehmen seine Verbindlichkeiten ausweitet. Eine derartige Situation ergibt sich insbesondere, wenn ein Unternehmen schnell wächst und damit in zunehmenden Umfang auf Fremdfinanzierung (Verbindlichkeiten) angewiesen ist.

[1005] Oft berechnet als betriebsnotwendige Sachanlagen und Umlaufvermögen abzüglich Verbindlichkeiten aus Lieferung und Leistung.

Wenn man die Kennzahlen betrachtet, wird deutlich, dass diese insgesamt gut geeignet sind, um Risikodeckungspotenziale und Ertragskraft eines Unternehmens – zwei der drei wesentlichen Determinanten der Insolvenzwahrscheinlichkeit – einzuschätzen. Die Eigenkapitalquote ist eine klassische Kennzahl zur Erfassung des Risikodeckungspotenzials. EBIT-Marge und Gesamtkapitalrendite beschreiben die Ertragskraft.[1006] Grundsätzlich lassen sich diese Sachverhalte auch durch andere Kennzahlen erfassen, wie z.B. Verbindlichkeiten / EBITDA. Deutlich wird auch die erwähnte Limitierung aller Finanzkennzahlen-Ratings: Informationen über den Umfang der aggregierten Ertragsrisiken bzw. Cashflow-Volatilitäten sind nicht erfasst.

5.2.2.2 Stresstest mit einem „Mini-Rating"

Schon mit nur zwei Finanzkennzahlen, nämlich der Gesamtkapitalrendite und der Eigenkapitalquote, ist eine einfache Abschätzung der Insolvenzwahrscheinlichkeit (und damit der angemessenen Ratingnote) möglich.[1007] Die schon erläuterte Formel für die Umrechnung von Gesamtkapitalrendite (ROCE) und Eigenkapitalquote (EKQ) in eine Insolvenzwahrscheinlichkeit (p) bzw. Ratingnote ist die folgende:[1008]

$$p = \frac{0{,}265}{1 + e^{-0{,}41 + 7{,}42 \cdot EKQ + 11{,}2 \cdot ROCE}}. \quad (5.1)$$ [1009]

Die Definition des Zusammenhanges zwischen der Eigenkapitalquote und dem Return on Capital Employed (ROCE) mit der damit verbundenen Insolvenzwahrscheinlichkeit beruht auf einem nichtlinearen (logistischen) Zusammenhang, der eine Exponentialfunktion enthält (Euler Zahl e ≈ 2,718).

Eine weitere einfache Abschätzung der Insolvenzwahrscheinlichkeit ist alternativ auch mit den beiden folgenden Jahresabschluss-Kennzahlen möglich: Eigenkapitalquote (EKQ) und EBIT-Marge (EBITM). Die Insolvenzwahrscheinlichkeit (p) ergibt sich dann gemäß folgender Funktion.

$$p = \frac{0{,}39}{1 + e^{0{,}09 + 10{,}8 \cdot EKQ + 7{,}6 \cdot EBITM}} \quad (5.2)$$

Die Anwendung dieses einfachen Finanzkennzahlensystems für einen Stresstest zur Beurteilung einer möglichen Bestandsbedrohung des Unternehmens wird nun an einem einfachen **Fallbeispiel** verdeutlicht. Betrachten wir die Müller-Meier GmbH mit einem Umsatz 600 Mio. € und 500 Mio. € Bilanzsumme (entspricht dem betriebsnotwendigen Kapital). Das Eigenkapital beträgt am Jahresanfang 150 Mio. € und das Betriebsergebnis (EBIT) 15 Mio. €. Man berechnet nun leicht die beiden für das Minirating maßgeblichen Finanzkennzahlen:

[1006] Die Zinsdeckungsquote ist dagegen eine Kennzahl, die Ertragskraft und Risikodeckungspotenzial vereint.

[1007] Siehe Gleißner, 2006a.

[1008] Die Funktion legt für die PD ein Intervall von 0 bis 0,265 fest.

[1009] Dieses (und weitere Versionen des Miniratings) finden Sie auch unter https://futurevalue.de/leistungen-produkte/strategienavigator/web-tool-pd-abschaetzung-durch-minirating/.

Eigenkapitalquote EKQ = 33 % und EBIT-Marge = 2,5 %.[1010] Daraus ergibt sich für die Insolvenzwahrscheinlichkeit p (=PD)

$$p = \frac{0,39}{1+e^{0,09+10,8\cdot 33\%+7,6\cdot 2,5\%}} = 0,8\%. \tag{5.3}$$

Für die Berechnung des Stresstests werden nun aus der Risikoanalyse zwei besonders wesentliche Risiken herangezogen: (1) ein konjunkturbedingter Umsatzeinbruch um 20 %[1011] und (2) ein möglicher Haftpflichtschaden von 15 Mio. €.[1012] Unter Berücksichtigung des Anteils der variablen Kosten (Materialkosten) in Höhe von 50 % des Umsatzes führt ein 20 %iger Umsatzeinbruch zu einem Ergebnisrückgang in Höhe von 60 Mio. € (600 Mio. € x 20 % (1–0,5)). Tritt zusätzlich der Haftpflichtschaden ein, wäre im Stressszenario mit einer risikobedingt (negativen) Planabweichung von 75 Mio. € beim Betriebsergebnis zu rechnen. Anstelle des geplanten EBIT von 15 Mio. € würden sich entsprechend –60 Mio. € ergeben. Für das Stressszenario kann man nun unter Berücksichtigung des Eintritts der Risiken folgende Ausprägung der Finanzkennzahlen berechnen. Hier wird wiederum vereinfachend angenommen, dass ein negatives EBIT gerade zu einer ebenso großen negativen Änderung des Eigenkapitals führt.

$$EKQ_{Stress} = \frac{150-60}{500} = 18\% \tag{5.4}$$

$$EBIT\text{-}Marge_{Stress} = \frac{-60}{480} = -12,5\% \tag{5.5}$$

Damit ergibt sich für die Insolvenzwahrscheinlichkeit im Stressszenario:

$$p = \frac{0,39}{1+e^{0,09+10,8\cdot 18\%+7,6\cdot(-12,5\%)}} = 9,9\%. \tag{5.6}$$

Die Insolvenzwahrscheinlichkeit im Stressszenario von ca. 10 % entspricht einem Rating von gerade noch B–, fast schon C. Der Stresstest ist also bestenfalls gerade noch bestanden. Der Eintritt der Risiken würde eine schwerwiegende Krise zur Folge haben. Mit dem Stresstest kann erkannt werden, ob schon bei Betrachtung nur der „Top-Risiken" eine „bestandsgefährdende Entwicklung" zu erwarten ist. Wie allerdings in Kapitel 3 ausführlich erläutert, ist so nur eine Abschätzung der Bedeutung gerade der betrachteten beiden Risiken mit Bezug auf das zukünftige Rating möglich. Denkbar ist, dass sich durch eine andere Kombination von anderen Risiken (als die im Stresstest betrachteten) bestandsgefährdenden Entwicklungen ergeben können – und dies kann nur durch eine Risikoaggregation mittels Monte-Carlo-Simulation untersucht werden (siehe Abschnitt 3.3 und 5.2.3).

[1010] Es wird hier vereinfachend angenommen, dass das geplante EBIT das Eigenkapital erhöht; von Zinsen und Steuern wird also abstrahiert.

[1011] Präziser: ein Umsatzeinbruch von 20 % wird basierend auf den statistischen Auswertungen früherer Umsatzschwankungen mit 95 %iger Wahrscheinlichkeit nicht überschritten.

[1012] Gemäß Risikoquantifizierung wird eine Eintrittswahrscheinlichkeit von 20 % geschätzt und damit dieses Risiko als Repräsentant für andere Risiken im Rahmen des Stressszenarios genutzt.

5.2.3 StaRUG, Krisenfrüherkennung und Krisenampel[1013]

Die Fähigkeit zur Krisenfrüherkennung ist die zentrale Anforderung aus §1 StaRUG. Um zu beurteilen, in welcher Krisenphase sich ein Unternehmen befindet, sind geeignete Kennzahlen und Informationen über die Risiken eines Unternehmens erforderlich. Abbildung 116 zeigt die Krisenphasen und typische Ausprägungen von Kennzahlen in diesen Phasen.

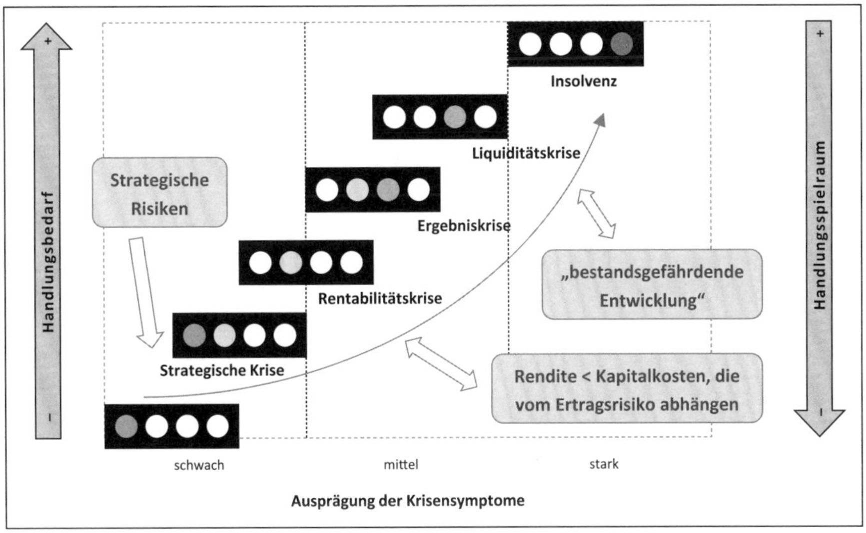

Abbildung 116: Krisenphasen: Ausprägung der Krisensymptome

Traditionell wird Krisenfrüherkennung und Krisenabwehr als Kernaufgaben des Risikomanagements angesehen.[1014] Krisen[1015] sind meist das Resultat eingetretener Risiken und damit ist eine Krisenfrüherkennung ohne eine Analyse der Risiken, die Krisen auslösen können, nicht sinnvoll. Zur Früherkennung schwerer Krisen, also „bestandsgefährdender Entwicklungen" (§91 AktG und §1 StaRUG), verpflichtet der Gesetzgeber die Geschäftsleitung aller Kapitalgesellschaften.[1016] Die Krisenfrüherkennung und die rechtzeitige Initiierung „geeigneter Gegenmaßnahmen" der Krisenprävention erfordern Risikoanalyse und Risikoaggregation.[1017]

In diesem Abschnitt wird erläutert, wie ein Krisenfrüherkennungssystem ausgestaltet werden kann, das den gesetzlichen Mindestanforderungen genügt und möglichst früh eine bestehende oder drohende Krise anzeigt, um der Unterneh-

[1013] In Anlehnung an Gleißner, 2021c.

[1014] Siehe auch Vanini/Hunziker, 2021 und Hunziker/Vanini, 2021.

[1015] Vgl. zu den Grundlagen auch Krystek/Lentz, 2014 und Knecht/Hommel/Wohlenberg, 2018.

[1016] In Anlehnung an Gleißner/Haarmeyer, 2019.

[1017] Siehe dazu die z.B. im DIIR RS Nr. 2 (2018) und im IDW PS 340 n.F. (2020) präzisierten Anforderungen an das Risikofrüherkennungssystem.

mensführung möglichst viel Zeit für die Krisenbewältigung einzuräumen.[1018] Das hier skizzierte Krisenfrüherkennungssystem kann als wesentlicher Teil des Risikomanagements interpretiert werden. Es ist zu beachten, dass das Risikomanagement über die Krisenfrüherkennung hinaus weitere Aufgaben hat, wie z.B. die Optimierung der Risikokosten oder die Bereitstellung von Risikoanalysen bei der Vorbereitung „unternehmerischer Entscheidungen" (§93 AktG).

Für den Aufbau eines Krisenfrüherkennungssystems empfiehlt es sich zunächst die unterschiedlichen Krisenphasen zu unterscheiden. Bei Betrachtung der nachfolgend skizzierten Krisenphasen wird deutlich, dass alleine mit traditionellen „Krisenfrühwarnindikatoren" (z.B. Eigenkapitalquote) eine Krisenfrüherkennung nicht gelingt. Risikoanalyse und Risikoaggregation sind für die Einschätzung der Krisenphase erforderlich.

In einem Krisenfrühwarnsystem kann man die folgenden Krisenphasen bzw. Ampelstufen unterscheiden:[1019]

1. **Keine Krise: Grüne Ampel**
   Das Unternehmen ist in keiner Krise und es droht keine Krise; auch keine strategische Krise. Das Unternehmen weist eine hohe finanzielle Stabilität, insbesondere ein gutes Rating auf und besitzt solide Erfolgspotenziale, die durch keine strategischen Risiken wesentlich bedroht sind. Der aggregierte Gesamtrisikoumfang kann gut durch das vorhandene Risikodeckungspotenzial (Eigenkapital und Liquiditätsreserven) getragen werden. Das Unternehmen hat damit eine solide Aufstellung und kann unter Umständen sogar als „robustes Unternehmen" bezeichnet werden (vgl. Abschnitt 4.2).[1020]
2. **Strategische Krise: Grün-gelbe Ampel**
   Die finanzielle Nachhaltigkeit des Unternehmens ist nicht gefährdet und alle finanziellen Indikatoren sind weiterhin im grünen Bereich. Die Insolvenzwahrscheinlichkeit und das Ertragsrisiko sind niedrig und die Kapitalrendite liegt oberhalb der risikogerechten Kapitalkosten als Mindestanforderung an eine risikogerechte Rendite. Allerdings ist die Robustheit der Unternehmensstrategie nicht mehr gewährleistet oder zumindest bedroht. Man erkennt bereits Schwächen bei für die Zukunft wesentlichen Erfolgspotenzialen oder aber strategische Risiken, die die Erfolgspotenziale zerstören könnten (z.B. infolge technologischer Innovationen, die disruptive Strategien von Wettbewerbern ermöglichen würden).
3. **Rentabilitätskrise: Gelbe Ampel**
   Auch bei einer Rentabilitätskrise kann man (noch) von einer gelben Ampelposition ausgehen. In diesem Fall ist die Rentabilität bereits nachhaltig unter den risikoadäquaten Kapitalkosten (zur Berechnung siehe Abschnitt 5.3.4.3). Die Erosion von Wettbewerbsvorteilen – Kernkompetenzen, interne Stärken oder Wettbewerbsvorteile bezüglich Kaufkriterien – und/oder eine verschlechterte Marktattraktivität führen dazu, dass das Unternehmen bei nun erreichtem Rendite-Risiko-Profil für Investoren schon nicht mehr attraktiv

---

[1018] Siehe zum Krisenmanagement Thießen, 2014 und Roselieb, 2002.
[1019] In Anlehnung an Gleißner, 2021c.
[1020] Siehe Gleißner, 2021a.

ist. Es treten jedoch (noch) keine Verluste auf und auch das Rating ist noch in einem akzeptablen bis guten Bereich.

4. **Ertragskrise oder (drohende) „bestandsgefährdende Entwicklungen": Gelb-orangefarbene Ampel**
   Bei einer Ertragskrise treten bereits nachhaltig Verluste auf oder risikobedingte Verluste sind wahrscheinlich oder das Rating zeigt bereits ein erhöhtes Insolvenzrisiko (B+ oder schlechter). Aus der Risikoanalyse und Risikoaggregation lässt sich ableiten, dass im Falle des Eintritts schwerwiegender Risiken es zu einer „bestandsgefährdenden Entwicklung" mit einer nicht mehr zu vernachlässigender Wahrscheinlichkeit kommen kann. Meist sind es Kombinationseffekte von Einzelrisiken, die zur Verletzung von Mindestanforderungen an das Rating oder zum Bruch von Covenants, die eine Kreditkündigung nach sich ziehen können, führen und die aus dieser latenten eine akute Krise werden lassen. Gegenmaßnahmen zur Risikobewältigung bis hin zum Restrukturierungsplan sind dringend zu empfehlen (und die Initiierung von Gegenmaßnahmen).
5. **Liquiditätskrise / bestandsgefährdende Entwicklung: Orangefarbene Ampel**
   Während auf Krisenstufe 4 aus der „drohenden" Bestandsgefährdung erst dann eine akute Bestandsgefährdung wird, falls sich vorhandene Risiken tatsächlich materialisieren, ist bei dieser Krisenphase schon bei einem „planmäßigen" weiteren Verlauf die Existenz des Unternehmens gefährdet. Aus der integrierten Unternehmensplanung mit der daraus abgeleiteten Liquiditätsprognose ergibt sich nämlich, dass innerhalb der nächsten 24 Monate[1021] mit einer erheblichen Wahrscheinlichkeit Liquiditätsengpässe auftreten. Ein besonderes „Pech" durch das Eintreten von gravierenden Risiken, die negative Planabweichungen auslösen, ist gar nicht mehr erforderlich. Die Insolvenzwahrscheinlichkeit ist bereits im Status quo und bei der planmäßigen Weiterentwicklung stark erhöht. Ein Restrukturierungsplan ist *erforderlich*.[1022]
6. **Insolvenz: Rote Ampel**
   Aus der akuten Krise wird eine Insolvenz im Sinne der Insolvenzordnung mit den dort geregelten Verfahren.[1023]

Um die einzelnen Krisenphasen zu identifizieren, benötigt man Informationen und Kennzahlen. Die erste Krisenphase, die strategische Krise, kann noch nicht durch Finanzkennzahlen aufgedeckt werden. Ihre Identifikation erfordert eine Beurteilung der Robustheit der Strategie (vgl. Abschnitt 4.2.3) und eine Analyse der strategischen Risiken (vgl. Abschnitt 2.2).

Ab Phase 2 ist eine Identifikation der Krisen mit Finanzkennzahlen und Risikoaggregation möglich. Die wesentlichen Kennzahlen sind in Abbildung 117 zusammengefasst. Erkennbar ist dabei insbesondere die Bedeutung von Insolvenzwahrscheinlichkeit, Kapitalrendite und Kapitalkostensatz.

[1021] Siehe StaRUG und § 18 InSO sowie Nickert/Nickert, 2021.
[1022] Vgl. Braun, 2021 sowie Weitzmann, 2021.
[1023] Vgl. Schulz et al., 2018 und Nickert/Lamberti, 2015.

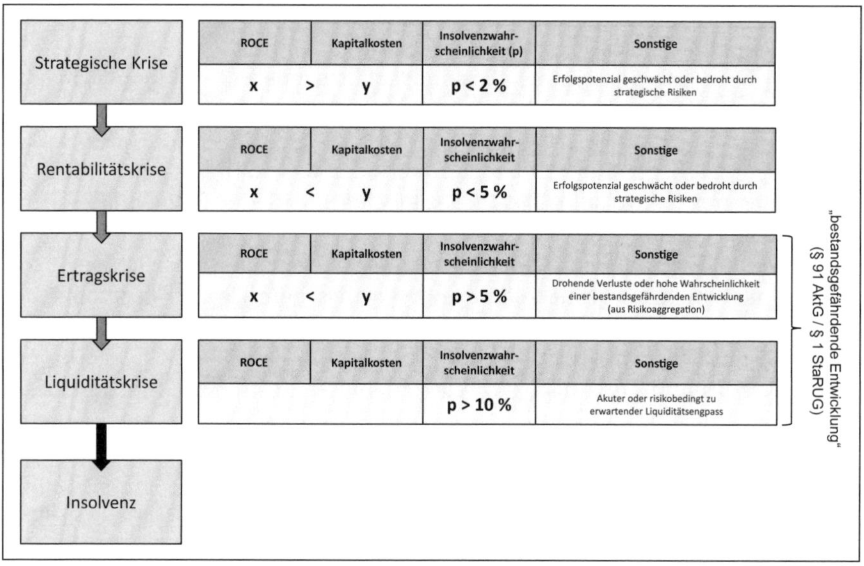

Abbildung 117: Ausprägungen von Kennzahlen für die Krisenampel (Quelle: Gleißner, 2021c, S. 38)

Man benötigt für die Beurteilung der Krisenphasen insbesondere die folgenden Kennzahlen: Kapitalrendite, Eigenkapitalquote, risikoadäquate Kapitalkosten, Insolvenzwahrscheinlichkeit (p) und die Wahrscheinlichkeit einer „bestandsgefährdenden Entwicklung", also die **Gefährdungswahrscheinlichkeit** (p2).[1024]

Der **Value Spread** ist die Differenz der (erwarteten) Kapitalrendite zum entsprechenden Kapitalkostensatz. Damit ein Unternehmen für die Eigentümer wirtschaftlich attraktiv ist, ist es erforderlich, dass die Kapitalrendite nachhaltig höher ist als die Kapitalkosten, die Anforderungen an eine risikoadäquate Rendite.

Die **Kapitalrendite** gibt an, welches Ergebnis bezogen auf das eingesetzte Kapital unter Beachtung von Chancen und Gefahren (Risiken) im Mittel zu erwarten ist.

Der risikoadäquate **Kapitalkostensatz** ist die Brücke zwischen dem mittels Risikoaggregation berechneten Ertragsrisiko einerseits und der Unternehmensrentabilität andererseits. Er drückt aus, welche Rendite in Anbetracht der Ertragsrisiken angemessen ist, welche Rendite am Kapitalmarkt mit vergleichbaren Risiken zu erwarten wäre (vgl. Gleichung 5.18 in Abschnitt 5.3.4.3).[1025] Den Kapitalkostensatz kann man aus dem Variationskoeffizienten der Erträge oder Cashflows ableiten: mehr Risiko führt zu höheren Anforderungen an die Rendite.[1026] Als Kapitalkostensatz kann dabei ein Gesamtkapitalkostensatz (WACC) und/oder ein Eigenkapitalkostensatz berechnet werden. Erster ergibt

[1024] Vgl. auch Günther, 2002.
[1025] Gleißner, 2019d.
[1026] Gleißner, 2019d.

sich aus den Risiken (Volatilität), der den Geldgebern insgesamt zustehenden Überschüssen (z.B. EBIT); letztere aus der Volatilität der Erträge (bzw. Gewinne).

Zur Erfüllung der Anforderungen aus dem StaRUG benötigt man für die Krisenfrüherkennung insbesondere Kennzahlen für die Messung des **„Grads der Bestandsgefährdung"**. Diese sind notwendig, um anzuzeigen, ob der Schwellenwert für die Initiierung „geeigneter Gegenmaßnahmen" (§1 StaRUG) zur Krisenprävention überschritten ist. Die Zielsetzung des StaRUG ist gerade, dass bei Auftreten einer bestandsgefährdenden Entwicklung durch die rechtzeitige Initiierung von „Gegenmaßnahmen" eine Insolvenz vermieden wird. Eine bestandsgefährdende Entwicklung ist bereits dann festzustellen, wenn z.B. Covenants verletzt oder Mindestanforderungen an das Rating nicht mehr erfüllt sind[1027], was eine schwere Krise anzeigt, aber nicht notwendigerweise zur Insolvenz führt (Phase 4 oder 5). Kennzahlen zur Bestandsgefährdung helfen bei der Beurteilung der Krisenphase. Den „Grad der Bestandsgefährdung" kann man durch zwei schon erläuterte Kennzahlen messen (vgl. Abschnitt 3.4):

(1) die **Insolvenzwahrscheinlichkeit** (p1) und
(2) **Gefährdungswahrscheinlichkeit** (p2), d.h. die „Wahrscheinlichkeit einer bestandsgefährdenden Entwicklung".[1028]

Empfehlenswert ist die Verwendung *beider* Kennzahlen. Die Wahrscheinlichkeit einer bestandsgefährdenden Entwicklung ist immer höher als die Insolvenzwahrscheinlichkeit. Die Wahrscheinlichkeit einer bestandsgefährdenden Entwicklung lässt sich nur durch die Risikoaggregation bestimmen.

5.2.4 Entwicklung einer Ratingstrategie zur Krisenprävention[1029]

Die Absicherung eines Unternehmens gegen Krise oder gar Insolvenz, also die Vermeidung bestandsgefährdender Entwicklungen im Sinne §91 Abs.2 AktG und §1 StaRUG, ist weitgehend gleichbedeutend mit der Sicherung des Ratings. Unternehmen mit ausreichend gutem Rating können meist recht problemlos liquide Mittel beschaffen.

Ratingstrategien sichern die zukünftige Finanzierung des Unternehmens und tragen damit zur Reduzierung des Illiquiditätsrisikos bei. Die Entwicklung einer Ratingstrategie kann man als ein umfassendes, strategisch orientiertes Risikobewältigungsprogramm auffassen, das der Zukunftssicherung dient (vgl. Abschnitt 4.2). Ihre Entwicklung beginnt mit einem „Rating-Check"[1030], der aufzeigt, welche Rating-Einstufung ein Unternehmen aktuell aufweist und welche zukünftige Entwicklung des Ratings zu erwarten ist – auch in Stressszenarien („Ratingprognose"). Zudem wird ermittelt, welche „kritischen Rating-

---

[1027] Siehe Gleißner, 2018b.

[1028] Siehe dazu Gleißner, 2018b.

[1029] Teilweise in Anlehnung an Gleißner, 2005 und Gleißner/Füser, 2014, wo dieses Thema vertiefend betrachtet wird.

[1030] Vgl. z.B. die kostenlose Software „QuickRater", die unter https://futurevalue.de/leistungen-produkte/strategienavigator/web-tool-quick-rater/ zu finden ist. Weitere Softwarelösungen werden erläutert in Gleißner/Everling, 2007.

kriterien" diese Einstufung maßgeblich bestimmen. Diese Ergebnisse können als Grundlage für die Ableitung dezidierter Maßnahmen zur Optimierung und Absicherung des Ratings dienen.[1031]

Die Ratingstrategie zur Sicherung der zukünftigen Ratings basiert auf Maßnahmen, die den folgenden „Säulen" zugeordnet werden können (siehe Abbildung 118).

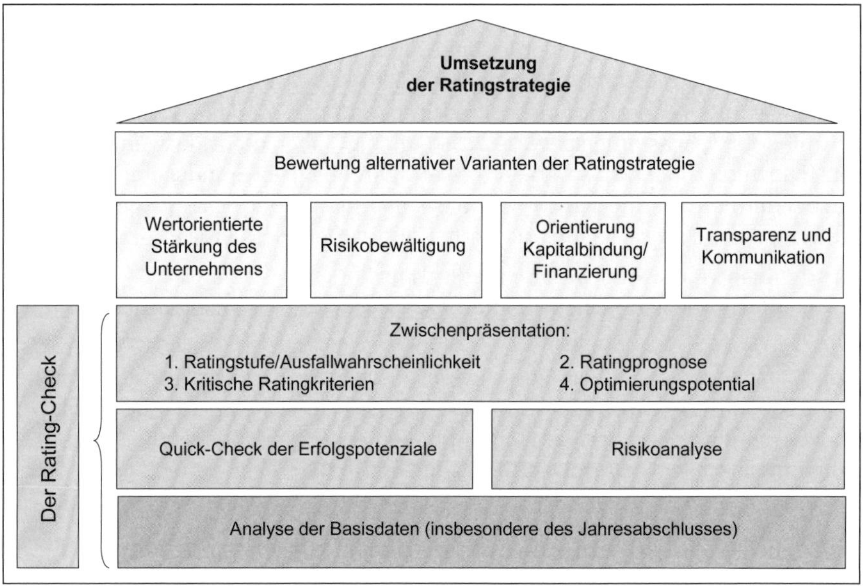

Abbildung 118: Module eines Rating-Advisory-Ansatzes (Quelle: FutureValue Group AG)

(1) Maßnahmen zur Stärkung der Ertragskraft des Unternehmens dienen dazu, das erwartete Ertragsniveau und somit den Wert des Unternehmens zu steigern. Bedeutsam sind hier Maßnahmen zur Stärkung des Vertriebs, Aktivitäten des Kostenmanagements, aber auch die Verbesserung der strategischen Ausrichtung, z.B. durch eine präzisere Fokussierung des Unternehmens auf attraktive Geschäftsfelder. Im Rahmen der strategischen Überlegungen werden insbesondere folgende Aspekte diskutiert, die die Zukunftsperspektiven und damit das Rating maßgeblich bestimmen:[1032]

- Was sind die bestehenden und zukünftigen Kernkompetenzen?
- Auf welche Geschäftsfelder mit welchen belegbaren Wettbewerbsvorteilen konzentriert sich das Unternehmen?
- Welche zentralen Wertschöpfungsaktivitäten bestimmen den zukünftigen Erfolg?
- Welche strategische Stoßrichtung befolgt das Unternehmen (Wachstum, Risikoreduzierung, Renditesteigerung)?

[1031] Vgl. Gleißner/Füser, 2014.
[1032] Siehe Gleißner, 2004c und Abschnitt 3.3.1.

Ziel ist eine fundierte, robuste und umsetzbare Strategie (vgl. Abschnitt 4.2). Sie zeigt, wie durch einen Aufbau von Kernkompetenzen für den Kunden wahrnehmbare Wettbewerbsvorteile, zukünftige Gewinne und Liquidität („freie Cashflows") generiert werden, die die Kapitaldienstfähigkeit und damit das Rating sichern – und meist zugleich auch den Unternehmenswert steigern (vgl. dazu Abschnitt 5.3).

(2) Verbesserung von Kapitalbindung, Finanzierung und Risikodeckungspotenzial: Durch die Erarbeitung und Umsetzung von Maßnahmen zum Abbau von Forderungen und Vorräten kann die Verschuldung gesenkt werden. Eine Verbesserung der Finanzplanung und der Finanzierungsstruktur reduziert Finanzierungsspitzen und Finanzierungskosten. Zudem wird geprüft, welche alternativen Finanzierungsmöglichkeiten (z.B. staatliche Fördermittel, mezzanines Kapital oder Wagniskapital) genutzt werden können. Bei Bedarf wird nach Wegen gesucht, um über eine Kapitalerhöhung mehr Eigenkapital und Liquidität als Risikodeckungspotenzial zu erhalten.

(3) Bewältigung von Spitzenrisiken: Besonders gravierende Risiken des Unternehmens sollten dahingehend überprüft werden, ob sie durch geeignete Bewältigungsmaßnahmen in ihrer Eintrittswahrscheinlichkeit oder Schadensauswirkung gemildert werden können. Zu prüfen ist z.B. der Transfer von Risiken, die die Ertragslage wesentlich negativ beeinflussen könnten, auf Dritte (z.B. eine Versicherungsgesellschaft), die Substitution fixer durch variable Kosten oder die Initiierung organisatorischer Bewältigungsmaßnahmen. Das Risikomanagement des Unternehmens beeinflusst durch die gewählten Risikobewältigungsmaßnahmen sowohl den Umfang der Risiken als auch das erwartete Ertragsniveau, da Letzteres auch durch die Risikokosten mitbestimmt wird (vgl. Abschnitt 5.3). Das Risikomanagement hat somit neben der Optimierung von Kapitalbindung und Finanzierung und ertragssteigernden Maßnahmen eine zentrale Bedeutung bei der Erarbeitung von Ratingstrategien.

(4) Verbesserung der Transparenz und der Kommunikation des Unternehmens: Schließlich sollte überprüft werden, inwieweit die heute im Unternehmen implementierten Planungs-, Steuerungs- und Controllingsysteme geeignet sind, Transparenz über die gegenwärtige Situation und die erwartete Zukunftsentwicklung des Unternehmens zu schaffen. Bei der Analyse bestehender Schwachpunkte werden die vorhandenen Führungssysteme (z.B. Rechnungswesen und Controlling) nötigenfalls verstärkt und neue Steuerungssysteme (z.B. Risikomanagement oder Balanced Scorecard für die Umsetzung der Unternehmensstrategie) ergänzt. Der Ausbau derartiger Systeme fördert die Steuerungsfähigkeit des Unternehmens und wird von den finanzierenden Banken deshalb per se als vorteilhaft angesehen. Ergänzend ist es hilfreich, eine Kommunikationsstrategie mit den Banken zu erarbeiten, die insbesondere regelt, welche Informationen den Banken zu welchem Termin zur Verfügung gestellt werden. Es gilt dabei vor allem die Zuverlässigkeit und Glaubwürdigkeit des eigenen Unternehmens und der übermittelten Daten zu untermauern und Kreditverhandlungen präzise vorzubereiten.

Zusammenfassend ist festzuhalten, dass der Risikoumfang eines Unternehmens (zusammen mit dem Risikodeckungspotenzial) die Insolvenzwahrscheinlichkeit und damit das Rating eines Unternehmens maßgeblich bestimmt. Bei den heute implementierten Ratingverfahren der Kreditinstitute werden jedoch meist nur diejenigen Risiken erfasst, die tatsächlich (zufällig) im letzten Betrachtungsjahr wirksam geworden sind und die Finanzkennzahlen entsprechend beeinflusst haben. Mit neuen Verfahren der simulationsbasierten Ratingprognosen, die die gleiche Technologie nutzen wie die Risikoaggregationsverfahren, können jedoch die Konsequenzen der zukünftigen Risiken (und Risikobewältigungsmaßnahmen) für das Rating aufgezeigt werden. Insbesondere ist es möglich, zu prognostizieren, in welcher Bandbreite sich das zukünftige Rating eines Unternehmens risikobedingt entwickeln wird, womit Krisendiagnose und Krisenprävention möglich werden. Vor allem ist die Ratingprognose das adäquate Instrument, um den Beitrag von Risikobewältigungsmaßnahmen (siehe Kapitel 5) für die Stabilisierung des Ratings aufzuzeigen. Die Betrachtung des Ratings in jedem simulierten Szenario einer Risikoaggregation, zumindest in einem risikoabhängigen Stressszenario, ist zudem nötig, um den Grad der „Bestandsbedrohung" eines Unternehmens fundiert zu beurteilen. Die Ratingstrategie dient der Absicherung des Ratings und zielt oft auf eine Reduzierung der Wahrscheinlichkeit einer „bestandsgefährdenden Entwicklung". Sie hilft somit bei der nachhaltigen Sicherung des Unternehmens (vgl. Abschnitt 4.2).

5.3 Controlling und wertorientierte Unternehmensführung unter Risiko

5.3.1 Das Paradigma der Wertorientierung: Abwägen von Ertrag und Risiko

5.3.1.1 Überblick

Risikomanagement möchte insbesondere einen Beitrag dazu leisten, dass die Unternehmensführung Transparenz über den Risikoumfang bekommt, um bei Entscheidungen unter Unsicherheit die jeweils erwarteten Erträge und die zugehörigen Risiken gegeneinander abwägen zu können.[1033] Es ergänzt so die traditionell einwertige Planung des Controllings. Wie bereits in Kapitel 1 erläutert, ist gerade der Unternehmenswert ein sinnvoller Erfolgsmaßstab eines Unternehmens, da in dieser Kennzahl zukünftig erwartete Erträge (bzw. Cashflows) und Risiken erfasst werden. Bewerten bedeutet, das Ertrag-Risiko-Profil eines Bewertungsobjekts (z.B. Unternehmen oder Investition) mit denen der verfügbaren alternativen Investitionsmöglichkeiten zu vergleichen (i.d.R. deutschen Staatsanleihen und einen breiten Aktienindex). Der Wert drückt also das Ertrag-Risiko-Profil in einer Kennzahl aus. Die Risiken werden bei der Bewertung eingerechnet entweder durch einen Risikozuschlag auf den Zins einer risikolosen

[1033] Vgl. Gleißner, 2019e.

Anlage (Risikozuschlagmethode), also in den Kapitalkosten, oder durch einen Risikoabschlag von den erwarteten Erträgen. Da Risikoinformationen damit für die Bewertung von Unternehmen oder strategischen Handlungsalternativen und insgesamt die praktische Umsetzung der Idee einer wertorientierten Unternehmensführung zwingend notwendig sind, ist das Risikomanagement als Informationslieferant eine tragende Säule jeder wertorientierten Unternehmensführungskonzeption. Aufgrund des Informationsvorsprungs durch das eigene Risikomanagement gegenüber dem unvollkommenen Kapitalmarkt ist die Ableitung von Kapitalkosten, Unternehmenswert oder Performancemaßen (wie dem Economic Value Added, EVA) auf Basis unternehmensinterner (und damit planungskonsistenter) Informationen über die Ertragsrisiken eine naheliegende Weiterentwicklung gegenüber traditionellen kapitalmarktorientierten Methoden, wie speziell dem Capital Asset Pricing Modell (CAPM).[1034]

In diesem Abschnitt wird nunmehr die Konzeption einer wertorientierten Unternehmensführung und eines wertorientierten Controllings näher erläutert.[1035]

Der Abschnitt 5.3, der die Zusammenhänge zwischen Risiko, Rating und Unternehmenswert sowie die Implikationen für das Controlling verdeutlicht, gliedert sich wie folgt: Nachfolgend wird zunächst die Grundidee einer wertorientierten Unternehmensführung vorgestellt und ihre wichtigen Begriffe, wie die Kapitalkosten, erläutert. Es wird gezeigt, dass das „Paradigma der Wertorientierung" gerade darauf abzielt, bei der Vorbereitung wesentlicher unternehmerischer Entscheidungen Erträge und Risiken gegeneinander abzuwägen, um das Ertrag-Risiko-Profil des Unternehmens zu verbessern. Der Unternehmenswert wird als Kennzahl zur Charakterisierung des Ertrag-Risiko-Profils und damit als Performancemaß oder Entscheidungskriterium bei der Beurteilung von Handlungsoptionen (wie Strategievarianten oder Investitionen) vorgestellt. Ausgehend von der Darstellung der Grundlagen traditioneller kapitalmarktorientierter Bewertungsverfahren (Abschnitt 5.3.2), speziell basierend auf dem Capital Asset Pricing Modell (CAPM), wird gezeigt, dass diese eine Beurteilung des Ertrag-Risiko-Profils des Unternehmens nicht gewährleisten. Die in der Praxis bisher üblichen kapitalmarktorientierten Bewertungsverfahren betrachten (historische) Aktienrenditeschwankungen, und eben nicht die Ergebnisse aus Risikoanalyse und Risikoaggregation. Die Schwächen kapitalmarktorientierter Bewertungsverfahren werden in Abschnitt 5.3.3 und 5.4.5 anhand einer Vielzahl empirischer Studien untermauert.

Darauf aufbauend wird gezeigt, wie die Ergebnisse aus Risikoanalyse und Risikoaggregation für die Ableitung von Kapitalkosten (als Renditeanforderung) und die Berechnung von Unternehmenswerten genutzt werden können. Damit wird das Instrumentarium vorgestellt, das es ermöglicht, die Informationen des Risikomanagements bei konkreten Entscheidungen von Vorstand und Geschäftsführung adäquat zu berücksichtigen. Der mittels Risikoaggregation

[1034] Vgl. Franke/Hax, 2004 und zu Grundlagen der Unternehmensbewertung Ballwieser/Hachmeister, 2016; Matschke/Brösel, 2013 und 2021; Ernst/Schneider/Thielen, 2017; Knackstedt, 2009 und Ihlau/Duscha, 2019.

[1035] Vgl. Ballwieser, 2009 zu einer kritischen Betrachtung der „kapitalmarktorientierten Variante" des Shareholder-Value-Ansatzes.

abgeleitete Gesamtrisikoumfang eines Unternehmens bestimmt nicht nur die Kapitalkosten, sondern auch die durch das Rating ausgedrückte Insolvenzwahrscheinlichkeit, einen weiteren Werttreiber.

Dabei werden zwei verschiedene Möglichkeiten zur Erfassung des Ertragsrisikos bei der Bewertung dargestellt.[1036] In noch recht enger Anlehnung an die Modellwelt des CAPM – mit der Standardabweichung als Maß für Risiko bzw. Planungssicherheit – wird zunächst erläutert, wie man über den Variationskoeffizient der Erträge (durch die Berechnung von Sicherheitsäquivalenten) risikogerechte Kapitalkosten herleiten kann (siehe Abschnitt 5.3.4). An die Stelle historischer Aktienrenditeschwankungen treten nun die bewertungsrelevanten Risiken der zukünftigen Erträge, aber Rating und Finanzierungsrestriktionen werden weiterhin vernachlässigt. Der Bewertungsansatz ist insbesondere geeignet zur Beurteilung prinzipiell „handelbarer" Zahlungsströme (wie z.B. denen eines Unternehmens mit verschiedenen strategischen Handlungsmöglichkeiten), wenn die Eigentümer Risiko als mögliche Schwankung um den Erwartungswert auffassen.

Ergänzend wird in Abschnitt 5.3.5 mit dem sogenannten „Risikodeckungsansatz" ein Bewertungsverfahren vorgestellt, das Rating- und Finanzierungsrestriktionen, die die Fremdkapitalgeber vorgeben, als Nebenbedingung betrachtet.[1037] Dem Bewertungskonzept liegt zudem ein anderes Risikoverständnis und damit Risikomaß zugrunde: Risiko wird verstanden als möglicher Verlust im Vergleich zur Ausgangssituation und das zugehörige Risikomaß ist damit der Value at Risk (Eigenkapitalbedarf) bezogen auf den Eigenkapitalbestand in der Ausgangssituation. Ausgehend von einer Risikoaggregation werden also der Eigenkapitalbedarf und damit die risikogerechte Finanzierungsstruktur ermittelt, um so die mittleren Finanzierungskosten (Kosten von Eigen- und Fremdkapital) abzuleiten. Die mittleren Gesamtkapitalkosten entsprechen damit den Finanzierungskosten.[1038] Mit zunehmendem Risiko und damit möglichem Umfang von Verlusten nimmt der Bedarf an knappem und teurem Eigenkapital und damit der Kapitalkostensatz zu. Trotz der Unterschiede im verwendeten Risikomaß – Standardabweichung bzw. Value at Risk – stimmen beide Varianten der risikogerechten Bewertung im zentralen Charakteristikum überein: Ausgangspunkt sind die Kenntnisse aus Risikoanalyse und Risikoaggregation über die zukünftigen Ertragsrisiken des Unternehmens und nicht historische Aktienrenditeschwankungen. Dieses zentrale Charakteristikum gewährleistet, dass diese einen geeigneten methodischen und instrumentellen Rahmen darstellen, um die Erkenntnisse aus Planung und Controlling einer-

---

[1036] Man kann zeigen, dass diese über die Annahmen der „unvollkommenen Replikation", die in einem Exkurs in Abschnitt 5.3.7 erläutert werden, auf ein gemeinsames theoretisches Fundament zurückgeführt werden können.

[1037] Vgl. Dorfleitner/Gleißner, 2018.

[1038] Es ist ein wesentlicher Vorteil der hier erläuterten Konzeption, dass der Gesamtkapitalkostensatz ohne Gewichtung von Eigen- und Fremdkapitalkosten „direkt" aus den Risiken der freien Cashflows bzw. EBIT ableitbar ist, siehe dazu z.B. Gleißner/Ernst, 2019.

seits sowie Risikomanagement andererseits bei der Entscheidungsvorbereitung konsistent miteinander zu verknüpfen („simulationsbasierte Bewertung“[1039]).

Die Insolvenzwahrscheinlichkeit ist ein bisher im Rahmen des wertorientierten Managements oft übersehener risikoabhängiger Werttreiber. In Abschnitt 5.3.8 wird gezeigt, dass die Insolvenzwahrscheinlichkeit langfristig wie eine „negative Wachstumsrate“ auf den Erwartungswert der Erträge wirkt. Unternehmen existieren nicht ewig und damit sind bei der Vorbereitung unternehmerischer Entscheidungen deren Implikationen auf das Rating, die sich insbesondere auch durch Veränderungen des Risikoumfangs ergeben, mit zu berücksichtigen. Ergänzend wird darauf hingewiesen, dass die Insolvenzwahrscheinlichkeit zudem auch die Fremdkapitalkosten beeinflusst.

Insgesamt wird damit in diesem Abschnitt das notwendige Instrumentarium vorgestellt, damit Ertrag und Risiko im Entscheidungskalkül der Unternehmensführung adäquat berücksichtigt werden kann. Abschnitt 5.4 zeigt mit Fallbeispielen die praktische Anwendung.

5.3.1.2 Wertorientierte Unternehmensführung, Strategiebewertung und Werttreiber

Unter wertorientierter Steuerung wird ein Unternehmensführungs- und Controlling-Ansatz verstanden, der darauf zielt, unternehmerische Entscheidungen so zu treffen, dass dadurch eine nachhaltige Verbesserung des Ertrag-Risiko-Profils, ein Vermögenszuwachs, für die Eigentümer entsteht.[1040] Einen wichtigen Anstoß für das wertorientierte Management stellte die Veröffentlichung von Rappaport dar, der den „Unternehmenswert“ – Shareholder-Value – als Erfolgsmaßstab und Steuerungsgröße für Unternehmen etablierte. Bei den Shareholder-Value-Ansätzen von Rappaport (1986) und Copeland/Koller/Murrin (1993) wird mit der Anwendung von Varianten der Discounted-Cashflow-Verfahren (DCF-Verfahren) insbesondere das Ziel verfolgt, einen geeigneten Maßstab zur Bewertung (oder zum Vergleich) unternehmerischer Aktivitäten (speziell von Investitionen) zu erhalten.[1041] Diese erste Generation der Verfahren sind aber primär „kapitalmarktorientierte Steuerungsverfahren“, weil der Kapitalkostensatz für die Diskontierung der (freien) Cashflows aus historischen Aktienrenditeschwankungen abgeleitet wird und nicht aus den zukünftigen Ertragsrisiken des Unternehmens.

Der Unternehmenswert (Zukunftserfolgswert), der sich als Summe der risikogerecht diskontierten zukünftig erwarteten Zahlungen (Erträge oder freie Cashflows) berechnen lässt, ist in Abhängigkeit von folgenden primären Werttreibern erklärbar:

- erwartete Kapitalrendite,

[1039] Siehe Gleißner, 2021h.

[1040] Vgl. Friedman, 1970; Günther, 1997 sowie Jensen/Meckling, 1976 zu Principal-Agent-Beziehungen zwischen Unternehmensführung und Eigentümer und Jensen, 1989 zur Bedeutung des Unternehmenswerts.

[1041] Zu den Methoden vgl. Peemöller, 2019 und Dirrigl, 2009.

- Kapitalkostensatz k, also die dem Risiko angemessenen Mindestanforderungen an die erwartete Kapitalrendite,
- Kapitaleinsatz[1042] bzw. dessen Wachstumsrate und
- die durch das Rating ausgedrückte Insolvenzwahrscheinlichkeit (p), die weitgehend wie eine negative Wachstumsrate wirkt.[1043]

Das Produkt von Kapitalrendite und Kapitaleinsatz in jeder Periode (Jahr) ist das langfristig erwartete Ergebnis (Ertrag oder freier Cashflow).

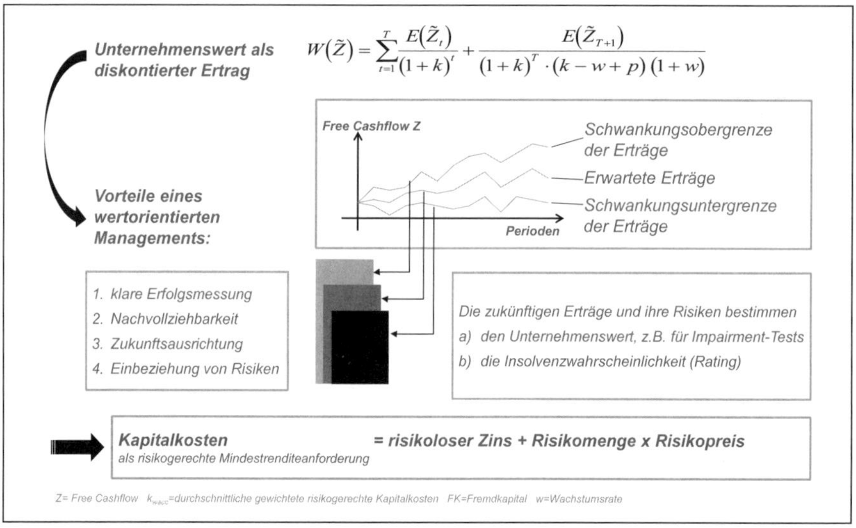

Abbildung 119: Risiko beeinflusst über Kapitalkosten und Rating den Unternehmenswert W

Die folgende Abbildung 120 verdeutlicht das Zusammenspiel der primären „Werttreiber" bei der Erklärung des Wertbeitrags, d.h. des in einer Periode, meist in einem Jahr, geschaffenen Werts für die Eigentümer (oder des ähnlichen Economic Value Added (EVA)[1044]). Die durch das Rating ausgedrückte Insolvenzwahrscheinlichkeit beeinflusst das Wachstum.[1045]

[1042] Dieser ist im Wesentlichen abhängig von der Umsatzentwicklung.

[1043] Vgl. Gleißner, 2011b und 2019h sowie Knabe, 2012; Saha/Malkiel, 2012 und Franken/Gleißner/Schulte, 2020.

[1044] Vgl. Stern/Shiely/Ross, 2002.

[1045] Vgl. Gleißner, 2011b.

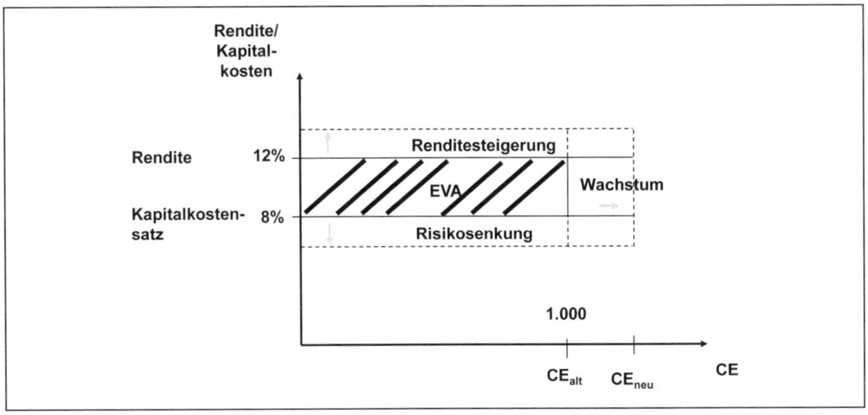

Abbildung 120: Strategische Richtungen zur Steigerung des Unternehmenswertes

Um einen positiven Wertbeitrag (in einer Periode) zu erzielen, ist es erforderlich, dass die Kapitalrendite[1046] oberhalb der Kapitalkosten[1047] liegt. Der in einer Periode erzielte Wertbeitrag ergibt sich als Produkt dieser Differenz der Rendite und der Kapitalkosten einerseits und des Kapitaleinsatzes (hier: CE) andererseits. Eine positive Entwicklung des Unternehmens aus Sicht des wertorientierten Managements ergibt sich ceteris paribus damit, wenn[1048]

- die Rentabilität gesteigert,
- das Risiko und damit der Kapitalkostensatz (und/oder die Insolvenzwahrscheinlichkeit) gesenkt, oder
- das eingesetzte Kapital erhöht wird (Wachstum).[1049]

Die Steuerung eines Unternehmens, speziell gestützt auf die genannten Werttreiber, hilft dabei, die Grundidee einer wertorientierten Unternehmensführung leicht zu kommunizieren und in die Praxis umzusetzen. Vergleicht man die Ausprägung der Werttreiber und des Werts selbst für verschiedene Handlungsmöglichkeiten, schafft man die Grundlage für die Vorbereitung von Top-Management-Entscheidungen.

Eine solche Vergleichsrechnung für eine Strategiebewertung kann man in der folgenden Tabelle 38 sehen, die die Implikationen einer Handlungsoption – Investition in einen neuen Ausgangsmarkt – auf Ertrag, aggregierten Gesamtrisikoumfang (Variationskoeffizient), Rating (für Basis- und Stressszenarien) und eben den Unternehmenswert als Performancemaß zeigt (vgl. Abschnitt 5.3.5

1046 Eigenkapitalrendite oder hier ROCE (Gesamtkapitalrendite).

1047 Eigenkapitalkosten oder hier WACC (Gesamtkapitalkosten).

1048 Anzumerken ist ergänzend jedoch, dass eine ungeplante Steigerung des Börsenwerts nur erreicht wird, wenn diese Veränderungen der Werttreiber so noch nicht von den Eigentümern erwartet worden sind. Sämtliche erwartete Veränderungen der Werttreiber sind im aktuellen Börsenwert bei einer rationalen Preisbildung am Kapitalmarkt bereits berücksichtigt, wenn man also einen vollkommenen Markt annimmt. Der Wert steigt dann trendmäßig entsprechend des Kapitalkostensatzes.

1049 Wie später gezeigt wird, kann man die Insolvenzwahrscheinlichkeit als „negative Wachstumsrate" interpretieren.

zur Berechnung dieser Größe).[1050] Der Unternehmenswert ist hier ein risikoabhängiger Entscheidungswert.[1051]

	Status quo	Handlungsoption: Auslandsexpansion	
Ertrag (EBIT, erwartet 2022)	16	18,5	deutlicher Ertragsanstieg
Risiko (Variationskoeffizient Ertrag)	19%	21%	moderat erhöhtes Risiko
Kapitalkostensatz	5,50%	5,70%	
Ratingprognose (Plan)	BB+	BB+	
Rating (Stressszenario)	BB	BB-	ausreichend stabiles Rating
Wert (in Mio. €)	153	168	klare Wertsteigerung
Strategisches Fitting			Kompetenzen vorhanden

Tabelle 38: Bewertung einer strategischen Handlungsoption (Fallbeispiel)[1052]

Im Gegensatz zur traditionellen „kapitalmarktorientierten" Bewertung wird bei der Bewertung von Handlungsoptionen (Projekten) der Kapitalkostensatz unmittelbar aus dem Ertragsrisiko abgeleitet, und nicht etwa aus historischen Aktienrendite-Schwankungen (wie üblicherweise beim Beta-Faktor des CAPM). In den folgenden Unterabschnitten 5.3.3 bis 5.3.8 wird erläutert, wie die Ergebnisse aus Risikoanalyse und Risikoaggregation für die Bewertung von möglichen Maßnahmen und Strategien bei der Entscheidungsvorbereitung konkret ausgewertet werden können. Wichtige Grundlagen der Unternehmensbewertung werden vorab in Abschnitt 5.3.2 zusammengefasst.

Zwischenfazit: Der Unternehmenswert wird durch (1) erwartete Erträge, (2) den Kapitalkostensatz und (3) der Insolvenzwahrscheinlichkeit sowie deren Determinanten (wie Ertragskraft, Risikodeckungspotenzial und den aggregierten Risikoumfang) beeinflusst (vgl. nachfolgende Abbildung 121).

[1050] Man spricht hier von einer „inkrementalen" Risikoallokation (vgl. Tillmann, 2006). Eine konservativere Beurteilung einer Handlungsoption bzw. eines Projektes ist möglich, wenn Risikodiversifikationseffekte vernachlässigt werden. Eine noch progressivere Bewertung berücksichtigt zudem auch ergänzende Risikodiversifikationseffekte auf Ebene des Portfolios der Eigentümer eines Unternehmens. Diese Vorstellung entspricht derjenigen im Capital Asset Pricing Modell (CAPM), das aufgrund der getroffenen Annahmen durchgängig – allerdings wenig realistisch – von perfekt diversifizierten Eigentümern ausgeht (siehe zur Risikodiversifikation im Portfolio-Kontext Gleißner/Wolfrum, 2008 und Gleißner, 2011a).

[1051] Vgl. Matschke, 1975 und 1979; Gleißner, 2011a; Matschke/Brösel, 2021 und Tschöpel, 2004.

[1052] Vgl. auch die Fallbeispiele in Gleißner, 2013b; Gleißner/Ihlau, 2017 und Gleißner/Ernst, 2019.

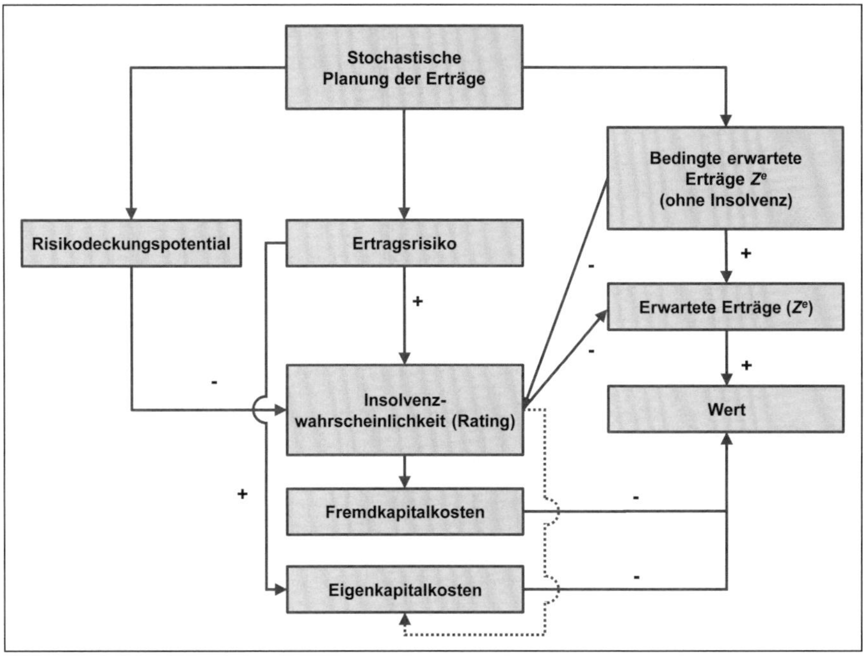

Abbildung 121: Risiko, Rating und Wert: Zusammenhänge

Zu empfehlen ist eine konsistente, simulationsbasierte[1053] Ableitung der Erwartungswerte der Cashflows, der Insolvenzwahrscheinlichkeit (Rating), der Kapitalkosten und damit des Werts eines Unternehmens – unter Berücksichtigung der Implikationen der Insolvenzwahrscheinlichkeit eben für diesen Wert. Die risikoabhängige Insolvenzwahrscheinlichkeit wirkt langfristig weitgehend wie eine „negative Wachstumsrate" und beeinflusst auch die Fremdkapitalkosten. Dies ermöglicht Transparenz und eine konsistente Bewertung der unsicheren Erträge oder Cashflows eines Unternehmens. Deutlich wird, dass das Risikoaggregationsmodell, welches Planung und Risikoanalyse zu einer „stochastischen Planung" verknüpft, der zentrale Baustein ist, um erwartete Erträge, risikoabhängige Kapitalkosten, Rating und letztendlich den Wert von Handlungsmöglichkeiten beurteilen zu können (vgl. Abbildung 122).

[1053] Vgl. zu Rating-Determinanten Gleißner, 2002 und 2005a sowie Gleißner/Wolfrum, 2008b; Dirrigl, 2009, und Knackstedt, 2009.

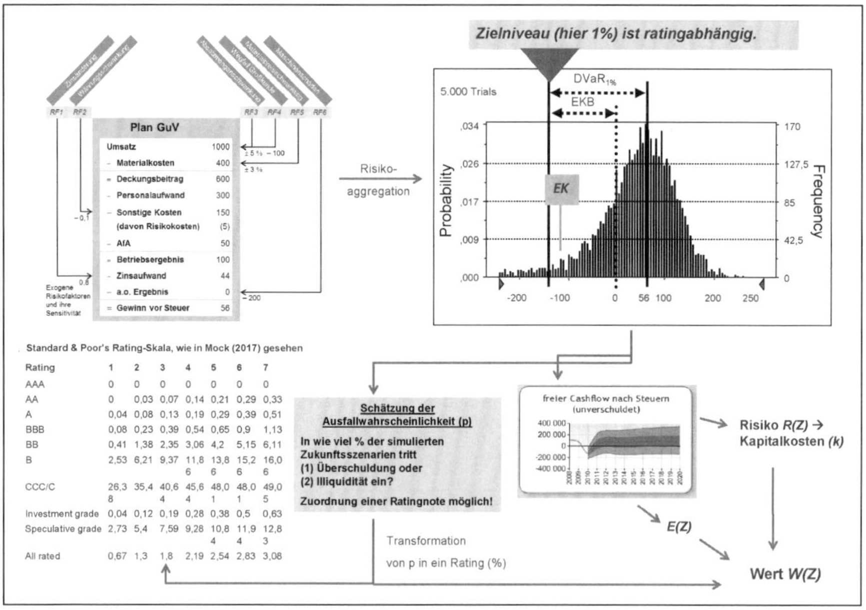

Abbildung 122: Unternehmensplanung, Risikoaggregation und Bewertung mit der Monte-Carlo-Simulation

Leider zeigt sich bei näherer Betrachtung der heute im Unternehmen implementierten wertorientierten Steuerungssysteme, z.B. basierend auf EVA[1054], dass noch gravierende methodische Defizite bestehen.[1055] Dies gilt speziell bei der Fundierung der Diskontierungszinssätze (Kapitalkosten)[1056], die nicht die Ertragsrisiken des Unternehmens erfassen, sondern historische Kursschwankungen der Aktien. Zudem wird der auch vom Risikoumfang abhängige Werttreiber „Rating", der die Insolvenzwahrscheinlichkeit ausdrückt, oft vernachlässigt. Noch immer wenden außerdem viele Unternehmen den durchschnittlichen Kapitalkostensatz eines Unternehmens für die Bewertung aller Investitionen und Projekte an, was zu Fehlbewertungen führt, weil sich deren Risiken natürlich unterscheiden. In der Konsequenz werden gerade vergleichsweise risikoarme Projekte und Investitionen nicht realisiert. Erforderlich ist hier eine investitionsspezifische Berechnung von Risikoumfang und damit Kapitalkostensatz.[1057] Nachfolgend wird insbesondere aufgezeigt, dass die aus dem Risikomanagementprozess abgeleiteten Risikoinformationen die maßgebliche Grundlage sein sollten für die Bestimmung von Erwartungswerten des Cashflows und auch der Kapitalkostensätze, einem der zentralen Werttreiber im wertorientierten Management. Das Risikomanagement wird damit zu einem wichtigen Baustein

[1054] Economic Value Added, vgl. Stern/Shiely/Ross, 2002.
[1055] Vgl. z.B. Hering, 1999 und 2021 sowie Gleißner, 2004c, S. 318–325 und Dirrigl, 2009 sowie Crasselt/Pellens/Schmidt, 2010.
[1056] Vgl. Fernandez, 2019b.
[1057] Vgl. Kruschwitz/Milde, 1996 und Krüger/Landier/Thesmar, 2015, zur sogenannten „WACC-Fallacy".

jeder wertorientierten Unternehmensführung und ergänzt Daten des Controllings. Die Verwendung der mit den bestverfügbaren Informationen aus der Risikoanalyse des Unternehmens stellt damit eine (bessere) Alternative im Vergleich zur Verwendung von Kapitalmarktdaten dar. Anstelle der Einschätzung des Kapitalmarktes hinsichtlich der Risikosituation des Unternehmens werden damit unternehmensinterne Daten verwendet, was sicherstellt, dass die Risikoeinschätzung und die der wertorientierten Unternehmensführung zu Grunde liegenden Planungsdaten (z.B. bezüglich zukünftiger Cashflows) konsistent sind. Dies ist bei der Verwendung von Kapitalmarktdaten nicht gewährleistet. Durch die Verwendung von internen Informationen des Risikomanagements wird also der Informationsvorsprung der Unternehmensführung gegenüber dem Kapitalmarkt genutzt, was für eine möglichst hohe Qualität von Entscheidungen unter Unsicherheiten natürlich nahe liegend ist.

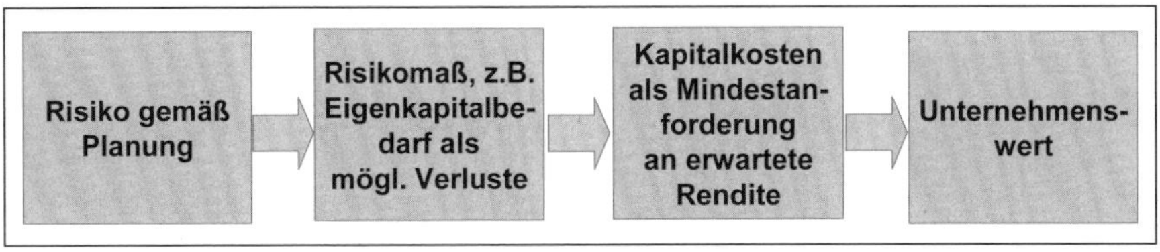

Abbildung 123: Vom Risiko zum Wert

5.3.2 Grundlagen der Bewertung: Risiko, Kapitalkosten und Unternehmenswert

Es gibt verschiedene Verfahren der Unternehmensbewertung als Verfahren der Bestimmung des Werts.[1058] In der Praxis beliebt sind die Discounted-Cashflow-Verfahren (DCF-Verfahren).

Die DCF-Verfahren in der Bewertungspraxis nutzen oft freie Cashflows (FCF), also Zahlungsüberschüsse des Unternehmens, die (nach Abzug von Investitionen) Eigen- und Fremdkapitalgebern zur Verfügung stehen und diskontiert werden („Entity-Bewertung" oder „Brutto-Verfahren").[1059] Aber es gibt auch andere Varianten, wie in Abbildung 124 dargestellt.

[1058] Vgl. Ballwieser, 2010.
[1059] Vgl. Henselmann/Barth, 2009.

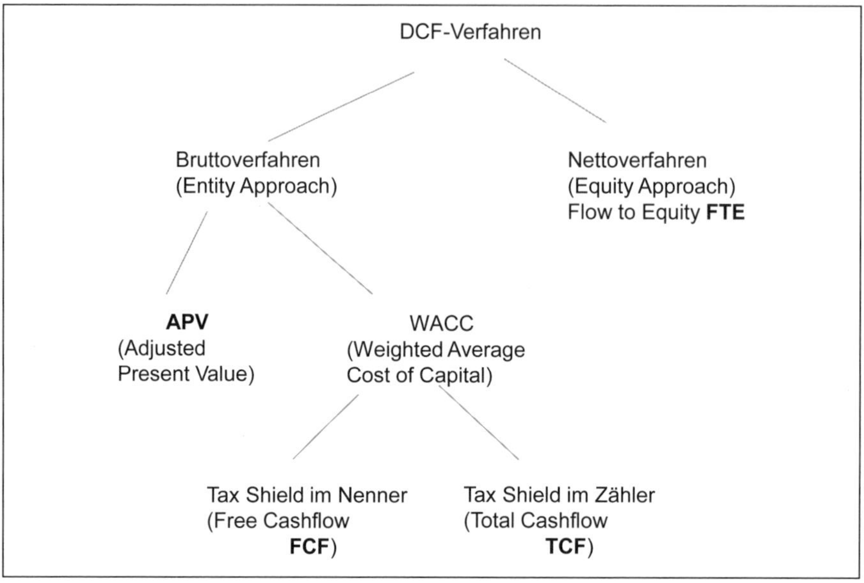

Abbildung 124: DCF-Varianten[1060]

Die in den verschiedenen DCF-Varianten zu verwendende „Ergebnisgröße" zur Messung der Zahlungen erläutert Tabelle 39.[1061] Anzumerken ist, dass die WACC-Variante der DCF-Verfahren tendenziell empfohlen wird, wenn der Verschuldungsgrad eines Unternehmens zu Marktwerten konstant bleibt. Bei einer autonomen Finanzierung, also konstantem oder zumindest sicherem Fremdkapitalbestand, bietet sich dagegen der APV-Ansatz (Adjusted-Present-Value) an.[1062]

Seltener angewendet, aber oft vorteilhaft im Vergleich zu diesen DCF-Verfahren, ist das verwandte Ertragswertverfahren, das direkt die den Eigentümern zustehenden Zahlungsüberschüsse, also mögliche Ausschüttungen (Flow-to-Equity), als Grundlage der Bewertung nutzt („Equity-Bewertung" oder „Netto-Verfahren").[1063] Der Kapitalkostensatz für die Diskontierung der Erträge ist hier der Eigenkapitalkostensatz, d.h. die erwartete Rendite der Eigentümer. Aber die nachfolgend erläuterte Methode lässt sich auch z.B. auf das Discounted-Cashflow-Verfahren mit dem WACC als mittleren Kapitalkostensatz von Eigen- und Fremdkapitalgebern übertragen.[1064]

[1060] Quelle: Ballwieser/Hachmeister, 2013, S. 140.

[1061] Gelegentlich verwendet werden sogenannte freie Cashflows bei reiner Eigenfinanzierung (beim Adjusted Present Value Verfahren (APV), vgl. Ballwieser/Hachmeister, 2013, S. 140–205). Das APV-Verfahren ist oft vorteilhaft und theoretisch besser fundiert (vgl. Hering, 2021, S. 263–288).

[1062] Vgl. Miles/Ezzell, 1980; Kruschwitz/Löffler, 2005 und – sehr kritisch zum WACC-Ansatz – Hering, 2021 sowie Lauber, 2014; Toll/Leonhardt, 2019 und Follert, 2020a.

[1063] Zu weiteren Unterschieden, z.B. zur Behandlung der Ausschüttungspolitik etc. siehe Ballwieser/Hachmeister, 2013, S. 54 ff.

[1064] Vgl. z.B. auch Saur/Tschöpel/Wiese/Willershausen, 2011.

Posten	Anmerkungen
Einzahlungen aus dem Betriebsbereich	
– Auszahlungen für den Betriebsbereich	
= Cashflow vor Zinsen und Steuern **CF**	entspricht EBITDA und EBIT, sofern in die Earnings nur zahlungswirksame Posten eingehen
– Steuern bei reiner Eigenfinanzierung	
= Operating Cashflow **OCF**	oder: Net Operating Profit Less Adjusted Taxes = NOPLAT, sofern in den Profit nur zahlungswirksame Posten eingehen
– Saldo aus Auszahlungen für Investitionen und Einzahlungen aus Desinvestitionen	Kassenerhöhung führt ebenfalls zur Investition
= Free Cashflow **FCF**	Steuern werden in falscher Höhe berücksichtigt[1065], weil er ein rein eigenfinanziertes Unternehmen unterstellt; wird im WACC-Verfahren und im APV-Verfahren benötigt
+ Unternehmenssteuerersparnis wegen Abzugsfähigkeit der Zinsen (Tax Shield) **TS**	
= Total Cashflow **TCF**	erfasst richtige Steuern; geht in ein WACC-Verfahren ein
– Zinsen **ZA**	Zinsen und die beiden folgenden Komponenten können als Flow to Debt **FTD** benannt werden, um die Analogie zum Flow to Equity herzustellen
+ Kreditaufnahme	
– Kredittilgung	
= Flow to Equity **FTE**	entspricht dem Ertrag bei der Ertragswertmethode

Tabelle 39: Bezüge zwischen Cashflow-Begriffen[1066]

Die nachfolgende Tabelle zeigt einen Vergleich von DCF- und Ertragswertverfahren (in der Risikozuschlagvariante).

[1065] D.h. Steuern bei einer hypothetischen Eigenfinanzierung.
[1066] Quelle: Ballwieser/Hachmeister, 2013, S. 141.

	DCF-Verfahren (WACC-Variante)	Ertragswertverfahren
Kapitalkosten-satz	Gesamtkapitalkostensatz (k_{WACC})	Eigenkapitalkostensatz (k_{EK})
Zahlung	Freier Cashflow (FCF)	Ertrag/Flow-to-Equi€(E)
Kapital	Gesamtkapital (EK+FK)	Eigenkapital[1067] (EK)
Rendite	Gesamtkapitalrendite[1068] (ROCE)	Eigenkapitalrendite (r_{EK})

Tabelle 40: DCF-Verfahren mit WACC versus Ertragswertverfahren

Zur Bestimmung des Werts[1069] einer unsicheren Zahlung $\tilde{Z}_t$ zum Zeitpunkt t wird bei allen oben genannten Verfahren diese meist zunächst durch deren Erwartungswert $E(\tilde{Z}_t)$ charakterisiert, also eine Häufigkeits- oder Wahrscheinlichkeitsverteilung auf eine Kennzahl („erster Moment") verdichtet. Dann wird dieser Erwartungswert mit einem als sicher betrachteten (meist als konstant angenommenen[1070]) Kapitalkostensatz k diskontiert:[1071]

$$W\left(\tilde{Z}_t\right) = \frac{E\left(\tilde{Z}_t\right)}{\left(1+k\right)^t} \tag{5.7}$$

Bei dieser sogenannten Risikozuschlagsmethode wird der risikolose Zinssatz r_f um einen Risikozuschlag r_z erhöht, sodass gilt $k = r_f + r_z$. Dieser Risikozuschlag ist bei einer heute üblichen marktorientierten Bewertung abhängig vom Risikoumfang der Zahlungsreihe und einem „Marktpreis für Risiko" (und über diesen von der Marktrisikoprämie $MRP = r_m^e - r_f$). Letztere ist eine Marktgröße, die von der Risikoaversion der Marktteilnehmer und damit dem Rendite-Risiko-Profil der Alternativinvestitionsmöglichkeiten (z.B. Aktienportfolio) abhängt.[1072] Höhere Risiken, die der Eigentümer zu tragen hat, erfordern also höhere erwartete Renditen, was man durch höhere Kapitalkosten ausdrücken kann.[1073]

Kapitalkosten sind als Diskontierungs- oder Kapitalisierungszinssatz[1074] für alle zukünftig erwarteten Erträge (oder Cashflows) ein „Werttreiber", also eine der Determinanten des Unternehmenswerts. Der (sichere) Wert[1075] in Periode t = 0

[1067] Wert.

[1068] $\frac{FCF}{CE}$ bzw. näherungsweise oft betrachtet $ROCE = \frac{EBIT}{CE}$.

[1069] Der Kapitalwert einer Investition entspricht – etwas vereinfacht – dem Vermögenszuwachs bei Durchführung der Investition (vgl. Ballwieser, 2009; Hering, 2021 und Laux/Schabel, 2009 mit einer präzisen Betrachtung).

[1070] Siehe hinsichtlich der notwendigen Voraussetzungen Schwetzler, 2000; Fama, 1977 und Mai, 2008.

[1071] Vgl. Spremann, 2004 und Abschnitt 1.4.

[1072] Vgl. Gleißner, 2014e zu Höhe und zeitlicher Stabilität der Marktrisikoprämie sowie Hachmeister/Ruthardt/Autenrieth, 2015.

[1073] Was nicht bedeutet, dass dieses empirisch bestätigt wird (vgl. Walkshäusl, 2013a).

[1074] Vgl. Gleißner, 2006, 2011a und 2017h. Nur in einem Einperiodenmodell stimmen erwartete Renditen und Diskontierungszinssätze genau überein – nicht aber in einem Mehrperiodenmodell (von Meitner/Streitferdt, 2014).

[1075] Vgl. zu Grundlagen der Unternehmensbewertung Ballwieser/Hachmeister, 2016; Hering, 2021; Peemöller, 2019 und Matschke/Brösel, 2013 und 2021.

($W_0(\tilde{Z})$) ergibt sich als Summe der mit diesen risikoadäquaten Kapitalkostensätzen k abgezinsten zukünftig erwarteten Zahlungen $E(\tilde{Z})$ einer unsicheren Zahlungsreihe, die den Eigentümern zufließen („Equity Bewertung").[1076, 1077]

$$W_0\left(\tilde{Z}\right)=\sum_{t=1}^{\infty}\frac{E\left(\tilde{Z}_t\right)}{\left(1+k\right)^t} \tag{5.8}$$

Zahlungen und Kapitalkosten sind dabei konsistent entweder vor oder nach Steuern[1078] zu betrachten. Die Bewertung basierend auf Erträgen oder „Flow-to-Equity" (FtE) hat den Vorteil[1079], dass in dieser Größe implizit auch schon die Höhe und Konditionen der Fremdfinanzierung sowie die Unternehmenssteuern erfasst sind. Zu beachten – aber in der Gleichung vereinfachend nicht ausgedrückt – ist zudem, dass der Wert nicht kleiner als der Liquidationswert sein kann (Zerschlagungswert).

Meist wird angenommen, dass ab einer für die Zukunft repräsentativen Periode T, in der dann folgenden Fortführungsphase, die Unternehmensstruktur sich nicht mehr ändert und das Unternehmen nur noch mit der konstanten, sicheren Rate w wächst. Unter der Annahme einer „unendlichen Rente" ergibt sich folgender Wert:[1080, 1081]

$$W_0\left(\tilde{Z}\right)=\sum_{t=1}^{T}\frac{E\left(\tilde{Z}_t\right)}{\left(1+k\right)^t}+\frac{E\left(\tilde{Z}_{T+1}\right)}{(k-w)\left(1+k\right)^T}. \tag{5.9}$$

Es ist zu beachten, dass bei $E\left(\tilde{Z}_{T+1}\right)$ die für die Finanzierung des Wachstums zu thesaurierenden Anteile des Gewinns abzuziehen sind, um in der Fortführungsphase die Eigenkapitalquote konstant zu halten (z.B. Kapitalbindung).[1082] Die nötige Thesaurierung reduziert also Ertrag und freien Cashflow.

[1076] Hier werden vereinfachend konstante Kapitalkosten angesetzt und von negativen Zahlungen abstrahiert (vgl. Spremann, 2004, S. 253–295 und Gleißner, 2005a, S. 223–228).

[1077] Setzt man für die Zahl Z alle Zahlungen an Eigen- und Fremdkapitalgeber (freier Cashflow), nicht nur die an die Eigentümer, muss in Gleichung (5.8) bei der Bestimmung des Unternehmenswerts noch der Wert des Fremdkapitals (FK) abgezogen werden („Entity Bewertung"). Die Eigentümer finden also (zumindest fiktiv) die Gläubiger ab, um alle Zahlungen des Unternehmens behalten zu können. Oft wird angenommen, dass ab Periode T weitere Investitionen „kapitalwertneutral" sind (erwartete Rendite = Kapitalkosten), damit sind sie nicht wertsteigernd, und die Wachstumsrate w unter der Wachstumsrate der Volkswirtschaft liegt.

[1078] Unternehmenssteuern und ggf. persönliche Steuern der Eigentümer.

[1079] Zur Unterscheidung der hier gemeinsam betrachteten FtE-Variante der DCF-Bewertung und dem Ertragswertverfahren (im engen Sinn) siehe Ballwieser/Hachmeister, 2016.

[1080] Gordon-Shapiro-Wachstumsmodell mit der Formel einer „unendlichen Rente" (vgl. Knoll, 2014).

[1081] Hier wird noch die Insolvenzwahrscheinlichkeit p vernachlässigt (vgl. Abschnitt 5.2.8).

[1082] Bei gegebenem Kapitalumschlag und Kapital CE wächst dieses mit $w \cdot CE$, was die in den freien Cashflows erfassten Netto-Investitionen zeigen. Soll die Eigenkapitalquote (EKQ) konstant bleiben, müssen damit $EKQ \cdot w \cdot CE$ der Gewinne thesauriert werden. Vgl. weiterführend z.B. Knoll, 2014 und Saur/Tschöpel/Wiese/Willershausen, 2011.

Oft wird vereinfachend von einem Gleichgewichtszustand ausgegangen, bei dem die Eigenkapitalrendite (ROE) in Folge von Wettbewerb gerade den Eigenkapitalkosten k entspricht (Konvergenz bis ROE = k), was zu einer starken Vereinfachung der Bewertungsgleichung, sogar w = Gewinn, führt. Zumindest für die „unendliche" Rente" gilt dann:[1083]

$$W_0 = \frac{G \cdot \left(1 - \frac{w}{ROE}\right)}{k - w} \tag{5.10}$$

und speziell für eine Wachstumsrate von w=0

$$W_0 = \frac{G}{k}. \tag{5.11}$$

Der Wert der unendlichen Rate ist damit dann der Gewinn nach Unternehmenssteuern (G) geteilt durch den risikogerechten Diskontierungszinssatz k <u>vor</u> persönlichen Steuern (Anteilseigner-Steuern). Die (reale) Wachstumsrate, die Inflationsrate und auch der persönliche Steuersatz haben keinen Einfluss auf den Unternehmenswert.[1084]

Der bisher übliche Weg zur Bestimmung der Kapitalkosten[1085], speziell der Eigenkapitalkosten, ist die Anwendung des Capital Asset Pricing Modells (CAPM).[1086] Das CAPM ist ein konsistentes und logisch stringentes Modell, um basierend auf getroffenen Annahmen erwartete Renditen bzw. Kapitalkosten

---

1083 Im ersten Term der Gleichung berücksichtigt die Größe $1-\frac{w}{ROE}$ den Anteil des Gewinns, der für das Wachstum mit der Wachstumsrate w zu thesaurieren ist und damit nicht zugunsten der Anteilseigentümer (Eigentümer) ausgeschüttet werden kann. G ist der Gewinn.
Die für die Bewertung besonders maßgebliche langfristige reale Wachstumsrate des Pro-Kopf-Einkommens schätzen Christensen, Gillingham und Nordhaus (2018) auf 2,1 % mit einer Standardabweichung von 1,1 %. Die mittlere Wachstumsrate des Pro-Kopf-Einkommens der „reichen" Länder ist mit 1,46 % dabei deutlich niedriger als die der „ärmeren" Länder mit 2,53 %, so dass sich die Ungleichheit im Pro-Kopf-Einkommen der Länder weiter reduzieren soll.

1084 Unter restriktiven Annahmen, speziell lediglich „kapitalwertneutrale" Investitionsmöglichkeiten, ist der Wert der Fortführungsphase gerade das Eigenkapital zu Beginn der Fortführungsphase.

1085 Kruschwitz/Löffler, 2005 empfehlen zur Präzisierung des Begriffs der Kapitalkosten diese als (sichere) bedingte erwartete Renditen aufzufassen. Meitner und Streitferdt, 2014 geben folgende, aus ihrer Sicht zweckmäßige Definition von Kapitalkosten an: *„Die Kapitalkosten einer Periode stellen die im Bewertungszeitpunkt erwartete Rendite auf den im Bewertungszeitpunkt erwarteten Kapitaleinsatz dieser Periode dar."* Für einen vollkommenen Kapitalmarkt ist die Definition eindeutig. In einem unvollkommenen Kapitalmarkt mit Rating- und Finanzierungsrestriktionen stellt sich für Entscheider (Bewertungssubjekte) jedoch die Frage, wie „erwartete Renditen" und der Kapitaleinsatz, ausgehend von den (unvollkommenen) Informationen, konkret anzusetzen sind – in einer realen Welt sind auch Kapitalkosten vom Bewerter und z.B. seinem Informationsstand über das Risiko abhängig (siehe Hering, 2021).

1086 Anstelle der statistischen Analyse historischer Aktienrenditen kann auch eine zukunftsorientierte Kapitalkostenschätzung vorgenommen werden („implizite Kapitalkosten"). Diese wird berechnet als derjenige interne Zinssatz, mit dem sich aus der Diskontierung von Finanzanalysten prognostizierten zukünftigen Erträgen gerade der Börsenkurs ergibt (siehe Daske/Gebhardt, 2006 und Hagemeister/Kempf, 2010).

abzuleiten.[1087] Es ist der neoklassischen Welt vollkommener Kapitalmärkte zuzuordnen und unterstellt, dass keine Transaktionskosten existieren und alle Marktteilnehmer vollkommen rational basierend auf ihren Präferenzen agieren. Bei der Beurteilung der aufgrund fehlender Transaktionskosten kostenlos handelbaren Vermögenswerte (wie Aktien) orientieren sich die Investoren an deren erwarteter Rendite (μ) und der Standardabweichung dieser Rendite (σ), d.h. es wird ein sogenanntes (μ,σ)-Präferenzfunktional unterstellt. Rationalität und fehlende Transaktionskosten führen dazu, dass in den Marktpreisen (Börsenkurse) alle verfügbaren Informationen perfekt verarbeitet sind. Damit ist der Markt „informationseffizient"[1088] und Preise und Werte stimmen grundsätzlich überein. Ausgehend vom Markowitz-Modell für die Portfoliooptimierung zeigen Sharpe, Lindner und Mossin, dass alle Menschen ihre Portfolien so strukturieren, dass sämtliche prinzipiell diversifizierbaren Risiken auch diversifiziert werden. Damit trägt jeder Mensch als Wirtschaftssubjekt nur die prinzipiell nicht diversifizierbaren (systematischen) Risiken, die alle Unternehmen betreffen (z.B. konjunkturbedingte Ertragsschwankungen). Jedes Portfolio kann man als Mischung der risikolosen Anlage und des Marktportfolios, das alle risikobehafteten Vermögensgegenstände enthält, auffassen. Die systematischen Risiken einer einzelnen Anlage (z.B. der Aktien eines Unternehmens) werden gemessen durch den Beta-Faktor, der die erwartete Rendite einer Aktie und damit die Kapitalkosten bestimmt. Der Beta-Faktor ergibt sich dabei aus dem Risiko des betrachteten Vermögensgegenstands i (σ_i) und dessen Korrelation ρ zum Marktportfolio, das ein Risiko σ_m aufweist.[1089]

$$\beta = \rho_{i,m} \cdot \frac{\sigma_i}{\sigma_m} \tag{5.12}$$

Somit werden die (Eigen-)Kapitalkosten durch das CAPM bestimmt, in Abhängigkeit des Beta-Faktors (β):[1090]

$$\begin{aligned} k_{EK} &= r_f + \left(r_m^e - r_f\right) \cdot \beta \\ &= r_f + \rho_{i,m} \cdot \sigma_i \cdot \lambda \end{aligned} \tag{5.13}$$

In Gleichung (5.13) ist wieder r_f der risikolose Zins und r_m^e die erwartete Rendite des Marktportfolios (etwa Aktienindex).[1091] Unter den getroffenen restriktiven

---

Dies setzt jedoch voraus, dass der Börsenkurs dem Wert entspricht, was in einem unvollkommenen Kapitalmarkt nicht gewährleistet ist.

1087 Das Capital Asset Pricing Modell (CAPM) ist ein Einperioden-Modell und damit stimmen die erwarteten Renditen und die Kapitalkosten grundsätzlich überein.

1088 Siehe Fama, 1970.

1089 Das Marktportfolio im CAPM ist nicht – wie ein „empirisches Marktportfolio" (z.B. Aktienindex) – einfach die mit den aktuellen Preisen gewichtete Summe sämtlicher Vermögensgegenstände. Es wird hier zusätzlich aus den Prämissen abgeleitet, dass alle Preise sich gerade so einstellen, wie dies modelltheoretisch vorherzusagen ist, sodass das Marktportfolio im CAPM ein theoretisches Konstrukt darstellt (siehe z.B. Roll, 1977, und Spremann, 2008).

1090 Das β selbst ist theoretisch wieder linear vom Verschuldungsgrad abhängig, was jedoch empirisch nicht gut belegt ist, vgl. Steiner/Bauer, 1992 und Zimmermann, 1997 sowie Loughran/Wellman, 2011.

1091 Hier ist λ der „Marktpreis des Risikos": $\lambda = \frac{r_m^e - r_f}{\sigma_m}$.

Annahmen ergibt sich zwingend die durch diese Gleichung ausgedrückte erwartete Rendite (in der betrachteten Periode der Zukunft).

Es ist zu beachten, dass das CAPM ein „ex-ante-Modell" ist, d.h. grundsätzlich auf Erwartungen bezüglich der Zukunft basiert. Ein Grundproblem des CAPM besteht darin, dass offenbleibt, wie die rationalen Erwartungen – z.B. bezüglich der zukünftigen Ausprägung von Beta – in der Realität bestimmt werden sollen. In der Praxis behilft man sich mit der Ableitung des Beta-Faktors aus historischen Aktienrendite-Schwankungen, was zu dem für Bewertung und wertorientierte Unternehmenssteuerung genutzten „Praktiker-CAPM" führt.[1092, 1093] Noch gravierendere Probleme in der Anwendung ergeben sich durch die sehr restriktiven – realitätsfernen – Annahmen, die gemäß empirischer Studien an der Eignung des CAPMs für die Bestimmung risikogerechter Kapitalkostensätze, z.B. zur Strategiebewertung, zweifeln lassen (siehe Abschnitt 5.3). Schon mehrfach wurde bisher angemerkt, dass die in der Praxis angewendete Version des CAPM eben auf der Auswertung historischer Aktienrenditeschwankungen basiert und die originären, zukünftigen Unternehmensrisiken (Ertragsvolatilität) nicht berücksichtigt.

Die risikogerechte Anforderung an die Rendite des Eigenkapitals sind die Eigenkapitalkosten, die für das Ertragswertverfahren zu nutzen sind. Viele Unternehmen betrachten im Rahmen der wertorientierten Steuerung aber die Gesamtkapitalkosten, die sogenannten „Weighted Average Cost of Capital" (WACC), mit denen freie Cashflows diskontiert werden (DCF-Verfahren).[1094]

Die Gesamtkapitalkosten eines Unternehmens oder einer Investition im Volumen (Wert) von CE (= Capital Employed) setzen sich dabei aus den Kosten des für die Finanzierung eingesetzten Fremdkapitals (FK) und den Kosten des Eigenkapitals (EK) zusammen. Die Gesamtkapitalkosten (k_{WACC}) lassen sich in einem vollkommenen Kapitalmarkt in nachfolgender Gleichung in Abhängigkeit der Marktwerte von Eigenkapital (EK) und Fremdkapital (FK) bestimmen, wobei der Steuersatz s die Steuervorteile der Fremdfinanzierung[1095] („Tax Shield") zeigt.[1096]

$$k_{WACC} = k_{EK} \frac{EK^M}{EK^M + FK^M} + k_{FK} \frac{FK^M}{EK^M + FK^M}(1-s) \tag{5.14}$$

1092 Schüler, 2015, verweist beim Vergleich von CAPM mit anderen Bewertungsansätzen darauf, dass man für die Ableitung zukünftiger Renditen bereits den Wert – den es erst zu bestimmen gilt – kennen muss, wenn man das CAPM tatsächlich „zukunftsorientiert" anwenden will.

1093 Siehe z.B. Dörschell/Franken/Schulte, 2012 und Ziemer, 2018.

1094 Vgl. zu weiteren Problemen und Fehlerquellen der Unternehmensbewertung Baecker/Gleißner/Hommel, 2007 und Henselmann, 2006.

1095 Zinsaufwand ist steuerlich abzugsfähig.

1096 Es besteht aber das „Zirkularitätsproblem", weil der Marktwert des Eigenkapitalgebers (EK^M), der zu bestimmen ist, in der Gleichung auftaucht; vgl. Hering, 2021 auch zum vorteilhafteren Adjusted Present Value Verfahren (APV) bei dem zunächst der Wert des unverschuldeten Unternehmens berechnet wird, zu dem der Tax Shield addiert und das Fremdkapital subtrahiert wird.

Dabei stellen k_{FK} die Fremdkapitalkosten und k_{EK} die Eigenkapitalkosten dar, wobei letztere oft aus historischen Aktienrenditen mittels CAPM (Gleichung 5.13) ermittelt werden.

Bisher wurde gezeigt, wie der Unternehmenswert als Erfolgsmaßstab im wertorientierten Management berechnet wird, wenn die Risiken im Kapitalkostensatz erfasst werden („Risikozuschlagsmethode"). Das Unternehmensrisiko kann bei der Bewertung außer durch einen Zuschlag beim Kapitalkostensatz auch durch einen Risikoabschlag (RA)[1097] bei erwarteten zukünftigen Zahlungen berücksichtigt werden.[1098] Bei der Sicherheitsäquivalent-Methode werden die zukünftig erwarteten Zahlungen auf Sicherheitsäquivalente transformiert und diese dann mit dem risikolosen Zinssatz diskontiert (vgl. Abschnitt 5.3.5). Die Sicherheitsäquivalente eines unsicheren Ertrages sind dabei aus Sicht des Investors äquivalent zur unsicheren Zahlung selbst. Durch die Verwendung der Sicherheitsäquivalente (SÄ) wird eine unsichere Zahlung in einen sicheren Betrag überführt. Zunächst gilt damit:

$$W\left(\tilde{Z}_t\right)=\frac{SÄ\left(\tilde{Z}_t\right)}{\left(1+r_f\right)^t}=\frac{E(\tilde{Z}_t)-RA(\tilde{Z}_t)}{\left(1+r_f\right)^t}=\frac{E\left(\tilde{Z}_t\right)}{\left(1+r_f+r_z\right)^t}. \tag{5.15}$$

Es existieren Bewertungsfälle, bei denen ein einheitlicher Kapitalkostensatz, der aus einem risikolosen Zinssatz und einem (konstanten) Risikozuschlag zusammengesetzt ist, nicht angewendet werden darf. Bewertungsfehler treten auf, wenn der Erwartungswert der Zahlungen im Vergleich zu den Risiken (Standardabweichungen) klein oder gar negativ ist. Das Problem besteht hier insbesondere in der Diskontierung (möglicherweise) negativer Zahlungen.[1099] Im Diskontierungszinssatz soll sich (neben der Zeitpräferenz[1100]) die Risikoeinstellung der Investoren widerspiegeln. Das Sicherheitsäquivalent einer Zahlung mit negativem Erwartungswert wird kleiner als der Erwartungswert sein, während bei einer Diskontierung mit einer (positiven) Risikoprämie sich (fälschlich) ein diskontierter Wert ergibt, der größer als der Erwartungswert ist.

Bei einem unvollkommenen Kapitalmarkt sind Kapitalkosten bzw. Risikoabschlag vom Ertragsrisiko des Unternehmens, z.B. vom „Eigenkapitalbedarf" (Value at Risk) oder Variationskoeffizienten des Ertrags, und nicht von historischen Aktienrenditeschwankungen abhängig.[1101] Ein höherer Bedarf an teurem (risikotragendem) Eigenkapital erhöht dabei z.B. tendenziell die Gesamtkapitalkosten. Dieser Zusammenhang wird in Abschnitt 5.3.5 vertiefend erläutert – nach einer Zusammenfassung der Gründe für die Probleme der

---

[1097] Negative Risikoabschläge sind prinzipiell möglich (bei negativer Korrelation der Zahlung zur Rendite als Marktportfolio).

[1098] Vgl. Ballwieser, 1981 und Siepe, 1998 sowie Abschnitt 1.4.

[1099] Vgl. Spremann, 2004. Problematisch ist aber schon, wenn das Sicherheitsäquivalent negativ ist.

[1100] Vgl. weiterführend Kruschwitz/Löffler, 2003.

[1101] Bei handelbaren (börsennotierten) Assets (Aktien) ist das bewertungsrelevante Risikomaß ein „lageunabhängiges", wie der Deviation Value at Risk (DVaR), weil alle negativen Abweichungen vom Erwartungswert der Ergebnisse, der im Wert oder Börsenkurs berücksichtigt ist, wertmindernd sind – nicht erst Verluste.

oben beschriebenen „kapitalmarktorientierten" Verfahren zur Bestimmung von Kapitalkosten, wie dem CAPM.

5.3.3 Kapitalmarktorientierte Bewertungsverfahren und Kapitalmarktforschung

5.3.3.1 Kapitalmarktforschung und Erklärung der Aktienrenditen

Bei der in der Praxis noch üblichen Ableitung von Kapitalkosten, basierend auf CAPM, ist – wie erwähnt – Vorsicht angebracht. Dieses Modell unterstellt, dass der Kapitalmarkt über die gleichen Informationen verfügt wie die Unternehmensführung, dass keine Konkurskosten existieren, und dass alle Investoren perfekt diversifizierte Portfolios aufweisen, in denen unternehmensspezifische Risiken damit keine Rolle spielen (und deshalb im Beta-Faktor nicht erfasst werden). Entsprechend zeigen Kapitalkostensätze auf Grundlage des CAPM (bestenfalls) die Meinung des Kapitalmarkts hinsichtlich der Risiken eines Unternehmens – nicht aber die tatsächliche Risikosituation.

Darüber hinaus besteht das Problem, dass grundsätzlich aus dem sich durch (historische) Kursschwankungen ausgedrückten „Aktienkursrisiko" nicht unbedingt auf das Risiko der zu bewertenden unsicheren Zahlung des Unternehmens geschlossen werden kann. Die Kursbewegungen und Renditen von Aktien werden nämlich auch durch Faktoren beeinflusst, die nichts mit den Risiken der zu bewertenden Zahlungsreihe (den Cashflows, Erträgen oder Dividenden des Unternehmens) zu tun haben.[1102] Man denke hier beispielsweise an Kursbewegungen, die durch psychologisch bedingte Käufe und Verkäufe ausgelöst werden[1103] oder an die Wirkungen von Hedge Fonds, die Trendfolgestrategien anwenden.[1104]

Die Probleme des CAPM basieren auf der grundlegenden Annahme der traditionellen Kapitalmarkttheorie, dass die Märkte vollkommen und damit informationseffizient seien. Konkurskosten, Transaktionskosten, asymmetrisch verteilte Informationen, begrenzt rationales Verhalten und nicht diversifizierte Portfolios zeigen aber, dass die grundlegenden Annahmen in der Realität leicht zu falsifizieren sind.[1105] Somit besteht das Problem, dass die heute üblichen Verfahren zur Bestimmung der Kapitalkosten die gravierenden Konsequenzen

---

[1102] Siehe Dirrigl, 2009 und Cochrane, 2011, der betont, dass Schwankungen der erwarteten Erträge nur zu einem geringen Teil die Kursschwankungen erklären.

[1103] Vgl. Goldberg/von Nitsch, 2004.

[1104] Nur unter sehr restriktiven Bedingungen eines vollkommenen Kapitalmarkts, speziell der Proportionalität von Schwankungen der zu bewertenden Zahlungen zur Wert- bzw. Preisschwankung, lässt sich prinzipiell aus Kursschwankungen auf Schwankungen der zu bewertenden Zahlungsreihen schließen. Und auch nur unter diesen Bedingungen stimmen die „Renditegleichung" und die „Sicherheitsäquivalent-Gleichungen" von Bewertungsmodellen wie dem CAPM überein. Siehe hierzu Mai, 2006 und Dirrigl, 2009 sowie weiterführend zur Berücksichtigung von Unsicherheit im Kontext der Bewertung Fama, 1977.

[1105] Vgl. Shleifer, 2000; Haugen, 2002, und Kerins/Smith/Smith, 2004 sowie Hering/Olbrich/Rollberg, 2010.

unvollkommener und unvollständiger Kapitalmärkte nicht berücksichtigen. Bei unvollkommen diversifizierten Portfolios und Informationsdefiziten der Investoren gegenüber der Unternehmensführung erscheint es wenig plausibel, dass der Beta-Faktor ein adäquates Risikomaß darstellt, das die zukünftig zu erwartende Rendite eines Vermögensgegenstandes zu prognostizieren hilft.

Die folgende Abbildung 125 fasst die zentralen Probleme der Theorie vollkommener Kapitalmärkte zusammen. Die Annahmen des CAPM sind unrealistisch und damit keine geeignete Grundlage für die Bewertung.[1106]

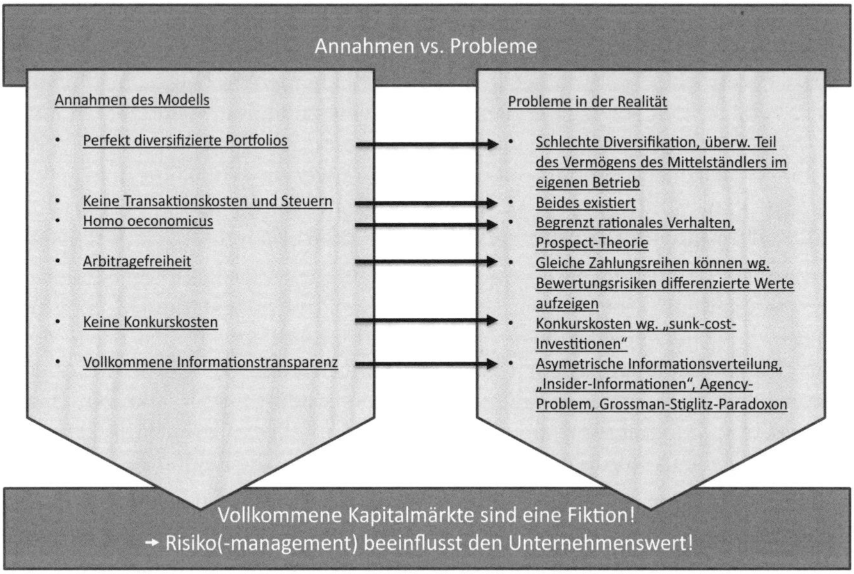

Abbildung 125: Probleme der Theorie vollkommener Kapitalmärkte

Auch die empirische Kapitalmarktforschung[1107] zeigt, dass für eine risikogerechte Bewertung von Unternehmen oder Strategien „kapitalmarktorientierte" Bewertungsverfahren ungeeignet sind. Dies gilt vor allem für das Capital Asset Pricing Modell (CAPM). Kapitalmarktdaten, speziell zu Schwankungen der Aktienrenditen, sind kein Ersatz für eine zukunftsorientierte Risikoanalyse des Unternehmens selbst.

Schon seit den 1980er Jahren wurden durch die empirische Kapitalmarktforschung zunehmend durch das CAPM nicht erklärbare Einflüsse auf die Rendite von Aktien, sogenannte „Anomalien", aufgedeckt. So zeigte die Untersuchung von Banz (1981) den „Size Effect"[1108] und Basu (1977) stellte fest, dass Aktien mit niedrigem Bewertungsniveau (niedrigem KGV) überdurchschnittlich hohe Renditen erwarten lassen, die durch das CAPM nicht erklärt werden können.

[1106] Vgl. Ernst/Gleißner, 2012b, zur Begründung. Siehe zur Kritik an der finanzierungstheoretischen Bewertung auch Follert, 2020; Toll, 2019; Quill, 2020 und Hering, 2021.

[1107] Vgl. Gleißner, 2014c, mit einer Übersicht der Studien.

[1108] Überdurchschnittlich hohe Renditen kleiner Unternehmen, die durch CAPM nicht erklärbar sind.

Mit der Studie von Fama/French (1992) sowie dem daraus abgeleiteten Drei-Faktoren-Modell[1109] wurde ein empirisch basiertes Mehrfaktoren-Modell etabliert, das als leistungsfähige Alternative zum CAPM für die Erklärung von Aktienrenditen angesehen werden kann.[1110] Es bezieht das Kurs-Buchwert-Verhältnis (Bewertungsniveau, HML) und die Unternehmensgröße (Logarithmus Börsenkapitalisierung, SMB) als Erklärungsfaktoren für die Aktienrenditen ein.

Wie auch schon in ihrer Studie von 1993 zeigen auch die aktuelleren Studien von Jegadeesh und Titman (2011) (und z.B. auch von Walkshäusl, 2019) wieder eine ausgeprägte (risikoadjustierte) Outperformance speziell von Momentum-Anlagestrategien.[1111] Aktien mit der besten (schlechtesten) Rendite in den letzten drei bis zwölf Monaten zeigen eine signifikant überdurchschnittliche (unterdurchschnittliche) Performance in den darauffolgenden drei bis sechs Monaten. Die Überlegenheit solcher Momentum-Handelsstrategien bestätigt sich außer für die USA für die meisten anderen Aktienmärkte.[1112] Die Autoren sehen in ihrem empirischen Ergebnis ein besonders schwerwiegendes Indiz gegen die Effizienz von Märkten und das CAPM. Das Momentum ist überall eine wichtige Renditedeterminante, für die eine rationale Erklärung fehlt.[1113]

Carhart (1997) entwickelte darauf aufbauend das Vier-Faktoren-Modell, in dem zudem der in vielen empirischen Untersuchungen bestätigte Momentum-Faktor als weitere Erklärungsgröße der Aktienrendite zu finden ist. In einer empirischen Untersuchung für den Zeitraum November 1990 bis März 2011 untersuchen auch Fama und French (2012) die Bedeutung der Faktoren „Size", „Value" und „Momentum" angelehnt an das Modell von Carhart (1997) für die Aktienrenditen in Nordamerika, Europa, Japan sowie die Region Asien-Pazifik.

Mit dem von Fama und French (2015) entwickelten Fünf-Faktoren-Modell wird deren älteres 3-Faktoren-Modell ergänzt um Faktoren zur Erfassung der Rentabilität (Profitabilität) und des Wachstums von Unternehmen; Faktoren die ebenfalls helfen Aktienrenditen zu erklären (siehe auch Fama/French, 2018 und 2020).[1114]

Aus Perspektive des Risikomanagements ist besonders die sogenannte „Volatilitätsanomalie" interessant, weil sie die Bedeutung von Risiken belegt und eine Grundannahme der Theorie vollkommener Kapitalmärkte in Frage stellt: Höheres Risiko (Volatilität) führt zu einer höheren erwarteten Rendite.[1115] Ähnlich den Untersuchungen für die USA zeigt auch eine empirische Studie für den deutschen Aktienmarkt eine signifikant negative Beziehung zwischen der

1109 Vgl. Fama/French, 1993.

1110 Es ist jedoch kein Bewertungsverfahren, sondern eben ein „Preisschätzmodell", vgl. Ernst/Gleißner, 2012b.

1111 Vgl. auch Kyosev, et al., 2020.

1112 Ergänzend wird festgestellt, dass auch Unternehmen mit einem höheren „Ertragsmomentum" eine überdurchschnittliche Performance zeigen.

1113 Siehe dazu auch Kaserer/Hanauer, 2017.

1114 Siehe ergänzend zur Q-Theorie Zhang, 2020.

1115 Siehe Haugen, 2003; Ang/Hodrick/Xing/Zhang, 2009, S. 1; Ang/Hodrick/Xing/Zhang, 2006, S. 259 sowie Baker/Bradley/Wurgler, 2011, S. 40.

Volatilität und der erwarteten Rendite der Aktien im Zeitraum von Juli 1981 bis Dezember 2010.[1116]

Studien[1117] bestätigen schon ältere empirische Untersuchungen (beispielsweise von Haugen, 2004), demzufolge überraschenderweise gerade risikoarme Unternehmen überdurchschnittliche Renditen am Aktienmarkt generieren. Die Volatilitätsanomalie deckt sich mit dem aus der strategischen Managementforschung bekannten „Rendite-Risiko-Paradoxon".[1118] Interessant ist, dass gerade auch ertragsstarke Unternehmen (beispielsweise ausgedrückt durch hohe Gesamtkapital- oder Eigenkapitalrenditen) und „Qualitätsunternehmen"[1119] überdurchschnittlich hohe Renditen am Aktienmarkt erreichen. Dies lässt sich z.B. erklären durch eine systematische Unterbewertung solcher Unternehmen.

Die empirische Kapitalmarktforschung zeigt auch die sogenannte „Distressed-Anomalie".[1120] Diesen empirischen Resultaten zufolge ist die Aktienrendite von Unternehmen mit überdurchschnittlicher Insolvenzwahrscheinlichkeit, also schwachem Rating, unterdurchschnittlich.[1121] Die empirischen Untersuchungen von Campbell, Hilscher und Szilagyi (2008) belegen, dass auch der Aktienmarkt die Implikationen von Rating und Insolvenzwahrscheinlichkeit nicht adäquat berücksichtigt. Unternehmen mit höherer Insolvenzwahrscheinlichkeit weisen am Aktienmarkt eine unterdurchschnittliche Rendite auf, die weder durch das CAPM, noch durch das Fama-French-3-Faktoren-Modell oder auch das 4-Faktoren-Modell von Carhart (1997) erklärt werden kann. De Groot und Huij (2018) bestätigen die Bedeutung des Insolvenzrisikos (distress risk) und untersuchen dieses im Rahmen der 3- und 5-Faktoren-Modelle von Fama und French (1993 bzw. 2015) näher.[1122] Die Autoren führen aus:[1123]

„While we find that value and small-cap exposures are typically associated with distress risk, our results also indicate that distress risk is not priced and that the small-cap and value premiums are priced beyond distress risk."

Die Autoren finden insbesondere keinen Zusammenhang zwischen der Höhe des Distress Risk und der Size Prämie sowie der Value Prämie im Modell von Fama und French.

Inzwischen zeigt sich ergänzend, dass „Nachhaltigkeitsindikatoren" die Aktienrenditen mit beeinflussen. El Ghoul et al. (2011) finden z.B. in ihrer Studie im Zeitraum von 1992 bis 2007, dass bessere Corporate Social Responsibility (CSR)-Scores zu niedrigeren erwarteten Renditen führen. Lins et al. (2017) finden, dass zumindest in Krisenzeiten höhere CSR zu höheren Renditen führt.[1124] Azevedo et al. (2021) begründen die uneinheitlichen Studienergebnisse zum

---

[1116] Siehe Walkshäusl, 2012.

[1117] Beispielsweise von Zhang, 2009 sowie Walkshäusl, 2012 und 2013a für den deutschen Aktienmarkt.

[1118] Siehe beispielsweise Budd, 1993 und Bowman, 1980.

[1119] Piotroski, 2000; Kyosev et al., 2020 und Walkshäusl, 2013b und 2019.

[1120] Siehe beispielsweise Chen/Novy-Marx/Zhang, 2011.

[1121] Siehe Campbell/Hilscher/Szilagyi, 2008.

[1122] Siehe dazu auch Avramov et al., 2013.

[1123] Siehe De Groot und Huij, 2018 im Abstract, S. 50.

[1124] Und solche Krisenzeiten sind Phasen mit niedrigerem „Investor Sentiment" (Zuversicht). Vgl. weiterführend Halbritter/Dorfleitner, 2015 und Dorfleitner/Grebler, 2022.

Zusammenhang zwischen erwarteten Aktienrenditen einerseits und Corporate Social Responsibility (CSR)[1125] bzw. Corporate Environmental Responsibility (CER) durch eine im Zeitverlauf schwankende „Sustainability Premium".[1126]

Die empirischen Studien z.B. von Pastor et al. (2021) und Azevedo et al. (2021) belegen auch eine Nachhaltigkeitspräferenz von Investoren. So finden Azevedo et al. (2021) *„excess returns following periods with high or low investor sentiment"* und empfehlen die Einbeziehung eines „Sustainability Factors" bei der Erklärung von Aktienrenditen.[1127] Gleißner/Günther/Walkshäusel (2022) zeigen die Bedeutung der „Financial Sustainability" für die Erklärung von Aktienrenditen (ca. 5 % pro Jahr).

Zahlreiche empirische Untersuchungen – auch für den deutschen Aktienmarkt[1128] – verdeutlichen die geringe oder gar fehlende Aussagefähigkeit des Beta-Faktors für Aktienrendite-Prognosen und diverse weitere Kapitalmarktunvollkommenheiten.[1129]

Hagemeister und Kempf (2010) führen einen empirischen Test des „CAPM" auch basierend auf erwarteten (anstelle der üblicherweise verwendeten realisierten) Renditen für den deutschen Aktienmarkt von 1996 bis 2006 durch. In der Studie verwerfen sie das CAPM, weil nicht Beta, sondern andere Faktoren die Aktienrendite statistisch signifikant erklären. In der Studie zeigt sich für den deutschen Markt, dass die Rendite von Aktien abhängig ist von (1) Dividendenrendite, (2) Unternehmensgröße und (3) dem Gesamtrisikoumfang (Volatilität der Rendite), also insbesondere nicht nur vom Umfang der systematischen Risiken (Beta-Faktor). Gerade die empirisch bestätigte Relevanz auch von unternehmensspezifischen (unsystematischen) Risiken, wie sie bei unvollkommenen diversifizierten Kapitalmarktakteuren zu erwarten ist, wird als zusätzliche Rechtfertigung für das betriebswirtschaftliche Risikomanage-

---

[1125] Zur Diskussion über die Ausgestaltung von ESG und der Bedeutung siehe Dorfleitner/Kreuzer/Sparrer, 2020.

[1126] Azevedo et al., 2021 empfehlen zur Erklärung von Aktienrenditen einen „Sustainability Factor" als Weiterentwicklung des „Environmental, Social and Corporate Governance (ESG) Factors" von Pastor et al. (2021). Die CSR-Prämie hat in Monaten mit schlechter Anleger-Stimmung (Investors Sentiment) auch bei Einbeziehung der Renditeerklärungsfaktoren des 5-Faktoren-Modells von Fama/French (2015) eine statistisch signifikante Höhe von 0,47 % pro Jahr. Eine statistisch signifikante CSR-Prämie lässt sich allerdings nicht feststellen.
Azevedo et al., 2021 fassen zusammen (im Abstract):
„We find that high-intensity CSR (CER) firms have a monthly excess return that is 0.70 (0.88) p.p. higher following periods of low investor sentiment as compared to periods of high sentiment."

[1127] Hohe Ausprägungen des CSR und des CER-Scores gehen einher mit hohen Werten des unternehmensspezifischen Risikos (idiosyncratic volatility).

[1128] Für einen lokalen Markt ist zudem fraglich, ob der lokale Aktienindex (DAX oder CDAX) oder besser ein globaler Index maßgeblich ist, vgl. Ruiz de Vargas/Zollner, 2010.

[1129] Erwähnt seien beispielhaft Zimmermann, 1997; Hagemeister/Kempf, 2010; Stotz, 2008; Haugen, 2003 und Shleifer, 2000 zur Marktineffizienz sowie Lamont/Stein, 2004; Lamont/Thaler, 2003 und Shleifer/Vishny, 1997 zu Verstößen gegen die Hypothese der Arbitragefreiheit des Kapitalmarkts (siehe auch den Exkurs in Abschnitt 5.3.3.2).

ment angesehen (zu den entsprechenden Bewertungsmodellen siehe Merton, 1987 und Stotz, 2008).[1130]

Artmann, Finter und Kempf (2012) finden in ihrer Studie ebenfalls, dass der Beta-Faktor des CAPM für die Erklärung der Unterschiede von Aktienrenditen wertlos sei. Hanauer, Kaserer und Rapp (2013) stellen in ihrer Untersuchung für die C-DAX-Unternehmen im Zeitraum 1996 bis Dezember 2011 eine signifikant (positive) Marktrisikoprämie, eine signifikant negative Größenprämie (Size Premium) und auch eine signifikant positive Substanz-Prämie (Value Premium) sowie eine ebenfalls signifikant positive Momentum-Prämie fest. Kaserer und Hanauer (2017) stellen zudem fest, dass das 3- und insbesondere das 5-Faktor-Modell von Fama/French dem CAPM klar überlegen ist, aber beide den Momentum-Effekt nicht erfassen. Daher wird inzwischen in Studien ein 6-Faktor-Modell genutzt, das den Momentum-Faktor einbezieht. In einer breit angelegten empirischen Studie, die eine Vielzahl von Ländern und Daten bis zurück zum Jahr 1800 berücksichtigt, kommen Baltussen, Swinkels und van Vliet (2021) ebenfalls zur Schlussfolgerung, dass eine ganze Reihe weiterer Einflussfaktoren auf die Aktienrendite empirisch gut belegt sind. Durch diese können insbesondere höhere Renditen mancher Aktien erklärt werden, ohne dass sich für diese ein höheres Risiko feststellen ließe.

Eine der wenigen empirischen Studien mit einer positiveren Beurteilung des CAPM ist diejenige von Brückner, Lehmann und Stehle (2012).[1131] Dass die Autoren das CAPM anderen Modellen trotz Hinweis z.B. auf den Value-Effekt vorziehen, ist primär darauf zurückzuführen, dass nach ihrer Einschätzung die Alternativen empirisch auch nicht überzeugen.

In der zusammenfassenden Studie von Subrahmanyam (2010) wird der Versuch unternommen die verschiedenen Forschungsergebnisse zu Kapitalmarkt-Anomalien (speziell relativ zum CAPM) zusammenzufassen.[1132] Insgesamt verweist der Autor auf mehr als 50 Variablen, die gemäß empirischer Studien zur Erklärung von Aktienrenditen beitragen und deren Wirkung nicht durch den Beta-Faktor des CAPM erfasst wird (vgl. Rossi, 2016 und Fama/French, 2015).

Dempsey (2013a, S. 9) folgert in seiner zusammenfassenden Betrachtung der Modellannahmen und der empirischen Ergebnisse der letzten Jahre, dass das CAPM komplett gescheitert sei. Er erwartet einen Paradigmenwechsel und fasst zusammen (siehe auch Shleifer und Vishny, 1997; Lamont und Thaler, 2003; Subrahmanyam, 2010; Rossi, 2016 und Fernández, 2017):[1133]

„In effect, the paradigm of the CAPM and efficient markets may need to be replaced with a paradigm of markets as vulnerable to capricious behavior."

[1130] Bekanntlich ist das CAPM auf Grundlage erwarteter Renditen formuliert, und erwartete sowie realisierte (historische) Renditen können deutlich voneinander abweichen.

[1131] Siehe auch Ziegler/Schröder/Schulz/Stehle, 2007.

[1132] Siehe zu den prinzipiellen Schwierigkeiten des Kapitalmarkts, Risiken adäquat in der Preisbildung zu berücksichtigen z.B. auch Fama/French (2006, 2008 und 2012 sowie 2015), Chen/Novy-Marx/Zhang 2011 sowie Walkshäusl/Lobe, 2014; Walkshäusl, 2012 und Baltussen/Swinkels/van Vliet, 2021.

[1133] Vgl. auch Rossi, 2016 und Fernandez, 2019a.

5.3.3.2 Exkurs: Unvollkommener Kapitalmarkt, Fehlbewertungen und Bewertungsrisiken

Inzwischen zeigt die empirische Forschung eine Vielzahl von Kapitalmarktunvollkommenheiten, die grundsätzlich ein Auseinanderfallen von Preis und Wert und das Entstehen von Vermögenspreisblasen verursachen könnten. Bei einer solchen Blase ist der Preis (P) viel höher als der risikoadäquat berechnete fundamentale Wert (W), d.h. P/W>1, was hohe Bewertungsrisiken impliziert. Der Preis kann bei P/W>1 nämlich stark fallen, ohne dass dies zu einer Unterbewertung führen würde.

Vollkommener Kapitalmarkt	Unvollkommener Kapitalmarkt
Unbeschränkter Zugang	Kapitalaufnahme und/oder Anlageobergrenze
	Keine Leerverkaufsmöglichkeit
	Ungleicher Marktzugang
Ein (sicherer) Zins	Gespaltener Zins[1134]
Ausreichende Liquidität	Bid/Ask Spread = implizite Transaktionskosten
Keine Transaktionskosten	Transaktionskosten
Informationseffizienz	Informationskosten
	Heterogene Erwartungen
	Informationsasymmetrie
Mengenanpasser	Preisbeeinflusser existiert
Keine Steuern	Steuern
Finanztitel beliebig teilbar	Losgrößenbeschränkung
Homogenität des Kapitals	Inflation

Tabelle 41: Vollkommener versus unvollkommener Kapitalmarkt[1135]

Die gesamte neoklassisch geprägte Kapitalmarkttheorie geht von arbitragefreien und speziell informationseffizienten Märkten aus (die EMH: Efficient Market Hypothese). Dabei wird in drei Grade der Effizienz[1136] unterschieden.

Schwache EMH

Die schwache Form der EMH nimmt an, dass alle Informationen aus historischen Preisverläufen eingepreist sind. Daraus folgt, dass aus den Kursverläufen der Vergangenheit nicht auf Kurse in der Zukunft geschlossen werden kann. Chartanlaysen sind damit sinnlos.

[1134] D.h. insbesondere Soll- und Haben-Zinssätze.

[1135] Quelle: Schaefer, 2009, S. 10.

[1136] Fama, 1970.

Mittelstrenge EMH

Die mittelstrenge Form der EMH nimmt an, dass zusätzlich zu den Informationen der schwachen EMH auch alle weiteren öffentlichen Informationen eingepreist sind. Dazu gehören zum Beispiel Geschäftsberichte, Jahresabschlüsse, Konjunkturindikatoren und Wertpapieranalysen von Finanzanalysten. Die Fundamentalanalyse wäre demnach sinnlos.

Strenge EMH

Die strenge Form der EMH nimmt an, dass alle marktrelevanten Informationen im Kurs enthalten sind. Das schließt alle öffentlichen und Insider-Informationen ein. Demnach wäre Insiderhandel unmöglich.

Die theoretische Fundierung der EMH basiert im Wesentlichen auf den folgenden drei Argumenten:

- Alle Investoren verhalten sich vollkommen rational i.S. eines Homo oeconomicus.
- Selbst wenn einige Investoren nicht rational, sondern „zufällig" Käufe und Verkäufe vornehmen, beeinflusst dieses Verhalten die Marktpreise nicht. Der Markt bleibt insgesamt effizient.
- Sogar unter der Annahme nicht rational agierender Investoren, die systematisch Verhaltensweisen vorweisen, lässt sich die Annahme eines effizienten Kapitalmarktes noch immer durch das folgende Argument verteidigen: Abweichungen von den Marktpreisen, die sämtliche verfügbare Informationen widerspiegeln, eröffnen Gewinnchancen für rational agierende Arbitrageure, deren Aktivitäten solche Preisabweichungen wieder zurückführen. Da in einem derartigen Markt zudem die rational agierenden Arbitrageure überdurchschnittliche Rendite erzielen – und die anderen Marktteilnehmer entsprechend unterdurchschnittliche –, steigt der relative Anteil des Vermögens der rationalen Investoren und ihr Einfluss auf den Gesamt-Kapitalmarkt nimmt zu.

Die häufig verwendete grundlegende Vorstellung von der Arbitragefreiheit und Informationseffizienz[1137] von Kapitalmärkten, und damit des „Law of one price", ist dennoch durchaus nicht allgemein akzeptiert, und die empirische Forschung zeigt eine Vielzahl von Verstößen gegen diese Hypothese.[1138] Insbesondere seit ca. 1980 mehren sich empirische Untersuchungen, die nicht in Einklang zu bringen sind mit dieser Hypothese.[1139] Auch die theoretische Fundierung der EMH wird immer stärker in Zweifel gezogen.

[1137] Siehe Kruschwitz/Löffler/Lorenz, 2019.

[1138] Siehe z.B. Gabaix/Krishnamurthy/Vigneron, 2007; Lamont/Thaler, 2003; Shleifer/Vishny, 1997 sowie die Zusammenfassung einer Vielzahl bei Gromb/Vayanos, 2010.

[1139] Hou/Karolyi/Kho, 2011, sehen z.B. in ihrer empirischen Studie für 49 Staaten u.a. klare Belege darin, dass aktienspezifische Faktoren und Fehlbewertungen – und nicht etwa unterschiedliche systematische Risiken – die Aktienrenditen erklären (und damit Kapitalmarktunvollkommenheiten von zentraler Bedeutung sind); vgl. Fieberg/Varmaz/Poddig, 2016.

Schon das Auseinanderfallen von Soll- und Haben-Zinssätzen führt zu Arbitragemöglichkeiten.

Aktien werden oft gekauft, weil die Aktienkurse gestiegen sind (positives Momentum). Als Beispiel für Kursgewinne infolge einer solchen positiven Rückkopplung, die zu immer weiteren steigenden Aktienkursen und einer erheblichen Abweichung vom fundamentalen Wert geführt haben, führen Shleifer und Summers (1990) die Kursentwicklung japanischer Aktien in den 1980er Jahren an, die zu einer Überbewertung, also einer Blase, führten. Die bei dieser Bewertung erforderlichen Annahmen hinsichtlich der erwarteten Wachstumsrate der Dividenden und den Risikoprämien erscheinen nach Einschätzung der Autoren völlig unrealistisch. Trotz der fundamentalen Überbewertung im Jahr 1985 (Kurs-Gewinn-Verhältnis von 30) hat sich die fundamentale Überbewertung im Jahr 1986 auf ein KGV von 60 erhöht, was die Risiken, denen Investoren ausgesetzt sind, die bei einer erkannten fundamentalen Überbewertung diesen durch (Short-)Verkäufe begegnen wollen, zeigen. Ähnlich war die Lage bei der „Dot-Com-Blase" im Jahr 2000. Shleifer und Summers (1990) führen zur Arbitrage aus:

„As long as the arbitrageur is thinking of liquidating his position in the future, he must bear the risk that at the time stocks will be even more overpriced than they are today."

Gromb und Vayanos (2010) zeigen, dass eine Vielzahl empirischer Studien auch bestehende „Limits of Arbitrage"[1140] belegen und diverse Modelle in der Theorie existieren, die – z.B. über die Betrachtung von Kosten und Risiken der Arbitrageure – die empirischen Resultate zu Fehlbewertungen am Aktienmarkt erklären können. Die Autoren sehen in der begrenzten finanziellen Möglichkeit der Arbitrage auch eine wesentliche Ursache für die in der empirischen Forschung oft aufgezeigten Kapitalmarktanomalien.[1141, 1142] Teilweise erzwingen auch regulatorische Nebenbedingungen (speziell großer Investoren wie Lebensversicherer und Pensionskassen) diese dazu, in Vermögenswerte zu investieren, auch wenn diese überbewertet sind (speziell Staatsanleihen).

Selbst die Preise praktisch perfekt substituierbarer Vermögensgegenstände, wie (bis vor einigen Jahren) die Aktien von Royal Dutch und Shell[1143], wiesen jedoch im Zeitraum von 1980 bis 1995 Über- und Unterbewertungen zwischen -30% (aus Sicht von Royal Dutch) und bis zu +10% auf.[1144] Mitchell et al.[1145] analysieren im Zeitraum von 1985 bis 2000 82 „Arbitrage-Gelegenheiten" am

---

[1140] Vgl. insb. Gromb/Vayanos, 2010.

[1141] Siehe zusammenfassend Gleißner, 2014c.

[1142] Die wesentlichen Linien und Erkenntnisse der Forschung über die Grenzen der Arbitrage fassen die Autoren (S. 251) wie folgt zusammen:
„We begin with examples of demand shocks that generate mispricings, arguing that they can stem from behavioral or from institutional considerations. We next survey, and nest within a simple model, the following costs faced by arbitrageurs: (a) risk, both fundamental and non-fundamental; (b) short-selling costs; (c) leverage and margin constraints; and (d) constraints on equity capital."

[1143] Royal Dutch und Shell waren in einem festen Verhältnis von 60:40 an den gemeinsamen Erlösen des 1907 fusionierten operativen Geschäfts beteiligt.

[1144] Shleifer, 2000, S. 29–31.

[1145] Mitchell/Pulvino/Stafford, 2002.

amerikanischen Markt, bei denen der Marktpreis (Market Value) eines Unternehmens geringer ist als die Summe der ebenfalls an der Börse gehandelten Bausteine, aus denen sich das Unternehmen zusammensetzt.

Neben gesetzlichen (regulatorischen) Vorgaben, die Handlungsoptionen von Investoren am Kapitalmarkt beschränken, werden Arbitrage-Prozesse auch begrenzt durch das verfügbare Vermögen und damit die Sicherheiten, die z.B. bei Termingeschäften als Sicherheit („Margin") bereitgestellt werden können. Letztlich sind es damit Rating- und Finanzierungsrestriktionen sowie die begrenzten Risikodeckungspotenziale, die die Marktmacht der Arbitrageure begrenzen und damit zur Konsequenz haben, dass selbst offensichtliche Fehlbewertungen nicht unbedingt ausgeglichen bzw. die „nicht fundamentalen Shocks" nicht kompensiert werden können. Durch die begrenzte Risikotragfähigkeit und zusätzlich den begrenzten Anlagezeitraum der Arbitrageure sind diese grundsätzlich der Gefahr ausgesetzt, dass Fehlbewertungen am Kapitalmarkt in einem Umfang zunehmen könnten, den sie finanziell nicht verkraften können (also wenn $P/W > 1$ weiter steigt). Dies führt zu einer begrenzten Wirksamkeit von Arbitrage-Prozessen, was die Effizienz der Märkte einschränkt.[1146] Kurze Anlagehorizonte vieler Investoren sind zudem eine „milde" Form von finanziellen Nebenbedingungen, die die Handlungsmöglichkeiten von Arbitrageuren einschränken. Sind Leerverkäufe, short selling, mit Kosten verbunden, ermöglicht auch dies die Verletzung des „Law of one price".[1147]

Eine für Investoren riskante Fehlbewertung, eine „Blase", muss also nicht zwingend das Resultat einer Irrationalität sein. So kann es den Investoren durchaus bewusst sein, dass sie in ein überbewertetes Asset investieren. Sie unterliegen damit keiner Vermögensillusion. Sie nehmen nur an, dass sich eine bestehende Fehlbewertung weiter vergrößert (und hoffen, „rechtzeitig" zu verkaufen). Nicht jeder Investor, der in überbewertete Assets investiert, leidet also an einer Vermögensillusion. Gerade trendfolgende „Momentum-Investoren" kaufen bewusst oft bereits überbewertete Assets, von denen aber zumindest kurzfristig ein weiterer Preisanstieg aufgrund des Momentum-Effekts erwartet wird.[1148]

Somit gibt es also viele Gründe dafür, dass Arbitrage-Prozesse in der Realität Fehlbewertungen nicht verhindern.[1149] Um nämlich risikofreie Arbitrage-Gewinne erzielen zu können, ist es erforderlich, dass die Arbitrageure einen überbewerteten Vermögensgegenstand (weitgehend kostenlos) durch ein Leergeschäft verkaufen und zugleich einen Vermögensgegenstand kaufen können, der identisch (oder zumindest ein sehr enges Substitut) und dabei nicht überbewertet ist. Ein sehr grundlegendes Problem besteht darin, dass für viele Vermögensgegenstände am Markt keine guten Substitute verfügbar sind; man denke dabei insbesondere an viele Immobilien und nicht börsennotierte mittelständische Unternehmen. Das Fehlen perfekter Substitute für überbewertete Vermögensgegenstände führt zur Übernahme von Risiken durch die Arbitrageure. Sie übernehmen z.B. das Risiko, dass sich der Preis eines überbewer-

1146 Siehe Gromb/Vayanos, 2010 sowie Bernanke/Gertler, 1999 und Shleifer/Vishny, 1992.
1147 Siehe Gromb/Vayanos, 2010; Vayanos/Weill, The Journal of Finance 2008 S. 1361–1398.
1148 Siehe Jegadeesh/Titman, 1993.
1149 Vgl. hier Shleifer, 2000, S. 10–16 und S. 38–111.

teten Vermögensgegenstandes erst sehr langfristig dem (in der Zwischenzeit vielleicht veränderten) fundamentalen Wert anpasst – und in der Zwischenzeit möglicherweise sogar noch weiter als bisher von diesem Wert abweicht.[1150] Für dieses Phänomen gibt es eine Vielzahl empirischer Belege, die sich auch durch theoretische Modelle des Investoren-Verhaltens sehr gut begründen lassen.[1151]

Es ist festzuhalten, dass die realen Aktien- und Immobilienmärkte unvollkommene Märkte sind. Preis und Wert können differieren. Damit sind auch Vermögenspreisblasen mit P/W >>1 möglich und sogar Verletzungen des „Law of One Price" lassen sich erkennen. Ursächlich hierfür sind diverse Kapitalmarktunvollkommenheiten in Verbindungen mit Grenzen für die Ausnutzung von Arbitrage-Möglichkeiten (z.B. durch die mit solchen Strategien verbundenen Risiken und dem begrenzten Risikodeckungspotenzial möglicher Arbitrageure).

Spekulative Blasen und Fehlbewertungen[1152] am Kapitalmarkt sind nicht zwangsläufig ein Beleg für Irrationalität am Aktienmarkt – sie stellen aber den Informationsgehalt von Aktienkursen (Preise) in Frage und führen zu Risiken durch die Schwankung der Preise um den fundamentalen Wert. Dies erhöht die „Bewertungsrisiken".

5.3.3.3 Exkurs: Schwankende Bewertungsniveaus und Höhe der Marktrisikoprämie

Zusätzliche Probleme für Unternehmensbewertung sowie wertorientierte Unternehmenssteuerung ergeben sich durch Schwankungen des Bewertungsniveaus bei der Ableitung der Marktrisikoprämie, der Differenz der erwarteten Aktienrendite zum risikolosen Zinssatz.[1153] Die Marktrisikoprämie ist für die Bewertung von Unternehmen oder einzelnen Investitionen relevant, weil sie angibt, welche Erträge mit der Alternativinvestition „Aktienportfolio" zu erzielen wäre: Bewerten heißt vergleichen.[1154] Die für die Berechnung des Kapitalkostensatzes notwendige Marktrisikoprämie wird meist bestimmt in Abhängigkeit derjenigen Rendite, die eine Investition in ein Aktienportfolio in den (z.B.) letzten 25 Jahren erbracht hätte.[1155]

Zu beachten ist schließlich, dass die Marktrisikoprämie[1156] und der risikolose Zinssatz, die den Marktpreis des Risikos λ_T bestimmen, adäquat erfasst werden.

Die die empirische Studienlage zu Marktrisikoprämien zusammenfassende Veröffentlichung von Schöning und Schyma (2021), die sowohl Untersuchungen zur historischen als auch zur impliziten Bestimmung von Marktrisikoprämien

---

[1150] Schon mit den verschiedenen Aufsätzen von De Long et al. (1990 und 1991) wurde zudem belegt, dass auch nicht-rational handelnde Marktteilnehmer nicht durch Arbitragestrategien rationaler Marktteilnehmer aus dem Markt verdrängt werden können.

[1151] Shleifer, 2000.

[1152] Vgl. Campbell/Shiller, 1988.

[1153] Vgl. Fama/French, 2002.

[1154] Vgl. Moxter, 1983.

[1155] Vgl. z.B. Ziegler/Schröder/Schulz/Stehle, 2007 sowie Gleißner, 2014e, Dimson/Marsh/Staunton, 2014, und Hachmeister/Ruthardt/Autenrieth, 2015 zu Alternativen.

[1156] Vgl. Castedello et al., 2018.

in Deutschland betrachten, zeigt eine sehr große Bandbreite der ermittelten Marktrisikoprämien. Die Studienlage insgesamt bestätigt aber die vom Institut der Wirtschaftsprüfer (IDW) 2019 erhöhte Marktrisikoprämie von 6 bis 8 % (vor persönlichen Steuern).[1157]

Empirische Studien belegen dabei einen klaren Zusammenhang zwischen dem risikolosen Basiszinssatz und Risikoprämien, wie speziell der Marktrisikoprämie.[1158] Es zeigt sich eine ausgeprägte statistisch signifikante negative Korrelation.[1159, 1160] Als Ursache für die negative Korrelation wird angesehen, dass die Risikoprämien im konjunkturellen Abschwung hoch und im Aufschwung niedrig sind. Der risikolose Zinssatz ist umgekehrt im Aufschwung hoch und im Abschwung niedrig. Für die Erklärung gibt es zwei sich potenziell ergänzende Ansätze.[1161] Bei einem Erklärungsansatz wird unterstellt, dass es entsprechend den Forschungsergebnissen der Prospect-Theorie im konjunkturellen Abschwung zu einer steigenden Risikoaversion und damit bei gleichem Risikoumfang zu höheren Marktrisikoprämien kommen kann.[1162]

Im verwandten Ansatz von Campbell/Shiller (1998) wird die Zeitvariabilität von Risikoprämien auf irrationale Übertreibungen bei der Kursentwicklung zurückgeführt.

Diese negative Korrelation hat erhebliche Auswirkungen für die Unternehmensbewertung. Es sind wegen dieser nicht adäquaten Schwankungen des risikolosen Zinssatzes stichtagsbezogen zu berücksichtigen und zugleich die Marktrisikoprämie konstant zu lassen.[1163] Für die Lösung dieses Problems kommt die Verwendung impliziter Marktrisikoprämien in Frage oder der Total-Markt-Return-Ansatz (TMR), der von der Annahme im Zeitverlauf etwa konstanten erwarteten Aktienmarktrenditen ausgeht. Hierbei wären etwa bei einem Konjunkturzyklus rückläufige Wachstumserwartungen durch einen gleichzeitigen Anstieg der Dividendenrenditen aufgrund der sinkenden Aktienkurse im Wesentlichen kompensiert.[1164]

5.3.3.4 Fazit

Es ist festzuhalten, dass es kein bewährtes Modell gibt, mit dem man alleine aus historischen Aktienrenditen auf zukünftig zu erwartenden Renditen und risikogerechte Diskontierungszinssätze (Kapitalkosten) für die Unter-

[1157] Berechnet entsprechend der Marktzinsmethode ausgehend vom am Markt beobachteten risikolosen Zinssatz (Basiszinssatz).

[1158] Kaserer, 2021 und Jopp/Knoll 2021.

[1159] Mit Daten für die USA findet Kaserer (2021) Korrelationen zwischen erwarteter Marktrisikoprämie und der Rendite von Staatsanleihen zwischen -0,484 und -0,695, je nachdem ob Nominal- oder Realzinssätze betrachtet werden bzw. ob lang- oder kurzlaufende Staatsanleihen Grundlage für die Bestimmung des risikolosen Basiszinssatzes sind. Die Korrelation zu realisierten Marktrisikoprämien ist auch negativ, aber geringer und zum Teil nicht statistisch signifikant.

[1160] Siehe dazu die Studie von Fama/French, 2002.

[1161] Kaserer, 2021, S. 783.

[1162] Siehe entsprechend das Modell von Cochrane, 2017.

[1163] Siehe Gleißner, 2014.

[1164] Kaserer, 2021, S. 788, mit Bezug auf Gleißner, 2014.

nehmensbewertung und die Berechnung von Entscheidungswerten bei unternehmerischen Entscheidungen schließen könnte. Die Idee einer kapitalmarktorientierten Unternehmensbewertung ist damit grundsätzlich aufgrund der bestehenden Kapitalmarktunvollkommenheiten infrage zu stellen. Interessanterweise ergibt sich eine Verbesserung gerade, wenn unternehmensbezogene Faktoren (wie Wachstum oder Eigenkapitalrendite) in den Erklärungsmodellen berücksichtigt werden. Dies zeigt den Weg zu einer Ablösung kapitalmarktorientierter Bewertungsansätze hin zu Verfahren, die – ganz in der Tradition eines Standardertragswertverfahrens[1165] oder der investitionstheoretischen Bewertungsansätze[1166] – sich wieder mit den Unternehmen und ihren Erträgen und Ertragsrisiken befassen und eben nicht in erster Linie mit deren Aktienkursschwankungen.

Prinzipiell interessant und theoretisch gut fundiert erscheinen investitionstheoretische Bewertungsansätze, die beliebige Alternativinvestments zulassen und optimale Investitionsprogramme berechnen.[1167] Kapitalkosten ergeben sich so implizit. Derartige investitionstheoretische Bewertungsansätze sind aber für viele praktische Bewertungsfälle problematisch, weil sie aufgrund der Betrachtung der vielen individuellen Alternativinvestitionsmöglichkeiten des jeweiligen Bewertungssubjekts und der linearen Optimierung komplex und arbeitsaufwändig sind.[1168]

Für die Unternehmens- und Strategiebewertung bleiben damit Bewertungsverfahren, die vom Risikomaß des Ergebnisses (Ertragsrisiko) und von (z.B. zwei) typisierten Alternativinvestments ausgehen, z.B. Staatsanleihen als Proxi für die risikolose Anlage und dann das Marktportfolio (in Anlehnung an CAPM). Die entsprechenden Bewertungsgleichungen lassen sich mit der Methodik der „unvollkommenen Replikation" (über Risiko-Wert-Modelle) ausgehend von einer plausiblen Annahme ableiten: Zwei Zahlungen (zum gleichen Zeitpunkt) haben den gleichen Wert, wenn sie im Erwartungswert und im gewählten Risikomaß (R) übereinstimmen.[1169] Die Ableitung der in der Praxis beliebten Kapitalkosten ist bei diesen Verfahren möglich, wie im folgenden Abschnitt gezeigt wird.

Fazit: Die Ergebnisse der empirischen Kapitalmarktforschung sollten dazu führen, sich stärker mit investitionstheoretischen Bewertungsansätzen[1170], Risikoanalyse und Risikoaggregation der Unternehmen sowie mit Insolvenzwahrscheinlichkeit und Rating, also dem Insolvenzrisiko, zu beschäftigen. Nur Methoden, die explizit Unternehmensrisiken (Ertragsrisiko) und Insolvenzrisiko (Rating) beachten, sind geeignet um die Wirkung von unternehmerischen

[1165] Siehe Dirrigl, 2009.

[1166] Vgl. Matschke, 1975; Tschöpel, 2004 und Gleißner, 2011a.

[1167] Siehe hierzu Matschke/Brösel, 2013 und 2021, sowie Hering, 2021, der zeigt, wie sich aus einem derartigen (vergleichsweise komplexen) Optimierungsproblem Kapitalkosten „endogen" ableiten lassen. Eine Vereinfachung stellt das „Partialmodell" dar, für das aber ein Diskontierungszinssatz vorzugeben ist.

[1168] Um objektivierte Unternehmenswerte zu bestimmen, ist zudem eine „Typisierung" des Bewertungssubjekts und der verfügbaren Alternativinvestments nötig.

[1169] Siehe Gleißner/Wolfrum, 2008; Gleißner, 2011a; Dorfleitner/Gleißner, 2018; Gleißner, 2019d.

[1170] Hering, 2021 sowie Matschke/Brösel, 2013 und 2021.

Entscheidungen auf Ertrag und Risiko fundiert im Entscheidungskalkül zu berücksichtigen. Und nur solche Methoden schaffen eine Brücke zwischen Controlling, Risikomanagement und Entscheidungsvorbereitung im Sinne der Business Judgement Rule[1171] („integriertes wertorientiertes Management").

5.3.4 Risikogerechte Bewertung: Ertragsrisiko und Unternehmenswert als Performancemaß

5.3.4.1 Grundidee: Unternehmensbewertung statt Aktienbewertung und Börsenkursschätzung

Die Auswahl strategischer Handlungsmöglichkeiten und operativer Maßnahmen sollte auf einem Bewertungskalkül basieren, das ein Abwägen erwarteter Erträge und der mit diesen Erträgen verbundenen Risiken gewährleistet. Bei einer nicht sicher vorhersehbaren Zukunft ist grundsätzlich die mit einer Entscheidung verbundene Änderung der bestehenden Chancen und Gefahren (Risiken) zu betrachten.

Wie schon erwähnt, ist zunächst zu beachten, dass Chancen und Gefahren zu einer Abweichung des Erwartungswerts der Erträge oder Cashflows vom Planwert führen können. Für die Beurteilung eines Unternehmens oder dessen Handlungsmöglichkeiten ist der Erwartungswert relevant, der zeigt, was „im Mittel" über alle risikobedingt möglichen Zukunftsszenarien passieren wird. Für die Beurteilung der Unternehmen oder seiner Handlungsmöglichkeiten, und damit die Entscheidungsvorbereitung, ist zudem der Umfang möglicher Abweichungen von diesem Erwartungswert, also das (aggregierte) Ertragsrisiko zu betrachten.[1172] Ein höheres Ertragsrisiko, d.h. höhere Schwankungen um den Erwartungswert, führt zu höheren Anforderungen an die erwartete Rendite, das heißt zu höheren Kapitalkosten. Ergebnis von Planung und Risikoanalyse bezüglich eines Unternehmens und seiner Handlungsmöglichkeiten ist also eine Quantifizierung des Ertrag-Risiko-Profils, d.h., es werden zunächst zwei Kenngrößen ermittelt: (1) Erwartungswert des Ertrags oder Cashflows und (2) das Ertragsrisiko, ausgedrückt durch ein Risikomaß wie Standardabweichung oder Variationskoeffizient (oder Eigenkapitalbedarf/Value at Risk). Daher spricht man von einem „Risiko-Wert-Modell".

Will man Strategie oder Maßnahmen eines Unternehmens fundiert beurteilen, benötigt man den Unternehmenswert als Performancemaß, das den erwarteten Ertrag (oder Cashflows) und Risiko in einer Kennzahl verbindet (einen Entscheidungswert).[1173] Er ist dann ein Entscheidungswert. Allerdings darf man den Diskontierungszinssatz (Kapitalkostensatz, wie in Abschnitt 5.3.5 gezeigt wird) nicht mit dem Capital Asset Pricing Modell (CAPM) aus historischen Aktienrenditen ableiten, wie in der Praxis noch üblich. Bewertungsrelevant

---

1171 Vgl. Gleißner, 2021b; RMA, 2019 und ICV, 2021.

1172 Später wird noch präzisierend klargestellt, dass hier das vom Bewertungssubjekt (z.B. vom Eigentümer) unter Berücksichtigung seiner Risikodiversifikationsmöglichkeiten tatsächlich zu tragende Risiko bewertungsrelevant ist.

1173 Siehe Matschke, 1975 und 1979.

sind im Allgemeinen zunächst die unsicheren Erträge, also auch die Risiken des Unternehmens.[1174] Die Verwendung der aus historischen Kapitalmarktdaten abgeleiteten Aktienrenditeschwankungen als Risikobezugseinheit erscheint nur dann angemessen, wenn

- keine Informationen zu den an sich bewertungsrelevanten Ertragsrisiken des Ergebnisses vorliegen,
- die Bewertung der Aktien eines börsennotierten Unternehmens angestrebt wird, dessen kurzfristig investierter (Minderheits-)Aktionär primär ein „Aktienkursrisiko"[1175] trägt und nicht, wie ein dauerhaft investierter Eigentümer (mittelständischer Unternehmen), das Ertragsrisiko.[1176]

Es ist zudem notwendig anzunehmen, dass durch unternehmerische Maßnahmen der Risikoumfang in der Zukunft nicht geändert wird.

Für einen langfristig bzw. dauerhaft am Unternehmen beteiligten Eigentümer sind temporäre Kursschwankungen irrelevant. Er trägt nur das Ertragsrisiko und dies erfordert eine Unternehmensbewertung im engen Sinn – keine Aktienbewertung (vgl. Tabelle 42 zur Abgrenzung).

Investitions-dauer	Ertrag und Risiko aus ...	Risikoquantifizierung durch ...	Aufgabenstellung
„kurz"	Verkaufspreis (Aktienkursrendite)	Statistische Analyse von Aktienrendite-schwankungen (wie meist im CAPM)	„Aktienbewertung"
„mittel"	Unsichere Erträge und unsicherer Verkaufspreis (EXIT-Preis)	Simulationsmodell: Erträge und unsicherer EXIT-Preis	„Private Equity-Bewertung"
„ewig"	Unsichere Erträge des Unternehmens	Monte-Carlo-Simulationsmodell: Häufigkeitsverteilung der Erträge	„Unternehmensbewertung"

Tabelle 42: Aktien- vs. Unternehmensbewertung

Für eine fundierte Beurteilung sämtlicher Projekte (im weiten Sinne) oder Maßnahmen (einschließlich der Risikobewältigungsmaßnahmen) ist es bei der Vorbereitung der Entscheidung also nötig zu untersuchen, welche Änderungen sich durch diese beim aggregierten Gesamtrisikoumfang ergeben (Update der Risikoidentifikation und der Quantifizierung bestehender Risiken, vgl. Kapitel 2).[1177]

Im Folgenden wird gezeigt, wie ausgehend von den Resultaten einer quantitativen Risikoanalyse und einer simulationsbasierten Risikoaggregation (Monte-Carlo-Simulation) Handlungsoptionen, Projekte oder Maßnahmenbündel

[1174] Vgl. Kruschwitz/Löffler/Essler, 2009, S. 8.
[1175] „Renditerisiko".
[1176] Siehe hierzu Gleißner/Kniest, 2011.
[1177] Zu den Zusammenhängen siehe Gleißner, 2013c.

bewertet und Kapitalkosten als Renditeanforderung abgeleitet werden können. Die erläuterten Methoden sind die Basis für ein wertorientiertes Controlling.

5.3.4.2 Wirkung von Risiken auf den Unternehmenswert und die simulationsbasierte Unternehmensbewertung im Überblick

Unternehmensrisiken können sich auf mehrere Weise auf den Unternehmenswert oder den Wert eines Projekts[1178] auswirken:

- Sie können den Erwartungswert der Cashflows beeinflussen (insbesondere bei asymmetrischen Schwankungen z.B. bei einem Gefahrenüberhang).
- Sie wirken auf das Insolvenzrisiko, speziell die Insolvenzwahrscheinlichkeit (die indirekt auch den Ertragswert der Cashflows und seine zeitliche Entwicklung beeinflusst).
- Sie beeinflussen die Fremdkapitalkosten und i.d.R. auch die Eigenkapitalkosten.

Zu beachten ist also, dass ein Risiko R potenziell (1) den Erwartungswert der Zahlung E(Z) *und* zugleich (2) Risikoabschlag (im Zähler) bzw. Risikozuschlag r_z zum Basiszinssatz r_f (im Nenner) beeinflussen. Die konsistente Berücksichtigung der Wirkung von Risiken R wird in Abbildung 126[1179] verdeutlicht.

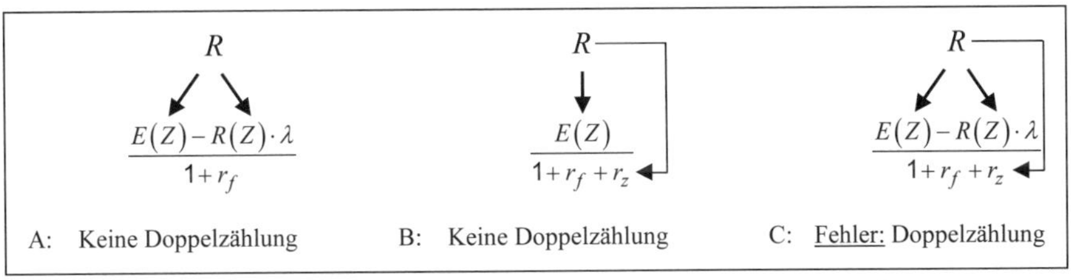

Abbildung 126: Doppelzählung des asymmetrischen Risikos

Zur Herausforderung bei der Unternehmensbewertung und der wertorientierten Unternehmensführung werden Ertrags- und Insolvenzrisiken, weil die einem Bewerter vorgelegtenCashflows (oder Erträge)der Unternehmensplanung meist nicht den Erwartungswerten entsprechen und insbesondere die Möglichkeit einer Insolvenz unberücksichtigt lassen.[1180] Der überwiegende Teil der Unternehmensplanungen beruht auf Zielwerten der Unternehmenssteuerung, nicht aber auf Erwartungswerten. Für die Steuerung des Unternehmens ist dies auch sinnvoll. Für die Unternehmensbewertung und „unternehmerische Entscheidungen"[1181] (§ 93 AktG) sind jedoch Erwartungswerte erforderlich, die sich bei Berücksichtigung bestehender Chancen und Gefahren „im Mittel" erreichen lassen.[1182]

[1178] Vgl. Gleißner/Meyer/Spitzner, 2021.
[1179] Quelle: Gleißner, 2019h.
[1180] Vgl. Behringer/Gleißner, 2018 und 2021.
[1181] Vgl. RMA, 2019.
[1182] In Anlehnung an Gleißner, 2019h.

Es sind somit insbesondere die Risikoanalysen des Risikomanagements, die die Informationsgrundlage für die Berücksichtigung von Ertrags- und Insolvenzrisiken in der Unternehmensbewertung liefern.[1183] Es ist wichtig, diese – genau wie die Unternehmensplanung selbst – bei Bewertungen und Entscheidungsvorbereitung zu beachten. In der Praxis sieht man noch oft, dass die Kenntnisse über Chancen und Gefahren, die im Unternehmen selbst bekannt sind, in der Bewertung von Unternehmen und strategischen Handlungsoptionen nicht berücksichtigt werden – was einen schwerwiegenden Bewertungsfehler und damit eine Fehlentscheidung zur Folge haben kann.

Für eine risikoadäquate, speziell simulationsbasierte Bewertung ist es notwendig die Risiken eines Unternehmens strukturiert zu analysieren und zu aggregieren. Bei der Risikoanalyse sind dabei speziell strategische Risiken sowie die unsicheren Annahmen der Unternehmensplanung zu betrachten. Jede unsichere Planannahme zeigt, dass hier Chancen und Gefahren (Risiken) bestehen, also Planabweichungen auftreten können. Jedes Risiko, speziell also jede unsichere Planannahme, muss durch eine adäquate Wahrscheinlichkeitsverteilung beschrieben werden Die dann notwendige Aggregation unterschiedlicher Risiken in Bezug auf die Unternehmensplanung ist nur möglich durch eine Monte-Carlo-Simulation. Dabei wird eine große repräsentative Anzahl risikobedingt möglicher Zukunftsszenarien berechnet und ausgewertet (vgl. Kapitel 3). So kann unmittelbar gezeigt werden, mit welcher Wahrscheinlichkeit Insolvenzszenarien – durch Überschuldung oder Illiquidität – auftreten (Messung des Insolvenzrisikos, vgl. Abschnitt 5.2 und 5.3.8). Aus der bei der Risikoaggregation entstehenden „Bandbreitenplanung" lässt sich zudem unmittelbar der Erwartungswert der Erträge und Cashflows ableiten, der im Allgemeinen nicht identisch ist mit dem Planwert (z.B. wegen eines bestehenden Gefahrenüberhangs). Aus dem Umfang der Schwankungen um den Erwartungswert ergibt sich ein risikoadäquater Kapitalkostensatz, wie in Abschnitt 5.3.5.3 gezeigt wird.[1184] Dieser ist unmittelbar abhängig vom Variationskoeffizienten der Erträge oder Cashflows und dem Rendite-Risiko-Profil der verfügbaren Anlage-Alternativen, also z.B. risikolose Staatsanleihen und ein breites Aktienmarkt-Portfolio).[1185] Das grundlegende Prinzip ist einfach: höhere Risiken der Cashflows (Ertragsrisiko) führen zu höheren Planabweichungen und damit höheren Anforderungen an die Rendite (höhere Diskontierungszinssätze).

Eine Brücke vom aggregierten Ertragsrisiko zum Unternehmenswert ist also der Kapitalisierungszinssatz[1186] (oder Sicherheitsäquivalente, vgl. Abschnitt 5.3). Im Gegensatz zur traditionellen „kapitalmarktorientierten" Bewertung (beispielsweise mittels CAPM) können die Kapitalkosten bei einer Bandbreitenplanung unmittelbar aus dem Ertragsrisiko als Ergebnis von Risikoanalyse und Risikoaggregation abgeleitet werden; eine Peer-Group oder historische Aktienrendite-Schwankungen sind unnötig.[1187]

[1183] Siehe dazu Gleißner, 2019m.
[1184] Siehe dazu Gleißner, 2019e und den folgenden Abschnitt 5.3.5.3.
[1185] Siehe zu den theoretischen Grundlagen Dorfleitner/Gleißner, 2018.
[1186] Siehe Toll/Leonhardt, 2019 zu Grundlagen
[1187] Wie üblicherweise beim Beta-Faktor des CAPM; vgl. Gleißner, 2014c. und Gleißner,

5.3.4.3 Ableitung von Kapitalkosten aus dem Ertragsrisiko

Für die Bewertung von Handlungsoptionen eines Unternehmens nutzt man – wie erwähnt – den Unternehmenswert als Performancemaß, da dieser Änderungen des Ertrag-Risiko-Profils in einer Kennzahl erfasst. Will man dabei die Probleme eines unvollkommenen Kapitalmarkts vermeiden, wird ohne den Umweg über (historische) Aktienrenditen aus den Risiken der zu bewertenden Zahlungen auf risikogerechte Kapitalkosten oder – bei der Risikoabschlag-Methode – unmittelbar auf den risikogerechten Wert eines Unternehmens geschlossen.[1188] Der Wert ist der sichere Geldbetrag, der äquivalent ist zur unsicheren Zahlung.

Sollen subjektive Entscheidungswerte[1189] als Performancemaße der Entscheidungsvorbereitung[1190] konsistent zu Unternehmensplanung und Risikoanalyse abgeleitet werden, muss man sich auf „simulationsbasierte" Verfahren für die Ableitung des bewertungsrelevanten Risikomaßes stützen. Man nutzt also die Risikoaggregation mittels Monte-Carlo-Simulation, um zum Beispiel die Standardabweichung des Cashflows oder Ertrags als Risikomaß zu berechnen.[1191, 1192]

Man benötigt für die Wertberechnung nur eine Annahme bezüglich der Alternativinvestments und eine Prämisse: Zwei Zahlungen zum gleichen Zeitpunkt haben den gleichen Wert, wenn sie in Erwartungswert und gewähltem Risikomaß übereinstimmen (vgl. Abschnitt 5.3.6 mit der Herleitung).

Der Risikoabschlag vom Erwartungswert $E(\tilde{Z})$ ist abhängig vom aggregierten Risikoumfang $R(\tilde{Z})$ des Bewertungsobjekts, beziehungsweise exakter dem Anteil der Risiken, den der Unternehmenseigentümer unter Berücksichtigung seiner eigenen Diversifikationsmöglichkeiten (d) trägt sowie vom Marktpreis des Risikos (λ):

$$E(\tilde{Z}) - \lambda \cdot R(\tilde{Z}) \cdot d. \tag{5.16}$$

Um die bekannten DCF-, Ertragswert- oder EVA-Formeln nutzen zu können, sind Kapitalkosten nützlich, die die Ertragsrisiken widerspiegeln. Im Gegensatz zur traditionellen „kapitalmarktorientierten" Bewertung wird der Kapitalkostensatz dann unmittelbar aus dem Ertragsrisiko abgeleitet, und nicht etwa aus historischen Aktienrendite-Schwankungen (wie üblicherweise beim Beta-Faktor des CAPM). Auf diese Weise werden die Insiderinformationen der

---

2017c.

1188 Siehe hierzu Rubinstein, 1973; Ballwieser, 1981; Schwetzler, 2000; Spremann, 2004; McConaughy/Covrig, 2007; Gleißner/Wolfrum, 2008b; Gleißner, 2011a und 2017h, sowie Friedrich, 2015, S. 49–70.

1189 Siehe Matschke/Brösel, 2013 und 2021, sowie Laux/Schabel, 2009.

1190 Gleißner, 2014d.

1191 Auch über andere Risikomaße ist eine Bewertung möglich, siehe Gleißner, 2006a und 2013a.

1192 Dorfleitner/Gleißner, 2018 sowie Gleißner/Wolfrum, 2008b zur Herleitung von Risiko-Wert-Modellen und den Bewertungsgleichungen mittels „unvollkommener Replikation".

Unternehmensführung, speziell auch über die Ertragsrisiken, im Entscheidungskalkül berücksichtigt.[1193]

Ein solcher, nachfolgend vereinfachend als konstant angenommener Kapitalisierungszinssatz (Kapitalkostensatz) k wird damit abhängig vom Ertragsrisiko $R(\tilde{Z})$, z.B. der Standardabweichung des Ertrags σ_{Ertrag}, und damit vom Ergebnis der Risikoanalyse und Risikoaggregation. Mit diesem Kapitalkostensatz können die „traditionellen" Ertragswert- oder Discounted-Cashflow-Formeln (DCF)[1194] für die Bewertung genutzt werden (vgl. Abschnitt 5.3.2).

Dabei wird z.B., vereinfachend nur für ein „repräsentatives" Jahr, der erwähnte Sachverhalt genutzt, dass man den Wert W auf zwei Wegen berechnen kann:[1195] Durch Diskontierung mittels risikoadjustiertem Zinssatz k oder über den oben erwähnten Risikoabschlag vom erwarteten Ertrag ($E^e = E(Z)$), d.h. den Zahlungen Z, die an die Eigentümer ausschüttbar sind. Mit einem von der Risikomenge der Erträge (z.B. $\sigma_{Ertrag} = R(Z)$) abhängigen Risikoabschlag werden Sicherheitsäquivalente berechnet. Sicherheitsäquivalente sind mit dem risikolosen Zinssatz (Basiszinssatz) r_f zu diskontieren, was nachfolgend für einen, ein Jahr in der Zukunft liegenden, Ertrag (t=1) erfolgt:[1196]

$$W(E) = \frac{E^e}{1+k} = \frac{E^e - \lambda \cdot \sigma_{Ertrag} \cdot d}{1+r_f} \tag{5.17}$$

Durch Auflösen von (5.17) ergibt sich mit dem Erwartungswert des Ertrags E^e folgende Gleichung für den risikogerechten Kapitalisierungssatz:[1197] Aus dem aggregierten Ertragsrisiko des Unternehmens folgt genau ein Kapitalkostensatz bzw. Risikozuschlag und die Probleme von „Mehrfaktormodellen" werden vermieden.[1198]

$$k = \frac{1+r_f}{1-\lambda \cdot V \cdot d} - 1 \approx r_f + \lambda \cdot V \cdot d \tag{5.18}$$

V ist der Variationskoeffizient des Ertrags, also das Verhältnis von Ertragsrisiko σ_{Ertrag} zum erwarteten Ertrag E^e . Er drückt die „übliche Schwankungsbreite", also die Planungsunsicherheit in %, aus. Die Größe λ zeigt die Überrendite pro

---

[1193] Auch Krüger/Landier/Thesmar, 2015 zeigen, dass unternehmenseinheitliche Kapitalkosten zu schwerwiegenden Fehlentscheidungen führen können.

[1194] Vgl. zu den Grundlagen Ballwieser/Hachmeister, 2016 sowie Hering, 2021 und Follert, 2020a zur Kritik am kapitalmarktorientierten (finanzierungstheoretischen) Bewertungsverfahren und den Alternativen.

[1195] Nachfolgend wird angenommen, dass das repräsentative Jahr gerade das erste Jahr ist (t = 1). Grundsätzlich kann man aber auch andere Jahre betrachten, z.B. das zu Beginn der Fortführungsphase (Terminal Value), das dann als repräsentativ für die gesamte Zukunft angenommen wird. Dann benötigt man ein λ_t (siehe dazu Anhang 5).

[1196] Vgl. Gleißner, 2017h, und Abschnitt 5.2.7 zur Herleitung der Bewertungsgleichung mit dem Verfahren der „unvollkommenen Replikation" (Risiko-Wert-Modell).

[1197] Für $\lambda \cdot \frac{\sigma_{Ertrag}}{E^e} \cdot d < 1$. Sonst muss direkt das Sicherheitsäquivalent berechnet werden, um den unsicheren Ertrag der betreffenden Periode zu bewerten. Die Näherung $r_f + \lambda \cdot V \cdot d$ ist relativ „grob", wenn $\lambda \cdot V \cdot d$ groß wird.

[1198] Vgl. Kruschwitz/Löffler, 1997.

Einheit Risiko (Sharpe Ratio)[1199] und drückt das Ertrag-Risiko-Profil der Alternativinvestments aus: Bewerten heißt vergleichen.

$$\lambda = \frac{\text{Marktrisikoprämie}}{\sigma_{rm}} = \frac{r_m^e - r_f}{\sigma_{rm}} \tag{5.19}$$

Ein λ von beispielsweise markttypischen 0,25 besagt, dass man pro Einheit mehr Risiko am Kapitalmarkt 0,25 % mehr Rendite erwarten kann.

Da die Eigentümer u.U. diversifiziert sind und somit (im Gesamtkontext) nicht alle Risiken des Unternehmens σ_{Ertrag} tragen, ist zudem der Risikodiversifikationsfaktor (*d*)[1200] zu berücksichtigen. Er zeigt den Anteil der Risiken eines Unternehmens oder Projekts, den der Eigentümer zu tragen hat.[1201]

Man kann aus dem berechneten Kapitalkostensatz leicht mit der üblichen CAPM-Renditen-Gleichung (6.12)

$$k = r_f + \left(r_m^e - r_f\right) \cdot \beta \tag{5.20}$$

zu Vergleichszwecken aus dem k der Gleichung (5.18) ein „implizites" Beta ableiten:

$$\beta^{\text{implizit}} = \frac{k - r_f}{r_m^e - r_f} \tag{5.21}$$

Zu beachten ist der interessante Vorteil der hier erläuterten Methode, dass auch bei der Herleitung von Gesamtkapitalkosten (k_{WACC}) diese „in einem Schritt" aus dem Variationskoeffizienten, z.B. der freien Cashflows oder EBIT, abgeleitet werden können (und nicht mit oft problematischen Gewichtungsfaktoren aus den Eigen- und Fremdkapitalkosten „zusammengebaut" werden müssen).

Will man nun eine unternehmerische Strategie oder Maßnahme beurteilen, muss man die Wirkung auf (1) den erwarteten Ertrag oder Cashflow und auf (2) das Risiko und damit die Kapitalkosten k ermitteln, um zu prüfen, ob der Wert als Erfolgsmaßstab (Performancemaß) steigt. Ergänzend sollte die Wirkung auf das Insolvenzrisiko (Rating) beachtet werden, was später gezeigt wird (vgl. Abschnitt 5.3.8).[1202] Die Insolvenzwahrscheinlichkeit wirkt in der Fortführungsphase etwa wie eine „negative Wachstumsrate", d.h., sie ist als Zuschlag auf den Kapitalkostensatz zu berücksichtigen (ist aber kein Teil der Kapitalkosten, sondern erfasst – wie auch die übliche Wachstumsrate – die zeitliche Veränderung des Erwartungswerts).

Die Bewertung gemäß Gleichung (5.17) bzw. (5.18) – aus Sicht eines langfristig orientierten Investors – basiert damit auf den unsicheren Erträgen, die aus der Risikoaggregation ableitbar sind. Bewertungsrelevant für einen langfristig orientierten Investor sind also die (nicht-diversifizierten) Risiken der zukünftigen

---

[1199] λ ist das Verhältnis der Marktrisikoprämie zur Standardabweichung der Aktienmarktrendite.

[1200] Im CAPM entspricht er der Korrelation zum Marktportfolio.

[1201] Vgl. Gleißner, 2014c und 2015a und Dorfleitner/Gleißner, 2018.

[1202] Gleißner 2011b, 2019h und Franken et al., 2020. Eine separate Betrachtung erübrigt sich, wenn mittels Simulation (nahezu) der gesamten Zukunft die mögliche Insolvenz schon im Erwartungswert und Risikomaß erfasst ist.

Erträge („fundamentale Unternehmensbewertung“) und nicht die temporären Kursschwankungsrisiken, die nur der lediglich kurzfristig investierter Aktionär betrachtet („Aktienbewertung“). Ein mit höherem Risiko behafteter Cashflow bzw. riskantere Erträge implizieren potenziell höhere Planabweichungen bzw. Verluste, höheren Eigenkapitalbedarf und höhere Kapitalkosten.

Für die Nutzung der hier vorgestellten Methodik in der Unternehmenspraxis, z.B. bei der risikogerechten Beurteilung alternativer Projekte (Investitionen), kann es hilfreich sein, durch vorbereitete Tabellen zu zeigen, welche Ausprägungen des Variationskoeffizienten des Ertrags (Ertragsrisiko) in etwa mit welchen Renditeanforderungen und damit Kapitalkosten korrespondieren. Die Tabelle 43 zeigt eine Umrechnung des Variationskoeffizienten V in den Kapitalkostensatz k[1203] (für $r_f = 3\,\%$).

V	k (für $r_f = 3\,\%$)
0 %	3 %
10 %	4,3 %
20 %	5,6 %
30 %	7,0 %
40 %	8,4 %
50 %	9,9 %
60 %	11,4 %
70 %	12,9 %
80 %	14,4 %
90 %	16,1 %
100 %	17,7 %

Tabelle 43: Variationskoeffizient (V) und Kapitalkosten (k)

Fazit: Die hier erläuterte sogenannte „semi-investitionstheoretische Bewertung“ ist nicht aufwändiger als die kapitalmarktorientierte Bewertung und unterstellt (sofern gewünscht) die gleichen Alternativinvestments. Sie hat aber den erläuterten zentralen Vorteil: die Bewertung ist unmittelbar abhängig vom Risikoumfang des Bewertungsobjekts (Ertragsrisiko) und nicht von historischen Aktienrenditeschwankungen. Damit sind Kapitalmarktunvollkommenheiten, soweit sie die Aktien des zu bewertenden Unternehmens betreffen, irrelevant. Und es werden unmittelbar Werte berechnet, nicht Marktpreise geschätzt. Es ist zudem zu betonen, dass die Herleitung der Sicherheitsäquivalente gemäß Gleichung (5.17) auch keine subjektive Risikonutzenfunktion erfordert.

Will man – trotz aller Probleme – den Annahmen des CAPM treu bleiben, kann die „Risikoabschlagvariante des CAPM“ genutzt werden, bei der der Risikoum-

[1203] Wobei übliche und nachhaltig angemessene Ausprägungen der Parameter angesetzt werden: $r_f = 3\,\%$ (bei einer angenommenen Ziel-Inflationsrate von 2 %), $\lambda = 0{,}25$ und Risikodiversifikationsfaktor $d = 0{,}5$, d.h., die Eigentümer tragen unter Berücksichtigung ihrer eigenen Risikodiversifikationsmöglichkeiten 50 % der Unternehmensrisiken.

fang ebenfalls über das Ertragsrisiko (Standardabweichung der Gewinne bzw. finanzielle Überschüsse) erfasst wird und die ein Spezialfall der Risiko-Wert-Modelle darstellt, siehe z.B. Robichek/Myers (1966), Rubinstein (1973), Spremann (2004) und Gleißner (2011a).[1204, 1205]

Abschließend sei noch einmal daran erinnert, dass bei der vorgestellten Bewertungsmethode – wie in der Praxis üblich – zeitunabhängige Kapitalkosten angenommen werden. Natürlich kann man diese Annahme leicht aufheben und in jeder Periode spezifische Risikoabschläge oder Kapitalkosten berechnen (mit Gleichung 5.18).[1206] Dies ist überlegenswert, wenn der Variationskoeffizient der einzelnen Jahre stark differiert. Notwendig ist die Berechnung des Werts der Zahlung über das Sicherheitsäquivalent in Perioden, falls bei negativem Erwartungswert (oder Sicherheitsäquivalent) keine Kapitalkosten berechenbar sind.

5.3.4.4 Fallbeispiel zur Bestimmung von Kapitalkosten und Wert

Die oben hergeleitete Bewertungsmethode lässt sich leicht anwenden, um das Ertrag-Risiko-Profil eines Unternehmens durch eine Kenngröße, den Unternehmenswert, auszudrücken. Dies verdeutlicht nachfolgendes kleines Beispiel. Weitere Fallbeispiele der Bewertung strategischer Handlungsoptionen sind in Abschnitt 5.4 zu finden).

Angenommen die Rüsselsheimer Spritzguss GmbH erwartet für 2022 einen Ertrag von E^e = 50 Mio. Euro, der aufgrund kaum vorhandener Wachstumspotenziale auch als repräsentativ für die gesamte Zukunft angesehen werden kann.[1207] Dieser Wert ist ein „erwartungstreuer" Planwert, d.h., unter Berücksichtigung von Chancen und Gefahren (Risiken) aus der Risikoanalyse und Risikoaggregation lässt sich dieser Wert als „im Mittel" über alle Jahre erreichen. Die Risikoaggregation hat neben dem Eigenkapitalbedarf als zweites Risikomaß eine Standardabweichung des Ertrags von 20 Mio. € ergeben. Der Variationskoeffizient (V) beträgt damit gerade 0,4 (20 Mio. bezogen auf 50 Mio. Erwartungs-

---

1204 Spremann, 2004, und weiterführend Gleißner/Wolfrum, 2008 zeigen, dass diese CAPM-Variante unter den spezifischen CAPM-Annahmen mit den Bewertungsgleichungen gemäß „unvollkommener Replikation" übereinstimmt.

1205 Siehe als Spezialform der semi-investitionstheoretischen Bewertung unter Berücksichtigung von Rating- und Finanzierungsrestriktionen den sogenannten „Risikodeckungsansatz" in Abschnitt 5.3.5 gemäß Gleißner, 2005a.

1206 Vgl. zur Bewertung mehrperiodiger Zahlungen Dorfleitner/Gleißner, 2018.

1207 Der Ertrag ist der ausschüttbare Anteil des Gewinns (Dividende). Ausgehend von den Cashflows werden dabei die Zinszahlungen an die Fremdkapitalgeber und die Steuerzahlungen abgezogen und auch die Notwendigkeit der Thesaurierung von Gewinnen für die Finanzierung des Wachstums berücksichtigt. Da diese Ausschüttungen oft näherungsweise als konstanter Anteil am Gewinn aufgefasst werden können, wird in der Bewertung oft der Variationskoeffizient des Gewinns, der die Ausschüttungsmöglichkeiten bestimmt, verwendet. Für die Sicherung des Ratings eines Unternehmens muss im Allgemeinen das Eigenkapital genauso stark wachen wie Umsatz bzw. Kapitalbindung. Im Fallbeispiel mit der Wachstumsrate w = 0 gibt es keinen Bedarf an Nettoinvestitionen, d.h., die Abschreibungen entsprechen gerade den Brutto-Investitionen.

wert des Ertrags). Mit üblichen Annahmen zu den Parametern des Umfelds[1208] ergibt sich mit Gleichung (5.18) für den risikogerechten Kapitalkostensatz

$$k = \frac{1+r_f}{1-\lambda \cdot V \cdot d} - 1 = \frac{1+3\%}{1-0{,}25 \cdot 0{,}4 \cdot 0{,}5} - 1 = 8{,}4\%. \quad (5.22)$$

Da aufgrund des sehr guten Ratings (A) die Insolvenzwahrscheinlichkeit im Bewertungskalkül mit näherungsweise 0 % vernachlässigt werden kann (siehe Abschnitt 5.3.8), ergibt sich der Unternehmenswert über die „Rentenformel" einfach als

$$W = \frac{E^e}{k} = \frac{50}{8{,}4\%} = 595. \quad (5.23)$$

Der so berechnete Unternehmenswert ist Ausdruck des Ertrag-Risiko-Profils des Unternehmens. Er fasst die Erkenntnisse aus Planung sowie Risikoanalyse und Risikoaggregation auf eine Kennzahl als Performancemaß[1209] oder Erfolgsmaßstab zusammen. Änderungen des (aggregierten) Risikoumfangs beeinflussen über den Erwartungswert des Ertrags und den Kapitalkostensatz (k) auch den Unternehmenswert. Damit ist es möglich verschiedene Handlungsmöglichkeiten (z.B. Investitionen) in ihrem Ertrag-Risiko-Profil zu vergleichen, indem man die Implikationen auf den Unternehmenswert berechnet.

Fazit: Es sollte bei der Vorbereitung von Entscheidungen bedacht werden, dass die Grundlage der Bewertung eines Unternehmens und seiner Handlungsoptionen die Risiken des Ertrags (oder des Cashflows) sind und nicht seine Aktienkursschwankungen. Die Verwendung von Kapitalmarktinformationen über das zu bewertende Unternehmen (wie Beta-Faktor) ist problematisch, wenn – wie empirisch belegt – Kapitalmärkte sich nicht so verhalten, wie im CAPM unterstellt. Änderungen des Umfangs an Chancen und Gefahren (Risiken) beeinflussen dabei potenziell den Erwartungswert der Cashflows bzw. Erträge und den risikoadäquaten Diskontierungszinssatz. Liegt der Bewertung eine Risikoanalyse und Risikoaggregation zugrunde, werden die Auswirkungen der Risiken auf Erwartungswert und Diskontierungszinssatz konsistent erfasst. Dies ist bei einer Bewertung mittels CAPM nicht gewährleistet.

5.3.5 Risikogerechte Bewertung mit dem Risikodeckungsansatz

5.3.5.1 Grundlagen

Wie auch bei den traditionellen Verfahren einer „kapitalmarktorientierten" Bewertung (z.B. mit dem CAPM) basieren die bisher erläuterten semi-investitionstheoretischen Bewertungsverfahren auf einem Risikoverständnis, dessen Risikomaße den Umfang möglicher Abweichungen vom Erwartungswert der

---

[1208] Risikoloser Zinssatz r_f = 3 % (nachhaltig für eine Inflationsrate von 2 %), ein „Marktpreis des Risiko" λ = 0,25 und ein durchschnittlicher Risikodiversifikationsfaktor d = 0,5 (d.h. die Hälfte der Risiken des Unternehmens sind aus Sicht der Eigentümer nach den persönlichen Diversifikationsmöglichkeiten noch bewertungsrelevant).

[1209] Vgl. Gleich, 2021.

Zahlungen ausdrückt (speziell der Standardabweichung).[1210] Bei prinzipiell „handelbaren" (z.B. börsennotierten) Beteiligungen wird die Standardabweichung (oder der $DVaR_p$ bzw. relativer VaR) als Risikomaß (Maß für Planabweichungen) verwendet, weil jede Abweichung vom Erwartungswert der Cashflows oder Erträge eine Wertreduzierung des Eigenkapitals auslöst (und nicht erst Verluste). Man spricht von einer „output-orientierten" Bewertung, bei der nur das unsichere Resultat der Zukunft – und nicht die Ausgangssituation – in die Bewertung einfließt.

Nachfolgend wird ergänzend eine sogenannte „input-orientierte" Bewertung vorgestellt, die Rating- und Finanzierungsrestriktionen berücksichtigt, und das Risiko als „möglichen Verlust" (bezogen auf das Anfangsvermögen) auffasst (z.B. durch den VaR gemessen). Dieses Bewertungskonzept wird „Risikodeckungsansatz" genannt und lässt sich auch mittels der Methode der „unvollständigen Replikation" herleiten.[1211, 1212]

Der nachfolgend erläuterte Risikodeckungsansatz der Bewertung ist eine Bewertungsmethode, die bei besonders schwerwiegenden „Unvollkommenheiten" Anwendung findet. Der Risikodeckungsansatz wird speziell angewendet, wenn das Bewertungsobjekt kaum handelbar (verkäuflich) ist. Risiko wird als möglicher Verlust verstanden (Eigenkapitalbedarf). Die Methode verdeutlicht die Bedeutung der Risikoanalyse und die Verbindung von Bewertung und risikogerechter Finanzierung in einem unvollkommenen Kapitalmarkt mit Finanzierungsrestriktionen. Beschränkungen beim Risikodeckungspotenzial, speziell des Eigenkapitals, implizieren, dass mögliche Verluste, also der Eigenkapitalbedarf, als Risikomaß verwendet werden.

5.3.5.2 Risikodeckungsansatz und Kapitalkosten

Die Bewertung mit dem Risikodeckungsansatz basiert in der Regel auf den Gesamtkapitalkosten (k_{WACC}), die hier als mittlere Renditeanforderung der Eigen- und Fremdkapitalgeber aufgefasst werden (also als Finanzierungskosten).

Wird der Eigenkapitalbedarf über das Risikomaß des Value at Risk (VaR_α)[1213] operationalisiert, drückt er aus, welche Verluste mit z.B. 99 %iger Sicherheit in einer Planperiode nicht überschritten werden. Ein Vergleich von Eigenkapital und Eigenkapitalbedarf zeigt den Grad an Bestandsbedrohung[1214] und es ist möglich unmittelbar eine dem Risikoumfang entsprechende Insolvenzwahrscheinlichkeit (p, Rating) abzuleiten.[1215]

Die Restriktionen seitens der Gläubiger bezüglich der maximal akzeptierten Insolvenzwahrscheinlichkeit (p) führen nun dazu, dass ein spezieller VaR_α, d.h. ein spezielles Risikomaß – zu betrachten ist. Der Value at Risk (VaR_α) drückt den Eigenkapitalbedarf aus, also den Umfang von möglichen Verlusten, die

---

1210 Siehe Gleißner, 2017h.

1211 Gleißner, 2005 und 2006; weiterführend Dorfleitner/Gleißner, 2018.

1212 Bei diesem Bewertungsansatz, der speziell für nicht handelbare Assets konzipiert ist, stehen risikogerechte Finanzierungskosten im Mittelpunkt der Betrachtung.

1213 VaR_α ist das Quantil Q_α mit $\alpha = 1 - p$.

1214 Hier werden vereinfachend Ertrags- und Liquiditätsrisiken nicht unterschieden.

1215 Vgl. Gleißner, 2005a, S. 217.

mit Wahrscheinlichkeit p nicht überschritten werden und durch Eigenkapital abzudecken sind. Zur Berechnung des Gesamtkapitalkostensatzes (k_{WACC}) in Abhängigkeit des Eigenkapitalbedarfs als Risikomaß wird nun z.B. die folgende Formel herangezogen[1216], die Eigen- und Fremdkapitalkosten gewichtet:

$$k_{WACC}^{risikoadjustiert} = k_{EK,p} \frac{Eigenkapitalbedarf_{\alpha}}{Gesamtkapital} + k_{FK,p} \frac{Gesamtkapital - Eigenkapitalbedarf_{\alpha}}{Gesamtkapital}(1-s) \quad (5.24)$$

Man kann diese Kapitalkosten also als mittlere, risikogerechte Finanzierungskosten auffassen. Die Gewichtung erfolgt nicht zu Marktwerten, sondern unter Beachtung des zur Risikodeckung nötigen Eigenkapitals. Anders als bei Ableitung von Kapitalkosten in der „output-orientierten" Bewertung werden hier Gesamtkapitalkosten aus den Komponenten Eigen- und Fremdkapitalkosten zusammengesetzt.[1217]

Ein zunehmendes (aggregiertes) Risiko mit einem höheren Bedarf an „teurem" Eigenkapital zur Abdeckung möglicher Verluste führt hier zu steigenden Gesamtkapitalkostensätzen k_{WACC}, weil $k_{EK} > k_{FK}$. Der Eigenkapitalbedarf (EKB) als Risikomaß $R(\tilde{Z})$ und die Eigenkapitalkosten sind abhängig von der durch die Fremdkapitalgeber maximal akzeptierten Insolvenzwahrscheinlichkeiten (p).[1218] Finanzierungsstruktur und Kapitalkosten werden so konsistent und gemeinsam ermittelt und sind beide abhängig von (1) aggregiertem Risikoumfang und (2) Ziel-Rating (also der akzeptierten Insolvenzwahrscheinlichkeit p).

Im einfachsten Fall (d.h. bei Verzicht auf Risikoaggregation und Simulationsverfahren) kann für ein realistisches „Worst-Case-Szenario" ermittelt werden, wie hoch hier die risikobedingten Verluste sind, die mit einer vorgegebenen, vom Zielrating abhängigen Wahrscheinlichkeit nicht überschritten werden. Die möglichen Verluste entsprechen dem Eigenkapitalbedarf (vgl. auch Abschnitt 5.4.2 mit einem Fallbeispiel).

Fallbeispiel: Bei einer (einperiodigen) Investition im Volumen von 10 Mio. €, die maximal 3 Mio. € Verlust zur Folge haben und damit zu (ca.) 7 Mio. € durch Fremdkapital finanziert werden kann,[1219] ergeben sich mit Gleichung (5.24) (bei 10 % Eigenkapitalkosten, 5 % Fremdkapitalkosten und Vernachlässigung der expliziten Darstellung von Steuern)[1220] folgende Gesamtkapitalkosten als Mindestanforderung an die erwartete Rendite:

$$k_{WACC}^{Risikoadjustiert} = 10\% \cdot \frac{3 \text{ Mio.}}{10 \text{ Mio.}} + 5\% \cdot \frac{10 \text{ Mio.-3 Mio.}}{10 \text{ Mio.}} = 6{,}5\% \quad (5.25)$$

Zu beachten ist dabei also, dass auch die Eigenkapitalkosten abhängig sind vom akzeptierten Niveau der Insolvenzwahrscheinlichkeit (p). Akzeptiert man

---

1216 Mit s als Steuersatz, siehe Gleißner, 2005a.

1217 Mit der Methode in Abschnitt 5.2.5 werden die risikogerechte Finanzierungsstruktur und Ratingrestriktionen ignoriert und die Gesamtkapitalkosten sind damit direkt aus dem Variationskoeffizienten der freien Cashflows (oder Total Cashflows) ableitbar.

1218 Vgl. Gleißner, 2006b.

1219 Genauer: $FK^{max} = \frac{Mindestrückzahlung \text{ (zum Konfidenzniveau } \alpha)}{1+k_{FK}^0}$.

1220 Man kann die Kapitalkosten auch als Nach-Steuer-Größe interpretieren und so den Steuervorteil der Fremdfinanzierung (Tax Shield) erfassen.

eine höhere Insolvenzwahrscheinlichkeit, sind höhere erwartete Eigenkapitalrenditen nötig. Das Niveau der Insolvenzwahrscheinlichkeit (p) beeinflusst damit (a) Eigenkapitalbedarf und (b) Eigenkapitalkostensatz (erwartete Eigenkapitalrendite). Wer eine höhere Insolvenzwahrscheinlichkeit (schlechteres Rating) akzeptiert, hat damit mehr „Risiko pro Einheit Eigenkapital". Anders ausgedrückt: Mit höherer akzeptierter Insolvenzwahrscheinlichkeit sinkt der Bedarf an Eigenkapital (Risikodeckungspotenzial) und zugleich steigen die Eigenkapitalkosten. In einem diversifizierten Gesamtportfolio ist dabei nur der durch ein Investment bedingte „zusätzliche Eigenkapitalbedarf" bewertungsrelevant.[1221]

Eine einfache Abschätzung der Eigenkapitalkosten $k_{EK,p}$ wird möglich, wenn man als Alternativinvestition zum Unternehmen eine Anlage in Höhe des Eigenkapitals in einen breiten Aktienindex unterstellt.[1222] Dabei wird berechnet, welche erwartete Rendite das Investment in einem Aktienportfolio (empirisches Marktportfolio) hätte, wenn dieses aufgrund eines Einsatzes von Fremdkapital die gleiche Insolvenzwahrscheinlichkeit aufweisen würde (Opportunitätskosten).

Der Eigenkapitalkostensatz ist darstellbar als $k_{EK,p} = r_f + r_{z,p}$. Der Risikozuschlag $r_{z,p}$ ist damit abhängig vom Rating (Insolvenzwahrscheinlichkeit, p) sowie von Informationen über Ertrag und Risiko der Anlagealternative am Kapitalmarkt (Opportunitätskosten, vgl. nachfolgenden Exkurs in Abschnitt 5.3.5.3 für eine Herleitung). Man spricht daher von „ratingabhängigen Eigenkapitalkosten".

Nun gilt in Abhängigkeit der Marktrisikoprämie (MRP):

$$r_{z,p} = \lambda_{VaR} = \frac{MRP}{VaR_\alpha\left(\widetilde{r_m}\right)} = \frac{r_m^e - r_f}{-\left(r_m^e + q_p \cdot \sigma_m\right)} \tag{5.26}$$

Dabei sind r_m^e, σ_m und $VaR_\alpha\left(\widetilde{r_m}\right)$ Erwartungswert, Standardabweichung und Value at Risk der Rendite des (empirischen) Marktportfolios (breiter Aktienindex) sowie q_p das p-Quantil der Standardnormalverteilung (vgl. folgende Tabelle). Auch hier zeigt sich die zusätzlich am Markt erreichbare Rendite pro Einheit Risiko.

Akzeptierte Insolvenzwahrscheinlichkeit p	Quantil q_p
10,00 %	–1,28
5,00 %	–1,64
2,50 %	–1,96
1,00 %	–2,32
0,50 %	–2,50
0,20 %	–2,88
0,10 %	–3,09

[1221] Siehe Gleißner/Wolfrum, 2008b.
[1222] Vgl. Gleißner, 2006b.

Fallbeispiel: Für ein „BB+"-Rating mit p = 0,5 %[1223] (d.h. $q_p = -2{,}5$) sowie den folgenden exemplarischen Parametersetzungen:

$r_f = 4\,\%$

$\sigma_m = 20\,\%$

$r_m = 8\,\%$

erhält man beispielsweise folgenden Risikozuschlag:[1224]

$$r_{z,p} = r_{EK,p}^e - r_f = \frac{MRP}{VaR_\alpha(\tilde{r}_m)} = \frac{E(\tilde{r}_m) - r_f}{VaR_\alpha(\tilde{r}_m)} = \frac{(r_m^e - r_f)}{-(r_m^e + q_p \cdot \sigma_m)} = \frac{8\% - 4\%}{-(8\% + (-2{,}5) \cdot 20\%)} = 9{,}5\% \quad (5.27)$$

Weichen die Fremdkapitalkosten (k_{FK}) vom risikolosen Zinssatz ab, ist die Berechnung leicht zu modifizieren (vgl. Abschnitt 5.3.5.3).

Exkurs: Sicherheitsäquivalent-Variante im Risikodeckungsansatz

Die Bewertung einer Zahlungsreihe $\tilde{Z}_t$ mit einem Eigenkapitalbedarf (EKB_α) soll im Folgenden auch für eine Sicherheitsäquivalent-Variante (also ohne Umweg über k_{WACC}) dargestellt werden. Um die vorgegebene Insolvenzwahrscheinlichkeit p (und damit eine bestimmte Ratingnote) einzuhalten, wird für das Eigenkapital genau der mittels Risikoaggregation zum Konfidenzniveau (1–p) bestimmte Eigenkapitalbedarf (EKB_α) gesetzt, was die Finanzierungsstruktur determiniert.[1225] Durch diesen Ansatz erhält man den gesuchten Barwert W einer Zahlung in Periode t in Abhängigkeit des Risikomaßes, also des Eigenkapitalbedarfs (Risikokapital):[1226]

$$W(\tilde{Z}_t) = \frac{SÄ(\tilde{Z}_t)}{(1+r_f)^t} = \frac{E(\tilde{Z}_t) - EKB_{\alpha,t} \cdot r_{z,p} \cdot d}{(1+r_f)^t} \quad (5.28)$$

Für die Berechnung des Unternehmens- oder Investitionswertes werden also die erwarteten Zahlungen um die (zusätzlichen) kalkulatorischen Zinsen auf den Eigenkapitalbedarf als Risikoabschlag gemindert. Dabei stellt $r_{z,p}$ wieder den Risikozuschlag von Eigenkapital gegenüber Fremdkapital dar (siehe oben) und r_f den Zins einer risikolosen Anlage. Meist wird d = 1 gesetzt, wobei aber auch wieder Risikodiversifikationsvorteile auf Ebene des Eigentümers berücksichtigt werden können (dann d < 1).

5.3.5.3 Exkurs: Herleitung Ratingabhängiger Eigenkapitalkosten und Risikozuschläge

Beim Risikodeckungsansatz der Bewertung werden ratingabhängige Eigenkapitalkosten verwendet und auch vom risikolosen Zinssatz r_f abweichende Fremdkapitalkosten lassen sich berücksichtigen. Für den Eigenkapitalbedarf (den Value at Risk zum Konfidenzniveau $\alpha = 1 - p$) ist ein dazu konsistenter

---

[1223] Siehe Tabelle in Abschnitt 5.2.

[1224] Ausführliche Darstellung im Kapitel 5.3.5.3.

[1225] Vgl. Herleitung bei Gleißner, 2005a und 2006b sowie in Anhang 5.

[1226] Vgl. Gleißner, 2005a und 2006b.

Eigenkapitalkostensatz bzw. Risikozuschlag $r_{z,p}$ nötig.[1227] Er ist selbst von der Insolvenzwahrscheinlichkeit p abhängig und entspricht dem „Marktpreis für das Risiko" für das Risikomaß Value at Risk ($\lambda_{VaR,p}$).

Ratingabhängige Eigenkapitalkosten und Risikozuschläge $r_{z,p}$ in Abhängigkeit der vom Gläubiger akzeptierten Insolvenzwahrscheinlichkeit p erhält man, indem man berechnet, welche erwartete Rendite das Investment in ein Aktienportfolio (Aktienindex) hätte, wenn dieses aufgrund eines Einsatzes von Fremdkapital die gleiche Insolvenzwahrscheinlichkeit p[1228] aufweisen würde. Dieser notwendige Anteil (a) des Eigenkapitals kann in Abhängigkeit der erwarteten Rendite des Marktportfolios (r_m^e), der Standardabweichung dieser Rendite (σ_m) und der akzeptierten Insolvenzwahrscheinlichkeit p aus dem unteren p %-Quantil (Value at Risk) der Rendite ermittelt werden:[1229]

$$a_p = -\left(r_m^e + q_p \cdot \sigma_m\right) \tag{5.29}$$

Hier drückt a_p den Eigenkapitalanteil am Portfolio (Eigenkapitalbedarf in Prozent des Investments) aus, der bei einer Normalverteilung[1230] der Rendite nötig ist, sodass die Insolvenzwahrscheinlichkeit gerade p erreicht.

Berücksichtigt der Gläubiger nicht die Fremdkapitalkosten, sondern seinen vertraglichen Zinsanspruch (k_{FK}^0), der auch von p abhängig seine kann, und will er diesen komplett abgesichert sehen, ergibt sich folgender (niedriger) Eigenkapitalanteil:

$$\begin{aligned} 1 - a_p' &= \frac{E(\tilde{Z}) - VaR_\alpha(\tilde{Z})}{(EK+FK)\cdot\left(1+k_{FK}^0\right)} = \frac{1 + r_m^e + q_p\sigma_m}{1+k_{FK}^0} \Leftrightarrow \\ a_p' &= \frac{1-\left(r_m^e + q_p\sigma_m\right)}{1+k_{FK}^0} \end{aligned} \tag{5.30}$$

Damit erhält man folgende von der Insolvenzwahrscheinlichkeit p abhängige Eigenkapitalkosten:[1231]

[1227] Vgl. Gleißner/Knoll, 2011. Allgemein gilt es für jedes für die Bewertung genutzte, mittels Risikoaggregation berechnete Risikomaß eine passende Renditeerwartung (Preis) aus Marktdaten oder volkswirtschaftlichen Modellen zu schätzen.

[1228] Dies ist formal ein LPM_0-Risikomaß (Lower Partial Moment von Grad null).

[1229] q_p ist der Wert der invertierten Verteilungsfunktion der Standardnormalverteilung zum Niveau p.

[1230] Die Annahme einer Lognormalverteilung ist auch möglich und plausibel (vgl. Dorfleitner/Gleißner, 2018).

[1231] Hier gibt k_{FK} wieder die erwartete Rendite des Fremdkapitals (Fremdkapitalkosten) bei akzeptierter Insolvenzwahrscheinlichkeit p an; vgl. bspw. Vettinger/Volkart, 2002, S. 754; Homburg/Stephan/Weiß, 2004, S. 277. Die zur Ableitung von (6.31) nachfolgend verwendete Gleichsetzung dieser erwarteten Fremdkapitalrendite mit dem sicheren Zinssatz korrespondiert mit einem perfekten Kapitalmarkt bzw. dem Fehlen von Transaktionskosten.
Vgl. vertiefend Gleißner, 2006; speziell für dieses Referenzportfolio gilt: $\beta = \frac{1}{a}$.
Bei der Herleitung wurde (vereinfachend) angenommen, dass das systematische Risiko des Eigenkapitalinvestments gerade demjenigen des Marktportfolios entspricht ($\beta = 1$) und eine Zunahme des systematischen Risikos damit allein durch die Fremdfinanzierung entsteht (Leverage-Effekt). Vgl. weiterführend Gleißner, 2011b,

$$k_{EK,p} = r_{EK,p}^{e} = \frac{\text{Erwartete Portfoliorendite} - \text{Fremdkapitalzinsaufwand}}{\text{Anteil des Eigenkapitals am Portfolio}}$$
$$= \frac{r_{m}^{e} - \left(1 - a_{p}\right) \cdot k_{FK}}{a_{p}} \tag{5.31}$$

Und mit Gleichung (6.28) folgt:

$$r_{EK,p}^{e} = \frac{r_{m}^{e} \cdot \left(1 + k_{FK}^{0}\right) - r_{f} \cdot \left(1 + r_{m}^{e} + q_{p} \cdot \sigma_{m}\right)}{k_{FK}^{0} - \left(r_{m}^{e} + q_{p} \cdot \sigma_{m}\right)} \text{ bzw.}$$
$$r_{z,p} = r_{EK,p}^{e} - r_{f} = \frac{\left(r_{m}^{e} - r_{f}\right) \cdot \left(1 + k_{FK}^{0}\right)}{k_{FK}^{0} - \left(r_{m}^{e} + q_{p} \cdot \sigma_{m}\right)} \tag{5.32}$$

Setzt man vereinfachend den Fremdkapitalzinssatz (Fremdkapitalkosten) und den risikolosen Zinssatz r_f gleich, vereinfacht sich die Berechnung von $r_{z,p}$. Nun gilt in Abhängigkeit der Marktrisikoprämie (MRP), wie in Abschnitt 5.3.5.2 verwendet:

$$r_{z,p} = r_{EK,p}^{e} - r_{f} = \frac{MRP}{VaR_{\alpha}\left(\tilde{r}_{m}\right)} = \frac{r_{m}^{e} - r_{f}}{-\left(r_{m}^{e} + q_{p} \cdot \sigma_{m}\right)} \tag{5.33}$$

5.3.6 Exkurs: Unvollkommene Replikation und Risiko-Wert-Modelle

In diesem kleinen Exkurs[1232] wird gezeigt, wie die in Abschnitt 5.3 bisher genutzten Bewertungsgleichungen aus wenigen Annahmen abgeleitet werden können. Die Ableitung basiert auf einem Risiko-Wert-Modell[1233] und der Methode der „unvollkommenen Replikation" des zu bewertenden Zahlungsstroms (der „semi-investitionstheoretischer" Bewertungsansatz). Ergänzende und vertiefende Erläuterungen zur risikogerechten Bewertung findet man in Anhang 5 und bei Dorfleitner/Gleißner (2018).

Um den Wert einer unsicheren Zahlung[1234] für ein Bewertungssubjekt in einem einperiodigen Modell zu bestimmen, wird eine „unvollkommene"[1235] Replikation durchgeführt. Es wird dabei von einer zentralen Annahme ausgegangen: Gleiches Risikomaß (R) und gleicher Erwartungswert von Zahlungen zum gleichen Zeitpunkt implizieren einen identischen Wert. Es wird also ein (μ,R)-Entscheidungskriterium unterstellt, was das (μ,σ)-Prinzip[1236] des CAPM als Spezialfall einschließt. Zudem sind Annahmen zu den Alternativinvestments

S. 243–251. Man kann auch einen Aktienindex mit β < 1 (bezogen auf ein breites Marktportfolio) vorgeben.

[1232] In enger Anlehnung an Gleißner, 2011a und 2015a.

[1233] Vgl. Sarin/Weber, 1993 und Dorfleitner/Gleißner (2018).

[1234] Beispielsweise der Flow-to-Equity.

[1235] Synonym: „unvollständige".

[1236] μ ist ein Symbol für den Erwartungswert $E(\tilde{Z})$. Die Gültigkeit der Erwartungsnutzentheorie wird nicht vorausgesetzt.

zu treffen. Es sollen zwei Alternativen zum Bewertungsobjekt vorhanden sein, z.B. ein breiter Marktindex[1237] mit einer unsicheren Rendite r_m und eine (quasi) risikolose Anlage mit der Verzinsung r_f.[1238] Für die Berechnung des Werts wird nun fiktiv genau so viel Kapital x in den Marktindex und Kapital y in die risikolose Anlage investiert, dass das Risiko dieses „Replikations-Portfolios" dem Risiko der zu bewertenden unsicheren Zahlung $\tilde{Z}$ entspricht. Das Risiko wird dabei gemessen durch ein Risikomaß $R(\tilde{Z})$, z.B. durch die Standardabweichung, den (relativen) Value at Risk oder den Expected Shortfall. Es gilt damit:

$$R(\tilde{Z}) = R(x \cdot (1 + \tilde{r}_m) + y \cdot (1 + r_f)) \tag{5.34}$$

Der Erwartungswert der Rückzahlung der Investition in das Replikationsportfolio (aus x und y) soll zudem dem Erwartungswert der Zahlung $\tilde{Z}$ entsprechen.

$$E(\tilde{Z}) = E(x \cdot (1 + \tilde{r}_m)) + E(y \cdot (1 + r_f)) = x \cdot (1 + E(\tilde{r}_m)) + y \cdot (1 + r_f) \tag{5.35}$$

Die Größen x und y ergeben sich durch das Auflösen der beiden Gleichungen. Der Wert W der unsicheren Zahlung $\tilde{Z}$ entspricht gerade der Summe x plus y, weil nun Erwartungswert und Risiko identisch sind.[1239]

Man kann analog zum CAPM z.B. speziell auch die Kovarianz $cov(\tilde{Z}, r_M)$ als Risikomaß[1240] $R(\tilde{Z})$ verwenden, womit nur der nicht diversifizierbare Risikoumfang in die Bewertung einfließt.

$$W(\tilde{Z}) = x + y = \frac{E(\tilde{Z}) - \frac{r_m^e - r_f}{\sigma_m^2} \cdot cov(\tilde{Z}, \tilde{r}_m)}{1 + r_f} = \frac{E(\tilde{Z}) - \frac{r_m^e - r_f}{\sigma_m} \cdot \sigma(\tilde{Z}) \cdot \rho}{1 + r_f}$$
$$= \frac{E(\tilde{Z}) - \lambda \cdot \sigma(\tilde{Z}) \cdot \rho}{1 + r_f} \tag{5.36}$$

mit $\lambda = \frac{r_m^e - r_f}{\sigma_m}$ als „Marktpreis des Risikos" („Sharpe Ratio") und ρ der Korrelation von $\tilde{Z}$ zu $\tilde{r}_m$ (ρ = d).

Es ist zu beachten, dass diese Bewertungsgleichungen keinen Anspruch erheben, aktuelle Preise am Markt (Börsenkurse) zu erklären, wenngleich man empirisch zeigen kann, dass sich Preise langfristig an den so berechneten Werten orientieren. Es wird auch nicht behauptet, dass es mit anderen (aufwändigeren) Verfahren nicht möglich ist, „bessere" Entscheidungswerte zu generieren (z.B. mit mehr Informationen über mögliche Umfeldzustände und Handlungsmöglichkeiten und den Einsatz von Optimierungsverfahren[1241]). Es

[1237] Nimmt man für eine reale Bewertungsaufgabe hier ein „Marktportfolio" an, so ist dies ein empirisches, d.h. die Summe aller Vermögensgegenstände (nicht ein modellbasiertes wie im CAPM, siehe die Kritik von Roll, 1977).

[1238] Möglich sind am Markt verfügbare Alternativinvestments („marktorientierte Bewertung"), aber auch „fiktive" Investments, die lediglich die Rendite-Risiko-Präferenz des Bewertungssubjekts ausdrücken („individualistische Bewertung"). Andere Alternativinvestments können auch berücksichtigt werden.

[1239] Siehe weiterführend zur Bewertung mehrperiodiger Zahlungsströme Dorfleitner/Gleißner (2018) und Dorfleitner (2020).

[1240] Auch der Risikodeckungsansatz in Abschnitt 5.3.5 lässt sich so ableiten.

[1241] Vgl. z.B. Matschke/Brösel, 2013, S. 139–156 und Hering, 2021.

ist aber festzuhalten, dass man unter den getroffenen, plausiblen Annahmen mit realistischen Informationsanforderungen auch bei einem unvollständigen Kapitalmarkt Werte ermitteln kann, die eine fundierte und nachvollziehbare Entscheidungsgrundlage darstellen.[1242]

Mit dem hier etwas vereinfachend skizzierten Ansatz der Bewertung mittels unvollkommener Replikationen kann man durch einige Erweiterungen auch mehrperiodige Zahlungsströme bewerten.[1243] Man kann auch zeigen, dass aus einem allgemeinen Bewertungsansatz mit der unvollständigen Replikation alle vorher skizzierten Varianten einer risikoadäquaten Bewertung als Spezialfälle ableitbar sind, also sowohl eine Bewertung basierend auf Standardabweichung bzw. Variationskoeffizient der Cashflows, auch als solche basierend auf dem Value at Risk (Risikodeckungsansatz). Auch bestehende Finanzierungsrestriktionen lassen sich berücksichtigen. Selbst die Bewertungsgleichungen des CAPM kann man als Spezialfall ableiten, wenn man die dem CAPM eigenen restriktiven Annahmen setzt.

Für das in Dorfleitner/Gleißner (2018) entwickelte allgemeine Risiko-Wert-Modell wird dabei als Risikomaß statt $R(\tilde{Z})$ die Größe $R(\tilde{Z}-E(\tilde{Z}))$ verwendet. Verwendet werden können alle Risikomaße, die homogen sind, d.h. $R(a \cdot \tilde{Z}) = a \cdot R(\tilde{Z})$, und entweder translations- oder positionsinvariant. Für diese gilt also entweder

$$R(\tilde{Z}+a) = R(\tilde{Z}) - a \tag{5.37}$$

oder

$$R(\tilde{Z}+a) = R(\tilde{Z}) \tag{5.38}$$

5.3.7 Bewertungsmethoden im Vergleich

In diesem Abschnitt wurden zunächst kapitalmarktbasierte bzw. finanzierungstheoretische Bewertungsansätze vorgestellt. Die kapitalmarktorientierten Bewertungsansätze, wie das CAPM, leiten Risiken aus Kapitalmarktdaten ab, also speziell aus Aktienrenditeschwankungen. Es wurde erläutert, dass derartige Verfahren die Insider-Informationen über die Risiken des Unternehmens selbst, die durch eine Risikoanalyse entstehen, nicht adäquat berücksichtigen. Als Alternative wurden daher zwei Varianten für eine „risikoadäquate Bewertung" vorgestellt, deren Bewertungsgleichungen jeweils mit Methode der „unvollständigen Replikation" abgeleitet werden können (vergleiche nachfolgenden Exkurs 5.3.7). Unterschieden wurde der zuletzt vorgestellte Risikodeckungsansatz, der das Risikomaß Value at Risk nutzt und Finanzierungsrestriktionen berücksichtigt und die Variante einer risikoadäquaten Bewertung, die Kapitalkostensätze über den Variationskoeffizient der Erträge oder Cashflows ableitet. Die nachfolgende Tabelle stellt die beiden Ansätze für eine risikoadäquate

[1242] In Anlehnung an Gleißner, 2015a.
[1243] Dorfleitner/Gleißner 2018 und Dorfleitner, 2020 zum Terminal Value.

Bewertung den Ansätzen für eine kapitalmarktorientierte Bewertung vergleichend gegenüber.

	Risikoadäquate Bewertung („unvollständige Replikation")		Kapitalmarktorientierte Bewertung	
	Risikodeckungsansatz	Variationskoeffizient-Ansatz	CAPM (Renditegleichung)	Multi-Faktoren-Modelle (z.B. Fama/French)
Informationsstand	Individueller Informationsstand (z.B. aus internen Risikoanalysen)		Am Kapitalmarkt verarbeitete Informationen	
Risikobezug	Ertragsgröße (EBIT, Cashflow, Ertrag). • historisch, oder • zukunftsbezogen (Monte-Carlo-Simulation)		i.d.R. Aktienrenditen (zur Herleitung von Beta)	Aktienrenditen
Risikowirkung auf	Diskontierungszinssatz und zugleich erwarteter Ertrag (Cashflow)		Diskontierungszinssatz (erwarteter Ertrag wird nicht verknüpft)	
Risikomaß(e)	Value at Risk wegen Finanzierungs-restriktionen	Standardabweichung	Standardabweichung (durch Beta-Faktor)	Mehrere bzw. nicht explizit
Alternativ-investment	• risikolose Anlage • risikobehaftetes Aktienportfolio (Hinweis: andere Investments möglich)		• risikolose Anlage • risikobehaftetes (theoretisches) Marktportfolio (r_m^e, σ_m)	• nicht explizit
Diversifikation Bewertungssubjekt	beliebig / individuell (oft d=1)	beliebig / individuell (oft d=1, d=0,5 oder d=ρ)	Perfekt diversifiziert (d=ρ)	• nicht explizit

Abbildung 127: Vergleich von Bewertungsmethoden

Die Methoden der risikoadäquaten Bewertung stützen sich immer auf Informationen über die Risiken des Unternehmens selbst, die mittels Risikoanalyse bestimmt werden. Grundsätzlich ist es möglich, die dafür erforderlichen Risikomaße aus historischen Schwankungen der Erträge oder Cashflows abzuleiten. Dabei werden statistisch Ertrags- und Ergebnisschwankungen ausgenutzt, um z.B. den entsprechenden Variationskoeffizienten der Gewinne zu bestimmen.[1244] Prinzipiell vorzuziehen ist eine zukunftsorientierte Bewertung, bei der die für den Wert und die Beurteilung der Bestandssicherheit eines Unternehmens maßgeblichen und zukünftigen Risiken betrachtet werden. In solchen Fällen ist die Grundlage einer Analyse der zukünftigen Risiken und eine Risikoaggregation. Stützt man die Bewertung eines Unternehmens bzw. seiner strategischen Handlungsoptionen auf eine Risikoanalyse und eine Monte-Carlo-Simulation zur Risikoaggregation, gelangt man zu einer „simulationsbasierten Bewertung". Die zentralen Charakteristika einer simulationsbasierten Bewertung sind also[1245]

(1) die Berücksichtigung der Wirkung von Unternehmensrisiken auf eine integrierte Planung und
(2) die Anwendung der Monte-Carlo-Simulation zur Risikoaggregation.

Eine simulationsbasierte Bewertung impliziert zunächst keine Festlegung auf einen spezifischen bewertungstheoretischen Rahmen. Der Einsatz der Verfahren ist möglich bei einer (1) investitionstheoretischen Bewertung[1246], (2) einer semi-investitionstheoretischen Bewertung mittels der „unvollkommenen

[1244] Siehe Gleißner, 2016e.
[1245] Vgl. Gleißner, 2021h zu den Vorteilen des Verfahrens.
[1246] Vgl. Hering/Schneider/Toll, 2013.

Replikation“[1247] und (3) sogar bei einer finanzierungstheoretischen Bewertung auf Grundlage des CAPM.[1248, 1249]

Die Häufigkeitsverteilungen der Zahlungen aus der Simulation werden bei der Bewertung jeweils auf den Erwartungswert verdichtet und das Risiko der Zahlungen durch ein Risikomaß, wie Standardabweichung oder Value at Risk, ausgedrückt. Mit einem Risiko-Wert-Modell und der Methode der unvollkommenen Replikation[1250] kann unter Berücksichtigung von (a) Höhe, (b) Risiko und (c) Zeitpunkt der Zahlungen deren risikoadäquater Gegenwartswert berechnet werden. Der so berechnete Wert entspricht gerade dem sicheren Geldbetrag, der äquivalent ist zu einem unsicheren zukünftigen Zahlungsstrom, den gleichen Erwartungswert und Risiko. Weder Kapitalmarktdaten über das Bewertungsobjekt noch die Hypothese vollkommener Kapitalmärkte sind für die Bewertung erforderlich. Neben Annahmen über die in Alternativinvestitionsmöglichkeiten, z.B. Staatsanleihen und ein Weltaktien-Portfolio, benötigt man lediglich eine Annahme: zwei Zahlungen zum gleichen Zeitpunkt stimmen im Wert genau dann überein, wenn sie gleichen Erwartungswert und gleiche Ausprägungen des gewählten Risikomaßes aufweisen. So kann man die risikoadäquaten Kapitalkosten ableiten[1251] ohne historische Kapitalmarktdaten (Beta-Faktor des Unternehmens oder der Peer-Group).

Das Charakteristische einer simulationsbasierten Bewertung ist die explizite Berücksichtigung von Unternehmensrisiken (Chancen und Gefahren) und die Anwendung der Monte-Carlo-Simulation für die Berechnung risikobedingt möglicher Zukunftsszenarien. Die dadurch entstehende „mehrwertige“ Planung (Bandbreitenplanung) lässt unmittelbar Erwartungswerte von Cashflows oder Erträgen ableiten, bestimmt und erfasst das Insolvenzrisiko und erlaubt die Ableitung von Diskontierungszinssätzen unmittelbar aus der Unsicherheit der Cashflows (also ohne die Auswertung von Aktienrenditeschwankungen). Mit einer simulationsbasierten Bewertung werden auch die neuen gesetzlichen Anforderungen an das Risikomanagement erfüllt (§ 1 StaRUG).

Die wesentlichen Charakteristika und Vorteile einer auf der Analyse der Unternehmensrisiken basierenden „simulationsbasierten Unternehmensbewertung“ kann man somit wie folgt zusammenfassen:[1252]

1. Nur bei einer simulationsbasierten Planung lassen sich nachvollziehbar Erwartungswerte von Cashflows oder Erträgen ableiten.
2. Es erfolgt eine Plausibilisierung der Planung und Planungslogik.
3. Mit einer simulationsbasierten Bewertung lassen sich die Auswirkungen des Insolvenzrisikos auf den Unternehmenswert berücksichtigen.

[1247] Vgl. Gleißner, 2011a und 2019d und Dorfleitner/Gleißner, 2018 sowie Dorfleitner, 2020.

[1248] Vgl. bei Nutzung der wenig gebräuchlichen Sicherheitsäquivalent-Variante des CAPM, bei der der Risikogehalt der Cashflows ins Bewertungs-kalkül einfließt Robichek/Myers, 1966 und Rubinstein, 1973.

[1249] Vgl. die Bewertungsfallbeispiele bei Gleißner/Ernst, 2019.

[1250] Vgl. Gleißner, 2011a und 2019d sowie Dorfleitner/Gleißner, 2018.

[1251] Vgl. Gleißner, 2019d.

[1252] In Anlehnung an Gleißner, 2021h.

4. Eine simulationsbasierte Unternehmensbewertung ermöglicht die Ableitung eines risikogerechten Diskontierungszinssatzes (Kapitalkostensatz) unmittelbar aus den Simulationsergebnissen.
5. Die simulationsbasierte Bewertung kann eine Grundlage für die Vorbereitung unternehmerischer Entscheidungen sein, weil geplante zukünftige Änderungen von Planwerten und Risiken betrachtet werden können.
6. Schließlich ergibt sich ein Zusatznutzen für die Unternehmen, nämlich Erfüllung gesetzlicher Anforderungen an das Risikomanagement (§ 1 StaRUG).

5.3.8 Insolvenzrisiko, Rating und Insolvenzwahrscheinlichkeit

5.3.8.1 Begriff Insolvenzrisiko

Der Begriff des Insolvenzrisikos ergibt sich aus der Risikotheorie und dem Begriffsverständnis von Risiko im Allgemeinen.[1253] Demzufolge beschreibt ein Insolvenzrisiko die Möglichkeit, dass infolge der unsicheren Zukunftsentwicklung des Unternehmens eine Insolvenz auftreten kann (mit einer Wahrscheinlichkeit $p > 0$ über die gesamte Zukunft). Um die Höhe des Insolvenzrisikos zu messen, benötigt man, wie für andere Risiken auch, Risikomaße.[1254] Es ist wesentlich zu unterscheiden zwischen dem abstrakten Insolvenzrisiko einerseits und der Menge dieses Risikos, das durch ein Risikomaß bestimmt wird („Risikomenge").

Wie andere Risiken auch kann man das Insolvenzrisiko durch unterschiedliche Risikomaße erfassen. Das einfachste Risikomaß ist die Insolvenzwahrscheinlichkeit. Beim Insolvenzrisiko ist die Insolvenzwahrscheinlichkeit zumindest bei Betrachtung aus Perspektive der Eigentümer meist ausreichend, da für sie in diesem Fall in der Regel der Zahlungsstrom aus dem Unternehmen endet und es für sie – und damit den Unternehmenswert – belanglos ist, was mit dem möglicherweise fortführbaren Unternehmen danach, unter Regie der Gläubiger, geschieht. Bei einer reinen Equity-Bewertung, also einer Bewertung basierend auf die den Eigentümern zufließenden Erträge, ist damit die Insolvenzwahrscheinlichkeit ein „ausreichendes" Risikomaß. Sie hat zudem den Vorteil, dass die hierfür notwendigen Messverfahren –Insolvenzprognose- oder Rating-Verfahren – seit langem bekannt sind und eine hohe Validität aufweisen (vgl. Abschnitt 5.2).[1255]

5.3.8.2 Insolvenzrisiko, Insolvenzwahrscheinlichkeit und die zeitliche Entwicklung der Erträge

Bisher wurde die Wirkung der Risiken auf den Wertreiber „Kapitalkosten" und den Erwartungswert von Cashflows betrachtet, wobei die Möglichkeit einer Insolvenz nicht explizit diskutiert wurde. Ergänzend ist nun zu berücksichtigen, dass die Insolvenzwahrscheinlichkeit als Maß für das Insolvenzrisiko

[1253] Siehe Holton, 2004 und Sinn, 1980.
[1254] Siehe dazu z.B. Brandtner, 2012 und Artzner et al., 1999.
[1255] Siehe dazu z.B. Weber/Krahnen/Voßmann, 1998; Bemmann, 2007; Everling, 2008; Gleißner/Wingenroth, 2015.

(und damit indirekt wieder die Unternehmensrisiken) auch unmittelbar den Erwartungswert von Erträgen oder Cashflows beeinflusst.[1256] Wie zu Beginn des Kapitels ausgeführt, können bestehende Chancen und Gefahren zunächst zu einer Abweichung des für Unternehmensbewertung und unternehmerischer Entscheidungen maßgeblichen Erwartungswerte der Cashflows von den Planwerten führen. Die Auswirkungen solcher Risiken können aber auch zu einer schweren Krise, also einer bestandsgefährdenden Entwicklung, oder gar zu einer Insolvenz führen. Es besteht also ein Insolvenzrisiko. Die Besonderheit des Insolvenzrisikos besteht darin, dass im Falle einer Insolvenz im Allgemeinen der Zahlungsstrom an die Eigentümer komplett abbricht. Die Möglichkeit einer Insolvenz bestimmt die im Mittel zu erwartende Existenzdauer eines Unternehmens. Die Implikationen der Unternehmensrisiken auf den Erwartungswert der Cashflows und das Insolvenzrisiko sind folglich bei der Unternehmensbewertung und der Vorbereitung unternehmerischer Entscheidungen zu beachten. Dies ist selbst dann zu beachten, wenn man Kapitalkosten mittels CAPM berechnet. Notwendig ist eine separate Betrachtung nur dann nicht, wenn durch eine Monte-Carlo-Simulation praktisch in der gesamten Zukunft[1257] des Unternehmens die Möglichkeit einer Insolvenz mit den erwarteten Konkurskosten bereits im Erwartungswert und Risikomaß eines jeden Jahres berücksichtigt ist (und *keine* Formel für die Fortführungsphase verwendet wird). Es ergeben sich Bewertungsfehler, wenn beispielsweise, wie in der Praxis noch üblich, unreflektiert (speziell bei der sogenannten „Terminal Value“ Berechnung) von einer ewigen Lebensdauer des Unternehmens ausgegangen wird, obwohl ein Unternehmen beispielsweise bei einem „BB“-Rating eine Insolvenzwahrscheinlichkeit von ca. 1 % aufweist. Das Problem wird am folgenden **Beispiel** verdeutlicht.[1258]

Ausgangspunkt der Betrachtung ist ein Unternehmen mit einer Insolvenzwahrscheinlichkeit von nahezu null, das entsprechend ein „AAA“ Rating verdient. Nimmt man an, dass für das Unternehmen ein risikogerechter Diskontierungszinssatz (Gesamtkapitalkosten) von $k = 10\,\%$ angemessen ist und der (zeitinvariante) Erwartungswert $E(\tilde{Z})$ der freien Cashflows (Zahlungen) 10 Mio. € pro Jahr betrage, ergibt sich bei einem verzinslichen Fremdkapital[1259] von 50 Mio. €[1260] gemäß „Rentenformel“[1261] ein Wert (Discounted Cashflow) von

$$W(\tilde{Z}) = \frac{E(\tilde{Z})}{k} - FK = \frac{10}{10\%} - 50 = 50 \tag{5.39}$$

Nimmt man nun an, dass unter sonst gleichen Bedingungen die Insolvenzwahrscheinlichkeit (bzw. das angemessene Rating) des Unternehmens falsch eingeschätzt wurde und die tatsächliche Insolvenzwahrscheinlichkeit bei 2 %

[1256] In Anlehnung an Gleißner, 2010b und Gleißner, 2019h.
[1257] Z.B. von 100 oder mehr Jahren.
[1258] In Anlehnung an Gleißner, 2010b, weiterführend siehe Gleißner, 2011b und 2015e.
[1259] Hier: Marktwert des Fremdkapitals.
[1260] Und die Vernachlässigung der expliziten Darstellung steuerlicher Einflüsse auf $E(\tilde{Z})$ und k.
[1261] Gordon-Shapiro-Modell.

läge[1262], hätte dies unmittelbare Auswirkungen auf den Erwartungswert der zukünftigen Erträge (vgl. Abbildung 51).[1263]

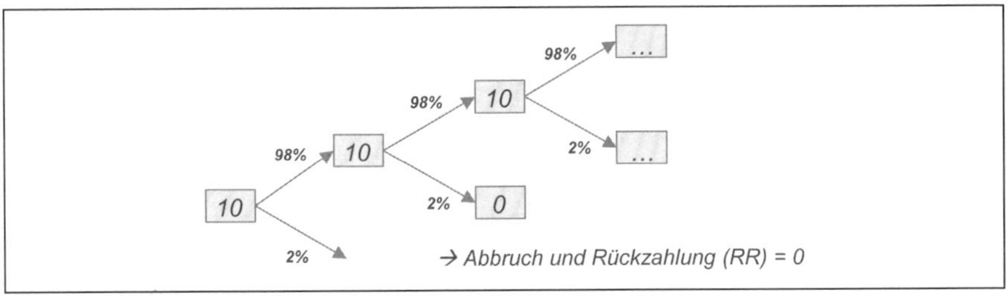

Abbildung 128: Wirkung der Insolvenzwahrscheinlichkeit (p = 2 %) auf den erwarteten Cashflow ($Z_0^e = 10$)

Bei einer sicheren Insolvenzwahrscheinlichkeit von p = 2 % ist offensichtlich die Wahrscheinlichkeit, dass ein Unternehmen das erste Planjahr überlebt, lediglich 98 %. Für das zweite Jahr gilt[1264] $(1\text{–}2\,\%)^2 \approx 96\,\%$ und allgemein gilt für die Überlebenswahrscheinlichkeit nach t Jahren:

Überlebenswahrscheinlichkeit

= 1 – kumulierte Insolvenzwahrscheinlichkeit

$= (1 - p)^t$

Damit ergibt sich für die Erwartungswerte der zukünftigen Zahlungen in der Periode t (aus Sicht von t = 0)[1265]

$$E_t(\tilde{Z}) = E_0(\tilde{Z}) \cdot (1-p)^t \tag{5.40}$$

und der Wert berechnet sich entsprechend als

$$W(\tilde{Z}) = \sum_{t=1}^{\infty} \frac{E(\tilde{Z}_t) \cdot (1-p)^t}{(1+k)^t} \tag{5.41}$$

was kompakt dargestellt werden kann als

$$W(\tilde{Z}) = \frac{E(\tilde{Z}_t) \cdot (1-p)}{k+p} \tag{5.42}$$

1262 Zur Bestimmung der Insolvenzwahrscheinlichkeit mit traditionellen (empirisch statistischen) Verfahren siehe Altman, 2000; Weber/Krahnen/Voßmann, 1998; Hartmann-Wendels, 1987; Oppitz, 2010, und Heller, 2015. Zur Anwendung simulationsbasierter Prognoseverfahren Gleißner/Bemmann, 2008a, S. 51–55; Gleißner/Leibbrand, 2004; Gleißner/Füser, 2014 und Gleißner/Wingenroth (2015b) sowie die einfache Schätzgleichung des erläuterten „Mini-Ratings" für die Insolvenzwahrscheinlichkeit.

1263 Den bisherigen Erwartungswert kann man als „bedingten" Erwartungswert interpretieren, also den Erwartungswert unter der Annahme, dass keine Insolvenz eintritt.

1264 Bei Konstanz der sicheren Insolvenzwahrscheinlichkeit (was eher zur wertorientierten, nicht zu einer autonomen Finanzierung kompatibel ist). Vgl. weiterführend Friedrich, 2015, S. 129–214.

1265 Unter der Annahme, dass die Zahlung in Periode 0 schon geflossen ist und damit den Wert der zukünftigen Zahlungen nicht beeinflusst.

Man erkennt, dass die Insolvenzwahrscheinlichkeit sich quasi auswirkt wie eine „negative Wachstumsrate“ des Erwartungswerts der Zahlung.[1266]

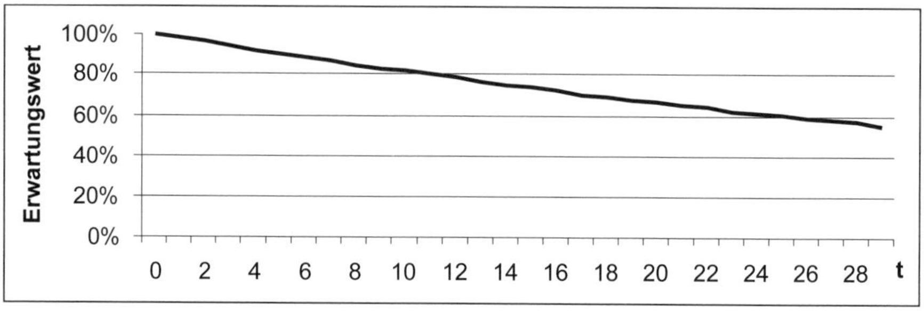

Abbildung 129: Erwartungswert der Cashflows bei Insolvenzwahrscheinlichkeit (p = 2 %)

Wie groß ist nun im Fallbeispiel der Bewertungsfehler? Bei Einsetzen der Insolvenzwahrscheinlichkeit p in die oben angegebene Bewertungsformel ergibt sich:

$$W(\tilde{Z}) = \frac{10 \cdot (1 - 2\%)}{10\% + 2\%} - 50 = 32 \tag{5.43}$$

Man sieht, dass durch die Vernachlässigung der Insolvenzwahrscheinlichkeit der Unternehmenswert um fast 60 % überschätzt wurde.[1267]

Die bisher an einem Fallbeispiel aufgezeigten Auswirkungen des Insolvenzrisikos werden nachfolgend noch etwas näher erläutert, wobei zunächst auf die Auswirkungen des Abbruchs des Zahlungsstroms bei einer Insolvenz eingegangen wird. Später werden dann weitere Aspekte, wie die Insolvenzkosten und die Auswirkungen der Insolvenzwahrscheinlichkeit auf die Fremdkapitalkosten, betrachtet.

Eine offensichtliche Auswirkung des Insolvenzrisikos besteht zunächst in der Möglichkeit, dass der Zahlungsstrom der Eigentümer abbricht, also einen endlichen Erwartungswert aufweist. Eine Insolvenzwahrscheinlichkeit und eine unbegrenzte Lebensdauer stehen jedoch nicht im Widerspruch. Auch bei einer Insolvenzwahrscheinlichkeit von $p > 0$ können Unternehmen grundsätzlich ewig existieren, d.h., dass es keinen sicheren Zeitpunkt des Existenzendes gibt. In jedem Jahr der unendlichen Zukunft ist die Existenzwahrscheinlichkeit größer als null.[1268] Die Insolvenzwahrscheinlichkeit führt also zu einem *endlichen Erwartungswert der Lebensdauer* von Unternehmen, nicht jedoch zu einer *Begrenzung der Lebensdauer.*

Die Tabelle 44 zeigt für verschiedene Ausprägungen der Insolvenzwahrscheinlichkeit pro Jahr (p) die zugehörigen Erwartungswerte für die erwartete Lebens-

[1266] Bei wachsenden Unternehmen gilt dies näherungsweise auch, vgl. Gleichung (5.44).

[1267] Es wird hier angenommen, dass das Fremdkapital, z.B. wegen der bei mittelständischen Unternehmen typischen Haftung der Gesellschafter, auf jeden Fall zurückzuzahlen ist.

[1268] Die unendliche Reihe der Cashflows führt bekanntlich auch zu einem endlichen Unternehmenswert.

dauer (L) eines Unternehmens. Dazu der Hinweis: Bei Insolvenzrisiko besteht in jedem Zeitpunkt die Wahrscheinlichkeit (1-p), dass das Unternehmen weiterlebt, und es gilt L=1/p.

Rating	Insolvenzwahrscheinlichkeit p (pro Jahr)	Erwartete Lebensdauer (L)
A	0,1 %	1000
BBB	0,5 %	200
BB	1,0 %	100
BB-	2,0 %	50
B	5,0 %	20

Tabelle 44: Zuordnung von Insolvenzwahrscheinlichkeit (p) und Lebensdauer

Bei einer Insolvenz bricht wie erwähnt im Allgemeinen der Zahlungsstrom an die Eigentümer ab, selbst wenn das Eigentum am Unternehmen an die bisherigen Gläubiger übergeht und es fortgeführt wird. Bewertungsrelevant ist die Wahrscheinlichkeit *p*, mit der der Zahlungsstrom innerhalb eines Jahres abbricht (die Zahlungen an die Eigentümer bei Insolvenz sind meist ohnehin null). Das Insolvenzrisiko lässt sich insbesondere durch die erwartete Höhe der Insolvenzkosten und die Insolvenzwahrscheinlichkeit messen.

Für die Erfassung des Insolvenzrisikos bei der Unternehmensbewertung gibt es verschiedene nicht nur die oben erläuterte Methode. Es existieren zum Teil kombinierbare Methoden:[1269]

- Methode A: Die deterministische „Zuschlagsmethode“ gemäß Gleichung (5.42), d.h. die Erfassung der z.B. durch ein Rating geschätzten Insolvenzwahrscheinlichkeit p als „Zuschlag“ auf die Kapitalkosten in der Fortführungsphase („unendliche Rente“)[1270] mit (a) ergänzender Betrachtung zweier möglicher Szenarien in der Detailplanungsphase, nämlich Überleben oder Insolvenz, oder (b) durch Simulation der Detailplanung (vgl. Methode C).
- Methode B: Mit der Insolvenzwahrscheinlichkeit, die auf einer Annahme zur unsicheren Entwicklung von Cashflows oder des EBIT beruht, z.B. beschrieben durch ein Binomialmodell[1271] oder einem stochastischen EBIT-Prozess.[1272] Der Nachteil dieses Verfahrens ist der fehlende Bezug zur Unternehmensplanung und zur Risikoanalyse. Zudem lassen sich keine Szenarien mit negativen freien Cashflows erfassen.
- Methode C: Die stochastische Simulation der Cashflows und Erträge, ausgehend von einer quantitativer Risikoanalyse und Risikoaggregation in einem integrierten Planungsmodell, also GuV- und Bilanz-Planung (mittels Monte-Carlo-Simulation zur Ableitung von Erwartungswerten).

[1269] Vgl. Gleißner, 2019h.
[1270] Gleißner, 2010b.
[1271] Vgl. Friedrich, 2015.
[1272] Vgl. Lahmann/Schreiter/Schwetzler, 2018.

In der Phase der detaillierten Planung der ersten Jahre (t = 1 bis T) ist die Insolvenzwahrscheinlichkeit bei der Bestimmung der Erwartungswerte der Erträge einfach zu berücksichtigen, etwa als Szenario mit in der Regel null Rückfluss an die Eigentümer. Indirekte Insolvenzkosten, z.B. in Folge von Problemen bonitätsschwacher Unternehmen bei der Gewinnung von Mitarbeitern und Kunden, fließen unmittelbar und oft implizit in die Detailplanung ein.

Bei einer simulationsbasierten Planung kann so das Insolvenzrisiko in der Detailplanungsphase automatisch im Erwartungswert erfasst werden (Methode C). Bei einer Aggregation der Risiken mit Bezug auf die Unternehmensplanung wird nämlich mittels Monte-Carlo-Simulation eine große repräsentative Anzahl risikobedingt möglicher Zukunftsszenarien berechnet (siehe Kapitel 3). Aus diesen lässt sich unmittelbar der Erwartungswert (Mittelwert der Szenarien) und die Häufigkeit von Insolvenzszenarien ableiten (Überschuldung oder Illiquidität, z.B. durch die Verletzung von Mindestanforderungen an das Rating oder von Covenants, die zu Kreditkündigung führen).

In der auf die Detailplanung folgenden Fortführungsphase (t > T) werden bei der Bewertung meist die zu ihrem Beginn erwarteten Cashflows mit einer Wachstumsrate w fortgeschrieben. Auch in jedem Jahr der Fortführungsphase kann eine Insolvenz eintreten, was sich mit Methode A und Gleichung (5.42) erfassen lässt. Nimmt man für die Fortführungsphase bei der Bestimmung des Terminal Value an, dass die Insolvenzwahrscheinlichkeit konstant bleibt, führt diese c.p. zu kontinuierlich sinkenden Erwartungswerten der Cashflows bzw. Erträge, wie bereits in Abbildung 129 verdeutlicht wurde.[1273]

Bei einer konstanten Insolvenzwahrscheinlichkeit p, einem Diskontierungszins k und einer Wachstumsrate w der Erwartungswerte der Erträge Z^e[1274] ergibt sich, wie schon erläutert, folgender Terminal Value[1275]:

$$W=\sum_{t=1}^{\infty}\frac{Z^e(1-p)^t\cdot(1+w)^t}{(1+k)^t}=\frac{Z^e\cdot(1-p)\cdot(1+w)}{k-w+p\cdot(1+w)}\approx\frac{Z^e(1-p+w)}{k-w+p} \tag{5.44}$$

Bei der Bestimmung einer unendlichen Reihe (Gordon-Shapiro-Modell) taucht die Insolvenzwahrscheinlichkeit (genau wie die Wachstumsrate) in jeder Periode im Zähler auf (siehe 5.44). Das Auflösen der Reihe führt jedoch dazu, dass die Insolvenzwahrscheinlichkeit (wie die Wachstumsrate) mathematisch als „Zuschlag" im Nenner erscheint. In der Fortführungsphase wirkt die Insolvenzwahrscheinlichkeit also quasi wie eine „negative Wachstumsrate".

Bisher wurde vereinfachend nur eine Bewertungsgleichung für den Fall hergeleitet, bei dem die Erwartungswerte der Zahlung (Z^e) sich mit einer konstanten Rate (w) verändern. In der Praxis der Bewertung findet man oft Situationen, in denen zunächst für die ersten Jahre eine detaillierte Planung der Cashflows bzw. Erträge erstellt wird, die in den einzelnen Planjahren sehr unterschiedlich sein können. Ab einem als repräsentativ für die Zukunft angegebenen Jahr T

[1273] Vgl. Gleißner, 2010b; Arbeitskreis des EACVA, 2011; Knabe, 2012; Saha/Malkiel, 2012 und Franken et al., 2020.

[1274] Ohne Insolvenz, also „bedingter Erwartungswert".

[1275] Wert W der Zahlungen in der Fortführungsphase, hier vereinfachend schon ab t = 0.

erfolgt dann nur noch eine Fortschreibung für die Zukunft, wobei eine Wachstumsrate (w) angenommen wird. In solchen Fällen ist bei der Bestimmung der Erwartungswert der Cashflows oder Erträge in jeder einzelnen Periode des Detailplanungszeitraums (von t = 1 bis T) die Auswirkung aller Chancen und Gefahren, und auch des Insolvenzrisikos, zu berücksichtigen. Da zunächst oft ambitionierte Zielwerte einer Unternehmensplanung vorliegen, bei denen Risiken noch nicht erfasst sind, empfiehlt sich hier eine transparente schrittweise Überleitung. So kann zunächst in einem ersten Schritt, ausgehend von den Planwerten, die Auswirkungen von Chancen und Gefahren eingerechnet werden, was zu einem (bedingten) Erwartungswert führt, der aber die Möglichkeit einer Insolvenz noch nicht berücksichtigt. In einem zweiten Schritt wird dann die Auswirkung des Insolvenzrisikos eingerechnet. Der Erwartungswert der Zahlungen am Ende der Detailplanungsphase (T) erfasst entsprechend dann auch die Möglichkeit der Insolvenz in allen vorangegangenen Perioden (siehe Tabelle 45). Da auch in der sogenannten Fortführungsphase, also nach der Periode T, in jeder weiteren Periode eine Insolvenz möglich ist, ist auch diese bei der Bewertung zu berücksichtigen. Dies geschieht genau mit der oben bereits hergeleiteten Formel, die den Sachverhalt ausdrückt, dass in jeder weiteren Periode mit einer Wahrscheinlichkeit von p eine Insolvenz auftreten kann.

Die nachfolgende Formel berechnet mit Term 1 den Wert der Erträge (Z_t^e) in der Detailplanung (bis zum Jahr t=T) und mit dem Term 2 den Terminal Value (TV) für die Fortführungsphase mit Wachstumsrate (w):[1276]

$$W = \sum_{t=1}^{T} \frac{Z_t^e}{(1+k)^t} + \frac{1}{(1+k)^T} \cdot \frac{Z_T^e \cdot (1-p) \cdot (1+w)}{k - w + p \cdot (1+w)} \tag{5.45}$$

Die folgende Tabelle zeigt ein Bewertungsbeispiel (mit w=0).

Zeit (t)	1	2	3	4ff.
Erwartungswert Ertrag ohne Insolvenz (bedingt)	10	15	20	20
Insolvenzwahrscheinlichkeit p_t	0,02	0,02	0,02	0,02
Überlebenswahrscheinlichkeit (1-kumulierte Insolvenzwahrscheinlichkeit)	0,98	0,96	0,94	$(1-p)^t$
Erwartungwert / Ertrag	9,8	14,4	18,8	18,4

Tabelle 45: Berücksichtigung der Insolvenzwahrscheinlichkeit auch in der Detailplanungsphase

Das am einfachsten bestimmbare Maß für die Höhe des Insolvenzrisikos ist die Insolvenzwahrscheinlichkeit, alternativ die Abbruchwahrscheinlichkeit des Zahlungsstroms an die Eigentümer, die Szenarien einschließt, bei denen das Unternehmen mangels wesentlicher Erlöse liquidiert wird. Es ist damit naheliegend, die Insolvenzwahrscheinlichkeit für die Erfassung des Insol-

[1276] Vgl. Gleißner, 2019h mit einem Fallbeispiel.

venzrisikos in der Unternehmensbewertung zu nutzen[1277], sei sie eine einfache Abschätzung aufgrund einer vorliegenden Ratingnote, eines synthetischen Finanzkennzahlen-Ratings oder einer Risikoaggregation.[1278] Die Insolvenzwahrscheinlichkeit eines Unternehmens ist abhängig von (1) Ertragskraft, (2) Ertragsrisiko und (3) Risikodeckungspotenzial (Eigenkapital- und Liquiditätsausstattung).[1279] Die Erfassung künftiger Chancen und Gefahren (Risiken) des Unternehmens, die sich nicht in den Finanzkennzahlen zeigen, ist nur durch die Risikoaggregation (Monte-Carlo-Simulation) möglich.

Eine Quantifizierung des Insolvenzrisikos über Insolvenzwahrscheinlichkeit und eine solche über Insolvenzkosten lassen sich ineinander umformen.[1280] Da bewährte Messkonzepte für die Insolvenzkosten aber weitgehend fehlen, ist die Erfassung über die Insolvenzwahrscheinlichkeit zu empfehlen. Geeignete Methoden, diese zu schätzen, sind bei Banken und Ratingagenturen seit Langem bekannt. Die alleinige Betrachtung der Insolvenzwahrscheinlichkeit ist gerechtfertigt,

- weil in der Detailplanungsphase implizit indirekte Insolvenzkosten erfasst sind[1281] (durch die größeren Schwierigkeiten z.B. Mitarbeiter oder Kunden bei bonitätsschwachen Unternehmen zu gewinnen) und
- im Falle einer Insolvenz der Zahlungsstrom an die Eigentümer meist abbricht (und damit lediglich die Wahrscheinlichkeit für einen derartigen Abbruch der Insolvenzwahrscheinlichkeit bedeutend ist).

Anzumerken ist schließlich, dass im österreichischen Bewertungsstandard KFS BW 1 von 2014 auf die Notwendigkeit der Berücksichtigung von Rating/Insolvenzwahrscheinlichkeit in der Bewertung ausdrücklich verwiesen wird. Im IDW S 1[1282] ergibt sich diese Forderung implizit, da für die Bestimmung von Erwartungswerten finanzieller Überschüsse auch das Szenario einer möglichen Insolvenz zu berücksichtigen ist. Im IDW Praxishinweis 2/2018 wird in der Zwischenzeit auf die Bedeutung von Insolvenzrisiken hingewiesen und die Berücksichtigung von Insolvenzrisiken (zumindest) bei hochverschuldeten Unternehmen erläutert.[1283] Es wird insbesondere klargestellt, dass Insolvenzrisiken, und damit auch Insolvenzkosten, bei der Bestimmung der Erwartungswerte zu berücksichtigen sind und eine Insolvenzwahrscheinlichkeit größer null dazu führt, dass die Fremdkapitalkosten von den vertraglichen Fremdkapitalzinssätzen abweichen (siehe nachfolgend Abschnitt 5.3.8.3). Neben der Wirkung

[1277] Die Quantifizierung von Insolvenzkosten ist wesentlich schwieriger. In dieser Hinsicht wundert es, dass in der Bewertungsliteratur das Insolvenzrisiko primär über Insolvenzkosten – und damit des Abschlags vom Zähler – erfasst werden soll. Die grundsätzliche Bedeutung und Existenz von Insolvenzkosten sind unstrittig.

[1278] Siehe dazu z.B. Gleißner/Wingenroth, 2015 und Bemmann, 2007.

[1279] Vgl. Gleißner, 2002b.

[1280] Insolvenzkosten $I = E(Z) \cdot \left(1 - \frac{k}{k+p}\right)$, vgl. Franken et al., 2020, S. 92.

[1281] Nicht aber die Möglichkeit der Insolvenz mit Abbruch der Zahlungen an die Eigentümer.

[1282] Standard: Grundsätze zur Durchführung von Unternehmensbewertungen IDW S 1, WPg Supplement 3/2008, S. 68 ff. = FN-IDW 2008, S. 271 ff. (Stand: 02.04.2008).

[1283] Siehe dazu Franken et al., 2020 und Schüler/Schwetzler, 2019.

auf die Höhe und die zeitliche Entwicklung des Erwartungswerts der Erträge und Cashflows kann das Insolvenzrisiko auch den Tax Shield und den Eigenkapitalkostensatz beeinflussen.

5.3.8.3 Insolvenzrisiko, Rating und Fremdkapitalkosten

Auch auf die Fremdkapitalkosten hat die Insolvenzwahrscheinlichkeit einen Einfluss, der oft nicht adäquat berücksichtigt wird. Die Ermittlung der Fremdkapitalkosten erscheint besonders einfach, weil die vertraglich vereinbarten Fremdkapitalzinssätze (oder die Renditen von Anleihen) natürlich bekannt sind. Für die Berechnung der Kapitalkosten sind jedoch nicht die vertraglichen Fremdkapitalzinsen maßgeblich, sondern die Fremdkapitalkosten, also die erwartete Rendite der Fremdkapitalgeber.[1284] Die vertraglichen Fremdkapitalzinssätze werden über den Fremdkapitalkosten liegen, weil die Möglichkeit berücksichtigt werden muss, dass ein Unternehmen bei einer Insolvenz nicht (vollständig) zahlt. Fremdkapital ist damit immer etwas günstiger, als die vertraglichen Fremdkapitalzinsen dies ausdrücken. Der Unterschied ist abhängig von der Insolvenzwahrscheinlichkeit eines Unternehmens und den verfügbaren Sicherheiten.

Eine höhere Insolvenzwahrscheinlichkeit führt c.p. zu höheren vertraglichen Fremdkapitalzinssätzen oder „Credit Spreads" von Anleihen. Die Fremdkapitalkosten, also die erwartete Rendite der Fremdkapitalgeber, steigen aber nicht genauso stark. Da im Fall einer Insolvenz die Fremdkapitalgeber nicht mehr den (vollständigen) Einsatz zurückerhalten, sondern nur einen Anteil, die „Recovery Rate" (RR), ergibt sich bei einer einperiodigen Betrachtung, einem vertraglich vereinbarten Fremdkapitalzinssatz (k_{FK}^0) und einer Insolvenzwahrscheinlichkeit p der folgende Fremdkapitalkostensatz (k_{FK}):

$$k_{FK} = \left(k_{FK}^0 + 1\right) \cdot \left(1 - p\right) + p \cdot RR - 1 = k_{FK}^0 \cdot \left(1 - p\right) + p \cdot RR - p \qquad (5.46)$$

Speziell für RR = 0 erhält man:

$$k_{FK} = \left(k_{FK}^0 + 1\right) \cdot \left(1 - p\right) - 1 = k_{FK}^0 \cdot \left(1 - p\right) - p \approx k_{FK}^0 - p \qquad (5.47)$$

Empirische Studien belegen eine mit der Insolvenzwahrscheinlichkeit steigende zu erwartende Rendite der Fremdkapitalgeber, d.h. risikoaverse Gläubiger „überkompensieren" die Insolvenzwahrscheinlichkeit mit ihren Zinsforderungen, zumindest meist bis zu einem B-Rating.

Almeida und Philippon (2007) belegen eine Risikokomponente in der Insolvenzwahrscheinlichkeit, die zu einer steigenden zu erwartenden Rendite der Fremdkapitalgeber (Fremdkapitalkosten) führt.[1285] Dies führt in Gleichung (5.46) dazu, dass k mit der Insolvenzwahrscheinlichkeit p steigt. In ihrer Studie bestimmen sie mittels risikoneutralen (risikoadjustierten) Wahrscheinlichkeiten die Aus-

---

[1284] Siehe Vettinger/Volkart, 2002 und Cooper/Davydenko, 2001; Baule, 2019; Franken et al., 2020 sowie Krotter/Schüler, 2013 mit einer empirischen Studie.

[1285] Almeida/Philippon, 2007, berechnen die risikoneutrale Wahrscheinlichkeit ausgehend von den Preisen der Corporate Bonds amerikanischer Unternehmen im Zeitraum von 1985 bis 2004.

wirkungen der Insolvenzkosten[1286] für den Unternehmenswert. Im Gegensatz zur „traditionellen" Verwendung historischer Insolvenzwahrscheinlichkeiten und der Diskontierung des Erwartungswerts der Insolvenzkosten mit dem risikolosen Zins wird damit berücksichtigt, dass Insolvenzen unter schwierigen wirtschaftlichen Rahmenbedingungen mit höherer Wahrscheinlichkeit auftreten und damit eine systematische Risikokomponente enthalten.[1287] In der Studie zeigt sich beispielsweise, dass für Unternehmen mit einem BBB-Rating die kumulierte historische Zehn-Jahres-Insolvenzwahrscheinlichkeit bei 5,2 % liegt, aber aus den Preisen von Anleihen sich eine Insolvenzwahrscheinlichkeit von 20,9 % ableiten lässt. Die Differenz lässt sich als Übernahme des systematischen Risikos durch die Gläubiger interpretieren oder als Indiz für den Einfluss unternehmensspezifischer Risiken, die auch im Rating erfasst sind, auf die Kapitalkosten.

5.3.8.4 Zusammenfassung und Fazit

Der Unternehmenswert wird also deutlich durch die Insolvenzwahrscheinlichkeit und ihre Determinanten, wie Ertragskraft, Risikodeckungspotenzial und Risikoumfang, beeinflusst. Zu empfehlen ist eine konsistente, simultane, simulationsbasierte[1288] Ableitung von Insolvenzwahrscheinlichkeit (Rating) und Wert eines Unternehmens – unter Berücksichtigung der Implikationen, der Insolvenzwahrscheinlichkeit, eben für diesen Wert. Dies ermöglicht Transparenz und eine konsistente Bewertung der unsicheren Erträge oder Cashflows eines Unternehmens. Die Praxis einer weitgehenden Unabhängigkeit der Quantifizierung von Risiken, Ratinganalyse (z.B. durch eine Ratingagentur) und Bewertung[1289] ist suboptimal. Wechselwirkungen werden so nicht konsistent berücksichtigt.[1290]

Risikoaggregationsverfahren (stochastische Planungsverfahren) stellen eine gemeinsame Grundlage für Rating und Unternehmensbewertung dar und ermöglichen es, die für beide Betrachtungen wesentlichen Risikoinformationen konsistent zu berücksichtigen.

[1286] „Costs of Financial Distress".

[1287] Zum „traditionellen" Vorgehen siehe Graham, 2000, und Molina, 2005.

[1288] Vgl. zu Rating-Determinanten, Gleißner, 2002.

[1289] Z.B. durch einen Wirtschaftsprüfer gemäß Unternehmensbewertungsstandard IDW S 1. Vgl. Gleißner/Garrn/Nestler, 2014 mit dem Vorschlag zur Integration von Bewertungs- und Ratinggutachten.

[1290] Gleißner, 2002, 2005a und 2017c sowie Gleißner/Wolfrum, 2008b; Dirrigl, 2009; Knackstedt, 2009, und Dreher, 2010.

5.4 Fallbeispiele zur risikogerechten Bewertung und Entscheidungsvorbereitung

5.4.1 Einleitung und Überblick: Risikogerechte Bewertung und Entscheidungsvorbereitung

Veränderungen der Unternehmensstrategie haben oft schwerwiegende, aber unsichere Auswirkungen. Sie verändern das Ertrag-Risiko-Profil eines Unternehmens und damit den Unternehmenswert (Entscheidungswert). Wie aufgezeigt, sind im Rahmen einer fundierten Entscheidungsvorbereitung Risiko, Rating, Wert und deren Wechselwirkungen zu betrachten. Grundlage einer Entscheidungsvorlage bei Vorstand oder Geschäftsführung (und Aufsichtsrat) müssen eine nachvollziehbare Strategie mit einer daraus ebenso nachvollziehbar abgeleiteten operativen Planung sowie Transparenz über die zugrunde liegenden Annahmen sein. Entsprechend der Business Judgement Rule (§ 93 AktG) sind speziell bei der Vorbereitung von „unternehmerischen Entscheidungen" deren unsichere Auswirkungen zu berücksichtigen.[1291] Da die Zukunft nicht sicher vorhergesehen werden kann, ist es also erforderlich, Chancen und Gefahren (Risiken), die Planabweichungen auslösen können, anzugeben und zu quantifizieren. Die Beurteilung der Planung hat aus der Perspektive der Gläubiger (Ratingprognose) und der Eigentümer (modellbasiert berechneter Unternehmenswert) zu erfolgen. Insbesondere ist es erforderlich mögliche bestandsgefährdende Entwicklungen infolge der unsicheren Auswirkungen von Entscheidungen früh zu erkennen und sich durch die Bestandsgefährdung ergebende Insolvenzrisiko bei der Beurteilung von Handlungsmöglichkeiten zu berücksichtigen. Wie in Abschnitt 5.3 bereits dargestellt, sind geeignete Methoden der Entscheidungsvorbereitung, die Ertrag und Risiko berücksichtigen, gerade die Bewertungsverfahren. Bewertungsverfahren sind Methoden der Risiko- bzw. Unsicherheitstransformation und liefern Entscheidungswerte; z.B. für eine Investitions- oder Strategiebewertung.

Im folgenden Abschnitt wird mittels Fallbeispielen gezeigt, wie ausgehend von den Resultaten einer quantitativen Risikoanalyse und einer simulationsbasierten Risikoaggregation Investitionen, Versicherungen, Projekte, Maßnahmenbündel oder Ideen zu ergänzenden Risikobewältigungsmaßnahmen fundiert quantitativ bewertet werden können. Die anhand der Fallbeispiele erläuterten Methoden sind insbesondere wichtig, wenn es um das Aufzeigen der Implikationen einer „unternehmerischen Entscheidung" (§ 93 AktG) für den Risikoumfang und das Abwägen von Ertrag und Risiko bei der Entscheidungsvorbereitung geht.[1292]

[1291] Graumann et al, 2009; RMA, 2019 und ICV, 2021.
[1292] Siehe ICV, 2021 und RMA, 2019.

5.4.2 Fallbeispiel 1: Risikogerechte Investitionsbewertung und Projektfinanzierung

Im ersten Fallbeispiel wird eine Sachinvestition[1293] risikogerecht bewertet, um eine fundierte Entscheidungsgrundlage für die Unternehmensführung zu erhalten. Die Investition wird als eigenständiges Projekt aufgefasst und Risikodiversifikationseffekte mit anderen Risiken im Unternehmen oder auf Ebene der Unternehmenseigentümer (Bewertungssubjekt) werden vernachlässigt.[1294] Ein derartiger Bewertungsansatz ist besonders „konservativ", weil schon unter Vernachlässigung von Risikodiversifikationseffekten die Erträge des Projekts (Investition) ausreichen müssen, um sämtliche Risiken des Investitionsprojekts zu rechtfertigen. Für das Projekt wird eine eigenständige Projektfinanzierung geplant.

Die nachfolgende Bewertung erfolgt dabei in zwei Varianten. Zunächst erfolgt eine Bewertung unter Berücksichtigung von Rating- und Finanzierungsrestriktionen basierend auf dem Risikomaß Value at Risk (Eigenkapitalbedarf), also eine „input-orientierte Bewertung" mit dem „Risikodeckungsansatz".[1295] Alternativ erfolgt im zweiten Schritt eine Bewertung basierend auf der Standardabweichung des Rückflusses als Risikomaß, also einer Risikokennzahl, die in der traditionellen Unternehmensbewertung zugrunde gelegt wird und den Umfang möglicher Planabweichungen (Chancen und Gefahren) erfasst (Ertragsrisiko).

Das Entscheidungsproblem für die Investitionsrechnung: Ein Unternehmen will eine Sachinvestition bewerten und entscheidet nach der Durchführung der Risikoaggregation, wie viel Fremdkapital es zur Finanzierung dieser Investition ($I_0 = 100$ T€) aufnehmen muss, damit die vorgegebene Insolvenzwahrscheinlichkeit (p) von 0,5 % eingehalten wird („BBB-"-Rating).[1296] In diesem Fallbeispiel wurde ein Planungsmodell entwickelt, mit dem eine Monte-Carlo-Simulation durchführbar wird. Aus Planung und Risikoanalyse ist bekannt, dass der (normalverteilte) Rückfluss aus dem Projekt nach einem Jahr ($\tilde{Z}^{OP}$) einen Erwartungswert $E(\tilde{Z}^{OP}) = 109$ T€ mit Standardabweichung $\sigma_{\tilde{Z}^{OP}} = 10$ T€ aufweist, wenn keine außergewöhnlichen technischen Risiken eintreten. Allerdings existiert ein solches (unabhängiges) technisches Risiko, das einen außerordentlichen Schaden (S) i.H.v. 20 T€ (Eintrittswahrscheinlichkeit p = 15 %) auslösen kann. Die folgende Abbildung zeigt das Ergebnis der Risikoaggregation (inkl. technischem Risiko) mittels Monte-Carlo-Simulation.[1297]

1293 Vgl. auch Gleißner/Meyer/Spitzner, 2021 für ein Fallbeispiel zur Investitionsrechnung.

1294 Dies bedeutet insbesondere, dass der Risikodiversifikationsfaktor d = 1 gesetzt wird.

1295 Die Kapitalkosten entsprechen dabei den Finanzierungskosten für Eigen- und Fremdkapital.

1296 In enger Anlehnung an Gleißner, 2009b.

1297 Diese Vorgehensweise wird im Folgenden anhand des Fallbeispiels näher erläutert, wobei Diversifikationseffekte, Steuern und ein Tax-Shield vernachlässigt werden.

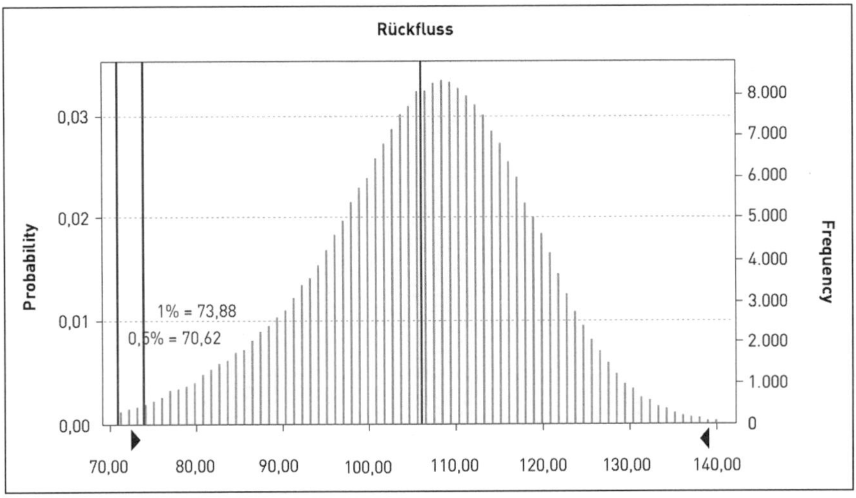

Verteilungsfunktion von $\tilde{Z}$ [1298]

Abbildung 130: Unsichere Rückflüsse der Investition

a) Bewertung mit Risikodeckungsansatz und Eigenkapitalbedarf als Risikomaß

Die Häufigkeitsverteilung zeigt die erwartete Höhe des Rückflusses $E(\tilde{Z}) = E(\tilde{Z}^{OP}) - S \cdot p$ von 106 T€. Zudem zeigt sich, dass die „Mindest-Rückflüsse" dieser „schiefen" Verteilung mit 99,5 %iger Wahrscheinlichkeit mindestens 70,6 T€ erreichen. Vereinfachend nimmt man zudem für die Bestimmung der risikogerechten Projektfinanzierung an, dass der mögliche vertragliche Fremdkapitalzinssatz $k_{FK}^{0} = 4{,}5\%$ um die Insolvenzwahrscheinlichkeit $p = 0{,}5\,\%$ höher ist als der risikolose Zins r_f (hier: 4 %).[1299] Sollen Zinszahlungen berücksichtigt werden, ergibt sich für das maximale Fremdkapital, die sogenannte „Beleihungsgrenze"[1300]:

$$FK_{p}^{max} = \frac{70{,}6\text{T€}}{(1 + k_{FK}^{0})} = 67{,}6 \qquad (5.48)$$

Fremdkapital in dieser Höhe ist mit 99,5 %iger Sicherheit mit Zinsen zurückzahlbar. Der Eigenkapitalbedarf (zur Deckung möglicher Verluste) berechnet sich demnach als Differenz zwischen Investitionsvolumen (I_0) und dem maximal möglichen Fremdkapital (Beleihungsgrenze):

$$EKB_{\alpha} = I_0 - FK_{p}^{max} = 100\ T€ - 67{,}6T€ = 32{,}4\ T€ \qquad (5.49)$$

[1298] Quelle: FutureValue Group AG, aus Crystal Ball.

[1299] Für den Fall der Insolvenz – Verzehr des Eigenkapitals – wird bei der Berechnung des Fremdkapitalzinssatzes der Gläubiger vereinfachend eine Rückzahlung von 0 unterstellt (Recovery Rate = 0). Auch Nachschussverpflichtungen werden nicht angenommen.

[1300] Man sieht, dass das Risiko über das Risikomaß Value at Risk (VaR) gemessen wird.

Ein höheres Eigenkapital wird für die Investition zur Risikodeckung nicht benötigt.[1301, 1302]

Zur Bewertung müssen zuerst die ratingabhängigen Eigenkapitalkosten als erwartete Renditen einer Alternativanlage berechnet werden (vgl. Abschnitt 5.3.5). Zusammen mit dem gerade ermittelten Eigenkapitalbedarf ergibt sich als nächster Schritt der Wert durch Berechnung eines Risikozuschlags nach der Bewertungsformel (5.27). Für eine Insolvenzwahrscheinlichkeit von p = 0,5 % (d.h. $q_P = -2{,}5$), eine Standardabweichung der Rendite des Marktportfolios (Aktienindex) von $\sigma_M = 20\,\%$ und eine erwartete Marktrendite von $r_M^e = 8\%$ erhält man eine erwartete Eigenkapitalrendite von etwa 13,2 % und einen Risikozuschlag $r_{z,p}$ des Eigenkapitals von 9,2 %[1303] (vgl. Abschnitt 5.3.5).

Der Wert der Zahlung ergibt sich mittels

$$W(\tilde{Z}) = \frac{E(\tilde{Z}) - EKB_\alpha \cdot r_{z,p}}{(1+r_f)} = \frac{106 - 32{,}4 \cdot 0{,}092}{(1+0{,}04)} = 99{,}1 < 100 \tag{5.50}$$

Der Netto-Kapitalwert[1304] ($C_0 = W(\tilde{Z}) - I_0 \approx -0{,}9$) ist negativ. Daraus folgt, dass die Investition in der Weise nicht getätigt werden sollte. Der Risikoabschlag (32,4 · 9,2 %) in der Bewertung erfasst gerade die Risiko- oder Wagniskosten des Projekts, also die kalkulatorischen Zusatzkosten durch den nötigen Einsatz von Eigenkapital als Risikodeckungspotenzial.

Mit Hilfe dieser Ergebnisse kann man – wenn gewünscht – auch folgenden Gesamtkapitalkostensatz (vor Steuern) (Diskontierungszinssatz) berechnen (mit dem auch der Netto–Barwert C_0 verzinst wird).[1305]

$$k_{WACC} = k_{EK,p} \cdot \frac{EKB_\alpha}{I_0} + k_{FK} \cdot \frac{I - EKB_\alpha}{I_0} = 13{,}2\,\% \cdot \frac{32{,}4}{100} + 4\% \cdot \frac{(100-32{,}4)}{100} \approx 7{,}0\% \tag{5.51}$$

Anzumerken ist, dass die Fremdkapitalkosten (k_{FK}), also die erwartete Rendite der Fremdkapitalgeber, unter Berücksichtigung des möglichen Ausfalls weiter 4 % beträgt und unter dem Fremdkapitalzinssatz von 4,5 % liegt (der Zinszuschlag von 0,5 % kompensiert gerade den möglichen Ausfall).[1306]

[1301] Und beispielsweise an die Eigenkapitalgeber ausgeschüttet, falls schon in der (Projekt-)Gesellschaft.

[1302] Bei der hier angenommenen „Nicht-Marktgängigkeit" des Rechts zur Durchführung der Investition kann ein Marktpreis (Goodwill) bei der Berechnung des Eigenkapitalbedarfs (anders als manchmal bei der Unternehmensbewertung) vernachlässigt werden, vgl. Gleißner/Wolfrum, 2008a.

[1303] Für $r_{z,p}$, als λ_{VaR}, gilt: $r_{z,p} = \frac{MRP}{Var(r_m)} = \frac{r_m^e - r_f}{-(r_m^e - q_p \cdot \sigma_m)} = \frac{8\% - 4\%}{-(8\% - (-2{,}576) \cdot 0{,}2)} = 9{,}2\%$.

Vgl. Abschnitt 5.3.5. Zu bedenken ist, dass hier $r_{z,p}$ der „Marktpreis des Risikos" (λ) ist und dieser bei einer zu bewertenden Zahlung in t > 1 ansteigt, weil auch mit den Alternativinvestments (Aktien) mit zunehmender Zeit eine höhere Rendite zu erwarten wäre. Eine solche Anpassung ist bei den später erläuterten Bewertungsverfahren unter (b) nicht nötig.

[1304] Net Present Value, d.h. Wert abzüglich Startinvestition.

[1305] Alternativer Weg zur Kapitalkostenberechnung:
$k' \approx r_f + \lambda \cdot V(\tilde{Z}) \cdot d = 4\% + 0{,}2 \cdot 0{,}116 \cdot 1 = 6{,}3\%$.

[1306] Vgl. Volkart, 1999; Gleißner, 2010b; Baule, 2019; Schüler/Schwetzler, 2019 und Franken et al., 2020.

b) Bewertung basierend auf den Variationskoeffizient des Ertrags

Die Bewertung der Investition wurde bisher basierend auf dem Risikomaß Value at Risk durchgeführt, das zur Messung des Eigenkapitalbedarfs diente. Bei dieser sogenannten „input-orientierten" Bewertung wurden bestehende Rating- bzw. Finanzierungsrestriktionen der Gläubiger berücksichtigt und damit ein Risikomaß gewählt, das den Umfang möglicher Verluste (bezogen auf die Ausgangssituation) ausdrückt. Nachfolgend wird nun ergänzend eine sogenannte „output-orientierte" Bewertung vorgenommen, bei der Rating- und Finanzierungsrestriktionen vernachlässigt werden. Das Risikoverständnis und das vom Bewertungssubjekt (Eigentümer/Investor) gewählte Risikomaß ist nun die Standardabweichung des Rückflusses, also eine Kennzahl, die den Umfang möglicher Planabweichungen (Chancen und Gefahren) ausdrückt. Dieses Risikoverständnis liegt auch den kapitalmarktorientierten Modellen für die Unternehmensbewertung, wie dem Capital Asset Pricing Modell (CAPM), zugrunde.[1307, 1308]

Aus den Ergebnissen der Risikoaggregation mittels Monte-Carlo-Simulation, die in Abbildung 130 dargestellt sind, ergibt sich unmittelbar auch die Standardabweichung der Rückflüsse. Die Standardabweichung $\sigma(\tilde{Z})$ beträgt 12,3 T€. Setzt man die Standardabweichung der Rückzahlung in Relation zum Erwartungswert (106 T€) erhält man den Variationskoeffizienten:[1309]

$$V(\tilde{Z}) = \frac{\sigma(\tilde{Z})}{E(\tilde{Z})} = \frac{12,3}{106} = 0,116 \qquad (5.52)$$

Für die risikogerechte Bewertung benötigt man wieder den „Marktpreis des Risikos" (λ), der das Ertrag-Risiko-Profil der verfügbaren Alternativinvestitionsmöglichkeit (Aktienmarkt, risikolose Staatsanleihen) widerspiegelt. Die Größe λ ist vom Risikomaß abhängig. Für die Standardabweichung als Risikomaß entspricht λ gerade dem Sharpe Ratio, also hier berechnet ausgehend von der Marktrisikoprämie (MRP).[1310]

$$\lambda = \frac{MRP}{\sigma_m} = \frac{r_m^e - r_f}{\sigma_m} = \frac{8\% - 4\%}{20\%} = 0,2 \qquad (5.53)$$

[1307] Beim CAPM wird in dem aus der Standardabweichung abgeleiteten Beta-Faktor aber nur die nicht diversifizierbare (systematische) Komponente des Risikos erfasst, siehe Abschnitt 5.3.

[1308] Nachfolgend wird wie bisher der Gesamtrisikoumfang als bewertungsrelevant angesetzt, also der Risikodiversifikationsgrad d = 1 angenommen.

[1309] Grundsätzlich kann man statt $\sigma(\tilde{Z})$ auch $VaR(\tilde{Z})$, also den Eigenkapitalbedarf, verwenden und dazu „passende" Kapitalkosten (k) ableiten.

[1310] Die erwartete Überrendite des (empirischen) Marktportfolios (Aktien) im Vergleich zu risikolosen Staatsanleihen.

Die Bewertung der Investition erfolgt nun mit einem risikogerechten Diskontierungszinssatz (Kapitalkostensatz), gemäß Gleichung (5.18).[1311]

$$k = \frac{1+r_f}{1-\lambda \cdot V(\tilde{Z}) \cdot d} - 1 = \frac{1+4\%}{1-0{,}2 \cdot 0{,}116 \cdot 1} - 1 = 6{,}5\%^{1312} \tag{5.54}$$

Man kann nun den Wert der Investition berechnen:[1313]

$$W(\tilde{Z}) = \frac{E(\tilde{Z})}{(1+k)} = 99{,}6 \tag{5.55}$$

Das Resultat ist im Grundsatz das Gleiche wie bei der obigen Bewertung in Abhängigkeit vom Risikomaß Value at Risk (VaR): Die Investition hat ein ungünstiges Ertrag-Risiko-Profil und damit ist der berechnete risikogerechte Ertragswert mit 99,6 geringer als die Startinvestition von 100. Die Investition wird also nicht durchgeführt.

Man erkennt allerdings, dass der berechnete Wert (und der Kapitalkostensatz) bei der risikogerechten Bewertung basierend auf der Standardabweichung als Risikomaß leicht von dem Wert abweicht, der zunächst basierend auf dem Value at Risk als Risikomaß berechnet wurde. Dies liegt daran, dass die beiden Risikomaße ein etwas anderes Risikoverständnis ausdrücken. Während die Standardabweichung den „üblichen" Umfang von Schwankungen um den Erwartungswert ausdrückt, erfasst der Value at Risk als „Downside-Risikomaß" mögliche negative extreme Abweichungen (Verluste).[1314, 1315] Durch die „Schiefe" der Verteilung der Rückflüsse erscheint die Investition für einen Bewerter, der Rating- und Finanzierungsrestriktionen im Entscheidungskalkül berücksichtigen muss, etwas ungünstiger.

5.4.3 Fallbeispiel 2: Risikoanalyse und Bewertung eines Projekts[1316]

Die ABC-Bauträger GmbH möchte im Rahmen einer Projektentwicklung eine Reihenhaussiedlung erstellen und die Reihenhäuser anschließend verkaufen.[1317]

[1311] Alternativ und dazu konsistent wäre auch eine Berechnung über einen „Risikoabschlag" möglich. Dieser beträgt dann gerade:

$$d \cdot \lambda \cdot \sigma_z = 1 \cdot 0{,}2 \cdot 12{,}3 = 2{,}5.$$

[1312] Die einfache lineare Abschätzung der Kapitalkosten hätte zu einem ähnlichen Resultat geführt: $k' \approx r_f + \lambda \cdot V(\tilde{Z}) \cdot d = 4\% + 0{,}2 \cdot 0{,}116 \cdot 1 = 6{,}3\%$.

[1313] Wäre der Rückfluss im Jahr 2 (t = 2), könnte man das Bewertungsverfahren auch anwenden. Dann sollte man den Erwartungswert $E(Z)$ um den Risikoabschlag nach Fußnote 1311 reduzieren und das Ergebnis mit $(1 + r_f)^2$ auf die Gegenwart abzinsen.

[1314] Der Conditional Value at Risk oder Expected Shortfall würde auch die „Extremausprägungen" unterhalb des Value at Risk erfassen.

[1315] Wäre die Rückzahlung gerade durch die symmetrische Normalverteilung beschreibbar, wären der Value at Risk und die Standardabweichung direkt umformbar und die Bewertungsergebnisse identisch.

[1316] In enger Anlehnung an Gleißner, 2017g.

[1317] Vgl. zur simulationsbasierten Investitionsrechnung auch Gleißner/Meyer/Spitzner, 2021.

Alle notwendigen Genehmigungen sind erteilt und außergewöhnliche, strategische oder technische Risiken sind nicht erkennbar (und können entsprechend vernachlässigt werden). Zunächst wird ein Grundstück zum sicheren Kaufpreis von 10 Mio. Euro erworben. Ausgehend von der vorliegenden Bauplanung wird für die geplanten 10.000 m² Wohnfläche, die die Reihenhäuser aufweisen werden, jeweils mit 1.500 Euro Investitionsbedarf pro Quadratmeter gerechnet. Die gesamte geplante Investition beträgt damit 25 Mio. Euro.[1318] Die durchschnittliche Investitionssumme pro m² ist jedoch (trotz bestehender Verträge mit den ausführenden Unternehmen) unsicher. Ausgehend von der Risikoanalyse wird angenommen, dass die Investition je Quadratmeter Wohnfläche bei (a) mindestens 1.400 Euro, am wahrscheinlichsten 1.500 Euro und maximal 1.800 Euro liegen wird (Dreiecksverteilung). Zum Entscheidungszeitpunkt ist der Verkaufserlös unsicher.[1319] Der Bauträger kalkuliert für jeden Quadratmeter der (sicheren) Wohnfläche mit einer monatlich erzielbaren Miete von 11,5 Euro. Für den geschätzten unsicheren Verkaufspreis wird ein realisierbares „Miet-Multiple" von 20 angenommen, d.h. der Verkaufspreis wird mit 20 mal der Jahresmiete abgeschätzt. Sowohl der zukünftige Multiple als auch die Quadratmeter-Miete sind jedoch unsicher. Gemäß Experteneinschätzung wird der Verkaufs-Multiple (m) mindestens bei 18, am wahrscheinlichsten bei 20 und maximal bei 21 liegen. Der leichte Gefahrenüberhang drückt den Sachverhalt aus, dass man in der betrachteten Region eher von einer leichten Abschwächung der Marktbedingungen ausgeht. Die Unsicherheit (Standardabweichung) bezogen auf die realisierbare Miete liegt bei 1,5 Euro pro Quadratmeter (normalverteilt).

Das Immobilien-Projekt soll (im Rahmen einer Projektfinanzierung) zu 70 % des geplanten Investitionsvolumens fremdfinanziert werden. Bei einem Investitionsvolumen von geplanten 25 Mio. Euro ergibt sich damit ein Fremdkapitaleinsatz von 17,5 Mio. Euro. Es wird zunächst angenommen, dass die Fremdfinanzierung mit einem Zinssatz von 5 % möglich ist – wobei im Rahmen der Risikoanalyse noch zu untersuchen ist, ob bei den sich aus den Risiken ergebenden Insolvenzwahrscheinlichkeiten dieser Zinssatz als risikogerecht belegen lässt. Planmäßig wird damit seitens des Projektentwicklers[1320] ein Eigenkapitalbedarf von 7,5 Mio. Euro erwartet (25 Mio.–Euro – 17.5 Mio. Euro Fremdkapital). Da jedoch die Investition zu unsicher ist, kann sich auch dieser erhöhen.

Bei einer traditionellen einfachen (deterministischen bzw. einwertigen) Betrachtung stellt sich das Projekt wie folgt dar:

Ausgehend von einem geplanten Investitionsvolumen von 25 Mio. Euro erhält man am Ende der einjährigen Projektlaufzeit einen Rückfluss von 27,6 Mio. Euro.[1321] Dies entspricht einer Gesamtkapitalrendite von 10,4 % (27,6 Mio. Euro / 25 Mio. Euro – 1). Nach Abzug von Zins und Tilgung für das Fremdkapital[1322]

1318 Es wird unterstellt, dass diese vereinfachend am Projektbeginn fällig wird.

1319 Es wird vereinfachend angenommen, dass zum Projektende nach einem Jahr sämtliche Rückflüsse anfallen.

1320 Bzw. von ihm einbezogener Eigenkapitalgeber.

1321 10.000 m² x 11,5 Euro je m² und Monat x 12 Monate x 20.

1322 17,5 Mio. Euro x (1+5 %).

wird ein Rückfluss für die Eigenkapitalgeber in Höhe von 9,225 Mio. Euro geplant. Der Gewinn ist also 1,725 Mio. Euro. Die geplante Eigenkapitalrendite beträgt damit erfreulich hohe 23 %.[1323]

Kaufpreis Immobilie	10,0 Mio. Euro
+ Bauinvestition	15,0 Mio. Euro
= Gesamtinvestition	25,0 Mio. Euro
davon Eigenkapital	7,5 Mio. Euro
davon Fremdkapital	17,5 Mio. Euro
Verkaufspreis (Plan)	27,6 Mio. Euro
– Fremdkapital	17,5 Mio. Euro x (1+5 %)
– Eigenkapital (anfänglich)	7,5 Mio. Euro
= Gewinn	1,725 Mio. Euro

Es stellt sich nun die Frage, wie das Projekt unter Berücksichtigung von Risiken einzuschätzen ist. Wären die 23 % Eigenkapitalrendite „sicher", wäre das Projekt offensichtlich extrem attraktiv. Bei der Beurteilung von Projekten besteht jedoch gerade das Problem darin, dass Risiken (Chancen und Gefahren) bestehen, die Planabweichungen auslösen können, und in der Beurteilung zu berücksichtigen sind.

Unter Berücksichtigung der oben genannten drei quantifizierten Risiken wird daher eine Risikoaggregation mittels Monte-Carlo-Simulation durchgeführt (siehe Kapitel 3). Dabei wird eine große Anzahl risikobedingt möglicher Zukunftsszenarien des Projekts berechnet und analysiert. So erhält man die Häufigkeitsverteilungen für den Rückfluss an die Eigenkapitalgeber und die Eigenkapitalrendite (siehe nachfolgende Grafiken), aber auch für den Eigenkapitalbedarf.

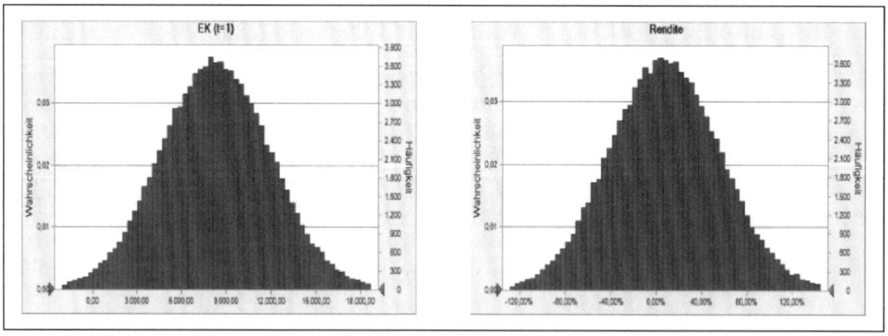

Abbildung 131: Rückfluss Eigenkapital und Eigenkapitalrendite

1323 9,225 Mio. Euro / 7,5 Mio. Euro – 1 = 23 %.

Aus den Simulationsergebnissen kann man nun leicht folgende Ergebnisse unmittelbar ableiten:

Zunächst einmal zeigt sich, dass im Mittel ein Eigenkapitaleinsatz von 7,7 Mio. Euro – anstelle der geplanten 7,5 Mio. Euro erforderlich ist. Dies wird verursacht durch die Möglichkeit, dass das Startinvestment aufgrund höherer als geplanter Baukosten (Investition pro Quadratmeter Wohnfläche) überschritten wird. Die Eigenkapitalgeber sollten sich allerdings sogar noch auf die Möglichkeit einer höheren Inanspruchnahme von finanziellen Mitteln einrichten. Aus der Simulation ergibt sich, dass mit 95 %iger Sicherheit ein Eigenkapitalbedarf von 8,17 Mio. Euro nicht überschritten wird – so dass es für die Eigenkapitalgeber empfehlenswert ist, eine derartige Bereitstellung von Eigenkapital vorzusehen.[1324] Ein möglicher zusätzlicher Eigenkapital- bzw. Liquiditätsbedarf für die Investoren wird hier also unmittelbar erkennbar.

Aus der Risikosimulation ergibt sich zudem, dass am Ende der Projektlaufzeit im Mittel mit einem Rückfluss an die Eigentümer nur von 8,3 Mio. Euro zu rechnen ist. Dies ist deutlich weniger als die geplanten 9,225 Mio. Euro, weil sowohl beim „Verkaufs-Multiple" als auch bei den „Investitionen je Quadratmeter" bei der Risikoquantifizierung ein Gefahrenüberhang angegeben wurde (siehe oben). Die im Mittel zu erwartende Rendite der Eigenkapitalgeber liegt damit nur bei 10,6 %; deutlich weniger als die geplanten 23 %.

Für die Beurteilung der Fremdfinanzierung ist es wichtig festzustellen, mit welcher Wahrscheinlichkeit das Fremdkapital vollständig (mit Zins und Tilgung) zurückgezahlt werden kann. Bei den oben getroffenen Annahmen über die Risiken ergibt sich eine Insolvenzwahrscheinlichkeit von ca. 1,2 %, d.h., in knapp 99 % der Fälle kann der Kapitaldienst geleistet werden. Diese Insolvenzwahrscheinlichkeit entspricht einem „BB"-Projektrating und ist sicherlich niedrig genug, um einen Zinssatz des Fremdkapitals von 5 % zu rechtfertigen. Bei dem vorhandenen Risikoprofil erscheint es eher so, dass man im Rahmen der Diskussion mit der Bank auch noch einmal über eine Verbesserung der Fremdfinanzierungkonditionen verhandeln sollte.

Wie stellt sich nun die Attraktivität des Projekts aus Perspektive der Eigenkapitalgeber (des Bauträgers) dar? Ist die erwartete Rendite von 10,6 % in Anbetracht der bestehenden Risiken adäquat?

Um diese Fragen zu beantworten, muss man zunächst den Risikoumfang – die Bandbreite der Rückzahlung – betrachten. Verwendet man, die Standardabweichung als Risikomaß, ergibt sich für diese ein Wert von ca. 3,7 Mio. Euro. Den risikogerechten Wert des Rückflusses bestimmt man wie folgt:[1325]

$$W = \frac{E(Z) - \lambda \cdot \sigma(Z)}{1 + r_f} = \frac{8{,}3 - 0{,}25 \cdot 3{,}7}{1{,}03} = 7{,}16 \text{ Mio. Euro.} \tag{5.56}$$

[1324] Wenn das bereitgestellte Fremdkapital auf 17,5 Mio. Euro beschränkt ist.

[1325] Auf die Möglichkeit einer Risikodiversifikation auf Ebene des Portfolios der Eigentümer wurde hier verzichtet, d.h., es wurde gerechnet mit einem Risikodiversifikationsfaktor von d = 1.

Für die Berechnung wurde ein typischer Marktpreis des Risikos (Sharpe Ratio) von sowie ein nachhaltiger risikoloser Zinssatz von angenommen. Man sieht nun, dass der Wert des Projektes mit 7,16 Mio. Euro deutlich unter dem notwendigen Startinvestment von (im Mittel) 7,7 Mio. Euro liegt. Das Projekt ist damit wirtschaftlich nicht sinnvoll. Die „Kapitalwert-Rate"[1326], also die Relation des Werts der Zahlungen zum Startinvestment, liegt unter 1. Man kann nun ergänzend auch leicht die risikogerechten Kapitalkosten (k), also die Anforderungen an die erwartete Rendite, wie folgt ableiten:

$$k = \frac{E(Z)}{W(Z)} - 1 = 15{,}9\ \%. \tag{5.57}$$

Auch bei Betrachtung der zu erwartenden Rendite (10,6 %) mit den risikogerechten Anforderungen an die Rendite (den Kapitalkosten) von 15,9 % sieht man das gleiche Bild. Das Projekt ist wirtschaftlich nicht sinnvoll, da angemessene Kapitalkosten nicht verdient werden können. Dies bedeutet nichts anderes, als dass das Ertrag-Risiko-Profil der Investition unattraktiv ist (vgl. Tabelle 46 mit einer Zusammenfassung). Alle oben erläuterten wesentlichen Erkenntnisse zu Risiko, angemessenen Finanzierungskonditionen (Projektrating) und Projektwert lassen sich ohne eine quantitative Risikoanalyse und Risikosimulation nicht ableiten.

Beurteilung: Projekt "Reihenhaussiedlung"	
Investment	25,0 Mio.
... davon Eigenkapital (EK)	7,5 Mio.
Plan-Rendite Eigenkapital	23,0 %
erwartete Rendite Eigenkapital	10,8 %
Ertragsrisiko	3,7 Mio. (≙ 49 %)
Eigenkapitalkosten	15,9 %
Rating	BB
Fremdkapitalzins	5 %
Wert (W)	7,2 Mio.
Kapitalwertrate (W/EK)	0,92

Tabelle 46: Zusammenfassende Beurteilung des Projektes

Im Fallbeispiel wurde gezeigt, wie ausgehend von einer Risikoanalyse und simulationsbasierten Risikoaggregation die fundierte Beurteilung des Ertrag-Risiko-Profils eines Projektes möglich ist. Zudem wird Transparenz über den Gesamtrisikoumfang (und damit den Eigenkapitalbedarf) eines Projektes geschaffen und es wird möglich, das Projekt sowohl aus Perspektive des Bauträgers, eines Investors und auch der finanzierenden Bank zu beurteilen. Die Transparenz über die Risiken, die für die Gespräche mit den Fremdkapitalgebern wichtig sind, ermöglichen oft „schwierige" Finanzierungen überhaupt zu

[1326] Vergleiche das sogenannte „Tobin Q".

realisieren (und dies dann zu risikoangemessenen Konditionen). Gerade auch in Gesprächen mit Eigen- und Fremdkapitalgebern kann ein Projektinitiator so – ausgehend von nachvollziehbaren Annahmen, speziell auch über die Risiken – die wirtschaftliche Sinnhaftigkeit eines Projektes fundiert belegen (was gerade in Zeiten mit oft schon scheinbar überhöhten Immobilienpreisen wesentlich ist). Die Risikoanalyse schafft zudem für die Entscheider (z.B. Investoren) eine auch später nachvollziehbare Entscheidungsgrundlage, die transparent die Risiken darstellt, und so als „angemessene Information" auch im Sinne des §93 Aktiengesetz interpretiert werden kann.

Die hier skizzierte Vorgehensweise lässt sich erweitern durch die Berechnung weiterer für die Entscheidung hinsichtlich einer Investition oder auch des Kaufs oder Verkaufs von Immobilien hilfreicher risikoadjustierter Kennzahlen (siehe die nachfolgende „Investment-Ampel").[1327]

Erwartete Gesamtkapitalrendite	3,7 %	
Erwartete Eigenkapitalrendite	5,6 %	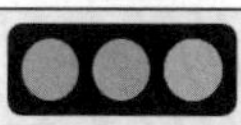
Fremdkapital-Rating	BB+	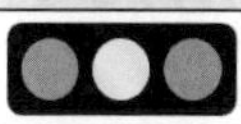
Equity-Rating (Wahrscheinlichkeit Ek-Rendite über 2,5%)	93,5 %	
Ertragsrisiko: Variationskoeffizient	12,7 %	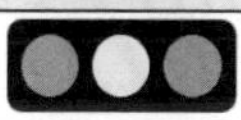
Kapitalkostensatz (Eigenkapital)	4,3 %	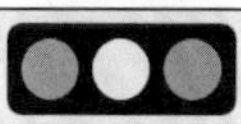
Kapitalwertrate (W/P)	1,17	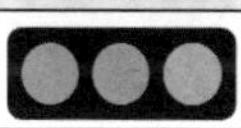

Abbildung 132: Kennzahlen einer Investment-Ampel

5.4.4 Fallbeispiel 3: Strategiebewertung

5.4.4.1 Risikogerechte Unternehmensbewertung in der Ausgangssituation

Ein wichtiges Anwendungsfeld von Risikoanalyse in Verbindung mit einer risikogerechten Bewertung[1328] ist die Strategiebewertung[1329] im Rahmen der Vorbereitung von Entscheidungen durch Vorstand oder Geschäftsführung. Im nachfolgenden Fallbeispiel wird für ein börsennotiertes Unternehmen die Strategiebewertung basierend auf der Standardabweichung bzw. dem Variationskoeffizient der Erträge vorgenommen, die den Umfang möglicher

[1327] Gleißner/Oertel 2020.

[1328] Semi-investitionstheoretische Bewertung basierend auf einem Risiko-Wert-Modell (vgl. Abschnitt 5.3.8).

[1329] Vgl. Gleißner, 2019p.

Planabweichungen erfassen („output-orientierte Bewertung"). Auch die Risikodiversifikationsmöglichkeiten der Aktionäre werden nun –wie im CAPM – berücksichtigt.

Die Wirkung einer Outsourcing-Strategie auf den Unternehmenswert wird nachfolgend untersucht.[1330] Es soll berechnet werden, ob diese Strategie unter Abwägen von Ertrag und Risiko sinnvoll ist. Aus der Betrachtung der strategischen Positionierung und der wesentlichen Erfolgspotenziale wurde die Idee für ein Outsourcing abgeleitet.[1331] Der betreffende Abschnitt der Wertschöpfungskette weist im Unternehmen nämlich keine tragfähigen Erfolgspotenziale aus. So wurde im Zusammenspiel der Fachabteilungen Controlling, Produktion und Logistik ein Konzept zur Realisierung des Outsourcings des entsprechenden Produktionsbereiches entwickelt, um

- Kosten zu reduzieren (und den Ertrag zu erhöhen) durch niedrigere Einkaufspreise (im Vergleich zu den bisherigen Kosten) und
- zugleich die Risiken zu reduzieren, weil ein Teil der Fixkosten durch variable Kosten ersetzt wird.

Ob die entsprechende Konzeption erfolgsversprechend ist und damit zu einer Wertsteigerung führt, wird im Fallbeispiel untersucht.

Zur Vorbereitung der Strategiebewertung werden zunächst der aggregierte Gesamtrisikoumfang (Ertragsrisiko), das Rating und der risikogerechte Unternehmenswert (als Erfolgsmaßstab) für den Status quo bestimmt. Anschließend wird beurteilt, wie eine geplante Maßnahme zur Optimierung der Supply Chain (Outsourcing eines wesentlichen Abschnitts der Wertschöpfungskette) sich auf diese Kenngrößen auswirkt, um durch Transparenz über das Ertrag-Risiko-Profil (und den Unternehmenswert als Performancemaß) den ökonomischen Mehrwert dieser Idee fundiert zu beurteilen, die zunächst strategisch plausibel erscheint.

Die Ausgangssituation des Unternehmens lässt sich durch die folgenden Zahlen charakterisieren: Bei einer Bilanzsumme von 100 Mio. € weist das Unternehmen eine Eigenkapitalquote (EKQ) von 30 % auf. Das verzinsliche Netto-Fremdkapital (FK) beläuft sich auf 50 Mio. €. Im Geschäftsjahr 2014 wurde zudem bei einem Umsatz von 200 Mio. € ein Betriebsergebnis (EBIT) von 11,5 Mio. € und ein Gewinn[1332] von 10 Mio. € erwirtschaftet. Die Differenz ist der Zinsaufwand. Die Gesamtkapitalrendite – Return on Capital Employed (ROCE) – beträgt damit:

$$ROCE = \frac{EBIT}{CE} = \frac{11{,}5 \text{ Mio. €}}{100 \text{ Mio. €}} = 11{,}5\ \% \qquad (5.58)$$

In der Unternehmensplanung ist zu lesen, dass auch für das Geschäftsjahr 2015 und alle Folgejahre diese 10 Mio. € Gewinn mit der höchsten Wahrscheinlichkeit angenommen werden (als Planwert $Gewinn^{Plan}$), der auch an die

---

[1330] In Anlehnung an Gleißner, 2013b, sowie Gleißner/Füser, 2014.

[1331] Gleißner, 2004 und 2020f sowie Abschnitt 4.2 zur strategischen Positionierung.

[1332] Steuern werden vereinfachend vernachlässigt. Ohne Wachstum kann der gesamte Gewinn ausgeschüttet werden. D.h. Gewinn = Ertrag. Die Bewertung erfolgt mit dem Ertragswertverfahren, aber die Entity-Variante, basierend auf FCF, ist zum Vergleich dargestellt (vgl. Abschnitt 5.3.4).

Eigentümer ausgeschüttet wird (Gewinn = Ertrag). Aufgrund der schwierigen Marktbedingungen erwartet die Unternehmensführung für die Zukunft kein Wachstum (Wachstumsrate w = 0) und setzt damit den bewertungsrelevanten freien Cashflow ($\tilde{Z} = FCF$) auf die gleiche Höhe wie das EBIT, da keine Nettoinvestitionen zu berücksichtigen sind (Investitionen = Abschreibungen). Diese Annahme erlaubt auch die Vollausschüttung der Gewinne. Unter Nutzung des Gordon-Shapiro-Modells für eine unendliche Rente wird hier auf traditionelle Weise – basierend auf als glaubwürdig und plausibel angesehenen Annahmen – der Unternehmenswert wie folgt mit dem Ertragswertverfahren berechnet:[1333]

$$W_1 = \frac{FCF^{Plan}}{k_{WACC} - w} - FK \approx \frac{Gewinn^{Plan}}{k} = \frac{Ertrag^{Plan}}{k} \tag{5.59}$$

Der Ertrag drückt die mögliche Ausschüttung an die Eigentümer aus.

Den Diskontierungszinssatz (Eigenkapitalkostensatz, k) leitet man zunächst traditionell basierend auf historischen Aktienrenditeschwankungen mittels Capital Asset Pricing Modell ab. Bei einer – zu Vergleichszwecken – angenommenen Rendite des Marktportfolios (r_m^e) von 8 %, einem risikolosen Basiszinssatz (r_f) von 3 % und einer Standardabweichung der Marktrendite (σ_m) von 20 % lässt sich zunächst der Beta-Faktor bestimmen, wenn zudem die beiden folgenden Informationen aus den historischen Aktienkursschwankungen (Kapitalmarktdaten) abgeleitet werden:

- Korrelation (ρ) der Aktienrendite zur Marktrendite 0,5 und
- Standardabweichung der Aktienrendite (σ_i) 25 %.

Der Beta-Faktor berechnet sich wie folgt:

$$\beta = \rho \cdot \frac{\sigma_i}{\sigma_m} = 0{,}5 \cdot \frac{0{,}25}{0{,}2} = 0{,}625 \tag{5.60}$$

Gemäß der bekannten Renditegleichung des CAPM ergibt sich damit für den Diskontierungszinssatz bei Gültigkeit der CAPM-Annahmen

$$\begin{aligned} k = k^{CAPM} &= r_f + (r_m^e - r_f) \cdot \beta \\ &= 0{,}03 + (0{,}08 - 0{,}03) \cdot 0{,}625 = 6{,}1\ \% \end{aligned} \tag{5.61}$$

und für den Unternehmenswert

$$W_1 = \frac{Ertrag^{Plan}}{k} = \frac{10}{6{,}1\ \%} = 163{,}9. \tag{5.62}$$

Bei dieser „traditionellen" Vorgehensweise werden Informationen über die Risiken des zukünftigen Ertrags ebenso wenig berücksichtigt wie die durch das Rating ausgedrückte Insolvenzwahrscheinlichkeit p. Auch nicht berücksichtigt wird, inwieweit der „Planwert", hier also der wahrscheinlichste Wert (Modalwert), tatsächlich erwartungstreu ist.

Nachfolgend wird der Bewertungsfall verfeinert, um den „risikogerechten Wert" in der Ausgangssituation zu bestimmen. Dabei wird unterstellt, dass nun

---

[1333] Bei einem Wachstum mit Rate w würde sich FCF um CE · w und der Ertrag um CE · w · EKQ reduzieren.

im Rahmen des Risikomanagements eine quantitative Risikoanalyse durchgeführt und mittels Monte-Carlo-Simulation der aggregierte Gesamtrisikoumfang berechnet wurde.[1334] In unserem Fallbeispiel ergibt sich aus der Risikoaggregation für den Status quo des Unternehmens (das heißt vor Durchführung der geplanten Maßnahme (Outsourcing)) folgende Situation: Die ursprünglichen Planwerte sind nicht „erwartungstreu". Sie zeigen also nicht, welcher Gewinn „im Mittel" über alle risikobedingt möglichen Szenarien zu erwarten ist.[1335] Man kann aus der Risikoaggregation leicht den Erwartungswert des Ertrags als Durchschnitt aller simulierten Szenarien ableiten. Er beträgt hier auch 9 Mio. €.[1336] Aufgrund eines bestehenden Gefahrenüberhangs im Vergleich zu den Chancen ist der bewertungsrelevante Erwartungswert also niedriger als der Planwert von 10 Mio. €.

Die erwartete Gesamtkapitalrendite, die das Rating neben der Eigenkapitalquote (30 %) stark beeinflusst, berechnet sich wie folgt, wenn man vom zeitvarianten Erwartungswert des Gewinns/Ertrag_2^e[1337, 1338] (9 Mio.) und den Zinsen (1,5 Mio.) ausgeht (EBIT als 10,5 Mio.):

$$ROCE = \frac{10{,}5}{100} = 10{,}5\ \% \tag{5.63}$$

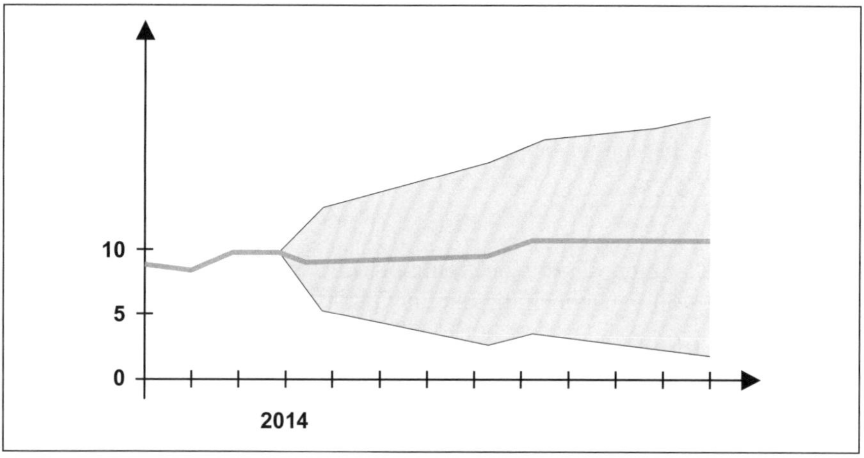

Abbildung 133: Bandbreite der Erträge aus der Monte-Carlo-Simulation (Risikoaggregation)

Die Risikoaggregation (Risikosimulation) erlaubt auch eine Quantifizierung des Ertragsrisikos – ausgedrückt durch die Standardabweichung des Ertrags, die der des Gewinns entspricht. Diese liegt bei $\sigma_{\text{Ertrag}} = 3{,}1$.

1334 Siehe Abbildung 133.
1335 Gleißner/Füser, 2014, speziell auch zur simulationsbasierten Risikoaggregation.
1336 Auf die Darstellung der einzelnen Risiken wird hier verzichtet.
1337 Noch ohne Betrachtung von Ausfällen.
1338 Index 2 markiert hier nicht Periode 2 (t = 2), sondern den Fall mit Betrachtung des Simulationsergebnisses.

Neben der Standardabweichung des Ertrags, die man als Maß für die Planungssicherheit interpretieren kann, ergibt sich aus der Risikoaggregation auch der Eigenkapitalbedarf (Value at Risk zum 99%-Niveau) für ein Jahr, der im Fallbeispiel rund 13 Mio. € beträgt. Die Korrelation der Erträge (beziehungsweise Ertragsveränderungen) von Unternehmen zum Marktindex beträgt 0,5, was damit dem Risikodiversifikationsgrad *d* entspricht (vgl. folgenden Exkurs in Abschnitt 5.4.4.3 zur Herleitung).[1339]

Ergänzend betrachtet wird das Rating, das den Grad der „Bestandsbedrohung" im Sinne KonTraG, ausgedrückt durch die Insolvenzwahrscheinlichkeit, angibt. Aus der Monte-Carlo-Simulation kann man Rating und Insolvenzwahrscheinlichkeit p abschätzen.[1340] Vereinfacht kann man die Insolvenzwahrscheinlichkeit p auch nur mit Finanzkennzahlen des Planjahres (EKQ und ROCE) abschätzen, beispielsweise durch folgendes „Mini-Rating":[1341]

$$\begin{aligned} p &= \frac{0,265}{1+e^{-0,41+7,42\mathrm{EKQ}+11,2\cdot\mathrm{ROCE}}} \\ &= \frac{0,265}{1+e^{-0,41+7,42\cdot 0,30+11,2\cdot 0,105}} = 1,3\% \end{aligned} \tag{5.64}$$

Die aus einem einfachen Finanzkennzahlen-System abgeleitete Insolvenzwahrscheinlichkeit kann durch etwas komplexere Kennzahlen-Systeme noch fundierter eingeschätzt werden.[1342] Für eine ergänzende Plausibilisierung der Insolvenzwahrscheinlichkeit – unter Berücksichtigung der bei Finanzkennzahlen vernachlässigten aggregierten Ertragsrisiken – kann wieder die Risikoaggregation verwendet werden. Dabei wird in jedem Simulationslauf geprüft, ob Illiquidität oder (weniger relevant) Überschuldung eintritt. Oft kann man von einer Illiquidität des Unternehmens bereits ausgehen, wenn in einem Simulationslauf entweder (a) Covenants verletzt werden und/oder (b) aufgrund von Verlusten ein Finanzkennzahlen-Rating von „B" nicht mehr gewährleistet ist. In unserem Fallbeispiel ergibt sich aus der Risikosimulation eine recht ähnliche Insolvenzwahrscheinlichkeit. Nachfolgend wird weiter mit der in Gleichung (5.64) angegebenen Insolvenzwahrscheinlichkeit von p = 1,3% gerechnet.

Wenn man das Unternehmen aus Perspektive eines langfristig engagierten Investors (Eigentümers) beurteilen möchte und davon ausgeht, dass sich die bewertungsrelevanten Risiken der zukünftigen Erträge nicht in historischen Aktienrenditen widerspiegeln, empfiehlt sich diese Ableitung der Kapitalkostensätze basierend auf den Ertragsrisiken.

So ergibt sich mit Gleichung (5.19) folgender risikogerechter Diskontierungszins. Es wird hier im Fallbeispiel angenommen, dass die Korrelation des Ertrags zur Rendite (oder zu den Erträgen) des Marktportfolios genauso hoch ist wie die

[1339] Vgl. zu den Ermittlungsmöglichkeiten Gleißner, 2013b, S. 86.

[1340] Gleißner, 2013b, zu simulationsbasierten Rating- und Bewertungsverfahren; beispielsweise unter Einsatz der hier genutzten Software „Strategie-Navigator".

[1341] Siehe Abschnitt 5.2 sowie beispielsweise Gleißner/Füser, 2014; Altman, 2000, oder Heller, 2015, sowie Krotter/Schüler, 2013, die mit einem einfachen Finanzkennzahlensystem S&P-Ratings approximieren.

[1342] Siehe dazu Abschnitt 5.2 und Gleißner/Füser, 2014, S. 154–174 zum Strategie-Navigator-Finanzkennzahlensystem.

Korrelation zwischen den Aktien des Unternehmens und dem Marktportfolio, d.h. d = 0,5.[1343]

$$k=\frac{1+r_f}{1-\lambda\cdot\frac{\sigma_{Ertrag}}{Ertrag_2^e}\cdot d}-1 \quad \text{mit} \quad \lambda=\frac{r_m^e-r_f}{\sigma_{r_m}}=\frac{8\%-3\%}{20\%}=0{,}25$$

$$=\frac{1+3\%}{1-0{,}25\cdot\frac{3{,}1}{9}\cdot 0{,}5}-1=7{,}6\% \qquad (5.65)$$

Im Fallbeispiel weicht der risikogerechte Kapitalkostensatz deutlich von demjenigen ab, der mittels CAPM bestimmt wurde.[1344] Ursache hierfür ist, dass nun eben gerade die (an sich bewertungsrelevanten) Risiken der zukünftigen Erträge und Cashflows eines Unternehmens betrachtet werden – und eben nicht die Risiken aus (historischen) Aktienkursschwankungen, die primär für einen kurzfristig investierenden Aktionär bedeutsam sind.

Es ist zudem zu bedenken, dass die adäquate Berücksichtigung der Insolvenzwahrscheinlichkeit p (des Ratings) und der Auswirkung von Chancen und Gefahren (Risiken) für den Erwartungswert der Erträge oder Cashflows bei jeder sachgerechten Unternehmensbewertung, speziell auch bei der Strategiebewertung, erforderlich ist. Die Insolvenzwahrscheinlichkeit wirkt langfristig wie eine „negative Wachstumsrate".[1345] Dies gilt auch, wenn man die Kapitalkosten (Diskontierungszinssätze) auf Grundlage des Capital Asset Pricing Modells ableiten möchte.

Für den Wert in der Ausgangssituation ergibt sich nun unter Berücksichtigung der Insolvenzwahrscheinlichkeit (1,3 %) und der Kapitalkosten (7,6 %) das nachfolgende Ergebnis:

$$W_2(\mathrm{Ertrag}_2^e)=\frac{\mathrm{Ertrag}_2^e\cdot(1-p)}{k+p}$$

$$=\frac{9\cdot(1-1{,}3\%)}{7{,}6\%+1{,}3\%}=99{,}8 \qquad (5.66)$$

[1343] Möglicherweise wird mancher mittelständische Unternehmer, der im Wesentlichen sein Unternehmen besitzt, bei der Bestimmung subjektiver Entscheidungswerte d = 1 setzen, also Risikodiversifikationseffekte vernachlässigen.

[1344] Der zu Vergleichszwecken berechenbare „implizierte Beta-Faktor" β′ beträgt:

$$\beta'=\frac{k-r_f}{r_m^e-r_f}=0{,}92.$$

[1345] Gleißner, 2011a, und Knabe, 2012.

5.4.4.2 Strategiebewertung: Risikogerechte Bewertung der Handlungsoption

Bisher wurde der Status quo des Unternehmens betrachtet. Der berechnete (risikoadjustierte) Unternehmenswert von 99,8 Mio. € ist als „Benchmark“ (oder Hurdle Rate) für die Strategiebewertung, also die nun zu beurteilende strategische Maßnahme, zu interpretieren. Eine solche Handlungsoption ist gerade dann sinnvoll, wenn sie den nachhaltigen Unternehmenserfolg steigert, also zu einer Verbesserung des Ertrag-Risiko-Profils führt. Grundlage der Bewertung ist nun eine Alternativ-Unternehmensplanung, bei der die Wirkungen der geplanten Maßnahmen auf Umsatz, Kosten und Kapitalbindung berücksichtigt werden („Was-wäre-wenn-Analyse“). Im Fallbeispiel wird davon ausgegangen, dass durch die „interne“ Maßnahme in der Wertschöpfungskette keine Auswirkungen auf den Umsatz eintreten werden. Auch die Kapitalbindung wird als näherungsweise unverändert angesehen, weil diese in dem relativ wenig kapitalintensiven Abschnitt der Wertschöpfungskette, für den Outsourcing umgesetzt werden soll, verhältnismäßig gering ist und auf der anderen Seite – zur Risikoreduzierung – die Kapitalbindung in „Pufferlagern“ erhöht werden soll.

Aus den Gesprächen und Verhandlungen mit den potenziellen Outsourcing-Partnern wird eine bedeutende Verbesserung der Ertragskraft von einer Mio. Euro prognostiziert.

Aus einer hier nicht näher dargestellten strukturierten Risikoanalyse[1346] ergibt sich nun, dass sich aus dem Outsourcing bezogen auf die Risikoposition durchaus nicht nur Vorteile feststellen lassen. Zwar werden produktionstechnische Risiken (beispielsweise durch Maschinenausfall) innerhalb des Unternehmens beseitigt, weil die entsprechenden Aktivitäten eben nicht mehr im Unternehmen durchgeführt werden. Auch vorteilhaft ist, dass bisher weitgehend fixe Kosten durch umsatzabhängige variable Kosten substituiert werden. Allerdings zeigt eine quantitative Risikoanalyse auch die Schattenseiten des Outsourcings: Aus dem Vor-Ort-Besuch bei der Produktion des potenziellen Outsourcing-Partners durch ein Expertenteam mit Spezialisten aus Produktion, Qualitätssicherung und Logistik zeigt sich, dass aufgrund weitgehend fehlender Redundanz die technischen Insolvenzwahrscheinlichkeiten beim Partnerunternehmen höher sind als bisher im eigenen Unternehmen. Außerdem zeigt sich im Rahmen einer Ratinganalyse der Finanzkennzahlen dieses Unternehmens ein nicht zu vernachlässigendes Insolvenzrisiko, welches zum Verlust eines kurzfristig kaum ersetzbaren Schlüssellieferanten führen kann. Aus öffentlich verfügbaren Daten über Eigenkapitalquote und Rentabilität wird ein „B“-Rating abgeschätzt, was eine Insolvenzwahrscheinlichkeit von immerhin 5 % pro Jahr impliziert (siehe Ratingtabelle in Abschnitt 5.2).

Diese und weitere Informationen über die Veränderung der Chancen und Gefahren (Risiken) im Falle eines Outsourcings werden nun in der oben erwähnten Alternativplanung berücksichtigt. Dann wird mittels Monte-Carlo-Simulation und Risikoaggregation die Änderung der realistischen Bandbreite der Erträge und Cashflows des Unternehmens gezeigt, die sich ergibt, falls man

[1346] Vgl. Kapitel 3.

die zu beurteilende Maßnahme durchführen würde. Im Fallbeispiel wird zunächst die erwartete Ergebnissteigerung auf 10 Mio. € ($Ertrag_3^e$) bestätigt, weil im Rahmen der Risikoanalyse neben Gefahren durchaus auch einige Chancen (weitere Kosteneinsparungsmöglichkeiten) aufgezeigt wurden. Daneben zeigt aber die Risikoaggregation einen deutlichen Anstieg der Standardabweichung des Ergebnisses (des Risikomaßes) von 3,1 auf 4,2 Mio. €. Verursacht wird dieser Anstieg durch mögliche Zusatzkosten und Umsatzverluste im Falle eines technisch bedingten Produktionsausfalls (Betriebsunterbrechung) oder gar Insolvenz des zukünftigen Schlüssellieferanten. Die Auswirkungen werden jedoch nicht so extrem ausfallen, dass wesentliche Einflüsse auf die eigene Insolvenzwahrscheinlichkeit und das Rating zu berücksichtigen wären, das heißt, es wird weiter von einer Insolvenzwahrscheinlichkeit von $p = 1{,}3\,\%$ ausgegangen.

Basierend auf der erhöht prognostizierten Ertragskraft und dem zugleich angestiegenen Risikoumfang kann man nun den risikogerechten Kapitalkostensatz k′ berechnen, der sich im Falle der Outsourcing-Entscheidung ergeben würde (auch d, das heißt, der Anteil der zu tragenden Risiken wird als konstant angesehen, was im Rahmen einer ausführlichen Analyse untersucht werden kann, vgl. auch den folgenden Exkurs):

$$k' = \frac{1+r_f}{1-\lambda \cdot \frac{\sigma(Ertrag_3)}{Ertrag_3^e} \cdot d} = \frac{1+3\%}{1-0{,}25 \cdot \frac{4{,}2}{10} \cdot 0{,}5} - 1 = 8{,}7\% \tag{5.67}$$

und

$$W_3\left(Ertrag_3^e\right) = \frac{Ertrag_3^e(1-p)}{k'+p} = \frac{10(1-1{,}3\%)}{8{,}7\%+1{,}3\%} = 98{,}7 \tag{5.68}$$

Hier sieht man nun unmittelbar die Wirkung des Outsourcings auf den Unternehmenswert als Erfolgsmaßstab. Wie man erkennt, sinkt dieser von 99,8 auf 98,7 Mio. €. Grund dafür ist, dass sich das Ertrag-Risiko-Profil leicht verschlechtert. Die Erhöhung des aggregierten Gesamtrisikoumfangs und damit der Kapitalkosten überkompensiert den erwarteten Anstieg der Rentabilität durch das Outsourcing. Wie oben erwähnt, würde diese Maßnahme zwar die Bestandssicherheit (das Rating) des Unternehmens nicht unangemessen beeinträchtigen. Aber sie ist unter Abwägen von Ertrag und Risiko ökonomisch nicht sinnvoll (vgl. folgende zusammenfassende Darstellung).

	Status quo	Handlungsoption	
Ertrag (EBIT, Erwartungswert 2017)	9 Mio. €	10 Mio. €	
Risiko (Variationskoeffizient Ertrag)	34 %	42 %	
Kapitalkostensatz	7,6 %	8,7 %	
Ratingprognose (PD)	1,3 %	1,3 %	
Rating (Stressszenario)	BB	BB	akzepabel
Wert (in Mio. €)	99,8	98,7	schlechteres Ertrag-Risiko-Profil
Strategisches Fitting		Ja!	

Tabelle 47: Bewertung einer strategischen Handlungsoption

5.4.4.3 Exkurs: Die Herleitung des Diversifikationsfaktors d

Bisher wurde vereinfachend angenommen, dass der Risikodiversifikationsfaktor d näherungsweise unverändert bleibt. Diese Annahme ist unstrittig, wenn das Bewertungssubjekt sämtliche Risiken als bewertungsrelevant ansetzt, d.h., d = 1 setzt. Will man allerdings in Anlehnung an das Annahmensystem des CAPM z.B. nur die prinzipiell nicht diversifizierbaren Risiken im Bewertungskalkül berücksichtigen, sind Änderungen des Risikodiversifikationsgrades möglich.[1347] Sie sind dann zu erwarten, wenn sich das Verhältnis zwischen systematischen und unsystematischen Risiken verändert.

Im einfachsten Fall kann man zur Berechnung von d genau einen systematischen Risikofaktor des exogenen Umfelds annehmen, wie z.B. die im Wesentlichen konjunkturbedingten Ertragsschwankungen aller Unternehmen (z.B. einer Volkswirtschaft).[1348, 1349] Im Fallbeispiel betrachten wir nun einen „Unternehmensertrags-Index" als einzigen systematischen Risikofaktor, dessen Risikowirkungen auch für ein diversifiziertes Bewertungssubjekt (Investor) nicht eliminierbar ist.

Jahr	2000	2001	2002	2003	2004	2005	2006	2007	2008	2009	2010	2011	2012	2013
Gewinn Unternehmen	6,6	3	4	-1	6	4,5	5,5	6	5	-4	3	7	8	9
Gewinn Marktindex	47	12	-13	14	45	69	86	99	33	4	87	80	87	

Tabelle 48: Gewinnentwicklung des Unternehmens und aller Unternehmen des Marktindex (in Mrd. Euro)[1350]

Man kann die Schätzung von Risikomaß und Risikodiversifikationsgrad d mit historischen Gewinnschwankungen plausibilisieren. Die Standardabweichung der (trendbereinigten) Gewinnschwankungen der Vergangenheit des Unternehmens selbst (siehe Tabelle 9 oben) beträgt 3,47, ist also ganz ähnlich wie das Ergebnis der Risikoaggregation. Die Korrelation der Gewinne (bzw. Gewinnveränderungen) des Unternehmens zum Gewinn aller Unternehmen des Marktindex[1351], die man auch aus Tabelle 48 ableiten kann, beträgt ca. 0,5 für die Gewinnänderungsrate[1352], was etwa dem angenommenen Risikodiversifikationsgrad d entspricht.[1353]

[1347] Das Insolvenzrisiko von Geschäftspartnern ist z.B. zu einem Teil „systematisch", weil konjunkturabhängig.

[1348] Auch im CAPM wird von genau einem Risikofaktor ausgegangen, im Gegensatz zur Arbitrage-Pricing-Theory (APT). Dort wird zwar in der Regel die unsichere Rendite des Marktportfolios (r_m) aufgrund einer „kapitalmarktorientierten" Sichtweise als Risikofaktor verwendet (siehe z.B. Rubinstein, 1973, sowie McConaughy/Covrig, 2007).

[1349] Die Betrachtung mehrerer exogener Risikofaktoren – z.B. ergänzend Inflation, Wechselkurs, Rohstoffpreis – in einem erweiterten „Risikofaktoren-Modell" des Umfelds ist möglich.

[1350] Quelle: Gleißner, 2013b.

[1351] In Milliarden Euro, Quelle: Börse Online Datenbank.

[1352] Bzw. 0,6 für die Gewinne selbst.

[1353] In enger Anlehnung an Gleißner, 2013b.

In der Fortführung des Fallbeispiels wird nun untersucht, ob die betrachtete strategische Handlungsoption zu einer Änderung des Risikodiversifikationsfaktors d führen würde.

Aus der quantitativen Risikoanalyse des Unternehmens, insbesondere der Betrachtung der unsicheren Annahmen im Planungsmodell, ist bekannt, dass im Wesentlichen (und statistisch signifikant) die Umsätze nur in Abhängigkeit der gesamtwirtschaftlichen Nachfrage (BIP) schwanken und der Gewinn von allen Unternehmen abhängt. Die direkte Abhängigkeit anderer Planungspositionen, wie Material und Personalaufwand, von diesem allgemeinen exogenen Risikofaktor sind statistisch nicht signifikant und werden vernachlässigt.[1354] Aus der simulationsbasierten Risikoaggregation folgt damit auch eine Abhängigkeit des hier betrachteten bewertungsrelevanten Ertrags von diesem Risikofaktor. Die diversen ereignisorientierten Risiken aus der Wertschöpfungskette und die Unterstützungsprozesse (operative Leistungsrisiken) sind unabhängig von der durch den allgemeinen Risikofaktor ausgedrückten gesamtwirtschaftlichen Entwicklung. Aus empirischen Studien ist allerdings bekannt, dass die Insolvenzwahrscheinlichkeit der Unternehmen – hier eines Schlüssellieferanten – von der allgemeinen Ertragsentwicklung der Unternehmen abhängt (wie theoretisch zu erwarten). Dieser Sachverhalt wird im Risikoaggregationsmodell dadurch erfasst, dass die Insolvenzwahrscheinlichkeit $p^{Lieferant}$ mit dem Ertragsindex verknüpft wird (oder mit dem BIP).

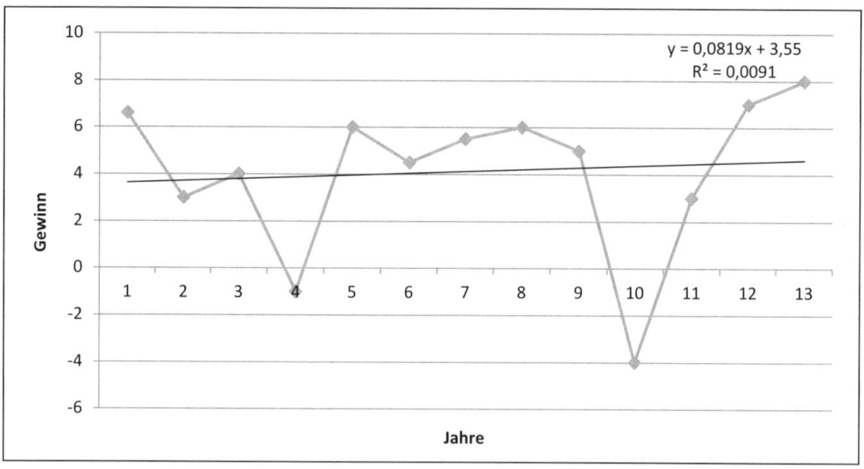

Abbildung 134: Gewinnentwicklung der letzten Jahre (in Mio. €)[1355]

Durch die oben erläuterten Maßnahmen würde sich das Risikoprofil des Unternehmens verändern. Um nun mit diesen Zusatzinformationen die Veränderung des Risikodiversifikationsfaktors von d auf d' ermitteln zu können, werden in beiden betrachteten Fällen der Strategiebewertung – (1) Status quo und (2) Status quo

---

[1354] Ein Einfluss auf Materialkostenquote und Rohstoffkosten wird hier nicht näher betrachtet, siehe dazu Bartram, 1999, und Grundmann, 2006.

[1355] Quelle: Gleißner, 2013b.

plus die strategische Handlungsoption – jeweils zwei Risikoaggregationen durchgeführt, nämlich einmal (a) mit und einmal (b) ohne Betrachtung der Abhängigkeit des Umsatzes und damit des Unternehmensergebnisses vom allgemeinen Risikofaktor „Unternehmenserträge" (oder BIP). Die Ergebnisse zeigt Tabelle 49:

	Gesamtrisiko		**Risikodiversifikationsfaktor**
	Alle Risiken mit exogenem Risikofaktor (a)	Nur exogener Risikofaktor (b)	Anteil der systematischen Risiken (d bzw. d') (b/a)
Status quo	3,1	1,55	d = 1,55/3,1 = 0,50
Status quo plus Maßnahme	4,2	2,2	d' = 2,2/4,2 = 0,52

Tabelle 49: Risikodiversifikationsfaktor

Man sieht die (geringfügige) Veränderung des Risikodiversifikationsfaktors von d = 0,5 auf d' = 0,52 durch die zu bewertenden Maßnahmen (Strategien).

Im Fallbeispiel ergibt sich also eine leichte Veränderung des Risikodiversifikationsgrades d, wenn man eine Unternehmensbewertung aus Perspektive eines (perfekt) diversifizierten Wirtschaftssubjekts vornimmt – wie erwähnt, ist diese bei der Betrachtung sämtlicher Unternehmensrisiken (d = 1) natürlich irrelevant. Im betrachteten Fall ist die Veränderung zudem relativ gering und zudem tendenziell „ungünstig", sodass sich die obige Einschätzung einer Vernachlässigbarkeit zumindest grundsätzlich rechtfertigen lässt. Eine Überprüfung des Sachverhalts ist aber natürlich sinnvoll, wenn eine zusätzliche Absicherung gewünscht wird. Im Fallbeispiel ergibt sich diese relative geringe Wirkung dadurch, dass sich zwar der Gesamtrisikoumfang durch zusätzliche „unsystematische" Risiken erhöht hat, aber zugleich ein wesentliches systematisches Risiko – die Wahrscheinlichkeit und damit die erwarteten Auswirkungen des Ausfalls des Schlüssellieferanten – zugenommen hat.

Die hier erläuterte Herangehensweise ist ein einfacher Einstieg in den Umgang mit Risikofaktormodellen und zeigt zudem, wie Veränderungen des Risikodiversifikationsgrads (zukunftsbezogen) abgebildet werden können. Auch hier ist es wichtig getroffene Annahme (Vereinfachungen) transparent darzustellen.[1356] Hervorzuheben ist, dass auf diese Weise die Maßnahmen bedingte Veränderung der Risikodiversifikationseffekte überhaupt thematisiert werden. Bei der traditionellen Ableitung des Beta-Faktors des CAPM für eine kapitalmarktorientierte Bewertung werden lediglich historische Informationen verwendet, d.h., es wird implizit angenommen, dass der Risikodiversifikationsfaktor[1357] unverändert bleibt. Änderungen von Risikodiversifikationseffekten werden bei traditionellen kapitalmarktorientierten Bewertungsverfahren also in der Bewertungspraxis, speziell bei der Strategiebewertung, ignoriert.

[1356] Im Beispiel wurde lediglich kursorisch die Veränderung im Risikoaggregationsmodell erläutert.

[1357] In diesem Fall die Korrelation der Erträge des Unternehmens oder die Renditen des Unternehmens zur Rendite des Marktportfolios

5.4.5 Fallbeispiel 4: Einfache risikogerechte Finanzierung und Wertbeitrag

5.4.5.1 Einführung zur Problemstellung

Die Verbindung von Risikomanagement und wertorientierter Unternehmensführung geschieht meist durch die Fundierung der Kapitalkostensätze und des Ratings über die Informationen des Risikomanagements. Die praktische Ableitung von Kapitalkostensätzen wird nachfolgend anhand eines weiteren, einfachen Fallbeispiels beschrieben.[1358] Im Gegensatz zum Fallbeispiel in Abschnitt 5.4.4 wird ein nicht-börsennotiertes Unternehmen betrachtet, das die Kapitalkosten über Opportunitätskosten der Finanzierung und das Risikomaß Value at Risk (Eigenkapitalbedarf) ableitet. Risiko wird dort nicht – wie im Beispiel 5.4.4 – als Schwankung um den Erwartungswert des Ertrags (Standardabweichung) gemessen, sondern über den Umfang möglicher Verluste operationalisiert. Genutzt wird also der Risikodeckungsansatz der Bewertung („input-orientierte Bewertung"). Die Kapitalkosten werden zudem nicht unmittelbar über den Variationskoeffizienten bestimmt, sondern durch Gewichtung von Eigen- und Fremdkapitalkosten, also „komponentenweise". Konkret wird der Wertbeitrag als wertorientiertes Performancemaß betrachtet, um zu untersuchen, ob das Unternehmen ein gutes Ertrag-Risiko-Profil aufweist.

5.4.5.2 Das fiktive Unternehmen

Ein Unternehmen stellt Automobilteile an einem Standort in Deutschland her. Mit 380 Mitarbeitern wird davon ausgegangen, im nächsten Jahr einen Umsatz von 54,5 Mio. € zu erwirtschaften. Die Bilanzsumme beträgt 31,8 Mio. €, das Eigenkapital rund 4 Mio. €.

Bei der Betrachtung des Wertbeitrags, also der Differenz der prognostizierten Kapitalrenditen zu den risikogerechten Kapitalkosten, steht in diesem Beispiel der Eigenkapitalbedarf (Risk Adjusted Capital) – vereinfachend – eines Jahres im Mittelpunkt, da dieser die Höhe des Kapitalkostensatzes maßgeblich beeinflusst. Zudem kann mit Hilfe der Methode des Sicherheitsäquivalents auch direkt aus dem Eigenkapitalbedarf einer Periode auf den Wertbeitrag geschlossen werden.

[1358] In Anlehnung an Gleißner/Berger, 2012.

1. Umsatzerlöse	54.526.500 €
Gesamtleistung	**54.526.500 €**
4. sonstige betriebliche Erträge	0 €
Betriebsleistung	**54.526.500 €**
5. Materialaufwand	26.428.500 €
6. Personalaufwand	14.269.000 €
8. sonstiger betrieblicher Aufwand	7.894.500 €
Betriebsergebnis (EBIT)	**3.534.500 €**
13. Zinsen und ähnliche Aufwendungen	1.804.000 €
Finanzergebnis	**–1.804.000 €**
Ergebnis der gewöhnlichen Geschäftstätigkeit	**1.730.500 €**
15. Außerordentliche Erträge	0 €
Außerordentliches Ergebnis	**0 €**
18. Steuern vom Einkommen und Ertrag	692.200 €
Gewinn nach Steuern	**1.038.300 €**

Abbildung 135: Fallbeispiel: Plan-Gewinn- und Verlustrechung des nächsten Jahres

5.4.5.3 Wertbeitragsberechnung auf Basis der Kapitalkosten

Zur Berechnung des Gesamtkapitalkostensatzes (k_{WACC}) wird die folgende Formel herangezogen:[1359]

$$k_{WACC}^{modifiziert} = k_{EK,p} \cdot \frac{\text{Eigenkapitalbedarf}_p}{\text{Gesamtkapital}} + k_{FK,p} \cdot \frac{\text{Gesamtkapital} - \text{Eigenkapitalbedarf}_p}{\text{Gesamtkapital}} \quad (5.69)$$

k_{EK} entspricht dem Eigenkapitalkostensatz, k_{FK} dem Fremdkapitalkostensatz, der für das Rating angemessen ist (Annahme: 6 %).[1360] Der Eigenkapitalkostensatz beträgt 10 % und wurde für die akzeptierte Insolvenzwahrscheinlichkeit (p = 0,5 %) berechnet.[1361] Als Gesamtkapital wird – vereinfachend – die Bilanzsumme (31,8 Mio. €) eingesetzt. Steuern werden hier nicht explizit betrachtet. Der Eigenkapitalbedarf[1362] (EKB_p = 7,4 Mio. €) wird dem Ergebnis der Risikoaggregation auf dem 99,5 %-Niveau entnommen und ist damit nicht durch das

[1359] Der Eigenkapitalkostensatz wird dabei auf den ermittelten Eigenkapitalbedarf angewendet. Das restliche, wesentlich weniger Risiko tragende Kapital (Gesamtkapital – Eigenkapitalbedarf) wird lediglich mit dem Fremdkapitalkostensatz verzinst, weil es keine Risikoprämie benötigt („Gesellschafterdarlehen"). Auf die Betrachtung der Steuer wird hier aus Vereinfachungsgründen verzichtet. Eine Kreditfinanzierung (Fremdkapital) beinhaltet auch einen steuerlichen Vorteil, da die Kosten hierfür voll angesetzt werden können und dies die Steuerbelastung senkt. Ebenfalls vernachlässigt wird ein möglicher Kauf- bzw. realisierbarer Verkaufspreis. Zudem ignoriert der mittelständische Eigentümer Risikodiversifikationseffekte, d.h., er setzt d = 1 bei der Berechnung des Eigenkapitalbedarfs.

[1360] Vgl. Gleißner, 2006a und 2009b sowie die Herleitung in Abschnitt 5.3.5.

[1361] Siehe „ratingabhängige Eigenkapitalkosten" in Abschnitt 5.3.5.

[1362] Es wird vereinfachend nur der Eigenkapitalbedarf (auf Basis der Value at Risk der Gewinne) eines Jahres betrachtet.

vorhandene Eigenkapital (4 Mio. €) gedeckt – das angestrebte Rating (p = 0,5 %) wird also verfehlt. Die Berechnung des Kapitalkostensatzes ergibt somit:

$$\text{Kapitalkostensatz} = 10\% \cdot \frac{7{,}4 \text{ Mio. €}}{31{,}8 \text{ Mio. €}} + 6\% \cdot \frac{31{,}8 \text{ Mio. €} - 7{,}4 \text{ Mio. €}}{31{,}8 \text{ Mio. €}} = 6{,}9\% \quad (5.70)$$

Der Kapitalkostensatz von 6,9 % bedeutet für das Unternehmen, dass (bei konstanten einheitlichen Risiken) nur diejenigen Investitionen, die eine Rendite über diesem Gesamtkapitalkostensatz erwarten lassen, auch einen positiven Beitrag zum Unternehmenswert bringen.

Im Fallbeispiel wird nun der Wertbeitrag berechnet, der angibt, welcher Mehrwert den Eigentümern (pro Jahr) entsteht.

Als Gesamtkapitalrendite (ROCE) wird das erwartete EBIT aus der Plan-GuV eingesetzt (3,5 Mio. €) und zum geplanten gebundenen betriebsnotwendigen Kapital (CE, vereinfachend die Bilanzsumme) i.H.v. 31,8 Mio. € in Relation gesetzt. Es ergibt sich eine Gesamtkapitalrendite von 11,0 %. Der Wertbeitrag (WB)[1363] beträgt demnach:

$$WB = \text{Kapitalbindung} \cdot (\text{Kapitalrendite} - \text{Kapitalkostensatz}) \quad (5.71)$$

$$WB = CE \cdot \left(ROCE - k_{WACC}^{modifiziert}\right) = EBIT - k_{WACC}^{modifiziert} \cdot CE \quad (5.72)$$

$$WB = 31{,}8 \text{ Mio. €} \cdot (11{,}0\ \% - 6{,}9\ \%) = 1{,}3 \text{ Mio. €} \quad (5.73)$$

Eine andere Möglichkeit besteht darin, den Wertbeitrag nicht über die Ableitung des Kapitalkostensatzes indirekt zu ermitteln, sondern direkt über das Risikomaß Eigenkapitalbedarf (Risikokapital) EK^{Bedarf}. Dies ist im nachfolgenden Kapitel dargestellt.

5.4.5.4 Wertbeitrag auf Basis des Sicherheitsäquivalents

Es soll nun auf diesem zweiten Weg ermittelt werden, welcher Wertbeitrag (WB) in einem Jahr zu erwarten ist. Der Wertbeitrag entspricht weitgehend dem bekannten EVA (Economic Value Added). Dazu wird wieder die folgende Formel herangezogen:

$$WB = CE \cdot \left(ROCE - k_{WACC}^{modifiziert}\right) \quad (5.74)$$

Dies führt mit der Multiplikation der erwarteten Kapitalrendite ($ROCE^e$), also $EBIT^e/CE$ zu

$$WB = EBIT^e - CE \cdot k_{WACC}^{modifiziert} \quad (5.75)$$

Die Formel zur Berechnung der modifizierten Kapitalkosten ($k^{modifiziert}$) wird nun in die obige Gleichung (5.75) eingesetzt und umgeformt[1364]:

$$WB = EBIT^e - r_f \cdot CE - r_{z,p} \cdot EKB_\alpha \quad (5.76)$$

[1363] Entspricht RAVA (Risk Adjusted Value Added), vgl. Gleißner/Wolfrum, 2009.

[1364] Die Höhe des Eigenkapitalbedarfs ist dabei vom Zielrating abhängig, also von der Insolvenzwahrscheinlichkeit, die die Gläubiger noch zu akzeptieren bereit sind. Ein BBB-Rating entspricht etwa p = 0,5 %

Das Produkt $r_{z,p} \cdot EKB_\alpha$ stellt die „kalkulatorischen Zusatzkosten" des zur Risikotragung notwendigen Eigenkapitals dar, wobei r_z wiederum die Risikoprämie (Risikozuschlag) repräsentiert.[1365]

Es werden dabei zusammenfassend die folgenden Annahmen getroffen:

- die Fremdkapitalkosten (k_{FK}) entsprechen dem risikolosen Zins (r_f) i.H.v. 6 %,
- der Risikozuschlag (r_z) i.H.v. 4 % ergibt sich aus der Differenz von Eigenkapitalkosten (k_{EK} = 10 % für p = 0,5 %) und risikolosem Zins (6 %),
- für das Gesamtkapital/Capital Employed (CE) wird vereinfachend die Bilanzsumme (31,8 Mio. €) angesetzt.

Der Wertbeitrag berechnet sich demnach wie folgt:

$$\begin{aligned} WB &= EBIT^e - r_f \cdot CE - r_Z \cdot EKB_p \\ &= 3{,}5 \text{ Mio.€} - 6\% \cdot 31{,}8 \text{ Mio.€} - 4\% \cdot 7{,}4 \text{ Mio.€} \\ &= 1{,}3 \text{ Mio.€} \end{aligned} \tag{5.77}$$

Fazit: Das Unternehmen erwirtschaftet jedes Jahr einen positiven Wertbeitrag, hat also ein Ertrag-Risiko-Profil, das besser ist als das, welches ein Portfolio aus Aktien und Staatsanleihen erreichen kann. Nicht betrachtet wird hier aber die Insolvenzwahrscheinlichkeit (vgl. dazu RAVA+).

Exkurs: Mit der erläuterten Bewertungsmethode ist nun die Berechnung eines – im Vergleich zum EVA-Ansatz[1366] und RAVA – weiterentwickelten Performancemaßes, RAVA+, möglich, das auch das Insolvenzrisiko berücksichtigt:[1367]

$$RAVA^+ = CE \cdot (ROCE - k^+) = EBIT^e - CE \cdot k^+$$

mit einer Kapitalrendite

$$ROCE = \frac{EBIT^e}{CE} \tag{5.78}$$

RAVA+ basiert auf dem Kapitalkostenkonzept aus Abschnitt 5.3.5.3, d.h. – anders als oben – auf den Variationskoeffizienten des Ertrags (Variationskoeffizienten-Ansatz, siehe Formel 5.18).

CE ist das betriebsnotwendige Kapital[1368] und k^+ die Summe aus risikogerechten Kapitalkosten k (gemäß (5.18)[1369] und der Insolvenzwahrscheinlichkeit (vgl. (5.42)). Damit ergibt sich:

$$RAVA^+ = EBIT^e - CE \cdot (r_f + \lambda \cdot V \cdot d + p) \tag{5.79}$$

Im Gegensatz zu EVA basierend auf CAPM wird hier das Ertragsrisiko durch den Variationskoeffizienten V und den Werttreiber Rating (Insolvenzwahrscheinlichkeit p) erfasst. Zudem ist r_f wieder der risikolose Zinssatz und λ entspricht der Risikoprämie in den Eigenkapitalkosten („Marktpreis des Risikos").

1365 Natürlich kann man auch die Kapitalkostenformel der „output-orientierten" Bewertung verwenden (Gleichung (5.18)).

1366 Vgl. Stern/Shiely/Ross, 2002.

1367 Hier unter Vernachlässigung von Steuern abgebildet.

1368 Es gilt CE · ROCE = EBIT.

1369 Verwendet wird die Näherungsformel.

RAVA+ reduziert also den Übergewinn (erwarteter Gewinn abzüglich risikoloser Verzinsung des eingesetzten Kapitals CE) um einen Risikoabschlag.

5.4.5.5 Wertbeitrag eines Versicherungsprogramms

Bei dem Vergleich alternativer Risikotransferstrategien werden häufig in erster Linie die direkten Kosten, also bspw. die Versicherungsprämien, verglichen. Wesentlich ist jedoch, dass jede Art des Risikotransfers (im Prinzip sogar jede unternehmerische Maßnahme) insbesondere über zwei Wirkungswege den Unternehmenswert beeinflusst, zum einen über die Beeinflussung der Höhe der Risiken und zum anderen über die Beeinflussung der Kosten (und damit der Rendite). Risikotransfers reduzieren den Eigenkapitalbedarf. Um den „Wertbeitrag" der Versicherungen durch eine Verbesserung des Ertrag-Risiko-Profils zu zeigen, können wieder die Methoden einer risikogerechten Bewertung genutzt werden.

Vergleicht man beispielsweise zwei verschiedene Versicherungslösungen, nämlich eine Variante A mit niedriger Prämie und hohem Selbstbehalt mit einer Variante B ohne Selbstbehalt und hoher Prämie, so erkennt man diese beiden Wirkungswege. Bei Variante A mit den hohen Selbstbehalten muss das Unternehmen ein bestimmtes Maß an Verlusten in Kauf nehmen. Dies bedingt allerdings, dass – zur Risikodeckung – gedanklich eine bestimmte Menge an Eigenkapital vorgehalten werden muss.[1370] Diese zusätzlichen Mittel sind mit den Eigenkapitalkosten zu verzinsen. Das risikotragende Eigenkapital weist dabei grundsätzlich höhere Kosten auf als das Fremdkapital. Die Versicherungslösung A hat damit zwar relativ niedrige direkte Belastungen (Versicherungsprämien), dafür aber einen höheren Bedarf an Eigenkapital, folglich auch steigende Kosten. Bei Variante B verhält es sich genau umgekehrt.

Um nun zu entscheiden, welche der beiden Versicherungsvarianten des genannten Beispiels wirtschaftlicher ist, benötigt man offensichtlich einen Maßstab, der die direkte Wirkung auf die Kosten einerseits und auf den Eigenkapitalbedarf (und damit die Kapitalkosten) andererseits erfasst. Die entsprechende Zielgröße, die beide Aspekte umfasst, sind der Unternehmenswert bzw. der Unternehmenswertbeitrag, der gerade den (negativen) Risikokosten entspricht (vgl. zu Risikowertbeitrag und dem TCR-Ansatz die Abschnitt 4.7).

Die Fortsetzung des Fallbeispiels zeigt, wie man den Wertbeitrag einer Versicherung berechnen kann.

Die oben angegebene Wertbeitragsformel kann nun herangezogen werden, um den Wertbeitrag einzelner Risikobewältigungsmaßnahmen zu ermitteln. Nehmen wir an, die bisher beschriebene Situation beschreibt die Unternehmensplanung des Managements für ein Szenario ohne Versicherungsschutz, um

[1370] Man kann die Berechnung in zwei Varianten durchführen: (1) unter Vernachlässigung von Risikodiversifikationseffekten mit anderen Risiken oder (2) mit Diversifikation, d.h., der bewertungsrelevante Eigenkapitalbedarf ist dann die Veränderung des Eigenkapitalbedarfs des Unternehmens durch die zusätzliche Betrachtung der analysierten Risiken unter Beachtung der jeweiligen Versicherungslösung („inkrementelle Risikoallokation").

bspw. herauszufinden, ob das Unternehmen auch ohne Versicherungsschutz überleben würde. Nachdem klar ist, dass die Eigenkapitalausstattung nicht ausreichen würde (die Eigenkapitaldeckung betrug nur ca. 4 Mio. €/7,4 Mio. € = 54 %), überlegt sich das Management, eine Versicherung gegen das größte Risiko, den Ausfall der Produktion, abzuschließen („Betriebsunterbrechungsversicherung"). Durch diese Maßnahme würde sich der Eigenkapitalbedarf, wie eine erneute Durchführung der Risikoaggregation ergibt, auf 3 Mio. € verringern. Die Eigenkapitaldeckung beträgt jetzt über 100 %.

Die Frage ist nun, welchen Wertbeitrag diese Maßnahme hätte. Dazu wird das erwartete EBIT um die Versicherungskosten[1371] (Annahme: 100.000 €) vermindert, da dies einen Aufwand darstellt, der das EBIT schmälert. Das erwartete EBIT (3,4 Mio. €) und der neu ermittelte Eigenkapitalbedarf i.H.v. 3 Mio. werden nun in die folgende Gleichung eingesetzt:

$$\begin{aligned} WB &= EBIT^{e} - r_f \cdot CE - r_z \cdot EKB \\ &= 3{,}4 \text{ Mio. €} - 6\% \cdot 31{,}8 \text{ Mio. €} - 4\% \cdot 3{,}0 \text{ Mio. €} \\ &= 1{,}4 \text{ Mio. €} \end{aligned} \tag{5.80}$$

Der Wertbeitrag (RAVA) liegt nun bei 1,4 Mio. € anstelle der 1,3 Mio. € ohne Versicherungsschutz.[1372] Es wird somit deutlich, dass eine Verminderung des Risikos (und damit des Kapitalkostensatzes) unmittelbar eine Erhöhung des Wertbeitrags (jeder Periode) mit sich bringen würde, während umgekehrt eine Erhöhung des Risikos – und damit des Eigenkapitalbedarfs und des Kapitalkostensatzes – eine Verringerung des Wertbeitrags mit sich bringen würde. Die Frage ist hier, ob der negative Effekt der Minderung des EBITs durch die Versicherungsprämie kleiner ist als der risikomindernde Effekt aus der Versicherung. Damit lässt sich der Wertbeitrag einer Versicherung – oder anderer Risikotransfermaßnahmen – abschätzen. Im Beispiel verbessern sich das Ertrag-Risiko-Profil und der Unternehmenswert. Dabei sind die positiven Wirkungen auf das Rating noch nicht einmal berücksichtigt worden.

Insgesamt gilt es festzuhalten, dass für eine fundierte Bewertung alternativer Risikotransferstrategien die Versicherungsprämien allein als Maßstab völlig untauglich sind. Grundsätzlich ist es erforderlich, neben der Betrachtung der Kostenwirkung für alternative Versicherungslösungen auch die Wirkungen auf den Risikoumfang und damit den Eigenkapitalbedarf zu erfassen. Letztendlich bietet es sich daher an, direkt den Wertbeitrag von verschiedenen Risikotransferlösungen zu bestimmen. Es wird nämlich kaum ein Unternehmen geben, dessen primäre Zielsetzung die Minimierung der Kosten ist; vielmehr wird die Steigerung des Unternehmenswertes als Erfolgsmaßstab angestrebt.

1371 Exakter: erwartete Zusatzkosten der Versicherung, also unter Berücksichtigung der Zahlungen im Schadensfall.

1372 Mögliche Änderungen des Ratings werden nicht betrachtet (siehe RAVA+)

5.4.6 Fazit zu den Fallbeispielen

Die Methodik einer risikogerechten Bewertung – ausgehend von Risikoanalyse und Risikoaggregation – wurde in mehreren Fallbeispielen erläutert. Notwendig ist es dabei, dass die Auswirkungen von Veränderungen des aggregierten Gesamtrisikoumfangs (Ertragsrisiko) auf den Unternehmenswert und die risikogerechten Kapitalkosten (Renditeanforderung) gezeigt werden. Die Verwendung traditioneller „kapitalmarktorientierter" Bewertungsverfahren, die in einem realen unvollkommenen Kapitalmarkt völlig unbefriedigende Ergebnisse liefern,[1373] wie speziell das Capital Asset Pricing Modell (CAPM), sind hier ungeeignet. Notwendig ist die unmittelbare Ableitung des Unternehmenswerts beziehungsweise der Werttreiber „Rating" und „Kapitalkosten" von dem durch das Risikomanagement bestimmten, aggregierten Gesamtrisikoumfang (Ertragsrisiken), die auch den Erwartungswert von Cashflows und Erträgen beeinflussen. Mehr Risiko führt ceteris paribus zu höheren negativen Planabweichungen beziehungsweise (möglichen) Verlusten, was einen höheren Eigenkapitalbedarf, höhere Kapitalkosten und einen niedrigeren Unternehmenswert (Erfolgsmaßstab) impliziert. Notwendig ist es dabei, dass schon vor der Entscheidung (und nicht etwa erst im ersten Risiko- oder Controllingbericht nach Durchführung einer Maßnahme) die zu erwartende Veränderung des Risikoumfangs aufgezeigt wird.

5.5 Risiko und wertorientiertes Controlling: Fazit und Ergänzungen

Ein unternehmensweites Risikomanagement sollte im Zusammenspiel mit Controlling, Planung und strategischer Unternehmenssteuerung als Baustein eines „integrierten wertorientierten Steuerungssystems" aufgefasst werden, das der Strategiebewertung, Entscheidungsvorbereitung und Strategieumsetzung dient.[1374] Oder anders herum: Ein wertorientiertes Controlling sollte die wichtigsten Methoden des Risikomanagements, also quantitative Risikoanalyse und Risikoaggregation nutzen.

[1373] Siehe Gleißner, 2014c.
[1374] Quelle: Gleißner, 2003a; Gleißner, 2004c sowie Gleißner, 2000b.

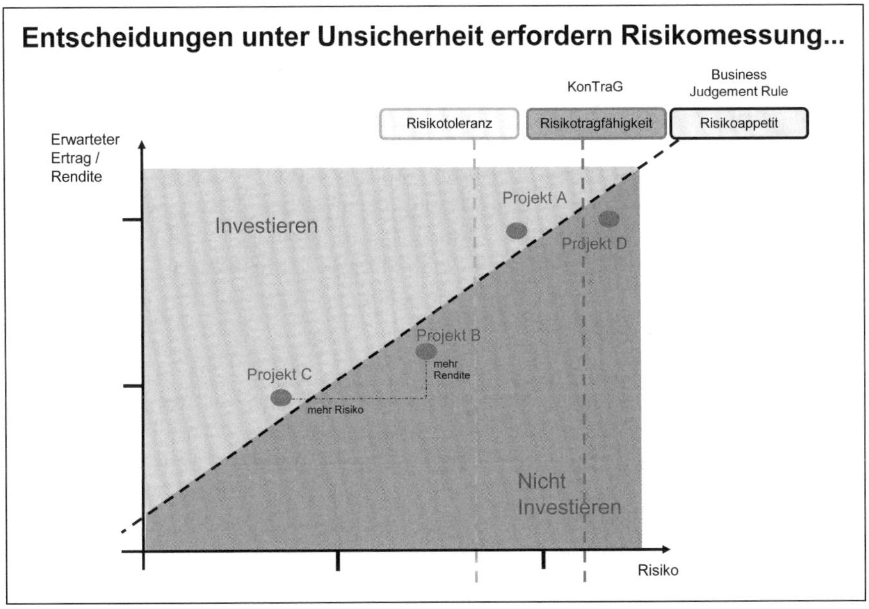

Abbildung 136: Rendite-Risiko-Profil

Der Vergleich des Ertrag-Risiko-Profils von Projekten, Unternehmen oder Strategien kann erfolgen durch die Berechnung des (vom Börsenkurs zu unterscheidenden) fundamentalen Unternehmenswerts, des Entscheidungswerts oder anderer wertorientierter Performancemaße (wie RAVA). Entgegen der bisherigen Praxis in vielen Unternehmen ist dabei sicherzustellen, dass der den Unternehmenswert oder Erwartungswert der Cashflows und der „Werttreiber Kapitalkosten", also die risikogerechten Mindestanforderungen an die erwartete Rendite, tatsächlich von den Unternehmensrisiken abhängen. Aus historischen Aktienkursschwankungen (via Beta-Faktor) kann man – wie erläutert – nicht auf die entscheidungs- und bewertungsrelevanten zukünftigen Risiken schließen. Die Vernachlässigung von Risiken und die Anwendung des CAPM im Kontext wertorientierter Steuerungssysteme ist der möglicherweise schwerwiegendste methodisch-betriebswirtschaftliche Fehler in den heute implementierten Steuerungssystemen.

Grundsätzlich zu beachten ist schließlich, dass Veränderungen des Risikoumfangs auch zu Veränderungen des zukünftigen Ratings (der Insolvenzwahrscheinlichkeit) führen und auch das Rating einen „Werttreiber" darstellt. Die Insolvenzwahrscheinlichkeit wirkt nämlich weitgehend wie eine „negative Wachstumsrate" der Erträge und beeinflusst in erheblichem Umfang den Wert des Unternehmens. Noch immer wird bei Unternehmensbewertung und wertorientierter Steuerung fälschlicherweise ignoriert, dass Unternehmen nicht „ewig" existieren. Die Insolvenzwahrscheinlichkeit beeinflusst auch die Fremdkapitalkosten.

Entscheidungsrelevant ist im Allgemeinen der aggregierte Gesamtrisikoumfang (ausgedrückt durch den Eigenkapitalbedarf/Value at Risk und/oder Variationskoeffizient des Ertrags), dessen Berechnung eine stochastische Simulation (Monte-Carlo-Simulation) erfordert. Für die eigentliche Vorbereitung der Entscheidung benötigt man Informationen über die Veränderung des aggregierten Gesamtrisikoumfangs, über die Auswirkung auf das Rating in der Zukunft (Krisenwarnindikator) sowie eine risikogerechte Bewertung, das heißt ein Abwägen erwarteter Erträge und Risiken.[1375] Damit ist ein Zusammenspiel von Controlling und Risikomanagement in einem integrierten wertorientierten Unternehmenssteuerungssystem naheliegend (vgl. Abbildung 137 zu den wichtigsten Zusammenhängen).

Unter einem integrierten wertorientierten Steuerungssystem ist also ein Instrumentarium zur Unterstützung für die Unternehmensführung zu verstehen, dass die Hauptdeterminanten des Unternehmenswertes – nämlich die erwarteten freien Cashflows (Erträge), die Diskontierungszinssätze (Kapitalkosten) und die Insolvenzwahrscheinlichkeit – durch miteinander verbundene Untersysteme, nämlich die Planung mit den strategischen Kennzahlen[1376] und das Risikomanagementsystem, fundiert berechnet. Neben dem bisher primär betrachteten operativen Managementsystem sollte auch das strategische Management, z.B. unterstützt durch eine Balanced Scorecard, in einem integrierten Controlling- und Managementkonzept einbezogen werden. Neben Entscheidungsunterstützung ermöglicht dies auch die Umsetzungsunterstützung.

Eine Balanced Scorecard[1377] ist ein strategisch ausgerichtetes Steuerungssystem, das der Unternehmensführung bei der Kommunikation und der Umsetzung der Unternehmensstrategie hilft. Ihr Ziel ist es, die Strategie operativ umsetzbar und messbar zu machen. Die Umsetzung der Strategie wird gefördert durch die Zuordnung von Messgrößen, Verantwortlichen und Maßnahmen zu den strategischen Zielen. Die so präzisierte Strategie ist zudem Grundlage für eine strategiekonforme operative Planung. Die Entwicklung der Balanced Scorecard erfolgte vor dem Hintergrund, dass bisher in Kennzahlensystemen finanzielle Größen dominierten. Durch diese können zwar Ergebnisse beschrieben werden, aber deren Ursachen und besonders deren zukünftige Entwicklung – die das Unternehmen ja besonders interessiert – können oft nicht beurteilt werden. Insbesondere strategische Erfolgspotenziale (z.B. Prozesseffizienz oder Wettbewerbsvorteile) bleiben oft unbeachtet. Um dem entgegenzuwirken, werden neben den üblichen Kennzahlen aus der Finanzperspektive (z.B. zur Rentabilität), die primär eben nur die Ergebnisse der unternehmerischen Tätigkeit zeigen, auch Kennzahlen einbezogen, die künftig diese finanziellen Kennzahlen beeinflussen. Dies sind (indirekte) Werttreiber oder Key Performance Indikatoren, wie z.B. Kundenzufriedenheit oder Auftragsdurchlaufszeit. Hierzu wird oft die Geschäftslogik des Unternehmens mit Hilfe von vier Perspektiven abgebildet, nämlich der Mitarbeiterperspektive, der Marktperspektive, der Prozessperspektive und schließlich der Finanzperspektive. Eine Balanced Scorecard zeigt somit

[1375] Zu den Zusammenhängen siehe Gleißner, 2013c und Abschnitt 6.4.
[1376] Key Performance Indicator (KPI).
[1377] Siehe Kaplan/Norton, 2018.

die in der Markt- und Prozessperspektive befindlichen direkten Werttreiber des Unternehmenswerts sowie deren Bestimmungsfaktoren aus der Mitarbeiterperspektive, die insoweit auch als vorgelagerte Werttreiber verstanden werden können. Diese beeinflussen die Umsätze und die Kosten – und somit letztendlich die den Unternehmenswert bestimmenden freien Cashflows und Erträge (Zahlungsströme), was in der operativen Planung dargestellt wird.

Das Risikomanagement wiederum als weiteres Element eines solchen integrierten wertorientierten Steuerungssystems findet seinen Platz bei der Ermittlung von Gesamtrisikoumfang und Eigenkapitalbedarf durch Aggregation der Unternehmensrisiken im Kontext der strategiekonformen Planung. Es schafft die Grundlage für die Ermittlung der angemessenen Kapitalkosten und die Ableitung der Insolvenzwahrscheinlichkeit als Maß der Bestandsgefährdung des Unternehmens im Sinne des KonTraG und des StaRUG (siehe Abschnitt 5.2). Durch wertorientierte Risikomanagementsysteme, die mit Controlling und strategischen Unternehmenssteuerungssystemen verbunden sind, werden damit Voraussetzungen geschaffen, um die Konsequenzen geplanter strategischer Maßnahmen auf den Unternehmenswert über alle Wirkungswege – erwartete Erträge, Rating und Kapitalkosten – transparent zu machen. Damit tragen sie letztlich zu einer besseren Fundierung wichtiger unternehmerischer Entscheidungen bei. Integrierte wertorientierte Controlling- und Steuerungssysteme müssen dabei gewährleisten, dass schon bei der Vorbereitung unternehmerischen Entscheidungen (neben einer traditionellen Ertragsplanung) auch eine Risikoanalyse und Risikoaggregation vorgenommen wird, um mittels risikogerechter Bewertung das Ertrag-Risiko-Profil alternativer Handlungsmöglichkeiten vergleichen zu können. Controlling, Planung und Risikomanagement arbeiten dabei nicht nur bei der Entscheidungsvorbereitung zusammen; schon bei der Risikoanalyse werden z.B. systematische, unsichere Annahmen der Planung als Risiken erfasst (vgl. dazu Kapitel 6 zur organisatorischen Umsetzung).

Die nachfolgende Abbildung stellt die Stellung von Risikomanagement und strategischem Management (Balanced Scorecard) eines solchen integrierten wertorientierten Steuerungssystems grafisch dar das auch als wertorientiertes Controlling bezeichnet werden kann.

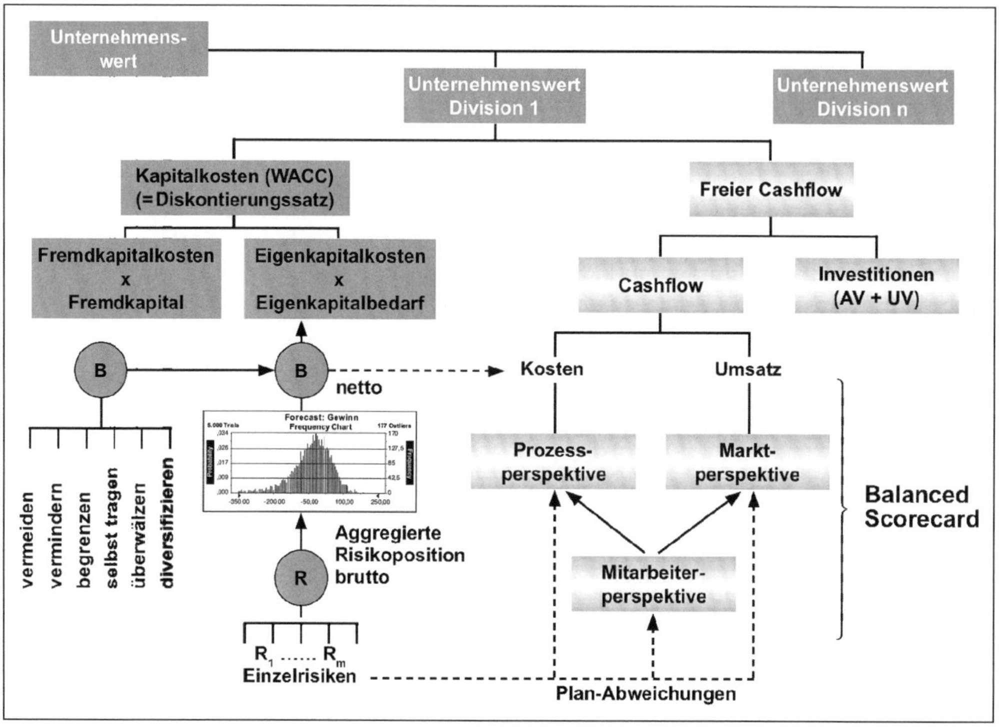

Abbildung 137: Integrierte wertorientierte Unternehmenssteuerung mit Balanced Scorecard[1378]

5.6 Impulsfragen

a) Wieso kann man die durch das Rating ausgedrückte Insolvenzwahrscheinlichkeit als „Werttreiber" eines Unternehmens ansehen und wie hängt dieser vom Risikoumfang ab?

b) Wieso ist es empfehlenswert, dass die Unternehmensführung bei der Vorbereitung unternehmerischer Entscheidungen Ergebnisse der Risikoanalyse nutzt – anstelle von Kapitalmarktdaten, wie z.B. den Beta-Faktor des Capital Asset Pricing Modells (CAPM)?

c) Was charakterisiert eine simulationsbasierte Unternehmensbewertung und welche Vorteile ergeben sich durch diese?

d) Für die Bewertung eines Investitionsprojekts, das genau ein Jahr Laufzeit hat, gelten folgende Informationen: Beim sicheren Investitionsvolumen von 10 Mio. € plant die Unternehmensführung zunächst einen Rückfluss von

[1378] Vgl. Gleißner, 2000b und Gleich/Gleißner, 2020 sowie weiterführend Gleißner, 2004c zur „FutureValue-Scorecard" einer Balanced Scorecard, bei der die Verantwortlichen für eine Kennzahl zugleich Risikobeauftragte für die Risiken sind, die hier Planungsabweichungen auslösen können.

12 Mio. €, also eine Rendite von 20 %. Eine ergänzende Risikoanalyse hat allerdings gezeigt, dass bei dieser Betrachtung ein Risiko zunächst übersehen wurde. Mit einer Wahrscheinlichkeit von 10 % sind Zusatzkosten von 5 Mio. € zu erwarten. Aus der Risikoaggregation mit der Monte-Carlo-Simulation ergibt sich eine Standardabweichung des Rückflusses, unter Berücksichtigung dieses Risikos, von 3 Mio. €.
Wie groß sind die risikogerechten Anforderungen an die Rendite (Kapitalkosten)? Ist das Projekt ökonomisch sinnvoll? Sie können bei der Berechnung von Risikodiversifikationseffekten absehen (Risikodiversifikationsfaktor d = 1) sowie einen risikolosen Zinssatz $r_f = 3\%$ und einen „Marktpreis des Risikos“ von $\lambda = 0{,}25$ ansetzen.

e) Die Königsstädter Milchprodukte AG erwartet dauerhaft einen mittleren Ertrag in Höhe von 100 Mio. € pro Jahr. Aus der Risikoanalyse und Risikoaggregation wird über den Variationskoeffizienten des Ertrags ein risikogerechter Kapitalkostensatz k = 10 % mit einer Insolvenzwahrscheinlichkeit p = 1 % (BB-Rating) abgeleitet.
Im Rahmen der Entwicklung einer „robusten Strategie“ werden vielfältige Maßnahmen zur Reduzierung von Abhängigkeiten und Verstärkung der Risikobewältigung erarbeitet. Man erwartet, dass der Ertrag dadurch nachhaltig um 1 Mio. € sinkt. Dafür reduziert sich aber auch das Ertragsrisiko erheblich. Der Kapitalkostensatz sinkt auf 7 % und die Insolvenzwahrscheinlichkeit auf 0,5 %.
Welche Wirkung hat diese neue Strategie auf den Unternehmenswert? Ist sie ökonomisch sinnvoll?

f) Wird **bei Ihnen** regelmäßig eine Risikoaggregation mit Ratingprognose durchgeführt, um eine mögliche bestandsgefährdende Krise frühzeitig zu erkennen (vgl. § 91 Abs. 2 AktG und § 1 StaRUG)?

g) Erfolgt **bei Ihnen** ein Abwägen erwarteter Erträge und quantifizierter Risiken bei der Beurteilung strategischer Handlungsoptionen mittels risikogerechter Bewertung (z.B. durch die Berechnung der vom aggregierten Ertragsrisiko abhängigen Kapitalkosten und Berücksichtigung des Insolvenzrisikos)?

6. Risikoüberwachung und die Organisation von Risikomanagement und Controlling

6.1 Eine Einordnung von Risikomanagement und Controlling

6.1.1 Überblick

In diesem Abschnitt werden Gestaltungsvarianten für die Organisation des Risikomanagements und, eng damit verbunden, des Controllings vorgestellt. Die in den bisherigen Kapiteln des Buches erläuterten Methoden, z.B. zur Risikoanalyse, sollten regelmäßig angewandt werden, was eine Zuordnung von Verantwortlichkeiten und die Beschreibung von Arbeitsprozessen erforderlich macht. Regelungen benötigt man insbesondere für die Überwachung bereits identifizierter Risiken, weil diese sich im Zeitverlauf verändern können. Gerade bei der Organisation des Risikomanagements ist darauf zu achten, dass möglichst effizient der prinzipiell mögliche ökonomische Mehrwert erreicht und dabei gesetzliche Mindestanforderungen erfüllt werden. Organisatorische Regelungen für das Risikomanagement betreffen dabei potenziell alle Bereiche, Stellen und Personen eines Unternehmens, da praktisch jede Aktivität in einem Unternehmen mit Chancen und Gefahren (Risiken) verbunden sein kann. Organisation des Risikomanagements bedeutet damit weit mehr als organisatorische Regelungen für ein zentrales Risikomanagement, unter Leitung eines Risikomanagers, und Verfahrensanweisungen für die sogenannten Risikobeauftragten, die sich um Risiken kümmern. Im Sinne eines modernen integrativen Risikomanagements wird angestrebt, möglichst viele Aufgaben im Umgang mit Risiken, also z.B. der Risikoidentifikation, durch bereits vorhandene Prozesse und Managementsysteme mit abzudecken. Ein integratives Risikomanagement ist entsprechend möglichst verknüpft mit anderen vorhandenen Systemen, wie insbesondere dem Controlling. Dies liegt daran, dass Risiken sich immer auf die Planung beziehen und Risikomanagement, ebenso wie das Controlling, auf die Vorbereitung unternehmerischer Entscheidungen ausgerichtet sein sollte. Eine organisatorische Gestaltung des Risikomanagements ist damit in der Regel eng verbunden mit einer Weiterentwicklung des Controllings, dessen Fähigkeiten im Umgang mit Risiken meist zu verbessern sind.[1379] Unternehmensspezifisch zu entscheiden ist entsprechend, inwieweit das Controlling im Hinblick auf die Möglichkeit im Umgang mit Risiken ausgebaut bzw. ein „eigenständiges" Risikomanagement aufgebaut werden soll. Oft ist es sinnvoll, sowohl Aufgaben im Umgang mit Risiken auf das Controlling zu übertragen als auch eine durch-

---

[1379] Siehe Gleißner/Rieg/Vanini, 2021.

aus eigenständige, eng mit dem Controlling zusammenarbeitende, zentrale und neutrale Stelle zur Koordination des Risikomanagements zu schaffen (Leiter Risikomanagement).

In diesem Kapitel werden die wesentlichen organisatorischen Aspekte des Risikomanagements skizziert. Ausgehend von einigen grundlegenden Hinweisen zur Einordnung von Risikomanagement und Controlling in diesem Abschnitt wird im folgenden Abschnitt 6.2 auf die Bedeutung der Risikokultur eingegangen und gezeigt, welche Inhalte eine Risikopolitik aufweisen sollte, um Rahmen für den organisatorischen Aufbau des Risikomanagements zu sein. Abschnitt 6.3 fasst wesentliche gesetzliche und regulatorische Anforderungen an die Organisation des Risikomanagements zusammen, wobei hier insbesondere auf den IDW Prüfungsstandard 340 und den DIIR Revisionsstandard Nr. 2 eingegangen wird. Ausgehend von einer Verdeutlichung der grundlegenden Idee eines „entscheidungsorientierten Risikomanagements" (Abschnitt 6.4) werden in Abschnitt 6.5 verschiedene, durchaus miteinander kombinierbare, Varianten für die Ausgestaltung des Risikomanagements erläutert. Ausgehend von einer traditionellen, eher „KonTraG-orientierten" und separaten Gestaltung des Risikomanagements werden moderne und integrative Konzepte vorgestellt, die enger an das Controlling angelehnt sind und andere Managementsysteme mit einbeziehen (z.B. das Qualitätsmanagement). Abschnitt 6.6 fasst wichtige Praxishilfsmittel für die organisatorische Gestaltung des Risikomanagements zusammen, wie z.B. Regelungen für die Überwachung von Risiken und typische Stellenbeschreibungen für Personen, die im Risikomanagement aktiv sind (wie Risikomanagement, Risikobeauftragter oder auch die interne Revision). Für die Verbesserung des Risikomanagements ist eine Beurteilung des Status Quo und mit diesen verbundenen Defiziten wichtig. Daher werden in Abschnitt 6.7 Methoden zur Prüfung der Leistungsfähigkeit des Risikomanagements erläutert.

6.1.2 Three Lines of Defence und das Three Lines Modell

Die organisatorische Stellung des Risikomanagements im Kontext der Unternehmensführung, inklusive der Abgrenzung der Aufgabe zur Internen Revision, kann man zunächst anhand des sogenannten „Three Lines of Defence Modells"[1380] verdeutlichen (siehe folgende Abbildung).[1381]

[1380] Vgl. auch Bantleon et al., 2017.

[1381] Quelle: In Anlehnung an: ECIIA/FERMA: Guidance on the 8th EU Company Law Directive. Article 41, S. 9 und IIA Position Paper: Three Lines of Defence in Effective Risk Management and Control. January 2013, S. 2.

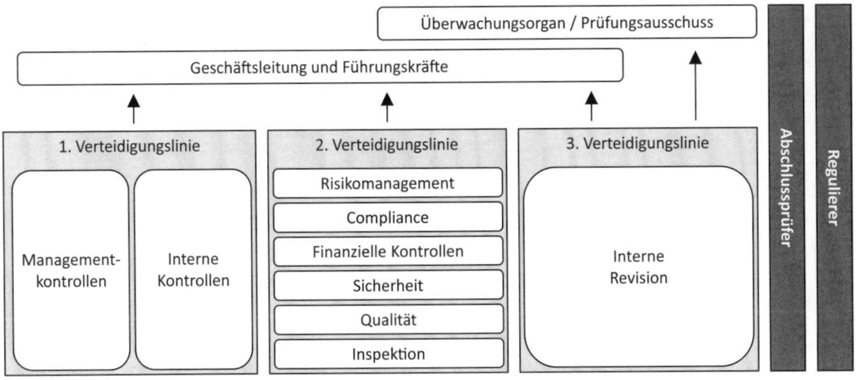

Abbildung 138: Das Three Lines of Defense-Modell[1382]

Man kann die „drei Verteidigungslinien" aus Abbildung 138 wie folgt beschreiben (Bantleon et al., 2017):

- Das operative Management als erste „Verteidigungslinie" ist verantwortlich für Identifikation, Quantifizierung und Überwachung von Risiken sowie die Initiierung von Risikobewältigungsmaßnahmen im Tagesgeschäft. Das interne Kontrollsystem ist Teil der „ersten Linie". Aus Sicht des Risikomanagements ist das interne Kontrollsystem auch eine organisatorische Risikobewältigungsmaßnahme, die die Reduzierung der Eintrittswahrscheinlichkeit und Schadenshöhen durch operationelle Verhaltensrisiken der Mitarbeiter ermöglicht.
- Die zweite Verteidigungslinie umfasst Compliance, Controlling und Risikomanagement. Ihre Aufgabe ist primär das Bereitstellen von Methoden und Prozessen zum Umgang mit Chancen und Gefahren (Risiken), die Überwachung der risikobezogenen Aktivitäten der „ersten Verteidigungslinie" und die entscheidungsorientierte Aufbereitung von Risikoinformationen für die Unternehmensführung (inkl. Risikoaggregation).
- Die „dritte Verteidigungslinie" stellt die interne Revision als neutrale Stelle dar, die die Umsetzung der Vorgaben für die erste und zweite Verteidigungslinie überprüft und die Unternehmensführung, gegebenenfalls auch den Aufsichtsrat, über diese Prüfergebnisse informiert. Insbesondere der gesamte Prozess des Risikomanagements sollte von einer unabhängigen Instanz wie der internen Revision, regelmäßig überprüft werden (vgl. Anforderung aus IDW PS 340 und DIIR RS Nr. 2).

Mit dem neuen TLM wird bezüglich der Positionierung des Risikomanagements klargestellt, dass durch die Identifikation, Bewertung und Steuerung von Chancen und Risiken ein Mehrwert für die Organisation geschaffen werden soll (vgl. Abbildung 139). Eulerich et al., 2021, S. 63 formulieren zusammenfassend:

„Der Leitgedanke des TLM stellt somit auf eine effektive Governance auf Basis einer angemessenen und konkreten Zuweisung von Verantwortlichkeiten ab und sieht eine

[1382] In Anlehnung an: ECIIA/FERMA, Guidance on the 8th EU Company Law Directive. Article 41, S. 9 und IIA Position Paper, Three Lines of Defence in Effective Risk Management and Control. January 2013, S. 2.

starke Ausrichtung der Aktivitäten zur Risikobewältigung anhand von Kooperation, Zusammenarbeit und Kommunikation vor."

Die nachfolgende Abbildung zeigt den Vergleich der Rollen im TLoD und im neuen Three Lines Modell (TLM).

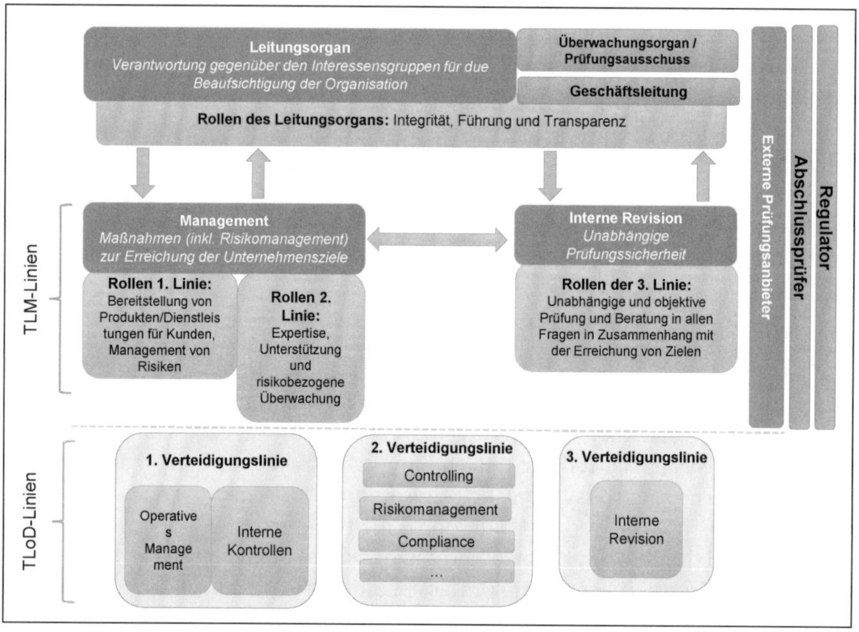

Abbildung 139: Vergleich der Rollen in TLoD und TLM[1383] (Quelle: Eulerich et al., 2021, S. 62)

Das TLM lässt dabei einen größeren Spielraum im Hinblick auf die mögliche Separierung oder auch Kombination der Managementfunktionen auf der ersten und zweiten Verteidigungslinie. Damit wird dem Sachverhalt Rechnung getragen, dass gerade bei vielen kleinen und mittleren Unternehmen eine Trennung kaum umsetzbar ist, insbesondere auch nicht innerhalb der zweiten Linie. Darüber hinaus wird sogar „zugelassen", dass das Risikomanagement gerade bei kleinen und mittleren Unternehmen auch Rollen der dritten Linie übernehmen kann.[1384] Entscheidend ist, dass nun im neuen TLM das Risikomanagement als Lieferant von „entscheidungsrelevanten Informationen für Vorstand und Aufsichtsrat" gesehen wird.[1385]

Eine wichtige Komponente des Risikomanagements stellt das interne Kontrollsystem[1386] dar, das schon als Element der „ersten Linie" der Bewältigung operationeller Risiken dient. Das interne Kontrollsystem trägt durch organi-

[1383] Quelle: Institute of Internal Auditors.
[1384] Siehe Eulerich et al., 2021, S. 65.
[1385] Eulerich et al., 2021, S. 65.
[1386] Seit 01.07.2021 wird ein solches von börsennotierten Unternehmen durch § 91 Abs. 3 gefordert.

satorische Regelungen dazu bei, dass Arbeitsprozesse in der gewünschten Weise durchgeführt werden, und insbesondere Fehler in der Rechnungslegung, Verstöße gegen interne Regelungen und Gesetze sowie Untreue und Betrug durch Mitarbeiter vermieden werden. Es ist somit insbesondere eine Risikobewältigungsmaßnahme zu personenverursachten, operationellen Risiken. Ungeachtet der Bedeutung eines internen Kontrollsystems sollte aus Perspektive eines unternehmensweiten integrierten Risikomanagements jedoch auch festgehalten werden, dass gerade die bestandsgefährdenden Risiken von Unternehmen meist nicht aus Untreue oder „Fraud" entstehen, sondern durch das Wirksamwerden strategischer Risiken und Marktrisiken.[1387] In der Praxis haben jedoch viele Unternehmen gerade im Bereich der internen Kontrollsysteme bisher wesentlich mehr Aufwand betrieben, als in allen anderen Bereichen des Risikomanagements zusammen, was durch die hier bestehenden formalen Vorgaben (z.B. den Sarbanes Oxley Act) erklärbar ist.

6.1.3 Das Paradigma des „entscheidungsorientierten Risikomanagements"

Traditionelle Risikomanagement-Ansätze in der Praxis haben oft schwerwiegende Konstruktionsfehler, die den praktischen Nutzen in Frage stellen und potenziell sogar persönliche Haftungsrisiken für die Unternehmensführung implizieren können. Es ist insbesondere unzureichend, wenn das Risikomanagement (im Zusammenspiel mit Controlling, Qualitätsmanagement oder Treasury) lediglich die in einem Unternehmen bereits vorhandenen Risiken überwacht und in Risikoreports für die Unternehmensführung (und den Aufsichtsrat) turnusmäßig zusammenfasst. Sichergestellt werden sollte, dass das Risikomanagement sich nicht nur mit den bestehenden Risiken beschäftigt, sondern insbesondere auch mit Handlungsmöglichkeiten, wie geplanten Projekten und Maßnahmen. Es ist wenig hilfreich, erst nach einer Entscheidung festzustellen, welche Implikationen diese für das Unternehmen – speziell für Risiken und Rating – nun gehabt hat. Bereits vor einer Entscheidung für eine solche Handlungsoption (wie eine Investition) ist aufzuzeigen, wie sich durch diese der aggregierte Gesamtrisikoumfang eines Unternehmens verändern und welche Implikationen diese Veränderungen für das zukünftige Rating und damit den Grad der Bestandsgefährdung eines Unternehmens haben würden.[1388] Eine risiko- und wertorientierte Unternehmensführung erfordert die Berücksichtigung erwarteter Erträge und Risiken bei der Vorbereitung von Managemententscheidungen. Dieses Grundverständnis einer risiko- und wertorientierten Unternehmensführung mit einem „integrierten" Risikomanagement sollte der Denkrahmen für die Organisation sein und wird daher in Abschnitt 6.4 ausführlicher erläutert. Solche integrierten Risikomanagementsysteme sind also insbesondere entscheidungsorientiert.[1389]

[1387] Beim „VW-Abgas-Skandal" 2015 sieht man ein interessantes Beispiel, das zeigt, wie sich Compliance- und Managementrisiken verbinden können.
[1388] Vgl. §93 AktG und DIIR RS Nr. 2.
[1389] Vgl. Gleißner, 2020c.

Da die entscheidungsorientierte Ausrichtung des Risikomanagements von so grundlegender Bedeutung ist für den ökonomischen Nutzen, spricht man auch vom Paradigma eines „entscheidungsorientierten Risikomanagements“[1390]. Aus ökonomischer Sicht ist die zentrale Bedeutung der entscheidungsorientierten Ausrichtung offensichtlich: Wenn Risikoinformationen nicht bei Entscheidungen der Unternehmensführung berücksichtigt werden, also keine Maßnahmen und Handlungen beeinflussen, sind sie wertlos. Aus juristischer Sicht ist gerade die Business Judgement Rule (§ 93 AktG) der Treiber für die Weiterentwicklung des Risikomanagements.[1391]

6.2 Risikopolitik, Risikokultur und Risk Governance

6.2.1 Risikopolitik: Inhalte und Fallbeispiel

Die Risikopolitik ist Bestandteil der Unternehmensstrategie und wird daher oft auch als Risikostrategie bezeichnet. Die Risikopolitik ist der Teil der Unternehmensstrategie, der explizit Aussagen zum Umgang mit Chancen und Gefahren (Risiken) trifft. Sie ist damit einerseits der Teil der Unternehmensstrategie, der mit Blick auf das Ziel der nachhaltigen Zukunftssicherung das Thema Risiko im strategischen Gesamtkonzept betrachtet, und andererseits der Rahmen für das Risikomanagement (Enterprise Risk Management).[1392]

Risikopolitische Grundsätze, die im Einklang mit den Zielen der Eigentümer stehen, sind der Ausgangspunkt und der Rahmen für die Ausgestaltung einer Risikomanagementorganisation und ein wichtiges Element einer „guten“ Corporate Governance. Es handelt sich hierbei um dokumentierte Verhaltensregeln, die alle Mitarbeiter im Unternehmen zu einem einheitlichen Umgang mit Risiken anleiten sollen. Ihre Aufgabe ist es, einen nachhaltigen Prozess zur Etablierung eines Risikobewusstseins und zur Entwicklung einer Risikokultur anzustoßen. Aufgrund der besonderen Bedeutung für den Unternehmenserfolg ist es zunächst besonders wichtig, dass die Unternehmensführung – Geschäftsführung, Vorstand und Aufsichtsrat – risikobewusst entscheidet und handelt.

Um dies zu erreichen, sollte basierend auf der Unternehmensstrategie, eine Risikopolitik definiert werden[1393], die insbesondere Aussagen trifft über

- die Obergrenze für den Gesamtumfang der Risiken, maximal akzeptierter „Grad der Bestandsgefährdung“ (Insolvenzwahrscheinlichkeit) und Schwellenwerte für die Initiierung von „geeigneten Gegenmaßnahmen“ zur Krisenabwehr (siehe § 1 StaRUG),
- Entscheidungskriterien, die ein Abwägen von erwarteter Rendite und Risiko erlauben,
- die Aufteilung der Risiken in Kern- und Randrisiken,

[1390] Gleißner, 2019c und 2019n.
[1391] Siehe Gleißner/Stein/Wiedemann, 2021.
[1392] Vgl. u.a. Bogodistov/Wohlgemuth, 2017.
[1393] Siehe Gleißner, 2000b.

- Rechte und Pflichten des Risikomanagements,
- die Limite für einzelne Risiken,
- Grundzüge der Organisation des Risikomanagements und
- ggf. auch Vorgaben für Methoden des Risikomanagements, z.B. für die Quantifizierung von Risiken und die Priorisierung von Maßnahmen der Risikobewältigung.

Die Formulierung und Kommunikation risikopolitischer Grundsätze fällt ebenso wie die Einrichtung des Risikomanagements selbst in den originären Aufgaben- und Verantwortungsbereich der Unternehmensleitung. Mit risikopolitischen Grundsätzen, welche die Verpflichtung aller Führungskräfte im Umgang mit Risiken dokumentieren, unterstreicht die Unternehmensleitung die Bedeutung, die sie dem Thema beimisst. Gleichzeitig schafft sie damit die Grundlage für eine unternehmensweit einheitliche Kommunikation beim Umgang mit Fragen des Risikomanagements.

Eine solche Risikopolitik schlägt sich letztlich in der Risikokultur, im Wissen, den Fähigkeiten und der Einstellung der Mitarbeiter zu Chancen und Gefahren (Risiken) nieder; sie ist aber nicht mit dieser identisch. Sie ist grundlegende Voraussetzung für eine Verankerung des Risikobewusstseins in der gesamten Unternehmensorganisation und stellt sicher, dass Risiken auch bei konkreten Entscheidungen und Handlungen adäquat berücksichtigt werden.

„Beispiel einer Risikopolitik (Kernaussagen)

- *Jede unternehmerische Tätigkeit ist mit Risiken verbunden und die Fähigkeit im Umgang mit Risiken ist für Zukunftsfähigkeit und nachhaltigen Unternehmenserfolg entscheidend. Risiken sind alle Chancen und Gefahren, die sich aus einer nicht sicher vorhersehbaren Zukunft ergeben und Planabweichungen auslösen können.*
- *Die Muster AG orientiert sich an den Grundsätzen einer wertorientierten Unternehmensführung und geht unternehmerische Risiken dann ein, wenn die damit verbundenen Ertragschancen eine Steigerung des Unternehmenswertes erwarten lassen. Im Rahmen des Risikomanagementsystems des Unternehmens werden daher grundsätzlich die erwarteten Erträge und Risiken gegeneinander abgewogen. Das Risikomanagement wird daher bei der Vorbereitung unternehmerischer Entscheidungen und bei der Erstellung von Entscheidungsvorlagen für die Geschäftsleitung einbezogen. Eine Risikoanalyse und Risikoaggregation wird vor jeder wesentlichen unternehmerischen Entscheidung durchgeführt, um deren Wirkungen auf Risikoumfang und Rating zu zeigen.*
- *Die Insolvenzwahrscheinlichkeit als Messgröße für eine Bestandsgefährdung infolge Illiquidität und Überschuldung soll diejenige eines Unternehmens mit einem BB-Rating – auch im definierten Stress-Szenario – nicht übersteigen. Das Eigenkapital soll folglich mindestens den aggregierten Risikoumfang, berechnet als Value at Risk des Gewinns, abdecken.*
- *Die Berechnung des Grads der Bestandsgefährdung und der Kennzahlen für den Gesamtrisikoumfang (Eigenkapital) erfolgt durch eine Aggregation der identifizierten und quantifizierten Risiken mit Bezug auf die operative Unternehmensplanung. Es werden Kennzahlen zur Bestimmung von Risikotragfähigkeit und Risikotoleranz berechnet. Zeigt sich dabei eine Wahrscheinlichkeit für eine bestandsgefährdende*

Entwicklung (Gefährdungswahrscheinlichkeit) von größer 5 %, wird der Aufsichtsrat informiert und es werden „geeignete Gegenmaßnahmen"[1394] *zur Verbesserung der Bestandssicherheit initiiert.*

- *Der wesentliche Werttreiber in den nächsten drei Jahren ist ein ertragsorientiertes Umsatzwachstum in den Stammmärkten Europas. Das Wachstum basiert auf Produkterweiterungen und Marktdurchdringung. Der Risikoumfang soll nicht schneller als der Umsatz wachsen.*
- *Die Muster AG trägt unternehmerische Kernrisiken, wie Umsatzschwankungen aufgrund von Veränderungen in der Nachfrage und Forschungs- & Entwicklungsrisiken, prinzipiell selbst. Randrisiken sind Risiken, die in keiner direkten Beziehung zu den Kernkompetenzen stehen. Diese werden – wenn möglich und aus Kostengründen sinnvoll – auf Dritte übertragen, z.B. Risiken aus Zinsänderungen und Währungen, Wertpapieren, Personen-, Sach- und technische Schäden, Betriebsunterbrechung, sowie Produkt- und Umwelthaftpflicht.*
- *Das Risikomanagement der Muster AG orientiert sich an einem integrierten risikoorientierten Unternehmensführungsansatz, d.h. originäre Aufgaben aus Controlling, Treasury und Qualitätsmanagement, die sich mit Chancen und Gefahren befassen, werden im Sinne dieser Risikopolitik durchgeführt und alle sich dabei ergebenden relevanten Risikoinformationen an das Risikocontrolling weitergeleitet.*
- *Der dem Vorstand direkt unterstellte Risikocontroller ist verantwortlich für das gesamte Risikomanagementsystem und die dort eingesetzten Methoden. Die Identifikation und Überwachung der wesentlichen Risiken erfolgt durch die, vom Risikocontroller in Abstimmung mit dem Vorstand benannten, „Risikobeauftragten". Die Verantwortung für den Umgang mit Chancen und Gefahren und die Initiierung von Risikobewältigungsmaßnahmen liegt bei den operativ verantwortlichen Mitarbeitern.*
- *Die Informationshoheit im Hinblick auf die Beurteilung von Risiken, die (1) das Unternehmen bereits trägt oder (2) infolge einer unternehmerischen Entscheidung entstehen würden, liegt beim Risikocontrolling. Ausgehend von Informationen der zuständigen Fachabteilungen ist es daher die Aufgabe des Risikocontrollings, als neutrale Instanz der Geschäftsleitung eine fundierte und neutrale Einschätzung der Risikolage zu erstellen. Ebenso hat das Risikocontrolling zu gewährleisten, dass bei Vorlagen zu unternehmerischen Entscheidungen die Implikationen dieser Entscheidungen für den zukünftigen Risikoumfang des Unternehmens bestmöglich eingeschätzt werden können. Der Risikocontroller hat das Recht, auf alle Informationen im Unternehmen zuzugreifen, die erforderlich sind, um die Risikosituation des Unternehmens einschätzen zu können.*
- *Das Interne Kontrollsystem dient der Bewältigung operationeller Risiken infolge eines möglichen Fehlverhaltens von Mitarbeitern und wird damit dem Risikomanagement zugeordnet. Die interne Revision übernimmt die unabhängige Prüfung des gesamten Risikomanagements.*
- *Von allen Mitarbeitern des Unternehmens wird ein bewusster Umgang mit Risiken erwartet. Das Risikomanagementsystem der Muster AG ist dementsprechend stufengerecht zu vermitteln. Das Identifizieren neuer Risiken wird angemessen belohnt, ebenso wie Effizienz in der Reduktion von Risiken. Risikobeauftragte (Risk Owner) müssen geschult und regelmäßig weitergebildet werden.*

[1394] § 1 StaRUG.

- *Im Rahmen dieser Risikopolitik definiert der Vorstand folgende Sicherheitsziele (Limite):*
  - *Der Umsatz eines einzelnen Kunden sollte nicht mehr als 25 % des Gesamtumsatzes betragen.*
  - *Die Eigenkapitalquote darf nicht unter 25 % fallen und sollte langfristig bei über 30 % liegen.*
  - *Derivative Finanzgeschäfte ohne wirtschaftliche Gegenposition dürfen nicht getätigt werden.*
  - *Kreditvereinbarungen (Covenants) sollen vermieden werden."*

6.2.2 Risikokultur

Neben der formalen Risikopolitik bestimmt auch die Risikokultur in einem Unternehmen, wie mit Risiken umgegangen wird – und wie wirksam das formale Risikomanagementsystem ist.[1395] Neben eher „technischen" und formalen Bestandteilen (Strukturen, Instrumente, Prozessbeschreibungen, Zuordnung von Verantwortungen etc.) des Risikomanagementsystems kommt daher auch der Schaffung einer Risiko(management)kultur[1396] als Rahmen und Ausdruck risikoangemessenen Verhaltens eine zentrale Bedeutung zu. Ein risikoangemessenes Verhalten ist Ziel des Risikomanagements und lässt sich nicht allein durch die Implementierung formaler Strukturen erzwingen, wenngleich geeignete Organisationsregeln und Methoden (z.B. der Entscheidungsfindung) unverzichtbar sind.[1397] Notwendig sind neben betriebswirtschaftlichen Methoden und Organisationsrichtlinien auch die oft vernachlässigten Einstellungen, persönliche Motive und Kompetenzen. Zu diesem Grundverständnis des Risikomanagements führt beispielsweise von Metzler (2004, S. 25) aus:

„Ein Risikomanagement ist keine klar abgrenzbare funktionale Einheit. Es stellt eine Art Managementphilosophie dar und sollte dementsprechend umfassend in die Unternehmensstruktur integriert werden."

Ausdruck findet dies in der sogenannten „Risikoneigung", auch „Risikoappetit" genannt. Sie drückt aus, inwieweit ein Individuum oder auch eine Organisation bereit ist, Risiken einzugehen. Diese Risikoneigung ist jedoch beim Menschen auch stark von der Situation abhängig, wie die Prospect-Theorie gezeigt hat (Kahneman/Tversky, 1979). So verhalten sich Menschen in einer Gewinnsituation eher risikoavers, während in einer Verlustsituation die Bereitschaft steigt, Risiken einzugehen, um „den Verlust wieder wettzumachen".[1398] Zudem ist die Risikowahrnehmung abhängig von Kontext, Risikoquelle, aber auch persönli-

[1395] Weiterführend zur Risikokultur bzw. Risikomanagementkultur siehe Führing, 2006, S. 154–176. Weiterführend zur Risikokultur siehe Grieser/Pedell, 2021.
[1396] Vgl. Berger, 2015.
[1397] Vgl. Abschnitt 1.5 zu den psychologisch bedingten Problemen von Menschen im Umgang mit Risiken.
[1398] Pelzman (2000, S. 28) spricht hier von der Gewinnsicherung und Verlustreparation. Einen Überblick über die psychologischen Aspekte beim Umgang mit Risiken geben Gleißner, 2004a sowie Gleißner/Winter, 2007; weiterführend siehe z.B. Eisenführ/Weber/Langer, 2010 und von Nitzsch, 2002a.

chen Merkmalen der Personen.[1399] Die Bereitschaft, sich mit Risiko und Risikobewältigung zu befassen und risikoadäquat zu entscheiden, ist beim Menschen zudem psychologisch bedingt recht schwach ausgeprägt, da Menschen ein ausgeprägtes Bedürfnis nach Selbstbestätigung, Kontrolle ihres Umfelds und Freiheit von kognitiven Dissonanzen haben – und dies wird durch die Existenz von Risiken beeinträchtigt.[1400] Die Notwendigkeit, eine offene Risikokultur zu schaffen, die die Bereitschaft für die Wahrnehmung und Quantifizierung von Risiken schafft, verdeutlichen insbesondere Umfragen, die sich mit dem Risikoverständnis von Managern befasst haben.[1401] Diese Umfragen zeigen nämlich, dass Risiko im Allgemeinen gar nicht als Wahrscheinlichkeitskonzept wahrgenommen wird, sondern nur die Möglichkeit von Verlusten (unabhängig von deren Wahrscheinlichkeiten) die Risikowahrnehmung prägt. Die Vorstellung, ein Risiko sei „beherrschbar", ist im Widerspruch zur Definition, derzufolge Risiko gerade die zukünftig möglichen unvorhersehbaren Veränderungen und Planabweichungen erfasst. Die Überschätzung des eigenen Einflusses (und die Unterschätzung der Konsequenzen rein zufälliger Veränderungen) bezeichnen Psychologen als „Kontrollillusion". Positive Ergebnisse werden dabei eher der eigenen Kompetenz zugeschrieben – negative Ergebnisse dem Umfeld angelastet („Attribution").

Die folgenden Fragen, die sich z.T. an Schein (2003) orientieren, helfen, die vorherrschende Risikokultur[1402] eines Unternehmens einzuschätzen:[1403]

- Welche gelebten Grundwerte kennzeichnen unsere bisherige Kultur?
- Welche Werte sind uns im Umgang untereinander wichtig?
- Welche Werte gelten im Umgang mit unseren Kunden, welche Werte vermitteln wir den Kunden?
- Welche Geschichten zur Risikokultur sind in unserem Unternehmen lebendig?
- Worüber spricht man?
- Welche Vorgehensweisen bei Umgang mit Risiken gibt es und was bedeuten sie? Was verbirgt sich hinter den Vorgehensweisen?
- Welche Ereignisse werden besonders beachtet?
- Wer gibt Traditionen weiter? Welche Traditionen sind das?
- Was sagt die unternehmenstypische Sprache (Redewendungen, Begriffe)?

Risikokultur – als Teil der gesamten Unternehmenskultur – kann sehr unterschiedliche Ausprägungen annehmen. Und auch wenn man von einer Risikokultur eines Unternehmens als Ganzes spricht, lassen sich doch oft sogar ausgeprägte eigene „Risikokulturen" in einzelnen Bereichen oder Abteilungen unterscheiden, die von der (faktischen) Risikopolitik des Unternehmens einerseits und individuellen Einstellungen der einzelnen Mitarbeiter gegenüber Risiken geprägt sind (siehe zu den psychologischen Aspekten Abschnitt 1.6).

[1399] Vgl. zur Risikowahrnehmung z.B. Slovic et al., 2004; Renn, 2014 und Abschnitt 1.6.
[1400] Siehe von Nitzsch, 2002a.
[1401] Siehe z.B. March/Shapira, 1987 sowie Günther/Detzner, 2008.
[1402] Siehe zur Bedeutung der Mitarbeiter und der Risikokultur für die Umsetzung des Risikomanagements auch Stein/Wiedemann, 2016 und 2017.
[1403] Weitere Fragen betreffend die Unternehmenskultur und die ethischen Grundwerte finden sich bei Ferrell/Fraedrich/Ferrell, 2014.

Eine Risikokultur kann stärker durch Risikoaversion oder Risikofreude bestimmt sein. Potenziell kritisch ist, wenn das Auftreten von Risiken weitgehend mit Schwächen oder Fehlern gleichgesetzt wird und damit oft Risiken einfach oft „verdrängt" werden. Dies ist problematisch für eine offene Kommunikation von in Unternehmen letztlich unvermeidlichen Risiken. Ebenso problematisch ist, wenn die Risikokultur geprägt ist durch die Vorstellung, Risiken seien zu minimieren. Eine offene Risikokultur berücksichtigt, dass unternehmerische Tätigkeiten immer mit Risiken verbunden ist. Entsprechend ist es sinnvoll, das Ertrag-Risiko-Profil eines Unternehmens zu optimieren.

offene Risikokultur	1	2	3	4	5	restriktive Risikokultur
Risiko als mögliche Planungsabweichung						Risiko ist möglicher Schaden
Ziel ist die Optimierung des Ertrag-Risiko-Profils						Ziel ist Risikominimierung
Risiken gehören zu jeder geschäftlichen Tätigkeit						Risiko deutet Fehler an
Transparenz über Risiken & offene Risikokommunikation						intransparente Risiken
Risikoanalyse als Grundlage von Entscheidungen						keine Risikoanalyse vor Entscheidungen

Tabelle 50: offene vs. restriktive Risikokultur

In der Tendenz ist also davon auszugehen, dass Menschen dazu neigen, Risiken ohne den Einsatz geeigneter formeller Hilfsmittel verzerrt wahrzunehmen und systematische Fehler bei Entscheidungen unter Risiko zu machen („Risikoblindheit").[1404] In Abhängigkeit psychologischer Charakteristika weisen dabei unterschiedliche Führungskräfte durchaus ein unterschiedliches Verhalten auf, womit insgesamt davon auszugehen ist, dass ohne ein klares Regelwerk und Instrumentarien im Risikomanagement nicht gewährleistet ist, dass insgesamt im Unternehmen eine Risikopolitik verfolgt wird, die im Interesse der Eigentümer ist, also beispielsweise zu einer Steigerung des Unternehmenswerts beiträgt. Dieses unterschiedliche Verhalten der Mitarbeiter im Umgang mit Risiken ist im Allgemeinen nicht im Sinne eines Unternehmens, wenn eine bestimmte Risikopolitik verfolgt werden soll (vgl. Abschnitt 6.2.1).

Fazit: Die Risikopolitik als Teil der Strategie gibt vor, wie in einem Unternehmen mit Chancen und Gefahren (Risiken) umgegangen werden sollte. Wie tatsächlich die Mitarbeiter eines Unternehmens Risiken wahrnehmen, mit ihnen umgehen, wird maßgeblich durch die Risikokultur geprägt.[1405] Die Risikokultur ist das Ergebnis der Einstellung der agierenden Menschen im Hinblick auf den Umgang mit Risiko.[1406]

[1404] Siehe Haller, 2003 und Slovic, 2000. Sie auch Gleißner, 2020e.
[1405] Siehe Berger, 2015 sowie weiterführend Ferrell/Fraedrich/Ferrell, 2014.
[1406] Auf die Bedeutung der Risikokultur verweisen auch die Risikomanaementstandards IDW PS 340 (von 2020) und DIIR RS Nr. 2.

6.2.3 Risk Governance

Ergänzend und weiterführend zur Risikopolitik kann ein allgemeiner Rahmen für die Ausgestaltung des Risikomanagements bei der praktischen Umsetzung helfen. Neben den Standards, wie COSO Enterprise Risk Management, können hier auch seitens der Wissenschaft entwickelte Konzepte helfen. Zu erwähnen sind beispielsweise das Modell von Kaplan und Mikes (2016) und das besonders auch für die Umsetzung des Risikomanagements bei mittelständischen Unternehmen geeignete Risk Governance Modell von Stein und Wiedemann (2016, 2017 und Stein et al., 2018).[1407]

Risk Governance ist ein integratives und entscheidungsorientiertes Konzept, das explizit alle Mitarbeiter mit einbeziehen möchte und somit auch kulturelle Aspekte im Umgang mit Risiko betrachtet („Risikokultur").

Mit der Risk Governance wird ein in vielen Unternehmen existierendes operatives Risikomanagement weiterentwickelt.[1408] Entstanden ist das Konzept, weil sich in der Vergangenheit viele Beispiele finden lassen, in denen es dem Risikomanagement nicht gelungen ist, Unternehmen und ihr Management mittels angemessener Entscheidungsvorbereitung vor gravierenden Fehlentscheidungen zu bewahren. Dies liegt insb. daran, weil das traditionelle Risikomanagement seine Aufgabe primär operativ begreift und diese mechanistisch abarbeitet.[1409]

Ähnliche Probleme lassen sich für die Corporate Governance beobachten.[1410] Die Corporate Governance ist ein Regelungsrahmen, der über die Anwendung einzuhaltender Mindeststandards darauf abzielt, dass Management und Aufsichtsgremien keine Interessengegensätze aufbauen, die Ansprüche der verschiedenen Anspruchsgruppen des Unternehmens gesamthaft ausbalanciert sind und Risiken aus mangelnder Unternehmensführungsqualität, Regelinkonformität, Intransparenz und fehlender Nachhaltigkeit vermieden werden. Doch auch die Corporate Governance findet ihre Grenzen z.B. in der mangelnden Berücksichtigung von Risikoanalysen bei unternehmerischen Entscheidungen. An dieser Stelle setzt der Risk-Governance-Ansatz an und baut eine Brücke. Kern der Risk Governance ist die risikobezogene Vorbereitung aller Managemententscheidungen, die dazu dienen, zu vermeiden, dass plötzlich unvorhergesehene Risikoereignisse eintreten, die das Weiterbestehen des Unternehmens gefährden (vgl. Stein/Wiedemann, 2016 und Gleißner/Stein/Wiedemann, 2021). Besonders deutlich wird der integrative Charakter von Risk Governance in Bezug auf Nachhaltigkeits und Corporate-Social-Responsibility: Unternehmen sollten mögliche Risiken aus den drei Perspektiven ökologisch, sozial und ökonomisch betrachten.[1411] Risk Governance strebt in dieser strategischen Hinsicht gerade in den Managemententscheidungen eine proaktive Risikosteuerung an. Zudem werden alle Entscheidungen den Normen der Good Corporate Governance

---

[1407] Siehe dazu auch Hiebl, 2019.

[1408] In Anlehnung an Gleißner/Stein/Wiedemann, 2021. Vgl. auch Weigel/Hiebl/Wiedemann, 2018.

[1409] In Anlehnung an Gleißner/Stein/Wiedemann, 2021.

[1410] Vgl. Stein/Wiedemann/Zielinski, 2018.

[1411] Vgl. Elkington, 1999 sowie Gleißner, 2019k.

verpflichtet, sodass Regeln und Gesetze, aber auch ethische Vorgaben beachtet werden können. Die Mitarbeiter sollen einbezogen und eine offene Risikokultur entwickelt werden.

6.3 Anforderungen an die Organisation des Risikomanagementsystems

6.3.1 Die gesetzlichen Vorgaben und Standards

Grundsätzlich sollte eine organisatorische Gestaltung des Risikomanagements gewählt werden, die geeignet erscheint, den potenziellen ökonomischen Mehrwert möglichst effizient zu erreichen; wobei als Nebenbedingung die gesetzlichen Mindestanforderungen erfüllt werden sollen. In Deutschland sind hier insbesondere die Implikationen aus § 91 Abs. 2 AktG, § 93 AktG und § 1 StaRUG zu berücksichtigen. Für börsennotierte Aktiengesellschaften kommt dazu § 91 Abs. 3 AktG, der ein „umfassendes" Risikomanagement fordert. Wie erläutert, ist ein solches umfassendes Risikomanagement mehr als ein Risikofrüherkennungssystem, weil insbesondere Risikosteuerung und die Berücksichtigung Risikoinformationen bei der Vorbereitung unternehmerischer Entscheidungen entsprechend § 93 AktG mit abgedeckt wird.

Nachfolgend werden organisatorische Regelungen für ein Risikomanagement erläutert, das grundsätzlich alle diese Anforderungen erfüllt. Es ist dabei wesentlich zu beachten, dass im Hinblick auf organisatorische Gestaltung des Risikomanagements seitens der Unternehmensführung erhebliche Ermessensspielräume bestehen. Größe und Struktur der Unternehmen kann so Rechnung getragen werden. Nur für börsennotierte Aktiengesellschaften ist beispielsweise ein „umfassendes" Risikomanagement, das auch eine zumindest teilweise eigenständige Organisation sinnvoll erscheinen lässt, erforderlich. Ansonsten besteht durchaus die Möglichkeit, Risikomanagementaufgaben weitgehend durch andere bereits existierende Managementsysteme, wie das Controlling, mit abzudecken. Für die konkrete Ausgestaltung des Risikomanagements kann man sich an Prüfungsstandards, wie dem DIIR RS Nr. 2, dem IDW PS 340 sowie dem ISO 31000 und dem COSO Enterprise Risk Management Framework orientieren.

Sinnvoll ist es zunächst die relevanten Anforderungen präzise festzuhalten. Die nachfolgende Abbildung fasst unterschiedliche Anforderungen an ein Risikomanagementsystem (RMS) zusammen (Vanini/Rieg, 2021a, S. 129).

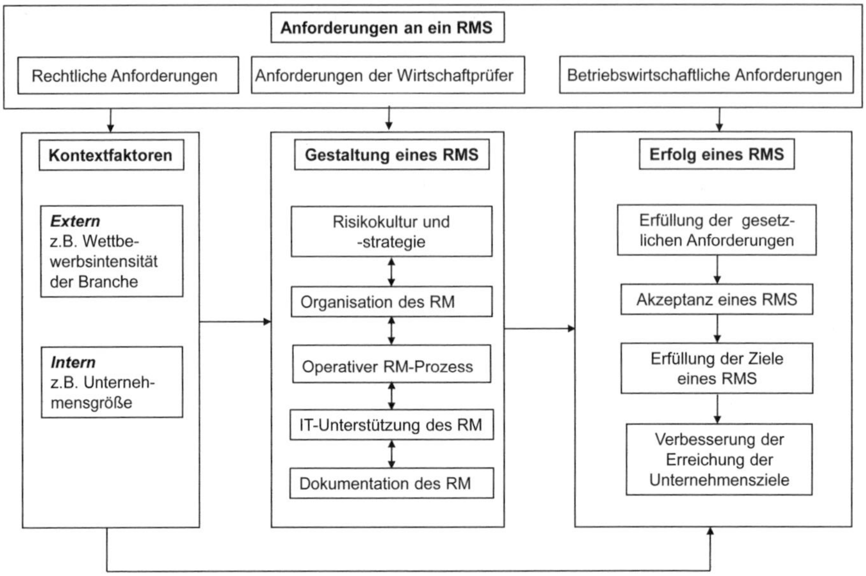

Abbildung 140: Kontingenztheoretisches Modell eines Risikomanagementsystems (Quelle: Vanini/Rieg, 2021a, S. 129)

Bei der Implementierung eines Risikomanagements wird meist angestrebt, dass im ersten Schritt die Fähigkeit zur Früherkennung und Vermeidung risikobedingt möglicher Krisen erreicht wird. Die entsprechenden gesetzlichen Anforderungen ergeben sich aus §91 Abs. 2 AktG und §1 StaRUG. Daher werden nachfolgend zunächst die wesentlichen Mindestanforderungen an ein solches Risikofrüherkennungssystem in Anlehnung an den IDW PS 340 dargelegt, bevor anschließend auf zusätzliche Anforderungen eingegangen wird, die der Risikosteuerung und der Bereitstellung von Risikoinformationen bei unternehmerischen Entscheidungen dienen.

6.3.2 Konkretisierung gesetzlicher Vorgaben im IDW PS 340 und im DIIR RS Nr. 2

Im Prüfungsstandard des Institutes der Deutschen Wirtschaftsprüfer IDW PS 340 n.F. von 2022) sind insgesamt folgende Anforderungen an ein Risikomanagementsystem festgelegt (vgl. ergänzend den IDW PS 981 von 2017 und den DIIR RS Nr. 2 von 2018). Wesentliche Anforderungen wurden bereits 1998 im „alten" IDW PS 340 zusammengefasst:

1. Festlegung der Risikofelder

- Die Geschäftsleitung muss geeignete Maßnahmen treffen, insbesondere ein Überwachungssystem einrichten, damit den Fortbestand gefährdende Entwicklungen früh erkannt werden. Die Maßnahmen sind auf das gesamte Unternehmen zu erstrecken.

- Dadurch sollten Einzelrisiken oder mehrere Risiken im Zusammenwirken erfasst werden, die eine Bestandsgefährdung darstellen.
- Ergänzend sind die Bereiche Funktionen und/oder Prozesse, aus denen solche Risiken im besonderen Maß resultieren bzw. in die diese Risiken aus der Unternehmenswelt einwirken, einzubeziehen.

2. Risikoerkennung und Risikoanalyse

- Eine wirksame Risikoerfassung erfordert, dass sowohl im Vorhinein definierte Risiken als auch Auffälligkeiten oder Risiken, die keinem vorab definierten Erscheinungsbild entsprechen, erkannt werden.
- Dies setzt die Schaffung und die Fortentwicklung eines angemessenen Risikobewusstseins aller Mitarbeiter (insbesondere in den als besonders risikoanfällig eingeschätzten Bereichen) voraus.
- Die Risikoanalyse beinhaltet eine Beurteilung der Tragweite der erkannten Risiken in Bezug auf Eintrittswahrscheinlichkeit und quantitative Auswirkungen.[1412]
- Hierzu gehört auch die Einschätzung, ob Einzelrisiken, die isoliert betrachtet von nachrangiger Bedeutung sind, sich in ihrem Zusammenwirken oder durch Kumulation im Zeitablauf zu einem bestandsgefährdenden Risiko aggregieren können („Risikoaggregation").

3. Risikokommunikation

- Die Risikokommunikation hat für die Funktionsfähigkeit des Früherkennungssystems eine zentrale Bedeutung. Dies setzt eine Kommunikationsbereitschaft der verantwortlichen Stellen voraus, die z.B. durch Schulungsmaßnahmen gefördert werden sollte.
- Bei nicht bewältigten Risiken muss sichergestellt werden, dass diese in nachweisbarer Form an die zuständigen Entscheidungsträger weitergeleitet werden.
- Um sicherzustellen, dass sich Einzelrisiken nicht zu einem bestandsgefährdenden Risiko kumulieren können, sind auf jeder Stufe der Risikokommunikation Schwellenwerte zu definieren, deren Überschreitung eine Berichtspflicht auslöst.
- In welchen Zeitabständen und an wen über Veränderungen der Risiken berichtet werden muss, hängt von der Art des Risikos und seiner Bedeutung für das Unternehmen ab. Bei Eilbedürftigkeit müssen jedoch förmliche Berichtsstrukturen überwunden werden.

4. Zuordnung Verantwortlichkeiten und Aufgaben

- Den Unternehmensbereichen ist die Verantwortung dafür zu übertragen, dass die auftretenden Risiken erfasst und sofort bewältigt oder an die festgelegten Berichtsempfänger weitergeleitet werden.

[1412] Dieser Begriff ist absichtlich weiter gefasst als „Schäden" und fordert zur Nutzung geeigneter Wahrscheinlichkeitsverteilungen zur Beschreibung der meist unsicheren quantitativen Auswirkungen auf.

- Dabei sind die Verantwortlichkeiten – üblicherweise nach Hierarchieebenen – abzustufen. Es ist sicherzustellen, dass eine Rückkopplung zwischen den Unternehmensbereichen erfolgt, um der Möglichkeit einer Aggregation, der wechselseitigen Verstärkung oder der Kompensation von Einzelrisiken Rechnung zu tragen.
- Damit eine rechtzeitige Risikoerfassung gewährleistet ist, wird es i.d.R. zweckmäßig sein, die Verantwortung für die Rückkopplung den jeweils zuständigen Berichtsempfängern zu übertragen.
- Wenn keine Möglichkeit zur Risikobewältigung besteht, ist die Weiterleitung an einen übergeordneten Berichtsempfänger erforderlich.

5. Einrichtung eines Überwachungssystems

- Die Einhaltung der eingerichteten Maßnahmen[1413] zur Erfassung und Kommunikation bestandsgefährdender Entwicklungen und ihrer Veränderung ist durch ein geeignetes Überwachungssystem sicherzustellen.
- Teilweise sind diese Maßnahmen Kontrollen, die in die Abläufe fest eingebaut sind, wie z.B. die Überwachung der Einhaltung von Meldegrenzen oder die Genehmigung und Kontrolle der Risikoberichterstattung.
- Sämtliche Maßnahmen sind Gegenstand der Prüfungen durch die Interne Revision.
- Gegenstand der Prüfungstätigkeit der Internen Revision sind u.a.:
  - vollständige Erfassung aller Risikofelder des Unternehmens,
  - Angemessenheit der Maßnahmen,
  - kontinuierliche Anwendung der Maßnahmen,
  - Einhaltung der integrierten Kontrollen.

6. Dokumentation getroffener Maßnahmen

- Zur Sicherstellung der dauerhaften, personenunabhängigen Funktionsfähigkeit der getroffenen Maßnahmen und zum Nachweis der Erfüllung der Pflichten des Aufsichtsrates ist es erforderlich, dass die Maßnahmen einschließlich des Überwachungssystems angemessen dokumentiert werden.
- Sinnvoll ist die Erstellung eines Risikohandbuchs, in das die organisatorischen Regelungen und Maßnahmen aufgenommen werden.

Die hier aufgeführten Elemente eines Risikofrüherkennungssystems findet man im IDW PS 340 bereits seit 1998. Wie bereits erläutert, stellt der IDW PS 340 n.F. von 2020 verschiedene zur Erfüllung der gesetzlichen Anforderungen aus §91 Abs. 2 AktG wesentliche Aufgaben des Risikofrüherkennungssystems wesentlich deutlicher heraus als die ältere Version. So wird auf die Notwendigkeit der Betrachtung von „Netto-Risiken" verwiesen und die zentrale Bedeutung der Risikoaggregation (und des Risikotragfähigkeitskonzepts) für die Identifikation möglicher „bestandsgefährdender Entwicklungen" durch Kombinationseffekte von Einzelrisiken deutlicher hingewiesen. Im Hinblick auf organisatorische Anforderungen findet man allerdings keine grundlegenden Neuerungen, nur

[1413] Im Sinne §91 Abs. 2 AktG.

einige Präzisierungen, insbesondere im Hinblick auf Bedeutung und Anforderungen der Systemdokumentation.[1414]

Abbildung 141: Überblick über wesentliche Neuerungen des IDW PS 340 n.F. (2020) (Quelle: Link et al., 2021, S. 20)

Im IDW PS 340 n.F. (2020) werden folgende *„Grundelemente der Maßnahmen nach § 91 Abs. 2 AktG"* genannt (RZ 12–21, S. 4–6):

1. **Risikokultur**
   Eine angemessene Risikokultur, verstanden als grundsätzliche Einstellung und Verhaltensweisen im Umgang mit Risiken, wird als Grundlage gesehen für Risikobewusstsein und die Schärfung angemessener und wirksamer Maßnahmen zur Erfüllung der Anforderungen nach § 91 Abs. 2 AktG.
2. **Ziele der Maßnahmen**
   Es wird betont, dass das primäre Ziel von Maßnahmen nach § 91 Abs. 2 AktG darin besteht, den Fortbestand des Unternehmens gefährdende Entwicklungen frühzeitig zu erkennen.
3. **Organisation der Maßnahmen**
   Die Verantwortungsbereiche der einzelnen Aufgabenträger für Maßnahmen zur Erfüllung der Anforderungen aus § 91 Abs. 2 AktG sollen klar geregelt, abgegrenzt kommuniziert und dokumentiert werden. Dabei sind ausreichende Ressourcen für die Identifikation, Bewertung, Steuerung und Überwachung von Risiken vorzusehen, die zu einer bestandsgefährdenden Entwicklung führen können. Die jeweils verantwortlichen Aufgabenträger sollen die erforderlichen fachlichen und persönlichen Voraussetzungen erfüllen. Alle Regelungen zur Aufbau- und Ablauforganisation sollen klar dokumentiert werden.

[1414] Siehe weiterführend auch Schmidt/Henschel, 2021; Berger et al., 2021b und Link et al., 2021.

4. **Risikoidentifikation**
   Notwendig ist eine regelmäßige und systematische Identifikation aller Risiken, die einzeln oder im Zusammenwirken zu einer bestandsgefährdenden Entwicklung führen können. Das Ergebnis der Risikoidentifikation soll in einem Risikoinventar zusammengefasst werden. Bei der Risikoidentifikation ist das gesamte Unternehmen und damit alle für das Unternehmen wesentlichen Risiken zu betrachten.
5. **Risikobewertung**
   Gefordert ist eine „Risikobewertung" im Sinne von Risikoquantifizierung und Risikoaggregation sowie die Beurteilung der Risikotragfähigkeit. Im IDW PS 340 n.F. (2020) liest man: *„Identifizierte Risiken werden vor dem Hintergrund der Risikotragfähigkeit des Unternehmens im Hinblick auf deren Eintrittswahrscheinlichkeit und mögliche Auswirkungen systematisch bewertet. Bewertungsverfahren und -kriterien sind eindeutig definiert. Risiken werden systematisch aggregiert. Interdependenzen werden analysiert und berücksichtigt …."*
6. **Risikosteuerung**
   Der IDW PS 340 sieht auch die Entscheidungen des Vorstands über geeignete Maßnahmen zur Sicherung des Fortbestands des Unternehmens als Teil des Risikomanagements.[1415]
7. **Risikokommunikation**
   Als erforderlich, zur Erfüllung der gesetzlichen Anforderungen aus § 91 AktG, wird im IDW PS 340 angesehen, dass durch einen „standardisierten Berichtsprozess" die Geschäftsleitung über die Risikolage und sich aus diesen möglicherweise ergebenden bestandsgefährdenden Entwicklungen informiert wird. Für den Berichtsprozess sollten Zuständigkeiten, Periodizitäten, Schwellenwerte und Berichtsformat geregelt sein. Für eilbedürftige Risikomeldungen ist eine Ad-hoc-Berichterstattung vorzunehmen.
8. **Überwachung und Verbesserung**
   Die Funktionsfähigkeit des Risikofrüherkennungssystems soll durch prozessintegrierte und prozessunabhängige Überwachung sichergestellt werden.

Eine Dokumentation des Risikofrüherkennungssystems fordert auch der neue IDW PS 340 (2020). In RZ 22 wird ausgeführt:

„Zur Sicherstellung der dauerhaften, personenunabhängigen Funktionsfähigkeit der getroffenen Maßnahmen und zum Nachweis der Erfüllung der Pflichten des Vorstands nach § 91 Abs. 2 AktG ist es erforderlich, dass die Maßnahmen angemessen dokumentiert werden. Die Dokumentation gehört zu den Aufgaben des Vorstands im Anwendungsbereich von § 91 Abs. 2 AktG. Unterbleibt die erforderliche Dokumentation, ist hierin ein wesentlicher Gesetzesverstoß zu sehen."

Zu beachten ist, dass auch im neuen IDW PS 340 n.F. (2020) die Implikationen der Business Judgement Rule (§ 93 AktG) für das Risikomanagement nicht berücksichtigt werden. Diese sind aber auch bei der organisatorischen Gestaltung

[1415] Die explizite Forderung nach „geeigneten Gegenmaßnahmen" zur Bestandssicherung findet man erst in § 1 StaRUG, der am 01.01.2021 in Kraft getreten ist. Es ist zu beachten, dass „Entscheidungen über geeignete Maßnahmen" des Vorstands „unternehmerische Entscheidungen" im Sinne von § 93 AktG sind.

des Risikomanagements relevant. Als Rahmen für die organisatorische Gestaltung des Risikomanagements kann man sich am DIIR Revisionsstandard Nr. 2 orientieren, der seit 2018 Anforderungen an ein „entscheidungsorientiertes Risikomanagement" zusammenfasst und damit auch die Implikationen der Business Judgement Rule erfasst. Für die organisatorische Ausgestaltung sind hier neben den in ähnlicher Weise auch im IDW PS 340 zu findenden Anforderungen insbesondere die folgenden Aspekte zu berücksichtigen:

- Risiko wird verstanden als Überbegriff zu möglichen positiven Planabweichungen (Chancen) und negativen Planabweichungen (Gefahren, Risiken im engeren Sinn). Dies ist notwendig für ein entscheidungsorientiertes Risikomanagements, um erwartungstreue Planwerte zu erhalten.
- Mit Bezug auf die gesetzliche Anforderung aus §91 Abs. 2 AktG zur Erkennung möglicher „bestandsgefährdender Entwicklungen" wird die Methode zur Risikoaggregation zum zentralen Prüfungsfeld, weil nur durch diese erreicht werden kann, dass auch mögliche bestandsgefährdende Entwicklungen aus Kombinationseffekten von Einzelrisiken erfasst werden.
- Der DIIR RS Nr. 2 betont die Notwendigkeit der Quantifizierung von Risiken (wie auch der IDW PS 340) und empfiehlt die darauf aufbauende Messung der Risikotragfähigkeit und Risikotoleranz (wie IDW PS 981).
- Der DIIR RS Nr. 2 hebt den strategischen Fokus des Risikomanagements hervor, ähnlich COSO Enterprise Risk Management (ERM) von 2017. Damit sind bei der Risikoidentifikation z.B. insbesondere auch strategische Risiken zu beachten (sowie unsichere Planannahmen).
- Entsprechend den Implikationen aus §93 AktG wird ein „entscheidungsorientiertes Risikomanagement" gefordert (RZ 19): *„Es gehört auch zu den Aufgaben des Risikomanagements sicherzustellen, dass schon bei der Vorbereitung wesentlicher unternehmerischer Entscheidungen deren Implikationen für den zukünftigen Risikoumfang nachvollziehbar aufgezeigt werden, um zumindest eine mit solchen Entscheidungen möglicherweise einhergehende bestandsgefährdende Entwicklung früh zu erkennen."*
- Der DIIR RS Nr. 2 betont die Aufgabenteilung zwischen Risikomanagement und operativem Management. Man liest in RZ 69: *„Gemäß dem Three Lines Model liegen Aufgaben zur Risikoüberwachung sowohl beim operativen Management (risk owner) als auch bei zentralen Überwachungsfunktionen (z.B. Risikocontrolling oder zentrales Risikomanagement)."*
- Gemäß DIIR RS Nr. 2 sind zudem alle Managementsysteme, z.B. auch des Controllings oder des Qualitätsmanagements einzubeziehen, wenn sie sich mit Chancen und Gefahren befassen. Dies zeigt den integrativen Ansatz.

Ergänzend bei der Organisation des Risikomanagements sind seit 01.01.2021 die Implikationen aus §1 StaRUG zu berücksichtigen, demzufolge sicherzustellen ist, dass bei einem kritischen Grad der Bestandsgefährdung „geeignete Gegenmaßnahmen" und eine Information des Überwachungsgremiums (Aufsichtsrat) erfolgt.

Bei Konzernen ist darüber hinaus organisatorisch sicherzustellen, dass auch die Geschäftsleitung aller deutschen Tochtergesellschaften, die z.B. als GmbH haftungsbeschränkt sind, eigenständig mögliche „bestandsgefährdende Entwicklungen“ identifizieren. Aus Sicht eines Konzerns ist der Vorteil eines solchen „Rollouts“ des Risikomanagementsystems auf die Tochtergesellschaft darin zu sehen, dass durch das Eigeninteresse der Geschäftsleitung von Tochtergesellschaften qualitativ höherwertige Risikoinformationen zur Verfügung stehen. Bei der organisatorischen Gestaltung des Risikomanagements von Konzernen[1416] empfiehlt es sich Risikoanalysen auf Ebene der Tochtergesellschaften durchzuführen, und die dort gewonnenen Erkenntnisse auf Konzernebene verfügbar zu machen. Wesentlich ist, dass eben auch Ebene jeder Tochtergesellschaft eine eigenständige Beurteilung der Risikosituation stattfindet (sofern nicht eine Bestandsgefährdung der Tochtergesellschaft völlig ausgeschlossen werden kann – und selbst dann ist es zur Verbesserung der Qualität der Informationen über Risiken ökonomisch durchaus sinnvoll die Geschäftsleitung einer Tochtergesellschaft mit der Analyse und Überwachung der für sie relevanten Risiken zu beauftragen).

Seit dem 01.07.2021 ist schließlich bei allen börsennotierten Aktiengesellschaften insbesondere der durch das FISG (Gesetz zur Stärkung der Finanzmarktintegrität – Finanzmarktintegritätsstärkungsgesetz) neu geschaffene §91 Abs.3 AktG zu beachten (siehe Abschnitt 1.7.8). Von börsennotierten Aktiengesellschaften wird nun die Schaffung eines „umfassenden“ Risikomanagementsystems sowie eines internen Kontrollsystems gefordert.[1417] Ein solches umfassendes Risikomanagementsystem soll mehr leisten als die Früherkennung möglicher „bestandsgefährdender Entwicklungen“ (Risikofrüherkennung). Von einem „reinen“ Risikofrüherkennungssystem im Sinne §91 Abs.2 AktG und §1 StaRUG unterscheidet sich dieses im Wesentlichen durch folgende Aspekte:

1. Es sind grundsätzlich alle für das Unternehmen „wesentlichen“ Chancen und Gefahren (Risiken), die zu Planabweichungen oder Verlusten führen können, zu beachten; unabhängig davon, ob diese einzeln oder in Kombination mit anderen zu einer „bestandsgefährdenden Entwicklung“ führen.
2. Das Risikomanagement hat sich nicht nur mit den bereits im Unternehmen vorhandenen Risiken zu befassen, sondern im Rahmen der Vorbereitung unternehmerischer Entscheidungen durch Risikoanalysen auch aufzuzeigen, welche Auswirkungen die zu beurteilende Handlungsoptionen für Risiko und Ertrag-Risiko-Profil des Unternehmens hätte („entscheidungsorientiertes Risikomanagement“, siehe §93 AktG).
3. Maßnahmen zur Risikosteuerung, also zur Beeinflussung des Ertrag-Risiko-Profils, speziell also Maßnahmen der Risikobewältigung, sind Gegenstand eines solchen Risikomanagements[1418].

Diese drei zusätzlichen Anforderungen haben natürlich auch organisatorische Implikationen. So ist z.B. bei den Regelungen für Risikoidentifikation zu beachten, dass alle wesentliche Risiken erfasst werden – insbesondere also solche Risiken, die im Rahmen von unternehmerischen Entscheidungen Relevanz haben.

[1416] Siehe dazu auch die Erläuterungen IDW PS 340 n.F. (2020).
[1417] Siehe Velte, 2020.
[1418] Siehe entsprechend die Darstellung in Büchern zum Thema Risikomanagement, wie dem vorliegenden, oder Hunziker, 2019; Romeike/Hager, 2020 und Vanini/Rieg, 2021a.

Darüber hinaus sind auch die Regelungen und Verantwortlichkeiten zur Risikobewältigung festzulegen. Schließlich ist die Rolle des Risikomanagements bei der Vorbereitung von Managemententscheidungen, speziell unternehmerische Entscheidungen, zu regeln und zu dokumentieren (siehe dazu Abschnitt 6.8.5).

Neben diesen bisher erläuterten Anforderungen können für Unternehmen je nach Branche und Struktur weitere rechtliche Mindestanforderungen zu erfüllen sein, wie z.B. die MaRisk[1419] bei den Kreditinstituten.

Darüber hinaus existieren eine Vielzahl von Verordnungen aus Arbeitsschutz und Umweltschutz sowie die – meist unverbindlichen – Risikomanagementnormen. In Anbetracht der Vielzahl von Regelungen sollte jedoch immer bedacht werden, dass eine Überbürokratisierung im Risikomanagement vermieden werden sollte. Konsequenterweise sollte grundsätzlich versucht werden, die verschiedenen formellen Anforderungen an das Risikomanagementsystem durch bereits vorhandene, leistungsfähige Managementsysteme (wie Controlling oder Qualitätsmanagement) soweit möglich abzudecken. So kann man z.B. das interne Kontrollsystem als wesentlichen Baustein des Risikomanagements, zuständig speziell für operationelle Verhaltensrisiken durch die Mitarbeiter, auffassen. Dies fördert die Effizienz und die Akzeptanz des Risikomanagements im Unternehmen.

6.4 Grundstruktur der Organisation des Risikomanagements[1420]

6.4.1 Traditionelles Risikomanagement nach KonTraG

Ein im Unternehmen etabliertes, an den seit 1998 bekannten Anforderungen von KonTraG und IDW PS 340 ausgerichtetes Risikomanagement[1421] befasst sich zunächst mit der Identifikation und Quantifizierung der Risiken (Risikoanalyse), um die wesentlichen Einzelrisiken zu erkennen und z.B. in Form eines Risikoinventars priorisiert zusammenzufassen. Ein leistungsfähiges und „KonTraG-konformes“ Risikomanagement aggregiert anschließend diese Risiken zur Bestimmung des Gesamtrisikoumfangs und zur Bestimmung der Wahrscheinlichkeit von „bestandsgefährdenden Entwicklungen“ (Gefährdungswahrscheinlichkeit). Nur durch die Aggregation der Risiken können die Kombinationseffekte von Risiken ausgewertet werden. Und gerade solche Kombinationen von Risiken – und nicht Einzelrisiken – sind es, die Unternehmenskrisen oder Insolvenzen auslösen (vgl. Kapitel 3). Der dritte Prozessschritt im Risikomanagement ist die Initiierung von Risikobewältigungsmaßnahmen. Dabei werden typischerweise die bestehenden Risiken betrachtet und Maßnahmen eingeleitet, die auf die Vermeidung, Verminderung der Eintrittswahr-

[1419] Vgl. Korte/Romeike, 2010.
[1420] In Anlehnung an Gleißner, 2015d.
[1421] Siehe dazu z.B. Füser/Gleißner/Meier, 1999; Romeike, 2008 sowie Gleißner 2017a und 2018a.

scheinlichkeit, Begrenzung der Schadenshöhe oder den Transfer der Risiken ausgerichtet sind (z.B. Versicherungen oder das redundante Auslegen von Produktionsanlagen). Die wesentlichen Risiken werden zudem überwacht. Zu beachten ist, dass für ein Risikofrüherkennungssystem nach KonTraG, das lediglich auf die Früherkennung möglicher bestandsgefährdender Entwicklungen ausgerichtet ist, eine solche systematische Risikosteuerung nicht einmal erforderlich ist (wenngleich natürlich offensichtlich nützlich). Gefordert wird erst seit 2021 die Initiierung von „geeigneten Gegenmaßnahmen" bei einer Bestandsgefährdung (§ 1 StaRUG). Nur von börsennotierten Aktiengesellschaften wird grundsätzlich auch eine Risikosteuerung erwartet (seit 01.07.2021 durch das FISG).[1422]

Die nachfolgende Abbildung zeigt die „traditionelle" Risikomanagement-Sichtweise.

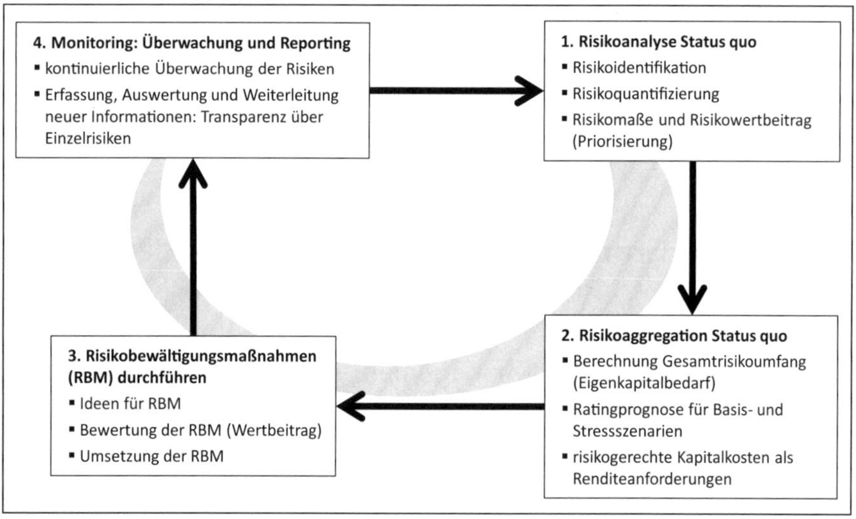

Abbildung 142: Traditioneller Ablauf von Risikomanagementprozessen

Hier wird deutlich: Der Fokus der nun gerade durch das Risikomanagement initiierten Aktivitäten sind meist die bekannten Einzelrisiken und nicht etwa Veränderungen der Gesamtrisikoposition, ausgelöst durch die Entscheidung bezüglich neuer Aktivitäten (wie Investitionen).

Andere wesentliche Handlungsmöglichkeiten und Maßnahmenbündel, über die die Unternehmensführung in der Vorbereitung einer Entscheidung nachdenkt, werden oft nicht konsequent daraufhin untersucht, welche Veränderungen des aggregierten Risikoumfangs diese zur Konsequenz haben würden. Stattdessen wird versucht durch traditionelle Risikobewältigungsmaßnahmen die Risikoposition zu verändern. Hier wird oft sogar durch die singuläre Betrachtung von „Sicherheits-Zielen" angestrebt, den Risikoumfang zu minimieren. Dies ist natürlich nicht sinnvoll, da Unternehmertum mit dem Eingehen

[1422] Siehe Velte, 2020 und Velte/Eulerich, 2021.

von Chancen und Gefahren (Risiken) verbunden ist und eine „optimale Risikoposition", d.h. eine Optimierung des Ertrag-Risiko-Profils, und damit des Unternehmenswerts, angestrebt werden sollte (vgl. Kapitel 4). Die laufende Risikoüberwachung wird flankiert durch eine kontinuierliche Überprüfung des Gesamtrisikoprofils, also Risikoidentifikationsaktivitäten. Traditionell wird in einem isolierten Risikomanagement-Ansatz[1423] viel Zeit und Energie aufgewendet, um geeignete Prozesse und (Software-)Tools vorzuhalten, damit bekannte Risiken kontinuierlich überwacht werden. Eine Veränderung des Risikoumfangs sollte durch diese Überwachung erkannt werden. Allerdings erfährt das Risikomanagement oft von wesentlichen Veränderungen des Risikoumfangs erst im Detail, wenn risikoverändernde Entscheidungen der Unternehmensführung bereits getroffen sind.

6.4.2 Ansatzpunkte für ein integratives Risikomanagement: Controlling, Interne Revision und GRC

Wie man in Studien sieht, ist der traditionelle Fokus des Risikomanagements ausgerichtet auf Einzelrisiken und Risikoarten und eben nicht auf anstehende Entscheidungen bezüglich Handlungsoptionen oder Maßnahmen, die den Risikoumfang beeinflussen. Der ökonomische Mehrwert des Risikomanagements ergibt sich jedoch im erheblichen Teil gerade dadurch, dass bei der Vorbereitung wesentlicher (strategischer) unternehmerischer Entscheidungen Risikoanalysen vorgenommen werden, um aufzuzeigen, welcher Risikoumfang sich ergeben wird, falls eine zu beurteilende Entscheidung getroffen würde („Was-wäre-wenn-Analyse"). Das Fehlen einer Risikoanalyse vor der Entscheidung verstößt auch gegen § 91 Abs. 2 AktG (KonTraG), weil eben nicht „früh" auf eine mögliche bestandsgefährdende Entwicklung hingewiesen wird.[1424] Noch deutlicher wird dies durch § 93 AktG, demzufolge bei der Vorbereitung jeder „unternehmerischen Entscheidung" belegbar angemessene Informationen vorliegen sollten, die aufgrund der Unsicherheit der Auswirkungen auf jeden Fall Aussagen über die mit der Entscheidung verbundenen Risiken enthalten müssen.

Controlling, Risikomanagement und interne Revision sind wesentliche Teile des Managementsystems eines Unternehmens, die vielfältige Verknüpfungspunkte aufweisen, die Integrationsmöglichkeiten und Synergien aufzeigen. Es gibt Unternehmen, die Risikomanagement und Controlling weitgehend eigenständig organisiert haben, und solche, die ein hohes Maß an Integration erreicht haben. Ähnlich verhält es sich mit der internen Revision.

Der Begriff des „integrativen Risikomanagements" ist nicht einheitlich belegt. Hier werden zwei Anforderungen betrachtet:[1425]

1. Das Risikomanagement ist verknüpft mit anderen Managementsystemen, tauscht mit diesen Daten aus und kann auch auf Ressourcen dieser Manage-

[1423] Siehe dazu auch Gleißner/Pflaum, 2008, zu möglichen Alternativen.
[1424] Vgl. Gleißner, 2017a.
[1425] In Anlehnung an Gleißner, 2020c.

mentsysteme zur Erfüllung der eigenen Aufgaben zurückgreifen (Dimension 1).
2. Das Risikomanagement ist integriert in die Vorbereitung von Managemententscheidungen, d.h. es analysiert, wie sich durch diese der Risikoumfang des Unternehmens verändern würde (Dimension 2).

Nachfolgend wird als Mindestanforderung für ein gesetzeskonformes, integratives Risikomanagement angesehen, dass es entscheidungsorientiert ist, also zumindest bei „unternehmerischen Entscheidungen" Risikoinformationen bereitstellt. Über diese Mindestanforderungen hinaus hängt der Integrationsgrad davon ab, inwieweit das Risikomanagement bei seiner Aufgabe sinnvoll mit anderen Managementsystemen interagiert, also insbesondere Informationen austauscht und Ressourcen anderer Systeme nutzen kann (vgl. dazu Abschnitt 6.5).

Ein entscheidungsorientiertes Risikomanagement[1426] ist immer auch integrativ, was auch die jüngste Version des COSO Enterprise Risk Management-Standards (von 2017) verdeutlicht: Integration und Entscheidungsorientierung sind dort die zentralen neuen Gedanken.[1427] Ähnliche Überlegungen findet man auch im Risk Governance-Ansatz.[1428] Auch hier wird als zentraler Treiber für ein integratives Risikomanagement die Business Judgement Rule gesehen.[1429]

Seit einiger Zeit wird das „Three-Lines-of-Defense-Modell" (TLoD)[1430] bzw. das Three Lines Modell als Rahmenwerk für ein effektives internes Kontroll- und Überwachungssystem gesehen, das die Aufgabenverteilung zwischen Internen Kontrollsystem (IKS), Risikomanagement, Controlling, Interner Revision und dem operativen Management eines Unternehmens thematisiert (vgl. Abschnitt 6.1). Auch diese Modelle können als Rahmen für die Diskussion „integrativer Konzepte" dienen und zeigen speziell Verknüpfungen zwischen Risikomanagement und Interner Revision (vgl. auch Löhr, 2010, hier insbesondere S. 121–130).

Die Interne Revision ist durch ihre Prüftätigkeit selbst ein Instrument für die Bewältigung einer wesentlichen Kategorie von Risiken: Der verhaltensbezogenen Risiken, also Risiken aus Fehlverhalten der Mitarbeiter (als eine Untermenge der operationellen Risiken). Sie ergänzt hier das interne Kontrollsystem. Die Interne Revision hat damit eine Doppelfunktion: Zum einen ist sie selbst Teil des Risikomanagements im weiteren Sinn. Zum anderen übernimmt sie oft die Prüfung des Risikomanagements. Eine Verknüpfung mit dem Risikomanagement, also der internen Revision, ist problematisch, weil durch diese die unabhängige Prüfung des Risikomanagements nicht mehr möglich ist (zumindest nicht intern). Da Risikomanagement und Controlling Teil der zweiten. Linie sind, ist eine enge Verknüpfung oder Integration prinzipiell einfacher möglich. Eine Verknüpfung mit anderen Funktionen der Second Line of Defense, wie dem Compliance-System, ist möglich, aber durchaus nicht immer unproblematisch.

[1426] Vgl. Gleißner, 2015d.
[1427] Vgl. Hunziker, 2019.
[1428] Vgl. Stein/Wiedemann, 2016.
[1429] Vgl. Gleißner, 2020c und Gleißner/Stein/Wiedemann, 2021.
[1430] Vgl. Bantleon et al., 2017.

Die GRC-Ansätze sind in gewisser Weise integrativ, da sie – wie der Name sagt – Governance, Risk und Compliance verknüpft (vgl. dazu Scherer, 2012). Die Denkweise von Compliance und eines entscheidungs- oder wertorientierten Risikomanagements sind aber nur teilweise kompatibel. Ein entscheidungsorientiertes Risikomanagement fasst Risiko als Schwankung um einen Erwartungswert auf, betrachtet als Chancen und Gefahren (wie IDW PS 981, ISO 9001: 2015 und COSO ERM: 2017). Sofern keine „bestandsgefährdenden Entwicklungen" mit relevanter Wahrscheinlichkeit auftreten, ist eine Erhöhung des Risikoumfangs sinnvoll (und wertsteigernd), wenn dem eine adäquate Erhöhung der erwarteten Erträge gegenübersteht. Risiko und Ertrag werden gegeneinander abgewogen. Die Denkweise von Compliance ist oft (noch) anders: Risiken sind Gefahren und werden als Ursache von Schäden durch die Verletzung von vorgegebenen Regeln (speziellen Gesetzen) aufgefasst. Zudem sieht man häufig die Vorstellung, dass Risiken – unabhängig von den damit entstehenden Kosten – zu vermeiden sind. Dies ist im Widerspruch zur betriebswirtschaftlichen Logik im Allgemeinen und einem wertorientierten Controlling im Besonderen. Tatsächlich ist es auch bei „Compliance-Risiken" nicht immer möglich diese sinnvoll zu minimieren oder gar auf null zu reduzieren. Die Integration von Risikomanagement und Compliance ist nur sinnvoll, wenn im Bereich Compliance die „Null-Risiko-Denkweise" aufgegeben wird.

Controlling und Risikomanagement haben also im Rahmen der „Three Lines Modells" als Komponenten der „zweiten Linie" die Aufgabe, Chancen und Gefahren (Risiken) zu erfassen und zu aggregieren, und können gut verknüpft werden. Die Revision prüft das Risikomanagement und soll möglichst eigenständig bleiben (vgl. Anforderungen nach IDW PS 340). Das neue Three-Lines-Modell des Jahres 2020 bietet aber mehr Flexibilität bezüglich der Nutzung von Synergien und der Verbindung von Managementsystemen. Wie in Abschnitt 6.1 bereits erläutert, sind nun vielfältige Integrationsmöglichkeiten zugelassen, so z.B. auch die gerade bei mittelständischen Unternehmen naheliegende Übernahme von Aufgaben der internen Revision durch das Risikomanagement. Wie erläutert, ist der entscheidende Aspekt eines integrativen Risikomanagements allerdings darin zu sehen, dass dieses bei der Vorbereitung unternehmerischer Entscheidungen mitwirkt, was oft zu einer Zusammenarbeit mit dem Controlling führt. Die Einbeziehung des Risikomanagements bei der Entscheidungsvorbereitung wird nachfolgend näher betrachtet.

Die nachfolgende Übersicht fasst Vor- und Nachteile einer Integration des Risikomanagements mit der Übernahme der Risikomanagement-Aufgaben durch bestehende andere Managementsysteme versus eine eigenständige Ausgestaltung („Separationslösung") zusammen.[1431]

[1431] RM = Risikomanagement.

	Integrationslösung	Separationslösung
Vorteile	• Verbindung von Sach- und Risikoentscheidungen • Geringerer Abstimmungsbedarf • bessere Risikoidentifikation, da die operativen Einheiten ihre Risiken am besten kennen • kostengünstig, da keine parallele Organisationsstruktur aufgebaut wird	• hohe Priorisierung der RM-Aufgaben • Entlastung der operativen Einheiten • Aufbau methodischer Kenntnisse und Spezialwissen möglich • Sicherstellung einer einheitlichen Durchführung des RM
Nachteile	• Fehlen eines institutionalisierten und unabhängigen RM • Überlastung der dezentralen Einheiten • Gefahr des Übersehens wichtiger Risiken, da das RM im operativen Tagesgeschäft nicht genug beachtet wird	• fehlender Einblick in Prozesse und Risiken der operativen Einheiten • kein Aufbau von Fach- und Methodenwissen zum RM in den operativen Einheiten • Gefahr von Doppelarbeiten • Koordinationsprobleme zwischen den dezentralen Einheiten und den RM-Stellen

Tabelle 52: Vor- und Nachteile der Integration und der Separation des Risikomanagements (Quelle: Vanini/Rieg, 2021a, S. 359)

6.4.3 Das Risikomanagement und Vorbereitung unternehmerischer Entscheidungen

Die Erläuterungen aus dem letzten Abschnitt zeigen deutlich: Der „traditionelle KonTraG-Risikomanagementansatz" aus Abschnitt 6.4.1, der sich weitgehend isoliert von anderen Managementsystemen nur mit bereits vorhandenen Risiken befasst, ist nicht optimal. Sinnvoll ist ein integratives Risikomanagement, das insbesondere beiträgt zur Vorbereitung unternehmerischer Entscheidungen. Die nachfolgende Abbildung zeigt den grundsätzlichen Arbeitsablauf in einem Risikomanagementsystem, das einerseits bereits vorhandene Risiken überwacht und andererseits bei der Vorbereitung unternehmerischer Entscheidungen mitwirkt.

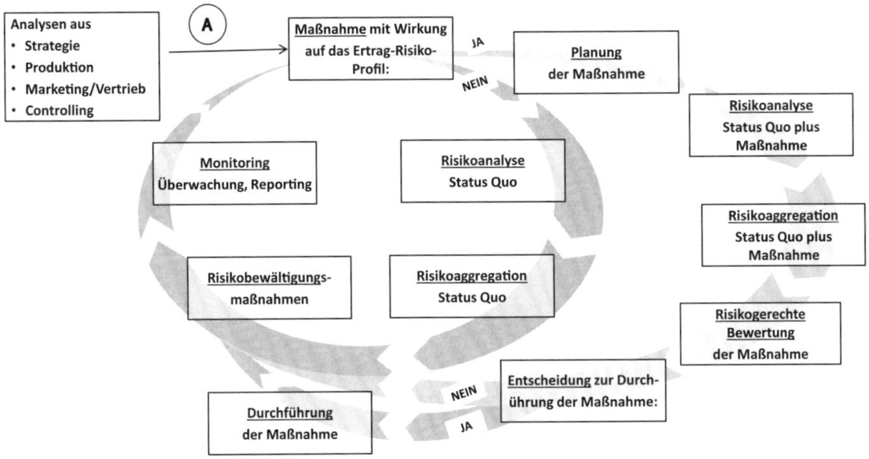

Abbildung 143: Ablauf im integrierten, entscheidungsorientierten Risikomanagementsystem

Im rechten Teil der Abbildung 143 findet man wieder den „traditionellen" Risikomanagement-Kreis. In dem hier erläuterten ganzheitlichen, entscheidungsorientierten Ansatz leisten die Managementsysteme jedoch mehr. Es wird der Beitrag von Risikomanagement-Fähigkeiten, unabhängig von der Zuordnung auf eine spezifische Abteilung, bei der fundierten Vorbereitung wichtiger unternehmerischer Entscheidungen erwartet (vgl. §93 AktG).[1432] Der Ansatz trägt dem Sachverhalt Rechnung, dass die meisten Managementaktivitäten mit Chancen und Risiken, speziell unsicheren Auswirkungen, verbunden und damit „risikomanagementrelevant" sind. Dies zu akzeptieren ist wesentlicher Teil der Risikokultur.

Wie man am Einstiegspunkt A (in Abbildung 143) sehen kann, sind zunächst „Ideen" zu bestehenden wesentlichen Handlungsmöglichkeiten und Maßnahmenbündel der Unternehmensführung aus allen Themenfeldern – Strategie, Investition und Finanzierung, Produktentwicklung etc. – systematisch zu erfassen. Nun ist es die Aufgabe von Controlling und Risikomanagement im Zusammenspiel aufzuzeigen, welche Implikationen eine Entscheidung für die zukünftige Entwicklung des Ertrags und des aggregierten Risikoumfangs haben würde. Es ist also insbesondere eine Risikoanalyse bezogen auf die Handlungsmöglichkeiten vorzunehmen. Man erkennt den Unterschied: Im Fokus der Analyse ist nicht der aktuelle Status quo des Unternehmens oder eines laufenden Projekts. Im Fokus ist nun die Analyse einer möglichen Handlungsoption, um aufzuzeigen, wie sich die Ertragslage, das Rating und der aggregierte Gesamtrisikoumfang des Unternehmens verändern würden, wenn die Unternehmensführung sich für diese Handlungsoption entscheiden würde (vgl. zur Berechnung und Ergebnisdarstellung Abschnitt 5.3). Auch bei Maßnahmen unterhalb einer zu definierenden Wesentlichkeitsschwelle sollte den zuständigen dezentralen Managern immer bewusst sein, dass alle Entschei-

[1432] Siehe Gleißner, 2015d und 2021b sowie RMA, 2019 und ICV, 2021.

dungen und Aktivitäten auch die Chancen und Gefahren des Unternehmens beeinflussen, was bei allen Handlungen beachtet werden sollte (Risikokultur).

Insgesamt kann man als primäres Ziel des Risikomanagements (und damit als indirektes Ziel des Risikocontrollings) die Existenzsicherung des Unternehmens auffassen.[1433] Als zentrales Aufgabenfeld des Risikocontrollings ist dabei die Entwicklung (und Nutzung) geeigneter Kennzahlen (Risikomaße) und der für diese erforderlichen Verfahren (Risikomessmethoden) zu nennen.

Die erläuterte Entscheidungsorientierung des Risikomanagements verdeutlicht die Nähe zur primären Aufgabe des Controllings, nämlich einen Beitrag zu leisten für die fundierte Vorbereitung wesentlicher unternehmerischer Entscheidungen („betriebswirtschaftliche Rationalitätssicherung").[1434] Organisatorisch ist damit sicherzustellen, dass Risikoanalysen in dem Prozess der Entscheidungsvorbereitung integriert werden.

6.4.4 Risikocontrolling und Verantwortung für Risikobewältigung

Wie bereits im ersten Kapitel des Buchs betont wird, umfasst das komplette Risikomanagement eines Unternehmens alle Aktivitäten, die sich mit Chancen und Gefahren (Risiken) befassen, insbesondere mit der Analyse, Überwachung und Bewältigung von Risiken. Ein Großteil der Risikomanagement-Aktivitäten eines Unternehmens werden damit nicht vom Risikomanager oder Risikocontroller des Unternehmens vorgenommen, sondern sind integraler Bestandteil der Tätigkeit von Unternehmensführung und von allen anderen Mitarbeitern, die in Produktentwicklung, Marketing und Vertrieb, Produktion, Einkauf oder Treasury tätig sind. Sie alle sind möglichst in das Risikomanagement mit einzubeziehen und ihre Tätigkeit beeinflusst den Risikoumfang des Unternehmens. Insbesondere die Entscheidungen der Unternehmensführung sind – wie oben erläutert – der wesentliche Bestimmungsfaktor für Art und Umfang der Risiken eines Unternehmens. Bei der Entwicklung eines Organisationskonzepts für das Risikomanagement sollte man sich diesen Sachverhalt immer vor Augen führen. Das Risikomanagement eines Unternehmens sollte grundsätzlich alle Funktionen, Bereiche und Mitarbeiter des Unternehmens mit einbeziehen, sofern diese mit wesentlichen Risiken befasst sind. Umgekehrt wird damit klar, dass eine „zentrale Risikomanagement-Abteilung" im Wesentlichen die Verantwortung hat für das Gesamtsystem und die Festlegung der Methoden für Risikoanalyse, Risikoaggregation und Risikoüberwachung. Viele dezentrale Aktivitäten, die den Risikoumfang beeinflussen, finden außerhalb des „formalen Risikomanagementsystems" statt.

Schon bei Festlegung der Grundprinzipien zur organisatorischen Gestaltung des Risikomanagementsystems, die in der Risikopolitik zusammengefasst werden sollten[1435], muss man damit auch klarstellen, welcher Beitrag des zentralen

---

[1433] Siehe Winter, 2007, S. 221.

[1434] Siehe Weber/Schäffer, 2020; Horváth/Gleich/Seiter, 2020; Vanini/Rieg, 2021a sowie Reichmann, 2011 und Baum/Coenenberg/Günther, 2013.

[1435] Siehe Abschnitt 6.2.

Risikomanagements, speziell von dessen Verantwortlichen (Risikomanager/ Risikocontroller), im Hinblick auf die Risikobewältigung erwartet wird. Oft ist es sinnvoll, (fast) alle Aktivitäten zur Veränderung des Risikoumfangs und zur Initiierung von Risikobewältigungsmaßnahmen bei den für die entsprechenden Themenfelder operativ verantwortlichen Stellen und Mitarbeitern zu belassen. Damit hat der zentrale Risikomanager kaum einen unmittelbaren Einfluss auf die Risikoposition.[1436] Bei einer derartigen Ausrichtung des Risikomanagements erscheint es in Anlehnung an den üblichen Sprachgebrauch sinnvoll, den Gesamtverantwortlichen für das Risikomanagementsystem als „Risikocontroller" zu bezeichnen – er ist nämlich nicht für das gesamte „Management" der Risiken verantwortlich, was speziell auch die Risikobewältigung einschließen würde. Er übernimmt einen Teil der Risikoanalyse, die Risikoaggregation, und insbesondere die entscheidungsorientierte Aufbereitung von Risikoinformationen für die Unternehmensführung. Zudem ist zu erklären, ob das Risikocontrolling

a) Teil des Controllings ist,
b) eigenständig der Unternehmensführung zugeordnet ist und eine Schnittstelle zum (restlichen) Controlling besteht oder
c) als Teil des Controllings arbeitet, aber eine besondere Unabhängigkeit bekommt.

Nachfolgend werden einige Überlegungen im Zusammenspiel zwischen dem Risikomanagement im weiteren Sinn und dem Risikocontrolling noch etwas vertieft.

Ein Bindeglied zwischen einem „traditionellen" Controlling, dem Risikomanagement und einer integrierten, risikoorientierten Unternehmensführung stellt das „Risikocontrolling" dar.[1437] Als Risikocontrolling wird der Teil des Controllings verstanden, der einen Beitrag zur Sicherstellung der wesentlichen Risikomanagement-Funktionen leistet.[1438] Diese Risikocontrolling-Aufgaben umfassen dabei insbesondere die Bereitstellung von Informationen für das Risikomanagement (z.B. bezüglich unsicherer Planannahmen oder eingetretener Planabweichungen) sowie die Sicherstellung der Risikoberichterstattung durch die Nutzung vorhandener Reportingwege. Die wichtigste Aufgabe besteht darin, dass schon bei der Vorbereitung unternehmerischer Entscheidungen deren Implikationen für den zukünftigen aggregierten Gesamtrisikoumfang, das Rating (in Basis- und Stressszenario) sowie das Ertrag-Risiko-Profil des Unternehmens aufgezeigt wird.[1439] So kann gewährleistet werden, dass Risikoinformationen auch „außerhalb" des eigentlichen Risikomanagements genutzt werden können. Ökonomischen Mehrwert bieten Risikoinformationen des Risikomanagements nur, wenn diese dazu beitragen, Entscheidungen zu verbessern. Transparenz über Risiken alleine ist nicht ausreichend.

[1436] Möglicherweise wird und kann man ihm spezielle Verantwortlichkeiten für die Risikobewältigung zuordnen, wie z.B. das Versicherungsmanagement.
[1437] Siehe zu verschiedenen Risiken Winter, 2007.
[1438] Siehe Winter, 2007, S. 200.
[1439] Vgl. RMA, 2019.

Diederichs (2012, S. 19) erläutert dazu:

„Das Risikocontrolling ist ein auf alle betrieblichen Funktionsbereiche operativ und strategisch ausgerichteter, informationssystemgestützter Bestandteil des Controllings. Das Risikocontrolling, das sich vom Aufbau an der vorgestellten Controlling-Struktur orientiert (...), ist das auf das Risikomanagement zugeschnittene Controlling und damit ein Element des Risikomanagement-Systems."

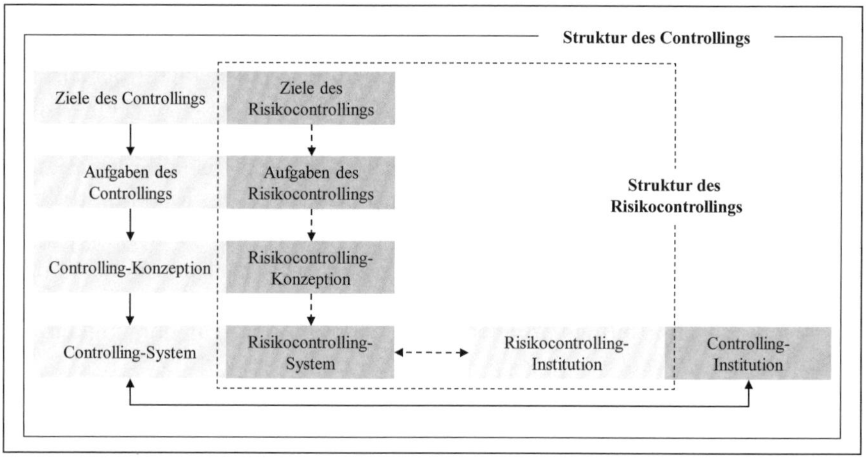

Abbildung 144: Risikocontrolling als Bestandteil des Controllings[1440]

Das Risikocontrolling ist damit als Funktion zu interpretieren, die alle Bereiche eines Unternehmens aus der Risikoperspektive betrachtet. Das Risikocontrolling selbst ist oft Teil des Unternehmenscontrollings und unterstützt das Risikomanagement, z.B. durch die Bereitstellung von Methoden und Informationen.[1441] Möglich ist es aber auch das Risikocontrolling einem Leiter Risikocontrolling oder Leiter Risikomanagement zuzuordnen, der hierarchisch auf gleicher Ebene angesiedelt ist wie der Leiter Controlling. Ein mögliches Zusammenspiel und eine Abgrenzung zwischen Risikomanagement und Risikocontrolling verdeutlicht die folgende Abbildung von Löhr (2010), S. 68.[1442]

[1440] Quelle: Diederichs, 2012, S. 19.
[1441] Siehe z.B. Diederichs, 2012, S. 21.
[1442] Angelehnt an Weißenberger, 2004, S. 289–303, speziell S. 295.

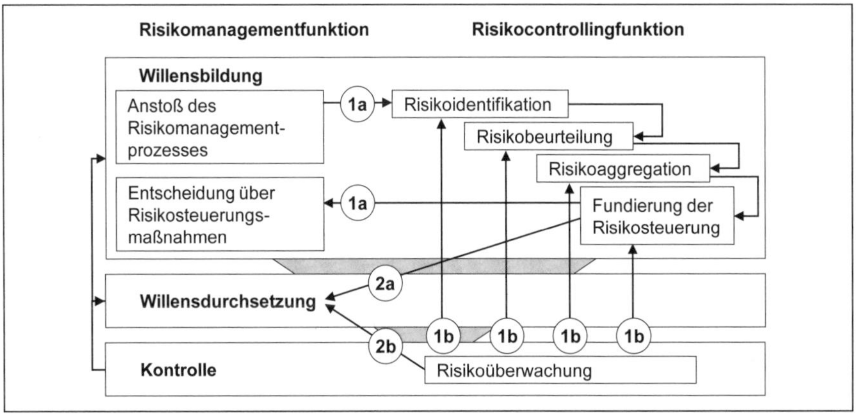

Abbildung 145: Risikocontrolling- und Risikomanagementfunktion[1443]

Die Konzeption geht von der grundlegenden Überlegung aus, dass das (zentrale) Risikocontrolling das (dezentrale) Risikomanagement unterstützen soll. Entsprechend sind – zumindest in der Theorie – auch die Rollen von Risikomanager und Risikocontroller unterschiedlich. Die folgende Abbildung verdeutlicht beispielhaft eine solche Rollenunterscheidung.

Abbildung 146: Abgrenzung von Risikomanager, Risikocontrolling und Risikocontroller[1444]

Auch etwas andere Abgrenzungen der Aufgaben sind denkbar. So könnte man einem Risikocontroller zwar die Verantwortung für den Betrieb, die Prozesse und Methoden des Risikomanagements, insbesondere für die Risikoüberwachung und das Reporting, geben, aber keine Entscheidungsbefugnis zu Risikobewältigungsmaßnahmen. Er wäre damit nicht verantwortlich für die Risikosituation und das „Ergebnis der Risikosteuerung“.

[1443] Quelle: Löhr, 2010, S. 68.
[1444] Quelle: Löhr, 2010, S. 73.

Aufgrund der potenziell hohen Bedeutung von Chancen und Gefahren für den Unternehmenserfolg und das breite Aufgabenfeld des für das Gesamtsystem verantwortlichen Risikocontrollers oder Risikomanagers sollte dieser der Unternehmensführung zumindest fachlich direkt zugeordnet werden und direkt berichten. Die Stelle eines „Risikocontrollers" ist nicht unbedingt eine Stelle innerhalb des Controllings, also dem Leiter Controlling zugeordnet. Auch wenn eine derartige Einordnung des Risikocontrollings denkbar ist, findet man gute Argumente, die für ein „eigenständiges" Risikocontrolling sprechen. Ordnet man im Sinne einer vollständigen Integration von Controlling und Risikomanagement das Risikocontrolling dem Controlling zu, trägt implizit der Leiter Controlling die Verantwortung für Risikocontrolling und Risikomanagement. Dies sollte in einer derartigen Konstellation auch deutlich werden.

Da seit dem 01.07.2021 durch §91 Abs. 3 AktG bei börsennotierten Aktiengesellschaften ein „umfassendes" Risikomanagement gefordert wird, erscheint durch die damit einhergehende hervorgehobene Stellung des Risikomanagements eine direkte Zuordnung zum Vorstand angemessen.

Zusammenfassend ist festzuhalten, dass sogenannte **Risikomanager** oft primär die Aufgaben eines **Risikocontrollers"** wahrnehmen. In vielen Unternehmen wird der von Vorstand oder Geschäftsführung benannte Gesamtverantwortliche für das Risikomanagement als „(zentraler) Risikomanager" bezeichnet, auch dann, wenn er primär Risikocontrolling-Funktionen wahrnimmt. Es kann hilfreich sein, die entsprechende Position und Stelle im Unternehmen auch so zu benennen, um keine falsche Erwartungshaltung entstehen zu lassen. Da es infolge der denkbaren Aufgaben und Verantwortungszuordnung einen fließenden Übergang gibt, wird nachfolgend sowohl von „Risikomanagern" als auch „Risikocontrollern" gesprochen. Die nachfolgende Erläuterung zur Organisation des Risikomanagementsystems, speziell zu den Regelungen für die kontinuierliche Überwachung der Risiken, befasst sich mit den Stellen und Personen, die im formalen Risikomanagement mitwirken, das durch diesen Risikomanager oder Risikocontroller im Auftrag der Geschäftsleitung gesteuert wird. Es ist aber noch einmal zu betonen, dass dieses formale und dokumentierte Risikomanagementsystem auch sicherstellen soll, dass insgesamt an allen relevanten Stellen im Unternehmen verantwortungsvoll mit Chancen und Gefahren umgegangen wird („ganzheitliches Risikomanagement"). Um dies zu gewährleisten, ist ein integrierter, entscheidungsorientierter Risikomanagement-Ansatz sinnvoll, der, soweit möglich, schon vorhandene Managementsysteme mit einbezieht.[1445]

[1445] Vgl. Gleißner, 2020c.

6.5 Aufbau eines Risikomanagementsystems: Organisationsvarianten

6.5.1 Traditionelleigenständiger Risikomanagementansatz

Die in diesem Abschnitt skizzierte Organisation von Risikomanagementsystemen, die einen weitgehend unabhängigen Prozess der Risikoidentifikation und Risikoüberwachung etabliert, wird auch als „Risikomanagementansatz" bezeichnet (vgl. Abschnitt 6.4.1).[1446, 1447]

Der Risikomanagementansatz ist wesentlich geprägt durch die formalen Anforderungen an ein Risikomanagement, wie speziell im IDW PS 340 beschrieben und betrachtet damit primär die Anforderungen aus §91 AktG Abs. 2. Nach Verabschiedung des KonTraG (§91 Abs. 2 AktG) haben Unternehmen ab 1998 begonnen, Risikomanagementsysteme (neu) aufzubauen, die den Anforderungen des genannten Prüfungsstandards entsprechen sollten. Dabei wurde Risikomanagement meist als eigenständiges Managementsystem verstanden, das durch weitgehend unabhängige Prozesse sicherstellen soll, dass alle Risiken identifiziert, quantifiziert, aggregiert und regelmäßig überwacht werden. Die Risikoidentifikation wird hierbei im Wesentlichen durch separat für diesen Zweck turnusmäßig einberufene Workshops (Risk Assessments) durchgeführt. Häufig wird auch die Risikoquantifizierung im Kontext solcher Workshops vorgenommen. Für die laufende Überwachung bereits bekannter Risiken werden Risikobeauftragte (Risk Owner) benannt, die in festgelegten zeitlichen Abständen die Risiken betrachten, um mögliche Veränderungen des Risikoumfangs anzuzeigen – der Turnus ist dabei weitgehend losgelöst von anderen Aktivitäten der Risk Owner und anderen Managementprozessen (z.B. Budgetierung). In vielen Fällen wird für das Risikomanagement auch eine eigenständige IT-Lösung implementiert, die keinen Bezug zur Unternehmensplanung aufweist, und auch das Risikoreporting wird hier oft unabhängig von der existierenden Reporting-Struktur abgedeckt.

Als Voraussetzung für die Funktionsfähigkeit eines Risikomanagementsystems kann die Schaffung einer zentralen Stelle (im Folgenden als zentrales Risikocontrolling bezeichnet) genannt werden. Darunter kann in den einzelnen Unternehmensbereichen bzw. Unterstützungsfunktionen ein dezentrales Risikomanagement (besetzt primär durch die Risikobeauftragten, Risk Owner)[1448] eingerichtet werden. Die Hauptaufgabe des zentralen Risikocontrollings besteht dann darin, das Risikomanagement zu einem effizienten System auszubauen und die Funktionsfähigkeit des Systems zu gewährleisten – z.B. durch Koordination und Unterstützung aller Aufgaben und beteiligten Personen.

Oft kann mit einem einstufigen System eine für die zu bewältigenden Aufgaben ausreichende Struktur geschaffen werden. Einstufig meint dabei, dass das Ri-

[1446] Vgl. Füser/Gleißner/Meier, 1999; Gleißner, 2000b, sowie Mott, 2001.
[1447] Ergänzend zur Organisation des Risikomanagements Romeike/Kempf, 2015.
[1448] Eine beispielhafte Stellenbeschreibung folgt in Abschnitt 6.6.6.

sikomanagementsystem nur über eine zentrale Koordinationsstelle – eben das zentrale Risikocontrolling – verfügt. Direkt darunter angeordnet sind dann die Verantwortlichen für einzelne Teilaufgaben des Systems, insbesondere also die Risikobeauftragten für einzelne Risiken oder Risikofelder.

Bei großen oder heterogenen Unternehmen mit einer entsprechend komplexen Risikolandschaft ist es sinnvoll, ein mehrstufiges System zu gestalten. In einem solchen wird die Koordinationsaufgabe des zentralen Risikocontrollings durch vergleichbare dezentrale Stellen unterstützt, die für einen Teilbereich des Unternehmens die Koordination für das dort angesiedelte Subsystem des Risikomanagements übernehmen. Besonders häufig anzutreffen sind solche mehrstufigen Systeme in Holdingstrukturen oder vergleichbaren Organisationsstrukturen, in denen weitgehend eigenständig agierende Organisationsteile (Tochtergesellschaften, Strategische Geschäftseinheiten) existieren.

Vorstellbar ist natürlich auch eine teilweise Zweistufigkeit eines Risikomanagementsystems, indem in einem Bereich ein Subsystem aufgebaut wird, während alle anderen Bereiche von einer Zentralstelle aus gesteuert und koordiniert werden. Ein solches teilweise zweistufiges System würde der in Abbildung 147 dargestellten Aufbaustruktur entsprechen.

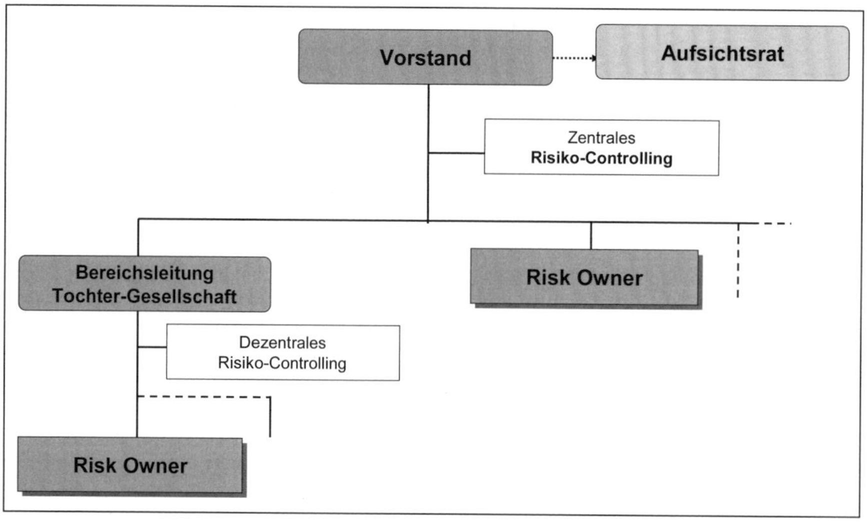

Abbildung 147: Struktur einer teilweise zweistufigen Risikomanagement-Organisation mit Reportingwegen

Ein häufiges Problem bei der in Abbildung 147 dargestellten Struktur eines Risikomanagements besteht jedoch darin, dass hier Zielkonflikte zwischen Risikoreporting und den üblichen Projekt- und Linienverantwortlichkeiten auftreten können. Im Sinne eines transparenten und möglichst unverfälschten-Risikoreportings wäre es sinnvoll, wenn auch ein dezentraler Risikobeauftragter (z.B. einer Tochtergesellschaft) seine Risikoeinschätzung unmittelbar dem zentralen Risikocontrolling zur Aufbereitung für die Unternehmensführung bzw. den Vorstand weiterleiten würde. Teilweise sind solche Ansätze inzwischen sogar regulatorisch verankert. Diese Umgehung der Leitung der Tochtergesellschaft verstößt jedoch gegen die sonst häufig im dezentralen Unternehmen gewählten Grundsätze einer umfassenden Erfolgsverantwortung des jeweiligen Geschäftsführers oder Vorstands. Unter Rücksichtnahme auf die umfassende Verantwortlichkeit von Geschäftsführern und Vorständen von Tochtergesellschaften (oder Leitern einzelner Profit Centern) wird in der Praxis meist vereinbart, dass die dezentralen Risk Owner zunächst ihre Risikoeinschätzung dem Leiter ihrer Tochtergesellschaft mitteilen und mit diesem abstimmen. Erst das so abgestimmte Risikoprofil wird dann an das zentrale Risikocontrolling weitergemeldet. Natürlich besteht hier das grundsätzliche Problem, dass der Verantwortliche für eine Tochtergesellschaft oder ein Profit Center die Risikoeinschätzung in seinem Sinne verändert, sodass der zentrale Vorstand nur mehr ein „bereinigtes" oder geschöntes Bild der Risikosituation der Tochtergesellschaft erhält. Langfristig ist dies nicht im Interesse auch des jeweils zuständigen Profit-Center-Leiters oder Geschäftsführers der Tochtergesellschaft, wenn sichergestellt wird, dass bei der Performancebeurteilung eingetretene Planabweichungen nur auf bereits mitgeteilte Risiken zurückgeführt werden dürfen. Dennoch erscheint es ergänzend sinnvoll, wenn zumindest in begründeten Ausnahmefällen die dezentralen Risikobeauftragten eine direkte Berichtsmöglichkeit zum zentralen Risikocontrolling haben und das zentrale Risikocontrolling umgekehrt die Möglichkeit hat, sich direkt mit den dezentralen Risk Ownern (Risikobeauftragten) in Tochtergesellschaften und Profit Centern in Verbindung zu setzen und hier Informationen direkt zu erfassen bzw. zu diskutieren.[1449]

Die Stelleninhaber der Risikocontrolling-Aufgaben – zentraler Risikocontroller oder Risikomanager – erhalten aus dieser Aufgabe heraus keine Weisungsbefugnis gegenüber anderen Mitarbeitern; außer ggf. ein Vetorecht des Risikomanagers bezogen auf besonders riskante Aktivitäten (vgl. Abschnitt 6.6 zu den Rollen und ihre typischen Aufgaben und Kompetenzen). Sie sollten jedoch ein umfassendes Recht auf Informationen haben. Theoretisch sinnvoll erscheint eine grundlegende Trennung von Risikoverursachung und Risikoüberwachung. In der Praxis wird jedoch mindestens auf der Ebene der Risikobeauftragten eine Personalunion mit Linienfunktionen nahezu unumgänglich sein, wodurch eine faktische Entscheidungsbefugnis, der am Risikomanagementprozess Beteiligten gegeben ist und die Trennung von Ausführung und Überwachung nur in Teilen gelingt. Insbesondere durch die Doppelfunktion von Risikobeauftragten als „Risikomitverursacher" steigt die Bedeutung der Unabhängigkeit des zentralen Risikocontrollings (und der Internen Revision).

Nach dieser Beschreibung des traditionellen separierenden Risikomanagementansatzes wird im Folgenden die Idee eines integrierten Risikomanagements dargestellt, die als „Controlling-Ansatz" bezeichnet wird, da hier Risikomanagement in wesentlichen Teilen durch eine Weiterentwicklung bestehender Controllingsysteme unterstützt wird. Klarstellend sei jedoch betont, dass die beiden grundlegenden Konzeptionen durchaus keine strikten Gegenpositionen

---

[1449] Ggf. unterstützt durch die Interne Revision.

darstellen, sondern jedes Unternehmen individuell Komponenten des einen und des anderen Ansatzes bei sich umsetzen kann. In beiden Ansätzen sollte entsprechend der Erläuterungen in Abschnitt 6.3 gewährleistet werden, dass Risikoanalysen bei der Vorbereitung wichtiger Entscheidungen einfließen – möglicherweise lässt sich in vielen Unternehmen diese Anforderung im integrativen „Controlling-Ansatz" etwas leichter erfüllen, weil das Controlling schon stärker entscheidungsorientiert ausgerichtet ist.

6.5.2 Integratives Risikomanagement und risikoorientiertes Controlling („Controlling-Ansatz")

6.5.2.1 Grundidee

Da meist das Controlling bereits die Verantwortung für die Vorbereitung von Managemententscheidungen, speziell unternehmerischen Entscheidungen, trägt, ist bei diesem „Controlling-Ansatz" die Einbeziehung von Risikoanalysen bei der Entscheidungsvorbereitung meist besonders einfach möglich (entsprechend dem Paradigma des entscheidungsorientierten Risikomanagements, wie in Abschnitt 6.4.3 erläutert).[1450]

Alternativ zu dem oben beschriebenen „Risikomanagementansatz" ist der sogenannte „Controlling-Ansatz" zu sehen, der nachfolgend beschrieben wird, und der ein weitgehend in bestehende Managementsysteme integriertes Risikomanagement zum Ziel hat. Das zentrale Risikomanagement wird primär als Risikocontrolling ausgestaltet und ist oft – aber nicht notwendigerweise – Teil des Controllings. Erforderlich ist eine Befähigung des Controllings zum Umgang mit Chancen und Gefahren.[1451] Trotz einer weitgehenden Integration und der Nutzung von Controllingprozessen kann also auch der Leiter Risikocontrolling der Unternehmensführung direkt berichten. Aufgrund der entscheidungsorientierten Ausrichtung von Risikomanagementsystemen sollten diese im grundsätzlichen Kontext der Regelungen eines Unternehmens zur Vorbereitung von Managemententscheidungen, speziell unternehmerischer Entscheidungen der Geschäftsleitung, gesehen werden. Nachfolgend werden die Grundzüge eines solchen Systems erläutert, in denen sowohl Risikomanagement als auch Controlling eine wesentliche Rolle spielen (vgl. Abschnitt 6.8.5 und Gleißner, 2020c und 2021b).

Die Grundidee dieses Ansatzes basiert auf der Definition, dass Risiken immer mögliche Planabweichungendarstellen und damit die Identifikation, Quantifizierung und kontinuierliche Überwachung der Risiken möglichst weitgehend in der Planung und im Controllingsystem, aber auch im Qualitätsmanagement des Unternehmens verankert werden sollten.[1452] Bei dieser Vorgehensweise wird zunächst durchgängig nach allen Möglichkeiten gesucht, die vorhandenen Managementsysteme(Planung, Controlling, Budgetierung – aber auch Qualitätsmanagement) zu nutzen, um die Aufgaben des Risikomanagements

[1450] Siehe dazu RMA, 2019; Gleißner, 2021b und ICV 2021.
[1451] Vgl. Vanini/Rieg, 2021a zu Hemmnissen.
[1452] Vgl. Gleißner, 2000b.

mit abzudecken oder zumindest zu unterstützen. Jede Planung basiert auf unsicheren Annahmen über die Zukunftsentwicklung. Diese unsicheren Annahmen stellen genau diejenigen Risiken dar, die Planabweichungen auslösen könnten und deshalb im Rahmen des Risikomanagements erfasst, bewertet und gegebenenfalls durch geeignete Maßnahmen bewältigt werden müssen. Der „Controlling-Ansatz des Risikomanagements" nutzt zunächst Informationen über unsichere Planannahmen und später tatsächlich eingetretene Abweichungen, um Risiken zu identifizieren und zu bewerten und integriert damit die Aufgabe der Identifikation und Quantifizierung von Risiken in die Planungs-, Controlling- und Budgetierungsprozesse. Planer und Controller werden damit zugleich Risikobeauftragte für diejenigen Risiken, die ihr normales Tätigkeitsfeld betreffen und dort Planabweichungen auslösen können.

Das integrierte Risikomanagement stützt sich im Wesentlichen auf das Controlling und ergänzend auch auf Treasury und Qualitätsmanagement. Derjenige Teil des Controllings, der in diesem Verständnis einen Beitrag für das Risikomanagement leistet, wird auch als Risikocontrolling bezeichnet (vgl. Abschnitt 6.4.3).[1453]

Als Beispiel für eine tragfähige Risikomanagementkonzeption, die auf dem Gedanken eines integrierten Risikomanagement- und Risikocontrolling-Prozesses basiert, kann der in der folgenden Tabelle abgebildete Vorschlag von Winter angesehen werden.[1454]

Merkmal	Ausprägung
Zugrunde gelegte Sicht der Betriebswirtschaftslehre	• Untersuchung menschlichen Handelns unter dem Aspekt der Erziehung und Verwendung von Einkommen sowie der Reduktion der dabei auftretenden Unsicherheiten und hierzu dienender Institutionen (Regel- und Handlungssysteme)
Charakterisierung der Unternehmensumwelt und des Unternehmens	• Komplex und dynamisch, beschränkt-rationale und nutzenmaximierende Akteure mit kognitiven Beschränkungen, beschränkte Ressourcen, potenziell stochastische Welt, unvollständiges und ungleich verteiltes Wissen über Sachverhalte und Akteure, Handlungsebenen des Unternehmens: Unternehmensführung, Führungsunterstützung, Ausführung
Risikobegriff	• Möglichkeit einer Zielverfehlung, wobei die Ergebnisunsicherheit aus mangelnden Informationen über relevante Sachverhalte und/oder der mangelnden Fähigkeit, diese zu verarbeiten, resultiert • Insbesondere die Möglichkeit des Abweichens eines realisierten Einkommens aus einer Unternehmensbeteiligung von einem angestrebten bzw. erwarteten Einkommen

1453 Vgl. Winter, 2007, S. 200.
1454 Vgl. Winter, 2007, S. 158.

Merkmal	Ausprägung
Beziehung des Risikocontrollings zur Unternehmensführung und Ansatzpunkt	• Führungsunterstützung • Manager benötigen aufgrund kognitiver Beschränkungen und ungleich verteilten Wissens Unterstützung bei der Erfüllung der Risikomanagement-Aufgaben • Monetäre Risikoquantifizierung zur Entscheidungsunterstützung und Verhaltenssteuerung ist keine triviale Aufgabe und erfordert spezielles Sach- und Handlungswissen, Arbeitsteilung u.U. wirtschaftlicher
Ziele	• Indirekt: Beitrag zur Sicherung der Unternehmensexistenz sowie zur Sicherung und Steigerung des aus Unternehmensaktivitäten resultierenden Zahlungsstroms für die Unternehmensbeteiligten • Direkt: Bereitstellung monetärer Informationen und zu deren Generierung benötigter Verfahren für das Risikomanagement zum Zwecke der Entscheidungsunterstützung und Verhaltenssteuerung
Aufgaben	• Analyse bzw. Entwicklung geeigneter monetärer risikobezogener Zielgrößen und Kennzahlen • Analyse bzw. Entwicklung geeigneter Verfahren zur Generierung dieser Kennzahlen und hierzu benötigter risikobezogener Informationen • Analyse bzw. Entwicklung geeigneter Verfahren zur Kommunikation und Speicherung der risikobezogenen Informationen • Anwendung der Verfahren bzw. Unterstützung bei der Anwendung dieser Verfahren
Instrumente	• Quantitative bzw. monetäre Risikobewertungs- und Risikoinformationssysteme sowie Steuerungssysteme (Risikorechnung), allgemeine Methoden der risikobezogenen Ziel- und Systemanalyse sowie der Bewertung
Institutionen	• Aufgabenzuordnung kontextabhängig, verschiedene Risikocontroller-Rollen denkbar und sinnvoll • I.d.R. Zuordnung zu Controlling-Stellen sinnvoll, u.U. auch Schaffung spezialisierter Stellen zum Aufbau, zur Pflege und zum Betrieb quantitativer bzw. monetärer Risikobewertungs- und Risikoinformationssysteme sowie Steuerungssysteme (Risikorechnung)

Tabelle 51: Steckbrief des Vorschlags für eine tragfähige Risikocontrolling-Konzeption

Ergänzend sei darauf hingewiesen, dass auch die bereits vorgestellte österreichische Risikomanagement-Norm ONR 49001 und ihr Nachfolger von einem integrierten Risikomanagementansatz ausgeht, bei dem Risikomanagement mit Controlling, Qualitätsmanagement und anderen Managementsystemen verbunden wird (ebenso wie COSO ERM).

6.5.2.2 Ansatzpunkte für die Übernahme von Risikomanagementaufgaben

Im Folgenden sollen wesentliche Verbindungspunkte von operativem und strategischem Controlling einerseits und Risikomanagement andererseits aufgezeigt werden. Die Darstellung basiert auf der oben erläuterten Grundidee, dass wesentliche Aufgaben des Risikomanagements hocheffizient unmittelbar im Rahmen der Controlling-, Planungs- und Budgetierungsprozesse eines Unternehmens mit abgedeckt werden können.

Die Entwicklung eines derartigen unternehmensweiten integrierten Risikomanagements basiert damit auf einer Weiterentwicklung der Struktur, Aufgaben und Arbeitsabläufe bereits vorhandener Managementsysteme. Die wesentlichen Ansatzpunkte für derartige Weiterentwicklungen werden nachfolgend zusammenfassend dargestellt.[1455]

(1) Risikoreduzierung durch Verbesserung von Planung und Prognosen

Durch eine Verbesserung der Qualität der Planung selbst lässt sich der Risikoumfang, also der Umfang möglicher Planabweichungen, reduzieren. Aufgrund des Zukunftsbezugs jeglicher Planung kann deshalb durch den Aufbau von Prognose- und Frühaufklärungssystemen (z.B. auf Grundlage von Regressionsanalysen) eine bessere (möglichst erwartungstreue) Vorhersage der zukünftig zu erwartenden Entwicklung des Unternehmens ebenso erreicht werden wie eine Reduzierung der Planabweichungen (also der Risiken). Die durch ein quantitatives Prognosesystem nicht erklärbaren Veränderungen, die Prognoseresiduen, sind dabei die Grundlage für die Risikoquantifizierung. Sie werden durch geeignete Wahrscheinlichkeitsverteilungen beschrieben und dann auf das gewählte Risikomaß abgebildet.

(2) Nutzung von Planung und Budgetierung für die Risikoidentifikation

Jeder Planwert und jedes Budget basieren auf bestimmten Annahmen, z.B. bezüglich der Entwicklung von Rohstoffpreisen und Wechselkursen oder der Erfolgswahrscheinlichkeit von Akquisitionen. Viele dieser Annahmen stellen zukunftsbezogene Schätzungen dar und sind damit nicht sicher. Immer wenn bei der Planung auf eine unsichere Annahme Bezug genommen wird, wird wie erwähnt automatisch ein Risiko identifiziert. Für die Vollständigkeit und auch die Effizienz, der im Unternehmen identifizierten und im Risikoinventar zusammengefassten Risiken bietet sich daher an, im Planungsprozess solche risikobehafteten Annahmen explizit zu erfassen und diese Informationen dem Risikomanagement (z.B. für die Risikoaggregation) zur Verfügung zu stellen. In gemeinsamer Abstimmung zwischen Risikomanagement und Controlling kann dann auch entschieden werden, wie mit dem so identifizierten Risiko hinsichtlich seiner kontinuierlichen Überwachung umgegangen werden soll.

Sofern ein neues, ausreichend relevantes Risiko auf diesem Weg identifiziert wird, müssen die üblichen Überwachungsregelungen im Sinne eines KonTraG/StaRUG-konformen Risikomanagements festgelegt werden, was insbesondere die Zuordnung eines für die Risikoüberwachung verantwortlichen Risikobeauftragten und die Festlegung der Überwachungsregelungen bedeutet.

[1455] Siehe Gleißner/Kalwait, 2010 und 2017; Gleißner, 2015d und Löhr, 2010.

(3) Risikoquantifizierung im Kontext der Planungs- und Budgetierungsprozesse

Die Quantifizierung von Risiken geschieht unmittelbar bei der Planung bzw. Budgetierung. Sobald der Planwert (z.B. für ein Kostenbudget) festgelegt ist, wird zugleich angegeben, welche Ursachen zu Planabweichungen führen können (Risiken) und welchen Umfang diese Planabweichungen haben können. Implizit wird damit eine Wahrscheinlichkeitsverteilung beschrieben. Wenn eine Dreiecksverteilung gewählt wird, bedeutet dies, dass anstelle der Vorgabe eines Planwerts zukünftig drei Werte angegeben werden, nämlich

- Minimalwert (bzw. ein unteres Quantil),
- wahrscheinlichster Wert sowie
- Maximalwert (bzw. ein oberes Quantil).

(4) Identifikation von Risiken mittels Abweichungsanalyse

Eingetretene Planabweichungen, die im Rahmen des Controllingprozesses analysiert werden, bieten weitere Ansatzpunkte für die Identifikation von Risiken. Immer, wenn eine Planabweichung auf eine Ursache zurückzuführen ist, die bisher noch nicht im Risikomanagement erfasst ist, wird ein neues Risiko identifiziert. Entsprechend ist es erforderlich, dass die Ergebnisse der Abweichungsanalysen aus dem Controlling dem Risikomanagement zur Verfügung gestellt werden.

(5) Quantifizierung von Risiken auf Basis von Abweichungsanalysen

Abweichungsanalysen des Controllings, die zum Zweck der Unternehmenssteuerung, der Performance-Beurteilung und der Initiierung von Gegenmaßnahmen durchgeführt werden, sollten regelmäßig stattfinden (vgl. (4)). Dadurch entsteht eine Zeitreihe eingetretener Planabweichungen, die die quantitativen Konsequenzen des Wirksamwerdens von Risiken darstellen. Mittels statistischer Analysen (im einfachsten Fall der Berechnung einer Standardabweichung oder eines anderen Risikomaßes) können diese Informationen genutzt werden, um Risiken zu quantifizieren oder eine existierende quantitative Risikoeinschätzung zu überprüfen.

(6) Integration von Risikobewältigungsmaßnahmen in die allgemeine Unternehmenssteuerung

Die bei der Bestimmung von Planwerten identifizierten unsicheren Annahmen können unmittelbar aufgegriffen werden, um (sofern realistisch möglich) Maßnahmen zu initiieren, die zukünftigen Planabweichungen in ihrer Eintrittswahrscheinlichkeit oder ihrem quantitativen Umfang entgegenwirken. Derartige Maßnahmen sind Risikobewältigungsmaßnahmen, die gemeinsam mit dem Risikomanagement entwickelt werden sollten. Während viele operative und strategische Maßnahmen (z.B. der Kostenreduzierung) darauf ausgerichtet sind, bestimmte Planwerte (z.B. den Umsatz) „im Mittel" zu erreichen, helfen die Risikobewältigungsmaßnahmen, Planabweichungen zu reduzieren.

(7) Berücksichtigung von Risiken im strategischen Controlling und in der Balanced Scorecard

Strategische Management- und Controllingsysteme (z.B. die Balanced Scorecard) werden genutzt, um die Unternehmensstrategie durch eine klare Beschreibung anhand von strategischen Zielen (Kennzahlen) sowie die Zuordnung von Maßnahmen und Verantwortlichkeiten operativ umzusetzen. Mit Hilfe der Zuordnung von Risiken zu denjenigen Kennzahlen, bei denen sie Planabweichungen auslösen können, wird eine Weiterentwicklung des traditionellen Balanced Scorecard-Ansatzes hin zu einer FutureValue Scorecard möglich.[1456] Der Vorteil einer derartigen Verbindung besteht zum einen in der höheren Effizienz, weil die Verantwortlichen für eine bestimmte Kennzahl zugleich Risikobeauftragte der zugeordneten Risiken sind. Zudem wird im Rahmen einer Abweichungsanalyse eine faire Zuordnung der Verantwortlichkeit für solche Abweichungen möglich, weil Abweichungen aufgezeigt werden können, die durch „exogene" Risiken verursacht worden sind. Diese können in der Regel den Verantwortlichen für eine bestimmte Kennzahl bei der Leistungsbeurteilung nicht angelastet werden. Die Übertragung der Verantwortung für die Identifikation von Risiken, die eine bestimmte Kennzahl beeinflussen, an den entsprechenden Verantwortlichen für die Kennzahl erhöht die Anreize, die hier relevanten Risiken zu identifizieren. Insgesamt verbessert ein derartiger Ansatz der Integration von Risiken in das strategische Controlling die Akzeptanz von Balanced-Scorecard-Ansätzen und damit eine konsequente Ausrichtung des Unternehmens auf der von der Unternehmensführung eingeschlagenen Strategie.

(8) Nutzung von Risikoinformationen aus Treasury, Qualitätsmanagement und Sitzungen der Geschäftsleitung

In vielen Managementfunktionen und bei vielen üblichen Tätigkeiten entstehen implizit Informationen über Risiken. So verfügt das Qualitätsmanagement über Informationen bezüglich Risiken, die zu Abweichungen von der vorgesehenen Qualität führen können (z.B. durch die FMEA). Diese Informationen sind regelmäßig dem zentralen Risikocontrolling zur Verfügung zu stellen, wenn die hier identifizierten Risiken eine ausreichende Relevanz aufweisen. Dies kann beispielsweise immer dann geschehen, wenn die turnusmäßige FMEA im Rahmen der Qualitätsmanagementprozesse gemäß ISO 9001 ff. durchgeführt wird. Man kann so das Qualitätsmanagementsystem als Teilsystem des Risikomanagement auffassen, dass sich primär mit den „technischen Risiken" befasst. Analog verfügt das Treasury eines Unternehmens über umfangreiche Informationen über Zins- und Währungsrisiken. Wenn im Rahmen des Treasury bereits eine Aggregation finanzwirtschaftlicher Risiken vorgenommen wird, kann diese Information (Wahrscheinlichkeitsverteilung über die Zins- und Währungsrisiken) in einem festgelegten Turnus an das zentrale Risikocontrolling für die Durchführung der Risikoaggregation weitergeleitet werden.

[1456] Vgl. Gleißner, 2004c sowie Gleich/Gleißner, 2020.

Implizit beschäftigen sich auch die regelmäßigen Geschäftsführungs- und Vorstandssitzungen zu einem erheblichen Teil mit Unternehmensrisiken. Gerade in diesen Sitzungen wird über die langfristige Zukunftsentwicklung des Unternehmens diskutiert, zukünftige Herausforderungen werden betrachtet, Handlungsalternativen abgewogen und potenzielle Aktivitäten der Wettbewerber sowie Markttrends eingeschätzt. Da bei allen diesen zukunftsorientierten Fragen implizit Risiken diskutiert werden, bietet es sich an, am Ende jeder Geschäftsführungs- bzw. Vorstandssitzung grundsätzlich einen Tagungsordnungspunkt vorzusehen, bei dem alle Risiken zusammengefasst und im Hinblick auf ihre Relevanz eingeschätzt werden. Sofern hier neue Risiken identifiziert wurden, die bisher im Rahmen der Risikoüberwachung nicht betrachtet werden, sollten diese Informationen dem zentralen Risikocontrolling übergeben werden, sodass hier die erforderlichen Prozesse implementiert werden, die eine kontinuierliche Überwachung dieser Risiken in der Zukunft gewährleisten.

(9) Projektmanagement

Bedeutende Projekte sind oft auch mit ökonomisch bedeutsamen Chancen und Gefahren (Risiken) verbunden. Das Projektrisikomanagement, insbesondere die Überwachung der mit Risiken verbundenen Projekte, kann in der Regel effizient durch Projektcontrolling und/oder Projektmanagement abgedeckt werden. Notwendig ist hier allerdings die Klarstellung, dass für das Projektrisikomanagement sämtliche Regelungen des Risikomanagements greifen und damit z.B. ein Projektleiter oder Projektcontroller wie ein Risikobeauftragter für das „Projektrisiko" arbeiten muss.

(10) Risikomanagement und Rechnungslegung: Rückstellungen und Planwerte

Die Rückstellungsbildung in der Rechnungslegung und Risikoanalyse sollte schließlich aufeinander abgestimmt werden (vgl. Abschnitt 3.4.3).

Die oben genannten Ansatzpunkte zeigen, dass ein unternehmensweites Risikomanagement prinzipiell alle Stellen und Systeme umfassen kann – und sollte („integrierte Managementsysteme").

6.5.2.3 Integration der Prozesse von Controlling und Risikomanagement

Wie an den oben aufgezeigten Beispielen deutlich wird, lassen sich wesentliche Aufgaben zur Unterstützung des Risikomanagements unmittelbar in die Controlling-Prozesse, aber ergänzend auch in das Qualitäts- und Projektmanagement, integrieren. An diesen Stellen wird eine hocheffiziente Übernahme von originären Risikomanagement-Aufgaben (z.B. der Identifikation und der Quantifizierung) durch das Controlling möglich, was dort kaum zusätzlichen Arbeitsaufwand auslöst. Zudem wird sichergestellt, dass gerade die im Controlling implizit sowieso vorhandenen Informationen über Risiken konsistent genutzt werden. Mit dem Controlling wird damit (ähnlich wie dies auch für das Qualitätsmanagement möglich ist) ein sowieso im Unternehmen etabliertes Managementsystem für die Aufgabenstellung des Risikomanagements genutzt, was einen erheblichen Beitrag für die anzustrebende Integration des Risikomanagements in alle Prozesse und Funktionen eines Unternehmens ermöglicht. Der zentralen Stabsfunktion des „Risikocontrollers" bleiben vor allem die Koordination und die Methodenentwicklung für das Risikomanagement sowie in der Regel sehr „risikomanagementspezifische" Aufgaben, wie die Ableitung von Gesamtrisikoumfang und Eigenkapitalbedarf mit Hilfe der Risikoaggregation (Monte-Carlo-Simulation) – egal, ob diese nun im Controlling eingebunden ist oder direkt der Geschäftsleitung zugeordnet wird.

Neben der Effizienzsteigerung des Risikomanagements profitiert auch das operative und strategische Controlling von dieser engeren Verbindung mit dem Risikomanagement. In Planungs- und Budgetierungsprozessen lassen sich nämlich neue Risiken identifizieren, die dem Risikomanagement mitgeteilt werden. Umgekehrt sollten natürlich auch Erkenntnisse des Risikomanagements über Risiken, die z.B. im Rahmen von Risk-Assessments oder Prozessanalysen identifiziert wurden, dem Controlling mitgeteilt werden. Denn auch diese Risiken können Planabweichungen verursachen, die für das Controlling interessant sind. Zudem erhält das Controlling mit den zusätzlichen Erkenntnissen des Risikomanagements über den aggregierten Gesamtrisikoumfang die Möglichkeit, die Planungssicherheit realistisch einzuschätzen, zufallsbedingte und statistisch signifikante Abweichungen (orientiert an ihrem Umfang) zu unterscheiden und Risiken und Erträge gegeneinander abzuwägen. Die so verfügbaren zusätzlichen Informationen über den aggregierten Risikoumfang können dann weiterführend, z.B. im Rahmen wertorientierter Steuerungssysteme, genutzt werden, indem über den Risikoumfang auf den Bedarf an Eigenkapital zur Abdeckung möglicher Verluste und damit den Kapitalkostensatz (Diskontierungszinssatz) als zentralen Werttreiber geschlossen wird (vgl. Abschnitt 5.3). Der vielleicht unmittelbarste Vorteil für das Controlling ergibt sich durch die Möglichkeit mit den Ergebnissen der Risikoanalyse „erwartungstreue Planwerte" zu bestimmen. Nur „erwartungstreue Planwerte" sind eine geeignete Datengrundlage für die Entscheidungsvorbereitung durch das Controlling.

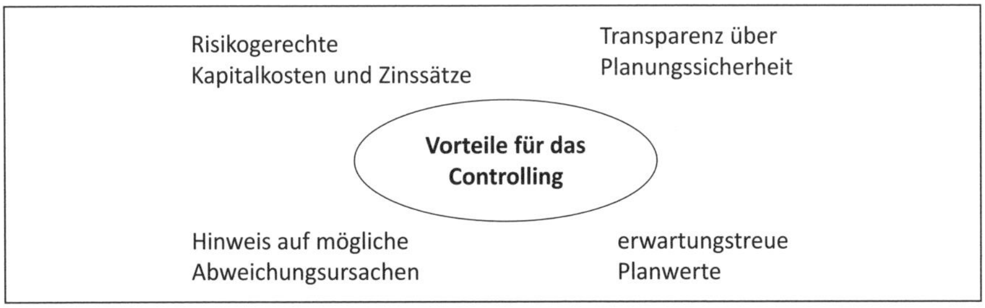

Abbildung 148: Vorteile des Controllings bei Nutzung von Risikoinformationen

Das Zusammenspiel von Risikomanagement und Controlling führt zu einer Übernahme wesentlicher Risikomanagement-Basisaufgaben durch vorhandene Managementsysteme des Unternehmens, was eine hohe Effizienz ermöglicht. Dies steigert zugleich die Akzeptanz des Risikomanagements. Risikomanagement wird hier primär als Aufgabe und weniger als eigenständige

Organisationseinheit verstanden. Auf weitere Integrationsmöglichkeiten wird in den folgenden Abschnitten noch näher eingegangen. Mit den „Grundsätzen ordnungsgemäßer Planung" existiert schon seit 2010 ein Leitfaden für die Verknüpfung von Controlling und Planung mit dem Risikomanagement, der 2022 aktualisiert wurde.[1457] Dazu werden Frühaufklärungssysteme, Interne Revision, Internes Kontrollsystem und Compliance-System in den folgenden Abschnitten in Hinblick auf die Verknüpfung zum Risikomanagement betrachtet (vgl. Abschnitt 6.5.3).

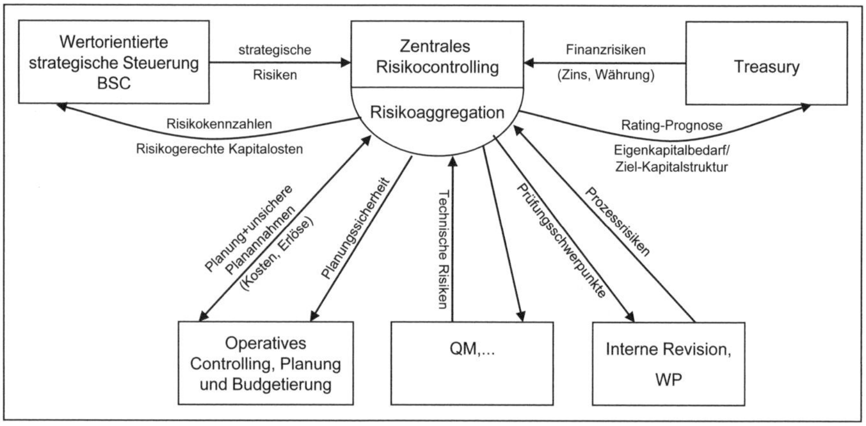

Abbildung 149: Zentrales Risikocontrolling

6.5.2.4 Die Rolle des Leiters Risikomanagement

Wie erläutert, sind integrative Konzepte für das Risikomanagement und eine „eigenständige" Risikomanagementorganisation Eckpunkte eines Kontinuums und Kombinationen von Elementen bei den Organisationskonzepten sind durchaus denkbar.

Eine besondere Diskussion wert ist die Stellung des zentralen Risikomanagers, also des Verantwortlichen für das gesamte Risikomanagement (unterhalb der Geschäftsleitung). Bei einem ausgeprägt integrativen und damit entscheidungsorientierten Risikomanagement gehen manche Unternehmen dazu über, Risikomanagementfunktionen vollständig durch das Controlling abdecken zu lassen und damit den Verantwortlichen für das Risikomanagement – den Risikomanager – als Mitarbeiter disziplinarisch und organisatorisch dem Leiter Controlling zuzuordnen. Bei einer derartigen Konstellation wäre der Leiter Risikomanagement nicht mehr direkt der Geschäftsleitung verantwortlich. Dieses ist jedoch nicht empfehlenswert und gerade in Anbetracht der gesetzlichen Regelungen des FISG, das eine direkte Kommunikation zwischen Risikomanagement und Aufsichtsrat vorsieht, im Allgemeinen auch nicht sachgerecht. Auch bei einem integrativen Risikomanagement mit der Übernahme eines Großteils der Aufgaben für Risikoanalyse und Risikoüberwachung durch das Controlling, emp-

[1457] Vgl. Löhr, 2010; Gleißner/Kalwait, 2010 und Gleißner, 2020c.

fiehlt sich die Einrichtung einer Stelle mit der Gesamtverantwortung für das Risikomanagement, die direkt der Geschäftsleitung unterstellt ist. Auch beim integrativen Ansatz hat sie die Methodenhoheit, auch wenn sie in erheblichem Umfang auf Ressourcen anderer Bereiche, wie dem Controlling, zurückgreift. Entscheidend ist, dass diese Stelle – Leiter Risikomanagement oder Chief Risk Officer – im Hinblick auf alle anderen Funktionen des Unternehmens neutral und ausschließlich für das Thema Risikomanagement verantwortlich ist. Die Neutralität ist dabei auch z.B. gegenüber Controllern sicherzustellen, die möglicherweise als „Businesspartner"[1458] Führungskräfte des Unternehmens unterstützen und diesen zugeordnet sind (was die Neutralität einschränkt). Der Leiter Risikomanagement mit den ihm unmittelbar zugeordneten Personen hat neben der Methodenhoheit insbesondere zu gewährleisten, dass Geschäftsleitung und auch der Aufsichtsrat ein von allen Interessenunternehmen unbeeinflusstes neutrales Bild über die Risikolage erhält (und auch über die Qualität des Risikomanagements, inklusive bestehender Schwächen).[1459] Anders als z.B. andere im Controlling tätige Mitarbeiter ist dann auch sichergestellt, dass bei hoher Arbeitsbelastung die Aufgaben des Risikomanagements immer Priorität haben. Der Leiter Risikomanagement kann dann z.B. auch aufzeigen, wenn im Controlling für die Durchführung von Risikoanalysen bei der Vorbereitung unternehmerischer Entscheidungen an sich „angemessene" Ressourcen nicht zur Verfügung stehen.

Wie erwähnt, nehmen Risikomanager oft eher die Aufgaben eines Risikocontrollers wahr. Bei einer differenzierteren Betrachtung kann man hier verschiedene Rollen unterscheiden (siehe Vanini, 2021a).[1460]

1. Compliance Champion: Aufgabenschwerpunkt ist hier die Sicherung gesetzlicher Anforderungen und Risikomanagement-Standards sowie Entwicklung, Implementierung und Umsetzungsüberwachung von Richtlinien zum Risikomanagement (Risikohandbücher).
2. Business Partner[1461]: Primäre Aufgabe ist die Informationsversorgung und Beratung des Top-Managements, insbesondere bei anstehenden Entscheidungen.
3. Modellexperte: Aufgaben und Kompetenzen beziehen sich insbesondere auf Risikoquantifizierung sowie die Entwicklung und Betreuung der Modelle für die Risikoaggregation.[1462]

Wegen des Bedarfs an neutralen Entscheidungsvorlagen bei unternehmerischen Entscheidungen, die insbesondere eine neutrale Darstellung der mit den Risi-

[1458] Siehe Weber/Schäffer, 2013; Schäffer, 2021b und Vanini/Kempcke, 2020.

[1459] Da hier wiederum die Neutralität des Risikomanagements nicht uneingeschränkt gegeben ist, ist eine Beurteilung auch durch eine neutrale Stelle – wie die Interne Revision – vorzusehen (siehe Abschnitt 6.7).

[1460] Vanini (2021a, S. 159) bietet eine Übersicht zu Studien bezüglich der Rollen von Risikomanagern in der Unternehmenspraxis.

[1461] Siehe zum Begriff auch Schäffer/Weber, 2014; Weber/Schäffer, 2013 sowie Schäffer, 2021b.

[1462] Zu den unterschiedlichen Kompetenzanforderungen siehe auch Vanini, 2021a und Vanini/Hunziker, 2021 mit besonderem Bezug auf Anforderungsprofile gemäß COSO ERM.

ken verbundenen Entscheidungen beinhalten sollen, kann man neben diesen drei Rollen eine vierte abgrenzen[1463]:

4. Risikoanalytiker: Seine Aufgabe besteht darin unabhängig von den Managern, die Anträge für Entscheidungen vorbringen, eine neutrale Beurteilung der mit diesen verbundenen Risiken abzuleiten (was sie in ihrer Tätigkeit von dem eher kooperativen Ansatz des Business-Partners abgrenzt).

Fazit: Unabhängig von der sonstigen organisatorischen Gestaltung des Risikomanagements ist ein Leiter Risikomanagement, der je nach Unternehmensgröße von weiteren Mitarbeitern unterstützt wird, empfehlenswert.

6.5.3 Die Grundsätze ordnungsgemäßer Planung (GoP): Anforderungen an das Controlling im Umgang mit Risiken

Durch Unzufriedenheit mit der in vielen Unternehmen etablierten zeitaufwendigen Planverfahren ergaben sich in den letzten Jahren vielfältige Ideen, wie Planung und speziell auch die operative Budgetierung weiterentwickelt werden können. Zu nennen sind hier beispielsweise Konzepte wie treiberbasierte Planung sowie Better Advanced und Beyond Planning[1464], agile Planungsansätze[1465] und die Moderne Budgetierung[1466].

Einen nützlichen Orientierungsrahmen für die Weiterentwicklung von Controlling und Planung – unter Einbeziehung des Risikomanagements – zu einem derartigen integrativen Unternehmensführungsansatzes zeigen die „Grundsätze ordnungsgemäßer Planung" (GoP), die nachfolgend skizziert werden.[1467] Es wird dabei deutlich werden, dass die in 2010 veröffentlichten und in 2022 aktualisierten GoP bereits klar darauf ausgerichtet waren Unternehmensplanungen zu erhalten, die Grundlage sein können für „unternehmerische Entscheidungen" (siehe dazu auch ICV, 2021).

Der Bundesverband Deutscher Unternehmensberatungen (BDU) hat die Grundsätze ordnungsgemäßer Planung (GoP) entwickelt, um Transparenz, Aussagefähigkeit und Qualität von Unternehmensplanungen zu erhöhen (z.B. auch die Forderung, alle Begriffe – wie den des Planwerts – genau zu definieren). Die GoP formulieren Anforderungen und Funktionen einer Planung, wie Entscheidungsvorbereitung und Fähigkeit zur Krisenfrüherkennung (seit GoP 3.0 von 2022). Insbesondere soll die Planung geeignet sein als fundierte Grundlage für unternehmerische Entscheidungen, aber auch z.B. für die Unternehmensteuerung und Unternehmensbewertung.[1468]

[1463] Siehe ICV, 2021.
[1464] Vgl. Horváth, 2004.
[1465] Vgl. Weber/Schäffer, 2020.
[1466] vgl. Schentler et al., 2010.
[1467] Vgl. auch Gleißner/Presber, 2010.
[1468] Kernaspekte der Aktualisierung der GoP im Jahr 2009 betreffen dabei die noch deutlichere Betonung der Notwendigkeit, Transparenz über Plannannahmen und den Grad an Planungssicherheit zu schaffen, sowie die Implikationen der Planung für das Rating und damit die Beurteilung eines Unternehmens aus Gläubigersicht zu berücksichtigen. Die neue Version GoP 3.0 von 2022 berücksichtigt auch schon Anforderungen an das Risikomanagement durch StaRUG.

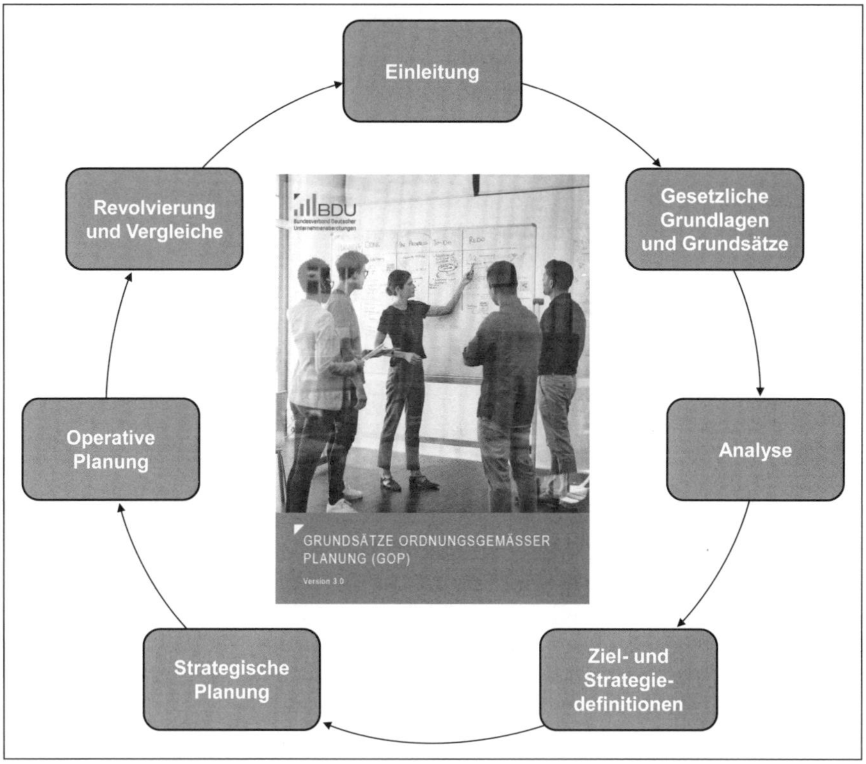

Abbildung 150: Struktur und Inhalte der „Grundsätze ordnungsgemäßer Planung (GoP)" des BDU

Mit den GoP sollen die essentiellen Anforderungen an Unternehmensplanungen und damit das Controlling festgelegt werden, wobei auch die gesetzlichen Anforderungen an Risiko- und Krisenfrüherkennung (durch StaRUG) Berücksichtigung finden. Durch den damit aufgespannten Rahmen wird die Planung zu einem reproduzierbaren Prozess mit Rückkopplungsschleifen. Die Unternehmensplanung basiert daher auf einer Analyse des Ist-Zustands, die auch die Erfolgspotenziale aufzeigt. Ausgangspunkt der Planung ist dabei die Prognose künftiger Entwicklungen und Veränderungen des Unternehmens und seines Umfeldes (z.B. Wettbewerber und Kunden). Der Unternehmensplan legt u.a.

- die Unternehmensziele
- die strategische Ausrichtung
- die geplanten Maßnahmen
- die zur Realisierung vorgesehenen Mittel

für die Planperioden (i.d.R. mindestens 3 Jahre) fest. Die Strategie ist Grundlage der operativen Planung. Diese soll gemäß GoP mittels integriertem Planungsmodell Erfolgs-, Bilanz- und Cashflow-Planung transparent verknüpfen. Die Ableitung von Teilplänen (z.B. Personalplan, Investitionsplan) wird von den GoP empfohlen.

Eine der wichtigen Herausforderungen für jede Planung besteht darin, Transparenz zu schaffen hinsichtlich der Planungssicherheit. Risiken werden dabei verstanden als mögliche Planabweichungen, was Chancen (mögliche positive Abweichungen) und Gefahren (mögliche negative Abweichungen) einschließt. Die GoP tragen dieser engen Verknüpfung von Planung und Risiko Rechnung, indem Transparenz gefordert wird über diejenigen Risiken, die Planabweichungen auslösen können. Damit stoßen sie eine Verbindung von Controlling und Risikomanagement an. So sind Risiken, z.B. unsichere Plannahmen, zu identifizieren und quantitativ zu beschreiben. Dies ist beispielsweise möglich durch die Angabe von (a) Mindestwert, (b) wahrscheinlichstem Wert und (c) Maximalwert einer Plangröße oder Planannahme, womit implizit auch der Erwartungswert erfasst wird. Dieser ergibt sich bei einer oft unterstellten Dreiecksverteilung gerade als der Durchschnitt der drei genannten Werte.

Erst durch die Berücksichtigung von Chancen und Gefahren (Risiken) ist es möglich, aussagefähige und entscheidungsrelevante Planwerte im Sinne von Erwartungswerten zu erhalten. Es ist eine wesentliche Anforderung der GoP insbesondere Planwerte zu bestimmen, die „im Mittel" richtig sind, also bei denen mögliche positive und negative Planabweichungen adäquat berücksichtigt sind. Nur auf diese Weise berechnete Planwerte können die Grundlage für unternehmerische Entscheidungen (z.B. Investitionsentscheidungen) sein – nicht jedoch beispielsweise „wahrscheinlichste Werte" (Modus), wie man sie heute noch oft in der Planung sieht. Ambitionierte Zielwerte können für die Unternehmenssteuerung ergänzend abgeleitet werden.[1469]

Die GoP fordern die Bestimmung des aggregierten Gesamtrisikoumfangs, da nur auf diese Weise der Umfang möglicher Planabweichungen (Planungssicherheit), der risikogerechte Eigenkapitalbedarf und der Grad der Bestandsgefährdung des Unternehmens beurteilt werden können.

Die Transparenz über die Planungssicherheit ist zudem Voraussetzung für eine wertorientierte Unternehmensführung, denn die Planungssicherheit (der aggregierte Gesamtrisikoumfang) ist Grundlage für die Bestimmung von planungskonsistenten Risikomaßen, die dann wiederum die risikogerechten Kapitalkosten bestimmen lassen. Die Finanzierungsplanung ist ein wesentlicher Teil der operativen Unternehmensplanung, und der zu finanzierende Kapitalbedarf des Unternehmens soll nachvollziehbar abgeleitet werden, beispielsweise unter expliziten Annahmen bezüglich Debitorenfrist, Kreditorenfrist, Vorratsreichweite, Investitionen usw. Die Verknüpfung von Risikomanagement und Planung, die durch die GoP angeregt wird, schafft die Voraussetzung dafür, risikogerechte Finanzierungsstrukturen abzuleiten, eine Bedrohung des zukünftigen Ratings rechtzeitig zu erkennen und bei wesentlichen Entscheidungen erwartete Erträge und Risiken im Sinne einer wertorientierten Unternehmensführung gegeneinander abzuwägen, was kapitalmarktorientierte Verfahren – wie erwähnt – nicht ermöglichen.[1470]

[1469] Vgl. Gleißner, 2021j.

[1470] Siehe z.B. Abschnitt 5.3.

Die Verknüpfung von Planung mit Risikoinformationen ermöglicht empfehlenswerte „stochastische" Ratingprognosen, die einen Entwicklungskorridor (eine Bandbreite) der zukünftigen Ratingentwicklung anzeigen und damit eine mögliche zukünftige Bedrohung des Ratings und damit des Unternehmens anzeigen können. Das zukünftige Rating eines Unternehmens ist abhängig von der Unternehmensplanung und denjenigen Risiken, die Planabweichungen auslösen können. Zwischen Unternehmensplanung und Rating gibt es eine wechselseitige Abhängigkeit, die zu berücksichtigen die GoP fordern. Zum einen ist es für eine tragfähige Unternehmensplanung notwendig, dass deren Konsequenzen für die zukünftige Entwicklung wesentlicher Finanzkennzahlen (wie Eigenkapitalquote oder Gesamtkapitalrendite) zu einem Rating führen, welches die diesbezüglichen Mindestanforderungen der Kreditinstitute erfüllt. Eine Unternehmensplanung muss also auch aus Sicht der Gläubiger tragfähig sein, was schon bei der Erstellung der Planung berücksichtigt werden soll („Ratingprognose"). Darüber hinaus ist eine wichtige Kennzahl der Unternehmensplanung – der Fremdkapitalzinssatz – unmittelbar vom Kreditrating und der geschätzten Insolvenzwahrscheinlichkeit des Unternehmens abhängig. Um also den zukünftigen Fremdkapitalzinssatz und damit den Zinsaufwand fundiert beurteilen zu können, müssen die Konsequenzen der Unternehmensplanung (bzw. Planszenarien) für die wesentlichen Finanzkennzahlen, die das zukünftige Kreditrating bestimmen, abgeschätzt werden.[1471] Es ist nämlich ein erheblicher Unterschied für die Planung und die Planergebnisse, ob in Anbetracht des daraus resultierenden Ratings (beispielweise) mit einer einprozentigen oder achtprozentigen Insolvenzwahrscheinlichkeit gerechnet wird, da die geschätzte Insolvenzwahrscheinlichkeit näherungsweise als Risikozuschlag im Fremdkapitalzinssatz berücksichtigt wird.

Mit den GoP wurde eine wichtige Grundlage geschaffen, um Mindestanforderungen an eine Unternehmensplanung klarzustellen. Hervorzuheben sind die Forderungen nach mehr Klarheit bezüglich der verwendeten Begriffe und der Transparenz über Einzelrisiken und Planungssicherheit sowie die Anforderung, eine Unternehmensplanung auch aus Perspektive der Gläubiger zu beurteilen – weil nur Planungen umsetzbar sind, die auch für Gläubiger akzeptabel sind.

Die GoP zeigen insgesamt einen betriebswirtschaftlich-methodischen Rahmen für eine stärkere Verknüpfung und Integration von Risikomanagement, Controlling und Planung. Die Planung dient der Entscheidungsvorbereitung, Krisenfrüherkennung[1472] und Unternehmenssteuerung. Die folgende Checkliste hilft den Status des Planungssystems eines Unternehmens zu beurteilen und gibt implizit Anregungen für den Ausbau eines mit der Planung verbundenen Risikomanagements, dass die GoP 3.0 seit 2022 explizit fordert.

[1471] Für die damit bestehende zirkuläre Abhängigkeit können iterative Lösungsstrategien oder Näherungslösungen genutzt werden.

[1472] Anforderung in GoP 3.0 (2022).

	Fragen	erfüllt	teilweise erfüllt	nicht erfüllt
1	Ist die Planung insgesamt für einen Dritten nachvollziehbar und verständlich?			
2	Sind die wesentlichen Annahmen der Planung (z.B. zukünftige Entwicklung von Währungskursen oder Rohstoffpreisen) erkennbar?			
3	Basiert die Unternehmensstrategie auf einer Analyse der internen Stärken und Schwächen, Risiken, Erfolgspotenzialen und einer Analyse des Markt- und Branchenumfelds?			
4	Sind die Kernaussagen der Strategie, die der Planung zugrunde liegt, nachvollziehbar erläutert (z.B. Kernkompetenzen, Geschäftsfeldern etc.)?			
5	Ist die operative Planung nachvollziehbar aus der strategischen Planung abgeleitet?			
6	Umfasst die operative Planung Erfolgsrechnung, Bilanz und Cashflow-Rechnung?			
7	Ist die operative Planung als „integrierte" Planung aufzufassen; d.h., sind die Abhängigkeiten zwischen einzelnen Positionen erkennbar?			
8	Sind die monetären Größen der operativen Planung (und ihre Teilnahme) so sinnvoll auf eine zugrundeliegende Mengenplanung oder die Performance-Indikatoren (KPI) zurückführbar?			
9	Bezieht sich die Planung auf mindestens drei zukünftige Geschäftsjahre?			
10	Sind alle im Planungsziel verwendeten Begriffe (z.B. Planwert) klar und eindeutig definiert?			
11	Werden für die Unternehmenssteuerung ggf. verwendete (ambitionierte) Zielwerte klar von den erwartungstreuen Planwerten abgegrenzt?			
12	Sind die Planwerte als „erwartungstreu" aufzufassen, die – unter Berücksichtigung von Chancen und Gefahren (Risiken) – „im Mittel" korrekt sind?			
13	Sind die für die Planungszwecke notwendigen „Teilpläne" (z.B. Personalplanung, Investitionsplan) enthalten und mit der Gesamtplanung verknüpft?			
14	Sind die Chancen und Gefahren (Risiken) genannt, die Planabweichungen auslösen können?			
15	Werden alle wesentlichen Risiken quantitativ beschrieben, z.B. durch (a) Mindestwert, (b) wahrscheinlichsten Wert und (c) Maximalwert?			
16	Wird die Planungssicherheit – der realistische Umfang möglicher Planabweichungen – nachvollziehbar abgeleitet?			

	Fragen	erfüllt	teilweise erfüllt	nicht erfüllt
17	Wird der aggregierte Gesamtrisikoumfang (z.B. Eigenkapitalbedarf) abgeleitet und als Grundlage für die Finanzierungsstrukturplanung genutzt?			
18	Umfasst die Planung eine Ratingprognose, um auf die zukünftigen Fremdkapitalzinssätze zu schließen?			
19	Werden ausgehend von der Planung geeignete Kennzahlen abgeleitet, z.B. Rentabilitätskennzahlen, Risikomaße und Performancekennzahlen?			
20	Werden die der Planung zugrunde liegenden Maßnahmen angegeben und die mit diesen verbundenen Investitionen und Kosten nachvollziehbar berücksichtigt?			
21	Wird deutlich, über welche Maßnahmen in der Planung entschieden wurde bzw. bei welchen noch unternehmerische Entscheidungen erforderlich sind?			
22	Ist die Planung eingebettet in einen Planungskreis, der Abweichungsanalysen und Rückkoppelungsschleifen umfasst?			
23	Erfüllt die Planung die Funktion der Krisenfrüherkennung (§ 1 StaRUG) und ist sie mit dem Risikomanagement integriert?			
24	Erfüllt die Planung die Funktion der „Entscheidungsunterstützung" und ist sie Basis für „unternehmerische Entscheidungen" (§ 93 AktG)?			

Tabelle 52: Checkliste „Grundsätze ordnungsgemäßer Planung"

Das neue Konzept einer „Modernen Unternehmensplanung"[1473] orientiert sich an den oben erläuterten Anforderungen der GoP und berücksichtigt weitere wesentliche Elemente, die eine traditionelle Unternehmensplanung mit Risikoinformationen verknüpfen und eine klare entscheidungsorientierte Ausrichtung – aber auch – die Unterstützung der Unternehmenssteuerung mit Zielvorgaben – ermöglichen. Die Moderne Unternehmensplanung wählt also als Ausgangspunkt die Managemententscheidung, speziell die von der Geschäftsleitung zu treffenden „unternehmerischen Entscheidungen" (im Sinne § 93 AktG). Wie die obigen Charakteristika zeigen, führt eine moderne Unternehmensplanung Controlling und Risikomanagement zusammen. Eine solche moderne Unternehmensplanung weist folgende zentrale Charakteristika auf:

(1) Ausrichtung auf die Vorbereitung unternehmerischer Entscheidungen,
(2) eine aus der Strategie abgeleitete integrierte, möglichst treiberbasierte Planung,

[1473] Siehe Gleißner/Rieg/Gleich, 2022.

(3) die explizite Darstellung der wesentlichen in der Planung berücksichtigten Maßnahmen,
(4) die Analyse von Chancen und Gefahren (Risiken), die zu Planabweichungen führen können,
(5) die Unterscheidung zwischen erwartungstreuen Plan-Werten als Entscheidungsgrundlagen und – meist ambitionierteren – Zielwerten der Unternehmenssteuerung sowie
(6) die Schaffung von Handlungsspielräumen für eine dezentrale (agile) Umsetzung von Planvorgaben.

6.5.4 Risikomanagement, Internes Kontrollsystem, Compliance und Corporate Governance

Das Risikomanagement weist eine Reihe Beziehungen zu Corporate Governance, Compliance und dem Internen Kontrollsystem auf, die nachfolgend erläutert werden.[1474]

Das Interne Kontrollsystem (IKS) kann als Subsystem des Risikomanagements gesehen, das der Bewältigung operationeller Risiken dient, die speziell durch ein mögliches Fehlverhalten von Mitarbeitern verursacht werden. Für börsennotierte Aktiengesellschaften ist die Einrichtung eines internen Kontrollsystems Pflicht (siehe den am 01.07.2021 in Kraft getretenen § 91 Abs. 3 AktG).

Das Interne Kontrollsystem lässt sich dabei wie folgt definieren:[1475, 1476]

„Unter einem internen Kontrollsystem werden die von dem Management im Unternehmen eingeführten Grundsätze, Verfahren und Maßnahmen (Regelungen) verstanden, die gerichtet sind auf die organisatorische Umsetzung der Entscheidungen des Managements

- *zur Sicherung der Wirksamkeit und Wirtschaftlichkeit der Geschäftstätigkeit (hierzu gehört auch der Schutz des Vermögens, einschließlich der Verhinderung und Aufdeckung von Vermögensschädigungen),*
- *zur Ordnungsmäßigkeit und Verlässlichkeit der internen und externen Rechnungslegung sowie*
- *zur Einhaltung der für das Unternehmen maßgeblichen rechtlichen Vorschriften.*

Das interne Kontrollsystem besteht aus Regelungen zur Steuerung der Unternehmensaktivitäten (internes Steuerungssystem) und Regelungen zur Überwachung der Einhaltung dieser Regelungen (internes Überwachungssystem). Das interne Überwachungssystem beinhaltet prozessintegrierte (organisatorische Sicherungsmaßnahmen, Kontrollen) und prozessunabhängige Überwachungsmaßnahmen, die vor allem von der Internen Revision durchgeführt werden."[1477]

[1474] Vgl. zum „GRC-Ansatz" IDW, 2017.

[1475] Vgl. hierzu den IDW Prüfungsstandard: Feststellung und Beurteilung von Fehlerrisiken und Reaktionen des Abschlussprüfers auf die beurteilten Fehlerrisiken (IDW PS 261 n.F. vom 15.09.2017).

[1476] Vgl. auch die dortigen Überlegungen zu einem risikoorientierten Prüfungsansatz und die möglichen Prüfungsrisiken, die sich in Fehlerrisiken und in Deckungsrisiken aufteilen lassen.

[1477] IDW PS 261 n.F., Abschn. 3.1.2.1 (19, 20).

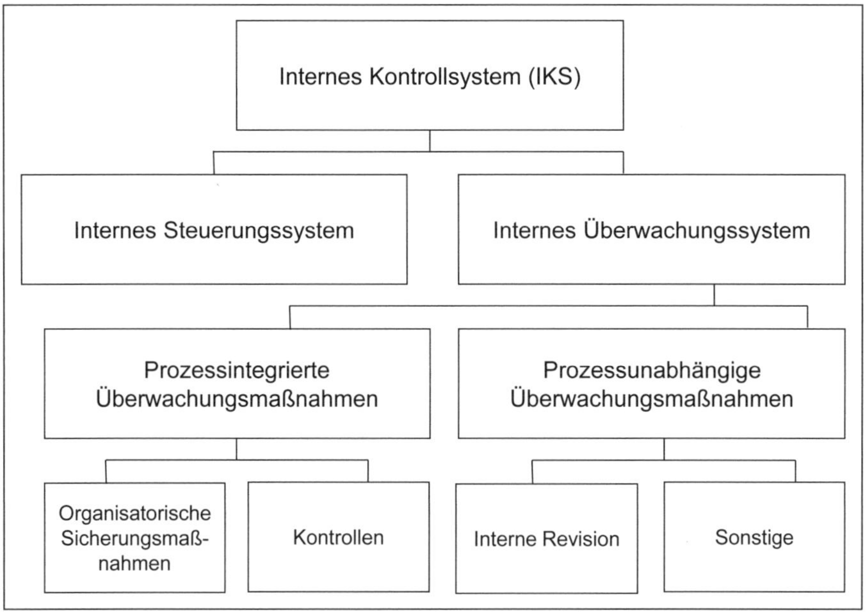

Abbildung 151: Regelungsbereiche des internen Kontrollsystems (Quelle: IDW PS 261 n.F., S. 8)

Offensichtlich kann damit das Interne Kontrollsystem zur Reduzierung (und Überwachung) von bestimmten Risiken beitragen, speziell personenverursachter operationeller Risiken.

Eine wesentliche Teilaufgabe des Internen Kontrollsystems ist die Sicherung der Ordnungsmäßigkeit und Verlässlichkeit der Rechnungslegung (Buchführung, Jahresabschluss und Lagebericht). Diese zielen insbesondere darauf, dass[1478]

- *„Geschäftsvorfälle in Übereinstimmung mit den gesetzlichen Vorschriften vollständig und zeitnah, mit dem richtigen Wert, in der richtigen Buchungsperiode und auf den richtigen Konten erfasst werden,*
- *Geschäftsvorfälle in Übereinstimmung mit der Satzung oder dem Gesellschaftsvertrag und den generellen oder besonderen Regelungen des Managements erfasst, verarbeitet und dokumentiert werden,*
- *Buchführungsunterlagen richtig und vollständig sind,*
- *Inventuren ordnungsgemäß durchgeführt und bei festgestellten Inventurdifferenzen geeignete Maßnahmen eingeleitet werden,*
- *die Vermögensgegenstände und Schulden im Jahresabschluss zutreffend angesetzt, ausgewiesen und bewertet werden und dass*
- *verlässliche und relevante Informationen zeitnah und vollständig bereitgestellt werden."*

§ 91 Abs. 3 AktG fordert seit 01.07.2021 von börsennotierten Aktiengesellschaften die Einrichtung des Internen Kontrollsystems und eines Risikomanagements,

[1478] IDW PS 261 und IDW PS 980 ff.

ohne die Beziehung zu klären. Aus dem betriebswirtschaftlichen Schrifttum wird klar, dass alles als Risikomanagement aufgefasst werden sollte, was sich mit Risiken befasst.[1479]

Bauer und Wesselmann (2008) und auch Velte (2020) betonen, dass nunmehr das Risikomanagementsystem im weiteren Sinn als Überbegriff für Internes Kontrollsystem, Frühwarnsystem (Risikofrühwarnsystem im engeren Sinne des KonTraGs) und Controlling aufgefasst werden sollte (vgl. Abbildung 152).[1480] Das Interne Kontrollsystem befasst sich und bewältigt nämlich nur ein Teil der Risiken eines Unternehmens.

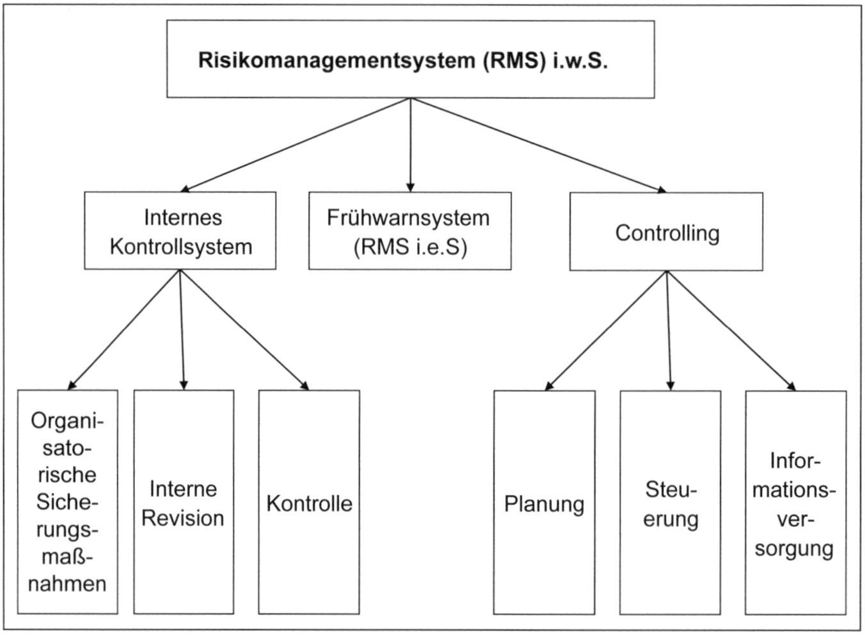

Abbildung 152: Bestandteile des Risikomanagementsystems[1481]

Grundsätzlich besteht ein Internes Kontrollsystem aus der Regelung zur Steuerung der Unternehmensaktivitäten (Internes Steuerungssystem) und aus den Regelungen zur Überwachung der Einhaltung dieser Regelung (internes Überwachungssystem). Ein Teil der Regelung des internen Überwachungssystems ist dabei prozessintegriert (z.B. Kontrollen) und ein Teil ist prozessunabhängig. Dies gilt insbesondere für die Überwachungsmaßnahmen speziell durch die Interne Revision, im schon vorgestellten „Three Lines of Defence"-Modell, das aber als unabhängig vom Internen Kontrollsystem und Risikomanagement aufgefasst wird (vgl. Abschnitt 6.1.2).

[1479] Sassen, 2012; Gleißner, 2017a und 2020c sowie Velte, 2020.
[1480] Vgl. auch Velte/Graewe, 2021.
[1481] Quelle: Bauer/Wesselmann, 2008, S. 1130. Siehe auch Sassen, 2012.

Die folgende Abbildung fasst die Komponenten eines Internen Kontrollsystems zusammen:

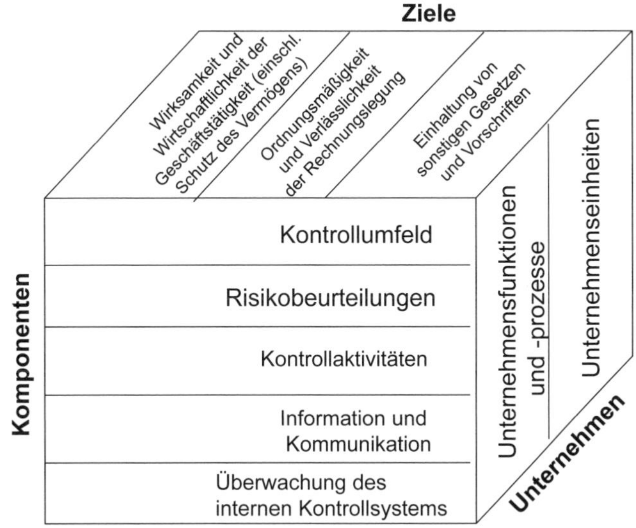

Abbildung 153: Komponenten des Internen Kontrollsystems (Quelle: IDW PS 261 n.F., S. 12)

Ähnlich der von Gleißner/Mott (2008) vorgeschlagenen Entwicklungsstufen für das Risikomanagement[1482] lassen sich auch unterschiedliche Reifegrade Interner Kontrollsysteme unterscheiden. Die folgende Abbildung 154 auf der nächsten Seite zeigt derartige Entwicklungsstufen.

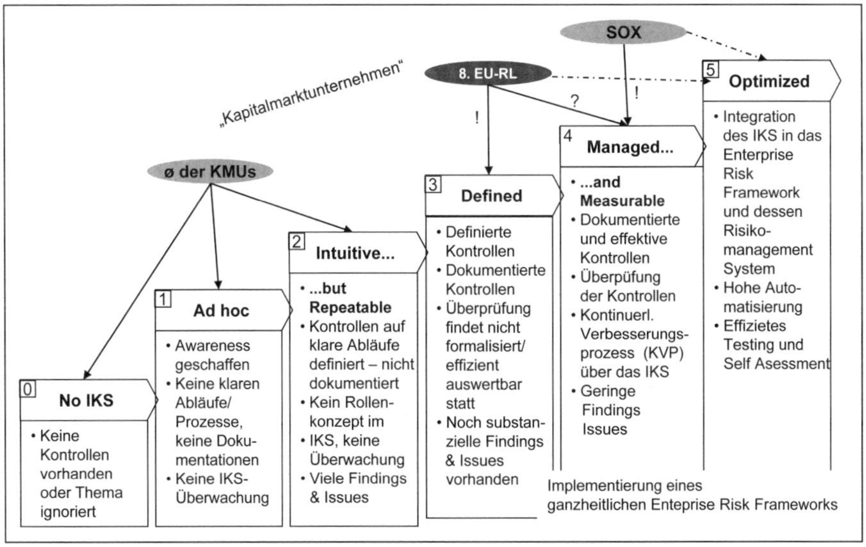

Abbildung 154: Reifegrade von Internen Kontrollsystemen[1483]

[1482] Vgl. Abschnitt 1.1.
[1483] Quelle: Menden/Kralisch, 2008.

Ähnlich dem Zusammenspiel von Controlling und Risikomanagement ist es auch empfehlenswert, die verschiedenen Anforderungen an Risikomanagement, Internes Kontrollsystem und auch Compliance gemeinsam zu betrachten (vgl. „GRC-Ansatz"). Daher wird nachfolgend die Idee eines „Value Added Compliance"[1484] kurz vorgestellt.[1485]

Grundsätzlich versteht man unter **„Compliance"**, dass die Mitarbeiter eines Unternehmens alle relevanten Gesetze, Vorschriften und Regelungen beachten. Das Interne Kontrollsystem soll dazu einen Beitrag leisten.[1486]

Die Verbesserung der Compliance, z.B. durch den Ausbau des IKS, hat für viele Unternehmen in den letzten Jahren einen immer größeren Stellenwert erlangt.[1487] Es besteht aber die Gefahr, dass durch den an sich sinnvollen Einsatz zur Verbesserung von Compliance keine adäquate Fokussierung auf die wirklich (auch ökonomisch) wichtigen Entscheidungs- und Handlungssituationen erfolgt. Es ist interessant und primär durch persönliche Interessen der Unternehmensführung zu erklären, wenn für IKS und Compliance, die nur eine Untermenge der Risiken betrachten, mehr Zeit und Budget eingesetzt wird als im restlichen Risikomanagement. Es ist teilweise sogar zu befürchten, dass durch Verbesserungen der Compliance ökonomisch unsinnige (oder zumindest optimierbare) Entscheidungsregelungen und Verhaltensweisen einfach besser abgesichert werden. Genau hier setzt die Idee der „Value Added Compliance" an. Durch eine kombinierte Analyse der ökonomischen Sinnhaftigkeit von ökonomischen Entscheidungen und Handlungen und ihrer Konformität zu Gesetzen, Regelungsrahmen wird sichergestellt, dass

- zukünftig Entscheidungen und Handlungen (Entscheidungsregeln) in einer Weise realisiert werden, die den ökonomischen Unternehmenszielen förderlich ist und dabei
- gesetzliche und sonstige Vorgaben (als Nebenbedingung) mit hoher Wahrscheinlichkeit eingehalten werden.

Ein einfaches – zugegebener Weise überspitztes – **Fallbeispiel** verdeutlicht die Notwendigkeit der Verbindung von ökonomischen und juristischen Überlegungen im Kontext der Compliance.

Betrachten wir beispielhaft den Funktionsbereich „Einkauf" eines Unternehmens. Die Analyse der Tätigkeiten und Ziele dieses Bereichs hat (vereinfacht dargestellt) ergeben, dass hier im Wesentlichen zwei Arten von Entscheidungen getroffen werden, die unter dem Gesichtspunkt der Compliance zu betrachten sind. Dies sind die Entscheidungen über die Auswahl eines Lieferanten und die Entscheidung bezüglich der Bestellung im Rahmen einer bestehenden Lieferbeziehung (z.B. über Zeitpunkt, Art der Produkte, Menge etc.). Betrachten wir im Beispiel lediglich die erste Entscheidung, die Lieferantenauswahl. Angenom-

[1484] In Anlehnung an Berger/Gleißner, 2013.
[1485] Einen Vorschlag für ein umfassendes Konzept zu „Grundsätzen einer ordnungsgemäßen Compliance" findet man bei Scherer/Fruth, 2015.
[1486] Einen Überblick über die neuen Anforderungen, speziell für die Compliance-Organisation, bieten z.B. Bauer und Wesselmann, 2008, und Scherer/Fruth, 2015, aus ganzheitlicher Corporate-Governance-Perspektive.
[1487] Siehe auch Rieg/Vanini, 2021.

men, die Auswahl zwischen alternativen Lieferanten geschehe ausschließlich durch Würfeln, also nach dem Zufallsprinzip. Eine lediglich juristische Betrachtung (Legal Compliance) müsste untersuchen, ob diese Verfahrensweise gegen Gesetze und ähnliche Regelungen verstößt. Dies ist nicht der Fall. Im nächsten Schritt muss betrachtet werden, ob durch geeignete Regelungen und das IKS – z.B. ein Vier-Augen-Prinzip – sichergestellt ist, das bei der Lieferantenauswahl tatsächlich gewürfelt wird und der Lieferant gewählt wird, der beim Würfelspiel gewonnen hat.

Man sieht an diesem Extrembeispiel, dass es unter Umständen recht leicht möglich ist, alle juristisch formalen Anforderungen der Compliance zu erfüllen und damit Entscheidungsregelungen und -handlungen im Unternehmen abzusichern. Diese können jedoch ökonomisch unsinnig sein, weil sie nicht dazu beitragen, die Unternehmensziele zu realisieren.

Compliance-Verstöße sind potenziell immer an den Stellen und zu den Zeitpunkten möglich, wenn Personen im Unternehmen Entscheidungen treffen und diese umsetzen, also handeln. Startpunkt bei der Verbesserung der Compliance sollte daher die systematische Erfassung der „Entscheidungssituationen" sein, d.h., es sollte ermittelt werden, welche Stellen (Personen) welche (wesentlichen) Entscheidungen treffen. Relevante Entscheidungen umfassen dabei beispielsweise Veränderungen der Strategie, wesentliche Sachinvestitionen, die bereits erwähnte Auswahl von Lieferanten, aber auch Personalentscheidungen oder Entscheidungen im Hinblick auf die Rechnungslegung (z.B. Nutzung von Bilanzierungswahlrechten und Festlegung der Parameter für die Fair Value Bewertung).

Genau hier setzt die Konzeption der „Value Added Compliance" an. Entscheidungen und Handlungen im Unternehmen werden nicht nur untersucht nach Gesetzeskonformität und Übereinstimmung mit Standards und internen Vorgaben sondern zugleich im Hinblick auf die Eignung, die Ziele des Unternehmens (bzw. der Eigentümer) zu realisieren. Das ist gutes Corporate Governance. Dabei ist auch sichergestellt, dass die rechtliche Compliance erfüllt ist.

Ein solches Projekt zur Verbesserung der Compliance hat typischerweise den folgenden Verlauf:

1. Erfassung und Analyse der Entscheidungssituationen
2. Ökonomische Analyse der jeweilige Entscheidungsregeln und Verfahren
3. Überprüfung auf rechtliche Compliance
4. Beurteilung der Kontroll- und Anreizmechanismen
5. Zusammenfassung von Empfehlungen zur Verbesserung

Dabei wird eine Fokussierung auf Entscheidungen vorgenommen, die entweder

- hohe ökonomische Relevanz haben (im Hinblick auf die Unternehmensziele, z.B. den Unternehmenswert),
- Aufgabenfelder betreffen, in denen häufiger methodisch betriebswirtschaftliche Fehler festzustellen sind (z.B. Investitionsentscheidungen) oder
- Tätigkeiten betreffen, in denen aus Erfahrung häufiger Compliance-Verstöße auftreten, z.B. aufgrund spezifischer Interessen von Mitarbeitern (z.B. im Einkauf).

Zusätzlich wird beachtet, dass gerade in Unternehmensbereichen, die die an sie gesetzten wirtschaftlichen Ziele nicht erfüllen, sowohl übermäßig risikobehaftete Entscheidungen als auch Compliance-Verstöße zunehmen. Bei den erarbeiteten Optimierungsvorschlägen sollte darauf geachtet werden, unnötige Bürokratie zu vermieden, z.B. durch die Nutzung von Synergie mit bestehenden Managementsystemen (z.B. Interne Revision, Risikomanagement, Controlling). So können Aktivitäten im Themenfeld „Compliance" wesentlich zu einer besseren Integration des Risikomanagements beitragen. Und „gute Compliance" reduziert natürlich die Häufigkeit und potenzielle Schäden durch bestimmte „operationelle Risiken", z.B. bei Lieferantenausfall oder Rechnungslegung.

Fazit: Aus den vorgestellten Überlegungen zum Internen Kontrollsystem einerseits und zu dem verwandten Compliance-System andererseits wird deutlich, dass sich diese mit speziellen Unternehmensrisiken befassen, also als Teil- oder Subsystem eines umfassenden Risikomanagements aufgefasst werden sollten. Das Interne Kontrollsystem ist insbesondere zuständig für die Bewältigung operationeller Risiken, die sich durch das mögliche Fehlverhalten der Mitarbeiter ergeben. Beim Aufbau des IKS sind neben den allgemeinen Regelungen für das Risikomanagement weitere „spezifische" Anforderungen zu beachten, wie sie insbesondere im IDW PS 261 formuliert sind. Aus Sicht des zentralen Risikocontrollings (Risikomanagement) kann man den Verantwortlichen für das IKS als einen Risikobeauftragten auffassen, der – neben seinem Beitrag für die Risikobewältigung – regelmäßig im Rahmen des üblichen Risikoreportings über die durch „sein" System identifizierten und überwachten Risiken berichtet. In analoger Weise kann man das Compliance-System, das oft mit dem IKS verknüpft ist, als den Teil des Risikomanagements auffassen, der sich mit den Risiken befasst, die durch „Regelverstöße" von Mitarbeitern ausgelöst werden. Die Nähe und möglichen Überschneidungen zum IKS sind offensichtlich. Den Verantwortlichen für das Compliance-System (z.B. Chief-Compliance Officer) kann man nun als Risikobeauftragten für „Compliance-Risiken", gegebenenfalls auch rechtliche Risiken, positionieren. Die Leiter von IKS oder Compliance werden bei der Erfüllung ihrer Aufgaben als Risikobeauftragte im Rahmen des Risikomanagements unterstützt durch ihre Systeme und die dort tätigen Mitarbeiter. Auch hier wird dem schon eingangs in diesem Kapitel erwähnten Grundsatz Rechnung getragen, dass das Risikomanagement soweit wie möglich vorhandene Managementsysteme für seine Zwecke nutzen sollte. Und neben Controlling, Qualitätssicherung und Treasury ist hier insbesondere das interne Kontrollsystem und das Compliance-System nützlich. Die Integration von Governance, Risk und Compliance (GRC) alleine ist unzureichend, weil eine Einbeziehung des Controllings erforderlich ist (also Governance, Risk, Compliance und Controlling): GRC^2; vgl. Gleißner/Ulrich, 2022).

6.5.5 Risikomanagement, Frühaufklärung, Prognosen und Predictive Analytics

Nicht nur Risikomanagement einerseits sowie Planung und Controlling andererseits weisen viele Berührungspunkte auf. Auch Risikomanagement und

Frühaufklärungs- bzw. Prognosesysteme eines Unternehmens stehen in einem engen Zusammenhang, den viele Unternehmen aber noch nicht adäquat berücksichtigen. Häufig wird einfach angenommen, dass Frühaufklärungssysteme über zukünftige Risiken informieren. Diese Sichtweise wird jedoch den tatsächlichen, komplexeren Zusammenhängen zwischen beiden Managementsystemen nicht gerecht.[1488] Die Aufgaben und Gestaltungsvarianten von Frühaufklärungssystemen sollen hier nur knapp zusammengefasst werden.[1489] Auch auf die Möglichkeiten durch maschinelles Lernen und Predictive Analytics kann hier nur kurz eingegangen werden.[1490]

Die primäre Aufgabe von Frühaufklärungssystemen (und speziell der Untergruppe der quantitativen Prognosesysteme) besteht darin, eine möglichst fundierte Vorhersage der zukünftigen Entwicklung einer die Unternehmensführung interessierenden Größe zu erstellen. Derartige Größen können für die Unternehmung relevante Umfeldfaktoren (z.B. Rohstoffpreise, Nachfrage, Wechselkurse), unmittelbar die Zielgrößen oder Zwischenziele des Unternehmens (z.B. Umsatz, Gewinn oder Cashflow) oder aber prozessuale und technische Kennzahlen sein. Die Frühaufklärungssysteme erstellen damit Prognosen über die bei heutigem Informationsstand zu erwartende zukünftige Entwicklung, damit die verantwortlichen Entscheidungsträger im Unternehmen sich in ihren heutigen Entscheidungen und Handlungen adäquat an den Herausforderungen der Zukunft orientieren können. Damit besteht jedoch die primäre Aufgabe üblicher Frühaufklärungssysteme darin vorherzusagen, was „im Mittel" passieren wird – und eben nicht darin, darüber zu informieren, welchen Umfang mögliche Abweichungen von diesen Prognosen (also Risiken) haben werden.[1491] Frühaufklärungs- und Prognosesysteme schaffen somit die Grundlagen für die Planung und damit für das Risikomanagement, das sich mit dem Umfang möglicher Abweichungen (der Planungs- oder Prognosegenauigkeit) befasst. Beide Aspekte sollten nicht miteinander verwechselt werden.

Im Gegensatz zu den qualitativen Prognosesystemen sind die quantitativen Prognosesysteme sehr systematisch und damit i.d.R. auch nachvollziehbar.[1492] Sie nutzen statistische und ökonometrische Verfahren. Dabei werden bestimmte festgelegte quantitative Informationen (Zeitreihen) ausgewertet, um damit Schlussfolgerungen für bestimmte Zielvariablen (z.B. die Umsatzentwicklung) gewinnen zu können. Typische Informationen, die im Rahmen von quantitativen Frühwarnsystemen verwendet werden, sind z.B. der Geschäfts- und Konsumklimaindex, Zinsen und Währungskurse oder Änderungen der Verkaufspreise der Wettbewerber. Die hier angewandten Methoden beginnen bei einfachen „gleitenden Durchschnitten" und reichen über die traditionelle Regressionsanalyse, moderne Verfahren wie Kausalanalysen und komplexe

[1488] Risikofrühwarnindikatoren im engeren Sinn sind Kenngrößen, die anzeigen, dass eine Überarbeitung der Risikoquantifizierung sinnvoll erscheint.

[1489] Siehe weiterführend Gleißner/Füser, 2000.

[1490] Siehe dazu Hodson, 2019; Oehler, 2019 sowie Pohlmann, 2019.

[1491] Die Residuen eines quantitativen Prognosesystems (z.B. entwickelt durch Regressionsanalyse) sind Grundlage der Risikoquantifizierung (vgl. Gleißner/Füser, 2000, und Gleißner, 2001a).

[1492] In enger Anlehnung an Gleißner/Füser, 2000.

Zeitreihenanalysen (z.B. ARIMA- oder GARCH-Modelle) bis hin zu neuronalen Netzen oder der Fuzzy Logik. Die quantitativen Frühwarnsysteme sind den qualitativen bei kurz- bis mittelfristigen Prognosen normalerweise deutlich überlegen, haben jedoch ihre Schwächen beim Aufspüren von strukturellen Veränderungen, sogenannten Diskontinuitäten. Zudem sind nicht immer komplexe Verfahren auch besonders leistungsfähig, weil diese bei unsachgemäßer Anwendung zu einem „Overfitting" neigen, d.h. sie erklären die Vergangenheit gut, aber sind nicht leistungsfähig bei Prognosen.[1493]

Frühwarnsysteme auf Basis traditioneller ökonometrischer Methoden – insbesondere also der Regressionsanalyse – werden entwickelt, indem man Daten aus der Vergangenheit auswertet und hieraus ein „Modell" der Realität ableitet. Ein solches Modell, welches mit historischen Daten entwickelt wurde, dient dann bei der Verarbeitung jüngerer Informationen (zu Prognosezwecken) dazu, Aussagen über die Zukunft abzuleiten.

In dem ersten Schritt, der Spezifikation des Modells[1494], wird eine i.d.R. verbal formulierte Theorie über die Zusammenhänge zwischen den erklärenden Variablen und der Zielvariable auf ein formales (ökonometrisches) Modell abgebildet.[1495] Diese Modellspezifikation umfasst die Auswahl und die exakte Operationalisierung der aufzunehmenden messbaren Variablen, die Festlegung der aus einer zu Grunde liegenden ökonomischen Theorie ableitbaren Zusammenhänge zwischen den Modellvariablen und oft auch die Spezifikation der funktionalen Form der Abhängigkeiten zwischen den Variablen. Nach der Modellspezifikation sind alle zu schätzenden Parameter bekannt. Diese Parameter sind dabei die im Untersuchungszeitraum als konstant angenommenen Charakteristika des untersuchten ökonomischen Systems und beschreiben damit die Gesamtstruktur des Prognosesystems.

Bei der anschließenden Parameterschätzung werden durch ein geeignetes ökonometrisches Schätzverfahren numerische Schätzer für die unbekannten, tatsächlichen Modellparameter bestimmt. Diese Schätzer sollten erwartungstreu, konsistent und effizient sein.

Ziel des anschließenden dritten Schrittes beim Aufbau eines Prognosesystems ist es, die Schätzergebnisse zu überprüfen. Dazu wird zunächst getestet, ob die Voraussetzungen für den Einsatz des gewählten Schätzverfahrens erfüllt waren.[1496] Nur wenn die jeweiligen Voraussetzungen erfüllt sind, kann man sicher sein, Schätzer zu erhalten, die den oben aufgezählten Anforderungen entsprechen. Zeigen statistische Tests, z.B. der Dubin-Watson-Test auf Autokorrelation

---

[1493] Siehe z.B. Green/Armstrong, 2015.

[1494] Hujer/Cremer, 1978, S. 183–195 und S. 249–272.

[1495] Zu beachten ist, dass die Ergebnisse jeder empirischen Schätzungen wesentlich von den bei der Modellspezifikation verwendeten (a priori) Annahmen (Priors) abhängen.

[1496] Der häufig angewendeten Kleinste-Quadrate-Schätzung (OLS) liegen z.B. die folgenden Annahmen zugrunde:

1. lineare Unabhängigkeit der erklärenden Variablen X_i
2. Residuen ε und erklärende Variablen X_i sind unabhängig
3. keine Autokorrelation der Residuen sowie
4. gleichbleibende Varianz der Residuen ε (d.h. keine Heteroskedastizität).

der Residuen, signifikante Verletzungen der Annahmen, so ist es erforderlich, ein anderes, möglichst robusteres Schätzverfahren zu wählen.

Ergänzt werden diese Tests durch Signifikanztests der geschätzten Parameter (t-Test) und die Berechnung von Gütemaßen für die Schätzgleichungen (z.B. durch Bestimmtheitsmaße), um zu prüfen, inwieweit das geschätzte Modell die empirischen Daten der Vergangenheit erklären kann. Schließlich werden die ökonomische Plausibilität sowie die Erklärungs- und Prognosegüte des Modells zusammenfassend bewertet. Als Gütekriterium für die Beurteilung eines so entwickelten Frühwarnsystems wird in der Praxis die Vorhersagequalität bezüglich neuer Daten angesehen, die auf verschiedenste Art und Weise gemessen werden kann. Als beliebte Größe zur Beurteilung der Qualität eines Prognose- bzw. Frühwarnsystems wird heute, neben einer Reihe weiterer Methoden, die Schätzung des Alpha- bzw. Beta-Fehlers anerkannt.

Eine unbefriedigende Prognosequalität von Frühwarnsystemen ist oft auf die mangelhaften methodischen Fähigkeiten der Anwender zurückzuführen, mit statistischen Problemen wie Heteroskedastizität[1497], Autokorrelation[1498] oder nichtstationären Zeitreihen[1499] umzugehen. Häufig werden zudem lediglich relativ einfache Verfahren genutzt, welche nur Informationen verwenden, die in den vergangenen Realisationen der zu prognostizierenden Variable enthalten sind („gleitende Durchschnitte", „exponentielles Glätten"); kausale Abhängigkeiten von anderen Variablen werden vernachlässigt.

Besonders problematisch ist, dass sehr viele ökonomische Zeitreihen nichtstationär sind. Sie haben also beispielsweise ein saisonales Verhalten, einen stochastischen Trend (integrierte Zeitreihen) oder einen deterministischen Trend, was einen sich zeitlich ändernden Mittelwert der Realisationen oder der Varianz der Zeitreihe zur Folge hat. Da die meisten statistischen Verfahren Stationarität der betrachteten Variablen voraussetzen, sind sie bei nichtstationären Zeitreihen nicht anwendbar. Wie man leicht zeigen kann, werden z.B. zwei Variablen, die jeweils einem deterministischen, linearen zeitlichen Trend folgen, grundsätzlich eine statistisch signifikante Korrelation aufweisen. Auch zwei unabhängige integrierte Zeitreihen[1500] werden in der Regel eine signifikante Beziehung („spurious regressions") aufweisen, wie z.B. Untersuchungen von Granger/Newbold (1974) und Plosser/Schwert (1977) gezeigt haben. Das Bestimmtheitsmaß wird im Mittel bei etwa 0,44 liegen (Nelson/Kang, 1984). Stochastische Trends in ökonomischen Zeitreihen wurden in empirischen Untersuchungen häufig festgestellt, was die Aussagefähigkeit von Frühwarnsystemen auf Basis einfacher Regressions- oder Zeitreihenanalysen sehr zweifelhaft erscheinen

[1497] Bei Heteroskedastizität bleibt die Varianz der Residuen einer geschätzten Zeitreihe nicht konstant.

[1498] Bei Autokorrelation besteht eine Korrelation zwischen den Residuen einer geschätzten Zeitreihe zu unterschiedlichen Zeitpunkten.

[1499] Nicht-Stationarität drückt sich häufig durch zeitabhängige Mittelwerte, also insbesondere trendartiges Verhalten, aus.

[1500] Bei integrierten Zeitreihen basiert die Nicht-Stationarität auf einem sogenannten „stochastischen Trend", der sich durch die Akkumulation zufälliger Störungen im Zeitverlauf ergibt (z.B. bei einem „Random Walk") und zu Autokorrelationen nahe bei Eins führt.

lässt. In Gleißner/Füser (2000) werden ergänzend mit den neuronalen Netzen und den Kausalanalysen zwei relativ neue Methoden vorgestellt, die gegenüber den „üblichen" Prognoseverfahren wesentliche Vorteile aufweisen, und so die Grundlage für neue, leistungsfähigere Frühwarnsysteme legen.

Man kann zusammenfassend festhalten, dass die Anwendung üblicher Inferenzmethoden auf nicht-(mittelwert-)stationäre Variablen keine zuverlässigen Schlüsse über die tatsächlichen Zusammenhänge zwischen diesen Variablen zulässt. Die „üblichen" Prognoseverfahren (gleitende Durchschnitte, exponentielles Glätten, „übliche" Regression mit Niveaudaten) liefern unbefriedigende Ergebnisse.[1501]

Etwas vereinfachend kann man zusammenfassend die Bedeutung von Frühwarnsystemen im folgenden formalen Modell einer gezielten Unternehmenssteuerung darstellen.

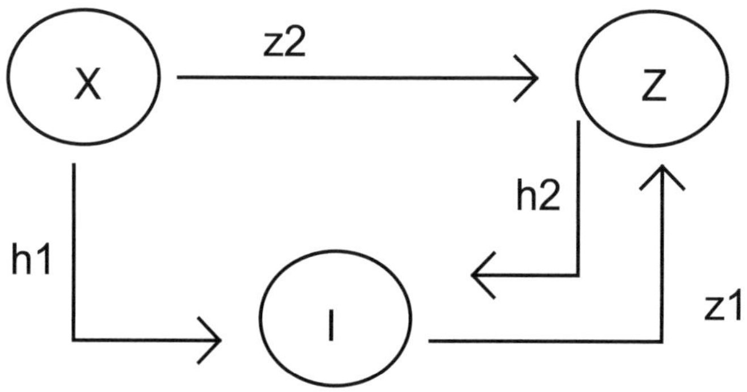

Z:	Unternehmensziele
X:	exogene Störungen, die die Zielerreichung beeinflussen
I:	Aktivitäten (Instrumente, Maßnahmen) des Unternehmens
h1, h2:	(heuristische) Verhaltensregeln des Entscheiders bezügl. Einsatz von I
z1, z2:	Wirkungsbeziehungen (Zielvariable Z in Abhängigkeit von X und I)

Abbildung 155: Wirkungsdreieck (Quelle: Gleißner, 1998, S. 231)

Dieses Modell zeigt ein „Wirkungsdreieck" zwischen unternehmerischen Maßnahmen (I), Unternehmenszielen (Z) und exogenen Störungen (X), die von „außen" kommend die Zielerreichung beeinflussen. Die Entscheidungen bzw. Maßnahmen hängen sowohl von den momentan erkennbaren Störungen (X) als auch von dem momentanen Grad der Zielerreichung (Z) ab. Eine unmittelbare

[1501] Da nicht-stationäre, stochastische Zeitreihen ein langfristig nicht prognostizierbares Verhalten zeigen, ist es naheliegend, dass sich ihre Niveaus im Allgemeinen beliebig weit (und nicht prognostizierbar) auseinander entwickeln können. Dies trifft jedoch bei kointegrierten Zeitreihen nicht zu. Das charakteristische an kointegrierten Zeitreihen ist, dass individuell nichtstationäre Zeitreihen langfristig einen Zusammenhang zeigen. Eine bestimmte Linearkombination dieser Zeitreihen ist stationär bzw. weist zumindest einen niedrigeren Integrationsgrad auf. Es besteht somit eine Art langfristige „Gleichgewichtsbeziehung" zwischen den Variablen, was für den Aufbau von Prognosesystemen ausgenutzt werden kann.

Reaktion auf Störungen X ist sinnvoll, weil diese zukünftig die Zielerreichung beeinflussen und man dann nicht erst warten muss, bis diese Konsequenzen tatsächlich eingetreten sind.

Für den Aufbau eines solchen kausalanalytischen Frühwarnsystems ergibt sich der folgende Ablauf:

1. Hypothesenbildung

Frage: „Wovon könnte die zu prognostizierende Variable kausal abhängen?" Antwort/Beispiel: „Der Umsatz ist abhängig von Auftragsbestand, Geschäftsklima, Zinsen, Verkaufspreisen und der Kundenzufriedenheit."

2. Operationalisierung der Modellvariablen

Frage: „Welche konkreten Zeitreihen sollen verwendet werden?" Antwort/Beispiel: „Wir betrachten Monatsdaten der oben genannten Variablen für den Zeitraum Januar 1990 bis Juni 1999."

3. Spezifikation des Strukturmodells

Frage: „Welche Wirkungsbeziehungen bestehen?" Antwort/Beispiel: „Außer den oben genannten direkten Wirkungen der verschiedenen Variablen auf den Umsatz wird angenommen, dass die Zinsen das Geschäftsklima beeinflussen und so auch indirekt auf den Umsatz wirken."

4. Untersuchung der Variablen auf Trends sowie Integrationsgrad

Durch das Bilden von Differenzen werden alle langfristigen Komponenten (z.B. „Trends") herausgefiltert und das Augenmerk kann auf die kurzfristigen, mittels stationären ARMA(p,q)-Ansatz besser prognostizierbaren Komponenten gelenkt werden. Ein unnötiges Überdifferenzieren hat relativ geringe Auswirkungen (Plosser/Schwert, 1977), weil die mit der Kleinsten-Quadrate-Methode geschätzten Parameter konsistent und erwartungstreu bleiben.

5. Berechnung der Zeitreiheninnovationen (ARIMA-Modellierung)

Dem zeitreihenanalytischen Ansatz von Box/Jenkins (1970) folgend lässt sich eine Zufallsvariable als gewichtetes Mittel aus gegenwärtigen und q vergangenen stochastischen Schocks μ_t darstellen (sogenannte MA(q)-Darstellung). Alternativ ist eine Darstellung als autoregressiver Prozess der Ordnung p (AR(p)-Prozess), also in Abhängigkeit früherer Werte ihrer selbst, möglich. Eine Kombination beider Ansätze sind ARMA(p,q)-Modelle, die beispielsweise so spezifiziert werden sollen, dass die Anzahl der zu schätzenden Parameter, also die Summe von p und q, minimal wird. Es gilt (vgl. Anhang 1):[1502]

$$y_t = a_1 y_{t-1} + a_2 y_{t-2} + \ldots + a_p y_{t-p} + \varepsilon_t + b_1 \varepsilon_{t-1} + b_2 \varepsilon_{t-2} + \ldots + b_q \varepsilon_{t-q}$$

[1502] ε sind die Prognosefehler (Residuen).

6. Schätzung der Modellparameter

Bei der Kausalanalyse bzw. Kovarianzstrukturanalyse wird nun mit den in Schritt 4 ermittelten Zeitreiheninnovationen (u_t) getestet, ob das unter 1. und 3. spezifizierte (hypothetische) System von Annahmen über die Kausalbeziehungen (= Strukturmodell) mit den empirisch festgestellten Korrelationen zwischen den Zeitreihen in Übereinstimmung zu bringen ist und damit die Grundlage für eine Prognose bietet. Dabei werden oft nur diejenigen Erklärungsvariablen genutzt, die statistisch signifikante Erklärungskraft aufweisen.

7. Statistische Beurteilung der Parameterschätzung

Hierbei wird die Qualität des Gesamtprognosemodells und die Präzision der Schätzung einzelner Parameter durch geeignete Gütemaße bewertet.

8. Ökonomische Interpretation der Ergebnisse und Erstellung von Prognosen

In dieser letzten Phase kommt das Prognosesystem zur Anwendung; es werden Vorhersagen über die zukünftige Entwicklung der interessierenden Zielvariablen erstellt.

9. Risikoquantifizierung

Die Abweichungen der Prognosen von den tatsächlichen Werten, die Residuen, sind Grundlage der Risikoquantifizierung (z.B. Berechnung der Standardabweichung der Residuen).

In Gleißner/Füser (2000, S. 941) wird beispielhaft ein Umsatzprognosesystem vorgestellt, das mit dieser Methodik entwickelt wurde.

Die Bedeutung von Frühaufklärungs- und Prognosesystemen für das Risikomanagement ergibt sich im Wesentlichen also dadurch, dass zunächst einmal „gute" Prognosen zur Reduzierung von Risiken beitragen, weil diese den Prognosefehler reduzieren.[1503] Leistungsfähige Prognoseverfahren haben zudem die Eigenschaft, dass sie den Prognosefehler ausweisen und damit direkt eine Risikoquantifizierung ermöglichen. Der hier skizzierte Weg zu einem leistungsfähigen Prognoseverfahren setzt aber adäquate Kenntnisse in Ökonometrie und Zeitreihenanalysen voraus, die nicht bei allen Mitarbeitern im Controlling und Risikomanagement vorausgesetzt werden können. Eine Möglichkeit ohne solche Kenntnisse leistungsfähige Prognosen zu erhalten, wird in den letzten Jahren im Einsatz von Maschinen – statt Menschen – gesehen. Techniken des maschinellen Lernens bzw. der künstlichen Intelligenz (KI) werden dabei genutzt, um ausgehend von einer großen Menge verfügbarer Daten Prognosen zu erstellen.[1504] Diese Aufgaben kann man wie folgt strukturieren:

[1503] Siehe zu den psychologischen Hintergründen und Auswirkungen verzerrter Prognosen auch Kahneman, et al., 2021.

[1504] Siehe zum Einsatz von Artificial Intelligence im Bereich Risikomanagement auch Geromichalos, 2021.

1. **Descriptive Analytics**: Ziel ist die strukturierte Auswertung vorliegender Daten, um zu verdeutlichen, was in der Vergangenheit geschehen ist.
2. **Diagnostic Analytics**: Ziel ist die Aufdeckung von (stochastischen) Abhängigkeiten, die möglichst als Ursache- und Wirkungsbeziehungen interpretiert werden können.
3. **Predictive Analytics**: Ziel ist die Erstellung von Prognosen basierend auf den in den Daten erkannten Zusammenhängen. Neben der Prognose von Mittelwerten kann auch hier eine Prognose von Quantilen erfolgen und damit eine Quantifizierung von Risiko (verstanden als Prognoseunsicherheit).
4. **Prescriptive Analytics**: Ziel ist die Ableitung von Handlungsmöglichkeiten, die gesetzte Ziele möglichst gut zu erreichen sollen (Entscheidungsunterstützung).

Mit maschinellen Lernverfahren, wie neuronalen Netzen, kann man nicht nur Mittelwert-Prognosen erstellen, sondern potenziell basierend auf vorgegebenen Daten auch die risikobeschreibenden Wahrscheinlichkeitsverteilungen „lernen". Bei solchen Verfahren[1505] werden z.B. auch Wahrscheinlichkeiten als Modellparameter (und Quantile der Verteilung) aufgefasst. Das neuronale Netz wird damit in die Lage versetzt, ausgehend von vorliegenden Daten in einer konkreten Situation auf die Verteilung einer interessierenden Größe zu schließen.

6.5.6 Gestaltungsvarianten der Organisation des Risikomanagements

Aus den bisherigen Erläuterungen in diesem Abschnitt 6.5 wurde erkennbar, dass es sehr unterschiedliche Möglichkeiten gibt, das Risikomanagement (im weiteren Sinne) in einem Unternehmen zu etablieren und das formale Risikomanagementsystem (unter Leitung des zentralen Risikomanagers oder Risikocontrollers) auszugestalten.

Wählt man den empfohlenen Ansatz eines „integrierten" Risikomanagements, das soweit möglich vorhandene Managementsysteme einbezieht, werden die meisten (oder sogar alle) involvierten Mitarbeiter durch das Risikomanagement nur eine „Zusatzaufgabe" erhalten. Selbst bei größeren Konzernen muss man bei einem derartigen Ansatz nur vergleichsweise wenige Stellen neu einrichten, z.B. die des zentralen Risikocontrollers oder Risikomanagers und ihm zugeordnete „dezentrale" Risikocontroller in den einzelnen Geschäftseinheiten oder Tochtergesellschaften. Der Umfang aller Aufgaben und Kompetenzen der für das Risikomanagement tätigen Stellen und Mitarbeiter ist zudem wesentlich davon abhängig, ob man das Risikomanagement primär als „Risikocontrolling" ausgestaltet und den operativen Umgang mit Chancen und Gefahren (Risikobewältigung) den operativ Verantwortlichen überlässt – oder aber dem Risikomanagement erweiterte Kompetenzen zuordnet. Sieht man das Risikomanagement als ein Risikocontrolling und die operativ tätigen Manager als verantwortlich für den Umgang mit Chancen und Gefahren im Rahmen ihrer Tätigkeiten,

---

[1505] Wie der Restricted Boltzmann Machine (RBM).

übernehmen der zentrale Risikocontroller und die Risikobeauftragten im Wesentlichen die Aufgaben der kontinuierlichen Risikoüberwachung, Risikoaggregation und entscheidungsorientierten Aufbereitung von Risikoinformationen (z.B. bei der Vorbereitung von Investitionsentscheidungen). Weder der zentrale Risikocontroller noch die Risikobeauftragten haben dann aber die Möglichkeit unmittelbar, z.B. durch die Initiierung von Risikobewältigungsmaßnahmen, den Risikoumfang zu beeinflussen. Dies bleibt den operativ verantwortlichen Stellen vorbehalten, die aber möglichst aus den Resultaten der Risikoanalyse ein höheres Maß an Transparenz über bestehende Chancen und Gefahren erhalten sollten, um bessere Entscheidungen zu treffen.

Selbstverständlich kann man dem Risikocontrolling und auch den einzelnen Risikobeauftragten zusätzlich Kompetenzen zuordnen, die auch eine direkte Einflussnahme auf den Umfang von Risiken ermöglichen. In der Praxis sieht man z.B. ein Vetorecht vor, um besonders risikobehaftete Geschäfte zunächst, d.h. bis zur Entscheidung einer übergeordneten Instanz (z.B. Vorstand), unterbinden zu können. Grundsätzlich empfiehlt es sich aber beim Auf- und Ausbau des Risikomanagements zu gewährleisten, dass die Verantwortung für den operativen Umgang mit Risiken möglichst klar und eindeutig geregelt ist und allen Mitarbeitern klar ist, dass ein bewusster Umgang mit Chancen und Gefahren im täglichen Geschäft erwartet wird; auch dann, wenn sie selbst nicht in die „formale" Risikomanagement-Organisation (z.B. als Risikobeauftragter) einbezogen sind.

Die folgende Tabelle zeigt zusammenfassend grundlegende „Gestaltungsvarianten" zu organisatorischen Regelungen für das Risikomanagement.

Grundlegende Ausrichtung	• Risikocontrolling, d.h. verantwortlich für Methodik, Prozesssteuerung und Datenaufbereitung, Risikomanagement, • Risikocontrolling + Verantwortung für Risikobewältigung
Vetorechte	• Aufschieben des Vetos bezüglich aller Maßnahmen, die den Risikoumfang wesentlich beeinflussen könnten, • kein Vetorecht
Integration mit dem Controlling	• Risikomanagement und Controlling arbeiten weitgehend eigenständig, • Risikomanagement und Controlling sind eng verknüpft und nutzen wesentliche Tools gemeinsam (z.B. zur Aggregation der Risiken im Kontext der Planung), • Risikomanagement ist organisatorisch und methodisch vollständig im Controlling integriert (stochastischer Controlling-Ansatz mit Bandbreiten-Planung)
Stellung von Risikomanagement und IKS bzw. Compliance	• Risikomanagement und IKS/Compliance arbeiten weitgehend eigenständig, • IKS und Compliance werden als spezielle Systeme der Risikobewältigung aufgefasst.

Entscheidungsorientierung des Risikomanagements	• Das Risikomanagement ist, z.B. durch Risikoanalysen, bei der Vorbereitung aller unternehmerischen Entscheidungen involviert, • Risikomanagement erhält Gelegenheit, zu wichtigen Entscheidungen Stellung zu nehmen, • Risikomanagement ist (noch) nicht in alle wesentlichen Entscheidungsvorbereitungen involviert.
Risikomanagement im Kontext wertorientierter Unternehmenssteuerung	• Risikoanalyse und Risikoaggregation dienen zur Bestimmung von (a) erwartungstreuen Planwerten und (b) risikogerechten Kapitalkosten, • Risikoanalysen stellen sicher, dass erwartungstreue Planwerte (z.B. für Erträge) generiert werden, • Ergebnisse des Risikomanagements haben keine wesentliche Bedeutung in der wertorientierten Unternehmensführung (z.B. wegen Berechnung von Kapitalkosten auf Grundlage des CAPM).
Ressourcenausstattung und Verknüpfung des Risikomanagements	• Das Risikomanagement hat keine eigenen personellen Ressourcen (alle Funktionen werden von anderen Stellen als „Zusatzaufgabe“ abgedeckt), • nur im zentralen Risikomanagement existieren eigenständige Stellen und ansonsten werden für Risikomanagementaufgaben andere Managementsysteme (Controlling, QM) genutzt, • alle wesentlichen Aufgaben des Risikomanagements, auch dezentrale, werden durch eigene Ressourcen (Mitarbeiter) abgedeckt.
Zentral versus dezentral	• Es existiert ein zentrales, einstufiges Risikomanagementsystem (d.h., z.B. alle Risikobeauftragten sind dem zentralen Risikomanagement/Risikocontrolling direkt zugeordnet), • das Risikomanagement ist mehrstufig, d.h., neben dem zentralen Risikomanagement existiert ein „dezentrales Risikomanagement“ (Subsysteme in Geschäftseinheiten oder Tochtergesellschaften).
...	• ...

Tabelle 55: „Gestaltungsvarianten“ zur Organisation des Risikomanagements

6.6 Rollen und Regelungen im Risikomanagement

6.6.1 Einleitung

Wie bisher erläutert, ist das Risikomanagement eines Unternehmens wesentlich mehr als eine Abteilung oder eine Stelle. Viele Regelungen, die sich mit Analyse und Bewältigung von Chancen und Gefahren (Risiken) befassen, wird man daher sinnvollerweise im Controlling, Treasury, Qualitätsmanagement, im Internen Kontrollsystem oder den Prozessen zur Vorbereitung von Entscheidungen des Top-Managements finden. Bei einer weiterhin sinnvollen „traditionellen“ Dokumentation des Risikomanagementsystems (z.B. in einem Risikomanagement-Handbuch) wird man dennoch weiterhin bestimmte typische „Bausteine“ und „Regelungen“ finden, auf die in diesem Abschnitt eingegangen wird. Dabei werden zum einen die wichtigsten Prozesse der Risikoüberwachung und des Risikoreportings beschrieben, die als Vorlagen für Risikohandbücher, also Arbeitsanweisungen, dienen können. Ergänzend werden Aufgabenbeschreibungen (Stellenbeschreibungen) der wichtigsten Funktionsträger im Risikomanagement beispielhaft dargestellt. Anzumerken ist, dass – in unterschiedlicher Ausprägung – die hier beschriebenen Konzeptionen (spezifisch angepasst) sowohl nützlich sind, wenn man einen traditionellen separierten Risikomanagementansatz für das eigene Unternehmen wählt, als auch für den integriertes Risikomanagement (wie im „Controlling-Ansatz").

6.6.2 Identifikation und Quantifizierung von Risiken

Ausgehend von den Risikofeldern ist das Verfahren zur Identifikation neuer Risiken für jedes einzelne Risikofeld festzulegen. Dabei soll so weit wie möglich auf bestehende Systeme zurückgegriffen werden. Bei den strategischen Risiken und Marktrisiken sowie bei den Leistungsrisiken hat sich die Risikoidentifikation mittels Workshops bewährt. Bei den Finanzmarktrisiken, gesellschaftlichen und politisch/rechtlichen Risiken sowie Risiken aus Corporate Governance und Compliance sowie technischen Risiken (des Qualitätsmanagements) sind oft bereits wesentliche Teile abgedeckt und entsprechende Organisationseinheiten in den Unternehmen vorhanden. Anlässlich von Vorstands- oder Geschäftsführungssitzungen sind die wichtigsten angesprochenen Einzelrisiken jeweils zu erfassen. Bei Planung und Budgetierung werden „planungsbezogene" Risiken (unsichere Planannahmen) erfasst. Es ist zudem zu dokumentieren, wie das Risiko quantifiziert wird (vgl. Abschnitt 2.4).

6.6.3 Überwachung der Risiken

Die Verfahren für die permanente Überwachung von ganzen Risikofeldern und wichtigen bekannten Einzelrisiken sind festzulegen und zu dokumentieren. Dadurch soll sichergestellt werden, dass neue Risiken, aber auch Veränderungen bereits identifizierter Risiken frühzeitig erkannt werden. Im Einzelnen ist Folgendes festzulegen:

- Überwachungsturnus,
- Meldeturnus,
- auszuwertende Informationen,
- Risikoquantifizierungsverfahren,
- Verantwortlichkeiten (zuständiger Risikobeauftragter).

Bei gravierenden Veränderungen sind ad-hoc-Meldungen an Risikocontroller sowie Projektmanager und Linienvorgesetzte, ggf. auch an die Unternehmensführung, auszulösen. Dafür sind Schwellenwerte zu definieren, die sich an der Relevanzskala orientieren sollten. Ad-hoc-Meldungen werden typischerweise ausgelöst, wenn

- schwerwiegende Risiken, die noch nicht inventarisiert sind, neu erkannt werden;

- Risiken, die bereits inventarisiert wurden, sich deutlich erhöht haben (höhere Relevanzklasse) oder Indikatoren aus dem Frühwarnsystem vorgegebene Meldewerte erreicht haben;
- Risiken sich realisiert haben, also z.B. ein wesentlicher Schaden eingetreten ist (z.B. Insolvenz eines Kunden oder Ausfall einer kritischen Produktionsanlage).

Für jedes Risiko, das ausgehend von seiner Relevanzeinschätzung der Risikocontroller/Risikomanager als wesentlich und kontinuierlich zu überwachen ansieht, sollten dabei mindestens folgende Eckpunkte der Risikoüberwachung für Dritte nachvollziehbar dokumentiert sein:

a) Bezeichnung des Risikos (und ggf. Zuordnung zum übergeordneten Risikofeld),
b) Genaue verbale Beschreibung des Risikos, d.h., es sollte für einen außenstehenden Dritten klar sein, was zum Risikofeld gehört – und im Sinne einer Abgrenzung auch, was man nicht als Bestandteil des Risikos sieht (um Überwachungslücken zu anderen Risiken zu vermeiden),
c) Zuständiger Risikobeauftragter,
d) Aktuelle Relevanzeinstufung (z.B. auf der einfachen Relevanzskala mit Relevanzstufen von 1–5),
e) Quantitative Beschreibung des Risikos durch eine geeignete Wahrscheinlichkeitsverteilung und nachvollziehbare Begründung bzw. Herleitung der Risikoquantifizierung mit der Angabe der entsprechenden Parameter (z.B. also Schadenshöhe und Eintrittswahrscheinlichkeit) des Risikos, wobei die Schadenshöhe selbst wiederum oft durch eine Bandbreite mit Mindestwert, wahrscheinlichstem Wert und Maximalwert angegeben werden sollte,
f) Vorhandene Risikobewältigungsmaßnahmen, die bei der Risikoquantifizierung berücksichtigt wurden,[1506]
g) Gegebenenfalls Frühwarnindikatoren, die eine Veränderung des Risikoumfangs anzeigen können (z.B. Häufigkeit der Störfälle einer Maschine pro Monat als Indikator für die Wahrscheinlichkeit eines „Totalausfalls"),
h) Mindestüberwachungsturnus, d.h., Zeitraum in dem eine komplette Betrachtung aller Informationen zum Risiko (speziell zur Risikoquantifizierung) durch den Risikobeauftragten vorgenommen wird und zudem das übergeordnete (zentrale) Risikocontrolling über Veränderungen des Risikos informiert wird (bei wesentlichen Veränderungen sind zusätzliche ad hoc Meldungen sinnvoll),
i) Kurzdarstellung der Tätigkeiten der Risikoüberwachung und der mindestens genutzten Informationen, um Veränderungen des Risikos aufzuzeigen (auszuwertende Daten, notwendige Gespräche mit anderen Mitarbeitern als „informelle Risikobeauftragte" etc.),
j) Ideen für zukünftige Risikobewältigungsmaßnahmen, um den Risikoumfang zu optimieren.

[1506] Die Risikoquantifizierung bezieht sich bekanntlich auf das „Netto-Risiko" (vgl. IDW PS 340 (2020).

Eine Beschreibung der wesentlichen Regelungen zu einem Risiko basierend auf dieser Struktur findet man z.B. in der Software Strategie-Navigator, die zur Unterstützung der praktischen Umsetzung des Risikomanagements kostenlos unter: https://futurevalue.de/leistungen-produkte/strategienavigator/software-download/ zum Download bereitsteht.

6.6.4 Berichte zu Einzelrisiken und Risikoreporting für die Unternehmensführung

Für die Funktionsfähigkeit und Transparenz innerhalb des Risikomanagementsystems ist es wichtig, dass ein geeignetes Berichtswesen festgelegt und implementiert wird. Insbesondere sind wichtige und nicht bewältigte Einzelrisiken sowie festgelegte Sicherheitsziele (diese entsprechen den Limiten) bis zum Vorstand bzw. der Geschäftsführung zu berichten. Gleiches gilt bei Nichterreichen der Ziele des Risikomanagements oder Problemen mit der Wirksamkeit von Risikobewältigungsmaßnahmen.Risikoberichte sollen Auskunft über wesentliche Einzelrisiken sowie deren Veränderungen geben. Bestandteil der Berichte sind auch Frühwarnindikatoren sowie die durch geeignete Risikomaße beschriebene Gesamtrisikoposition des Unternehmens (z.B. Eigenkapitalbedarf und Variationskoeffizient des Ertrags). Nachfolgend ist zunächst ein solcher Risikobericht für ein Einzelrisiko dargestellt, den ein Risikobeauftragter an den zentralen Risikocontroller sendet:

Betriebsunterbrechung z.B. infolge Brand	
Übersicht	
Risikobeauftragter	Herr Schwarz
Relevanz	3
Risikokategorie	Leistungsrisiken
Erfasst am	11.5.2021
Beschreibung/Wechselwirkungen mit anderen Risiken	Produktionsunterbrechung infolge Ausfall der Stanzmaschine. Reparatur oder Neuanschaffung innerhalb von 3 Monaten möglich. Wechselwirkung in den Produktbereichen Automobil und Rohre.
Bisherige Handhabung ist	Zu intensivieren

Bewertung des Risikos	
Höchstschaden	Totalschaden infolge Brand. 4 Monate Ausfall. Konsequenzen: Kunden brechen weg, Ersatzbeschaffung der Maschine, Umsatzverlust 4 Monate. Dadurch auch Mehraufwendung im Marketing durch Neuakquisition, 15 Mio. €, alle 50 Jahre
Mittelschaden	Ausfall 1 Monat. Auswirkungen wie Höchstschaden. Es muss jedoch kaum mit Kundenverlusten gerechnet werden. Deshalb auch keine Mehrkosten im Marketing notwendig. 1.5 Mio. €, alle 10 Jahre
Kleinschaden	5 Tage Ausfall. Durch Überstunden können 50 % „gerettet" werden. 400 T€, tritt alle 3 Jahre ein.

Überwachung	
Verantwortlich – Risikoüberwachung und Quantifizierung	Herr Schwarz
Verantwortlich – Unabhängige Prüfung	Herr Müsiger, Controlling
Routinemäßiger Überwachungs- und Quantifizierungszyklus	Zweimonatlich
Beschreibung der Messgröße und Ermittlungsverfahren	Maschinenbezogene Statistiken und Quervergleiche von Maschinenproduzenten. Wartungsintervall über die Qualitätssicherung, die in der Einführungsphase ist.
Frühwarnindikatoren	Wartungsintervalle (Ist-Wert 100)
Dokumentation und Weiterbearbeitung	Herr Schwarz

Präventive Maßnahme 1	
Bezeichnung	Betriebsunterbrechungsversicherung
Zielsetzung	Finanzielle Entschädigung nach 3 Tagen Unterbrechung (Risikotransfer)
Art der Bewältigung	Abschluss-Versicherung (Verhandlungen mit Versicherungsmakler, Betriebsunterbrechungs-Analyse)
Wirkungsweise	Überwälzen (Risikotransfer)
Beschreibung/ Wechselwirkungen	In Sachversicherung integrieren, Gesamtrisikokosten berücksichtigen, Selbstbeteiligung optimieren unter Berücksichtigung des verfügbaren Eigenkapitals
Einführungskosten	25 T€
Freigegeben von … am	Herr Schwarz, Risikoeigner, am 31.10.2021
Durchführung von … bis	1.1.2022 bis auf weiteres durch Herrn Schwarz, Risikoeigner
Feststellung der Einsatzfähigkeit, am	Herr Müsiger, Controlling, 31.12.2021

Abbildung 156: Beispiel eines Berichts zu einem Einzelrisiko (Quelle: Strategie-Navigator)

Hoch verdichtete Risikoberichte werden für Vorstand bzw. Geschäftsführung und Aufsichtsrat erstellt. Die Abbildung 157 zeigt einen solchen beispielhaft. Für das Reporting an Vorstand (und Aufsichtsrat) wird man sich auf die wesentlichen Informationen über die wichtigsten Einzelrisiken und den aggregierten Gesamtrisikoumfang beschränken. Ein solcher „Vorstands-Risikoreport" kann z.B. folgende Informationen enthalten:

- Kennzahlen zum aggregierten Gesamtrisikoumfang, z.B. Insolvenzwahrscheinlichkeit, Eigenkapitalbedarf[1507] und Variationskoeffizient des Ertrags (als Maß für den Umfang möglicher Planabweichungen)[1508],
- Ratingprognose für das Plan- und ein risikoabhängiges Stressszenario (z.B. ungeplanter Umsatzrückgang von 20 %)[1509],
- Kennzahl zur Beschreibung des Ertrag-Risiko-Profils, z.B. risikogerechte Kapitalkosten[1510] und das Verhältnis von Ertrag zu Risikokapital[1511] (RORAC),
- Die Liste der Top-Risiken (Risikoinventar) unter Angabe von (a) Wertbeitrag/Relevanz, (b) Veränderung gegenüber Vorperiode und (c) initiierte oder geplante Bewältigungsmaßnahmen.

- **Eigenkapitaldeckung** als Bedrohungsindikator
  Das Verhältnis des vorhandenen Eigenkapitals zum Eigenkapitalbedarf (aus Risikoaggregation) (z. B. auf Drei-Jahres-Sicht für ein BBB Rating):
  $$EKD_{BBB}^{3Jahre} = \frac{EK^{Ist}}{EKB_{BBB}^{3Jahre}}$$
- **Planungssicherheit.**
  Der Variationskoeffizient des Ertrags (oder EBIT) zeigt die relative Schwankungsbreite und damit den Umfang möglicher Planabweichungen
  $$V(E) = \frac{\sigma(E)}{E^e}$$
- **Risikogerechte Kapitalkosten**
  risikogerechte Kapitalkosten (basierend auf Ertragsrisko V) rechnen Risiko in Renditeanforderung um („wertorientiertes Management“)
  $$k = \frac{1+r_f}{1-\lambda \cdot V(E) \cdot d} - 1$$
- **Rating und Bedrohung von Zielrating, Mindestrating oder Covenants**
  Insolvenzwahrscheinlichkeit (p) als Maß für für „Bestandsbedrohung“ $p1, p2$

Finanzrating						
Kennzahlen	**CCC**	**B**	**BB**	**BBB**	**A**	**Wert**
Eigenkapitalquote	<10%	>10%	>20%	>35%	>60%	38,6%
Dynamischer Verschuldungsgrad (a)	>8	<8	<4	<1	<0,01	7
Zinsdeckungsquote	<1,2	>1,2	>2,5	>4	>9	3
EBIT-Marge	<2%	>2%	>5%	>10%	>15%	10%
Kapitalrückflussquote	<5%	>5%	>10%	>15%	>25%	22,1%
Gesamtkapitalrendite (ROCE)	<5%	>5%	>10%	>15%	>25%	17,8%
Verbindlichkeitenrückflussquote	<-10%	>-10%	>0%	>10%	>20%	23,4%
Finanzrating				•		

Abbildung 157: Risikoreporting: die Kerninhalte

Das „Risikoreporting“ kann durchaus mit dem üblichen Reporting, z.B. des Controllings, verknüpft sein.

Neben dieser internen Berichterstattung ist für viele Unternehmen auch die externe Berichterstattung an die Anteilseigner zu beachten, die u.a. im DRS 20 geregelt ist.[1512] Die nachfolgende Abbildung fasst die grundlegenden Gestaltungsparameter einer Risikoberichterstattung zusammen (Diederichs, 2018, S. 224).

[1507] Value at Risk zu dem aus dem Ziel-Rating abgeleiteten Wahrscheinlichkeitsniveau.

[1508] Standardabweichung geteilt durch Erwartungswert des Ertrags aus der Risikoaggregation.

[1509] Siehe Abschnitt 6.1 zur Berechnung von Ratingprognosen als Krisenfrühwarnindikatoren.

[1510] Siehe zur Herleitung Abschnitt 5.3.

[1511] Eigenkapitalbedarf.

[1512] Zur Umsetzung der Risikoberichterstattung am deutschen Kapitalmarkt siehe ergänzend auch Wulf/Staikowski, 2020, S. 737 ff.

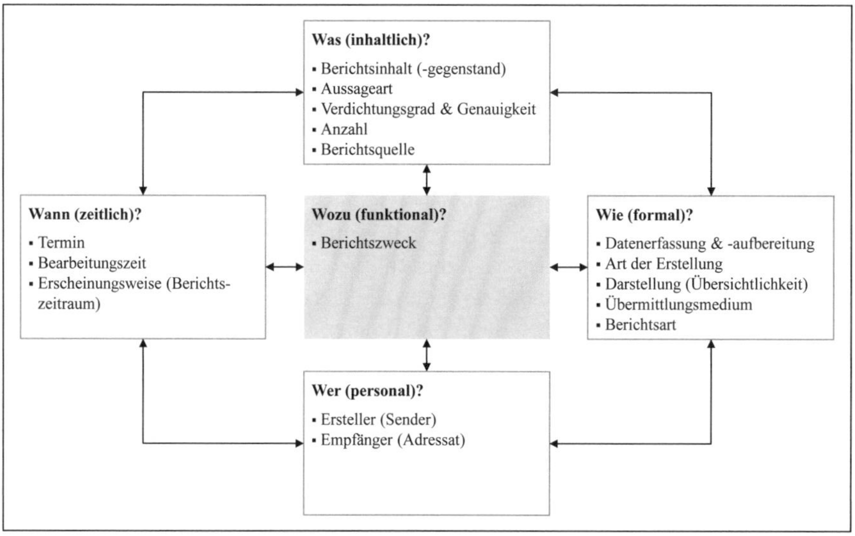

Abbildung 158: Gestaltungsparameter einer Risikoberichterstattung (Quelle: Diederichs, 2018, S. 224)

6.6.5 Zuordnung von Verantwortlichkeiten und Aufgaben des Risikomanagements

Die Implementierung eines Risikomanagementsystems erfordert es konkreten Stellen bzw. Personen neue Aufgaben, Verantwortung und Kompetenzen zuzuordnen.[1513] Die Gesamtverantwortung für das Risikomanagement trägt die Geschäftsführung bzw. der Vorstand. Die Überwachung von Risikofeldern und wichtigen Risiken sollte möglichst dezentral durch Risikobeauftragte oder Risk Owner organisiert werden. Dabei ist es nahe liegend, Fachexperten mit Linienfunktionen, die sich in ihrer täglichen Arbeit mit einem Risikobereich beschäftigen, zugleich zu Risikobeauftragten zu benennen. Eine grundlegende Trennung von Risikoverursachung und Risikoüberwachung, und dadurch objektive Betrachtung der Risikosituation, hat auch offensichtliche Vorteile.[1514] Die Doppelfunktion der Risk Owner gewährleistet andererseits aber auch die fachkundige Beurteilung der Risiken und reduziert vor allem den Arbeitsaufwand.

Das zentrale Risikocontrolling unterstützt die Geschäftsführung und die einzelnen Risikobeauftragten. Neben der allgemeinen Steuerung und Begleitung des Risikomanagement-Prozesses übernimmt das Risikocontrolling die wichtige Funktion, die Ergebnisse fachkundig auf Plausibilität zu prüfen und zusammenzufassen. Gelingt hier zugleich die Trennung von Funktion und Verantwortung (Stabsfunktion des Risikocontrollers, der direkt der Unternehmensführung unterstellt ist), so wird dem Grundsatz der Trennung von

[1513] Siehe Vogler/Gundert, 1998.

[1514] „Organisatorische und funktionale Trennung", vgl. die MaRisk der Banken (Füser/Weber, 2005 und Becker et al., 2018).

Funktion und Überwachung in Risikomanagementsystemen in aller Regel adäquat Genüge getan.

6.6.6 Aufgaben- und Stellenbeschreibungen im Risikomanagement

6.6.6.1 Grundlagen

Die folgenden Beschreibungen zeigen beispielhaft die dokumentierten Aufgaben der im Risikomanagementsystem tätigen Mitarbeiter. Die konkrete Beschreibung der Aufgaben und Kompetenzen der für das Risikomanagement eines Unternehmens tätigen Stellen bzw. Personen ist abhängig von Unternehmensspezifika und insbesondere den „Grundsatzentscheidungen" zur Ausgestaltung des Risikomanagements (vergleiche insbesondere Abschnitt 6.3 und 6.5.6).

Die Erläuterungen oben verdeutlichen, dass die nachfolgend dargestellte Zuordnung von Aufgaben und Verantwortlichkeiten im Risikomanagement nur exemplarischen Charakter haben kann.

Bevor nachfolgend exemplarisch die wesentlichen Stellen und Funktionen im Rahmen eines Risikomanagementsystems – wie Risikocontroller und Risikobeauftragter – erläutert werden, ist eine weitere Vorbemerkung sinnvoll. Die wesentlichen Bausteine bezüglich derer im Risikomanagement Regelungen getroffen werden sollten, sind (1) wesentliche Risiken und (2) anstehende Entscheidungen (Handlungsmöglichkeiten). Es sollte also klar geregelt und dokumentiert sein, bei welchen Entscheidungen vorbereitende Risikoanalysen notwendig und welche einmal identifizierten Risiken kontinuierlich durch Risikobeauftragte zu überwachen sind. Die notwendigen Regelungen können dabei außer im Risikomanagement selbst (in einem Risikohandbuch oder einer Risikomanagementrichtlinie) oft sinnvoll (ergänzend) auch in anderen Regelwerken des Unternehmens verankert werden. Zu denken ist hier insbesondere an die Regelung für Planung und Budgetierung (Planungshandbuch), Projektplanungs- und Investitionsrechnungsrichtlinien oder ähnliches. Beispielsweise ist es also bei der Beschreibung der Planungs- und Budgetierungsprozesse sinnvoll festzuhalten, dass bei Planung und Budgetierung verwendete unsichere Planannahmen (Risiken) unmittelbar dem Risikomanagement mitgeteilt werden sollten. Bei der Beschreibung des Ablaufs für Investitions- oder Projektplanung sollte dokumentiert werden, in welcher Phase Risikoanalysen durchgeführt werden sollen, die den Anforderungen des Risikomanagements entsprechen und in welcher Form dabei das zentrale Risikomanagement oder Risikocontrolling einzubeziehen ist. Es ist also insgesamt sinnvoll im Sinne eines ganzheitlich integrierten Risikomanagementansatzes, die sich aus der Risikopolitik ergebenden Anforderungen zum Umgang mit Chancen und Gefahren in alle bestehenden unternehmensinternen Regelungen zu integrieren, die sich explizit oder implizit mit Risiken befassen – und nicht zu erwarten, dass jeder eine Risikomanagementrichtlinie liest und bei seiner „normalen Arbeit" daran denkt, dass er nun z.B. auch gerade implizit mit einer Risikoanalyse beschäftigt ist (oder beschäftigt sein sollte).

Für die Überwachung wesentlicher Einzelrisiken oder ganzer Risikofelder sind in der Regel die dezentralen Risikobeauftragten zuständig. Die Regelungen sollten dabei auf das jeweils betrachtete Risiko – und nicht auf die Personen der Risikobeauftragten – zugeschnitten sein. Ein Risikobeauftragter kann auch für die Überwachung mehrerer Einzelrisiken zuständig sein und die Regelungen zum Umgang einzelner Risiken können sich unterscheiden (vgl. z.B. Abschnitt 6.6.3 zu den Regeln der Risikoüberwachung).

6.6.6.2 Die Geschäftsleitung und der oberste Risikobeauftragte

Der „oberste Risikobeauftragte" ist Mitglied der Geschäftsführung bzw. des Vorstands. Das Risikomanagement ist seinen Führungsbereichen zugeordnet („Chief Risk Officer"). Er steuert und kontrolliert das Gesamtsystem in enger Zusammenarbeit mit dem Risikocontroller oder Risikomanager. Auch wenn meist genau ein Mitglied von Geschäftsführung und Vorstand als Sparrings-Partner des zentralen Risikocontrollers bzw. Risikomanagers sich primär um das Risikomanagement des Unternehmens kümmert, ist zu bedenken, dass letztlich die Gesamtverantwortung für das Risikomanagement grundsätzlich bei allen Mitgliedern der Unternehmensführung (als Organ) liegt (und alle Mitglieder auch grundsätzlich persönlich Haftungsrisiken ausgesetzt sind). Der oberste Risikobeauftragte der Geschäftsführung

- ist gesamtverantwortlich für das Risikomanagementsystem,
- benennt Risikocontroller oder Risikomanager,
- koordiniert Erstellung und Überwachung der Risikopolitik (vgl. Abschnitt 6.2),
- entscheidet über besonders wichtige Risikobewältigungsmaßnahmen
- vertritt das Thema Risikomanagement im Führungsgremium (und gegenüber dem Aufsichtsrat).

Zu beachten ist, dass gemäß §91 AktG grundsätzlich der Vorstand als Organ für das Risikomanagement, als System für die Früherkennung möglicher „bestandsgefährdender Entwicklungen" verantwortlich ist. Unabhängig von einer Zuordnung des Risikomanagements zu einem einzelnen Mitglied von Vorstand oder Geschäftsführung sollten sich daher alle Mitglieder einer Geschäftsleitung mit dem Thema Risikomanagement befassen. Entsprechend sollten alle Mitglieder der Geschäftsleitung gleichermaßen durch das Risikomanagement über die Risikolage informiert werden. Gemäß der Business Judgement Rule ist jedes einzelne Vorstandsmitglied selbst dafür verantwortlich, dass ihnen bei Anstehen „unternehmerischen Entscheidungen" (§93 AktG) die dafür erforderlichen Informationen belegbar vorliegen. Es ist entsprechend organisatorisch sicherzustellen, dass bei allen Managemententscheidungen, an denen mindestens ein Mitglied der Geschäftsleitung mitwirkt, dieses belegbar über die mit der Entscheidung verbundenen Risiken informiert wird. Empfehlenswert sind hier organisatorische Regelungen, die sicherstellen, dass entsprechend den methodischen Vorgaben des Risikomanagements Risikoanalysen zur Entscheidungsvorbereitung durchgeführt werden. Meist geschieht dies im Zusammenspiel zwischen Risikomanagement und Controlling (siehe ICV, 2021).

Unabhängig von der disziplinarischen Zuordnung des Risikomanagements zu einem Mitglied der Geschäftsleitung sollten alle Mitglieder der Geschäftsleitung informiert werden über (1) die aktuelle Risikosituation und (2) die mit den von ihnen zu treffenden unternehmerischen Entscheidungen verbundenen Risiken.

Zu beachten ist, dass gemäß § 1 StaRUG seit 01.01.2021 auch die Geschäftsleitung von Tochtergesellschaften dafür verantwortlich ist, mögliche „bestandsgefährdende Entwicklungen", durch Einzelrisiken oder deren Kombinationseffekte, früh zu erkennen und in solchen Fällen „geeignete Gegenmaßnahmen" zu initiieren (und das Überwachungsorgan, z.B. den Aufsichtsrat, zu informieren).

6.6.6.3 Der Risikocontroller oder Risikomanager

Der Risikocontroller oder Risikomanager trägt die gesamte operative Verantwortung für die Risikomanagementmethoden und -prozesse im Rahmen der formulierten Risikopolitik. Er übernimmt damit die Aufgabe, das Risikomanagement zu einem effizienten System auszubauen und die Funktionsfähigkeit des Systems zu gewährleisten. Der Risikocontroller oder Risikomanager:[1515]

- legt zusammen mit der Geschäftsführung die Verantwortlichkeiten, speziell für die Risikoüberwachung, fest (d.h. benennt insbesondere die Risikobeauftragten für die Einzelrisiken),
- führt die Organisationsregelungen, die Prozesse und IT-Tools des Risikomanagements im Unternehmen ein,
- legt die operativen Ziele des Risikomanagements fest,
- definiert Schwellenwerte, ab denen Einzelrisiken gemeldet und bearbeitet werden müssen,
- moderiert wichtige Risikoanalyse-Workshops,
- erarbeitet und vereinheitlicht Methoden im gesamten Risikomanagement,
- erstellt Dokumentenvorlagen und andere Werkzeuge,
- sammelt und kommentiert die Einzel-Risikoberichte der Risikobeauftragten, und prüft diese auf Plausibilität und Vollständigkeit,
- entwickelt ein geeignetes Berichtswesen und Muster-Reports,
- erstellt den Risikobericht (für Unternehmensleitung, Aufsichtsrat und Wirtschaftsprüfer),
- unterstützt alle Personen bei deren Aufgaben in Bezug auf das Risikomanagement,
  - beim Erstellen von periodischen Überwachungsmeldungen,
  - bei der Quantifizierung von Risiken,
  - bei der Erarbeitung von Bewältigungsmaßnahmen,
- übernimmt koordinierende Aufgaben, beim Zusammenfassen mehrerer Teilrisiken entlang einer Prozesskette oder innerhalb eines Teilbereichs der Unternehmung zur Gesamtsicht (Neustrukturierung von Risiken),
- entwickelt Krisen- und Notfallstrategien (oder initiiert deren Entwicklung),
- bestimmt Gesamtrisikoumfang und Eigenkapitalbedarf durch Risikoaggregation,

[1515] Siehe auch Vanini, 2021a und Abschnitt 6.5.2.4 zu den unterschiedlichen Rollen.

- beurteilt damit den „Grad der Bestandsgefährdung“ und informiert gegebenenfalls die Geschäftsleitung über die Notwendigkeit zur Initiierung „geeigneter Gegenmaßnahmen“ zur Bestandssicherung (§ 1 StaRUG).
- hat Zugang zu sämtlichen Informationen, die erforderlich sind, um den Gesamtrisikoumfang des Unternehmens adäquat einschätzen zu können,[1516]
- wird über alle anstehenden „unternehmerischen Entscheidungen“ informiert, um durch die Unterstützung der Risikoanalyse die Implikationen der Entscheidung für das Ertrag-Risiko-Profil und das zukünftige Rating des Unternehmens aufzeigen zu können.[1517]

Bei diesen Aufgaben kann er von ihm direkt zugeordneten Mitarbeitern unterstützt werden.

6.6.6.4 Die Risikobeauftragten oder Risikoverantwortlichen („Risk Owner“)

Jeder Risikobeauftragte kümmert sich um die Überwachung von Risikofeldern und Einzelrisiken und „managt“ die wichtigsten Risiken im Unternehmen im Rahmen seiner Entscheidungsbefugnisse (vgl. Abschnitt 6.6.3 zur Risikoüberwachung). Der Risikobeauftragte

- identifiziert und analysiert die Risiken in dem von ihm betreuten Risikofeld,
- überwacht und quantifiziert regelmäßig relevante Einzelrisiken und erstellt die Einzelrisikoberichte,
- empfiehlt Risikobewältigungsmaßnahmen bzw. setzt sie um (wenn dazu befugt),
- erstellt ad-hoc-Berichte bei neuen, identifizierten Risiken oder wenn Risiken deutlich zugenommen haben oder bei eingetretenen Schäden.

Eine eindeutige Abgrenzung zwischen „Risikoverantwortlichen“ und „Risikobeauftragten“ gibt es nicht. Der Begriff des „Risikobeauftragten“ betont jedoch stärker die Aufgabenstellung aus Perspektive eines „Risikocontrollings“, d.h. die kontinuierliche Überwachung eines wesentlichen Risikos – ohne das Risiko wesentlich beeinflussen zu können. Bei einem „Risikoverantwortlichen“ wird man aufgrund des Begriffs dagegen eher annehmen, dass er neben der Überwachung des Risikos auch in der Lage ist, durch eigenständiges Tätigwerden den Risikoumfang selbst wesentlich zu beeinflussen.

Grundsätzlich ist es empfehlenswert, die Strukturierung der Aufgabe der Risikobeauftragten orientiert an Einzelrisiken oder gegebenenfalls Risikofeldern vorzunehmen. Es bedeutet, dass für jedes Einzelrisiko, das aufgrund seiner Relevanz eine kontinuierliche Überwachung erfordert, die entsprechenden Regelungen zu treffen sind. Es ist also festzuhalten, wer konkret der Risiko-

---

[1516] Bei Informationen mit besonderen Anforderungen an die Geheimhaltung ist oft eine Freigabe durch die Geschäftsführung erforderlich.

[1517] Sofern das Risikomanagement nicht selbst bei der Vorbereitung einer unternehmerischen Entscheidung durch die Risikoanalyse mitwirkt, sollte gewährleistet werden, dass eine Risikoanalyse entsprechend der vom Risikomanagement freigegebene Methoden durchgeführt wird (siehe entsprechend DIIR RS Nr. 2 sowie Gleißner/Kimpel 2019 und DIIR- und RMA-Arbeitskreis „Interne Revision und Risikomanagement, 2022).

beauftragte ist, in welchem Turnus er sich mit dem Risiko befasst und welche Informationen er auswertet, um zu einer Neueinschätzung des quantitativen Risikoumfangs zu kommen. Die Strukturierung entsprechend der Risiken führt nun dazu, dass ein bestimmter Risikobeauftragter durchaus zuständig sein kann für mehrere Einzelrisiken. Die Dokumentation ist aufgrund der möglichen Unterschiedlichkeit bei den Einzelrisiken aber zugeschnitten auf das jeweilige Risiko, und nicht auf den Risikobeauftragten. Denkbar ist nämlich durchaus, dass ein Risikobeauftragter, der für zwei Risiken zuständig ist, das eine Risiko monatlich überwachen muss, das andere jedoch nur einmal im Quartal. Die Strukturierung der Beschreibung orientiert an den Risiken hat zudem den Vorteil, dass damit auch leicht die Verantwortlichkeit für ein bestimmtes Risiko geändert werden kann. Von grundlegender Bedeutung ist es, dass zunächst – in Abstimmung zwischen Risikobeauftragten und Risikomanager/Risikocontroller – exakt beschrieben wird, was man unter einem Risiko versteht – und was man nicht als Bestandteil des Risikos interpretiert, um eine klare Abgrenzung mit anderen Risiken zu erreichen.

Grundsätzlich ist zu klären, wer die „Informationshoheit" hat und letztlich entscheidet, welche Risikoquantifizierung in die Aggregation einfließt – Risikobeauftragter oder zentraler Risikocontroller. Auch der Grad an Unterstützung des Risikobeauftragten bei der Risikoquantifizierung sollte geregelt sein. Denn klar ist, dass die eigentliche quantitative Beschreibung eines Risikos basierend auf fachlichem Input der Risikobeauftragten vom Risikocontrolling vorgenommen wird, da diese meist über mehr Kompetenz im Umgang mit Wahrscheinlichkeitsverteilungen verfügen.

6.6.6.5 Unabhängige Prüfinstanz/Interne Revision

Der gesamte Prozess des Risikomanagements sollte von einer unabhängigen Instanz regelmäßig dahingehend untersucht werden, ob das System in der Praxis funktionsfähig ist (vgl. IDW PS 340 und DIIR RS Nr. 2). Diese unabhängige Prüfinstanz kann z.B. die Interne Revision, ein Aufsichtsratsmitglied oder ggf. ein Mitglied eines Beirates sein. Die unabhängige Prüfung kann auch extern von Wirtschaftsprüfern oder auf Risikomanagement-Leistungen spezialisierten Beratungsunternehmen durchgeführt werden. Die Aufgabe besteht im Wesentlichen darin,

- Verbesserungspotenziale zu identifizieren und das Risikomanagementsystem periodisch auf den Prüfstand zu stellen (vgl. Abschnitt 6.7 mit einem Prüfungsleitfaden) sowie
- identifizierte Lücken aufzuzeigen und Verbesserungen vorzuschlagen.

Der DIIR Revisionsstandard Nr. 2[1518] erläutert Inhalt und Ablauf der Prüfung.

Das mögliche Zusammenspiel zwischen Risikomanagement, Risikocontrolling und Interner Revision verdeutlicht die folgende Abbildung.

[1518] Siehe Gleißner/Kimpel, 2019; Gleißner/Sassen/Behrmann, 2019 und DIIR- und RMA-Arbeitskreis „Interne Revision und Risikomanagement, 2022.

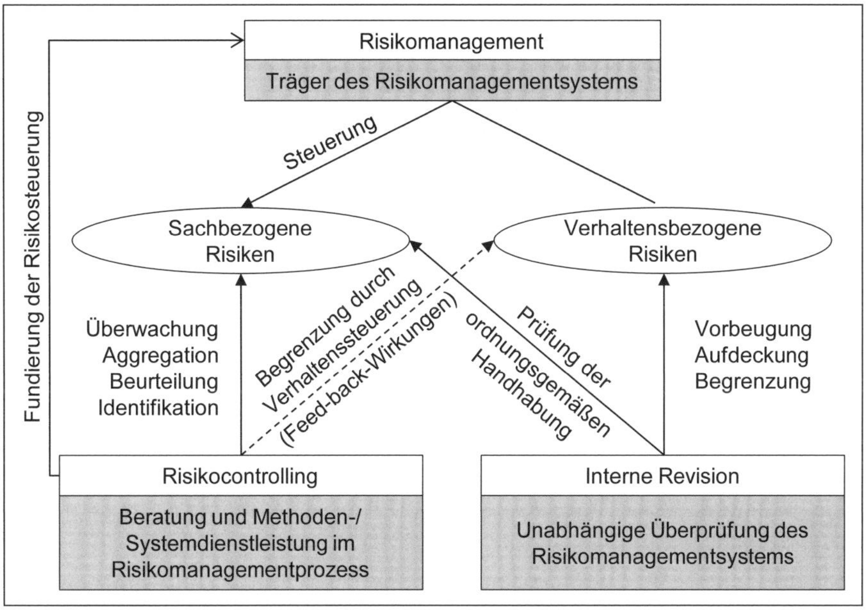

Abbildung 159: Zusammenhang von Risikomanagement, -controlling und Interner Revision[1519]

Es wird deutlich, dass gerade die Interne Revision – neben der Prüfung der Ordnungsmäßigkeit von Handlungen – durch ihre Arbeit selbst ein wichtiges Instrument für die Bewältigung einer wesentlichen Kategorie von Risiken wird: Der verhaltensbezogenen Risiken, also Risiken aus Fehlverhalten der Mitarbeiter (als wichtige Untermenge der operationellen Risiken). Sie ergänzt hier das Interne Kontrollsystem („Three Lines of Defence"). Die Interne Revision hat damit fast unvermeidlich eine Doppelfunktion: Zum einen ist sie selbst Teil des Risikomanagements im weiteren Sinn. Zum anderen übernimmt sie oft die Prüfung des Risikomanagementsystems (entsprechend der Anforderung des IDW PS 340), was aufgrund der eigenen Bedeutung im Rahmen des Risikomanagements nie „100 % unabhängig" möglich ist.[1520]

Das Three-Lines-Modell von 2020[1521] ermöglicht eine stärkere Nutzung von Synergien zwischen verschiedenen Managementsystemen und insbesondere auch die bei vielen mittelständischen Unternehmen sinnvolle Übernahme von Aufgaben der Internen Revision durch das Risikomanagement.

1519 Quelle: Löhr, 2010, S. 76.

1520 Löhr, 2010, fasst die umfangreiche Literatur zur Vorteilhaftigkeit der Integration von Risikoaspekten in die Unternehmensführung mit den daraus abgeleiteten Forderungen nach einem „integrierten Risikocontrolling" übersichtlich zusammen (siehe insbesondere S. 121–130).

1521 Eulerich, 2021.

6.6.6.6 Der Aufsichtsrat als Überwachungsorgan

Der Aufsichtsrat als Kontrollgremium der Eigentümer und der Belegschaft überwacht u.a. die Entscheidungen des Vorstands. Zentrale Aufgabe des Aufsichtsrats ist die Mitwirkung bei wesentlichen (strategischen) Entscheidungen und die Überwachung des Vorstands. Um den jeweiligen Aufgaben nachgehen zu können, bedarf es ausreichender Informationen. Die Mindestanforderungen des Informationsbedarfs des Aufsichtsrats sind durch gesetzliche Regelungen über die Berichtspflicht des Vorstands nach § 90 AktG definiert worden. Explizit erwähnt werden hier Informationen über

- die beabsichtigte Geschäftspolitik,
- die Unternehmensplanung und Abweichungen von dieser Planung,
- die Rentabilität, insbesondere des Eigenkapitals,
- die Lage der Gesellschaft und
- Geschäfte von erheblicher Bedeutung für die Rentabilität und Liquidität.

Insbesondere muss sich der Aufsichtsrat selbst mit der Prüfung des Risikomanagementsystems (und des Internen Kontrollsystems) sowie den wesentlichen Risiken des Unternehmens befassen.

Bei jeder „unternehmerischen Entscheidung" (§ 93 AktG) sollte ein Vorstand eine Entscheidungsvorlage erhalten, die die Auswirkungen dieser Entscheidung auf den Risikoumfang des Unternehmens aufzeigt[1522]. Bei zustimmungspflichtigen Geschäften, also solchen, die von der Zustimmung des Aufsichtsrats abhängen, kann die Geschäftsleitung hier nur eine „Entscheidung unter Vorbehalt" treffen; also unter dem Vorbehalt der Zustimmung des Aufsichtsrats. Solche Entscheidungen sind beim Aufsichtsrat vorzulegen und freizugeben. Der Aufsichtsrat hat die Möglichkeit die komplette dokumentierte Entscheidungsvorlage der Geschäftsleitung einzusehen, und sollte sich hier insbesondere mit der in der Entscheidungsvorlage dokumentierten Risikoanalyse befassen.

Zudem kann der Aufsichtsrat ein „Qualitätssicherungssystem" für Entscheidungsvorlagen" einrichten lassen.[1523] Dieses regelt Mindestanforderungen an aussagefähige Entscheidungsvorlagen (z.B. exakte Definition aller Begriffe, Benennung von Annahmen sowie Chancen und Gefahren (Risiken) einer Entscheidung, Berechnung der Implikationen der Entscheidung für Eigenkapitalbedarf und das zukünftige Rating, ...). Bei jeder eingereichten Entscheidungsvorlage prüft eine vom Aufsichtsrat benannte neutrale, d.h. möglichst von Geschäftsführung bzw. Vorstand unabhängige, Stelle im Rahmen des Qualitätssicherungsprozesses, ob im Sinne guter Corporate Governance die formulierten Anforderungen erfüllt sind. Das Qualitätssicherungssystem für Entscheidungsvorlagen dient dazu, „Managementrisiken" durch vermeidbare Fehlentscheidungen zu bewältigen. Es positioniert den Aufsichtsrat als **„Last Line of Defence"** des Risikomanagements.

Diese Positionierung des Aufsichtsrats ist seit dem 01.07.2021 durch das FISG gestärkt worden. Durch den modifizierten § 107 AktG ist für börsennotierte

[1522] RMA, 2019.
[1523] Siehe Gleißner, 2017j und 2021b.

Unternehmen nun vorgesehen, dass sich der Aufsichtsrat direkt Informationen von Risikomanagement, internem Kontrollsystem und interner Revision beschaffen kann. Damit wird es möglich, dass der Aufsichtsrat eine weniger vom Vorstand beeinflusste Beurteilung von Risikolage und der Qualität des Risikomanagementsystems erhalten kann.

Durch § 1 StaRUG ist seit dem 01.01.2021 zudem für alle haftungsbeschränkten Gesellschaften, also speziell auch GmbHs und Aktiengesellschaften, geregelt, dass das Überwachungsorgan, speziell der Aufsichtsrat, bei einem kritischen Grad der Bestandsgefährdung zu informieren ist. Der Aufsichtsrat sollte festlegen, ab welchem „Grad der Bestandsgefährdung" (Insolvenzrisiko) als Schwellenwert entsprechende Anforderungen aus § 1 StaRUG

- die Geschäftsleitung die dann geforderten „geeigneten Gegenmaßnahmen" initiieren soll und
- das Überwachungsgremium (Aufsichtsrat) selbst informieren muss.

Es ist zu beachten, dass die Entscheidung über „geeignete Gegenmaßnahmen" zur Krisenprävention als „unternehmerische Entscheidungen" im Sinne § 93 AktG aufzufassen sind und entsprechend eine dokumentierte Entscheidungsvorlage existieren sollte, die die Auswirkungen der Maßnahmen (z.B. aller Maßnahmen eines Restrukturierungsplans) auf Risikoumfang und Bestandsfähigkeit aufzeigt (siehe dazu Nickert, 2021).

6.7 Prüfung der Leistungsfähigkeit des Risikomanagements

6.7.1 Drei grundsätzliche Prüfstrategien

In der Praxis wird man kein Risikomanagement finden, das ideal alle Anforderungen und Wünsche erfüllt. Um den tatsächlichen Status des Risikomanagements einschätzen zu können, sind Prüfstrategien erforderlich, die insbesondere das Risikomanagement im Hinblick auf den ökonomischen Mehrwert untersuchen. In diesem Abschnitt werden derartige Prüfstrategien und ein konkreter Fragenkatalog zur Prüfung vorgestellt.

Prinzipiell können drei Ansatzpunkte für eine schnelle und effiziente Prüfung des Risikomanagements unterschieden werden, die es z.B. dem Aufsichtsrat oder der Internen Revision oder einem externen (neutralen) Spezialisten erlauben, die Leistungsfähigkeit des Risikomanagementsystems zu hinterfragen.[1524]

1. Die System-Tests, die formale Anforderungen an das Risikomanagementsystem prüfen (und oft von Wirtschaftsprüfer übernommen werden, zumindest bezüglich „Prozessen" – weniger bezogen auf „Methoden", wie die Verfahren zur Risikoaggregation).

[1524] Vgl. Gleißner/Sassen/Behrmann, 2019.

2. Die Output-Tests, die hinterfragen, ob diejenigen Informationen dem Vorstand und dem Aufsichtsrat angeboten werden, die ein Risikomanagementsystem liefern sollte, wie z.B. der aggregierte Gesamtrisikoumfang (Eigenkapitalbedarf), und ob diese Informationen adäquat und nachvollziehbar in Entscheidungen einfließen.

3. Die Abweichungs-Tests, die überprüfen, ob eingetretene Planabweichungen auf im Vorhinein bekannte Risiken zurückgeführt werden können.

Üblicherweise werden **„Systemtests"** durchgeführt, die die Einhaltung gesetzlicher Anforderungen, die sich insbesondere aus den §§91 und 93 AktG sowie §1 StaRUG ergeben. Eine betriebswirtschaftliche Interpretation der gesetzlichen Implikationen speziell für das Risikomanagement findet man im wissenschaftlichen Schrifttum[1525] und in den Risikomanagement-Standards, wie dem IDW PS 340 (2020) und dem hier empfehlenswerten DIIR RS Nr. 2, der anders als der IDW PS 340 auch schon die Implikationen aus §93 AktG berücksichtigt. Es ist wichtig zu beachten, dass aus einer ohne schwerwiegenden Mängel bestandenen Beurteilung des Risikomanagements durch den Abschlussprüfer <u>nicht</u> gefolgert werden kann, dass die gesetzlichen Anforderungen erfüllt werden.[1526]

Bei der Prüfung des Risikomanagements geht es einerseits um die Dokumentation von Prozessen zur Identifikation und kontinuierlichen Überwachung der Risiken, zur Quantifizierung und Aggregation von Risiken oder zum Berichtswesen. Das Einhalten formaler Vorschriften sagt allerdings wenig über den ökonomischen Nutzen aus. Nötig ist zumindest zu prüfen, ob die genutzten betriebswirtschaftlichen Methoden – z.B. zur Risikoaggregation – auch geeignet sind. In Abschnitt 6.7.3 findet man dazu einen Prüfungsleitfaden mit Prüfungsfragen.

Ergänzend zu Systemprüfungen bieten sich die **„Output-Tests"** an, die überprüfen, ob die Unternehmensführung diejenigen Informationen erhält und nutzt, die durch ein Risikomanagement bereitgestellt werden sollten. Diese Informationen umfassen insbesondere eine Liste derjenigen strategischen Risiken, die als Bedrohung der zentralen Erfolgspotenziale des Unternehmens besondere Bedeutung haben, eine quantifizierte Aussage über den Gesamtrisikoumfang (etwa Gefährdungswahrscheinlichkeit und Bedarf an Eigenkapital zur Abdeckung möglicher risikobedingter Verluste) sowie Aussagen über die risikobedingte Bandbreite möglicher zukünftiger Planabweichungen (Planungssicherheit) und risikogerechte Kapitalkostensätze (Diskontierungszinssätze). Derartige Informationen sind geeignet, um bei wesentlichen Entscheidungen deren Implikationen für den Risikoumfang zu berücksichtigen. Ein weitergehender Test der praktischen Leistungsfähigkeit des Risikomanagements besteht damit einfach darin, sich zu fragen, an welcher Stelle Risikoinformationen tatsächlich in wesentliche Entscheidungen (Investitionen, Finanzierungsentscheidungen oder Akquisitionen) eingeflossen sind. Das Risikomanagement möchte eben nicht nur Transparenz über den Risikoumfang bieten, sondern

---

[1525] Siehe z.B. Gleißner, 2017a und 2018a sowie Velte, 2020.

[1526] Vgl. Angermüller et. al., 2020; Gleißner, 2020g und 2021g sowie Gleißner/Hofmann, 2020.

eine Optimierung der Risikobewältigung und des Ertrag-Risiko-Profils ermöglichen, damit Unternehmen auch in Anbetracht der Unvorhersehbarkeiten der Zukunft erfolgreich agieren.

Neben dieser zukunftsorientierten Prüfung des Risikomanagement-Outputs empfiehlt sich noch eine dritte Prüfstrategie für das Risikomanagement. Hierbei wird überprüft, ob in der abgelaufenen Periode das Risikomanagement tatsächlich funktioniert hat („**Abweichungs-Tests**"). Dieser Test ist sehr einfach – aber sehr aussagefähig: Für alle wesentlichen Planabweichungen eines Unternehmens wird hinterfragt, ob die diesen zugrunde liegenden Ursachen tatsächlich im Vorhinein bereits als Risiken bekannt waren.[1527] Man darf nicht vergessen: Risiko beschreibt definitionsgemäß die Möglichkeit einer Planabweichung. Sieht man von simplen Rechenfehlern ab, sollte es in einem Unternehmen keine Planabweichungen geben, die nicht auf im Vorhinein bekannte Risiken zurückgeführt werden können.

6.7.2 Prüfungsleitfaden für das Risikomanagement mit Prüfungsfragen

Aus den Erfahrungen vieler Unternehmen lassen sich Ratschläge für eine fokussierte Prüfung und Verbesserung des Risikomanagementsystems erarbeiten.[1528] Diese sollen dazu beitragen, das Risikomanagement möglichst effizient zu nutzen. Die nachfolgenden Orientierungsfragen können Mitarbeitern aus Risikomanagement, Controlling, Interner Revision – aber auch Beratern oder Wirtschaftsprüfern – helfen, Leistungsfähigkeit und Verbesserungspotenziale des Risikomanagements eines Unternehmens einzuschätzen.[1529] Sie dienen der Systemprüfung, wobei „Organisation und Prozesse" sowie „Methoden" gleichermaßen betrachtet werden.

6.7.2.1 Risikoidentifikation

Die Risikoidentifikation stellt den ersten Schritt eines Risikomanagementprojektes dar. Dieser Phase obliegt die systematische Identifikation aller auf das Unternehmen einwirkenden Risiken – insbesondere der bestandsgefährdenden Risiken sowie schwerwiegende Risiken, die möglicherweise in Kombination mit anderen Risiken eine „bestandsgefährdende Entwicklung" im Sinne §91 Abs. 2 AktG / §1 StaRUG verursachen könnten. Verschiedene Fehler können bei der Risikoidentifikation in der Unternehmenspraxis beobachtet werden:

- Keine fokussierte, hierarchische Systematik zur Risikoidentifikation
- Fehlender Bezug zur Unternehmensstrategie und den Erfolgsfaktoren: Grundsätzlich sollte systematisch abgeleitet werden, welche Risiken die Erreichung der maßgeblichen strategischen Ziele gefährden bzw. Erfolgspotenziale bedrohen

---

1527 Solche Abweichungsinformationen fordert auch der DRS 20.

1528 Siehe auch Gleißner/Meier, 2006; Gleißner, 2020g und Gleißner/Sassen/Behrmann, 2019.

1529 In Anlehnung an Gleißner/Wolfrum, 2015c.

- Fehlende Auswertung von Planabweichungen und unsicheren Planannahmen für das Risikomanagement: Jede unsichere Planannahme, die in Controlling, Unternehmensplanung oder Budgetierung verwendet wird (z.B. bezüglich des zukünftigen Dollarkurses), zeigt ein Risiko, das im Rahmen der Identifikation der Risiken zu berücksichtigen ist
- Fehlende Betrachtung volkswirtschaftlicher Extremrisiken, die zu Krisen führen können (wie Finanz-, Vertrauens- oder Zins-Krisen, Pandemien und andere Versorgungskrisen)[1530] sowie anderer, seltener Extremrisiken und Managementrisiken

1	Risikoidentifikation unter Nutzung bestehender Managementsysteme und -prozesse	erfüllt	teilweise erfüllt	nicht erfüllt
1.1	Werden Chancen und Gefahren (Risiken) mit Bezug auf Planwerte betrachtet (Risiken als wesentliche Ursache einer Planabweichung)?			
1.2	Gibt es eine systematische, dokumentierte Verfahrensweise zur Identifikation aller wesentlichen Risiken, inkl. z.B. auch strategischer Risiken (Bedrohung von Erfolgspotenzialen), makroökonomischer Risiken, Projektrisiken,...?			
1.3	Sind sehr seltene, potenziell bestandsgefährdende Extremrisiken erfasst?			
1.4	Sind bestehende (Management-)Systeme, z.B. Controlling, Treasury, QM, in die Risikoanalyse eingebunden?			
1.5	Werden unsichere Planannahmen des Controllings systematisch als Risiken erfasst?			
1.6	Werden Ursachen eingetretener Planabweichungen als Risiken erfasst?			
1.7	Wird z.B. durch ein Relevanzkonzept eine klare Fokussierung auf die wichtigsten Risiken erreicht?			
1.8	Werden Einzelrisiken strukturiert zusammengefasst (gemeinsame Ursachen, Wirkungen, Abhängigkeiten)?			
1.9	Werden Risiken verschiedener Projekte oder Geschäftsbereiche auf Portfolio- bzw. Konzernebene adäquat verdichtet und zusammengefasst?			

Tabelle 56: Orientierungsfragen zur Risikoidentifikation

6.7.2.2 Risikoquantifizierung

Die in der Identifikationsphase erfassten wesentlichen Risiken werden im Rahmen der Risikoanalyse hinsichtlich ihrer Eintrittswahrscheinlichkeit und ihrer quantitativen Auswirkungen bewertet sowie auf ein einheitliches Risikomaß

[1530] Siehe Gleißner/Kamaras, 2020a.

verdichtet. Im Folgenden werden einige schwerwiegende Fehler bei Risikoanalysen dargestellt:

- Fehler bei der Abgrenzung und Strukturierung von Risiken[1531]: Doppelzählung durch sich überschneidende Risiken und Vernachlässigung der Ursache-Wirkungs-Beziehungen.
- Verwechslung von Risiken mit (1) sicheren Schäden oder (2) erwarteten Veränderungen oder (3) Schwächen.
- Fehlende Begründung der Risikoquantifizierung und damit mangelnde Transparenz.
- Fehlende oder mangelhafte Berücksichtigung von Abhängigkeiten.
- Nicht adäquate quantitative Beschreibung des Risikos: Für jedes Risiko ist zur quantitativen Beschreibung eine geeignete Wahrscheinlichkeitsverteilung zu wählen. Anstelle der in der Praxis häufig einheitlich verwendeten Binomialverteilung (d.h. Beschreibung durch „Schadenshöhe" und „Eintrittswahrscheinlichkeit") können andere Verteilungen häufig besser geeignet sein, so z.B. die Normalverteilung (für hoch aggregierte Risiken, wie z.B. Umsatzschwankungen oder Rohstoffpreisveränderungen) oder die Lognormalverteilung (für Schäden aus operativen Risiken).
- Fehlende Festlegung eines geeigneten Risikomaßes: Um die einzelnen (gegebenenfalls durch unterschiedliche Wahrscheinlichkeitsverteilungen beschriebenen) Risiken miteinander vergleichen und priorisieren zu können, ist ein einheitliches Risikomaß erforderlich (z.B. VaR, Eigenkapitalbedarf).
- Nicht adäquate oder transparente Berücksichtigung von Risikobewältigungsmaßnahmen bei der Risikoquantifizierung (zu betrachten sind letztlich die „Netto-Risiken").

2	Risikoanalyse	erfüllt	teilweise erfüllt	nicht erfüllt
2.1	Werden geeignete Arten von Wahrscheinlichkeitsverteilungen für die Risikoquantifizierung genutzt (z.B. Dreiecksverteilung mit Mindestwert, wahrscheinlichstem Wert und Maximalwert)?			
2.2	Wird auch bei ereignisorientierten Risiken die Unsicherheit von Schadensauswirkungen betrachtet, also neben Eintrittswahrscheinlichkeit eine Bandbreite z.B. der Schäden angegeben?			
2.3	Werden der zeitliche Verlauf von Risiken und die in der Zukunft liegenden Risiken adäquat erfasst (stochastische Prozesse)?			
2.4	Werden Abhängigkeiten zum volkswirtschaftlichen Umfeld (exogene Risikofaktoren) berücksichtigt?			
2.5	Fließen denkbare Extremereignisse in die Quantifizierung ein?			

[1531] Vgl. Abschnitt 3.4.5.

2	Risikoanalyse	erfüllt	teilweise erfüllt	nicht erfüllt
2.6	Existieren geeignete Verfahren, um eine transparente Risikoquantifizierung bei fehlenden objektiven oder bei unbefriedigenden Daten zu erreichen?			
2.7	Gibt es geeignete Verfahren, um auch subjektive Experteneinschätzungen bei der Risikoquantifizierung berücksichtigen zu können (und Instrumente, um deren Qualität zu steigern/sichern)?			
2.8	Gibt es ein geeignetes und einheitliches Risikomaß, um einzelne Risiken quantitativ vergleichen und priorisieren zu können?			
2.9	Ist „bestandsgefährdend" klar definiert und kann beurteilt werden, ob ein Risiko „bestandsgefährdend" ist (insb. durch Wirkung auf das zukünftige Rating)?			
2.10	Werden Risikobewältigungsmaßnahmen nachvollziehbar bei der Risikoquantifizierung, zur Bestimmung des Netto-Risikos, berücksichtigt?			

Tabelle 53: Orientierungsfragen zur Risikoanalyse

6.7.2.3 Risikoaggregation

Zielsetzung der Risikoaggregation ist die Bestimmung der Gesamtrisikoposition der Unternehmung sowie der relativen Bedeutung der Einzelrisiken. Dabei sind Wechselwirkungen durch Risikosimulationsverfahren explizit zu berücksichtigen. Hierzu werden Wirkungen der Einzelrisiken auf die im Unternehmen genutzten Planungsmodelle bezogen (beispielsweise GuV) und eine große Anzahl möglicher risikobedingter Zukunftsszenarien des Unternehmens berechnet und analysiert. Dabei gibt es oft die folgenden Problembereiche:

- Falsches Risikomaß zur Beurteilung einer Bestandsgefährdung: Die Summe der Erwartungswerte (Schadenshöhe mal Eintrittswahrscheinlichkeit) zeigt nur, welche „mittlere" Schadensbelastung aus Risiken zu erwarten ist – aber nicht die potenziell bedrohlichen „Extremwirkungen".
- Fehlende Berechnung des Gesamtrisikoumfangs: Der aggregierte Gesamtrisikoumfang – beispielsweise ausgedrückt als Value at Risk – gibt an, wie hoch der Eigenkapitalbedarf für das Unternehmen ist, um die ermittelten Risiken zu tragen. Wird eine Risikoaggregation und damit eine Berechnung des Eigenkapital- und Liquiditätsbedarfs nicht vorgenommen, ist die fundierte Beurteilung der Angemessenheit des Risikodeckungspotenzials nicht möglich und der Grad der Bestandsgefährdung eines Unternehmens nicht bestimmbar.
- Aggregation von Einzelrisiken ohne Bezugnahme zur Unternehmensplanung: Risiken führen letztendlich zu Abweichungen der tatsächlichen von den geplanten Unternehmensergebnissen. Für einen ökonomisch sinnvollen Umgang mit Risiken ist es daher erforderlich, dass die einzelnen Risiken in den Kontext einer Unternehmensplanung gestellt werden. Dabei ist die

Planungslogik zu berücksichtigen (z.B. die Abhängigkeit variabler Kosten vom Umsatz).

- Fehlende Berücksichtigung des Risikodeckungspotenzials und / oder das Fehlen geeigneter Kennzahlen für die Beurteilung von Risikotragfähigkeit (und Risikotoleranz), wie der Wahrscheinlichkeit für eine „bestandsgefährdende Entwicklung" (Gefährdungswahrscheinlichkeit).
- Fehlende Ableitung der Implikationen für das zukünftige Rating und Covenants, was erst bestandsgefährdende Liquiditätskrisen erkennbar macht.

3	Risikoaggregation und Bestimmung des Gesamtrisikoumfang	erfüllt	teilweise erfüllt	nicht erfüllt
3.1	Wird eine regelmäßige Risikoaggregation auch über den Verlauf der (mindestens) nächsten 3 Jahre durchgeführt?			
3.2	Sind die genutzten Verfahren geeignet, um alle Risikoarten und deren Kombinationseffekte zu erfassen (Monte-Carlo-Simulation)?			
3.3	Wird die Risikoaggregation im Kontext der Planung durchgeführt, werden also Risiken den Positionen zugeordnet, bei denen sie Abweichungen auslösen können?			
3.4	Liegt eine integrierte Planung zu Grunde, werden also neben einer Erfolgsrechnung auch Bilanz und Cashflow betrachtet?			
3.5	Ist eine Konsistenz zwischen Planung und Risikoaggregation sichergestellt, z.B. um die Doppelzählung von Risiken zu vermeiden?			
3.6	Werden bei der Beurteilung des „Grads der Bestandsgefährdung" alle Ursachen für „bestandsgefährdende Entwicklungen", wie der Verletzung von Mindestanforderungen an das Rating oder von Covenants, die zu Kreditkündigungen führen können, betrachtet?			
3.7	Werden Schlussfolgerungen aus den Aggregationsergebnissen gezogen, insbesondere für zukünftige Bedrohung von Rating und Covenants, Eigenkapital- und Liquiditätsbedarf (Finanzierungsstruktur), ...?			
3.8	Ist ein Schwellenwert für den Grad der Bestandsgefährdung („Gefährdungswahrscheinlichkeit") festgelegt, bei dessen Überschreiten der Aufsichtsrat informiert und „geeignete Gegenmaßnahmen" (§ 1 StaRUG) initiiert werden?			

Tabelle 58: Orientierungsfragen zur Risikoaggregation

6.7.2.4 Risikosteuerung / Risikobewältigung

Es genügt natürlich nicht, Risiken nur zu analysieren. Es sollten auch geeignete Maßnahmen ergriffen werden, die Risikoposition des Unternehmens zu optimieren – nicht jedoch zu minimieren, da dadurch gleichzeitig auf Chancen verzichtet würde. Ziel ist also die Risikoreduktion auf ein „akzeptables" Maß an Restrisiko, das das Risikodeckungspotenzial des Unternehmens nicht übersteigt. Hierbei werden häufig die folgenden Fehler gemacht:

- Ausschließliche Betrachtung von Versicherungslösungen
- Fehlende oder nicht stimmige Definition des „akzeptablen" Restrisikos bzw. der vom Ziel-Rating abhängigen Risikotragfähigkeit
- Fehlende Abgrenzung von Kern- und Randrisiken: Kernrisiken sind Risiken, die im unmittelbaren Zusammenhang mit dem Aufbau bzw. mit der Nutzung von Erfolgspotenzialen stehen und kaum sinnvoll auf Dritte übertragen werden können. Durch den Transfer aller anderen „peripheren Risiken" (= Randrisiken) kann ein Unternehmen mehr Risiken beim Aufbau von Erfolgspotenzialen eingehen, ohne das Risikodeckungspotenzial zu überziehen.
- Fehlende fundierte risikogerechte Bewertung alternativer Bewältigungsmaßnahmen (z.B. mittels Wertbeitrag oder TCR) oder strategischer Handlungsoptionen (Investitionen, Akquisitionen) und des Wertbeitrags der Risikobewältigungsmaßnahmen selbst.
- Fehlendes Verständnis dafür, dass Veränderungen der Risikoposition bzw. das Ertrag-Risiko-Profil aus allen wesentlichen Entscheidungen und Maßnahmen der Unternehmensführung resultieren – und nicht etwa nur aus Maßnahmen, die speziell zur Risikobewältigung gedacht sind.
- Fehlende Betrachtung strategischer Handlungsoptionen zur Verbesserung der Robustheit (und damit der Risikoreduktion).

Anzunehmen ist, dass Schwächen bei der Risikobewältigung aus Sicht des KonTraG insofern ohne Bedeutung sind, als hier nur auf die Schaffung von „Transparenz" abgestellt wird. „Bestandsgefährdende Entwicklungen" müssen „erkannt" (nicht primär „verhindert") werden.

4	Risikobewältigung	erfüllt	teilweise erfüllt	nicht erfüllt
4.1	Sind vorhandene und geplante Risikobewältigungsmaßnahmen klar dokumentiert?			
4.2	Werden die existierenden Risikobewältigungsmaßnahmen im Rahmen der Risikoquantifizierung und der Risikoaggregation berücksichtigt?			
4.3	Werden Einsatz und Nutzen von Risikobewältigungsmaßnahmen beurteilt und überwacht?			
4.4	Existieren Instrumente zur quantitativen Bewertung des ökonomischen Mehrwerts von Maßnahmen der Risikobewältigung (z.B. Total Cost of Risk bei Hedging, Versicherungen)?			
4.5	Werden strategische Handlungsoptionen zur Optimierung von Robustheit des Unternehmens betrachtet?			

Tabelle 54: Orientierungsfragen zur Risikobewältigung

6.7.2.5 Organisation des Risikomanagements und Risikoüberwachung

Wirksames Risikomanagement erfordert dessen Verankerung in den Geschäftsprozessen und Managementsystemen des Unternehmens sowie die Einbeziehung aller Mitarbeiter bei der Umsetzung. Die sich ständig ändernden Umweltbedingungen wirken auch auf die Risikosituation des Unternehmens ein. Das Risikomanagementsystem hat daher durch organisatorische Regelungen – insbesondere eine klare Verantwortungszuordnung – sicherzustellen, dass Risiken frühzeitig identifiziert und regelmäßig bewertet werden. Schwierigkeiten tauchen oft bei folgenden Aspekten auf:

- Fehlende Schwerpunktsetzung und vermeidlicher bürokratischer Aufwand bei der Risikoüberwachung
- Fehlende Verbindung mit bestehenden Organisations-, Controlling-, Planungs- und Berichtssystemen: Risikomanagement wird teilweise als eigenständiges System verstanden. Besser ist es demgegenüber, das Risikomanagement – soweit möglich – mit den vorhandenen Systemen zu vernetzen. Dieses bedeutet, dass beispielsweise die Informationen aus dem Controlling (z.B. unsichere Planannahmen) oder aus dem Qualitätsmanagement (z.B. aus FMEA) genutzt werden.
- Mangelhafte Dokumentation im Risikomanagement: Ein nachvollziehbares Risikomanagementsystem benötigt eine ordentliche, für Dritte (Wirtschaftsprüfer) verständliche Dokumentation.
- Unklare Aufgabenzuordnung im Risikomanagement und Fehlen eines Verantwortlichen für das Gesamtsystem: Für alle maßgeblichen Risiken, die regelmäßig zu überwachen sind, sollte ein Risikobeauftragter („Risk Owner") eindeutig benannt und seine Aufgaben und Kompetenz klar dokumentiert werden.
- Unbefriedigende Einbindung der Mitarbeiter ins Risikomanagement: Nicht selten existiert ein Risikomanagementsystem nur auf dem Papier. Die Mitarbeiter – oft einschließlich der Führungskräfte – engagieren sich nicht für das Risikomanagement und sehen dessen Bedeutung als unwesentlich an; es mangelt an einer angemessenen Risikokultur.
- Fehlende Nutzung von im Unternehmen verfügbaren Risikoinformationen: bei unternehmerischen Entscheidungen, wie z.B. Investitionsentscheidungen, der Wahl zwischen alternativen strategischen Handlungsoptionen, der Beurteilung verschiedener Risikotransferstrategien oder der Bestimmung der Finanzierungsstruktur (angemessene Eigenkapitalausstattung) werden keine vorbereitenden Risikoanalysen durchgeführt und/oder es existieren keine Methoden, um die mit den Entscheidungen verbundene Änderung des Risikoumfangs adäquat im Entscheidungskalkül zu erfassen.

5	Organisation des Risikomanagements	erfüllt	teilweise erfüllt	nicht erfüllt
5.1	Ist eine zur Unternehmensstrategie konsistente und vollständige Risikopolitik formuliert, die den Rahmen von Risikomanagement und risikoorientierter Unternehmensführung beschreibt?			
5.2	Sind eine Risikopolitik und angemessene Risikokultur im Unternehmen erkennbar?			
5.3	Sind die Prozesse der Risikoanalyse, Risikoaggregation und der Risikoüberwachung festgelegt und effektiv?			
5.4	Sind Zuordnung von Aufgaben und Verantwortlichkeiten im Risikomanagement klar festgelegt?			
5.5	Sind insbesondere die Aufgaben des von Geschäftsführung bzw. Vorstand beauftragten zentralen Risikomanagers (oder Risikocontrollers) ausreichend klar (Informationsrechte, Vetorechte, ...)?			
5.6	Verfügt der Risikomanager über die notwendigen Kompetenzen, Ressourcen und Rechte (z.B. Informationsrecht über alle potenziell risikobehafteten Vorgänge wie z.B. geplante Akquisitionen oder Investitionen)?			
5.7	Sind die Aufgaben der für die (in der Regel dezentrale) Identifikation und Überwachung zuständigen „Risikobeauftragten" (Risk Owner) klar formuliert?			
5.8	Sind die formellen Anforderungen des KonTraG, FISG und StaRUG, IDW PS 340, DIIR RS Nr. 2 etc. erfüllt (vgl. Abschnitt 6.2)?			
5.9	Erfolgt das Risikoreporting konsistent zu den Anforderungen des DRS 20?			
5.10	Werden Synergien zwischen Risikomanagement und anderen Managementsystemen, z.B. Controlling, Planung und Qualitätsmanagement, für die Datenbeschaffung und Analyse von Risiken genutzt?			
5.11	Existiert bei besonders risikobehafteten Aktivitäten eine organisatorische und funktionale Trennung zwischen risikoverursachenden und risikoüberwachenden Personen/Stellen?			
5.12	Wird sichergestellt, dass interne Kontrollprozesse angemessen funktionieren und weder Kontrolllücken einerseits noch Doppelarbeiten andererseits entstehen (bspw. „Three Lines Modell")?			
5.13	Sind die Wege für ein effizientes internes Risikoreporting und die Risikokommunikation (mit Bezug auf geeignete Schwellenwerte) festgelegt?			

5	Organisation des Risikomanagements	erfüllt	teilweise erfüllt	nicht erfüllt
5.14	Werden Unternehmensführung und Aufsichtsrat regelmäßig über Risiken informiert?			
5.15	Gibt es eine adäquate Verfahrensweise bzgl. „ad-hoc“-Meldungen zu Risiken?			
5.16	Sind die Schwellenwerte definiert, ab denen eine Information von Überwachungsgremien und die Initiierung „geeigneter Gegenmaßnahmen“ zur Krisenbewältigung durchzuführen sind (§ 1 StaRUG)?			
5.17	Wird regelmäßig, z.B. durch die Interne Revision, geprüft, dass entsprechend den Regelungen im Risikomanagement (z.B. Risikohandbuch) tatsächlich gearbeitet wird?			
5.18	Ist (bei börsennotierten Aktiengesellschaften) ein umfassendes Risikomanagement (und internes Kontrollsystem) vorhanden, das angemessen und wirksam sich mit allen wesentlichen Risiken befasst (unabhängig davon, ob diese zu einer Bestandsgefährdung führen können)?			

Tabelle 60: Orientierungsfragen zur Organisation des Risikomanagement

Zur Auswertung wird für jede Frage die entsprechende Einschätzung getroffen und mit einem Punktwert versehen (nicht erfüllt = 0, teilweise erfüllt = 1, erfüllt = 2). Die Summe der entsprechenden Punktzahlen entspricht einem **Risikomanagement Score** (bei Bedarf kann auch eine unterschiedliche Gewichtung der Fragen vorgenommen werden).[1532]

6.7.2.6 Nutzung von Risikoinformationen bei der Entscheidungsfindung

Die Ausrichtung des Risikomanagements auf die Vorbereitung unternehmerischer Entscheidungen, also das entscheidungsorientierte Risikomanagement, ist wesentlich für den praktischen Nutzens.[1533] Ein „entscheidungsorientiertes Risikomanagement“ ist auch nötig, um den Anforderungen der Business Judgement Rule (§93 AktG) gerecht zu werden. Auch hier sieht man oft Defizite.

6	Nutzung von Risikoinformationen für Controlling, Bewertung, Rating und unternehmerische Entscheidungen	erfüllt	teilweise erfüllt	nicht erfüllt
6.1	Fließen bei der Vorbereitung unternehmerischer Entscheidungen (§93 AktG), wie z.B. strategische Entscheidungen oder Investitionsentscheidungen, Informationen der Risikoanalyse nachvollziehbar ein (Investitionscontrolling)?			

[1532] Quelle: Gleißner/Wolfrum, 2015c, S. 9–11.
[1533] Siehe Gleißner/Hunziker, 2019.

6	Nutzung von Risikoinformationen für Controlling, Bewertung, Rating und unternehmerische Entscheidungen	erfüllt	teilweise erfüllt	nicht erfüllt
6.2	Werden unter Abwägen von Chancen und Gefahren „erwartungstreue" Planwerte (ergänzend zu Zielwerten der Unternehmenssteuerung) bestimmt?			
6.3	Werden die Implikationen der Risikoanalysen für Finanzierungsstruktur (Eigenkapital- und Liquiditätsbedarf) und angemessene Fremdkapitalkonditionen ausgewertet?			
6.4	Fließen Risikoinformationen in Ratingprognosen (für Stressszenarien) ein, um ein System zu Früherkennung und zur Prävention von Unternehmenskrisen zu erhalten?			
6.5	Werden für eine wertorientierte Unternehmenssteuerung Ertrag und Risiko gegeneinander abgewogen?			
6.6	Werden Erwartungswerte von Cashflows und Kapitalkosten aus den Daten der Risikoanalyse abgeleitet und Auswirkungen des Insolvenzrisikos berücksichtigt?			
6.7	Werden Simulationsergebnisse adressatengerecht zur Unterstützung von operativen Managemententscheidungen aufbereitet?			
6.8	Werden die Risikokosten optimiert?			

Tabelle 61: Orientierungsfragen zur Nutzung von Risikoinformationen für Controlling, Bewertung, Rating und unternehmerische Entscheidungen

Die Anforderung an ein entscheidungsorientiertes Risikomanagement findet man wie erwähnt nicht im IDW PS 340 (2020), wohl aber im DIIR RS Nr. 2 von 2018 und 2022. Ergänzend zu den obigen Tabellen fasst die nachfolgende Liste daher speziell die wesentlichen Anforderungen an ein „entscheidungsorientiertes Risikomanagement" zusammen, die man aus dem DIIR RS Nr. 2 ableiten kann.[1534] Diese greift für die Entscheidungsorientierung des Risikomanagements wichtige Anforderungen aus den oben genannten Checklisten mit auf.

		erfüllt	teilweise erfüllt	nicht erfüllt
1	Ist präzise definiert was unter einer „unternehmerischen Entscheidung" zu verstehen ist (und was nicht)?			
2	Ist organisatorisch sichergestellt, dass keine „unternehmerischen Entscheidungen" getroffen werden ohne adäquate Entscheidungsvorlagen?			

[1534] Siehe dazu Gleißner/Kimpel, 2019; RMA, 2019 und DIIR- und RMA-Arbeitskreis „Interne Revision und Risikomanagement, 2022.

		erfüllt	teilweise erfüllt	nicht erfüllt
3	Ist definiert welche Inhalte in einer Entscheidungsvorlage enthalten sein müssen, um von „angemessenen Informationen" (§ 93 AktG) ausgehen zu können?			
4	Sind die Kerninhalte von Entscheidungsvorlagen grundsätzlich verfügbar (z.B. Aussagen zu Ziel, Beurteilungsmaßstab, Handlungsmöglichkeiten, Ausgangssituation, Annahmen, Prognosen, Risiken, möglichen „bestandsgefährdenden Entwicklungen" (Rating)?			
5	Ist festgelegt mit welcher Methode die Auswirkung einer „unternehmerischen Entscheidung" auf zukünftigen (1) Ertrag und (2) Risiko gegeneinander abgewogen wird (risikogerechte Bewertung)?			
6	Werden zur Vorbereitung von Entscheidungen des Vorstands insbesondere dokumentierte Risikoanalysen durchgeführt, die zeigen, welche Änderungen des Risikoumfangs durch die Entscheidungen bedingt sind?			
7	Ist sichergestellt, dass das Risikomanagement bei wesentlichen unternehmerischen Entscheidungen durch geeignete Prozesse in die Entscheidungsvorbereitung involviert wird (und bei anderen unternehmerischen Entscheidungen gegebenenfalls Risikoanalysen entsprechend den methodischen Vorgaben des Risikomanagements durchgeführt werden)?			
8	Sind bei Bedarf bestehende (Management-) Systeme, bspw. Controlling, Treasury, QM, in die Risikoanalyse eingebunden (z.B. um alle unsicheren Planannahmen zu erfassen, die diese Risiken zeigen)?			
9	Wird bei wichtigen unternehmerischen Entscheidungen eine Risikoaggregation durchgeführt, um die Wirkung auf den Gesamtrisikoumfang (Eigenkapitalbedarf) zu bestimmen?			
10	Wird die Wirkung der Entscheidung auf Risikotragfähigkeit und Risikotoleranz durch geeignete Kennzahlen gemessen?			
11	Ist gewährleistet, dass bei den entscheidungsvorbereitenden Risikoanalysen die im Risikomanagement allgemein gültigen Methoden für Risikoidentifikation und Risikoquantifizierung beachtet werden?			
12	Werden auch strategische Risiken erfasst und in der Unternehmensführung regelmäßig diskutiert, insbesondere Bedrohungen der Erfolgspotenziale?			

		erfüllt	teilweise erfüllt	nicht erfüllt
13	Werden insbesondere die in den Entscheidungsvorlagen notwendigen Risikoanalysen strukturiert durch eine neutrale Instanz (die also die Risikoanalyse nicht selbst erstellt hat) geprüft?			
14	Gibt es Regelungen für eine angemessene „informationelle Fundierung", also einen in Anbetracht der Bedeutung einer Entscheidung (Risikogehalt, Investitionsvolumen), angemessenen Einsatz an Ressourcen (Zeit und Geld)?			
15	Werden Eigenkapitalbedarf und Kapitalkosten risikogerecht aus der Risikomenge (Ertragsrisiko aus Risikoaggregation) abgeleitet?			
16	Werden in Entscheidungsvorlagen für die Unternehmensführung Ertrag und Risiko nachvollziehbar abgewogen (z.B. durch die Ableitung von Kapitalkosten als Renditeanforderung aus der Risikoanalyse)?			
17	Ist klargestellt, welche Stelle die Entscheidungsvorlagen bei Vorstand/Geschäftsführung einbringt (und diese später – mit der getroffenen Entscheidung – archiviert)?			
18	Sind Verfahren für eine „Qualitätssicherung der Entscheidungsvorlagen", sowie zugehörige Prüfkriterien, festgelegt?			
19	Gibt es geeignete Mechanismen, um die Neutralität von Entscheidungsvorlagen zu gewährleisten?			
20	Sind die Vorlagen für „unternehmerischer Entscheidungen" tatsächlich neutrale Entscheidungsvorlagen (und nicht etwa Anträge eines interessierten Antragstellers)?			
21	Werden alle Vorlagen für „unternehmerische Entscheidungen", inklusive der getroffenen Entscheidung, erfasst und archiviert?			

Tabelle 62: Checkliste wesentlicher Anforderungen des DIIR RS Nr. 2 im Hinblick auf die „Entscheidungsorientierung" des Risikomanagements

6.7.2.6 Beweisbare Verletzung gesetzlicher Anforderungen

Eine umfassende Prüfung der Leistungsfähigkeit des Risikomanagements sollte eine Vielzahl von Facetten umfassen, die man z.B. dem IDW PS 340 oder – besser – dem DIIR RS Nr. 2 entnehmen kann. Zu beachten ist dabei allerdings, dass

1. nicht alle der ökonomisch sinnvollen Anforderungen und Regelungen auch zur Erfüllung der gesetzlichen Mindestanforderungen erforderlich sind und
2. trotz einer Bestätigung des Abschlussprüfers nach einer Prüfung orientiert am IDW PS 340 die gesetzlichen Mindestanforderungen oft nicht erfüllt sind.

In diesem Abschnitt wird erläutert, auf welche Kernaspekte zu achten ist, wenn man ganz spezifisch die Erfüllung – oder Nicht-Erfüllung – der gesetzlichen Mindestanforderungen an das Risikomanagement aus §§ 91 und 93 AktG sowie § 1 StaRUG beweisen möchte.[1535]

Viele empirische Studien belegen, dass die Risikomanagementsysteme, speziell auch Risikofrüherkennungssysteme, deutscher Unternehmen gravierende Mängel aufweisen (z.B. in den Bereichen Risikoquantifizierung und Risikoaggregation, vgl. Abschnitt 6.7.3).[1536] Oft sind die Schwächen so gravierend, dass auch die gesetzlichen (Mindest-)Anforderungen, die sich insbesondere aus den §§ 91 und 93 AktG ergeben, nicht erfüllt werden. Solche Lücken zeigen sich auch dann, wenn ein Unternehmen eine Prüfung des Risikofrüherkennungssystems oder des Risikomanagementsystems durch den Wirtschaftsprüfer, orientiert an IDW Prüfungsstandard 340 bzw. IDW Prüfungsstandard 981, „bestanden" hat (also kein schwerwiegender Mangel festgestellt wurde).

Nachfolgend wird erläutert, wie eine auf die gesetzlichen Anforderungen fokussierte fachlich-wissenschaftliche Begutachtung des Risikomanagements vonstattengeht, deren Ziel es ist, zu beweisen, dass gesetzliche Anforderungen nicht erfüllt werden können. Sie ist implizit auch eine „Prüfung der Prüfung" des Risikofrüherkennungssystems, die seitens eines Wirtschaftsprüfers erstellt wurde.[1537] Anlässe einer solchen fachlich-wissenschaftlichen Begutachtung sind insbesondere die folgenden:

1) Situationen, bei denen das Risikofrüherkennungssystem durch einen Wirtschaftsprüfer A bei einer Prüfung im Grundsatz akzeptiert wurde, aber bei einer (etwas späteren) Prüfung durch eine andere Wirtschaftsprüfungsgesellschaft B eklatante Schwächen aufgezeigt werden (also Prüfberichte sich widersprechen).
2) Um Vorwürfe gegen einen Vorstand, die gesetzlichen Anforderungen aus den §§ 91 und 93 AktG nicht erfüllt zu haben, (a) zu untermauern oder (b) zu widerlegen (z.B. bei einer gerichtlichen oder vorgerichtlichen Auseinandersetzung).
3) Wenn Vorstand und/oder Aufsichtsrat selbst belegen möchten, dass die Prüfung des Risikomanagements durch einen Wirtschaftsprüfer – basierend auf IDW Prüfungsstandard 340 oder IDW Prüfungsstandard 981 – gravierende Schwächen aufweist, die sich zum Nachteil des Unternehmens auswirken können.
4) Bei sog. „simulierten Stresstests des Risikomanagements", in denen untersucht wird, ob ein Vorstand oder Aufsichtsrat in einem Streitfall, z.B. mit einem „aktivistischen Aktionär", durch grundlegende Schwächen des Risikofrüherkennungssystems angreifbar wäre.

Von einem schwerwiegenden Mangel und ggf. einer Sorgfaltspflichtverletzung des Vorstands ist auszugehen, wenn beweisbar das implementierte Risikoma-

---

[1535] In Anlehnung an Gleißner, 2020g. Siehe auch die Anwendung der Methode z.B. bei Gleißner/Hofmann, 2020 und 2022 sowie Wolfrum, 2020.

[1536] Vgl. z.B. Ulrich/Scheuermann/Spitzenpfeil, 2018; Link/Scheffler/Oehlmann, 2018; Berger/Gleißner, 2007; Köhlbrandt et al., 2020; Henschel/Busch, 2015 und Angermüller/Berger, 2010.

[1537] Vgl. Gleißner/Sassen/Behrmann, 2019.

nagementsystem methodisch und strukturell nicht in der Lage ist, den gesetzlichen Anforderungen speziell aus den §§91 und §93 AktG sowie §1 StaRUG zu genügen. Die Analyse hat damit einen anderen Fokus als übliche Angemessenheits- und Wirksamkeitsprüfungen.[1538] Sie betrachtet fokussiert die gesetzlichen Kernanforderungen. Diese lassen sich knapp wie folgt zusammenfassen:

1) Beweisführung zu §91 Abs. 2 AktG (KonTraG) sowie §1 StaRUG
Für die Beweisführung muss man zeigen, dass es an sich leicht erkennbare, „bestandsgefährdende Entwicklungen" geben kann, die durch ein strukturelles oder methodisches Defizit im Risikofrüherkennungssystem übersehen werden. Die Praxis zeigt, dass ein Versagen des Risikofrüherkennungssystems im Hinblick auf die Erfüllung der gesetzlichen Anforderungen meist sehr „leicht" und eindeutig durch folgende Defizite bewiesen werden kann:[1539]

a) Es gibt keine Risikoaggregation mit einer adäquaten Methode (Monte-Carlo-Simulation)
Kombinationseffekte von Einzelrisiken können „bestandsgefährdende Entwicklungen" auslösen. Werden solche Kombinationseffekte von Einzelrisiken nicht (oder nicht adäquat) betrachtet, „übersieht" das Risikofrüherkennungssystem an sich leicht erkennbare bestandsgefährdende Entwicklungen. Dabei sind prinzipiell Kombinationseffekte zwischen allen relevanten Risiken zu betrachten und mit Bezug auf die Unternehmensplanung zu analysieren (und nicht etwa nur zwei oder drei Szenarien). Geschieht dies nicht, erfüllt das Risikofrüherkennungssystem die gesetzlichen Anforderungen nicht.[1540]

b) Das Risikomanagementsystem identifiziert seltene „Extremrisiken" mit potenziell bestandsgefährdenden Auswirkungen nicht
Wenn ein Unternehmen z.B. ein Investmentgrade anstrebt und damit eine Insolvenzwahrscheinlichkeit von unter 0,5% p.a. erreichen möchte, müssen auch Einzelrisiken mit bestandsgefährdenden Auswirkungen betrachtet werden, wenn sie eine Eintrittswahrscheinlichkeit von z.B. 0,5%, 1% oder 2% aufweisen.[1541] Wenn in einem solchen Fall beispielsweise im Risikomanagementsystem geregelt wird, dass z.B. nur Risiken mit einer Eintrittswahrscheinlichkeit von 5% oder mehr pro Jahr zu analysieren und zu überwachen sind, werden potenziell bestandsgefährdende Einzelrisiken ignoriert und damit die gesetzlichen Anforderungen nicht erfüllt.

c) Die Liquiditätswirkungen von Risiken werden nicht betrachtet
Die „bestandsgefährdenden Entwicklungen" und Insolvenzen werden heute verursacht durch (drohende) Illiquidität und nicht durch Überschuldung.[1542] Um daher bestandsgefährdende Entwicklungen erkennen zu können, ist es erforderlich, die Liquiditätswirkung von Risiken zu erfassen und auch Risiken

---

[1538] Vgl. §317 HGB zur Prüfung der Anforderungen aus §91 Abs. 2 AktG.

[1539] In Anlehnung an Gleißner, 2020g und Gleißner/Hofmann, 2020 und 2022 mit Fallbeispielen (Gerry Weber und Wirecard).

[1540] Was schon der „alte" IDW Prüfungsstandard 340 klarstellt (vgl. Gleißner, 2017a).

[1541] Als durchaus sachgerecht kann man dagegen ansehen, wenn Risiken von vornherein ausgeschlossen werden, deren geschätzte Eintrittswahrscheinlichkeit unter 0,1% liegt.

[1542] Vgl. Basel II/III, die Insolvenzordnung (InsO); vgl. Gleißner, 2017f sowie Nickert, 2021.

zu berücksichtigen, die primär Liquiditätswirkung haben (z.B. der mögliche Anstieg der Kapitalbindung im Working Capital durch eine Verlängerung der Debitorenfrist). Wenn Risikofrüherkennungssysteme die Liquiditätsauswirkungen von Risiken nicht adäquat erfassen, sind bestandsgefährdende Entwicklungen möglich, die nicht erkannt wurden (aber bei adäquaten Methoden leicht erkennbar wären).

d) Das Gesamtfeld möglicher „bestandsgefährdender Entwicklungen" wird nicht betrachtet

Bestandsgefährdende Entwicklungen infolge (drohender) Illiquidität[1543] können sich insbesondere ergeben durch

- Verletzung der Mindestanforderungen an ein Rating, z.B. bei einer anstehenden Refinanzierung, und/oder
- Verletzung von Kreditvereinbarungen (Covenants), die zu Kreditkündigungen führen.[1544]

Wenn das Risikofrüherkennungssystem eines Unternehmens die Auswirkungen von Einzelrisiken oder deren Kombinationseffekte (im Rahmen der Risikoaggregation) auf solche Covenants oder das zukünftige Rating nicht untersucht, ist es auch nicht in der Lage, mögliche „bestandsgefährdende Entwicklungen" aus der Verletzung von Covenants oder Ratinganforderungen zu erkennen.

e) Es fehlt eine Quantifizierung von wesentlichen Risiken mit finanzieller Wirkung (auf Gewinn oder Liquidität)

Entgegen den klar formulierten Anforderungen des (alten) IDW Prüfungsstandards 340, Risiken zu quantifizieren, werden oft auch wesentliche Risiken nicht quantifiziert. Haben nicht quantifizierte Risiken aber monetäre Auswirkungen, speziell auf die Liquidität, die einzeln oder in Kombination mit anderen Risiken zu einer „bestandsgefährdenden Entwicklung" führen können, führt diese (scheinbare) Nichtquantifizierung der Risiken dazu, dass an sich erkennbare „bestandsgefährdende Entwicklungen" übersehen werden.

f) Die Risikoquantifizierung basiert nur auf Eintrittswahrscheinlichkeit und erwarteter Schadenshöhe

Häufig werden ereignisorientierte Risiken beschrieben durch erwartete Schadenshöhe und Eintrittswahrscheinlichkeit. Diese quantitative Beschreibung ist fast immer nicht sachgerecht, da praktisch bei jedem Risiko die Schadenshöhe selbst auch unsicher ist (vgl. Kapitel 2). Die gesetzlichen Mindestanforderungen aus dem KonTraG und StaRUG werden nicht erfüllt, wenn neben der Schadenshöhe ein erwarteter Schaden angegeben wird.[1545] Dadurch, dass die Schadenshöhe auf eine sichere Zahl, einen Erwartungswert, verdichtet wird, werden höhere potenziell bestandsgefährdende Extremszenarien der Schadensausprägung ignoriert. Mögliche Schäden müssen durch eine sachgerechte Wahrscheinlichkeitsverteilung beschrieben werden (z.B. durch eine Dreiecksverteilung oder BetaPert-Verteilung).

[1543] Nickert/Nickert/Kühne, 2019 und Nickert, 2021.

[1544] Siehe weiterführend Gleißner, 2017f.

[1545] Dies ist erforderlich, wenn die mittlere Belastung durch ein Risiko „erwartungstreu" geschätzt werden soll.

Die hier knapp skizzierten Ansatzpunkte einer wissenschaftlichen Beweisführung zeigen, wie einfach es im Allgemeinen ist, zweifelsfrei zu beweisen, dass aufgrund methodischer Defizite ein Risikofrüherkennungssystem gar nicht in der Lage war, an sich bei adäquater Methodik durchaus erkennbare „bestandsgefährdende Entwicklungen" früh zu erkennen.

Es ist zu erwähnen, dass diese Überlegungen auch der Prüfung von Risikomanagementsystemen durch interne Revisoren basierend auf dem DIIR Revisionsstandard Nr. 2 (Version 2018 und 2022) zugrunde liegen. In diesem Standard wird klar gefordert, dass die Prüfung des Risikomanagementsystems sich auch auf die Methoden (z.B. für Risikoquantifizierung und Risikoaggregation) beziehen muss. Nur so kann man gewährleisten, dass die in einem Unternehmen implementierten Methoden tatsächlich geeignet sind, mögliche „bestandsgefährdende Entwicklungen" früh zu erkennen.

Die bisherigen Anforderungen sind identisch abgeleitet aus § 91 Abs. 2 AktG und § 1 StaRUG, also auch relevant z.B. für GmbH und GmbH & Co. KGs. Aus § 1 StaRUG ergeben sich weitere Anforderungen, die zu prüfen sind.

g) Bei einer Bestandsgefährdung werden „geeignete Gegenmaßnahmen" nicht initiiert oder es wird das Überwachungsorgan nicht rechtzeitig informiert

Um eine Verletzung gesetzlicher Anforderungen zu belegen, zeigt man, dass trotz einer erkennbaren kritischen „bestandsgefährdenden Entwicklung" die Geschäftsleitung keine „geeigneten Gegenmaßnahmen" initiiert hat. Und/oder man zeigt, dass bei einem kritischen Grad der Bestandsgefährdung das Überwachungsorgan, speziell der Aufsichtsrat, nicht informiert wurde. Geprüft wird zunächst, ob überhaupt Schwellenwerte für solche Maßnahmen festgelegt und die zugehörigen Kennzahlen fortlaufend berechnet werden.

2) Beweisführung zu § 93 AktG (Business Judgement Rule)

Ergänzend zu betrachten ist die zentrale Anforderung aus § 93 AktG, die der IDW Prüfungsstandard 340 durch den Fokus auf § 91 AktG bisher gar nicht beachtet (anders als der DIIR RS Nr. 2, der entsprechend § 93 AktG fordert, zu prüfen, ob das Risikomanagement bei der Vorbereitung „unternehmerischer Entscheidungen" einbezogen war).[1546]

Um zu beweisen, dass die Anforderungen aus § 93 AktG nicht erfüllt sind, betrachtet man folgende Punkte:

a) Man zeigt, dass kein Prozess im Unternehmen vorgesehen[1547] und implementiert ist, der gewährleistet, dass bei der Vorbereitung „unternehmerischer Entscheidungen" dokumentiert wird, welche Veränderung von Chancen und Gefahren (Risiken) sich durch diese Entscheidung ergeben würde.
b) Man zeigt, dass in Entscheidungsvorlagen regelmäßig keine neutralen und quantitativen Risikoinformationen enthalten sind und es damit unklar bleibt, welche Veränderung des Risikoumfangs sich durch die Entscheidung ergeben würde.

1546 Vgl. Gleißner/Kimpel, 2019.

1547 Meist genügt hier eine Angemessenheitsprüfung (die Wirksamkeitsprüfung hat sekundäre Bedeutung).

c) Man zeigt, dass nach einer Entscheidung der Geschäftsleitung an sich leicht erkennbare Risiken Planabweichungen ausgelöst haben, die in der Entscheidungsvorlage nicht genannt wurden, aber leicht erkennbar waren (z.B. weil unsichere Plananannahmen immer auf hier bestehende Chancen und Gefahren, also Risiken, hinweisen).

6.7.3 Zustand von Risikomanagement und Risikoreporting in Deutschland

Die Risikomanagementsysteme vieler Unternehmen schaffen (noch) kaum ökonomischen Mehrwert und erfüllen auch die gesetzlichen Mindestanforderungen aus §§ 91 und 93 AktG nicht. Nicht nur bei spektakulären und überraschenden Insolvenzfällen, von Euromicron (2019) über Tom Taylor und Gerry Weber bis Wirecard (2020), findet man auch gravierende Defizite im Risikomanagement.

Im letzten Abschnitt wurden Methoden für Prüfung und Leistungsbeurteilung des Risikomanagements vorgestellt. Empirische Untersuchungen zeigen, dass in vielen wesentlichen Feldern erheblicher Handlungsbedarf besteht. Im Folgenden werden daher einige ausgewählte empirische Ergebnisse zum Risikomanagement in Deutschland kurz zusammengefasst (vgl. dazu auch Grammenidis/Hiebl, 2021).[1548]

Grundlage der Untersuchung von Berger und Gleißner (2007) zum Risikomanagement sind die Anforderungen des „Gesetzes zur Kontrolle und Transparenz im Unternehmensbereich“ (KonTraG) von 1998.[1549] Diese Anforderungen des KonTraG – bzw. die Präzisierung im entsprechenden Prüfungsstandard des IDW im IDW PS 340. Die Studie hat daher die Risikoberichterstattung in den Geschäftsberichten von 100 börsennotierten Unternehmen untersucht. Ausgehend von einer früheren Untersuchung im Jahr 2001 wurden über einen Zeitraum von fünf Jahren die Risikoberichte der im damaligen DAX 100 gelisteten Unternehmen analysiert. Die Analyse der Unternehmensrisiken ergab, dass die Unternehmen vor allem Risiken aus dem Finanzbereich im Risikobericht darstellen, wohingegen Risiken aus der Strategie oder Corporate Governance kaum angegeben werden. Am häufigsten werden Risiken aus Zinsen und Währungen (84 % aller Unternehmen) vor Risiken aus Derivaten (77 %) bzw. dem rechtlichen und politischen Umfeld (73 %) genannt.

Deutlich mehr als die Hälfte der Unternehmen (62 %) legen in ihren Berichten nicht oder unzureichend dar, wie Risiken analysiert und quantifiziert werden.[1550] Vor allem erwähnen mehr als 80 % der Unternehmen keine Aggregation der Risiken. Wie dann die Gesamtrisikoposition und „bestandsgefährdende Entwicklungen“ durch Kombinationseffekte einzelner Risiken ermittelt wer-

---

[1548] Vgl. auch die Zusammenfassung der Studie bei Köhlbrandt et al., 2020.

[1549] Vgl. Gleißner/Berger/Rinne/Schmidt, 2005; Berger/Gleißner, 2007 und Angermüller/Berger, 2010.

[1550] Zusammenfassend kann über den Zeitraum bis 2005 eine leichte Verbesserung des Informationsgehalts festgestellt werden, allerdings auf niedrigem Niveau (vgl. Berger/Gleißner, 2006 und 2007).

den, bleibt so für die Adressaten der Risikoberichte unklar. Es bleibt zweifelhaft, ob die Unternehmen überhaupt erkennen können, falls Kombinationseffekte von Risiken bestandsgefährdend sein sollten. Die Ergebnisse dieser älteren Studien wurden auch in der Studie von Berger/Parmar/Trivedi (2018) bestätigt. Sie verglichen die Berichterstattung der Unternehmen im DAX mit der im SENSEX für 2014. Informationen über Risiken, die über rein qualitative Informationen hinausgehen, finden sich nur in etwa bei etwas mehr als der Hälfte (56 %) der untersuchten Unternehmen. Auch die empirische Untersuchung von Winter (2007) zum Stand des Risikocontrollings in Deutschland[1551] zeigt Zweifel am praktischen Nutzen von Risikocontrolling und Risikomanagement. Relativ viele der befragten Führungskräfte (41,3 %) schätzen dabei den Beitrag des Risikomanagements zum Unternehmenserfolg nur als mäßig, 37,6 % sogar nur als gering oder sehr gering ein. Auch die Integration der Risikomanagementprozesse in bestehende Planungs- und Kontrollprozesse ist wenig ausgeprägt[1552], und das wichtigste Motiv für die Einführung formalisierter Risikomanagementsysteme sind noch immer die gesetzlichen Bestimmungen. Ähnlich wie viele andere Studien zum Risikomanagement[1553] zeigt auch die Studie von Winter, dass insbesondere die mangelhafte Risikoaggregation als zentraler Schwachpunkt in der Unternehmenspraxis aufzufassen ist: Da gerade jedoch die Kenntnis der Gesamtrisikoposition zur Beurteilung der Bestandsgefährdung und des ökonomischen Nutzens des Risikomanagements nötig ist, verwundert es nicht, dass gerade ein solcher Mehrwert des Risikomanagements bisher oft nicht generiert werden kann.

Mittels einer Befragung haben auch Beyer, Hachmeister und Lampenius (2010) eine Selbsteinschätzung zum Stand und Perspektive des Risikomanagements erhoben (vgl. Abbildung 165). Befragt wurden mittelständische Unternehmen aus Baden-Württemberg.

Gemäß der Selbsteinschätzung der befragten mittelständischen Unternehmen besitzt die Mehrzahl der in der Studie befragten Unternehmen ein Risikomanagement und nutzt dies auch für die betriebliche Steuerung. Überraschend hoch ist das Vertrauen der Unternehmen (90 % der Befragten), dass das Risikomanagement die wesentlichen Risiken „sicher" oder zumindest „wahrscheinlich" erfasst. Erfreulich ist, dass dieses Risikomanagement als „Chefsache" interpretiert wird. Organisatorisch ist das Risikomanagement entweder dem Vorstandsvorsitzenden (CEO, Chief Executive Officer / Geschäftsführer) oder dem CFO (Chief Financial Officer / Finanzvorstand) zugeordnet. Immerhin 22 % der Unternehmen geben an, einen eigenen Chief Risk Officer oder Chief Riskmanager (CRO) zu haben.

[1551] Vgl. Winter, 2007, S. 201–215.
[1552] Siehe Winter, 2007, S. 209.
[1553] Vgl. Gleißner/Berger/Rinne/Schmidt, 2005, und Berger/Gleißner, 2007, sowie Kajüter/Winkler, 2004; Dobler, 2004; Hoitsch/Winter/Bächle, 2005; Gebhardt/Mansch, 2005; Beyer/Hachmeister/Lampenius, 2010; Crasselt/Pellens/Schmidt, 2010; Angermüller/Berger, 2010, und Henschel/Busch, 2015.

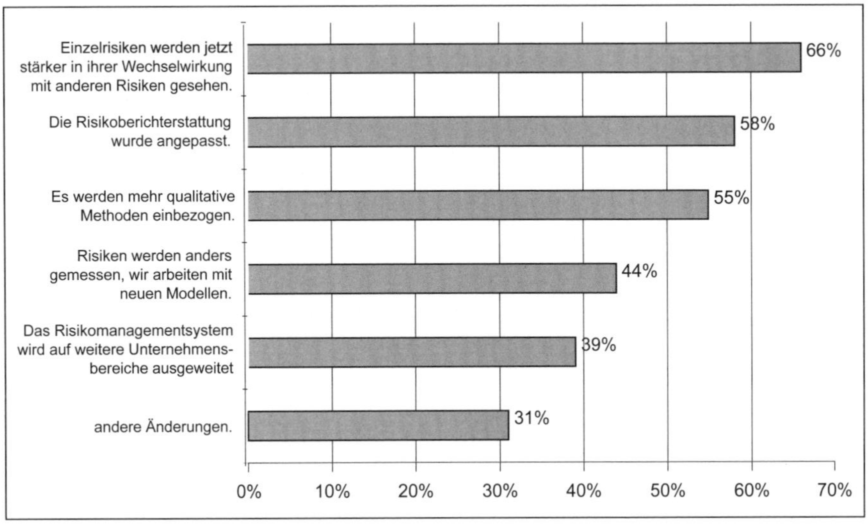

Abbildung 160: Veränderungen nach Ausbruch der Finanzkrise 2008/2009

Es wäre sicherlich sehr erfreulich, wenn tatsächlich – wie die Befragungsergebnisse zeigen – das Risikomanagement zu einem wesentlichen Bestandteil der Unternehmenssteuerung auch bei der Mehrheit der mittelständischen Unternehmen geworden wäre. Allerdings zeigen viele Indizien, dass diese Selbsteinschätzungen der Unternehmen doch etwas optimistisch sind.[1554] Außerdem dürfte sich hier selektionsbedingt der Stand des „besten" Unternehmens des Mittelstands zeigen. Vielleicht zeigen die Befragungsergebnisse eher, wie sich Unternehmen ihr Risikomanagement idealerweise vorstellen, als die aktuelle Situation in der Gesamtheit der Unternehmen (vgl. die folgende Studie).

Henschel und Busch (2015) fassen in einer umfangreichen Literaturanalyse die empirischen Studien des Zeitraums 2007 bis 2014 zum Risikomanagement deutscher mittelständischer Unternehmen (KMU) zusammen. Sie stellen fest, dass – bei durchaus feststellbaren Fortschritten bei der Risikoerfassung – weiterhin die Verknüpfung der identifizierten Risiken mit der Unternehmensplanung (als Voraussetzungen z.B. für eine Risikoaggregation) die größte Schwäche darstellt.

Die Studie von Angermüller und Gleißner (2011) hat gezeigt, dass zumindest bei den deutschen H-DAX Unternehmen bereits Schritte unternommen wurden, um Risikomanagement und Controlling zu verknüpfen und hieraus Nutzen zu generieren.[1555] Insbesondere findet ein mehr oder weniger standardisierter Informationsaustausch durchgängig statt.

[1554] Vgl. aktuelle Studien von Angermüller/Gleißner, 2011 und Crasselt/Pellens/Schmidt, 2010, die speziell Defizite beim Einsatz quantitativer Verfahren und der Verknüpfung von Risikomanagement und Controlling zeigen.

[1555] Vgl. auch Crasselt/Pellens/Schmidt, 2010; Weißenberger/Löhr, 2010; Hoitsch/Winter/Baumann, 2006, sowie Henschel/Busch, 2015.

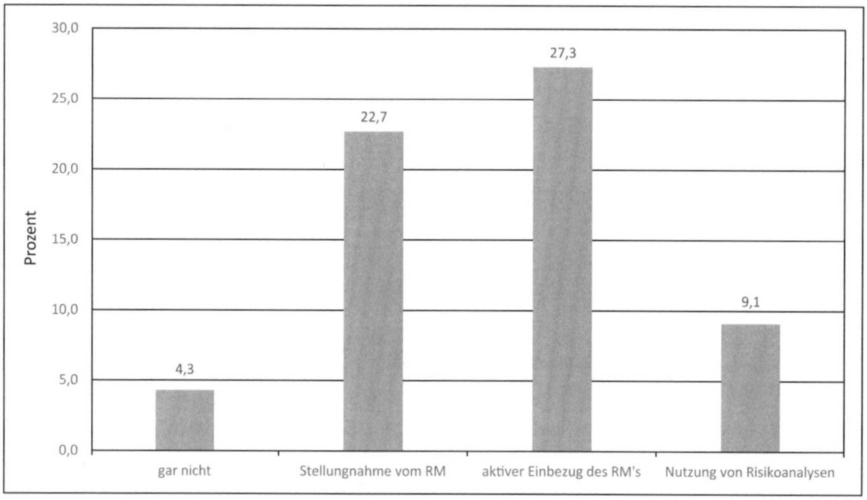

Abbildung 161: Zusammenarbeit bei der Steuerung strategischer Risiken[1556]

Besonders problematisch erscheint auch in der Studie, dass kaum Informationen über den aggregierten Gesamtrisikoumfang (z.B. ausgedrückt im Eigenkapitalbedarf) fundiert abgeleitet werden und Risikoinformationen selbst bei wesentlichen (strategischen) Entscheidungen recht selten genutzt werden. Perspektivisch ist bei vielen Unternehmen die Absicht vorhanden, Risikomanagement und Controlling intensiver zu verknüpfen als dies bisher der Fall ist. Die Untersuchungsergebnisse bestätigen hier die These, dass die Verknüpfung von Controlling und Risikomanagement insbesondere durch methodische Kenntnisdefizite gehemmt wird.[1557]

Ergänzend zeigen Studien, dass die von Unternehmen erstellten Planungen primär dem Zweck der Unternehmenssteuerung dienen, also z.B. auf ambitionierten Zielwerten basieren. Solche Planungen sind keine geeignete Grundlage für unternehmerische Entscheidungen und die Unternehmensbewertung, weil Chancen und Gefahren nicht berücksichtigt werden.[1558] Auch diese jüngeren Studien belegen, dass gerade die Verknüpfung von Controlling und Planung einerseits sowie Risikomanagement andererseits unzureichend ist und damit eine adäquate Grundlage für die Vorbereitung „unternehmerischer Entscheidungen" (noch) bei vielen Unternehmen fehlt.

[1556] Quelle: Angermüller/Gleißner, 2011, S. 313.
[1557] In Anlehnung an Angermüller/Gleißner, 2011. Vgl. Behringer/Gleißner, 2018 und 2021 sowie Vanini/Leschenko, 2017.
[1558] Vgl. Behringer/Gleißner, 2018 und 2021.

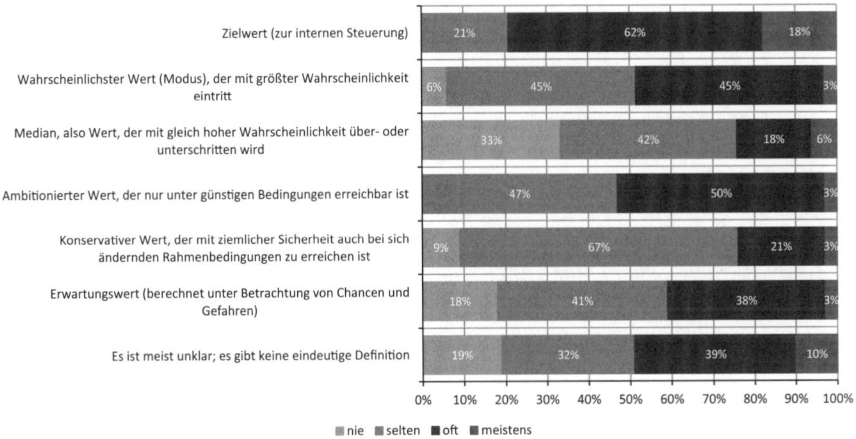

Abbildung 162: Antworten auf die „Frage „Wie ist der Ihnen für die Unternehmensbewertung vorliegende Planwert in der vom Unternehmen vorgelegten Planung zu interpretieren?" (Quelle: Behringer/Gleißner, 2021, S. 860)

Eine Studie von Ulrich et al. (2018) zum Stand des Risikomanagements in Deutschland zeigt, dass

- die zur frühen Erkennung möglicher „bestandsgefährdender Entwicklungen" (auch aus Kombinationseffekten von Einzelrisiken) notwendige Risikoaggregation von nur 29 % der Unternehmen durchgeführt wird,
- eine Orientierung der Risikomanagementsysteme an bestehenden Standards (wie ISO 31000, IDW PS 981 oder COSO ERM) selten ist[1559],
- die Ausrichtung des Risikomanagements noch immer häufig auf „Risikoreduktion", „Risikoabsicherung" oder gar „Vermeidung von Risiken" ausgerichtet ist und nur 13 % die ökonomisch sinnvolle „Optimierung von Risiken" anstreben,
- den größten Verbesserungsbedarf in den Bereichen „ganzheitliches Risikomanagementsystem", „Risikokultur" und der Quantifizierung von Risiken wahrgenommen wird.

Erfreulicherweise sehen 90 % der Unternehmen einen sehr hohen, hohen oder zumindest mittleren Mehrwert des Risikomanagements für Managemententscheidungen. Es ist zu beachten, dass die Studie auf Befragungen basiert, die tendenziell – im Vergleich zu einer objektivierten Prüfung durch einen externen Experten – positiv verzerrt sind. Im Grundsatz zeigt sich jedoch, dass die Unternehmen die Bedeutung eines guten Risikomanagements sehen (ebenso wie bestehende Verbesserungspotenziale) und anstreben das Risikomanagement weiter zu verbessern, insbesondere in Richtung eines entscheidungsorientierten Risikomanagements.

1559 Die Anwendung der betrachteten Risikomanagement-Standards liegt zwischen 3 % und 12 %.

Eine Studie zum Risikomanagement der DAX und MDAX-Unternehmen aus 2020[1560] zeigt ergänzend folgendes:

1. Bei den meisten Unternehmen in DAX und MDAX ist weiterhin nicht erkennbar, dass diese definieren, was für sie eine *„bestandsgefährdende Entwicklung"* ist. Damit bleibt zweifelhaft, ob z.B. bestandsgefährdende Entwicklungen durch die Verletzung von Kreditvereinbarungen (Covenants) oder von Mindestanforderungen eines Ratings untersucht werden. Die Risikotragfähigkeit wird oft nicht beachtet.
2. Eine *„bestandsgefährdende Entwicklung"* kann bei keinem Unternehmen völlig ausgeschlossen werden. Eine für Aktionäre nützliche Information über den *„Grad der Bestandsgefährdung"* findet man allerdings selten. Den Grad der Bestandsgefährdung könnte man durch die Insolvenzwahrscheinlichkeit (bzw. ein Rating als Maß für das Insolvenzrisiko) ausdrücken. Dabei sind die Erkenntnisse von Risikoanalyse und Risikosimulation zu berücksichtigen.
3. Bei vielen Unternehmen muss weiter bezweifelt werden, ob „bestandsgefährdende Entwicklungen" auch aus der Kombinationswirkung mehrerer Einzelrisiken erkannt werden (was der IDW PS 340 und der DIIR Nr. 2 fordern). Die dafür notwendige **Risikoaggregation** (Monte-Carlo-Simulation), die die Auswirkung auch mehrerer Risiken z.B. auf Covenants und das Rating untersucht, wird bei vielen Unternehmen (d.h. knapp drei Viertel) nicht durchgeführt. Bei über 90 % der untersuchten Unternehmen ist aber nicht erkennbar, dass die erforderliche Aggregation der Risiken auch *„über die Zeit"* (d.h. über mehrere Jahre) durchgeführt wird.
4. Nur bei wenigen Unternehmen ist erkennbar, dass konsequentes Risikomanagement bei der Vorbereitung „unternehmerischer Entscheidungen" (i.S. § 93 AktG) bereits konsequent einbezogen wird. Neben Defiziten bei der Risikoquantifizierung selbst zeigt die Studie, dass die Informationen des Risikomanagements noch kaum bei der Bestimmung „erwartungstreuer" Planwerte, der Ableitung des Eigenkapitalbedarfs oder der Kapitalkosten Berücksichtigung finden.

Statistik Berichtsanalyse: n = 72	6a) Risikoaggregation	6b) Aggregation „über die Zeit"	7) Bericht an Gesamtvorstand
Häufigkeit 0 Pkt. (nicht erfüllt)	52	70	1
Häufigkeit 1 Pkt. (teilweise erfüllt)	11	–	6
Häufigkeit 2 Pkt. (voll erfüllt)	9	2	65

Tabelle 63: Ergebnisse zur Risikoaggregation und Bericht an den Gesamtvorstand – Auszug (Quelle: Köhlbrandt, et al., 2020, S. 254)

[1560] Siehe Köhlbrandt et al., 2020.

Die Tabelle 63 zeigt, dass nur bei einer Minderheit der Unternehmen (9 von 72) eine sachgerechte Risikoaggregation durchgeführt wird, um mögliche „bestandsgefährdende Entwicklungen" auch aus Kombinationseffekten von Einzelrisiken zu erkennen. Ähnliche Defizite zeigt auch die „Benchmark-Studie Risikomanagement" 2020 von Deloitte.[1561] Gemäß der Umfrage von Deloitte nehmen nur bestenfalls 24 % der Unternehmen eine sachgerechte Risikoaggregation vor. 43 % der Unternehmen geben an eine „Addition von Schadenserwartungswerten" vorzunehmen, was nicht hilft, um eine Bestandsgefährdung zu erkennen. Zudem scheinen nach der Deloitte-Studie nur 18 % der Unternehmen die Liquiditätsreserven des Unternehmens mit dem Risikoumfang zu vergleichen, obwohl heute Illiquidität – und nicht Überschuldung – die Hauptbedrohung darstellt.

Die in den Studien gezeigten gravierenden Defizite belegen, dass trotz der Prüfung seitens der Abschlussprüfer zur Erfüllung der gesetzlichen Mindestanforderungen nötigen Funktionalitäten in Risikomanagementsystemen oft nicht existieren, insbesondere in den Bereichen Risikoquantifizierung, Risikoaggregation und der Nutzung von Risikoinformationen bei der Vorbereitung „unternehmerischer Entscheidungen" (§ 93 AktG). Die bisherige Prüfungspraxis ist folglich nicht geeignet.[1562] Ein Aktionär kann nämlich nicht darauf vertrauen, dass Unternehmen adäquate Risikomanagementsysteme haben, wenn ein Jahresabschluss uneingeschränkt testiert wird.

Im Allgemeinen kann man sehr leicht nachweisen, dass Risikomanagementsysteme den gesetzlichen Anforderungen nicht genügen (siehe Gleißner, 2020g und den Abschnitt 6.7.2). Damit stellt sich die Frage, warum Abschlussprüfer oft leicht erkennbare Defizite „ignorieren". Hierfür kann man sich eine Reihe von Gründen vorstellen, die sich aus der Situation und Interessenslage der Wirtschaftsprüfungsgesellschaften ergeben. Diese reichen von einem Mangel an geeigneten Mitarbeitern für die Prüfung von Risikoaggregationsverfahren bis hin zur Vermutung, dass Abschlussprüfer einen Konflikt mit Mandanten, von denen sie bezahlt werden, vermeiden möchten (siehe eine Übersicht bei Gleißner, 2020g).

Es ist notwendig, dass nach der Veröffentlichung des neuen IDW Prüfungsstandards 340 n.F. (2020) das Risikofrüherkennungssystem konsequenter geprüft wird.

Im Ergebnis ist festzuhalten, dass viele implementierte Risikomanagementsysteme weder gesetzliche Anforderungen erfüllen noch den potenziellen Nutzen erreichen. Man erkennt große Verbesserungspotenziale.

[1561] Vgl. auch Link et al., 2021.
[1562] Vgl. Berger et al., 2021b und Schmidt/Henschel, 2021.

Exkurs: Eine kleine Übersicht zu Studien zum Risikomanagement (siehe Tabelle 64)

Fachpublikation	Datengrundlage	Wesentliche Ergebnisse
Angermüller/Berger, 2010	HDAX-Unternehmen, Geschäftsberichte von 2007–2009	Am häufigsten wird über finanzwirtschaftliche Risiken berichtet. Top-Risiken stammen in erster Linie aus der Kategorie „Finanzen", während strategische Risiken selten benannt werden.
Klatt/Möller/Pötig, 2010	78 Unternehmen aus DAX und MDAX, Geschäftsberichte von 2008	Für die gesetzlichen Anforderungen bezüglich eines Risikofrüherkennungs- und Risikoüberwachungssystem stellt die Monte-Carlo-Simulation (MCS) ein modernes Aggregationsverfahren dar. Die MCS wird zur Risikoaggregation bisher weitestgehend nur in der Finanzbranche genutzt.
Angermüller/Gleißner, 2011	HDAX-Unternehmen, Umfragejahr 2010	Im Bereich wichtiger strategischer Entscheidungen findet kaum eine quantitative Zusammenarbeit zwischen Risikomanagement und Controlling statt. Informationen über den aggregierten Gesamtrisikoumfang werden kaum fundiert abgeleitet und für wesentliche Entscheidungen genutzt.
Eisenschmidt, 2011	137 Unternehmen aus HDAX und SDAX, Geschäftsberichte von 2007–2009	Es bestehen deutliche Mängel in der Qualität der Risikoberichterstattung. Das durchschnittliche Qualitätsniveau lag unter 40 % und lediglich 10 % der Unternehmen erreichten einen Wert von über 50 %. Insgesamt hat sich der Berichtsumfang als auch die Berichtsqualität auf niedrigen Niveau gesteigert.
Diederichs, 2012	24 Unternehmen aus dem DAX, Umfragejahr 2010	Risiken werden hauptsächlich mit der Schadenshöhe und Eintrittswahrscheinlichkeit bewertet. Die personelle Besetzung im Risikomanagement variiert sehr stark und auch die Einordnung des Risikomanagements im Unternehmen und das Aufgabenspektrum fallen sehr unterschiedlich aus.

Fachpublikation	Datengrundlage	Wesentliche Ergebnisse
Kajüter, 2012	290 deutsche Aktiengesellschaften in Konzernform aus 13 Branchen, Geschäftsberichte von 2003 und Umfragejahr 2004	Konzeptionell: Erarbeitung individueller Risikomanagementsysteme je nach Konzerntyp. Beschreibung des Risikomanagementsystems nach fünf Dimensionen: Systembildung, Risikofrüherkennung, Risikobewältigung und interne Überwachung. Einzelerkenntnisse: Gesetzliche Erfordernisse sind ein wesentlicher Grund für das Risikomanagement. Überwiegende Risikoquantifizierung nach Eintrittswahrscheinlichkeit und fester Schadenshöhe. Es bestehen Defizite in der Risikoaggregation und 29 % der Konzerne verzichten völlig darauf.
Kajüter/Nienhaus/Mohrschladt, 2015	DAX- und MDAX-Unternehmen (Ausschluss von Finanzdienstleistern, Unternehmen mit Sitz im Ausland oder abweichendem Kalenderjahr), Geschäftsberichte von 2012–2013	Mit der Umstellung auf den DRS 20 hat sich der Umfang der Berichterstattung erhöht und auch die Qualität tendenziell verbessert. Kritisch ist die mangelnde Erläuterung der Auswirkung von Chancen und Risiken und das sehr uneinheitliche Chancenverständnis.
Lackmann/Steinmeier/Stich, 2015	DAX-Unternehmen (ohne Finanzinstitute und Unternehmen mit abweichendem Wirtschaftsjahr), Geschäftsberichte von 2013	Die Umsetzung des DRS 20 wurde vielfach nur minimalistisch umgesetzt. Von den Unternehmen quantifizieren 73 % keine Chancen und 41 % keine Risiken.
Velte/Czaya, 2017	DAX-Unternehmen (ohne Unternehmen aus der Kredit-, Finanzdienstleistungs- und Versicherungsbranche), Geschäftsberichte von 2014	Der durchschnittliche Erfüllungsgrad der Berichte beträgt 61 % und die Berichte haben eine eingeschränkte Aussagekraft. Wesentliche Defizite sind die Darstellung der Risikotragfähigkeit sowie des Risikokonsolidierungskreises, die Angaben zu den Veränderungen in den Einzelrisiken und die Risikoquantifizierung.

Fachpublikation	Datengrundlage	Wesentliche Ergebnisse
Link/Scheffler/Oehlmann, 2018	53 deutsche, größtenteils kapitalmarktorientierte Industrieunternehmen, Umfragejahr 2016/2017	Einschätzungen der Umfrageteilnehmer zeigen, dass verschiedene Elemente des Risikomanagementsystems als ausbaufähig angesehen werden. Als wesentliche Elemente werden die Risikokultur, die Zielsetzung im Risikomanagement und die Risikosteuerung genannt.
Ulrich/Barth/Lehmann, 2018	320 deutsche Großunternehmen aus verschiedenen Branchen, Umfragejahr 2018	Risikomanagementsysteme sind in mehr als 80 % der Unternehmen schwach ausgeprägt und wenig formalisiert. Risiken werden in rund 50 % der Unternehmen einzeln und unabhängig voneinander erfasst und gemanagt.
Hofmann/Fink, 2019	Nicht-Finanzunternehmen aus dem DAX, Geschäftsberichte von 2016	Eine stärkere Integration des Chancen- und Risikomanagements wirkt sich in der Tendenz positiv auf die wertorientierte Unternehmensführung aus. Es besteht noch Entwicklungspotenzial hinsichtlich der Integration der Risikomanagementsysteme, jedoch bei 56 % werden Chancen und Risiken bereits gut in strategischen Entscheidungsprozessen berücksichtigt.

Tabelle 64: Bisherige empirische Forschung zur Risikopublizität und zum Risikomanagement

6.7.4 Zusammenfassung

Insgesamt ist festzuhalten, dass der potenzielle Nutzen des Risikomanagements – nämlich die Krisenfrüherkennung und Krisenprävention sowie Steigerung des Erfolgs bzw. Unternehmenswertes durch Verbesserung des Ertrag-Risiko-Profils – durch eine Reihe häufig beobachtbarer Fehlerquellen und Schwächen noch oft nicht erreicht wird. In sämtlichen Aufgabenbereichen des Risikomanagements findet man bei vielen Unternehmen schwerwiegende methodische Probleme. Diese können dazu führen, dass Risikomanagement in der Praxis keinen befriedigenden Erfolg zeigt und oft die gesetzten Erwartungen nicht erfüllt. Anzustreben ist, dass das Risikomanagement Aussagen liefert über erwartungstreue Planwerte, den Gesamtrisikoumfang (Eigenkapitalbedarf und Variationskoeffizient der Erträge), die Berechnung risikogerechter Kapitalkostensätze (wertorientierte Unternehmensführung) unterstützt und letztlich damit eine Abwägung von erwarteten Erträgen und Risiken bei wichtigen Managemententscheidungen unterstützt. Zudem sollte es die Planungssicherheit zeigen und Ansatzpunkte geben, wie diese zu verbessern ist. Unentschuldbar ist, dass oft selbst „bestandsgefährdende Entwicklungen“ im Sinne § 91 Abs. 2 AktG und § 1 StaRUG nicht erkannt werden können, weil die Kombinationseffekte mehrerer Einzelrisiken (auf das Rating) mangels Risikoaggregation nicht ausgewertet werden. Es ist bedenklich, wenn trotz der Anforderung (auch IDW PS 340 und DIIR RS Nr. 2) diese Schwächen akzeptiert werden und Wirtschaftsprüfer das System testieren.

6.8 Projektmanagement: Auf- und Ausbau von Risikomanagementsystemen

6.8.1 Gestaltungsalternativen für Risikomanagement-Projekte

Sowohl die erstmalige Implementierung eines unternehmensweiten Risikomanagementsystems als auch der Systemausbau erfordern eine Projektplanung und eine zentrale Projektleitung. Da Risikomanagement als Querschnittsfunktion im Prinzip alle Organisationseinheiten (z.B. Tochtergesellschaften) und Funktionsbereiche eines Unternehmens betrifft, sind hier oft vielfältige Abstimmungen erforderlich, und es ist sicherzustellen, dass von der Unternehmensführung selbst die Bedeutung des Themas Risikomanagement klargestellt wird und die notwendigen Kompetenzen für den Aus- und Aufbau des Risikomanagements dem jeweiligen Projektleiter zugeordnet werden.

Im Folgenden werden einige Überlegungen zur Umsetzung von Projekten im Risikomanagement kurz zusammengefasst. Dabei wird zunächst im ersten Unterabschnitt auf den „traditionellen“ Aufbau eines Risikomanagements eingegangen, der ausgehend von einer durchgängigen systematischen Identifikation der Risiken über Risikobewertung und Risikoaggregation im letzten Schritt Organisationsregeln für das Risikomanagement zusammenfasst, die einer kontinuierlichen Überwachung der wesentlichen Risiken dienen. Ergänzend wird im folgenden Unterabschnitt ein alternativer Vorgehensweg skizziert. Dieser geht von der Annahme aus, dass die wesentlichen Unternehmensrisiken bereits bekannt sind und durch das Risikomanagement daher ohne einen umfassenden Identifikationsprozess relativ schnell zunächst die Bestimmung des Gesamtrisikoumfangs (Risikoaggregation) erreicht werden soll, da mit diesen Zusatzinformationen ein wesentlicher Teil des Nutzens des Risikomanagements (z.B. Ratingprognosen und die Bestimmung des Eigenkapitalbedarfs für die Finanzierungsplanung) erzielt werden kann. Bei dieser Projektvariante wird anschließend ein hoch effizienter Weg für die Weiterentwicklung des Risikomanagements gewählt, nämlich die möglichst konsequente Nutzung bestehender Managementsysteme, speziell des Controllings. Oft ist dabei speziell die Etablierung eines Regelwerks zur Vorbereitung unternehmerischer Entscheidungen, bei denen Risikoanalysen einzubeziehen sind, sinnvoll. Bei der Vorbereitung von Managemententscheidungen arbeiten Controlling und Risikomanagement möglichst eng zusammen.

Die Einführung (und der Ausbau) eines Risikomanagementsystems ist vergleichbar mit anderen internen Projekten und erfordert ein gewisses Maß an Koordinations- und Steuerungsaktivitäten, um eine termin-, inhalts- und kostengerechte Zielerreichung zu gewährleisten. Deshalb sollte auch die Einführung eines Risikomanagementsystems als klar definiertes Projekt geführt und strukturiert abgearbeitet werden.

Für die Projektarbeit wird oft externe Beratungsleistung hinzugezogen. Manchmal ist es auch sinnvoll den Wirtschaftsprüfer möglichst frühzeitig in das Projekt einzubinden, wenn formale Anforderungen (KonTraG und StaRUG) erfüllt werden sollen. Damit können nicht nur die erforderlichen Inhalte aus Sicht der Wirtschaftsprüfung berücksichtigt, sondern auch dessen Kenntnisse über das Unternehmen genutzt werden

Ist die grundsätzliche Entscheidung für die externe Unterstützung gefallen, gibt es zwei Möglichkeiten, wie diese ausgestattet werden kann:

- Der Berater stellt sein methodisches Wissen für die Arbeitsschritte zur Verfügung, ohne an der inhaltlichen Erarbeitung der Risikoinformationen beteiligt zu sein („Coaching-Modell").
- Der Berater erhebt gemeinsam mit den Mitarbeitern des Unternehmens die benötigten Informationen, dokumentiert Ergebnisse selbst und übernimmt eigenständig Teilaufgaben („Berater-Modell").

Zudem ist gemäß den Überlegungen aus den Abschnitten 6.2 bis 6.6 zur Organisation des Risikomanagements zu unterscheiden zwischen

- dem traditionellen „Risikomanagementansatz" (Risikomanagement primär als eigenständiges Organisationssystem) und
- dem integrativen Risikomanagement („Controlling-Ansatz") bzw. dem Ausbau des Controllings zu einem „risikoorientierten Controlling" („wertorientiertes Controlling").

Natürlich sind Kombinationen von Elementen beider Wege denkbar.

Bei Konzernen ist zudem zu klären, wann und in welchem Umfang die deutschen Tochtergesellschaften, die auch § 1 StaRUG erfüllen sollten, mit einbezogen werden.

Im Folgenden wird zunächst ein möglicher Projektablauf für den eigenständigen Risikomanagementansatz dargestellt, bei dem aber natürlich das Risikomanagement auch mit anderen Managementsystemen zu verknüpfen ist. Anschließend wird kurz die Projektskizze für einen alternativen Weg zum integrativen Risikomanagement dargestellt, bei dem unterstellt wird, dass wesentliche Informationen über die Risiken bereits existieren und durch den Ausbau des Risikomanagements im Kontext der Planung ausgewertet werden sollen, um

- Informationen über den (aggregierten) Gesamtrisikoumfang des Unternehmens zu erhalten und
- dauerhaft Controlling-Funktionalitäten für die Identifikation und Quantifizierung des Risikos zu nutzen.

Gerade bei der Planung von Risikomanagementprojekten sind die bereits erwähnten Umsetzungshemmnisse besonders zu beachten. Der Erfolg eines

Projekts zum Aus- oder Aufbau des Risikomanagementsystems ist wesentlich davon abhängig, dass

- eindeutig geklärt wird, was Risiko ist (insbesondere sollten Risiken nicht mit Fehlern oder Schäden verwechselt werden, sondern als mögliche Planabweichungen aufgefasst werden),
- der Nutzen des Risikomanagements für das Unternehmen klargestellt wird,
- auf die psychologisch bedingte Aversion von Menschen, sich mit Risiko zu beschäftigen, explizit hingewiesen wird („Risikoblindheit"),
- aufgezeigt wird, wie auch scheinbar schwierige Aufgaben im Risikomanagement (z.B. die Risikoquantifizierung) durch bekannte und bewährte Instrumente effizient lösbar sind, und
- die Unterstützung der Unternehmensführung gewährleistet ist.

6.8.2 Das Projektteam und dessen Aufgaben

Je nach Unternehmensgröße gehören folgende Mitarbeiter zum Projektteam, deren Aufgabenbereiche kurz erläutert werden.[1563]

Mentor

Ein Vertreter der Unternehmensführung („Mentor") ist primär Ansprechpartner für das Risikomanagementsystem in der Geschäftsleitung (Geschäftsführung, Vorstand). Ihm obliegt es, das Projekt zu starten, es zu kommunizieren und zu fördern. Ergänzend kann ein Lenkungsausschuss eingerichtet werden.

Projektleiter

Wegen der thematischen Nähe des Risikomanagements zum Controlling empfiehlt es sich meist, das Projekt in diesem Bereich anzusiedeln und die interne Projektleitung mit einem Mitarbeiter aus diesem Bereich zu besetzen; zumindest wenn es noch keinen Leiter Risikomanagement gibt. In manchen größeren Unternehmen wird die Projektleitung jedoch auch von der Internen Revision übernommen. In diesen Fällen sollte bereits während der Projektplanung der Übergang des Risikomanagements in andere Verantwortungsbereiche vorgesehen werden. Bei externer Begleitung des Projektes sind Absprachen zwischen der internen und externen Projektleitung notwendig. Sie planen und steuern gemeinsam den Ablauf des Projekts.

Zu den Aufgaben gehören z.B. die Erstellung des Projektplans, die Koordination der Termine, die Vor- und Nachbereitung der Workshops, die Sicherstellung der Dokumentation sowie das Ausarbeiten der Ergebnispräsentationen.

Mitarbeiter im Projekt

Selten können alle relevanten Mitarbeiter eines Unternehmens in das Projekt eingebunden werden. Gleichwohl sollten sie Informationen über das Projekt

---

[1563] In Anlehnung an Gleißner/Lienhard/Stroeder, 2004.

und die daraus erwünschten Verhaltensänderungen im Umgang mit Risiken erhalten. Aus diesem Grunde kann bei komplexeren Projekten ein Team gebildet werden, das mit Führungskräften und Fachspezialisten aus den Funktionsbereichen, Abteilungen oder Prozessen (z.B. aus Controlling, Finanzwesen oder Produktion) besetzt ist. Ihre Aufgabe besteht darin, Fachwissen mit einzubringen und die Querverbindungen zu ihren Abteilungen herzustellen sowie Informationen weiterzuleiten („Rollout").

6.8.3 Projektablauf

6.8.3.1 Erwartungsmanagement und systematische Erhebung des Status quos des Risikomanagementsystems

Um eine Weiterentwicklung des Risikomanagementsystems zu gewährleisten, wird in diesem Modul das bestehende Risikomanagementsystem einer Beurteilung unterzogen. Grundlage der Analyse ist ein in Abschnitt 6.7.2 vorgestellter Prüfungsleitfaden (vgl. DIIR RS Nr. 2).

Basierend auf den Analyseergebnissen werden Verbesserungspotenziale eruiert und als Nachbereitung in einer Dokumentation der wesentlichen Ergebnisse priorisiert zusammengefasst.

Weiteres Ziel ist es, strukturiert insbesondere die wesentlichen Top-Management-Entscheidungssituationen des Unternehmens gegliedert nach Funktionsbereichen zusammenzufassen sowie zusätzlich weitere Erwartungen des Managements an das Projekt zu erfassen.

6.8.3.2 Risikoanalyse und Erstellung Risikoinventar

Aufgabe der Risikoanalyse ist es, alle auf das Unternehmen einwirkenden Einzelrisiken systematisch zu identifizieren und anschließend hinsichtlich Eintrittswahrscheinlichkeit und quantitativer Auswirkungen zu bewerten. In der Analyse der wesentlichen Risiken werden bestehende Risikomanagementaktivitäten (z.B. FMEA, TQM-Ansätze oder sonstige Qualitätsmanagementansätze) ebenso berücksichtigt, wie bestehende Risikobewältigungsmaßnahmen.

Die Identifikation wesentlicher, eventuell sogar „bestandgefährdender" Risiken wird durch eine klare Fokussierung auf die wichtigsten Risikofelder und einen hierarchischen Prozess der Risikoanalyse gewährleistet:

- Strategische Risiken
- Unsichere Planannahmen und Finanzrisiken
- Leistungsrisiken (auch der Unterstützungsprozesse, wie IT)

Die jeweiligen Arbeitsschritte und Arbeitsergebnisse der Risikoanalyse werden mittels Arbeitsunterlagen und Checklisten unterstützt.

Anschließend werden die Risiken aus den einzelnen Analyseworkshops in einem Risikoinventar priorisiert zusammengefasst.

Schließlich werden die Risiken bestimmt, welche aufgrund ihrer Bedeutung zu quantifizieren sind (also durch Wahrscheinlichkeitsverteilungen beschrieben werden sollen).

6.8.3.3 Quantitative Risikoanalyse, Risikoaggregation sowie Ableitung von Eigenkapitalbedarf und Durchführung einer Ratingprognose

Ein Unternehmen ist einer Vielzahl von Risiken ausgesetzt, die sich durch unterschiedliche Schadensverteilungen (z.B. Normalverteilung) und Wirkungen (z.B. auf Umsatz oder auf Personalkosten) beschreiben lassen. Ziel dieses Schrittes ist es, den Gesamtrisikoumfang und damit den Eigenkapitalbedarf durch die Aggregation der Einzelrisiken und den Grad der Bestandsgefährdung zu bestimmen.

In einem ersten Schritt werden die vorhandenen Risikoinformationen in die konsolidierte Unternehmensplanung integriert. Hierzu werden die bestehende operative (konsolidierte) Gesamtunternehmensplanung sowie die vorhandenen Risikoinformationen in eine Software für die Risikoaggregation, wie den „Strategie-Navigator"[1564], übernommen. Anschließend erfolgt die Aggregation der Risiken mit Bezug auf die Unternehmensplanung mittels Monte-Carlo-Simulation.

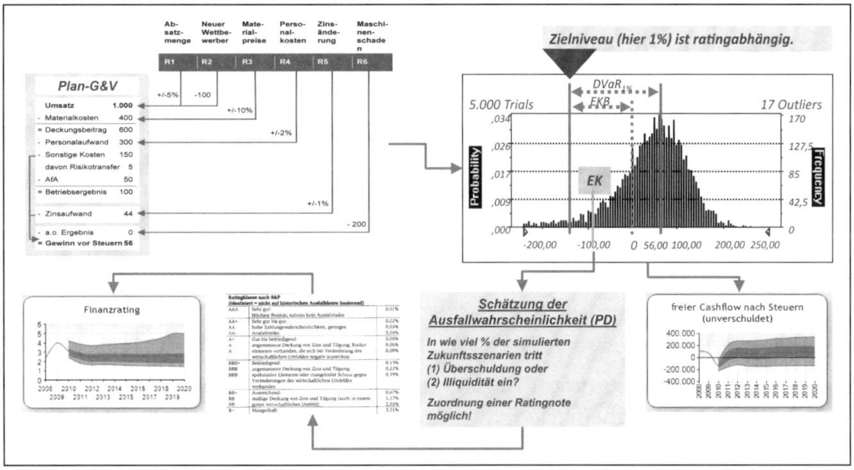

Abbildung 163: Verknüpfung von Planung und Risikosituation mittels Simulation

Die Risikoaggregation erlaubt Aussagen über:

- Gesamtrisikoumfang (gemessen an den Risikomaßen Value at Risk (VaR)), Eigenkapitalbedarf (EKB) und Variationskoeffizient des Gewinns),
- Beurteilung der Planungssicherheit sowie Kennzahlen für die Risikotragfähigkeit und Risikotoleranz,
- Gefährdungswahrscheinlichkeit (Wahrscheinlichkeit einer „bestandsgefährdenden Entwicklung", z.B. Verletzung der Kreditvereinbarungen (Covenants)),
- Ratingprognose und Gefährdungswahrscheinlichkeit zur Krisenprävention sowie

[1564] Vgl. Abschnitt 6.9.

- Erwartungswerte der zukünftigen Cashflows und risikogerechte Kapitalkosten für eine wertorientierte Unternehmensführung.

Mit der hier durchgeführten Risikoaggregation und der Beurteilung der Implikationen der bestehenden Einzelrisiken und ihrer Kombinationseffekte für die Bestandssicherheit des Unternehmens werden zugleich die Anforderungen aus dem Kontroll- und Transparenzgesetz (KonTraG) sowie § 1 StaRUG erfüllt.

6.8.3.4 Risikobewältigung, Risikokosten und Verbesserung der Planungssicherheit

Bestehende und mögliche Risikobewältigungsmaßnahmen werden erfasst und Ideen für Verbesserung von Risikobewältigung (Risikosteuerung) ausgearbeitet. Die erarbeiteten Maßnahmen werden in einer Prioritätsliste für die weitere Bearbeitung durch das Unternehmen zusammengestellt. Dabei werden auch Möglichkeiten zur Reduzierung der „Risikokosten" diskutiert. Es wird die Grundlage geschaffen, diese Maßnahmen hinsichtlich ihres „Wertbeitrages" – also Abwägen von Kosten und Risikoreduzierung – zu beurteilen.

6.8.3.5 Konzept für den Ausbau und die Organisation des Risikomanagements

Ausgehend auf der zu präzisierenden Risikopolitik[1565] ist das Ziel die Entwicklung priorisierter Vorschläge zum Ausbau der Managementsysteme im Hinblick auf den Umgang mit Unsicherheit und Risiko und die Erarbeitung eines Organisationskonzepts für das Risikomanagementsystem (mit optionaler Zusammenfassung und Dokumentation der wichtigsten Aspekte in einem „Risikohandbuch").

Dabei wird insbesondere die Integration des Risikomanagements in bestehende Organisationsstrukturen und Managementsysteme (z.B. Controlling) angestrebt. Es findet dabei eine Priorisierung der Weiterentwicklungspotenziale statt an (a) ökonomischem Mehrwert und (b) der Möglichkeit der Absicherung gegenüber potenziellen Haftungsrisiken.

Unter Beachtung z.B. der für das Unternehmen relevanten Anforderungen umfasst der Gestaltungsvorschlag die Elemente:

- Risikopolitik und Limits,
- Verfahren zur Risikoidentifikation.
- Gestaltung des Risikoüberwachungssystems (aufbauend auf bereits im Unternehmen befindlichen Systemen),
- Zusammenspiel von zentralem und dezentralem Risikomanagement (bei Tochtergesellschaften),
- Regelung der Verantwortlichkeiten im Risikomanagement und
- Berichtsstruktur und -erstattung.

Festzulegen ist hier insbesondere, wie das Risikomanagement bei der Vorbereitung unternehmerischer Entscheidungen mit einbezogen wird. Es empfiehlt sich in diesem Zusammenhang – sofern noch nicht geschehen – insgesamt ein

[1565] Vgl. Abschnitt 6.2.1.

Regelwerk zu entwickeln, das gewährleistet, dass für alle unternehmerischen Entscheidungen fundierte und neutrale Entscheidungsvorlagen erstellt werden (vgl. Abschnitt 6.8.5).[1566]

Ziel und Ergebnis des Schrittes ist dabei auch eine Zusammenfassung von Verbesserungspotenzialen für die bestehende Planung und richtungsweisende Vorschläge für eine Weiterentwicklung – insbesondere auch bezüglich einer noch besseren Verknüpfung von Risikomanagement mit Planung/Controlling sowie des Internen Kontrollsystems (IKS) und ggf. auch dem Versicherungsmanagement.

6.8.3.6 Umsetzung und Rollout

Die Vorgehensweise zur Implementierung und zur dauerhaften Verankerung des Systems werden festgelegt. Damit einher geht auch der Übergang von der Projektorganisation in die Unternehmensorganisation (Tagesgeschäft). In der Implementierungsphase sollen die Mitarbeiter begleitet und geführt werden. Es ist wichtig, dass die Mitarbeiter über das Risikomanagementsystem informiert und bei Bedarf auch geschult werden. Ziel ist es, das Risikomanagement im Unternehmen zu verankern und insbesondere ins Tagesgeschäft – d.h. ins Bewusstsein der Mitarbeiter – zu integrieren.

Die Umsetzung erfolgt mit Hilfe von Software, die sowohl die Risikoanalyse als auch die Bewertung und Aggregation der Risiken bis hin zur Berichterstattung unterstützt.

Ein Projektablauf für ein Unternehmen gliedert sich meist in die in Abbildung 164 genannten „Module". Je nach Unternehmen und Schwerpunktsetzung sind spezifische Anpassungen vorzunehmen; beispielsweise können auch Iterationen zwischen den Modulen 2 und 5 gewünscht sein, damit das System adäquat fokussiert wird. Das Resultat ist eine erste Einschätzung über die Risikosituation des Unternehmens sowie ein funktionierendes Risikomanagementsystem.

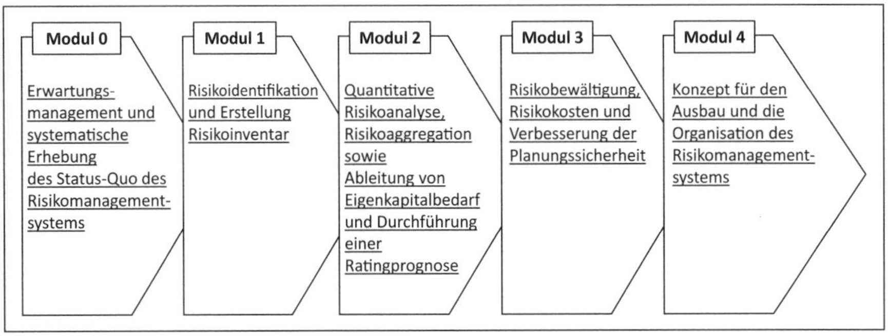

Abbildung 164: Projektablauf (Beispiel)

[1566] Siehe Gleißner, 2021c und ICV, 2021.

Die praktische Umsetzung von Regelungen für den Auf- oder Ausbau des Risikomanagement beginnt üblicherweise (bei einem größeren Unternehmen) auf Ebene auf Ebene der Muttergesellschaft. Da gemäß § 1 StaRUG auch deutsche Tochtergesellschaften eines solchen Unternehmens, die z.B. in Rechtsform einer AG oder GmbH organisiert sind, in der Lage sein sollen, mögliche „bestandsgefährdende Entwicklungen" früh zu erkennen, ist ein „Rollout" auf die Tochtergesellschaften erforderlich. Ausgehend von den allgemeinen Regelungen wird man dabei gegebenenfalls bei den Tochtergesellschaften gewissen Vereinfachungen bei Risikoanalyse und Risikoüberwachung akzeptieren. Es soll aber auch hier gewährleistet bleiben, dass mögliche bestandsgefährdende Entwicklungen – auch aus Kombinationseffekten von Einzelrisiken – tatsächlich erkannt werden.[1567] Wesentlich ist zu gewährleisten, dass die in den Tochtergesellschaften erhobenen Risikoinformationen, sofern sie eine vorzugebende Relevanzschwelle überschreiten, in die Risikoanalyse der Muttergesellschaft einfließen.

6.8.4 Ausbau des Controllings: Ein alternativer Projektplan

6.8.4.1 Überblick

Nach der Darstellung des „konventionellen" Weges zum Aufbau des Risikomanagementsystems, das weitgehend abgestützt ist auf eine eigenständige Struktur, wird im Folgenden kurz skizziert, wie in nur wenigen Tagen der Ausbau des Risikomanagements in Anlehnung an bestehende Controllingsysteme möglich ist, wobei die Fähigkeiten des Controllings im Umgang mit Risiken verbessert werden.[1568] Der Start ist hier jedoch weder die Identifikation von Risiken noch die Anpassung von Organisationsregeln, sondern die erstmalige Bestimmung des Gesamtrisikoumfangs, da gerade hier ein erheblicher Mehrwert im Risikomanagement erreicht werden kann – und speziell dieser Arbeitsschritt in vielen Risikomanagementsystemen von Unternehmen bisher noch nicht durchgeführt wurde. In Ergänzung wird hier oft gleich ein Regelwerk für die Vorbereitung von unternehmerischen Entscheidungen, die immer mit Chancen und Gefahren verbunden sind, mit etabliert (vgl. Business Judgement Rule gemäß § 93 AktG).[1569]

6.8.4.2 Berechnung des Gesamtrisikoumfangs: Bestandsgefährdung, Eigenkapitalbedarfs und Kapitalkosten

Zur Vorbereitung eines ersten Workshops wird die operative Unternehmensplanung in eine geeignete Risikoaggregationssoftware übernommen (vgl. Abschnitt 6.9). Zudem werden die vorhandenen Informationen über die Unternehmensrisiken ausgewertet und in der Software erfasst. Dabei wird insbesondere die Unsicherheit der Planungsprämissen betrachtet. Die gewonnenen Informa-

[1567] Siehe dazu z.B. den einfachen Einsatz des „FVG-Risikosimulators" entsprechend den Erläuterungen Gleißner/Kamaras, 2021.
[1568] Vgl. Gleißner/Rieg/Vanini, 2021.
[1569] Vgl. Gleißner, 2021b; RMA, 2019 und ICV, 2021.

tionen dienen zur Beurteilung der Risikoposition und der Planungssicherheit beim gegebenen Informationsstand.

Die Datenerfassung wird – gemeinsam mit den relevanten Mitarbeitern z.B. des Controllings – in einem Workshop vorgenommen. Im zweiten Schritt wird mit den vorhandenen Daten eine Risikoaggregation vorgenommen, um den Gesamtrisikoumfang zu bestimmen und (oft erstmalig) schon die entsprechenden Anforderungen aus dem KonTraG / StaRUG zu erfüllen, d.h. mögliche „bestandsgefährdenden Entwicklungen" zu erkennen. Ein wichtiger weiterer Schwerpunkt des Workshops ist die Interpretation und Beurteilung der ermittelten Ergebnisse: Risikoinventar, erwartungstreue Planwerte, Eigenkapitalbedarf, Finanzrating, Ratingprognose, Gefährdungswahrscheinlichkeit, Wertbeitrag der Risiken, Kapitalkostensatz, Wertkennzahlen usw. Dabei wird auch eine Beurteilung der relativen Bedeutung einzelner Risiken möglich, was eine Priorisierung der weiteren Risikoanalyse ermöglicht (vgl. Abschnitt 6.8.4.3).

6.8.4.3 Durchführung einer vertiefenden Risikoanalyse mittels statistischer Analysen

Bei der controllingorientierten Vorgehensweise erfolgt eine weitere Identifikation von Risiken anhand der Analyse historischer Plan-Ist-Abweichungen. Diese wird ergänzt um Risiken aus aktuellen (unsicheren) Planungsannahmen. Aus der Analyse historischer Plan-Ist-Abweichungen ist es möglich

- Rückschlüsse auf die hinter der Abweichung stehenden Risiken zu ziehen (Risikoidentifikation)
- Auswirkungspotenziale von Risiken abzuschätzen (Risikobewertung).

Basis für eine fundierte Analyse der vergangenen Unternehmensdaten ist die Zeitreihenanalyse. Z.B. kann die Analyse der vergangenen Umsätze unterschieden werden nach Ländern, Produkten oder Branchen, aber auch nach Preis- und Mengeneffekten. Konkret wird auf Basis von historischen Daten über die Entwicklung von Umsätzen und (von der Umsatzentwicklung abhängigen) Kosten eine Regressionsanalyse durchgeführt, wobei auch externe Einflussfaktoren (z.B. die Entwicklung des Sozialprodukts) als erklärende Variablen berücksichtigt werden können. Mit Hilfe einer Regressionsanalyse wird eine Gleichung für die Prognose der zu erklärenden Variablen (z.B. Umsatz) berechnet, bei der die Summe der quadrierten Prognosefehler (Residuen) minimiert wird.[1570] Zur quantitativen Beschreibung des Risikos werden dann diese Prognoseresiduen verwendet. Daraus können im nächsten Rechenschritt die gewünschten Risikomaße abgeleitet und die Risikoaggregation mit den neuen Informationen verbessert werden.

[1570] Man spricht hier von einer Kleinste-Quadrate-Schätzung.

6.8.4.4 Erarbeitung eines Vorgehensplans zur Integration von Risikomanagement und Controlling

In einem zweiten Workshop – welcher ebenfalls insbesondere mit den relevanten Mitarbeitern des Controllings durchgeführt wird – wird diskutiert,

- wie grundsätzlich Controlling und Risikomanagement bei der Vorbereitung „unternehmerischer Entscheidungen“ und der Erstellung von Entscheidungsvorlagen zusammenarbeiten sollen (vgl. Abschnitt 6.8.5),[1571]
- wie Risikomanagement und Controlling organisatorisch zueinanderstehen sollen,
- welche Arbeitsprozesse im Controlling angepasst werden müssen, um sämtliche unsicheren Planannahmen konsequent an das Risikomanagement (für Quantifizierung und Aggregation) zu melden,
- welche Prozesse angepasst werden müssen, um sämtliche durchgeführten Abweichungsanalysen im Hinblick auf die dabei identifizierten Risiken auszuwerten,
- auf welchen Berichtswegen im Controlling identifizierte Risiken (unsichere Planannahmen, Ursachen für eingetretene Planabweichungen) dem Risikomanagement mitgeteilt werden,
- welche quantitativen Informationen über die Risikohöhe weiterzugeben sind (speziell welche Verteilungsfunktion zu wählen ist; z.B. Dreiecksverteilung mit (1) Mindestwert, (2) wahrscheinlichstem Wert und (3) Maximalwert),
- welche Berichtswege und Schwellenwerte für die Risikoberichtserstattung von Controlling zu Risikomanagement zu vereinbaren sind,
- welche Formblätter, Checklisten und sonstigen Hilfsmittel für die das Risikomanagement unterstützenden Tätigkeiten im Controlling erforderlich sind,
- in welcher Form die Informationsflüsse zwischen Controlling (Unternehmensplanung, Budgetierung) und Risikomanagement IT-gestützt werden,
- welche Rückkopplung der Informationen des Risikomanagements an das Controlling (dort identifizierte Risiken, Gesamtrisikoumfang bzw. Planungssicherheit) vorzusehen ist,
- welche Prozesse (gemeinsam) zwischen Controlling und Risikomanagement zu vereinbaren sind, um identifizierten Risiken durch adäquate Risikobewältigungsmaßnahmen zu begegnen (z.B. Risikotransfer auf den Versicherungs- oder Kapitalmarkt),
- welche in Controlling und Unternehmensplanung vorhandenen Daten (z.B. über vergangene Abweichungen) ausgewertet werden sollen, um die Risikoquantifizierung zu unterstützen,
- welche Daten in Controlling, Planung und Risikomanagement zukünftig ergänzend erhoben werden sollen, um (nachvollziehbar) Transparenz über die Entwicklung der Risiken und die sich daraus ergebenden Schäden (bzw. Planabweichungen) zu erhalten,

---

[1571] § 93 AktG, siehe dazu ausführlicher Abschnitt 6.8.5, wo der Aufbau eines Regelwerks zur Vorbereitung unternehmerischer Entscheidungen erläutert wird.

- in welchen konkreten Arbeitsschritten die Verbindung von Risikomanagement und Controlling/Unternehmensplanung/Budgetierung etabliert werden soll (Projektplan),
- wann und in welcher Form Risikoanalysen des Risikomanagements bei der Erstellung von Entscheidungsvorlagen für Managemententscheidungen[1572] einbezogen und mit den Vorarbeiten des Controllings verknüpft werden sollen.

Die wesentlichen Ergebnisse der Diskussion werden anschließend zusammengefasst.

6.8.4.5 Identifikation und Bewertung der strategischen Risiken und Präsentation der Ergebnisse zu Gesamtrisikoumfang, Rating und Kapitalkosten

Ein dritter Workshop ist dann mit der Geschäftsleitung des Unternehmens vorgesehen. Inhalte dieses Workshops sind

- Darstellung der Grundlagen eines (controllingorientierten) Risikomanagementsystems,
- strukturierte Diskussion der Strategie und ihrer Erfolgspotenziale sowie die Identifikation und Relevanzeinschätzung bezüglich der wesentlichen strategischen Risiken (vgl. Abschnitt 2.2),
- die Vervollständigung des Risikoinventars aus dem ersten Workshop, vor allem mit den strategischen Risiken,
- die kritische Diskussion der wesentlichen Annahmen der Simulation zur Berechnung der Gesamtrisikoposition (z.B. Bandbreiten bezüglich der Entwicklung wesentlicher Umsatz- und Kostenpositionen),
- Darstellung der (ggf. überarbeiteten) Berechnung von Gesamtrisikoumfang, Insolvenz- bzw. Gefährdungswahrscheinlichkeit und des Eigenkapitalbedarfs sowie Diskussion der wesentlichen Ergebnisse, insbesondere der Konsequenzen der Risikowirkungen auf die Finanzierungskosten, die Finanzierungsstruktur und das Rating.
- Diskussion der Prozesse und Methoden mit denen zukünftige Entscheidungen, Ertrag und Risiko abgewogen werden sollen und
- Eckpunkte der Risikopolitik.

Auch bei dieser Vorgehensweise sollte eine Abstimmung mit den zukünftigen Risikobeauftragten und dem operativ Verantwortlichen für die Risikosteuerung und Risikobewältigung nicht vernachlässigt werden. Ebenso ist die Erstellung eines Risikohandbuchs zu empfehlen.

[1572] Siehe Gleißner, 2021b; ICV, 2021 und RMA, 2019.

6.8.5 Regelungen zur Vorbereitung unternehmerischer Entscheidungen

6.8.5.1 Risikomanagement im Prozess der Entscheidungsvorbereitung

Bereits in Kapitel 1 wurde auf die zentrale Bedeutung von Risikoinformationen bei der Vorbereitung „unternehmerischer Entscheidungen" im Sinne §93 AktG (Business Judgement Rule) hingewiesen. In diesem Abschnitt wird erläutert, welche Implikationen sich hieraus für Controlling und Risikomanagement ergeben. Wichtig ist zu beachten, dass die nachfolgend noch einmal kurz skizzierten und angesprochenen gesetzlichen Anforderungen deckungsgleich sind mit den ökonomischen: Bei einer von Unsicherheit geprägten Welt mit einer nicht sicher vorhersehbaren Zukunft ist es ökonomisch rational vor jeder wesentlichen Entscheidung die mit diesen verbundenen Risiken im Entscheidungskalkül zu berücksichtigen.

Wie ausführlich erläutert, sollte das Risikomanagement entscheidungsorientiert ausgerichtet werden. Ein entscheidungsorientiertes Risikomanagement ist integrativ und arbeitet eng mit dem Controlling zusammen; insbesondere bei der Vorbereitung „unternehmerischer Entscheidungen" (§93 AktG).

Im Ergebnis wird aus der Business Judgement Rule ein Sachverhalt klar: Unternehmerische Entscheidungen sind mit Risiko verbunden. Kein Geschäftsführer oder Vorstand haftet für das Pech, dass die mit seinen Entscheidungen – z.B. bezüglich Investitionen oder Produktneuentwicklungen – verbundenen Risiken sich auch einmal realisieren können (und Verluste zur Konsequenz haben können). Sorgfaltspflichtverletzungen liegen aber dann vor, wenn „unternehmerische Entscheidungen" nicht auf angemessenen Informationen basieren, also insbesondere in den Entscheidungsvorlagen nicht klargestellt wird, welche Chancen und Gefahren mit der Entscheidung verbunden sind. Dies erfordert die erläuterte entscheidungsorientierte Ausrichtung des Risikomanagements.

In diesem Abschnitt wird zunächst erläutert, welche Inhalte grundsätzlich Vorlagen für Managemententscheidungen aufweisen sollten und welche Rolle dabei die Risikoinformationen spielen. Anschließend wird gezeigt, wie ein geeignetes Regelwerk zur Vorbereitung von unternehmerischen Entscheidungen entwickelt werden kann und welche Stellung das Risikomanagement bei der Entscheidungsvorbereitung hat. Wie in den bisherigen Ausführungen bereits ausgeführt, ist die Entwicklung eines Regelwerks zur Vorbereitung unternehmerischer Entscheidungen ein Weg für eine adäquate Positionierung des Risikomanagements (meist im Kontext des vorgestellten „Controlling-Ansatzes").

6.8.5.2 Inhalte von Entscheidungsvorlagen

Entscheidungsvorlagen für die Geschäftsleitung sollten insbesondere die nachfolgend erläuterten Informationen enthalten:[1573]

1. Ziele, Bewertungsmaßstab und Nebenbedingungen
2. Situationsbeschreibung / Status Quo

[1573] In Anlehnung an Gleißner, 2019c; vgl. auch ICV, 2021.

3. Handlungsmöglichkeiten (mit kurzer Beschreibung der Vor- und Nachteile)
4. Annahmen (und ihre Begründungen)
5. Auswirkungen & Planung (Prognose): Status Quo vs. Handlungsoption(en)
6. Einzelne Chancen und Gefahren (Risiken) und Gesamtrisikoumfang / Rating
7. Beurteilung, insb. Abwägen von Ertrag und Risiko („Bewertung")
8. Fazit (Zusammenfassung & Empfehlung)

Zunächst sollte kurz erläutert werden, womit sich die Entscheidungsvorlage eigentlich befasst, und über was genau entschieden werden soll. Insbesondere sollte angeführt werden, welche **Ziele** durch die Entscheidung erreicht werden sollen. Dabei sollte auch Bezug genommen werden auf die oberste Zielgröße des Unternehmens und den Beurteilungsmaßstab, anhand dessen verschiedene bestehende **Handlungsoptionen** bei der Entscheidungsvorbereitung bewertet wurden. Speziell ist ein risikogerechter und modellbasierter Unternehmenswert als Kennzahl für das Ertrag-Risiko-Profil der Handlungsoptionen sinnvoll.[1574]

Ebenfalls anzugeben sind bestehende **Nebenbedingungen**, die die Menge der Handlungsoptionen einschränken, und es ermöglichen, auch die Anzahl der später genauer betrachteten Handlungsoptionen vorab zu reduzieren. **Nebenbedingungen** können sich ergeben aus den aus im Unternehmen verfügbaren Ressourcen (z.B. Managementkapazitäten) oder von der Unternehmensführung formulierten Sicherheitszielen (z.B. in Form von Mindestanforderungen an das Rating).

Zu jeder Entscheidungsvorlage gehört eine Beschreibung der **Ausgangssituation** (Ist-Zustand). Eine Beschreibung der Ausgangssituation wird oft auch bereits vor die Erläuterung der Handlungsoptionen gestellt. Des Weiteren sind in der Entscheidungsvorlage die betrachteten Handlungsoptionen, die beurteilt wurden und im Hinblick derer eine Entscheidung von Geschäftsführung oder Vorstand geplant ist, zu benennen. Zur Beschreibung der Handlungsoptionen sollte eine erste (qualitative) Beurteilung erfolgen, was durch die Angabe von Vor- und Nachteilen möglich ist.

Entscheidungen beziehen sich auf die Zukunft und damit sind **Prognosen** für die (unsichere) zukünftige Entwicklung erforderlich. Neben Prognosen für den Status Quo (man macht nichts anderes als bisher) sind Prognosen für alle betrachteten Handlungsoptionen erforderlich, um zu zeigen, welche Auswirkungen hier erwartet werden, insbesondere auf Cashflows, Gewinne, Ertrag und das oben spezifizierte Ziel sowie die Nebenbedingungen. Dabei sollte erläutert werden, wie diese Prognosen erstellt wurden. Zudem sind die wesentlichen **Annahmen** zu nennen, auf denen die Prognosen basieren. Die meisten Annahmen sind unsicher, weil hier Abweichungen möglich sind, d.h. es bestehen also **Chancen und Gefahren (Risiken)**. Unternehmerische Entscheidungen bei einer nicht sicher vorhersehbaren Zukunft sind immer mit Risiken verbunden, weil (1) die Entwicklung des Umfelds und (2) die Auswirkungen der Maßnahme selbst unsicher sind. Eine wesentliche Aufgabe der Entscheidungsvorbereitung

[1574] Zu den Methoden des Abwägens von Ertrag und Risiko und damit einer „risikogerechten Bewertung", speziell Strategiebewertung, siehe Gleißner, 2013b und 2019c.

ist folglich eine strukturierte Identifikation, Quantifizierung und Aggregation der mit den jeweiligen Handlungsoptionen verbundenen Risiken. Vor allem sind die unsicheren Planannahmen als Risiken zu erfassen (z.B. durch die Angabe von Mindestwert, wahrscheinlichstem Wert und Maximalwert der entsprechend möglichen Ausprägungen oder der Angabe alternativ denkbarer Zukunftsszenarien). Aus Planung und Prognose in Verbindung mit den Risiken ergeben sich realistische Bandbreiten der Zukunftsentwicklung.

Für die eigentliche **Beurteilung** sind Ertrag und Risiko gegeneinander abzuwägen (unter Berücksichtigung der oben spezifizierten eher qualitativen Vor- und Nachteile der Handlungsoption, die in der Quantifizierung berücksichtigt sein sollten). An dieser Stelle empfiehlt sich der Einsatz sog. risikoorientierter Bewertungsverfahren, die das Ertrag-Risiko-Profil der Handlungsoption auf den Erfolgsmaßstab abbilden (vgl. Abschnitt 5.3).[1575] Eine **Gesamtwürdigung** rundet die Entscheidungsvorlage ab. Eine ausdrückliche Empfehlung für eine bestimmte Handlungsoption ist nicht erforderlich.

6.8.5.3 Konzipierung eines Systems der Entscheidungsvorbereitung

In Unternehmen jeder Größe ist es empfehlenswert, einmal zu durchdenken und zu regeln, wie zukünftig „unternehmerische Entscheidungen" systematisch und fundiert vorbereitet werden sollen. Dabei sind folgende Fragestellungen zu betrachten, zu diskutieren und schließlich zu dokumentieren:[1576]

1. Was ist konkret im Unternehmen unter einer „unternehmerischen Entscheidung" zu verstehen und welche Arten solcher Entscheidungen treten typischerweise auf (z.B. bezüglich Investitionen, großer Forschungsprojekte, Finanzierung etc.).
2. Wie soll grundsätzlich die Vorlage für eine unternehmerische Entscheidung aussehen und welche Informationen sind grundsätzlich enthalten (siehe oben) – und welche spezifischen Informationsanforderungen ergeben sich bei besonderen Entscheidungstypen (z.B. bei Kundenaufträgen oder Investitionen)?
3. Welche Stellen des Unternehmens sind in welcher Weise bei der Vorbereitung unternehmerischer Entscheidungen zu involvieren und wie ist insgesamt der Prozess der Entscheidungsvorbereitung – bis zur Erstellung der Entscheidungsvorlage – zu organisieren?

Mit den Regelungen zu 3. werden speziell die Aufgaben von Controlling und Risikomanagement geklärt.

Um eine adäquate Vorbereitung unternehmerischer Entscheidungen organisatorisch sicherzustellen, sind also die in Abbildung 165 gezeigten drei Schritte notwendig (vgl. Gleißner, 2021b und ICV, 2021).

[1575] Simulationsbasierte Bewertung; vgl. Gleißner, 2019e und Abschnitt 5.3.
[1576] Vgl. Gleißner, 2019c und 2021b.

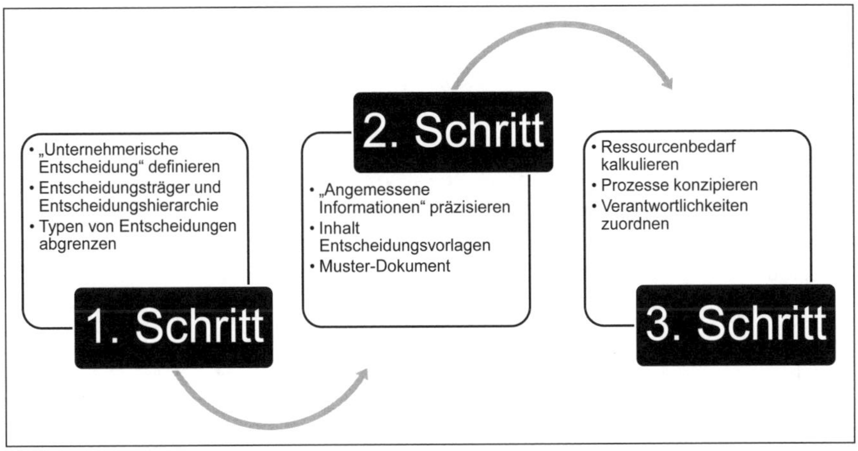

Abbildung 165: Aufbau eines Regelwerks zur Vorbereitung unternehmerischer Entscheidungen

1. Erfassung aller „unternehmerischen Entscheidungen“

Ziel des Schritts ist es, alle wesentlichen unternehmerischen Entscheidungssituationen der Unternehmensführung und die verwendete Systematik zur Entscheidungsvorbereitung zu erheben. Dies beinhaltet vor allem auch eine klare Definition, was als unternehmerische Entscheidung aufgefasst wird und was nicht. Weiterhin können kursorisch erste Verbesserungspotenziale aufgezeigt werden, die bestehen bei (1) Inhalt der Entscheidungsvorlagen und (2) Vorgehensweise und Methodik für deren Erstellung.

2. Festlegung von Anforderungen an eine Entscheidungsvorlage und an „angemessene Informationen“ (§93 AktG)

Hier werden der notwendige Inhalt von solchen Entscheidungsvorlagen und weitere Anforderungen konzipiert, um „angemessene Informationen“ belegen zu können (vgl. Abschnitt 6.8.5.2). Meist wird zunächst ein allgemeines „Muster“ für eine Entscheidungsvorlage erstellt. Auf dieser Grundlage können Textvorlagen für spezielle Typen von Entscheidungen abgeleitet werden, wie z.B. Investitionsentscheidungen (vgl. ICV, 2021).

3. Konzeption des Managementsystems zur Erstellung von Entscheidungsvorlagen

Im Rahmen dieses Schritts wird das Managementsystem zur Erstellung und Prüfung der Entscheidungsvorlage konzipiert und damit die Verankerung in bestehende Managementprozesse (wie Controlling und Risikomanagement). Es werden also notwendige Festlegungen diskutiert, welche Stellen/Abteilungen in die Entscheidungsvorbereitung wann und mit welchem Ressourceneinsatz einbezogen werden. Dabei ist zu entscheiden, welche Stelle im Unternehmen die Federführung über das System übernimmt. Dies kann bspw. liegen bei der

Assistenz der Unternehmensführung oder im Controlling oder im Risikomanagement. Insbesondere für das Risikomanagementsystem wird der Anpassungsbedarf der bestehenden Prozesse, des Risikohandbuchs etc. diskutiert, um die Anforderungen an ein „entscheidungsorientiertes Risikomanagementsystem" erfüllen zu können.

Zudem wird auch der notwendige Ressourcenbedarf für das Regelwerk zur Entscheidungsvorbereitung kalkuliert. Insbesondere wird untersucht, welche etwaigen zusätzlichen Ressourcen (und Qualifikationen) aufgebaut werden müssen.

Die wesentlichen Regelungen können in einem kompakten „Handbuch" zusammengefasst werden, wobei eine konsistente Abbildung in Risikopolitik und bestehende Regelungen in Controlling und Risikomanagement sicherzustellen ist. Nützlich ist es dabei auch, „Standard-Formulare" für bestimmte Entscheidungstypen vorzubereiten, da dann der Arbeitsaufwand für eine Entscheidungsvorbereitung sich deutlich reduzieren lässt und der Entscheider, Geschäftsführer oder Vorstand, Arbeitszeit spart: Er erhält immer wieder ähnlich strukturierte Entscheidungsvorlagen.

Es ist empfehlenswert, sich hier schon einmal mit möglichen Problemfeldern auseinanderzusetzen und prinzipielle Handlungsstrategien zu durchdenken.[1577] Wie soll beispielsweise erreicht werden, dass der eingebrachte Antrag in eine neutrale Entscheidungsvorlage umgewandelt wird? Unter welchen Bedingungen sind Vereinfachungen akzeptabel? Wann ist gegebenenfalls eine explizite Qualitätssicherung einer Entscheidungsvorlage erforderlich?

Implikationen ergeben sich durch Regelungen zur Vorbereitung unternehmerischer Entscheidungen meist für Risikomanagement und auch für das Controlling. Meist ist nämlich das Controlling die Instanz für die Vorbereitung unternehmerischer Entscheidungen und damit verantwortlich für die Erstellung von Entscheidungsvorlagen, die für solche Managemententscheidungen unter Unsicherheit erforderliche „angemessene Informationen" enthalten. Da zu diesen Informationen speziell Informationen über die mit der Entscheidung verbundenen Risiken gehören, ist es notwendig, dass das Controlling entweder Risikoanalysen des Risikomanagements einbezieht oder selbst durch eigene Risikoanalysen zeigt, wie sich der Risikoumfang des Unternehmens infolge einer Entscheidung verändern würde.

Wie erläutert, bedeutet also die Berücksichtigung von Risiko bei der Vorbereitung unternehmerischer Entscheidungen zweierlei:

1. Es ist notwendig, durch eine Risikoanalyse und Risikoaggregation aufzuzeigen, wie sich der Risikoumfang bei der Entscheidung für eine bestehende Handlungsoption verändern würde.
2. Es ist notwendig, die durch eine Entscheidung verursachten Veränderungen bei Cashflow (Ertrag) und Risiko gegeneinander abzuwägen, also risikogerecht zu bewerten.

[1577] Vgl. ICV, 2021.

Das Abwägen von Ertrag und Risiko über die Berechnung einer Kennzahl, die beide Informationen erfasst, ist Gegenstand der wertorientierten Unternehmensführung.[1578] Der Unternehmenswert ist ein Entscheidungskriterium und Performancemaß, und Ausdruck des Ertrag-Risiko-Profils.

Fazit: Ein Weg für die Weiterentwicklung des Risikomanagements und die bessere Nutzung von Synergien zwischen Risikomanagement und Controlling besteht also in der gemeinsamen Entwicklung eines Regelsystems für die Vorbereitung unternehmerischer Entscheidungen (Business Judgement Rule).

6.8.6 Zusammenfassung und Schlussbemerkungen

Damit der Auf- und Ausbau des Risikomanagements gelingt, ist es wichtig, dass die Unternehmensführung klare Zielvorstellungen hat, den Handlungsrahmen vorgibt und das Projekt mitträgt. Durch Setzen von Prioritäten und eine Betonung der Nachhaltigkeit in Bezug auf Termine und Qualität amortisiert sich die Startinvestition in das Risikomanagement zumeist sehr schnell. Dadurch wird auch die Grundlage für eine erfolgreiche Implementierung der Aktivitäten in das Tagesgeschäft geschaffen: „Better decisions for the right reasons."

Die gewonnene Transparenz über das Unternehmen und seine Zusammenhänge verbessert nachhaltig die Steuerungsmöglichkeiten und versetzt die Führungskräfte dadurch in die Lage, das Unternehmen wesentlich ziel- und zukunftsgerichteter zu lenken. Mit Risikomanagement kann somit erreicht werden, dass die Planungssicherheit deutlich erhöht und das Rating sowie die Zukunftsfähigkeit des Unternehmens insgesamt nachhaltig verbessert werden. Um diese Vorteile zu generieren, sind klar strukturierte Projekte zum Auf- und Ausbau der Risikomanagementsysteme nötig. Gestaltungsvarianten für derartige Projekte wurden in diesem Abschnitt vorgestellt. Die Verknüpfung von Controlling, Planung, Rating und Finanzierung sowie Risikomanagement zur Realisierung eines „risikoorientierten Unternehmenssteuerungskonzepts" sollte langfristig angestrebt werden. Aufgrund der empfehlenswerten, entscheidungsorientierten Ausrichtung des Risikomanagements ist es hier oft sinnvoll, gemeinsam mit dem Controlling auf ein Regelwerk zur Vorbereitung unternehmerischer Entscheidungen, die immer mit Risiken verbunden sind, zu etablieren (vgl. ICV, 2021). So können auch die vielfach erkennbaren Schwächen des Controllings im Umgang mit Risiken beseitigt werden.[1579]

[1578] Vgl. Gleißner, 2019e und Gleißner, 2016e.
[1579] Vgl. Gleißner/Rieg/Vanini, 2021.

6.9 Software für Risikomanagement und Controlling

6.9.1 Nutzen einer IT-Unterstützung

Ein Risikomanagementinformationssystem (RMIS) ist ein IT-gestütztes, daten-, methoden- und modellorientiertes Entscheidungsunterstützungssystem für das Risikomanagement, das relevante Informationen zur Verfügung stellt und somit eine Unterstützung bei der Entscheidungsvorbereitung bietet.[1580]

Durch den Einsatz eines RMIS können dabei mehrere Schwachstellen vermieden werden, die bei der Umsetzung des Risikomanagements in der Praxis auftreten. Zu derartigen Schwachstellen zählen u.a.:

- eine fehlende oder unvollständige Risikoerfassung (Risikoinventar),
- der fehlende Überblick über die Risikolage eines Unternehmens (aggregierter Gesamtrisikoumfang),
- die redundante und inkonsistente Erfassung und Speicherung von Daten,
- unzureichende Informations- und Kommunikationswege sowie -abläufe,
- eine über Risiken nicht ausreichend informierte Unternehmensleitung,
- fehlende entscheidungsorientierte Aufbereitung von Daten.

Das Risikomanagement beschäftigt sich primär mit dem „Management" von Informationen. In vielen Fällen existieren die für das Risikomanagement erforderlichen Daten bereits in unterschiedlichen Unternehmensbereichen. Eine wesentliche Anforderung an ein IT-gestütztes Risikomanagement besteht deshalb u.a. darin, einen reibungslosen Informations- und Kommunikationsfluss zwischen den am Risikomanagement beteiligten Organisationseinheiten und betrieblichen Funktions- und Entscheidungsträgern zu gewährleisten. Ein solches RIMS kann Baustein auch einer umfassenderen Software für die Entscheidungsunterstützung des Managements sein. Software kann bei der Datenhaltung, der Unterstützung und Überwachung der Arbeitsabläufe im Risikomanagement (z.B. Risikoüberwachung) und der entscheidungsorientierten Datenauswertung (z.B. durch Risikoaggregation) helfen.

6.9.2 Anforderungen an eine Software für das Risikomanagement

Entsprechend den unterschiedlichen individuellen Bedürfnissen der einzelnen Unternehmen variieren auch die Anforderungen an ein RMIS.[1581] Deshalb ist die Ermittlung der betriebswirtschaftlichen Anforderungen ein zentrales Problem bei der Auswahl bzw. Entwicklung und Implementierung der Software für ein „IT-gestütztes Risikomanagementsystem". Trotzdem lassen sich einige grundlegende Anforderungen nennen:

- Um das Risikomanagement durch IT unterstützen zu können, reicht die Speicherung vergangener und aktueller Daten (etwa Schadensdaten, Daten über

[1580] Vgl. Schwarz, 2022.
[1581] In Anlehnung an Gleißner/Romeike, 2005a und Romeike/Gleißner, 2021.

Risikolage und Wirksamkeit der risikopolitischen Maßnahmen) nicht aus. Vielmehr sollte das IT-gestützte Risikomanagementsystem den gesamten Risikomanagement-Prozess, also die Risikoanalyse, die Risikoaggregation, die Risikoüberwachung, die Erfassung und Beurteilung von risikopolitischen Handlungsalternativen, die Abschätzung der Auswirkungen der geplanten Maßnahmen und ggf. auch den Soll-Ist-Vergleich zur Erfolgskontrolle umgesetzter Maßnahmen, unterstützen.

- Ein IT-gestütztes Risikomanagementsystem sollte möglichst in die bestehende IT-Landschaft eines Unternehmens integriert werden, bzw. über passende Schnittstellen zu anderen Bestandteilen des betrieblichen Informationssystems, etwa zu Planung und Controlling, verfügen.[1582] Die Vorteilhaftigkeit eines integrierten Systems ergibt sich zusätzlich daraus, dass der Risikomanager an allen Entscheidungen teilhaben sollte, welche die Risikolage des Unternehmens wesentlich beeinflussen. Eine weitere wichtige Anforderung besteht in der Implementierung geeigneter Kommunikationsschnittstellen (etwa E-Mail), um den Informations- und Kommunikationsfluss zwischen den am Risikomanagement beteiligten Funktionen sicherstellen zu können. Um die Anforderungen der unterschiedlichen Benutzergruppen (u.a. der Risikomanager, der Risikobeauftragten und der Unternehmensleitung) berücksichtigen zu können, sollte ein IT-gestütztes Risikomanagement auch verschiedene Sichten auf die Daten anbieten.

Die wichtigsten möglichen Anforderungen an ein „IT-gestütztes Risikomanagementsystem" lassen sich also folgendermaßen zusammenfassen:

Betriebswirtschaftliche und methodische Anforderungen
• Erstellung eines Risikoinventars als Gesamtübersicht der Risiken
• Priorisierung von Risiken (z.B. nach Relevanz)
• Zuordnung eines für die Überwachung zuständigen Risikobeauftragten (Risk Owner)
• Zuordnung der wichtigsten organisatorischen Regelungen – speziell zur Risikoüberwachung (z.B. Überwachungsturnus etc.)
• Zuordnung von Risikobewältigungsmaßnahmen zu jedem Risiko („Maßnahmencontrolling")
• Flexibilität hinsichtlich der Art der quantitativen Beschreibung von Risiken (z.B. mittels Normalverteilung oder durch Schadenshöhe und Eintrittswahrscheinlichkeit)
• Zuordnung von Risiken zur Unternehmensplanung („Welche Planabweichungen werden durch die Risiken verursacht?")
• Stochastische Abhängigkeiten – sowohl über die Zeit (Autokorrelationen) als auch zwischen den Risiken – sind funktional abzubilden, sodass sie bei der Simulation berücksichtigt werden können („Risikofaktormodell")
• Risikoaggregation mittels Monte-Carlo-Simulation mit Bezug auf die Unternehmensplanung (mit deren Planungslogik)
• Berechnung des Eigenkapitalbedarfs, anderer Risikomaße (CVaR, Variationskoeffizient), erforderlicher Liquiditätsreserven sowie eines risikoadjustierten Kapitalkostensatzes für eine wertorientierte Unternehmensführung

[1582] Sinnvoll sind insbesondere XML-Schnittstellen und Schnittstellen zu Excel.

• Berechnung der Wahrscheinlichkeit möglicher „bestandsgefährdender Entwicklungen" (Gefährdungswahrscheinlichkeit) unter Berücksichtigung möglicher Verletzungen von Mindestanforderungen an das Rating oder von Kreditvereinbarungen (Covenants), die zu einer Kreditkündigung führen können.
• Bestimmung von Kennzahlen für Risikotragfähigkeit und Risikotoleranz (z.B. Insolvenzwahrscheinlichkeit bzw. Gefährdungswahrscheinlichkeit oder der Wahrscheinlichkeit, den angestrebten Investmentgrade zu verlieren).
• Auswertung von Risikoinformationen, z.B. für Ratingprognosen, Investitionsrechnung (z.B. über die Berechnung von Kapitalkosten)
Technische Anforderungen
• System-Logiken zur Abbildung von Workflows (Arbeitsprozesse, z.B. der Risikoüberwachung)
• Schnittstellen für Datenimport und -export
• Bereitstellung eines dezentralen und anwenderorientierten Risiko-Reportings
• (Revisionssichere) Aufzeichnung der Datenhistorie der Risiken und Risikoüberwachungstätigkeiten
• Autorisierungs- und Datenschutzkonzepte

Tabelle 65: Anforderungen an ein IT-gestütztes Risikomanagementsystem

Wichtig ist, dass eine solche Software zur Unterstützung des Risikomanagements auch wesentliche Aufgaben für das Controlling und den Finanzbereich übernimmt, z.B. die Berechnung von Eigenkapitalbedarf und erwartungstreuer Planwerte.

6.9.3 Ein Beispiel: Idee, Aufbau und Anwendung des Strategie-Navigators

In diesem Abschnitt wird mit dem Strategie-Navigator beispielhaft eine Software vorgestellt, die die Unterstützung der organisatorischen Prozesse für Risikoanalyse und Risikoüberwachung ermöglicht und zugleich die in Kapitel 5 erläuterte Auswertung der Risikoinformationen bei der Entscheidungsfindung leisten kann (z.B. Implikationen von Strategievarianten für Rating und Wert). Gezeigt wird so, wie die im Buch erläuterten betriebswirtschaftlichen Methoden in einem Software-Tool ineinandergreifen und verbunden sind.[1583] Viele Module der Software – wie z.B. zur Unternehmensplanung, Ratingprognose, Risikoanalyse und Risikoüberwachung – sind integriert und uneingeschränkt nutzbar, z.B. um eine IT-Unterstützung des Risikomanagements zu ermöglichen.

[1583] Uneingeschränkt nutzbare Varianten dieser Software („Strategie-Navigator – Light") sowie eine ausführliche Modulbeschreibung dieser Software (inkl. Handbuch) stehen kostenlos unter: https://futurevalue.de/leistungen-produkte/strategienavigator/software-download/ zum Download bereit (vgl. weiterführend Kamaras/Wolfrum, 2017 und Berger/Kamaras, 2020 zur Anwendung).

(1) Allgemeines: Entscheidungsunterstützungssystem und Management-cockpit

Die Softwareplattform Strategie-Navigator[1584] stellt verschiedene Module bereit, mit deren Hilfe ein breites Spektrum an Funktionen in den Bereichen Risikomanagement, Planung, Rating, Strategie und wertorientierte Steuerung abgedeckt werden. Die Version „Strategie-Navigator Professional Edition" ist eine erweiterte Version für die integrierte, wertorientierte Unternehmenssteuerung und speziell auf die Vorbereitung von Top-Management-Entscheidungen ausgerichtet. Sie erlaubt eine Beurteilung strategischer (oder operativer) Handlungsoptionen unter Betrachtung von Ertrags- und Risikoauswirkungen, und zwar sowohl aus Perspektive von (a) Gläubigern (Ratingprognose) als auch vom (b) Eigentümer/ Investor (fundamentaler Wert). Sie zielt damit darauf ab, durch eine intelligente Auswertung oft schon vorhandener Daten (z.B. aus Planung/Controlling und Risikomanagement) die Qualität von Entscheidungsvorlagen (beim Vorstand oder Geschäftsführung) und der letztendlich getroffenen Entscheidungen zu verbessern (Steigerung von „Business Intelligence" bzw. besseres Performancemanagement).

(2) Jahresabschlussanalyse und Planung

Die Software erlaubt Erfassung und Import von Jahresabschlussdaten, die kennzahlenbasiert analysiert werden (z.B. mittels Du-Pont-Kennzahlenschema).

Kernbaustein der Software ist ein integriertes Unternehmensplanungsmodell (mit Erfolgsrechnung, Bilanz und der daraus abgeleiteten Cashflow-Rechnung), das mit quantitativen Risikoinformationen (Wahrscheinlichkeitsverteilung) verknüpft werden kann, was zu einer „stochastischen Planung" oder „Bandbreitenplanung" führt. Durch die Berechnung einer großen repräsentativen Anzahl risikobedingt möglicher Zukunftsszenarien (Monte-Carlo-Simulation) werden so realistische Entwicklungskorridore (Bandbreiten) wichtiger Unternehmenskenngrößen (wie Ertrag, Cashflow oder Eigenkapital) aufgezeigt und die Risiken aggregiert (vgl. (4)).

(3) Risikoanalyse, Risikoüberwachung und Risikosteuerung

Der Strategie-Navigator ermöglicht insbesondere die effiziente Abbildung des Risikomanagementsystems. Ausgehend von einer checklistengeführten Risikoidentifikation werden die Techniken für eine quantitative Beschreibung der Risiken bereitgestellt, die wiederum die Grundlage für die Bestimmung des aggregierten Gesamtrisikoumfangs sind. Zudem kann jedes Unternehmen für die wesentlichen Risiken festlegen, durch welche Personen (Risikobeauftragte) diese kontinuierlich überwacht werden, um relevante Änderungen des Risikoumfangs (Risikoinventars) frühzeitig anzuzeigen. Der gesamte Arbeitsprozess des Risikomanagements, insbesondere der Risikoüberwachung, wird damit effizient unterstützt (orientiert an den gesetzlichen Anforderungen). Risiken können den Planungspositionen zugeordnet werden, bei denen sie Planabweichungen auslösen können. Sie können durch Wahrscheinlichkeitsverteilungen

[1584] Ein Produkt der FutureValue Group AG.

quantifiziert werden; im einfachsten Fall durch Eintrittswahrscheinlichkeit und einer Bandbreite der Auswirkungen.

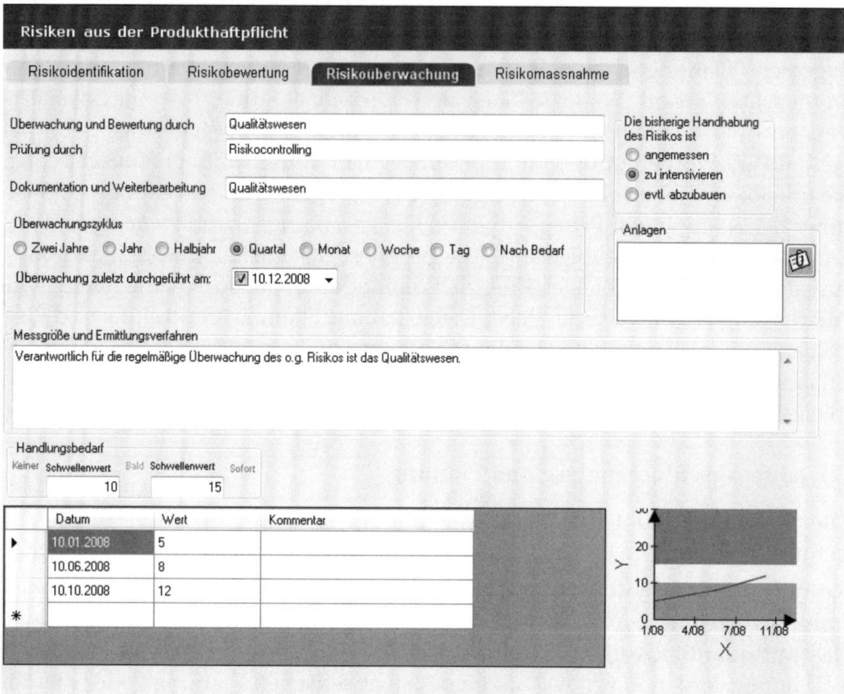

Abbildung 166: Risikoüberwachung

Alle wesentlichen Informationen über die Risiken werden in einem Risikoinventar zusammengefasst.

Risikoinventar							
Kategorie	Risikobezeichnung	Relevanz	Risikobeauftragter	Erwartungswert	Höchstschaden	Handlungsbedarf	Frühwarnindikator
Leistungsrisiken	Risiken durch Sachanlageschäden	3	Holger Tuttler (Produktion)	55,20 T€	1.130,00 T€	halten	
Finanzmarktrisiken	Risiken durch Forderungsausfälle	2	Philipp Dienst (Controlling)	14,40 T€	114,00 T€	halten	grün
Strategische Risiken	Risiken durch Inkonsistenz der Unternehmensstrategie	2	Wilfried Müller (Geschäftsführer)			später	
Strategische Risiken	Finanzstrukturrisiko: niedrige Eigenkapitalquote	3	Wilfried Müller (Geschäftsführer)			halten	gelb
Politische/rechtliche und gesellschaftliche Risiken	Risiken aus der Produkthaftpflicht	3	Holger Tuttler (Produktion)			halten	grün
Leistungsrisiken	Risiko durch Ausfall von Schlüsselpersonen	3	Manfred Kuppel (Risikomanager)			sofort	
Marktrisiken	Beschaffungsmarktrisiken (Preis), Materialkostenschwankungen	3	Manfred Kuppel (Risikomanager)			sofort	rot
Marktrisiken	Risiken durch Absatzpreisschwankungen	4	Philipp Dienst (Controlling)			prüfen	gelb
Marktrisiken	Risiken durch Absatzmengenschwankungen	3	Philipp Dienst (Controlling)			halten	rot
Leistungsrisiken	Personalkostenschwankungen	2	Edgar Beck (Personal)			halten	gelb
Leistungsrisiken	Schwankungen der sonstigen Kosten	2	Philipp Dienst (Controlling)			halten	gelb
Finanzmarktrisiken	Zinsänderungskosten	2	Philipp Dienst (Controlling)			später	gelb

Abbildung 167: Risikoinventar

(4) Risikoaggregation, Monte-Carlo-Simulation und stochastische Planung

Die Software ermöglicht insbesondere eine simulationsbasierte Aggregation der Risiken im Kontext der Planung (Monte-Carlo-Simulation). Auf diesem Weg der Risikoaggregation kann insbesondere auch der aggregierte Gesamtrisikoumfang des Unternehmens (z.B. ausgedrückt im Value at Risk bzw. Eigenkapitalbedarf) eines Unternehmens in Abhängigkeit eines vorgegebenen Ziel-Ratings bestimmt werden. Die „indirekten" Wirkungen eines Risikos (z.B. eine unerwartete Veränderung beim Umsatz) über die Kosten (Anpassung der variablen Kosten) werden dabei berücksichtigt. Es wird nicht nur der aggregierte Risikoumfang einer Periode ausgewiesen, sondern durch die „Bandbreitenplanung" der realistische Entwicklungskorridor für die Zukunft und die dazugehörigen erwartungstreuen Planwerte. Risiken können dabei realitätsnah durch die Nutzung einer großen Anzahl möglicher Wahrscheinlichkeitsverteilungen (wie z.B. Dreiecksverteilung, Normalverteilung, Binomialverteilung oder Paretoverteilung für die Abbildung von Extremrisiken) abgebildet werden. Es sind auch Module vorhanden, mit deren Hilfe stochastische Prozesse, die auch die langfristigen Wirkungen von Risiken darstellen, für die Beschreibung der Risiken genutzt werden können. Durch die mögliche Erweiterung um diese „Risikofaktormodelle" (vgl. Abschnitt 3.3.5) kann auch das Unternehmensumfeld (z.B. ausgedrückt durch Nachfrage, Zinssätze, Rohstoffpreise oder Wechselkurse) modelliert werden und es kann gezeigt werden, welche Implikationen (unerwartete) Änderungen des Umfelds auf die wesentlichen Unternehmensgrößen haben („Umfeldmodell"). Neben einer hocheffizienten Monte-Carlo-Simulation ist auch eine traditionelle Betrachtung von den vom Anwender definierbaren Einzelszenarien („Was-wäre-wenn-Analysen") möglich.

Durchgeführt wird dabei insbesondere eine Berechnung der Risikotragfähigkeit und speziell die Ableitung von Insolvenz- und Gefährdungswahrscheinlichkeit, damit rechtzeitig die gesetzlich geforderten „geeigneten Gegenmaßnahmen" zur Bestandssicherheit initiiert werden können (siehe § 1 StaRUG).[1585]

Der Übergang von einer traditionellen einwertigen Planung zu einer Bandbreitenplanung schafft Transparenz über den realistischen Umfang von Planabweichungen (Planungssicherheit) und vermeidet Scheingenauigkeiten. „Erwartungstreue" Planwerte werden berechnet und zeigen, wo durch Chancen und Gefahren, Planabweichungen von der Managementplanung vorhersehbar sind. Auf diese Weise ist es möglich, das Ertrag-Risiko-Profil verschiedener Handlungsoptionen zu vergleichen (siehe (6)).

[1585] Gleißner/Lienhard/Kühne, 2021; Nickert/Nickert, 2021; Nickert, 2021.

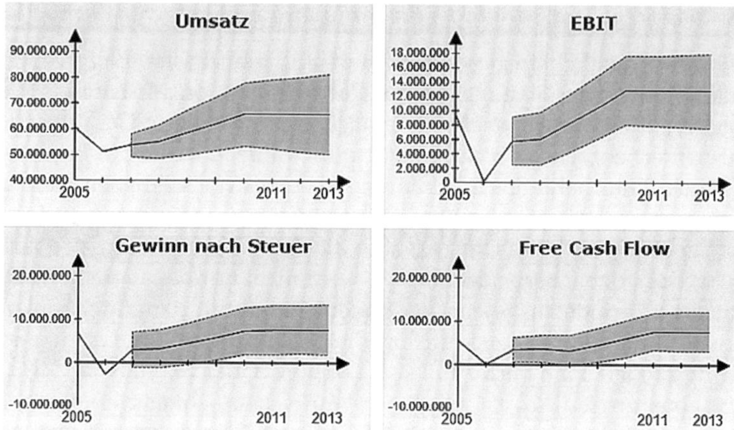

Abbildung 168: Planungssicherheit einer simulationsbasierten Bewertung grafisch verdeutlicht[1586]

Risikokennzahlen 95% Niveau			
Eigenkapitalbedarf, eines Jahres (RAC)	2.752,29 T€	Eigenkapital* zur Deckung	6.079,95 T€
Eigenkapitaldeckung (Eigenkapital* zu Eigenkapitalbedarf)	220,9%	RORAC	273,3%
RAC/Gesamtleistung	4,7%	RORACE (Rendite des Risikokapitals)	39,7%
Wahrscheinlichkeit der Illiquidität	5,3%	zusätzlicher Liquiditätsbedarf	0,00 T€
Wahrscheinlichkeit der Überschuldung	2,6%	Insolvenz-wahrscheinlichkeit	5,3%

Diese Abschätzungen beruhen nur auf der Unternehmensplanung.

*) bilanzielles Eigenkapital zzgl. Verbindlichkeiten gegen Gesellschafter

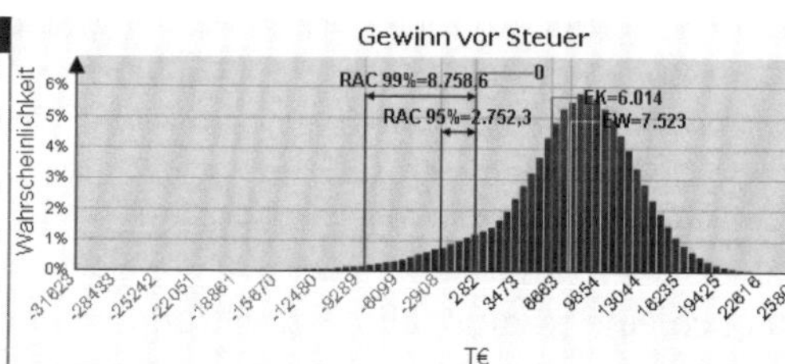

Risikoinventar

Kategorie	Risikobezeichnung	Relevanz	Risikobeauftragter	Erwartungswert	Höchstschaden	Handlungsbedarf
Marktrisiken	Beschaffungsmarktrisiken (Preis), Materialkostenschwankungen	3(4*)	Manfred Kuppel (Risikomanager)			sofort
Strategische Risiken	Finanzstrukturrisiko: niedrige Eigenkapitalquote	3	Wilfried Müller (Geschäftsführer)			halten
Leistungsrisiken	Kalkulationsrisiken bei langfristigen Verträgen	1				
Leistungsrisiken	Kalkulationsrisiken beim Projektgeschäft	1				

Abbildung 169: Risiko-Cockpit (Ausschnitt)

(5) Finanzkennzahlenrating, Rating-Prognosen und „bestandsgefährdende Entwicklungen"

Das Rating-Modul erlaubt die Beurteilung des Unternehmens oder einer Handlungsoption (z.B. Investition) aus Sicht der Gläubiger. Leitlinie bei der Entwicklung war es, in einer Lösung bisher bewährte (traditionelle) Verfahren des Ratings[1587] mit neuen Methoden der Prognose von Insolvenzwahrschein-

[1586] Aus dem „Strategie-Navigator" der FutureValue Group AG, einer Software, die neben „strategischem Controlling" (Balanced Scorecard) speziell Risikoinformationen für simulationsbasierte Bewertung und Ratingprognosen nutzt.

[1587] Finanzkennzahlen-Rating, Beurteilung von qualitativen Faktoren wie z.B. Erfolgspotenzialen.

lichkeiten (Risikosimulation) zu kombinieren, um so Leistungsfähigkeit und Anwendungsmöglichkeiten von Rating-Software zu erweitern.[1588] Durch die Ratingprognose für Plan- und Stressszenarien werden Krisenfrühwarnsignale generiert.

Insbesondere für die Vorbereitung auf das Rating durch eine Bank oder Ratingagentur bietet die Software Unterstützung. So fasst sie die Bewertung der Erfolgspotenziale, das Risikoinventar und die ratingrelevanten Finanzkennzahlen der Jahresabschlussanalyse („Finanzrating") mit einer Bewertung der Branchenattraktivität zusammen, um so eine Abschätzung der Ratingstufe des Unternehmens (indikatives Rating) zu erreichen.[1589]

Ergänzend implementiert ist das Verfahren eines „direkten Ratings". Dieses erlaubt im Kontext der Unternehmensplanung mittels Simulation von Risiken eine direkte Berechnung der Wahrscheinlichkeit von Illiquidität und Überschuldung eines Unternehmens, ohne traditionelle Kennzahlensysteme heranziehen zu müssen.

(6) Risikogerechte Bewertung des Unternehmens und seiner Handlungsoptionen (Maßnahmen)

Die Berechnung des fundamentalen Ertragswerts als Erfolgsmaßstab erfolgt durch risikogerechte Diskontierung der Erwartungswerte der zukünftigen Cashflows von Erträgen mit einem aus den „Ertragsrisiken" (Risikoanalyse und Risikoaggregation) abgeleiteten Diskontierungszinssatz (risikogerechten Kapitalkostensatz, Kapitalmarktdaten (Beta) sind nicht nötig) unter Berücksichtigung der Implikationen des Ratings, wie in Abschnitt 5.3 erläutert.[1590] So können bei unternehmerischen Entscheidungen Ertrag und Risiko belegbar bei der Entscheidungsvorbereitung berücksichtigt werden.

[1588] Vgl. Blum/Gleißner/Leibbrand, 2005 und Gleißner/Leibbrand, 2004. Für eine adäquate wissenschaftliche Absicherung der Methoden wurde dabei eng mit Hochschulen (insbesondere der Technischen Universität Dresden) zusammengearbeitet. Im Rahmen einer Initiative des Sächsischen Ministeriums für Wirtschaft und Arbeit (SMWA) in den Jahren 2001 bis 2004 sollten sächsische Mittelständler bei der Vorbereitung auf das bankinterne Rating unterstützt werden. Das Forschungsprojekt zielte darauf ab, die von den Kreditinstituten vorgesehenen Rating-Systeme hinsichtlich ihrer Leistungsfähigkeit und theoretischen Fundierung zu beurteilen, und wurde von der RMCE RiskCon GmbH gemeinsam mit der FutureValue Group AG und der TU Dresden (IAWW) durchgeführt. Hierauf aufbauend wurde ein methodischer Ansatz entwickelt, der den Unternehmen ermöglicht, in kürzester Zeit eine Ersteinschätzung ihres zu erwartenden „indikativen" Ratings und der Bestandsgefährdung zu erhalten.

[1589] Vgl. weiterführend Gleißner/Füser, 2014.

[1590] Optional kann die Bandbreite des unsicheren zukünftigen „Exit-Preises" mittels simulationsbasiertem Multiple-Verfahren bestimmt werden, das Unsicherheit bezüglich des zukünftigen Bewertungs-Multiples und der Ertragskraft im Kalkül berücksichtigt. Daraus lassen sich zudem Kaufpreisobergrenzen bzw. Verkaufspreisuntergrenzen ableiten.

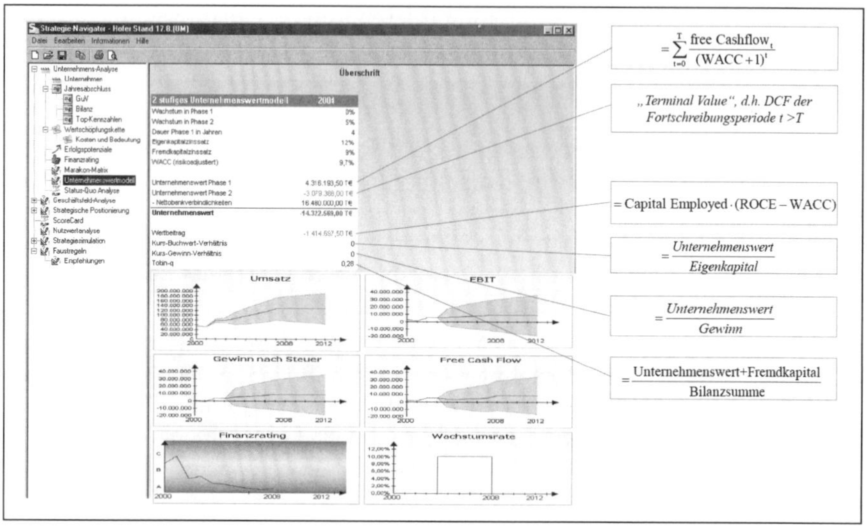

Abbildung 170: Simulationsbasiertes Unternehmenswertmodell

(7) Stärken-Schwächen-Analyse und Portfolioanalyse sowie Balanced Scorecard

Neben den eher quantitativen Techniken für Analyse, Simulation und Bewertung werden Instrumente zur Beurteilung der Marktattraktivität (Porter-Ansatz), der Marktportfolio-Analyse, Stärken-Schwächen-Analyse sowie Frühwarnindikatoren für eine potenzielle Krise in der Software angeboten. Strategisches Controlling und strategische Risikoanalyse werden unterstützt durch die Möglichkeit der strukturierten Erfassung der Unternehmensstrategie mit ihren wesentlichen Erfolgspotenzialen. Geplante Veränderungen der Strategien und der Vergleich der Strategie mit derjenigen von Wettbewerbern wird durch die Methodik der „strategischen Positionierung" ermöglicht, bei der anhand einheitlicher „Strategie-Dimensionen" die grundsätzliche Ausrichtung der Strategie erfasst wird. Die praktische Umsetzung der Strategie und die Überwachung der Strategie-Umsetzung unterstützt die Software durch ein strategisches Kennzahlen- und Managementsystem, ähnlich einer Balanced Scorecard. Für die aus der Strategie abgeleiteten strategischen Ziele werden Kennzahlen zugeordnet (mit Soll- und Ist-Werten, Verantwortlichkeiten und Maßnahmen). Dies dient der Unterstützung der Umsetzung der Strategie im Tagesgeschäft und erlaubt die Verbindung von Risikomanagement mit dem strategischen Management.

Die Software kann somit als technische Plattform für eine integrierte Unternehmensführung verstanden werden und ist geeignet, unternehmerische Entscheidungen sowohl aus Perspektive der Eigentümer als auch aus Perspektive der Gläubiger (also bezüglich des Ratings) zu beurteilen. Sie verdeutlicht damit, wie die in diesem Buch erläuterten Methoden „in der Praxis" zusammenwirken.

Der unter https://futurevalue.de/leistungen-produkte/strategienavigator/software-download/ verfügbare „Strategie-Navigator – Light" umfasst uneingeschränkt die wesentlichen Kernbausteine des hier erläuterten Softwaresystems „Strategie-Navigator". Die Software unterstützt viele Funktionen, die in einem Manual erläutert werden, das ebenfalls unter der genannten Adresse zu finden ist.

Ein Fallbeispiel zur Anwendung des „FVG-Risikosimulators", der eine Risikoaggregation noch mit weniger Arbeitszeitaufwand ermöglicht, findet man in Abschnitt 3.3.7 (verfügbar ebenfalls zum Download unter https://futurevalue.de/leistungen-produkte/strategienavigator/software-download/.

6.10 Literatur zur Praxis von Risikomanagementsystemen

Im Folgenden ist weiterführende Literatur zur Praxis der Risikomanagementsysteme verschiedener Unternehmen zusammengestellt.

- **Audi AG:**
  Vanini/Heise (2017): Monte-Carlo-Simulation in der GuV-Planung des Audi-Kon–erns – Eine Fallstudie, in: Nadig, L./Egle, U. (Hrsg.): CARF Luzern 2017, Konferenzband, Schriften aus dem Institut für FDL Zug, Bd. 43, Luzern, S. 547–562
- **Bauer AG:**
  Gleißner/Mott/Schenk (2007): Das Risikomanagement in der Bauwirtschaft – Praktische Umsetzung am Beispiel der Bauer AG, in: ZRFG, 04/2007, S. 179–185
- **Bayer AG:**
  Romeike (2010): Blick hinter die Kulissen: Bayer AG: Risikomanagement als Teil der Unternehmenssteuerung, Quelle: RiskNET, 4. Mai 2010, https://www.risknet.de/themen/risknews/bayer-ag-risikomanagement-als-teil-der-unternehmenssteuerung/ (abgerufen am 29.04.2022)
  Britsch/Sielemann/Bürgel (2022): Unterstützung der Risikotransparenz durch Digitalisierung bei Bayer, in: Controlling, 34. Jg., Heft 1/2022, S. 20–27
- **Bayrische Immobilien AG (Bayerische Hausbau GmbH):**
  Gleißner/Hinrichs/Sieger (2002): Risikomanagement in der Immobilienwirtschaft, in: Controller Magazin, Heft 2/2002, S. 176–184
- **Beiersdorf AG:**
  Diedrichs/Eberenz/Eickmann (2009): Risikomanagement der Beiersdorf AG, in: Controlling, 4–5/2009, S. 265–272
- **BMW AG:**
  Sommerfeld/Steurer (2008): Integriertes Chancen- und Risikomanagement bei der BMW Group, in: Deutsche Gesellschaft für Risikomanagement e.V., Risikoaggregation in der Praxis, Springer, 2008, S. 93–106

- **Carl Zeiss Gruppe:**
  Romeike/Kempf (2015): Integriertes Risikomanagement in der Carl Zeiss Gruppe, in: Gleißner, W./Romeike, F. (Hrsg.): Praxishandbuch Risikomanagement, Berlin, S. 877–900
- **Coca-Cola AG:**
  Tegethoff/Gleißner/Ewen (2003): Das Risikomanagementsystem der Coca-Cola Erfrischungsgetränke AG (CCE AG) 2000, in: „Risikomanagement im Unternehmen", Gleißner, W. (Hrsg.), Loseblattsammlung, 8. Aktualisierung, 2003, Kapitel 11-5, S. 1–26 (Download unter: https://futurevalue.de/wp-content/dokumente/offiziell_Nr._127_Das_RMS_der_CCE_AG_.pdf, abgerufen am 29.04.2022)
- **Deutsche Lufthansa AG:**
  Steinke/Löhr (2014): Bandbreitenplanung als Instrument des Risikocontrollings: ein Beispiel aus der Praxis bei der Deutschen Lufthansa AG, in: Controlling, Vol. 26, S. 616–623
- **EDEKA:**
  Bohmfalk/Romeike (2018): Stochastische Szenarioanalyse bei der CCC AG, in: GRC aktuell, 1. Jg., Heft 2 (Mai 2018), S. 87–92
- **Energie Baden-Württemberg AG:**
  Enders/Vetter/Wagner (2008): Risikoaggregationsmethoden im Risikomanagement der EnBW, in: Deutsche Gesellschaft für Risikomanagement e.V., Risikoaggregation in der Praxis, Springer, 2008, S. 149–161
  Gleißner/Pflaum (2008): Risiken konzernweit managen – Die organisatorische Verankerung des Risikomanagements bei EnBW, in: Roselieb/Dreher (Hrsg.), Krisenmanagement in der Praxis: von erfolgreichen Krisenmanagern lernen, 2008, S. 181–208
  Schulten (2010): Quo Vadis Risikomanagement, in: Controlling, Heft 4/5, S. 231–237
- **Euromicron AG**
  Wolfrum (2020): Der Fall Euromicron AG – Beispiel für die Nutzlosigkeit von Risikomanagementtestaten durch den Wirtschaftsprüfer, in: RMA Risk Management & Rating Association e.V. (Hrsg.): Krisenbewältigung mit Risikomanagement – Jahrbuch Risikomanagement 2020, ESV, Berlin, S. 146–154
- **Flughafen München:**
  Schöll/Eichhorn/Gleißner (2019): Monte-Carlo-Simulationen im Risikomanagement des Flughafens München, in: Controller Magazin, Heft 5 (September/Oktober 2019), S. 28–33
- **Freudenberg-Gruppe:**
  Romeike (2010): Blick hinter die Kulissen: Risikomanagement bei der Freudenberg-Gruppe, Quelle: RiskNET, 19. Mai 2010
- **Gerry Weber International AG:**
  Gleißner/Hofmann (2020): Unerwartete Unternehmensinsolvenz trotz testiertem Risikomanagement? – Lessons Learned aus der Insolvenz der Gerry Weber International AG, in: Der Betriebswirt, Vol. 61, Nr. 3, S. 139–154
- **Hugo Boss AG:**
  Hirschmann/Romeike (2010): Blick hinter die Kulissen: Risikomanagement bei Hugo Boss, Quelle: RiskNET, 29. April 2010 (Download unter: https://

www.risknet.de/themen/risknews/risikomanagement-bei-hugo-boss/, abgerufen am 29.04.2022)
Hofmann (2015): Ansätze für ein maßnahmenorientiertes Risikomanagement – Aktuelle Entwicklungen und Implikationen aus der Textilbranche, in: Controller Magazin, September/Oktober 2015, S. 39–44

- **Kabel Deutschland AG:**
Gleißner/Mott/Kiese (2007): Risikomanagement bei der Kabel Deutschland Gruppe, in: www.RiskNET.de, 25.Oktober 2007, S. 1–7
- **LEONI AG:**
Huber (2006): Das globale Risikomanagementsystem der LEONI AG, in: Gleißner (Hrsg.), Risikomanagement im Unternehmen, Loseblattwerk, 17. Aktualisierung, Kognos, S. 1–16 (Download unter: https://futurevalue.de/wp-content/dokumente/offiziell_Nr._381_RMS_Leoni.pdf, abgerufen am 04.05.2022)
- **Hilti AG:**
Gleißner/Jussel/Wolfrum (2015): Risikoaggregationsmodell bei einer Matrixorganisation – am Beispiel der Hilti AG, in: Gleißner, W./Romeike, F. (Hrsg.): Praxishandbuch Risikomanagement, Berlin, S. 869–876
- **METRO Group AG:**
Romeike (2010): Risikomanagement bei der METRO Group, Quelle: RiskNET, 28. Mai 2010
- **OMV AG:**
Gleißner/Schrei/Wolfrum (2009): Neue Ansätze im Risikomanagement der OMV: Bewertung und Aggregation von Risiken als Basis einer wertorientierten Steuerung, in: Controller Magazin, Mai/Juni 2009, S. 93–99
- **OTTO Group:**
Martin/Jacubczik (2021): Risikomanagement in einer internationalen Handels- und Dienstleistungsgruppe, in: Rethinking Finance, Heft 5.2021 (Oktober 2021), S. 28–34
- **R.Stahl AG:**
Günther/Smirska/Schiemann/Weber (2009).: Optimierung des Risikomanagements am Beispiel der R. Stahl Technologiegruppe, in: Controlling 2009, 21. Jg., Heft 1, S. 48–56
- **SAP AG:**
Metzger (2008): Die Aggregation von Risiken bei der SAP AG, in: Deutsche Gesellschaft für Risikomanagement e.V., Risikoaggregation in der Praxis, Springer, 2008, S. 51–75
- **TransnetBW:**
Pflaum/Mangold (2020): Großprojekte – Komplexität managen, in: Risk Management & Rating Association e.V. (RMA) (Hrsg.): Krisenbewältigung. Mit Risikomanagement, Jahrbuch Risikomanagement 2020, Erich Schmidt Verlag, Berlin, S. 59–70
- **Traton SE:**
Romeike/Koppold (2021): The painful financial side of NFR, in: Kaiser, Thomas (Hrsg.): Non-Financial Risk Management: Emerging stronger after COVID-19, Risk Books, London

- **Vattenfall AG:**
  Hempel/Gleißner (2006): Effizienz im Risikomanagement durch IT-Unterstützung, in: ZRFG, Heft 2/2006, S. 83–90
  Durchholz (2008): Erfahrungen mit der Aggregation von Risiken bei Vattenfall Europe, in: Deutsche Gesellschaft für Risikomanagement e.V., Risikoaggregation in der Praxis, Springer, 2008, S. 133–147
  Schuler, A./Specht, H. (2021): Strategisches Risikomanagement in der Praxis, in: Controller Magazin, Heft 6 (November/Dezember 2021), S. 63–69
- **Voith:**
  Schmidt (2003): Das Management von Projektrisiken im Anlagenbau – ein Fallbeispiel der Voith Siemens Hydro Power Generation GmbH & Co. KG, in: Gleißner (Hrsg.), Risikomanagement im Unternehmen, Loseblattwerk, Kognos, S. 1–22 (Download unter: https://futurevalue.de/wp-content/dokumente/offiziell_Nr._196_Das_Management_von_Projektrisiken_Voith.pdf, abgerufen am 04.05.2022)
- **Vossloh AG:**
  Semmler (2001): Risikoaggregation als Voraussetzung für eine wertorientierte Unternehmensführung bei der Vossloh AG, in: Gleißner/Meier (Hrsg.): Wertorientiertes Risikomanagement für Industrie und Handel, Gabler Verlag, 2001, S. 447–455
- **Wirecard:**
  Gleißner/Hofmann (2022): Defizite im Risikomanagement deutscher Unternehmen: Erkenntnisse aus dem Fall Wirecard und Implikationen für die Abschlussprüfung, in: Karami, B. (Hrsg.): Skandalfall Wirecard: Eine wissenschaftlich-fundierte interdisziplinäre Analyse, Springer Gabler, Wiesbaden, S. 339–363
- **Wittenstein SE:**
  Bier/Thiele/Esch/Unger (2018): Integriertes Risikomanagement von mittelständischen Industriebetrieben – Ein Beispiel der WITTENSTEIN SE, in: Controller Magazin, Heft 5 (September/Oktober 2018), S. 80–84
  Bier/Roßmeißl (2021): Case Study: WITTENSTEIN SE – Pragmatische Anwendungsmoglichkeiten der Risikoaggregation, in: Risk Management & Rating Association e.V. (RMA) (Hrsg.): Risikoquantifizierung. Grundlagen, Werkzeuge, Praxisbeispiele, Band 6, Erich Schmidt Verlag, Berlin, S. 174–184
- **ZF Friedrichshafen AG:**
  Röhm-Kottmann/Kesting/Gratwohl (2022): Effizientes und effektives Risikomanagement vor dem Hintergrund zunehmender Digitalisierung, in: Controlling, 34. Jg., Heft 1/2022, S. 11–19

6.11 Impulsfragen

a) Was ist der typische Inhalt einer Risikopolitik?
b) Welches sind die typischen Aufgaben des Risikomanagers bzw. Risikocontrollers?

c) Welche Aufgaben nimmt üblicherweise ein Risikobeauftragter (Risk Owner) wahr, der mit der Überwachung eines wesentlichen Risikos beauftragt ist, und welche Regelungen bezüglich seiner Arbeit sind sinnvoll?
d) Warum sollte sich das Risikomanagement nicht nur speziell mit „Risikobewältigungsmaßnahmen" befassen, sondern mit allen wesentlichen geplanten Maßnahmen und Handlungsmöglichkeiten der Unternehmensführung?
e) Was versteht man unter dem Paradigma eines „entscheidungsorientierten Risikomanagements" und welche Aufgaben ergeben sich daraus für das Risikomanagement bei der Vorbereitung unternehmerischer Entscheidungen?
f) Welche Aufgaben im Zusammenhang mit Risiken können leicht vom Controlling übernommen werden?
g) Werden bei **Ihnen** die zeitliche Entwicklung von Einzelrisiken und des aggregierten Gesamtrisikoumfangs (Eigenkapital- und Liquiditätsbedarf) fortwährend überwacht (Monitoring)?
h) Fließen bei **Ihnen** die mittels Planabweichungsanalyse im Controlling ermittelten Auswirkungen eingetretener Risiken wieder in die Risikoanalyse ein?
i) Stellen bei **Ihnen** organisatorische Regelungen sicher, dass bei der Vorbereitung wichtiger Top-Management-Entscheidungen Risikoanalysen durch Einbeziehung des Risikomanagements berücksichtigt werden?

Hinweis: Konkrete Prüfungsfragen für **Ihr** Risikomanagement finden Sie unter Abschnitt 6.7.2.

7. Zusammenfassung und Kernthesen

Jede unternehmerische Tätigkeit ist mit Chancen und Gefahren (Risiken) verbunden. Der Erfolg eines Unternehmens ist daher wesentlich abhängig von der Fähigkeit im Umgang mit Unsicherheit, also mit bestehenden Chancen und Gefahren.

Risikomanagement ist somit nötig, weil wir die Zukunft nicht sicher vorhersehen können. Damit existieren Chancen und Gefahren, die Planabweichungen auslösen können. Bessere Informationen über diese Risiken führen potenziell zu besseren unternehmerischen Entscheidungen und damit zu einem nachhaltig größeren Unternehmenserfolg. Bei einer nicht sicher vorhersehbaren Zukunft mit unsicheren Wirkungen der eigenen Aktivitäten sollte jedes Management auch als Risikomanagement verstanden werden. Ein bewusstes Management von Chancen und Gefahren sollte damit im ganzen Unternehmen – bei allen Mitarbeitern – angestrebt werden.

Wichtig ist, dass ein unternehmensweites Risikomanagement weit mehr ist als das (selbstverständliche) Einhalten gesetzlicher Vorschriften (z.B. aus Arbeits- und Umweltrecht), das Abschließen von Versicherungen und das Erstellen von Notfallplänen. Risikomanagement ist ein alle Funktionsbereiche umfassender und integrierter Prozess der Identifikation, Bewertung, Aggregation, Steuerung und Überwachung aller Risiken, die Abweichungen von den gesetzten Zielen auslösen können. Vor allem gehört es zum Risikomanagement, Entscheidungen auch unter Berücksichtigung von Ergebnissen einer Risikoanalyse zu treffen.

Trotz der offensichtlichen Relevanz der Risiken (z.B. als Ursachen von Unternehmenskrisen) werden sie in der Praxis oft wenig systematisch betrachtet. Psychologen sehen hinter dieser Tatsache ein grundsätzliches Problem: Menschen haben eine Aversion, sich mit dem Thema „Risiko" auseinanderzusetzen und betrachten die durch ein Risiko möglichen Schäden erst, wenn sie bereits eingetreten sind. Manche Unternehmer sehen eine intensive Auseinandersetzung mit Risiken sogar als Hemmnis bei der Realisierung unternehmerischer Chancen. Dabei ist erfolgreiches Unternehmertum gerade durch ein konsequentes Abwägen von Chancen und Gefahren gekennzeichnet. Natürlich ist Unternehmertum ohne Risiken undenkbar. Erfolgreiche Unternehmer, Vorstände oder Geschäftsführer gehen somit nicht zwangsläufig weniger Risiken ein. Sie beschäftigen sich jedoch so intensiv mit denjenigen Risiken, die wesentliche Abweichungen von der erwarteten Zukunftsentwicklung auslösen können, dass für das Unternehmen ein optimales Risikoprofil erreicht wird. Vor allem wird durch ein derartiges unternehmerisches Risikomanagement vermieden, dass der Gesamtumfang der eingegangenen Risiken das Risikodeckungspotenzial des Unternehmens – Eigenkapital und Liquiditätsreserven – überschreitet, was eine Beeinträchtigung des Ratings und letztlich eine Insolvenzgefährdung des

Unternehmens auslösen kann. Risikomanagement kann wesentlich dazu beitragen, die Planungssicherheit zu verbessern und den Bestand des Unternehmens nachhaltig zu sichern („Zukunftssicherung").

Um Risiken – genau wie zukünftig erwartete Erträge – in unternehmerischen Entscheidungen konsequent berücksichtigen zu können, müssen bestimmte Voraussetzungen im Unternehmen geschaffen werden. Unternehmensführung und alle Mitarbeiter sollten zunächst dafür sensibilisiert werden, dass die Existenz von Risiken keinesfalls gleichzusetzen ist mit Managementfehlern. Die Mitarbeiter sollen risikobewusst denken und handeln, also Chancen und Gefahren betrachten. Flankierend ist dabei auch der Aufbau organisierter Risikomanagementsysteme, die die vorhandenen Planungs- und Controllingsysteme ergänzen, unvermeidlich. Selbst in mittelständischen Unternehmen ist ein derartiger Aufbau durchaus mit einem überschaubaren Aufwand zu realisieren. Notwendig ist es, Verfahren einzuführen, die eine Identifikation, Quantifizierung und laufende Überwachung der wesentlichen Risiken sicherstellen. Soweit möglich, sollte das Risikomanagement dabei vorhandene Organisationssysteme nutzen (z.B. Controlling, das Qualitätsmanagement oder einfach die regelmäßigen Geschäftsführungssitzungen). Jede Unternehmensführung benötigt insbesondere regelmäßig eine Übersicht über alle wesentlichen oder gar bestandsgefährdenden Risiken, die den Erfolg des Unternehmens als Ganzes gefährden könnten. Zudem muss mit Hilfe der Risikoaggregationsverfahren, die den Gesamtrisikoumfang und den Eigenkapitalbedarf bestimmen, regelmäßig berechnet werden, wie groß die Planungssicherheit und die Stabilität des Unternehmens sind. Nur so können mögliche, bestandsgefährdende Entwicklungen (§91 Abs. 2 AktG und §1 StaRUG) erkannt werden, die sich aus Kombinationseffekten mehrerer Einzelrisiken ergeben. Damit werden zwangsläufig Risikomanagement und Unternehmensplanung miteinander verbunden. Das Risikomanagement leistet so einen Beitrag, um die vorhandenen Planungsmethoden des Unternehmens weiterzuentwickeln, indem der realistische Umfang von (möglichen) Planabweichungen nunmehr explizit angezeigt wird. Die Risikoanalyse ist zudem ein notwendiger Baustein jeder wertorientierten Unternehmensführung, weil sie die Information über das Ertragsrisiko für die Berechnung der Erwartungswerte der Erträge und risikogerechter Kapitalkosten (oder Sicherheitsäquivalente) liefert, die der Kapitalmarkt nicht haben kann. Aus der Risikoanalyse lässt sich auch das Insolvenzrisiko ableiten, das bei der Bewertung von Unternehmen und der Beurteilung von strategischen Handlungsoptionen zu berücksichtigen ist.

Es ist wichtig zu beachten, dass allein das Eintreten eines Risikos, das zu negativen Planabweichungen geführt hat, nicht als Fehler oder Sorgfaltspflichtverletzung bei einer Entscheidung aufgefasst werden kann. Risiken, die mit unternehmerischen Entscheidungen unvermeidlich verbunden sind, können sich auch realisieren. Ein Indiz für eine Sorgfaltspflichtverletzung infolge einer unzureichenden Entscheidungsvorlage (speziell unzureichenden entscheidungsvorbereitenden Risikoanalysen) ist gegeben, wenn

- ein in der Entscheidungsvorlage nicht genanntes Risiko zu negativen Planabweichungen und Verlusten führt (in Folge einer fehlenden systematischen Risikoidentifikation) und/oder
- negative Planabweichungen durch Risiken in einem so hohen Umfang eingetreten sind, der durch die erforderliche quantitative Risikoanalyse nicht zu erklären ist (der Umfang der Verluste also größer ist als der Risikoumfang).[1591]

Diese zu prüfen ist Aufgabe einer Planabweichungsanalyse: keine Planabweichung ohne zugrunde liegendes Risiko.

Für den praktischen Nutzen wesentlich ist es dabei, dass das Risikomanagement nicht nur reaktiv tätig wird, sich also nicht nur auf die Schaffung von Transparenz über die Risiken und die Initiierung von Risikobewältigungsmaßnahmen beschränkt. Es ist insbesondere nicht ausreichend, wenn erst nach der Durchführung einer wesentlichen unternehmerischen Maßnahme (z.B. Akquisition oder Investition) durch das Risikomanagement festgestellt wird, wie sich die Risikolage des Unternehmens verändert hat. Bei einer ganzheitlichen, risiko- und wertorientierten Unternehmensführung soll durch das Zusammenspiel von Risikomanagement und Controlling gewährleistet werden, dass die zu erwartenden Änderungen des aggregierten Gesamtrisikoumfangs und des Ratings durch eine in der Unternehmensführung diskutierte Handlungsoption schon in der Phase der Entscheidungsvorbereitung betrachtet werden. Gegenstand von Risikoanalyse und Risikoaggregation sind damit alle wesentlichen Maßnahmen der Unternehmensführung, und nicht eben nur Risikobewältigungsmaßnahmen im engeren Sinn. Nur so kann gewährleistet werden, dass bei einer Vorbereitung unternehmerischer Entscheidungen die zu erwartenden Veränderungen bei den zukünftigen Erträgen und Risiken gegeneinander abgewogen werden, und eine mögliche Bedrohung des zukünftigen Ratings und damit des Unternehmens (in einem Stressszenario) vorab erkannt wird. Mit dem am 01.01.2021 in Kraft getretenen § 1 des StaRUG hat auch der Gesetzgeber klargestellt, dass zumindest bei einer Bestandsgefährdung „geeignete Gegenmaßnahmen" zur Krisenbewältigung erforderlich sind.

Um wesentliche Handlungsmöglichkeiten fundiert vergleichen zu können, ist der Einsatz simulationsbasierter („semi-investitionstheoretischer") Bewertungsverfahren zu empfehlen, da diese das Ertrag-Risiko-Profil auf eine Kennzahl als Entscheidungskriterium (Erfolgsmaßstab, Performancemaß) verdichtet darstellen. Insbesondere erlauben diese Verfahren, aus dem aggregierten Ertragsrisiko (z.B. Volatilität der Erträge) unmittelbar, d.h. ohne historische Kapitalmarktdaten (CAPM), auf risikogerechte Kapitalkosten und damit Anforderungen an eine risikogerechte Rendite zu schließen.

Wie beurteilt man die schon erreichte Qualität des Risikomanagements? Ein wichtigster Praxistest für das Risikomanagement besteht zunächst darin, festzustellen, ob die eingetretenen Planabweichungen auf im Vorhinein bekannte Risiken zurückgeführt werden können. Risikomanagement schafft Transparenz über die Planungssicherheit und trägt dazu bei, diese zu verbessern. Zudem

[1591] Siehe Gleißner, 2019b und 2019e.

ist zu prüfen, ob die Ergebnisse von Risikoanalyse und Risikoaggregation nachvollziehbar bei den wesentlichen Top-Management-Entscheidungen (z.B. Strategieänderungen und Investitionen) berücksichtigt wurden.

Die Fähigkeiten im Umgang mit Chancen und Gefahren sind bei einer nicht sicher vorhersehbaren Zukunft des Unternehmens und seines Umfelds ein zentraler Erfolgsfaktor. Ein integriertes, entscheidungsorientiertes Risikomanagement trägt zur Krisenvermeidung bei, sichert Rating und Finanzierung und hilft, Investitionsalternativen oder Projekte risikogerecht zu beurteilen. Insgesamt unterstützt Risikomanagement die zentrale unternehmerische Aufgabe eines fundierten Abwägens von erwarteten Erträgen und Risiken vor wichtigen Entscheidungen, z.B. durch die Berechnung eines Erfolgsmaßstabes (wie den Unternehmenswert) auf Basis der unternehmensinternen Risikoinformationen. Es schafft die Voraussetzung für die Entwicklung „Robuster Unternehmen" mit nachhaltig erfolgreichen Strategien.

Für den ganz eiligen Leser sind nun zum Schluss die wichtigsten Aussagen des Buchs noch einmal in Thesen zusammengefasst:

1. Unternehmertum ist immer mit Unsicherheit, also Risiken, verbunden. Bei einer nicht sicher vorhersehbaren Zukunft können durch Risiken, Planabweichungen auftreten. Risiko ist der Oberbegriff zu Chance und Gefahr (d.h. möglichen positiven und negativen Planabweichungen). Die Fähigkeit im Umgang mit Unsicherheit ist für die Bestandssicherung und den nachhaltigen Erfolg von Unternehmen von großer Bedeutung.
2. Besonders wesentliche Risiken sind die „strategischen Risiken" (insbesondere Bedrohungen der Erfolgspotenziale), volkswirtschaftliche Risiken und die Unsicherheiten bezüglich wesentlicher Planannahmen (z.B. bezüglich der Entwicklung von Nachfrage, Rohstoffpreisen oder Wechselkursen). Aber auch operative Risiken der Leistungserstellung und „Nachhaltigkeitsrisiken" sind systematisch zu analysieren.
3. Risikomanagement beschäftigt sich als Querschnittsfunktion im Unternehmen mit der systematischen Identifikation, Quantifizierung, Aggregation, Bewältigung (Steuerung) und Überwachung von Risiken. Zielsetzung ist es, Transparenz zu schaffen über den Risikoumfang, um insbesondere mögliche bestandsgefährdende Entwicklungen rechtzeitig zu erkennen. Berechnet wird so der vom Gesamtrisikoumfang abhängige Bedarf an Risikodeckungspotenzial, also am Eigenkapital und Liquidität. Ein ökonomischer Mehrwert entsteht insbesondere, wenn schon bei der Vorbereitung unternehmerischer Entscheidungen deren Implikationen für die zukünftig zu erwartenden Erträgen einerseits sowie Risiko und Rating andererseits beurteilt werden.
4. Der Grad der Bestandsgefährdung eines Unternehmens in der Zukunft wird durch Gefährdungswahrscheinlichkeit und Insolvenzwahrscheinlichkeit bzw. das zukünftige Rating ausgedrückt. Die Berechnung der Implikationen bestehender Risiken für das zukünftige Rating, also die Beurteilung eines Unternehmens aus Gläubigerperspektive, ist notwendig, um bestandsgefährdende Entwicklungen einschätzen zu können. Das Risikomanagement ist damit die Grundlage für Krisenfrüherkennung und

Krisenprävention, weil Krisen das Resultat eingetretener Risiken sind. Die Bestimmung der vom Risikoumfang und dem Risikodeckungspotenzial (Eigenkapital- und Liquiditätsausstattung) abhängigen Insolvenz- und Gefährdungswahrscheinlichkeit ermöglicht die rechtzeitige Initiierung „geeigneter Gegenmaßnahmen" zur Krisenabwehr und Bestandssicherung (§ 1 StaRUG).

5. Alle wesentlichen Risiken des Unternehmens sollen und können – adäquate Fachkompetenz vorausgesetzt – durch geeignete Wahrscheinlichkeitsverteilungen beschrieben werden (z.B. durch Angabe von Mindestwert, wahrscheinlichstem Wert und Maximalwert einer Planungsposition).
6. Da normalerweise nicht Einzelrisiken, sondern Kombinationseffekte mehrerer Risiken zu Krisen und „bestandsgefährdenden Entwicklungen" (im Sinne § 91 Abs. 2 AktG, § 1 StaRUG) führen, ist die Risikoaggregation die Schlüsseltechnologie im Risikomanagement. Die Risikoaggregation bestimmt den Gesamtrisikoumfang durch die Berechnung einer großen repräsentativen Anzahl risikobedingt möglicher Zukunftsszenarien (Monte-Carlo-Simulation). Sie verbindet so eine traditionelle Unternehmensplanung mit den Risken des Unternehmens und zeigt die „im Mittel" zu erwartende Entwicklung von Cashflow und Gewinn sowie die Planungssicherheit („Bandbreitenplanung").
7. Das Abwägen erwarteter Erträge und Risiken über einen Erfolgsmaßstab ist möglich durch die Kennzahl „Unternehmenswert" (Entscheidungswert). Diesen kann man ausgehend vom aggregierten Ertragsrisiko über risikogerechte Kapitalkosten berechnen und so z.B. verschiedene strategische Handlungsoptionen vergleichen („Strategiebewertung"). Risikoanalysen sind damit eine notwendige Grundlage für ein wertorientiertes Management, weil man aufgrund von Kapitalmarktunvollkommenheiten aus „historischen Aktienrenditeschwankungen" (Betafaktor des CAPM) nicht auf die bewertungsrelevanten zukünftigen Ertragsrisiken des Unternehmens schließen kann. Ein anzustrebendes „entscheidungsorientiertes Risikomanagement" stellt bei der Vorbereitung „unternehmerischer Entscheidungen" (§ 93 AktG) neutrale und fundierte Risikoanalysen bereit, die die Veränderung des Risikoumfangs eines Unternehmens aufzeigen und es ermöglichen, Ertrag und Risiko durch eine risikoadäquate Bewertung abzuwägen.
8. Das Risikomanagement eines Unternehmens sollte soweit möglich für die Erfüllung seiner Aufgaben bestehende und bewährte Managementsysteme – wie Controlling, Qualitätsmanagement, Treasury oder Projektmanagement – nutzen und, oft im Zusammenspiel mit der Weiterentwicklung des Controllings, zu einem integrierten „wertorientierten Unternehmenssteuerungsansatz" führen („integratives Risikomanagement"). Ziel ist es, die Unternehmensführung in die Lage zu versetzen, bei einer nicht sicher vorhersehbaren Zukunft deren Unwägbarkeiten besser im Entscheidungskalkül berücksichtigen zu können (und so den Unternehmenserfolg nachhaltig zu fördern).
9. Die Fähigkeit im Umgang mit Unsicherheit (Risiken) ist neben einer robusten Strategie und finanzieller Nachhaltigkeit der dritte Baustein für die

langfristige Sicherung des Erfolgs eines Unternehmens („Robustes Unternehmen"). Risikobewältigungsmaßnahmen tragen dabei zur Optimierung des Ertrag-Risiko-Profils bei und sind unter Beachtung ihrer Kosten und der Wirkungen auf den Gesamtrisikoumfang zu beurteilen (Optimierung der Risikokosten). Eine grundlegende Verbesserung des Ertrag-Risiko-Profils erfordert meist eine Änderung der Strategie auf dem Weg zu einem „robusten Unternehmen". Dieses meidet kritische Abhängigkeiten, hat ein hohes Risikodeckungspotenzial, hohe Flexibilität und baut auf Kernkompetenzen, die auf möglichst vielen attraktiven Märkten Wettbewerbsvorteile (Preissetzungsmacht) nachhaltig absichern.

10. Bei einer nicht sicher vorhersehbaren Zukunft sollten alle Mitarbeiter – und insbesondere die Unternehmensführung – jedes Management auch als Risikomanagement auffassen. Chancen und Gefahren, auch aus der unsicheren Wirkung der eigenen Aktivitäten und Entscheidungen, sollten grundsätzlich auch im üblichen Tagesgeschäft adäquat beachtet werden („embedded risk management"). Einher geht damit ein integrativer Ansatz für ein strategisches Management unter Beachtung von Unsicherheit, das die Überlebens- und Zukunftsfähigkeit des Unternehmens nachhaltig sichert und kontinuierlich verbessert.

Lesern, die die Potenziale und Umsetzungsprobleme des Risikomanagements in einem fiktiven Dialog zwischen Vorstand und Risikomanager vor dem Hintergrund der Wirtschaftskrise 2008–2010 erleben wollen, sei ergänzend folgendes Buch empfohlen: Gleißner, W. (2019): Der Vorstand und sein Risikomanager – Umgang mit Chancen und Gefahren der Unternehmensführung, 2. Aufl., uvk, München.

Anhang 1: Stochastische Prozesse und Zeitreihenanalysen

Stochastische Prozesse

Ein stochastischer Prozess beschreibt das Verhalten einer Variable X, die sich im Zeitablauf zufällig bewegt und beschreibt damit auch den zeitlichen Verlauf eines Risikos.

Grundlage bildet häufig die sogenannte „Brownsche Bewegung", einem ursprünglich aus der Physik stammenden Konzept. Die Brownsche Bewegung (auch Wiener-Prozess genannt) wird als zeitstetiger stochastischer Prozess einer Variablen X über die Zeit t definiert, mit normalverteilten, unabhängigen Zuwächsen, die abhängig sind von der vergangenen Zeit zwischen zwei Zeitpunkten t und s $\Delta t = t - s$.

$$\Delta X_t = X_{t+s} - X_t \sim N(0, \Delta t) \text{ oder } \Delta X_t = \varepsilon_t = \varepsilon_1 \cdot \sqrt{\Delta t} \quad \text{(A 1.1)}$$ [1592]

Hierbei charakterisiert ε_t eine standardnormalverteilte Zufallsvariable, die „reiner Zufall" ist, also speziell nicht prognostizierbar („reines Risiko"). Der Zufall (Risiko) ist also lediglich von der Zeit abhängig.

Der Erwartungswert eines Zuwachses Δt der Brownschen Bewegung hat den Erwartungswert 0 für jedes Zeitintervall Δ, ganz gleich welche Länge es hat. Deswegen ist der (aus Sicht t und damit bedingte) Erwartungswert von $X_{t+\Delta}$ immer der gerade aktuelle Wert von X_t.

$$E_t(X_{t+\Delta}) = X_t \quad \text{(A 1.2)}$$

Das heißt „im Mittel" ändert sich nichts.

Ein Martingal ist ein spezieller stochastischer Prozess, in dem der Erwartungswert einer Beobachtung gleich dem Wert der vorigen Beobachtung ist. Ein Wiener-Prozess ohne Drift („Trend") ist somit ein Martingal, ebenso wie eine Geometrische Brownsche Bewegung ohne Drift (vgl. unten).

Die Brownsche Bewegung hat die „Markov-Eigenschaft": In die Vorhersage für zukünftige Werte von $X_{t+\Delta}$ geht immer nur der aktuelle Wert X_t ein; die gesamte Entwicklung von X_t davor ist nicht relevant.

Die Markov-Eigenschaft ist der Grund, weshalb die Brownsche Bewegung häufig zur Modellierung von Größen auf Finanzmärkten verwendet wird. Dort wird angenommen, dass im aktuellen Preis alle über die Zukunft erhältlichen Informationen einkalkuliert sind.

Bei vielen Wirtschaftsgrößen, z.B. dem Volkseinkommen, ist häufig ein ständiger Aufwärtstrend zu beobachten. Zudem müssen oft Variablen (z.B. Aktien-

---

[1592] $N(\mu,\sigma)$ beschreibt eine Normalverteilung mit Erwartungswert μ und Standardabweichung σ.

renditen) modelliert werden, deren Varianz sich mit der Zeit t bzw. der Größe der Variablen selbst verändert. Hierzu ist eine reine Brownsche Bewegung nicht geeignet sein. Es werden stattdessen sogenannte Diffusionsprozesse[1593] verwendet.

Es wird dabei σ-mal ein Wiener Prozess als Variabilität (oder „Rauschen", „white noise") zu der Kursentwicklung von X addiert, die sich im Laufe der Zeit mit einem Trend von α entwickelt.[1594] Dabei sind der Driftparameter α und der das Risiko erfassende Varianzparameter σ als deterministische Funktionen von t und X_t abhängig. Die Zuwächse von X_t setzen sich also zusammen aus einem deterministischen Glied, das d_t enthält, und z.B. einen Trend über die Zeit erfassen könnte, und aus einem stochastischen Glied, in das die Brownsche Bewegung dW_t als Zufallskomponente oder Risiko eingeht. Ein Diffusionsprozess ist also eine Kombination von deterministischen und stochastischen Prozessen.

Für die Entwicklung von Aktienkursen wird normalerweise die spezielle Form der geometrischen Brownschen Bewegung angenommen.[1595]

In der diskreten Formulierung lautet der Prozess für die Veränderung von X_t, also ΔX_t, dann wie folgt:

$$\Delta X_t = X_t - X_{t-1} = \alpha X_{t-1} + \sigma \varepsilon_t \tag{A 1.3}$$

Eine weitere Klasse innerhalb der Diffusionsprozesse sind die sogenannten „mean reverting processes". Sie berücksichtigen neben einem Volatilitätsparameter einen Drift, der den Prozess auf einen langfristigen Durchschnittswert (oder Trendwert) führt. Derartige Prozesse werden beispielsweise bei der Modellierung von Zinssätzen verwendet.

Das einfachste Beispiel für einen solchen Prozess ist der Mean-Reventing-Process[1596], wo ε_t normalverteilt ist mit $N(0, \sigma)$.

In der diskreten Formulierung lautet der Prozess wie folgt:

$$X_t - X_{t-1} = \eta \cdot (\mu - X_{t-1}) + \varepsilon_t \tag{A 1.4}$$

μ ist das gleichgewichtige Niveau des Prozesses (Gleichgewichtsniveau). Liegt X_{t-1} über diesem Wert, so ist der Driftterm $\eta(\mu - X_{t-1})$ negativ und der Drift wird den Prozess tendenziell nach unten „ziehen". Ist X_{t-1} kleiner, so ist der Drift positiv und der Prozess wird nach oben gezogen.

η (die „Steifigkeit") gibt an, wie stark die oben beschriebene „Anziehungskraft" von μ ist. Für kleine Werte von η verschwindet der Trend zum Gleichgewichtsniveau μ.

[1593] Diese werden auch verallgemeinerte Wiener-Prozesse oder Ito-Prozesse genannt.

[1594] Die allgemeine mathematische Darstellung eines Diffusionsprozesses lautet: $dX_t = \alpha(t, X_t)d_t + \sigma(t, X_t)dW_t$ wobei (W_t) ein Standard-Wiener-Prozess ist.

[1595] Hierbei sind $\alpha(t, X_t) = \alpha X_t$ und $\sigma(t, X_t) = \sigma X_t$ (α und σ sind konstant) und es ergibt sich $dX_t = \alpha X_t d_t + \sigma X_t dW_t$, wobei W_t wieder ein Standard-Wiener-Prozess ist.

[1596] Speziell Ornstein-Uhlenbeck-Prozess: $dX_t = \eta(\mu - X_t)dt + \sigma dW_t$ wobei (W_t) ein Standard-Wiener-Prozess ist.

$\sigma(\varepsilon)$ (die „Diffusion", die Standardabweichung von ε) gibt an, wie stark der Einfluss von ε[1597] bzw. des linearen Zufalls-Prozesses auf den Prozess ist.[1598] Speziell beim Mean-Reverting-Prozess sind sowohl das mean reverting level als auch der Diffusionsterm konstant über die Zeit und damit auch unabhängig von X.[1599]

Eine weitere Klasse von stochastischen Prozessen stellen die sogenannten Sprung-Prozesse dar, bei denen die Variablen unregelmäßige und diskrete Sprünge machen.[1600]

Zeitreihenanalyse

Neben der Theorie der stochastischen Prozesse gibt es auch die verwandte mathematische Disziplin der Zeitreihenanalyse. Während die Zeitreihenanalyse sich als Teilgebiet der Statistik versteht und versucht, spezielle Modelle (wie etwa ARMA-Modelle) an zeitlich geordnete Daten anzupassen, steht bei den stochastischen Prozessen die Stochastik der Zufallsfunktionen[1601] im Vordergrund.

Ziel der zeitreihenanalytischen Ansätze ist es, die Realisationen einer Zufallsvariable durch „leicht handhabbare und flexible Modelle" zu erklären.[1602]

Dem zeitreihenanalytischen Ansatz von Box/Jenkins (1970) folgend lässt sich eine Zufallsvariable X_t als gewichtetes Mittel aus gegenwärtigen und q vergangenen stochastischen Schocks ε_t darstellen (MA(q)-Darstellung, MA für Moving Average).

Ein Moving Average Prozess der Ordnung q (MA(q)-Prozess) hat die Gestalt:

$$X_t = \sum_{i=1}^{q} \beta_i \cdot \varepsilon_{t-i} + \varepsilon_t \qquad \text{(A 1.5)}$$

ε_t ist hierbei wieder ein sogenanntes „weißes Rauschen" im Allgemeinen eine normalverteilte Zufallsvariable.[1603]

Alternativ zur MA(q)-Darstellung kann man für Zufallsvariablen einer Zeitreihe eine Darstellung als autoregressiven Prozess der Ordnung p (AR(p)-Prozess, AR für AutoRegressive)) wählen.

[1597] Also des Zufalls oder originären Risikos.

[1598] Für $\sigma = 0$ wird X einfach exponentiell gegen μ konvergieren, bei starker Diffusion wird diese Konvergenz zufällig gestört.

[1599] Vgl. weiterführend zu „Sprungprozessen" (Lévy-Prozesse) Kheder/Scherer, 2014.

[1600] Häufig findet hier der Poisson-Prozess Verwendung, bei dem das zeitliche Eintreffen der Sprünge einer Poissonverteilung folgt. Die mathematische Formulierung eines Sprung-Prozesses kann analog zum Diffusionsprozess wie folgt aussehen: $dX_t = f(t, X_t)d_t + g(t, X_t)dW_t$, wobei (W_t) ein Standard-Wiener-Prozess ist und $f(t, X_t)$ bzw. $g(t, X_t)$ bekannte, nicht-zufallsabhängige Funktionen.

[1601] Etwa Stetigkeit oder Differenzierbarkeit.

[1602] Vgl. Schlittgen/Streitberg, 1984, S. 84.

[1603] Eine (normalverteilte) Zufallsvariable, die für alle t paarweise unabhängig und identisch verteilt ist mit Erwartungswert μ und der Varianz σ^2.

Ein autoregressiver Prozess der Ordnung p (AR(p)-Prozess) hat die Gestalt:

$$X_t = \alpha_0 + \sum_{i=1}^{p} \alpha_i \cdot X_{t-i} + \varepsilon_t \qquad \text{(A 1.6)}$$

Eine Kombination beider Ansätze sind ARMA(p,q)-Modelle[1604], die so spezifiziert werden können, dass die Anzahl der zu schätzenden Parameter (p+q) minimal wird:

$$X_t = \alpha_0 + \sum_{i=1}^{p} \alpha_i \cdot X_{t-i} + \sum_{j=1}^{q} \beta_j \cdot \varepsilon_{t-j} + \varepsilon_t \qquad \text{(A 1.7)}$$

Ein häufig verwendeter Spezialfall der ARMA(p,q)-Prozesse ist der ARMA(1,1) Prozess.

$$X_t = \alpha_0 + \alpha_1 \cdot X_{t-1} + \beta_1 \cdot \varepsilon_{t-1} + \varepsilon_t \qquad \text{(A 1.8)}$$

Die ARMA-Modelle beschreiben die zeitliche Entwicklung einer Plangröße (z.B. des Umsatzes) oder eines exogenen Risikofaktors (z.B. des Wechselkurses oder Ölpreises). Sie beschreiben, wie sich der (bedingte) Erwartungswert der Plangrößen ändert (Niveauveränderung). Sie verdeutlichen damit, dass durch die zufällige Realisation („Planabweichung") bei einer risikobehafteten Größe in einer Periode t sich auch Konsequenzen für die „im Mittel" der Folgeperiode (t + 1) zu erwartenden Ausprägungen dieser Größe (den Erwartungswert) ergeben. Der Umfang der „originären" Risiken (ε_t), also der möglichen Planabweichungen von dem so bestimmten (bedingten) Erwartungswert, ändert sich jedoch nicht. Möchte man diesen originären Risikoumfang, also den Umfang der Schwankungen um den Erwartungswert, zeitabhängig modellieren, reichen die ARMA-Modelle allein nicht aus. Für eine zeit- und zustandsabhängige quantitative Beschreibung des Risikos selbst dienen sogenannte ARCH- oder GARCH-Modelle. Auch diese werden im Folgenden knapp erläutert.

Sogenannte ARCH- und GARCH-Modelle versuchen, zeitliche Muster bei der Bestimmung der Volatilitäten zu berücksichtigen, also Schwankungen des (originären) Risikos im Zeitverlauf.[1605] Grundlegende Idee bei ARCH- und GARCH-Prozessen ist, dass Zufallsschwankungen (Störterme) aus der Vergangenheit den Wert des Störterms von heute beeinflussen. GARCH-Modelle[1606] versuchen also, zeitliche (und zustandsabhängige) Muster bei der Bestimmung von Volatilitäten (Risiken) zu berücksichtigen. Die Volatilitäten in den verschiedenen Zeitpunkten werden dabei als abhängig voneinander angenommen. Eine Erhöhung der Standardabweichung oder Varianz in einer Betrachtungsperiode führt dann tendenziell auch zu einer erhöhten Volatilität in der Folgeperiode. Damit können zeit- und zustandsabhängige (bedingte) Risiken durch GARCH-Modelle beschrieben werden.[1607] Bei derartigen Ansätzen ergibt sich die Prognose des zukünftigen Risikos (der Varianz bzw. Volatilität von ε) in Abhängigkeit der

[1604] ARMA für AutoRegressive-Moving Average.

[1605] Die Volatilitäten in den verschiedenen Zeitpunkten werden dabei als abhängig voneinander angenommen.

[1606] Generalized AutoRegressive Conditional Heteroscedascity.

[1607] Vgl. Bollerslev, 1986 sowie Locarek-Junge/Klein/Walther, 2014.

letzten tatsächlich eingetretenen Prognosefehler ε_t.[1608] Ein GARCH(p, q)-Prozess wird durch folgende Gleichung charakterisiert:[1609]

$$\sigma_t^2 = a_0 + \sum_{i=1}^{q} a_i \cdot \varepsilon_{t-i}^2 + \sum_{j=1}^{p} b_j \cdot \sigma_{t-j}^2 \quad \text{(A 1.9)}$$

wobei $a_0 > 0$, $a_i \geq 0$ für i = 1, …, q und $b_j \geq 0$ für j = 1, …, p. ε_t bezeichnet hierbei wieder die Störterme, eine Zufallsvariable mit Erwartungswert 0 und Standardabweichung σ_t.[1610] Ein häufig verwendeter Spezialfall der GARCH(p,q)-Prozesse ist der GARCH(1,1) Prozess.

$$\sigma_t^2 = a_0 + a_1 \cdot \varepsilon_{t-1}^2 + b_1 \cdot \sigma_{t-1}^2 \quad \text{(A 1.10)}$$

1608 Planabweichungen oder „originäre Risiken"
1609 Siehe Zeder, 2007 zur Anwendung und Verknüpfung mit Extremwertverteilungen sowie Auer, 2014.
1610 In der ursprünglichen Form des GARCH-Prozesses sind die ε_t normalverteilt. Es sind aber durchaus andere Verteilungen möglich, wie bspw. die Paretoverteilung.

Anhang 2: Regressionsmodell und Parameterschätzung

Ausgangspunkt der Regressionsanalyse ist die Annahme eines linearen Zusammenhangs zwischen den (möglichst unabhängigen) exogenen Variablen und dem Regressand (endogene Variable). Man kann den Regressand (Y) somit als Linearkombination der jeweiligen exogenen Variablen (X) beschreiben.

$$Y_t = \beta_0 + \sum_{i=1}^{m} \beta_i \cdot X_{it} + \varepsilon_t \qquad \text{A (7.1)}$$

Bei diesem Ansatz der multiplen Regression sind die (b_i) die Regressionskoeffizienten. Diese Regressionskoeffizienten sollen durch Analyse der empirischen Daten so geschätzt werden, dass die beobachtete Zeitreihe der Y_t möglichst gut durch die Zeitreihen der exogenen Variablen X_{it} erklärt wird. Die Fehler der Regressionsschätzungen, die Residuen ε_t, sollen folglich möglichst klein sein.

Die unbekannten β_i werden nun aus den beobachteten Werten Y_t, X_{it} mit Hilfe der Kleinste-Quadrate-Methode geschätzt. Die Summe der quadrierten Residuen soll dabei minimiert werden.

$$\sum_{t=1}^{n} \varepsilon_t = \sum_{t=1}^{n} \left(Y_t - \sum_{i=1}^{m} b_i X_{i,t} \right)^2 = (Y - Xb)^T (Y - Xb) \rightarrow \min \qquad \text{A (7.2)}$$

Dabei sind die b_i die Schätzer für die β_i.

Der Vektor der b_i lässt sich nach der folgenden Beziehung errechnen[1611]:

$$b = \left(X^T X \right)^{-1} X^T Y \qquad \text{A (7.3)}$$

Nach Schätzung der Regressionsparameter ist eine Beurteilung des Regressionsmodells mittels statistischer Prüfmaße notwendig. Das einfachste statistische Prüfmaß ist das Bestimmtheitsmaß R^2, das dem Quadrat des Korrelationskoeffizienten entspricht.

$$R^2 = \frac{\sum_{t=1}^{n} (\hat{y}_t - \bar{y})^2}{\sum_{t=1}^{n} (y_t - \bar{y})^2} = \frac{\text{erklärte Streuung}}{\text{Gesamtstreuung}}$$

1611 Voraussetzung für das Berechnen obiger Gleichung ist, dass die Matrix X regulär ist. Keine Spalte der Matrix X darf eine Linearkombination der anderen Spalten sein, weil sonst keine eindeutige Lösung existiert. Ebenso wenig darf eine Reihe der exogenen Variablen eine Stichprobenvarianz von null aufweisen. Schließlich wird für die gewöhnliche Kleinste-Quadrate-Schätzung (OLS) verlangt, dass die Varianz der Residualvariablen $u_1 \ldots u_n$ über alle untersuchten Perioden konstant ist (→ Homoskedastizität), und dass keine Autokorrelation dieser Residuen vorliegt.

$\hat{y}_t$: Schätzwert durch Regressionsmodell

$\bar{y}$: Mittelwert des Regressanden

y_t: empirischer Wert des Regressanden

R^2 drückt also aus, welcher Anteil der Schwankungen von y durch das Modell erklärt werden kann. Ein R^2-Wert nahe Eins deutet somit auf einen leistungsfähigen Modellansatz[1612] hin.

Neben einer Beurteilung des gesamten Regressionsmodells soll auch die Signifikanz des Einflusses jeder exogenen Variablen getestet werden. Dividiert man einen Regressionskoeffizienten (b_j) durch den Standardfehler dieses Koeffizienten (s_j), so ergibt sich der t-Wert.

$$t_j = \frac{b_j}{s_j}$$

Dieser t-Wert soll größer sein als ein kritischer t-Wert, den man aus einer Tabelle der Student-t-Verteilung entnehmen kann, um zu belegen, dass der Koeffizient (b_j) signifikant von null verschieden ist.[1613]

[1612] Für k exogene Variablen und n Beobachtungswerte gilt:

$$R_k^2 = \frac{n-1}{n-k} + \frac{n-1}{n-k} \cdot R^2.$$

[1613] Mit Hilfe des Standardfehlers der Regressionskoeffizienten kann man ein Konfidenzintervall des jeweiligen Regressionskoeffizienten angeben. Das Konfidenzintervall gibt einen Bereich an, in dem sich der unbekannte wahre Regressionskoeffizient mit einer anzugebenden Wahrscheinlichkeit befindet. Für das Konfidenzintervall gilt: $b_j - z \cdot s_j \leq \beta_j + z \cdot s_j$.

β_j: wahrer Regressionskoeffizient

b_j: Regressionskoeffizient der Stichprobe

s_j: Standardfehler des Regressionskoeffizienten

z: Wert aus Student-t-Verteilung für die ausgewählte Wahrscheinlichkeit p (für p = 95 % ungefähr 2)

Anhang 3: Extremwerttheorie

Ergänzend zu den bisherigen Erläuterungen zu Wahrscheinlichkeitsverteilungen in Abschnitt 2.4.4.2 sollen nachfolgend noch verschiedene Techniken für die quantitative Beschreibung von „Extremrisiken" vorgestellt werden, die die „einfache Paretoverteilung" ergänzen. Da die sogenannten „Extremwert-Ansätze" insbesondere für eine bessere Beurteilung des ökonomischen Eigenkapitalbedarfs (z.B. ausgedrückt durch die Risikomaße Value at Risk oder Expected Shortfall) genutzt werden, werden nachfolgend die Wahrscheinlichkeitsverteilungen zur Beschreibung von Extremrisiken in der Anwendung für die Bestimmung von Risikomaßen, wie dem Value at Risk, erläutert.

Sollen Risikomaße, wie Value at Risk oder Conditional Value at Risk, unter Berücksichtigung von Methoden der Extremwert-Ansätze berechnet werden, wird wie folgt vorgegangen[1614]: Zunächst werden die (negativen) Renditen (relative Veränderung) der betrachteten Größe (z.B. Wertpapierkurse) berechnet. Anschließend werden deren Maxima (negative Extremausprägungen) berechnet. Bei der sogenannten „Method of Block Maxima" (MOBM) werden Zeit-Blöcke bestehend aus mehreren Perioden, deren jeweilige Maxima berechnet. Bei dem alternativen sogenannten „Peak-over-Threshold-Method" (POTM) sind alle Extremausprägungen, die einen vorgegebenen Schwellenwert (Threshold) überschreiten, Grundlage für die Parametrisierung der Extremwertverteilung.

Sind mit einem der beiden Verfahren die relevanten Maxima (Extremwerte) erfasst, können diese bei der Block Maxima Methode durch die verallgemeinerte Extremwertverteilung quantitativ beschrieben werden (englisch: generalised extreme value distribution, GED):[1615]

$$H_{\omega,\psi,\xi}(x^*) = \begin{cases} \exp\left[-\left(1+\xi\dfrac{x^*-\omega}{\psi}\right)^{-1/\xi}\right], \text{ wenn } \xi \neq 0 \\ \exp\left[-\exp\left(-\dfrac{x^*-\omega}{\psi}\right)\right], \text{ wenn } \xi = 0 \end{cases} \tag{A 2.1}$$

$\omega \in \Re$, $\psi > 0$ und ξ sind dabei die Lage-, Streuungs- und Formparameter der Verteilung. Die Parameter werden mit dem Maximum-Likelihood-Verfahren

1614 Siehe Schuhmacher/Auer, 2015.

1615 Diese Extremwertverteilung schließt alle Spezialfälle die Fréchet-verteilungen (inklusive der Cauchy- und die Student-t-Verteilung), die Gumbelverteilungen (inklusive Normal-, Exponential-, Gamma- und Lognormalverteilung) und auch die Weibullverteilungen (mit den Spezialfällen Gleich- und Beta-Verteilung) als Spezialfälle mit ein. Für $\xi = 0$ ergibt sich eine Gumpelverteilung. Für $\xi > 0$ eine Fréchetverteilung und für $\xi < 0$ eine Weibull-Verteilung.

geschätzt[1616]. Über die geschätzten Parameter der allgemeinen Extremwertverteilung (EED) lässt sich unmittelbar deren Value at Risk abschätzen, wobei gilt:

$$\mathrm{VaR}_\alpha = \begin{cases} \omega - \dfrac{\psi}{\xi}\left\{1 - \left[-n\ln(1-\alpha\right]^{-\xi}\right\}, \text{ wenn } \xi \neq 0 \\ \omega - \psi\ln\left[-n\ln(1-\alpha\right], \text{ wenn } \xi = 0 \end{cases} \tag{A 2.2}$$

Bestimmt man die Extremwerte aus der Schwellenwert-Überschreitung (Peak-over-Threshold-Methode), wird die verallgemeinerte Paretoverteilung (GPD) für deren quantitative Beschreibung genutzt:

$$G_{\psi,\xi}(y) = \begin{cases} 1 - \left(1 + \dfrac{\xi}{\psi}y\right)^{-1/\xi}, \text{ wenn } \xi \neq 0 \\ 1 - \exp\left(-\dfrac{y}{\psi}\right), \text{ wenn } \xi = 0 \end{cases} \tag{A 2.3}$$

mit $\psi > 0$ sowie $y \geq 0$ für $\xi \geq 0$ und $0 \leq y \leq -\omega/\xi$ für $\xi < 0$. ψ ist der Streuungs-, ξ der Formparameter.

Für die praktische Umsetzung von MOBM ist die Festlegung der Blocklänge (n) notwendig. Bei POTM dagegen die Wahl eines geeigneten Schwellenwerts (u). Auch die Parameter von GPD werden durch die Maximum-Likelihood-Methode geschätzt und auch hier lassen sich aus den geschätzten Parametern unmittelbar Werte für das Risikomaß Value at Risk ableiten:

$$\mathrm{VaR}_\alpha = \begin{cases} u + \dfrac{\psi}{\xi}\left[\left(\dfrac{\alpha}{q}\right)^{-\xi} - 1\right], \text{ wenn } \xi \neq 0 \\ u + \psi\ln\left(\dfrac{q}{\alpha}\right), \text{ wenn } \xi = 0 \end{cases} \tag{A 2.4}$$

wobei in $q = T_u/T$ der Anteil der Beobachtungen T_u in der Stichprobe des Umfangs T ist, die u überschreiten.[1617]

[1616] Siehe Embrechts/Klüppelberg/Mikosch, 1997.

[1617] Eine Weiterentwicklung der Schätzung von Risikomaßen bei „Extremrisiken" unmittelbar aus historischen Realisierungen besteht darin, dieses zunächst durch einen GARCH-Prozess zu beschreiben, womit sich intertemporale stochastische Abhängigkeiten beschreiben lassen (erst auf dieser Grundlage die Schätzung der Extremwert-Funktion vorzunehmen, siehe Schuhmacher/Auer, 2015, S. 262–263 mit Bezug auf McNeil/Frey, 2000.

Anhang 4: Risikoprofile nach Unternehmens- und Situationstypen

Zur Ermittlung der jeweils zutreffenden Erfolgs- und Misserfolgsfaktoren – und der zugehörigen strategischen Risiken – muss zunächst das zu analysierende Unternehmen in diese „Unternehmenstypen" und „Situationstypen" eingeordnet werden. Hierbei können auch Mehrfachnennungen vorkommen, was in der Praxis dazu führt, dass jeweils etwa zwei bis drei Unternehmens- und Situationstypen als zutreffend für das eigene Unternehmen genannt werden.[1618]

Eine Anmerkung zur Methodik ist voranzustellen, da möglicherweise einige der genannten Risiken lediglich als „Schwächen" des Unternehmens erscheinen. Grundsätzlich ist von einer „Schwäche" im Sinne einer Unternehmensanalyse dann zu sprechen, wenn diese negative Auswirkungen auf das heutige oder zukünftige (erwartete) Ertragsniveau hat. Ein Risiko ist dagegen immer eine mögliche Abweichung vom erwarteten Niveau. Dennoch kann man sich leicht Sachverhalte vorstellen, die sowohl Schwächen als auch Risiken darstellen. Beispielhaft genannt sei eine „Vertriebsschwäche". Diese führt vermutlich zu einer (im Vergleich zur Konkurrenz) niedrigeren Umsatzhöhe und damit einer niedrigeren Ertragskraft. Damit ist sie eine Schwäche. Dadurch, dass ohne einen leistungsstarken Vertrieb die Umsatzentwicklung aber auch weniger steuer- und beeinflussbar ist, also größere (unvorhersehbare) Schwankungen auftreten, ist Vertriebsschwäche zugleich auch als Risiko aufzufassen.

Die folgende Abbildung gibt nun einen Überblick über diese Unternehmens- und Situationstypen.

I. Unternehmenstypen[1619]

Es gibt nach der genannten Studie im Wesentlichen acht Unternehmenstypen, die im Folgenden charakterisiert werden, wobei insbesondere auf die strategischen Problem- und Risikobereiche eingegangen wird, die diese Unternehmenstypen häufig mit sich bringen (siehe Abbildung 171).

[1618] Die Zahlen geben die Häufigkeit der Nennung an gemäß einer Befragung deutscher Mittelständler (Stroeder, 2007).

[1619] Die Darstellung von Umfeld- und folgenden Unternehmenstypen orientiert sich an Küpper/Bronner/Daschmann, 1994.

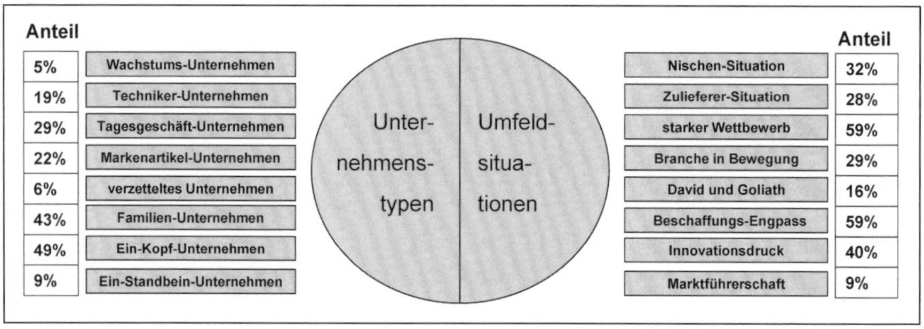

Abbildung 171: Unternehmenstypen und Umfeldsituationen im Mittelstand

1. Das Wachstums-Unternehmen

Das Wachstums-Unternehmen konnte in den letzten Jahren stark gestiegene Umsatz- und/oder Mitarbeiterzahlen verzeichnen. Hierdurch ist das Unternehmen aus seiner ursprünglich übersichtlichen und damit einfach zu führenden Struktur herausgewachsen, wodurch sich i.d.R. neue Probleme ergeben. Festzustellen ist häufig, dass Leitung, Organisation und Finanzierung mit der Entwicklung nicht Schritt halten können und somit den gestiegenen Anforderungen nicht mehr entsprechen. Das Wachstum bringt allerdings auch positive Effekte mit sich, z.B. dass das Unternehmen durch die gestiegene Größe eine stärkere Marktmacht und insgesamt eine höhere Schlagkraft aufweist.

Als wesentliche Risiken eines solchen Unternehmenstyps kommen also insbesondere in Betracht:

- Wachstumsbedingter Eigenkapital- und Liquiditätsmangel und Bedrohung des Ratings
- Fehlende Verfügbarkeit erforderlicher Ressourcen (z.B. Mitarbeiter)
- Reorganisationsbedingte Risiken (z.B. Schwächen in der Aufgaben- und Kompetenzzuordnung oder beim internen Kontrollsystem)

2. Das Techniker-Unternehmen

Das Techniker-Unternehmen wurde oftmals aus einer Erfindung oder technischen Weiterentwicklung heraus gegründet – wodurch der „Erfinder" manchmal recht unvorbereitet zum Unternehmer wurde. Forschung und Entwicklung spielen damit natürlich eine große Rolle, weshalb die Produkte in aller Regel auf einem technisch hohen Niveau stehen. Allerdings bringt die Orientierung auf solche weitgehend unternehmensinternen Aspekte auch Probleme mit sich, denn wichtige externe Faktoren wie z.B. Umweltentwicklungen, Konkurrenzbeobachtung und Vermarktung der Produkte werden eher vernachlässigt. Dieser Unternehmenstyp tritt vor allem in der Maschinenbau-Branche, der IT-Branche und der Elektro-Branche auf, aber auch bei Biotechnologie und vielen „Start-ups".

Als wesentliche Risiken eines solchen Unternehmenstyps kommen also insbesondere in Betracht:

- Abhängigkeit von einzelnen technologischen Lösungen oder Patenten
- Vernachlässigung der Marktorientierung und mangelnde Früherkennung von Änderungen der Kundenwünsche
- Defizite in der Fachkompetenz der Bereiche „Marketing", „Vertrieb" und „allgemeine Betriebswirtschaft" (Finanzen) infolge der stark ausgeprägten Besetzung von Führungspositionen mit Naturwissenschaftlern und Technikern

3. Das Tagesgeschäft-Unternehmen

Beim Tagesgeschäft-Unternehmen befindet sich die Unternehmensleitung durch die starke Einbindung ins operative Tagesgeschäft immer „im Stress" – wodurch für weitreichende Überlegungen im strategischen Bereich wenig oder gar keine Zeit mehr bleibt. Dadurch ist in aller Regel eine klar verfolgte Unternehmensstrategie nicht vorhanden. Stattdessen dominiert eine Politik des operativen „Durchwurstelns", die auf dem Improvisationstalent und der Intuition des Unternehmers basiert. Der Unternehmer kümmert sich um sehr viele Details im Betriebsablauf selbst – und findet dies letztendlich aufgrund seiner damit einhergehenden zentralen Bedeutung im Unternehmen auch gut so.

Als wesentliche Risiken eines solchen Unternehmenstyps kommen also insbesondere in Betracht:

- Vernachlässigung langfristiger strategischer Planung und strategischer Risiken
- Überlastung der Unternehmensführung; oft in Verbindung mit Schlüsselpersonenrisiken
- Ineffiziente Abläufe, langsame oder übereilte Entscheidungen mit hohen Risiken
- mangelnde Eigenverantwortung der Mitarbeiter (auch in Bezug auf operative Leistungsrisiken)

4. Das Markenartikel-Unternehmen

Dieser Unternehmenstyp bietet (meistens in der Konsumgüter-Industrie) ein qualitativ hochwertiges Produkt an – einen Markenartikel, der vor allem durch starke Werbung, gleichbleibende Aufmachung, ein großes Verbreitungsgebiet und einen hohen Bekanntheitsgrad gekennzeichnet ist, wodurch er sich von anderen Produkten abhebt. Durch diese Produktdifferenzierung spielt der Preis als Kaufkriterium nicht die Hauptrolle. Die Marktstrategie basiert überwiegend auf einer Hochpreispolitik. Markenartikel werden meist von größeren, etablierten Unternehmen mit einem guten Ruf angeboten.

Als wesentliche Risiken eines solchen Unternehmenstyps kommen also insbesondere in Betracht:

- Beeinträchtigung der Marke durch Störfälle (z.B. Gesundheits- oder Umweltschäden)

- Fehler bei der Markenpolitik (z.B. Nichterkennen von Veränderungen der Kundenwünsche oder anderer Umfeldtrends)
- Hohe „sunk costs" im Bereich „Marketing" (Markenaufbau) belasten die finanzielle Stabilität (Rating)

5. Das verzettelte Unternehmen

Kennzeichnend für ein „verzetteltes Unternehmen" ist das breit gestreute Produktionsprogramm, in dem sehr viele Produktarten oder Produktvarianten enthalten sind. Hinzu kommt oftmals, dass gleichzeitig eine hohe Fertigungstiefe anzutreffen ist. Das bedeutet, dass sehr vieles selbst erstellt wird, während Fremdaufträge und Outsourcing eher selten in Erwägung gezogen werden. Auch das Kundenportfolio eines solchen Unternehmens ist durch die Präsenz auf vielen Absatzmärkten sowie die Belieferung vieler, auch kleinerer Kundengruppen i.d.R. recht breit gestreut. Durch diese Faktoren hat die Geschäftsleitung oft keine genauen Informationen darüber, mit welchen Produktarten oder bei welchen Kundengruppen Gewinne erwirtschaftet werden, was im Extremfall dazu führt, dass das Unternehmen betriebswirtschaftlich nicht mehr sinnvoll zu steuern ist. Zu finden sind die überwiegend größeren Unternehmen dieses Typs in nahezu allen Branchen.

Als wesentliche Risiken eines solchen Unternehmenstyps kommen also insbesondere in Betracht:

- Erhöhte Kosten durch zu hohe Komplexität
- Fehlende Spezialisierungsvorteile und Wettbewerbsvorteile durch viele Produkte bzw. Leistungen, für die keine adäquaten Kompetenzen verfügbar sind
- Nicht erkannte Quersubventionierung zwischen Produkten oder Leistungen, die durch unterlassene Ersatz- und Erweiterungsinvestitionen langfristig zu einer Schwächung auch der leistungsfähigen Produktbereiche und Geschäftsfelder führen kann

6. Das Familienunternehmen

Bei diesem Unternehmenstyp liegt die Besonderheit in der Eigentums- und Führungsstruktur, denn das Eigenkapital bzw. die Unternehmensleitung liegt in den Händen einer oder mehrerer Familien. Naheliegenderweise prägen die Beziehungen der Familienangehörigen bzw. der Familien untereinander das Unternehmen in hohem Maß, und auch für die Nachfolge in der Geschäftsführung ist regelmäßig ein Familienangehöriger vorgesehen. Bei Unternehmen dieser Art spielt die Tradition eine wichtige Rolle, was sich häufiger auch in einem recht autoritären und damit wenig kooperativen Führungsstil niederschlägt. Diese meist „typisch mittelständischen" Unternehmen sind oft schon recht alt; ihr Erfolg wird stark von der Harmonie in der Unternehmensleitung und dem „Betriebsklima" bestimmt. Dieser Typus findet sich in aller Regel in fast allen Branchen, und zwar meist ab einer mittleren Betriebsgröße.

Als wesentliche Risiken eines solchen Unternehmenstyps kommen also insbesondere in Betracht:

- Übertrieben traditionsbewusstes und damit im traditionellen Sinne nicht ökonomisches Entscheidungsverhalten der Unternehmensführung
- Unternehmensnachfolgerisiken
- Erbschaftssteuerrisiko
- Finanzierungsrisiken infolge einer sehr eingeschränkten Möglichkeit oder Bereitschaft auf Kapitalmärkte zuzugreifen
- Vermischung privater und unternehmerischer Interessen, wodurch die Schlagkraft des Unternehmens geschwächt wird

7. Das Ein-Kopf-Unternehmen

Ein-Kopf-Unternehmen sind meist eher kleine Unternehmen, die durch eine charismatische und das Betriebsgeschehen bestimmende Persönlichkeit an der Spitze des Unternehmens geprägt werden. Da diese Führungspersönlichkeit das Unternehmen oftmals auch gegründet oder aufgebaut hat, ergibt sich eine sehr enge Verknüpfung und Abhängigkeit zwischen dem Unternehmer und seinem Betrieb. Allerdings kann auch ein „normaler" Mitarbeiter den Unternehmenserfolg zu einem ganz wesentlichen Teil bestimmen, z.B. ein für die Produktentwicklung alleine zuständiger Forscher oder Techniker oder der Leiter des Vertriebs, der über ganz ausgezeichnete Kundenkontakte verfügt.

Als wesentliche Risiken eines solchen Unternehmenstyps kommen also insbesondere in Betracht:

- Ausfall der Schlüsselperson führt zu kaum überbrückbaren Schwierigkeiten in der Unternehmensführung, in Forschung und Entwicklung oder in Bezug auf die Kundenbeziehungen und den Vertrieb
- Einzelne Personen bauen im Unternehmen eine unangemessen hohe Machtposition aufgrund ihrer Unersetzlichkeit auf

8. Das Ein-Standbein-Unternehmen

Es ist eine einzige Säule des Erfolgs, die den Unternehmenserfolg des Ein-Standbein-Unternehmens wesentlich beeinflusst. Dieses eine Standbein kann hierbei ein Produkt oder eine Produktgruppe, ein Absatzmarkt, ein einzelner Kunde oder eine begrenzte Kundengruppe sein. Entscheidend für den Erfolg eines solchen Unternehmens ist natürlich, dass sich diese entscheidende Säule dauerhaft positiv entwickelt. Damit liegt in der Sicherung der vorhandenen bzw. in der Schaffung neuer „Standbeine" zum Risikoausgleich der Schlüssel zum Erfolg dieses Unternehmenstyps.

Als wesentliche Risiken eines solchen Unternehmenstyps kommen also insbesondere in Betracht:

- Plötzlicher Ausfall des einzigen Standbeins (der begrenzten Absatzregion, der wenigen Kunden oder Lieferanten bzw. Produkte) führt zu Umsatzeinbruch und einer Existenzgefährdung des Unternehmens

- Schleichende Alterung des einzigen Standbeins (Verfall von Preisen und/oder Absatzmengen) wird aufgrund mangelhafter Informations- und Frühaufklärungssysteme im Unternehmen nicht rechtzeitig wahrgenommen oder als „vorübergehende Schwäche" fehlinterpretiert

II. Umfeldsituationen

Ebenso wie bei den Unternehmenstypen gibt es nach der genannten Studie im Wesentlichen acht Typen von Umfeldsituationen. Diese werden im Folgenden charakterisiert, wobei auch hier wieder auf die strategischen Risikobereiche eingegangen wird, die diese Umfeldsituationen generell mit sich bringen (siehe Abbildung 171).

1. Die „Nischen"-Situation

Bei der „Nischen"-Situation sieht sich das (meist eher kleinere) Unternehmen in seinem Marktsegment i.d.R. keinen oder nur wenigen Wettbewerbern gegenüber, weil mögliche Konkurrenten das Segment entweder als nicht lohnend beurteilen oder es aufgrund der geringen Größe ihrer Aufmerksamkeit entgeht. Damit ergaben sich bisher stabile Umweltbedingungen mit relativ sicheren Gewinnspannen.

Somit wird es für den Erfolg des Nischen-Unternehmens entscheidend sein, das lohnende Marktsegment auch weiterhin differenziert zu bearbeiten und zu erhalten. Gefahren drohen durch den Markteintritt neuer Konkurrenten.

Als wesentliche Risiken einer solchen Umfeldsituation von Unternehmen, die einen oder wenige Nischenmärkte bedienen, kommen also insbesondere in Betracht:

- Eindringen neuer Wettbewerber in die bislang lohnende Nische mit der Folge verstärkten Margendrucks
- Nichterkennen von Wandlungen in den sehr spezifischen Kundenbedürfnissen
- Reduzierung der Markteintrittsbarrieren und Auflösung der Nische

2. Die „Zulieferer"-Situation

Typisch für die Situation des Zulieferers ist, dass seine Leistungen an sehr wenige, im Extremfall nur an einen Abnehmer geliefert werden. Hierdurch besteht zwangsläufig eine enge Verbindung mit dem Wohlergehen und auch Wohlwollen der wenigen Abnehmerunternehmen.

Diese Kunden-Lieferanten-Beziehung ist prädestiniert für die Ausübung von Macht durch die wenigen Abnehmerunternehmen. Preise, Lieferbedingungen und Beschaffenheit der Produkte können in hohem Maße diktiert werden, wobei nicht selten gedroht wird, die Leistungen von einem anderen Lieferanten zu beziehen oder selbst zu produzieren. Erschwerend aus Sicht des Zulieferers kommt hinzu, dass die Produkte genau auf die Bedürfnisse des Abnehmers zugeschnitten sind und sich damit nur mit Schwierigkeiten anderweitig vermarkten lassen. Eine typische Branche hierfür ist die Automobil-Zulieferindustrie.

Als wesentliche Risiken einer solchen Umfeldsituation kommen also insbesondere in Betracht:

- Verschlechterung der Beziehungen zu den wenigen Abnehmerunternehmen mit der Folge von z.B. extremem Preisdruck
- Beeinträchtigung oder gar Ausfall der Lieferfähigkeit (Zeit, Qualität, Menge und/oder Preis) durch eingetretene Leistungsrisiken mit der Folge eines möglicherweise irreversiblen Verlustes der Abnehmer (Abwanderung zur Konkurrenz)
- Risiken durch Insolvenz der Hauptkunden (Forderungsverlust und Umsatzeinbruch)

3. Der „starke Wettbewerb"

Aufgrund gesättigter Märkte findet immer häufiger ein starker Wettbewerb statt. Dieser wird dadurch begünstigt, dass die Anzahl der Konkurrenten in der Branche hoch ist, das Produkt vielfach relativ einfach herzustellen bzw. das technische Know-how weitgehend bekannt ist und die verschiedenen Produktangebote der Konkurrenten sich aus Kundensicht nicht wesentlich unterscheiden. Damit kommt dem Produktpreis eine große Bedeutung für Kaufentscheidungen zu.

Um einem solchen Preiswettbewerb zu entgehen, ist es entscheidend, sich durch gelungene Produktdifferenzierung von den Erzeugnissen der Konkurrenten abzusetzen. Prinzipiell kann sich die Situation des starken Wettbewerbs in allen Branchen ergeben und Unternehmen aller Größenordnungen betreffen.

Als wesentliche Risiken einer solchen Umfeldsituation kommen also insbesondere in Betracht:

- Verschlechterung der Position des Unternehmens im Markt durch Verlust von Marktanteilen (geringere Unternehmensgröße führt zu Kostennachteilen und damit zu geringerem preispolitischen Spielraum)
- Verlust von Differenzierungsvorteilen durch Nachahmerprodukte und damit verschärfter Preiswettbewerb
- Möglichkeit stark sinkender Preise und Verdrängungswettbewerb (insbesondere bei Überkapazitäten am Markt)

4. Die „Branche-in-Bewegung"-Situation

In dieser dynamischen Situation ändern sich die Umweltbedingungen, unter denen das Unternehmen tätig sein muss, sehr schnell und einschneidend, weil sich die Wünsche der Abnehmer und die Angebote der Zulieferer rasch wandeln und Konkurrenzunternehmen in kurzen Zeitabständen neue Produkte entwickeln. Damit ergeben sich in dieser Branchensituation oftmals extrem kurze Produktlebenszyklen.

Gerade von der Technologieseite können weit reichende Wirkungen auf Produkt und Fertigungsverfahren ausgehen. Des Weiteren sind auch ungewisse Situationen möglich, die durch drohende Gesetzesänderungen verursacht werden.

„Branche-in-Bewegung"-Situationen finden sich beispielsweise in der schnelllebigen Modebranche, in der Computerbranche mit ihren ständigen Technologieschüben oder in der Umweltschutzbranche, die erheblich von gesetzgeberischen Eingriffen abhängt.

Als wesentliche Risiken einer solchen Umfeldsituation kommen also insbesondere in Betracht:

- Hohe Risiken in notwendigen Entwicklungsprojekten und andere unsichere Anpassungskosten
- Fehleinschätzungen insbesondere technologischer Entwicklungen mit der Konsequenz von Marktanteilsverlusten

5. Die „David-und-Goliath"-Situation

Hier steht dem i.d.R. relativ kleinen Unternehmen mindestens ein übermächtig scheinendes Großunternehmen gegenüber. Der relative Marktanteil des kleineren Unternehmens ist gering.

Das kleinere Unternehmen muss sich in einer solchen Situation durch große Anstrengungen behaupten, während das Großunternehmen auf seine Marktmacht und seine Kostenvorteile vertrauen kann. Hierzu wird das kleinere Unternehmen i.d.R. auf „typisch" mittelständische Tugenden, wie z.B. hohe Flexibilität, setzen. Dennoch ist die Gefahr des Scheiterns oder einer Übernahme ständig vorhanden, wobei Letzteres natürlich der Zustimmung des Unternehmers (sofern er in einer entsprechenden gesellschaftsrechtlichen Position ist) bedarf. Sofern ein kleines, nichtetabliertes Unternehmen in einem von Großunternehmen dominierten Markt Fuß fassen will, tut es sich natürlich besonders schwer.

Als wesentliche Risiken einer solchen Umfeldsituation kommen also insbesondere in Betracht:

- Verlust der typischen und notwendigen Vorteile eines kleineren Unternehmens, wie z.B. persönlich geprägte, enge Beziehungen zu den Kunden oder flexible Reaktionsfähigkeit auf Marktveränderungen
- Verlust der preislichen Wettbewerbsfähigkeit gegenüber dem Großunternehmen wegen dessen Größendegressionsvorteilen (z.B. Einkaufskonditionen)

6. Der „Beschaffungs-Engpass"

Ein Unternehmen im „Beschaffungs-Engpass" hat erhebliche Probleme, seinen Bedarf an Einsatzgütern überhaupt, in annehmbarer Qualität, zum richtigen Zeitpunkt oder zumindest zu akzeptablen Preisen zu decken.

Auch Unternehmen, deren Fertigungsverfahren in hohem Maß entsprechendes Know-how der Mitarbeiter erfordern, können durch einen Mangel an qualifizierten Mitarbeitern betroffen sein. Ein weiterer, für viele Unternehmen zentraler Beschaffungsengpass ist der unzureichende Zugang zu Kapital, z.B. wegen eines schlechten Branchenratings.

Als wesentliche Risiken einer solchen Umfeldsituation kommen also insbesondere in Betracht:

- Risiko der Lieferunterbrechung und damit Ausfall der eigenen Produktion
- Machtkonzentration auf Seite der Lieferanten mit der Folge steigender Beschaffungspreise
- Erfolgreiche Integrationsstrategie eines Wettbewerbers, der einen wichtigen Lieferanten zur Integration in seine eigene Prozesskette aufkauft

7. Der „Innovationsdruck"

Unternehmen, die sich dem „Innovationsdruck" ausgesetzt sehen, befinden sich in einer Branche, in der die auf den Markt kommenden Produkte sehr schnell altern (kurze Produktlebenszyklen), bzw. deren Preise rapide fallen. Als Branchen, in denen ein „Innovationsdruck" herrscht, sind hier beispielsweise die Elektronikbranche, die Modebranche, die Telekommunikation oder die IT-Branche zu nennen, spezielle Branchen mit erheblichen Auswirkungen z.B. durch „Industrie 4.0", „Digitalisierung", „Big Data" und auch neue Anforderungen im Hinblick auf Nachhaltigkeit.

In dieser Situation sind ständig Produktinnovationen oder differenzierende Maßnahmen erforderlich, um eine Technologieführerschaft zu übernehmen, bzw. um nicht – bei gleicher technischer Leistungsfähigkeit – alleine über den Preis mit den Wettbewerbern konkurrieren zu müssen. Eine solche Strategie der Produktinnovation (Technologieführerschaft) erfordert allerdings auch hohe Aufwendungen im Forschungs- und Entwicklungsbereich und damit oft eine starke Finanzkraft des Unternehmens.

Als wesentliche Risiken einer solchen Umfeldsituation kommen also insbesondere in Betracht:

- Verschlechterung der Innovationsfähigkeit des Unternehmens, z.B. durch Abwandern wichtiger Mitarbeiter aus dem F&E-Bereich zur Konkurrenz
- Zu starke Orientierung auf das technisch Machbare ohne ausreichende Berücksichtigung der Wünsche der Kunden mit der Folge von Marktanteilsverlusten
- Risiko von Fehlschlägen im Forschungsbereich (Projektrisiken)

8. Der „Marktführer"

Ein hoher Marktanteil und eine beherrschende Stellung in dem relevanten Markt kennzeichnen typischerweise den „Marktführer". Ein solches – nach Umsatz, Wert und Mitarbeiteranzahl gemessen eher großes – Unternehmen hat naturgemäß einen hohen Bekanntheitsgrad in der Branche bei Kunden, Lieferanten und Konkurrenten.

Gründe für die Position des Unternehmens als „Marktführer" können z.B. in dem alleinigen Anbieten eines bestimmten Produktes (Monopolstellung zum Beispiel aufgrund eines Patents), in einem zeitlichen Vorsprung (als erster in einem Markt vertreten), in einer günstigen Kostenposition oder auch in einem Differenzierungsvorteil liegen. Ein solcher Differenzierungsvorteil wiederum kann durch gute Produkt- und Servicequalität, ausgeprägte Kunden- und Marktnähe, zielgerichtete Innovationspolitik oder hohe Flexibilität begründet sein. Der Schlüssel zum Erfolg in dieser Situation liegt im Halten bzw. im Ausbau dieser Marktposition.

Als wesentliche Risiken einer solchen Umfeldsituation kommen also insbesondere in Betracht:

- Schleichender Verlust der Marktführerschaft durch aktive Wettbewerber, die die Kundenwünsche besser erkennen und erfüllen, mit der Folge eines Verlustes der bisher (aufgrund hoher Produktionsmengen) günstigen Kostenposition
- Negative Auswirkungen des hohen Bekanntheitsgrades, wie z.B. schneller Imageverlust bei Qualitätsproblemen oder Umweltschäden
- Unzureichende kundenindividuelle Lösungen durch den Versuch, allen Kundengruppen gerecht zu werden
- Substitution des eigenen Produkts durch andere Produkte, meist wegen technischer Innovationen

Empirische Untersuchungsergebnisse

Die Häufigkeit der oben genannten Umfeld- und Situationstypen, sowie in den jeweiligen Situationen besonders maßgeblichen Risiken, wurde in einer empirischen Studie durch die Universität Hohenheim, die RMCE RiskCon GmbH und die Wirtschaftsprüfungsgesellschaft HWS näher analysiert.[1620]

Bei einer internetbasierten Befragung deutscher mittelständischer Unternehmen im Zeitraum von 2005 bis 2006 wurden Charakteristika und Risikoprofile von insgesamt ca. 550 Unternehmen erfasst. Die Häufigkeit bezüglich der oben genannten Unternehmens- und Situationstypen im deutschen Mittelstand war schon Abbildung 171 zu entnehmen (Stroeder, 2007, S. 125).

Wie oben erläutert, ist dabei zu beachten, dass Unternehmen durchaus mehrere Unternehmens- und Situationstypen aufweisen können. 87,2 % der Unternehmen waren dabei mindestens einem Unternehmenstyp zuzuordnen, 56 % sogar mindestens zwei Unternehmenstypen. Bei den Situationstypen gelten entsprechend 94 % bzw. 74 %.[1621] Aus der Abbildung 171 ist erkennbar, dass die Charakteristika der „Familienunternehmen" und der „Ein-Kopf-Unternehmen" besonders häufig anzutreffen sind. Eine mittlere Häufigkeit weisen „Techniker-Unternehmen", „Tagesgeschäft-Unternehmen" und „Markenartikel-Unternehmen" auf.

Mit Abstand häufigster Situationstyp ist der „Starke Wettbewerb". Die meisten anderen Situationstypen weisen eine mittlere Wahrscheinlichkeit von rund 30 % auf, wobei – wie im Mittelstand nicht anders zu erwarten – die Situation des „Marktführers" mit nur knapp 9 % vergleichsweise selten vorkommt.

[1620] Vgl. Stroeder, 2007.
[1621] Vgl. Stroeder, 2007, S. 129.

Als bedeutende gravierende „besondere“ Risiken werden beispielsweise genannt,

- die Gefahr einer zeitweise nicht kostendeckenden Preissetzung,
- der Ausfall zentral wichtiger Personen (Schlüsselpersonen),
- der plötzliche Einbruch des wichtigsten Standbeins,
- die Verschlechterung der Kundenwahrnehmung,
- Kundenverlust durch die Beeinträchtigung der Lieferfähigkeit,
- Nachahmung der Produkte,
- Fehlentscheidungen durch die Belastung der Geschäftsführung,
- erhebliche Schwierigkeiten bei der Nachfolgeregelung.

Die insgesamt als besonders gravierend genannten Risiken betreffen dabei sowohl die Felder der strategischen Risiken, der Absatz- und Beschaffungsmarktrisiken wie auch der Leistungsrisiken. Interessanterweise fehlen finanzwirtschaftliche Risiken, obwohl diese heute im betrieblichen Risikomanagement gerade besonders intensiv behandelt werden. Lösungsstrategien zur Bewältigung der hier genannten Risiken findet man in Kapitel 4.

Insgesamt kann die hier dargestellte Zusammenfassung der Risiken nur einen ersten Hinweis darauf geben, mit welchen Risiken sich ein Unternehmen im Rahmen der Identifikation auf jeden Fall befassen sollte, da diese besonders häufig vorzufinden sind. Wie bereits eingangs erwähnt, kann ein schlichtes Abarbeiten einer solchen Checkliste aber einen systematischen und strukturierten Risikoidentifikationsprozess keinesfalls ersetzen. Checklisten dieser Art dienen lediglich dazu, eine bereits durchgeführte Risikoidentifikation zu ergänzen, in dem auf möglicherweise übersehene Risiken noch einmal explizit hingewiesen wird.

Anhang 5: Bewertungstheorie – näher betrachtet[1622]

Der folgende weiterführende Exkurs erläutert die Methode der Bewertung, ausgehend vom Ertragsrisiko, in einem unvollkommenen Kapitalmarkt vertiefend. Dabei wird insbesondere gezeigt, wie die Bewertung strategischer Handlungsoptionen möglich ist, ohne historische Aktienrenditen auswerten zu müssen (wie im CAPM üblich).

Bei der Unternehmensbewertung wird eine unsichere Zahlungsreihe auf eine sichere Zahl, den Wert, abgebildet.[1623] Im Gegensatz zum abstrakten Nutzen lässt sich der Wert in Geldeinheiten, also Euro oder Dollar, ausdrücken. Wie der Erwartungsnutzen ist auch der Wert (Barwert oder – allgemein – Zukunftserfolgswert) abhängig von der erwarteten Höhe und den Risiken der zukünftigen unsicheren Zahlungen (und dem Zeitpunkt). Er entspricht nicht unbedingt dem am Markt erzielbaren Preis.

Für eine sachgerechte Berücksichtigung des bewertungsrelevanten Risikos im Rahmen der Bewertung sind damit fallspezifisch einige grundsätzliche Entscheidungen zu treffen. Es ist Aufgabe des Bewerters, diese Grundsatzentscheidungen in Abhängigkeit der Bewertungsaufgabe (Bewertungsfunktion) und des konkreten Bewertungsfalls sachgerecht zu treffen. Dazu sollte zunächst klargestellt werden, ob

- ein objektivierter Unternehmenswert oder Verkehrswert bestimmt werden soll, da die nachfolgenden Festlegungen sich damit auf ein (möglichst realitätsnahes) „typisiertes" Bewertungssubjekt (z.B. Investor) beziehen,

oder

- ein individueller (subjektiver) Grenzpreis (Entscheidungswert)[1624] zu ermitteln ist, da die Festlegung sich dann an den konkreten Rahmenbedingungen des Bewertungssubjekts (des potenziellen Verkäufers oder Käufers eines Bewertungsobjekts) ausrichten.

Subjektive Entscheidungswerte sind auch die Grundlage der Strategiebewertung im wertorientierten Management.

Grundsatzentscheidungen[1625] sind erforderlich bezüglich

- Risikobezugseinheit
- Risikomaß
- Risikoquantifizierungszeitraum

[1622] In Anlehnung an Gleißner, 2011a und 2017h.

[1623] Vgl. beispielsweise Kruschwitz, 2001; Ernst/Schneider/Thielen, 2017, sowie zur theoretischen Fundierung Bamberg/Dorfleitner, 2002, und Buch/Dorfleitner, 2007.

[1624] Vgl. Matschke, 1979.

[1625] In Anlehnung an Gleißner, 2017h.

- Risikodiversifikation
- Risikoaggregationsreihenfolge.

Diese werden nachfolgend erläutert (vgl. Tabelle 66 zur Übersicht).

Grundsatzentscheidungen zur Risikoerfassung bei der Bewertung		
Risikomaß (Beispiele)	• **Standardabweichung**	• lageunabhängig, zweiseitig, für handelbare Assets
	• **DVaR**	• lageunabhängig, Downside-Maß, für handelbare Assets
	• **VaR**	• lageabhängig, Downside-Maß, für nichthandelbare Assets bzw. Finanzierungsrestriktionen (VaR als Eigenkapitalbedarf)
Risikobezugseinheit	• **Ergebnis (Cashflow, Ertrag)**	• insbesondere Bewertung nichtbörsennotierter Unternehmen und für langfristig engagierte Investoren
	• **Preisschwankungen (Aktienrenditen)**	• wenn (a) keine überlegenen Informationen zum Ergebnis vorliegen oder (b) Bewertung der Aktien eines börsennotierten Unternehmens (für kurzfristig engagierten Aktionär, der primär Aktienkursrisiken trägt)
Berechnungszeitraum	• **historische (objektivierbare) Daten**	• historische Aktienrenditen bzw. historische Cashflows oder Erträge
	• **zukunftsorientiert (planungskonsistent)**	• szenariobasierte Verfahren oder stochastische Simulationsverfahren (Monte-Carlo-Simulation)
Risikodiversifikation des Bewertungssubjekts	• **perfekt diversifiziert**	• nur nicht-diversifizierbare (systematische) Risiken[1626], $d = \rho$
	• **individueller Risikodiversifikationsfaktor**	• d hängt vom verfügbaren Vermögen und der Korrelationsstruktur zwischen Marktportfolio, Ergebnissen und sonstigen Vermögensgegenständen ab[1627]
	• **nicht diversifiziert**	• sämtliche Risiken werden getragen, $d = 1$[1628]
	• **„mittelmäßig" diversifiziert**	• systematische und ggf. Teil der unsystematischen Risiken werden getragen, z.B. „Heuristik" $d = \frac{1}{2}(1+\rho)$ oder $d = 0{,}5$

[1626] ρ: die Korrelation zwischen Bewertungssubjekt und Marktportfolio, ist hier der Risikodiversifikationsfaktor (d).

[1627] Vgl. Gleißner/Wolfrum, 2008, zur Herleitung.

[1628] Z.B. „Total-Beta" (vgl. Gleißner, 2015a).

Grundsatzentscheidungen zur Risikoerfassung bei der Bewertung		
Risikoaggregationsreihenfolge	• **Risikoprofilmethode**	• nur einmalige Risikoadjustierung in Periode t = 1
	• **Endwertverteilungsmethode**	• nur einmalige Risikoadjustierung in Periode t = T, Umsetzung eines vollständigen Finanzplans
	• **Perioden-Sicherheitsäquivalent**	• Risikoabschlag aus Replikationsmodellen (oder Sicherheitsäquivalent unmittelbar aus Nutzenfunktion unabhängig je Periode)[1629]
	• **rekursive Sicherheitsäquivalente**	• sicherheitsäquivalente Bewertungen für die Zahlungen jeder Periode unter Berücksichtigung des Sicherheitsäquivalents der Folgeperiode rekursiv bestimmt, theoretisch optimales Verfahren
	• **zeitlich-horizontal**	• traditionelle Berechnung mit risikoadjustierten Diskontierungszinssätzen (Risikozuschlagverfahren)

Tabelle 66: Grundsatzentscheidungen[1630]

Neben der Entscheidung bezüglich Risikoadjustierung im Zähler oder im Nenner ist auch zu klären, aus welcher „Quelle" die in die Bewertung einfließenden Daten stammen. Meist wird unterschieden zwischen dem „Marktansatz" und dem „Individualansatz". Beim Individualansatz werden Erwartungswert und Risikomaß, also die Informationen über das Bewertungsobjekt, basierend auf den individuellen Informationsstand und unter Berücksichtigung der individuellen Handlungsmöglichkeiten des Bewertungsobjekts bestimmt.[1631] Der Marktansatz nutzt dagegen auch für die Bestimmung der bewertungsobjektspezifischen Größen – $E(\tilde{Z}_1)$ und $R(\tilde{Z}_1)$ – allgemein verfügbare Marktdaten, und nimmt damit die Position eines „typisierten" Bewertungssubjekts ein.

In Dorfleitner/Gleißner (2018) wird gezeigt, wie bei einer risikoadäquaten Bewertung Sicherheitsäqualente abgeleitet werden können.

[1629] Vgl. Buch/Dorfleitner, 2007 sowie Laux/Schabel, 2009.

[1630] Weiterführende Quelle: Gleißner, 2017h, S. 931 f.

[1631] Vgl. zu Entscheidungswerte Matschke, 1975 und 1979. Prinzipiell ist auch zu entscheiden, wie die Parameter λ zu bestimmen sind. Bei einem vollständig individuellen Vorgehen kann λ ebenfalls individuell, aus einer Approximation der Nutzenfunktion, abgeleitet werden. In der Praxis wird aber meist λ als ein Marktpreis des Risikos (Risikoprämie) aus Kapitalmarktdaten über Alternativinvestments oder gesamtwirtschaftliche Prognosen zum langfristigen Wirtschafts- und Gewinnwachstum abgeleitet.

Allgemein gilt für lageabhängige und lageunabhängige Risikomaße $R(Z)$ bei einer „output-orientierten Bewertung":

$$W(\tilde{Z}_1) = \frac{E(\tilde{Z}) - R(\tilde{Z} - E(\tilde{Z})) \frac{r_m^e - r_f}{R(\widetilde{r_m} - r_m^e)}}{1 + r_f}.$$

Demgegenüber gilt bei der „input-orientierten Bewertung", die Risiko als Verlust, bezogen auf das Startvermögen I_0 interpretiert:

$$W(\tilde{Z}_1) = \frac{E(\tilde{Z}) - R(\tilde{Z} - I_0(1 + r_f)) \frac{r_m^e - r_f}{R(\widetilde{r_m} - r_m^e)}}{1 + r_f}.$$

In der Praxis erfolgt die Risikoadjustierung bei der Bewertung von Unternehmen oder Investitionen allerdings meist über risikoadjustierte Diskontierungszinssätze (Kapitalkostensätze, k).

Die Berücksichtigung des Risikos zukünftiger Zahlungen $\tilde{Z}_1$, also des Umfangs der möglichen Abweichungen vom Erwartungswert $E(\tilde{Z}_1)$, kann nämlich grundsätzlich auf zwei Wegen erfolgen.

Bei der üblicheren Risikozuschlagsmethode wird ein Risikozuschlag (r_z) zum risikolosen Zinssatz (r_f) addiert, um so einen Diskontierungszinssatz (näherungsweise Kapitalkostensatz) für die Diskontierung der zukünftig erwarteten Zahlungen zu erhalten ($k = r_f + r_z$). $R(\tilde{Z}'_1)$ ist der normierte bewertungsrelevante Risikoumfang (in % des Werts) also ein „Renditerisikomaß" (wie die Standardabweichung der Aktienrendite oder der daraus abgeleitete Beta-Faktor), welcher in Abhängigkeit des Risikoumfangs des Objektes $R(\tilde{Z}_1^{\text{Objekt}'})$ und der Diversifikationsfaktor (d) des Bewertungssubjekts[1632] bestimmt werden kann. λ ist dessen „Preis", der implizit die Risikoaversion erfasst:[1633]

$$W(\tilde{Z}_1) = \frac{E(\tilde{Z}_1)}{1+k} = \frac{E(\tilde{Z}_1)}{1+r_f+r_z} = \frac{E(\tilde{Z}_1)}{1+r_f+\lambda_{RZ} \cdot R(\tilde{Z}_1')} = \frac{E(\tilde{Z}_1)}{1+r_f+\lambda_{RZ} \cdot R(\tilde{Z}_1^{\text{Objekt}'}) \cdot d} \quad \text{(A 4.1)}$$

[1632] Dieser Wert, der je nach Periode unterschiedlich ausfallen kann, kann jedoch basierend auf historischen Daten bestimmt werden. Dabei gibt es drei Operationalisierungsvarianten:

a) Korrelation der Aktienrendite zu Marktrendite (wie in CAPM)

b) Korrelation der Ergebnisgröße zur Markrendite

c) Korrelation der Ergebnisgröße zu den kumulierten Ergebnissen der Unternehmen im Marktportfolio (in Anlehnung an das CAPM siehe Lucas, 1978; Breeden/Gibbons/Litzenberger, 1989 und Auer, 2012).

[1633] Im Capital Asset Pricing Modell (CAPM) gilt (scheinbar): $\lambda_{RZ} = (r_m^e - r_f)$ und $R(\tilde{Z}_1') = ß$, wobei $R(\tilde{Z}_1')$ aus Aktienrenditen, also relativen Preis- oder Wertschwankungen, berechnet wird.

Dieses Verfahren führt jedoch bei Verwendung einheitlicher Risikozuschläge für positive und negative Zahlungen zu Bewertungsfehlern.[1634] Aufgrund der Risikoaversion soll durch die Diskontierung unsicherer Zahlungen ein niedrigerer Wert zugewiesen werden als sicheren Zahlungen.[1635] Genau dies wird jedoch bei der Diskontierung (möglicherweise) negativer Zahlungen nicht erreicht: Mit der Diskontierung steigt der Wert (wird weniger negativ).

Empfehlenswert ist deshalb die in der nachfolgenden Gleichung gezeigte Risikoabschlag- oder Sicherheitsäquivalentmethode, die korrekte Bewertungen liefert, und deren Bewertungsgleichung basierend auf wenig restriktiven Annahmen abgeleitet werden können: gleicher Erwartungswert und gleiches Risikomaß einer Zahlung (zum Zeitpunkt t) führt zum gleichen Wert.[1636]

$$W(\tilde{Z}_1)=\frac{SÄ(\tilde{Z}_1)}{1+r_f}=\frac{E(\tilde{Z}_1)-\lambda_{SÄ}\cdot R(\tilde{Z}_1)}{1+r_f}=\frac{E(\tilde{Z}_1)-\lambda_{SÄ}\cdot R(\tilde{Z}_1^{Objekt})\cdot d}{1+r_f} \qquad \text{(A 4.2)}$$

Der Risikoumfang einer Zahlung wird mit einem Abschlag im Zähler erfasst. $R(\tilde{Z}_1)$ ist das Risikomaß und zeigt den bewertungsrelevanten Umfang des Risikos der zu bewertenden Zahlung oder Erträge (in Geldeinheiten), z.B. die Standardabweichung von dem Ertrag oder der freien Cashflows. Dieser kann analog zum $R(\tilde{Z}'_1)$ auf das Risiko des Objekts und den Diversifikationsfaktor des Bewertungssubjektes aufgeteilt werden. Es ist zu beachten, dass unter Umständen das (diversifizierte) „typisierte Bewertungssubjekt" nur einen Teil der Risiken des Bewertungsobjekts trägt, im CAPM nur die systematischen Risiken, was durch einen „Risikodiversifikationsfaktor" (d) zu erfassen ist (z.B. als Korrelation zum Marktportfolio im CAPM).

Die Risikopräferenz und Zeitpräferenz (risikoloser Zinssatz im Nenner) werden bei dieser Bewertungsmethode gemäß (A 4.2) klar unterschieden.[1637, 1638]

Für das Verständnis einer risikogerechten Bewertung ist es hilfreich, die traditionellen Bewertungsgleichungen – wie beispielsweise diejenige des CAPM – anders zu strukturieren. Die Betrachtung des „Beta-Faktors" verdeckt, welche Teilaspekte bei der Risikoadjustierung in der Bewertung einfließen. Zu betrachten sind nämlich drei Komponenten bei jeder Risikoadjustierung bzw. risikogerechten Bewertung:[1639]

1634 Vgl. Spremann, 2004, S. 253 ff. und IDW S 1 (Quelle: WPg Supplement 3/2008) vom 02.04.2008.

1635 Eine Ausnahme kann es bei negativen Korrelationen zur Rendite der Alternativinvestitionen geben.

1636 Vgl. Gleißner/Wolfrum, 2008b; Gleißner, 2011a und den Exkurs in Abschnitt 5.3.8.

1637 Vgl. Spremann, 2004, sowie Ballwieser, 1981.

1638 Die Parameter λ_{RZ} und $\lambda_{SÄ}$ stimmen überein, wenn (wie in einem vollkommenen Markt) gilt:

$$R(\tilde{Z}')=\frac{R(\tilde{Z})}{W(\tilde{Z})}$$

1639 Die bei einer disaggregierten Darstellung auch im CAPM mit $R(\tilde{Z}_i')=\sigma(r_i)$ erkennbar sind.

$$\frac{r_m^e - r_f}{R(\tilde{r}_m)} \cdot R(\tilde{Z}_i) \cdot d_{i,j}$$

Marktpreis pro Einheit Risiko (λ)	Risikomenge des Bewertungsobjekts i	Anteil des Risikos, den Bewertungsobjekt j trägt (z. B. $d = \rho$ in CAPM)

Abbildung 172: Dekomposition der Risikoprämie

Dies bedeutet:

- Der (aggregierte) Gesamtrisikoumfang des Bewertungsobjekts, ausgedrückt durch ein geeignetes Risikomaß, z.B. durch die Standardabweichung der Zahlungen oder Renditen im CAPM.
- Der Anteil der Risiken des Bewertungsobjekts $R(\widetilde{Z_i'})$, den das Bewertungssubjekt zu tragen hat und damit bewertungsrelevant ist (Diversifikationsgrad d).[1640]
- Der Marktpreis des Risikos λ, also die Überrendite (Erwartungswert der Rendite abzüglich risikoloser Basiszinssatz) des (besten verfügbaren) Alternativinvestments (z.B. des empirischen Marktportfolios) bezogen auf eine Risikoeinheit des Alternativinvestments, also im Falle des CAPM die Standardabweichung der Marktrendite.[1641]

Die Risikoanalyse der zu bewertenden Zahlungen (Cashflows oder Erträge) führt zu planungs- und risikogerechten Risikomaßen, die nicht aus historischen Aktienrenditen abgeleitet werden. Geeignete Risikomaße können z.B. der Deviation Value at Risk (DVaR) oder die auch im CAPM verwendete Standardabweichung sein.

Wie oben und in Abschnitt 5.3.5 erläutert kann man für die Herleitung risikogerechter Kapitalkosten den gezeigten Sachverhalt nutzen, dass man den Wert W auf zwei Wegen berechnen kann: Durch Diskontierung mittels risikoadjustiertem Zinssatz k oder über einen Risikoabschlag vom erwarteten Ertrag $E(\tilde{Z}_t)$, also die Berechnung eines Sicherheitsäquivalents (via „unvollkommene Replikation"). Bisher wurde (Abschnitt 5.3.5) nur der Fall betrachtet, dass aus den Informationen der Periode $t = 1$ – speziell über das Ertragsrisiko – der Kapitalkostensatz berechnet werden soll.[1642] Grundsätzlich kann man aber auch eine beliebige zukünftige Periode t als „repräsentative Periode" und Grundlage der Berechnung der Kapitalkosten annehmen, wie nachfolgend gezeigt:[1643]

[1640] Im Falle des CAPM erfasst durch die Korrelation zwischen der Rendite des Bewertungsobjekts und der Marktrendite (d = ρ).

[1641] Dies entspricht im CAPM der Sharpe Ratio: $SR = \frac{r_m^e - r_f}{\sigma(r_m)}$.

[1642] Vgl. Gleißner, 2017h.

[1643] Bei dieser vereinfachten Vorgehensweise wird der für die „repräsentative Periode" passende Kapitalkostenansatz bestimmt, und dieser auch für die anderen Perioden benutzt. Es wird somit der Kapitalkostenansatz einer spezifischen Periode als periodenabhängiger Kapitalkostensatz verwendet. Die Vorgehensweise kann natürlich

$$W(\tilde{Z}_t) = \frac{E(\tilde{Z}_t)}{(1+k)^t} = \frac{E(\tilde{Z}_t) - \lambda_t \cdot R(\tilde{Z}_t) \cdot d}{(1+r_f)^t} \qquad \text{(A 4.3)}$$

Mit dem Erwartungswert des Ertrags $E(\tilde{Z}_t)$und der Standardabweichung $\sigma(\tilde{Z}_t)$ als Risikomaß ergibt sich durch Auflösen von (A 4.3) folgende Gleichungen basierend auf Periode t für den zeitinvariant angenommenen risikogerechten Kapitalisierungssatz (Kapitalkosten)[1644]:

$$k_t = \frac{1+r_f}{\sqrt[t]{1-\lambda_t^\sigma \cdot \frac{\sigma(\tilde{Z}_t)}{E(\tilde{Z}_t)} \cdot d}} - 1 = \frac{1+r_f}{\sqrt[t]{1-\lambda_t^\sigma \cdot V(\tilde{Z}_t) \cdot d}} - 1 \qquad \text{(A 4.4)}$$

Für die Berechnung von k benötigt man nun die Funktion λ_t; für t=1 war dieser Parameter gerade das „Sharpe Ratio". Für beliebige t gilt speziell unter der Annahme (1) eines (zeitinvarianten) Zinssatzes r_f für die risikolose Alternativanlage und (2) eine lognormalverteilter Rendite $\tilde{r}_m \sim \ln(\mu_m{}';s_m{}')$ für die risikobehaftete Alternativanlage in einen Aktienmarktindex („empirisches Marktportfolio") ergibt sich:[1645]

$$\lambda_t^\sigma = \frac{e^{t \cdot \mu_m + t \cdot \frac{\sigma_m'}{2}} - (1+r_f)^t}{e^{t \cdot \mu_m + t \cdot \frac{\sigma_m'}{2}} \cdot \sqrt{e^{t \cdot \sigma_m'^2} - 1}} \qquad \text{(A 4.5)}$$

Der Zähler der Gleichung stellt die Differenz aus dem Endvermögen eines Investments (in Höhe von 1) in den Marktindex und dem Endvermögen eines Investments (in Höhe von 1) in risikolose Staatsanleihen dar („Übergewinn"). Im Nenner steht die Standardabweichung des unsicheren Vermögens in Periode t bei einem Investment in den Aktienmarktindex. Gleichung (A 4.5) stellt also den Übergewinn eines Investments in die riskante Alternativanalage (Marktindex) pro Einheit Risiko dar.

Für einen konstanten Diskontierungszins k muss man gemäß Gleichung (A 4.4) akzeptieren, dass sich $\lambda_t^\sigma \cdot V(\tilde{Z}_t) \cdot d$ in einer klar definierten Weise mit der Zeit entwickelt, was leicht durch Auflösen von Gleichung (A 4.3) nach dem Risikoabschlag zu erkennen ist (vgl. auch Ballwieser, 1981, Kruschwitz, 2001).

$$\lambda_t^\sigma \cdot V(\tilde{Z}_t) \cdot d = 1 - \left(\frac{1+r_f}{1+k}\right)^t \text{ für alle t} \qquad \text{(A 4.6)}$$

auf Basis periodenabhängiger Kapitalkostensätze durchgeführt werden. Für den Fall wird Gleichung (A 4.3) wie folgt modifiziert:

$$W(\tilde{Z}_t) = \frac{E(\tilde{Z}_t)}{\prod_{n=1}^{t}(1+k_t)^n} = \frac{E(\tilde{Z}_t) - \lambda_t \cdot R(\tilde{Z}_t) \cdot d}{(1+r_f)^t}.$$

[1644] Für $\lambda_t^\sigma \cdot \frac{\sigma(\tilde{Z}_t)}{E(\tilde{Z}_t)} \cdot d < 1$.

[1645] Vgl. auch Dorfleitner, 2002.

Zu beachten ist, dass die notwendige Entwicklung des Risikoumfangs bzw. Variationskoeffizienten wiederum abhängt von den Annahmen über die Alternativinvestments und damit von λ_t (vgl. beispielhaft Gleichung (A 4.5). Selbstverständlich kann man grundsätzlich auch mit periodenspezifischen Kapitalkosten oder Risikoabschlägen rechnen. Dies ist nötig, wenn $E(\tilde{Z})$ und damit $V(\tilde{Z})$ in den einzelnen Perioden stark differieren oder gar negativ sind.

Üblicherweise wird bei der Bewertung, wie bisher dargestellt, zunächst der Wert jedes einzelnen Perioden-Ertrag-Cashflows (Zahlung) bestimmt[1646] und die entsprechenden periodenbezogenen Werte werden dann aufaddiert. Eine interessante Alternative, z.B. für die Projektbewertung, ist die Bewertung auf Grundlage einer Endwert-Verteilung, die sogenannte „Risikoprofilmethode“.[1647] Dabei wird unterstellt, dass das Unternehmen oder Investitionsprojekt am Ende des Planungszeitraums (T) verkauft (bzw., sofern günstiger, liquidiert) wird. Der Wert – oder besser: der geschätzte Preis – basiert auf der Häufigkeitsverteilung der in der Periode T ausschüttbaren Zahlungen, wobei eine Abschätzung des Terminal Values z.B. auf Grundlage der einfachen Gordon-Shapiro-Wachstumsmodelle erfolgt, also:[1648]

$$\tilde{W}_T(\tilde{Z}_{t>T}) = \frac{Z_T^e(1+w)(1-p)}{k-w+p(1+w)} \qquad \text{(A 4.7)}$$

Diese Verteilung des Endwerts $\tilde{Z}_T$, die $\tilde{W}_T$ enthält, ergibt sich aus der kompletten Simulation der Unternehmenszukunft über alle Perioden von $t = 0$ bis T, wobei implizit alle stochastischen Abhängigkeiten innerhalb einer Periode, aber auch zwischen den Perioden (z.B. Autokorrelationen) erfasst werden.[1649] Bei einem derartigen Vorgehen ist die Unsicherheit im Rahmen der Bewertung nur einmal, nämlich in Periode T, zu erfassen. Konkret geschieht eine Transformation der möglichen Rückzahlungen durch die Bildung eines Sicherheitsäquivalents, das bei Unkenntnis der Nutzenfunktion bestimmt werden kann durch einen Risikoabschlag, der auf Grundlage der Häufigkeitsverteilung (mit dem Risikomaß $R(\tilde{Z}_T^*)$ berechnet wird (vgl. oben).

$$W(\tilde{Z}_T) = \frac{SÄ(\tilde{Z}_T^*)}{(1+r_f)^T} = \frac{E(\tilde{Z}_T^*) - \lambda_T \cdot R(\tilde{Z}_T^*)}{(1+r_f)^T} \qquad \text{(A 4.8)}$$

Die Erfassung des Risikos geschieht also in einer Periode, sodass das Sicherheitsäquivalent grundsätzlich nur mit dem risikolosen Zinssatz r_f auf die Gegenwart abgezinst werden muss.

[1646] Sei es mit der Risikozuschlagmethode oder der Sicherheitsäquivalentmethode.

[1647] Denkbar ist analog die Berechnung eines sogenannten „Risikoprofils“ (für $t = 0$), dessen Sicherheitsäquivalent dann bestimmt wird. Dabei werden alle möglichen zukünftigen Szenarien zunächst risikolos mit (r_f) auf die Gegenwart abgezinst und man erhält eine „Barwertverteilung“ (vgl. Coenenberg, 1970; Siepe, 1986 und 1998 sowie Knackstedt, 2009).

[1648] Siehe hierzu z.B. Wiese, 2006, der weiterführend auch die Berücksichtigung einer unsicheren Wachstumsrate darstellt.

[1649] Vgl. zur Anwendung bei der Exit-Preis-Schätzung im Kontext M&A Gleißner/Wolfrum, 2008a.

Anzumerken ist, dass bei der Sicherheitsäquivalent-Variante ein durch eine Investition (oder ein neues Unternehmen) erst geschaffener Netto-Barwert als bereits existent (und z.B. durch den Verkauf realisierbar) angesehen wird, was eine Verzinsungserwartung in Höhe der Eigenkapitalkosten zur Folge hat. Bei der k_{WACC}-Variante wird dagegen implizit von einer Verzinsung eines (potenziell) durch eine Investition geschaffenen Netto-Kapitalwerts in Höhe der durchschnittlichen Kapitalkosten ausgegangen. Das Bewertungssubjekt ist „risikoneutral" bezüglich möglicher Abweichungen vom Erwartungswert, solange diese nicht zu Verlusten führen. Schließlich gilt es zu prüfen, ob im Risikomaß (Eigenkapitalbedarf) neben der Höhe der potenziellen Verluste auch der potenzielle Kaufpreis des Unternehmens berücksichtigt werden soll. Aus Sicht eines Käufers eines Unternehmens (im Gegensatz zum Investor, Gründer), muss ein Kaufpreis (in einem vollkommenen Markt identisch mit dem Wert) zusätzlich berücksichtigt werden, weil schon bevor das Unternehmen Verluste erleidet, ein Sinken des Wertes zu erwarten ist. Damit wird z.B. DVaR statt VaR zum relevanten Risikomaß.

Fazit: Mit der semi-investitionstheoretischen Bewertung wird ein Problem gelöst, das bei der Bewertung von Unternehmen mit dem CAPM und auch mit dem Partialmodel der Investitionstheorie besteht. Der erforderliche Diskontierungszinssatz wird konsistent über den Gesamtrisikoumfang der Cashflows, ausgedrückt durch ein gewähltes Risikomaß, abgeleitet. Er ist im investitionstheoretischen Sinn auch als Rendite der besten verfügbaren Alternativanlage in dem Sinn aufzufassen, dass er die erwartete Rendite einer Investition in einem Portfolio mit den gewählten Alternativinvestitionsmöglichkeiten und gleichem Risiko repräsentiert. Der Diskontierungszinssatz ist damit insbesondere risikoadäquat, erfasst die Cashflow-Risiken und kann unabhängig von (historischen) Aktienmarktrenditen, und damit Kapitalmarktanomalien, berechnet werden.

Für die Bestimmung dieses Diskontierungszinssatzes macht man sich den Sachverhalt nutzbar, dass sich aus dem Sicherheitsäquivalent einer Zahlung auch ein entsprechender risikoadjustierter Diskontierungszins für die erwarteten Cashflows ableiten lässt. Das mit dem risikolosen Basiszinssatz (r_f) auf die Gegenwart abgezinste Sicherheitsäquivalent entspricht nämlich genau dem mit dem risikoadäquaten Diskontierungszinssatz (k) abgezinsten Erwartungswert der Cashflows.

Anhang 6: Quantifizierung von Bewertungsrisiken über „Bewertungs-Multiples"

Dieser Anhang zeigt exemplarisch wie Wertänderungsrisiken, z.B. einer Beteiligung, quantifiziert werden können.

Deutlich werden die Bewertungsrisiken schon bei Betrachtung sehr einfacher Bewertungs- oder besser Preisschätzmodelle, wie den in der Praxis üblichen „Multiple-Bewertungsverfahren", die insbesondere bei Private Equity Transaktionen oft genutzt werden. Die entsprechenden Verfahren und die damit mögliche Abschätzung von „Bewertungsrisiken" werden nachfolgend kurz dargestellt:

Bei einer Unternehmensbewertung mit einem Vergleichsverfahren soll ein Schätzer[1650] für einen Unternehmenswert aus Kapitalmarktdaten (z.B. Börsenkursen) oder realisierten Transaktionspreisen „vergleichbarer" Unternehmen gewonnen werden.[1651] Mit den Vergleichsverfahren wird ein potenzieller Marktpreis (Fair Value oder „Börsenkurs") ermittelt, der auf dem Markt wahrscheinlich zu erzielen wäre. Derartige Verfahren werden deshalb auch als marktorientierte Bewertungsverfahren bezeichnet. Beim Multiplikatorverfahren wird der Unternehmenswert (W) als (potenzieller Marktpreis) durch Multiplikation einer bestimmten Kenngröße X des zu bewertenden Unternehmens mit einem von der gewählten Bezugsgröße abhängigen (und meist branchenspezifischen) Faktor m ermittelt.[1652]

$$W(X) = m \cdot X - FK$$

mit

W: Unternehmenswert oder geschätzter Marktpreis

X: Kenngröße (z.B. EBIT)

m: branchenspezifischer Faktor („Bewertungs-Multiplikator", „Multiple")

FK: Fremdkapital

Gebräuchlich sind zur Operationalisierung von „X" insbesondere EBITDA, EBIT, Cashflow oder Umsatz. Hinsichtlich der Eignung für die Berechnung

---

1650 In Anlehnung an Gleißner, 2008c. In vielen Fällen, z.B. bei M&A-Transaktionen, wird nicht der von der individuellen Risiko- und Zeitpräferenz sowie den Restriktionen eines einzelnen Investors abhängigen Wert gesucht, sondern der Preis, der am Kapitalmarkt realisiert werden kann. Zur „fundierten" Bewertung (z.B. in Anlehnung an IDW S 1) siehe Abschnitt 6.2.

1651 Eigentlich erreicht man nur einen „Preisschätzer", da Preis und Wert in unvollkommenen Märkten differieren (Gleißner, 2015c und 2015d).

1652 Das Fremdkapital FK wird abgezogen, wenn mit „m · X" ein Enterprise-Value berechnet wird.

von Multiplikatoren geben Liu, Nissim und Thomas[1653] folgende Reihenfolge an: (1) Ertragsprognosen, (2) historische Erträge, (3) Cashflow und Buchwert des Eigenkapitals sowie – als schlechtestes – (4) Umsatz.

Empirische Untersuchungen von Unternehmensübernahmen zeigen, dass als Gesamtunternehmenswert[1654] (Enterprise Value) durchschnittlich (Median) der 7-fache EBITDA gezahlt wird (Untersuchung zu Bewertungsmultiplikatoren europäischer LBOs im Zeitraum 2000–2003)[1655], wobei die Bewertung im Zeitablauf deutlich schwankt. Die Finanzinvestoren finanzieren den Gesamtunternehmenswert durchschnittlich mit 63 % Fremdkapital, entsprechend dem 4,6-fachen EBITDA.

Die Verwendung von Vergleichsverfahren für die Wertbestimmung – nicht bei der Schätzung potenzieller aktueller Marktpreise – ist problematisch, wenn im Falle einer „Spekulationsblase"[1656] die Vergleichs-Unternehmen überwertet sind und diese Marktpreise dann zur Unternehmensbewertung herangezogen werden. Das Preisniveau am Aktienmarkt, ausgedrückt z.B. durch die Dividendenrendite oder das KGV, schwankt im Zeitverlauf erheblich, was zu Risiken führt.[1657]

In den Börsenpublikationen wird das Kurs-Gewinn-Verhältnis (KGV) als Bewertungsmultiplikator besonders häufig verwendet, während bei Private Equity-Transaktionen vor allem Multiplikatoren auf Basis von EBIT und EBITDA zur Anwendung kommen. Ein wesentliches Problem der Verwendung des KGV besteht darin, dass dieses von der Verschuldung des zu bewertenden Unternehmens abhängig sein müsste, was in der Bewertungspraxis jedoch oft nicht beachtet wird. Diesem Problem wird in der Praxis oft durch die Verwendung eines EBIT-Multiple, also das Verhältnis vom Betriebsergebnis (EBIT) zum Gesamtunternehmenswert (Enterprise-Value) begegnet.

Die folgenden Gleichungen zeigen den Zusammenhang zwischen KGV und EBIT-Multiplikatoren (m).[1658]

Das KGV wird in Abhängigkeit des Nachsteuergewinns berechnet, der sich ergibt als Betriebsergebnis (EBIT) minus Zinsaufwand (Zinssatz i mal Fremdkapital (FK)), also dem Vorsteuergewinn (EBT), multipliziert mit (1 minus Steuersatz (s)).

$$KGV = \frac{EK^M}{Gewinn^{nSt.}} = \frac{EK^M}{(EBIT - i \cdot FK) \cdot (1 - s)} \qquad \text{(A 5.1)}$$

[1653] Vgl. Liu/Nissim/Thomas, 2002.

[1654] Wert von Eigen- und Fremdkapital.

[1655] Entsprechend beträgt das Verhältnis von Gesamtunternehmenswert zur Differenz aus EBITDA und Investitionen in Sachanlagen ca. 10. Vgl. dazu Richter, 2005. Vgl. auch die Daten bei Hammer/Schwetzler/Lahmann, 2015.

[1656] Die es in vollkommenen Märkten natürlich nicht geben dürfte, siehe jedoch zu solchen Fehlbewertungen Shleifer/Vishny, 1997; Haugen, 2002; Campbell/Shiller, 1998, und zusammenfassend Gleißner, 2014c.

[1657] Vgl. Richter, 2005, und Timmreck, 2006.

[1658] Das hochgestellte M symbolisiert, dass es sich bei Eigenkapital (EK) und Fremdkapital (FK) um (fundamentale) Marktwerte handelt. Beim Fremdkapital wird vereinfachend unterstellt, dass Marktwert, Nominalwert und Bilanzwert übereinstimmen, also FK = FK^M.

Mit:

KGV: Kurs-Gewinn-Verhältnis

EK^M: Eigenkapital (Marktwert)

i: vertraglicher Zinssatz des Fremdkapitals (= k_{FK}^0)

s: Unternehmenssteuersatz

Der EBIT-Multiple m lässt sich wie folgt darstellen

$$m = \frac{EV^M}{EBIT} = \frac{EK^M + FK}{EBIT} \tag{A 5.2}$$

mit

m: EBIT-Multiple

EV: Enterprise Value, d.h. Wert von Eigen- und Fremdkapital (EK^M+FK^M)

Das Auflösen der Gleichung (A 5.2) nach dem Wert des Eigenkapitals (EK^M) führt wieder zu

$$EK^M = m \cdot EBIT - FK \tag{A 5.3}$$

Einsetzen von Gleichung (A 5.3) in Gleichung (A 5.1) ergibt für das KGV in Abhängigkeit von EBIT, FK, dem Zinssatz und dem Unternehmenssteuersatz s:

$$KGV = \frac{m \cdot EBIT - FK}{(EBIT - i \cdot FK) \cdot (1 - s)} \tag{A 5.4}$$

Man erkennt nun unmittelbar, dass das angemessene KGV in einer (auf den ersten Blick durchaus komplexen) Beziehung von der Höhe des Fremdkapitals FK des Unternehmens abhängt. Bei einem (gemessen am EBIT) rentablen Unternehmen und üblichen Ausprägungen des EBIT-Multiplikators (m etwa bei 5 bis 10), des Steuersatzes (s = 30 %) und des Fremdkapitalzinssatzes (i z.B. ca. 5 %) führt eine Zunahme des Fremdkapitals zu einem sinkenden (angemessenen) KGV.[1659]

Bisher wurde der Bewertungsmultiplikator m als gegeben betrachtet. Eine Bestimmung von m in Abhängigkeit fundamentaler Rahmenbedingungen aus dem volkswirtschaftlichen Umfeld (risikoloser Zinssatz) und unternehmensspezifischen Fundamentalfaktoren (z.B. erwartetes Wachstum, Unternehmensrisiko) ist in einem weiteren Schritt jedoch möglich, um Bewertungsrisiken einschätzen zu können. Beispielhaft ist hier eine Ableitung von Bewertungsmultiplikatoren auf Grundlage des sogenannten „H-Modells" zu erwähnen[1660], das folgende Entwicklung der Wachstumsrate der Erträge (EBIT) unterstellt[1661] (vgl. Abbildung 173).

[1659] Weiterführend zur Relevanz von Insolvenzkosten, TaxShield usw. siehe Gleißner, 2008c.

[1660] Vgl. Fuller/Hsia, 1984.

[1661] Insbesondere wird die Annahme getroffen, dass die Wachstumsrate w_B in der zweite Phase (Periode B) gerade dem Mittelwert aus der Wachstumsrate g_A der Phase 1 (Periode A) und der langfristigen volkswirtschaftlichen Wachstumsrate g_N entspricht, also $g_B = \frac{g_A + g_N}{2}$.

Unter Berücksichtigung der Bewertungsformel des H-Modells für m ergibt sich als Modifikation nunmehr:

$$m = \frac{EK^M + FK}{EBIT} = \frac{1}{k_{WACC} - w_N} \cdot \left[(1 + w_N) + H \cdot (w_A - w_N) \right] \tag{A 5.5}$$

k_{WACC}: risikogerechter, gewichteter Kapitalkostensatz[1662]

w_N: langfristige volkswirtschaftliche Wachstumsrate

w_A: Wachstumsrate des Unternehmens bis Periode A

A: Länge der Periode A (Jahre)

B: Länge der Periode B (Jahre)

$H: \frac{A+B}{2}$

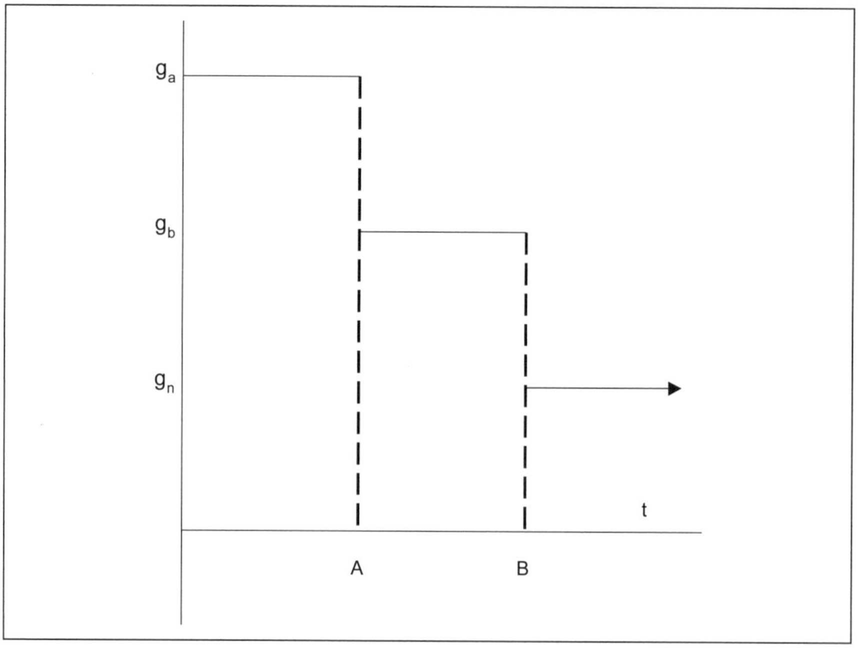

Abbildung 173: Wachstum im H-Modell

[1662] Siehe Gleißner, 2017c und Abschnitt 5.3.

Durch Umformen der obigen Gleichung erhält man das angemessene KGV, das zum Gleichgewicht der erwarteten Rendite aus der Aktienanlage und den (risikogerechten) Kapitalkosten führt als:

$$\begin{aligned} KGV &= \frac{EK^M}{Gewinn^{nSt.}} = \frac{EK^M}{(EBIT - i \cdot FK) \cdot (1-s)} \\ &= \frac{m \cdot EBIT - FK}{(EBIT - i \cdot FK) \cdot (1-s)} \\ &= \frac{\frac{EBIT}{k_{WACC} - w_N} \cdot \left[(1+w_N) + H \cdot (w_A - w_N) \right] - FK}{(EBIT - i \cdot FK) \cdot (1-s)} \end{aligned} \qquad \text{(A 5.6)}$$

Insolvenzkosten und Steuervorteile der Fremdfinanzierung (Tax-Shield) werden hier vereinfachend vernachlässigt, lassen sich aber leicht ergänzen.[1663]

Bewertungsrisiken resultieren aus Änderungen der Parameter in der Zukunft, z.B. des Zinssatzes oder der erwarteten Wachstumsrate. Ergänzend zu einer traditionellen Multiplebewertung sollte daher eine „stochastische" multiplebasierte Schätzung eines möglichen Verkaufspreises „Exitpreises" zum Exit-Zeitpunkt T erfolgen.[1664] Die „Stochastische"-Multiple-Bewertung zeigt Konsequenzen (1) der Unsicherheit zukünftiger Multiples m und (2) der zukünftigen Ergebnisse (EBIT) sowie Bandbreiten des möglichen Verkaufspreises (Exit-Preises $\widetilde{P}^{EXIT}$).

$$\widetilde{P}_T^{EXIT} = \tilde{m}_T \cdot \widetilde{EBIT}_T - \widetilde{FK}_T = \frac{\widetilde{EBIT}_T}{r_{f,T} + r_{z,T} - w_{lfr,T}} - \widetilde{FK}_T \qquad \text{(A 5.7)}$$

Die Unsicherheit des Exit-Preises resultiert aus der Unsicherheit

- des zukünftigen Bewertungsniveaus (Multiple $\tilde{m}$), abhängig von den volkswirtschaftlichen Variablen (z.B. vom Zinsniveau),
- und der unsicheren Situation des Unternehmens zum Verkaufszeitpunkt T, z.B. ausgedrückt durch
  - Betriebsergebnis ($\widetilde{EBIT}_T$) und
  - Nettobankverbindlichkeiten ($\widetilde{FK}_T$).

Aus dem (unsicheren) zukünftigen Preis kann ein aktueller angemessener Wert abgeleitet werden (via Sicherheitsäquivalent, siehe Abschnitt 5.3)

Bezüglich der Beteiligungen im Anlagevermögen ist im Rahmen des Risikomanagements insbesondere die Möglichkeit einer außerordentlichen Abschreibung des derivativen Unternehmenswerts (Goodwill) in Folge eines sog. Impairmenttests als Risiko zu berücksichtigen, das selber wiederum zurückgeführt werden kann auf die Veränderungen der Ertragskraft oder des Risikoumfangs dieser Beteiligung, da diese – wie hier gezeigt – den Wert, der mit dem Impairmenttest betrachtet wird, bestimmen.[1665]

[1663] Vgl. Gleißner, 2011b und Knabe, 2012.
[1664] Vgl. Gleißner/Wolfrum, 2008a.
[1665] Siehe z.B. Gleißner/Heyd, 2006.

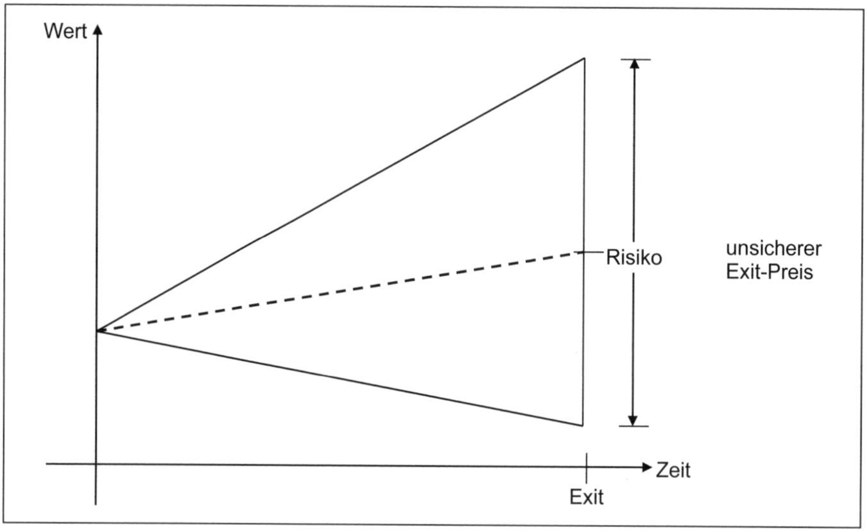

Abbildung 174: Unsicherer zukünftiger Preis: Bewertungsrisiko

Anhang 7: Rechnen mit Wahrscheinlichkeiten

Ein Umgang mit Risiken erfordert ein Verständnis für Wahrscheinlichkeiten von Ereignissen und den Regeln, die mit solchen Wahrscheinlichkeiten zu rechnen ist. Wenn ein bestimmtes Ereignis A z.B. mit einer Wahrscheinlichkeit von P(A) eintritt und das Ereignis B mit einer Wahrscheinlichkeit P(B) interessiert z.B., wie wahrscheinlich es ist, dass die Ereignisse A und B gleichzeitig eintreten.

Die Wahrscheinlichkeitsrechnung liefert mathematische Modelle, die Aussagen über zufällige Erscheinungen ermöglichen (vgl. Abschnitt 1.2.3). Man muss dazu den möglichen Ereignissen (x_i) Wahrscheinlichkeiten ($P(x_i)$) zuordnen, die eine quantitative Einschätzung für die Möglichkeit ihres Eintretens liefern. Grundsätzlich gilt dabei, dass die Wahrscheinlichkeit für ein Ereignis stets größer oder gleich 0 ist und die Summe der Wahrscheinlichkeiten aller möglichen Ereignisse 1 sein muss.

Das Rechnen mit Wahrscheinlichkeiten basiert auf einige elementaren Regeln: Betrachtet werden hier die Wahrscheinlichkeiten P(A) und P(B) von zwei Ereignissen, die sich nicht ausschließen.[1666]

Dann gilt mit dem Additionssatz [$\cap$ bedeutet „und"; $\cup$ bedeutet „oder"]:[1667]

$$P(A \cup B) = P(A) + P(B) - P(A \cap B).$$

Mit dem Additionssatz werden Vereinigungsmengen von Einzelereignissen abgebildet; es wird also ausgedrückt dass A oder B eintritt.

Der Multiplikationssatz drückt dagegen die Schnittmenge von Ereignissen aus. Im einfachsten Fall, nämlich zwei voneinander stochastisch unabhängigen Ereignissen A und B, ist die Wahrscheinlichkeit für die Schnittmenge gerade das Produkt der beiden Wahrscheinlichkeiten der Ereignisse A und B, also

$$P(A \cap B) = P(A) \cdot P(B).$$

Bei Bestehen von stochastischen Abhängigkeiten ist die bedingte Wahrscheinlichkeit $P(A|B)$ zu berücksichtigen. Dies ist die Wahrscheinlichkeit für das Ereignis B unter der Voraussetzung, dass das Ereignis A eingetreten ist. Bei stochastischer Abhängigkeit gilt für den Multiplikationssatz:

$$P(A \cap B) = P(A|B) \cdot P(B) = P(A) \cdot P(B|A)$$

bzw. bei drei Wahrscheinlichkeiten:

$$P(A \cap B \cap C) = P(A) \cdot P(B|A) \cdot P(C|A \cap B).$$

[1666] Das heißt, sie sind nicht disjunkt.

[1667] Der letzte Term entfällt, wenn sich die Ereignisse gegenseitig ausschließen, also disjunkt sind.

Für mehr als zwei Ereignisse lässt sich aus dem Multiplikationssatz der sogenannte Satz von der totalen Wahrscheinlichkeit ableiten.

$$P(A)=P(A|B_1)\cdot P(B_1)+P(A|B_2)\cdot P(B_2)+\ldots+P(A|B_n)\cdot P(B_n)$$

Wesentlich für das Rechnen mit bedingten Wahrscheinlichkeiten ist der Satz von Bayes (siehe dazu Abschnitt 1.2.3). Mit Hilfe des sogenannten Bayes-Theorems[1668] lassen sich unbekannte Parameter einer Wahrscheinlichkeitsverteilung schätzen, Konfidenzintervalle für die unbekannten Parameter festlegen und Hypothesen über die Parameter prüfen. Das Bayes-Theorem betrachtet bedingte Wahrscheinlichkeiten. Durch diese wird der Tatsache Rechnung getragen, dass im Allgemeinen eine Aussage davon abhängt, ob eine weitere Aussage wahr ist. Man schreibt wie erwähnt A|B, um auszudrücken, dass A wahr ist unter der Bedingung, dass B wahr ist. Die Wahrscheinlichkeit von A|B, die bedingte Wahrscheinlichkeit, wird mit P(A|B) bezeichnet. Sie ist ein Maß für die Plausibilität oder Glaubwürdigkeit der Aussage A|B.

Das Bayes-Theorem zeigt, wie die A-priori-Wahrscheinlichkeit einer Hypothese (Annahme) und bedingte Wahrscheinlichkeiten für bereits eingetretene Ereignisse zu kombinieren sind, um die A-posteriori-Wahrscheinlichkeit einer Hypothese zu bestimmen. Die A-priori-Wahrscheinlichkeit stellt dabei die Wahrscheinlichkeitsschätzung (über ein unbekanntes Ereignis) dar, die aufgrund von Vorwissen, z.B. über das „Design" (Erfahrungen), angenommen wird. Demgegenüber gibt die A-posteriori-Wahrscheinlichkeit die Wahrscheinlichkeit an, dass eine Hypothese nach bestimmten (neuen) beobachtbaren Ereignissen bestätigt wird. Mathematisch verhält sich die A-posteriori-Wahrscheinlichkeit, also P(A|B), für die Gültigkeit der Hypothese A nach dem Eintritt des Ereignisses B, wie folgt:

$$P(A\,|\,B)=\frac{P(B\,|\,A)\cdot P(A)}{P(B)}.$$

Wobei P(A) und P(B) wieder die Wahrscheinlichkeit von A und B angeben.

Um in der Wahrscheinlichkeitsrechnung die Anzahl von möglichen Fällen zu bestimmen, benötigt man Kenntnisse der Kombinatorik. Die Kombinatorik ermöglicht es die Anzahl von Kombinationsmöglichkeiten einzelner Elemente eines Zufallsexperiments zu bestimmen.

Wenn bei einem Zufallsexperiment die Reihenfolge der Elemente eine Rolle spielt, spricht man von einer Permutation oder einer Variation. Spielt diese keine Rolle, von einer Kombination. Unter einer Permutation versteht man dabei eine Anordnung von Elementen in einer bestimmten Reihenfolge. Für N-Elemente gibt es N![1669] Möglichkeiten für eine solche Anordnung (ohne Wiederholungen).[1670]

1668 Vgl. Zhou, 2005, S. 71–74; Gleißner, 2014a und Wieczorek/Disch, 2020.

1669 N!=1 x 2 x … x N.

1670 Ein Anagramm ist eine Permutation der Buchstaben eines Wortes, z.B. Nelke und Enkel.

Unterschieden werden zudem Fälle, bei denen ein bestimmtes „Elementarereignis" nur einmal, oder mehrmals vorkommen darf (bzw. mit oder ohne Wiederholung).

Eine Variation ist eine geordnete Stichprobe von Elementen aus einer Grundgesamtheit in einer bestimmten Reihenfolge. Anders als bei der Permutation werden dabei n Elemente aus einer Menge von N Elementen (Grundgesamtheit) ausgewählt. Werden alle Elemente ausgewählt (n=N), ergibt sich eine Permutation. Spielt die Reihenfolge der Elemente keine Rolle, hat man eine Kombination. Bei einer Variation mit Wiederholung können also Elemente mehrfach ausgewählt werden. Dies entspricht im sogenannten Urnenmodell der Variation mit Wiederholung einer Ziehung von n aus N Kugeln mit Zurücklegen. Eine Variation ohne Zurücklegen ist entsprechend dem Urnenmodell eine Ziehung ohne Zurücklegen von Kugeln.[1671]

Die nachfolgende Tabelle gibt für N Elemente einer Grundgesamtheit, aus denen n Elemente gezogen werden, die zugehörige Anzahl von Permutationen, Variationen und Kombinationen an.[1672]

	Permutationen (alle N Elemente)	Variationen (n aus N): mit Berücksichtigung der Reihenfolge	Kombinationen (n aus N): ohne Berücksichtigung der Reihenfolge
mit Wiederholung	$\frac{N!}{N_1! \cdot N_2! \cdot \ldots N_k!}$	N^n	$\binom{N+n-1}{n}$
ohne Wiederholung	$N!$	$\frac{N!}{(N-n)!}$	$\binom{N}{n}$

Tabelle 67: Permutationen, Variationen und Kombinationen (Quelle: Faik, 2019)

Dabei ist $\binom{N}{n}$ der Binomialkoeffizient, also

$$\binom{N}{n} = \frac{N!}{(N-n)! \cdot n!}$$

[1671] Mit $n \leq N$.

[1672] $N_1, N_2, \ldots$ bezeichnen die Anzahl von Elementen der unterschiedlichen Elementarten (1, 2, 3, …, k) aus der Gesamtheit der N Elemente.

Literatur

A

Acerbi, C., (2002): Sprectral Measures of Risk: A coherent representation of subjective risk aversion, in: Journal of Banking and Finance, Vol. 26, S. 1505–1518

Acerbi, C. (2004): Coherent Representations of Subjective Risk-Aversion, in: Szzegö, G. (Hrsg.): Risk Measures for the 21st Century, Wiley and Sons, Chichester, S. 147–208

Adler, J./Kurbiel, S. (2015): Markov Chain Monte Carlo, in: WiSt, Heft 5, S. 238–245.

Ahmad, H. I./von Helfenstein, S. (2015): Internal Audit, ERM and Valuation, in: The Value Examiner March/April 2015, S. 16–20

Akerlof, G./Yellen, J. (1987): Rational Models of Irrational Behavior, in: American Economic Review, Vol. 77(2), S. 137–42

Akerlof, G./Shiller, R. (2009): Animal Spirits, Frankfurt

Albrecht, P. (2001): Portfolioselektion mit Shortfallrisikomaßnahmen, in: Mannheimer Manuskripte zu Risikotheorie, Portfolio Management und Versicherungswirtschaft, Nr. 133, 09/2001

Albrecht P. (2001): Welche Aktienperformance ist über die nächsten Dekaden realistischerweise zu erwarten? Eine Fundamentaleinschätzung, in: Mannheimer Manuskripte zur Risikotheorie, Portfolio Management und Versicherungswirtschaft, Mannheim 2001

Albrecht, P. (2003): Zur Messung von Finanzrisiken, Mannheim

Albrecht, P./Huggenberger, M. (2015): Finanzrisikomanagement: Methoden zur Messung, Analyse und Steuerung finanzieller Risiken, Schaeffer-Poeschel-Verlag, Stuttgart 2015

Albrecht, P./Maurer, R. (2016): Investment- und Risikomanagement, 4. Aufl., Schäffer-Poeschel Verlag, Stuttgart

Albrecht, P./Maurer, R./Möller M. (1998): Shortfall-Risiko/Excess-Chance-Entscheidungskalküle, in: Zeitschrift für Wirtschafts- und Sozialwissenschaft (ZWS), Heft 118, S. 249–274

Alexander, C. (2003): Operational Risk-Regulation, Analysis and Management, London

Almeida, H./Philippon, Th. (2007): The Risk-Adjusted Cost of Financial Distress, in: The Journal of Finance 2007, Volume 62, Issue 6, S. 2557–2586

Altman, E. I. (1968): Financial Ratios, Discriminant Analysis and the Prediction of Corporate Bankruptcy, in: Journal of Finance. Bd. 23 (4), S. 589–610

Altman, E. I. (2000): Predicting financial distress of companies: revisiting the Z-score and ZETA models, working paper of New York University, Download unter: http://pages.stern.nyu.edu/~ealtman/Zscores.pdf, abgerufen am: 22.12.15

Altuntas, M./ Berry-Stölzle , Th. R./Cummins, J. D. (2021): Enterprise risk management and economies of scale and scope: evidence from the German insurance industry, in: Annals of Operations Research, Vol. 299, No. 1–2 (April 2021), S. 811–845

Amit, R./Wernerfelt, B. (1990): Why do Firms Reduce Business Risk?, in: Academy of Management Journal, Vol. 33, No. 3, S. 520–533

Andersson, O./Holm, H. J./Tyran, J.-R./Wengström, E. (2016): Risk Aversion Relates to Cognitive Ability: Preferences or Noise?, in: Journal of the European Economic Association, Vol. 14, No. 5, S. 1129–1154

Ang, A./Chen, J. (2007): CAPM over the Long Run: 1926–2001, in: Journal of Empirical Finance, 14, S. 1–40

Ang, A./Chen, J./Xing, Y. (2006): Downside Risk, in: Review of Financial Studies, Vol. 19 (4), S. 1191–1239

Ang, A./Hodrick, R. J./Xing, Y./Zhang, X. (2006): The cross-section of volatility and expected returns, in: The Journal of Finance, Vol. LXI, No. 1, February 2006, S. 259–299.

Ang, A./Hodrick, R. J./Xing, Y./Zhang, X. (2009): High Idiosyncratic Volatility and Low Returns: International and Further U.S. Evidence, in: Journal of Financial Economics, vol. 91(1), S. 1–23

Angermüller, N.O./Berger, T. (2010): Risikosituation der Unternehmen im HDAX, in: Risiko Manager, Nr. 24/2010, S. 16–24

Angermüller, N.O./Gleißner, W. (2011): Verbindung von Controlling und Risikomanagement: Eine empirische Studie der Gegebenheiten bei H-DAX Unternehmen, in: Controlling, 6/2011, S. 308–316

Angermüller, N. O./Berger, Th. B./Blum, U./Erben, R. F./Ernst, D./Gleißner, W./Grundmann, Th./Heyd, R./Hofmann, K. H./Mayer, Ch./Meyer, M./Rieg, R./Schneck, O./Ulrich, P./Vanini, U. (2020): Gemeinsame Stellungnahme zum IDW EPS 340, Stand 17.02.2020, Download unter: https://www.idw.de/blob/121892/bdef576a6a3bff-52ee039511482c6057/down-idweps340nf-gem-stn-hochschullehrer-rm-data.pdf (abgerufen am 29.04.2022)

Arbeitskreis des EACVA e.V. (2011): Bewertung nicht börsennotierter Unternehmen – die Berücksichtigung von Insolvenzwahrscheinlichkeiten, in: BewertungsPraktiker. 1/2011, S. 12–22

Arena, M./Arnaboldi, M./Azzone, G. (2010): The organizational dynamics of Enterprise Risk Management, in: Accounting, Organizations and Society, 35. Jg. (2010), Heft 7, S. 659–675

Arlinghaus, J./Bendik, F./Fidan, Y./Kessler, M./Reinecke, L. (2021): Risikomanagement für die Smarte Fabrik, Download unter: https://www.psa.ovgu.de/iniaf_media/Risikomanagement_Smarte_Fabrik.pdf (abgerufen am 12.10.2021)

Arnott, R./Bernstein, P. (2002): What Risk Premium Is „Normal"?, in: Financial Analysts Journal, 58/2002, No. 2, S. 64–85

Arrfelt, M./Mannor, M./Nahrgang, J. D./Christensen, A. L. (2018): All risk-taking is not the same: examining the competing effects of firm risk-taking with meta-analysis, in: Review of Managerial Science, Vol. 12, No. 3, S. 621–660

Arrow, K. (1996): The Theorie of Risk-Bearing: Small and Great Risks, in: Journal of Risk and Uncertainty, S. 103–111

Artmann, S./Finter, P./Kempf, A. (2012): Determinants of expected stock returns: Large sample evidence from the German market, in Journal of Business Finance & Accounting, Juni/Juli 2012, S. 758–784

Artzner, P./Delbaen, F./Eber, J./Heath, D. (1999): Coherent Measures of Risk, in: Mathematical Finance, Vol. 9, S. 203–228

Asness, C.S./Frazzini, A./Pedersen, L.H. (2019): Quality minus junk, in: Review of Accounting Studies, Vol. 24, No. 1, S. 34–112

Asness, C./Moskowitz, T./Pedersen, L. H. (2013): Value and momentum every-where, in: Journal of Finance, 68, S. 929–985

Auer, B.R. (2012), Können konsumbasierte Kapitalmarktmodelle den Querschnitt internationaler Aktienrisikoprämien erklären?, in: DBW, Heft 2/2012, S. 159–177

Auer, B. R. (2014): Volatilitätsmessung auf Aktien-, Anleihen- und Rohstoffmärkten, in: WiSt, 8/2014, S. 429–435

Aven, T. (2015): Risk Analysis, 2. Aufl., Wiley

Azevedo, V./Kaserer, Ch./Campos, L. M. S. (2021): Investor sentiment and the time-varying sustainability premium, in: Journal of Asset Management, Vol. 22, No. 7 (Dezember 2021), S. 600–621

B

Backhaus, K./Erichson, B./Plinke, W./Weiber, R. (2006): Multivariate Analysemethoden: Eine anwendungsorientierte Einführung, Berlin

Baecker, P./Gleißner, W./Hommel, U. (2007): Unternehmensbewertung: Grundlage rationaler M&A-Entscheidungen? – Eine Auswahl zwölf wesentlicher Fehlerquellen aus praktischer Sicht, in: M&A Review, 6/2007, S. 270–277

Baisch, B. (2017): Risikoanalyse für Unternehmen als Entscheidungsgrundlage für eine Managementbewegung gemäß DIN EN ISO 9001 2015, Masterarbeit, GRIN Verlag

Baitinger, E. (2014): Neue Ansätze für das quantitative Asset Management, Uhlenbruch

Baker, M./Bradley, B./Wurgler, J. (2011): Benchmarks as Limits to Arbitrage: Understanding the Low-Volatility Anomaly, in: Financial Analysts Journal, Vol. 67, No. 1, S. 40–54
Ballwieser, W. (1981): Die Wahl des Kalkulationszinsfußes bei der Unternehmensbewertung unter Berücksichtigung von Risiko und Geldentwertung, in: BFuP, 33. Jg. (1981), S. 97–114
Ballwieser, W. (2008): Betriebswirtschaftliche (kapitalmarkttheoretische) Anforderungen an die Unternehmensbewertung, in: WPg, 61. Jg., Sonderheft 2008, S. 102–108
Ballwieser, W. (2009): Shareholder Value als Element von Corporate Governance, in: zfbf, 61. Jg., Februar 2009, S. 93–101
Ballwieser, W. (2010): Unternehmensbewertung zwischen Individual- und idealisiertem Marktkalkül, in: Königsmaier, H./Rabel, K. (Hrsg.): Unternehmensbewertung. Theoretische Grundlagen – Praktische Anwendung. Festschrift Mandl, Wien, 2010, S. 63–81
Ballwieser, W. (2020): Der Betafaktor in immerwährender Diskussion: Würdigung jüngerer Beiträge, in: RWZ 12/2020, S. 403–408
Ballwieser, W./Friedrich, T. (2015): Peers, Marktrisikoprämie und Insolvenzrisiko: Einige Anmerkungen zu drei Problemen der Unternehmensbewertung, in: Corporate Finance, Dezember 2015, 6. Jg., S. 449–457
Ballwieser, W./Hachmeister, D. (2013): Unternehmensbewertung: Prozess, Methoden und Probleme, 4. Aufl., Schäffer Poeschel
Ballwieser, W./Hachmeister, D. (2016): Unternehmensbewertung: Prozess, Methoden und Probleme, 5. Aufl., Schäffer Poeschel
Ballwieser, W./Franken, L./Ihlau, S./Jonas, M./Kohl, T./Mackenstedt, A./Popp, M./Siebler, U. (2014): Besonderheiten bei der Ermittlung eines objektivierten Unternehmenswerts kleiner und mittelgroßer Unternehmen (IDW Praxishinweis 1/2014), in: WPg, 67. Jg. (2014), S. 463–474
Baltussen, G./Swinkels, L./van Vliet, P. (2021): Global Factor Premiums, in: Journal of Financial Economics (JFE) (erscheint in Kürze)
Bamberg, G./Baur, F./Krapp, M. (2009): Statistik, 15. Auflage, München
Bamberg, G./Dorfleitner, G. (2002): Is Traditional Capital Market Theory Consistent with Fat-Tailed Log Returns? in: Zeitschrift für Betriebswirtschaft, H. 72, August 2002, S. 865–877
Bamberg, G./Dorfleitner, G./Krapp, M. (2006): Unternehmensbewertung unter Unsicherheit: Zur Entscheidungstheorethischen Fundierung der Risikoanalyse, in: ZfB, 3/2006, S. 287–307
Bannier, C. E. (2016): Bewertungsmethoden in der Projektfinanzierung Erneuerbarer Energien, in: Zeitschrift für betriebswirtschaftliche Forschung, 68/2016, S. 75–110
Bantleon, U./d'Arcy, A./Eulerich, M./Hucke, A./Knoll, M./Köhler, A./Pedell, B. (Wissenschaftlicher Beirat des DIIR – Deutsches Institut für Interne Revision e.V.), Das Three-Lines-of-Defence-Modell: ein Beitrag zu einer besseren Corporate Governance? – Entstehung und Rezeption durch Standardsetzer und Regulatoren, in: WPg, 70. Jg. (2017), Heft 12, S. 682 – 688
Banz, R. W. (1981): The Relationship between Return and Market Value of Common Stocks, in: Journal of Financial Economics, 9, March 1981, S. 3–18
Barth, R./Meyer, M./Spitzner, J. (2012): Typical Pitfalls of Simulation Modeling – Lessons Learned from Armed Forces and Business, in: Journal of Artificial Societies and Social Simulation 15 (2) 5, Download unter: http://jasss.soc.surrey.ac.uk/15/2/5.html (abgerufen am 29.04.2022)
Bartl, M./Gleißner, W. (2020): Unternehmensbewertung: Marktrisikoprämie in Österreich, in: CFO aktuell, 14. Jg., Heft 1, S. 7–10
Bartram, S. (1999): Corporate Risk Management, Bad Soden
Bartram, S. (2000): Verfahren zur Schätzung finanzwirtschaftlicher Exposures von Nichtbanken, in: Johanning/Rudolph (Hrsg.): Handbuch Risikomanagement, Band 2, Bad Soden, S. 1267–1294
Bassen, A./Pupke, D./Zöllner, C. (2006): Corporate Governance Rating auf Basis der DVFA-Scorecard, in: Finanz Betrieb, 9/2006, S. 551–557

Basu, S. (1977): Investment performance of common stocks in relation to their price-earnings ratios: A test of the efficient market hypothesis, in: Journal of Finance, 32, S. 663–682

Baule, R. (2019): The cost of debt Capital revisited, in: Business Research, Vol. 12, No 2, S. 721–753

Baule, R./Ammann, K./Tallau, Ch. (2006): Zum Wertbeitrag des finanziellen Risikomanagement, in: WiSt Heft 2, Februar 2006, S. 62–65

Baum, H.-G./Coenenberg, A. G./Günther, Th. (2013): Strategisches Controlling, 5. Aufl., Schäffer-Poeschel, Stuttgart

Baumann, D. (2020): Kann die Implementierung eines Risikomanagement-Systems nach ISO 31000 dazu beitragen nachhaltig erfolgreich zu wirtschaften? in: EAB Publishing (Hrsg.): Akademische Essays aus dem Bereich der interdisziplinären Wissenschaft zur Anwendung in Theorie und Praxis (Dezember 2020), S. 24–30

Baumüller, J./Follert, F. (2020): Nichtfinanzielle Berichterstattung. Hintergründe, Inhalte und Umsetzung, in: WiSt, 49. Jg., Heft 5, S. 48–50

Baumüller, J./Gleißner, W. (2020): Quantifizierung von nichtfinanziellen Risiken im unternehmensweiten Risikomanagement, in: GRC aktuell, 3. Jg., Heft 4, S. 139–147

Bayes, T. (1763): An Essay towards solving a Problem in the Doctrine of Chances, Philosophical Transactions of the Royal Society of London, 53

Beaujean, R./Stengel, W./Reichmann, Th. (2012): Risikomanagement und Risiko-Controlling bei der Demag Cranes AG, in: Controlling, Ausgabe 4–5/2012, S. 228–236

Becker, A./Gruber, W./Heuter, H. (2018): Handbuch MaRisk. Neue Anforderungen an das Risikomanagement in der Bankpraxis, 3. Aufl., Knapp Verlag, Frankfurt am Main

Beeck, H./Kaiser, T. (2000): Quantifizierung von Operational Risk mit Value at Risk, in: Johanning/Rudolph (Hrsg.): Handbuch Risikomanagement, Band 1, Bad Soden, S. 633–654

Behringer, S. (2020): Finanzielle Resilienz: Notwendige Lehren aus der Krise, in: KSI, Heft 4/2020, S. 155–158

Behringer, S./Gleißner, W. (2018): Die Unternehmensplanung als Grundlage für die Unternehmensbewertung, in: WPg, 71. Jg., Heft 05.2018 vom 01.03.18, S. 312–319

Behringer, S./Gleißner, W. (2021): Unternehmensplanung als Grundlage für die Unternehmensbewertung. Die Perspektive der Wirtschaftsprüfer, in: WPg, 74. Jg., Heft 13, S. 857–864

Bekaert, G./Harvey, C. R. (2000): Foreign Speculators and Emerging Equity Markets, in: The Journal of Finance, Vol. 55, No. 2, S. 565–613

Bemmann, M. (2007): Entwicklung und Validierung eines stochastischen Simulationsmodells für die Prognose von Unternehmensinsolvenzen, Dissertation, Dresden, 2007

Bemmann, M./Gleißner, W./Leibbrand, F. (2006): Das Risikorating, in: Hirschmann/Romeike (Hrsg.): Rechts- und Haftungsrisiken im Unternehmensmanagement, Köln, S. 163–204

Ben-Eli, M. U. (2018): Sustainability: definition and five core principles, a systems perspective, in: Sustainability Science, Vol. 13, S. 1337–1343

Berens, W./Schmitting, W. (2004): Zum Verhältnis von Controlling, Interner Revision und Früherkennung vor dem Hintergrund der Corporate Governance, in: Freidank, C.-C. (Hrsg): Corporate Governance und Controlling, Heidelberg 2004, S. 51–75

Berger, Th. (2018): Interpretation von Begriffen zur Umschreibung von Wahrscheinlichkeiten, in: Controller Magazin, Heft 4, S. 46–48

Berger, Th. (2015): Risikokultur: Das Fundament des Risikomanagements, in: Gleißner, W./Romeike. F. (Hrsg.): Praxishandbuch Risikomanagement, Berlin, S. 673–654

Berger, Th./Erben, R./Ernst, D./Gleißner, W./Holst, H.-U./Meyer, M./ Scherer, J./Schneck, O./Ulrich, P./Vanini, U. (2021a): Das Finanzmarktintegritätsstärkungsgesetz (FISG): Betriebswirtschaftliche Stellungnahme zu FISG und Risikomanagement, 06.10.2021, https://www.risknet.de/themen/risknews/betriebswirtschaftliche-stellungnahme-zu-fisg-und-risikomanagement/ (abgerufen am 29.04.2022).

Berger, Th./Ernst, D./Gleißner, W./Hofmann, K. H./Meyer, M./Schneck, O./Ulrich, P./ Vanini, U. (2021b): Die Prüfung von Risikomanagementsystemen und die Defizite des IDW Prüfungsstandards 340, in: Der Betrieb, 74. Jg., Heft 46, S. 2709–2714

Berger, Th./Gleißner, W. (2006): Risk Reporting and Risks Reported of German HDAX-Companies, Arbeitspapier präsentiert an der 5. International Conference on Money, Investment and Risk, Nottingham 2006

Berger, Th./Gleißner, W. (2007): Risikosituation und Stand des Risikomanagements aus Sicht der Geschäftsberichterstattung, in: Zeitschrift für Corporate Governance (ZCG), 2/07, S. 62–68

Berger, Th./Gleißner, W. (2013a): Value Added Compliance: Die Erreichung einer entscheidungsorientierten Compliance, in: Controller Magazin, 6/2013, S. 84–87

Berger, Th./Gleißner, W. (2013b): Modernes Risikomanagement, in: WISU, 4/2013, S. 525–530

Berger, Th./Gleißner, W. (2018): Integrated management systems: linking risk management and management control systems, in: International Journal of Risk Assessment and Management, Vol. 21, No. 3, S. 215–231

Berger, Th./Kamaras, E. (2020): Ableitung eines Ratings mit Hilfe der Risikoaggregation – Ein Fallbeispiel, in: Controller Magazin, Heft 5, September/Oktober 2020, S. 29–34

Berger, Th./Trivedi, P./Parmar, S. (2018): Risk Information Practices in Annual Reports: An Indo-German Collaborative Comparison, in: MUDRA: Journal of Finance and Accounting, Vol. 5, No. 1, S. 1–17

Bergmann, P./Kamarás, E./Gleißner, W./Günther, E. (2020): Enhanced Cash Flow Valuation in Real Estate Management by Integrating Innovative Materials and Risk Assessment, in: Sustainability, Vol. 12, No. 6, S. 2201 ff., Download unter: https://www.mdpi.com/2071-1050/12/6/2201/pdf (abgerufen am 29.04.2022)

Bergstein, N. (2022): Das Lieferkettensorgfaltspflichtengesetz als Chance für echte Veränderung, in: REthinking Finance, 4. Jg., Heft 1/2022, S. 72–80

Berliner, B. (1982): Die Grenzen der Versicherbarkeit von Risiken, Swiss Re (Hrsg.), Zürich

Bernanke, B./Gertler, M. (1999): Monetary policy and asset price volatility, in: Economic Review, Vol. 84, Nr. IV, S. 17–51

Bernstein, P.L. (1997): Wider die Götter – Die Geschichte von Risiko und Risikomanagement von der Antike bis heute, Gerling Akademie Verlag München

Bertram, I./Castedello, M./Tschöpel, A. (2015): Überlegungen zur Marktrendite und zur Marktrisikoprämie, in: Corporate Finance, Dezember 2015, 6. Jg., S. 468–473

Betz, C. et al. (2019): Nachhaltigkeitsrisiken im Fokus, RiskNET, 04. Oktober 2019, https://www.risknet.de/themen/risknews/nachhaltigkeitsrisiken-im-fokus/ (abgerufen am 29.04.2022)

Beyer, B./Hachmeister, D./Lampenius, N. (2010): Die Bedeutung des Risikomanagements in Unternehmen – Eine empirische Untersuchung, in: ZfCM, 2/2010, S. 114–121

Bier, S./Roßmeißl, E. (2021): Case Study: WITTENSTEIN SE – Pragmatische Anwendungsmöglichkeiten der Risikoaggregation, Risk Management & Rating Association e.V. (RMA)(Hrsg.): Risikoquantifizierung. Grundlagen, Werkzeuge, Praxisbeispiele, Band 6, Erich Schmidt Verlag, Berlin, S. 174–184

Bier, S./Thiele, Ph./Esch, M./Unger, O. (2018): Integriertes Risikomanagement von mittelständischen Industriebetrieben – Ein Beispiel der WITTENSTEIN SE, in: Controller Magazin, Heft 5 (September/Oktober 2018), S. 80–84

Bieta, V./Broll, U./Milde, H./Siebe, W. (2006): Die Sicht der Spieltheorie zum Risikomanagement – Zustandsrisiken und Verhaltensrisiken sind nicht dasselbe, in: Risiko Manager, 11/2006, S. 16–19

Bieta, V./Kirchhoff, J./Milde, H./Siebe, W. (2004): Szenarienplanung im Risikomanagement – Mit der Spieltheorie die Risiken der Zukunft erfolgreich steuern, Weinheim

Bieta, V./Milde, H. (2009): Denkfehler im Risikomanagement, in: Risiko Manager, 16/2009, S. 8–12

Bihary, Z./Csóka, P./Szabo, D. Z. (2020): Spectral risk measure of holding stocks in the long run, in: Annals of operation research, No. 295, S. 75–89

Bischof, J. (2018): Praxisorientiertes Risikocontrolling mit der Fünfeck-Verteilung, in: Controller Magazin, Heft 4 (Juli/August 2018), S. 30–31

Bitz, M. (1980): Verschuldungsgrad, Kapitalkosten und Risiko, in: Zeitschrift für betriebswirtschaftliche Forschung. 32(7), S. 611–630

Black, F. (1986): Noise, in: The Journal of Finance, July 1986, Volume 41, Issue 3, S. 529–543

Bledow, N./Sassen, R./Ooi Sil Wei, S. (2019): Regulation of enterprise risk management: a comparative analysis of Australia, Germany and the USA, in: International Journal of Comparative Management, Vol. 2, No. 2, S. 96–122

Bleuel, H. (2006): Bestimmung und Steuerung des ökonomischen Wechselkursrisikos, in: WISU – das Wirtschaftsstudium, 35 Jg., Nr. 8–9, S. 1054–1059

Blitz, D./Hanauer, M. (2021): Resurrecting the value premium, in: The Journal of Portfolio Management, Quantitative Special Issue 2021, Vol. 47, No. 2, pp. 63–81

Blitz, D./Hanauer, M. X./Vidojevic, M./van Vliet, P. (2018): Five Concerns with the Five-Factor Model, in: The Journal of Portfolio Management, Vol. 44, No. 4, S. 71–78

Blum, U. (2016): Grundlagen der Volkswirtschaftslehre, De Gruyter Oldenbourg

Blum, U. (2020): Wirtschaftskrieg: Rivalität ökonomisch zu Ende denken, Springer Gabler

Blum, U./Gleißner, W. (2001a): Trends und Frühaufklärung: das fundierte Orakel, in: Blum/Leibbrand (Hrsg.): Entrepreneurship und Unternehmertum, Wiesbaden

Blum, U./Gleißner (2001b): Die Unwägbarkeiten der Zukunftsentwicklung: „Trend-Risiken", in: „Risikomanagement im Unternehmen", Gleißner, W. (Hrsg.), Loseblattsammlung, 1. Aktualisierung, Kognos, 2001, Kapitel 10-2, S. 1–34

Blum, U./Gleißner, W. (2021): Die Corona-Krise und andere Extremrisiken: eine Bewertung der Robustheit Deutschlands, in: Thomaschewski/Völker (Hrsg.): Standort Deutschland – Herausforderungen und notwendige Reformen, Kohlhammer, Stuttgart, S. 249–268

Blum, U./Gleißner, W./Kamaras, E. (2021): Führen in der Krise und Bewältigung interdependenter Risiken, in: GRCaktuell, Heft 3/2021, S. 1–10

Blum, U./Gleißner, W./Leibbrand, F. (2004): Charakteristika gefährdeter Unternehmen – Erkenntnisse aus dem Sachsen-Rating Projekt, in: Kredit & Rating Praxis, 5/2004, S. 18–19

Blum, U./Gleißner, W./Leibbrand, F. (2005): Stochastische Unternehmensmodelle als Kern innovativer Ratingsysteme, in: IWH Diskussionspapiere, 6/2005

Blume, K. H./Rapp, M. S./Wiedemann, F./Wolff, M. (2015): VBM in Deutschland: Status quo und Herausforderungen, in: Controlling, 27. Jg., 2015, Heft 6, S. 330–337

Bogodistov, Y./Wohlgemuth, V. (2017): Enterprise risk management a capability-based perspective, in: The Journal of Risk Finance, 18. Jg. Nr. 3, S. 234–251

Bollerslev, T. (1986): Generalized Autoregressive Conditional Heteroskedasticity. Journal of Econometrics, 31/1986, S. 307–327

Bolton, P./Despres, M./Pereira da Silva, L.A./Samama, F./Svartzman, R. (2020): The green swan. Central banking and financial stability in the age of climate change, Download unter: https://www.bis.org/publ/othp31.pdf (abgerufen am 29.04.2022)

Bora, A. (1999): Rechtliches Risikomanagement. Form, Funktion und Leistungsfähigkeit des Rechts in der Risikogesellschaft, Verlag: Duncker & Humblot, Berlin

Borkovec, M./Klüppelberg, C. (2000): Extremwerttheorie für Finanzzeitreihen – ein unverzichtbares Werkzeug im Risikomanagement, in: Johanning/Rudolph (Hrsg): Handbuch Risikomanagement, Band 1, Bad Soden, S. 219–244

Bowman, E. H. (1980): A-Risk-Return-Paradoxon for Strategic Management, in: Sloan-Management Review, Vol. 21, No. 4, S. 17–33

Bowman E. H. (1982): Risk seeking by troubled firms, in: Sloan-Management Review, Vol. 23, S. 33–42

Bowman E. H. (1984): Content analysis of annual reports for corporate strategy and risk, in: Interfaces, Vol. 14, S. 61–71

Box, G. E. P./Jenkins, G. M. (1970): Time Series Analysis – Forecasting and Control, San Francisco

Box, G. E. P./Jenkins, G. M./Reinsel, G. C. (2008): Time Series Analysis – Forecasting and Control, 4. Aufl., Wiley

Brandtner, M. (2012): Risikomessung mit kohärenten, spektralen und konvexen Risikomaßen – Konzeption, entscheidungstheoretische Implikationen und finanzwirtschaftliche Anwendungen, Gabler Springer

Braun, E. (2021): StaRUG: Unternehmensstabilisierungs- und –restrukturierungsgesetz, C.H. Beck, München

Breeden, D. T./Gibbons, M. R./Litzenberger, R. H. (1989): Empirical tests of the consumption-oriented CAPM, in: Journal of Finance 44, S. 231–262

Breitenstein, M./Nguyen, D. K./Walther, Th. (2021): Environmental Hazards and Risk Management in the Financial Sector: A Systematic Literature Review, in: Journal of Economic Surveys, Vol. 35, No. 2 (April 2021), S. 512–538

Britsch, S./Sielemann, B./Bürgel, A. (2022): Unterstützung der Risikotransparenz durch Digitalisierung bei Bayer, in: Controlling, 34. Jg., Heft 1/2022, S. 20–27

Broll, U., Förster, A. (2018): Unternehmensrisiken und Risikomanagement, in: Das Wirtschaftsstudium (wisu), 47. Jg., S. 302–307

Brückner, R./Lehmann, P./Schmidt, M. H./Stehle, R. (2014): Fama/French Factors for Germany: Which Set Is Best? Working Paper, Download unter: http://www.efmaefm.org/0EFMAMEETINGS/EFMA%20ANNUAL%20MEETINGS/2014-Rome/papers/EFMA2014_0446_fullpaper.pdf (abgerufen am 29.04.2022)

Brückner, R./Lehmann, P./Stehle, R. (2012): In Germany the CAPM is Alive and Well, 15.10.2012, available at SSRN: http://ssrn.com/abstract=2161847 (abgerufen am 29.04.2022)

Brühwiler, B. (2011): Risikomanagement als Führungsaufgabe, 3. Aufl. Bern, Zürich, Wien

Brühwiler, B. (2015): Die neuen Risikomanagement-Normen ISO 31000 und ONR 49000:2010, in: Gleißner, W./Romeike, F. (Hrsg): Praxishandbuch Risikomanagement, Berlin, S. 175–186

Brühwiler, B./Romeike, F. (2010): Praxisleitfaden Risikomanagement. ISO 31000 und ONR 49000 sicher anwenden, Berlin

Brugger-Gebhardt, S. (2016): Die DIN EN ISO 9001:2015 verstehen. Die Norm sicher interpretieren und sinnvoll umsetzen, 2. Aufl., Springer Gabler, Wiesbaden

Brundtland Commission (1987): Report of the World Commission on Environment and Development: Our Common Future, United Nations, http://www.un-documents.net/our-common-future.pdf (abgerufen am 29.04.2022)

Brunner, M. (2020): CSR: Nichtfinanzielle Berichterstattung, in: WISU, Heft 10/2020, 1023–1028

Brunnermeier, M. K. (2021): Die resiliente Gesellschaft. Wie wir künftige Krisen besser meistern können, Aufbau Verlag, Berlin.

Buch, A./Dorfleitner, G. (2007): Ein Vergleich der Sicherheitsäquivalentmethode und der Risikoanalyse als Methoden zur Bewertung risikobehafteter Zahlungsströme, in: ZfB 77, S. 141–170

Buchegger, M./Knuchel, D. (2017): Bandbreitenplanung von Praktikern für Praktiker, in: Kranebitter, G./Maier, D. A. (Hrsg.): Unternehmensbewertung für Praktiker, 3. Aufl., Linde Verlag, Wien, S. 565 ff.

Buchner, M./Kuttner, M./Mitter, Ch./Sommerauer, P. (2021): Resilienz von Familienunternehmen – Eine systematische Literaturanalyse, in: BFuP, 73. Jg., Heft 3, S. 225–252.

Budd, J. L. (1993): Characterizing risk from the strategic management perspective, Kent State University

Bürgel,T. R./Hiebl, M. R. W./Pielsticker, D. I. (2021): Anwendung und Ausgestaltung der Balanced Scorecard in Familienunternehmen, in: Controlling, 33. Jg. Heft 5/2021, S. 59–65

Bundesanstalt für Arbeitsschutz und Arbeitsmedizin (2017): Unfallstatistik 2015. Unfalltote und Unfallverletzte 2015 in Deutschland, https://www.baua.de/DE/Angebote/Publikationen/Fakten/Unfallstatistik-2015.pdf?_blob=publicationFile&v=1 (abgerufen am 29.04.2022)

Bundesregierung (2021): Nachhaltigkeitsziele verständlich erklärt, https://www.bundesregierung.de/breg-de/themen/nachhaltigkeitspolitik/nachhaltigkeitsziele-verstaendlich-erklaert-232174 (abgerufen am 29.04.2022)

Bundesverband Deutscher Unternehmensberatungen (BDU e.V.) (2022): GoP 3.0, Download unter: https://www.bdu.de/media/3706/gop-grundsaetze-ordnungsgemaesser-planung.pdf (abgerufen am 13.04.2022)

Bunnenberg, S./Binder, Ch./Naeve, J. (2020): Risikokapitalbedarf als Steuerungsgröße, in: Controlling & Management Review, Vol. 64, No. 1 (Januar 2020), S. 40–45

Burger, A./Buchhart, A. (2002): Zur Berücksichtigung von Risiko in der strategischen Unternehmensführung, in: Der Betrieb, Heft 12, Jg. 55, S. 593–599
Buzzell, R./Gale, B. (1989): Das PIMS-Programm – Strategien und Unternehmenserfolg, Wiesbaden

C

Camerer, C./Weber, M. (1992): Recent developments in modelling preferences: uncertainty and ambiguity, in: Journal of Risk and Uncertainty, 5/1992, S. 325–370
Campbell, J. Y./Shiller, R. J. (1988): The Dividend-Price Ratio and Expectations of Future Dividends and Discount Factors, in: Review of Financial Studies, Vol. 1, No. 3, S. 195–228
Campbell, J. Y./Shiller, R. J. (1998): Valuation Ratios and the Long-Run Stock Market Outlook, in: The Journal of Portfolio Management, Winter 1998, S. 11–26
Campbell, J. Y./Hilscher, J./Szilagyi, J. (2008): In Search of Distress Risk, in: The Journal of Finance. Vol. 63, No. 6, S. 2899–2939
Campbell, J. Y./Martin, I. (2022): Sustainability in a Risky World, verfügbar auf SSRN: https://papers.ssrn.com/sol3/papers.cfm?abstract_id=3815370 (abgerufen am 29.04.2022)
Carhart, M. M. (1997): On Persistence in Mutual Fund Performance, in: The Journal of Finance, Vol 52, No. 1, S. 57–82
Carter, D. A./Rogers, D. A./Simkins, B. J. (2006): Does hedging affect firm value? Evidence from the US airline industry", Financial Management, Vol. 35 No. 1, S. 53–86
Castedello, M./Jonas, M./Schieszl, S./Lenckner, C. (2018): Die Marktrisikoprämie im Niedrigzinsumfeld – Hintergrund und Erläuterung der Empfehlung des FAUB, in: WPg, Heft 13/2018, S. 806–824
Cazalet, Z./Roncalli, T. (2014): Facts and Fantasies About Factor Investing, verfügbar auf SSRN https://papers.ssrn.com/sol3/papers.cfm?abstract_id=2524547 (abgerufen am: 18.08.2021)
Charlton, E. (2020): The looming health catastrophe that could be more deadly than COVID-19, World Economic Forum, 20.11.2020, https://www.weforum.org/agenda/2020/11/superbugs-health-risk-antimicrobial-resistance/ (abgerufen am 29.04.2022)
Chen, J./King, T.-H.D. (2014): Corporate hedging and the cost of debt, in: Journal of Corporate Finance, Vol. 29, S. 221–245
Chen, L./Novy-Marx, R./Zhang, L. (2011): An Alternative Three-Factor Model. Working paper. Washington University, St. Louis
Christensen, C. M. (2011): The Innovator's Dilemma. Warum etablierte Unternehmen den Wettbewerb um bahnbrechende Innovationen verlieren, Vahlen, München
Christensen, C. M./Raynor, M. E. (2003): The Innovator's Solution, Harvard Business School Press
Christensen, P./Gillingham, K./Nordhaus, W. D. (2018): Uncertainty in forecasts of long-run economic growth, in: Proceedings of the National Academy of Sciences (PNAS), 115(21), S. 5409–5414
Christians, U. (2006): Performance Management und Risiko, Berlin
Chrobok, S./Gleißner, W. (2012): Risk Intelligence – Indikator für die Zukunftsorientierung des Controllings, in: Controller Magazin, September/Oktober 2012, S. 70–71
Cieslak, A. (2004): Estimating the real Rate of Return on Stocks: An international Perspective, Schweizerisches Institut für Banken und Finanzen, Universität St. Gallen
Cochrane, J. H. (2011): Presidential Address: Discount Rates, in: The Journal of Finance, Vol. 66, Issue 4, S. 1047–1108
Cochrane, J. H. (2017): Macro-Finance, in: Review of Finance, Vol. 21, No. 3 (Mai 2017), S. 945–985
Coenenberg, A. G. (1970): Unternehmensbewertung mit Hilfe der Monte-Carlo-Simulation, in: Zeitschrift für Betriebswirtschaft, 40. Jg, Heft 12,, S. 793–804
Coenenberg, A. G. (2009): Kostenrechnung und Kostenanalyse, 7. Aufl., Schäffer-Poeschel Stuttgart
Committee of Sponsoring Organizations of the Treadway Commission (COSO) [Hrsg.] (2017): Internal Control – Integrated Framework, New York.

Cooper, I.A./Davydenko, S. A. (2001): The Cost of Debt, verfügbar auf SSNR http://ssrn.com/abstract=254974 (abgerufen am 29.04.2022)

Copeland, T./Koller, T./Murrin, J. (1993): Unternehmenswert, Frankfurt/Main

Corell, F. C. (2000): Risikomanagement und Unternehmenswert von Versicherungen: Die Wertrelevanz der Kapitalanlage, in: Johanning/Rudolph (Hrsg): Handbuch Risikomanagement, Band 2, Bad Soden, S. 1131–1174

Cosenz, F./Noto, L. (2015): Combining system dynamics modelling and management control systems to support strategic learning processes in SMEs: a Dynamic Performance Management approach, in: Journal of Management Control, August 2015, Volume 26, Issue 2, S. 225–248

Cottin, C./Döhler, S. (2009): Risikoanalyse, Vieweg + Teubner, Wiesbaden 2009

Cox, J. C./Ross, S. A./Rubinstein, M. (1979): Option Pricing: A Simplified Approach, in: Journal of Financial Economics., Vol. 7, No. 3 (September 1979), S. 229–263

Crasselt, N./Pellens, B./Schmidt, A. (2010): Zusammenhang zwischen Wert- und Risikomanagement. Ergebnisse einer empirischen Studie, in: Controlling, 22. Jg. (2010), Heft 7, S. 405–410

Culp, C. (2005): Alternative Risk Transfer, in: Frenkel/Hommel/Rudolf (Hrsg.): Risk Management – Challenge and Opportunity, 2. Auflage, Heidelberg, S. 369–390

Curacon GmbH (2013): Curacontact Mandanteninformation, Ausgabe 01–13, Download unter: http://www.curacon.de/fileadmin/user_upload/pdf/themen_und_trends/curacontact/Curacontact_0113_01.pdf (abgerufen am 17.09.2015)

D

Daepp, M. I. G./Hamilton, M. J./West, G. B./Bettencourt, L. M. A. (2015): The mortality of companies, in: Journal of The Royal Society Interface, Vol. 12, No. 106, Download unter: https://www.wiwi.uni-muenster.de/ism/sites/ism/files/downloads/Vorlesungsunterlagen/SMIII_SS2015/daepp_hamilton_west_bettencourt_2015_the_mortality_of_companies.pdf (abgrufen am 01.07.2022)

Dangl, Th./Kopel, M. (2010): Instrumente des strategischen und wertorientierten Risikomanagements, Download unter: http://www.risknet.de/fileadmin/eLibrary/Dangl-kopel-wertorientiertes-RM.pdf (abgerufen am 29.04.2022).

Danielsson, J./Shin, H. S. (2002): Endogenous risk, in: Modern Risk Management – A History, Risk Books, Download unter: https://www.riskresearch.org/files/DanielssonShin2002.pdf (abgerufen am 27.04.2022)

Danielsson, J./Macrae, R./Vayanos, D./Zigrand, J.-P. (2020): The coronavirus crisis is no 2008, 26.03.2020, https://voxeu.org/article/coronavirus-crisis-no-2008 (abgerufen am 28.04.2022)

Dannenberg, H. (2006): Erkennen und Bewerten von Mitarbeiterrisiken – Entwicklung einer Verteilungsfunktion des Mitarbeiterrisikos, in: Risiko Manager, Heft 23.2006, S. 1 und S. 4–7

Dannenberg, H. (2007): Berücksichtigung von Schätzunsicherheit bei der Risikobewertung, in: Controller Magazin, 6/2007, S. 630–634

Dannenberg, H. (2009): Berücksichtigung von Schätzunsicherheit bei der Kreditrisikobewertung: Vergleich des Value at Risk der Verlustverteilung des Kreditrisikos bei Verwendung von Bootstrapping und einem asymptotischen Ansatz, in: IWH-Diskussionspapiere, 3/2009

D'Arcy, S.P./Brogan, J.C. (2001): Enterprise risk management, in: Journal of Risk Management of Korea, Vol. 12, No. 1, S. 207–228

Daschmann, H. (1994): Erfolgsfaktoren mittelständischer Unternehmen, Stuttgart

Daske, H./Gebhardt, G. (2006): Zukunftsorientierte Bestimmung von Eigenkapitalkosten, in: Zeitschrift für betriebswirtschaftliche Forschung, 58. Jg., S. 530–551

Daum, T. (2001): Ausstrahlung des §91 Abs. 2 AktG auf das Risk-Management in der GmbH, in: Lange/Wall (Hrsg): Risikomanagement nach dem KonTraG, München, S. 423–437

Daumann, F./Follert, F./Gleißner, W./Kamaras, E./Naumann, Ch. (2022): Political Decision Making in the COVID-19 Pandemic: The Case of Germany from the Perspective of Risk Management, in: International Journal of Environmental Research and Public Health, Vol. 19, No. 1, S. 397 ff., https://doi.org/10.3390/ijerph19010397

Daume, R./Ernst, D. (2022): Monte-Carlo-Simulation im Risiko-Controlling. Am Beispiel eines Financial Models in Excel, UVK

De Groot, W./Huij, J. (2018): Are the Fama-French factors really compensation for distress risk? in: Journal of international money and finance, Vol. 86 (September 2018), S. 50–69

De Long, J. B./Shleifer, A./Summers, L. H./Waldmann, R. J. (1990): Positive feedback investment strategies and destabilizing rational speculation, in: The Journal of Finance, Vol. 45, No. 2 , S. 379–395

De Long, J. B./Shleifer, A./Summers, L. H./Waldmann, R. J. (1991): The Survival of Noise Traders in Financial Markets, in: The Journal of Business, Vol. 64, No. 1, S. 1–19

Deloitte (2017): Risikomanagement. Benchmarkstudie zu den Anforderungen des IDW PS 981

Deloitte (2020): Benchmarkstudie Risikomanagement 2020. Ausgestaltung von Risikomanagementsystemen nach IDW PS 981 und IDW 340 n.F., Download unter: https://www2.deloitte.com/de/de/pages/audit/articles/risikomanagement-benchmarkstudie-2020.html (abgerufen am 29.04.2022)

Dempsey, M. (2013a): The Capital Asset Pricing Model (CAPM): The History of a Failed Revolutionary Idea in Finance? in: Abacus, Vol. 49, S. 7–23

Dempsey, M. (2013b): The CAPM: A Case of Elegance is for Tailors? in: Abacus, vol. 49, S. 82–87

Deutsch, H. P. (1998): Monte-Carlo-Simulationen in der Finanzwelt, in: Eller R. (Hrsg.): Handbuch des Risikomanagements – Analyse, Quantifizierung und Steuerung von Marktrisiken in Banken und Sparkassen, Stuttgart, S. 259–313

Deutsch, H.-P. (2001): Derivate und interne Modelle: Modernes Risikomanagement, 2. Aufl., Stuttgart

Deutsche Bundesbank (2007): Perspektiven der deutschen Wirtschaft – Gesamtwirtschaftliche Vorausschätzungen 2011 und 2012, in: Monatsbericht Dezember 2007, S. 15–29

Deutsche Bundesbank (2014): Zur Krisenanfälligkeit von Unternehmen des Verarbeitenden Gewerbes in Deutschland – Ergebnisse einer Risikoanalyse mit Jahresabschlussdaten, in: Monatsbericht März 2014, S. 55–68.

Deutsche Bundesbank (2021): Ertragslage und Finanzierungsverhältnisse deutscher Unternehmen im Jahr 2020, in: Monatsbericht Dezember 2021, S. 45–63.

Deutscher Bundestag (2013): Unterrichtung durch die Bundesregierung – Bericht zur Risikoanalyse im Bevölkerungsschutz 2012, Bundesdrucksache 17/12051, 03.01.2013, Download unter: http://dipbt.bundestag.de/dip21/btd/17/120/1712051.pdf (abgerufen am 29.04.2022).

Diederichs, M. (2012): Risikomanagement und Risikocontrolling, 3. Aufl., Vahlen Verlag, München

Diederichs, M. (2018): Risikomanagement und Risikocontrolling, 4. Aufl., Vahlen Verlag, München

Diederichs M./Eberenz R./Eickmann J. O. (2009): Risikomanagement der Beiersdorf AG, in: Controlling, 4–5/2009, S. 265–272

Dillerup, R./Stoi, R. (2016): Unternehmensführung. Management & Leadership. Strategien, Werkzeuge, Praxis, 5. Aufl., Vahlen

Dillerup, R./Witzemann, T./Schröckhaas, B. (2020): Zehn Trends der Unternehmensplanung, in: Controlling & Management Review, Heft 3/2020, S. 46–54

Dimson, E./Marsh, P./Staunton, M. (2014): Credit Suisse Global Investment Returns Sourcebook, Zürich: Credit Suisse AG.

DIIR – Deutsches Institut für Interne Revision e.V. (2014): DIIR Revisionsstandard Nr. 2 (Prüfung des Risikomanagementsystems), in: Zeitschrift Interne Revision, Ausgabe 04/2014

DIIR – Deutsches Institut für Interne Revision e.V. (2018): DIIR Revisionsstandard Nr. 2: Prüfung des Risikomanagementsystems durch die Interne Revision, Version 2.0, 2018, Download unter: https://www.diir.de/fileadmin/fachwissen/standards/downloads/DIIR_Revisionsstandard_Nr._2_Version_2.0.pdf (abgerufen am 29.04.2022).

DIIR - Deutsches Institut für Interne Revision e.V. (2022): DIIR Revisionsstandard Nr. 2: Prüfung des Risikomanagementsystems durch die Interne Revision, Version 2.1, Februar 2022, Download unter: https://www.diir.de/fileadmin/fachwissen/standards/downloads/DIIR_Revisionsstandard_Nr._2_Version_2.1.pdf (abgerufen am 29.04.2022)

DIIR- und RMA-Arbeitskreis „Interne Revision und Risikomanagement" (2022): Der neue DIIR Revisionsstandard Nr. 2 zur Prüfung des Risikomanagementsystems. Implikationen von FISG und StaRUG für die Interne Revision, erarbeitet von Bünis, M./Disch, O./Gleißner, W./Gutzmer, M./Hadaschik, M./Kempf, A./Kimpel, R., in: ZIR, Heft 3, S. 112–117.

Dirrigl, H. (2008): Unternehmenswert-Orientierung in Rechnungslegung, Value Reporting und Controlling, in: Wagner/Schildbach/Schneider (Hrsg.): Private und öffentliche Rechnungslegung, Festschrift für Hannes Streim zum 65. Geburtstag, Wiesbaden 2008, S. 75–107

Dirrigl, H. (2009): Unternehmensbewertung für Zwecke der Steuerbemessung im Spannungsfeld von Individualisierung und Kapitalmarkttheorie – Ein aktuelles Problem vor dem Hintergrund der Erbschaftsteuerreform (zugleich ein Beitrag zur Festschrift für Franz W. Wagner zum 65. Geburtstag), arqus Working Paper Nr. 68, Download unter: http://www.arqus.info/mobile/paper/arqus_68.pdf (abgerufen am 29.04.2022)

Dixit, A. K./Nalebuff, B. J. (2000): Spieltheorie für Einsteiger. Strategisches Know-how für Gewinner, Schäffer-Poeschel

Dobler, M. (2004): Risikoberichterstattung – Eine ökonomische Analyse, Frankfurt am Main

Dobler, M. (2015): Externes Risikoreporting, in: Gleißner, W./Romeike, F. (Hrsg): Praxishandbuch Risikomanagement, Berlin, S. 669–690

Dobler, M./Lajili, K./Zéghal, D. (2014): Environmental Performance, Environmental Risk and Risk Management, in: Business Strategy and the Environment, 23 / 2014, S. 1–17

Dörner, D. (2003): Die Logik des Misslingens. Strategisches Denken in komplexen Situationen, 9. Aufl., Reinbek.

Dörrwächter, J. (2020): Corporate Governance in Deutschland: Der neue Kodex als Impulsgeber, Fachmedien Otto Schmidt KG

Dörschell, A./Franken, L./Schulte, J. (2012): Der Kapitalisierungszinssatz in der Unternehmensbewertung, 2. Aufl., IDW-Verlag, Düsseldorf

Dörschell, A./Franken, L./Schulte, J./Brütting, C. (2008): Ableitung CAPM-basierter Risikozuschläge bei der Unternehmensbewertung – eine kritische Analyse ausgewählter Problemkreise im Rahmen von IDW, in: Die Wirtschaftsprüfung, 24/2008, S. 1152–1163

Dohmen, Th. J./Falk, A./Huffman, D. B./Sunde, U. (2010): Are Risk Aversion and Impatience Related to Cognitive Ability? in: The American Economic Review, Vol. 100, No. 3 (June 2010), pp. 1238–1260

Dohmen, Th. J./Falk, A./Huffman, D. B./Sunde, U. (2018): On the Relationship between Cognitive Ability and Risk Preference, in: Journal of Economic Perspectives, Vol. 32, No. 2 (spring 2018), pp. 115–134

Dorfleitner, G. (2002): Stetige versus diskrete Renditen: Überlegungen zur richtigen Verwendung beider Begriffe in Theorie und Praxis, in: Kredit und Kapital 35, S. 216–241

Dorfleitner, G. (2020): On the use of the terminal-value approach in risk-value models, in: Annals of Operations Research, https://link.springer.com/content/pdf/10.1007/s10479-020-03644-2.pdf (abgerufen am 29.04.2022)

Dorfleitner, G./Gleißner, W. (2018): Valuing streams of risky cashflows with risk-value models, in: Journal of Risk, Vol. 20, No. 3 (February 2018), S. 1–27

Dorfleitner, G./Grebler, J. (2022): Corporate social responsibility and systematic risk: international evidence, in: Journal of Risk Finance, Vol. 23, No. 1, S. 85–120

Dorfleitner, G./Grebler, J./Utz, S. (2020): The impact of corporate social and envirenmental performance on credit rating prediction: North America versus Europe, in: Journal of Risk, Vol. 22, No. 6, S. 1–33

Dorfleitner, G./Kreuzer, C./Sparrer, C. (2020): ESG controversies and controversial ESG: About silent saints and small sinners, in: Journal of Asset Management, Vol. 21, S. 393–412

Drechsler, D. (2021): Integratives und differenziertes Cyber-Risikomanagement – Ein Beitrag zur Steigerung der Cyber-Resilienz, in: Zeitschrift für Risikomanagement (ZfRM), Heft 3/2021, S. 78–83

Dreger, Ch./Kosfeld, R./Eckey, H.-F. (2014): Ökonometrie: Grundlagen – Methoden – Beispiele, 5. Aufl., Springer Gabler Wiesbaden.

Dreher, M. (2010): Unternehmenswertorientiertes Beteiligungscontrolling: Aufgabenspezifische Fundierung auf Basis entscheidungs- und kapitalmarktorientierter Konzepte der Unternehmensbewertung, Josef Eul Verlag, Lohmar

Drewes, M./Follert, F./Widmann, M. (2021): Der Fall Wirecard und die Folgen. Rechtsökonomische Analyse eines deutschen Gesetzesvorhabens, in: Zeitschrift für Corporate Governance (ZCG), 16. Jg., Heft 2/21 (April 2021), S. 72–79

Drobetz, W./Heller, S. (2014): The Impact of Credit Rating Changes on Capital Structure Decisions: Evidence from Non-Listed Firms in Germany, Working paper, University of Hamburg, verfügbar auf SSRN http://ssrn.com/abstract=2392436 (abgerufen am 29.04.2022).

Drukarczyk, J./Schüler, A. (2003): Insolvenztatbestände, prognostische Elemente und ihre gesetzeskonforme Handhabung: zugleich Entgegnung auf den Beitrag von Groß/Amen, WPg 2002, S. 225–240, in: WPg, 56(3), S. 56–67

Drukarczyk, J./Schüler, A. (2021): Unternehmensbewertung, 8. Aufl., Vahlen München

Duchek, S. (2020): Organizational resilience: a capability-based conceptualization, in: Business Research, Vol. 13 (2020), S. 215–246

Dyckhoff, H./Souren, R. (2008): Nachhaltige Unternehmensführung, Springer Berlin Heidelberg

E

Eayrs, W./Gleißner, W. (2010): Grenzen der Fremdfinanzierung bei M&A-Transaktionen: Ein Fallbeispiel, in: Bewertungspraktiker Nr. 2/2010, S. 20–27.

Eckey, H-F./Kosfeld, R./Dreger, C. (2001): Ökonometrie: Grundlagen, Methoden, Beispiele, 2. Aufl., Wiesbaden

Eckstein, P./Hartung, Th./Rohatsch, N. (2021): Mit Big Data Risiken effektiv identifizieren, in: Controlling & Management Review, Heft 1/2021, S. 66–69

Eggemann, G./Konradt, T. (2000): Risikomanagement nach KonTraG aus dem Blickwinkel des Wirtschaftsprüfers, in: Betriebs Berater 2000, S. 503–509

Egner, Th./Henselmann, K. (2015): Steuerliches Risikomanagement, in: Gleißner, W./Romeike, F. (Hrsg): Praxishandbuch Risikomanagement, Berlin, S. 457–476

Eicher, A./Romeike, F. (2015): Cyber-Sicherheit in Banken, in: Risiko Manager, Heft 13/2015, S. 1, 1–10

Eickstädt, J. (2001): Alternative Risikofinanzierungsinstrumente, Hamburg

Eisenführ, F./Weber, M./Langer, Th. (2010): Rationales Entscheiden, 5. Aufl., Springer-Verlag Berlin Heidelberg

Eisenschmidt, K. (2011): Die Risikoberichterstattung deutscher Konzerne – eine empirische Analyse der Unternehmen des HDAX und SDAX, in: Zeitschrift für internationale und kapitalmarktorientierte Rechnungslegung (KoR), 11. Jg., S. 203–213

Eisfeld, Th./Knoll, L. (2018): Risikomanagement in finanzwirtschaftlichen Standardlehrbüchern, in: ZRFC, Heft 1, S. 23–30

El Ghoul, S./Guedhami, O./Kwok, C.C.Y./Mishra, D. R. (2011): Does corporate social responsibility affect the cost of capital? in: Journal of Banking and Finance, Vol. 35, No. 9, S. 2388–2406

Elkington, J. (1999): Cannibals with Forks: The triple bottom line of the 21st century business, Wiley

Elsberg, M. (2012): Blackout. Morgen ist es zu spät, Blanvalet Verlag

Elton, E. J./Gruber, M. J./Agrawal, D./Mann, Ch. (2001): Explaining the Rate Spread on Corporate Bonds, in: The Journal of Finance, Volume 56, Issue 1, February 2001, S. 247–277

Embrechts, P./Klüppelberg, C./Mikosch, T. (1997): Modelling Extremal Events for Insurance and Finance, Springer, Berlin

Emmer, S./Kratz, M./Tasche, D. (2015): What is the best risk measure in practice? A comparison of standard measures, in: Journal of Risk, 18/2016, S. 31–60
Emmerich G. (1999): Risikomanagement in Industrieunternehmen – gesetzliche Anforderungen Umsetzungen nach dem KonTraG, in: ZfbF, S. 1075–1089
Enders, Th./Vetter, Th./Wagner, U. (2008): Risikoaggregationsmethoden im Risikomanagement der EnBW, in: Deutsche Gesellschaft für Risikomanagement e.V. (Hrsg.): Risikoaggregation in der Praxis, Springer Berlin Heidelberg, S. 149–161
Epstein, R./Witzemann, T./Schröckhaas, B. (2015): Gestaltungsprinzipien für einen erfolgreichen Zielsetzungsprozess im Rahmen der Unternehmensplanung, in: Controlling, 27. Jg. 2015, Heft 2, S. 89–95
Erben, R. F. (2000): Fuzzy-Logic-basiertes Risikomanagement – Anwendungsmöglichkeiten der Theorie unscharfer Mengen im Rahmen des Risikomanagements von Industriebetrieben, Aachen
Erben, R. F. (2007): Lessons Learned: Beispiele für den Eintritt von Strategierisiken, operationellen Risiken und Reputationsrisiken, in: Kaiser, Th. (Hrsg.): Wettbewerbsvorteil Risikomanagement, Berlin, S. S. 39–61
Erben, R. F. (2015): Normen und Standards im Risikomanagement – Anwendbarkeit und Nutzen von ISO 31000, ORN. 49000 ff. und COSO ERM, in: Gleißner, W./Romeike, F. (Hrsg): Praxishandbuch Risikomanagement, Berlin, S. 143–174
Erben, R. F./Romeike, F. (2016): Allein auf stürmischer See – Risikomanagement für Einsteiger, 3. Aufl., Wiley Verlag, Weinheim
Erben, R. F./Vogel, D. (2016): Qualitäts- und Risikomanagement wachsen weiter zusammen – ISO 9001 Rev. 2015, in: Controller Magazin, Mai/Juni 2016, S. 24–30
Ergün, I./Kreipl, M. P./Müller, S. (2015): Stand der Ausgestaltung des Risikomanagements in mittelständischen Unternehmen, in: Controlling, 27. Jg., 2015, Heft 6, S. 338–343
Ernst, D. (2022): Simulation-Based Business Valuation: Methodical Implementation in the Valuation Practice, in: Journal of Risk and Financial Management, https://doi.org/10.3390/jrfm15050200
Ernst, D./Amann, T./Großmann, M./Lump, D. (2012): Internationale Unternehmensbewertung – Ein Praxisleitfaden, Pearson, München 2012
Ernst, D./Gleißner, W. (2012a): Damodarans Länderrisikoprämie, in: WPg, 23/2012, S. 1252–1264
Ernst, D./Gleißner, W. (2012b): Wie problematisch für die Unternehmensbewertung sind die restriktiven Annahmen des CAPM?, in: Der Betrieb, Heft 49, S. 2761–2764
Ernst, D./Gleißner, W. (2014): Der Beitrag der Wissenschaft zur besseren Fundierung von Unternehmensbewertungen am Beispiel der Länderrisikoprämie, in WPg, 10/2014, S. 532–538
Ernst, D./Häcker, J. (2021): Risikomanagement im Unternehmen. Schritt für Schritt, UVK Verlag München
Ernst, D./Schneider, S./Thielen, B. (2017): Unternehmensbewertungen erstellen und verstehen, 6. Aufl., München
Eschenbach, R./Kunesch, H. (1996): Strategische Konzepte – Management-Ansätze von Ansoff bis Ulrich, 3. Auflage, Stuttgart
Eucken, W. (1952): Grundsätze der Wirtschaftspolitik, Mohr Siebeck, Tübingen.
Eulerich, M. (2021): The new Three Lines model for structuring corporate governance – A critical discussion of similarities and differences, Download unter: https://www.researchgate.net/publication/348937610_The_new_Three_Lines_model_for_structuring_corporate_governance_-A_critical_discussion_of_similarities_and_differences (abgerufen am 29.04.2022).
Eulerich, M./Behrend, J./Fligge, B. (2021): Das neue Three Lines Model. Die Positionierung des Risikomanagements, Zeitschrift für Risikomanagement (ZFRM), Heft 3.21, S. 60–66
Eulerich, M./Gleißner, W. (2021): Lines of Defense und ihre Probleme. Erfahrungen aus vergangenen und aktuellen Unternehmensskandalen, in: Zeitschrift für Corporate Governance (ZCG), 16. Jg., Heft 6/2021, S. 266–276
Everling, O. (2008): Certified Rating Analyst, De Gruyter Oldenbourg

Everling, O./Gleißner, W. (2004): Ratingevidenz: Die Qualität von Ratingnoten, in: Kredit & Rating Praxis, 4/2004, S. 22–24

Everling, O./Langen, R. (Hrsg.): Basel III, Bank-Verlag, Köln, 2013

Everling, O./Müller, M. (Hrsg.): Risikoprofiling mit Anlegern – Kundenprofile treffend analysieren und in der Beratung nutzen, Bank-Verlag Medien GmbH, Köln, 2018

Eyerer, P./Schöch, H./Betz, M. (2000): Umweltrisiken, in: Dörner/Horváth/Kagermann (Hrsg.): Praxis des Risikomanagements – Grundlagen, Kategorien, branchenspezifische und strukturelle Aspekte, Stuttgart, S. 415–444

F

Fachausschuss für Unternehmensbewertung und Betriebswirtschaft des IDW (FAUB) (2021): Zur Bedeutung des Börsenkurses für die Abfindungsbemessung aus Sicht der wirtschaftswissenschaftlichen Theorie und Praxis, in: Die Aktiengesellschaft, 66. Jg., Heft 16, 2021, S. 588–590

Fahr, R./Foit, D. (2021): Corporate Social Responsibility, in: WISU, Heft 3/21, S. 281–288

Faik, J. (Hrsg.): Mathematik für Wirtschaftswissenschaftler für Dummies, Wiley-VCH Verlag, Weinheim, 2019

Fainshmidt, S./Pezeshkan, A./Frazier, M. L./Nair, A./Markowski, E. (2016): Dynamic Capabilities and Organizational Performance: A Meta-Analytic Evaluation and Extension, in: Journal of Management Studies, Vol. 53, No. 8, S. 1348–1380

Fama, E. F. (1970): Efficient Capital Markets: A Review of Theory and Empirical Work, in: The Journal of Finance Vol. 25, No. 2 (Mai 1970), S. 383–417

Fama, E. F. (1977): Risk-Adjusted Discount Rates and Capital Budgeting under Uncertainty, in: Journal of Financial Economics, 5/1977, S. 3–24

Fama, E. F./French, K. R. (1992): The Cross-Section of Expected Security Returns, in: Journal of Finance, Vol. 47, No. 2, S. 427–465

Fama, E.F./French, K.R. (1993): Common risk factors in the returns on stocks and bonds, in: Journal of Financial Economics, Vol. 33 No. 1, S. 3–56

Fama, E. F./French, K. R. (2002): The Equity Premium, in: Journal of Finance 57, S. 637–659

Fama, E. F./French, K. R. (2004): The Capital Asset Pricing Model, in: Journal of Economic Perspectives, Vol. 18, No. 3, S. 25–46

Fama, E. F./French, K. R. (2006): Profitability, investment and average returns, in: Journal of Financial Economics, 82, S. 491–51

Fama, E. F./French, K. R. (2008): Dissecting Anomalies, in: Journal of Finance. Vol. 63, issue 4, S. 1653–1678

Fama, E. F./French, K. R. (2012): Size, Value, and Momentum in international Stock Returns, in: Journal of Financial Economics, Volume 105, issue 3, September 2012, S. 457–472

Fama, E. F./French, K. R. (2015): A five-factor asset pricing modell, in: Journal of Financial Economics, Vol. 116, No. 1, S. 1–22

Fama, E.F./French, K. R. (2018a): Choosing factors, in: Journal of Financial Economics, Vol. 128, No. 2, S. 234–252

Fama, E.F./French, K. R. (2018b): Long-Horizon Returns, in: Review of asset pricing studies, Vol. 8, No. 2, S. 232–252

Fama, E.F./French, K. R. (2020): The Value Premium, Chicago Booth Paper No. 20-01, verfügbar auf SSRN: https://papers.ssrn.com/sol3/papers.cfm?abstract_id=3525096 (abgerufen am 29.04.2022)

Farny, D. (2011): Versicherungsbetriebslehre, 5. Aufl., Verlag Versicherungswirtschaft, Karlsruhe

Farrell, M./Gallagher, R. (2015): The valuation implications of enterprise risk management maturity, in: Journal of Risk and Insurance, Vol. 82 No. 3, S. 625–657

Faupel, C./Michels, R. (2014): Value-based risk management: Costs and benefits, in: Advances in Management Accounting, Vol. 24, S. 239–257

Favre, L./Galeano, J. (2002): Mean-modified value at risk optimization with hedge funds, in: Journal of alternative investment, 5/2002, S. 21–25

Fernandez, P. (2019a): Is It Ethical to Teach That Beta and CAPM Explain Something? Stand: 28.05.2019, verfügbar auf SSRN: SSRN: https://ssrn.com/abstract=2980847 (abgerufen am 29.04.2022)

Fernandez, P. (2019b): Are Calculated Betas Good for Anything? Stand: 24.05.2019, verfügbar auf SSRN: https://ssrn.com/abstract=504565 (abgerufen am 29.04.2022)

Ferrell, O. C./Fraedrich, J./Ferrell, L. (2014): Business Ethics, Boston/New York, 10. Aufl.

Fieberg, Ch./Varmaz, A./Poddig, Th. (2016): Covariances vs. characteristics: what does explain the cross section of the German stock market returns? Business Research, 9. Jg., Heft 1/2016, S. 27–50

Finke R. (2017): Grundlagen des Risikomanagements. Quantitative Risikomanagement-Methoden für Einsteiger und Praktiker, 2. Aufl., Wiley, Weinheim

Fischer, Th./Hilgendorf, E. (Hrsg.): Gefahr, Nomos

Flath, Th./Biederstedt, L./Herlitz, A. (2015): Mit Simulationen Mehrwerte schaffen, in: Controlling & Management Review, 59. Jg., Heft 1, März 2015, S. 82–89

Fleischer, K./Knoll, L. (2011): Risiko-Analyse: Beta-Surrogate, in: Wirtschaft und Management, Band 15 (November 2011), S. 41–60

Flood, R.P./Prescott, R.J. (1990): On Testing for Speculative Bubbles, in: Journal of Economic Perspectives 4 (2), S. 285–301

Follert, F. (2020a): Zur Unternehmensbewertung im Spruchverfahren aus interessentheoretischer Sicht. Der aktienrechtliche Minderheitenausschluss im Lichte der Neuen Politischen Ökonomie, Wiesbaden: Springer Gabler

Follert, F. (2020b): Improving the Relationship between Citizens and Politicians: Some Economic Remarks from an Agency-Theoretical Perspective. Munich Social Science Review, New Series 3, S. 171–184

Follert, F. (2021): Vorsicht vor dem Verdrängungseffekt! Der FISG-Entwurf aus verhaltensökonomischer Sicht, in: DStR, 11/2021, S. 682–687

Follert, F./Gleißner, W./Möst, D. (2021): What Can Politics Learn from Management Decisions? A Case Study of Germany's Exit from Nuclear Energy after Fukushima, in: Energies 2021, Vol. 14, No. 13, S. 3730 ff.

Franke, G./Hax, H. (2004): Finanzwirtschaft des Unternehmens und Kapitalmarkt, 5. Auflage, Berlin/Heidelberg/New York

Franken, L./Gleißner, W./Schulte, J. (2020): Insolvenzrisiko und Berücksichtigung des Verschuldungsgrads bei der Bewertung von Unternehmen – Stand der Diskussion nach Veröffentlichung des IDW Praxishinweises 2/2018, in: Corporate Finance, Nr. 03-04 vom 30.03.2020, S. 84–96

Freeman, R. E. (1984): Strategic management: a stakeholer approach, Pitman, Boston

Freidank, C.-Chr. (2000): Die Risiken in Produktion, Logistik und Forschung und Entwicklung, in: Dörner/Horváth/Kagermann (Hrsg.): Praxis des Risikomanagements – Grundlagen, Kategorien, branchenspezifische und strukturelle Aspekte, Stuttgart, S. 345–378

Freidank, C.-Chr. (2019): Erfolgreiche Führung und Überwachung von Unternehmen, Gabler Verlag Wiesbaden

Freidank, C.-Chr./Hinze, A.-K. (2014): Corporate Governance Reporting versus Integrated Reporting, in: Controlling, Heft 8–9, 26. Jg. (2014, S. 453–462

Freidank, C.-Chr./Sassen, R. (2021): Einflüsse von Corporate Governance- und nachhaltigkeitsorientierten Normen auf das Controlling, in: Becker, W./Ulrich, P. (Hrsg.): Handbuch Controlling, 2. Aufl., Wiesbaden S. 1–15

Friedman, M. (1970): The social responsibility of business is to increase its profits, in: The New York Times v. 13.9.1970

Friedrich, T. (2015): Unternehmensbewertung bei Insolvenzrisiko, Peter Lang Publishing, Bern

Frings, H./Günther, J. (2020): Expertenschätzungen in der Risikoanalyse, in: Risk Management & Rating Association e.V. (RMA) (Hrsg.): Krisenbewältigung. Mit Risikomanagement, Jahrbuch Risikomanagement 2020, Erich Schmidt Verlag, Berlin, S. 71–86

Froot, K.A./Scharfstein, D.S./Stein, J.C. (1993): Risk management: Coordinating investment and financing policies, in: The Journal of Finance, Vol. 48, No. 5, S. 1629–1658

Froot, K./Scharfstein, D./Stein, J. (1994): A Framework for Risk Management, in: Harvard Business Review, Nov.–Dez., S. 91–102

Fuchs, J. (2018): Quantifizierung von schwankungsbehafteten Sachverhalten im Risikomanagement, in: Controller Magazin, Heft 2 (März/April 2018), S. 66–73

Führing, M. (2006): Risikomanagement und Personal. Management des Fluktuationsrisikos von Schlüsselpersonen aus ressourcenorientierter Perspektive, Deutscher Universitäts-Verlag, Wiesbaden

Fuller, R. J./Hsia, C. (1984): A Simplified Common Stock Valuation Model, in: Financial Analysts Journal, September/Oktober 1984, S. 49–56

Füser, K./Gleißner, W. (2005): Rating-Lexikon – 800 Stichwörter mit Fakten und Checklisten rund um Basel II, München

Füser, K./Gleißner, W. (2013): Planung, Rating, wertorientierte Steuerung und Risikomanagement: Die Herausforderungen, in: Controller Magazin, September / Oktober, 2013, S. 24–27

Füser, K./Gleißner, W./Leibbrand, F. (2007): Theoretische Grundlagen und Methoden für Rating-Software, in: Gleißner, W./Everling, O. (Hrsg.): Rating Software. Welche Produkte nutzen wem? Vahlen, S. 15–32

Füser, K./Gleißner, W./Meier, G. (1999): Risikomanagement (KonTraG) – Erfahrungen aus der Praxis, in: Der Betrieb, 15/1999, S. 753–758

Füser, K./Weber, M. (2005): Mindestanforderungen an das Risikomanagement (MaRisk), Stuttgart

G

Gabaix, X./Krishnamurthy, A./Vigneron, O. (2007): Limits of Arbitrage: Theory and Evidence from the Mortgage-Backed Securities Market, in: Journal of Finance, Vol. 62, No. 2, S. 557–595

Garrn, R./Gleißner, W. (2010): Anleihenrating, in: Kredit & Rating Praxis, 02/2010, S. 22–23

Gausemeier, J./Grote, A.-Ch. (2012): Strategische Führung mit Szenarien, in: Controlling, Oktober, 24. Jg., S. 516–522.

Gebhardt, G./Mansch, H. (2001): Risikomanagement und Risikocontrolling in Industrie- und Handelsunternehmen, Düsseldorf

Gebhardt G./Mansch H. (2005): Wertorientierte Unternehmenssteuerung in Theorie und Praxis, Wertorientierte Steuerungskennzahlen/Risikoadjustierte Performance-Kennzahlen in: Zfbf: Sonderheft 53, S. 44–50

Geromichalos, D. (2021): Artificial intelligence. Wie man KI trainiert, um Risiken vorherzusagen, 12. April 2021, https://www.risknet.de/themen/risknews/wie-man-ki-trainiert-um-risiken-vorherzusagen/ (abgerufen am 29.04.2022)

Geweke, J. (1984): Inference and Causality in Economic Time Series Models, in: Intriligator, M.D. (Hrsg): Handbook of econometrics, 1984, S. 1101–1143

Gigerenzer, G. (2013): Risiko – Wie man die richtigen Entscheidungen trifft, 2. Aufl., Bertelsmann Verlag München

Gilovich, T./Grin, D./Kahneman, D. (2002): Heuristics and Biases: The Psychology of Intuitive Judgement, Cambrigde

Glaser, Ch. (2018): Risikomanagement im Leasing – Grundlagen, rechtlicher Rahmen und praktische Umsetzung, 2, Aufl., Springer Gabler Verlag, Wiesbaden

Glaser, Ch. (2019): Risiko im Management. 100 Fehler, Irrtümer, Verzerrungen und wie man sie vermeidet, Springer Wiesbaden

Gleich, R. (2021): Performance Measurement. Konzepte, Fallstudien, Empirie und Handlungsempfehlungen, 3. Aufl., Vahlen München

Gleich, R./Gleißner, W. (2020): Performance Measurement 2.0: Wie Risikomanagement, Resilienz, Agilität und Nachhaltigkeit in eine Balanced Scorecard integriert werden können, in: Gleich, R./Klein, A. (Hrsg.): Controlling Challenge 2025. Agil, digital, effektiv, Der Controlling-Berater, Band 65, Haufe-Lexware, Freiburg 2020, S. 41–58

Gleißner, W. (1997): Notwendigkeit, Charakteristika und Wirksamkeit einer Heuristischen Geldpolitik, Stuttgart

Gleißner, W. (1998): Heuristische Geldpolitik – Theorie und Empirie für Deutschland und Europa, in: Dresdner Beiträge zur Volkswirtschaftslehre, 4/1998

Gleißner, W. (1999): Notwendigkeit, Charakteristika und Wirksamkeit einer Heuristischen Geldpolitik, 2. Aufl., Schäffer-Poeschel Stuttgart.
Gleißner, W. (2000a): Faustregeln für Unternehmer, Wiesbaden
Gleißner, W. (2000b): Risikopolitik und strategische Unternehmensführung, in: Der Betrieb, 33/2000, S. 1625–1629
Gleißner, W. (2001a): Identifikation, Messung und Aggregation von Risiken, in: Gleißner, W./Meier, G. (Hrsg.): Wertorientiertes Risiko-Management für Industrie und Handel, Wiesbaden, S. 111–137
Gleißner, W. (2001b): Wertorientierte strategische Steuerung, in: Gleißner, W./Meier, G. (Hrsg.): Wertorientiertes Risiko-Management für Industrie und Handel, Wiesbaden, S. 63–100
Gleißner, W. (2001c): Mehr Wert durch optimierte Risikobewältigung, in: Zeitschrift für Versicherungswesen, 6/2001, S. 1–4
Gleißner, W. (2002a): Optimierung der Risikokosten, in: Zeitschrift für Versicherungswesen, 10/2002, S. 313–316
Gleißner, W. (2002b): Wertorientierte Analyse der Unternehmensplanung auf Basis des Risikomanagements, in: Finanz Betrieb, 7/8 2002, S. 417–427
Gleißner, W. (2003): Balanced Scorecard und Risikomanagement als Bausteine eines integrierten Managementsystems, in: Romeike, F./Finke, R.: Erfolgsfaktor Risikomanagement, 2003, S. 301–313
Gleißner, W. (2003b): Die Psychologie unternehmerischer Entscheidungen, in: Wirtschaftspsychologie, Heft Juni/2003, S. 160–163
Gleißner, W. (2004a): Der Faktor Mensch – psychologische Aspekte des Risikomanagements, in: Zeitschrift für Versicherungswesen, 10/2004, S. 285–288
Gleißner, W. (2004b): Die Aggregation von Risiken im Kontext der Unternehmensplanung, in: Zeitschrift für Controlling und Management, 5/2004, S. 350–359
Gleißner, W. (2004c): FutureValue – 12 Module für eine wertorientierte strategische Unternehmensführung, Wiesbaden
Gleißner, W. (2005a): Kapitalkosten – der Schwachpunkt bei der Unternehmensbewertung, in: Finanz Betrieb, 4/2005, S. 217–229
Gleißner, W. (2005b): Value-Based Corporate Risk Management, in: Frenkel/Hommel/Rudolf (Hrsg.): Risk Management – Challenge and Opportunity, 2. Auflage, Heidelberg, S. 479–494
Gleißner, W. (2006a): Risikomaße und Bewertung, dreiteilige Serie, in: Risikomanager, Teil 1 – Grundlagen 12/2006, S. 1–11; Teil 2 – Downside-Risikomaße 13/2006, S. 17–23; Teil 3 – Kapitalmarktmodelle 14/2006, S. 14–20
Gleißner, W. (2006b): Risikogerechte Kapitalkostensätze als Werttreiber bei Investitionen, in: ZfCI – Zeitschrift für Controlling und Innovationsmanagement, 4/2006, S. 54–60
Gleißner, W. (2007): Wert, Rendite und Risiko von Immobilien: Ein komplexer Zusammenhang, in: Zeitschrift für immobilienwirtschaftliche Forschung und Praxis, 2/2007, S. 2–5
Gleißner, W. (2008a): Ratingprognose, Bilanzschutz und alternativer Risikotransfer, in: Zeitschrift für Versicherungswesen, Heft 23/2008, S. 799–805
Gleißner, W. (2008b): Risikocontrolling und strategisches Risikomanagement – Warum Risikocontrolling wichtig ist! (Teil 1), in: Controller Magazin, Juli/August 2008, S. 35–42
Gleißner W. (2008b): Risikocontrolling und strategisches Risikomanagement – Identifikation und Bewältigung strategischer Risiken in Workshops (Teil 2), in: Controller Magazin, September/Oktober 2008, S. 38–42
Gleißner, W. (2008c): Bewertungsmultiplikatoren und Grenzen der Fremdfinanzierbarkeit von M&A-Transaktionen, in: Bewertungspraktiker 4/2008, S. 17–23
Gleißner, W. (2008d): Erwartungstreue Planung und Planungssicherheit mit einem Anwendungsbeispiel zur risikoorientierten Budgetierung, in: Controlling, 20. Jg., Heft 02/2008, S. 81–87
Gleißner, W. (2009a): Kapitalmarktorientierung statt Wertorientierung: Volkswirtschaftliche Konsequenzen von Fehlern bei Unternehmens- und Risikobewertungen, in: WSI Mitteilungen, 6/2009, S. 310–318

Gleißner, W. (2009b): Metarisiken in der Praxis: Parameter- und Modellrisiken in Risikoquantifizierungsmodellen, in: RISIKO MANAGER, 20/2009, S. 14–22

Gleißner, W. (2009c): Ratingprognose, Solvenztest und Rating-Impact-Analyse. Neue Instrumente für Krisenprävention und Ratingstrategie, in: KRP Kredit & Rating Praxis, 03/2009, S. 38–40

Gleißner, W. (2010b): Unternehmenswert, Rating und Risiko, in: WPg – Die Wirtschaftsprüfung, 14/2010, 63. Jg., S. 735–743

Gleißner, W. (2010c): Psychologie unternehmerischer Entscheidungen – Wie gehen Unternehmer mit Risiken um und wie sollen sie Entscheidungen treffen? in: Berufsverband Deutscher Psychologinnen und Psychologen e.V. (Hrsg.): Psychologische Expertise für erfolgreiches Unternehmertum in Deutschland, Deutscher Psychologen Verlag, Berlin, S. 77–87

Gleißner, W. (2011a): Risikoanalyse und Replikation für Unternehmensbewertung und wertorientierte Unternehmenssteuerung, in: WiSt 7/11, S. 345–352

Gleißner, W. (2011b): Der Einfluss der Insolvenzwahrscheinlichkeit (Rating) auf den Unternehmenswert und die Eigenkapitalkosten, in: CORPORATE FINANCE biz 4/2011, S. 243–251

Gleißner, W. (2013a): Die unterschätzte Gefahr – Refinanzierungsrisiken, in: die bank 2/2013, S. 51–53

Gleißner, W. (2013b): Die risikogerechte Bewertung alternativer Unternehmensstrategien: ein Fallbeispiel jenseits CAPM, in: Bewertungspraktiker, 3/2013, S. 82–89

Gleißner, W. (2013c): Risiko, Rating, Krisenprävention und wertorientiertes Management: Die Zusammenhänge, in: Der Aufsichtsrat, Heft 07/08, Seite 114–116

Gleißner, W. (2013e): Für Kinder, Laien und Vorstände, in: Harvard Business Manager, 11/2013, S. 104–107

Gleißner, W. (2013f): Die Sanierungserfolgswahrscheinlichkeit im IDW S 6 aus betriebswirtschaftlich-entscheidungsorientierter Perspektive, in: KSI – Krisen-, Sanierungs- und Insolvenzberatung, 4/2013, S. 172–174

Gleißner, W. (2014a): Wahrscheinlichkeiten, Bayes-Theorem und statistische Analysen, in: Controller Magazin, 2/2014, S. 68–74

Gleißner, W. (2014b): Quantifizierung komplexer Risiken – Fallbeispiel Projektrisiken, in: Risiko Manager, 22/2014, S. 1, 7–10

Gleißner, W. (2014c): Kapitalmarktorientierte Unternehmensbewertung: Erkenntnisse der empirischen Kapitalmarktforschung und alternative Bewertungsmethoden, in: Corporate Finance, 4/2014, S. 151–167

Gleißner, W. (2014d): 10 Gebote für gute unternehmerische Entscheidungen, in: Controller Magazin. 4/2014, S. 34–41

Gleißner, W. (2014e): Die Marktrisikoprämie: stabil oder zeitabhängig? in: WPg – Die Wirtschaftsprüfung, 5/2014, S. 258–264

Gleißner, W. (2015a): Preis ist nicht Wert und Bewertung nicht Preisschätzung – verdeutlicht an der Kritik am Total Beta, in: Corporate Finance, 5/2015, S. 167–175

Gleißner, W. (2015b): Risikoaggregation und risikogerechte Bewertung strategischer Handlungsoptionen in der Supply Chain: Beispiel Outsourcing, in: Huth, M./Romeike, F. (Hrsg.): Risikomanagement in der Logistik, Springer Gabler Wiesbaden, S. 111–125

Gleißner, W. (2015c): Börsenkurs und „wahrer Wert" in Abfindungsfällen – Aktien- versus Unternehmensbewertung, Anwendbarkeit des CAPM und Ertragsrisiko, in: WPg, Heft 2, S. 72–80

Gleißner, W. (2015d): Controlling und Risikoanalyse bei der Vorbereitung von Top-Management-Entscheidungen – Von der Optimierung der Risikobewältigungsmaßnahmen zur Beurteilung des Ertrag-Risiko-Profils aller Maßnahmen, in: Controller Magazin, Heft 4/2015, S. 4–12

Gleißner, W. (2015e): Ermittlung eines objektivierten Unternehmenswerts von KMU – Anregungen unter besonderer Berücksichtigung von Rating und Insolvenzwahrscheinlichkeit, in: WPg, Heft 17, S. 908–919

Gleißner, W. (2015f): Strategische Risiken, in: Gleißner, W./Romeike, F. (Hrsg): Praxishandbuch Risikomanagement, Berlin, S. 445–455

Gleißner, W. (2016a): Bandbreitenplanung, Planungssicherheit und Monte-Carlo-Simulation mehrerer Planjahre, in: Controller Magazin, Heft 4 (Juli/August 2016), S. 16–23

Gleißner, W. (2016b): Reifegradmodelle und Entwicklungsstufen des Risikomanagements: ein Selbsttest, in: Controller Magazin, Ausgabe 6 (November/Dezember 2016), S. 31–36

Gleißner, W. (2016d): Eine übersehene Haftungsfalle? Unzureichende Risikoanalyse vor Entscheidungen durch Vorstand und Aufsichtsrat, in: Board, Heft 2/2016, S. 52 – 54

Gleißner, W. (2016e): Unternehmenswert, Ertragsrisiko, Kapitalkosten und fundamentales Beta – Studie zu DAX und MDAX, in: BewertungsPraktiker, Nr. 2/2016, S. 60–70

Gleißner, W. (2017a): Risikomanagement, KonTraG und IDW PS 340, in: WPg, 3/2017, S. 158–164.

Gleißner, W. (2017b): Risikomanagement: Nutzen, Perspektiven und Implikationen für das Versicherungsmanagement, in: VersicherungsPraxis, Heft 1/2017, S. 3–7.

Gleißner, W. (2017c): Risikoanalyse, Risikoquantifizierung und Risikoaggregation, in: WiSt, Heft 9/2017, S. 4–11

Gleißner, W. (2017d): Robuste Unternehmen und strategisches Risikomanagement, in: Risiko Manager, Heft 2, S. 20–28

Gleißner, W. (2017e): Value lnvesting: Status quo und Perspektiven, in: Corporate Finance, Heft Nr. 03-04/2017, S. 103–116

Gleißner, W. (2017f): Was ist eine „bestandsgefährdende Entwicklung" i.S. des § 91 Abs. 2 AktG (KonTraG)? in: Der Betrieb, Heft 47/2017, 24.11.17, S. 2749–2754

Gleißner, W. (2017g): Risikoanalyse, Rating, Projektfinanzierung – Bewertung der Projektentwicklung eines Bauträgers, in: Risiko Manager, Heft 7, S. 30–34

Gleißner, W. (2017h): Unsicherheit, Risiko und Unternehmenswert, in: Petersen, K./ Zwirner, C. (Hrsg.): Handbuch Unternehmensbewertung, 2. Aufl., Bundesanzeiger Verlag, Köln, S. 917–948

Gleißner, W. (2017i): Das Insolvenzrisiko beeinflusst den Unternehmenswert: Eine Klarstellung in 10 Punkten, in: BewertungsPraktiker Nr. 02 v. 26.05.2017, S. 42–51

Gleißner, W. (2017j): Entscheidungsvorlagen für den Aufsichtsrat: Fallbeispiel Akquisition, in: Der Aufsichtsrat, Heft 04/2017, S. 54–57

Gleißner, W. (2018a): Risikomanagement 20 Jahre nach KonTraG: Auf dem Weg zum entscheidungsorientierten Risikomanagement, in: Der Betrieb vom 16.11.2018, Heft 46, S. 2769–2774

Gleißner, W. (2018b): Insolvenzrisiko: Top-Kennzahl für Controlling, Balanced Scorecard und Risikomanagement, in: Controller Magazin, Heft 4/2018, S. 10–15

Gleißner, W. (2018c): Risikowahrnehmung, Risikomaße und Risikoentscheidungen: theoretische Grundlagen, in: Everling, Oliver/Müller, Monika (Hrsg.): Risikoprofiling mit Anlegern, 2. Aufl., Bank-Verlag Köln, S. 305–348

Gleißner, W. (2019a): Risikoanalyse: Grundlagen der Risikoquantifizierung (Teil 1), in: Controller Magazin, Heft 2 (März/April 2019), S. 42–46.

Gleißner, W. (2019b): Risikoanalyse: Ein strukturierter Leitfaden zur Risikoquantifizierung (Teil 2), in: Controller Magazin, Heft 3, Mai/Juni 2019, S. 31–35.

Gleißner, W. (2019c): Business Judgement Rule – Das neue Paradigma eines entscheidungsorientierten Risikomanagements, in: GRC aktuell, 2. Jg., Heft 4, S. 148–153.

Gleißner, W. (2019d): Cost of capital and probability of default in value-based risk management, in: Management Research Review (MRR), Vol. 42, No. 11, S. 1243–1258

Gleißner, W. (2019e): Wertorientierte Unternehmensführung, Strategie und Risiko, eBook (amazon kindle)

Gleißner, W. (2019f): Risikoanalyse, Controlling, risikogerechte Bewertung und wertorientiertes Management, in: Risiko Manager, Heft 1, S. 28–35

Gleißner, W. (2019h): Insolvenzrisiko, Rating und Unternehmenswert, in: WISU, Heft 6/19, S. 692–698

Gleißner, W. (2019i): Vermögensillusion: Preis-Wert-Verhältnis (P/W), Blasen und das unterschätzte Risiko von Kapitalanlagen im Niedrig-Zins-Umfeld, in: Corporate Finance, Heft 07-08 vom 29.07.2019, S. 223–233

Gleißner, W. (2019j): Krisen, Kriege, Katastrophen & Disruption: Wie riskant ist die Welt wirklich? Präsentation aus Vortrag bei Risk Management Association e.V., Download

unter: http://www.futurevalue.de/download/RMA-Jako-2019_Gleissner_Kurzversion2.pdf (abgerufen am 29.04.2022)
Gleißner, W. (2019k): The real dark side of Valuation. Ertragsrisiken und Insolvenzrisiken, in: Board, Heft 6/2019, S. 215–219.
Gleißner, W. (2019l): Länderrisikoprämien, in: Peemöller, V. H. (Hrsg.): Praxishandbuch der Unternehmensbewertung, 7. Aufl., NWB Verlag Herne, S. 937–978
Gleißner, W. (2019m): Risikoanalyse und Simulation bei der Unternehmensbewertung, in: Peemöller, V. H. (Hrsg.): Praxishandbuch der Unternehmensbewertung, 7. Aufl., NWB Verlag Herne, S. 891–912
Gleißner, W. (2019n): DIIR RS Nr. 2: Das neue Paradigma des „entscheidungsorientierten Risikomanagements", in: Risiko Manager, Heft 9, S. 42–47
Gleißner, W. (2019o): Der Vorstand und sein Risikomanager – Umgang mit Chancen und Gefahren der Unternehmensführung, 2. Aufl., uvk, München.
Gleißner, W. (2019p): Strategiebewertung: Bedeutung und methodische Herausforderung, in: BewertungsPraktiker Heft 1, S. 12–13.
Gleißner, W. (2020a): Die Corona-Krise: Fakten, Prognosen und Risiken, in: Corporate Finance, Heft 05-06 vom 25.05.2020, S. 121–130.
Gleißner, W. (2020b): Lessons learned der Corona-Krise. Schwarze Schwäne, Resilienz und robuste Unternehmen, in: CFO aktuell, 14. Jg., Heft 6, S. 234–238.
Gleißner, W. (2020c): Integratives Risikomanagement. Schnittstellen zu Controlling, Compliance und Interner Revision, in: Controlling, 32. Jg., Nr. 4, S. 23–29
Gleißner, W. (2020d): Risikomanagement: Gegenwart und Zukunft, in: REthinking Finance, Heft 4 (August 2020), S. 24–28
Gleißner, W. (2020e): Risikoblindheit. Facetten, Ursachen, Auswirkungen und Gegenmaßnahmen, in: Zeitschrift für Risikomanagement (ZfRM), 1. Jg., Heft 1.20, S. 10–14
Gleißner, W. (2020f): Unternehmensstrategie und strategische Positionierung im Zeitalter der Digitalisierung, in: Controller Magazin, Heft 1/2020, S. 4–13.
Gleißner, W. (2020g): Wie beweist man, dass das Risikomanagement den Anforderungen der §§ 91 und 93 AktG nicht genügt (obwohl bestätigende Prüfberichte der Abschlussprüfer existieren)? in: RWZ, Heft 7-8/2020 (August 2020), S. 273–280
Gleißner, W. (2020h): Wirecard: Schwächen bei Risikomanagement und Abschlussprüfung, 24.11.2020, https://www.risknet.de/themen/risknews/wirecard-schwaechen-bei-risikomanagement-und-abschlusspruefung/ (abgerufen am 29.04.2022).
Gleißner, W. (2020i): Wie robust ist Deutschland. Erkenntnisse aus der Corona-Krise, 25.04.2020, http://wirtschaftlichefreiheit.de/wordpress/?p=27154 (abgerufen am 29.04.2022)
Gleißner, W. (2020j): Der robuste Staat – Ein strategischer Rahmen zur Absicherung gegen Krisen und Katastrophen, 17.04.2020, https://www.ludwig-erhard.de/orientierungen/krisenpraevention/der-robuste-staat-ein-strategischer-rahmen-zur-absicherung-gegen-krisen-und-katastrophen/ (abgerufen am 11.10.2021)
Gleißner, W. (2021a): Strategisches Management unter Unsicherheit: Das robuste Unternehmen, in: REthinking Finance, Heft 1 (Februar 2021), S. 33–41
Gleißner, W. (2021b): Unternehmerische Entscheidungen. Haftungsrisiken vermeiden (§ 93 AktG, Business Judgement Rule), in: Controller Magazin, Heft 1, Januar/Februar 2021, S. 16–23
Gleißner, W. (2021c): Krisenfrüherkennung und Kennzahlen einer Krisenampel. Implikationen aus dem StaRUG (2021), in: Controller Magazin, Heft 5 (September/Oktober 2021), S. 34–42
Gleißner, W. (2021d): Leitfaden zur quantitativen Beschreibung von Risiken: 12 Prüffragen, in: Risk Management & Rating Association e.V. (RMA)(Hrsg.): Risikoquantifizierung. Grundlagen, Werkzeuge, Praxisbeispiele, Band 6, Erich Schmidt Verlag, Berlin, S. 197–207
Gleißner, W. (2021e): Risikomanagement für KMU – Krisenfrüherkennung nach StaRUG (2021), Merkblatt Nr. 1955, DWS Steuerberater Medien GmbH, Berlin
Gleißner, W. (2021f): Die COVID-19-Pandemie und der Umgang mit Risiken und Krisen: Lessons Learned für Staaten und Unternehmen, in: Corporate Finance, Nr. 05-06 vom 28.05.2021, S. 121–127

Gleißner, W. (2021g): IDW PS 340, DIIR RS Nr. 2 und StaRUG: Lücken der Abschlussprüfung und Implikationen für die interne Revision, in: ZIR, Heft 4/21, S. 173–177

Gleißner, W. (2021h): Simulationsbasierte Unternehmensbewertung: Methode und Nutzen, in: BewertungsPraktiker, Heft 3, S. 84–87

Gleißner, W. (2021i): Nachhaltigkeit, Strategie und wertorientierte Unternehmensführung, in: Board, Heft 6/2021, S. 242–246

Gleißner W. (2021j): Controlling, Unternehmensplanung, Risiko und Risikomanagement, in: Becker, W./Ulrich, P. (Hrsg.): Praxishandbuch Controlling, Springer Gabler, Wiesbaden, S. 1–22

Gleißner, W. (2022): RAVA+ als Performancemaß (erscheint in Kürze)

Gleißner, W./Alfen, H. W./Riemann, A. (2011): Einsatz simulationsbasierte Rating- und Bewertungsverfahren – Risikoorientierte Beurteilung von Infrastrukturprojekten, in: Risiko Manager, 6/2011, S. 22–31

Gleißner, W./Bemmann, M. (2008a): Die Rating-Qualität verbessern, in: die bank, Nr. 9/2008, S. 51–55

Gleißner, W./Bemmann, M. (2008b): Rating-Evidenz und Risikosimulation in strukturellen Modellen, in: Risikomanager, Ausgabe 17/2008 vom 20.08.2008, S. 6–12

Gleißner, W./Berger, Th. (2012): Risikomanagement, Rating und risikogerechte Investitionsbewertung bei der Hofer Kunststoffteile GmbH, in: Dillerup, R./Stoi, R. (Hrsg.), Fallstudien zur Unternehmensführung, Vahlen, S. 505–519

Gleißner, W./Berger, Th./Rinne, M./Schmidt, M. (2005): Risikoberichterstattung und Risikoprofile von H-DAX-Unternehmen 2000 bis 2003, in: Finanz Betrieb, Heft 5/2005, S. 343–353

Gleißner, W./Ernst, D. (2019): Company valuation as result of risk analysis: replication approach as an alternative to the CAPM, in: Business Valuation OIV Journal, Vol. 1, No. 1 (Frühjahr 2019), S. 3–18

Gleißner, W./Everling, O. (Hrsg.) (2007): Rating-Software, München

Gleißner, W./Follert, F. (2021): Wie das teure FFP2-Masken-Desaster hätte vermieden werden können, in: WirtschaftsWoche, 23.03.2021, https://www.wiwo.de/politik/deutschland/coronakrise-wie-das-teure-ffp2-masken-desaster-haette-vermieden-werden-koennen/27028752.html (abgerufen am 29.04.2022)

Gleißner, W./Follert, F./Daumann, F. (2021a): Die Bestellung von Impfdosen durch die EU. Beispiel einer (Fehl-)Entscheidung unter Unsicherheit, 20.01.2021, http://wirtschaftlichefreiheit.de/wordpress/?p=28579 (abgerufen am 29.04.2022).

Gleißner, W./Follert, F./Daumann, F. (2021b): Forum: „Alles zu seiner Zeit": ein kritischer Diskussionsbeitrag zum Thema Nachhaltigkeit, in: Zeitschrift für Umweltpolitik und Umweltrecht (ZfU), Heft 4/2021, S. 500–515

Gleißner, W./Follert, F./Daumann, F./Leibbrand, F. (2021): EU's Ordering of COVID-19 Vaccine Doses: Political Decision-Making under Uncertainty, in: International Journal of Environmental Research and Public Health, Vol. 18, No. 4, S. 2169 ff.

Gleißner, W./Füser, K. (2000): Innovative Prognoseverfahren für Unternehmensplanung auf Basis des Risikomanagements, in: Der Betrieb, 19/2000, S. 933–941

Gleißner, W./Füser, K. (2014): Praxishandbuch Rating und Finanzierung, 3. Auflage mit CD-ROM, Verlag Vahlen, München 2014

Gleißner, W./Garrn, R. (2012): Projektrating: Fallbeispiel für Investitionen in erneuerbare Energiequellen, in: Kredit & Rating Praxis, 5/2012, S. 11–18

Gleißner, W./Garrn, R./Nestler, A. (2014): Die Verbindung von Unternehmensbewertung, Rating und Wertänderungsrisiko, in: Corporate Finance, 10/2014, S. 422–428

Gleißner, W./Grundmann, T. (2008): Risiko-Benchmark-Werte für das Risikocontrolling deutscher Unternehmen, in: ZfCM Zeitschrift für Controlling & Management, 52. Jg. 2008, H. 5, S. 314–319

Gleißner, W./Günther, Th. (2022): Kennzahlen für ein wertorientiertes Controlling unter Risiko (erscheint in Kürze)

Gleißner, W./Günther, Th./Walkshäusl, Ch. (2022): Financial sustainability: measurement and empirical evidence, in: JBE – Journal of Business Economics, https://doi.org/10.1007/s11573-022-01081-0

Gleißner, W./Haarmeyer, H. (2019): Die „bestandsgefährdende Entwicklung" (§ 91 AktG) als „Tor" in ein präventives Restrukturierungsverfahren, in: ZInsO, Heft 45/2019, S. 2293–2299

Gleißner, W./Helm, R./Kreiter, S. (2013): Measurement of competitive advantages and market attractiveness for strategic controlling, in: Journal of Management Control, Volume 24, 1/2013, S. 53–75

Gleißner, W./Heyd, R. (2006): Rechnungslegung nach IFRS – Konsequenzen für Rating und Risikomanagement, in: IRZ – Zeitschrift für Internationale Rechnungslegung, 2/2006, S. 103–112

Gleißner, W./Hinrichs, K./Sieger, C. (2002): Risikomanagement in der Immobilienwirtschaft, in: Controller Magazin, Heft 2/2002, S. 176–184

Gleißner, W./Hofmann, K. H. (2020): Unerwartete Unternehmensinsolvenz trotz testiertem Risikomanagement? – Lessons Learned aus der Insolvenz der Gerry Weber International AG, in: Der Betriebswirt, Vol. 61, Nr. 3, S. 139–154

Gleißner, W./Hofmann, K. H. (2022): Defizite im Risikomanagement deutscher Unternehmen: Lessons learned aus Erkenntnissen aus dem Fall Wirecard und Implikationen für die Abschlussprüfung, in: Karami, B. (Hrsg.): Skandalfall Wirecard: Eine wissenschaftlich-fundierte interdisziplinäre Analyse, Springer Gabler Verlag (erscheint in Kürze)

Gleißner, W./Hunziker, S. (2019): Mit Enterprise Risk Management die Entscheidungsqualität erhöhen – Wie das Abwägen von Chancen und Risiken in der wertorientierten Unternehmensführung zu Mehrwert führt, in: Expert Focus, Heft 10/2019, S. 745–749

Gleißner, W./Ihlau, S. (2017): Anwendung von Unternehmensbewertungsmethoden bei der Strategiebeurteilung, in: BetriebsBerater, Heft 26, S. 1387–1391

Gleißner, W./Jussel, P./Wolfrum, M. (2015): Risikoaggregationsmodell bei einer Matrixorganisation – am Beispiel der Hilti AG, in: Gleißner, W./Romeike, F. (Hrsg): Praxishandbuch Risikomanagement, Berlin, S. 869–876

Gleißner, W./Kalwait, R. (2010): Integration von Risikomanagement und Controlling – Plädoyer für einen völlig neuen Umgang mit Planungssicherheit im Controlling, in: Controller Magazin, Ausgabe 4, Juli/August 2010, S. 23–34

Gleißner, W./Kalwait, R. (2017): Integration von Risikomanagement und Controlling – Plädoyer für einen völlig neuen Umgang mit Planungssicherheit im Controlling, in: Gleißner, W./Klein, A. (Hrsg.), Risikomanagement und Controlling, 2. Aufl., München 2017, S. 39–65

Gleißner, W./Kamaras, E. (2012): Ertragsrisiko und die Implikationen für Rating, Kapitalkosten und Unternehmenswert: Fallbeispiel Rheinmetall AG, in: BewertungsPraktiker, 2/2012, S. 42–55

Gleißner, W./Kamaras, E. (2020a): Volkswirtschaftliche Risiken und deren betriebswirtschaftliche Konsequenzen (Teil 1), in: Der Betrieb vom 17.08.2020, Heft 33, S. 1689–1695

Gleißner, W./Kamaras, E. (2020b): Volkswirtschaftliche Risiken und deren betriebswirtschaftliche Konsequenzen (Teil 2), in: Der Betrieb vom 24.08.2020, Heft 34, S. 1745–1753

Gleißner, W./Kamaras, E. (2021): Risikoaggregation, Insolvenzrisiko und Unternehmenswert. Ein Fallbeispiel mit dem FutureValue-Risikosimulator, in: Zeitschrift für Risikomanagement (ZfRM), 2. Jg., Heft 04.21, S. 98–109

Gleißner, W./Kamaras, E. (2022): Risiko-Benchmark-Werte für das Risikocontrolling deutscher Unternehmen (erscheint in Kürze)

Gleißner, W./Kamaras, E./Wolfrum, M. (2008): Simulationsbasierte Bewertung von Akquisitionszielen und Beteiligungen, in: Gleißner, W./Schaller, A. (Hrsg.), Private Equity – Beurteilungs- und Bewertungsverfahren von Kapitalbeteiligungsgesellschaften, Wiley-VCH, 2008

Gleißner, W./Kamáras, E./Wolfrum, M. (2021): Quantifizierung des Adressausfallrisikos in der Krise. Risiken aus der Insolvenz von Lieferanten und Kunden, in: Industrie 4.0 Management, Heft 1/2021, S. 32–36

Gleißner, W./Kimpel, R. (2019): Prüfung des Risikomanagements und der neue DIIR Revisionsstandard Nr. 2, in: ZIR, Heft 4/2019, S. 148–159

Gleißner, W./Kniest, W. (2011), Unternehmensbewertung oder Aktienbewertung? in: BewertungsPraktiker 2/2011, S. 24–25

Gleißner, W./Knoll, L. (2011): Konsistente Bewertung von Eigen- und Fremdkapital in Abhängigkeit der Insolvenzwahrscheinlichkeit, in Betriebs-Berater, 37/2011, S. 2283–2285
Gleißner, W./Kreuser, Ch./Kamaras, E. (2017): Robuste Kapitalanlagestrategien zur Absicherung gegen makroökonomische Krisen, in: Absolut Report Nr. 02/2017, S. 26–33
Gleißner, W./Leibbrand, F. (2004): Indikatives Rating und Unternehmensplanung als Grundlage für eine Ratingstrategie, in: Achleitner/Everling, Handbuch Ratingpraxis, Wiesbaden 2004
Gleißner, W./Leibbrand, F. (2008): Risiko und Portfoliosteuerung bei Immobilieninvestments, in: ZfiFP, 7/2008, S. 2–11
Gleißner, W./Leibbrand, F. (2010): Bekannte, bewältigte, bewältigbare und entscheidungsrelevante Risiken: Das große Missverständnis im Risikomanagement, in: Risk, Compliance & Audit 5/2009, S. 20–25
Gleißner, W./Lenz, A./Tilch, T. (2011): Risikogerechte Beteiligungsbewertung – Die Bedeutung von Wertanalysen im gesetzlichen Kontext, in: ZfCM | Controlling & Management, S. 158–164.
Gleißner, W./Lienhard, F./Kühne, M. (2021): Implikationen des StaRUG. Neue gesetzliche Anforderungen an das Krisen- und Risikofrüherkennungssystem, in: Zeitschrift für Risikomanagement (ZfRM), 2. Jg., Heft 2.21, S. 32–40
Gleißner, W./Lienhard, H./Stroeder, D. (2004): Risikomanagement für den Mittelstand, Eschborn
Gleißner, W./Löffler, H. (2007): Total Cost of Risk: Wertorientierte Steuerung von Risikotransferstrategien, in: Die Versicherungspraxis, 3. Ausgabe, S. 41–45
Gleißner, W./Meier, G. (1999): Risikoaggregation mittels Monte-Carlo-Simulation, in: Versicherungswirtschaft, Heft 13, S. 926–929
Gleißner, W./Meier, G. (2000): Risikomanagement als integraler Bestandteil der wertorientierten Unternehmensführung, in: DSWR 1–2, S. 9
Gleißner, W./Meyer, M./Spitzner, J. (2021): Simulationsbasierte Investitionsrechnung. Kalkulation mit Unsicherheit und risikoadäquate Bewertung, in: Controlling, 33. Jg., Heft 2/2021, S. 22–29
Gleißner, W./Moecke, P. (2021): Strategische Unternehmensplanung und Risiko: Von der Unternehmensanalyse zur robusten Strategie, in: Zeitschrift für Risikomanagement (ZfRM), 2. Jg., Heft 1.21, S. S. 12–19
Gleißner, W./Mott, B. (2008): Risikomanagement auf dem Prüfstand – Nutzen, Qualität und Herausforderungen in der Zukunft, in: ZRFG Zeitschrift für Risk, Fraud &Governance, 02/2008, S. 53–63
Gleißner, W./Mott, B./Kiese, H. (2007): Risikomanagement bei der Kabel Deutschland Gruppe, in: www.RiskNET.de, 25. Oktober 2007, S. 1–7
Gleißner, W./Mott, B./Romeike, F. (2015): Die Organisation von Risikomanagementsystemen, in: Gleißner, W./Romeike, F. (Hrsg): Praxishandbuch Risikomanagement, Berlin, S. 563–589
Gleißner, W./Mott, B./Schenk, M. (2007): Risikomanagement in der Bauwirtschaft – Praktische Umsetzung am Beispiel der Bauer AG, in: ZRFG, 04/2007, 179–185
Gleißner, W./Nguyen, T. (2013): Prämienkalkulation und die „Sanierung" von Versicherungsverträgen, in: Zeitschrift für die gesamte Versicherungswissenschaft, Vol. 102, No. 4, S. 367–387
Gleißner, W./Oertel, C. (2020): Conceptual framework for real estate transactions: What risk metrics are needed as decision support system? Considerations for German market participants, in: Journal of Property Investment & Finance, Vol. 38, No. 3, S. 245–262
Gleißner, W./Papenbrock, J. (2012): Fallbeispiel zu Kapitalmarktrisiken: Extremrisiken und unvorhersehbare Ereignisse, in: RISIKO MANAGER 05/2012, S. 1, 6–16
Gleißner, W./Pflaum, R. (2008): Risiken konzernweit managen – Die organisatorische Verankerung des Risikomanagements bei EnBW, in: Roselieb, F./Dreher, M. (Hrsg.), Krisennavigator, Krisenmanagement in der Praxis, von erfolgreichen Krisenmanagern lernen, 2008, S. 181–208
Gleißner, W./Presber, R. (2010): Die Grundsätze ordnungsgemäßer Planung – GOP 2.1 des BDU: Nutzen für die betriebswirtschaftliche Steuerung, in: Controller Magazin, Ausgabe 6, November/Dezember 2010, S. 82–86

Gleißner, W./Rieg, R./Gleich, R. (2022): Moderne Unternehmensplanung, in: Controller Magazin (erscheint in Kürze)
Gleißner, E./Rieg, R./Vanini, U. (2021): Risikoblindheit im Controlling und wie man sie überwindet. Integration von Risiko-Informationen in Controlling und Management, in: Controlling, Heft 5/2021, S. 66–72
Gleißner, W./Romeike F. (2005a): Anforderungen an die Softwareunterstützung für das Risikomanagement, in: ZfCM – Zeitschrift für Controlling & Management, 2/2005, S. 154–164
Gleißner, W./Romeike, F. (2005b): Risikomanagement – Umsetzung, Werkzeuge, Risikobewertung, Freiburg
Gleißner, W./Romeike, F. (2011): Die größte anzunehmende Dummheit im Risikomanagement: Berechnung der Summe von Schadenserwartungswerten als Maß für den Gesamtrisikoumfang, in: Risk, Compliance & Audit 1/2011, S. 21–26
Gleißner, W./Romeike, F. (2012b): Effektives Risikomanagement zur Verbesserung von Planungsunsicherheit und Krisenstabilität, in: Risk, Compliance & Audit 2/2012, S. 28–33
Gleißner, W./Romeike, F. (2012c): Psychologische Aspekte im Risikomanagement, in: Risk, Compliance & Audit 6/2012, S. 43–46.
Gleißner, W./Romeike, F. (2015a) (Hrsg): Praxishandbuch Risikomanagement, ESV Berlin
Gleißner, W./Romeike, F. (2020a): Implikationen aus §§ 91, 93 AktG sowie DIIR RS Nr. 2. Entscheidungsorientiertes Risikomanagement, 31.03.2020, https://www.risknet.de/themen/risknews/entscheidungsorientiertes-risikomanagement/ (abgerufen am 29.04.2022)
Gleißner, W./Romeike, F. (2020b): ESG-Risiken und ihre Quantifizierung, in: Everling, O. (Hrsg.): Social Credit Rating, SpringerGabler, Wiesbaden, S. 391–433
Gleißner, W./Romeike, F. (2020c): Entscheidungsorientiertes Risikomanagement nach DIIR RS Nr. 2, in: Der Aufsichtsrat, Heft 04/2020, S. 55–57
Gleißner, W./Romeike, F. (2022): StaRUG und FISG: Neue Aufgaben für den Aufsichtsrat, in: Der Aufsichtsrat, Heft 01/2022, S. 2–4
Gleißner, W./Schrei, T./Wolfrum, M. (2009): Neue Ansätze im Risikomanagement der OMV: Bewertung und Aggregation von Risiken als Basis einer wertorientierten Steuerung, in: Controller Magazin, Mai/Juni 2009, S. 93–99
Gleißner, W./Sassen, R./Behrmann, M. (2019): Prüfung und Weiterentwicklung von Risikomanagementsystemen (Springer Essentials), Springer Gabler Wiesbaden
Gleißner, W./Schneck, O. (2020): Der blinde Fleck der Betriebswirtschaft: Insolvenzrisiko und Rating werden systematisch ignoriert, in: Controller Magazin, Heft 5, September/Oktober 2020, S. 4–10
Gleißner, W./Stein, V./Wiedemann, A. (2021): Die Business Judgement Rule als Treiber der Evolution des Risikomanagements, in: Der Betrieb vom 12.07.2021, Heft 27–28, S. 1485–1490.
Gleißner, W./Theisen, M. R. (2016): The Last Line of Defense: Der Aufsichtsrat, in: Der Aufsichtsrat, Heft 06/2016, S. 85–87
Gleißner, W./Ulrich, P. (2022): GRC ist ein Problem - und GRC2 die Lösung: Governance, Risk, Compliance und Controlling (erscheint in Kürze)
Gleißner, W./Walkshäusl, Ch. (2018): Erfolgreiche Value-Anlagestrategien durch risiko- und ratinggerechte Unternehmensbewertung – Ertragsrisiken, Rating, Kapitalkosten und Aktienrenditen, in: Corporate Finance, Heft 05-06/2018 vom 28.05.18, S. 161–171
Gleißner, W./Weissman, A. (2020): Kapitalmarktfähige Familienunternehmen. Ein modernes Konzept für die wertorientierte Unternehmensführung, in: CFO aktuell, 14. Jg., Heft 3 (Mai 2020), S. 101–104
Gleißner, W./Weissman, A. (2021): Der Family-Q-Score: Qualitätssiegel für krisenfeste Familienunternehmen und Rahmen für die Finanzierung, in: REthinking Finance, Heft 5 (Oktober 2021), S. 35–42
Gleißner, W./Wiegelmann T. (2012): Quantitative methods for risk management in the real estate development industry, in: Journal of Property Investment & Finance, Vol. 30 No. 6, 2012, S. 612 – 630

Gleißner, W./Wingenroth, Th. (2015a): Rating und Kreditrisiko Teil 1, in: Kredit & Rating Praxis, Heft 5/2015, S. 14–18

Gleißner, W./Wingenroth, Th. (2015b): Rating und Kreditrisiko Teil 2, in: Kredit & Rating Praxis, Heft 6/2015, S. 19–22

Gleißner, W./Winter, P. (2008): Der Risikomanagementprozess als Problemlösungsprozess – eine verhaltenswissenschaftliche Perspektive, in: Lingnau, V./ Becker, A. (Hrsg.), Die Rolle des Controllers im Mittelstand, Josef Eul Verlag, 2008, S. 221–244

Gleißner, W./Wolfrum, M. (2001): Risiko: Grundlagen aus Statistik, Entscheidungs- und Kapitalmarkttheorie, in: Gleißner, W./Meier, G. (Hrsg.) Wertorientiertes Risikomanagement für Industrie und Handel, Gabler Verlag, 2001, S. 139–160

Gleißner, W./Wolfrum, M. (2006): Risk Map und Risiko-Portfolio: Eine kritische Betrachtung, in: ZfV – Zeitschrift für Versicherungswesen, 5/2006, S. 149–153

Gleißner, W./Wolfrum, M. (2008a): Simulationsbasierte Bewertungen und Exit-Price-Schätzung bei PE Gesellschaften, in: M&A Review, Heft 07/2008, S. 343–350

Gleißner, W./Wolfrum, M. (2008b): Eigenkapitalkosten und die Bewertung nicht börsennotierter Unternehmen: Relevanz von Diversifikationsgrad und Risikomaß, in: Finanz Betrieb, 9/2008, S. 602–614

Gleißner, W./Wolfrum, M. (2009): Risikomaße, Performancemaße und Rating: die Zusammenhänge, in: Hilz-Ward, Reavis Mary/Everling, Oliver (Hrsg.), Risk Performance Management: Chancen für ein besseres Rating, Gabler Verlag, 2009, S. 89–109

Gleißner, W./Wolfrum, M. (2015): Problemfelder der Risikoquantifizierung, Datenprobleme und Lösungsstrategien, in: Gleißner, W./Romeike, F. (Hrsg): Praxishandbuch Risikomanagement, Berlin, S. 274–263

Gleißner, W./Wolfrum, M. (2017): Risikotragfähigkeit, Risikotoleranz, Risikoappetit und Risikodeckungspotenzial, in: Controller Magazin, Heft 6/2017, S. 77–84

Gleißner, W./Wolfrum, M. (2018): Risikotragfähigkeit unter Rating- und Covenants-Gesichtspunkten, in: Risk Management Association e.V./Internationaler Controller Verein e.V. (Hrsg.): Vernetzung von Risikomanagement und Controlling, Risikomanagement-Schriftenreihe der RMA, Band 3, Erich Schmidt Verlag, Berlin, S. 101–115

Gleißner, W./Wolfrum, M. (2019a): Risikoaggregation und Monte-Carlo-Simulation. Schlüsseltechnologie für Risikomanagement und Controlling, in der Reihe essentials erschienen, Springer Fachmedien Verlag, Wiesbaden

Gleißner, W./Wolfrum, M. (2019b): Die Prüfung des Risikomanagementsystems durch den Wirtschaftsprüfer: trügerische Sicherheit, in: Risk Management Association e.V. (Hrsg.): Digitale Risiken und Werte auf dem Prüfstand, Risikomanagement-Schriftenreihe der RMA, Band 4, Erich Schmidt Verlag, Berlin, S. 109–116

Gleißner, W./Wolfrum, M. (2021): Probleme der Risikoquantifizierung und Lösungsstrategien, in: Risk Management & Rating Association e.V. (RMA)(Hrsg.): Risikoquantifizierung. Grundlagen, Werkzeuge, Praxisbeispiele, Band 6, Erich Schmidt Verlag, Berlin, S. 123–144

Gleißner, W./Wolfrum, M./Löffler, A./Huber, R. A. (2021): Die Entscheidung über den Versicherungsschutz als „unternehmerische Entscheidung" und die Implikationen für Versicherungsmakler, in: Die VersicherungsPraxis, Heft 06/2021, S. 3–7

Gleißner, W./Wolfrum, M./Weissman, A. (2021): Das kapitalmarktfähige Familienunternehmen: eine ideale Symbiose. Mit dem Q-Score die Unabhängigkeit und Zukunftsfähigkeit sichern, in: Zeitschrift für Familienunternehmen und Stiftungen (FUS), 11. Jg., Heft 2/2021, S. 71–76

Göbel, E. (2014): Entscheidungen im Unternehmen, UVK Verlag Konstanz.

Goldberg, J./von Nitzsch, R. (2004): Behavioral Finance, FinanzBuch Verlag München

Grabowski, R. J. (2018): The size effect continues to be relevant when estimating the cost of capital, in: Business Valuation Review, Vol. 37, No. 3 (Herbst 2018), S. 93–109

Gräfe, S./Ribbert, M./ Wegmann, N. (2010): Umsetzung der Corporate Governance-Anforderungen nach BilMoG, in: Der Aufsichtsrat, 10/2010, S. 142 ff.

Graham, J. R. (2000): How Big Are the Tax Benefits of Debt? in: The Journal of Finance, Volume 55, Issue 5, October 2000, S. 1901–1941

Grammenidis, G./Hiebl, M. R. W. (2021): Enterprise Risk Management in Germany, in: Maffei, M. (Hrsg.): Enterprise Risk Management in Europe, Emerald Publishing Limited, Bingley, S. 23–37

Granger, C. W. J. (1969): Investigating causal relations by economics models and cross-spectral methods, in: Econometrica, 37, S. 329–352.

Granger, C. W. J. (1980): Testing for Causality, in: Journal of Economic Dynamics and Control, 2, S. 329–352

Granger, C. W. J. (1983): Co-Integrated Variables and Error-Correcting Models, University of California, San Diego Discussion Paper, 1983–13

Granger, C. W. J./Newbold, P. (1974): Spurious Regressions in Econometrics, in: Journal of Econometrics, vol. 2, issue 2, S. 111–120

Graßmann, M./Fuhrmann, S./Günther, Th. (2021): Kostenremanenz in Krisenzeiten. Eine empirische Analyse der Luftverkehrs- und Hotelbranche in der COVID-19-Krise, in: Controlling, 33. Jg., Heft 3/2021, S. 14–22

Graßmann, M./Krannich, T./Günther, Th./Günther, E. (2018): Die nichtfinanziellen Erklärungen der DAX30-Unternehmen – Eine empirische Analyse der Berichterstattung über die Umweltbelange nach § 289c Abs. 2 Nr. 1 HGB –, in: KoR IFRS Zeitschrift für internationale und kapitalmarktorientierte Rechnungslegung, Heft 10, S. 431–441

Graumann, M. (2014): Die angemessene Informationsgrundlage bei Entscheidung, WISU, Heft 3/2014, S. 317–320

Graumann, M./Grundei, J. (2015): Nachweis einer „angemessenen Information" im Sinne der Business Judgement Rule, in: ZCG 5/15, S. 197–204

Graumann, M./Linderhaus, H./Grundei, J. (2009): Wann ist die Risikobereitschaft bei unternehmerischen Entscheidungen „in unzulässiger Weise überspannt"?, in: BFuP, Heft 5, S. 492–505

Graumann, M./Linderhaus, H./Grundei, J. (2010): Wann haften Manager für Fehlentscheidungen. Ein Überblick über die Rechtslage zivilrechtlicher Innenhaftung, in: WiSt 7/2010, S. 325–330

Green, K. C./Armstrong, J. S. (2015): Simple versus complex forecasting: The evidence, in: Journal of Business Research, Vol. 68, No. 8 (August 2015), S. 1678–1685

Gregoriou, G. N. (2009): Operational Risk Toward Basel III, John Wiley & Sons

Gregoriou G. N./Gueyie J. (2003): Risk-Adjusted Performance of Funds of Hedge Funds Using a Modified Sharpe Ratio, in: The Journal of Alternative Investments, Vol. 6, No. 3, S. 77–83

Grieser, F./Pedell, B. (2021): Exploring risk culture controls: to what extent can the development of organizational risk culture be controlled and how? in: Journal of Accounting & Organizational Change, https://www.emerald.com/insight/content/doi/10.1108/JAOC-11-2020-0189/full/html (abgerufen am 29.04.2022)

Grinblatt, M./Keloharju, M./Linnainmaa, J. (2011): IQ and Stock Market Participation, in: The Journal of Finance, Vol. 66, No. 6 (Dezember 2011), S. 2121–2164

Grisar, C./Meyer, M. (2015): Use of Monte Carlo simulation: an empirical study of German, Austrian and Swiss controlling departments, in: Journal of Management Control, 26 (2–3), S. 249–273

Grisar, C./Meyer, M. (2016): Use of simulation in controlling research: a systematic literature review for German-speaking countries, in: Management Review Quarterly, Vol. 66, No. 2, S. 117–157

Grob, A. (2002): Betriebswirtschaftliche Zinsrisikopolitik und Kapitalkosten einer Unternehmung, Berlin

Gromb, D./Vayanos, D. (2010): Limits of Arbitrage, in: Annual Review of Financial Economics, Vol. 2, No. 1, S. 251–275

Grünbichler, R./Steiger, D./Prasser, E. (2019): Risikomanagement für Kleinstunternehmen. Erstellung eines Risikoprofils zur Risikosensibilisierung mittels Excel-Tool, in: Controller Magazin, Heft 3 (Mai/Juni 2019), S. 44–48

Grundmann, T. (2004): Ansätze zur frühzeitigen Identifikation von Währungskrisen, in: Gleißner, W. (Hrsg.): Risikomanagement im Unternehmen, 10. und 11. Aktualisierung, S. 1–13

Grundmann, T. (2006): Branchenspezifische Analyse der Auswirkungen exogener Schocks auf den Unternehmenserfolg westdeutscher Unternehmen, TU Dresden (Dissertation)

Grundmann, Th. (2015): Management von Währungsrisiken in Unternehmen, in: Gleißner, W./Romeike, F. (Hrsg): Praxishandbuch Risikomanagement, Berlin, S. 349–381

Günther, T. (1997): Unternehmenswertorientiertes Controlling, München

Günther, T. (2002): Wertorientierte Kennzahlen zur Steuerung mittelständischer Unternehmen, in: Controlling und Management, Heft 46/2002, S. 89–97

Günther, T. (2003): Theoretische Einbettung des Controllings in die Methodologie der Unternehmensüberwachung und -steuerung, in: Zeitschrift für Planung, Themenheft „Corporate Governance und Controlling", 14. Jg., Heft 4, S. 327–352

Günther, T. (2014): Planungs- und Kontrollinstrumente zur unternehmenswertorientierten Führung in mittelständischen Unternehmen, in: Controlling, 26. Jg., Heft 4/5, S. 220–227

Günther, E./Busch, T./Endrikat, J./Günther, T./Orlitzky, M. (2018): What We Know about the Economic Payoffs of Corporate Ecological Sustainability, in: Weber, J./Wasieleski, D. M. (Hrsg.): Corporate Social Responsibility. Vol. 2, Emerald Publishing Limited, S. 325–352

Günther, T./Detzner, M. (2008): Das Entscheidungsverhalten von Managern unter Risiko – Ergebnisse einer empirischen Studie, in: Dresdner Beiträge zur Betriebswirtschaftslehre, Nr. 143/2008

Günther, T./Gleißner, W./Walkshäusl, Ch. (2020): What happened to financially sustainable firms in the Corona crisis?, Download unter: https://rdcu.be/b5Ndb (abgerufen am 29.04.2022)

Günther, T./Günther, E. (2017): Finanzielle Nachhaltigkeit – Messung, finanzielle Steuerung und Herausforderungen, in: Hoffjan, A./Knauer, T./Wöhrmann, A. (Hrsg.): Controlling – Konzeptionen, Instrumente, Anwendungen, Schäffer Poeschel, Stuttgart, S. 79–90

Günther, T./Smirska, K./Schiemann, F./Weber, S. (2009): Optimierung des Risikomanagements am Beispiel der R. Stahl Technologiegruppe, in: Controlling, 21. Jg., Heft 1, S. 48–56

Gutmannsthal-Krizanits, H. (1994): Risikomanagement von Anlagenprojekten – Analyse, Gestaltung und Controlling aus Contractor-Sicht, Wiesbaden

H

Haberstock, P. (2018): Plattformökonomie im Banking, in: Zeitschrift für das gesamte Kreditwesen, 71. Jg., Heft 21, S. 1100–1106

Hachmeister D. (2000): Der Discounted Cash-Flow als Maß der Unternehmenswertsteigerung, 4. Aufl., München

Hachmeister, D./Ruthardt, F./Autenrieth (2015): Marktrisikoprämien am deutschen Kapitalmarkt, in: DBW 75 (2015) Heft 3, S. 145–159

Hachmeister, D./Ruthardt, F./Mager, Ch. (2015): Die Ermittlung des Risikozuschlags bei gesellschaftsrechtlichen Strukturmaßnahmen – Eine Auswertung von Bewertungsgutachten, in: zfbf, Mai 2015, S. 206–234

Hachmeister, D./Wiese, J. (2009), Der Zinsfuß in der Unternehmensbewertung – Aktuelle Probleme und Rechtsprechung, in: Die Wirtschaftsprüfung, 1/2009, 62 Jg., S. 54–65

Hagemeister, M./Kempf, A. (2010): CAPM und erwartete Renditen: Eine Untersuchung auf Basis der Erwartung von Marktteilnehmern, in: DBW, 2/2010, S. 145–164

Hager, P. (2004): Corporate Risk Management: Cash-Flow at Risk and Value at Risk, Frankfurt am Main

Hagl, K./Pierer von Esch, S./Schwalb, D., (2018): Planen mit werttreiberbasierten Simulationen, in Controlling & Management Review, 62. Jg., Heft 5/2018, S. 24–32

Hahn, D./Krystek, U. (2000): Früherkennungssysteme und KonTraG, in: Dörner/Horváth/Kagermann (Hrsg.): Praxis des Risikomanagements – Grundlagen, Kategorien, branchenspezifische und strukturelle Aspekte, Stuttgart, S. 73–98

Halbritter, G./Dorfleitner, G. (2015): The wages of social responsibility – where are they? A critical review of ESG investing, in: Review of Financial Economics, Vol. 26, S. 25–35

Haller, L. (2003): Risikowahrnehmung und Risikoeinschätzung, Hamburg

Hamel, G. (1996): Strategy as Revolution, in: Harvard Business Review, July-August 1996, S. 69–82.

Hammer, B./Schwetzler, B./Lahmann, A. (2020): Multiples und Betafaktoren für deutsche Branchen, in: Corporate Finance, Heft 09-10/2020, S. 303–307

Hampel, V./Bünis, M. (2013): Zusammenwirken von Controlling und Interner Revision im Three Lines of Defense-Modell der Unternehmensüberwachung, in: Controlling, Heft 11/2013, S. 596–601

Hanauer, M. X./Kaserer, Ch./Rapp, M. S. (2013): Risikofaktoren und Multifaktor-Modelle für den Deutschen Aktienmarkt, in: Betriebswirtschaftliche Forschung & Praxis 65(5), S. 469–492

Hannemann, R./Steinbrecher, I./Weigl, Th.(2019): Mindestanforderungen an das Risikomanagement (MaRisk), 5. Aufl., Schäffer-Poeschel

Hartmann, W./Romeike, F. (2015): Business Judgement Rule – Maßstab für die Prüfung von Pflichtverletzungen, in: Zeitschrift für das gesamte Kreditwesen, 68. Jg., Heft 05-2015, S. 227–230

Hartmann-Wendels, Th. (1987): Venture Capital aus finanzierungstheoretischer Sicht, in: Zfbf 39, 1/1987, S. 16–30

Härtl, R./Johanning, L. (2005): Risk Budgeting with Value at Risk Limits, in: Frenkel/Hommel/Rudolf (Hrsg.): Risk Management – Challenge and Opportunity, 2. Aufl., Heidelberg, S. 143–158

Hauer, H./Leonhartsberger, S. (2020): Strategisches Risikomanagement. Zielsetzungen und mögliche Anwendungsgebiete, CFOaktuell, Ausgabe Mai 2020, S. 106–111.

Haugen, R.A. (2002): Inefficient Stock Markets, Englewood Cliffs

Haugen, R. A. (2003): Rational Finance, Behavioral Finance and The New Finance, in: The New Finance, Juni 2003

Haugen, R.A. (2004): The New Finance – Overreaction, Complexity, and Uniqueness. Third Ed. Pearson Prentice Hall, New Jersey

Hauschka, Ch. F. (2013): Formularbuch Compliance, C.H.BECK.

Hayek, F. A. (1945): The Use of Knowledge in Society, in: The American Economic Review, Vol. 35, No. 4. (September 1945), S. 519–530

Heidbrink, L. (2011): Der Verantwortungsbegriff in der Wirtschaftsethik, in: Aßländer, M. (Hrsg.): Handbuch Wirtschaftsethik, Stuttgart

Heinemann, G. (2020): Plattformökonomie und Banking, in: Das Wirtschaftsstudium (wisu), Vol. 49, Heft 8/9, S. 876–887

Helfat, C. (2007): Dynamic capabilities: Foundation, in: Helfat, C./Finkelstein, S./Mitchell, W./Peteraf, M./Singh, H./Teece, D./Winter, S. (Hrsg.): Dynamic Capabilities – Understanding Strategic Change in Organizations, Malden, S. 1–18

Heller, S. (2015): Financial Constraints and Corporate Credit Ratings, Dissertation, Universität Hamburg

Helten, E./Hartung, T. (2002): Instrumente und Modelle zur Bewertung industrieller Risiken, in: Hölscher/Elfgen (Hrsg.): Herausforderungen Risikomanagement – Identifikation, Bewertung und Steuerung industrieller Risiken, Wiesbaden, S. 255–272

Hembach, H. (2022): Praxisleitfaden Lieferkettensorgfaltspflichtengesetz (LkSG), Fachmedien Recht und Wirtschaft, Frankfurt am Main

Hempel, M./Gleißner, W. (2006): Effizienz im Risikomanagement durch IT-Unterstützung, in: ZRFG – Zeitschrift für Risk, Fraud & Governance, 2/2006, S. 83–90

Hempel, M./Offerhaus, J. (2008): Risikoaggregation als wichtiger Aspekt des Risikomanagements, in: Deutsche Gesellschaft für Risikomanagement e.V. (Hrsg.): Risikoaggregation in der Praxis. Beispiele und Verfahren aus dem Risikomanagement von Unternehmen, Springer-Verlag Berlin, Heidelberg, S. 3–13

Henking, A./Bluhm, Ch./Fahrmeir, L. (2006): Kreditrisikomessung. Statistische Grundlagen, Methoden und Modellierung, Springer-Verlag Berlin Heidelberg

Henschel, T./Busch, S. (2015): Benchmarkstudie zum Stand und zu Perspektiven des Risikomanagements in deutschen KMU, in: Controller Magazin, 1/2015, S. 66–73

Henselmann, K. (2006): Häufige Fehler in Unternehmensbewertungen, in: Bewertungs-Praktiker, 2/2006, S. 2–7

Henselmann, K./Barth, Th. (2009): Unternehmensbewertung in Deutschland: Empirie zur Bewertungspraxis

Hentze, J./Thies, B. (2012): Unternehmensethik und Nachhaltigkeitsmanagement, Haupt Verlag Stuttgart

Heri, E./Zimmermann, W. (2000): Grenzen statistischer Messkonzepte für die Risikosteuerung, in: Schierenbeck, H. (Hrsg.), Handbuch Bank-Controlling, Wiesbaden, S. 995–1014

Hering, Th. (1999): Finanzwirtschaftliche Unternehmensbewertung, Wiesbaden (zgl. Habilitationsschrift Greifswald 1998)

Hering, Th. (2014): Unternehmensbewertung, 3. Aufl., Oldenbourg Wissenschaftsverlag, München

Hering, Th. (2021): Unternehmensbewertung, 4. Aufl., De Gruyter Oldenbourg

Hering, Th./Olbrich, M./Rollberg, R. (2010): Zur angelsächsischen Bewertungstheorie als Mitursache der Finanzkrise, in: Kenper, F./Neumann, F. (Hrsg.): Corporate Governance, Risk Management und Compliance, Gabler, S. 29–43

Hering, Th./Schneider, J./Toll, Ch. (2013): Simulative Unternehmensbewertung, in: BFuP – Betriebswirtschaftliche Forschung und Praxis, Vol. 65, No. 3, S. 256–280

Hering, Th./Toll, Ch. (2013): Totalmodell zur Entscheidungswertermittlung, in: Petersen, K./Zwirner, Ch./Brösel, G. (Hrsg.): Handbuch der Unternehmensbewertung, Bundesanzeiger Verlag Köln, S. 173–183

Hermann, D. (1996): Strategisches Risikomanagement kleinerer und mittlerer Unternehmen, Berlin

Hertwig, R./Wulff, D. U. (2021): A Description-Experience Framework of the Psychology of Risk, in: Perspectives on Psychological Science, Download unter: https://journals.sagepub.com/doi/pdf/10.1177/17456916211026896 (abgerufen am 02.03.2022)

Heston, S. L./Sadka, R. (2004): Seasonality in the Cross-Section of Expected Stock Returns, AFA 2006 Boston Meetings Paper

Hiebl, M. R. W. (2013): Risk aversion in family firms: What do we really know? in: The Journal of Risk Finance, Vol. 14, No. 1, S. 49–70.

Hiebl, M. R. W. (2019): Risk Governance: From Theoretical Framing to Empirical Testing, in: Management Research Review, Vol. 42, No. 11 (Oktober 2019), S. 1217–1223.

Hiebl, M. R. W. (2019): Professionalisierung des Controllings in Familienunternehmen, in: Feldbauer-Durstmüller B./Mayr S. (Hrsg.): Controlling – Aktuelle Entwicklungen und Herausforderungen, Springer Gabler Wiesbaden, S. 337–354

Hiebl M. R. W./Duller C./Neubauer H. (2019): Enterprise risk management in family firms: evidence from Austria and Germany, in: The Journal of Risk Finance, Vol. 20, No. 1, S. 39–58

Hiebl, M. R. W./Baule, R/Dutzi, A./Menk, M. T./Stein, V./Wiedemann, A. (2018): Risk Governance im Mittelstand: Eine Einführung der Gastherausgeber, in: Zeitschrift für KMU und Entrepreneurship (ZfKE), Vol. 66, No. 1, S. 1–11.

Hillmann, J./Günther, E. (2021): Organizational Resilience: A Valuable Construct for Management Research? in: International Journal of Management Reviews (IRMR), Vol. 23, No. 1, S. 7–44

Hillmer, M. (1993): Kausalanalyse makroökonomischer Zusammenhänge mit latenten Variablen, Heidelberg

Hillson, D. (2005a): Describing Probability: The Limitations of natural Language, PMI Global Congress 2005

Hillson, D. (2005b): Understanding and Managing Risk Attitudes, Aldershot

Hilz-Ward, R. M./Everling, O. (Hrsg.): Risk Performance Management – Chancen für ein besseres Rating, Gabler, Wiesbaden, 2009

Hinterhuber, H. H. (2015): Strategische Unternehmensführung: Das Gesamtmodell für nachhaltige Wertsteigerung, 9. Aufl., Berlin

Hirschmann, S./Romeike, F. (2010): Blick hinter die Kulissen: Risikomanagement bei Hugo Boss, 29.04.2022, https://www.risknet.de/themen/risknews/risikomanagement-bei-hugo-boss/ (abgerufen am 29.04.2022)

Hodson, C. J. (2019): Cyber Risk Management: Prioritize Threats, Identify Vulnerabilities and Apply Controls, Kogan Page

Hölscher, R. (2000): Gestattungsformen und Instrumente des industriellen Risikomanagements, in: Schierenbeck, H. (Hrsg.): Risk-Controlling in der Praxis, Stuttgart, S. 297–363
Höse, S./Huschens, S. (2015): Kreditausfallrisiko, in: Gleißner, W./Romeike, F. (Hrsg): Praxishandbuch Risikomanagement, Berlin, S. 305–324
Hofbauer, E. (2011): Kapitalkosten bei der Unternehmensbewertung in den Emerging Markets Europas, Gabler Verlag, Wiesbaden 2011
Hoffjan, A./Schwarz, M. (2021): Ausweis von Brutto- und Nettorisiken, in: Controller Magazin, Ausgabe 6, S. 80–83
Hofmann, K. H. (2015): Ansätze für ein maßnahmenorientiertes Risikomanagement – Aktuelle Entwicklungen und Implikationen aus der Textilbranche, in: Controller Magazin, September/Oktober 2015, S. 39–44
Hofmann, K. H./Fink, F. (2019): Verbreitung von integrierten Risikomanagementsystemen und deren Wirkung auf die strategische Unternehmensführung. Eine Analyse des Status Quo in deutschen Großkonzernen, in: Controller Magazin, Heft 3 (Mai/Juni 2019); S. 36–43
Hoitsch, H./Winter, P. (2004): Die Cash-Flow at Risk-Methode als Instrument eines integriert-holistischen Risikomanagements, in: ZfCM – Zeitschrift für Controlling und Management, 4/2004, S. 235–246
Hoitsch, H.-J./Winter, P. (2006): Risikocontrolling, in: ZfCI, 2/2006, S. 235–246
Hoitsch, H.-J./Winter, P./Baumann, N. (2006): Stand des Risikocontrollings bei deutschen Kapitalgesellschaften – Ergebnisse einer empirischen Untersuchung in: Controlling, 2/2006, S. 69–78
Hoitsch, H.-J./Winter, P./Bächle, R. (2005): Risikokultur und risikopolitische Grundsätze: Strukturierungsvorschläge und empirische Ergebnisse, in: Zeitschrift für Controlling und Management, 2/2005, S. 125–133
Holton, G.A. (2004): Defining risk, in: Financial Analysts Journal, Vol. 60, No. 6, S. 19–25
Homburg, C./Stephan, J./Weiß, M. (2004): Unternehmensbewertung bei atmender Finanzierung und Insolvenzrisiko, in: Die Betriebswirtschaft, 64. Jg., Heft 3, S. 276–295
Hommel, U. (2005): Value-Based Motives for Corporate Risk Management, in: Frenkel/Hommel/Rudolf (Hrsg.): Risk Management, Berlin 2005, S. 455–478
Hommel, U./Pritsch, G. (1997): Hedging im Sinne des Aktionärs, in: DBW Die Betriebswirtschaft 57, 5, S. 672–693
Hommel, U./Pritsch, G. (2015): Wertorientierte Begründung des unternehmerischen Risikomanagements, in: Gleißner, W./Romeike, F. (2015) (Hrsg): Praxishandbuch Risikomanagement, Berlin, S. 935–950
Hommelhoff, P./Mattheus, D. (2007): Risikomanagementsystem im Entwurf des BilMoG als Funktionselement der Corporate Governance, in: Betriebsberater, 62/2007, S. 2787–2791
Honold, D. (2015): Neue Formen der Eigenkapitalfinanzierung für Innovation & Wachstum – Strukturen, Risiko und Kapitalkosten, in: Corporate Finance, Nr. 06 vom 01.06.2015, S. 197–205
Honold, D. (2020): Responsible Leadership in schwieriger Zeit, in: Verantwortung, Heft 4, S. 8–11
Hopt, K./Roth, M. (2006): §93 Abs. 1 Satz 2 und 4 n.F. Sorgfaltspflicht und Verantwortlichkeit der Vorstandsmitglieder, in: Hopt, K./Wiedmann, H. (Hrsg.): Aktiengesetz – Großkommentar, Dritter Band, 4. Aufl. 2006, Nachkommentierung, S. 1–36
Horsch, A./Morscher, Ch. (2014): Spieltheorie, in: WISU, 5/2014, S. 620–623
Horváth & Partners (Hrsg.): Beyond Budgeting umsetzen. Erfolgreich planen mit Advanced Budgeting, Schaeffer Poeschel, 2004
Horváth, P./Gleich, R. (2000): Controlling als Teil des Risikomanagements, in: Dörner, D./Horváth, P./Kagermann, H. (Hrsg.): Praxis des Risikomanagements – Grundlagen, Kategorien, branchenspezifische und strukturelle Aspekte, Stuttgart, S. 99–126
Horváth, P./Gleich, R./Seiter, M. (2020): Controlling, 14. Aufl., Vahlen, Wiesbaden
Hou, K./Karolyi, G./Kho, B.-C. (2011): What Factors Drive Global Stock Returns? in: Review of Financial Studies, Vol. 24, No. 8, S. 2527–2574
Hoyt, R.E./Liebenberg, A.P. (2011): The value of enterprise risk management, in: Journal of Risk and Insurance, Vol. 78, No. 4, S. 795–822.

Huber, R. (2006): Das globale Risikomanagementsystem der LEONI AG, in: Gleißner, W. (Hrsg.), Risikomanagement im Unternehmen, Loseblattsammlung, 17. Aktualisierung, Kognos, 2006, Kapitel 11-9, S. 1–16

Huber, C./Junne, B. (2013): Neue Entwicklungen im Risikomanagement, in: Controlling & Management Review, 5/2013, S. 64–67

Hubbard, D. (2014): How to Measure Anything: Finding the Value of "Intangibles" in Business, 3. Aufl., Wiley, New York, NY.

Hujer, R./Cremer, R. (1978): Empirische Wirtschaftsforschung, München

Hunziker, S. (2018): Das neue COSO ERM Framework auf dem Prüfstand, in: Expert Focus, Heft 3/2018, S. 163–168

Hunziker, S. (2019): Enterprise Risk Management – Modern Approaches to Balancing Risk and Reward. Springer Gabler, Wiesbaden

Hunziker, S. (2021): Enterprise Risk Management, Glaubenssystem oder Führungsinstrument? in CFO Aktuell, Heft 3/2021, S. 64–67

Hunziker, S./Durrer, M. (2021): Enterprise Risk Management in Switzerland, in: Maffei, M. (Hrsg.): Enterprise Risk Management in Europe, Emerald Publishing Limited, Bingley, S. 227–242.

Hunziker, S./Meissner, J. O. (2018): Ganzheitliches Chancen- und Risikomanagement, Springer Gabler Wiesbaden.

Hunziker, S./Vanini, U. (2021): Wie die COVID-19 Krise die Rolle der Risikomanager verändert – Ergebnisse einer Praxiserhebung aus der Schweiz und Deutschland, in: Controller Magazin, 46. Jg., Nr. 4, S. 26–30

Hurtado, J. M. (2018): Customer concentration versus fragmentation and its implication in corporate risk, in: Eurasian Journal of Business and Management, 6 (1), 2018, S. 1–6.

Huschens, S. (2000): Verfahren zur Value at Risk-Berechnung im Marktrisikobereich, in: Johanning/Rudolph (Hrsg.): Handbuch Risikomanagement, Bad Soden, S. 181–218

Huth, M./Romeike, F. (Hrsg.) (2016): Risikomanagement in der Logistik, SpringerGabler.

Huth, M./Romeike, F. (2021): Supply Chain Risk Management: ESG-Risiken in der Lieferkette erkennen, in: Funk-Münchmeyer, A. (Hrsg.): Zukunftssicher – So geht Innovation an der Schnittstelle von Wirtschaft und Versicherung, Murmann Publishers, 2021, S. 151–164

Huther A. (2003): Integriertes Chancen- und Risikomanagement – Zur ertrags- und risikoorientierten Steuerung von Real- und Finanzinvestitionen in Industrieunternehmen, Gabler Verlag

I

IDW (Hrsg.): Praxisleitfaden Governance, Risk und Compliance. Ausgewählte Fachbeiträge zur Einrichtung und Prüfung von Corporate-Governance-Systemen, IDW Verlag, 2017

Ihlau, S./Duscha, H. (2019): Besonderheiten bei der Bewertung von KMU. Planungsplausibilisierung, Steuern, Kapitalisierung, 2. Aufl., Springer Gabler Wiesbaden

Ihlau, S./Duscha, H./Köllen, R. (2015): Länderrisiken in der Planungsrechnung und ihre Auswirkungen auf die Unternehmensbewertung, in: Betriebs-Berater, 22.2015, S. 1323–1328.

International Association of Certified Valuators and Analysts (IACVA) (2011): Bewertung nicht börsennotierter Unternehmen – die berücksichtigung von insolvenzwahrscheinlichkeiten, in: BewertungsPraktiker, No. 1,, S. 12–22

Internationaler Controller Verein e.V. (ICV) (Hrsg.): Entscheidungsvorlagen für die Unternehmensführung. Leitfaden für die Vorbereitung unternehmerischer Entscheidungen (Business Judgement Rule), erarbeitet von Werner Gleißner, Ute Vanini, Thomas Berger, Markus Feldmeier, Tobias Flath, Thomas Günther, Ralf A. Huber, Markus Kottbauer, Robert Rieg, Utz Schäffer, Karl-Heinz Steinke, Marco Wolfrum, Haufe-Lexware GmbH, Freiburg, 2021

ISACA Germany Chapter e.V./RMA e.V. (2014): Leitfaden ISO 31000 in der IT mit Vergleich zu anderen Standards, Download unter: http://www.isaca.de/sites/default/files/attachements/2014_11_isaca-leitfadenanwendungderiso31000inderit.pdf (abgerufen am 29.04.2022)

Ittner, C.D./Keusch, T. (2017): Incorporating Risk Considerations into Planning and Control Systems: The Influence of Risk Management Value Creation Objectives, in Linsley, P./Woods, M. (Hrsg.): The Routledge Companion to Accounting and Risk, Routledge, London, S. 150–172

J

Jegadeesh, N./Titman, S. (1993): Returns to Buying Winners and Selling Losers: Implications for Stock Market Efficiency, in: The Journal of Finance, Vol. 48 No. 1 (März 1993), S. 65–91

Jegadeesh, N./Titman, S. (2011): Momentum, University of Texas and the NBER, Januar 2011

Jenner, T. (1999): Determinante des Unternehmenserfolgs: eine empirische Analyse auf Basis eines holistischen Untersuchungsansatzes, Stuttgart

Jensen, M. C. (1989): Eclipse of the Public Corporation, in: Harvard Business Review, Vol. 67, No. 5, S. 61–74

Jensen, M. C./Meckling, W. H. (1976): Theory of the Firm: Managerial Behavior, Agency Costs and Ownership Structure, in: Journal of Financial Economics, October,1976, Vol. 3, No. 4, S. 305–360

Jin, Y./Jorion, P. (2006): Firm value and hedging: evidence from US oil and gas producers, in: The Journal of Finance, Vol. 61 No. 2, S. 893–919

Johanning, L. (1998). Value at Risk zur Marktrisikosteuerung und Eigenkapitalallokation, Uhlenbruch, Bad Soden/Ts.

Jonas, M. (2009): Unternehmensbewertung in der Krise, in: Finanz Betrieb, 10/2009, S. 541–546

Jopp, Th/Knoll, L. (2021): Kapitalmarktzins und Risikoprämie: gleich- oder gegenläufig?, in: Betriebswirtschaftliche Forschung und Praxis, Heft 3/2021, S. 323–337

Joyce, C./Mayer, K. (2012): Profits for the long run: Affirming the case for quality, http://csinvesting.org/wp-content/uploads/2012/06/gmo_wp_-_2012_06_-_profits_for_the_long_run_-_affirming_quality.pdf (abgerufen am 29.04.2022)

Jungermann, H./Pfister, H.-R./Fischer, K. (1998): Die Psychologie der Entscheidung, in: Spektrum, S. 214–229

K

Kaduff, J. (1996): Shortfall-Risk-basierte Portfolio-Strategien: Grundlagen, Anwendungen, Algorithmen, Haupt Verlag

Kahneman, D./Tversky, A. (1979a): Prospect theory: An analysis of decisions under risk, in: Econometrica, 47, S. 313–327

Kahneman, D./Tversky, A. (1979b): Intuitive prediction: Biases and corrective procedures, in: Studies in Management Science

Kahneman, D./Slovic, P./Tversky, A. (1982): Advances in prospect theory: Cumulative Representation of Uncertainty, in: Journal of Risk and Uncertainty

Kahneman, D./Sibony, O./Sunstein, C. R. (2021): Noise: Was unsere Entscheidungen verzerrt – und wie wir sie verbessern können, Siedler Verlag München.

Kähler, J./Weber, Ch. (2015): Theorien der Entscheidung unter Unsicherheit, in: WiSt, Heft 10, Oktober, S. 572–578

Kaiser, K. (2005): Erweiterung der zukunftsorientierten Lageberichterstattung, Folgen des Bilanzrechtsreformgesetzes für Unternehmen, in: Der Betrieb, Heft 7, 58 Jg., S. 345–353

Kajüter, P. (2009): Risikomanagement als Controllingaufgabe im Rahmen der Corporate Governance, in: Wagenhofer, A. (Hrsg.): Controlling und Corporate Governance – Anforderungen Verbindungen, Maßnahmen, Umsetzung, Berlin, 2009, S. 109 ff.

Kajüter, P. (2012): Risikomanagement im Konzern. Eine empirische Analyse börsennotierter Aktienkonzerne, Vahlen Verlag München

Kajüter, P. (2015): Risikomanagement in der Supply Chain. Ökonomische, regulatorische und konzeptionelle Grundlagen, in: Vahrenkamp R./Siepermann C. (Hrsg.): Risikomanagement in Supply Chains, 2. Aufl., Erich Schmidt Verlag, Berlin, S. 13–27

Kajüter, P. (2017). Nichtfinanzielle Berichterstattung nach dem CSR-Richtlinie-Umsetzungsgesetz, in: Der Betrieb, 28. Jg., Nr. 12 vom 23.04.2017, S. 617–624

Kajüter, P./Nienhaus, M./Mohrschladt, H. (2015): Chancen und Risikoberichterstattung nach DRS 20: Berichtspraxis und Anwendungserfahrungen bei DAX- und MDAX-Unternehmen, in: WPg, 68. Jg., Heft 11, S. 514–525

Kajüter, P./Winkler, C. (2004): Praxis der Risikoberichterstattung deutscher Konzerne, in: Die Wirtschaftsprüfung, 57. Jg., 6/2004, S. 249–261

Kamaras, E./Wolfrum, M. (2017): Software für Risikoaggregation: Gängige Lösungen und Fallbeispiel, in: Gleißner, W./Klein, A. (Hrsg.): Risikomanagement und Controlling, 2. Aufl., Haufe-Lexware, München 2017, S. 289–314

Kaplan, R. S./Mikes, A. (2012): Managing Risks: A New Framework, in: Harvard Business Manager, Juni 2012, S. 48–60

Kaplan, R.S./Mikes, A. (2016): Risk management – the revealing hand, in: Journal of Applied Corporate Finance, Vol. 28, No. 1, S. 8–18

Kaplan, R. S./Norton, D.P. (2004): Strategy Maps. Der Weg von immateriellen Werten zum materiellen Erfolg, Schäffer Poeschel Stuttgart

Kaplan, R. S./Norton, D.P. (2018): Balanced Scorecard. Strategien erfolgreich umsetzen, Schäffer Poeschel Stuttgart

Karna, A./Richter, A./Riesenkampff, E. (2016): Revisiting the Role of the Environment in the Capabilities-Financial Performance Relationship: A Meta-Synthesis, in: Strategic Management Journal, Vol. 37, S. 1154–1173

Kaserer, Ch. (2021): Marktrisikoprämie und Zinsniveau - Gibt es einen Zusammenhang? in: WPg, Heft 21.2021, S. 781–788

Kaserer, Ch./Hanauer, M. X. (2017): 25 Jahre Fama-French-Modell: Erklärungsgehalt, Anomalien und praktische Implikationen, in: Perspektiven der Wirtschaftspolitik, Vol 18, No. 2, S. 98–116

Kataoka, S. (1963): A Stochastic Programming Model, in: Econometrica, Vol. 31, Nos 1/2, S. 181–196

Kerins, F./Smith, J.K./Smith, R. (2004): Opportunity Cost of Capital for Venture Capital Investors and Entrepreneurs, in: Journal of Financial and Quantitative Analysis, Vol. 39 No. 2, S. 385–405

Kesten, R. (2007): Unternehmensbewertung und Performancemessung mit Robichek/ Myers-Sicherheitsäquivalent, in: Finanz Betrieb, 2/2007, S. 88–98

Keuper, F. (2005): Strategisches Effektivitäts- und Effizienzcontrolling im Lichte des integrierten Risiko- und Ertragsmanagement, in: Keuper/Roesing/Schomann (Hrsg.): Integriertes Risiko- und Ertragsmanagement, Wiesbaden, S. 131–162

Kheder, A./Scherer, M. (2014): Was sind Lévy-Prozesse? in: Risiko Manager, 15/2014, S. 1, 6–12

Kintzel, O./Toll, Ch. (2021): Company valuation and the nonlinear state marginal price vector model under agency conflicts, in: Central European Journal of Operations Research, https://doi.org/10.1007/s10100-021-00765-2

Kisgen, D. J. (2006): Credit Ratings and Capital Structure, in: The Journal of Finance, 62, S. 1035–1072.

Kisgen, D. J. (2009): Do Firms Target Credit Ratings or Leverage Levels? in: Journal of Financial and Quantitative Analysis, 44, S. 1323–1344.

Kitzmueller, M./Shimshack, J. (2012): Economic Perspectives on Corporate Social Responsibility, in: Journal of Economic Literature, Vol. 50, No. 1, S. 51–84

Klatt, T./Möller, K./Pötig, S. (2010): Monte-Carlo-basierte Risikoaggregation und Risikoberichterstattung, in: KoR, Heft 12/2010, S. 644–651

Klein, M. (2011): Monte-Carlo-Simulation und Fuzzyfizierung qualitativer Informationen bei der Unternehmensbewertung, Dissertation, Universität Erlangen-Nürnberg (Dissertation)

Klett, C. (2008): Internationalisierung der Rechnungslegung im Mittelstand: BilMoG versus IFRS for SMEs? BBB 2008,. S. 43 ff.

Knabe, M. (2012): Die Berücksichtigung von Insolvenzrisiken in der Unternehmensbewertung, EUL Verlag, Lohmar

Knackstedt, H.W. (2009): Klein- und Mittelunternehmen (KMU) richtig bewerten, AVM-Verlag, München

Knecht, T./Hommel, U./Wohlenberg, H. (Hrsg.): Handbuch Unternehmensrestrukturierung: Grundlagen – Konzepte – Maßnahmen, Band 2, 2. Aufl., Springer, Wiesbaden 2018

Knight, F. H. (1921): Risk, Uncertainty and Profit, Reprint, Chicago

Knoll, L. (2014): Inflationsüberwälzung in der ewigen Rente: Eingeschwungener Zustand und Unternehmensschrumpfung, in: Corporate Finance vom 06.01.2014, Heft 01, S. 3–6

Knoll, L./Manthey, L. (2021): Verschuldung, Risiko und CAPM: empirische Befunde bei HDAX-Gesellschaften, in: BewertungsPraktiker, Heft 4 (November 2021), S. 106–115

Knoll, L./Braunschmidt, J./Trageser, Ch. (2017): Risikomanagement im Spiegel deutscher Fachbücher, in: Risiko Manager, Heft 10/2017, S. 8–23

Knoll, L./Kruschwitz, L./Löffler, A. (2015): Zinszuschläge und Unternehmenswert: Vorsicht Konvexität! in: BewertungsPraktiker Nr. 1/2015, S. 14–17

Königs, H.-P. (2017): IT-Risikomanagement mit System. Praxisorientiertes Management von Informationssicherheits-, IT- und Cyber-Risiken, 5. Aufl., Springer Vieweg Wiesbaden

Kobi, J.-M. (2015): Personalrisiken und psychologischer Arbeitsvertrag – Die Berücksichtigung eines wesentlichen Werttreibers im Risikomanagement, in: Gleißner, W./Romeike, F. (Hrsg): Praxishandbuch Risikomanagement, Berlin, S. 415–424

Koch, K. R. (2000): Einführung in die Bayes-Statistik, Springer Verlag, Wiesbaden 2000

Köhlbrandt, J./Gleißner, W./Günther, Th. (2020): Umsetzung gesetzlicher Anforderungen an das Risikomanagement in DAX- und MDAX-Unternehmen. Eine empirische Studie zur Erfüllung der gesetzlichen Anforderungen nach den §§ 91 und 93 AktG, in: Corporate Finance, Heft Nr. 07-08, S. 248–258

Korte, Th./Romeike, F. (2010): MaRisk VA erfolgreich umsetzen: Praxisleitfaden für das Risikomanagement in Versicherungen, Berlin

Kraus, A./Litzenberger, R.H. (1973): A state preference model of optimal financial leverage, in: The Journal of Finance, Vol. 28, No. 4, S. 911–922

Kraus, A./Litzenberger, R. H. (1976): Skewness Preference and the Valuation of Risk Assets, in: The Journal of Finance, Vol. 31, No. 4 (Sep., 1976), S. 1085–1100

Krause, T.A./Tse, Y. (2016): Risk management and firm value: Recent theory and evidence, in: International Journal of Accounting and Information Management, Vol. 24, No. 1, S. 56–81

Kremer, Th./Bachmann, G./Lutter, M./von Werder, A./Ringleb, H.-M. (2020): Deutscher Corporate Governance Kodex, 8. Aufl., C.H.Beck

Kropp, M. (2021): Goodwill-Bilanzierung nach International Financial Reporting Standards: Impairment-Only in der Kritik, in: WiSt, 50. Jg., Heft 2/3-2021; S. 48–51

Kropp, M./Schubert, D. (2000): Value at Risk für Rohstoffpreisrisiken, in: Johanning/Rudolph (Hrsg): Handbuch Risikomanagement, Band 2, Bad Soden, S. 1239–1266

Kross, W. K. (2006): Organized Opportunities, Weinheim

Kross, W. K. (2015): Operationelle Risiken und Projektrisiken, in: Gleißner, W./Romeike, F. (Hrsg): Praxishandbuch Risikomanagement, Berlin, S. 425–443

Krotter, S./Schüler, A. (2013): Empirische Ermittlung von Eigen-, Fremd- und Gesamtkapitalkosten: eine Untersuchung deutscher börsennotierter Aktiengesellschaften, in: zfbf, 65 Jg., September 2013, S. 390–433

Krüger, P./Landier, A./Thesmar, D. (2015): The WACC Fallacy: The Real Effects of Using a Unique Discount Rate, in: The Journal of Finance, Volume 70, Issue 3, June 2015, S. 1253–1285

Kruschwitz L. (1999): Investition und Finanzierung, 2. Aufl., Oldenbourg Verlag

Kruschwitz L. (2001): Risikoabschläge, Risikozuschläge und Risikoprämien in der Unternehmensbewertung, in: Der Betrieb, 54. Jahrgang, S. 2409–2413

Kruschwitz, L./Löffler, A. (1997): Ross' APT ist gescheitert. Was nun? in: ZfbF, 49 (1997), S. 644–651

Kruschwitz, L./Löffler, A. (2003a): Fünf typische Missverständnisse im Zusammenhang mit DCF-Verfahren, Finanz Betrieb, S. 731

Kruschwitz, L./Löffler, A. (2003b): Semisubjektive Bewertung, in: Zeitschrift für Betriebswirtschaft, 73, S. 1335–1345

Kruschwitz L./Löffler A. (2005): Ein neuer Zugang zum Konzept des Discounted Cashflow, in: Journal für Betriebswirtschaft, Heft 55, S. 21–36

Kruschwitz, L./Löffler, A./Essler, W. (2009): Unternehmensbewertung für die Praxis, Schäffer-Poeschel Stuttgart

Kruschwitz, L./Löffler, A./Lorenz, D. (2019): Divergent interest rates in the theory of financial markets, in: Quarterly Review of Economics and Finance, Vol. 71.2019, S. 48–55

Kruschwitz, L./Löffler, A./Mandl, G. (2011): Damodarans Country Risk Premium – und was davon zu halten ist, in: WPg – Die Wirtschaftsprüfung, Heft 4/2011, S. 167–176

Kruschwitz, L./Milde, H. (1996): Geschäftsrisiko, Finanzierungsrisiko und Kapitalkosten, in: zfbf, 48. Jg., Heft Nr. 12, S. 1115–1133

Krystek, U./Lentz, M. (2014): Unternehmenskrisen: Beschreibung, Ursachen, Verlauf und Wirkungen überlebenskritischer Prozesse in Unternehmen, in: Thießen, A. (Hrsg.): Handbuch Krisenmanagement, 2. Aufl., Springer Fachmedien, Wiesbaden 2014, S. 31–53

Kühne, M./Lienhard, F. (2020): Ausgestaltung eines Risikofrüherkennungssystems gemäß § 1 StaRUG und die Haftungsfolgen für die Geschäftsleitung, in: Der Sanierungsberater, Heft 4/2020, S. 144–149

Kühne, M./Nickert, C. (2014): Wann ist eine insolvenzrechtliche Prognose positiv? in: ZInsO, 47 / 2014, S. 2297–2308

Kümpel, Th./Luksch, F./Oriolo, C. (2015a): Auswirkung des DRS 20 auf die Praxis der Prognoseberichterstattung im Lagebericht, Teil 1, in: Zeitschrift für internationale Rechnungslegung (IRZ), Heft 5, Mai 2015, S. 199–204

Kümpel, Th./Luksch, F./Oriolo, C. (2015b): Auswirkung des DRS 20 auf die Praxis der Prognoseberichterstattung im Lagebericht, Teil 2, in: Zeitschrift für internationale Rechnungslegung (IRZ), Heft 5, Juni 2015, S. 247–252

Kümpel, Th./Luksch, F./Oriolo, C. (2015c): Auswirkung des DRS 20 auf die Praxis der Prognoseberichterstattung im Lagebericht, Teil 3, in: Zeitschrift für internationale Rechnungslegung (IRZ), Heft 5, Juli/August 2015, S. 307–312

Küpper, H./Bronner, T./Daschmann, H. (1994): RKW – Strategiemappe Strategisches Analyse- und Planungssystem (SAPS), Eschborn

Kürsten W. (2002): Unternehmensbewertung unter Unsicherheit, Theoriedefizit einer künstlichen Diskussion über Sicherheitsäquivalent- und Risikozuschlagsmethode, in: zfbf, Vol. 54, No. 3, S. 128–144

Kürsten, W. (2006): Corporate Hedging, Stakeholderinteresse und Shareholder-Value, in: Journal für Betriebswirtschaft, Jg. 56, Heft 1, S. 3–31

Kusuoka, S., 2001: On Law Invariant Coherent Risk Measures, in: Advances in Mathematical Economics, Vol. 3, No. 1, S. 83–95

Kuznik, Th. (2016): Risk Management in a VUCA World: Practical Guidelines Based on the Example of a Multinational Retail Group, in: Mack, O./Khare, A./Krämer, A./Burgartz, Th. (Hrsg.): Managing in a VUCA World, Springer, S. 77–95

Kyosev, G./Hanauer, M. X./Huij, J./Lansdorp, S. (2020): Does Earnings Growth Drive the Quality Premium?, in: Journal of Banking & Finance, Vol. 114 (May 2020).

L

Laas, T. (2004): Steuerung internationaler Konzerne, Frankfurt am Main

Lackmann, J./Steinmeier, M./Stich, M. (2015): Status Quo der Chancen- und Risikoberichterstattung gem. DRS 20: eine kritische Diskussion der Berichtspraxis der DAX30-Unternehmen, KoR, in: 15. Jg., Heft 1, S. 44–53

Lahmann, A./Schreiter, M./Schwetzler, B. (2018): Der Einfluss von Insolvenz, Kapitalstruktur und Fremdkapitalfälligkeit auf den Unternehmenswert", in: Zeitschrift Für Betriebswirtschaftliche Forschung, Vol. 70, Nos 1/2, S. 73–123

Laitenberger, J. (2006): Rendite und Kapitalkosten, in: ZfB, 76. Jg. (2006), H. 1, S. 79–101.

Lambertz, Ch. (2012): Währungsrisiken in der Unternehmung: Analysieren, Quantifizieren, Steuern, Akademikerverlag

Lamont, O. A./Stein, J. C. (2004): Aggregate Short Interest and Market Valuations, in: American Economic Review, 2004, v94 (2, May), S. 29–32.

Lamont, O. A./Thaler, R. H. (2003): Can the Market Add and Subtract? Mispricing in Tech Stock Carve-outs, in: Journal of Political Economy, Vol. 111, No. 2, S. 227–268

Lange, W./Wall, F. (2001): Risikomanagement nach dem KonTraG, München

Lauber, G. (2014): Das Verhältnis des Ausgleichs gemäß § 304 AktG zu den Abfindungen gemäß den §§ 305, 327 a AktG, LIT Verlag Münster

Laue, J. C. (Hrsg.): Integration der Coporate-Governance-Systeme, Erich Schmidt Verlag Berlin, 2021

Laux, C. (2005): Integrating Corporate Risk Management, in: Frenkel/Hommel/Rudolf (Hrsg.): Risk Management – Challenge and Opportunity, 2. Auflage, Heidelberg, S. 437–454

Laux, H./Schabel, M.M. (2009): Subjektive Investitionsbewertung, Marktbewertung und Risikoteilung: Grenzpreise aus Sicht börsennotierter Unternehmen und individueller Investoren im Vergleich. Springer Verlag, Berlin

Laux, H./Gillenkirch, R. M./Schenk-Mathes, H. (2018): Entscheidungstheorie, 10. Aufl., Wiesbaden

Lechner, Ph./Gatzert, N. (2018): Determinants and value of enterprise risk management: empirical evidence from Germany, in: The European Journal of Finance, Vol. 24, No. 10, S. 867–887

Li, X./Wu, Z. (2009): Corporate risk management and investment decisions, in: The Journal of Risk Finance, Vol. 10, No. 2, S. 155–168

Liekweg, A. (2003): Risikomanagement und Rationalität. Präskriptive Theorie und praktische Ausgestaltung von Risikomanagement, Gabler Verlag, Wiesbaden 2003

Link, M./Scheffler, R./Flath, T./Oehlmann, D./Dommers, Ch. (2021): Risikomanagement in deutschen Industrieunternehmen, in: Controller Magazin, Heft 2, S. 54–61

Link, M./Scheffler, R./Flath, T. (2021): Risikomanagement. Zwischen Pflichtübung und betriebswirtschaftlicher Wertschaffung, in: Zeitschrift für Risikomanagement (ZfRM), Heft 1.21, S. 19–24

Link, M./Scheffler, R./Oehlmann, D. (2018): Quo vadis Risikomanagement?, in: Controller Magazin, Heft 1 (Jan./Feb. 2018), S. 72–78

Lins, K. V./Servaes, H./Tamayo, A. (2017): Social capital, trust, and firm performance: The value of corporate social responsibility during the financial crisis, in: Journal of Finance, Vol. 72, No. 4, S. 1785–1824

Littkemann, J./Reinbacher, Ph./Dick, S. (2014): Direkte und indirekte Einflüsse eines Ratings auf den Unternehmenswert: Eine kritische Analyse am Beispiel der RWE AG, in: Corporate Finance vom 03.02.2014, Heft 02, S. 74–83

Liu, J./Nissim, D./Thomas, J. (2002): Equity Valuation Using Multiples, in: Journal of Accounting Research, 1/2002, S. 135–172

Locarek-Junge, H./Klein, T./Walther, T. (2014): Garch-Modelle, in: WISU, 11/2014, S. 1348–1354

Löhr, B.W. (2010): Integriertes Risikocontrolling für Industrieunternehmen: Eine normative Konzeption im Kontext der empirischen Controllingforschung von 1990 bis 2009 (Controlling & Business Accounting), Verlag Peter Lang, Frankfurt

Lomborg, B. (2020): False Alarm. How Climate Change Panic Costs Us Trillions, Hurt the Poor, and Fails to Fix the Planet, Basic Books, New York

Lomborg, B. (2022): Falscher Klima-Alarm. Wie uns die Panik vor dem Klimawandel Billionen kostet und den Planeten nicht retten wird, FinanzBuch Verlag, München

Lopes, L.L. (1981): Decision making in the short run, in: Journal of Experimental Psychology: Human Learning and Memory, Vol. 7(5), September 1981, S. 377–385

Loughran, T./Wellman, J. W. (2011): New Evidence on the Relation between the Enterprise Multiple and Average Stock Returns, in: Journal of Financial and Quantitative Analysis, Volume 46, Issue 06, December 2011, S. 1629–1650

Lucas, R. E. (1978): Asset Prices in an Exchange Economy, in: Econometrica, 6/1978, S. 1429–1445

Lucks, K. (2020): Der Wettlauf um die Digitalisierung: Potenziale und Hürden in Industrie, Gesellschaft und Verwaltung, Schäffer-Poeschel, Stuttgart.

Lück, W. (2000): Managementrisiken im Risikomanagementsystem, in: Der Betrieb vom 28.07.2000, Heft 30, Seite 1473–1477

Lück, W./Bungartz, O. (2004): Risikoberichterstattung deutscher Unternehmen – Ein Beitrag zur Verbesserung der Wettbewerbsfähigkeit von Unternehmen am internationalen Kapitalmarkt, in: Der Betrieb, 34/2004, S. 1789 ff.

Lück, W./Henke, M./Gaenslen, P. (2002): Die Interne Revision und das Interne Überwachungssystem vor dem Hintergrund eines integrierten Risikomanagements, in: Hölscher/Elfgen (Hrsg.): Herausforderungen Risikomanagement – Identifikation, Bewertung und Steuerung industrieller Risiken, Wiesbaden, S. 225–238

Luhmann, K. (1980): Berücksichtigung des Risikos in Wirtschaftlichkeitsrechnungen, in: Zeitschrift für Betriebswirtschaft, 50/1980, S. 809–811

Lütje, T./Menkhoff, L. (2005): Risk Management, Rational Herding and Institutional Investors: A Macro View, in: Frenkel/Hommel/Rudolf (Hrsg.): Risk Management – Challenge and Opportunity, 2. Auflage, Heidelberg, S. 785–800

Lusardi, A./Mitchell, O. S. (2014): The Economic Importance of Financial Literacy: Theory and Evidence, in: Journal of Economic Literature, Vol. 52, No. 1 (March 2014), pp. 5-44

Lutz, U./Klaproth, T. (2004): Risikomanagement im Immobilienbereich, Berlin

M

Mai, J.M. (2006): Mehrperiodige Bewertung mit dem Tax-CAPM und Kapitalkostenkonzept, in: Zeitschrift für Betriebswirtschaft ZfB, H.12, S. 1225–1253

Mai, J.M. (2008): Die Bewertung verschuldeter Unternehmen unter Berücksichtigung von Zinsabzugsbeschränkungen, in: DBW, 1/2008, S. 31–51

Mandelbrot, B. (1963): The variation of certain speculative prices, in: The Journal of Business of the University of Chicago, 36/1963, S. 394–419

March J. G. (1991): Exploration and Exploitation in Organizational Learning, in: Organization Science, Vol. 2, No. 1, S. 71–87

March, J./Shapira Z. (1987): Managerial Perspectives on risk and risk taking, in: Management Science, 33/1987, S. 1404–1418

Markowitz, H.M. (1952): Portfolio selection, in: Journal of Finance, Vol. 7, No. 1, S. 77–91

Martin, R. W. M./Quell, P./Wehn, C. S. (Hrsg.) (2013): Modellrisiko und Validierung von Risikomodellen, Bank-Verlag GmbH, Köln.

Martin, A./Ventura, J. (2011): Theoretical Notes on Bubbles and the Current Crisis, in: IMF Economic Review, 59, 2011, S. 6–40

Mata, R./Josef, A. K./Hertwig, R. (2016): Propensity for Risk Taking Across the Life Span and Around the Globe, in: Psychological Science, Vol. 27, No. 2, S. 231–243

Matschke, M. J. (1975): Der Entscheidungswert der Unternehmung, Dissertation zur Erlangung des Doktorgrades der Wirtschafts- und Sozialwissenschaftlichen Fakultät zu Köln

Matschke, M. J. (1979): Funktionale Unternehmensbewertung, Band II, Der Arbitriumwert der Unternehmung, Wiesbaden

Matschke, M. J./Brösel, G. (2013): Unternehmensbewertung: Funktionen – Methoden – Grundsätze. 4. Aufl. Gabler Verlag, Wiesbaden 2013

Matschke, M. J./Brösel, G. (2021): Business Valuation, UVK Verlag München

Matschke, M./Brösel, G./Matschke, X. (2010): Fundamentals of functional business valuation, in: Journal of Business Valuation and Economic Loss Analysis, Vol. 5, No. 1, S. 1–39

McConaughy, D. L./Covrig, V. (2007): Owners' Lack of Diversification and Cost of Equity Capital for Closely Held Firm, in: Business Valuation Review, 2007, S. 115–120

McNeil, A.J./Frey, R. (2000): Estimation of Tail-Related Risk Measures for Heteroscedastic Financial Time Series: An Extreme Value Approach, in: Journal of Empirical Finance, Vol. 7 (2000), S. 271–300.

McShane, M. (2017): Enterprise risk management: History and a design science proposal, in: The Journal of Risk Finance, Vol. 19, No. 2, S. 137–153

McShane, M./Nair, A./Rustambekov, E. (2011): Does enterprise risk management increase firm value? in: Journal of Accounting, Auditing, and Finance, Vol. 26, No. 4, S. 641–658

McWilliams, A./Siegel, D. (2001): Corporate social responsibility: A theory of the firm perspective, in: Academy of Management Review, Vol 26, No. 1, S. 117–127

Mehra, R./Prescott, E. (1985): The Equity Premium: A Puzzle, in: Journal of Monetary Economics 15, S. 145–161

Mehra, R./Prescott, E. (2003): The Equity Premium In Retrospect, in: Stulz/Constantinides (Hrsg.), Handbook of the Economics of Finance, S. 890–938

Harten, C./Meyer, M./ Bellora-Bienengräber, L. (2021): Talking about the likelihood of risks: an agent-based simulation of discussion processes in risk workshops, in: Journal of Accounting & Organizational Change (erscheint in Kürze)

Meehl, P. E. (1954): Clinical versus statistical prediction: A theoretical analysis and a review of the evidence, University of Minnesota Press, https://doi.org/10.1037/11281-000

Meitner, M./Streitferdt, F. (2014): Was sind Kapitalkosten? – Eine integrierende Analyse, in: Corporate Finance, 12/2014, S. 527–536

Menden, B./Kralisch, R. (2008): SOX-Compliance Reloaded – außer Spesen nichts gewesen, in: ZfCM, 4/2008, S. 235–238

Menz, K.-M./Nelles, M. (2009): Corporate Governance und Credit Spreads – Korrelation, Kausalität oder weder noch? in: Finanz Betrieb 3/2009, S. 128–136.

Merton, R. C. (1973): An Intertemporal Capital Asset Pricing Model, in: Econometrica, Vol. 41, No. 5. (Sep., 1973), S. 867–887

Merton, R. C. (1987): A simple model of Capital market equilibrium with incomplete information, in: The Journal of Finance, Vol. 42, No. 3, S. 483–510.

Metz, V. (2007): Der Kapitalisierungszinssatz bei der Unternehmensbewertung – Basiszinssatz und Risikozuschlag aus betriebswirtschaftlicher Sicht und aus Sicht der Rechtsprechung, Wiesbaden 2007

Metzger, D. (2008): Die Aggregation von Risiken bei der SAP AG, in: Deutsche Gesellschaft für Risikomanagement e.V. (Hrsg.): Risikoaggregation in der Praxis. Beispiele und Verfahren aus dem Risikomanagement von Unternehmen, Springer-Verlag Berlin, Heidelberg, S. 51–76

Meyding, T./Fabian, C.P. (2000): Rechtliche Risiken, in: Dörner/Horváth/Kagermann (Hrsg.): Praxis des Risikomanagements – Grundlagen, Kategorien, branchenspezifische und strukturelle Aspekte, Stuttgart, S. 283–310

Meyer, K./Mikes, A./Kaplan, R. S. (2021): When Every Employee Is a Risk Manager, in: Harvard Business Review, Januar 2021

Meyer, M./Romeike, F./Spitzner, J. (2012): Simulationen in der Unternehmenssteuerung – Studienergebnisse, 13.06.2012, http://www.risknet.de/typo3conf/ext/bx_elibrary/elibrarydownload.php?&downloaddata=582 (abgerufen am 29.04.2022)

Mikes, A. (2009): Risk management and calculative cultures, in: Management Accounting Research, Vol. 20, No. 1, S. 18–40

Mikes, A. (2011): From counting risk to making risk count: Boundary-work in risk management, in: Accounting, Organizations and Society, 36. Jg, 2011, Heft 4–5, S. 226–245

Miles, J. A./Ezzell, J. R. (1980): The weighted average cost of capital, perfect capital markets, and project life: a clarification, in: Journal of Financial and Quantitative Analysis, 15, S. 719–730

Mißler-Behr, M./Rosenkranz, F. (2015): Entscheidung bei Unsicherheit und Risiko, in: Gleißner, W./Romeike, F. (Hrsg): Praxishandbuch Risikomanagement, Berlin, S. 45–62

Mitchell, M./Pulvino, T./Stafford, E. (2002): Limited Arbitrage in Equity Markets, in: The Journal of Finance, Vol. 57, No. 2 (April 2002), S. 551–584

Mock, T. (2017): Auf was Bewerter beim Rating achten sollten!, Presentation during EACVA's (European Association of Certified Valuators and Analysts) 11th Annual Conference

Möckelmann, K. (2021): Die externe Risikoberichterstattung der Unternehmen und Konzerne, Book on Demand, Norderstedt.

Modigliani, F./Miller, M. (1958): The Cost of Capital, Corporate Finance, and the Theory of Investment, in: American Economic Review, 48/1958, S. 261–297

Modigliani, F./Modigliani, L. (1997): Risk-Adjusted Performance, in: Journal of Portfolio Management, vol. 23 (2) (Winter), S. 45–54.

Möller, K./Wirnsperger, F./Gackstatter, Th. (2015): Performance Management – Konzept, Erfahrungen und Ausgestaltung einer neuen Disziplin, in: Controlling, 27. Jg., Heft 2, 2015, S. 74–80

Molina, C. A. (2005): Are Firms Underleveraged? An Examination of the Effect of Leverage on Default Probabilities, in: Journal of Finance, Volume 60, Issue 3, June 2005, S. 1427–1459

Montag, P. (2016): Risikomanagement und Compliance im Mittelstand, Erich Schmidt Verlag Berlin

Mott, B. (2001): Organisatorischer Aufbau von Risikomanagementsystemen, in: Gleißner/Meier (Hrsg.): Wertorientiertes Risiko-Management für Industrie und Handel, Stuttgart, S. 199–232

Moxter, A. (1983): Grundsätze ordnungsgemäßer Unternehmensbewertung, 2. Aufl., Wiesbaden

Müller, E. (2004): Underdiversification in private companies – required returns and incentive effects, in: ZEW Discussion paper, Nr. 04–29

Müller-Stewens, G./Lechner, C. (2011): Strategisches Management: Wie strategische Initiativen zum Wandel führen, 4. Aufl., Schäffel Poeschel Verlag, Stuttgart

Münzenberg, Th./Rückert, S. (2015): KonTraG und andere Rechtsgrundlagen in Deutschland – Die strafrechtliche Sanktionierung gesellschaftsrechtlichen Ungehorsams: Ein Beitrag zum Verhältnis zwischen Straf- und Gesellschaftsrecht, in: Gleißner, W./Romeike, F. (Hrsg): Praxishandbuch Risikomanagement, Berlin, S. 99–141

Myers, S. C./Majluf, N. S. (1984): Corporate financing and investment decisions when firms have information that investors do not have, in: Journal of Financial Economics, Vol. 13, No. 2, S. 187–221.

N

Nelson, Ch. R./Kang, H. (1984): Pitfalls in the Use of Time as an Explanatory Variable in Regression, in: Journal of Business and Economic Statistics, Vol. 2, No. 1, January 1984, S. 73–82

Nguyen, T. (2007): Grenzen der Versicherbarkeit von Katastrophenrisiken, Wiesbaden

Nguyen, T. (2011): Bilanzielle Auslagerung der betrieblichen Altersversorgung nach HGB und IFRS, in: WIST 3/2011, S. 123–129

Nickert, C. (2021): Die Berechnung des Sicherheitspuffers in der insolvenzrechtlichen Prognose und bei der Beurteilung der Bestandsgefährdung, in: Zeitschrift für Insolvenzrecht (KTS), 82. Jg., Heft 2 (Juni 2021), S. 183–224.

Nickert, C./Kühne, M. (2016): Unternehmensplanung in Krise und Insolvenz, RWS Verlag Köln

Nickert, C./Lamberti, U.H. (2011): Überschuldungs- und Zahlungsunfähigkeitsprüfung im Insolvenzrecht, 2. Auflage, Carl Heymanns Verlag, Köln 2011

Nickert, C./Lamberti, U. H. (2015): Überschuldungs- und Zahlungsunfähigkeitsprüfung im Insolvenzrecht, 3. Aufl., Carl Heymanns Verlag, Köln.

Nickert, A./Nickert, C. (2021): Früherkennungssystem als Instrument zur Krisenfrüherkennung nach dem StaRUG, in: GmbHR, Heft 8 (April 2021), S. 401–413

Nickert, C./Nickert, A./Kühne, M. (2019): Prognosen im Insolvenzrecht, in: Zeitschrift für Insolvenzrecht (KTS), Vol. 80, No. 1, S. 29–65

Nippel, P. (1999): Zirkularitätsproblem in der Unternehmensbewertung, in: BfuP, 3/99, S. 333–347

Nocco, B. W./Stulz, R. M. (2006): Enterprise risk management: theory and practice, in: Journal of Applied Corporate Finance, Vol. 18, No. 4, S. 8–20

Nocco, B. W./Stulz, R. M. (2022): Enterprise Risk Management: Theory and Practice, in: Journal of Applied Corporate Finance, Vol. 34, No. 1, S. 81–94

Nöll, B./Wiedemann, A. (2008): Investitionsrechnung unter Unsicherheit – Rendite-/Risikoanalyse von Investitionen einer wertorientierten Unternehmensführung, München, 1. Auflage

Norland, E./Stabile, D. (2000): Bayesian approaches to finance, in: Global Investor, September 2000, S. 62–64

Novy-Marx, R. (2013): The other side of value: The gross profitability premium, in: Journal of Financial Economics, 108, S. 1–28

O

Obermaier, R./Saliger, E. (2020): Betriebswirtschaftliche Entscheidungstheorie, 7. Aufl., Berlin

Oehler, K. (2019): Advanced Analytics für Controller. Einsetzbare Anwendungen zum Nachbauen mit R, Haufe Verlag, Freiburg

Oehler, A./Unser, M. (2013): Finanzwirtschaftliches Risikomanagement, 2. Aufl., Springer Verlag Berlin

Oepen, R.-P./Gleißner, W./Heine, R./Kölzer, H./Wieczorek, R. (2011): Risikoorientierte Bauprojekt-Kalkulation: Eine innovative Methode zur Risikobeherrschung und Eindämmung von Ausreißer-Projekten, Vieweg+Teubner, BRZ Deutschland GmbH

Oertel, C./Kovaleva, E./Gleißner, W./Bienert, S. (2022): Stochastic Framework for Carbon Price Risk Estimation of Real Estate: A Markov Switching GARCH Simulation Approach, in: Journal of Property Investment & Finance, https://doi.org/10.1108/JPIF-12-2021-0104

Offerhaus, J./Hempel, M. (2008): Best practise und Entwicklungswege bei der Aggregation von Risiken, in: Deutsche Gesellschaft für Risikomanagement e.V. (Hrsg.): Risikoaggregation in der Praxis. Beispiele und Verfahren aus dem Risikomanagement von Unternehmen, Springer-Verlag Berlin, Heidelberg, S. 215–229

Ohlson, J. A. (1980): Financial ratios and the probabilistic prediction of bankruptcy, in: Journal of Accounting Research 18, S. 109–131

Oppitz, V. (2010): Ausfallwahrscheinlichkeit von Krediten, in: KRP, 1/2010, S. 17–22

P

Pache, Th. (2019): Cyberversicherung für Vermittler: Risiko, Bewertung und Deckung, VVW GmbH, Karlsruhe

Pagach, D.P./Warr, R.S. (2011): The characteristics of firms that hire chief risk officers, in: Journal of Risk and Insurance, Vol. 78, No. 1, S. 185–211

Pagach, D./Wieczorek-Kosmala, M. (2020): The Challenges and Opportunities for ERM Post-COVID-19: Agendas for Future Research, in: Journal of Risk and Financial Management, Vol. 13, No. 12, S. 1–10

Pannen, K./Riedemann, S./Smid, S. (Hrsg.): StaRUG. Unternehmensstabilisierungs- und -restrukturierungsgesetz, C.H.Beck, 2021.

Paschinger, S. (2018): Anforderungen an das Risikomanagement und ergänzende Sichtweisen interner Prüfer, GRIN Verlag

Pastor, L./Stambaugh, R. F./Taylor, L. A. (2021): Sustainable investing in equilibrium, in: Journal of Financial Economics, Vol. 142, No. 2 (November 2021), S. 550–571

Pedell, B./Renzl, B. (2021): Purpose und Resilienz, in: Controlling, 33. Jg., Spezialausgabe Sommer 2021, S. 120–125

Pedersen, C. S./Satchell, S. E. (1998): An extended family of financial-risk measures, in: Geneva papers on risk and insurance theory, Vol. 23, No. 2 (Dezember 1998), S. 89–117

Peemöller, V. H. (Hrsg.): Praxishandbuch der Unternehmensbewertung, 7. Aufl., NWB Verlag Herne, 2019

Pellens, B./Crasselt, N./Sellhorn, Th. (2009): Corporate Governance und Rechnungslegung, in: zfbf, 61. Jg., Februar 2009, S. 102–113

Perold, A.F. (2001): Capital Allocation in Financial Firms, Working Paper Nr. 98–072, Harvard Business School, February 2001

Petkova, R./Zhang, L. (2005): Is value riskier than growth? in: Journal of Financial Economics, Nr. 78, S. 187–202

Pfeiffer, D. (2015): Katastrophenrisiken und Extremwerttheorie, in: Gleißner, W./Romeike, F. (Hrsg): Praxishandbuch Risikomanagement, Berlin, S. 287–303

Pfister, C. (2003): Divisionale Kapitalkosten, Bern

Pfister, G. (2002): Indikatoren einer nachhaltigen Entwicklung im Bereich „Wirtschaft", Arbeitsbericht der Akademie für Technikfolgenabschätzung in Baden-Württemberg, Download unter: https://elib.uni-stuttgart.de/bitstream/11682/8739/1/ab216.pdf (abgerufen am 17.11.2021)

Pfister, H.-R./Jungermann, H./Fischer, K. (2017): Die Psychologie der Entscheidung. Eine Einführung, 4. Aufl., Springer Verlag Berlin Heidelberg

Pinker, S. (2011): Gewalt – Eine neue Geschichte der Menschheit, S. Fischer Verlag, Frankfurt

Piotroski, J. D. (2000): Value investing: the use of historical financial statement information to separate winners from losers, in: Journal of Accounting Research, Vol. 38 (Supplement), S. 1–41

Plosser, Ch./Schwert, W. G. (1977): Estimation of a non-invertible moving average process: The case of overdifferencing, in: Journal of Econometrics, 6 (September 1977) 199–224

Pohlmann, N. (2019): Cyber-Sicherheit. Das Lehrbuch für Konzepte, Prinzipien, Mechanismen, Architekturen und Eigenschaften von Cyber-Sicherheitssystemen in der Digitalisierung, Springer Vieweg, Wiesbaden

Pontzen, H./Romeike, F. (2015): Reputationsrisiko: Die vernachlässigte Risikokategorie, in: Gleißner, W./Romeike, F. (Hrsg): Praxishandbuch Risikomanagement, Berlin, S. 403–414

Porter, M. (1980): Wettbewerbsstrategie: Techniken zur Analyse von Industrien und Wettbewerbern, NY, Free Press

Porter, M. (2013): Wettbewerbsstrategie: Methoden zur Analyse von Branchen und Konkurrenten, 12. Aufl., Campus Verlag Frankfurt

Porter, M. (2014): Wettbewerbsvorteile: Spitzenleistungen erreichen und behaupten, 8. Aufl., Campus Verlag Frankfurt

Power, M. (2013): The apparatus of fraud risk, in: Accounting, Organizations and Society, 38. Jg., 2013, S. 525–543

Prahalad, C. K./Hamel, G. (1990): The Core Competence of the Corporation, in: Harvard Business Review, Vol. 69, No. 3, S. 275–292

Priermeier, T. (2005): Finanzrisikomanagement im Unternehmen – Ein Praxishandbuch, München

Priske, H. (2015): Monte Carlo Simulation: Für Softwareentwickler – und Menschen, die mit ihnen reden müssen

Q

Quick, R./Gauch, K. (2021): Wie berichten Unternehmen über ihre Risikomanagementsysteme, in: WPg, Heft 18.2021, S. 1121–1126

Quill, T. (2020): Valuation Techniqnes Under Construction-About the Dissemination of the CAPM in German Judicial Valuation, in: Schmalenbach Business Review (SBR), 72. Jg., Heft 2, S. 299–341

R

Radinger, G./Moecke, Ph./Gleißner, W. (2022): Fallbeispiel zur Bandbreitenplanung. Risikoanalyse im Rahmen der Finanzplanung, in: Controller Magazin, Heft 2 (März/April 2022), S. 25 ff.

Ramharter, M. (2018): D&O-Versicherung. Dogmatische Grundlagen und ausgewählte Praxisfragen, Wien: Facultas

Ramsey, F.P. (1931): Truth and probability, in: The Foundations of Mathematics and Other Logical Essays, Harcourt Brace, New York, NY

Rapp, M. S. (2006): Die arbitragefreie Adjustierung von Diskontierungssätzen bei einfacher Gewinnsteuer, in: zfbf, Vol. 58 (6), S. 771–806

Rappaport, A. (1986): Creating Shareholder-Value, New York

Rau-Bredow, H. (2002): Value at Risk, Normalverteilungshypothese und Extremwertverhalten, in: Finanzbetrieb, 10/2002, S. 603–607

Rauch, K./Weigt, S. G. K. (2018): Risikoangaben im Rahmen der nichtfinanziellen Berichterstattung, in: KoR, Heft 3/2018, S. 119–126

Reichmann, T. (2001): Die Balanced Chance- and Risk-Card. Eine Erweiterung der Balanced Scorecard, in: Lange/Wall (Hrsg.): Risikomanagement nach dem KonTraG, München, S. 282–304

Reichmann, Th. (2011): Controlling mit Kennzahlen, 8. Aufl., Verlag Vahlen.

Reichmann, Th./Kißler, M./Baumöl, U. (2017): Controlling mit Kennzahlen, 9. Aufl., Verlag Vahlen.

Reichmann, Th./Schön, D./Liebe, M. (2019): IT-Gestützte Planung für mittelständische Unternehmen (KMU). Der „Praktiker"-Ansatz, in: Controlling, 31. Jg., Spezialausgabe Frühjahr 2019, S. 28–33

Renn, O. (2014): Das Risikoparadox – Warum wir uns vor dem Falschen fürchten, Fischer Taschenbuch, Frankfurt

Richter, F. (2005): Mergers & Acquisitions. Investmentanalyse, Finanzierung und Prozessmanagement, Vahlen München

Richter, P. C. (2019): Der Capability-Based View der Unternehmung, in: WiSt, Heft 1/2019, S. 42–45

Richter, P. (2021): Überleben in der Plattformökonomie: Eine transaktionskostenbasierte Analyse von Online-Marktplätzen, in: Wirtschaftswissenschaftliches Studium (WiSt), 50. Jg., Heft 02-03, S. 45–47

Rick, S. (2018): Das Compliance-Index-Modell – Wie der Wertbeitrag von Compliance aufgezeigt werden kann, Dissertation, Springer Gabler, Wiesbaden

Ricken, B./Wüthrich, A./Matt, Ch. (2021): Ein Framework zur systematischen Entwicklung und Anpassung von Digitalisierungsstrategien, in: Wirtschaftsinformatik & Management. 13. Jg., Heft 4/2021, S. 324–335

Rieder, M. (2005): Bayesianisches Kredit-Scoring zur Messung des Ausfallrisikos, in: Romeike, F. (Hrsg): Modernes Risikomanagement, Weinheim, 2005, S. 185–200

Rieg, R. (2015a): Break-Even-Analyse im Mehrproduktfall unter Unsicherheit und Risiko, in: Controller Magazin, 4/2015, S. 76–82

Rieg, R. (2015b): Planung und Budgetierung – Was wirklich funktioniert. 2. Aufl., Springer Gabler, Wiesbaden

Rieg, R. (2018): Eine Prognose ist (noch) kein Plan, in: Controlling, 30. Jg., Heft 6/2018, S. 22–28

Rieg, R. (2020): Internationales Controlling, Vahlen Verlag München

Rieg, R./Ulrich, P. (2019): Integration von Risikoaspekten in die Unternehmensplanung, in: Gleich, R./Kappes, M./Leyk, J. (Hrsg.): Planung, Budgetierung und Forecasting, Der Controlling-Berater, Band 59, Freiburg, S. 67–82

Rieg, R./Vanini, U. (2021): Compliance als Aufgabe des Risikomanagements? Ein empirischer Vergleich von KMU und Großunternehmen anhand von Stellenanzeigen, in: ZfKE, 69. Jg., Heft 4, S. 253–279

Ringleb, H./Kremer, T./Lutter, M./von Werder, A. (2014): Kommentar zum Deutschen Corporate Governance Kodex; 5. Aufl., C.H.BECK

RiskNET (2007): Experten-Studie: Wert- und Effizienzsteigerung durch ein integriertes Versicherungs- und Risikomanagement, Oberaudorf 2007

RiskNET (2020): Die nächsten Baustellen im Risikomanagement. Unkenntnis über IDW PS 340 n.F., 07.07.2020, https://www.risknet.de/themen/risknews/die-naechsten-baustellen-im-risikomanagement/ (abgerufen am 29.04.2022).

RiskNET (2021a): IDW PS 340 n.F. und StaRUG. Studie zur wirksamen Risikofrüherkennung, 05.05.2021, https://www.risknet.de/themen/risknews/studie-zur-wirksamen-risikofrueherkennung/ (abgerufen am 29.04.2022)

RiskNET (2021b): Qualitative Risikoaggregation und Risikotragfähigkeit? Früherkennung bestandsgefährdender Entwicklungen (§ 91 AktG und § 1 StaRUG), 09.08.2021, https://www.risknet.de/themen/risknews/qualitative-risikoaggregation-und-risikotragfaehigkeit/ (abgerufen am 29.04.2022)

RiskNET (2021c): Cybersicherheit 2022. Prognose zukünftiger Cyberrisiken, 02.12.2021, https://www.risknet.de/themen/risknews/prognose-zukuenftiger-cyberrisiken/ (abgerufen am 29.04.2022)

RiskNet (2021d): Benchmark-Studie PS340. Umsetzung wirksamer Risikofrüherkennungssysteme, 22.12.2021, https://www.risknet.de/themen/risknews/umsetzung-wirksamer-risikofrueherkennungssysteme/ (abgerufen am 29.04.2022)

Risk Management Association e.V. (RMA) (Hrsg.): Managemententscheidungen unter Risiko, erarbeitet von Werner Gleißner, Ralf Kimpel, Matthias Kühne, Frank Lienhard, Anne-Gret Nickert und Cornelius Nickert, Erich Schmidt Verlag Berlin, 2019.

Robichek, A. A./Myers, S. C. (1966): Conceptual problems in the use of risk-adjusted discount rates, in: The Journal of Finance, Vol. 21, No. 4, S. 727–730

Rockafellar, R./Uryasev, S./Zabarankin, M. (2002): Deviation Measures in Risk Analysis and Optimization, verfügbar auf SSRN: https://papers.ssrn.com/sol3/papers.cfm?abstract_id=365640 (abgerufen am 29.04.2022)

Röhm-Kottmann, M./Kesting, B./Gratwohl, S. (2022): Effizientes und effektives Risikomanagement vor dem Hintergrund zunehmender Digitalisierung, in: Controlling, 34. Jg., Heft 1/2022, S. 11–19

Rogers, D. L. (2017): Digitale Transformation. Das Playbook: Wie Sie Ihr Unternehmen erfolgreich in das digitale Zeitalter führen und die digitale Disruption meistern. mitp Verlag, Frechen

Roll, R. (1977): A Critique of the Asset Pricing Theory's Tests, Part I: on the Past and Potential Testability of the Theory, Journal of Financial Economics 4, S. 76–129

Romeike, F. (2005): Risikokategorien im Überblick, in: Romeike, F. (Hrsg): Modernes Risikomanagement, Weinheim, 2005, S. 17–32

Romeike, F. (2008): Rechtliche Grundlagen des Risikomanagements – Haftungs- und Strafvermeidung für Corporate Compliance, ESV, Berlin

Romeike, F. (2009): Strategisches Denken in komplexen Situationen, in: Risiko Manager, 22/2009, S. 24–26

Romeike, F. (2010a): Blick hinter die Kulissen: Bayer AG: Risikomanagement als Teil der Unternehmenssteuerung, 04.05.2010, https://www.risknet.de/themen/risknews/bayer-ag-risikomanagement-als-teil-der-unternehmenssteuerung/ (abgerufen am 29.04.2022)

Romeike, F. (2010b): Blick hinter die Kulissen: Risikomanagement bei der Freudenberg-Gruppe, 19.05.2010, https://www.risknet.de/themen/risknews/risikomanagement-bei-der-freudenberg-gruppe/ (abgerufen am 29.04.2022)

Romeike, F. (2010c): Risikomanagement bei der METRO Group, Quelle: RiskNET, 28. Mai 2010, https://www.risknet.de/themen/risknews/risikomanagement-bei-der-metro-group/00583cfa0fd7e1f03a48a20df7466d1b/ (abgerufen am 29.01.16)

Romeike, F. (2014): Risikomanagement im Kontext von Corporate Governance, in: Der Aufsichtsrat, 05/2014, S. 70–72

Romeike, F. (2017): Management von Rohstoffrisiken, in: Schöning/Sümer Göğüş/Pernsteiner [Hrsg.]: Risikomanagement in Unternehmen, Interkulturelle Betrachtungen zwischen Deutschland, Österreich und der Türkei, Spinger Verlag, Wiesbaden 2017, S. 117–173

Romeike, F. (2018a): Toolbox – Reifegrade definieren Methoden, in: GRC aktuell, 1. Jg., Heft 1, S. 41–45

Romeike, F. (2018b): Toolbox – Fehlermöglichkeits- und Einflussanalyse (FMEA), in: GRC aktuell, 1. Jg., Heft 2, S. 73–77

Romeike, F. (2018c): Risikomanagement, Springer Verlag, Wiesbaden

Romeike, F. (2019a): Neufassung des IDW Prüfungsstandards 340 (PS 340) – Risikoaggregation wird zur Pflicht, 13.09.2019, https://www.risknet.de/themen/risknews/risikoaggregation-wird-zur-pflicht/ (abgerufen am 29.04.2022)

Romeike, F. (2019b): Fehlerbaumanalyse / Fault Tree Analysis (Toolbox), in: GRC aktuell, 2. Jg., Heft 3, S. 104–108

Romeike, F. (2020): Gefangen in der Risikowahrnehmungsgesellschaft – in Risikokompetenz investieren, in: PERSPEKTIEFE, Ausgabe 51/2020, S. 9–12

Romeike, F. (2021a): Deterministische Szenariosimulation (Toolbox), in: GRC aktuell, 4. Jg., Heft 1, S. 14–20

Romeike, F. (2021b): Stochastische Szenariosimulation (Toolbox), in: GRC aktuell, 4. Jg., Heft 2, S. 51–60

Romeike, F. (2021c): Systematic Risk Blindness, in: Risk Management Review, Edition 2021

Romeike, F. (2022): Aktualisierter DIIR Revisionsstandard Nr. 2 – Version 2.1. Prüfung des Risikomanagementsystems durch die Interne Revision, 21.02.2022, https://www.risknet.de/themen/risknews/pruefung-des-risikomanagementsystems-durch-die-interne-revision/ (abgerufen am 22.02.2022)

Romeike, F./Eicher, A. (2015): Cybersicherheit im Bankenumfeld, in: FIRM Jahrbuch 2015, Frankfurt/Main, S. 185–187

Romeike, F./Finke, R. (2003): Erfolgsfaktor Risikomanagement: Chance für Industrie und Handel, Lessons learned, Methoden, Checklisten und Implementierung, Wiesbaden

Romeike, F./Gleißner, W. (2021): Toolbox Implikation des StaRUG: Risikomanagement-Software führt zu Haftungsrisiken, in: GRC aktuell, Heft 4, S. 126–130

Romeike, F./Hager, P. (2020): Erfolgsfaktor Risiko-Management 4.0. Methoden, Beispiele, Checklisten Praxishandbuch für Industrie und Handel, Springer Gabler, Wiesbaden

Romeike, F./Kempf, A. (2015): Integriertes Risikomanagement in der Carl Zeiss Gruppe, in: Gleißner, W./Romeike, F. (Hrsg): Praxishandbuch Risikomanagement, Berlin, S. 877–900

Romeike, F./Pontzen, H. (2009): Risk of risks – Reputationsrisiko – Die vernachlässigte Risikokategorie, in: Risk, Compliance & Audit (RC&A), 01/2009, S. 11–17

Romeike, F./Saurugg, H. (2017): Komplex oder kompliziert – das ist die Frage – Kolumne Methoden im Risikomanagement, 06.10.2017, https://www.risknet.de/themen/risknews/komplex-oder-kompliziert-das-ist-die-frage/ (abgerufen am 29.04.2022)

Romeike, F./Spitzner, J. (2013): Von Szenarioanalyse bis Wargaming – Betriebswirtschaftliche Simulationen im Praxiseinsatz, Wiley Verlag, Weinheim

Romeike, F./Stallinger, M. (2021): Stochastische Szenariosimulation in der Unternehmenspraxis – Risikomodellierung, Fallstudien, Umsetzung in R, Springer Verlag, Wiesbaden

Rommelsfanger, H. (2008): Stand der Wissenschaft bei der Aggregation von Risiken, in: Deutsche Gesellschaft für Risikomanagement e.V. (Hrsg.): Risikoaggregation in der Praxis. Beispiele und Verfahren aus dem Risikomanagement von Unternehmen, Springer-Verlag Berlin, Heidelberg, S. 15–47

Roselieb, F. (2002), Die Krise managen, Frankfurt am Main

Rosenkranz, F./Missler-Behr, M. (2005): Unternehmensrisiken erkennen und managen – Einführung in die quantitative Planung, Berlin

Rosling, H. (2019): Factfulness: Wie wir lernen, die Welt so zu sehen, wie sie wirklich ist, Ullstein

Rossi, M. (2016): The Capital Asset Pricing Model: A Critical Literature Review, in: Global Business and Economics Review, Vol. 18, No. 5, S. 604–617

Roy, A. D. (1952): Safety first and the holding of assets, in: Econometrica, Vol. 20, No. 3, S. 431–449

Rubinstein, M. (1973): The Fundamental Theorem of Parameter Preference security valuation, in: Journal of Financial and Quantitative Analysis. Vol. 8, No. 1, S. 61–69

Ruiz de Vargas, S./Zollner, Th. (2010): Einfluss der Finanzkrise auf Parameter der Unternehmensbewertung, in: BewertungsPraktiker Nr. 2/2010, S. 2–12

Ruud, F./Bensultana, Y./Kyburz, A.(2020): Das DreiI-Linien-Modell des IIA. Eine Aktualisierung der Three Lines of Defense, in: Expert Focus, Heft 10/2020, S. 716–721

S

Saha, A./Malkiel, B.G. (2012): DCF Valuation with Cash Flow Cessation Risk, in: Journal of Applied Finance, Vol. 22, Issue 1, S. 175–185

Sarin, R.K./Weber, M. (1993): Risk-value models, in: European Journal of Operational Research, Vol. 70, No. 2, S. 135–149Sassen, R. (2012): Integration des Controllings in das Corporate Governance-System einer Aktiengesellschaft, in: Controlling, 24. Jg., Heft 6, S. 323–329

Sassen, R./Azizi, L./Bien, C./Braun, V. (2021): Stand nachhaltigen Wirtschaftens in Deutschland, Berlin/Dresden

Saur, G./Tschöpel, A./Wiese, J./Willershausen, T. (2011): Finanzieller Überschuss und Wachstumsabschlag im Kalkül der ewigen Rente: ein Beitrag zur Umsetzung aktueller Erkenntnisse in die Praxis der Unternehmensbewertung, in: WPg, Heft 21/2011, S. 1017–1026

Saurugg, H./John, B. (2017): Ein europaweiter Blackout – das unterschätzte Katastrophenszenario, in: Controller Magazin, Heft 6 (November/Dezember 2017), S. 54–60

Sautter, D. (2002): Risikomanagement in der Unternehmensberatung: Das Fallbeispiel FutureValue Group AG, in: Gleißner, W. (Hrsg.), Risikomanagement in Unternehmen, Loseblattwerk, 6. Aktualisierung, Kognos, S. 1–26

Schaefer, J. (2009): Bewertungsmethoden für Wertpapiere auf unvollkommenen und unvollständigen Märkten, GRIN Verlag (Diplom-arbeit)
Schäfer, H. (2011), Derivate und ihr Einsatz im Risikomanagement von Unternehmen: Eine praxisorientierte Handlungshilfe für Aufsichts- und Betriebsräte, Edition Hans Böckler Stiftung, Düsseldorf
Schäfer, N./Uschakow, S./Fieberg, Ch./Poddig, Th. (2015): Die Kerndichteschätzung – Ein Vergleich mit der Normalverteilungsannahme bei der VaR und CVaR Berechnung, in: WiSt Heft 9, September 2015, S. 482–487
Schäffer, U. (2020a): Levers of Organizational Resilience, in: Controlling & Management Review, 64. Jg., Heft 6–7/2020, S. 8–19
Schäffer, U. (2020b): Resilienz: Vier Controlling-Handlungsfelder, um Unternehmen krisenfest zu machen, 24.09.2020, https://www.haufe.de/controlling/controllerpraxis/wie-controller-die-resilienz-von-unternehmen-steigern_112_525710.html (abgerufen am 29.04.2022)
Schäffer, U. (2021a): Wie resilient sind unsere Unternehmen? in: Controller Magazin, Heft 4 (Juli/August 2021), S. 31–34
Schäffer, U. (2021b): Leadership ist gefragt!, in: Controlling & Management Review, 65. Jg., Heft 1, S. 40–45
Schäffer, U./Storek, F. (2022): Transforming risk management, in: Controlling & Management Review, Heft 1/2022, S. 30–34
Schäffer, U./Weber, J. (2001): Controlling als Rationalitätssicherung der Führung – Zum Stand unserer Forschung in: Weber, J./Schäffer, U. (Hrsg.), Rationalitätssicherung der Führung, Wiesbaden, S. 1–6
Schäffer, U./Weber, J. (2014): Business Partner – Mittendrin statt nur dabei, in: Controlling & Management Review, Vol. 58, Heft 2, S. 6–50.
Schäffer, U./Weber, J. (2015a): Mit den richtigen Kennzahlen steuern (Teil 1), in: Controlling & Management Review, Vol. 59, Heft 3, S. 33–41
Schäffer, U./Weber, J. (2015b): Mit den richtigen Kennzahlen steuern (Teil 2), in: Controlling & Management Review, Vol. 59, Heft 4, S. 52–58
Schallmo, D./Rusnjak, A. (2021): Roadmap zur Digitalen Transformation von Geschäftsmodellen, in: Schallmo D./Rusnjak, A./Anzengruber, J./Werani, Th./Lang, K. (Hrsg.): Digitale Transformation von Geschäftsmodellen, 2. Aufl., Springer, S. 1–36
Schaub, H. (1993): Modellierung der Handlungsorganisation, Huber Bern.
Scheer, A.-W. (2015): Industrie 4.0: Von der Vision zur Implementierung, in: Controlling 27. Jg., Heft 8/9, S. 442–451
Schein, E. H. (2003): Organisationskultur, Bergisch Gladbach
Schentler, P./Rieg, R./Gleich, R. (2010): Budgetierung im Spannungsverhältnis zwischen Motivation und Koordination, in: Controlling, 22. Jg., Heft 1, S. 6–11
Scherer, J. (2012): Good Governance und ganzheitliches strategisches und operatives Management: Die Anreichung des „unternehmerischen Bauchgefühls" mit Risiko-, Chancen- und Compliancemanagement, in: Corporate Compliance Zeitschrift (CCZ), Heft 6/2012, S. 201–211
Scherer, J./Fruth, K. (2015): Governance-Management Band I: Grundsätze ordnungsgemäßer Unternehmensführung (GoU) und -überwachung (GoÜ): Grundsätze ordnungsgemäßer (Corporate) Governance (GoGov), Deggendorf
Schierenbeck, H./Lister, M. (2001): Value Controlling: Grundlagen wertorientierter Unternehmensführung, München, Wien
Schierenbeck, H./Lister, M. (2002): Risikomanagement im Rahmen der wertorientierten Unternehmenssteuerung, in: Hölscher/Elfgen (Hrsg.): Herausforderungen Risikomanagement – Identifikation, Bewertung und Steuerung industrieller Risiken, Wiesbaden, S. 181–204
Schilling, B. (2019): Plausibilisierung von Unternehmensplanungen, in: WP Praxis, 09/2019, S. 254–260
Schlienkamp, C. (1998): Grundlagen der Asset Allocation, in: Eller R. (Hrsg.): Handbuch des Risikomanagements – Analyse, Quantifizierung und Steuerung von Marktrisiken in Banken und Sparkassen, Stuttgart, S. 315–333
Schlittgen, R./Streitberg, B. (1984): Zeitreihenanalyse, München

Schlüchtermann, J./Siebert, J. (2015): Industrie 4.0 und Controlling: Erste Konturen zeichnen sich ab, in: Controlling, 27. Jg., Heft 8/9, S. 461–465
Schmidt, S./Gleißner, W. (2020): Interview: Ausgestaltung und Prüfung von Risikofrüherkennungssystemen, in: WPg, 73. Jg., Heft 19, S. 1149–1153
Schmidt, A./Henschel, Th. (2021): Prüfung des Überwachungssystems gemäß § 91 Abs. 2 AktG. Kritische Analyse der Neufassung des IDW PS 340, in: ZIR, Heft 4/21, S. 182–194
Schmidt, A./Obermüller, Ph. (2014): Determinanten externer Unternehmensratings: empirische Relevanz zeitlich geglätteter und branchennormierter Kennzahlen für die Prognose von S&P-Unternehmensratings, in: DBW, 74. Jg., Heft 1, S. 41–65
Schmidt, K. D. (2009): Versicherungsmathematik, 3. Aufl., Springer-Verlag Berlin Heidelberg
Schmidt, M. (2003): Das Management von Projektrisiken im Anlagenbau – ein Fallbeispiel der Voith Siemens Hydro Power Generation GmbH & Co. KG, in: Gleißner, W. (Hrsg.): Risikomanagement im Unternehmen, Loseblattwerk, Kognos, S. 1–22
Schmidt, M./Ahlrichs, F./Sommerhoff, B. (2015): Moderne Wertorientierung – vom „Wertobjekt" zur „Teilhabe an der Wertschöpfung" – Teil 1, in: Controller Magazin, Januar/Februar 2015, S. 77–82
Schmidt, W./Kalwait, R./Oehler, K. (2015): Moderne Wertorientierung – vom „Wertobjekt" zur „Teilhabe an der Wertschöpfung" – Teil 5, in: Controller Magazin, September/Oktober 2015, S. 66–70
Schmidt, W./Müller, S./Lorson, P. (2015): Moderne Wertorientierung – vom „Wertobjekt" zur „Teilhabe an der Wertschöpfung" – Teil 2, in: Controller Magazin, März/April 2015, S. 36–42
Schmielewski, F. (2009): Quantitative Messung der Liquiditätsrisiken, in: Risiko Manager, 12/2009, S. 6–11Schmitz, T./Wehrheim, M. (2006): Risikomanagement: Grundlagen – Theorie – Praxis, Stuttgart
Schmitz, Th./Wehrheim, M. (2006): Risikomanagement: Grundlagen – Theorie – Praxis, Kohlhammer Verkag Stuttgart
Schneck, O. (2008): Rating: Wie Sie Ihre Bank überzeugen, Deutscher Taschenbuch Verlag
Schneider, D. (2001): Risk Management als betriebswirtschaftliches Entscheidungsproblem? in: Lange/Wall (Hrsg.): Risikomanagement nach dem KonTraG, München, S. 181–206
Schöll, S./Eichhorn, D./Gleißner, W. (2019): Monte-Carlo-Simulationen im Risikomanagement des Flughafens München, in: Controller Magazin, Heft 5 (September/Oktober 2019), S. 28–33
Schönfelder, D./Neitzel, N., (2022): Das Lieferkettensorgfaltspflichtengesetz: Menschenrechte als S in ESG, in: REthinking Finance, 4. Jg., Heft 1/2022, S. 63–71
Schöning, S./Schyma, K. (2021): Analyse empirischer Studien zu Marktrisikoprämien am deutschen Kapitalmarkt vor dem Hintergrund der aktuellen IDW-Empfehlungen, in: Corporate Finance, Heft 3–4, S. 77–93
Scholze, A./Wielenberg, S. (2012): Der Ausweis von Zinseffekten bei der Folgebewertung von Rückstellungen, in: Die Betriebswirtschaft, 72.Jg., H.3, S. 255–268
Schosser, J./Grottke, M. (2013): Nutzengestützte Unternehmensbewertung: Ein Abriss der jüngeren Literatur, in: zfbf, Jahrgang 65, Juni 2013, S. 306–341
Schüler, A. (2015a): Fünf Methoden zur Unternehmensbewertung „in a nutshell", in: WiSt, Heft 7, Juli 2015, 44. Jg., S. 414–417.
Schüler, A. (2015b): Ein DCF-Baukasten: zur Bewertung zusammengesetzter Zahlungsströme, in: Corporate Finance, Dezember 2015, 6. Jg., S. 474–481
Schüler, B./Schwetzler, A. (2019): Verschuldung und Unternehmenswert – Anmerkungen zum IDW Praxishinweis 2/2018, in: Der Betrieb, Heft 32/2019, S. 1745–1750
Schuhmacher, F./Auer, B. J. (2012): Normalverteilung, Value at Risk und Expected Shortfall, in: WISU 11/12, S. 1502–1509
Schuhmacher, F./Auer, B. J. (2014): Momente, zentrale Momente, partielle Momente und Fonds-Performance, in: WISU, Vol. 43.2014, Heft 5, S. 672–677
Schuhmacher, F./Auer, B. J. (2015): Extremwerttheorie und Value at Risk, in: WiSt, Heft 5, S. 259–267
Schulten, R. (2010): Quo Vadis Risikomanagement, in: Controlling, Heft 4/5, S. 231–237

Schultze, W./Hirsch, C. (2005): Unternehmenswertsteigerung durch wertorientiertes Controlling – Goodwill-Bilanzierung in der Unternehmenssteuerung, Essen

Schulz, D./Bert, U./Lessing, H. (2018): Handbuch Insolvenz: Insolvenzverfahren, Haftung, Gläubigerschutz, 5. Aufl., Haufe Verlag, Freiburg.

Schwaiger, W. S. A./Brandstätter, M. (2020): Qualitätsmessung von ERM-Systemen anhand von Reifegraden, in: Controller Magazin, 45. Jg., Nr. 2, S. 73–77

Schwarz, M. (2022): Status Quo von IT-Unterstützung im Risikomanagementprozess, in: Controlling, 34. Jg., Heft 1/2022, S. 4–10

Schwenker, B./Dauner-Lieb, B. (Hrsg.): Gute Strategie – Der Ungewissheit offensiv begegnen, Frankfurt, 2017.

Schwetzler, B. (2000a): Unternehmensbewertung unter Unsicherheit – Sicherheitsäquivalent- oder Risikozuschlagsmethode, in: zfbf 08/2000, S. 469–486

Schwetzler, B. (2000b): Stochastische Verknüpfung und implizite bzw. maximal zulässige Risikozuschläge bei der Unternehmensbewertung, in: BFuP 5 / 2000, S. 478–492

Sellhorn, Th./Wagner, V. (2022): Das International Sustainability Standards Board und globale Standards für Nachhaltigkeitsberichterstattung, in: Der Betrieb, Heft 01–02, S. 1–9

Semmler, H. (2001): Risikoaggregation als Vorraussetzung für eine wertorientierte Unternehmensführung bei der Vossloh AG, in: Gleißner/Meier (Hrsg.) Wertorientiertes Risikomanagement für Industrie und Handel, Gabler Verlag, 2001, S. 447–455

Serfas, S. (2014): Branchenstrukturanalyse nach Porter, in: WISU 8–9/14, S. 1003–1007.

Shad, M. K./Lai, F.-W./Fatt, C. L./Klemeš, J. J./Bokhari, A. (2019): Integrating sustainability reporting into enterprise risk management and its relationship with business performance: A conceptual framework, in: Journal of Cleaner Production, Vol. 208 (20. Januar 2019), S. 415–425.

Shefrin, H. (2016): Behavioural Risk Management: Managing the psychology that drives decisions and influences operational risk, Palgrave, Macmillan

Shiller, R. (1981): The Use of Volatility Measures in Assessing Market Efficiency, in: Journal of Finance, Vol. 36, S. 291–304

Shiller, R. (2003): Die neue Finanzordnung, Frankfurt am Main

Shiller, R. (2015): Irrationaler Überschwang, 3. Aufl., Frankfurt a.M./New York

Shkel, D. (2021): Der Range Value at Risk – eine robuste Alternative zum Expected Shortfall, in: WiSt, 50. Jg., Heft 12 (Dezember 2021), S. 4–11

Shleifer, A. (2000): Inefficient Markets: An Introduction to Behavioral Finance, Oxford

Shleifer, A./Summers, L. (1990): The Noise Trader Approach to Finance, in: The Journal of Economic Perspectives, Vol, 4, No. 2, S. 19–33

Shleifer, A./Vishny, R. (1992): Liquidation Values and Debt Capacity: A Market Equilibrium Approach, in: Journal of Finance, Vol. 47, No. 4, S. 1343–1366

Shleifer, A./Vishny, R. (1997): The Limits of Arbitrage, in: The Journal of Finance, Vol. 52, No. 1, S. 35–55

Siebenmorgen, N./Weber, M. (1999): Risikowahrnehmung – Wie Anleger unsichere Renditen einschätzen, Reihe „Forschung für die Praxis" Bd. IV des Lehrstuhls für ABWL, Finanzwirtschaft, insbesondere Bankbetriebslehre, Universität Mannheim, 1999

Siepe, G. (1986): Das allgemeine Unternehmensrisiko bei der Unternehmensbewertung (Ertragswertermittlung), in: Der Betrieb, 14/1986, S. 705–708

Siepe, G. (1998): Kapitalisierungszinssatz und Unternehmensbewertung: in Wirtschaftsprüfung, 7/1998, S. 325–338

Silverman, B.W. (1986): Density Estimation for Statistics and Data Analysis, London

Simon, H. A. (1956): Rational Choice and the Structure of the Environment, in: Psychological Review, Vol. 63, No. 2, S. 129–138

Sinn, H.-W. (1980): Ökonomische Entscheidungen bei Unsicherheit, Tübingen 1980

Slovic, P. (2000): The Perception of Risk, London

Slovic, P./Fischhoff, B./Lichtenstein, S. (1985): Regulation of Risk: A Psychological Perspective, in: Noll, R. (Hrsg.): Regulatory policy and the social sciences, S. 241–278

Slovic, P./Finucane, M.L./Peters, E./MacGregor, D.G. (2004): Risk as Analysis and Risk as Feelings: Some Thoughts about Affect, Reason, Risk, and Rationality, in: Risk Analysis, Vol. 24, No. 2, 2004, S. 311–322

Smithson, C./Simkins B. J. (2008): Does Risk Management Add Value? A Survey of the Evidence, in: Chew, D. H. (Hrsg.) (2008): Corporate Risk Management, Columbia University Press, S. 235–256

Sommerfeld/Steurer (2008): Integriertes Chancen- und Risikomanagement bei der BMW Group, in: Deutsche Gesellschaft für Risikomanagement e.V. (Hrsg.): Risikoaggregation in der Praxis, Springer, S. 93–106

Sonius, D./Bergstermann, M./Liewald, C./Kehrel, U. (2015): Zur Entstehung von Unternehmenskrisen, in: KSI 5/15, S. 197–206

Sopp, K./Baumüller, J./Scheid, O. (2021): Die nichtfinanzielle Berichterstattung. Berichtspflichten und -inhalte, NWB Verlag

Sorger, H. (2008): Entscheidungsorientiertes Risikomanagement in der Industrieunternehmung, Peter Lang Frankfurt am Main

Spremann, K. (2004): Valuation: Grundlagen moderner Unternehmensbewertung. Oldenbourg Wissenschaftsverlag, München 2004

Spremann, K. (2008): Portfoliomanagement, 4. Aufl., Oldenbourg Verlag München

Steffan, B./Poppe, J./Roller, J. (2021): StaRUG: Wie die Risikofrüherkennung und Liquiditätsplanung bei KMUs gestaltet werden kann, in: INDat Report, Heft 09_2021 (November 2021), S. 46–55

Steger, U/Amann, W. (2009): Corporate Governance, in: WISU, 3/09, S. 331–333

Stein, V./Wiedemann, A. (2016): Risk Governance: Conceptualization, tasks, and research agenda, in: Journal of Business Economics, 86. Jg., Heft 8, S. 813–836

Stein, V./Wiedemann, A. (2017): Risk Governance. Vorausschauender Radar, in: BankInformation, Heft 03/2017, S. 64–69

Stein, V./Wiedemann, A./Bouten, C. (2019): Framing risk governance, in: Management Research Review, 42. Jg., Nr. 11, S. 1224–1242

Stein, V./Wiedemann, A./Wilhelms, J. H. (2018): Integrative Risikosteuerungsansätze für KMU: Enterprise Risk Management versus Risk Governance, in: Zeitschrift für KMU und Entrepreneurship (ZfKE), 66 (1), S. 61–70

Stein, V./Wiedemann, A./Zielinski, M. (2018): Einordnung der Risk Governance in das System der unternehmerischen Überwachung, in: Der Betrieb, 71. Jg., Heft 22/2018, S. 1292–1295

Steiner, M./Bauer, C. (1992): Die fundamentale Analyse und Prognose des Marktrisikos deutscher Aktien, in: Zeitschrift für betriebswirtschaftliche Forschung, S. 347/368

Steinke, K.-H./Löhr, B. W. (2014): Bandbreitenplanung als Instrument des Risikocontrollings: ein Beispiel aus der Praxis bei der Deutschen Lufthansa AG, in: Controlling, Vol. 26.2014, S. 616–623

Stern, J. M./Shiely, J. S./Ross, I. (2002): Wertorientierte Unternehmensführung mit Economic Value Added (EVA), Econ

Stier, C. (2017): Risikomanagement und wertorientierte Unternehmensführung. Effizienz- und Monopoleffekte, Springer Fachmedien, Wiesbaden

Stoel, M. D./Ballou, B./Heitger, D. L. (2017): The impact of quantitative versus qualitative risk reporting on risk professionals' strategic and operational risk judgements, in: Accounting Horizons, Vol. 31, No. 4, S. 53–69

Stotz, O. (2008): Überrendite von Aktien: Risikoprämie oder Ambiguitätsprämie? in: DBW, 3 / 2008, S. 337–350

Strobel, S. (2012): Unternehmensplanung im Spannungsfeld von Ratingnote, Liquidität und Steuerbelastung, Friedrich-Alexander-Universität Erlangen-Nürnberg (Dissertation)

Stroeder, D. (2007): Fundamentale Risiken im deutschen Mittelstand und Modelle zu ihrer Bewältigung, Stuttgart, Dissertation

Strohhecker, J. (2009): System Dynamics als Werkzeug für das Risikomanagement, in: Risiko Manager, 22/2009, S. 8–15

Strohhecker, J./Sehnert, J. (Hrsg.) (2008): System Dynamics für die Finanzindustrie – Simulieren und Analysieren dynamisch-komplexer Probleme, Frankfurt

Stulz, R. M. (1996): Rethinking Risk Management, in: Journal of Applied Corporate Finance, Volume 9, Issue 3, S. 8–25

Stulz, R. M. (1999): Globalization, Corporate Finance and the Cost of Capital, in: Journal of Applied Corporate Finance, Vol. 12, Issue 3, S. 8–25

Subrahmanyam, A. (2010): The Cross-Section of Expected Stock Returns: What Have We Learnt from the Past Twenty-Five Years of Research? in: European Financial Management, Vol. 16, No. 1, 2010, S. 27–42

Swalm, R. (1966): Utility Theory – Insights into Decision-Taking, in: Harvard Business Review

T

Taleb, N. N. (2008): Der Schwarze Schwan: Die Macht höchst unwahrscheinlicher Ereignisse, Carl Hanser Verlag, München

Taleb, N. N. (2018): Antifragilität: Anleitung für eine Welt, die wir nicht verstehen, München

Taleb, N. N./Pilpel, A. (2004): On the Unfortunate Problem of the Nonobservability of the Probability Distrubution

Tasche, D. (2002): Expected Shortfall and Beyond, in: Journal of Banking and Finance, 26(7), S. 1519–1533

Taylor, J. B. (1998): An Historical Analysis of Monetary Policy Rules, Working Paper 6768, Cambridge USA, October 1998, Download unter: http://economistsview.typepad.com/files/taylor.pdf (abgerufen am 29.04.2022)

Teece, D./Pisano, G./Shuen, A. (1997): Dynamic Capabilities and Strategic Management, in: Strategic Management Journal, Vol. 18, No. 7, S. 509–533

Teigen, K. H. (1990): To be convincing or to be right: A question of three seasons, i: K. Gilhooly, u.a. Lines of Thinking, Willey, Chilchester, S. 299–313

Tegethoff, J./Gleißner, W./Ewen, M. (2003): Das Risikomanagementsystem der Coca-Cola Erfrischungsgetränke AG (CCE AG), in: Gleißner, W. (Hrsg.), Risikomanagement im Unternehmen, Loseblattsammlung, 8. Aktualisierung, Kognos, 2003, Kapitel 11–5, S. 1–26

Telser, L. (1955): Safety First and Hedging, in: Review of Economic Studies, Vol. 23, S. 1–16

Thaler, R. H. (1980): Towards a positive theory of consumer choice, in: Journal of Economic Behavior and Organization, 1/1980, S. 39–60

Thaler, R. H. (1993): Advances in Behavioral Finance, Russell Sage Foundation Publications, New York 1993

Theisen, M. R. (2014): Aufstieg und Fall der Idee vom Deutschen Corporate Governance Kodex, in: Der Betrieb 67 (2014), S. 2057–2064

Tillmann, M. (2006): Allokation von Risikokapital im Versicherungsgeschäft, in: Risiko Manager, Teil 1 in 04/2006, S. 4–9 und Teil 2 in 05/2006, S. 22–27

Thießen, A. (Hrsg.): Handbuch Krisenmanagement, 2. Aufl., Springer Fachmedien Wiesbaden, 2014

Timmreck, C. (2006): Kapitalmarktorientierte Sicherheitsäquivalente – Konzeption und Anwendung bei der Unternehmensbewertung – Zugleich Dissertation, Wiesbaden

Tirole, J. (1985): Asset Bubbles and Overlapping Generations, in: Econometria, Vol. 53, No. 6. (Nov., 1985), S. 1499–1528

Töpfer, A/Heymann, A. (2000): Marktrisiken, in: Dörner/Horváth/Kagermann (Hrsg.): Praxis des Risikomanagements – Grundlagen, Kategorien, branchenspezifische und strukturelle Aspekte, Stuttgart, S. 225–252

Töpfer, A./Maertins, A./Duchmann, Ch. (2015): Risiko-Identifikation durch Elektronisches Brainstorming für Szenario-Analysen, in: Controlling, 27. Jg., Heft 10, S. 587–592

Toll, Ch. (2019): Finanzwirtschaft und Unternehmensbewertung, Habilitationsschrift zur Erlangung der venia legendi für das Fachgebiet „Betriebswirtschaftslehre" an der Fakultät für Wirtschaftswissenschaft der FernUniversität in Hagen.

Toll, Ch./Leonhardt, T. (2019): Der Kalkulationszinsfuß in der Unternehmensbewertungspraxis – Möglichkeiten und Grenzen von Ermessensentscheidungen, in: Zeitschrift für Bankrecht und Bankwirtschaft (ZBB), Vol. 31, Heft 3, S. 195–216

Torous, W.N./Brennan, M.J. (1999): Individual Decision Making and Investor Welfare, in: Economic Notes, Vol. 28, No. 2, S. 119–143

Trageser, C./Knoll, L. (2019). Risikomanagement und Controlling – Disziplinäre Symbiose auf Fachbuchebene, in: Controller Magazin, 44. Jg., Heft 2, S. 59–65.
Trucco, S./Demartini, M. C./Beretta, V. (2021): The reporting of sustainable development goals: is the integrated approach the missing link? in: SN Business & Economics, Vol. 1, No. 2, Download unter: https://link.springer.com/content/pdf/10.1007/s43546-021-00046-9.pdf (abgerufen am 29.04.2022).
Tschöpel, A. (2004): Risikoberücksichtigung bei Grenzpreisbestimmungen im Rahmen der Unternehmensbewertung, Dissertation, Eul
Tschöpel, A./Wiese, J./Willershausen, T. (2010): Unternehmensbewertung und Wachstum bei Inflation, persönlicher Besteuerung und Verschuldung (Teil 1 und 2), in: WPg, 7/2010, S. 349–357 und WPg, 8/2010, S. 405–412
TU München (2021): Approaches to climate risk methodology as an example of ESG risk management in finance, Download unter: http://mediatum.ub.tum.de/doc/1633856/1633856.pdf (abgerufen am 20.12.2021)
Tversky, A./Kahneman, D. (1974): Judgement under Uncertainty: Heuristics and Biases, in: Science Vol. 185, No. 4157 (September), S. 1124–1131
Tversky, A./Kahneman, D. (1992): Advances in Prospect Theory: Cumulative Representation of Uncertainty, in: Journal of Risk and Uncertainty, Vol. 5, No. 4, S. 297–323

U

Uhlmann, R. (2008): Portfolio Insurance – CCPI im Vergleich zu anderen Strategien, Bern
Ulrich, P. (2009): Entwicklungsperspektiven der Corporate Governance, in: WiSt, Heft 10, Oktober 2009, S. 530–533
Ulrich, P. (2011): Corporate Governance in mittelständischen Familienunternehmen. Theorien, Feldstudien, Umsetzung, Gabler Springer, Wiesbaden
Ulrich, P. (2018): Integration von Risikoaspekten in operative Planung und Budgetierung: Was unterscheidet mittelständische Familienunternehmen von anderen Unternehmen?, in: Zeitschrift für KMU und Entrepreneurship (ZfKE), Vol. 66, Heft 1, S. 13–33
Ulrich, P. (2019): Risikomanagement im Mittelstand – empirische Implikationen für Aufsichtsräte und Beiräte, in: Der Aufsichtsrat, 16. Jg., Nr. 12, S. 173–175.
Ulrich, P./Scheuermann, I./Spitzenpfeil, Th. (2018): Status Quo von Risikomanagement und Risikocontrolling. Empirische Erkenntnisse und Implikationen für die Controllerpraxis, in: controller Magazin, Heft 6 (November/Dezember 2018), S. 62–68.
Ulrich, P./Barth, J./Lehmann, S. (2018): Stand des Risikomanagements in der Praxis, in: KSI, Heft 4/2018, S. 154–160

V

van den Brink, G. (2005): Quantifizierung operationeller Risiken – Ein Weg zur Einbettung in den Management-Zyklus, in: Romeike, F. (Hrsg.): Modernes Risikomanagement, Weinheim, 2005, S. 255–268
Vanini, U. (2014): Instrumente für eine systematische Identifikation von Risiken, in: Controller Magazin, 4/2014, S. 65–70
Vanini, U. (2017). Reifegrade der Integration von Risikomanagement und Controlling, in: Gleißner, W./Klein, A. (Hrsg.): Risikomanagement und Controlling, 2. Aufl., Freiburg i.Br., S. 169–182
Vanini, U. (2018). Die Notwendigkeit einer Integration von Risikomanagement und Controlling. In: Risk Management Association e.V. (Hrsg.): Praxisleitfaden Risikomanagement im Mittelstand – Grundsätze – Organisation – Durchführung, Berlin, S. 56–65
Vanini, U. (2019): Controlling unter Unsicherheit, in: Controller Magazin, 44. Jg., Heft 5, S. 64–65
Vanini, U. (2021a): Business Partner, Modellexperte oder Compliance Champion? Rollen von Risikomanagern in der Unternehmenssteuerung, in: Zeitschrift für Risikomanagement, 2. Jg. Nr. 6, S. 156–161
Vanini, U. (2021b): Aspekte des strategischen Risikomanagements, in: WISU, Heft 1/21, S. 68–74

Vanini, U./Gutacker, H. (2019): Rollen und Zufriedenheit von Risikomanagern. Ergebnisse einer Befragung in Deutschland und der Schweiz, in: Controller Magazin, Heft 6/2019, S. 58–64.
Vanini, U./Heise, L. (2017): Monte-Carlo-Simulation in der GuV-Planung des Audi-Konzerns – Eine Fallstudie, in: Nadig, L./Egle, U. (Hrsg.): CARF Luzern 2017, Konferenzband, Schriften aus dem Institut für FDL Zug, Bd. 43, Luzern, S. 547–562
Vanini, U./Hunziker, S. (2021): Wie können sich Risikomanager an der Krisenbewältigung beteiligen? Erfahrungen aus der COVID-19-Krise, in: Zeitschrift für Risikomanagement, 2. Jg. Nr. 5, S. 131–134
Vanini, U./Kempcke, A. L. (2020): Risikomanager als Businesspartner? Ergebnisse einer qualitativen Befragung, in: Controller Magazin, 45. Jg., Heft 5, S. 17–23
Vanini, U./Leschenko, A. (2017): Reifegrade der Integration von Risikomanagement und Controlling – Eine empirische Untersuchung deutscher Unternehmen, in: Controller Magazin, 42. Jg. Heft 1, S. 36–41
Vanini, U./Rieg, R. (2021a): Risikomanagement: Grundlagen – Instrumente – Unternehmenspraxis, 2. Aufl., Schäffer Poeschel, Stuttgart
Vanini, U./Rieg, R. (2021b): Risk attitude, information selection, and information use in capital budgeting decisions, in: Int. J. Managerial and Financial Accounting, Vol. 13, No. 3/4, S. 253–278
Velte, P. (2017): Does ESG performance have an impact on financial performance? Evidence from Germany, in: Journal of Global Responsibility, Vol. 80, No. 2, S. 169–178
Velte, P. (2020): Der Referentenentwurf für ein Finanzmarktintegritätsstärkungsgesetz (FISG). Reform der internen Corporate Governance nach dem Wirecard-Skandal, in: Steuer- und Bilanzpraxis (StuB), Heft 21/2020, S. 817–826
Velte, P. (2021a): Regulierung von Corporate Governance-Systemen durch das geplante FISG: Eine kritische Würdigung, in WPg, 74. Jg., Heft 6/2021, S. 387–398.
Velte, P. (2021b): Sustainable Corporate Governance: Integration von Nachhaltigkeit in das Aktien- und Bilanzrecht (Teil I), in: Der Betrieb, Heft 20, S. 1054–1062 und Teil II, in: Der Betrieb, Heft 21, S. 1113–1121
Velte, P. (2022): Regulierung der Sustainable Board Governance – das fehlende Glied in der Kette des „EU Green Deal"-Projekts?, in: Zeitschrift für Internationale Rechnungslegung (IRZ), Heft 2 (Februar 2022), S. 63–68
Velte, P./Czaya, V. (2017): Status Quo der Risikoberichterstattung nach DRS 20: Eine empirische Analyse der DAX30-Unternehmen, in: KoR, 17. Jg., Heft 2, S. 70–78
Velte, P./Eulerich, M. (2021): Das geplante Finanzmarktintegritätsstärkungsgesetz (FISG). Eine kritische Diskussion aus Sicht der Internen Revision, in: Zeitschrift Interne Revision (ZIR), 56. Jg., Heft 2/2021, S. 64–69
Velte, P./Graewe. D. (2021): Reform der Corporate Governance nach dem Wirecard-Skandal. Grundlagen – Problemfelder – Lösungsansätze, NWB Verlag, Herne
Velte, P./Weber, S. (2021): Sustainable corporate purpose and sustainable corporate governance: Integrative theoretical framework and reform recommendations, in: Zeitschrift für Umweltpolitik und Umweltrecht (ZfU), Heft 3/2021, S. 287–323
Vettinger, T./Volkart, R. (2002): Kapitalkosten und Unternehmenswert: Zentrale Bedeutung der Kapitalkosten, in: Der Schweizer Treuhänder, 09/02, S. 751–758
Vogler, M./Gundert, M. (1998): Einführung von Risikomanagementsystemen, Der Betrieb, Heft 48, 51. Jg., S. 2375–2380
Voigt, K.-I. (2010): Risikomanagement im Anlagenbau: Konzepte und Fallstudien aus der Praxis, Berlin
Volkart, R. (1999): Risikobehaftetes Fremdkapital und WACC-Handhabung aus theoretischer und praktischer Sicht, Arbeitspapier Nr. 16 des Instituts für schweizerisches Bankwesen
von der Oelsnitz, D. (2012): Corporate Governance: Politischer Ordnungsrahmen für Unternehmen, in: WISU Heft 4/2012, S. 524–528.
von Metzler, L. (2004): Risikoaggregation im industriellen Controlling, Köln
von Neumann, J./Morgenstern, O. (1947): Theory of games and economic behavior, Princeton

von Nitzsch, R. (2002a): Unternehmensstrategie im Wettbewerb: Eine spieltheoretische Analyse, Stuttgart

von Nitzsch, R. (2002b): Entscheidungslehre! Wie Menschen entscheiden und wie sie entscheiden sollten, Stuttgart 2002

von Weizsäcker, R./Süßmuth, B./Feilcke, C. (2006): Naturkatastrophen: Pflichtversicherungen oder staatliches Handeln, in: WISU, 8–9/2006, S. 1111–1116

Vose, D. (2008), Risk Analysis: A Quantitative Guide, 3rd ed., John Wiley and Sons, Hoboken, NJ.

W

Wala, T./Messner, S. (2006): Die Berücksichtigung von Ungewissheit und Risiko in der Investitionsrechnung, in: Wirtschaft und Management – Schriftenreihe der Fachhochschule des bfi Wien, 1/2006, S. 57 ff.

Walkshäusl, Ch. (2012): Die Volatilitätsanomalie auf dem deutschen Aktienmarkt: Mit weniger Risiko zu einer besseren Performance, in: CORPORATE FINANCE biz, 02/2012, S. 81–86

Walkshäusl, Ch. (2013a): Fundamentalrisiken und Aktienrenditen – Auch hier gilt, mit weniger Risiko zu einer besseren Performance, in: CORPORATE FINANCE biz, 3/2013, S. 119–123

Walkshäusl, Ch. (2013b): The high returns to low volatility stocks are actually a premium on high quality firms, in: Review of Financial Economics, Vol. 22, No. 4, S. 180–186

Walkshäusl, Ch. (2017): Zur Prognose von Marktrenditen mittels fundamentaler Bewertungskennzahlen, in Corporate Finance Nr. 07–08 vom 31.07.2017, S. 129–134

Walkshäusl, Ch. (2019): The fundamentals of momentum investing: European evidence on understanding momentum through fundamentals, in: Accounting & Finance, Vol. 59, S. 831–857

Walkshäusl, Ch. (2020): Piotroski's FSCORE: international evidence, in: Journal of Asset Management, 2020, Vol. 21, No. 2, S. 106–118

Walkshäusl, Ch./Lobe, S. (2014): The Alternative Three-Factor Model: An Alternative beyond US Markets? in: European Financial Management, Vol. 20, No. 1, S. 33–70

Waschbusch, G./Kiszka, S./Strauß, Ph. (2021): Nachhaltigkeit in der Bankenbranche – Ansätze zur Integration des Nachhaltigkeitsgedankens in die bankbetriebliche Praxis, Nomos, Baden-Baden

WBCSD und COSO (2018): Enterprise Risk Management, Download unter: http://docs.wbcsd.org/2018/02/COSO_WBCSD_ESGERM.pdf (abgerufen am 29.04.2022)

Weber, M. (1993): Besitztumseffekte: Eine theoretische und experimentelle Analyse, in: Die Betriebswirtschaft, 53, S. 479–490

Weber, M./Krahnen, J. P./Voßmann, F. (1998): Risikomessung im Kreditgeschäft: Eine empirische Analyse bankinterner Ratingverfahren, in: ZfbF, Sonderheft 1998, S. 117–142

Weber, J./Liekweg, A. (2001): Risiko(management) und Rationalität der Führung in unterschiedlichen Kontexten, in: Lange/Wall (Hrsg.): Risikomanagement nach dem KonTraG, München, S. 459–504

Weber, M. W./Koch, M. (2000): Berücksichtigungen von Risikoaspekten im EVA Management- und Vergütungssystem, in: Johanning/Rudolph (Hrsg.): Handbuch Risikomanagement, Band 2, Bad Soden, S. 1335–1351

Weber, J./Schäffer, U. (Hrsg.): Rationalitätssicherung der Führung, Springer Wiesbaden 2001

Weber, J./Schäffer, U. (2013): Vom Erbsenzähler zum Business Partner: und wie geht es weiter? Wiley

Weber, J./Schäffer, U. (2020): Einführung in das Controlling, 16. Aufl., Schäffer-Poeschel Stuttgart

Wehrsporn, U. (2005): Stochastische Insolvenzwahrscheinlichkeiten: Credit Risk+, in: Romeike, F. (Hrsg.): Modernes Risikomanagement, Weinheim, 2005, S. 119–128

Wehrspohn, U./Ernst, D. (2021): Wann nehme ich welche Verteilung?, 06.12.2021, verfügbar auf SSRN: https://papers.ssrn.com/sol3/papers.cfm?abstract_id=3979026 (abgerufen am 24.02.2022)

Weigel C./Hiebl M. R. W./Wiedemann A. (2018): Vom Risk Management zur Risk Governance, in: Controlling & Management Review (CMR), 62. Jg., Heft 1, S. 34–40

Weissman, A./Barreuther, P. (2022): Familienunternehmen der Zukunft. Wie Sie Digitalisierung und Disruption positiv nutzen können, Haufe, Freiburg

Weißenberger, B. E. (2004): Theoretische Grundlagen der Erfolgsmessung in Controlling, in: Scherm, E./Pietsch, G. (Hrsg.): Controlling, Theorien und Konzepte, München

Weißenberger, B. E./Löhr, B. (2010): Integriertes Risikocontrolling in Industrieunternehmen. Status quo im deutschsprachigen Raum, in: Zeitschrift für Controlling & Management, 54. Jg., Heft 5, S. 336–343

Weitzmann, J. (2021): Teil 1 Krisenfrüherkennung und -management, in: Pannen, K./Riedemann, S./Smid, S. (Hrsg.): StaRUG. Unternehmensstabilisierungs- und -restrukturierungsgesetz, C.H.Beck, S. 61–94

Welch, I. (1992): Sequential Sales, Learning, and Cascades, in: The Journal of Finance, Vol. 47, No. 2 (Juni 1992), S. 695–732

Wellbrock, W./Ludin, D./Krauter, S. (2020): Nachhaltigkeitscontrolling. Instrumente und Kennzahlen für die strategische und operative Unternehmensführung, Springer Gabler, Wiesbaden

Werdich, M. (2012): FMEA – Einführung und Moderation, 2. Aufl., Springer Vieweg, Wiesbaden

Werdich, M. (2019): Die RPZ ist tot – Es lebe die AP, 06.05.2019, https://www.risknet.de/themen/risknews/die-rpz-ist-tot-es-lebe-die-ap/ (abgerufen am 29.04.2022)

Wermelt, A./Scheffler, R./Oehlmann, D. (2017): Risikomanagement und Unternehmenssteuerung – Welchen Mehrwert liefert der neue IDW PS 981, in: Controller Magazin, 42. Jg., Heft 6, S. 84–88

Werner, U./Jeske, K. (2006): Determinanten der Risikobewertung und des Risikoverhaltens von Managern – Eine empirische Untersuchung in deutschen Versicherungsunternehmen, in: Maser/Schradin (Hrsg.), Ergebnis- und Risikosteuerung im Versicherungskonzern, Wiesbaden, S. 123–177

Werners, B./Kanacher, J./Bonnermann, K. (2010): Zahlungsorientierte Großprojektplanung mittels Simulation, in: WiSt Wirtschaftswissenschaftliches Studium, 5/2010, S. 218–223

WHO (World Health Organization) (2012): World Health Statistics 2012, Part II: Highlighted Topics, Genf

WHO (World Health Organisation) (2014): Quantitative Risk Assessment of the Effects of Climate Change on Selected Courses of Death, 2030s and 2050s, Download unter: https://apps.who.int/iris/rest/bitstreams/597386/retrieve (abgerufen am 08.12.21)

WHO (World Health Organisation) (2021): 2021 WHO Health and Climate Change Survey Report, 08.11.21, Download unter: https://apps.who.int/iris/rest/bitstreams/1388258/retrieve (abgerufen am 29.04.2022)

Wieczorek, G./Disch, O. (2020): Risikoquantifizierung bei unzureichender Datenlage – Der Bayessche Weg, in: Controller Magazin, Heft 6 (November/Dezember 2020), S. 80–85

Wieczorek, G./Karakidis, D. (2022): Analysing Model Risks in Risk Aggregation of Nonfinancial Corporations, in: Florio, C./Wieczorek-Kosmala, M./Linsley, P. M./Shrives, P. (Hrsg.): Risk Management. Insights from Different Settings, Vol 20, Springer, Cham, S. 17–38

Wiedemann, A./Drosdzol, A./Reiss, R.D./Thomas, M. (2005): Statistische Modellierung des Zinsänderungsrisikos – Teil 1: Univariate Verteilungen, in: Romeike, F. (Hrsg.): Modernes Risikomanagement, Weinheim, 2005, S. 57–70

Wiedemann, A./Drosdzol, A./Reiss, R.D./Thomas, M. (2005): Statistische Modellierung des Zinsänderungsrisikos – Teil 2: Multivariate Verteilungen, in: Romeike, F. (Hrsg.): Modernes Risikomanagement, Weinheim, 2005, S. 71–84

Wiese, J. (2006): Komponenten des Zinsfußes in Unternehmensbewertungskalkülen, Peter Lang, Frankfurt am Main

Wieske, D. (2006): Risikoanalyse in Industrieunternehmen, Saarbrücken

Wilkens, U./Sprafke, N./Nolte, A. (2015): Vom Kompetenzmanagement zum Kompetenzcontrolling, in: Controlling, 27. Jg., Heft 10, S. 534–540

Wilson, L. (1998): Value at Risk, in: Alexander, C. (Hrsg.), Risk Management and Analysis, Band 1, Chichester, S. 61–124

Wingenroth, Th. (2004): Risikomanagement für Corporate Bonds: Modellierung von Spreadrisiken im Investment-Grade-Bereich, Uhlenbruch Verlag Bad Soden/Ts

Winter, P. (2007): Risikocontrolling in Nicht-Finanzunternehmen: Entwicklung einer tragfähigen Risikocontrolling-Konzeption und Vorschlag zur Gestaltung einer Risikorechnung, Inauguraldissertation, Mannheim

Wirtz, B. W. (2013): Business Model Management: Design – Instrumente – Erfolgsfaktoren von Geschäftsmodellen, 3. Aufl., Wiesbaden

Wirtz, B. W./Göttel, V. (2014): Business Model Innovation, in: WiSt, Nr. 10/2014, 43. Jg, S. 529–535

Wirtz, B. W./Langer, P. F. (2021): Digitale Disruption. Bedeutung, Auswirkungen und Strategien, in: WiSt, 50. Jg., Heft 6, S. 4–11

Wittstock, M./Dahrenmöller, A. (2001): Finanzierung und Risikoabsicherung des Exports mittelständischer Unternehmen – Schriften zur Mittelstandsforschung, Stuttgart

Wöhe, G./Döring, U./Brösel, G. (2020): Einführung in die Allgemeine Betriebswirtschaftslehre, 27. Aufl., Vahlen München.

Wöhrmann, P. (2002): Die Alternative Risikofinanzierung als Teil eines ganzheitlichen unternehmerischen Risk Managements, in: Hölscher/Elfgen (Hrsg.): Herausforderungen Risikomanagement – Identifikation, Bewertung und Steuerung industrieller Risiken, Wiesbaden, S. 451–484

Wölfel, K. (2014): Bayesianische Modell-Mittelung, in: WiSt, 43. Jg., Heft 3, März 2014, S. 159–161

Wolfrum, M. (2018): Risikomanagement und Controlling: Status quo und Weiterentwicklungspotenziale im Überblick, in: Risk Management Association e.V./ Internationaler Controller Verein e.V. (Hrsg.): Vernetzung von Risikomanagement und Controlling, Risikomanagement-Schriftenreihe der RMA, Band 3, 2018, S. 15–20

Wolfrum, M. (2020): Der Fall Euromicron AG – Beispiel für die Nutzlosigkeit von Risikomanagementtestaten durch den Wirtschaftsprüfer, in: RMA Risk Management & Rating Association e.V. (Hrsg.): Krisenbewältigung mit Risikomanagement – Jahrbuch Risikomanagement 2020, ESV, Berlin, S. 146–154.

Wolfrum, M. (2021): Qualitative Risikoaggregation – eine Fiktion! in: Controller Magazin, Heft 6 (November/Dezember 2021), S. 101–102

Wolke, Th. (2015): Risikomanagement, 3. Aufl., De Gruyter Oldenbourg

World Economic Forum (2015): Global Risks 2015, Download unter: http://www3.weforum.org/docs/WEF_Global_Risks_2015_Report15.pdf (abgerufen 29.04.2022)

World Economic Forum (2022): Global Risks Report 2022, Download unter: https://www3.weforum.org/docs/WEF_The_Global_Risks_Report_2022.pdf (abgerufen am 29.04.2022)

Wulf, I./Staikowski, R. A. (2020): Umsetzung der Risikoberichterstattung am deutschen Kapitalmarkt, in: Der Betrieb, Heft 15/2020 vom 14.4.2020, S. 737–744

Z

Zeder, M. (2007): Extreme Value Theory im Risikomanagement, Zürich

Zeranski, S. (2006): Abbildung der Stressdimension von Zahlungsströmen/Liquidity at Risk – Quantifizierung extremer Zahlungsstromrisiken, in: Risiko Manager, 11/2006, S. 3–9

Zeranski, S. (2010): Ertragsorientiertes Liquiditätsrisikomanagement, 2. Aufl., Heidelberg Zhang, C. (2009): On the explanatory power of firm-specific variables in cross-sections of expected returns, in: Journal of Empirical Finance. 16, S. 306–317

Zeranski, S./Ahrens-Freudenberg, H. (2015): Liquiditätsrisiken: Zahlugsstromanalyse für das Cash Management in Unternehmen, in: Gleißner, W./Romeike, F. (Hrsg): Praxishandbuch Risikomanagement, Berlin, S. 325–347

Zhang, C. (2009): On the explanatory power of firm-specific variables in cross-sections of expected returns, in: Journal of Empirical Finance. 16, S. 306–317

Zhang, F. (2006): Information uncertainty and stock returns, in: Journal of Finance 61(1), S. 105–136

Zhang, L. (2017): The investment CAPM, in: European Financial Management, Vol. 23, No. 4, S. 545–603

Zhang, L. (2020): Q-Factors and investment CAPM, in: Oxford Research Encyclopedia of Economics and Finance, 30.06.2020, https://doi.org/10.1093/acrefore/9780190625979.013.593 (abgerufen am 29.04.2022)

Zhao, Q./Guo, Y./Ye, T./Gasparrini, A./Tong, S./Overcenco, A./Urban, A./Schneider, A./Entezari, A./Vicedo-Cabrera, A.M./Zanobetti, A./Analitis, A./Zeka, A./Tobias, A./Nunes, B./Alahmad, B./Armstrong, B./Forsberg, B./Pan, S.-C./Íñiguez, C./Ameling, C./De la Cruz Valencia, C./Åström, C./Houthuijs, D./Van Dung, D./Royé, D./Indermitte, E./Lavigne, E./Mayvaneh, F./Acquaotta, F./de'Donato, F./Di Ruscio, F./Sera, F./Carrasco-Escobar, G./Kan, H./Orru, H./Kim, H./Holobaca, I.-H./Kyselý, J./Madureira, J./Schwartz, J./Jaakkola, J. J. K./Katsouyanni, K./Diaz, M. H./Ragettli, M. S./Hashizume, M./Pascal, M./de Sousa Zanotti Stagliorio Coélho, M./Valdés Ortega, N./Ryti, N./Scovronick, N./Michelozzi, P./Matus Correa, P./Goodman, P./Saldiva, P. H. N./Abrutzky, R./Osorio, S./Rao, S./Fratianni, S./Dang, T. N./Colistro, V./Huber, V./Lee, W./Seposo, X./Honda, Y./Guo, Y. L./Bell, M. L./Li, S. (2021): Global, regional, and national burden of mortality associated with non-optimal ambient temperatures from 2000 to 2019: a three-stage modelling study, in The Lancet, Vol. 5 (Juli 2021), S. 415–425

Zhou, S. (2005): Auf dem falschen Dampfer? Anwendung des Bayes-Theorems zur Risiko-Abschätzung in der strategischen Unternehmensplanung, in: RISKNEWS, 06/2005

Ziegler, A./Schröder, M./Schulz, A./Stehle, R. (2007): Multifaktormodelle zur Erklärung deutscher Aktienrenditen: Eine empirische Analyse, in: Schmalenbachs Zeitschrift für betriebswirtschaftliche Forschung zfbf, 59. Jg., S. 355–389

Ziemer, F. (2018): Der Betafaktor. Theoretische und empirische Befunde nach einem halben Jahrhundert CAPM, Springer Gabler, Wiesbaden

Zimmermann, P. (1997): Schätzung und Prognose von Betawerten deutscher Aktien, Bad Soden

Zollo, M./Winter, S. G. (2002): Deliberate Learning and the Evolution of Dynamic Capabilities, in: Organization Science, Vol. 13, No. 3, S. 339–351

Stichwortverzeichnis